本书实例展示

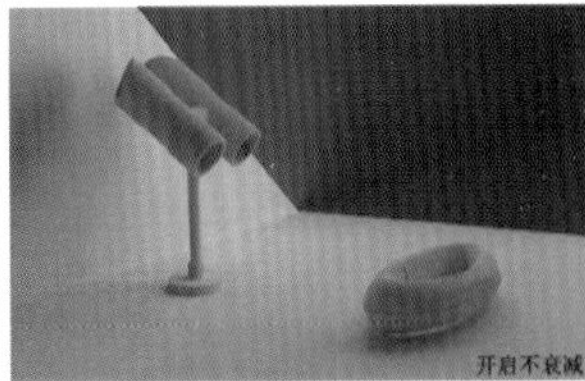

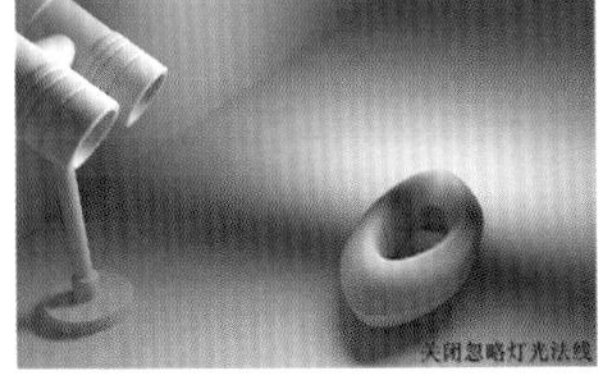

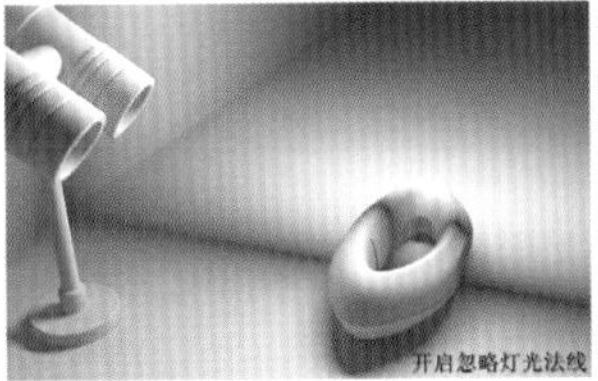

▲ VRay灯光参数测试

▲ VRay太阳参数测试

▲ VRay太阳与VRay天空的关联测试

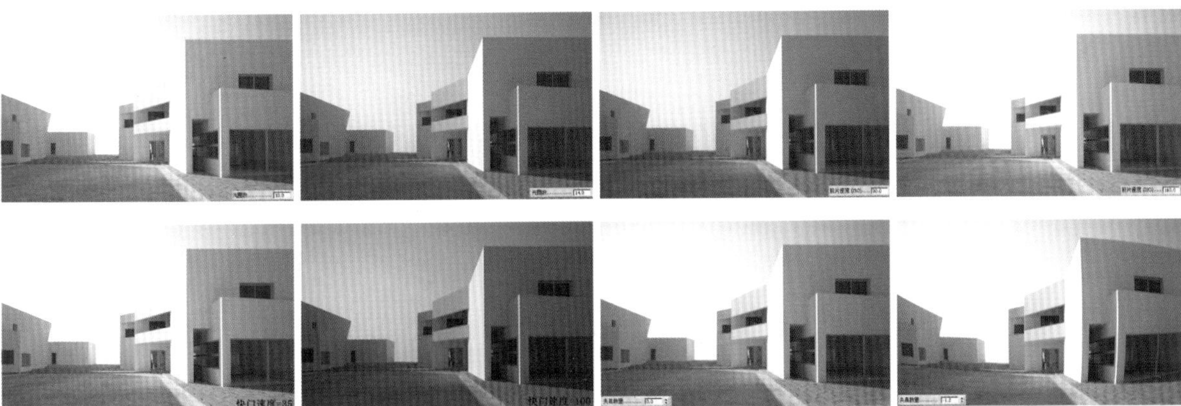

▲ VRay物理摄影机参数测试

本书实例展示

02 课堂案例：用“角度捕捉切换”工具制作挂钟刻度/63页

文件路径：案例文件>第2章

视频路径：多媒体教学>第2章

More >>

02 课堂案例：用“镜像”工具镜像椅子/65页

文件路径：案例文件>第2章

视频路径：多媒体教学>第2章

More >>

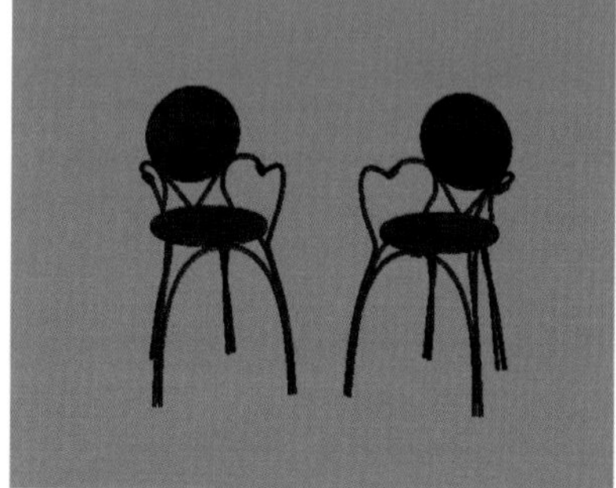

03 课堂案例：制作餐桌/79页

文件路径：案例文件>第3章

视频路径：多媒体教学>第3章

More >>

03 课堂案例：制作角柜/82页

文件路径：案例文件>第3章

视频路径：多媒体教学>第3章

More >>

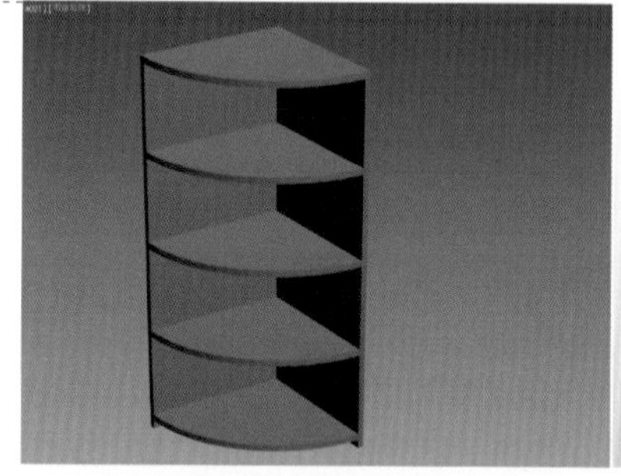

03 课堂案例：制作水杯/85页

文件路径：案例文件>第3章

视频路径：多媒体教学>第3章

More >>

03

课堂案例： 制作单人沙发 /88 页

文件路径：案例文件>第3章

视频路径：多媒体教学>第3章

More >>

03

课堂案例： 制作骰子 /94 页

文件路径：案例文件>第3章

视频路径：多媒体教学>第3章

More >>

04

课堂案例： 制作枕头 /106 页

文件路径：案例文件>第4章

视频路径：多媒体教学>第4章

More >>

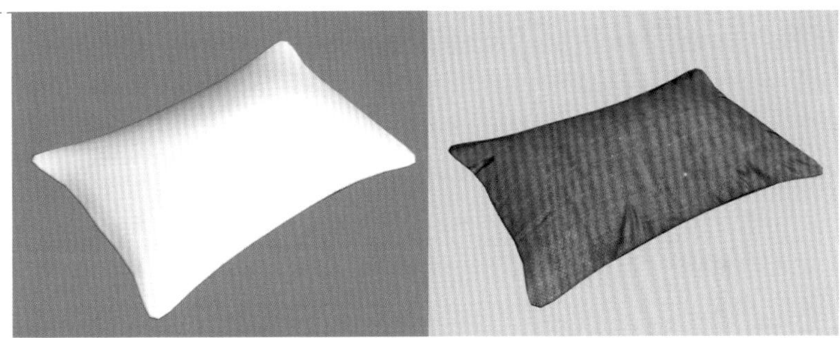

04

课堂案例： 制作水龙头 /108 页

文件路径：案例文件>第4章

视频路径：多媒体教学>第4章

More >>

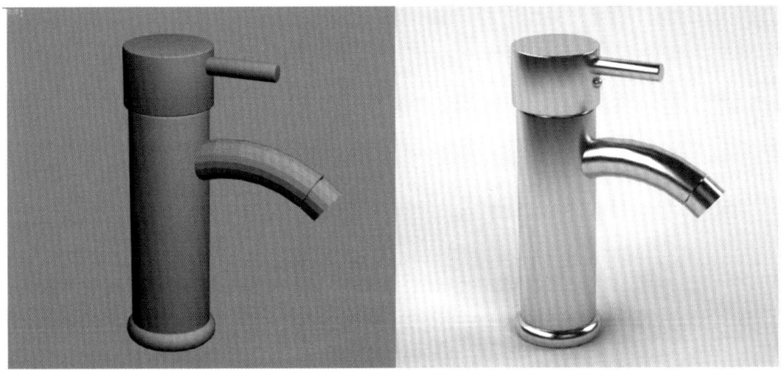

04

课堂案例： 制作装饰柱 /110 页

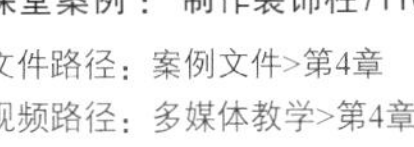

文件路径：案例文件>第4章

视频路径：多媒体教学>第4章

More >>

04

课堂案例： 游泳池水面 /115 页

文件路径：案例文件>第4章

视频路径：多媒体教学>第4章

More >>

05

课堂案例： 制作餐具 /130 页

文件路径：案例文件>第5章

视频路径：多媒体教学>第5章

More >>

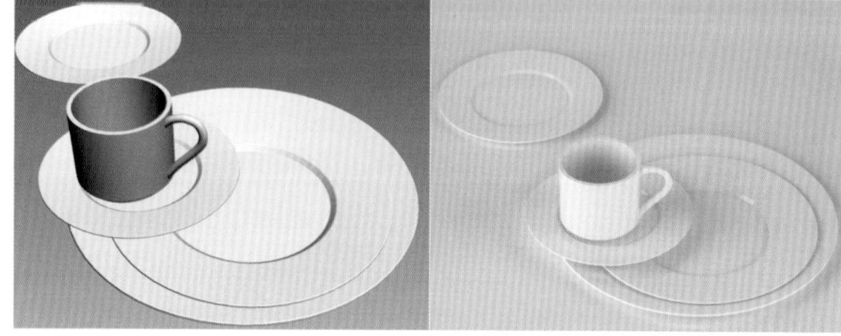

05

课堂案例： 制作单人沙发 /140 页

文件路径：案例文件>第5章

视频路径：多媒体教学>第5章

More >>

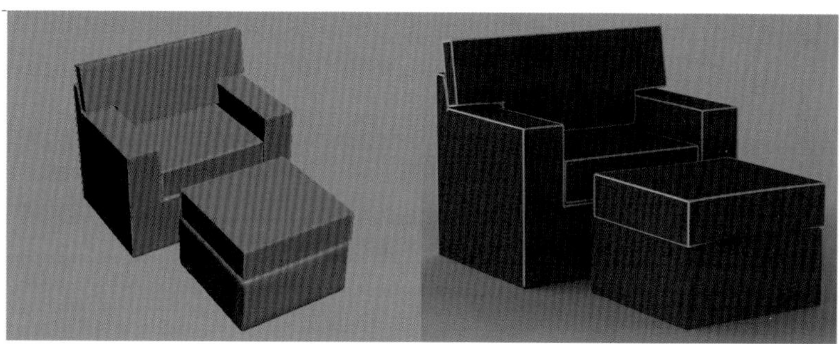

05

课堂案例： 制作足球 /144 页

文件路径：案例文件>第5章

视频路径：多媒体教学>第5章

More >>

05

课堂案例： 制作玻璃花瓶 /150 页

文件路径：案例文件>第5章

视频路径：多媒体教学>第5章

More >>

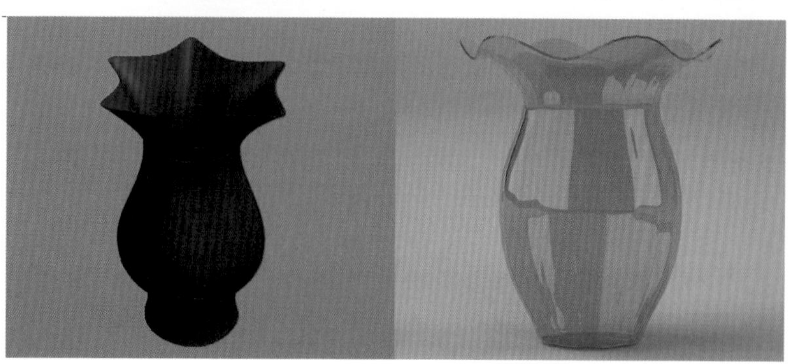

05

课堂案例： 制作床罩/151页

文件路径：案例文件>第5章

视频路径：多媒体教学>第5章

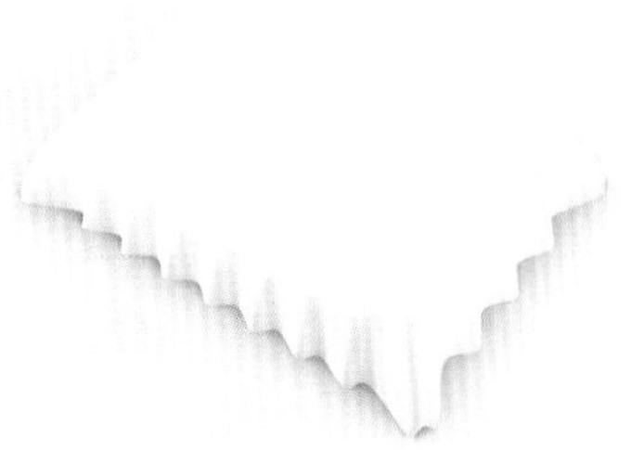

05

课堂案例： 制作地毯/155页

文件路径：案例文件>第5章

视频路径：多媒体教学>第5章

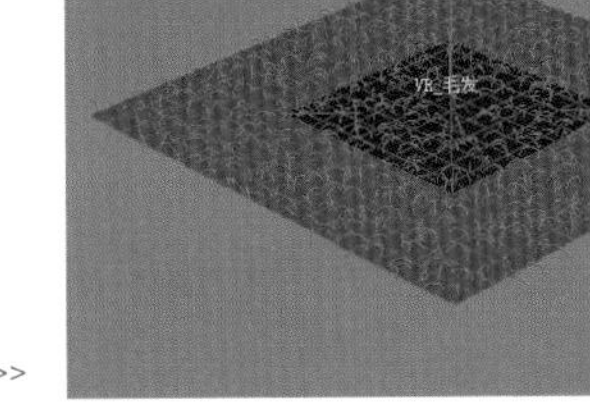

More >>

06

课堂案例： 使用目标摄影机制作景深/168页

文件路径：案例文件>第6章

视频路径：多媒体教学>第6章

More >>

06

课堂案例： 测试缩放因子/174页

文件路径：案例文件>第6章

视频路径：多媒体教学>第6章

本书实例展示

07

课堂案例： 简约客厅 /186 页

文件路径：案例文件>第7章

视频路径：多媒体教学>第7章

More >>

07

课堂案例： 售楼接待中心 /192 页

文件路径：案例文件>第7章

视频路径：多媒体教学>第7章

More >>

07

课堂案例： 简约卧室 /199 页

文件路径：案例文件>第7章

视频路径：多媒体教学>第7章

More >>

07

课堂案例： 晨光中的卧室 /204 页

文件路径：案例文件>第7章

视频路径：多媒体教学>第7章

More >>

08

课堂案例：制作装饰灯管/229页

文件路径：案例文件>第8章

视频路径：多媒体教学>第8章

More >>

08

课堂案例：制作地板材质/235页

文件路径：案例文件>第8章

视频路径：多媒体教学>第8章

More >>

08

课堂案例：制作艺术玻璃/236页

文件路径：案例文件>第8章

视频路径：多媒体教学>第8章

More >>

08

课堂案例：制作地面材质/247页

文件路径：案例文件>第8章

视频路径：多媒体教学>第8章

More >>

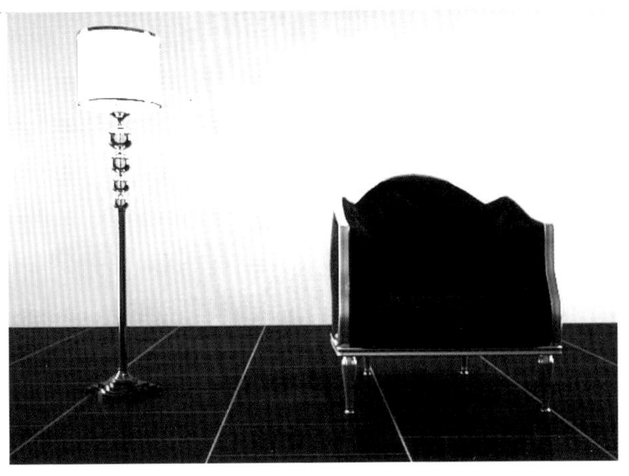

本书实例展示

08

课堂案例： 制作茶水材质 /249 页

文件路径：案例文件>第8章

视频路径：多媒体教学>第8章

More >>

09

课堂案例： 渲染客厅效果 /280 页

文件路径：案例文件>第9章

视频路径：多媒体教学>第9章

More >>

10

课堂案例： 使用曲线调整亮度 /286 页

文件路径：案例文件>第10章

视频路径：多媒体教学>第10章

More >>

10

课堂案例： 调整清晰度 /287 页

文件路径：案例文件>第10章

视频路径：多媒体教学>第10章

More >>

10

课堂实例：统一画面色调 /290 页

文件路径：案例文件>第10章

视频路径：多媒体教学>第10章

More >>

10

课堂案例：调整图像的层次感 /291 页

文件路径：案例文件>第10章

视频路径：多媒体教学>第10章

More >>

10

课堂案例：合成体积光 /296 页

文件路径：案例文件>第10章

视频路径：多媒体教学>第10章

More >>

10

课堂案例：添加室外环境 /298 页

文件路径：案例文件>第10章

视频路径：多媒体教学>第10章

More >>

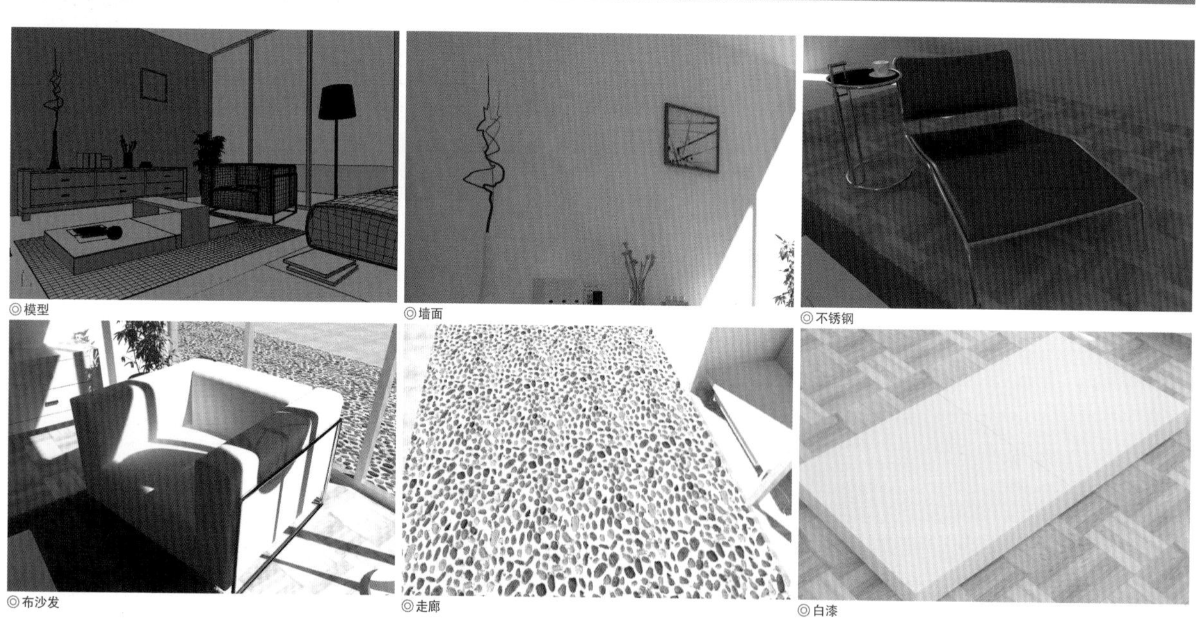
◎模型 ◎墙面 ◎不锈钢

◎布沙发 ◎走廊 ◎白漆

第11章 商业案例实训1——现代风格客厅

实例概述：在室内效果图制作领域，家装效果图的制作量最大，不同的家装项目对效果图的表现要求也不一样。对普通家装项目来说，效果图主要用于表达设计意图和基本理念，不一定要非常逼真地模拟出实际的装修效果，其制作难度也相对较低。而一些高端别墅项目，对效果图的要求就相对偏高，设计师通常要将效果图的模型、材质和灯光都尽可能地表现得逼真。

无论以后的工作方向如何变化，都应该把基本功练扎实。大家在前面的章节中学习了效果图制作中各个环节的技术，本章就需要大家把这些环节融会贯通，通过实际的商业案例实训来制作一张完整的家装效果图，以掌握室内家装效果图的制作流程和方法。

视频路径：多媒体教学>第11章　**所在页**：301页

◎窗外 ◎绒布 ◎天花灯

◎台灯 ◎地毯 ◎墙壁

第12章 商业案例实训2——简欧风格卧室

实例概述：在现代家装设计中，欧式装修风格的运用越来越普遍，如大型别墅空间的奢华欧式设计、中小户型的现代简欧设计。从效果图的制作层面来看，奢华欧式效果图的制作难度比较高，因为建模的难度很大，而且，场景一般都比较大，对计算机配置和制作人员的要求都不低。简欧风格效果图相对简单一些，简欧风格主要是对一些欧式线条和造型的运用，家具的造型也不会太夸张，所以，建模和渲染都较容易实现。本章将以一个简欧风格的卧室为例，向读者介绍卧室空间的表现技法，其重点在于常见材质的做法及灯光的布置。

视频路径：多媒体教学>第12章　**所在页**：331页

◎大理石 ◎地毯 ◎塑料椅子
◎木纹材质 ◎地板材质 ◎皮质

第13章　商业案例实训3——简约风格办公室

实例概述：在前面两章中，我们学习了家装效果图的制作技法和表现思路，本章将学习工装效果图的表现。家装效果图和工装效果图的空间类型和设计风格都很多。由于本书篇幅有限，因此，给大家提供的案例实训不多，但所有室内效果图的制作方法和思路都是相似的，希望大家能够举一反三，并且，多做练习，从而掌握更多设计风格及不同类型空间的效果图表现方法。

视频路径：视频文件>第13章　**所在页**：345页

中文版 3ds Max 2014/VRay 效果图制作实用教程

（第2版）

时代印象 编著

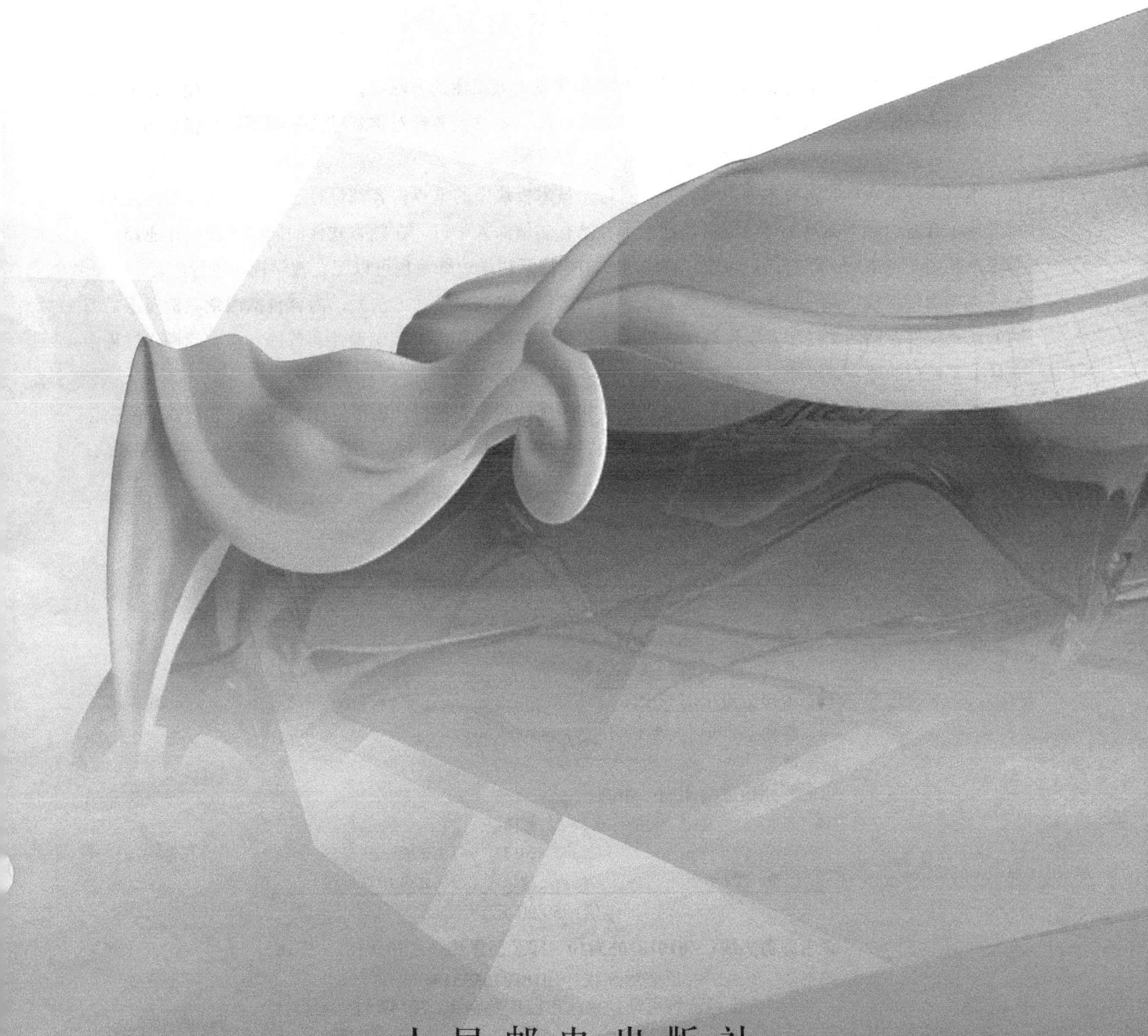

人 民 邮 电 出 版 社
北 京

图书在版编目（CIP）数据

中文版3ds Max 2014/VRay效果图制作实用教程 / 时代印象编著. -- 2版. -- 北京 : 人民邮电出版社, 2017.6(2022.1重印)
ISBN 978-7-115-45284-9

Ⅰ. ①中… Ⅱ. ①时… Ⅲ. ①三维动画软件－教材 Ⅳ. ①TP391.414

中国版本图书馆CIP数据核字(2017)第060925号

内容提要

本书主要讲解使用中文版 3ds Max 和 VRay 制作室内效果图的方法和技巧，内容包含建模、灯光、摄影机、材质与贴图、渲染输出、后期处理及商业实训等。本书主要针对零基础读者编写，是指导初学者快速掌握室内效果图制作方法的优秀参考书。

本书内容以各种实用技术为主线，并且对每个技术板块中的重点内容都进行了介绍，还针对常用知识点安排了合适的课堂案例，可使读者快速上手并结合实例深入学习，在熟悉软件的同时掌握制作思路。从第 2 章开始，每章后面都有课后习题，读者可以根据提示边学边练，也可以配合教学视频进行学习。

本书附带下载资源（扫描封底“资源下载”二维码即可获得下载方法），内容包括课堂案例及课后习题的场景文件、贴图文件和多媒体教学视频，以及与本书配套的 PPT 教学课件。若读者在实际操作过程中有什么不明白的地方，可通过观看多媒体教学视频来进行学习。

本书非常适合作为数字艺术教育培训机构及相关院校的专业教材，也可以作为初学者学习效果图制作技术的自学教材。另外，请读者注意，本书所有实例都是用中文版 3ds Max 2014 和 VRay 2.30 制作完成的。

◆ 编　　著　时代印象
责任编辑　张丹丹
责任印制　陈　犇
◆ 人民邮电出版社出版发行　　北京市丰台区成寿寺路 11 号
邮编　100164　　电子邮件　315@ptpress.com.cn
网址　https://www.ptpress.com.cn
涿州市京南印刷厂印刷
◆ 开本：787×1092　1/16　　彩插：6
印张：22.5　　2017 年 6 月第 2 版
字数：709 千字　　2022 年 1 月河北第 10 次印刷

定价：59.90 元

读者服务热线：(010)81055410　印装质量热线：(010)81055316
反盗版热线：(010)81055315
广告经营许可证：京东市监广登字 20170147 号

前 言

3ds Max是Autodesk公司旗下一款优秀的三维制作软件，是当前应用范围最广、用户群体最多、综合性能最强的通用三维制作平台之一。3ds Max功能强大，拥有完整的工作流程，还可以与其他模型、特效及渲染插件结合使用，其应用领域涉及广告制作、影视包装、工业设计、建筑设计、三维动画和游戏开发等。

在效果图制作领域，除了3ds Max之外，VRay也被业界广泛认可。在实际工作中，3ds Max用于创建模型，VRay用于渲染输出，两者各司其职，可完美配合。VRay是一款性能优异的全局光渲染器，其优点是简单、易用、渲染效果逼真、速度也比较快，所以，尽管VRay只是一款独立的渲染插件，但依然获得了业界的一致认可，成为当前主流的渲染利器。

为了给读者提供一本好的3ds Max/VRay效果图制作教材，我们精心编写了本书，并且，对本书的体系做了优化，按照“功能介绍→参数详解→课堂案例→课后习题”这一思路进行编排，力求通过功能介绍和参数详解使读者快速掌握软件功能，通过课堂案例使读者快速上手并具备一定的操作能力，通过课后习题拓展读者的实际操作能力，达到巩固知识和提升能力的目的。在内容编写方面，本书力求通俗易懂、细致全面；在文字叙述方面，力求言简意赅、突出重点；在案例选取方面，强调案例的针对性和实用性。

本书的“下载资源”中包含了书中课堂案例和课后习题的源文件和素材文件。为了方便读者学习，本书还配备了案例的多媒体教学视频。这些视频均由专业人士录制，详细地记录了案例的操作步骤，使读者一目了然。为了方便教师教学，本书还配备了PPT课件等丰富的教学资源，任课老师可直接使用。

本书的参考学时为66个学时，其中授课环节为42学时，实训环节为24学时，各章的参考学时如下表所示（本表仅供参考，教师可根据实际情况灵活授课）。

章	课程内容	学时分配	
		讲授	实训
第1章	效果图制作基础	2	
第2章	3ds Max 2014的基本操作	3	1
第3章	基础建模技术	4	2
第4章	3ds Max的修改器	4	2
第5章	高级建模技术	6	2
第6章	摄影机技术	2	1
第7章	灯光的应用	6	2
第8章	材质与贴图技术	8	4
第9章	VRay渲染输出设置	2	2
第10章	Photoshop后期处理技法	2	2
第11章	商业案例实训1——现代风格客厅	1	2
第12章	商业案例实训2——简欧风格卧室	1	2
第13章	商业案例实训3——简约风格办公室	1	2
学时总计		42	24

为了让读者能更加轻松地学习中文版3ds Max 2014/VRay效果图制作技法，本书在版面结构设计上力求做到清晰明了，如下图所示。

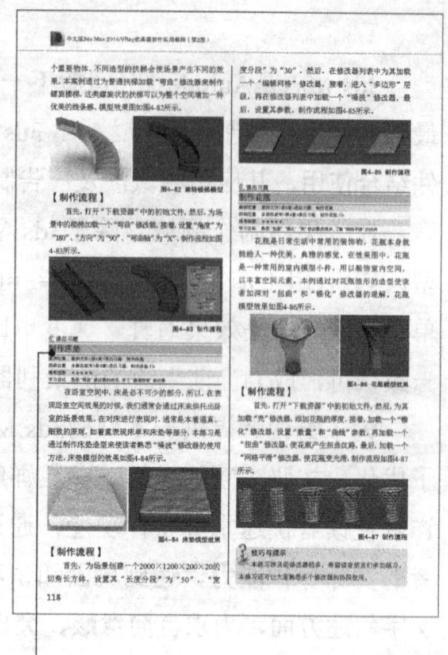

课堂案例：包含大量的案例详解，可使大家深入掌握中文版3ds Max 2014/VRay的基础知识及各种工具的使用方法。

技巧与提示：对软件的实用技巧及制作过程中的难点进行重点提示。

课后习题：可强化刚学完的重要知识点。

由于编者水平有限，因此，书中难免出现疏漏和不足之处，还请广大读者包涵并指正。

我们衷心地希望能够为广大读者提供力所能及的阅读服务，尽可能地帮读者解决一些实际问题，如果读者在学习过程中需要我们的支持，请通过以下方式与我们取得联系，我们将尽力解答。

售后服务

本书所有的学习资源文件均可在线下载（或在线观看视频教程），扫描封底的"资源下载"二维码，关注我们的微信公众号即可获得资源文件下载方式。资源下载过程中如有疑问，可通过我们的在线客服或客服电话与我们联系。在学习的过程中，如果遇到问题，也欢迎您与我们交流，我们将竭诚为您服务。

资源下载

您可以通过以下方式来联系我们。

客服邮箱：press@iread360.com

客服电话：028-69182687、028-69182657

时代印象

2017年3月

目录 CONTENTS

目录 CONTENTS

目录 CONTENTS

目录 CONTENTS

第1章 效果图制作基础

这一章将讲解制作效果图所需的一些基本知识，这些知识都是效果图制作人员所必备的，具有宏观的指导意义，如培养良好的色彩感觉、理解真实的光影关系、清楚各种材质的物理特性等。在效果图的制作中，灯光的运用和材质的搭配固然重要，但合理的构图和适合的时间段（表现气氛）即可更好地体现设计，因此，要做好一张效果图，这些基本要素都是不可或缺的，除此之外，还要增加自己的审美情趣，并且，通过生活中的点点滴滴来丰富自己的作图经验。

课堂学习目标

色彩在室内设计中的运用

物理世界中的光影关系

自然光和人造光的物理特性及运用方法

为不同的空间选择不同的材质

效果图的构图思路及方法

各种室内设计风格的特征

根据场景特性确定氛围

能使效果图体现出设计师的理念

1.1 概述

在效果图的制作过程中，设计师的理念应一直贯穿于整个创作过程。对软件的熟练程度是有助于理念发挥的一个方面。很多初学效果图的朋友都认为只要软件掌握得好，作品就会非常漂亮、有生气，其实，这是一个误区。效果图就是用计算机完成的艺术作品，只不过用软件代替了画笔和颜料，但是，仅有好的画笔和颜料不一定就能画出一张好的作品来。

创造逼真的图像应基于对真实世界的理解，创造美丽的画面应基于如何去发现美。美的事物往往能够引起人的共鸣，所以，对真实的理解、对光和色彩的把握都是影响作品的重要因素。虽然每个人的性格不同，但人们对色彩和光线的感觉基本一致，比如，红色让人联想到喜庆，蓝色让人联想到海洋和天空，绿色让人联想到春天等。

本章将讲解几个比较重要的知识点：色彩的把握、材质的搭配、光影的表现、画面的构图和时间段的选择，这几个方面是决定一张图好坏的重要因素。

1.2 构图

一切画面的绘制都是从构图开始的，构图是绘制一个作品之前最重要的准备工作。画面的构图将决定一张画的整体效果是否完整和协调。

构图主要是指对画面形式的选择、对画面主体或中心位置及背景的处理方法等。用软件绘画时，构图主要体现在三维软件中的摄像机位置和后期对画面的裁剪上。

效果图的构图一般都是由"重量"决定画面的，主体应在画面的中心，不要偏在一边，常使用多边形构图。下面，以三角形构图为例，简单说明一下三角形构图和重量感的关系。三角形是一种比较稳定的构图形式，左、右重量比较均衡，如图1-1所示。如果打破这种构图形式，就会发现画面右边明显比左边"重"了，如图1-2所示。

图1-1 三角形构图

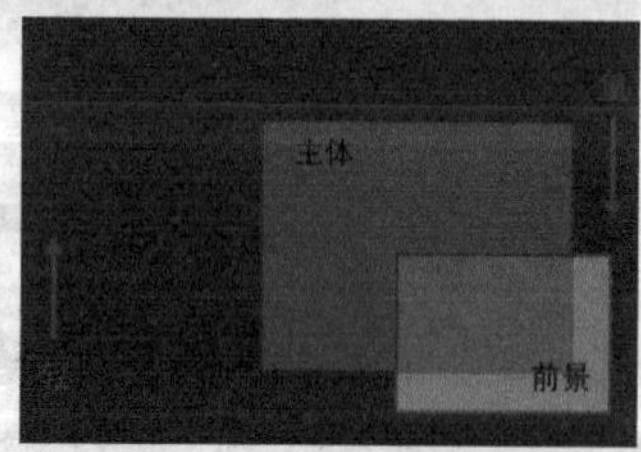

图1-2 被打破的三角形构图

构图方法还有很多，如图1-3和图1-4所示。读者可以多看一些摄影家的作品。以从中学习到构图的思路和技巧。

图1-3 平衡、稳重的构图

图1-4 颇具动感的构图

画面的构图方式一般由空间的造型和主体部分来决定。当空间的水平方向比较宽敞，而纵向不是太高的时候，应采用横向的构图形式，以使画面舒展、平稳，如图1-5所示；当纵向空间比横向空间更大的时候，应采取纵向的构图形式，以强调空间的高耸感觉，如图1-6所示；对于一些小型空间，可采用接近方形的构图形式，以表现出温暖和亲切的感觉，如图1-7所示。

图1-5 横向的构图形式

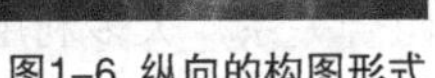

图1-6 纵向的构图形式

图1-7 方形的构图形式

1.3 色彩

一张生动的效果图的色彩一定是有表现力的，而要使色彩有丰富的表现力就必须了解色彩的基本原理。

1.3.1 色彩的基调

色彩的基调是指画面色彩的基本色调，彩色画面的基调分为3种：冷调、暖调和中间调。如果将其划分得更详细一些，则可把彩色画面的基调分为冷、暖、对比、和谐、浓彩、淡彩、亮彩和灰彩色等基调。每一个基调都能表现出不同的氛围，因此，在初次看到场景的时候，就应决定图的基调。

图1-8所示为一个SPA休闲场所，空间中的大部分建筑材料都是暖色的，灯光的颜色也是以暖色为主，营造出了一个温暖、舒适的空间环境。

图1-8 基于暖色的空间

图1-9所示为一个基于冷色调的场景。地球中的大气反射的是蓝色光波，所以，一旦没有了阳光，在肉眼看来，天空就是蓝色的。该效果图以基于蓝色的夜光为主，再加上室内温暖的灯光，就营造出了一个幽静的夏日之夜。

图1-9 基于冷色的空间

图1-10所示为一个色彩很和谐的空间，没有使用太多色彩过激的材料，主要以白色为主，灯光也是以白色为主，设计手法简约，给人一种整洁的感觉。

图1-10 基于和谐的色彩

1.3.2 色彩的对比

色彩的对比主要包括冷暖对比、明度对比和饱和度对比等，有了对比，画面才会丰富、生动。

举一个简单的例子，如果在一张全白的纸上画一个黑色块，那么，这块黑色就会显得很黑，这是因为有了白色的对比；如果在一张墨纸上画一个黑色块，那么，黑色块基本不可见，这就是因为没有了对比，所以说，对比是相对的，没有绝对的亮或暗，有了亮的地方，才能对比出暗的地方。冷暖对比的原理也是如此。

图1-11所示为一个色彩冷暖对比很强的空间，色彩的差异给人一种很强的距离感。远处的蓝色是受到了天空色彩的影响，而近处则由于暖色灯光的影响而显得发红。

图1-11 基于色彩冷暖的对比

图1-12所示为一个明度对比很强的空间，灯罩和射灯使室内空间形成了非常强的明暗对比，使得整个空间的重点突出，同时，也使空间更加具有层次感、立体感和空间感。

图1-12 基于明度的对比

图1-13所示为一个色彩比较统一的场景，店门上有屋檐，由于屋檐的色彩饱和度比较高，因此，视觉感受是屋檐在建筑墙体的前面。饱和度越高的颜色是越往前"跳"的。

图1-13 基于饱和度的对比

一张图的色彩基调应与设计相呼应，从而达到表现与设计的统一；色彩的对比则能够拉开图像的层次关系，给人带来视觉上的刺激，从而引起共鸣。

1.3.3 色彩在室内设计中的运用

色彩的视觉质感影响着现代建筑的发展，现代建筑更关注材质与色彩的组合关系，大多利用自然色彩的材质表现出和谐的色彩视觉质感变化。色彩与灯光可使空间深度产生推进的效果，没有光就没有对色彩的感知，也就无法感觉到空间的存在。在深度的表达方面，除了空间透视外，色彩与灯光也起着作用。

背景的色彩会直接影响色彩视觉的深度。如果将7种色彩全部放置在黑色背景上，那么，黄色则会因明度高而显得特别靠前，而与黑色明度相近的蓝色与紫色就容易被"淹没"；将7种色彩放在白色背景上后，效果则恰好相反。在相同明度的冷、暖色调中，暖色"向前"而冷色"退后"。

色彩可丰富空间的层次感，使空间产生联系和分化，还可表现出空间的质感，如图1-14所示。

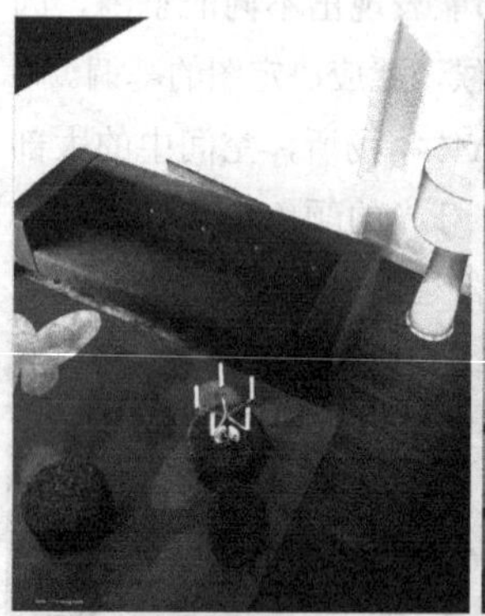

图1-14 丰富的空间色彩运用

在制作室内效果图时，我们通常会通过色彩来表现整个空间场景的氛围和层次等。下面简单介绍几种不同色彩表现出的效果。

1.深沉的暗色调

暗色调包含了大量的黑色，隐约可见各色的相貌，这是暗色调的特征，可表现出深沉、坚实、冷静和庄重的气质，如图1-15所示。

图1-15 深沉的暗色调

2.稳重的中暗调

中暗调属于暗色系色彩，包含少量黑色。此色调是在原有色相上笼罩了一层较深的调子，显得稳重、老成、严谨与尊贵，如图1-16所示。

图1-16 稳重的中暗调

3.朴实的中灰调

中灰调是中等明度的灰色调，带有几分深沉与暗淡，有着朴实、含蓄、稳重的特点，如图1-17所示。

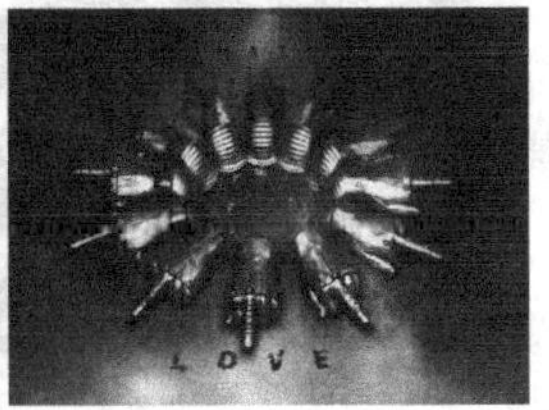

图1-17 朴实的中灰调

4.高雅的明灰调

明灰调是在全色相中调入了大量的浅灰色，可使全部色相带有灰浊味。过多地调入灰白色后，色相的明度将提高，形成高明度的灰调子，这是明灰调的特征，明灰调给人以平静的感觉，蕴含着高雅与恬静，显示出另一种美的境界，如图1-18所示。

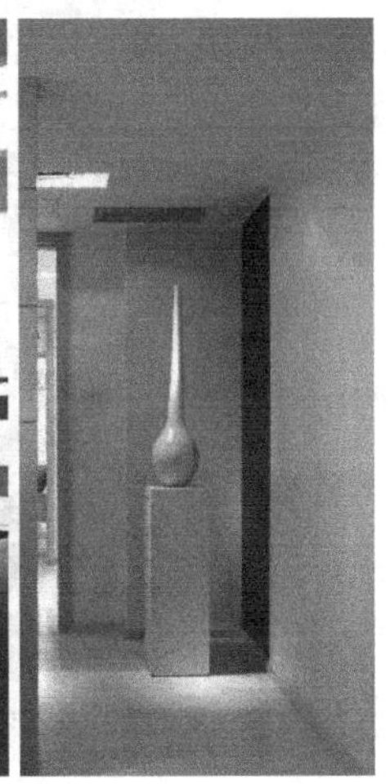

图1-18 高雅的明灰调

5.鲜明的纯色调

纯色调是由高纯色相组成的色调，每一个色相都是个性鲜明、具有挑战性、令人振奋和赏心悦目的。强烈的色相对比意味着年轻、充满活力与朝气，如图1-19所示。

图1-19 鲜明的纯色调

1.4 灯光

“光影效果是否真实”是衡量一张效果图质量好坏的关键因素之一。要表现出逼真的光影效果，就要先了解物理世界中的光影特性。

1.4.1 物理世界中的光影关系

我们先通过一个示意图来说明真实物理世界的光影关系，如图1-20所示。这是下午3点左右的光影关系，可以看出，主要光源是太阳光，在太阳光通过天空到达地面及被地面反射的这一过程中，就形成了天光，而天光也就成了第二光源。

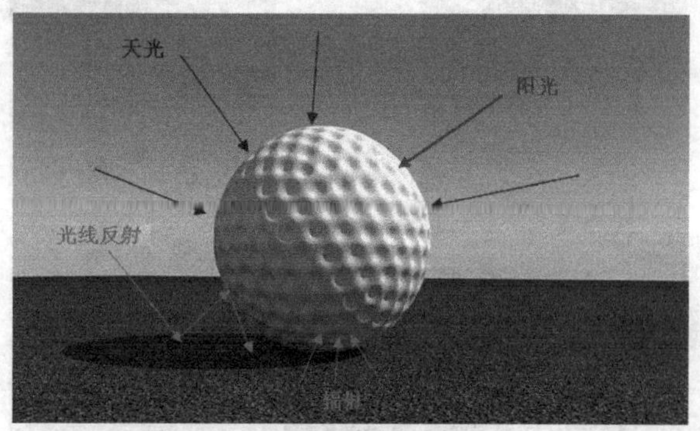

图1-20 真实物理世界的光影关系（下午3点左右）

从图1-20中可以看出，太阳光产生的阴影比较实，而天光产生的阴影比较虚（见球的暗部）。太阳光类似于平行光，所以，产生的阴影比较实；而天光是从四面八方反射到球体，没有方向性，所以，产生的阴影虚而柔和。

球体的亮部（就是太阳光直接照射的地方）同时受到了阳光和天光的作用，但是，由于阳光的亮度比较大，所以，它主要呈现的是阳光的颜色；球的暗部没有被阳光照射，它只受到了天光的作用，所以，它呈现出的是天光的蓝色；光线照射到比较绿的草地上后，反射出带绿色的光线，影响到白色球的表面颜色，形成了辐射现象，使球的底部呈现出带有草地颜色的绿色。

在球体的暗部，还可以看到阴影有着丰富的灰度变化，这不仅仅是因为天光照射到了暗部，更多的是由于天光和球体之间存在着光线反射，球和地面的距离，以及反射面积影响着最后暗部的阴影变化。

真实物理世界里的阳光阴影为什么会有点虚边呢？图1-21所示为真实物理世界中的阳光阴影的虚边。

图1-21 真实物理世界中阳光阴影的虚边

在真实物理世界中，太阳是个很大的球体，但是，它离地球很远，所以，发出的光到达地球后，就近似于平行光了，但是，就因为它实际上不是平行光，所以，地球上的物体在阳光的照射下会产生虚边的阴影，而这个虚边也可以近似地计算出来：（太阳的半径/太阳到地球的距离）×物体在地球上的投影距离 0.00465×物体在地球上的投影距离。从这个计算公式可以得出，一个身高1700mm的人，在太阳照射夹角为45°的时候，他头部产生的阴影虚边大约为11mm。根据这个科学依据，我们就可以用VRay的球光来模拟真实物理世界中的阳光了，只要控制好VRay球光的半径和它到场景的距离就能产生近似真实物理世界中的阴影了。

为什么天光在白天的大多数时间里是蓝色的，而在早晨和黄昏却不一样呢？

大气本身是无色的，天空的蓝色是大气分子、冰晶、水滴和阳光等共同创作的景象。太阳发出的白光是由紫、青、蓝、绿、黄、橙、红光组成的，它们的波长依次增加。当阳光进入大气层时，因为波长较长的色光（如红光）的透射力强，所有，它们能透过大气，射向地面；而波长短的紫、蓝、青色光，碰到大气分子、冰晶、水滴等时，就很容易发生散射现象，被散射了的紫、蓝、青色光布满天空，使天空呈现出一片蔚蓝。图1-22所示为蔚蓝的天空。

图1-22 蔚蓝的天空

在早晨和黄昏的时候，太阳光穿透大气层到达观察者所经过的路程要比中午的时候长得多，会有更多的光被散射和反射，所以，光线也没有中午的时候明亮。在到达被观察的地方之前，波长较短的蓝色和紫色的光就几乎被散射了，只剩下波长较长，穿透力较强的橙色和红色的光，所以，随着太阳慢慢升起，天空的颜色是从红色变成橙色的。图1-23所示为早晨的天空色彩。

图1-23 早晨的天空色彩

当落日缓缓消失在地平线以下时，天空的颜色逐渐从橙红色变为蓝色。即使太阳消失以后，贴近地平线的云层仍然会继续反射着太阳的光芒，由于天空的蓝色和云层反射的红色太阳光融合在了一起，因此，较高天空中的薄云会呈现出红紫色，几分钟后，天空会充满淡淡的蓝色，它的颜色会逐渐加深并向高空延展。图1-24所示为黄昏的天空色彩，其中的暗部呈现蓝紫色，这是因为蓝、紫光被散射以后，又被另一边的天空反射回来。

图1-24 黄昏的天空色彩

下面，来了解一下光线的反射，当白光照射到物体上时，物体会吸收一部分光线并反射一部分光线，吸收和反射的多少取决于物体本身的物理属性。遇到白色的物体时，光线会全部被反射；遇到黑色的物体时，光线会全部被吸收（当然，真实物理世界中找不到纯白或纯黑的物体），也就是说，反射光线的多少是由物体表面的亮度决定的。当白光照射到红色的物体上时，物体反射的光子就是红色（其他光子都被吸收了）。当这些光子沿着它的路线照射到其他表面时将呈现红光，这种现象叫辐射，因此，相互靠近的物体颜色会因辐射而相互影响。

图1-25所示为橘红色木头在光线的反射下，投射出木头的颜色并将其辐射在地面上。用VRay渲染效果图的时候，我们常会遇到溢色问题，这就需要对材质进行处理。

图1-25 光线的反弹

1.4.2 自然光

自然光就是除人造光以外的光。在我们生活的世界里，主要的自然光就是太阳光，它给大自然带来了丰富、美丽的变化，让我们看到了日出、日落，感受到了冷暖。前面介绍了真实物理世界中的光影关系，接下来，将详细介绍不同时刻和天气的光影关系。

1.中午

在一天中，当太阳光的照射角度大约为90°的时候，就是中午，这时的太阳光直射是最强的，对比也是最大的，阴影也比较黑，相比其他时刻，中午的阴影的层次变化也要少一点。

在强烈的光照下，物体的饱和度看起来会比其他时刻低一些，小的阴影细节变化也不丰富。因为我们要在真实的基础上来表现更优秀的效果图，所以，选择中午时刻来表现效果图并不是不可以，但是，相比其他时刻来说，其表现力度和画面的层次要弱一些。

从图1-26中可以看出，这是中午时刻的画面，画面的对比很强烈，暗部阴影比较黑，而层次变化相对较少。

图1-26 中午的阳光

2.下午

在下午这段时间里（大约是14:30～17:30），阳光的颜色会慢慢变暖和，而照射的对比度也会慢慢地降低，同时，饱和度慢慢地增加，天光产生的阴影也随着太阳高度的下降而变得更加丰富。

大体来说，下午的阳光会慢慢地变暖，而暖的色彩和比较柔和的阴影会让我们感到更舒服，特别是在日落前大约1个小时的时间里，这样的现象更加明显，很多摄影师都会抓住这段黄金时刻去拍摄美丽的风景。

色彩的饱和度在这个时刻变得比较高，高光的暖调和暗部的冷调给我们带来了丰富视觉感受。选择这个时刻作为效果图的表现时刻要比选择中午好很多，因为此时的色彩和阴影的细节都要强于中午。

从图1-27中可以看出，阳光带点黄色，暗部的阴影层次也比中午丰富一些，阴影带点蓝色，对比没有中午那么强烈。

从图1-28中可以看出，阳光是暖色的，阴影区域是冷色的，色彩的变化相对来说比较丰富。

图1-27 下午的阳光

图1-28 下午的阳光

3.日落

在日落这个时刻里，阳光变成了橙色，甚至是红色，光线和对比度变得更弱，较弱的阳光使天光的效果变得更加突出，所以，阴影色彩变得更深、更冷，同时，阴影也变得比较长。

在日落的时候，天空在有云的情况下会变得更加丰富，有时候，还会呈现出让人感觉不可思议的美丽景象，这是因为，此时的阳光看上去是从云的下面照射出的。

从图1-29中可以看到，阳光不是那么强烈，画面是带黄色的暖调，天光在这个时刻更加突出，暗部的阴影细节很丰富，并且，呈现出天光的冷蓝色。

从图1-30中可以看到，这时的太阳快落到地平线以下了，阳光变成了橙色，甚至带点红色，而阴影也拖得比较长，暗部的阴影呈现出蓝紫色的冷调。

图1-29 日落前的阳光

图1-30 日落时刻的阳光

4.黄昏

黄昏在一天中是非常特别的时刻，经常给人们带来美丽的景象。当太阳落山的时候，天空中的主要光源就是天光了，而天光的光线比较柔和，能给我们带来柔和的阴影和比较低的对比度，同时，色彩也变得更加丰富。

当发自地平线以下的太阳光被一些山岭或云块阻挡时，天空就会被分割出一条条的阴影，形成一道道深蓝色的光带，这些光带好像是从地平线下的某一点（即太阳所在的位置）发出，以辐射状指向苍穹，有时，还会延伸到太阳光相对的天空，呈现出万道霞光的壮丽景象，给只有色阶变化的天空增添了一些富有美感的光影线条，人们将这种现象叫曙暮晖线。

日落之后，当太阳刚刚处在地平线以下时，太阳光一侧的山岭和山谷中会呈现出粉红色、玫瑰红或黄色等色调，这种现象叫染山霞或高山辉。傍晚时的染山霞比清晨明显，春夏季节又比秋冬季节明显，这种光照让物体的表面看起来像是被染上了一层浓浓的黄色或紫红色。

在黄昏的自然环境下，如果有室内的黄色或橙色的灯光与其呼应，那么，整体的画面会让人感觉到无比的美丽与和谐，所以，黄昏时刻的光影关系比较适合表现效果图。

从图1-31中可以看出，此时太阳附近的天空呈现红色，而附近的云呈现蓝紫色，由于太阳已经落山，光线不强，被大气散射而产生的天光亮度也随之降低，阴影部分变暗了很多，同时，整个画面的饱和度也增加了。

图1-31 黄昏时刻

从图1-32中可以看到，太阳被云层压住，阳光从云的下面照射并呈现出美丽的景象。

图1-32 曙暮晖线

5.夜晚

在夜晚，虽然太阳已经落山，但是，天光本身仍然是个光源，只是比较弱而已，它的光主要来源于被大气散射的阳光、月光，还有遥远的星光。

大家要注意，夜晚的表现效果中仍然有天光的存在，只是比较弱。

图1-33所示为夜幕降临时的一个画面，由于太阳早已经下山，因此，这时候天光起主要作用，仔细观察屋顶，它们都呈现蓝色。

图1-33 晚上

从图1-34中可以看出，天光比较弱，呈现蓝紫色，月光明亮而柔和。

图1-34 月光

6.阴天

阴天时的光线变化多样，这主要取决于云层的厚度和高度。其实，阴天也能拍摄出一个美丽的画面，因为在整个天空中就只有一个光源，它是被大气和云层散射的光，所以，光线和阴影都比较柔和，对比度比较低，色彩的饱和度比较高。

阴天时的天光的色彩主要取决于太阳的高度（虽然是阴天，但太阳还是躲在云层后面的）。通过观察和分析，可以发现在太阳高度比较高的情况下，阴天时的天光主要呈现灰白色；而当太阳的高度比较低，特别是快落山的时候，天光的色彩就发生了变化，这时候的天光呈现蓝色。

从图1-35中可以看出阴天时的光线特点，阴影柔和、对比度低，而饱和度高。

图1-35 阴天

在太阳照射角度比较高的阴天，整个天光呈现出的是灰白色，如图1-36所示。

图1-36 太阳照射角度比较高的阴天

图1-37所示为太阳照射角度比较低的阴天，我们可以看到，暗部呈现淡淡的蓝色。

图1-37 太阳照射角度比较低的阴天

1.4.3 人造光

人造光是随着人类的文明及科学技术的发展而逐渐被制造出来的光源，是人们有目的的创造的，例如，一般的家庭照明是为了满足人们的生活需要，而办公室照明则是为了使人们更好地工作。

1.钨灯

钨灯也就是大家平常看到的白炽灯，它是根据热辐射原理制成的，钨丝达到炽热状态后，可使电能转化为可见光。钨丝的温度达到500℃时，就开始发出可见光，随着温度的增加，可见光从红到橙黄，再到白，逐渐变化。人们平时看到的白炽灯的颜色都和灯泡的功率有关，一个15W的灯泡的照明很暗，色彩呈现红橙色，而一个200W的灯泡照明就比较亮了，色彩呈现黄白色。

通常情况下，白炽灯产生的光影都比较硬，人们为了得到一个柔和的光影，都会通过灯罩来改变白炽灯的光影，如台灯的灯罩。从图1-38中可以看出，在白炽灯的照明下，高亮的区域呈现接近白色的颜色，随着亮度的衰减，色彩慢慢变成了红色，最后到黄色。

图1-38 白炽灯的照明效果

从图1-39中可以看到，加上灯罩的白炽灯的光影要柔和很多，看上去并不是那么刺眼。

图1-39 有灯罩的白炽灯的照明效果

2.荧光

荧光照明主要是为了节约电能，它的色温通常是绿色的，这和我们眼睛看到的有点不同，因为我们的眼睛有自动白平衡功能。荧光照明被广泛地应用在办公室和公共建筑等地方，因为这些地方需用的电能比较多。

荧光灯的光源效率高、寿命长、经济性好，颜色性优良、光色丰富、适用范围广，可得到发光面积大、阴影少而宽的照明效果，故更适用于要求照度均匀一致的照明场所。图1-40所示为荧光的照明效果，它的颜色呈现绿色，光影相对柔和。

图1-40 荧光的照明效果

人造光是为了弥补太阳光照不足的情况，如阴天和晚上。随着社会的发展，室内光照也有了它自身的定律，人们把居室照明分为3种，分别是集中式光源（主）、辅助式光源（辅光）和普照式光源（背景光）。可将它们组合起来营造一个光照气氛，其亮度比例大约为5:3:1，其中的5是指光亮度最强的集中性光线（比如投射灯），3是指给人柔和感觉的辅助式光源，1则是提供整个房间照明的最基本的光源。

3.烛光

相比电灯发出的灯光，烛光的色彩变化更加丰富，只是烛光的光源经常跳动和闪烁。现代人经常用烛光来营造一种浪漫的气氛，这是因为它本身的色温不高且光影柔和。图1-41所示为烛光的照明效果，可以看到，烛光本身的色彩非常丰富，它产生的光影也比较柔和。

图1-41 烛光的照明效果

1.4.4 灯光在室内设计中的应用

前面介绍了物理世界中存在的两类光源，其实，无论是物理世界还是效果图中的场景，往往都不止一个或一种光源，尤其是在效果图中，大部分效果都要靠多个光源互相协作来表现。

1.自然光照明

窗户采光就是自然光照明，它是室外光通过窗户照射到室内，窗户采光都是比较柔和的，因为窗户的面积一般都比较大（注意，在同等亮度下，光源面积越大，产生的光影越柔和）。如果是一个小窗口，那么，虽然光影比较柔和，但却能产生高对比的光影，这从视觉上来说是比较有吸引力的。如果是大窗口或多窗口，那么，这种对比就减弱了。

在不同天气状况下，窗户采光的颜色也是不一样的。如果在阴天，窗户光将是白色、灰色，或者是淡蓝色；在晴天，窗户光将是蓝色或白色。窗户光一旦进入室内，会先照射到窗户附近的地板、墙面和天花上，然后，通过它们在反射到达家具上，如果反射比较强烈，就会产生辐射现象，使整个室内的色彩产生丰富的变化。

图1-42所示为小窗户的采光情况，我们可以看到，由于窗户比较小，因此，暗部比较暗，整个图的对比相对强烈，而光影却比较柔和。

图1-42 小窗户的采光

图1-43所示为大窗户的采光情况，在大窗户的采光环境下，整个画面的对比比较弱，由于窗户的进光口大，因此，暗部也不是那么的暗。

图1-43 大窗户的采光

从图1-44中可以看到，这里的天光略微带点蓝色，这是由于云层的厚薄和阳光的高度不同造成的。

图1-44 带蓝色天光的采光

2.人造光照明

虽然自然光能够提供很大程度上的照明，但自然光会受到自然条件的限制，夜晚等自然光不是非常明显的时候，就需要用人造光来提供照明了。

相比自然光的局限性，人造光则可根据实际的需要布置光源的发光位置和角度，且不受季节、时间和地域的限制，也就是说，任何季节、任何时间、任何地区都可用人造光提供所需的照明。夜晚的室内照明和地下空间的照明等场所，都属于摆脱条件限制的人造光源照明。通常，可根据人造光的不同作用，将其划分为3种。

第1种：普通照明，这种照明方式可给一个环境提供基本的空间照明，用于把整个空间照亮。普通照明要求照明器的匀布性和照明的均匀性，这种照明方式主要用于日常家居和办公空间。

第2种：重点照明，也叫物体照明，它是针对某个重要物品或重要空间的照明，比如，橱窗的照明就属于商店的重点照明。这种照明方式通常是提供有方向的、光束比较窄的、高亮度且具有针对对象的照明，可用点式光源和投光灯具来实现。

第3种：局部照明，这种方式通常是装饰性照明，用于制造特殊的氛围，以达到一定的视觉效果，如西餐厅和酒店的照明方式。现在城市夜景中常见的用于勾勒建筑轮廓的照明也可归为局部照明。

图1-45所示为餐厅的照明效果，这种照明属于局部照明，对餐桌部分的照明与周围形成了强烈的明暗对比，使整个场景呈现出一种高贵、优雅的氛围，从而使顾客感受高雅的用餐环境。

图1-45 餐馆里的照明效果

图1-46所示为一个画展场景的照明，这种照明方式为重点照明，读者通过对场景的观察就能发现其表达主体是壁画。与局部照明不同，虽然这种照明方式也会有区域的灯效，但并不是为了表现一种氛围，而是为了直接表达主体。

图1-46 画展的照明

3.混合照明

我们常常可以看到自然光和室内人造光混合在一起的情景，特别是在黄昏时，室内的暖色光和室外天光的冷色在色彩上形成了鲜明而和谐的对比，从视觉上给人们带来美的感受。

这种自然光和人造光的混合，常常会产生很好的气氛，优秀的效果图在色彩方面都或多或少地对此有借鉴。

图1-47所示为光照的影响，建筑的颜色不仅受到了室外蓝紫色天光的光照影响，同时，也受到了室内橙黄色光照的影响，在色彩上形成了鲜明的对比，同时又给我们带来了和谐、统一的感觉！

图1-47 混合光照

图1-48所示为一张临摹的图，其目的就是练习这种色彩的对比。

图1-48 效果图

1.5 材质

什么是材质呢？简单地说，材质就是物体外观的样子，是材料和质感的结合。在渲染程序中，材质是物体表面各种可视属性的结合，这些可视属性是指物体表面的色彩、纹理、光滑度、透明度、反射率、折射率和发光度等。正是有了这些属性，人们才能够识别三维空间中的物体属性，也正是有了这些属性，计算机模拟的三维世界才会像真实世界那样缤纷多彩。

1.5.1 物体的材质属性

如果要想做出逼真的材质，就必须深入了解物体的属性，这需要对真实物理世界中的物体进行观察并对其材质进行细致的分析，以更加深入地了解其材质属性。

1.物体的颜色

色彩是光的一种特性，通常情况下，我们看到的色彩是光作用于眼睛的结果。光线照射到物体上的时候，物体会吸收一些光，同时，也会漫反射一些光，这些被漫反射出来的光就是物体看起来的颜色，这种颜色常被称为“固有色”。这些被漫反射出来的光色除了会影响人们的视觉之外，还会影响它周围的物体，这就是“光能传递”，其影响的范围不会像人们的视觉范围那么大，它会遵循“光能衰减”的原理。

图1-49所示为光照亮度，远处的光照较亮，而近处的光照较暗，这与光的反射和照射角度有关系，当光的照射角度与物体表面成90°垂直照射时，光的反射最强，而光的吸收最弱；当光的照射角度与物体表面成180°时，光的反射最弱，而光的吸收最强。物体表面越白，光的反射越强；反之，物体表面越黑，光的吸收越强。

图1-49 光的反射和吸收

2.光滑与反射

想知道一个物体是否有光滑的表面，往往不需要用手去触摸，眼睛就会告诉我们结果。光滑的物体总会出现明显的高光，如玻璃、瓷器和金属等，没有明显高光的物体，通常都是比较粗糙的，如砖头、瓦片和泥土等。

这种差异在自然界中无处不在，但它是怎么产生的呢？这是由于光线的反射作用，它和上面所讲的“固有色”的漫反射方式不同，光滑物体有一种类似镜子的特性，在物体的表面还没有光滑到可以镜像反射出周围的物体的时候，它对光源的位置和颜色是非常敏感的，所以，光滑的物体表面会“镜射”出光源，这就是物体表面的高光区，它的颜色是由照射它的光源颜色决定的（金属除外）。随着物体表面光滑度的提高，它对光源的反射会越来越清晰，所以，在材质编辑中，越是光滑的物体的高光范围就越小，强度也越高。

图1-50所示为洁具，洁具的表面有高光，这就因为洁具表面比较光滑。

图1-50 表面光滑的洁具

3.透明与折射

自然界的大多数物体会遮挡光线，当光线可以自由穿过物体时，这个物体就是“透明”的。这里所说的穿过，不但指光源的光线穿过透明物体，还指透明物体背后的物体反射出来的光线也要穿过透明物体，这样，我们才可以看见透明物体背后的东西。

由于透明物体的密度不同，射入的光线的方向会发生偏移现象，这就是“折射”，比如，插进水里的筷子，看起来是弯的，这就是所谓的“折射”现象。自然界中不同的透明物质的折射率也不一样，即使是同一种透明物质，温度也会影响其折射率，比如，穿过火焰上方的热空气观察对面的景象时，会发现景象有明显的扭曲现象，这就是因为温度改变了空气的密度，不同的密度产生了不同的折射率。正确使用折射率是真实再现透明物体的重要手段。

在自然界中还存在另一种形式的“透明”，在三维软件的材质编辑中，把这种属性称为“半透明”，如纸张、塑料、植物的叶子和蜡烛等。它们原本不是透明的物体，但在强光的照射下，背光部分会出现“透光”现象，这种现象就被称为“半透明”。

图1-51所示为树叶在阳光的照射下呈现出“半透明”现象。大家在效果图材质调节过程中，应该先分析物体本身的材质特点，再有针对性地设置，这样才能表现出更好的效果。

图1-51 半透明质感

1.5.2 办公空间的材质

办公空间要明亮、清新，所以，在搭配材质时，应多以“简”为主，其目的是让人有一个比较纯净的空间环境来办公，这样心神就不会受到外物的刺激，同时，应避免使用过激的色彩，多用中性色，如图1-52所示。

图1-52 简约的办公空间

1.5.3 家居空间的材质

家居空间的材质搭配主要以主人的喜好来定，有简约的也有奢华的，有稳重的也有前卫的。简约家居一般采用玻璃、橡胶、金属和强化纤维等高科技材料。玻璃的清透质感不仅可以让视觉延伸，创造出通透的空间感，还能让空间显得更为简洁，另外，具有自然、淳朴特性的石材、原木和皮革也很适合现代简约空间，如图1-53所示。

图1-53 简约家居

奢华空间的设计一般采用金色或银色金属，带有暗花纹理的材质，柔软的布艺，带有金属质感的缎子等，如图1-54和图1-55所示。

图1-54 欧式家居

图1-55 中式家居

1.5.4 展示空间的材质

展示空间的材质一般采用金属、玻璃、橡胶和石材等，可根据施工的类型将其分钢筋混凝土和钢架结构两类，如图1-56和图1-57所示。

图1-56 商业空间

图1-57 企业展厅

1.6 设计风格

与美术学的“风格”一样，不同的人对绘画有着不同的理解，所以，形成了不同的绘画风格。设计风格也是这样，所以，效果图表现也自然如此了。

效果图表现经过长期的发展，逐步出现了写实与写意两大风格。写实以真实地表现室内场景为前提，真实高于一切，不惜用类似死黑的效果来表达真实的空间构成与明暗关系，以给人震撼的真实感；写意以“意”为主导，不同的空间，不同的设计风格都有着不同的意境，如何把这个不同的意境表达出来，是写意风格制作者最注重的，他们往往会把设计所要表现的重点更明显地表现在效果图中。

风格没有好与不好，也不会有强弱之分，只是针对的客户群体不一样，如写实派更适合国外的客户群体，而写意派风格则更受国内大多数业主的喜好。

“设计风格”这个词本身就比较模糊。目前，比较流行的几大主要设计风格有现代风格、中式风格和欧式风格等。这些大风格实在太过笼统，比如，现代风格经过长期的发展出现了简约现代风格及特殊的后现代风格；中式和欧式风格更是出现了现代中式、巴厘风情及北欧风格等，出现了趋向于现代风格的形式，使原本模糊的界限更难定义了。图1-58所示为一些风格各异的室内设计。

图1-58 风格各异的设计

1.6.1 欧式风格

奢华、稳重是欧式风格给我们视觉上的第一印象。通过对色彩构成的学习，可以了解冷色调给人一种清新感，暖色调给人一种慵懒感。

欧式风格是由西方贵族及皇室风格发展而来的一种奢华风格，所以，暖色调给人的慵懒感与奢华感更适合表现一般欧式风格的“意境”，如图1-59、图1-60和图1-61所示。

图1-59 奢华的暖色系设计

图1-60 偏向无色系的淡雅风格

图1-61 古典的冷色系

1.6.2 中式风格

中式风格或是深沉、稳重，或是清淡、优雅，偏蓝色的基调可以增添一些历史的神秘感，但缺少中式的深沉感，因此，一般以冷色调的光线作为基础，再用无色系的灯光来进行搭配，以表现出中式风格的深沉与神秘，如图1-62示。

图1-62 典雅、庄重的中式色彩搭配

用暖色调搭配出的中式风格，所表达的意境是以人为本，而并非是中式设计本身所体现的神秘感，它体现出以生活为主题的人文环境，使人感觉更加温馨，如图1-63所示。

图1-63 温文尔雅的中式色彩搭配

1.6.3 现代风格

现代风格注重突破传统，重视功能和空间的组织，讲究材料本身发挥的搭配效果，以软装饰的搭配为根本，以达到环保的“重装饰、轻装修”效果。

由于现代风格的定义比较模糊，如高调的梁式风格、简洁且明快的简约风格、具有神秘气息的后现代风格等，因此，想要将这些风格表现好，往往要根据不同的设计及场景构造来搭配不同的灯光色彩，另外，现代风格的适应性很强，各种不同的灯光色彩搭配都能获到令人满意的效果，如图1-64所示。

图1-64 色彩与风格多样的现代风格

风格学说的覆盖面比较广泛，读者可以在学习、工作中了解更多搭配灯光与色彩的方法。

1.7 根据场景特性确定渲染气氛

每个场景在不同的时间段都会有不同的氛围，那么，怎样来根据场景来选择时间段呢？

先要明白的是所表现空间的功能，并且，配合设计师的需求，这样就可以为场景选一个最好的时间段来表现它。家装的表现可以选择白天或者夜晚，工装的空间要根据建筑本身的营业时间来进行选择，如银行的表现一般是采用白天，而酒吧的表现一般则采用夜晚。下面，用一些例子来进行说明。

下午两点左右是日光比较强烈的时候，强烈的日光照在沙发上，给人一种温暖、安详的感受，如图1-65所示。

图1-65 日光中的客厅

黄昏多多少少会给人一丝惆怅的感觉，在建筑的表现上则能够体现出一种历史的沉重，如图1-66所示。

图1-66 黄昏中的门庭

夜晚的人造光源能够体现出场景的功能和情调，所以，常常用它来营造某种氛围，如图1-67所示。

图1-67 用人造光源营造的氛围

1.8 效果图应体现出设计师的理念

很多时候，设计师都会对场景做出某些要求，比如，哪里应该突出一点，画面的色彩是否要更饱和一点等。为了能够理解客户的意思，就要对设计进行理解，理解了设计后，即使客户没有提出要求，设计师也可以把图像表达得相当准确。灯光和色彩都不能笼统概括，不能说酒店就一定要用那种灯红酒绿的氛围，这要根据场景的材质和灯光布置来综合分析。

图1-68所示为比较单一的空间色彩，只有黑和白两种，设计师力求这种简而素的风格，所以，这类图不用太多颜色，如果空间结构允许的话，以表现白天为好（天光下，室内的灯光效果比较弱，天光比较统一）。相机的高度要足以表现出空间的纵深关系，不是所有空间都适合低机位拍摄，也不是低机位就能将场景表现得大气一些，要根据实际情况来决定。

图1-69所示为色彩的冷暖对比。不要认定蓝色就是冷色，红色就是暖色，有的时候，冷暖的差别不是很大。粉红色虽然属于暖色系，但是，相比橙色，它显得偏冷；黄色和绿色相比，绿色显得偏冷，但和蓝色相比，绿色又显得偏暖。

图1-69所示为图片采用的竖向构图，机位较低，所以，画面的高度感显得比较充分。这种构图方法多用于表现比较高的建筑空间，如大堂和别墅客厅等。

图1-68 黑白对比

图1-69 冷暖对比

1.9 本章小结

本章重点介绍了效果图制作的八大要素，有技术层面的，有美术层面的，还有商业层面的，总之，都是为了制作出高品质的效果图，希望读者能够认真掌握这些内容，为后面的技术学习打下良好的理论基础。

第2章

3ds Max的基本操作

从本章开始，我们正式进入3ds Max的软件技术学习阶段，3ds Max 2014有两个版本，我们选用面向娱乐专业人士的3ds Max 2014进行教学。虽然3ds Max分了两个版本，但版本之间的功能差异是极其细微的，而且，从实际工作来看，两个版本基本上是可以互通的，也就是说，无论用哪个版本来学习都一样。本章将主要带领读者认识3ds Max 2014的工作界面，以及学习软件的基本操作。

课堂学习目标

3ds Max 2014的工作界面

标题栏

菜单栏

主工具栏

视口区域

命令面板

时间尺

状态栏

时间控制按钮

视图导航控制按钮

2.1 关于3ds Max

Autodesk公司出品的3ds Max是一款优秀的三维软件。由于3ds Max强大的功能，因此，它从诞生以来就一直受到CG艺术家的喜爱。3ds Max在模型塑造、场景渲染、动画及特效等方面的功能非常强大，这也使其在效果图制作、插画、影视动画、游戏和产品造型等领域中占据重要地位，成为全球最受欢迎的三维制作软件之一，如图2-1~图2-5所示。

图2-1 室内设计

图2-2 动漫

图2-3 影视

图2-4 产品造型

图2-5 插画

技巧与提示

从3ds Max 2009开始，Autodesk公司会同时推出两个版本的3ds Max，一个是面向影视、动画专业人士的3ds Max，另一个是专门为建筑师、设计师及可视化设计量身定制的3ds Max Design。对于大多数用户而言，这两个版本是没有任何区别的。本书中采用的是中文版3ds Max 2014，请大家注意。

2.2 3ds Max 2014的工作界面

下面，将重点介绍3ds Max 2014的工作界面及其工具选项，请读者在自己的计算机上安装好3ds Max 2014，以便边学边练。

2.2.1 启动3ds Max 2014

安装好3ds Max 2014后，可以通过以下两种方法来启动3ds Max 2014。

第1种：双击桌面上的快捷图标。

第2种：执行“开始>程序>Autodesk>Autodesk 3ds Max 2014 >Autodesk 3ds Max 2014 Simplified Chinese”命令，如图2-6所示。

图2-6

在启动3ds Max 2014的过程中，可以看到3ds Max 2014的启动画面，如图2-7所示。启动完成后，可以看到其工作界面，如图2-8所示。

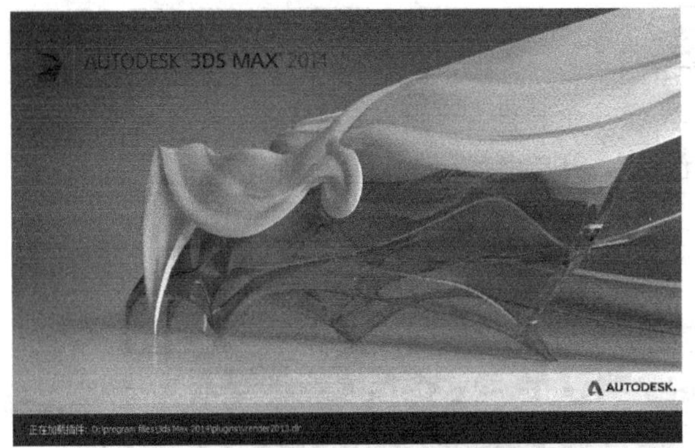

图2-7 启动画面

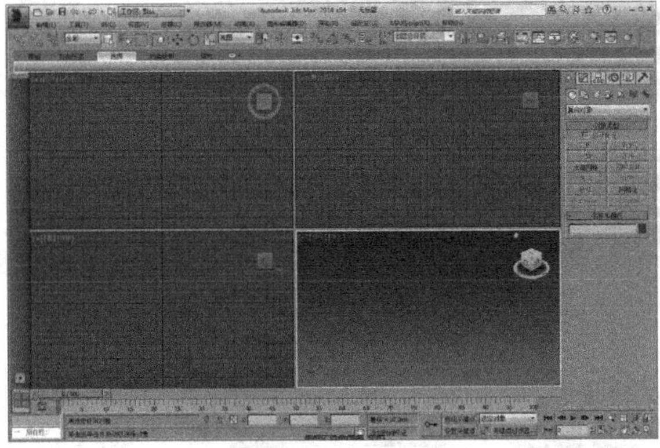

图2-8 3ds Max 2014 工作窗口

3ds Max 2014的默认工作界面是四视图显示，如果要切换到单一的视图显示，则可以单击界面右下角的“最大化视口切换”按钮或按Alt+W组合键，如图2-9所示。

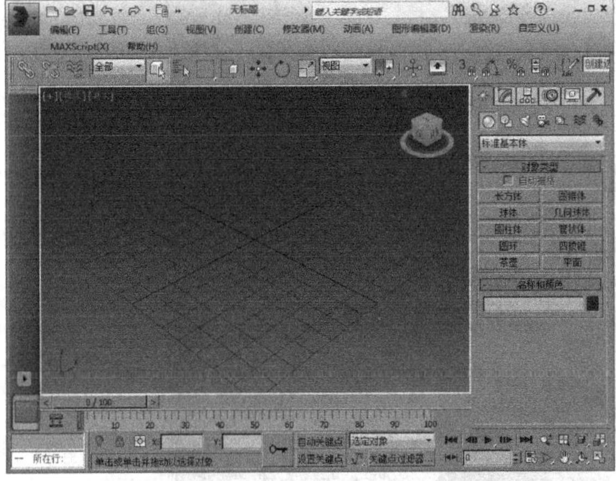

图2-9 最大化视口

技巧与提示

初次启动3ds Max 2014时，系统会自动弹出“欢迎使用3ds Max”对话框，其中包括6个入门视频教程，如图2-10所示。

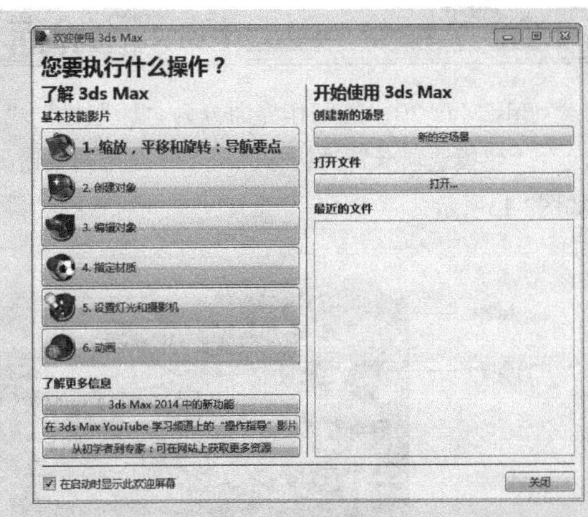

图2-10 欢迎对话框

若不想在启动3ds Max 2014时弹出“欢迎使用3ds Max”对话框，只需取消该对话框左下角的“在启动时显示此欢迎屏幕”选项的勾选即可，如图2-11所示；若要恢复“欢迎使用3ds Max”对话框，则可执行“帮助（H）>欢迎屏幕”菜单命令，如图2-12所示。

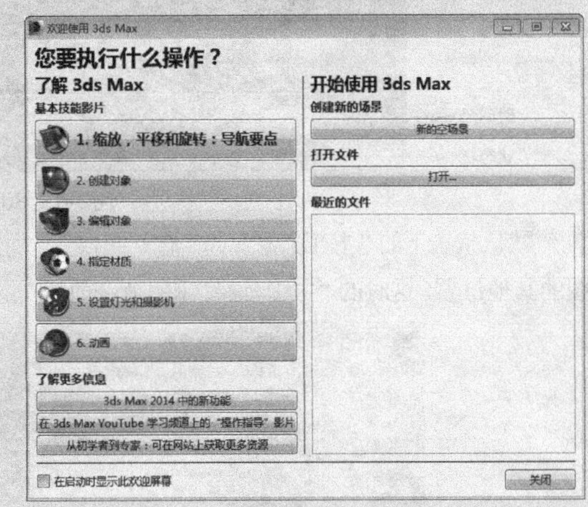

图2-11 关闭欢迎对话框

帮助(H)
Autodesk 3ds Max 帮助(A)...
新功能...
3ds Max 学习频道...
欢迎屏幕
教程...
学习路径(L)...
附加帮助(A)...
Search 3ds Max Commands... X
MAXScript 帮助(M)...
3ds Max 服务和支持 ▸
3ds Max 社区 ▸
反馈 ▸
3ds Max 资源和工具 ▸
许可证借用 ▸
Autodesk 产品信息 ▸

图2-12 恢复欢迎对话框

2.2.2 3ds Max 2014的工作界面

3ds Max 2014的工作界面分为“标题栏”“菜单栏”“主工具栏”“视口区域”“命令面板”“时间尺”“建模选项卡”“状态栏”“时间控制按钮”“视口布局选项卡”和“视口导航控制按钮”11大部分，如图2-13所示。

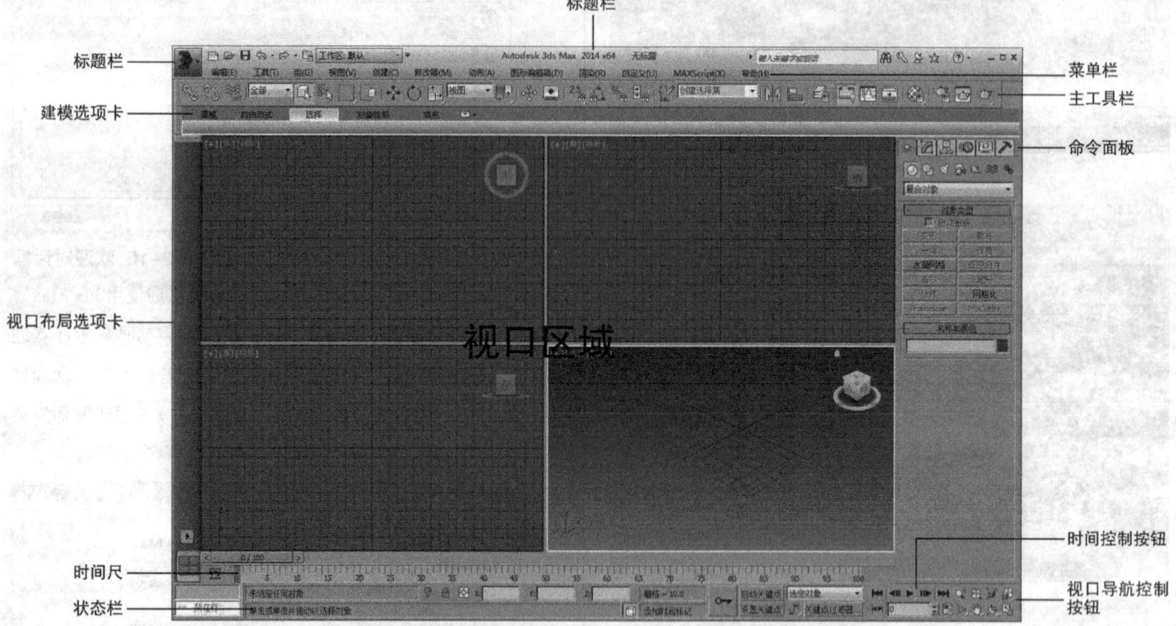

图2-13 3ds Max 2014的工作界面

默认状态下的“主工具栏”和“命令面板”分别停靠在界面的上方和右侧，可以通过拖曳的方式将其移动到视图的其他位置，这时的“主工具栏”和“命令面板”将以浮动的面板形态呈现在视图中，如图2-14所示。

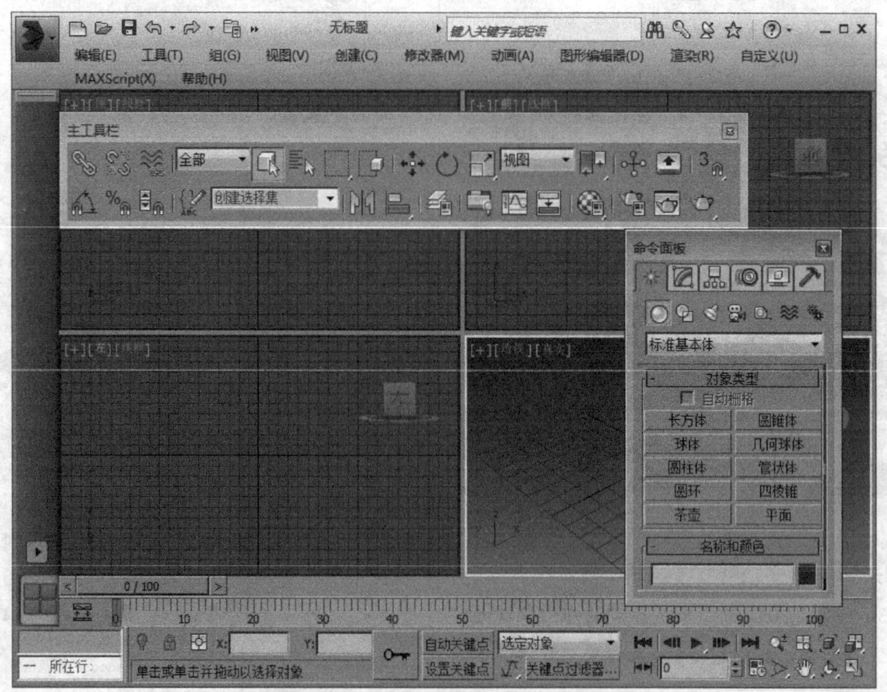

图2-14 移动“主工具栏”和“命令面板”

技巧与提示

若想将浮动的“主工具栏”面板切换回停靠状态，可以将浮动的面板拖曳到任意一个面板或主工具栏的边缘，或者双击“主工具栏”面板的标题名称，比如，“命令面板”是浮动在界面中的，将鼠标指针放在“命令面板”的标题名称上，然后，双击鼠标左键，这样“命令面板”就会返回到停靠状态，如图2-15和图2-16所示。也可以在“主工具栏”面板的顶部单击鼠标右键，然后，在弹出的菜单中选择“停靠”菜单下的子命令来选择停靠位置，如图2-17所示。

图2-15 双击面板标题

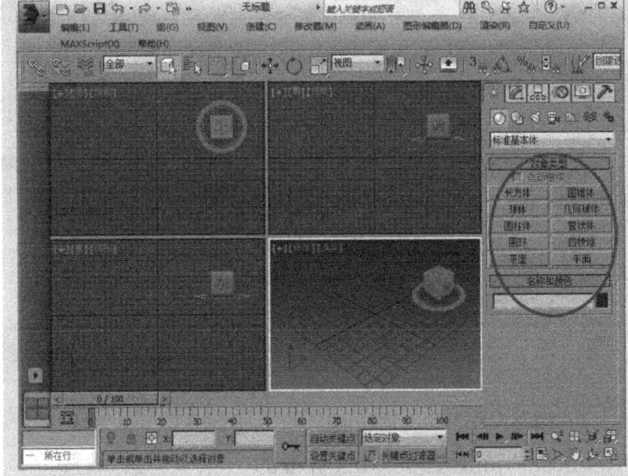

图2-16 恢复为停靠状态

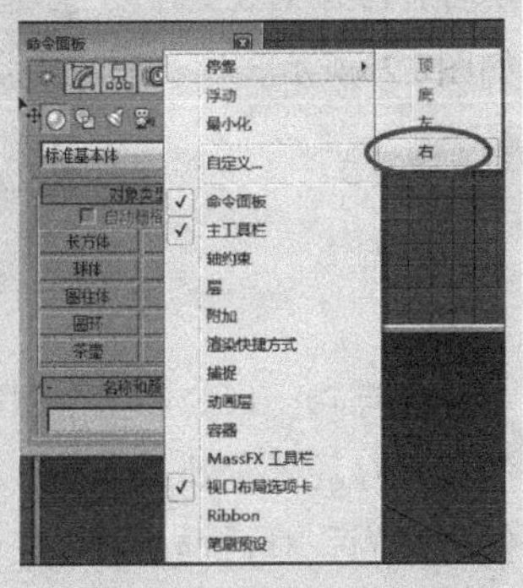

图2-17 选择停靠位置

本节知识介绍

知识名称	主要作用	重要程度
标题栏	显示当前编辑的文件名称及软件版本信息	中
菜单栏	包含所有用于编辑对象的菜单命令	高
主工具栏	包含最常用的工具	高
视口区域	用于实际工作的区域	高
命令面板	包含用于创建/编辑对象的常用工具和命令	高
时间尺	预览动画及设置关键点	高
状态栏	显示选定对象的数目、类型、变换值和栅格数目等信息	中
时间控制按钮	控制动画的播放效果	高
视图导航控制按钮	控制视图的显示和导航	高

2.3 标题栏

3ds Max 2014的“标题栏”位于界面的最顶部。“标题栏”上包含当前编辑的文件名称、软件版本信息，还有软件图标（这个图标也被称为“应用程序”图标）、快速访问工具栏和信息中心3个非常人性化的工具栏，如图2-18所示。

图2-18 标题栏

2.3.1 应用程序

单击“应用程序”图标后，会弹出一个用于管理场景文件的下拉菜单。这个菜单与之前版本的“文件”菜单类似，主要包括“新建”“重置”“打开”“保存”“另存为”“导入”“导出”“发送到”“参考”“管理”“属性”和“最近使用的文档”12个常用命令，如图2-19所示。

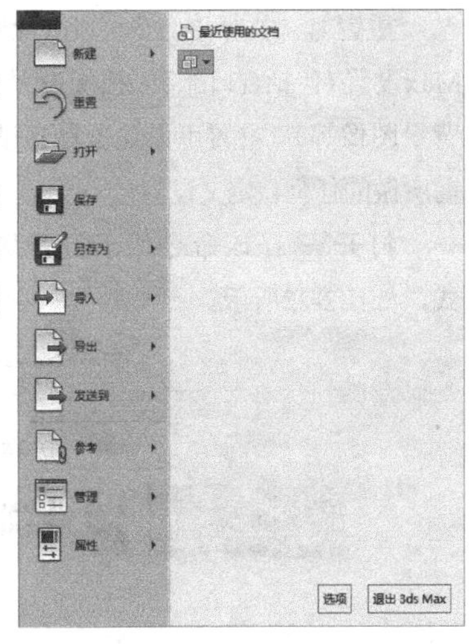

图2-19 标题栏

【命令详解】

新建：该命令用于新建场景，包含3种方式，如图2-20所示。

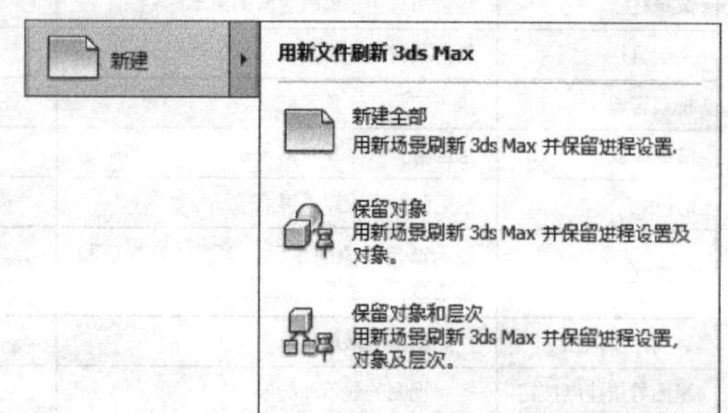

图2-20 新建命令

新建全部：可新建一个场景并清除当前场景中的所有内容。

保留场景：可保留场景中的对象，但删除它们之间的任意链接及任意动画键。

保留对象和层次：保留对象及它们之间的层次链接，但删除任意动画键。

技巧与提示

在一般情况下，新建场景都用快捷键来完成。按Ctrl+N组合键可以打开“新建场景”对话框，可以在该对话框中选择新建方式，如图2-21所示。这种方式是最快捷的新建方式。

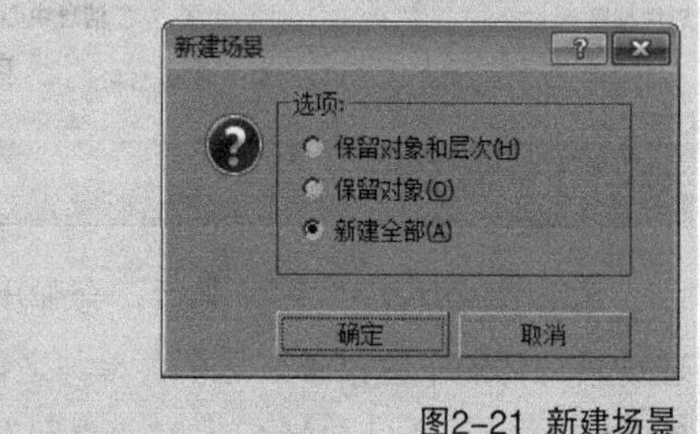

图2-21 新建场景

重置：执行该命令可以清除所有数据并重置3ds Max设置（包括视口配置、捕捉设置、材质编辑器、视口背景图像等）。重置可以还原默认设置，也可以移除当前所做的任何自定义设置。

打开：该命令用于打开场景，包含两种方式，如图2-22所示。

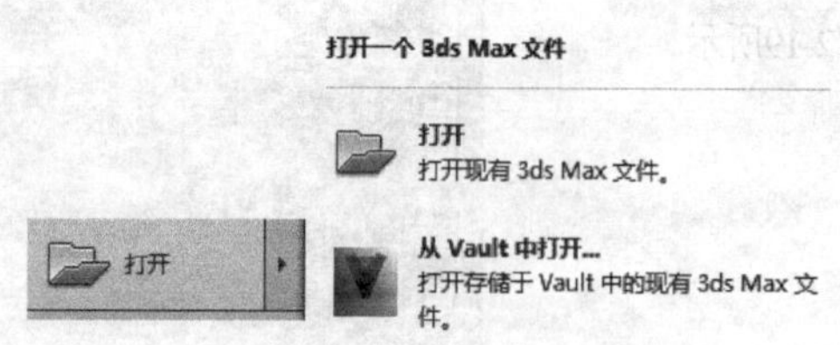

图2-22 打开命令

打开：执行该命令或按Ctrl+O组合键可以打开“打开文件”对话框，再在该对话框中选择要打开的3ds Max场景文件，如图2-23所示。

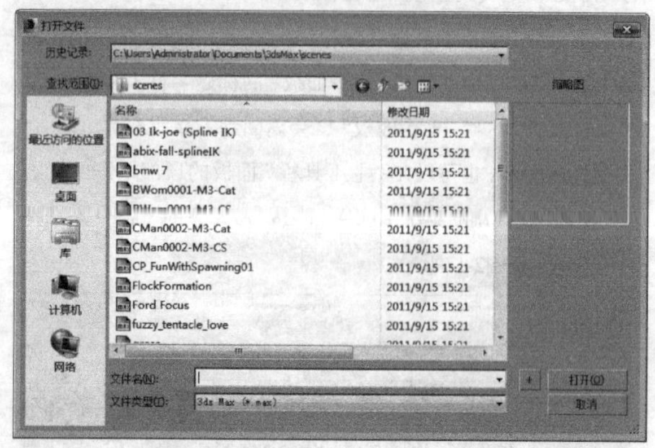

图2-23 打开文件

技巧与提示

除了可以用“打开”命令打开场景以外，还有一种更为简便的方法。在文件夹中选择要打开的场景文件，然后，用鼠标左键将其拖曳至3ds Max的操作界面即可将其打开，如图2-24所示。

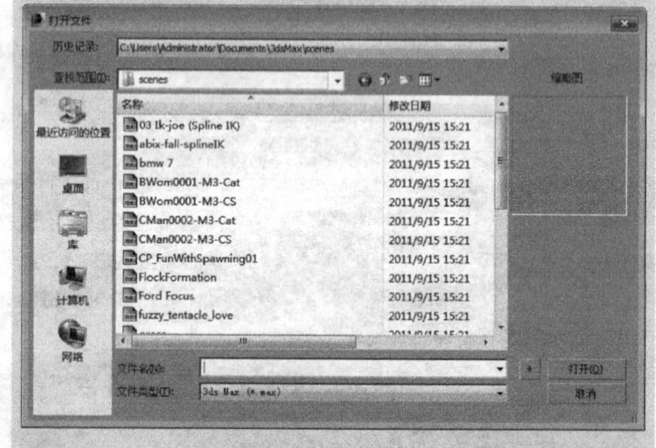

图2-24 拖曳并打开文件

从Vault中打开：执行该命令后，可以直接从Autodesk Vault（3ds Max附带的数据管理提供程序）中打开 3ds Max文件，如图2-25所示。

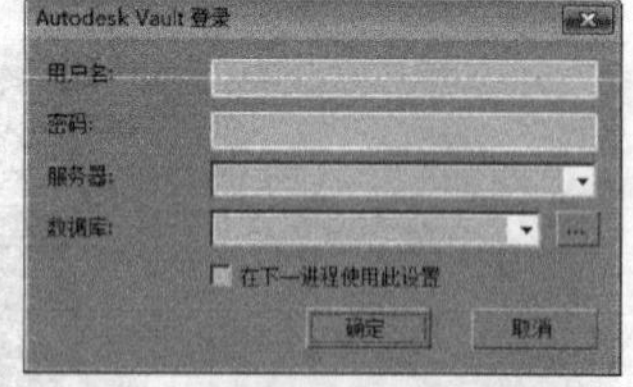

图2-25 Autodesk Vault

保存：该命令用于保存当前场景。如果先前没有保存场景，那么，执行该命令后，会打开“文件另存为”对话框，可以在该对话框中设置文件的保存位置、文件名及保存的类型，如图2-26所示。

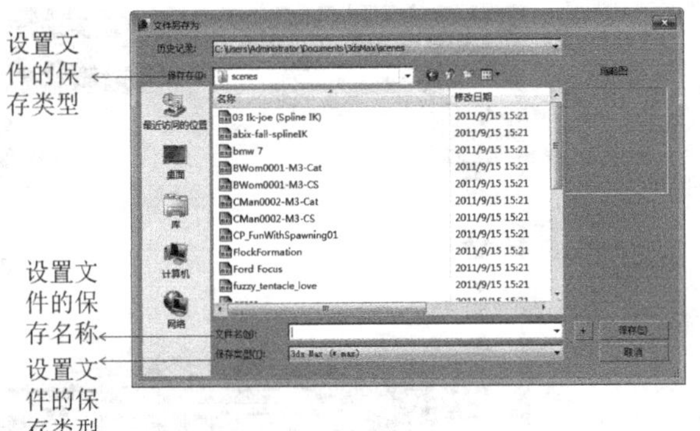

图2-26 保存文件

另存为：执行该命令后，可以将当前场景文件另存一份，包含4种方式，如图2-27所示。

图2-27 另存为

另存为：执行该命令后，可以打开“文件另存为”对话框，再在该对话框中设置文件的保存位置、文件名及保存的类型，如图2-28所示。

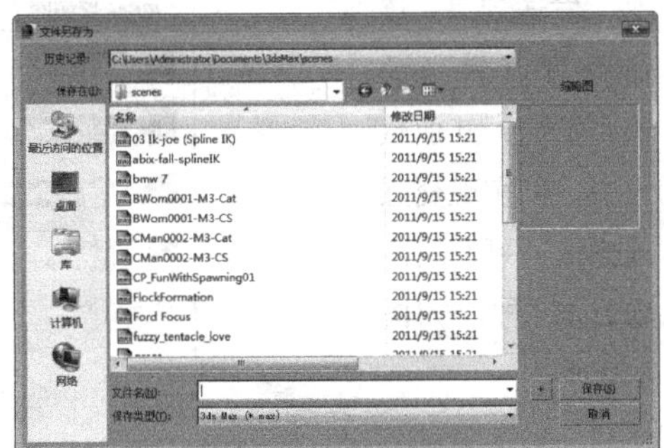

图2-28 文件另存为

技巧与提示

“保存”与“另存为”命令都是用来保存文件的，它们之间有什么区别呢？

关于“保存”命令：如果事先已经保存了场景文件，也就是计算机硬盘中已经有这个场景文件，那么，执行该命令后，会直接覆盖掉这个文件；如果计算机硬盘中没有场景文件，那么，执行该命令后，会打开“文件另存为”对话框，设置好文件保存位置、保存命令和保存类型后，才能保存文件，这与“另存为”命令的工作原理是一样的。

关于“另存为”命令：如果硬盘中已经存在场景文件，那么，执行该命令同样会打开“文件另存为”对话框，可以选择另存为一个文件，也可以选择覆盖掉原来的文件；如果硬盘中没有场景文件，执行该命令后，还是会打开“文件另存为”对话框。

保存副本为：执行该命令后，可以用一个不同的文件名来保存当前场景的副本。

保存选定对象：在视口中选择一个或多个几何体对象以后，执行该命令可以保存选定的几何体。注意，只有在选择了几何体的情况下，该命令才可用。

归档：这是一个比较实用的功能。执行该命令后，可以将创建好的场景、场景位图保存为一个zip压缩包。对于复杂的场景，用该命令进行保存是一种很好的保存方法，因为这样不会丢失任何文件。

导入：该命令可以加载或合并当前3ds Max场景文件以外的几何体文件，包含6种方式，如图2-29所示。

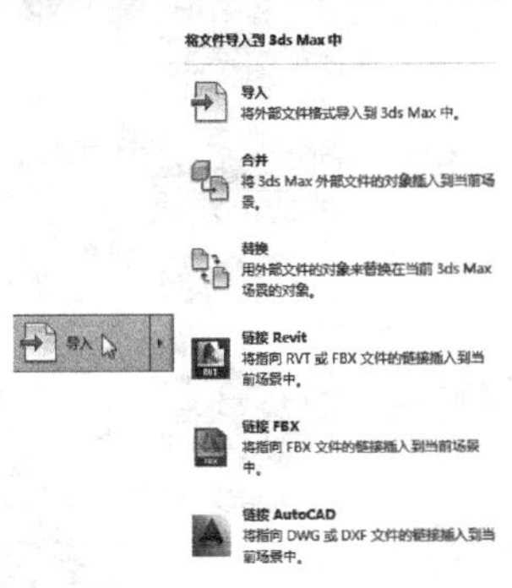

图2-29 导入命令

导入：执行该命令后，可以打开“选择要导入的文件”对话框并在该对话框中选择要导入的文件，如图2-30所示。

图2-30 导入

合并：执行该命令后，可以打开“合并文件”对话框并在该对话框中可将保存的场景文件中的对象加载到当前场景中，如图2-31所示。

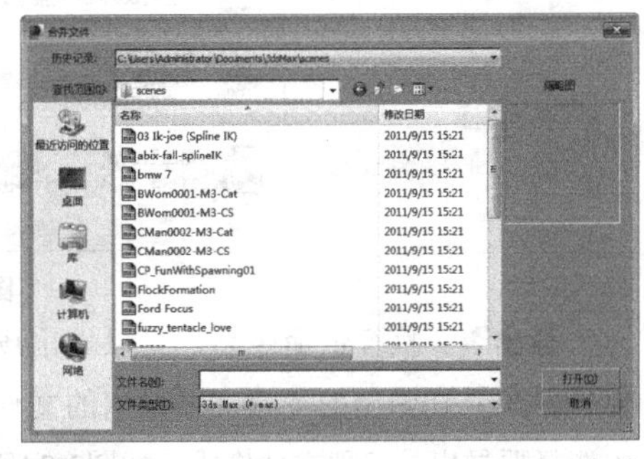

图2-31 合并

技巧与提示

选择要合并的文件后，单击“合并文件”对话框中的“打开”按钮，3ds Max会弹出“合并”对话框，可以在该对话框中选择要合并的文件类型，如图2-32所示。

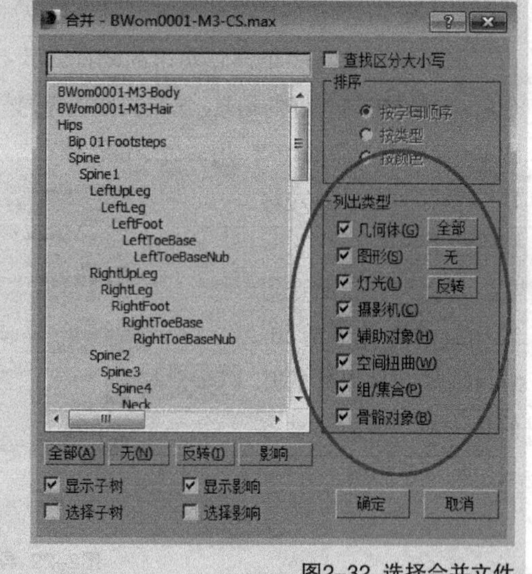

图2-32 选择合并文件

替换：执行该命令后，可以替换场景中的一个或多个几何体对象。

链接Revit：该命令不仅可以简单地导入文件，还可以使从Revit和3ds Max导出的DWG文件之间保持“实时链接”，在 Revit 文件中做出的更改，可以很轻松地在 3ds Max 中更新该更改。

链接FBX：将指向FBX格式文件的链接插入到当前场景中。

连接到AutoCad：将指向DWG或DXF格式文件的链接插入到当前场景中。

导出：该命令可以将场景中的几何体对象导出为各种格式的文件，包含3种方式，如图2-33所示。

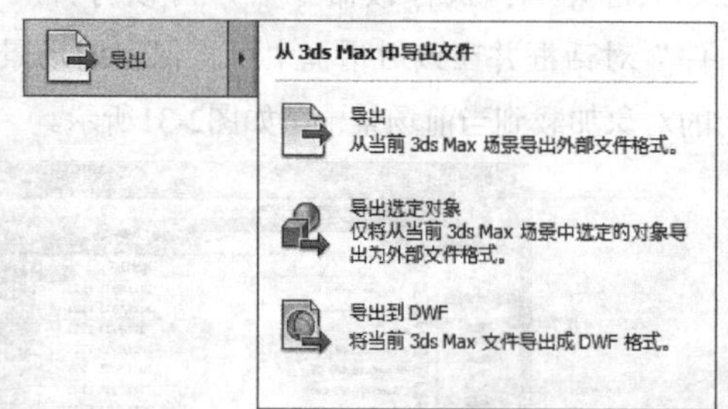

图2-33 导出

导出：执行该命令后，可以导出场景中的几何体对象并在弹出的“选择要导出的文件”对话框中选择要导出成何种文件格式，如图2-34所示。

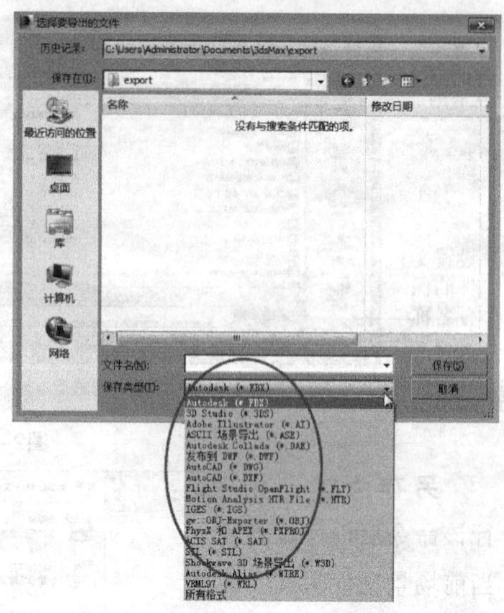

图2-34 导出文件

导出选定对象：在场景中选择几何体对象并执行该命令后，可以用各种格式导出选定的几何体。

导出到DWF：执行该命令后，可以将场景中的几何体对象导出成dwf格式的文件。这种格式的文件可以在AutoCAD中打开。

发送到：该命令可以将当前场景发送到其他软件中，以实现交互式操作，可发送的软件有4种，如图2-35所示。

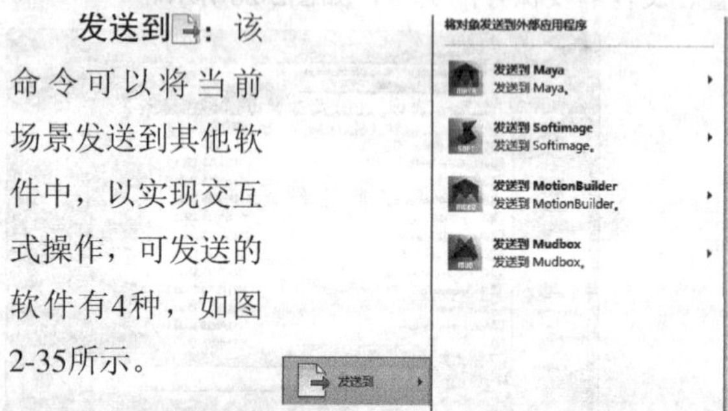

图2-35 发送到

技巧与提示

上面的内容涉及了Maya、Softimage、MotionBuilder和Mudbox这些软件，顺便给读者介绍一下这些软件的基本情况。

Autodesk Maya同样是Autodesk公司出品的世界顶级的三维动画软件之一，应用对象是专业的影视广告、角色动画和电影特技等。Maya的功能完善，工作灵活，易学易用，制作效率极高，渲染效果的真实感极强，是电影级别的高端制作软件。

Softimage（该软件是Autodesk公司的软件）是一款专业的3D动画制作软件。Softimage占据了娱乐业和影视业的主要市场，动画设计们用这个软件制作出了很多优秀的影视作品，《泰坦尼克号》《失落的世界》和《第五元素》等电影中的很多镜头都是用Softimage完成的。

MotionBuilder（该软件是Autodesk公司的软件）是业界最为重要的3D角色动画制作软件之一。它集成了众多优秀的工具，为制作高质量的动画作品提供了保证。

Mudbox（该软件是Autodesk公司的软件）是一款用于数字雕刻与纹理绘画的软件，其基本操作方式与Maya（Maya也是Autodesk公司的软件）相似。

参考：该命令用于将外部的参考文件插入到3ds Max中，以供用户进行参考，可供参考的对象包含5种，如图2-36所示。

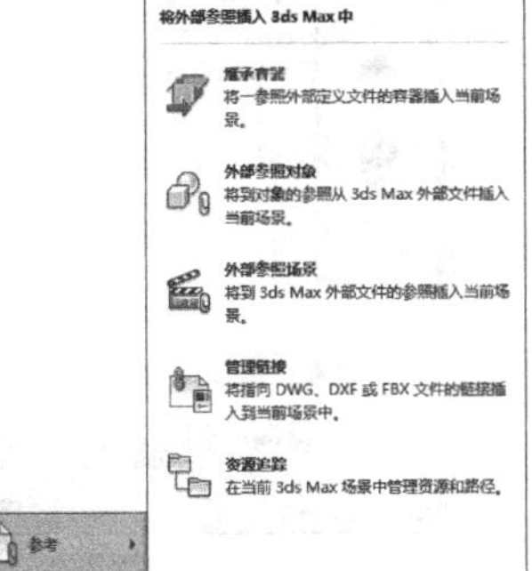

图2-36 参考

管理：该命令用于对3ds Max的相关资源进行管理，如图2-37所示。

图2-37 管理

设置项目文件：执行该命令后，可以打开“浏览文件夹”对话框并在该对话框中选择一个文件夹作为3ds Max当前项目的根文件夹，如图2-38所示。

图2-38 浏览文件夹

属性：该命令用于显示当前场景的详细摘要信息和文件属性信息，如图2-39所示。

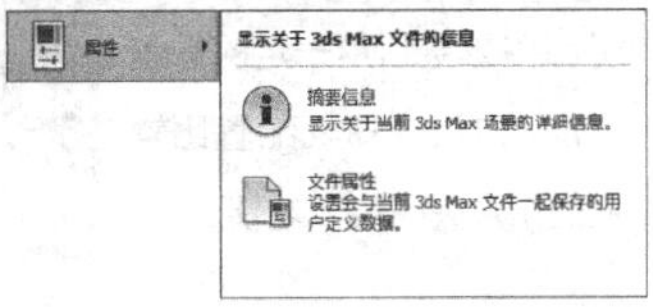

图2-39 属性

选项：单击该按钮后，可以打开“首选项设置”对话框并在该对话中设置3ds Max几乎所有的首选项，如图2-40所示。

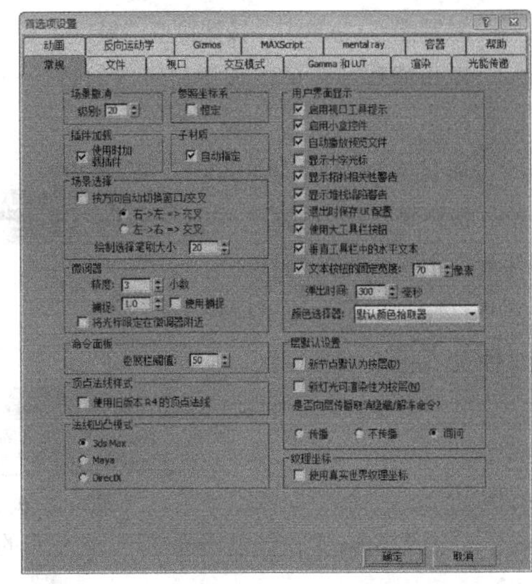

图2-40 首选项设置

退出3ds Max：该按钮用于退出3ds Max，也可通过按Alt+F4组合键来退出。

技巧与提示

如果当前场景中有被编辑过的对象，那么，退出时会弹出一个3ds Max对话框，提示“场景已修改。保存更改？”，用户可根据实际情况来进行操作，如图2-41所示。

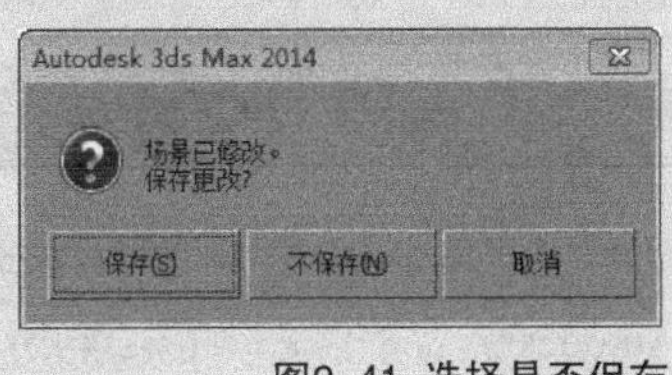

图2-41 选择是否保存

2.3.2 快速访问工具栏

“快速访问工具栏”中集合了用于管理场景文件的常用命令，以便于用户快速管理场景文件，主要包括“新建”“打开”“保存”和“设置项目文件夹”等6个常用工具。用户也可以根据个人喜好对“快速访问工具栏”进行设置，如图2-42所示。

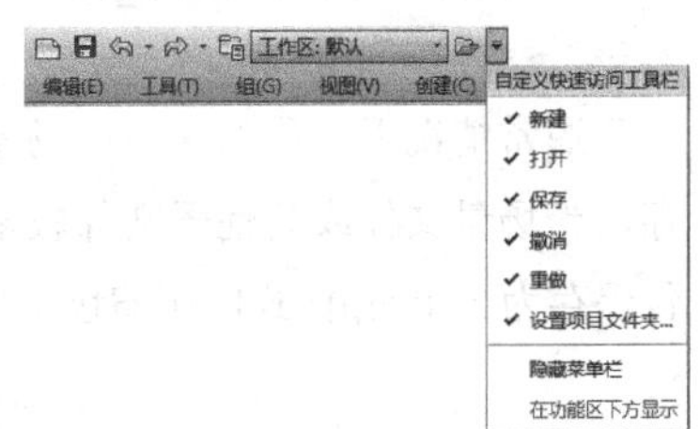

图2-42 快速访问工具栏

【命令详解】

新建场景：单击该按钮可创建一个新的场景。

保存文件：单击该按钮可保存当前打开的场景。

撤销操作：单击该按钮可取消最后一步操作。

重做操作：单击该按钮可取消最后一步撤销操作。

项目文件夹：单击该按钮可打开“浏览文件架”对话框并在该对话框中为当前场景设置项目文件夹，如图2-43所示。

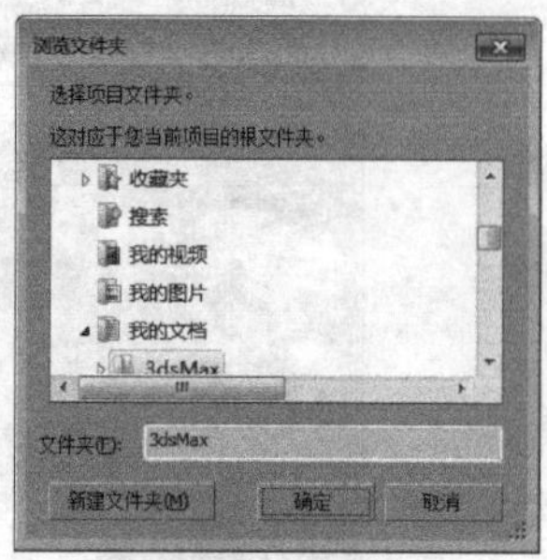

图2-43 浏览文件夹

打开文件：单击该按钮可打开以前保存的场景。

技巧与提示

可以对“快速访问工具栏”中的图标进行自定义设置，比如，可以控制显示哪些图标不显示哪些图标。图2-42所示图片中右边的弹出式下拉菜单就是用于控制图标的显示与否的，例如，在菜单中选择“新建”命令（前面出现√符号，表示被选中）后，“快速访问工具栏”中将显示图标，反之亦然。

2.3.3 信息中心

“信息中心”用于访问有关3ds Max 2014和其他Autodesk产品的信息，如图2-44所示。一般情况下，这个工具的使用频率非常低，绝大部分用户基本上不使用这个工具。

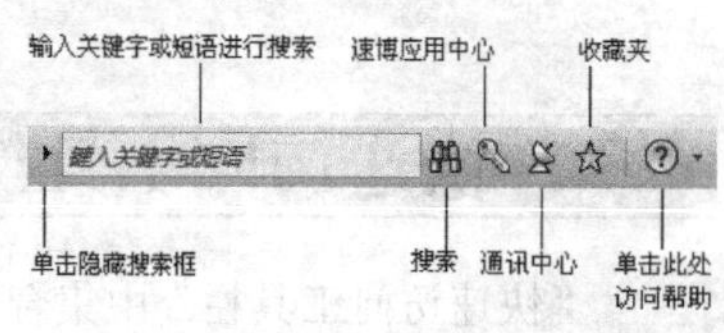

图2-44 信息中心

课堂案例

用归档功能保存场景

案例位置	案例文件>第2章>课堂案例：用归档功能保存场景
视频位置	多媒体教学>第2章>课堂案例：用归档功能保存场景.flv
难易指数	★☆☆☆☆
学习目标	练习使用归档功能保存场景

通常情况下，我们在完成场景后会对其进行保存，当场景文件或其他子文件较多时，就会将其打包保存为一个.zip格式的压缩包文件，具体操作步骤如下。

01 按Ctrl+O组合键，打开“打开文件”对话框，然后，选择“下载资源”中的案例文件，再单击“打开”按钮打开(O)，如图2-45所示，打开的场景效果如图2-46所示。

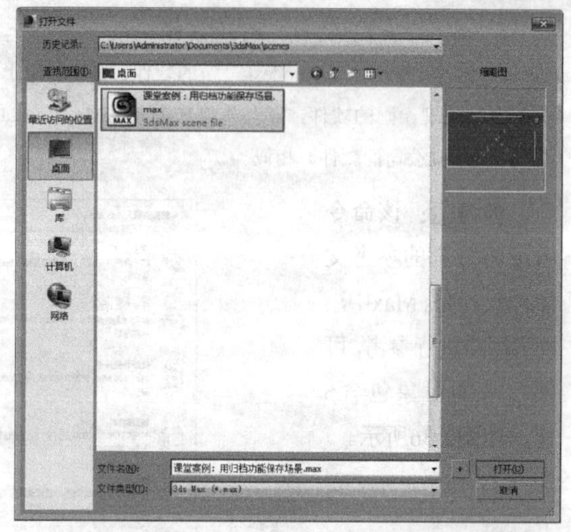

图2-45 选择文件

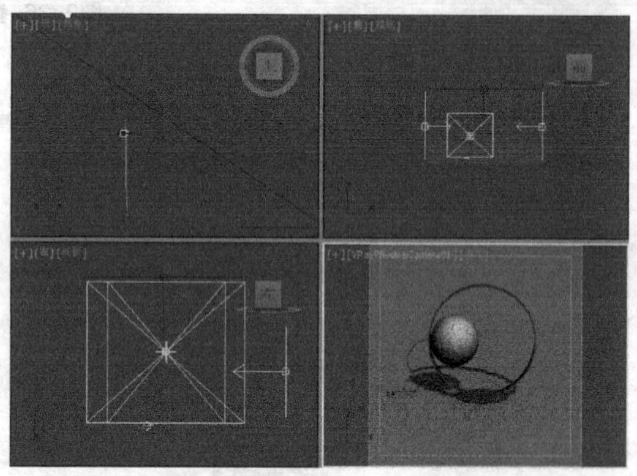

图2-46 打开文件

技巧与提示

观察图2-43所示的摄影机视图，发现里面有些斑点，这是3ds Max 2014的实时照明和阴影显示效果（默认情况下，在3ds Max 2014中打开的场景都有实时照明和阴影），如图2-47所示。如果要关闭实时照明和阴影，可以执行“视图>视口配置”菜单命令，打开“视口配置”对话框，然后，在“照明和阴影”选项组下取消勾选“阴影”“环境光阻挡”和“环境反射”选项，接着，单击“应用到活动视图”按钮，如图2-48所示，这样，在活动视图中就不会显示出实时照明和阴影了，如图2-49所示。开启实时照明和阴影会占用一定的系统资源，建议计算机配置比较低的用户关闭这个功能。

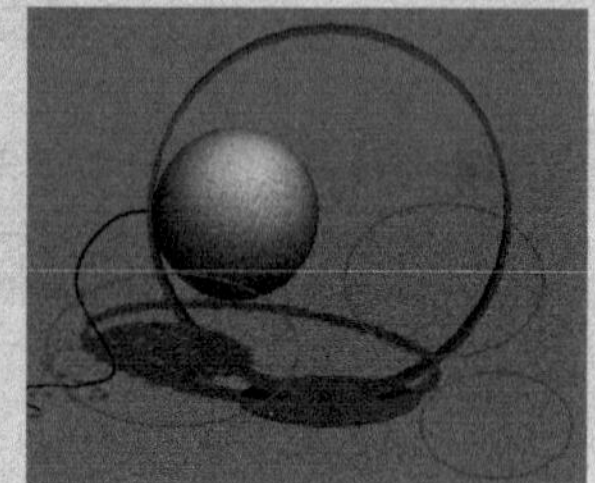

图2-47 实时照明和阴影显示效果

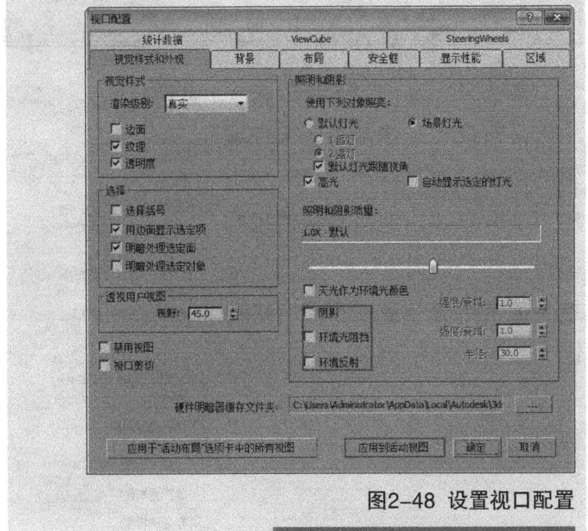

图2-48 设置视口配置

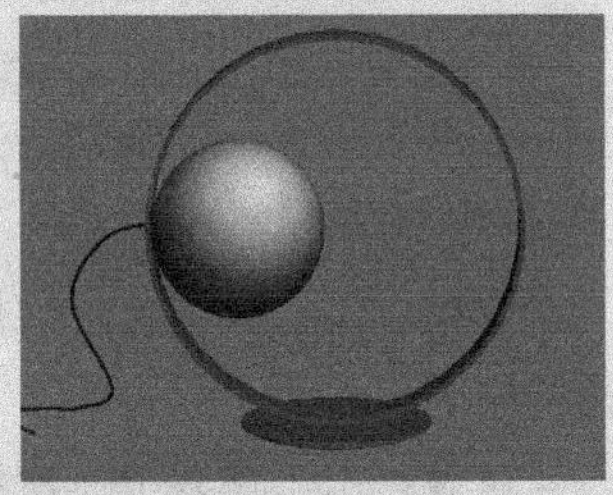

图2-49 设置后的效果

02 单击界面左上角的“应用程序”图标，然后，在弹出的菜单中执行“另存为>归档”菜单命令，如图2-50所示，接着，在弹出的“文件归档”对话框中设置好保存位置和文件名，最后，单击“保存”按钮 保存(S) ，如图2-51所示。

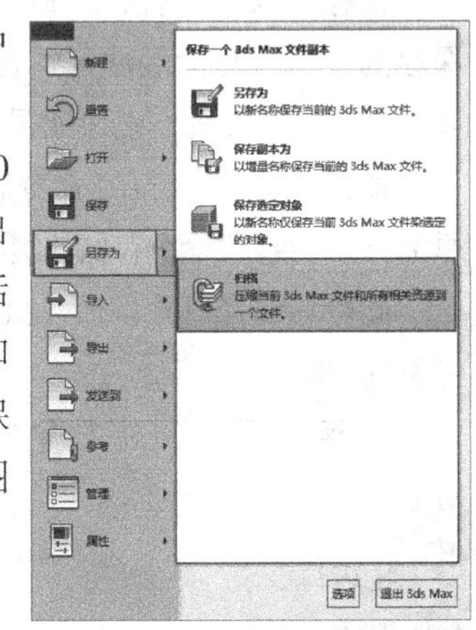

图2-50 执行“归档”命令

图2-51 设置归档位置及命名

03 归档场景以后，会在保存位置出现一个zip压缩包，这个压缩包中包含这个场景的所有文件及一个归档信息文本。

2.4 菜单栏

“菜单栏”位于工作界面的顶端，包含“编辑”“工具”“组”“视图”“创建”“修改器”“动画”“图形编辑器”“渲染”“自定义”“MAXScript（MAX脚本）”和“帮助”12个主菜单，如图2-52所示。每个主菜单的下面都集成了很多相应的功能命令，这里面包含了3ds Max绝大部分的常用功能命令，是3ds Max极为重要的组成部分。

编辑(E) 工具(T) 组(G) 视图(V) 创建(C) 修改器 动画 图形编辑器 渲染(R) 自定义(U) MAXScript(M) 帮助(H)

图2-52 菜单栏

2.4.1 关于菜单栏

执行菜单栏中的命令时会发现，某些命令后面有与之对应的快捷键，如图2-53所示，如“移动”命令的快捷键为W键，也就是说按W键就可以切换到“选择并移动”工具。牢记这些快捷键能够节省很多操作时间。

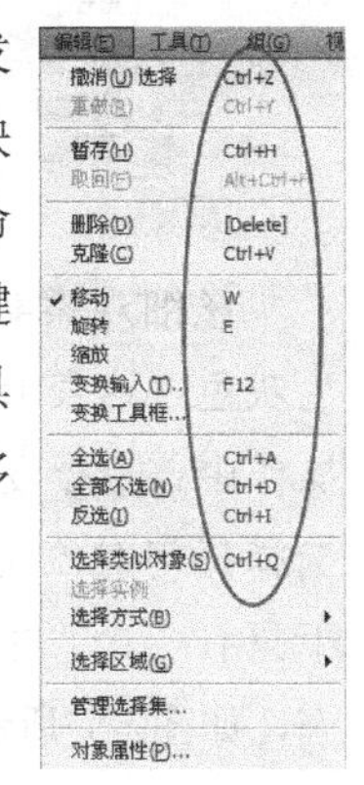

图2-53 部分快捷键

若下拉菜单命令的后面带有省略号，则表示执行该命令后会弹出一个独立的对话框，如图2-54所示。

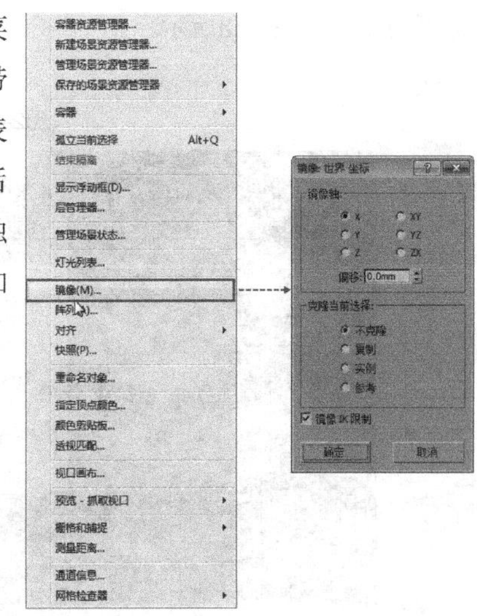

图2-54 部分独立对话框

若下拉菜单命令的后面带有小箭头图标，则表示该命令还含有子命令，如图2-55所示。

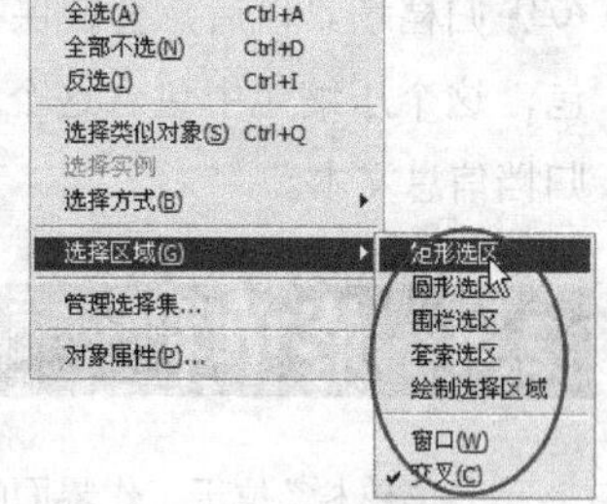

图2-55 部分子命令

部分菜单命令的字母下有下划线，执行该命令时，可以先按住Alt键，然后，在键盘上按该命令所在主菜单的下划线字母，再在键盘上按下拉菜单中该命令的下划线字母即可执行相应的命令。以“撤销”命令为例，先按住Alt键，然后，按E键，接着，按U键即可撤销当前操作，返回到上一步（按Ctrl+Z组合键也可以达到相同的效果），如图2-56所示。

下划线

编辑(E)	工具(T)	组(G)	视
撤销(U) 选择	Ctrl+Z		
重做(R)	Ctrl+Y		
暂存(H)	Ctrl+H		
取回(F)	Alt+Ctrl+F		
删除(D)	[Delete]		
克隆(C)	Ctrl+V		

编辑(E)	工具(T)	组(G)	视图(V)
撤销(U) 创建	Ctrl+Z		
重做(R)	Ctrl+Y		
暂存(H)	Ctrl+H		
取回(F)	Alt+Ctrl+F		
删除(D)	[Delete]		
克隆(C)	Ctrl+V		

图2-56 “撤销”的快捷键

仔细观察菜单命令后会发现，某些命令显示为灰色，这表示这些命令不可用，这是因为在当前操作中该命令没有合适的操作对象，比如，在没有选择任何对象的情况下，“组”菜单下只有一个“集合”命令处于可用状态，如图2-57所示，而在选择了对象以后，“成组”命令和“集合”命令就都可用了，如图2-58所示。

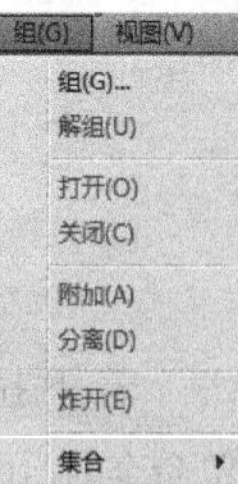

图2-57 组（G）菜单

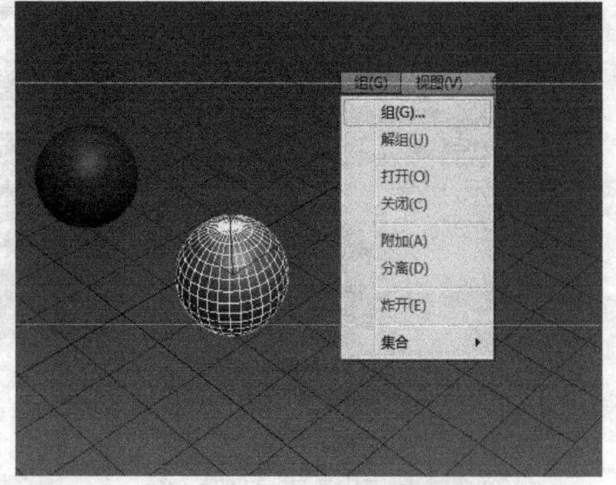

图2-58 选定对象后的“组（G）”菜单

2.4.2 编辑

顾名思义，“编辑”菜单中就是集成了一些常用于文件编辑的命令，如“移动”“缩放”和“旋转”等，这些都是使用频率极高的功能命令。“编辑”菜单下的常用命令基本都配有快捷键，如图2-59所示。

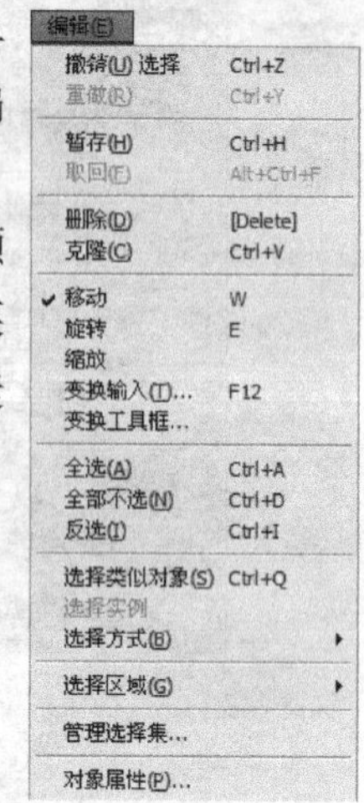

图2-59 “编辑”菜单

【命令详解】

撤销：用于撤销上一次操作，可以连续使用，撤销的次数可以控制。

重做：用于恢复上一次撤销的操作，可以连续使用，直到不能恢复为止。

暂存：执行“暂存”命令后，可以将场景设置保存到基于磁盘的缓冲区，可存储的信息包括几何体、灯光、摄影机、视口配置及选择集。

取回：执行“暂存”命令后，可用“取回”命令还原上一个“暂存”命令存储的缓冲内容。

删除：选择对象以后，执行该命令或按Delete键可将其删除。

克隆：用于创建对象的副本、实例或参考对象。

技巧与提示

选择一个对象以后，执行“编辑>克隆”菜单命令或按Ctrl+V组合键可以打开“克隆选项”对话框，该对话框中有3种克隆方式，分别是“复制”“实例”和“参考”，如图2-60所示。

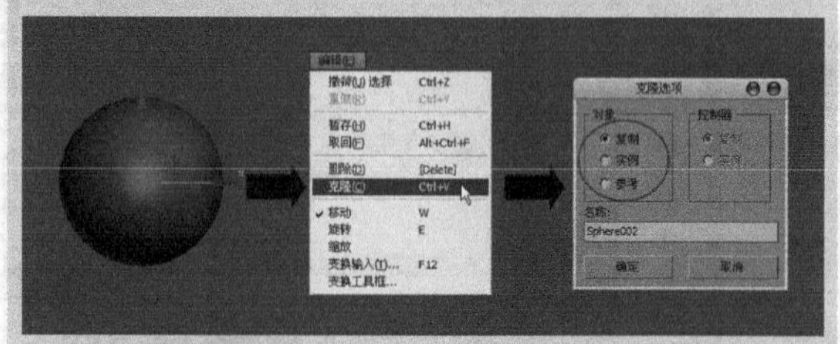

图2-60 执行“克隆”命令

第1种：复制，如果选择“复制”方式，那么，将创建一个原始对象的副本对象，如图2-61所示。如果对原始对象或副本对象中的一个进行编辑，那么，另外一个对象不会受到任何影响，如图2-62所示。

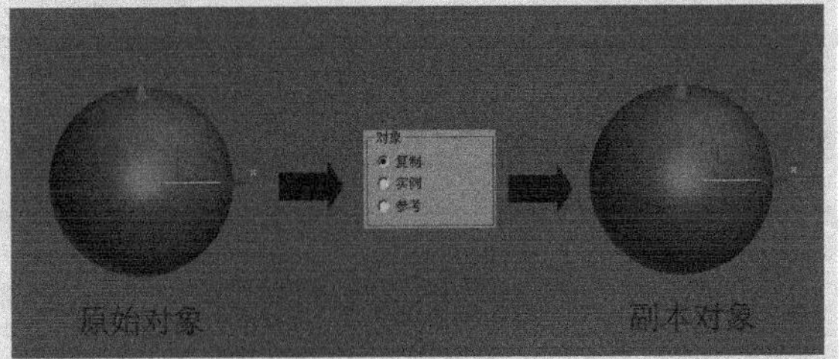

图2-61 “复制”方式

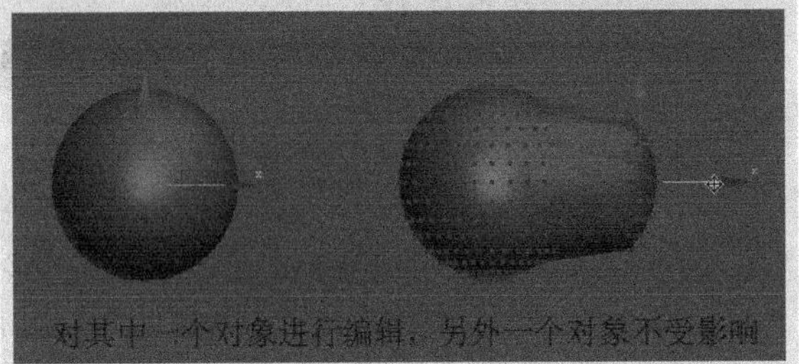

图2-62 编辑其中一个

第2种：实例，如果选择“实例”方式，那么，将创建一个原始对象的实例对象，如图2-63所示。如果对原始对象或副本对象中的一个进行编辑，那么，另外一个对象也会随之发生变化，如图2-64所示。这种复制方式很实用，比如，在一个场景中创建一盏目标灯光并调节好参数以后，可用“实例”方式将其复制若干盏，如果这时修改其中一盏目标灯光的参数，那么，所有目标灯光的参数都会随之发生变化。

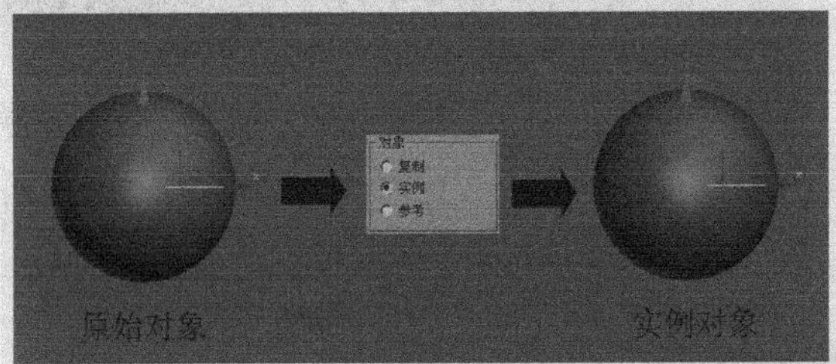

图2-63 “实例”方式

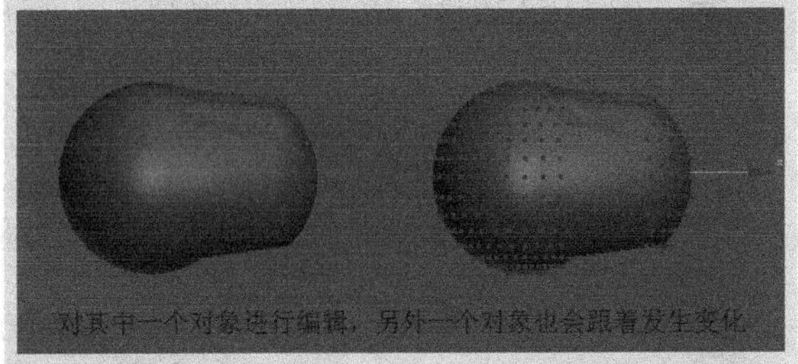

图2-64 编辑其中一个

第3种：参考，如果选择“参考”方式，那么，将创建一个原始对象的参考对象。如果对参考对象进行编辑，那么，原始对象不会发生任何变化，如图2-65所示；如果为原始对象加载一个FFD 4×4×4修改器，那么，参考对象也会被加载一个相同的修改器，如果此时对原始对象进行编辑，那么；参考对象也会随之发生变化，如图2-66所示。注意，一般情况下都不会用这种克隆方式。

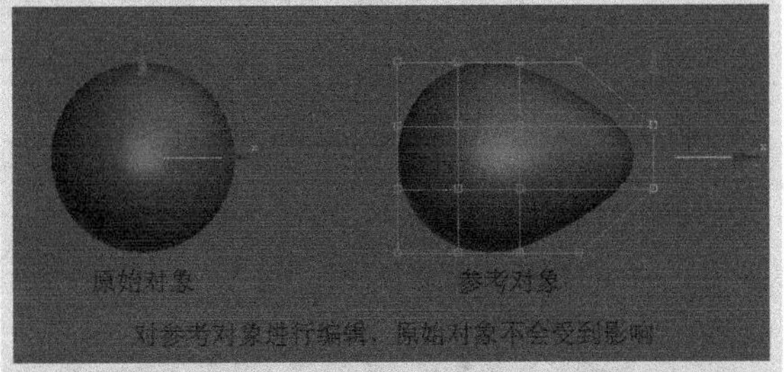

图2-65 编辑“参考对象”

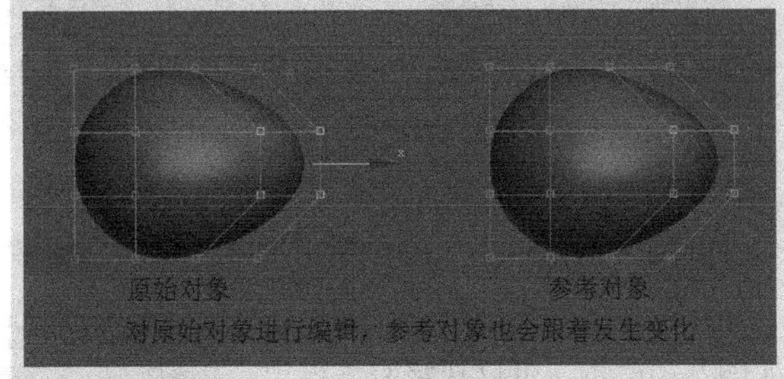

图2-66 编辑“原始对象”

移动：该命令用于选择并移动对象，执行该命令后，将激活主工具栏中的按钮。

旋转：该命令用于选择并旋转对象，执行该命令后，将激活主工具栏中的按钮。

缩放：该命令用于选择并缩放对象，执行该命令后，将激活主工具栏中的按钮。

技巧与提示

“移动”“旋转”和“缩放”命令的使用方法将在后面的“主工具栏”内容中进行详细介绍。

变换输入：用于精确地设置移动、旋转和缩放变换的数值。如果当前选择的是“选择并移动”工具，那么，执行“编辑>变换输入”菜单命令后，可以打开“移动变换输入”对话框并在该对话框中精确设置对象的*x*/*y*/*z*坐标值，如图2-67所示。

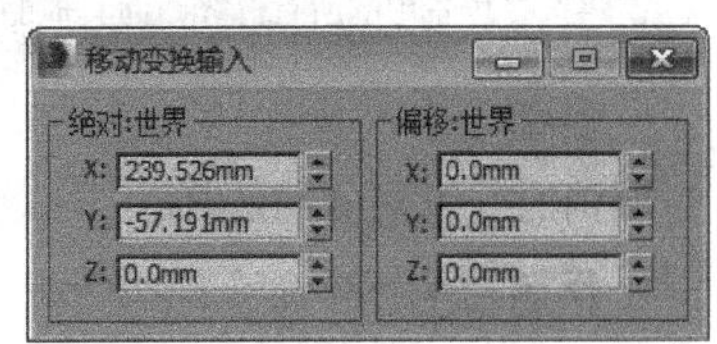

图2-67 移动变换输入

技巧与提示

如果当前选择的是“选择并旋转”工具，那么，执行“编辑>变换输入”菜单命令后，将打开“旋转变换输入”对话框，如图2-68所示；如果当前选择的是“选择并均匀缩放”工具，那么，执行“编辑>变换输入”菜单命令后，将打开“缩放变换输入”对话框，如图2-69所示。

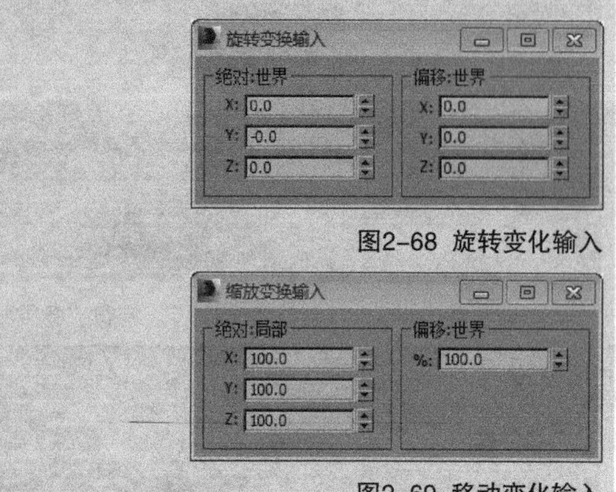

图2-68 旋转变化输入

图2-69 移动变化输入

变换工具框：执行该命令后，可以打开“变换工具框”对话框，如图2-70所示。可以在该对话框中调整对象的旋转、缩放、定位及对象的轴。

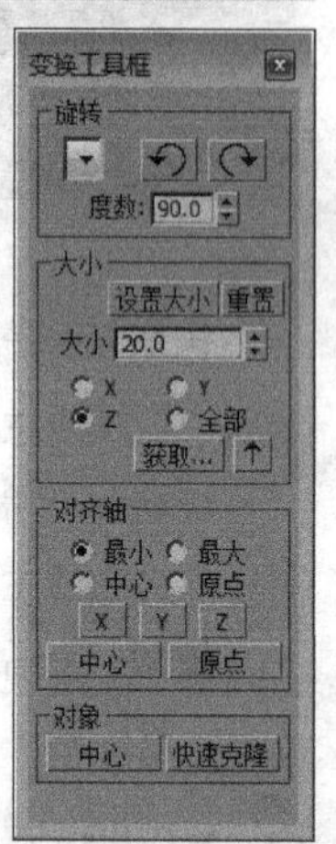

图2-70 变换工具框

全选：执行该命令或按Ctrl+A组合键后，将选择场景中的所有对象。

技巧与提示

“全选”命令是基于“主工具栏”中的“过滤器”列表而言的。如果在“过滤器”列表中选择了“全部”选项，那么，执行“全选”命令后，将选择场景中所有的对象；如果在“过滤器”列表中选择了“L-灯光”选项，那么，执行“全选”命令后，将选择场景中的所有灯光，而其他的对象则不会被选择。

全部不选：执行该命令或按Ctrl+D组合键后，将取消对任何对象的选择。

反选：执行该命令或按Ctrl+I组合键后，将反向选择对象。

选择类似对象：执行该命令或按Ctrl+Q组合键后，将自动选择与当前选择对象类似的所有对象。注意，类似对象是指位于同一层中的对象，并且，应用了相同的材质或不应用材质。

选择实例：执行该命令后，将选择选定对象的所有实例化对象。如果对象没有实例或选定了多个对象，那么，该命令不可用。

选择方式：该命令包含3个子命令，如图2-71所示。

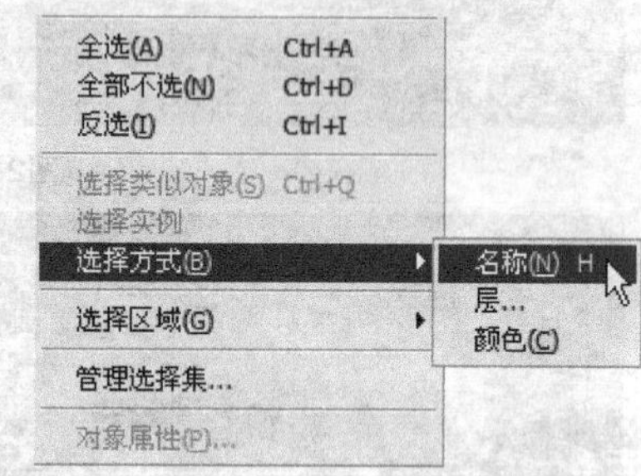

图2-71 “选择方式”命令

名称：执行该命令或按H键后，可以打开“从场景选择”对话框，如图2-72所示。

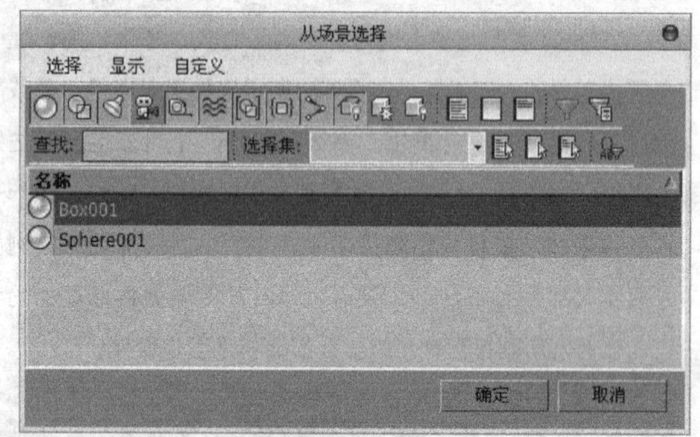

图2-72 按“名称”选择

技巧与提示

“名称”命令与“主工具栏”中的“按名称选择”工具的作用是相同的，关于该命令的具体用法将在后面的“主工具栏”中进行介绍。

层：执行该命令后，可以打开“按层选择”对话框，如图2-73所示。在该对话框中选择一个或多个层以后，这些层中的所有对象都会被选择。

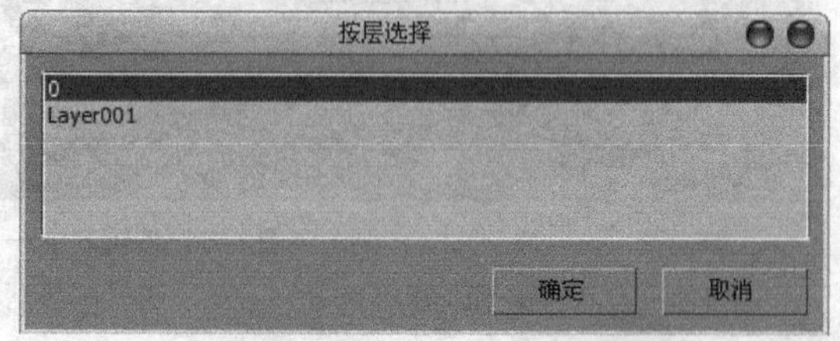

图2-73 按“层”选择

颜色： 执行该命令后，将选择与选定对象具有相同颜色的所有对象。

选择区域： 该命令包含7个子命令，如图2-74所示。

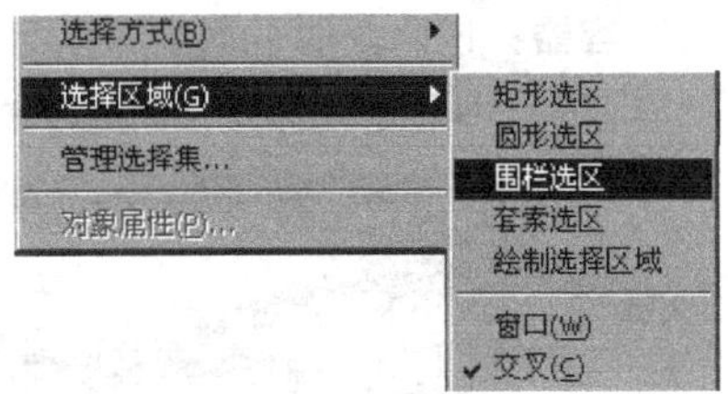

图2-74 “选择区域”命令

矩形选区： 以矩形区域拉出选择框。

圆形选区： 以圆形区域拉出选择框，常用于放射状区域的选择。

围栏选区： 用鼠标绘制出的多边形框来围出选择区域。不断单击鼠标左键可拉出直线段（类似绘制样条线）并围成多边形区域，最后，单击起点，进行区域闭合，也可在末端双击鼠标左键，完成区域选择。如果中途要放弃选择，可单击鼠标右键。

套索选区： 通过按住鼠标左键不放来自由圈出选择区域。

绘制选择区域： 将鼠标指针放在对象上方并拖动鼠标，以将其选中。

窗口： 框选对象时，如果使用“窗口”设定，那么，只有完全被包围在方框内的对象才能被选中，仅局部被框选的对象不能被选择。它在“主工具栏”中对应的按钮是▣。

交叉： 框选对象时，如果使用“交叉”设定，那么，只要有部分区域被框选的对象就都会被选择（当然也包含全部都在框选区域内的对象）。它在“主工具栏”中对应的按钮是▣。

管理选择集： 可以给3ds Max当前的选择集合指定名称，以方便对它们操作，例如，在效果图制作中，把将要使用同一材质的物件都选择好后，为了方便以后再回来对它们进行操作，可以给它们的选择集合命名，这样，下一次就不用再一个一个地去选择了。具体的方法将在后面的“主工具栏”中进行介绍。

对象属性： 选择一个或多个对象以后，执行该命令可以打开“对象属性”对话框，如图2-75所示。可以在该对话框中查看和编辑对象的“常规”“高级照明”和“mental ray”参数。

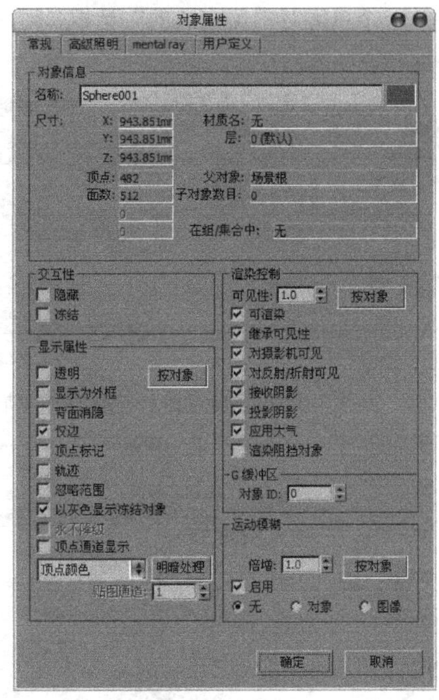

图2-75 “对象属性”对话框

2.4.3 工具

“工具”菜单中主要包括对物体进行基本操作的命令，如图2-76所示。这些命令一般都在“主工具栏”中有相对应的命令按钮，直接使用命令按钮更方便一些，部分不太常用的工具还是需要用菜单命令来执行。

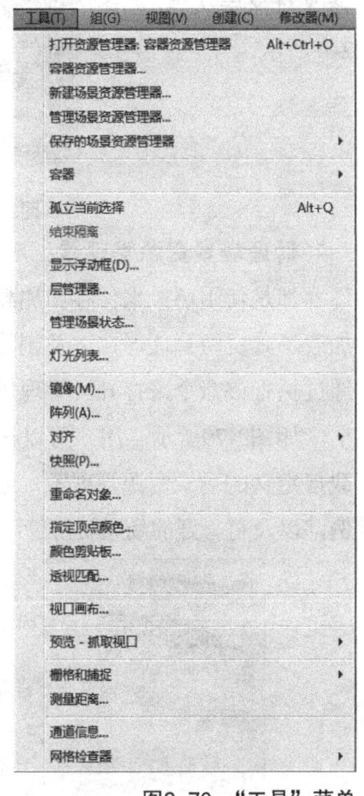

图2-76 “工具”菜单

【命令详解】

打开容器资源管理器： 执行该命令后，可以打开“容器资源管理器”对话框，如图2-77所示。这是一个资源管理器模式的对话框，可用于查看、排序和选择容器及其内容。

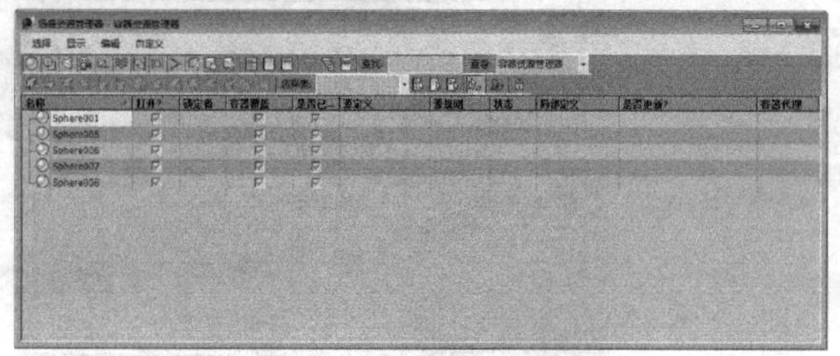

图2-77 容器资源管理器

新建场景资源管理器： 执行该命令后，可以在新场景中创建一个新的“场景资源管理器”。在3ds Max中，“场景资源管理器”是一个场景对象列表，用于查看、排序、过滤和选择对象，它还可提供一些属性编辑功能，如重命名、删除、隐藏和冻结对象、创建和修改对象层次等，如图2-78所示。

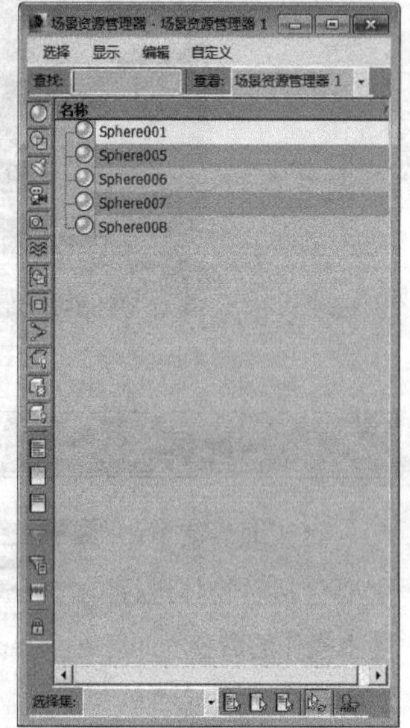

图2-78 新建场景资源管理器

管理场景资源管理器： 所有活动的场景资源管理器都是使用场景来保存和加载的，想要单独保存和加载场景资源管理器，以及删除和重命名它们，可以通过执行该命令来打开“管理场景资源管理器”对话框，如图2-79所示。用户可以在该对话框中保存和加载自定义的场景资源管理器，删除和重命名现在的实例，以及将喜好的场景资源管理器设置为默认值。

图2-79 管理场景资源管理器

保存的场景资源管理器： 执行该命令后，可以打开已经保存的场景资源管理器，已经保存的场景资源管理器会出现在该命令的子菜单中，选择后即可打开。

容器： 该命令的子菜单和容器资源管理器中的“容器”工具栏的功能是相同的，如图2-80所示。

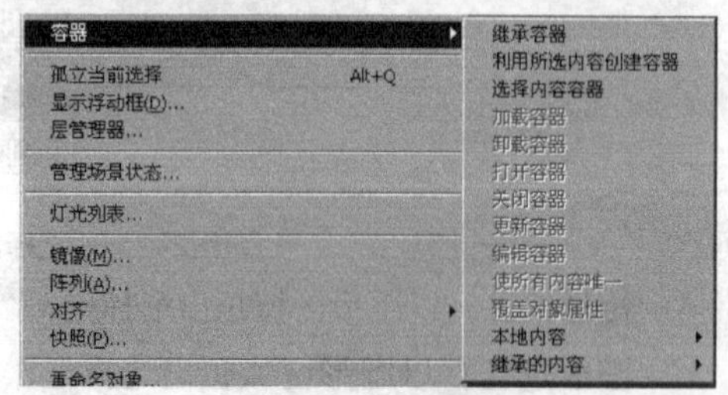

图2-80 “容器”菜单

孤立当前选择： 这是一个相当重要的命令，也是一种特殊选择对象的方法，它可以将选择的对象单独显示出来，以方便对其进行编辑。

显示浮动框： 执行该命令后，将打开“显示浮动框”面板，里面包含了许多用于对象显示、隐藏和冻结的命令设置，这与显示命令面板内的控制项目大致相同，如图2-81所示。它的优点是可以浮动在屏幕上，不必为显示操作而频繁在修改命令和显示命令面板之间切换，这对于提高工作效率是很有帮助的。

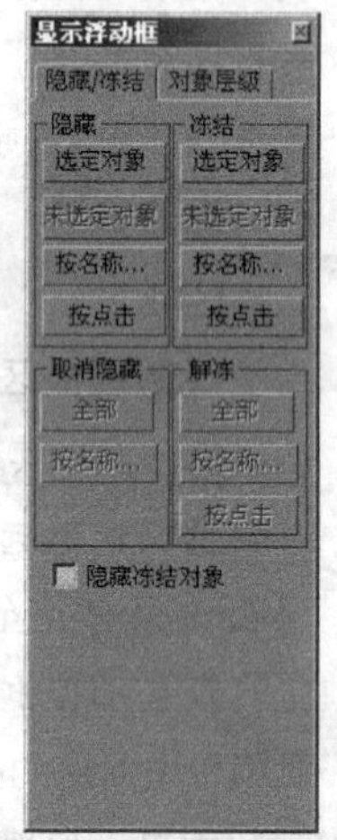

图2-81 显示浮动框

层管理器： 执行该命令后，可以打开“层管理器”对话框，层管理器可用于全面管理3s Max中的对象，并且，其界面合理、直观。在“主工具栏”中单击按钮也可以打开“层管理器”对话框，具体内容将在后面介绍。

管理场景状态： 执行该命令后，可以打开“管理场景状态”对话框，如图2-82所示。该功能可以使用户快速保存和恢复场景中元素的特定属性，其最主要的用途是可以创建同一场景的不同版本内容而不用实际创建出独立的场景。它可以在不复制新文件的情况下改变场景中的灯光、摄影机、材质、环境等元素，还可以随时调出用户保存的场景库，便于比较在不同参数条件下的场景效果。

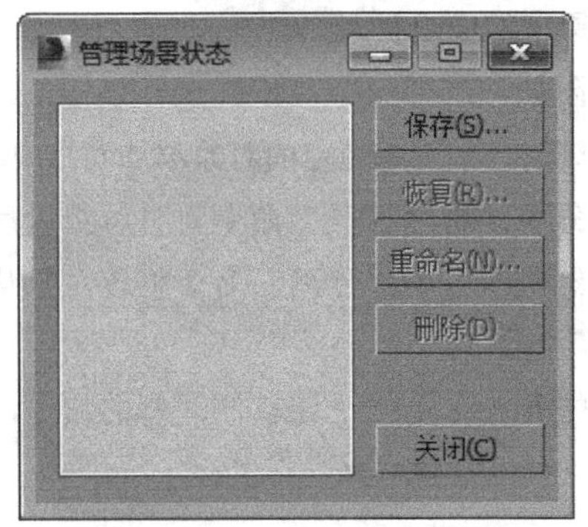

图2-82 管理场景状态

灯光列表：执行该命令后，将打开“灯光列表”对话框，如图2-83所示。可以在该对话框中设置每个灯光的各项参数，也可以进行全局设置。

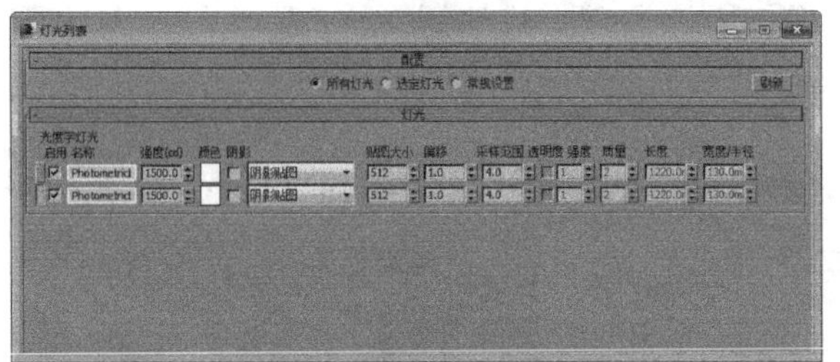
图2-83 灯光列表

技巧与提示

“灯光列表”对话框中只显示3ds Max的灯光类型，不显示渲染插件的灯光。

镜像：选择对象后，可进行镜像操作，“主工具栏”中有与其相应的命令按钮。

阵列：选择对象并执行该命令后，可以打开“阵列”对话框，如图2-84所示。可以在该对话框中基于当前选择创建对象阵列。

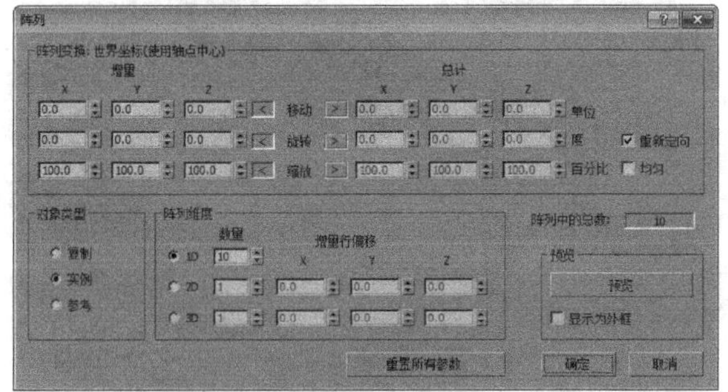
图2-84 “阵列”对话框

对齐：选择对象后，可进行对齐操作，“主工具栏”中有与其相应的命令按钮。

快照：执行该命令后，将打开“快照”对话框，如图2-85所示。可以在该对话框中随时间克隆动画对象。

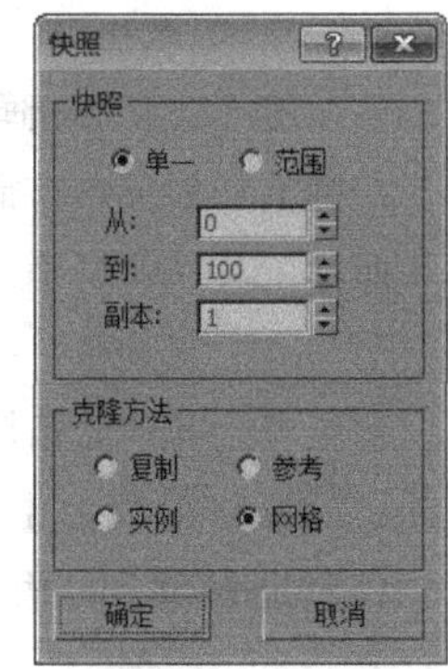

图2-85 “快照”对话框

重命名对象：执行该命令后，将打开“重命名对象”对话框，如图2-86所示。可以在该对话框中一次性重命名若干个对象。

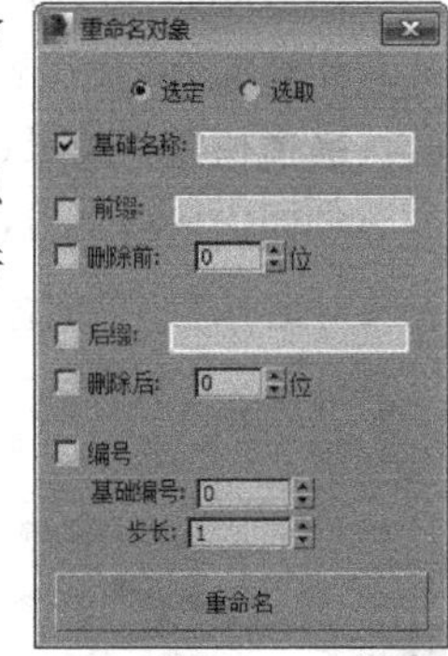

图2-86 “重命名对象”对话框

指定顶点颜色：该命令可以基于指定给对象的材质和场景中的照明来指定顶点颜色。

颜色剪贴板：该命令可以存储用于将贴图或材质复制到另一个贴图或材质的色样。

透视匹配：该命令可以用位图背景照片和5个或多个特殊的CamPoint对象来创建或修改摄影机，以使其位置、方向和视野与创建原始照片的摄影机相匹配。

视口画布：执行该命令后，将打开“视口画布”对话框，如图2-87所示。可以用该对话框中的工具将颜色和图案绘制到视口中对象的材质中的任何贴图上。

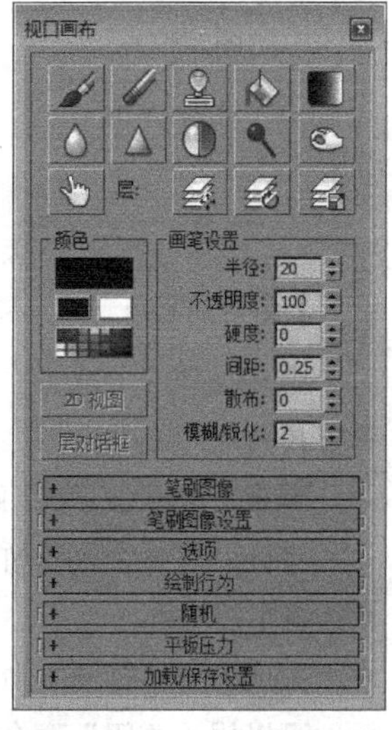

图2-87 “视口画布”对话框

预览-抓取视口：该命令可以将视口抓取为图像文件，还可以生成动画的预览。

栅格和捕捉：该命令的子菜单中包含使用栅格和捕捉工具帮助精确布置场景的命令。捕捉工具的应用与“主工具栏”中的应用相同。栅格工具用于控制主栅格和辅助栅格对象。主栅格是基于世界坐标系的栅格对象，由程序自动产生。辅助栅格是一种辅助对象，是根据制作需要手动创建的栅格对象。

测量距离：该命令可快速计算出两点之间的距离。计算出的距离将显示在状态栏中。

通道信息：选择对象并执行该命令后，可以打开“贴图通道信息”对话框，如图2-88所示。可以在该对话框中查看对象的通道信息。

贴图通道信息

复制 粘贴 名称 清除 添加 子成分 锁定 更新

复制缓冲区信息:

对象名	ID	通道名称	顶点数	面数	不可用...	大小(KB)
Box002	网格	-无-	8	12	0	0kb
Box002	顶点选择	-无-	8	12	0	0kb
Box002	-2:Alpha	-无-	0	12	0	0kb
Box002	-1:照明	-无-	0	12	0	0kb
Box002	0:顶点...	-无-	0	12	0	0kb
Box002	1:贴图	-无-	12	12	0	0kb

图2-88 “贴图通道信息”对话框

2.4.4 组

“组”菜单中的命令可以将场景中的两个或两个以上的物体编成一组，也可以将成组的物体拆分为单个物体，如图2-89所示。

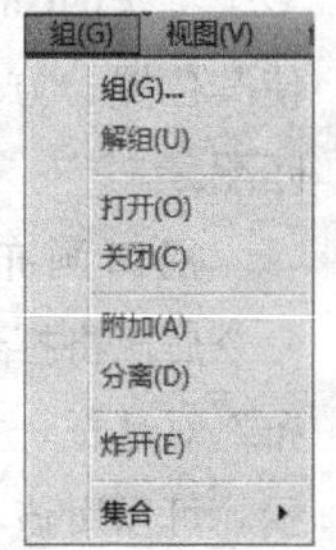

图2-89 “组”菜单

【命令详解】

组：选择一个或多个对象并执行该命令后，可将将其编为一组。

解组：可将选定的组解散为单个对象。

打开：该命令可以暂时对组进行解组，以单独操作组中的对象。

关闭：用“打开”命令对组中的对象编辑完以后，可以用“关闭”命令关闭打开状态，使对象恢复到原来的成组状态。

附加：选择一个对象并执行该命令，然后，单击组对象，即可将选定的对象添加到组中。

分离：用“打开”命令暂时解组以后，选择一个对象，即可用“分离”命令将该对象从组中分离出来。

炸开：这是一个比较难理解的命令，下面，用一个“技术专题”来进行讲解。

技巧与提示

要理解“炸开”命令的作用，就要先了解“解组”命令的深层含义。图2-90所示的茶壶与圆锥体是一个组“组001”，而球体与圆柱体是另外一个组“组002”。选择这两个组，然后，执行“组>组”菜单命令，将这两个组编成一组，如图2-91所示。单击“主工具栏”中的“图解视图（打开）”按钮，打开“图解视图”对话框，可以在该对话框中观察到3个组，以及各组与对象之间的层次关系，如图2-92所示。

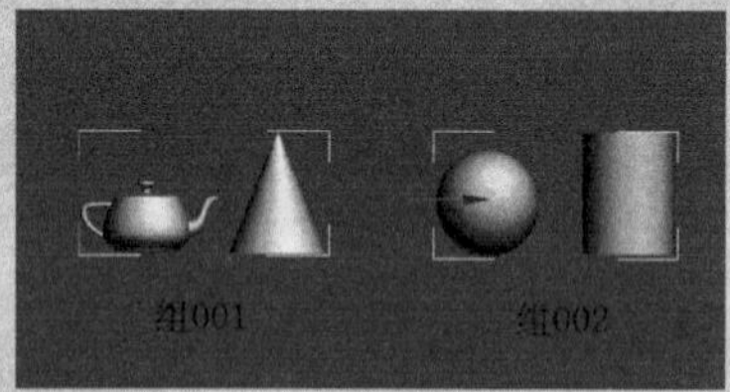

图2-90 两个不同的组

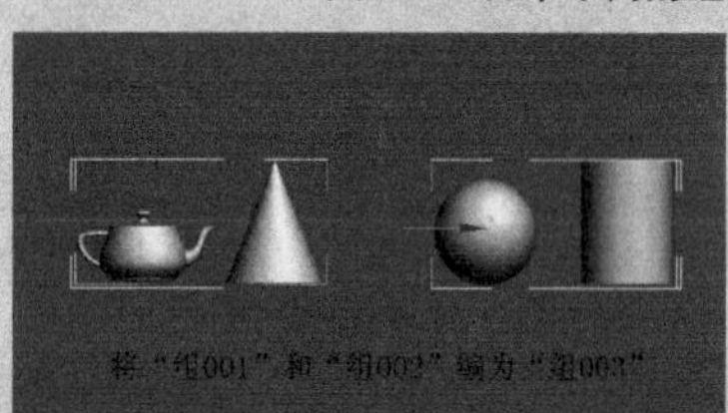

图2-91 对两个组执行“组”命令

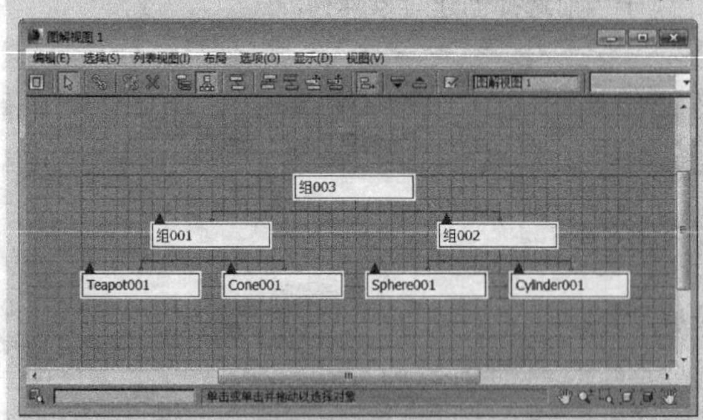

图2-92 查看“图解视图”

1. 解组

选择“组003”，然后，执行“组>解组”菜单命令，再观察“图解视图”对话框中各组之间的关系，可以发现，“组003”已经被解散了，但“组002”和“组001”保留了下来，也就是说，“解组”命令一次只能解开一个组，如图2-93所示。

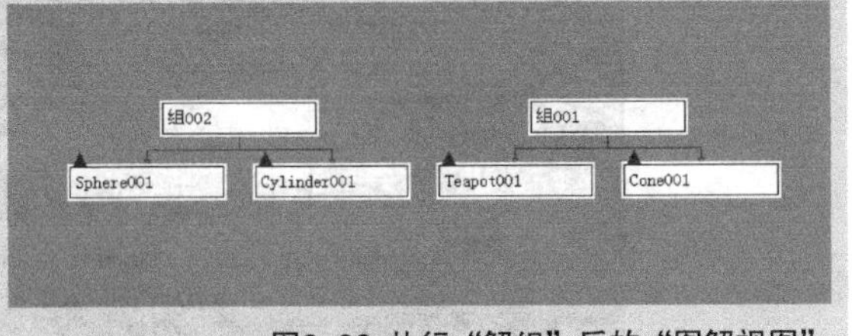

图2-93 执行“解组”后的“图解视图”

2. 炸开

选择“组003”，然后，执行“组>炸开”菜单命令，再观察“图解视图”对话框中各组之间的关系，发现所有的组都被解散了，也就是说，“炸开”命令可以一次性解开所有的组，如图2-94所示。

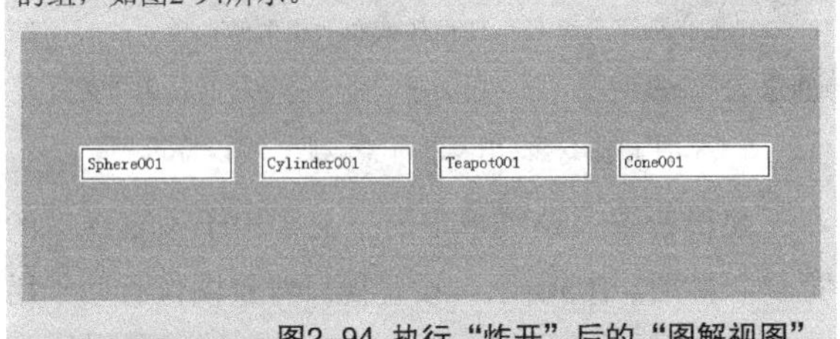

图2-94 执行“炸开”后的“图解视图”

2.4.5 视图

“视图”菜单中的命令主要用于控制视图的显示方式及视图的相关参数设置（如视图的配置与导航器的显示等），如图2-95所示。

图2-95 “视图”菜单

【命令详解】

撤销视图更改：执行该命令后，将取消对当前视图的最后一次更改。

重做视图更改：可取消当前视口中的最后一次撤销操作。

视口配置：执行该命令后，可以打开“视口配置”对话框，如图2-96所示。可以在该对话框中设置视图的视觉样式外观、布局、安全框、显示性能等。

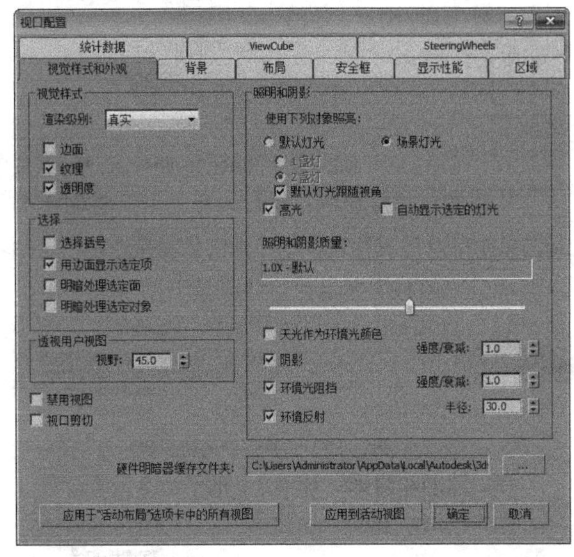

图2-96 “视口配置”对话框

重画所有视图：执行该命令后，将刷新所有视图中的显示效果。

设置活动视口：该菜单下的子命令可用于切换当前活动视图，如图2-97所示。如果当前活动视图为透视图，那么，按F键后，可以切换到前视图。

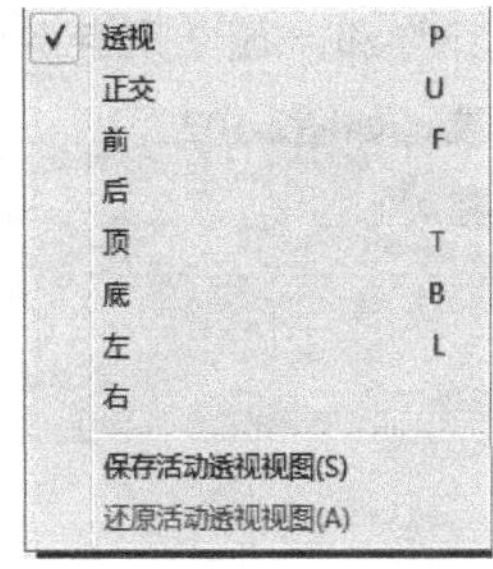

图2-97 “设置活动视图”选项

保存活动X视图：执行该命令后，可以将该活动视图存储到内部缓冲区。X是一个变量，如果当前活动视图为透视图，那么，X就是透视图。

还原活动视图：执行该命令后，将显示以前用“保存活动X视图”命令存储的视图。

ViewCube：该菜单下的子命令可用于设置“ViewCube（视图导航器）”和“主栅格”，如图2-98所示。

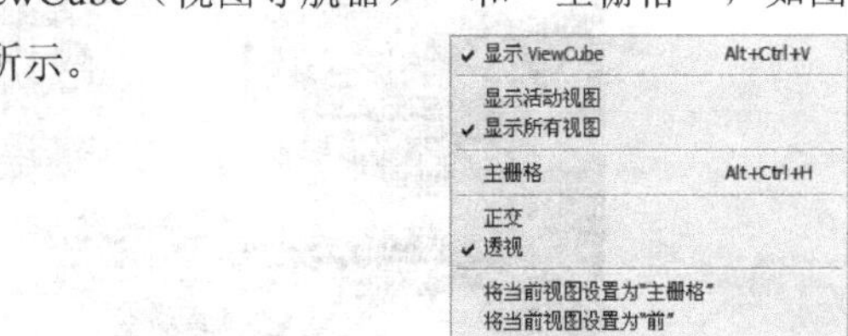

图2-98 ViewCube命令列表

SteeringWheels： 该菜单下的子命令可用于在不同的轮子之间进行切换，还可用于更改当前轮子中某些导航工具的行为，如图2-99所示。

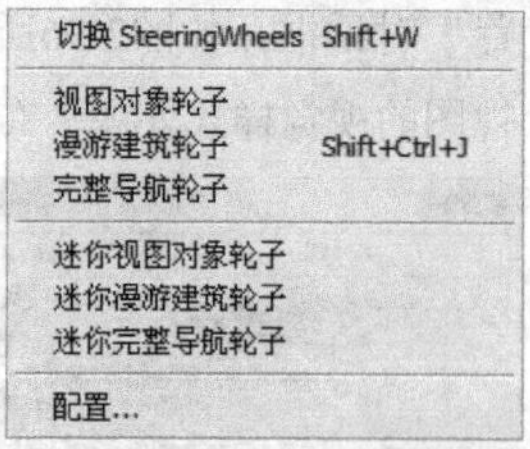

切换 SteeringWheels　Shift+W
视图对象轮子
漫游建筑轮子　Shift+Ctrl+J
完整导航轮子
迷你视图对象轮子
迷你漫游建筑轮子
迷你完整导航轮子
配置...

图2-99 “SteeringWheels”命令列表

从视图创建摄影机： 执行该命令后，将创建视野与某个活动的透视视口相匹配的目标摄影机。

视口中的材质显示为： 该菜单下的子命令用于切换视口显示材质的方式，如图2-100所示。

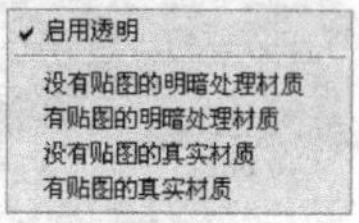

✔启用透明
没有贴图的明暗处理材质
有贴图的明暗处理材质
没有贴图的真实材质
有贴图的真实材质

图2-100 “视口中的材质显示为”子命令

视口照明和阴影： 该菜单下的子命令用于设置灯光的照明与阴影，如图2-101所示。

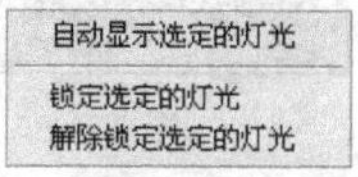

自动显示选定的灯光
锁定选定的灯光
解除锁定选定的灯光

图2-101 “视口照明和阴影”子命令

xView： 该菜单下的“显示统计”和“孤立顶点”命令比较重要，如图2-102所示。

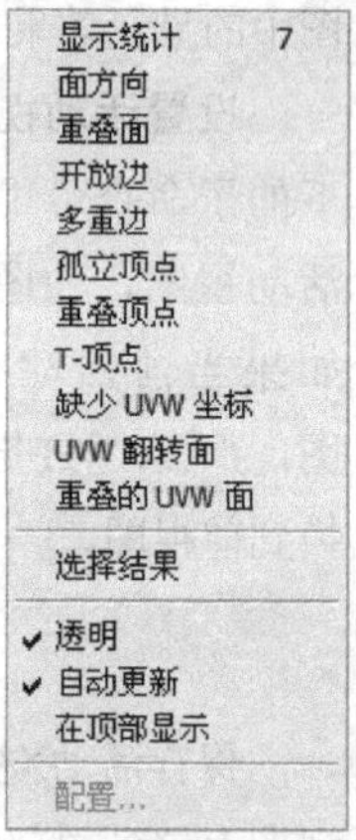

显示统计　7
面方向
重叠面
开放边
多重边
孤立顶点
重叠顶点
T-顶点
缺少 UVW 坐标
UVW 翻转面
重叠的 UVW 面
选择结果
✔透明
✔自动更新
在顶部显示
配置...

图2-102 xView子命令

显示统计： 执行该命令或按键盘上的7键后，将在视图的左上角显示整个场景或当前选择对象的统计信息，如图2-103所示。

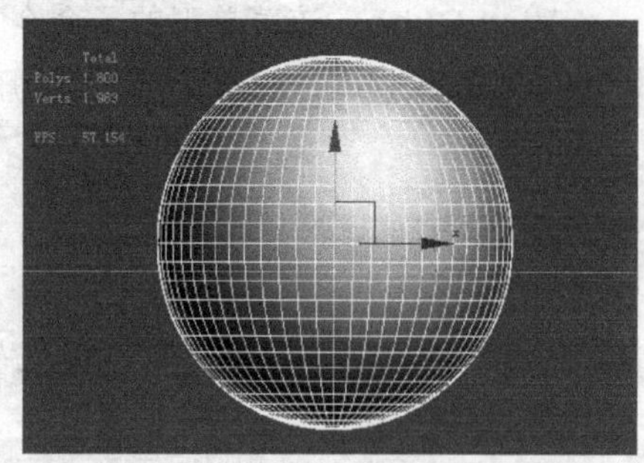

图2-103 显示统计

孤立顶点： 执行该命令后，将在视口底部的中间显示出孤立的顶点数目，如图2-104所示。

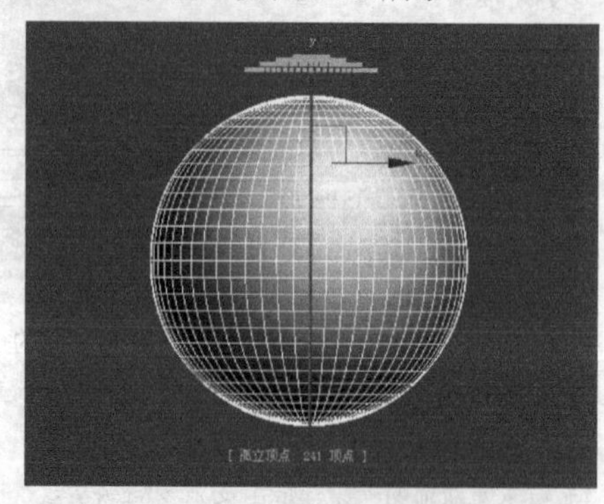

图2-104 孤立顶点

技巧与提示

“孤立顶点”就是与任何边或面不相关的顶点。一般，在创建完一个模型以后，对模型进行最终的整理时使用“孤立顶点”命令，用该命令显示出孤立顶点以后，可以将其删除。

视口背景： 该菜单下的子命令用于设置视口的背景，如图2-105所示。设置视口背景图像有助于用户创建模型。

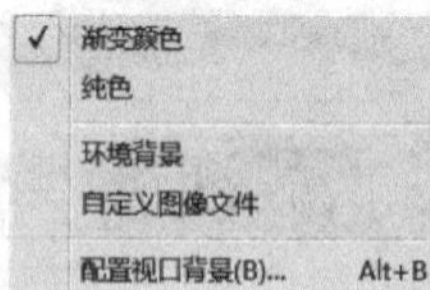

图2-105 “视口背景”子命令

显示变换Gizmo： 该命令用于切换所有视口Gizmo的3轴架显示，如图2-106所示。

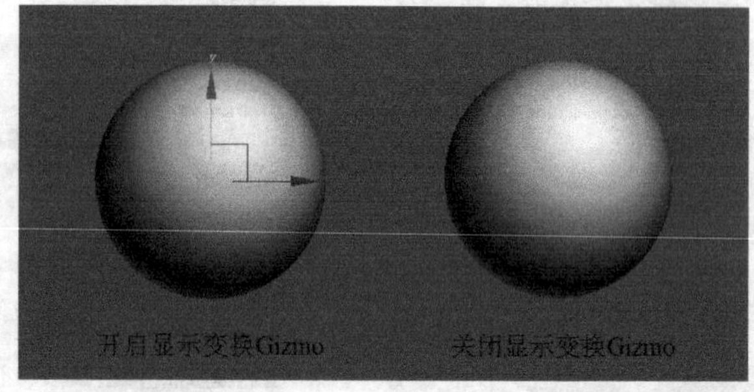

图2-106 开启显示变化Gizmo

显示重影： “重影”是一种显示方式，它是在当前帧之前或之后的许多帧显示动画对象的线框“重影副本”。可以用重影来分析和调整动画。

显示关键点时间： 该命令用于切换沿动画显示轨迹上的帧数。

明暗处理选定对象： 如果将视口设置为“线框”显示，那么，执行该命令后，可以将场景中的选定对象以“着色”方式显示出来。

显示从属关系：使用“修改”面板时，该命令可切换从属于当前选定对象的对象的视口为高亮显示。

微调器拖动期间更新：执行该命令后，将在视口中实时更新显示效果。

渐进式显示：在变换几何体、更改视图或播放动画时，该命令可以用来提高视口的性能。

专家模式：启用“专家模式”后，3ds Max的界面上将不显示“标题栏”“主工具栏”“命令”面板、“状态栏”及所有的视口导航按钮，仅显示菜单栏、时间滑块和视口，如图2-107所示。

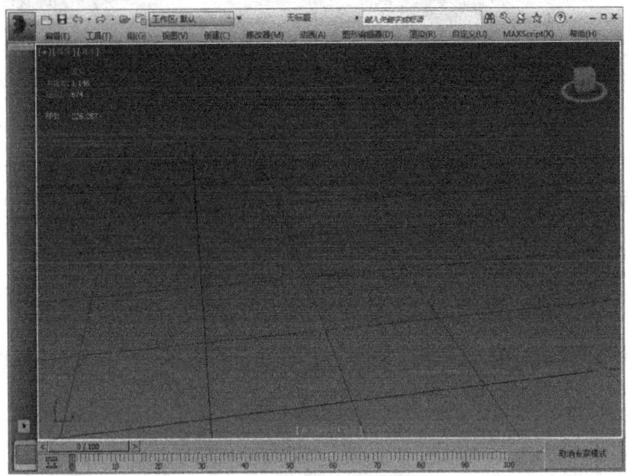

图2-107 “专家模式”效果

2.4.6 创建

“创建”菜单中的命令主要用于创建几何体、二维图形、灯光和粒子等对象，如图2-108所示。

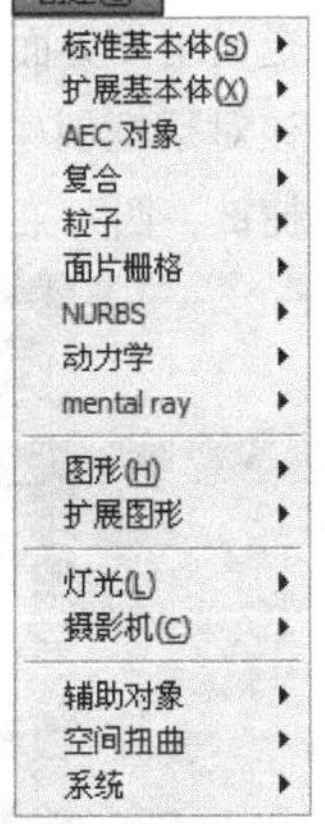

图2-108 “创建”菜单

技巧与提示

“创建”菜单下的命令与“创建”面板中的工具完全相同，这些命令非常重要，这里就不再讲解了，大家可参阅后面各章内容。

2.4.7 修改器

“修改器”菜单中集合了所有的修改器，如图2-109所示。

图-109 “修改器”菜单

技巧与提示

“修改器”菜单下的命令与“修改”面板中的修改器完全相同，这些命令同样非常重要，大家可以参阅后面的相关内容。

2.4.8 动画

“动画”菜单主要用于制作动画，包括正向动力学、反向动力学，以及创建和修改骨骼的命令，如图2-110所示。

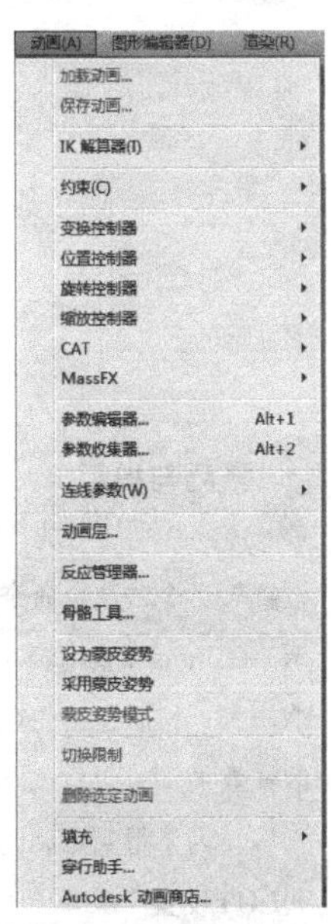

图2-110 “动画”菜单

技巧与提示

本书主要讲解的是效果图的制作，对“动画”部分就不做叙述了，有兴趣的读者可以参阅其他相关书籍。

2.4.9 图形编辑器

“图形编辑器”菜单是场景元素之间用图形化视图方式来表达关系的菜单，包括“轨迹视图-曲线编辑器”“轨迹视图-摄影表”“新建图解视图”和“粒子视图”等命令，如图2-111所示。

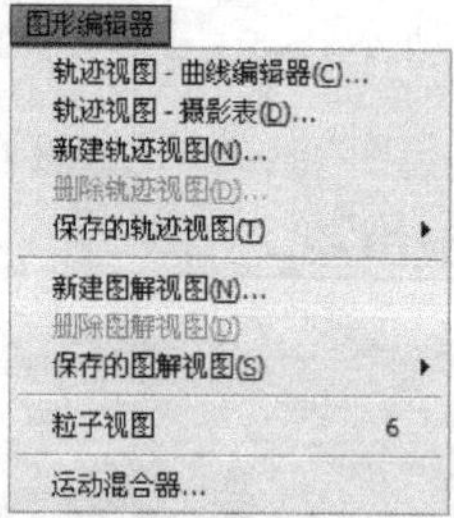

图2-111 图形编辑器

2.4.10 渲染

“渲染”菜单主要用于设置渲染参数，包括“渲染”“环境”和“效果”等命令，如图2-112所示。这个菜单下的命令将在后面的相关章节中进行详细讲解，这里就不再叙述了。

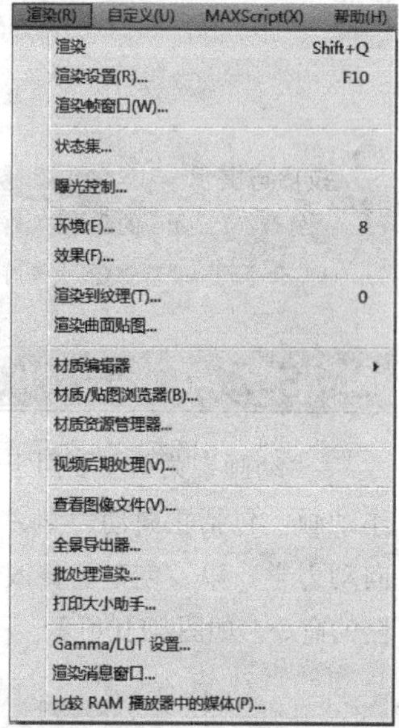

图2-112 渲染

技巧与提示

需要特别注意是，“渲染”菜单下有一个“Gamma/LUT设置”命令，这个命令用于调整输入和输出图像及监视器显示的Gamma和查询表（LUT）值。Gamma和LUT值不仅会影响模型、材质、贴图在视口中的显示效果，而且，还会影响渲染效果，3ds Max 2014在默认情况下开启“Gamma/LUT校正”。为了得到正确的渲染效果，需要执行“渲染>Gamma和LUT设置”菜单命令，打开“首选项设置”对话框，然后，在“Gamma和LUT”选项卡下关闭“启用Gamma/LUT校正”选项，并且，要取消勾选“材质和颜色”选项组下的“影响颜色选择器”和“影响材质选择器”选项，如图2-113所示。

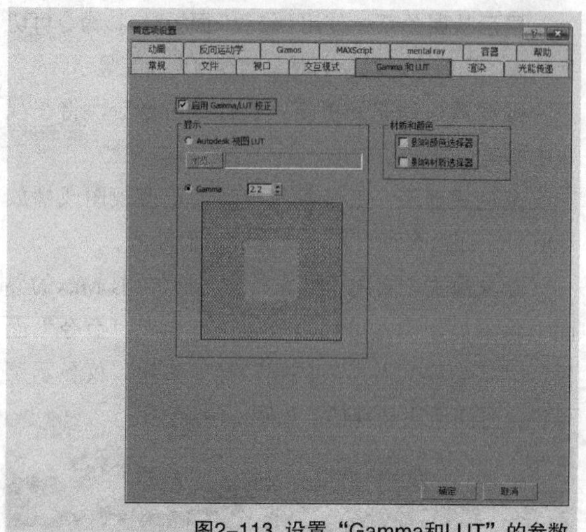

图2-113 设置“Gamma和LUT”的参数

2.4.11 自定义

“自定义”菜单主要用于更改用户界面及设置3ds Max的“首选项”。可以通过这个菜单制定自己的界面，还可以对3ds Max系统进行设置，如设置场景单位和自动备份等，如图2-114所示。

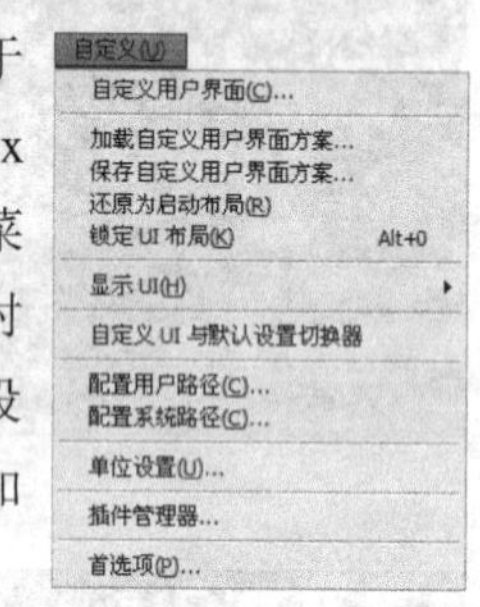

图2-114 “自定义”菜单

【命令详解】

自定义用户界面：执行该命令后，将打开“自定义用户界面”对话框，如图2-115所示。可以通过该对话框创建一个完全自定义的用户界面，包括快捷键、四元菜单、菜单、工具栏和颜色。

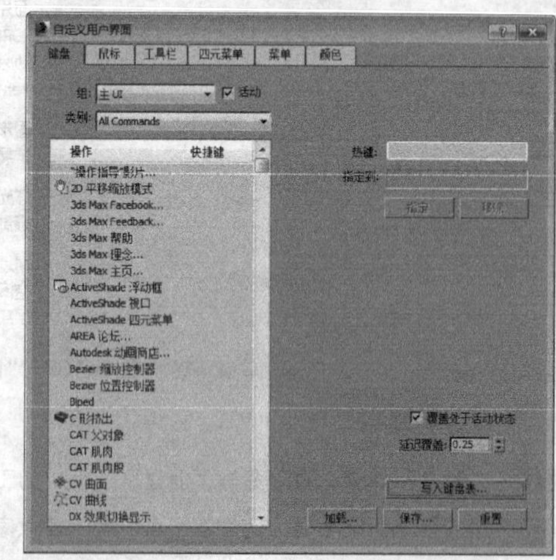

图2-115 自定义用户界面

加载自定义用户界面方案：执行该命令后，将打开“加载自定义用户界面方案”对话框，如图2-116所示。可以在该对话框中选择想要加载的用户界面方案。

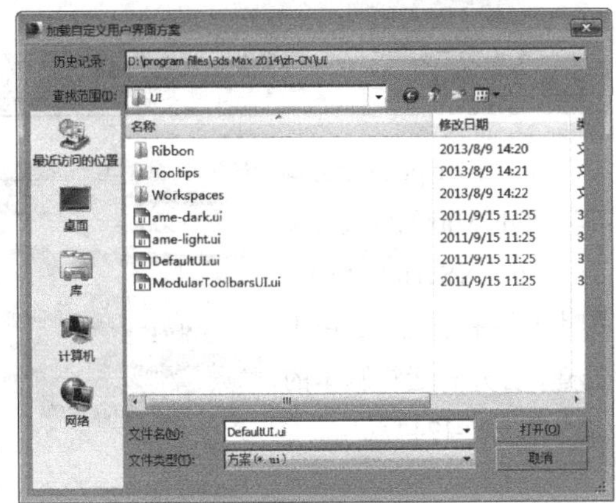

图2-116　选择加载方案

技巧与提示

在默认情况下，3ds Max 2014的界面颜色为黑色，如图2-117所示。如果用户的视力不好，那么，很可能看不清界面上的文字。这时，就可以用“加载自定义用户界面方案”命令来更改界面颜色，先在3ds Max 2014的安装路径下打开UI文件夹，然后，选择想要的界面方案即可，如图2-118和图2-119所示。

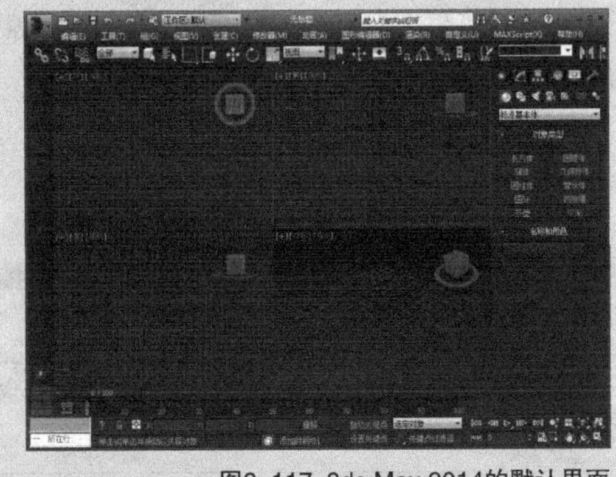

图2-117　3ds Max 2014的默认界面

图2-118　加载界面UI

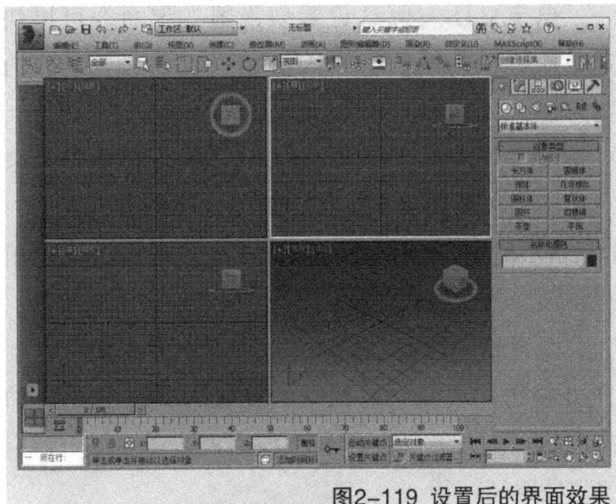

图2-119　设置后的界面效果

保存自定义用户界面方案：执行该命令后，将打开“保存自定义用户界面方案”对话框，如图2-120所示。可以在该对话框中保存当前状态下的用户界面方案。

图2-120　保存自定义界面

还原为启动布局：执行该命令后，将自动加载_startup.ui文件并将用户界面返回到启动设置。

锁定UI布局：当该命令处于激活状态时，不能通过拖动界面元素来修改用户界面布局（但仍然可以通过用鼠标右键单击菜单来改变用户界面布局）。该命令可以防止由于单击鼠标而更改用户界面或发生错误操作（如浮动工具栏）。

显示UI：该命令包含5个子命令，如图2-121所示。勾选相应的子命令后，即可在界面中显示出相应的UI对象。

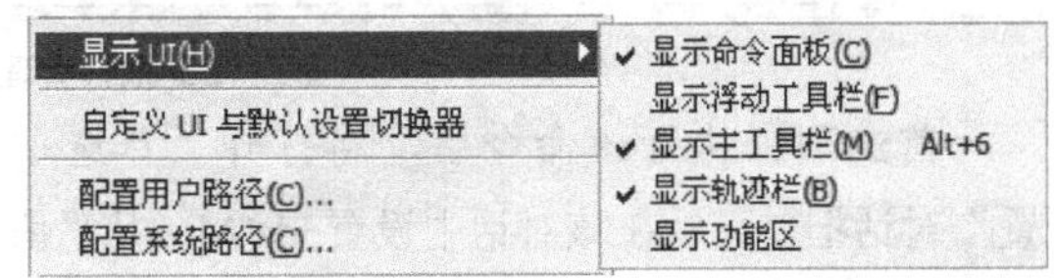

图2-121　显示UI

自定义UI与默认设置切换器：该命令可以快速更改程序的默认值和UI方案，以更适合用户的需求。

配置用户路径：3ds Max可以用存储的路径来定位不同种类的用户文件，其中包括场景、图像、DirectX效果、光度学和MAXScript文件。“配置用户路径”命令用于自定义这些路径。

配置系统路径：3ds Max可用路径来定位不同种类的文件（其中包括默认设置、字体）并启动MAXScript 文件。“配置系统路径”命令用于自定义这些路径。

单位设置：这是“自定义”菜单下最重要的命令之一，执行该命令后，将打开“单位设置”对话框，如图2-122所示。可以在该对话框中通用单位和标准单位间进行选择。

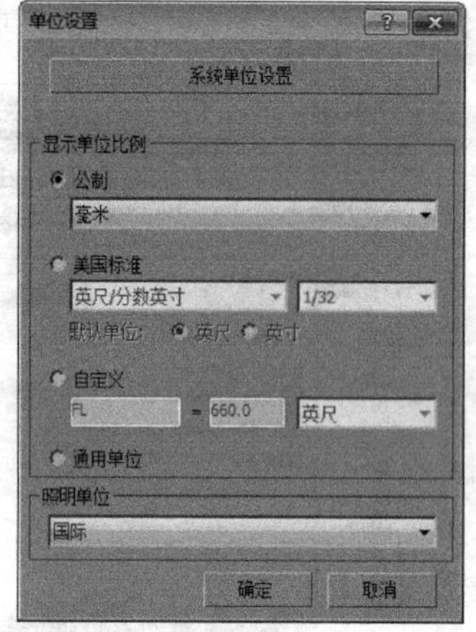

图2-122 单位设置

插件管理器：执行该命令后，将打开“插件管理器”对话框，如图2-123所示。该对话框提供了位于3ds Max插件目录中的所有插件的列表，包括插件描述、类型（对象、辅助对象、修改器等）、状态（已加载或已延迟）、大小和路径。

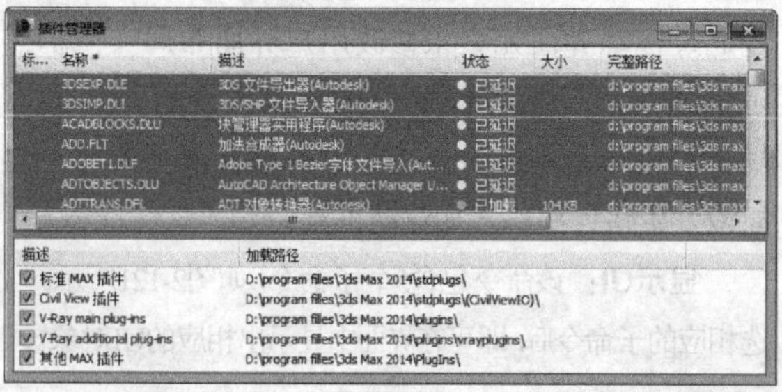

图2-123 插件管理器

首选项：执行该命令后，将打开“首选项设置”对话框，可以在该对话中设置3ds Max几乎所有的首选项。

> **技巧与提示**
> 在“自定义”菜单下，有3个命令比较重要，分别是“自定义用户界面”“单位设置”和“首选项”命令。

2.4.12 MAXScript（MAX脚本）菜单

MAXScript（MAX脚本）是3ds Max的内置脚本语言，MAXScript（MAX脚本）菜单中包含了用于创建、打开和运行脚本的命令，如图2-124所示。

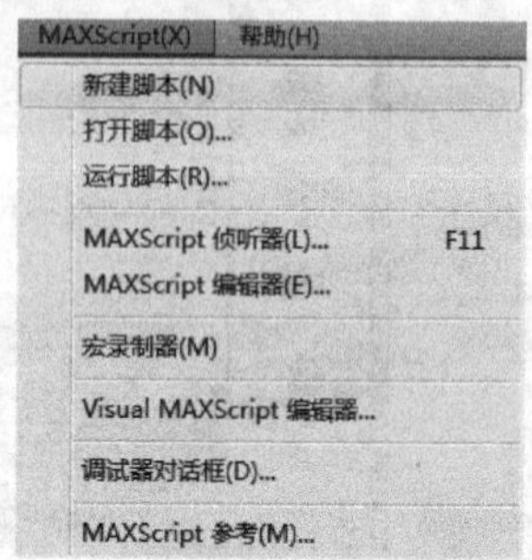

图2-124 MAXScript菜单

2.4.13 帮助

“帮助”菜单中主要是一些帮助信息，可以供用户参考、学习，如图2-125所示。

图2-125 “帮助”菜单栏

课堂案例

加载背景图像

案例位置	案例文件>第2章>课堂案例：加载背景图像
视频位置	多媒体教学>第2章>课堂案例：加载背景图像.flv
难易指数	★☆☆☆☆
学习目标	练习将参考图像加载至视图中

开始练习模型创建的时候，一般都是用模仿的方法，可以先将参考图像加载至视图中，让其成为视图背景，然后，以其为参考并对照进行模型的创建。当熟练后，就可以通过肉眼观察来直接进行建模了。

01 执行“视图>视口背景>配置视口背景”菜单命令或按Alt+B组合键，打开“视口配置”对话框，然后，选择“背景”栏，如图2-126所示。

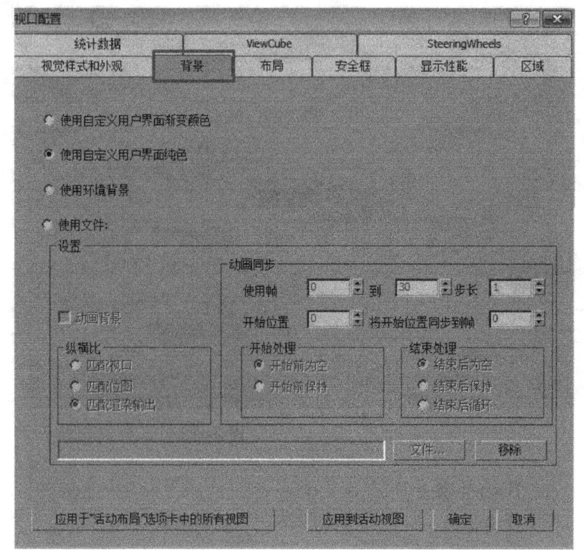

图2-126 打开"视口配置"

02 在"视口配置"对话框的"背景"选项卡中选定"使用文件"选项，然后，单击"文件"按钮，在弹出的"选择背景图像"对话框中选择"下载资源"中的"背景.jpg"文件，接着，单击"打开"按钮，最后，单击"确定"按钮，如图2-127所示，此时的视图显示效果如图2-128所示。

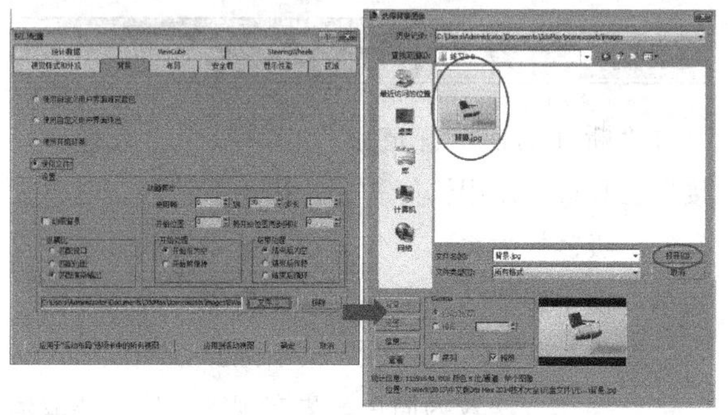

图2-127 选择背景图片

图2-128 视口效果

03 如果要关闭背景图像的显示，可以在"视图>视口背景"菜单下取消勾选"自定义图像文件"选项，也可以单击视图左上角的视口显示模式文本，然后，在弹出的"真实>视口背景"菜单下取消勾选"自定义图像文件"选项，如图2-129所示。

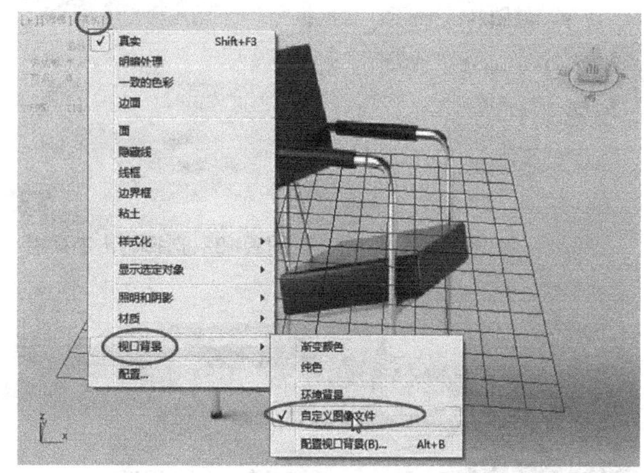

图2-129 关闭"自定义图像文件"

2.5 主工具栏

"主工具栏"中集合了最常用的编辑工具，图2-130所示为默认状态下的"主工具栏"，某些工具的右下角有一个三角形图标，单击该图标后，就会弹出下拉工具列表，以"捕捉开关"为例，单击"捕捉开关"按钮后，就会弹出捕捉工具列表，如图2-131所示。接下来，将主要介绍制作效果图的常用工具。

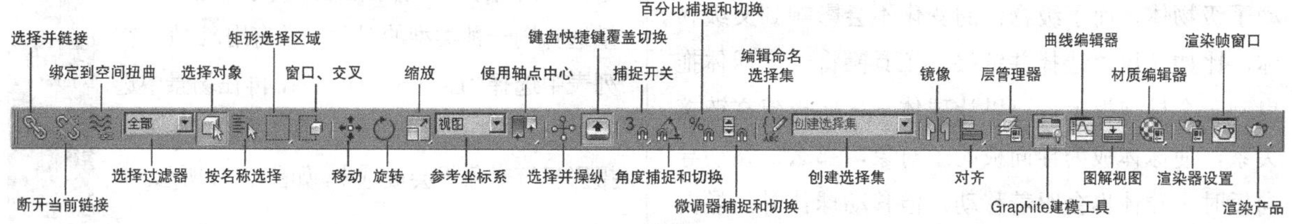

图2-130 主工具栏

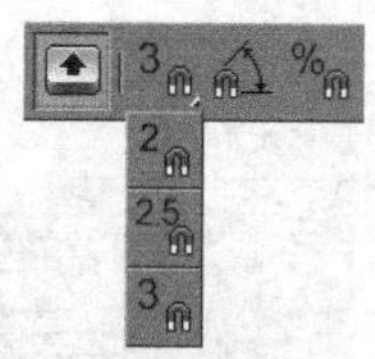

图2-131 捕捉开关

技巧与提示

若显示器的分辨率较低，“主工具栏”中的工具可能无法完全显示出来，这时，可以将鼠标指针放置在“主工具栏”上的空白处，当鼠标指针变成手型时，用鼠标左右移动“主工具栏”即可查看没有显示出来的工具。在默认情况下，很多工具栏都处于隐藏状态，如果要调出这些工具栏，可以在“主工具栏”的空白处单击鼠标右键，然后，在弹出的菜单中选择相应的工具栏即可，如图2-132所示。如果要调出所有隐藏的工具栏，可以执行“自定义>显示UI>显示浮动工具栏”菜单命令，如图2-133所示。再次执行“显示浮动工具栏”命令后，可以将浮动的工具栏隐藏起来。

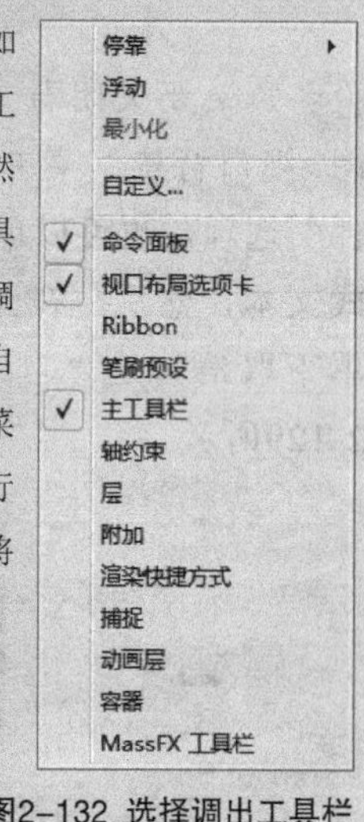

图2-132 选择调出工具栏

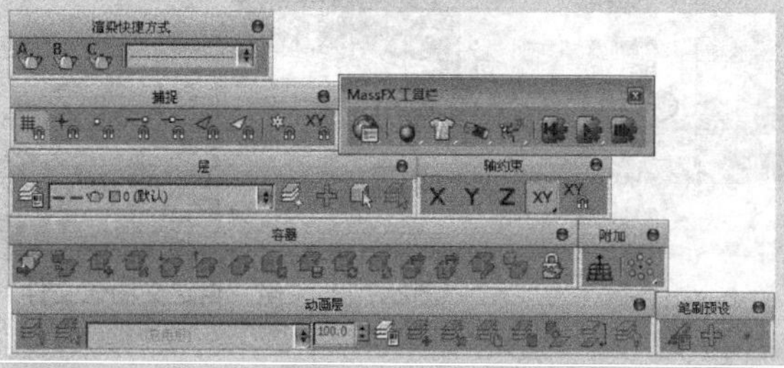

图2-133 调出的工具栏

2.5.1 选择并链接

“选择并链接”工具主要用于建立对象之间的父子链接关系与定义层级关系。父级物体可带动子级物体，而子级物体的变化不会影响到父级物体，比如，用“选择并链接”工具将一个球体拖曳到一个导向板上，可以让球体与导向板建立链接关系，使球体成为导向板的子对象，那么，移动导向板时，球体也会跟着移动，但移动球体时，导向板不会跟着移动，如图2-134所示。

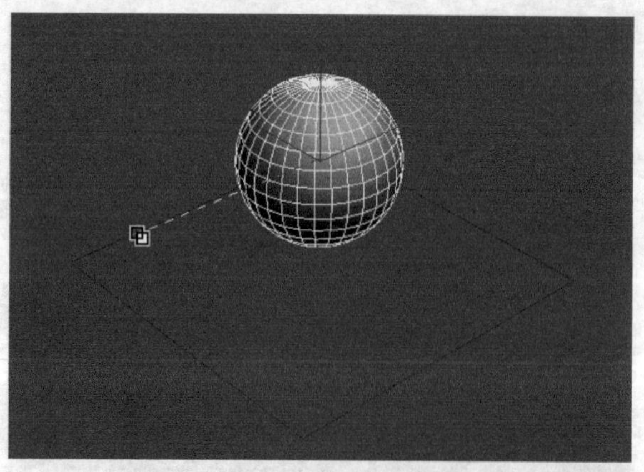

图2-134 选择并链接示例

技巧与提示

这里说明一下操作方法，笔者将其分为4个步骤。

第1步：选择“选择并链接”工具。

第2步：在视图中选择子级物体并用鼠标左键将其按住。

第3步：拖动鼠标指针到父级物体上，这时会引出虚线，鼠标指针牵动着这个虚线。

第4步：释放鼠标左键，父级物体的外框会闪烁一下，表示链接操作成功。

2.5.2 断开当前选择链接

“断开当前选择链接”工具与“选择并链接”工具的作用恰好相反，用于取消两个对象之间的层级链接关系。换句话说，就是拆散父子链接关系，使子级物体恢复独立，不再受父级物体的约束。这个工具是针对子级物体执行的。

其操作方法较为简单，先在视图中选择要取消链接关系的子级物体，然后，单击“断开当前选择链接”工具即可。

2.5.3 过滤器

“过滤器”全部主要用来过滤不需要选择的对象类型，如图2-135所示。这对于批量选择同一种类型的对象非常有用，比如，在列表中选择“L-灯光”选项后，再在场景中选择对象时，就只能选择灯光了，几何体、图形、摄影机等对象不会被选中，如图2-136所示。

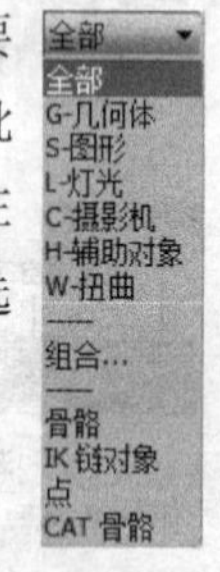

图2-135 过滤器

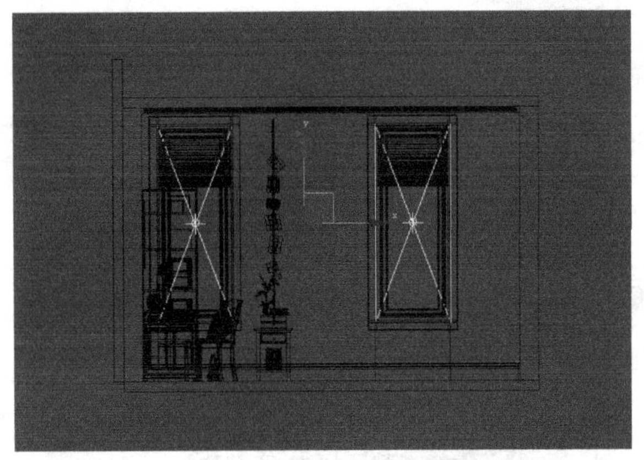

图2-136 过滤器的应用

课堂案例

用过滤器选择场景中的灯光

案例位置	案例文件>第2章>课堂案例：用过滤器选择场景中的灯光
视频位置	多媒体教学>第2章>课堂案例：用过滤器选择场景中的灯光.flv
难易指数	★☆☆☆☆
学习目标	练习过滤器的使用

在较大的场景中，物体的类型可能非常多，这时，要想选择处于隐藏位置的物体就会很困难，而用“过滤器”过滤掉不需要选择的对象后，再选择相应的物体就很方便了。

01 打开“下载资源”中的案例文件。从视图中可以观察到，本场景包含2把椅子和4盏灯光，如图2-137所示。

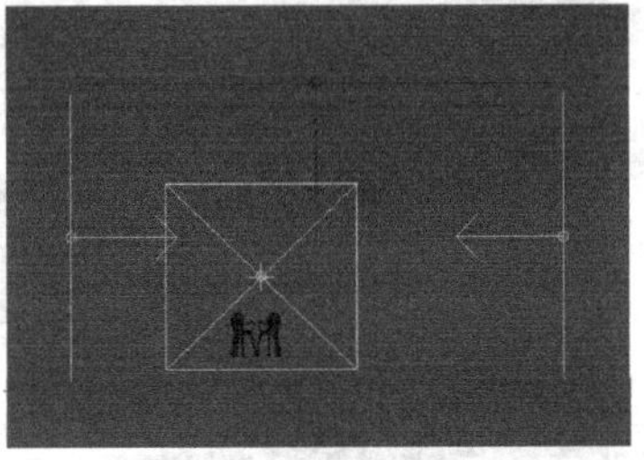

图2-137 打开场景文件

02 如果只想选择灯光，可以在“过滤器”下拉列表中选择“L-灯光”选项，如图2-138所示，然后，用“选择对象”工具框选视图中的灯光，框选完毕后，会发现只选择了灯光，而椅子模型并没有被选中，如图2-139所示。

图2-138 选择“L-灯光”

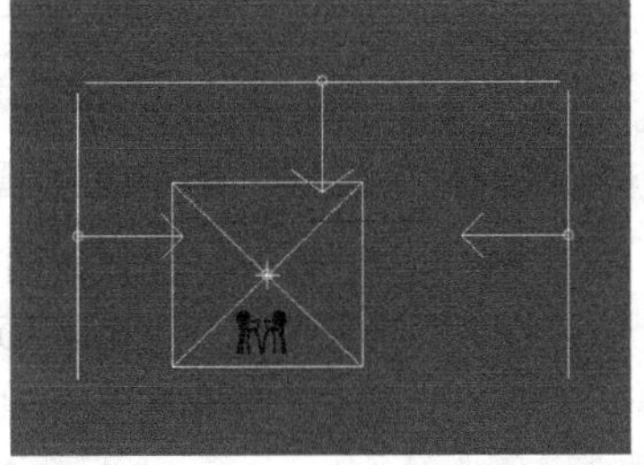

图2-139 框选效果

03 如果要选择椅子模型，则可以在“过滤器”下拉列表中选择“G-几何体”选项，然后，用“选择对象”工具框选视图中的椅子模型，框选完毕后，会发现只选择了椅子模型，而灯光并没有被选中，如图2-140所示。

图2-140 选取几何体

2.5.4 选择对象

“选择对象”工具是最重要的工具之一，主要用于选择对象。对于想选择对象而又不想移动它的情况来说，这个工具是最佳选择。使用该工具时，单击对象即可选择相应的对象，如图2-141所示。

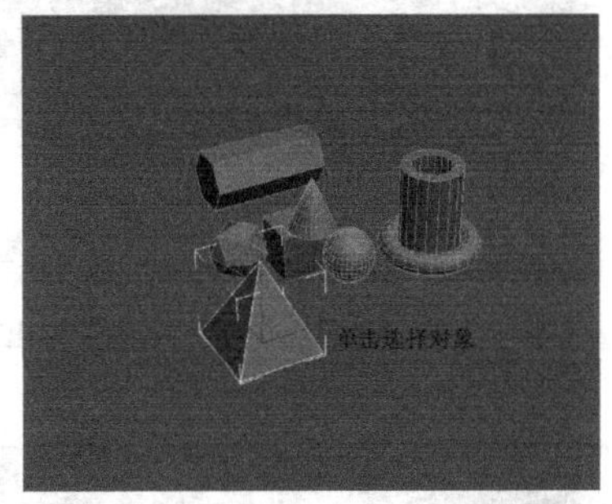

图2-141 选取对象

技巧与提示

上面介绍的用“选择对象”工具单击对象即可将其选择的方法，只是选择对象的一种方法，下面，介绍其他5中选取方法。

第1种：框选对象。这是选择多个对象的常用方法之一，适合选择一个区域的对象，用“选择对象”工具在视图中拉出一个选框后，处于该选框内的所有对象都将被选中（这里以在“过滤器”列表中选择“全部”类型为例），如图2-142所示。用“选择对象”工具框选对象的同时按Q键可以切换选框的类型，比如，当前使用的“矩形选择区域”模式，按一次Q键可切换为“圆形选择区域”模式，如图2-143所示，继续按Q键又会切换到“围栏选择区域”模式、“套索选择区域”模式、“绘制选择区域”模式，会一直按此顺序循环下去。

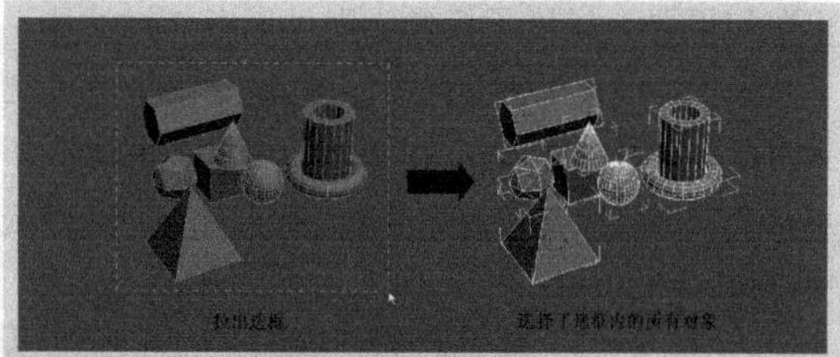

图2-142 矩形选择区域

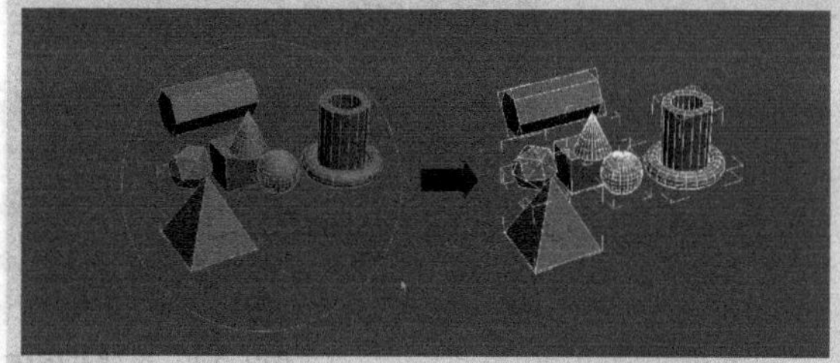
图2-143 圆形选择区域

第2种：加选对象。如果当前已选择了一个对象，还想加选其他对象，那么，按住Ctrl键并单击其他对象即可，如图2-144所示。

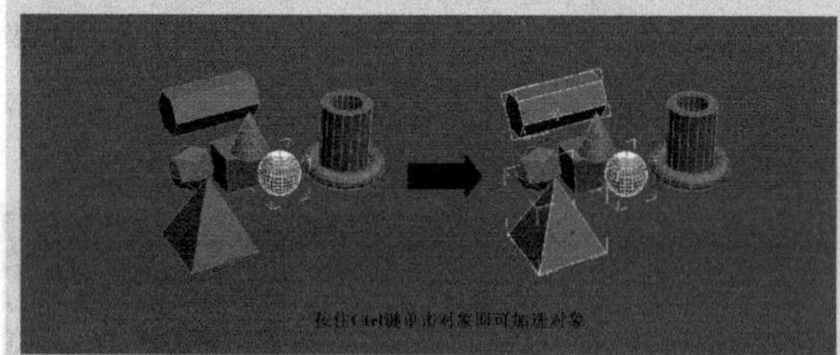

图2-144 加选对象

第3种：减选对象。如果当前已选择了多个对象，想减去某个不想选择的对象，那么，按住Alt键并单击想要减去的对象即可，如图2-145所示。

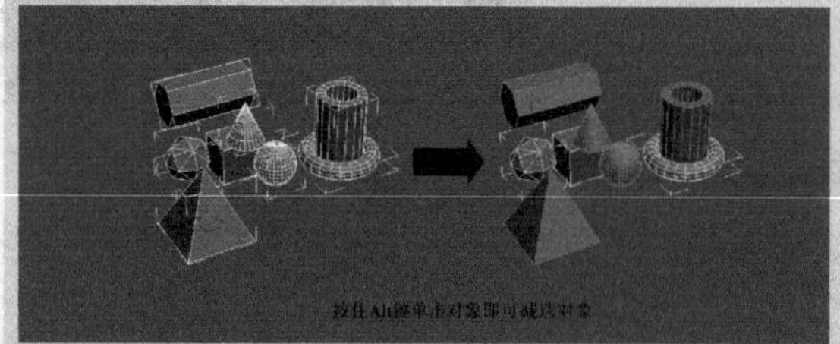

图2-145 减选对象

第4种：反选对象。如果当前已选择了某些对象，想要反选其他的对象，那么，按Ctrl+I组合键即可，如图2-146所示。

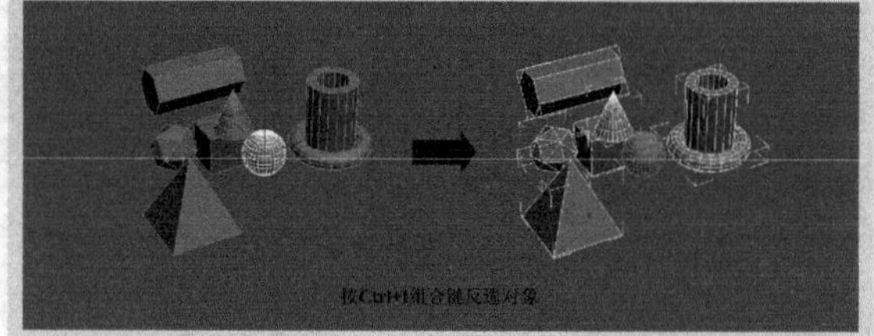

图2-146 反选对象

第5种：孤立选择对象。这是一种特殊的选择对象的方法，可以将选择的对象单独显示出来，以方便对其进行编辑，如图2-147所示。

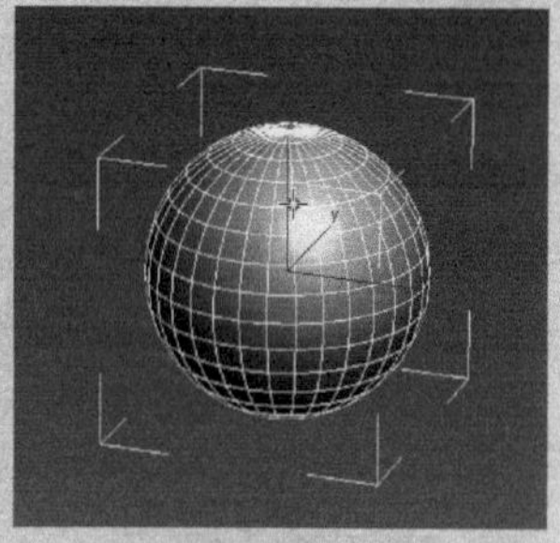
图2-147 孤立选择对象

切换孤立选择对象的方法主要有以下两种。

①执行“工具>孤立当前选择”菜单命令或按Alt+Q组合键，如图2-148所示。

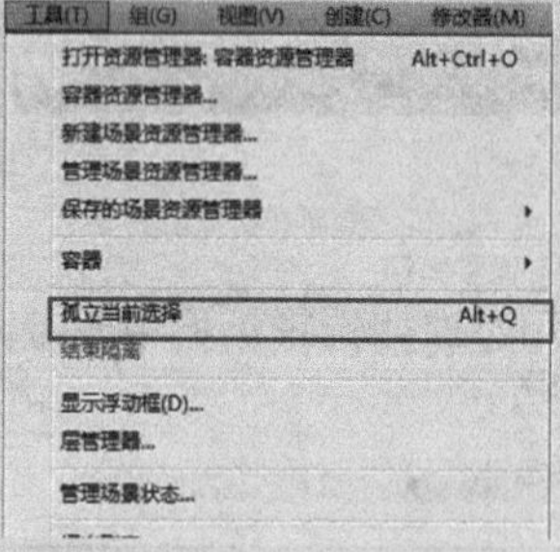

图2-148 孤立选择对象方法1

②在视图中单击鼠标右键，然后，在弹出的菜单中选择“孤立当前选择”命令，如图2-149所示。

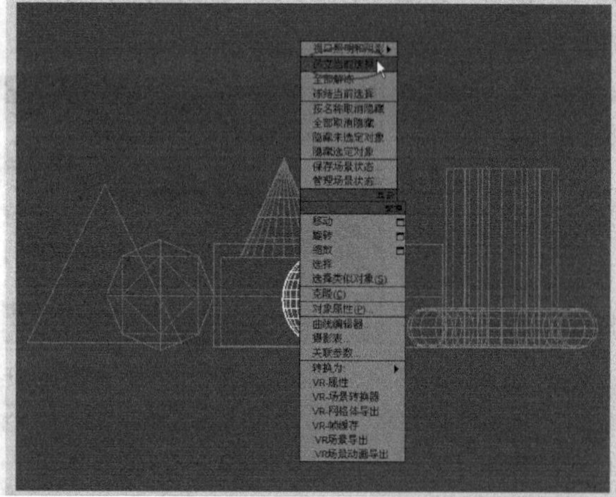
图2-149 孤立选择对象方法2

请大家牢记这几种选择对象的方法，合理地运用这些方法可以在选择对象时达到事半功倍的效果。

2.5.5 按名称选择

单击“按名称选择”按钮后，会弹出“从场景选择”对话框，在该对话框中选择对象的名称后，单击“确定”按钮即可将其选择，例如，在“从场景选择”对话框中选择了“Sphere01”后，单击“确定”按钮即可选择这个球体对象，如图2-150和图2-151所示。

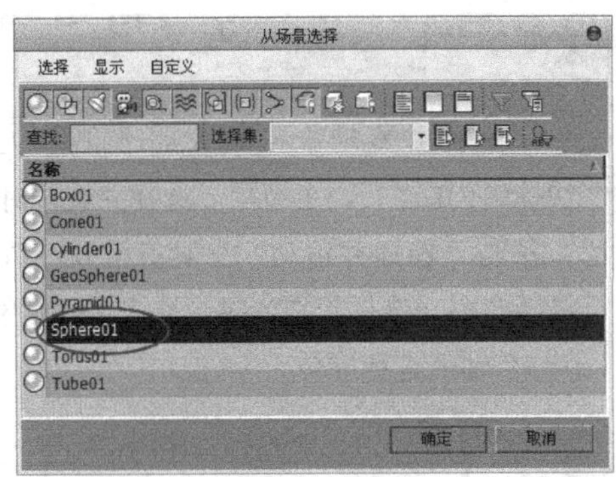

图2-150 选取名称

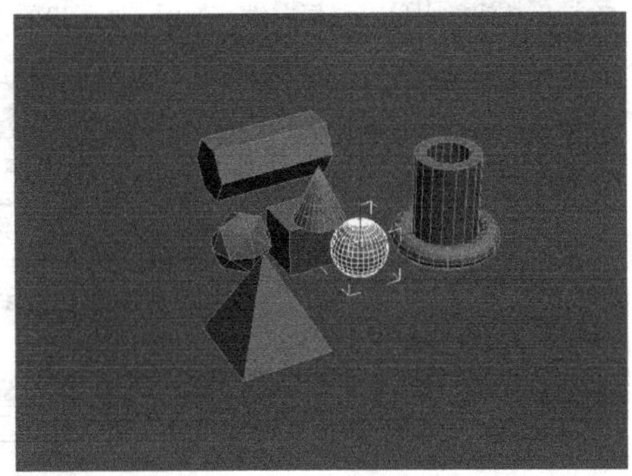

图2-151 选取效果

技巧与提示

如果当前已经选择了部分对象，那么，按住Ctrl键的同时可以进行加选，按住Alt键的同时可以进行减选。

“从场景选择”对话框中有一排按钮与“创建”面板中的部分按钮是相同的，这些按钮主要用于显示对象的类型，激活相应的对象按钮后，下面的对象列表中就会显示出与其相对应的对象，如图2-152所示。

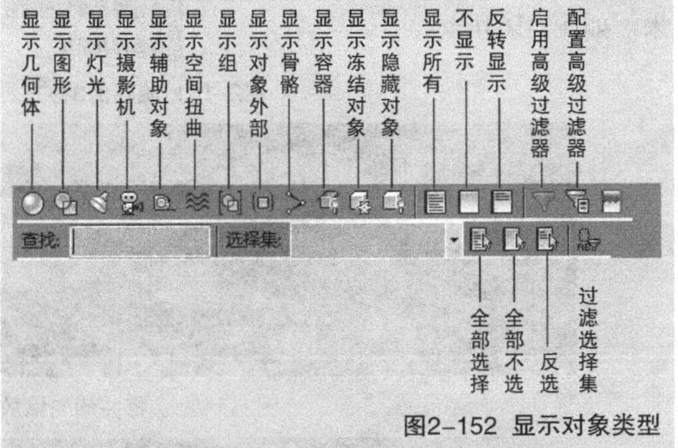

图2-152 显示对象类型

2.5.6 选择区域

选择区域工具包含5种模式，如图2-153所示，主要是配合“选择对象”工具一起使用。前面已经介绍过了其用法，这里就不再重复了。

矩形选择区域
圆形选择区域
围栏选择区域
套索选择区域
绘制选择区域

图2-153 选择区域类型

2.5.7 窗口/交叉

当“窗口/交叉”工具处于突出状态（即未激活状态）时，其显示效果为，如果这时在视图中选择对象，那么，只要选择的区域包含对象的一部分即可选中该对象，如图2-154所示；当“窗口/交叉”工具处于凹陷状态（即激活状态）时，其显示效果为，如果这时在视图中选择对象，那么，只有选择区域包含对象的全部才能将其选中，如图2-155所示。在实际工作中，一般都要让“窗口/交叉”工具处于未激活状态。

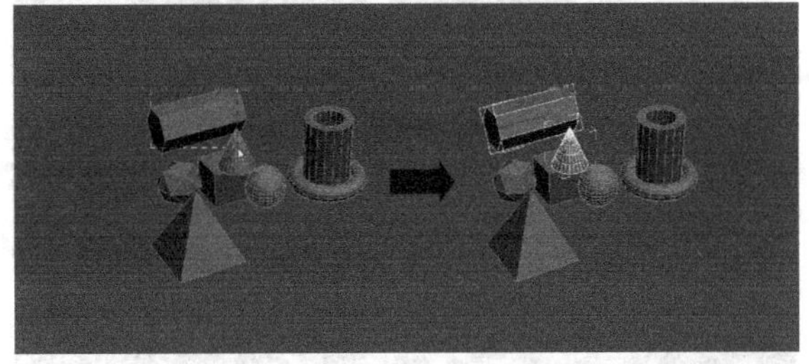

图2-154 未激活状态

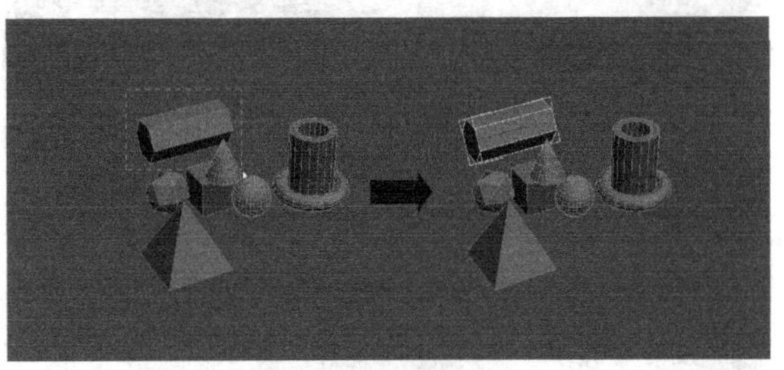

图2-155 激活状态

2.5.8 选择并移动

“选择并移动”工具是最重要的工具之一（快捷键为W键），主要用于选择并移动对象，其选择对象的方法与“选择对象”工具相同。“选择并移动”工具可以将选中的对象移动到任何位置。使用该工具选择对象时，视图中会显示出坐标移动控制器，在默认的四视图中只有透视图会显示*x*/*y*/*z*这3个轴向，而其他3个视图中只显示其中的某两个轴向，如图2-156所示。若想要在多个轴向上移动对象，可以将鼠标指针放在轴向的中间，然后，拖曳鼠标指针即可，如图2-157所示；如果想在单个轴向上移动对象，可以将鼠标指针放在这个轴向上，然后，拖曳鼠标指针即可，如图2-158所示。

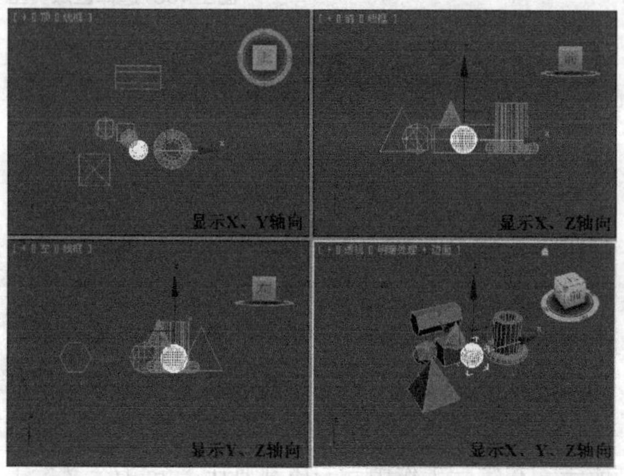

图2-156 选择并移动工具

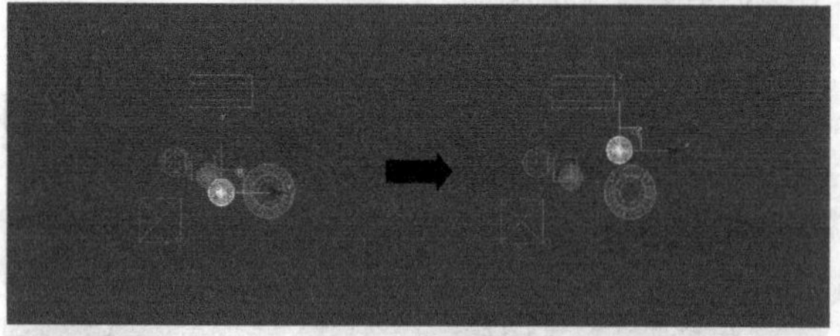

图2-157 在多个轴上移动

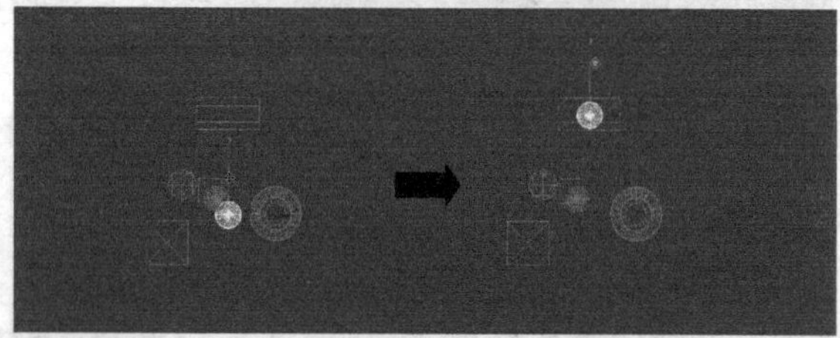

图2-158 在单一轴上移动

技巧与提示

如果想将对象精确移动一定的距离，可以在“选择并移动”工具上单击鼠标右键，然后，在弹出的“移动变换输入”对话框中输入“绝对:世界”或“偏移:世界”数值即可，如图2-159所示。

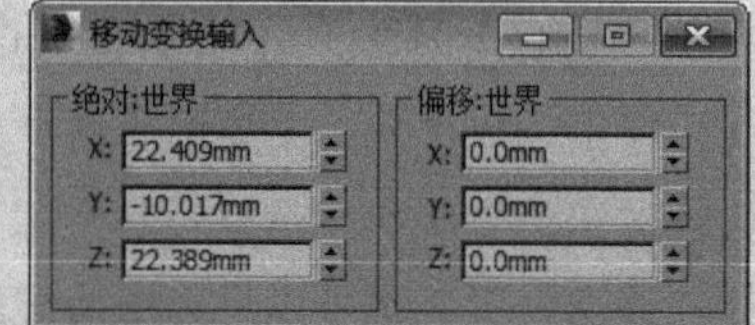

图2-159 移动变换输入

“绝对”坐标是指对象目前所在的世界坐标位置；“偏移”坐标是指对象以屏幕为参考对象所偏移的距离。

2.5.9 选择并旋转

“选择并旋转”工具是最重要的工具之一（快捷键为E键），主要用于选择并旋转对象，其使用方法与“选择并移动”工具相似。当该工具处于激活状态（选择状态）时，被选中的对象可以在*x*/*y*/*z*这3个轴上进行旋转。

技巧与提示

如果想要将对象精确旋转一定的角度，可以在“选择并旋转”按钮上单击鼠标右键，然后，在弹出的“旋转变换输入”对话框中输入旋转角度即可，如图2-160所示。

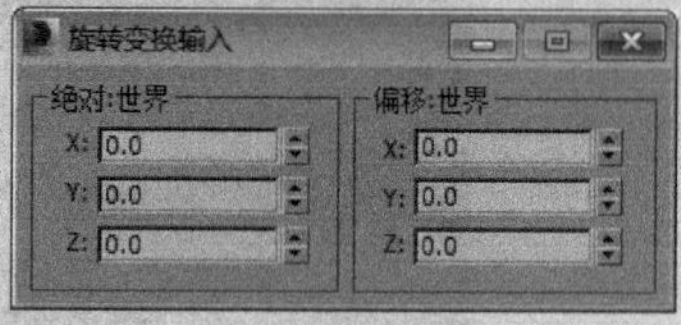

图2-160 旋转变换输入

2.5.10 选择并缩放

“选择并缩放”工具是最重要的工具之一（快捷键为R键），主要用于选择并缩放对象。“选择并缩放”工具包含3种，如图2-161所示。“选择并均匀缩放”工具可以沿3个轴以相同量缩放对象，同时，保持对象的原始比例，如图2-162所示；“选择并非均匀缩放”工具可以根据活动轴约束以非均匀方式缩放对象，如图2-163所示；“选择并挤压”工具可以创建“挤压和拉伸”效果，如图2-164所示。

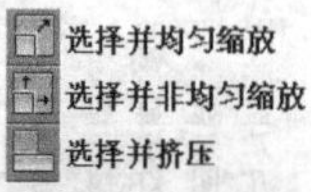

选择并均匀缩放
选择并非均匀缩放
选择并挤压

图2-161 旋转的3种方式

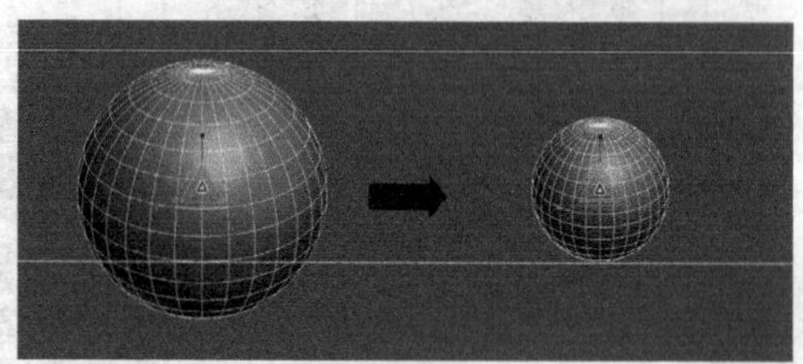

图2-162 选择并均匀缩放

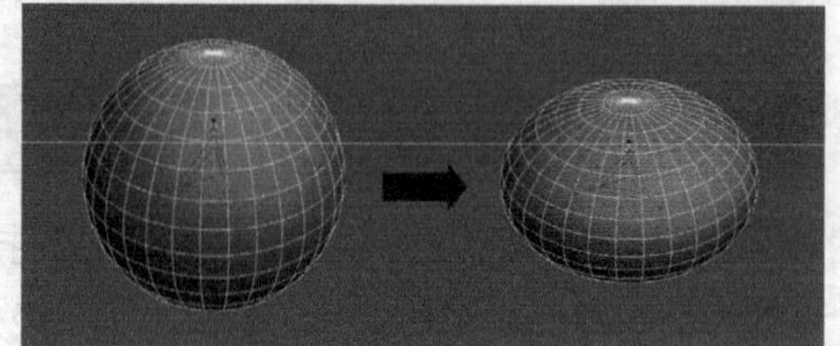

图2-163 选择并非均匀缩放

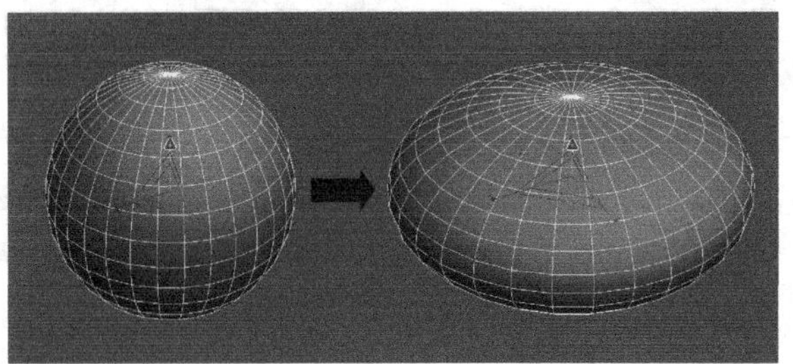

图2-164 选择并挤压

技巧与提示

"选择并缩放"工具可以通过设定的精确的缩放比例因子来缩放，具体操作方法是在相应的工具上单击鼠标右键，然后，在弹出的"缩放变换输入"对话框中输入相应的缩放比例数值即可，如图2-165所示。

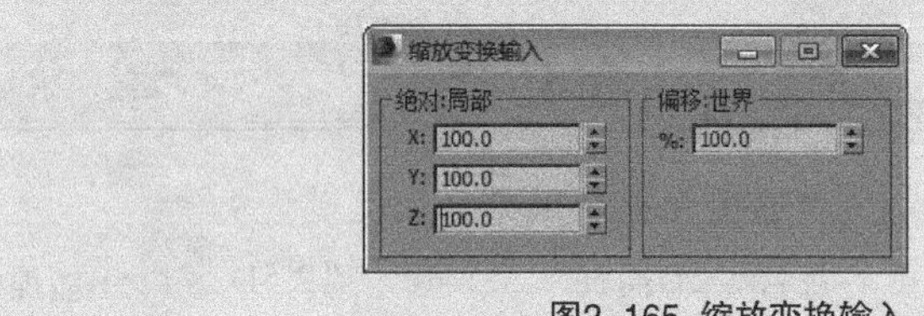

图2-165 缩放变换输入

课堂案例

使用选择并缩放工具调整花瓶形状

案例位置	案例文件>第2章>课堂案例：用选择并缩放工具调整花瓶形状
视频位置	多媒体教学>第2章>课堂案例：用选择并缩放工具调整花瓶形状.flv
难易指数	★☆☆☆☆
学习目标	练习缩放工具的使用

在建模的时候，我们经常会对模型做或这或那的处理，对模型进行缩放处理是很常用的，通常，一个物体经过缩放后，不但其大小会发生变化，而且，其形状也会发生变化。

01 打开"下载资源"中的模型文件，如图2-166所示。

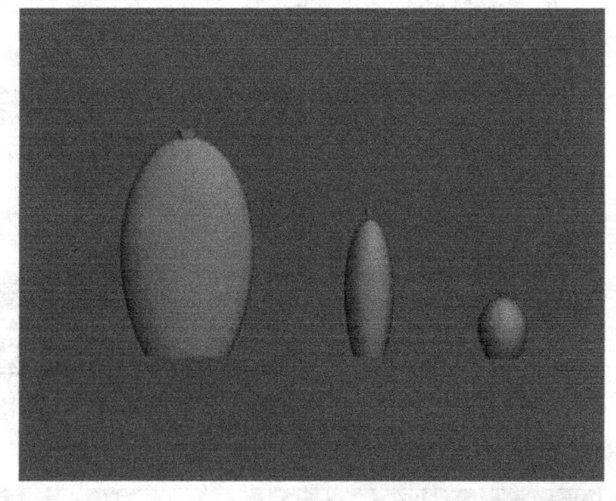

图2-166 打开案例文件

02 在"主工具栏"中选择"选择并均匀缩放"工具，然后，选择最左边的花瓶，接着，在前视图中沿x轴正方向进行缩放，如图2-167所示，完成后的效果如图2-168所示。

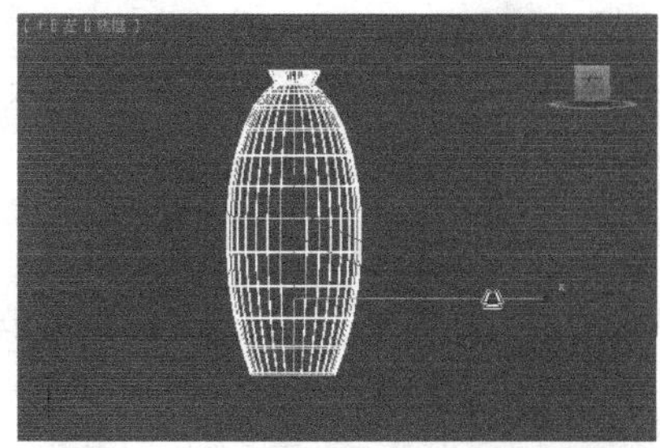

图2-167 在x轴上缩放

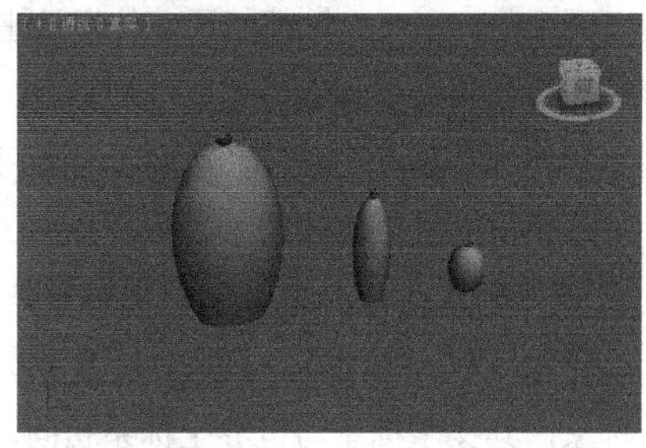

图2-168 缩放效果

03 在"主工具栏"中选择"选择并非均匀缩放"工具，然后，选择中间的花瓶，接着，在透视图中沿y轴正方向进行缩放，如图2-169所示。

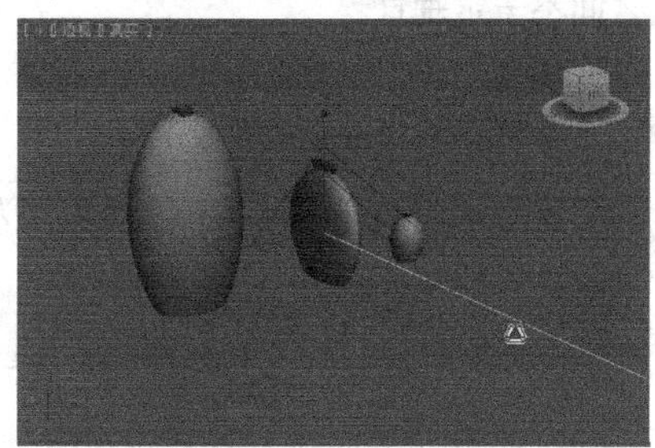

图2-169 对中间花瓶进行缩放

04 在"主工具栏"中选择"选择并挤压"工具，然后，选择最右边的模型，接着，在透视图中沿z轴负方向进行挤压，如图2-170所示。

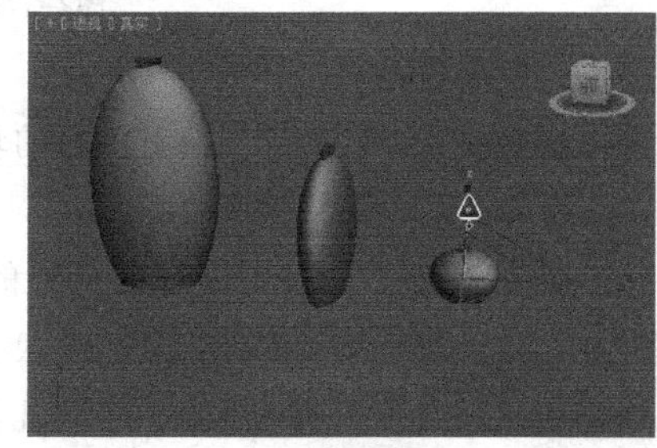

图2-170 对右边花瓶进行缩放

2.5.11 参考坐标系

"参考坐标系"用于指定变换操作（如移动、旋转、缩放等）所使用的坐标系统，包括"视图”“屏幕”“世界”“父对象”“局部”“万向”“栅格”“工作区”和“拾取”9种坐标系，如图2-171所示。

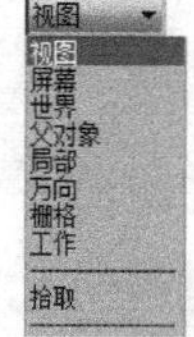

图2-171 参考坐标系

【参数详解】

视图：在默认的“视图”坐标系中，所有正交视图中的*x*、*y*、*z*轴都相同。使用该坐标系移动对象时，可以相对于视图空间移动对象。

屏幕：将活动视口屏幕用作坐标系。

世界：使用世界坐标系。

父对象：将选定对象的父对象作为坐标系。如果对象未链接至特定对象，则其为世界坐标系的子对象，其父坐标系与世界坐标系相同。

局部：将选定对象的轴心点作为坐标系。

万向：将万向坐标系与Euler XYZ旋转控制器一同使用，它与局部坐标系类似，但其3个旋转轴相互之间不一定垂直。

栅格：将活动栅格作为坐标系。

工作：将工作轴作为坐标系。

拾取：将场景中的另一个对象作为坐标系。

2.5.12 使用轴点中心

“轴点中心”工具包含“使用轴点中心”工具、“使用选择中心”工具和“使用变换坐标中心”工具3种，如图2-172所示。

使用轴点中心
使用选择中心
使用变换坐标中心

图2-172 轴点中心类型

【工具详解】

使用轴点中心：围绕其各自的轴点旋转或缩放一个或多个对象。

使用选择中心：围绕其共同的几何中心旋转或缩放一个或多个对象。如果变换多个对象，那么，该工具会计算所有对象的平均几何中心并将该几何中心用作变换中心。

使用变换坐标中心：围绕当前坐标系的中心旋转或缩放一个或多个对象。用“拾取”功能将其他对象指定为坐标系时，其坐标中心在该对象轴的位置上。

2.5.13 选择并操纵

“选择并操纵”工具可以通过在视图中拖曳“操纵器”来编辑修改器、控制器和某些对象的参数。这个工具不能独立应用，需要与其他选择工具配合使用。

技巧与提示

“选择并操纵”工具与“选择并移动”工具不同，它的状态不是唯一的。只要选择“模式”或“变换模式”之一为活动状态并启用“选择并操纵”工具，就可以操纵对象了，但是，在选择一个操纵器辅助对象之前，必须禁用“选择并操纵”工具。

2.5.14 捕捉开关

“捕捉开关”工具（快捷键为S键）包含“2D捕捉”工具、“2.5D捕捉”工具和“3D捕捉”工具3种，如图2-173所示。

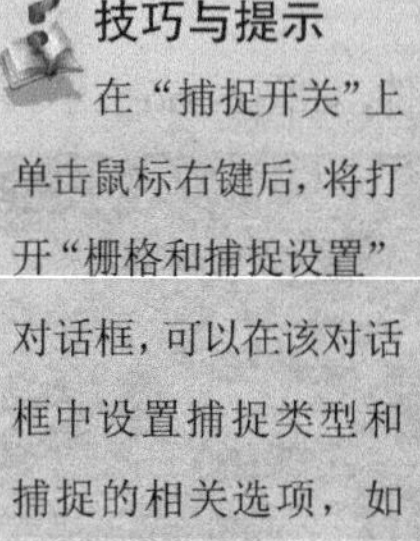

图2-173 捕捉开关的类型

【工具详解】

2D捕捉：主要用于捕捉活动的栅格。

2.5D捕捉：主要用于捕捉结构或捕捉根据网格得到的几何体。

3D捕捉：可以捕捉3D空间中的任何位置。

技巧与提示

在“捕捉开关”上单击鼠标右键后，将打开“栅格和捕捉设置”对话框，可以在该对话框中设置捕捉类型和捕捉的相关选项，如图2-174所示。

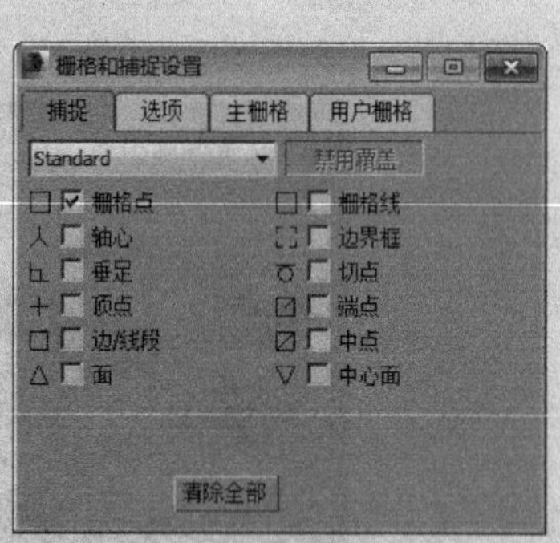

图2-174 栅格和捕捉设置

2.5.15 角度捕捉切换

“角度捕捉切换”工具可以用来指定捕捉的角度（快捷键为A键）。激活该工具后，角度捕捉将影响所有的旋转变换，在默认状态下，以5°为增量进行旋转。

若要更改旋转增量，则可在“角度捕捉切换”工具上单击鼠标右键，然后，在弹出的“栅格和捕捉设置”对话框中单击“选项”选项卡，接着，在“角度”选项后面输入相应的旋转增量角度即可，如图2-175所示。

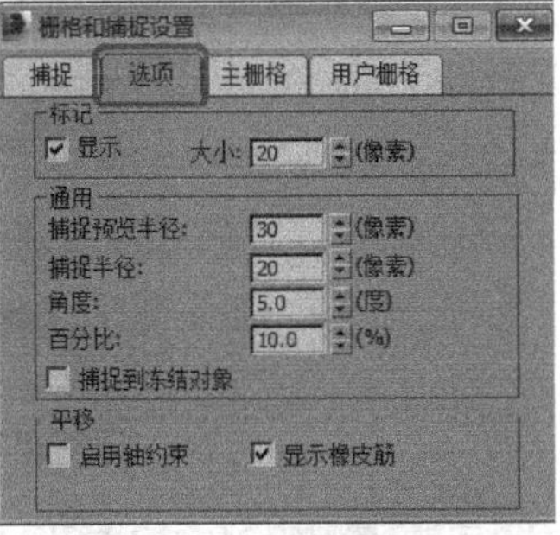

图2-175 设置旋转增量

课堂案例

用“角度捕捉切换”工具制作挂钟刻度

案例位置 案例文件>第2章>课堂案例：用角度捕捉切换工具制作挂钟刻度

视频位置 多媒体教学>第2章>课堂案例：用角度捕捉切换工具制作挂钟刻度.flv

难易指数 ★★☆☆☆

学习目标 练习“角度捕捉切换”工具的使用方法

建模的时候，尺寸的精度是尤为重要的，比如，本例中的时钟刻度，我们都知道，时钟的大刻度为30°，但在视图中要怎么才能确定其刻度为30°呢？这就要用到“角度捕捉切换”工具了。本例的模型效果如图2-176所示。

图2-176 案例最终效果

01 打开“下载资源”中的初始文件，如图2-177所示。

图2-177 打开案例文件

技巧与提示

从图2-177中可以观察到，挂钟没有指针刻度。在3ds Max中制作这种具有相同角度且有一定规律的对象时，一般都用“角度捕捉切换”工具。

02 在“创建”面板中单击“球体”按钮 球体 ，然后，在场景中创建一个大小合适的球体，如图2-178所示。

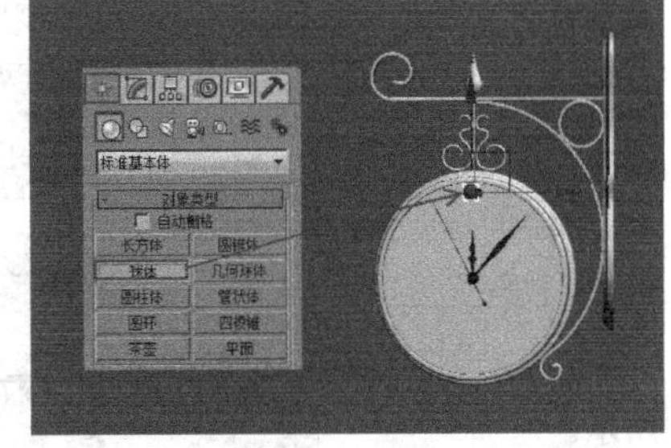

图2-178 创建球体

03 选择“选择并均匀缩放”工具，然后，在左视图中沿x轴负方向进行缩放，如图2-179所示，接着，用“选择并移动”工具将其移动到表盘的“12点钟”的位置，如图2-180所示。

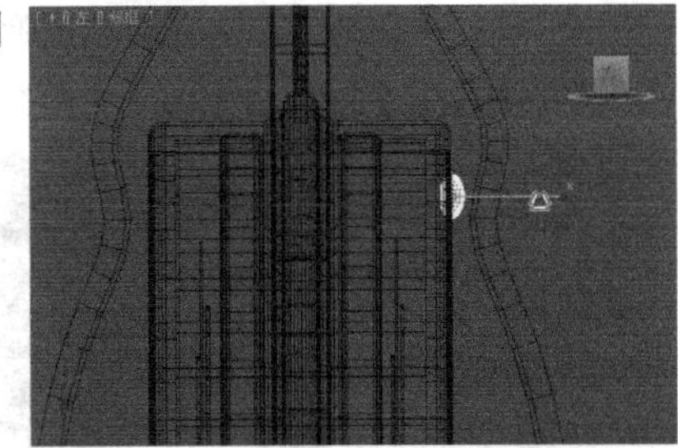

图2-179 缩放创建的球体

图2-180 移动球体

04 在“命令”面板中单击“层次”按钮，进入“层次”面板，然后，单击“仅影响轴”按钮 仅影响轴 （此时，球体上会增加一个较粗的坐标轴，这个坐标轴主要用于调整球体的轴心点位置），接着，用“选择并移动”工具将球体的轴心点拖曳到表盘的中心位置，如图2-181所示。

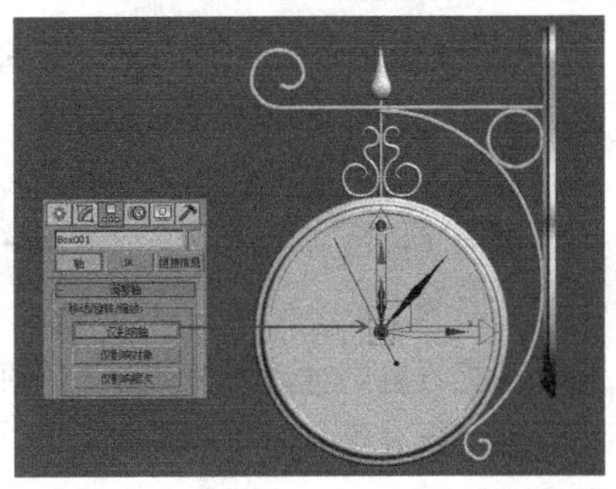

图2-181 设置球体的轴心位置

05 单击“仅影响轴”按钮，退出“仅影响轴”模式，然后，在“角度捕捉切换”工具上单击鼠标右键（注意，要使该工具处于激活状态），接着，在弹出的“栅格和捕捉设置”对话框中单击“选项”选项卡，最后，设置“角度”为“30°”，如图2-182所示。

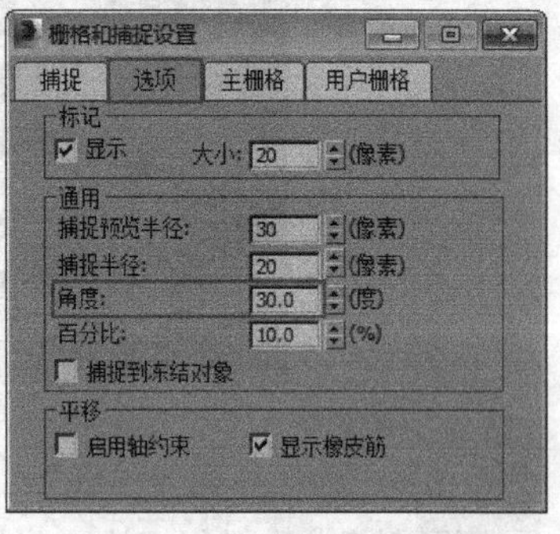

图2-182 设置角度

06 选择“选择并旋转”工具，然后，按住Shift键并在前视图中顺时针旋转-30°，接着，在弹出的“克隆选项”对话框中设置“对象”为“实例”、“副本数”为“11”，最后，单击“确定”按钮，如图2-183所示。最终效果如图2-184所示。

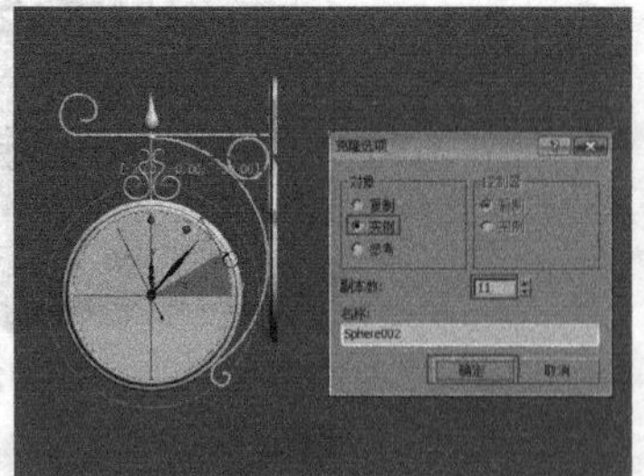

图2-183 旋转复制

图2-184 完成效果

2.5.16 百分比捕捉切换

“百分比捕捉切换”工具可以将对象缩放捕捉到自定的百分比（快捷键为Shift+Ctrl+P组合键），在缩放状态下，默认每次的缩放百分比为10%。

若要更改缩放百分比，可以在“百分比捕捉切换”工具上单击鼠标右键，然后，在弹出的“栅格和捕捉设置”对话框中单击“选项”选项卡，接着，在“百分比”选项后面输入相应的百分比数值即可，如图2-185所示。

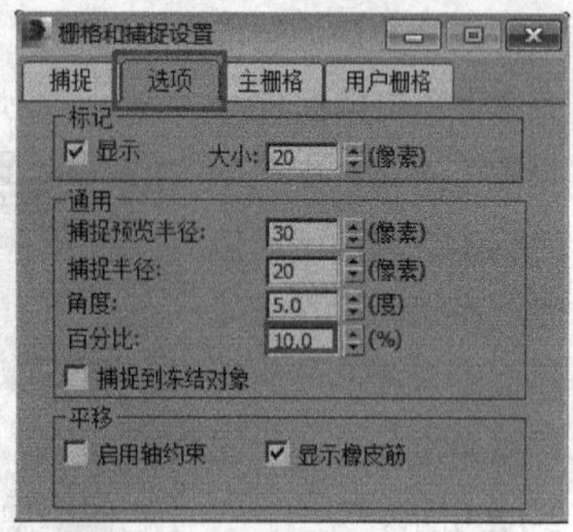

图2-185 设置“百分比捕捉切换”

2.5.17 微调器捕捉切换

“微调器捕捉切换”工具可以用来设置微调器单击的增加值或减少值。

若要设置微调器捕捉的参数，可以在“微调器捕捉切换”工具上单击鼠标右键，然后，在弹出的“首选项设置”对话框中单击“常规”选项卡，接着，在“微调器”选项组下设置相关参数即可，如图2-186所示。

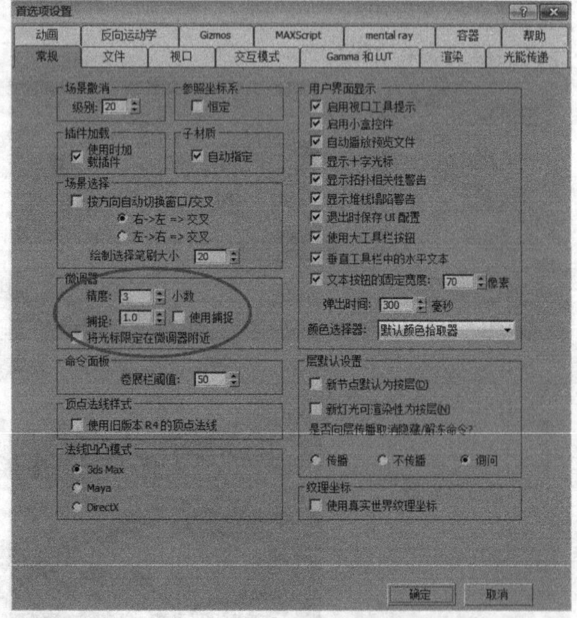

图2-186 设置“微调器”参数

2.5.18 编辑命名选择集

“编辑命名选择集”工具可以为单个或多个对象创建选择集。选中一个或多个对象后，单击“编辑命名选择集”工具，打开“命名选择集”对话框，可以在该对话框中创建新集、删除集，以及添加、删除选定对象等操作，如图2-187所示。

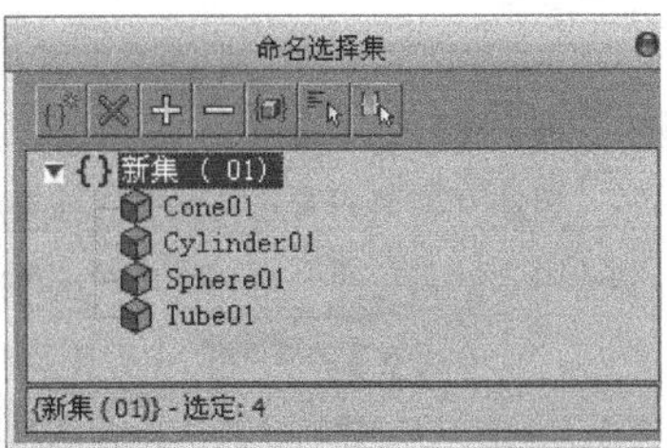

图2-187 命名选择集

2.5.19 创建选择集

如果选择了对象，那么，在“创建选择集” 创建选择集 中输入名称以后，就可以创建一个新的选择集了；如果已经创建了选择集，那么，可以在列表中选择创建的集。

2.5.20 镜像

“镜像”工具可以围绕一个轴心镜像出一个或多个副本对象。选中要镜像的对象后，单击“镜像”工具，将打开“镜像：世界坐标”对话框，可以在该对话框中对“镜像轴”“克隆当前选择”和“镜像IK限制”进行设置，如图2-188所示。

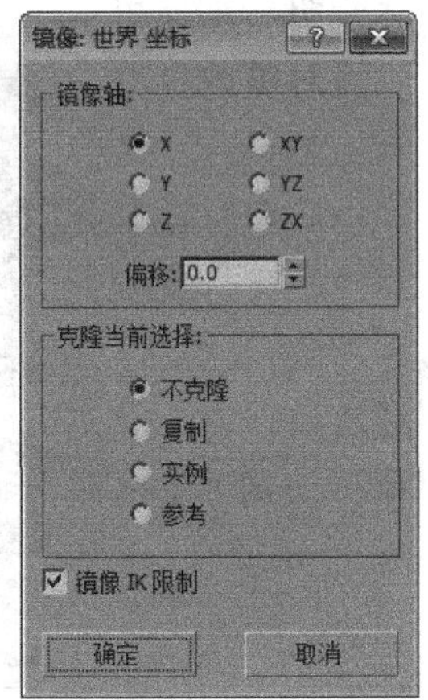

图2-188 镜像设置

课堂案例

使用“镜像”工具镜像椅子

案例位置	案例文件>第2章>课堂案例：用镜像工具镜像椅子
视频位置	多媒体教学>第2章>课堂案例：用镜像工具镜像椅子.flv
难易指数	★★☆☆☆
学习目标	熟悉镜像工具的使用

现实生活中存在许多轴对称的物体，在效果图制作中，我们也经常会使用轴对称摆放。在常规建模过程中，我们会逐步进行建模，但这样太浪费时间，我们可以采用一种事半功倍的方法，那就是使用“镜像”工具，本例使用“镜像”工具制作的椅子效果如图2-189所示，从图中可看出，两个椅子成轴对称。

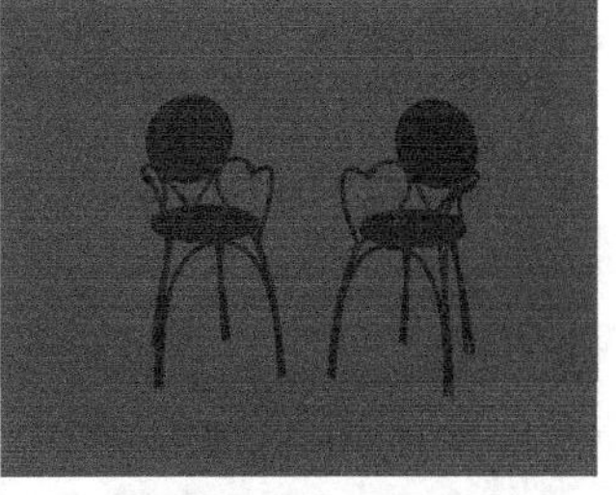

图2-189 案例效果

01 打开“下载资源”中的初始文件，如图2-190所示。

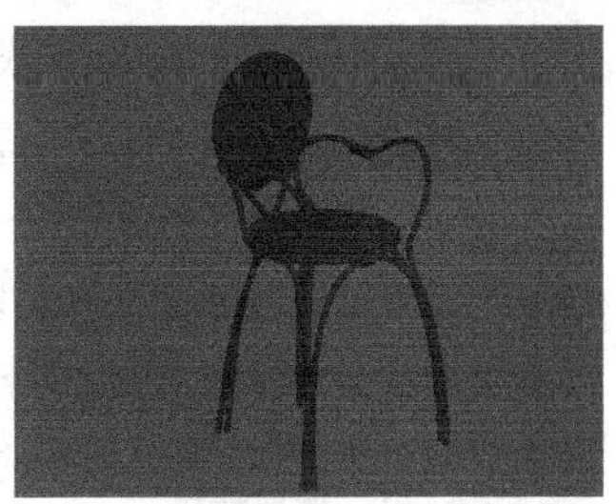

图2-190 打开案例文件

02 选中椅子模型，然后，在“主工具栏”中单击“镜像”按钮，接着，在弹出的“镜像”对话框设置“镜像轴”为“x”轴、“偏移”值为“-120mm”，再设置“克隆当前选择”为“复制”方式，最后，单击“确定”按钮 确定 ，具体参数设置如图2-191所示，最终效果如图2-192所示。

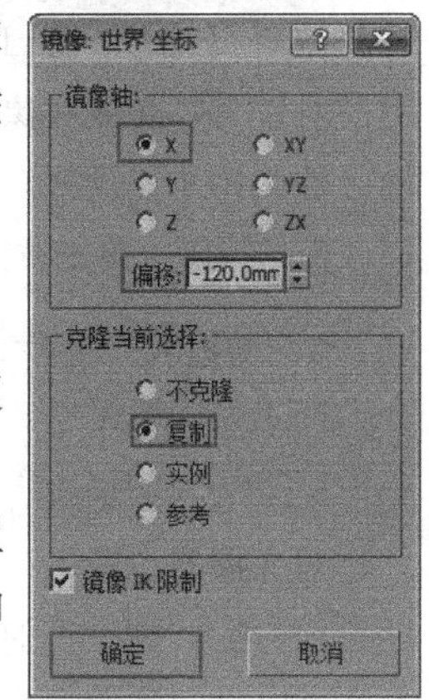

图2-191 设置镜像参数

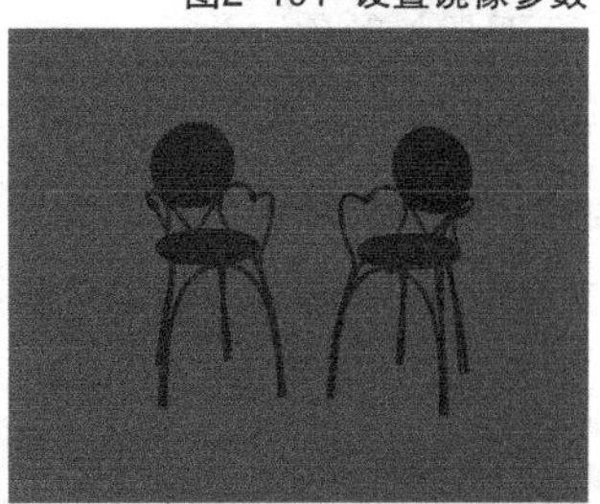

图2-192 案例效果

2.5.21 对齐

对齐工具包括6种，分别是“对齐”工具、“快速对齐”工具、“法线对齐”工具、“放置高光”工具、“对齐摄影机”工具和“对齐到视图”工具，如图2-193所示。

对齐
快速对齐
法线对齐
放置高光
对齐摄影机
对齐到视图

图2-193 对齐工具类型

【工具详解】

对齐：该工具（快捷键为Alt+A组合键）可以将当前选定对象与目标对象对齐。

快速对齐：该工具（快捷键为Shift+A组合键）可以立即将当前选择对象的位置与目标对象的位置对齐。如果当前选择的是单个对象，那么，“快速对齐”需要使用到两个对象的轴；如果当前选择的是多个对象或多个子对象，那么，“快速对齐”可以将选中对象的选择中心对齐到目标对象的轴。

法线对齐：“法线对齐”（快捷键为Alt+N组合键）可基于每个对象的面或是以选择的法线方向来对齐两个对象。要打开“法线对齐”对话框，先要选择对齐的对象，然后，单击对象上的面，接着，单击第2个对象上的面，最后，释放鼠标左键即可。

放置高光：该工具（快捷键为Ctrl+H组合键）可以将灯光或对象对齐到另一个对象，以便精确定位其高光或反射。在“放置高光”模式下，可以在任一视图中单击并拖动鼠标指针。

技巧与提示

“放置高光”是一种依赖于视图的功能，所以，要使用渲染视图。在场景中拖动鼠标指针时，会有一束光线从指针处射入场景中。

对齐摄影机：该工具可以将摄影机与选定的面法线对齐。该工具的工作原理与“放置高光”工具类似，不同的是，它是在面法线上进行操作，而不是入射角，并且，是在释放鼠标左键时完成，而不是在拖曳鼠标期间完成。

对齐到视图：该工具可以将对象或子对象的局部轴与当前视图对齐。该工具适用于任何可变换的被选择对象。

技巧与提示

使用“对齐”工具的时候，会弹出用于设置参数的对话框，如图2-194所示，下面，对其参数进行说明。

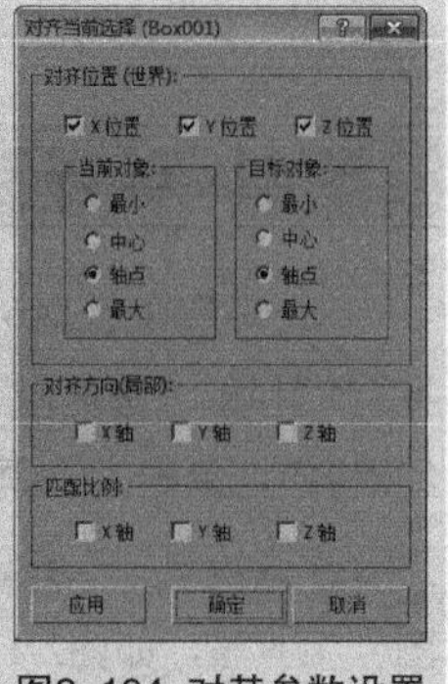

图2-194 对其参数设置

X/Y/Z位置：用于指定要执行对齐操作的一个或多个坐标轴。同时勾选这3个选项可以将当前对象重叠到目标对象上。

最小：将具有最小X/Y/Z值对象边界框上的点与其他对象上选定的点对齐。

中心：将对象边界框的中心与其他对象上的选定点对齐。

轴点：将对象的轴点与其他对象上的选定点对齐。

最大：将具有最大x/y/z值对象边界框上的点与其他对象上选定的点对齐。

对齐方向（局部）：包括x/y/z轴3个选项，主要用于设置被选择对象与目标对象是以哪个坐标轴进行对齐。

匹配比例：包括x/y/z轴3个选项，可以匹配两个选定对象之间的缩放轴的值，该操作仅对变换输入中显示的缩放值进行匹配。

2.5.22 材质编辑器

“材质编辑器”是最重要的编辑器之一（快捷键为M键），后面将用专门的章节对其进行介绍，主要用于编辑对象的材质。3ds Max 2014的“材质编辑器”分为“精简材质编辑器”和“Slate材质编辑器”两种，如图2-195和图2-196所示。

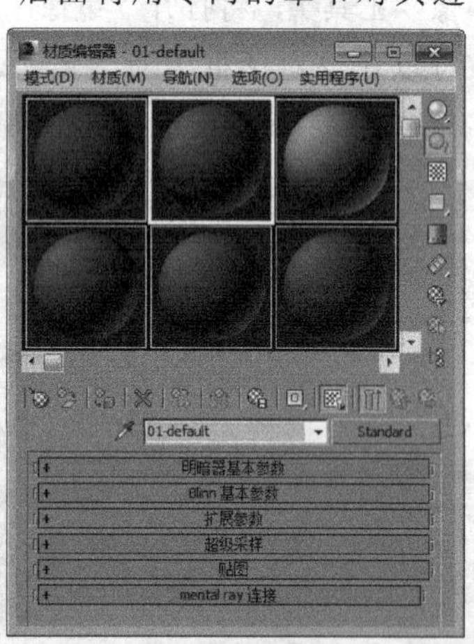

图2-195 精简材质编辑器

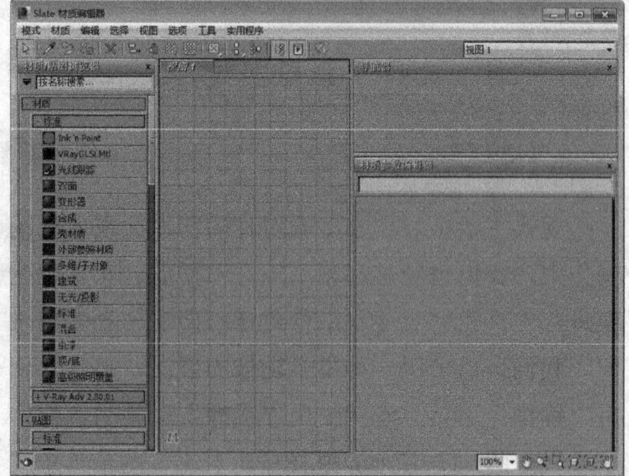

图2-196 Slate材质编辑器

技巧与提示

"材质编辑器"的详细功能和使用方法可参考本书后面相关章节的教学内容。

2.5.23 渲染设置

单击"主工具栏"中的"渲染设置"按钮（快捷键为F10键）后，将打开"渲染设置"对话框，所有的渲染参数设置基本上都可以在该对话框中完成，如图2-197所示。

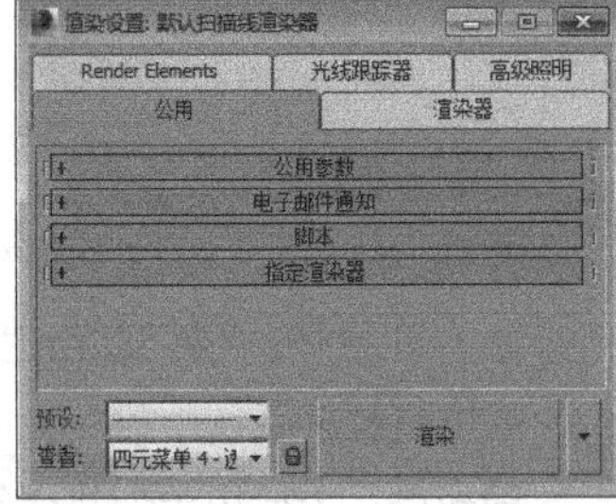

图2-197 渲染设置

技巧与提示

"渲染设置"的详细功能和使用方法可参考本书后面相关章节的教学内容。

2.5.24 渲染帧窗口

单击"主工具栏"中的"渲染帧窗口"按钮后，将打开"渲染帧窗口"对话框，可在该对话框中执行选择渲染区域、切换图像通道和储存渲染图像等任务，如图2-198所示。

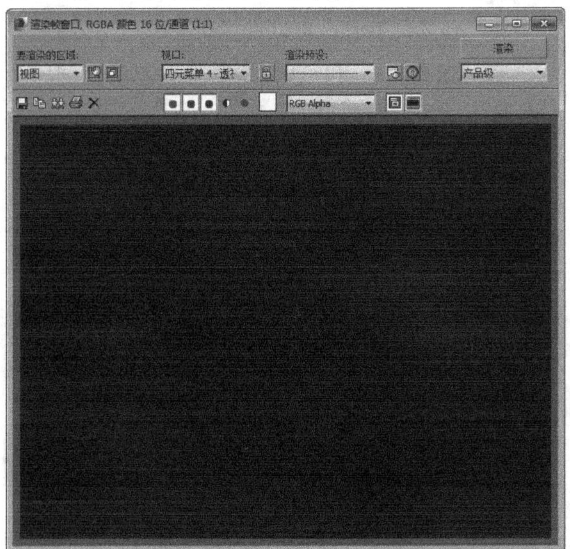

图2-198 渲染帧窗口

2.5.25 渲染工具

渲染工具包含"渲染产品"工具、"渲染迭代"工具和ActiveShade工具3种，如图2-199所示。

渲染产品
渲染迭代
ActiveShade

图2-199 渲染工具

技巧与提示

"渲染工具"的详细功能和使用方法可参考本书后面相关章节的教学内容。

2.6 视口区域

视口区域是操作界面中最大的一个区域，也是3ds Max中用于实际工作的区域，默认状态下，为四视图显示，包括顶视图、左视图、前视图和透视图4个视图，可以从不同的角度对场景中的对象进行观察和编辑。

每个视图的左上角都会显示视图的名称及模型的显示方式，右上角有一个导航器（不同视图显示的状态也不同），如图2-200所示。

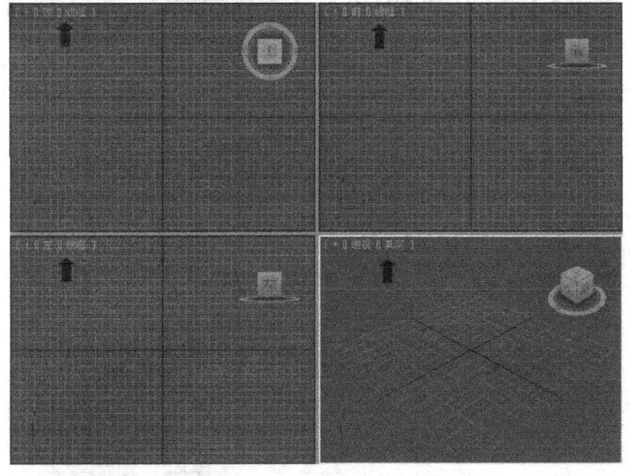

图2-200 视口区域

技巧与提示

常用的几种视图都有与其相对应的快捷键，顶视图的快捷键是T键、底视图的快捷键是B键、左视图的快捷键是L键、前视图的快捷键是F键、透视图的快捷键是P键、摄影机视图的快捷键是C键。

3ds Max 2014中视图的名称部分被分为3个小部分，用鼠标右键分别单击这3个部分后，会弹出不同的菜单，如图2-201~图2-203所示。第1个菜单用于还原、激活、禁用视口及设置导航器等；第2个菜单用于切换视口的类型；第3个菜单用于设置对象在视口中的显示方式。

图2-201 第1个菜单

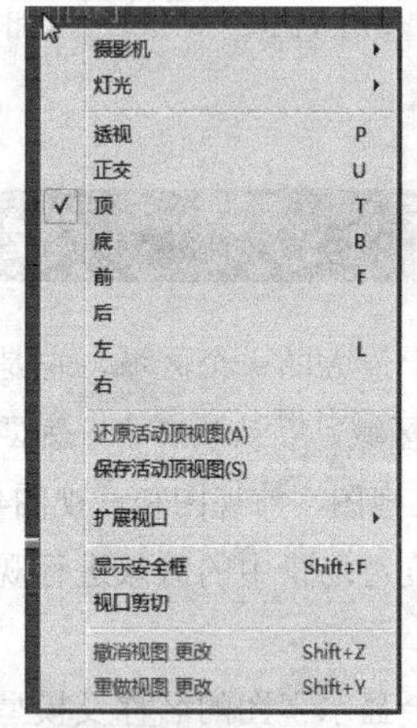

图2-202 第2个菜单

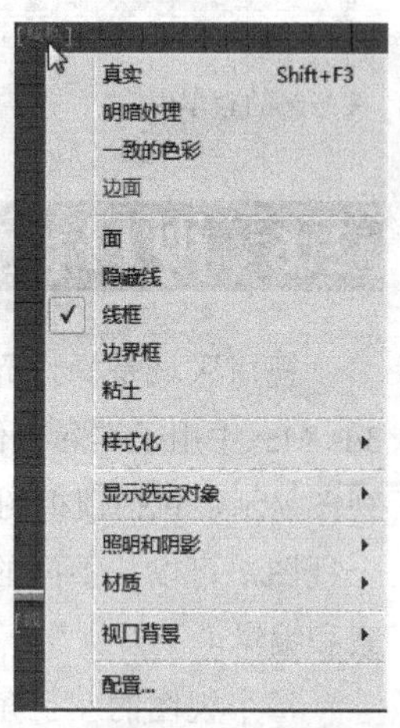

图2-203 第3个菜单

2.7 命令面板

“命令”面板非常重要，对场景对象的操作都可以在“命令”面板中完成。“命令”面板由6个用户界面面板组成，默认状态下显示的是“创建”面板，其他面板分别是“修改”面板、“层次”面板、“运动”面板、“显示”面板和“实用程序”面板，如图2-204所示。

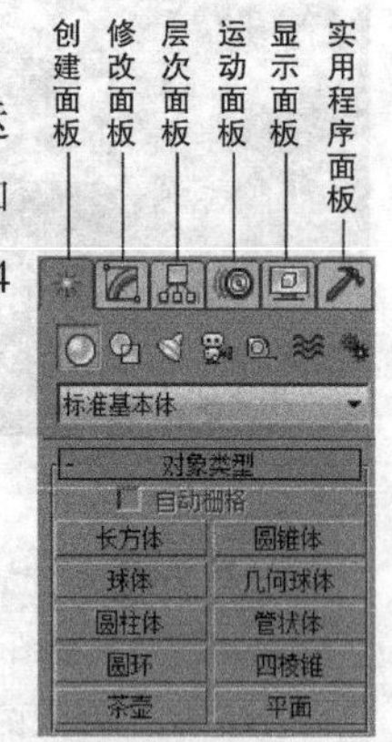

图2-204 命令面板

2.7.1 创建面板

“创建”面板是最重要的面板之一，可以在该面板中创建7种对象，分别是“几何体”、“图形”、“灯光”、“摄影机”、“辅助对象”、“空间扭曲”和“系统”，如图2-205所示。

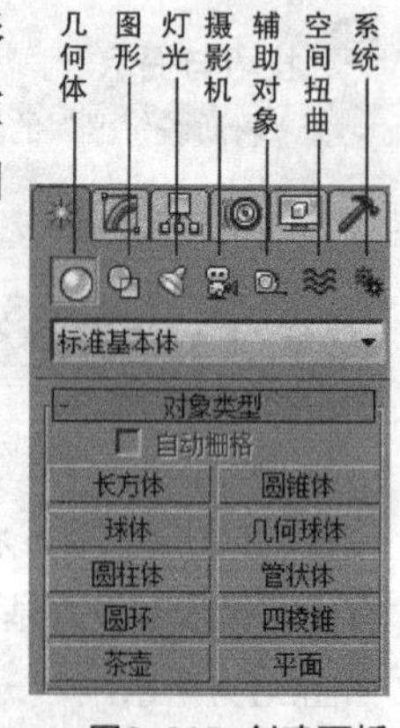

图2-205 创建面板

【工具详解】

几何体：主要用于创建长方体、球体和锥体等基本几何体，也可以创建出高级几何体，如布尔、阁楼及粒子系统中的几何体。

图形：主要用于创建样条线和NURBS曲线。

技巧与提示

虽然样条线和NURBS曲线能够在2D空间或3D空间中存在，但它们只有一个局部维度，可以为形状指定一个厚度以便于渲染，但这两种线条主要是用于构建其他对象或运动轨迹。

灯光：主要用于创建场景中的灯光。灯光的类型有很多种，每种灯光都可以用来模拟现实世界中的灯光效果。

摄影机：主要用于创建场景中的摄影机。

辅助对象：主要用于创建有助于场景制作的辅助对象。这些辅助对象可以定位、测量场景中的可渲染几何体，并且，可以设置动画。

空间扭曲：可以在围绕其他对象的空间中产生各种不同的扭曲效果。

系统：可以将对象、控制器和层次对象组合在一起，提供与某种行为相关联的几何体，并且，包含模拟场景中的阳光系统和日光系统。

技巧与提示

各种对象的创建方法将在后面中的章节中分别进行详细讲解。

2.7.2 修改面板

“修改”面板是最重要的面板之一，该面板主要用于调整场景对象的参数，也可以用该面板中的修改器来调整对象的几何形体。图2-206所示为默认状态下的“修改”面板。

图2-206 修改面板

技巧与提示

在“修改”面板中修改对象参数的方法将在后面的章节中分别进行详细讲解。

2.7.3 层次面板

可以在“层次”面板中访问调整对象间的层次链接信息，还可以通过将一个对象与另一个对象相链接，创建对象之间的父子关系，如图2-207所示。

图2-207 层次面板

【命令详解】

轴：该工具下的参数主要用于调整对象和修改器的中心位置，以及定义对象之间的父子关系和反向动力学IK的关节位置等，如图2-208所示。

图2-208 轴

IK：该工具下的参数主要用于设置动画的相关属性，如图2-209所示。

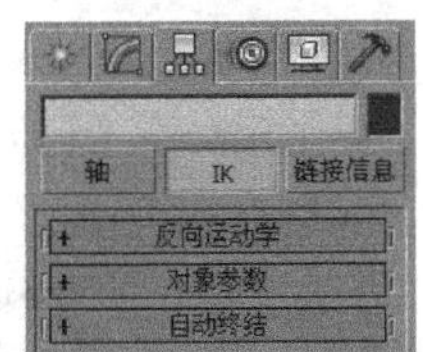

图2-209 IK

链接信息：该工具下的参数主要用于限制对象在特定轴中的移动关系，如图2-210所示。

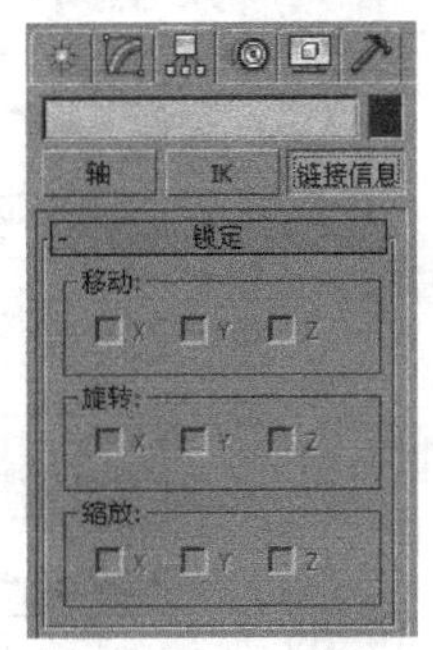

图2-210 链接信息

2.7.4 运动面板

“运动”面板中的工具与参数主要用于调整选定对象的运动属性，如图2-211所示。

图2-211 运动面板

可以用“运动”面板中的工具来调整关键点的时间及其缓入和缓出效果。“运动”面板还提供了“轨迹视图”的替代选项，可用于指定动画控制器，如果指定的动画控制器具有参数，那么，“运动”面板中将显示其他卷展栏；如果“路径约束”指定了对象的位置轨迹，那么，“路径参数”卷展栏将被添加到“运动”面板中。

2.7.5 显示面板

“显示”面板中的参数主要用于设置场景中控制对象的显示方式，如图2-212所示。

图2-212 显示面板

2.7.6 实用程序面板

可以在“实用程序”面板中访问各种工具程序，包含用于管理和调用的卷展栏，如图2-213所示。

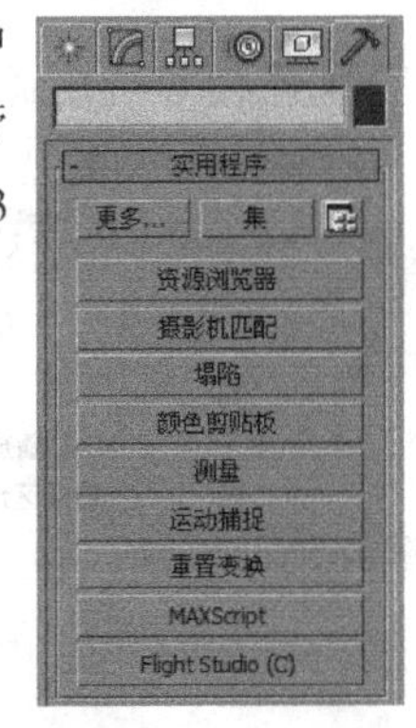

图2-213 使用面板

2.8 时间尺

“时间尺”包括时间线滑块和轨迹栏两大部分，如图2-214和图2-215所示。“时间尺”在效果图制作方面的使用并不多，所以，就不叙述了。

图2-214 时间滑块

图2-215 时间轨迹

2.9 状态栏

状态栏位于轨迹栏的下方，它提供了选定对象的数目、类型、变换值和栅格数目等信息，并且，状态栏可以基于当前鼠标指针位置和当前活动程序来提供动态反馈信息，如图2-216所示。

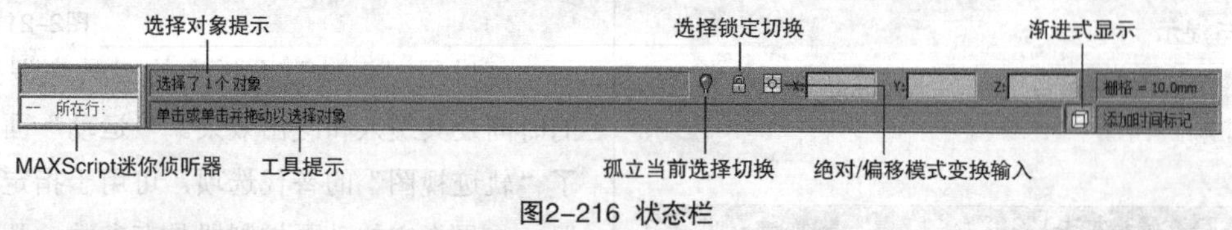

图2-216 状态栏

2.10 时间控制按钮

时间控制按钮位于状态栏的右侧，这些按钮主要用于控制动画的播放效果，包括关键点控制和时间控制等，如图2-217所示。

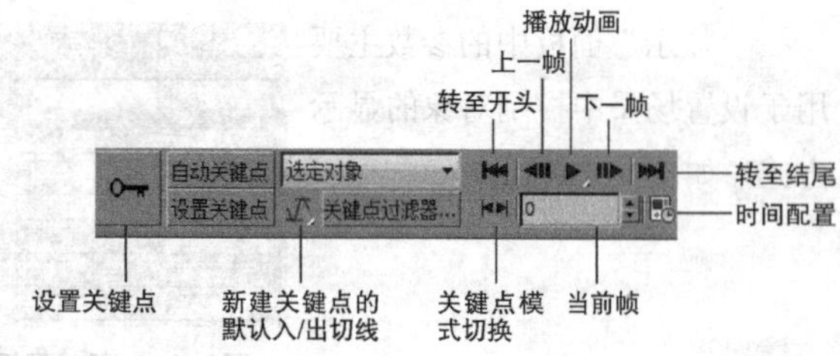

图2-217 时间控制按钮

2.11 视图导航控制按钮

视图导航控制按钮在状态栏的最右侧，主要用于控制视图的显示和导航。可以用这些按钮来缩放、平移和旋转活动的视图，如图2-218所示。

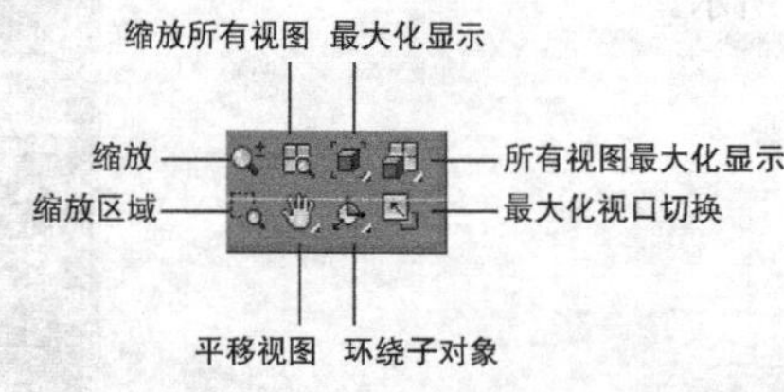

图2-218 视图导航控件按钮

2.11.1 所有视图可用控件

所有视图中可用的控件包含“所有视图最大化显示”工具、“所有视图最大化显示选定对象”工具、“最大化视口切换”工具。

【工具详解】

所有视图最大化显示：将场景中的对象在所有视图中居中显示出来。

所有视图最大化显示选定对象：将所有可见的选定对象或对象集在所有视图中以居中最大化的方式显示出来。

最大化视口切换：可以使活动视口在正常大小和全屏大小之间进行切换，其快捷键为Alt+W。

技巧与提示

以上3个控件适用于所有的视图，而有些控件只有在特定的视图中才能使用。

有时候会在工作中遇到这种情况，按Alt+W组合键后，不能最大化显示当前视图，导致这种情况的原因有两种，具体如下。

第1种：3ds Max出现程序错误。遇到这种情况，可重启3ds Max。

第2种：某个程序占用了3ds Max的Alt+W组合键，如腾讯QQ的“语音输入”快捷键就是Alt+W组合键，如图2-219所示。这时，可以将这个快捷键修改为其他快捷键或不用这个快捷键了，如图2-220所示。

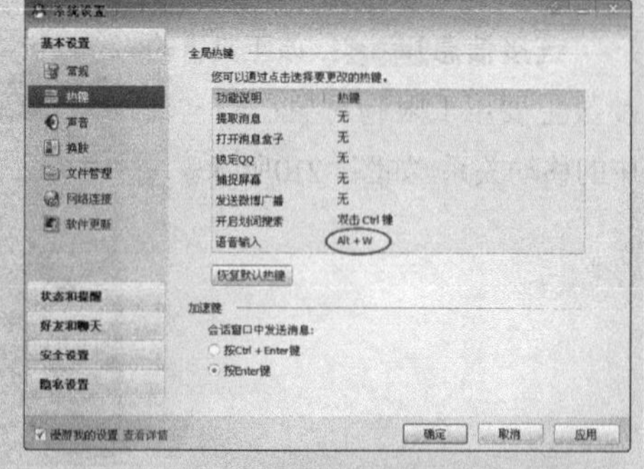

图2-219 其他程序占用组合键

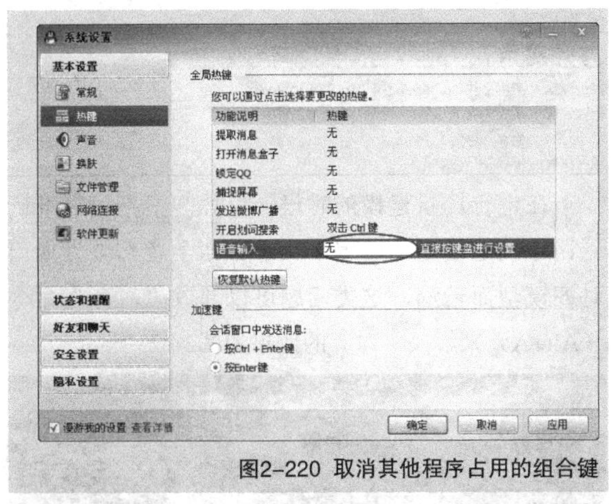

图2-220 取消其他程序占用的组合键

2.11.2 透视图和正交视图可用控件

透视图和正交视图（正交视图包括顶视图、前视图和左视图）可用控件包括“缩放”工具、“缩放所有视图”工具、“所有视图最大化显示”工具，“所有视图最大化显示选定对象”工具（适用于所有视图）、“视野”工具，“缩放区域”工具、“平移视图”工具、“环绕”工具/“选定的环绕”工具/“环绕子对象”工具和“最大化视口切换”工具（适用于所有视图）。

【工具详解】

缩放：可以用该工具在透视图或正交视图中通过拖曳鼠标指针来调整对象的显示比例。

缩放所有视图：该工具可以同时调整透视图和所有正交视图中对象的显示比例。

视野：该工具可以调整视图中可见对象的数量和透视张角量。视野的效果与更改摄影机的镜头有关，视野越大，观察到的对象就越多（与广角镜头有关），但透视会扭曲；视野越小，观察到的对象就越少（与长焦镜头有关），但透视会展平。

缩放区域：用于放大选定的矩形区域，该工具适用于正交视图、透视和三向投影视图，不能用于摄影机视图。

平移视图：该工具可以将选定视图平移到任何位置。

技巧与提示

按住Ctrl键的同时，可以随意移动平移视图；按住Shift键的同时，可以在垂直方向和水平方向平移视图。

环绕：该工具可以将视口边缘附近的对象旋转到视图范围以外。

选定的环绕：该工具可以让视图围绕选定的对象进行旋转，同时，选定的对象会保留在视口中相同的位置。

环绕子对象：该工具可以让视图围绕选定的子对象或对象进行旋转，同时，使选定的子对象或对象保留在视口中相同的位置。

2.11.3 摄影机视图可用控件

创建摄影机后，按C键可以切换到摄影机视图，该视图中的可用控件包括“推拉摄影机”工具/“推拉目标”工具/“推拉摄影机+目标”工具、“透视”工具、“侧滚摄影机”工具、“所有视图最大化显示”工具/“所有视图最大化显示选定对象”工具（适用于所有视图）、“视野”工具、“平移摄影机”工具/“穿行”工具、“环游摄影机”工具/“摇移摄影机”工具和“最大化视口切换”工具（适用于所有视图），如图2-221所示。

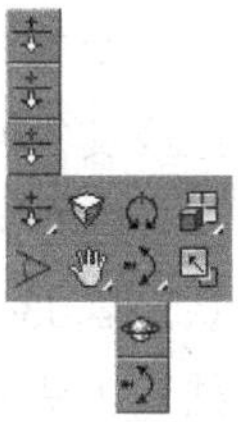

图2-221 摄影机视图可用控件

技巧与提示

在场景中创建摄影机后，按C键可以切换到摄影机视图，若想从摄影机视图切换回原来的视图，可以按相应视图名称的首字母，比如，要将摄影机视图切换到透视图，可按P键。

【工具详解】

推拉摄影机/推拉目标/推拉摄影机+目标：这3个工具主要用于移动摄影机或其目标，也可以将其移向或移离摄影机所指的方向。

透视：该工具用于增加透视张角量，同时，也可以保持场景的构图。

侧滚摄影机：该工具可以围绕摄影机的视线来旋转“目标”摄影机，也可以围绕摄影机局部的z轴来旋转“自由”摄影机。

视野：该工具用于调整视图中可见对象的数量和透视张角量。视野的效果与更改摄影机的镜头有关，视野越大，观察到的对象就越多（与广角镜头有关），但透视会扭曲；视野越小，观察到的对象就越少（与长焦镜头相关），但透视会展平。

平移摄影机/穿行：这两个工具主要用于平移和穿行摄影机视图。

技巧与提示

按住Ctrl键后，可以随意移动摄影机视图；按住Shift键后，可以使摄影机视图在垂直方向和水平方向移动。

环游摄影机/摇移摄影机："环游摄影机"工具可以围绕目标来旋转摄影机；"摇移摄影机"工具可以围绕摄影机来旋转目标。

技巧与提示

如果一个场景已经有了一台设置完成的摄影机，并且，视图处于摄影机视图，那么，直接调整摄影机的位置将很难达到预想的最佳效果，此时，使用摄影机视图控件来进行调整就方便多了。

2.12 本章小结

本章主要讲解了3ds Max 2014的应用领域、界面组成及各种界面元素的作用和基本工具的使用方法。本章是初学者认识3ds Max 2014的入门章节，希望大家认真学习3ds Max 2014的各种重要工具及命令，为后面熟练掌握效果图制作技术打好扎实的基础。

课后习题

复制对象

案例位置	案例文件>第2章>课后习题：复制对象.max
视频位置	多媒体教学>第2章>课后习题：复制对象.flv
难易指数	★★☆☆☆
学习目标	学习使用"选择并平移""选择并旋转"工具复制对象的方法

在建模过程中，经常会出现相同的对象，此时，我们不用挨个去进行建模，前面介绍过了镜像复制的方法，但如果对象不是对称摆放的该怎么办呢？那就可以用"选择并平移""选择并旋转"工具进行复制，在这个过程中必须按住Shift键。复制后的效果，如图2-222所示。

图2-222 复制的效果

课后习题

对齐对象

案例位置	案例文件>第2章>课后习题：对齐对象.max
视频位置	多媒体教学>第2章>课后习题：对齐对象.flv
难易指数	★★☆☆☆
学习目标	学习"对齐"命令的使用方法

在进行场景建模的时候，仅凭观察不可能准确无误地确定模型的位置，大部分初学者都会为如何对齐模型而苦恼，这类问题可以通过"对齐"命令（Alt+A）来解决。对齐的效果如图2-223所示。

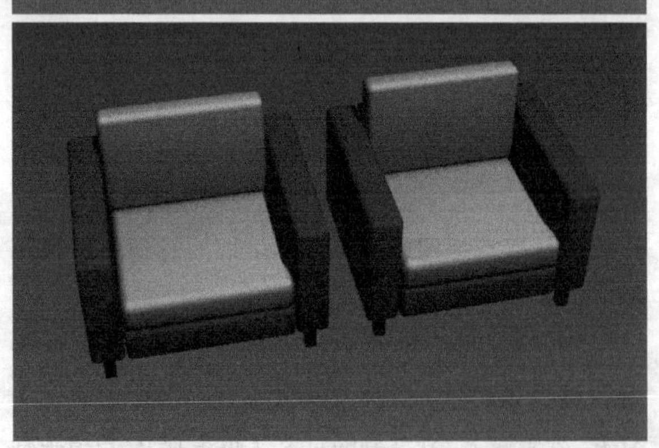

图2-223 对齐的效果

第3章

基础建模技术

本章将主要讲解3ds Max的基础建模技术，可以将这类建模技术理解为“堆积木”，就是通过拼凑来完成建模。观察现实生活中比较简单的对象，如桌子、板凳、柜子等对象后，我们发现它们其实可以由几何体拼凑而成，就以桌子为例，其实可以把它简单地理解为由4个长方体的桌腿和1个长方体桌面构成，所以，在建模过程中，可以用5个“长方体”来拼接桌子。

课堂学习目标

了解建模的思路

掌握创建标准基本体的方法

掌握创建扩展基本的方法

掌握创建复合对象的方法

熟悉建模的基本操作

3.1 关于建模

顾名思义，建模就是创建模型，为物体造型的一个过程，而建模的产物，我们称为模型，模型可展示一个物体在特定时刻的外观状态，所以，模型的美、丑、优、劣将能直接影响作品的最后效果。

用3ds Max制作作品时，一般都遵循“建模→材质→灯光→渲染”这4个基本流程，以此来看，建模也是一幅作品的基础，如果没有模型，那么，材质和灯光就无从谈起了。图3-1所示为两幅非常优秀的建模作品。

图3-1 模型作品

3.1.1 建模思路

在开始学习建模之前，先要了解建模的思路。在3ds Max中建模是不能一蹴而就的，建模的过程相当于现实生活中的雕刻过程，一般都遵循“观察→分析→拆分→创建→组合”这5个流程，使模型从繁至简、由简入繁。下面，以一个壁灯为例来讲解建模的思路，如图3-2所示。

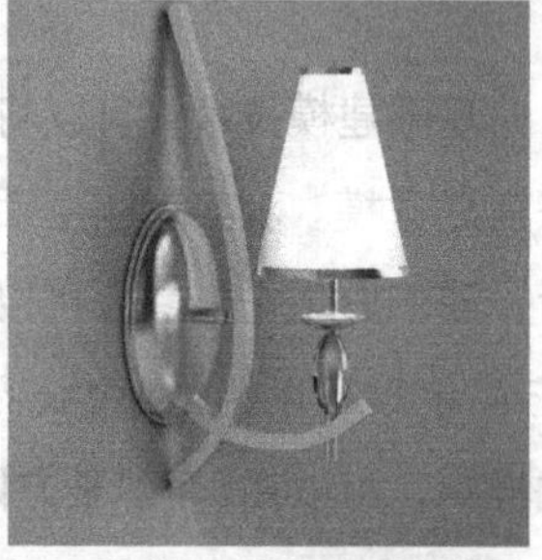

图3-2 壁灯

在创建这个壁灯模型之前，我们先要观察整个壁灯，通过观察发现，它并不是一个规则的几何体，可以将其分解为9个独立的部分来分别进行创建，如图3-3所示。第2、第3、第5、第6、第9部分的创建非常简单，可以通过修改内置模型（圆柱体、球体、样条线等）来得到；而第1、第4、第7、第8部分则可用多边形建模方法来进行制作。

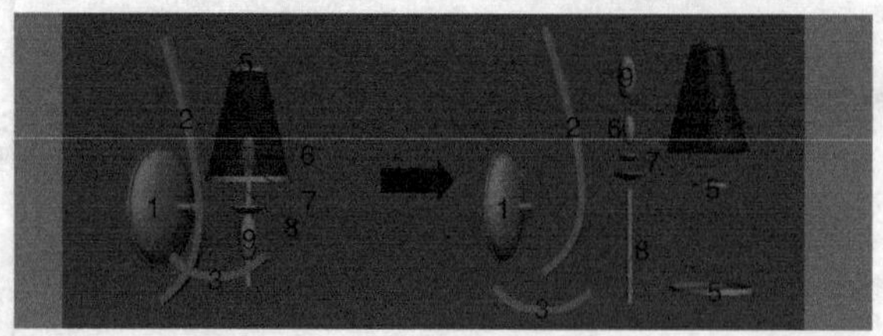

图3-3 壁灯的组成部分

下面，以第1部分的灯座为例来介绍制作思路。灯座形状比较接近半个扁的球体，因此，可以用以下步骤来完成，如图3-4所示。

第1步：创建一个球体。

第2步：删除球体的一半。

第3步：将半个球体“压扁”。

第4步：制作出灯座的边缘。

第5步：制作前面的突出部分。

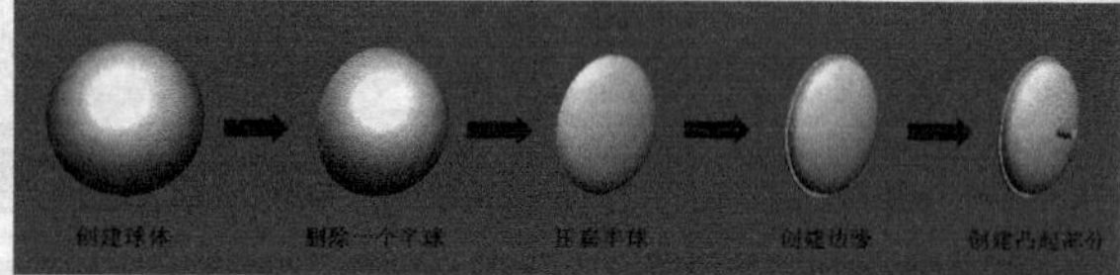

图3-4 创建流程

技巧与提示

由此可见，多数模型的创建之初都需要有一个简单的对象来作为其基础，然后，通过转换来进一步调整。这个简单的对象就是后面即将要讲解到的“参数化对象”。

3.1.2 参数化对象与可编辑对象

3ds Max中的所有对象都是“参数化对象”与“可编辑对象”中的一种。两者并非完全独立存在，“可编辑对象”在多数时候都可以通过转换“参数化对象”得到。

1.参数化对象

“参数化对象”的几何体由参数的变量来控制，修改这些参数就可以修改对象的几何形态。相对于“可编辑对象”而言，“参数化对象”通常是被创建出来的。下面，结合具体模型来说明一下，主要分为以下步骤。

第1步：单击“创建”面板中的“茶壶”按钮 茶壶 ，然后，在场景中拖曳鼠标，创建一个茶壶，如图3-5所示。

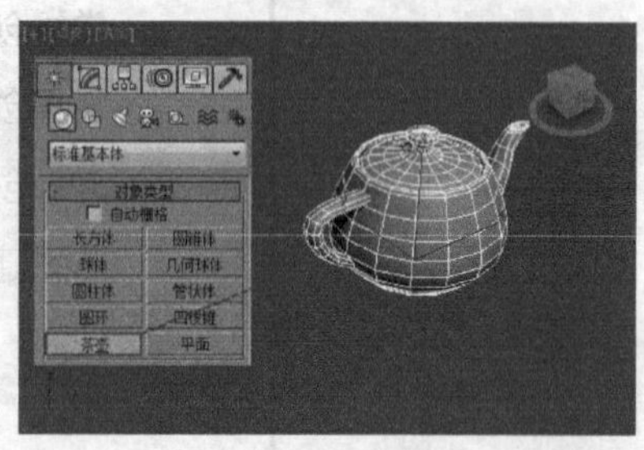

图3-5 创建茶壶

第2步：单击“命令”面板中的“修改”按钮，切换到“修改”面板后，在“参数”卷展栏下可以观察到茶壶部件的一些参数选项，这里将“半径”设置为“20mm”，如图3-6所示。

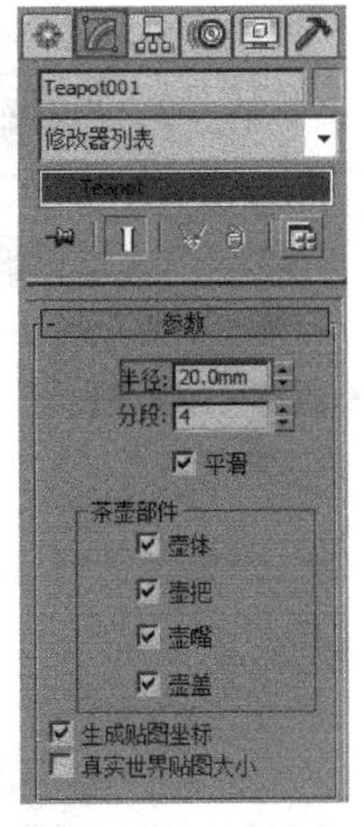

图3-6 设置茶壶参数

第3步：用“选择并移动”工具选择茶壶，然后，按住Shift键并在前视图中向右拖曳鼠标，接着，在弹出的“克隆选项”对话框中设置“对象”为“复制”、“副本数”为“2”，最后，单击“确定”按钮，如图3-7所示。

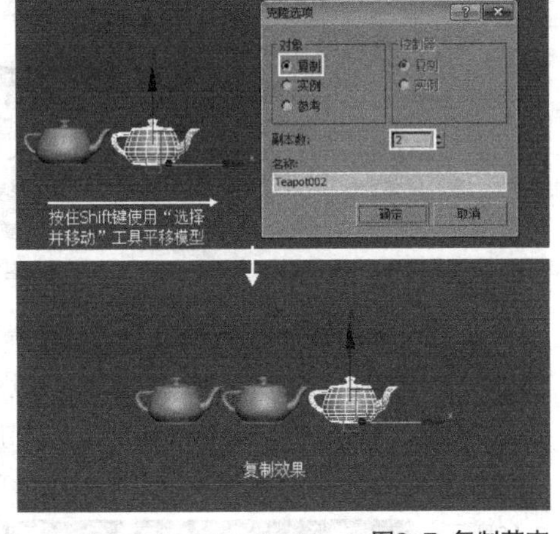

图3-7 复制茶壶

第4步：选择中间的茶壶，然后，在“参数”卷展栏下设置“分段”为“20”，接着，取消勾选“壶把”和“壶盖”选项，茶壶就变成了如图3-8所示的效果。

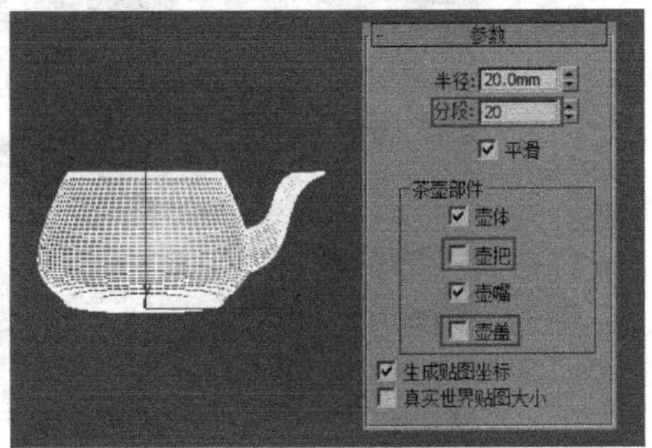

图3-8 设置中间茶壶的参数

第5步：选择最右边的茶壶，然后，在“参数”卷展栏下将“半径”修改为“10mm”，接着，取消勾选“壶把”和“壶盖”选项，茶壶就变成了如图3-9所示的效果，3个茶壶的最终对比效果如图3-10所示。

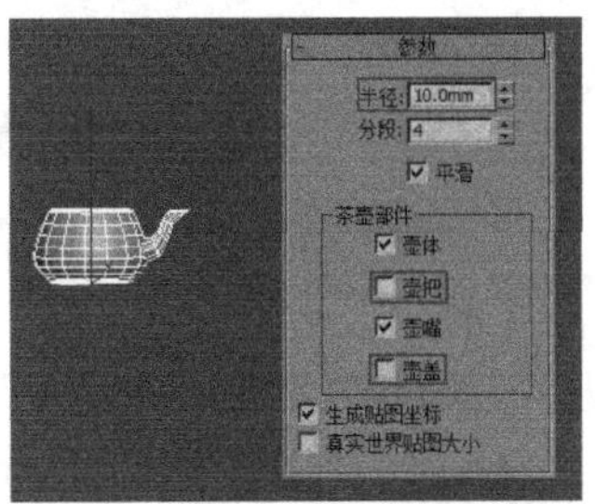

图3-9 设置最右边的茶壶参数

3-10 最终效果

通过观察视口效果可以发现，第2个茶壶的表面明显比第1个茶壶更光滑，而且，没有了壶把和壶盖；第3个茶壶比前两个茶壶小了很多。这就是“参数化对象”的特点，可以通过调节参数来使对象的外观发生变化。

2.可编辑对象

通常情况下，“可编辑对象”包括可编辑样条线、可编辑网格、可编辑多边形、可编辑面片和NURBS对象。“参数化对象”是被创建出来的，而“可编辑对象”通常是通过转换而得到的，转换源对象就是“参数化对象”。

通过转换生成的“可编辑对象”没有“参数化对象”的参数那么灵活，但是，可对“可编辑对象”的其子对象（点、线、面等元素）进行更灵活地编辑和修改，而且，每种类型的“可编辑对象”都有很多用于编辑的工具。

技巧与提示

注意，上面讲的是通常情况下的“可编辑对象”所包含的类型，而NURBS对象是一个例外。NURBS对象可以通过转换而得来，还可以在“创建”面板中创建出来，此时创建出来的对象就是“参数化对象”，但是，经过修改以后，这个对象就变成了“可编辑对象”。

经过转换而成的“可编辑对象”就不再具有“参数化对

象”的可调参数了。如果想要对象既具有参数化的特征，又能够可编辑，那么，可以为“参数化对象”加载修改器而不进行转换。可用的修改器有“可编辑网格”“可编辑面片”“可编辑多边形”和“可编辑样条线”4种。

下面，通过“可编辑对象”来创建苹果，以加深了解“可编辑对象”的含义，具体步骤如下。

第1步：单击“创建”面板中的“球体”按钮 球体 ，然后，拖曳鼠标，在视图中创建一个球体，接着，在“参数”卷展栏下设置“半径”为“1000mm”，如图3-11所示。

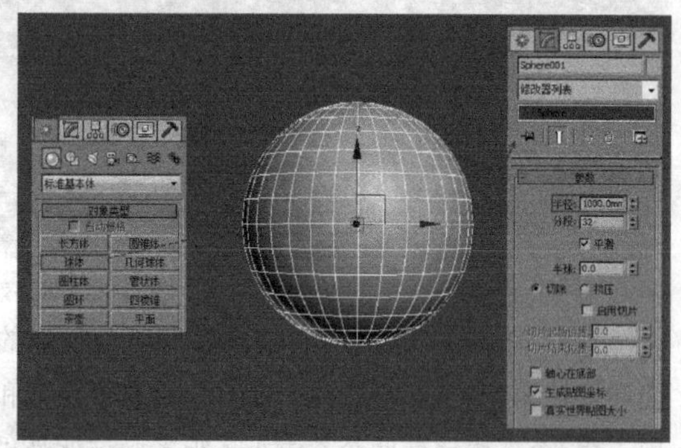

图3-11 创建球体

技巧与提示

此时创建的球体属于“参数化对象”，展开“参数”卷展栏后，可以看到球体的“半径”“分段”“平滑”“半球”等参数，这些参数都可以调整，但不能调节球体的点、线、面等子对象。

第2步：为了能对球体的形状进行调整，要将球体转换为“可编辑对象”。用鼠标右键单击球体，然后，在弹出的菜单中选择“转换为>转换为可编辑多边形”命令，如图3-12所示。

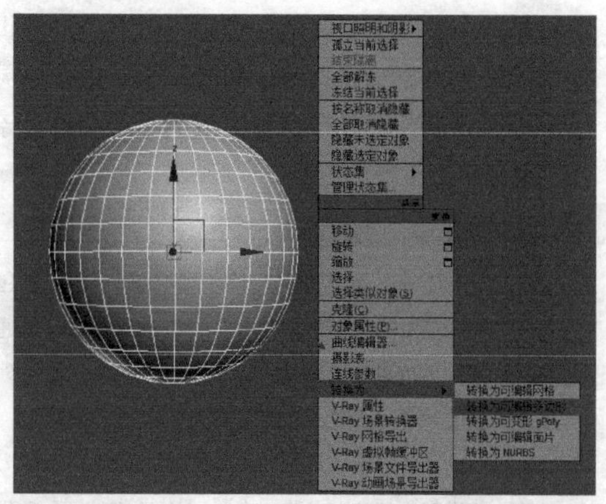

图3-12 转换为“可编辑对象”

技巧与提示

将“参数化对象”转换为“可编辑多边形”后，“修改”面板中之前的可调参数不见了，取而代之的是一些工具按钮，如图3-13所示。

图3-13 “修改”面板

将对象转换为可编辑多边形后，可以用对象的子物体级别来调整对象的外形，如图3-14所示。将球体转换为可编辑多边形后，就可以用多边形建模了。

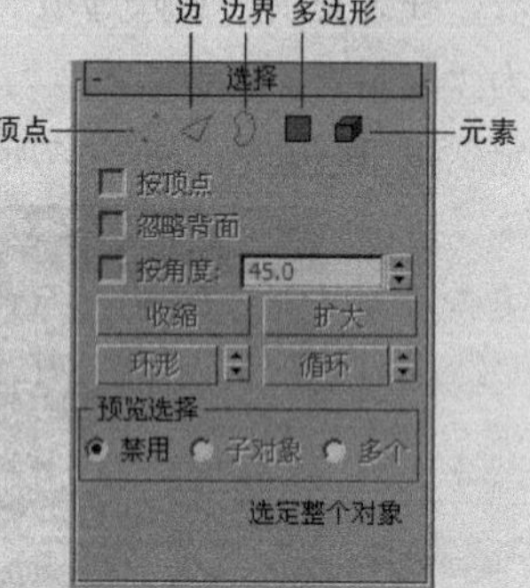

图3-14 子对象

第3步：展开“选择”卷展栏，然后，单击“顶点”按钮，进入“顶点”级别，这时，对象上会出现很多可以调节的顶点，而且，“修改”面板中的工具按钮也会发生相应的变化，可以用这些工具来调节对象的顶点，如图3-15所示。

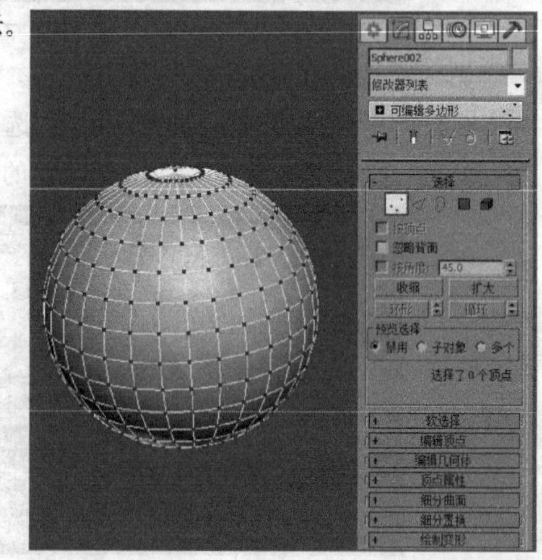

图3-15 顶点对象

第4步：下面，用“软选择”的相关工具来调整球体的形状。展开“软选择”卷展栏，然后，勾选“使用软选择”选项，接着，设置“衰减”为“6000mm”，如图3-16所示。

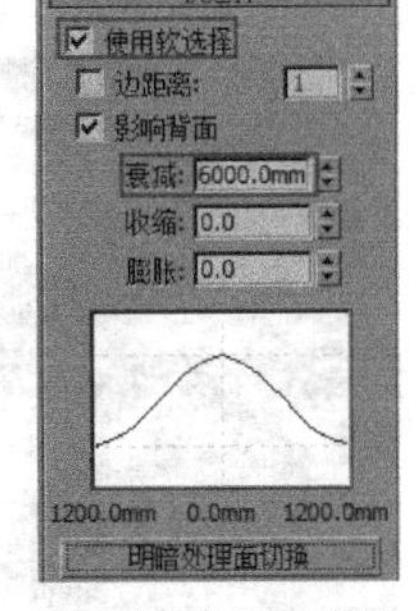

图3-16 设置“软选择”参数

第5步：用“选择并移动”工具选择底部的一个顶点，然后，在前视图中将其向下拖曳一段距离，效果如图3-17所示。

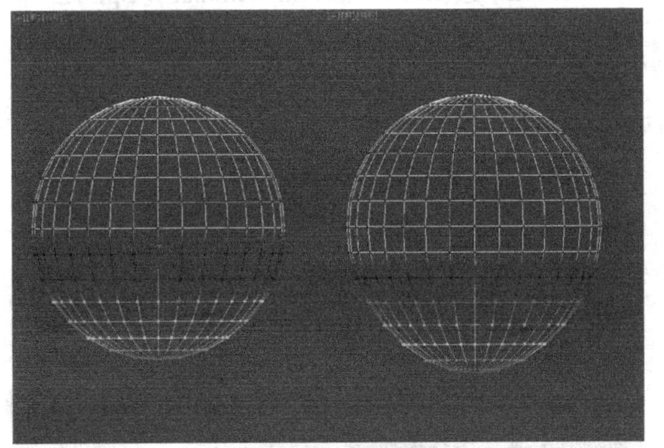

图3-17 向下平移顶点

第6 步：在“软选择”卷展栏下将“衰减”数值修改为“4000mm”，然后，用“选择并移动”工具将球体底部的一个顶点（即第5步中选择的顶点）向上拖曳到合适的位置，使其产生向上凹陷的效果，如图3-18所示。

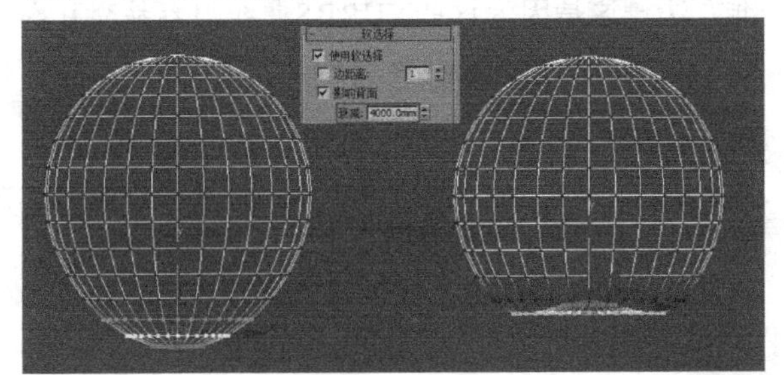

图3-18 向上平移顶点

第7步：选择顶部的一个顶点，然后，用“选择并移动”工具将其向下拖曳到合适的位置，使其产生向下凹陷的效果，如图3-19所示。

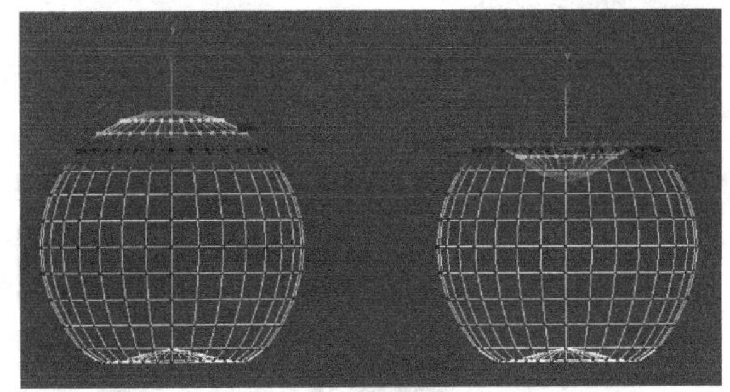

图3-19 移动顶部顶点

第8步：选择苹果模型（按1键，退出“点”选择后，再框选整个模型），然后，在“修改器列表”中选择“网格平滑”修改器，接着，在“细分量”卷展栏下设置“迭代次数”为“2”，如图3-20所示，最后的效果如图3-21所示。

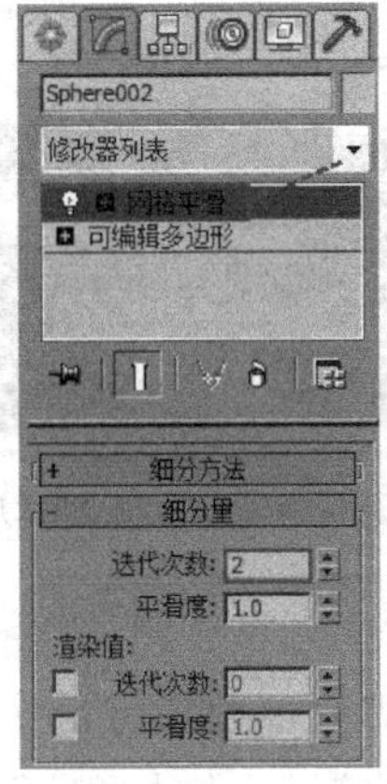

图3-20 添加“网格平滑”

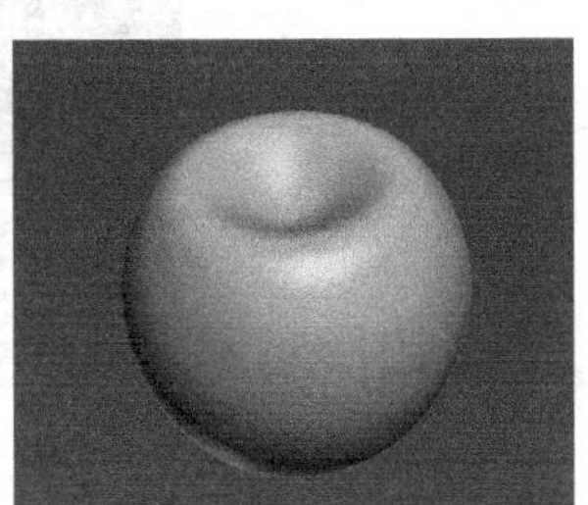

图3-21 最终效果

3.1.3 建模的常用方法

建模的方法有很多种，大致可以分为内置几何体建模、复合对象建模、样条线建模、网格建模、多边形建模、面片建模和NURBS建模7种。其实，建模不应该有固定的分类，因为这些方法都可以交互使用。

目前最主流的建模方式为多边形建模、样条线建模和NURBS建模这3种，而在效果图制作中，使用率最高的建模方式就是多边形建模。

1.样条线建模

在通常情况下，二维物体在三维世界中是不可见的，3ds Max也渲染不出来。这里所说的样条线建模是将绘制出二维样条线通过加载修改器转换为三维的可渲染对象的过程。

样条线建模可以快速地创建出可渲染的文字模型，效果如图3-22所示。第1个物体是二维线，后面的两个是给二维样条线加载了不同修改器后得到的三维物体效果。

图3-22 创建文字

二维样条线不但可以用来创建文字模型，还可以用来创建比较复杂的物体，如对称的坛子。可以先绘制出纵向截面的二维样条线，然后，为二维样条线加载“车削”修改器，将其变成三维物体，效果如图3-23所示。

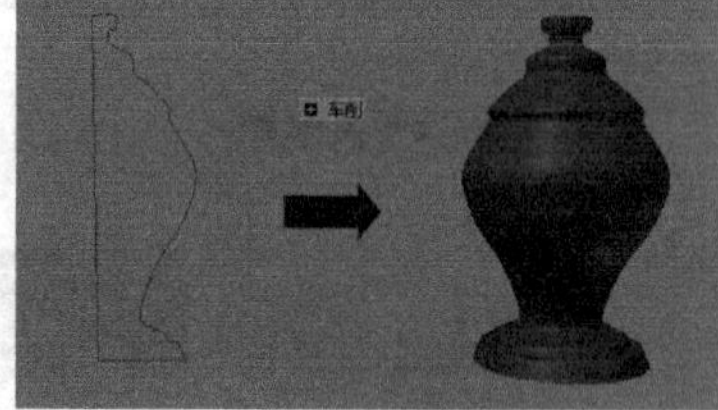

图3-23 创建几何体

2.多边形建模

多边形建模方法是最常用的建模方法（在后面章节中将重点讲解）。可编辑的多边形对象包括“顶点”“边”“边界”“多边形”和“元素”5个层级，也就是说，可以分别对“顶点”“边”“边界”“多边形”和“元素”进行调整，而每个层级又都有很多可以使用的工具，这就为创建复杂模型提供了很大的发挥空间。下面，以一个休闲椅为例来分析多边形建模方法，如图3-24所示。

图3-24

图3-25所示为休闲椅在四视图中的显示效果，可以看出，休闲椅至少是由两个部分组成的（坐垫靠背部分和椅腿部分）。坐垫靠背部分并不是规则的几何体，但其中每个部分都是由基本几何体变形而来的，从布线上可以看出，构成物体的大多都是四边面，这是使用多边形建模方法创建出的模型的显著特点。

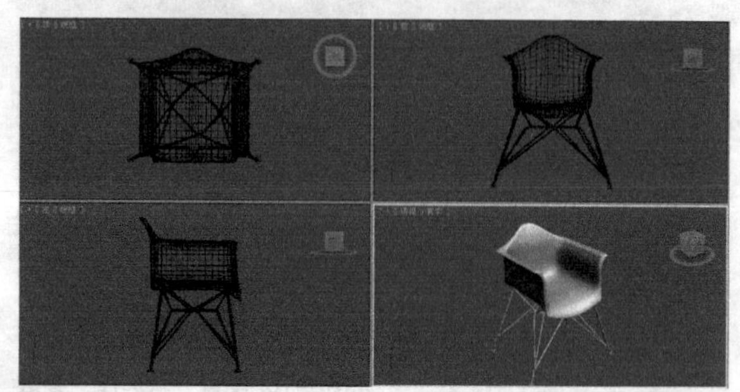
图3-25

3.NURBS建模

NURBS是指Non-Uniform Rational B-Spline（非均匀有理B样条曲线）。NURBS建模适用于创建比较复杂的曲面。在场景中创建出NURBS曲线，然后，进入“修改”面板，在“常规”卷展栏下单击“NURBS创建工具箱”按钮，打开“NURBS创建工具箱”，如图3-26所示。

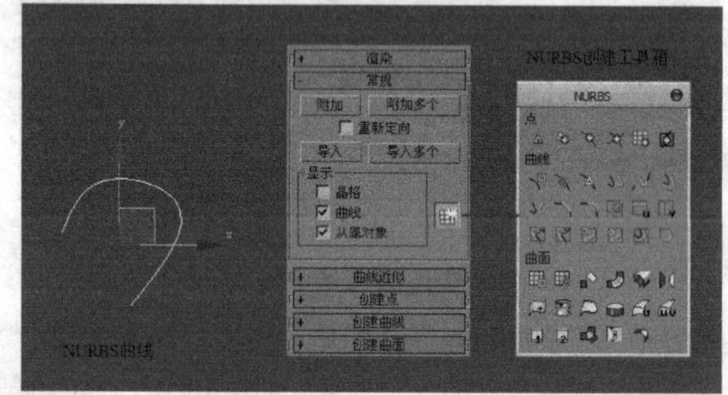

图3-26

NURBS建模已成为设置和创建曲面模型的标准方法，这是因为这些NURBS曲线很容易交互操作，而且，创建NURBS曲线的算法效率很高，计算稳定性也很好，同时，NURBS自身还配置了一套完整的造型工具，可以通过这些工具创建出不同类型的对象。NURBS建模也是基于对子对象的编辑来创建对象的，所以，掌握了多边形建模方法之后，用NURBS方法建模就会更加轻松一些。

3.2 创建标准基本体

标准基本体是3ds Max中自带的基本模型，用户可以直接创建出这些模型，比如，想创建一个柱子，就可以用圆柱体来创建。

单击“创建”面板中的“几何体”按钮，然后，在下拉列表中设置几何体类型为“标准基本体”。标准基本体包含10种对象类型，分别是长方体、圆锥体、球体、几何球体、圆柱体、管状体、圆环、四棱锥、茶壶和平面，如图3-27所示。

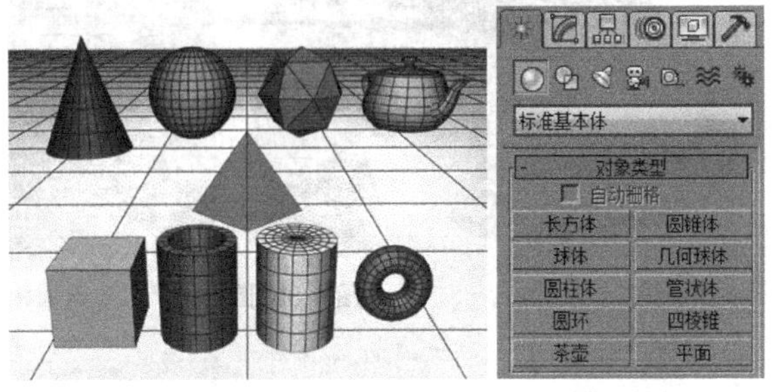

图3-27 标准基本体及其创建面板

本节工具介绍

工具名称	工具作用	重要程度
长方体	用于创建长方体	高
圆锥体	用于创建圆锥体	中
球体	用于创建球体	高
几何球体	用于创建与球体类似的几何球体	中
圆柱体	用于创建圆柱体	高
管状体	用于创建管状体	中
圆环	用于创建圆环	中
四棱锥	用于创建四棱锥	中
茶壶	用于创建茶壶	中
平面	用于创建平面	高

3.2.1 长方体

长方体是建模时最常用的几何体，现实中与长方体接近的物体有很多。可以直接用长方体创建出很多模型，如圆桌、墙体等，还可以将长方体用作多边形建模的基础物体。长方体的参数很简单，如图3-28所示。

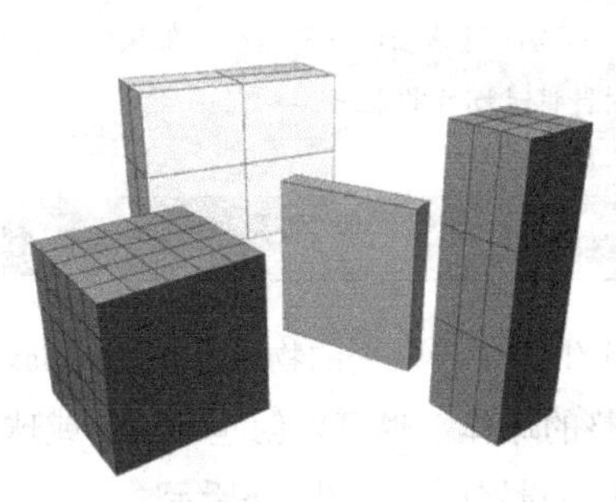

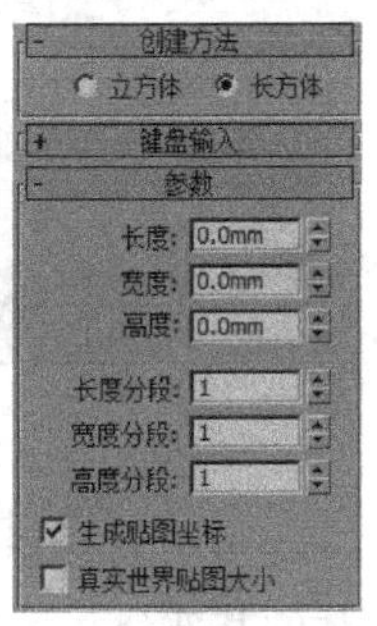

图3-28 长方体模型及其参数

【参数详解】

立方体：用于创建立方体模型。

长方体：通过确定长、宽、高来创建长方体模型。

长度/宽度/高度：用于设置长方体的长度、宽度和高度，这3个参数决定了长方体的外形。

长度分段/宽度分段/高度分段：这3个参数用于设置沿着对象每个轴的分段数量。

生成贴图坐标：自动产生贴图坐标。

真实世界贴图大小：不勾选此项时，贴图大小符合创建对象的尺寸；勾选此项后，贴图大小由绝对尺寸决定。

课堂案例

制作餐桌

案例位置　案例文件>第3章>课堂案例：制作餐桌
视频位置　多媒体教学>第3章>课堂案例：制作餐桌.flv
难易指数　★★☆☆☆
学习目标　学习“长方体”的创建方法、练习“选择并移动”工具的操作技巧

餐桌、茶几这类家具是客厅空间中经常出现的，通常，这类家具对场景空间具有一定指向性的，比如，餐桌、茶几之类的家具能间接说明要表现的场景是一个客厅空间。本案例将通过制作餐桌模型来讲解“长方体”的创建，使读者了解建模的基本方式，模型效果如图3-29所示。

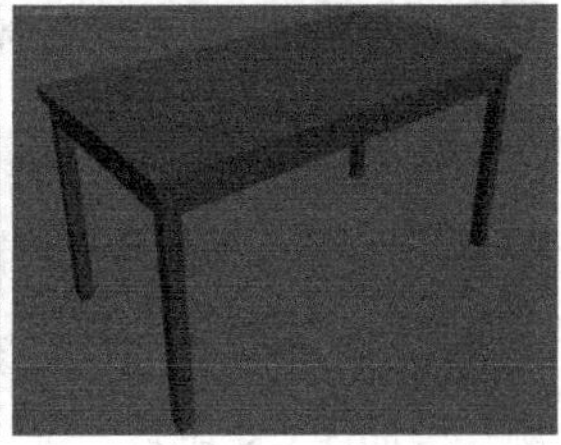

图3-29 餐桌模型

01 单击“创建”面板中的“长方体”按钮 长方体 ，然后，在透视图中新建一个长方体，接着，切换到“修改”选项卡，打开“参数”卷展栏，最后，设置“长度”为“800mm”、“宽度”为“1500mm”、“高度”为“40mm”，如图3-30所示。

图3-30 创建长方体

02 切换到前视图，然后，选择创建的长方体，接着，按住Shift键并使“选择并移动”工具将其向下平移到合适位置，再在弹出的“克隆选项”对话框中设置“对象”为“复制”、“副本数”为“1”，最后，单击“确定”按钮，如图3-31所示。

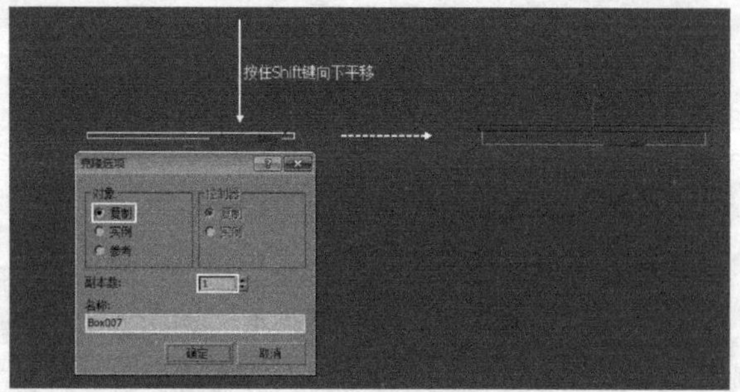

图3-31 复制长方体

03 在场景中继续创建一个长方体，然后，在“修改”面板中设置其“参数”卷展栏中的“长度”为“50mm”、“宽度”为“50mm”、“高度”为“750mm”，最后，将其移到桌角处，以此作为餐桌的脚，如图3-32所示。

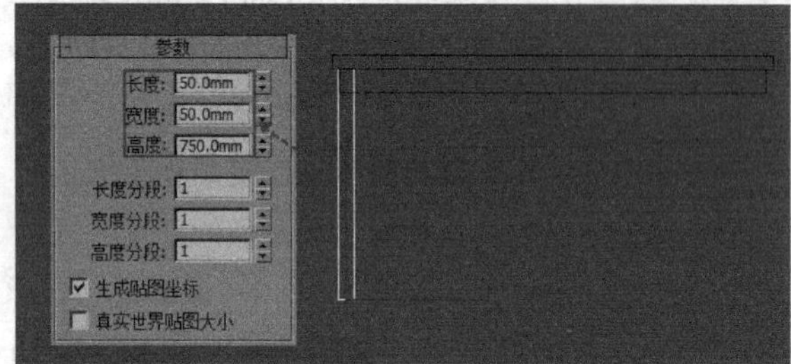

图3-32 创建桌脚

04 切换到顶视图，然后，选择“桌脚”，接着，按住Shift键并用“选择并移动”工具分别为其他3个桌角复制3个“桌脚”，建议设置“对象”为“实例”，如图3-33所示。

图3-33 复制桌脚

05 完成上述步骤后，简单的餐桌模型就完成了。切换到透视图，看到的餐桌模型如图3-34所示。

图3-34 餐桌模型

3.2.2 圆锥体

圆锥体在现实生活中很常见，如冰激凌的外壳和吊坠等。圆锥体的参数设置面板如图3-35所示。

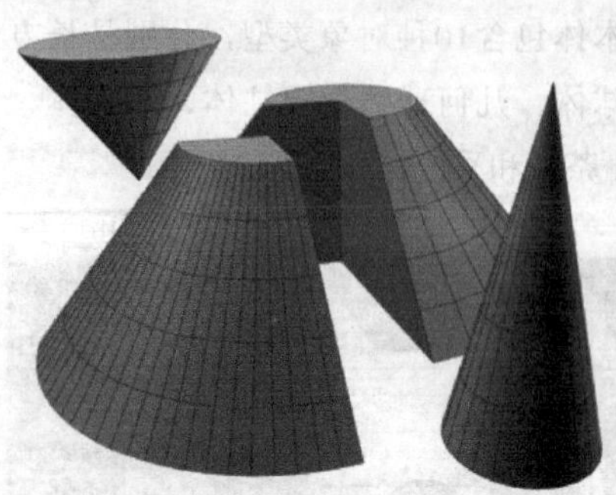

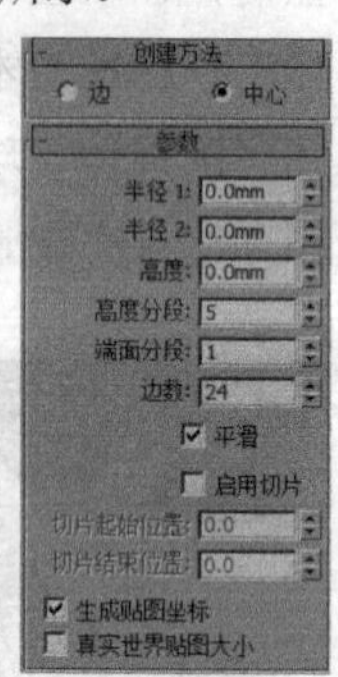

图3-35 圆锥体及其参数面板

【参数详解】

边：按照边来绘制圆锥体，可通过拖曳鼠标来更改中心位置。

中心：从中心开始绘制圆锥体。

半径1/2：用于设置圆锥体的第1个半径和第2个半径，两个半径的最小值都是0。

高度：用于设置沿着中心轴的维度。若为负值，将在构造平面下面创建圆锥体。

高度分段：用于设置沿着圆锥体主轴的分段数。

端面分段：用于设置围绕圆锥体顶部和底部的中心的同心分段数。

边数：用于设置圆锥体周围边数。

平滑：用于混合圆锥体的面，从而在渲染视图中创建平滑的外观。

启用切片：用于控制是否开启“切片”功能。

切片起始/结束位置：用于设置从局部x轴的零点开始围绕局部z轴的度数。

技巧与提示

如果“切片起始位置”和“切片结束位置”这两个选项为正数值，那么，将按逆时针移动切片的末端；如果为负数值，那么，将按顺时针移动切片的末端。

3.2.3 球体

球体也是现实生活中最常见的物体。在3ds Max中，可以创建完整的球体，也可以创建半球体或球体的某部分，其参数设置面板如图3-36所示。

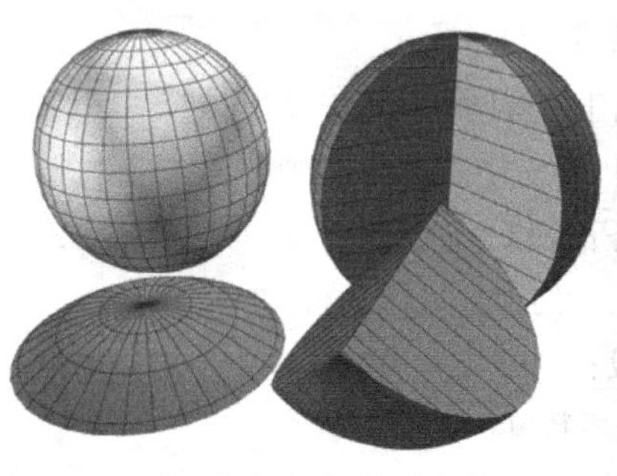
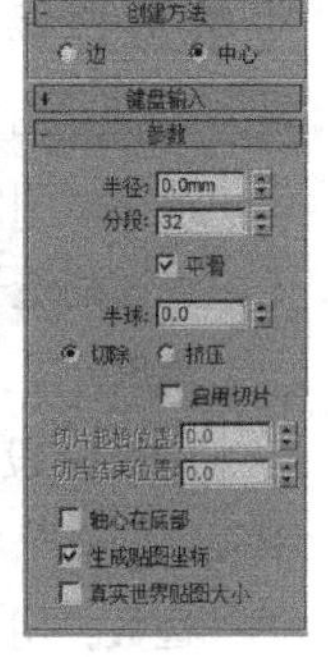

图3-36 球及其参数面板

【参数详解】

半径：用于指定球体的半径。

分段：用于设置球体多边形分段的数目。分段越多，球体越圆滑，反之，则越粗糙。图3-37所示为"分段"值分别为"8"和"37"时的球体对比。

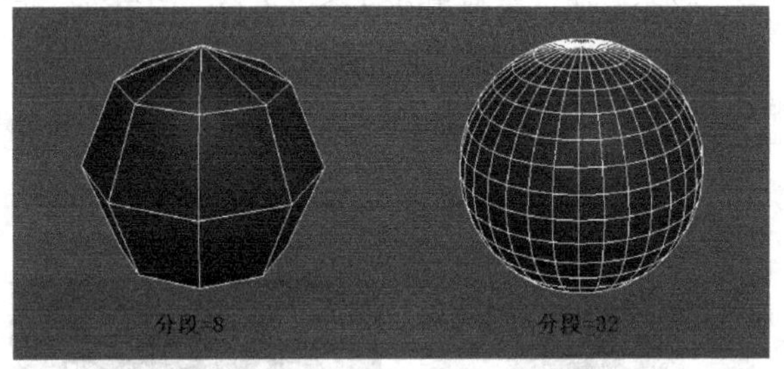

图3-37 不同的分段参数

平滑：用于混合球体的面，从而在渲染视图中创建出平滑的外观。

半球：该值过大时，将从底部"切断"球体，以创建出部分球体，取值范围可以从0~1。值为0时，可以生成完整的球体；值为0.5时，可以生成半球，如图3-38所示；值为1时，会使球体消失。

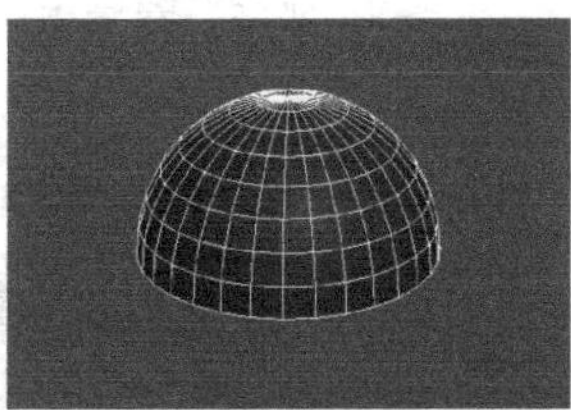

图3-38 半球

切除：可通过在半球断开时将球体中的顶点数和面数切除来减少它们的数量。

挤压：保持原始球体中的顶点数和面数，将几何体向着球体的顶部挤压为越来越小的体积。

轴心在底部：在默认情况下，轴点位于球体中心的构造平面上，如图3-39所示。如果勾选"轴心在底部"选项，那么，球体将沿着其局部z轴向上移动，使轴点位于其底部，如图3-40所示。

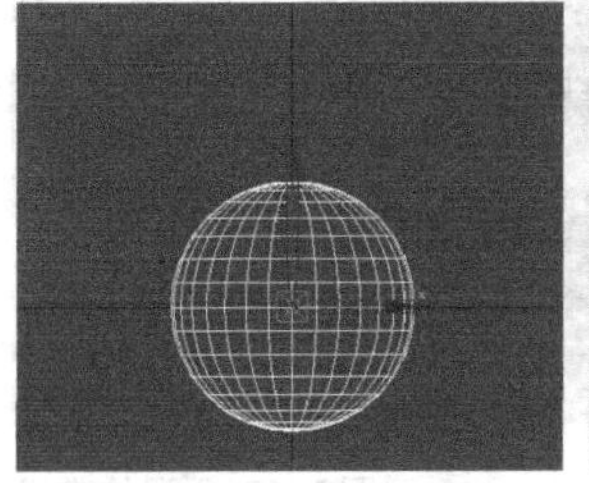

图3-39 轴心在球心

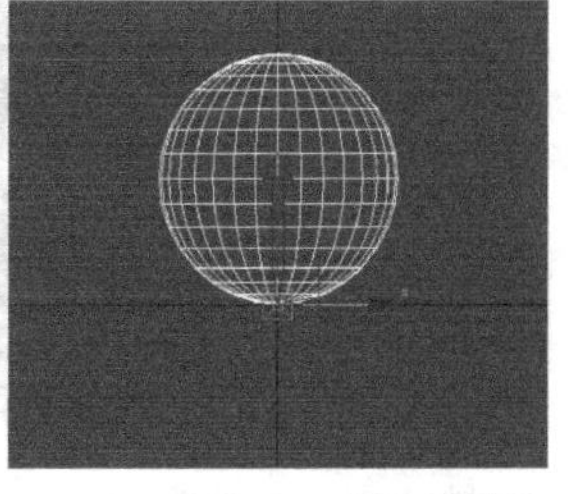

图3-40 轴心在底部

3.2.4 几何球体

该功能用于创建由三角形面拼接而成的球体或半球体，它不像球体那样可以控制切片局部的大小。几何球体的形状与球体的形状很接近，如图3-41所示。学习了球体的参数之后，几何球体的参数便不难理解了。

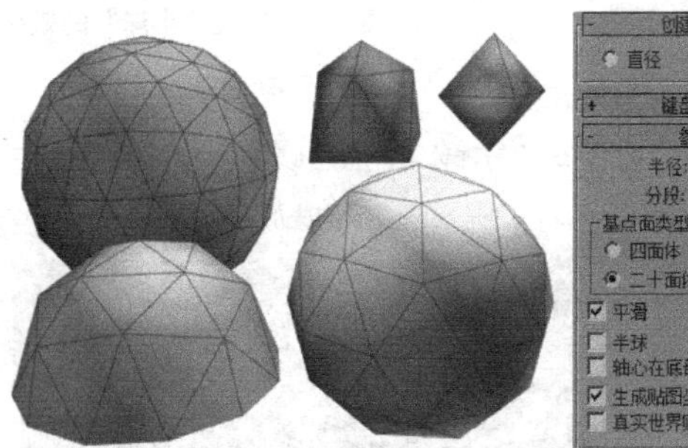

图3-41 几何球体及其参数面板

【参数详解】

直径：按照边来绘制几何球体，可通过移动鼠标来更改中心位置。

中心：从中心开始绘制几何球体。

基点面类型：用于选择几何球体表面的基本组成类型，可供选择的有"四面体""八面体"和"二十面体"。图3-42分别所示为这3种基本面的效果。

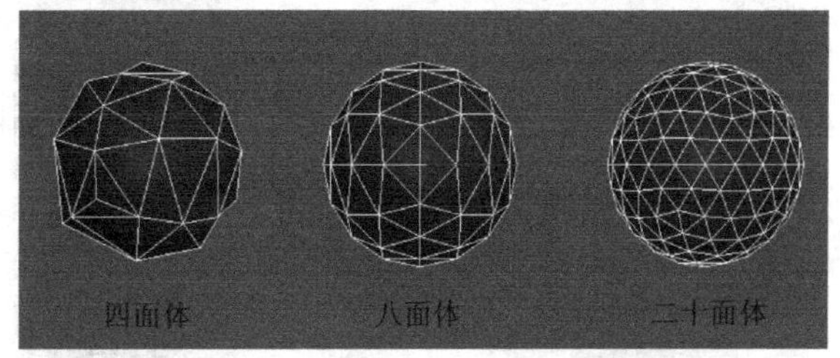

图3-42 基本面类型

平滑：勾选该选项后，创建出来的几何球体的表面就是光滑的，如果关闭该选项，效果则相反，如图3-43所示。

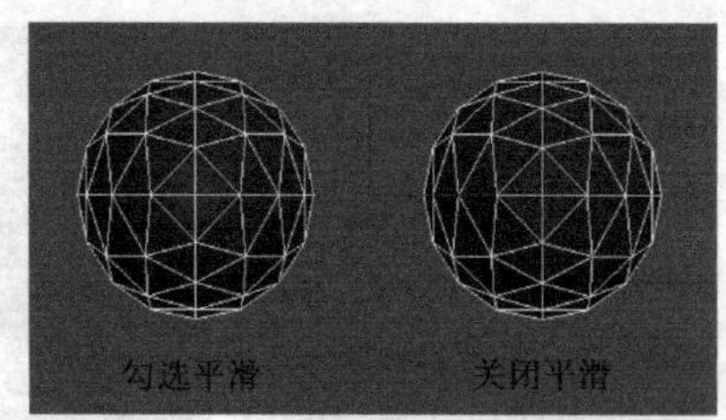

图3-43 平滑的效果

半球：若勾选该选项，创建出来的几何球体则是一个半球体，如图3-44所示。

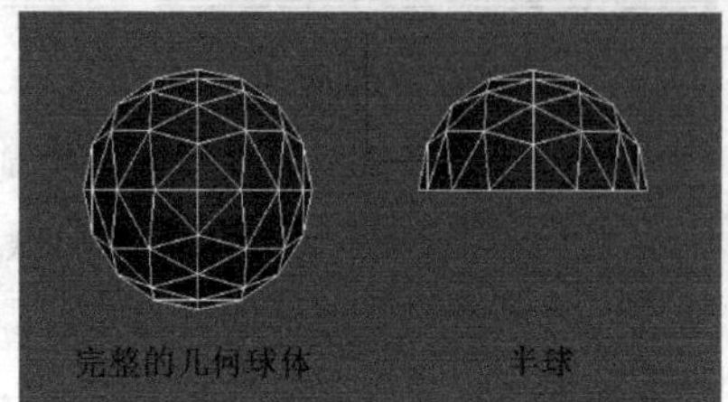

图3-44 勾选“半球”的效果

技巧与提示

创建出的几何球体与球体可能很相似，但几何球体是由三角形面构成的，而球体则是由四边形构成的，如图3-45所示。

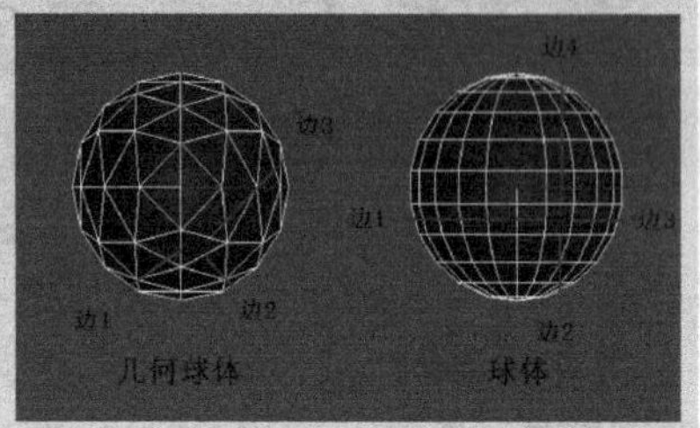

图3-45 球体与几何球体的构成

3.2.5 圆柱体

圆柱体在现实中很常见，如玻璃杯和桌腿等，制作由圆柱体构成的物体时，可以先将圆柱体转换成可编辑多边形，然后，再对细节进行调整。圆柱体的参数如图3-46所示。

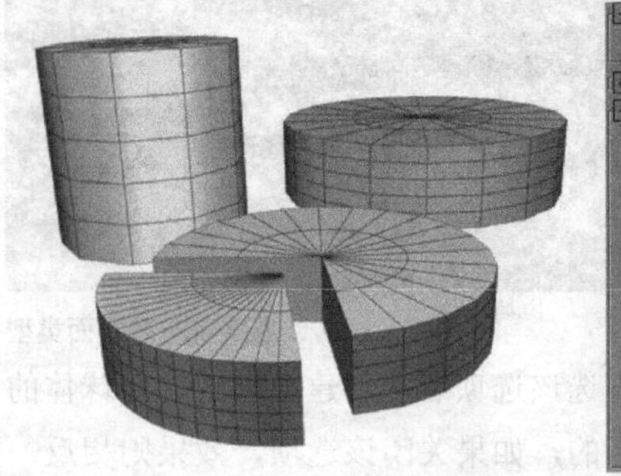
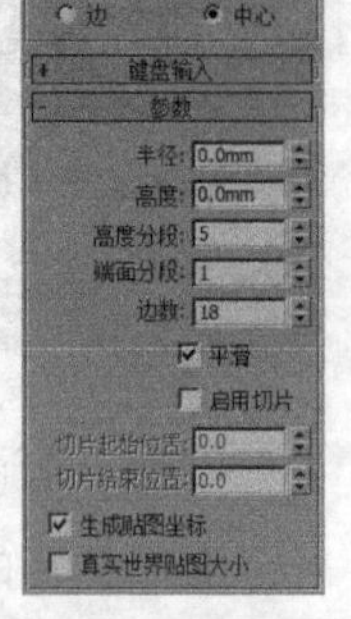

图3-46 圆柱体及其参数面板

【参数详解】

半径：用于设置圆柱体的半径。

高度：用于设置沿着中心轴的维度。若为负值，将在构造平面以下创建圆柱体。

高度分段：用于设置沿着圆柱体主轴的分段数量。

端面分段：用于设置围绕圆柱体顶部和底部的中心的同心分段数量。

边数：用于设置圆柱体周围的边数。

课堂案例

制作角柜

案例位置	案例文件>第3章>课堂案例：制作角柜
视频位置	多媒体教学>第3章>课堂案例：制作角柜.flv
难易指数	★★☆☆☆
学习目标	学习“圆柱体”的创建方法、练习“平移并复制”的操作技巧

有时，效果图会出现某个角落“很空”的感觉，这个时候就需要填补这个“很空”的角落，角柜无疑是最好的选择。本案例将通过制作一个由“长方体”和“圆柱体”构成的角柜来讲解“长方体”和“圆柱体”的创建方法，模型效果如图3-47所示。

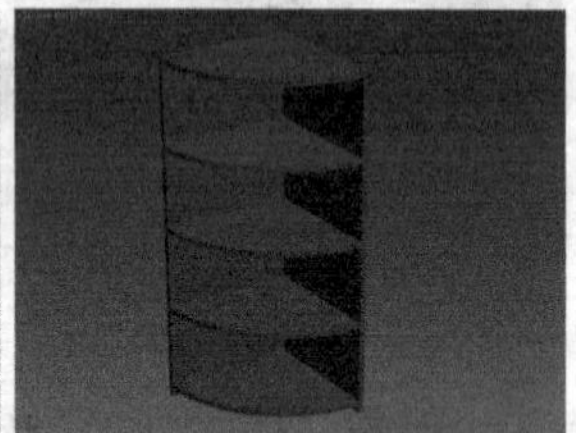
图3-47 角柜模型效果

01 单击“创建”面板中的“长方体”按钮 长方体 ，然后，在透视图中创建一个长方体，接着，在“修改”面板中设置“长度”为“500mm”、“宽度”为“20mm”、“高度”为“1200mm”，如图3-48所示。

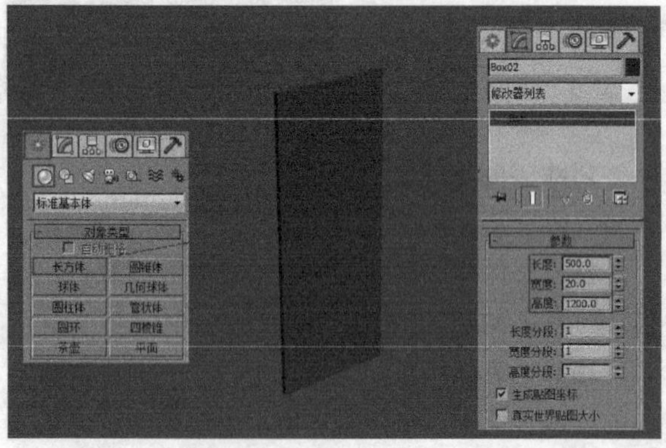

图3-48 创建长方体

02 选中长方体，切换到顶视图，然后，按住Shift

键并用“选择并旋转”工具将长方体围绕z轴旋转90°，接着，在弹出的“克隆选项”对话框中设置“对象”为“复制”、“副本数”为“1”，如图3-49所示，最后，用“选择并移动”工具将复制而得的长方体平移到如图3-50的位置。

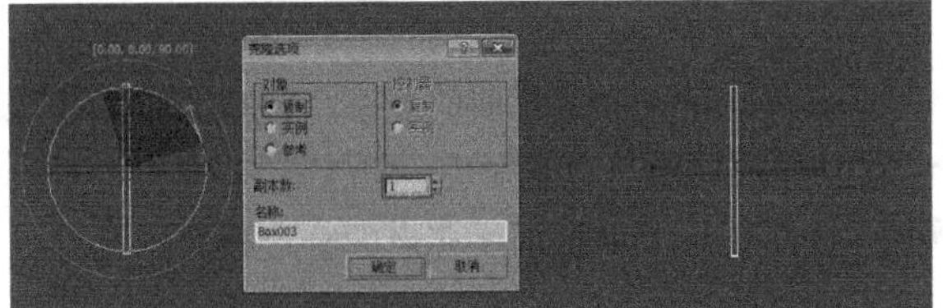

图3-49 复制长方体

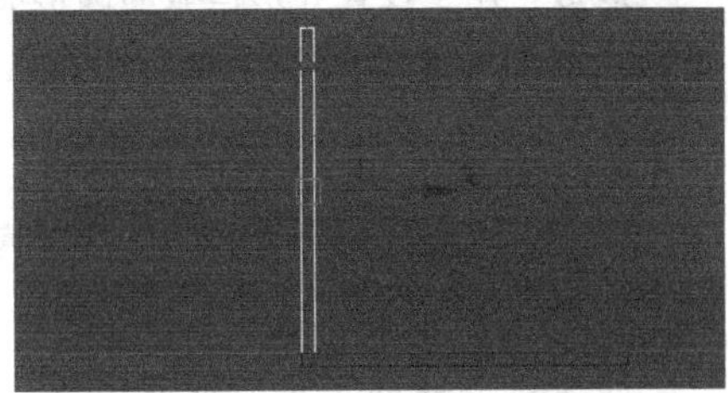

图3-50 平移后的效果

技巧与提示

在进行“选择并旋转”操作的时候，读者会发现手动旋转给出的角度值得精确到0.01，所以，很难调整到精确的90°，那么，怎么才能既快又精确地调整到90°呢？

用鼠标右键单击工具栏上的“角度捕捉切换”工具，然后，在弹出的“栅格和捕捉设置”面板中切换到到“选项”选项卡，接着，设置“角度”为45°，如图3-51所示。

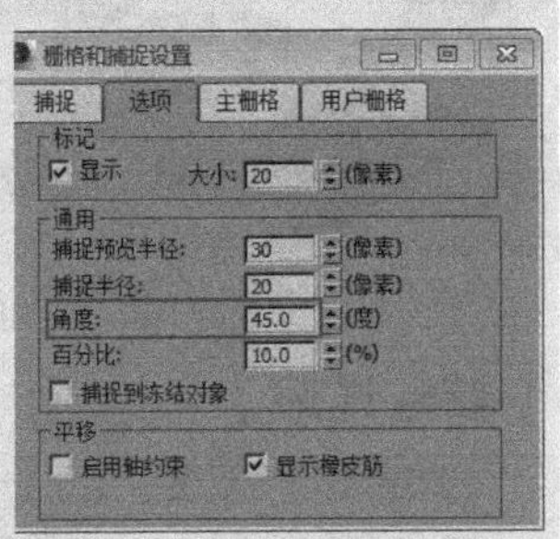

图3-51 设置“角度捕捉切换”

需要特别注意的是，设置完成后，必须使“角度捕捉切换”工具处于被激活状态（即左键单击），这样，在旋转过程中才能使其以45°为最小单位旋转角度。

03 切换到透视图，然后，在“创建”面板中选择“圆柱体”，接着，在视口中创建一个圆柱体，再切换到“修改”选项卡，设置其“半径”为“480mm”、“高度”为“20mm”、“边数”为“18”，再勾选“启用切片”选项，设置“起始位置”为“90°”、“结束位置”为“0°”，如图3-52所示，最后，将设置好的1/4圆柱体平移到如图3-53所示的位置。

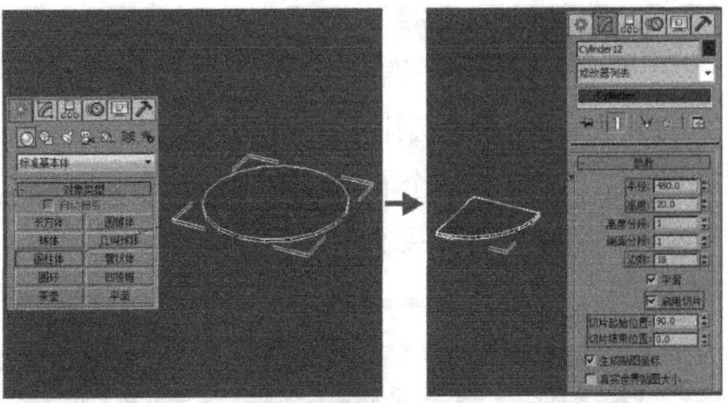

图3-52 创建1/4圆柱体

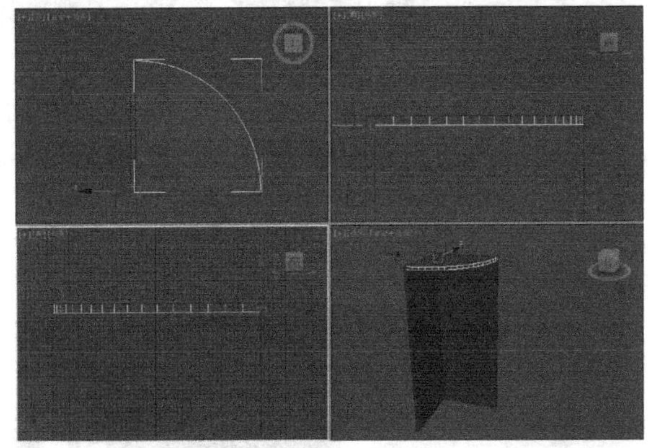

图3-53 平移1/4圆柱体

04 切换到前视图，然后，选择1/4圆柱体，接着，按住Shift键，并用“选择并移动”工具将其向下平移，再在弹出的“克隆选项”面板中设置“对象”为“复制”、“副本数”为“4”，如图4-54所示，最后，将复制所得的4个1/4圆柱体平移到合适位置，模型的效果如图3-55所示。

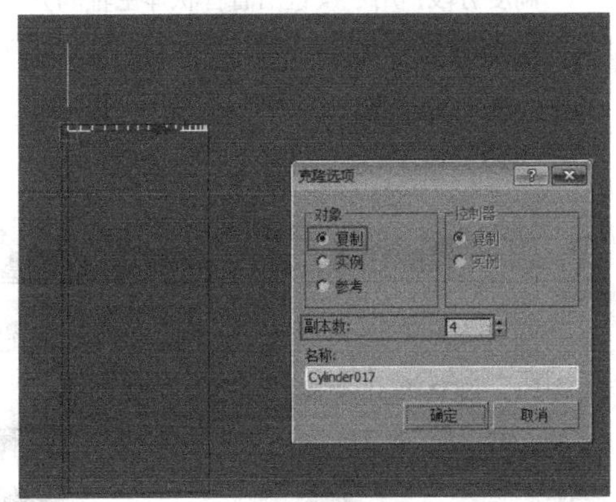

图3-54 复制1/4圆柱体

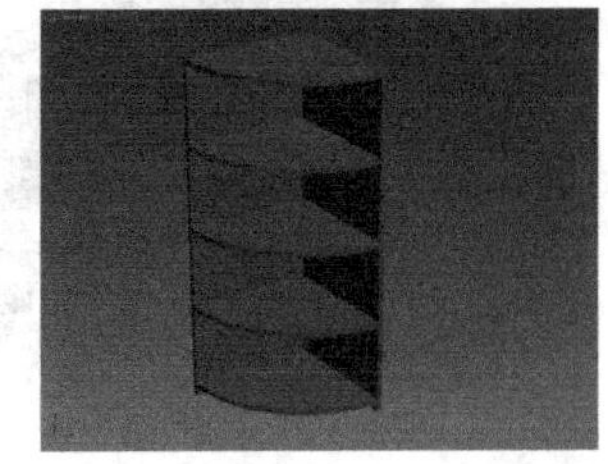

图3-55 最终模型效果

3.2.6 管状体

管状体的外形与圆柱体相似，不过，管状体是空心的，因此，管状体有两个半径，即外径和内径（半径1和半径2）。管状体及其参数面板如图3-56所示。

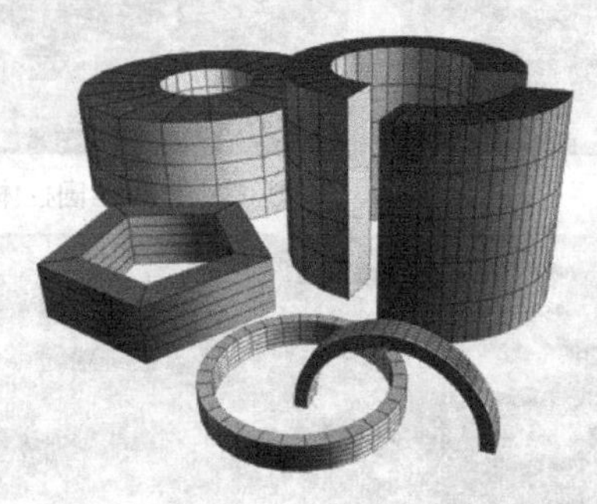
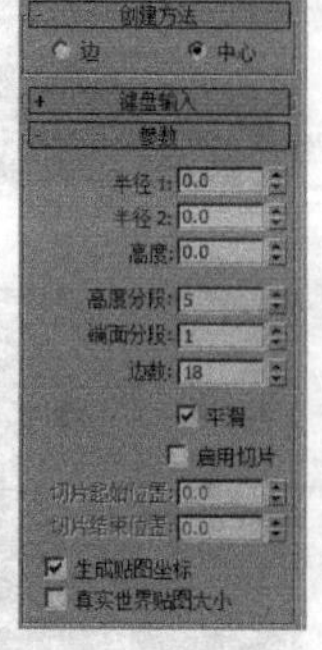

图3-56 管状体及其参数面板

【参数详解】

半径1/半径2："半径1"是指管状体的外径，"半径2"是指管状体的内径，如图3-57所示。

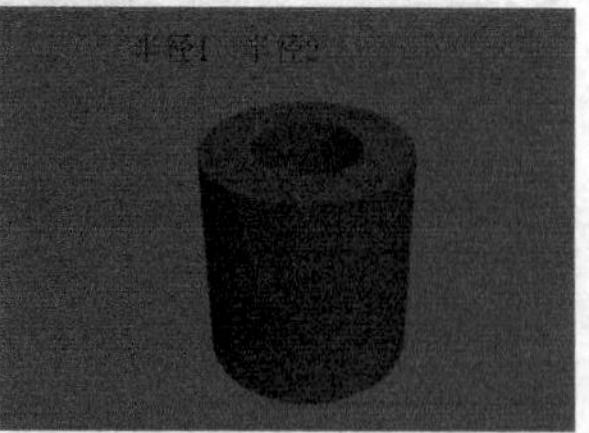

图3-57 半径1/半径2

高度：用于设置沿着中心轴的维度。若为负值，将在构造平面以下创建管状体。

高度分段：用于设置沿着管状体主轴的分段数量。

端面分段：用于设置围绕管状体顶部和底部的中心的同心分段数量。

边数：用于设置管状体周围边数。

3.2.7 圆环

圆环可以用于创建环形或具有圆形横截面的环状物体。圆环及其参数面板如图3-58所示。

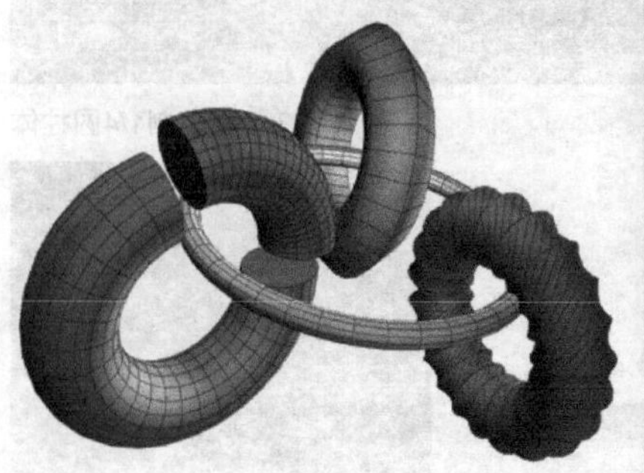
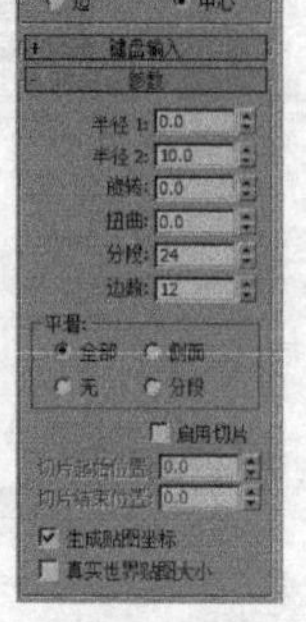

图3-58 圆环及其参数面板

【参数详解】

半径1：用于设置从环形的中心到横截面圆形的中心的距离，这是环形环的半径。

半径2：用于设置横截面圆形的半径。

旋转：用于设置旋转的度数，顶点将围绕通过环形环中心的圆形非均匀旋转。

扭曲：用于设置扭曲的度数，横截面将围绕通过环形中心的圆形逐渐旋转。

分段：用于设置围绕环形的分段数目。可通过减小该数值创建多边形环，而不是圆形。

边数：用于设置环形横截面圆形的边数。可通过减小该数值创建类似于棱锥的横截面，而不是圆形。

3.2.8 四棱锥

四棱锥的底面是正方形或矩形，侧面是三角形，被称为世界七大奇迹之一的埃及金字塔的轮廓就是四棱锥，四棱锥及其参数面板如图3-59所示。

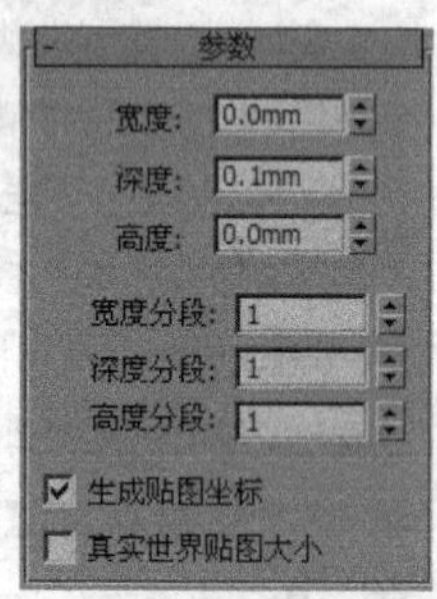

图3-59 四棱锥及其参数面板

【参数详解】

宽度>深度>高度：用于设置四棱锥对应面的维度。

宽度分段>深度分段>高度分段：用于设置四棱锥对应面的分段数。

3.2.9 茶壶

茶壶是室内场景中经常用到的物体，"茶壶"工具 茶壶 可以方便、快捷地创建出一个精度较低的茶壶。茶壶及其参数面板如图3-60所示。

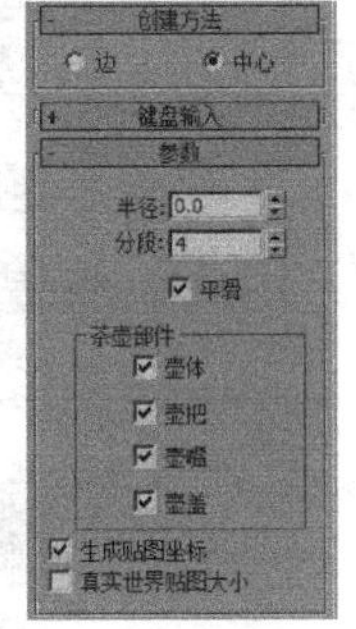

图3-60 茶壶及其参数面板

【参数详解】

半径： 用于设置茶壶的半径。

分段： 用于设置茶壶或其单独部件的分段数。

平滑： 用于混合茶壶的面，从而在渲染视图中创建出平滑的外观。

茶壶部件： 用于选择要创建的茶壶的部件，包含“壶体”“壶把”“壶嘴”和“壶盖”4个部件。图3-61所示为一个完整的茶壶与缺少相应部件的茶壶。

图3-61 茶壶与部件

3.2.10 平面

平面在建模过程中被使用的频率非常高，如墙面和地面等。平面及其参数面板如图3-62所示。

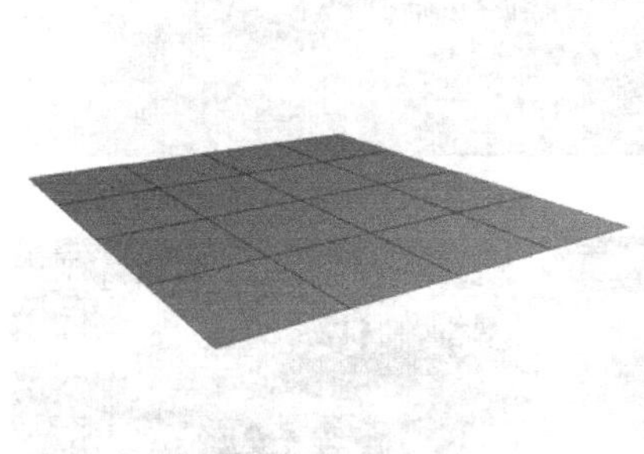

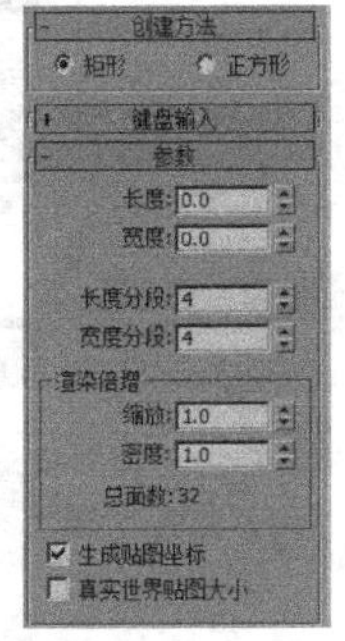

图3-62 平面及其参数面板

【参数详解】

长度>宽度： 用于设置平面对象的长度和宽度。

长度分段>宽度分段： 用于设置沿着对象每个轴的分段数量。

技巧与提示

在默认情况下，创建出来的平面是没有厚度的，如果要让平面产生厚度，需要为平面加载“壳”修改器，然后，适当调整“内部量”和“外部量”数值即可，如图3-63所示。修改器的用法将在后面的章节中进行讲解。

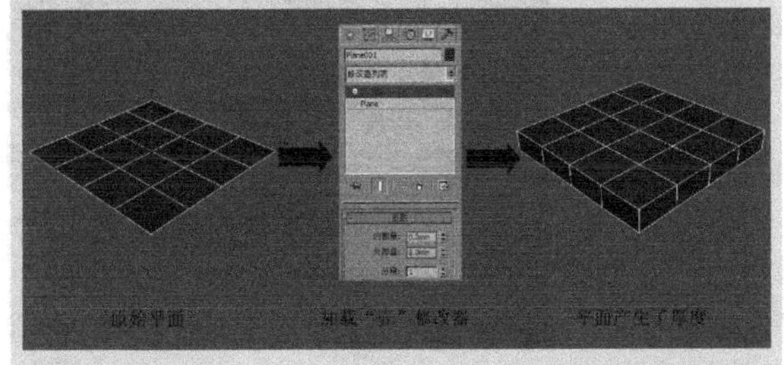

图3-63 为平面增加厚度

课堂案例

制作水杯

案例位置	案例文件>第3章>课堂案例：制作水杯
视频位置	多媒体教学>第3章>课堂案例：制作水杯.flv
难易指数	★★☆☆☆
学习目标	学习“圆环”“管状体”的创建方法

本案例要制作的是一个水杯，通常情况下，水杯分为“杯底”“杯身”“把手”3个部分，所以，在建模的时候，可以根据这3个部分创建模型，用不同的几何体创建不同的部分。水杯的模型效果如图3-64所示。

图3-64 水杯模型效果

01 单击“创建”面板中的“管状体”按钮 管状体 ，然后，在场景中创建一个管状体，接着，在“参数”卷展栏下设置“半径1”为“12mm”、“半径2”为“11.5mm”、“高度”为“32mm”、“高度分段”为“1”、“边数”为“30”。具体参数设置及模型效果如图3-65所示。

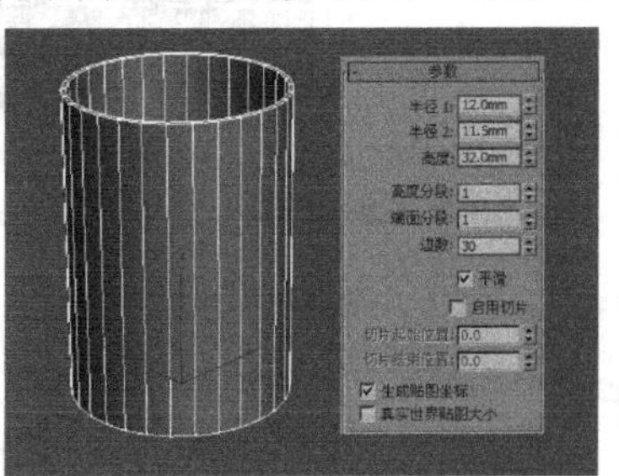

图3-65 创建管状体

02 单击"创建"面板中的"圆环"按钮 圆环 ，然后，在顶视图中创建一个圆环，接着，在"参数"卷展栏下设置"半径1"为"12mm"、"半径2"为"1mm"、"分段"为"52"。具体参数设置及模型位置如图3-66所示。

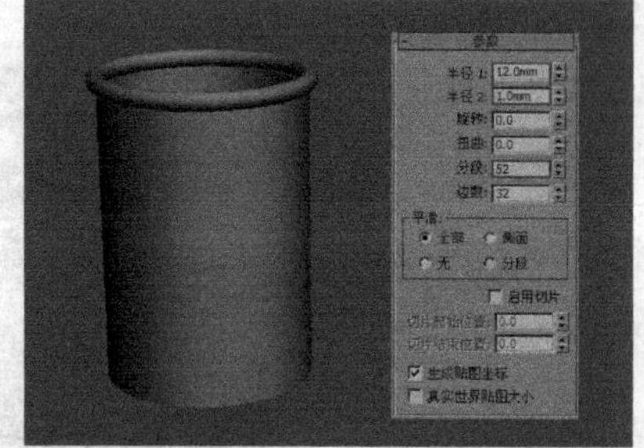

图3-66 创建圆环

03 用"选择并移动"工具选择圆环，然后，按住Shift键并在前视图中向下平移，复制一个圆环到管状体的底部，如图3-67所示。

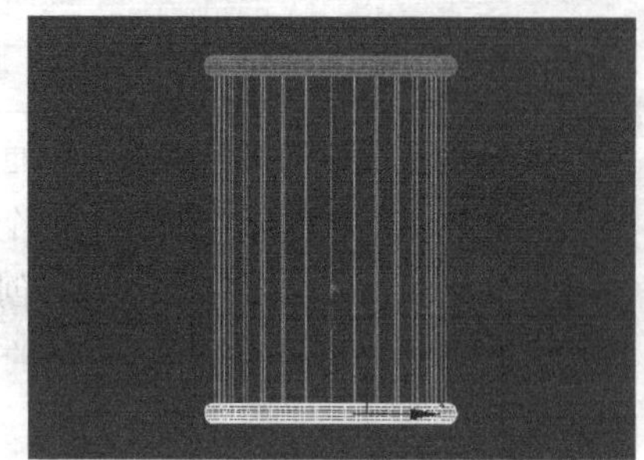

图3-67 复制管状体

04 用"圆环"工具 圆环 在左视图中创建一个圆环，将其作为把手的上半部分，然后，在"参数"卷展栏下设置"半径1"为"6.5mm"、"半径2"为"1.8mm"、"分段"为"50"。具体参数设置及模型位置如图3-68所示。

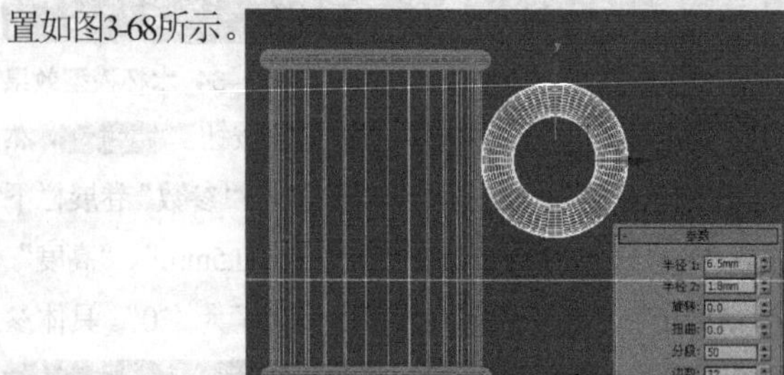

图3-68 创建"把手"

05 用"选择并移动"工具选择上一步创建的圆环，然后，按住Shift键并在左视图中向下平移，复制一个圆环，如图3-69所示，接着，在"参数"卷展栏下将"半径1"修改为"3.5mm"、将"半径2"修改为"1mm"，效果如图3-70所示。

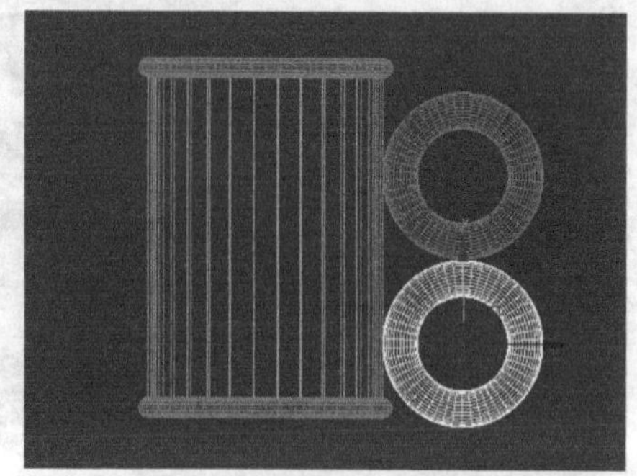

图3-69 复制"把手"

图3-70 设置复制得到的"把手"

06 用"圆柱体"工具 圆柱体 在杯子底部创建一个圆柱体，然后，在"参数"卷展栏下设置"半径"为"12mm"、"高度"为"1.5mm"、"高度分段"为"1"、"边数"为"30"。具体参数设置及模型位置如图3-71所示，最终效果如图3-72所示。

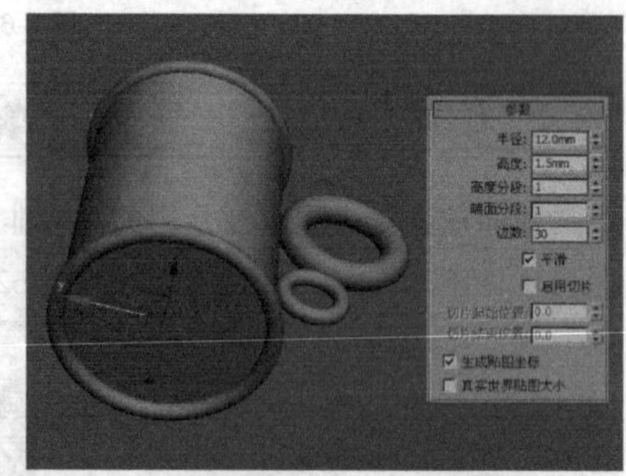

图3-71 创建"杯底"

图3-72 杯子模型的效果

3.3 创建扩展基本体

“扩展基本体”是基于“标准基本体”的一种扩展物体，共有13种，分别是“异面体”“环形结”“切角长方体”“切角圆柱体”“油罐”“胶囊”“纺锤”“L-Ext”“球棱柱”“C-Ext”“环形波”“棱柱”和“软管”，如图3-73所示。

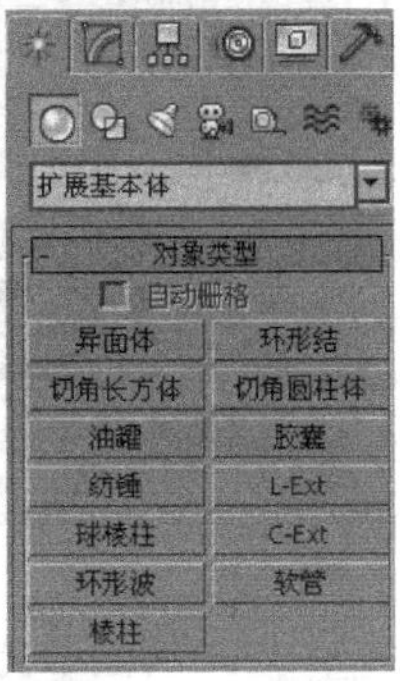

图3-73 扩展基本体

本节工具介绍

工具名称	工具作用	重要程度
异面体	用于创建多面体和星形	中
切角长方体	用于创建带圆角效果的长方体	高
切角圆柱体	用于创建带圆角效果的圆柱体	高

技巧与提示

本节只讲解在实际工作中比较常用的扩展基本体，即异面体、切角长方体和切角圆柱体。

3.3.1 异面体

异面体是一种很典型的扩展基本体，可以用它来创建四面体、立方体和星形等。异面体及其参数面板如图3-74所示。这类模型通常用于制作装饰物，如风铃和灯帘等。

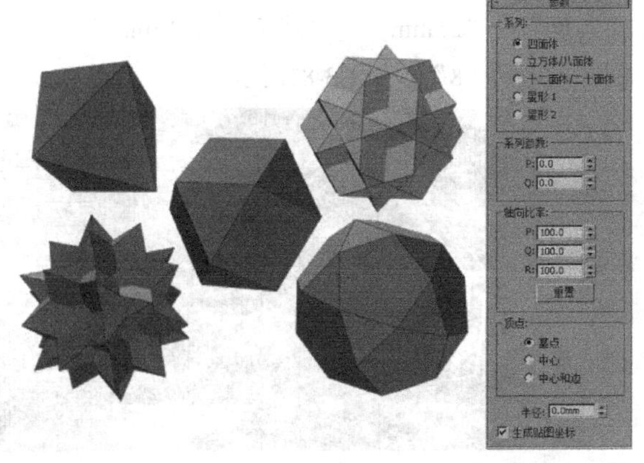

图3-74 异面体及其参数面板

【参数详解】

系列：用于选择异面体的类型。图3-75所示为5种异面体的效果。

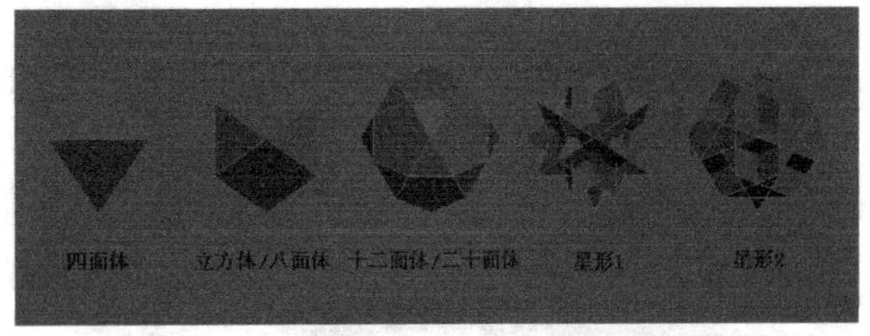

图3-75 异面体的种类

系列参数：P、Q两个选项主要用于切换多面体顶点与面之间的关联关系，其数值范围为0~1。

轴向比率：多面体可以拥有多达3种多面体的面，如三角形、方形或五角形。这些面可以是规则的，也可以是不规则的。如果多面体只有一种或两种面，则只有一个或两个轴向比率参数处于活动状态，不活动的参数不起作用。P、Q、R用于控制多面体一个面反射的轴。如果调整了参数，那么，单击“重置”按钮 重置 后，可以将P、Q、R的数值恢复到默认值100。

顶点：这个选项组中的参数将决定多面体每个面的内部几何体。“中心”和“中心和边”选项可增加对象中的顶点数，从而增加面数。

半径：用于设置任何多面体的半径。

3.3.2 切角长方体

切角长方体是长方体的扩展物体，可以用它方便、快捷地创建出带圆角效果的长方体。切角长方体的参数如图3-76所示。

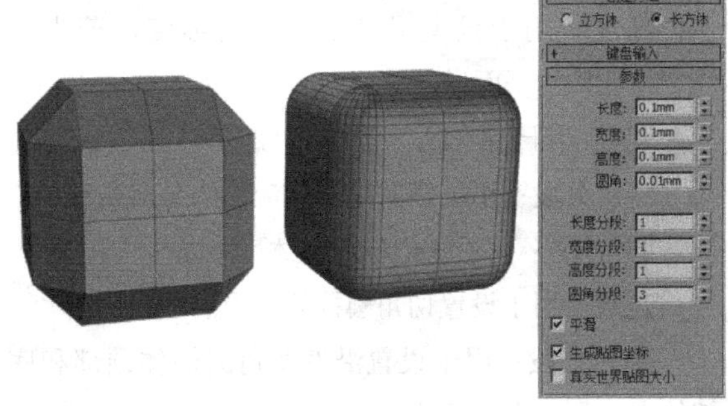

图3-76 切角长方体及其参数面板

【参数详解】

长度/宽度/高度：用于设置切角长方体的长度、宽度和高度。

圆角：用于切开倒角长方体的边，以创建圆角效果。图3-77所示为长度、宽度和高度相等，而“圆角”值分别为“1”“3”“6”时的切角长方体的效果。

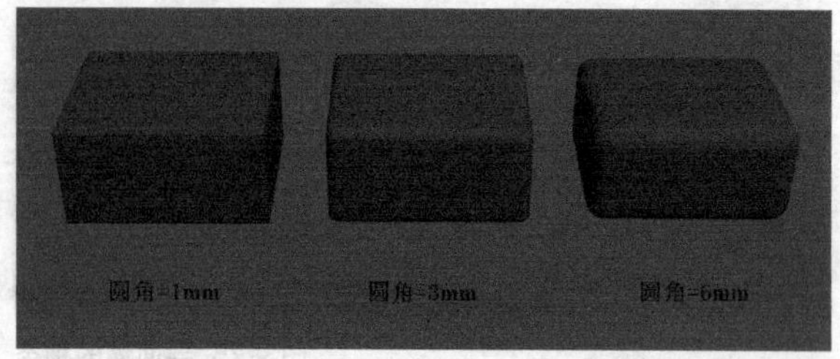

图3-77 圆角效果

长度分段/宽度分段/高度分段：用于设置沿着相应轴的分段数量。

圆角分段：用于设置切角长方体圆角边时的分段数。

3.3.3 切角圆柱体

切角圆柱体是圆柱体的扩展，可以用它快速创建出带圆角效果的圆柱体。切角圆柱体的参数如图3-78所示。

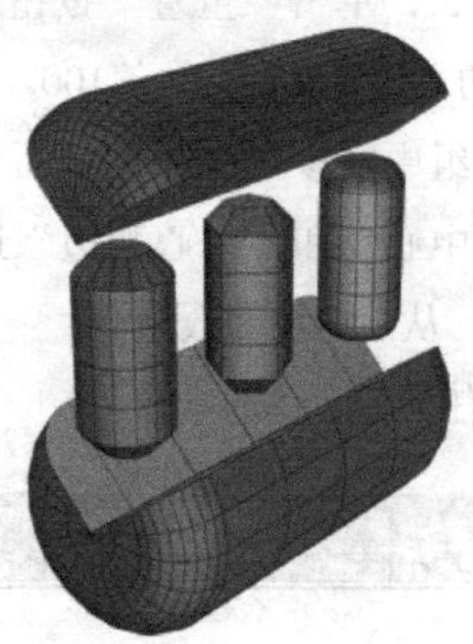

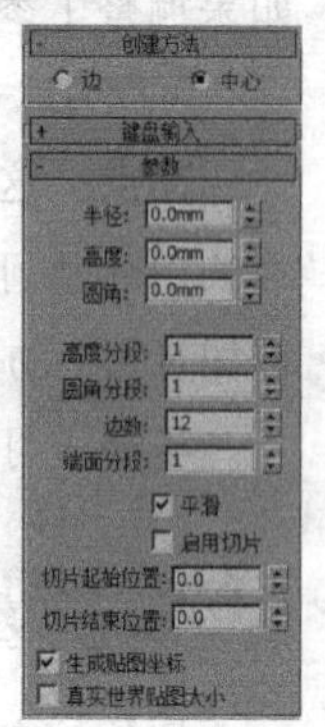

图3-78 切角圆柱体及其参数面板

【参数详解】

半径：用于设置切角圆柱体的半径。

高度：用于设置沿着中心轴的维度。若为负值，将在构造平面以下创建切角圆柱体。

圆角：用于设置斜切切角圆柱体的顶部和底部封口边。

高度分段：用于设置沿着相应轴的分段数量。

圆角分段：用于设置切角圆柱体圆角边时的分段数。

边数：用于设置切角圆柱体周围的边数。

端面分段：用于设置沿着切角圆柱体顶部和底部的中心和同心分段的数量。

课堂案例

制作单人沙发

案例位置	案例文件>第3章>课堂案例：制作单人沙发
视频位置	多媒体教学>第3章>课堂案例：制作单人沙发.flv
难易指数	★★★☆☆
学习目标	学习“切角长方体”“切角圆柱体”的创建方法

本案例将制作一个单人沙发，我们可以先将沙发分为“坐垫”“扶手”“靠背”3个主要部分，然后，用不同几何体分别创建这3个部分，最后，修饰局部即可，模型效果如图3-79所示。

图3-79 单人沙发模型效果

01 用“切角长方体”工具 切角长方体 在场景中创建一个切角长方体，然后，在“参数”卷展栏下设置“长度”为“150mm”、“宽度”为“150mm”、“高度”为“54mm"、“圆角”为“8mm”、“圆角分段”为“8”，如图3-80所示。

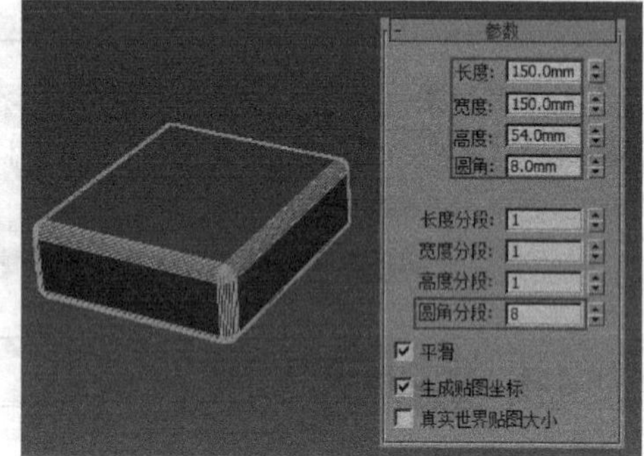

图3-80 创建坐垫

02 用“切角长方体”工具 切角长方体 在场景中创建一个切角长方体，然后，在“参数”卷展栏下设置“长度”为“150mm”、“宽度”为“90mm”、“高度”为“25mm”、“圆角”为“5mm”、“圆角分段”为“8”，如图3-81所示。

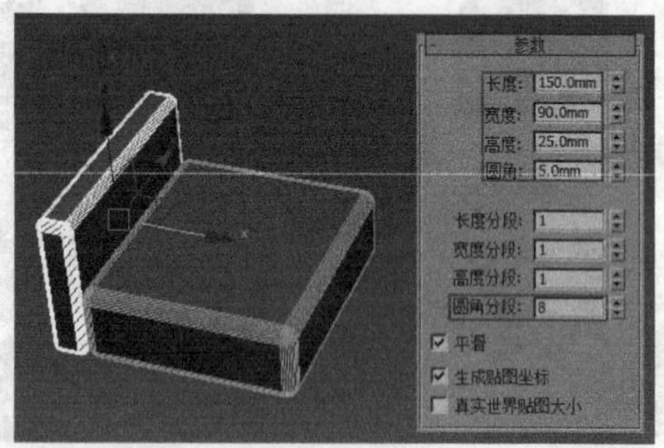

图3-81 创建扶手

03 用“选择并移动”工具选择上一步创建的切角长方体，然后，按住Shift键的同时移动长方体，复制1个切角长方体到如图3-82所示的位置。

图3-82 复制扶手

04 用“切角长方体”工具 切角长方体 在场景中创建一个切角长方体，然后，在“参数”卷展栏下设置“长度”为“170mm”、“宽度”为“90mm”、“高度”为“25mm”、“圆角”为“5mm”、“圆角分段”为“8”，如图3-83所示。

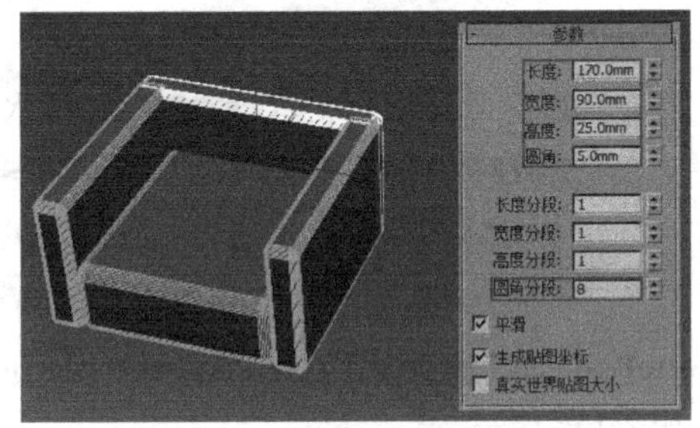

图3-83 创建靠背

05 用“切角长方体”工具 切角长方体 在场景中创建一个切角长方体，然后，在“参数”卷展栏下设置“长度”为“70mm”、“宽度”为“50mm”、“高度”为“25mm”、“圆角”为“3mm”、“圆角分段”为“8”，如图3-84所示。

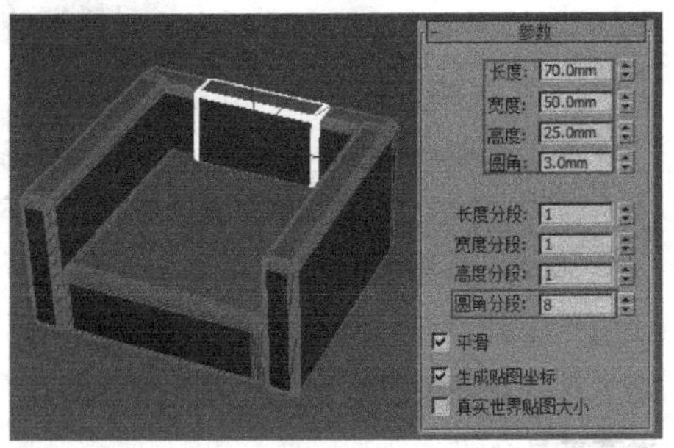

图3-84 创建背垫

技巧与提示

这里的“背垫”有倾斜的趋势，所以，在创建过程中，读者可以切换到左视图，用“选择并旋转”工具将“背垫”模型旋转至如图3-85所示的效果。

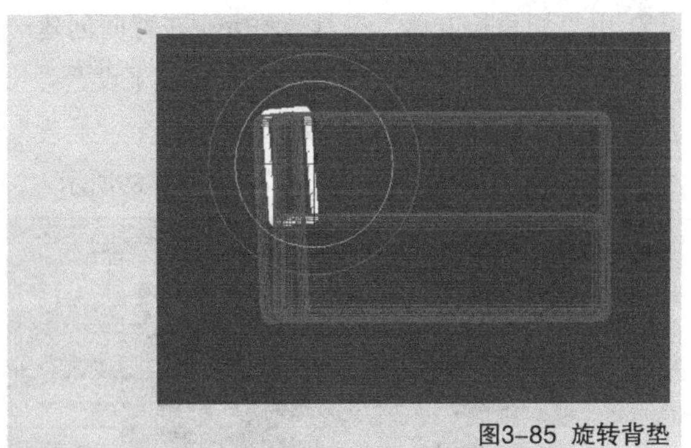

图3-85 旋转背垫

06 用“切角圆柱体”工具 切角圆柱体 在靠背上创建一个切角圆柱体，然后，在“参数”卷展栏下设置“半径”为“9mm”、“高度”为“120mm”、“圆角”为“0.5mm”、“边数”为“24”，如图3-86所示。

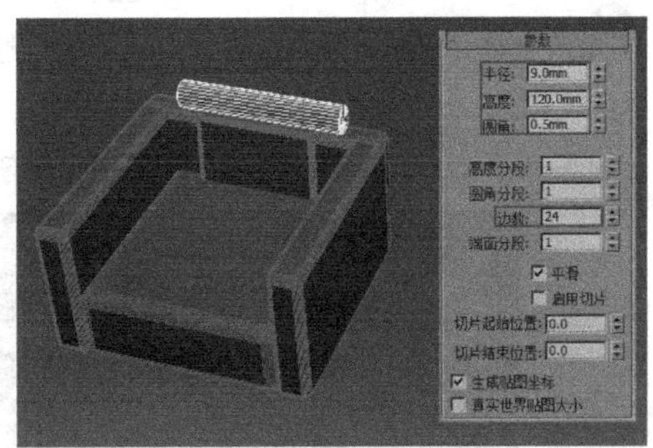

图3-86 创建靠枕

07 用“切角长方体”工具 切角长方体 在侧面创建一个切角长方体，然后，在“参数”卷展栏下设置“长度”为“150mm”、“宽度”为“85mm”、“高度”为“6mm”、“圆角”为“0mm”，如图3-87所示。

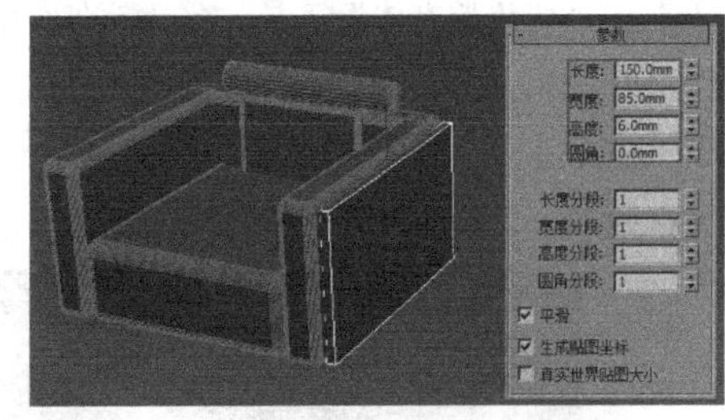

图3-87 创建扶手外部

08 用“选择并移动”工具选择上一步创建的切角长方体，然后，按住Shift键的同时移动长方体，复制一个切角长方体到另一侧，如图3-88所示。

图3-88 复制靠背外部

09 用“切角长方体”工具 切角长方体 在背面创建一个切角长方体，然后，在“参数”卷展栏下设置“长度”为“180mm”、“宽度”为“83mm”、“高度”为“6mm”、“圆角”为“0mm”，如图3-89所示。

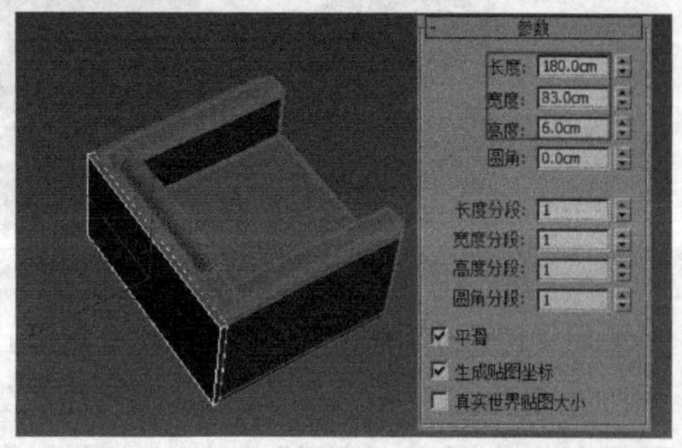

图3-89 创建靠背外部

10 用“切角长方体”工具 切角长方体 在底部创建一个切角长方体，然后，在“参数”卷展栏下设置“长度”为“150mm”、“宽度”为“182mm”、“高度”为“6mm”、“圆角”为“0mm”，如图3-90所示。

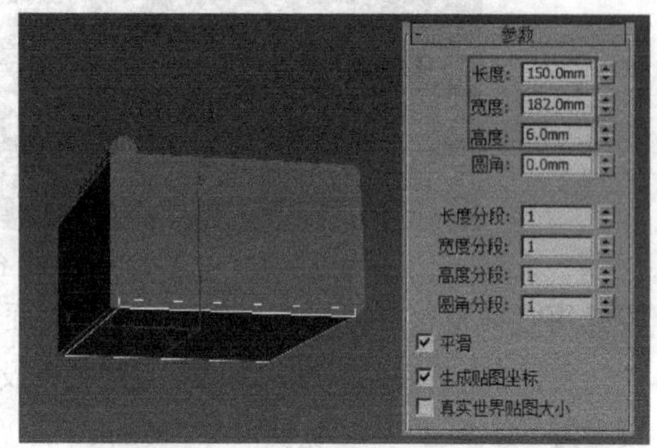

图3-90 创建坐垫底部

11 用“切角长方体”工具 切角长方体 在底部创建一个切角长方体，然后，在“参数”卷展栏下设置“长度”为“120mm”、“宽度”为“150mm”、“高度”为“13mm”、“圆角”为“0mm”，如图3-91所示。

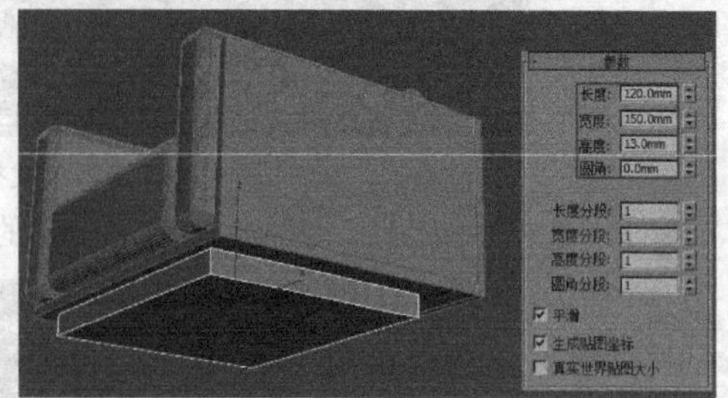

图3-91 创建沙发底部

12 完成上述步骤后，简单的单人沙发就完成了，其模型效果如图3-92所示。

图3-92 单人沙发模型

3.4 创建复合对象

用3ds Max内置的模型就可以创建出很多优秀的模型，但在很多时候还会使用复合对象，因为用复合对象来创建模型可以大大节省建模时间。复合对象建模工具包括12种，分别是“变形”工具 变形 、“散布”工具 散布 、“一致”工具 一致 、“连接”工具 连接 、“水滴网格”工具 水滴网格 、“图形合并”工具 图形合并 、“布尔”工具 布尔 、“地形”工具 地形 、“放样”工具 放样 、“网格化”工具 网格化 、ProBoolean工具 ProBoolean 和ProCutter工具 ProCutter ，如图3-93所示。

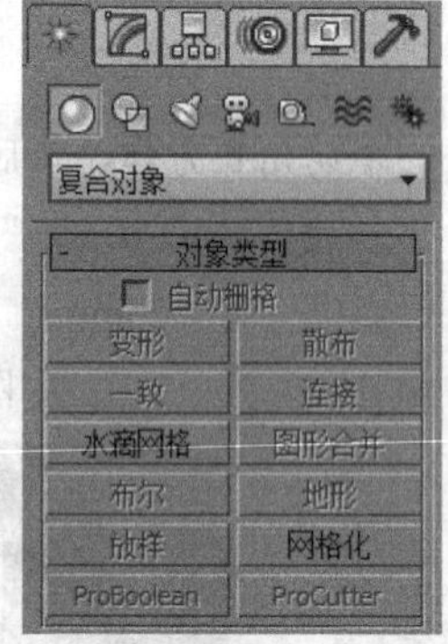

图3-93 复合对象的创建面板

虽然复合对象的建模工具比较多，但绝大部分的使用频率都很低，所以，这里就不一一介绍了，本节将重点介绍在效果图制作过程中常用的几个工具。

本节工具介绍

工具名称	工具作用	重要程度
图形合并	将图形嵌入到其他对象的网格中或从网格中移除	高
布尔	对两个以上的对象进行并集、差集、交集运算	高
放样	将二维图形作为路径的剖面，生成复杂的三维对象	高

3.4.1 图形合并

可以用“图形合并”工具 图形合并 将一个或多个图形嵌入其他对象的网格中或从网格中将图形移除。“图形合并”的参数如图3-94所示。

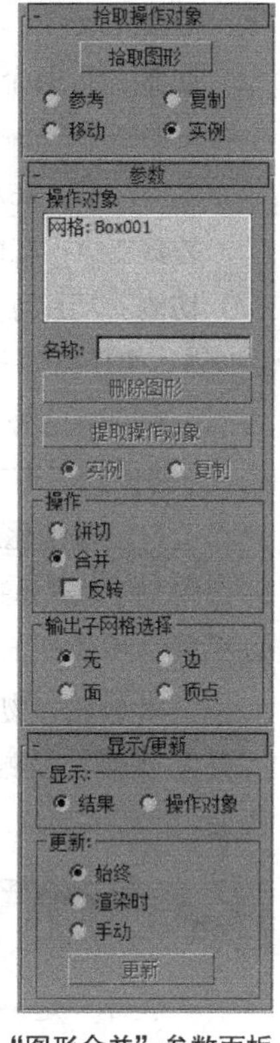

图3-94 “图形合并”参数面板

1. “拾取操作对象”卷展栏

打开“拾取操作对象”卷展栏，其参数面板如图3-95所示。

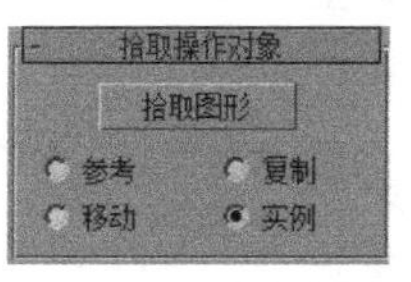

图3-95 拾取操作对象

【参数详解】

拾取图形 拾取图形 ：单击该按钮，然后，单击要嵌入网格对象中的图形，图形将沿图形局部的z轴负方向投射到网格对象上。

参考/复制/移动/实例：用于指定如何将图形传输到复合对象中。

2. “参数”卷展栏

打开“参数”卷展栏，其参数面板如图3-96所示。

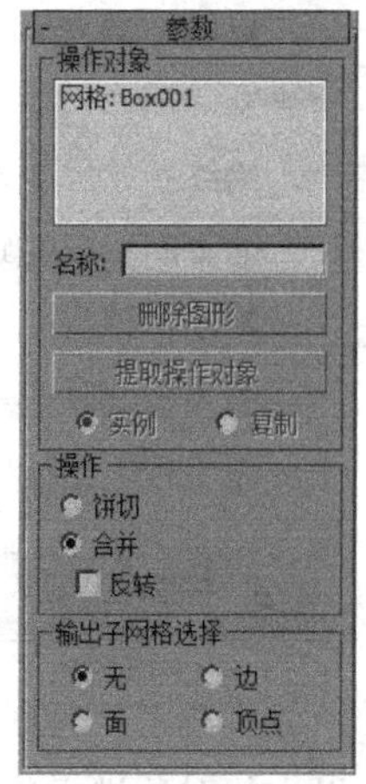

图3-96 参数

【参数详解】

操作对象：在复合对象中列出所有操作对象。

删除图形 删除图形 ：用于从复合对象中删除选中图形。

提取操作对象 提取操作对象 ：用于提取选中操作对象的副本或实例。在“操作对象”列表中选择操作对象后，该按钮才可用。

实例/复制：用于指定如何提取操作对象。

操作：该组选项中的参数将决定如何将图形应用于网格中。

饼切：用于切去网格对象曲面外部的图形。

合并：将图形与网格对象曲面合并。

反转：用于反转“饼切”或“合并”效果。

输出子网格选择：该组选项中的参数可指定将哪个选择级别传送到“堆栈”中。

3. “显示/更新”卷展栏

打开“显示/更新”卷展栏，其参数面板如图3-97所示。

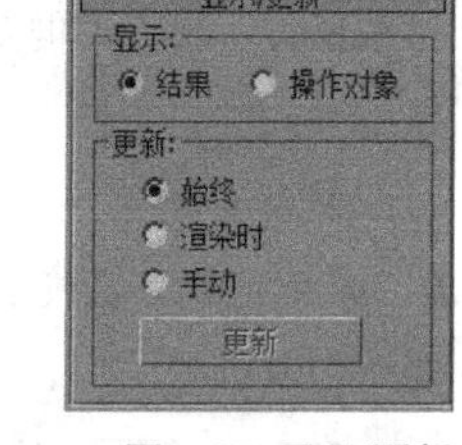

图3-97 显示/更新

【参数详解】

显示：用于确定是否显示图形操作对象。

结果：用于显示操作结果。

操作对象：用于显示操作对象。

更新：该选项组中的参数用于指定何时更新显示结果。

始终：始终更新显示。

渲染时：仅在场景渲染时更新显示。

手动：仅在单击“更新”按钮后更新显示。

更新 更新 ：当选中除“始终”选项之外的任一选项时，该按钮才可用。

3.4.2 布尔

“布尔”运算是通过对两个以上的对象进行并集、差集、交集运算得到新的物体形态。“布尔”运算的参数如图3-98所示。

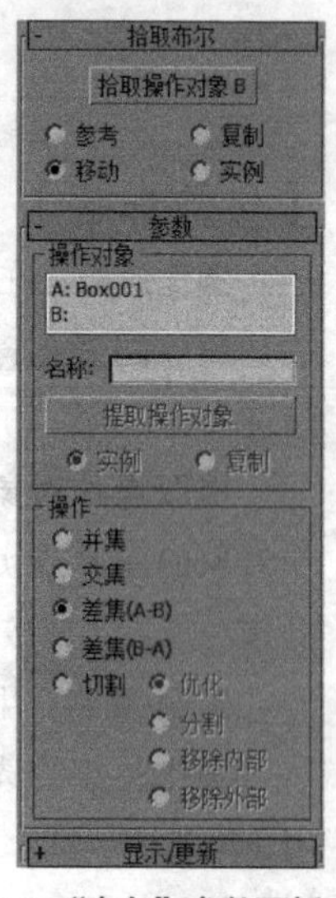

图3-98 “布尔”参数面板

【参数详解】

拾取运算对象B 拾取操作对象 B ：单击该按钮后，将在场景中选择另一个运算物体来完成“布尔”运算。以下4个选项用于控制运算对象B的方式，必须在拾取运算对象B之前确定采用哪种方式。

参考：将原始对象的参考复制品作为运算对象B，若以后改变原始对象，那么，布尔物体中的运算对象B也会改变，但是，改变运算对象B时，原始对象不会改变。

复制：复制一个原始对象并将其作为运算对象B，从而达到不改变原始对象的目的（当原始对象还要用在其他地方时，可采用这种方式）。

移动：将原始对象作为运算对象B，原始对象将不再存在（当原始对象无其他用途时，可采用这种方式）。

实例：将原始对象的关联复制品作为运算对象B，以后对两者中的任意一个对象进行修改后，都会影响另一个。

操作对象：主要用于显示当前运算对象的名称，包含以下6种类型。

操作：指定采用何种方式来进行“布尔”运算。

并集：将两个对象合并，相交的部分将被删除，运算完成后，两个物体将合并为一个物体。

交集：将两个对象相交的部分保留下来，删除不相交的部分。

差集A–B：在A物体中减去与B物体重合的部分。

差集B–A：在B物体中减去与A物体重合的部分。

切割：用B物体切除A物体，但不在A物体上添加B物体的任何部分，共有“优化”“分割”“移除内部”和“移除外部”4个选项可供选择。“优化”是在A物体上沿着B物体与A物体相交的面来增加顶点和边数，以细化A物体的表面；“分割”是在B物体切割A物体部分的边缘增加一排顶点，这种方法可以根据物体的外形将一个物体分成两部分；“移除内部”是删除A物体在B物体内部的所有片段面；“移除外部”是删除A物体在B物体外部的所有片段面。

3.4.3 放样

“放样”是将一个二维图形作为某个路径的剖面，从而形成复杂的三维对象。“放样”是一种特殊的建模方法，能快速地创建出多种模型，其参数设置面板如图3-99所示。

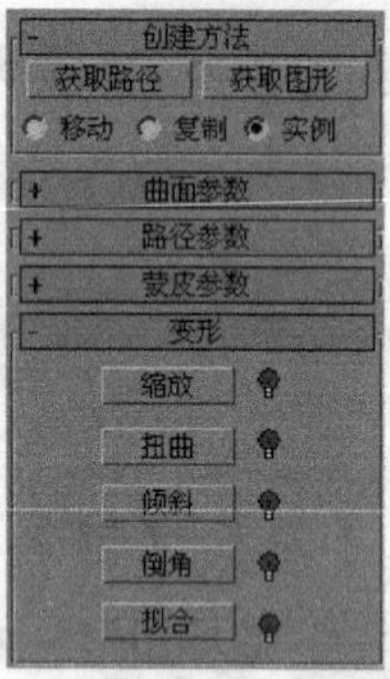

图3-99 “放样”参数面板

1.“创建方法”卷展栏

打开“创建方法”卷展栏，其参数面板如图3-100所示。

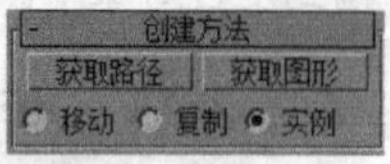

图3-100 创建方法

【参数详解】

获取路径 获取路径：将路径指定给选定图形或更改当前指定的路径。

获取图形 获取图形：将图形指定给选定路径或更改当前指定的图形。

移动/复制/实例：用于指定路径或图形转换为放样对象的方式。

2."变形"卷展栏

打开"变形"卷展栏，其参数面板如图3-101所示。

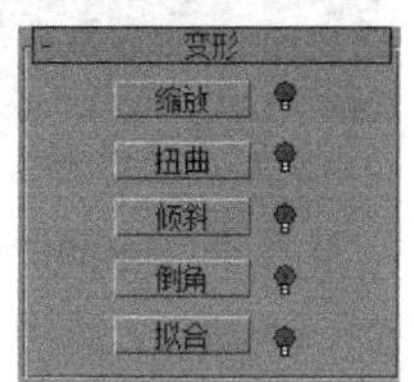

图3-101 变形

【参数详解】

缩放 缩放："缩放"变形可以从单个图形中放样对象，使该图形在沿着路径移动时只改变其缩放。

扭曲 扭曲："扭曲"变形可以沿着对象的长度创建盘旋或扭曲的对象，扭曲将沿着路径指定的旋转量。

倾斜 倾斜："倾斜"变形可以围绕局部*x*轴和*y*轴旋转图形。

倒角 倒角："倒角"变形可以制作出具有倒角效果的对象。

拟合 拟合："拟合"变形可以用两条拟合曲线来定义对象的顶部和侧剖面。

> **技巧与提示**
> 当"放样"完成后，"变形"卷展栏才会被激活。

"放样"工具的使用涉及后面内容中的"样条线建模"，所以，下面通过制作"弯曲管道"简单地说明一下"放样"工具的使用方法，具体操作步骤如下。

第1步：选择创建面板中的"线"工具，然后，设置"初始类型"为"平滑"，接着，在视口中创建一条曲线，如图3-102所示。

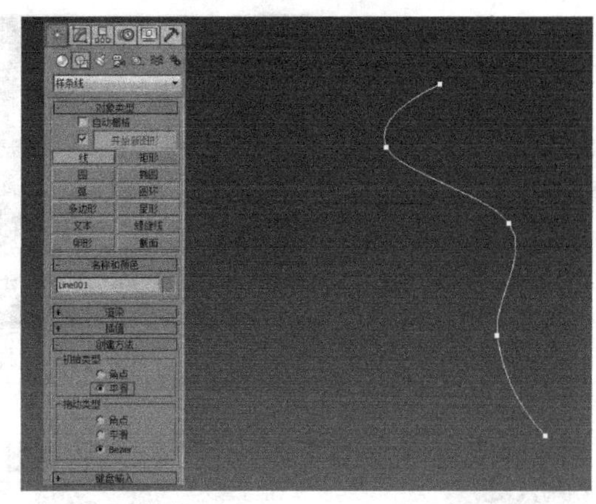

图3-102 创建平滑曲线

第2步：选择创建面板中的"圆"工具，然后，在视口中创建一个圆形，接着，切换到"修改"选项卡，最后，在"参数"卷展栏中设置"半径"为"3mm"，如图3-103所示。

3-103 创建圆形

第3步：选择创建好的曲线，然后，在"创建"面板中选择"放样"工具，接着，在"创建方法"中选择"获取图像"，最后，选择视口中的圆形，如图3-104所示。

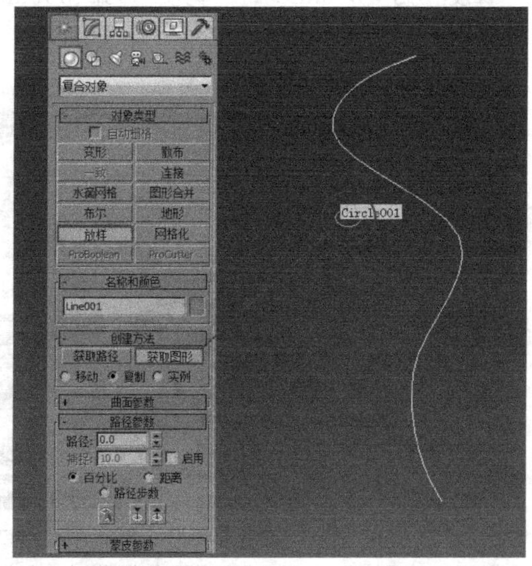

图3-104 放样

完成上述步骤后，曲线将以圆形作为其横截坡面来形成管道，管道仍保留曲线的轨迹形态，如图3-105所示。

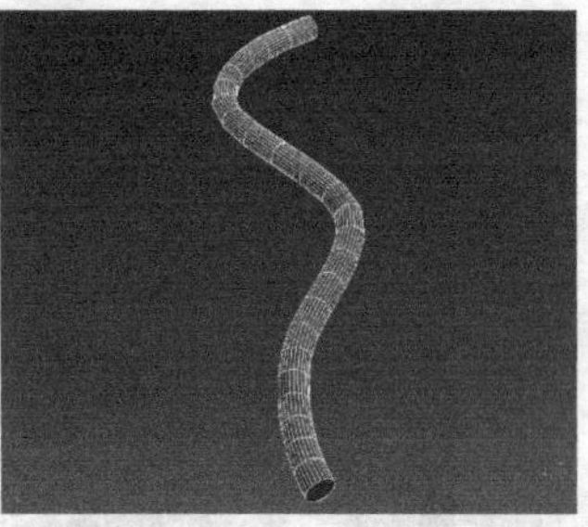

图3-105 放样效果

课堂案例

制作骰子

案例位置	案例文件>第3章>课堂案例：制作骰子.max
视频位置	多媒体教学>第3章>课堂案例：制作骰子.flv
难易指数	★★☆☆☆
学习目标	学习"布尔"运算的使用方法

本案例是制作一个骰子，从外观上看，骰子就是一个立方体，精妙之处在于其上面的点数，它的就好像是从立方体中抠出来的一样。骰子模型效果如图3-106所示。

图3-106 最终模型效果

01 用"切角长方体"工具 切角长方体 在场景中创建一个切角长方体，然后，在"参数"卷展栏下设置"长度"为"80mm"、"宽度"为"80mm"、"高度"为"80mm"、"圆角"为"5mm"、"圆角分段"为"5"，如图3-107所示。

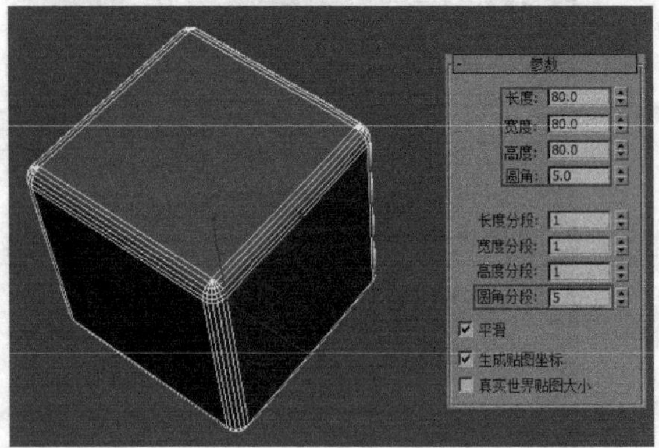

图3-107 创建"切角长方体"

02 用"球体"工具 球体 在场景中创建一个球体，然后，在"参数"卷展栏下设置"半径"为"8.2mm"。模型的位置3-108所示。

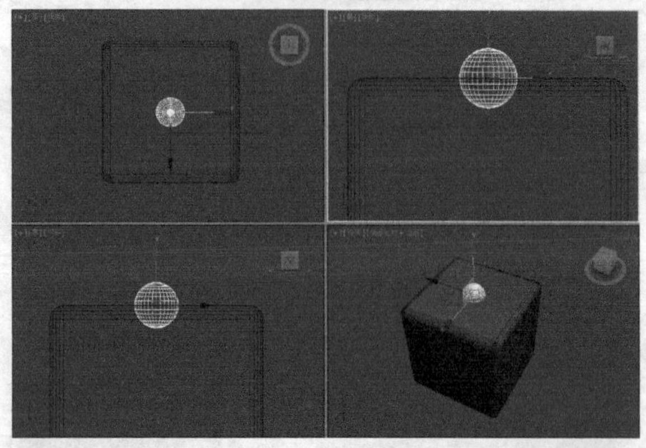

图3-108 创建球体

03 按照每个面的点数复制一些球体，再将其分别摆放在切角长方体的6个面上，如图3-109所示。

图3-109 复制球体

技巧与提示

骰子的点数由1~6个内陷的半球组成，为了在切角长方体中"挖"出这些点数，就要使用"布尔"工具 布尔 来制作。

04 下面，需要将这些球体塌陷为一个整体。选择所有的球体，在"命令"面板中单击"实用程序"按钮，然后，单击"塌陷"按钮 塌陷 ，接着，单击"塌陷"卷展栏下的"塌陷选定对象"按钮 塌陷选定对象 ，这样，就将所有球体塌陷成了一个整体了，如图3-110所示。

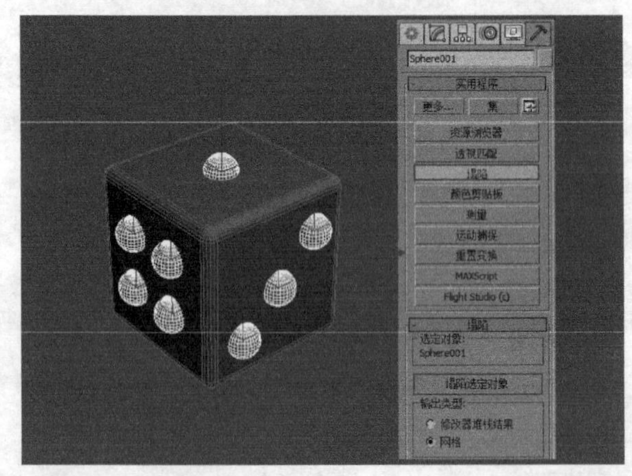

图3-110 塌陷球体

技巧与提示

这里以步骤（4）中要选择的所有球体为例来介绍两种快速选择物体的方法。

第1种：先选择切角长方体，然后，按Ctrl+I组合键，反选物体，这样就可以选择全部的球体了。

第2种：选择切角长方体，然后，单击鼠标右键，接着，在弹出的菜单中选择“冻结当前选择”命令，将其冻结出来，如图3-111所示，在视图中拖曳鼠标指针即可框选所有的球体。如果要解冻冻结对象，可以在右键菜单中选择“全部解冻”命令。

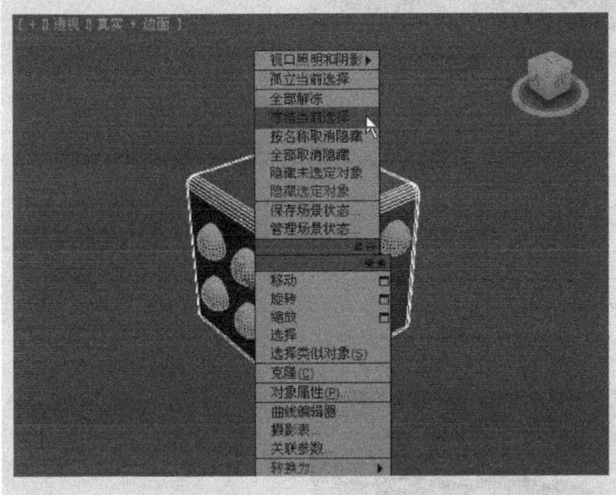
图3-111 冻结当前选择

05 选择切角长方体，然后，设置几何体类型为“复合对象”，单击“布尔”按钮 布尔 ，接着，在“拾取布尔”卷展栏下设置“运算”为“差集A-B”，再单击“拾取操作对象B”按钮 拾取操作对象B ，最后，在视图中拾取球体，如图3-112所示。最终效果如图3-113所示。

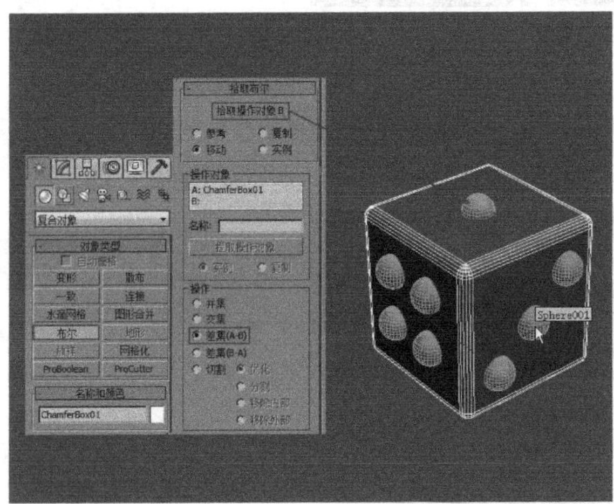
图3-112 布尔运算

图3-113 骰子模型

3.5 本章小结

本章主要讲解了基础建模的3个重要技术。详细讲解了标准基本体中每种工具的用法，包括长方体、球体、圆柱体、管状体和平面等；详细讲解了扩展基本体中的异面体、切角长方体和切角圆柱体的创建方法；详细了解了复合对象中的图形合并、布尔运算和放样的用法。本章虽是讲解基础建模的章节，但却非常重要，这是建模的基础，希望读者对这些建模工具勤加练习。

课后习题

制作凳子

案例位置	案例文件>第3章>课后习题：制作凳子
视频位置	多媒体教学>第3章>课后习题：制作凳子.flv
难易指数	★★☆☆☆
学习目标	练习“切角长方体”的建模技巧

本练习通过制作凳子造型，练习“切角长方体”的创建方法及参数的修改。凳子的最终模型效果如图3-114所示。

图3-114 凳子模型效果

【制作流程】

首先，创建一个“切角长方体”，将其作为“凳座”，然后，复制“凳座”并修改参数，将其作为“隔板”及“凳腿”。步骤分解如图3-115所示。

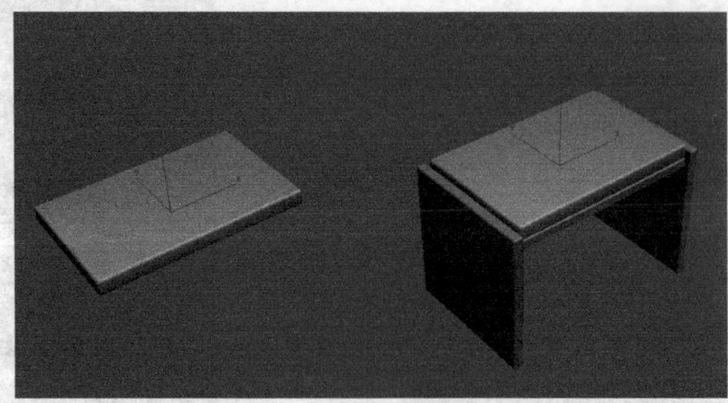

图3-115 凳子制作步骤

课后习题

制作床头柜

案例位置	案例文件>第3章>课后习题：制作床头柜.max
视频位置	多媒体教学>第3章>课后习题：制作床头柜.flv
难易指数	★★★☆☆
学习目标	学习使用“管状体”“切角圆柱体”“圆柱体”工具

本例通过制作床头柜造型，学习“切角长方体”与“切角圆柱体”的创建方法及参数的精确修改。床头柜的模型效果如图3-116所示。

图3-116 床头柜模型

【制作流程】

首先，创建一个“切角长方体”，将其作为“柜体”，然后，复制“柜体”并修改器参数，将其作为柜面，接着，制作出抽屉并用“切角圆柱体”创建“拉手”，最后，用“圆柱体”工具制作“脚”。制作流程如图3-117所示。

图3-117 制作流程

第4章 3ds Max的修改器

前面一章讲解了3ds Max的基本建模技术，这些技术相对比较初级，主要是通过简单的拼接来构建复杂模型，对于创建异形模型就显得力不从心了。更加复杂的模型可以通过对基本模型的变形获得，这就要用到3ds Max的修改器了。扭曲的钢丝、弯曲的水龙头和不规则的枕头等模型都可以通过加载修改器来实现，本章将针对这些技术作详细讲解。

课堂学习目标

掌握修改面板的相关参数

掌握修改器在建模中的使用方法

掌握选择修改器的方法

掌握塌自由形式变形

掌握参数化修改器

使用修改器对模型进行编辑

4.1 关于修改器

修改器是3ds Max非常重要的功能之一，它主要用于改变现有对象的创建参数、调整一个对象或一组对象的几何外形、进行子对象的选择和参数修改、转换参数对象为可编辑对象。

如果把“创建”面板比喻为原材料生产车间，那么，“修改”面板就是精细加工车间，而修改面板的核心就是修改器。修改器对于创建一些特殊形状的模型具有非常强大的优势。图4-1所示为用修改器创建的模型，在创建过程中，它们都毫无例外地用到了各种修改器。如果单纯依靠3ds Max的一些基本建模功能，是很难实现这样的造型效果的。

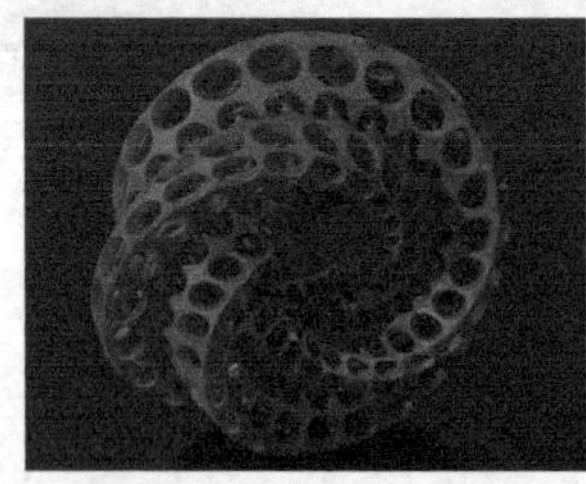
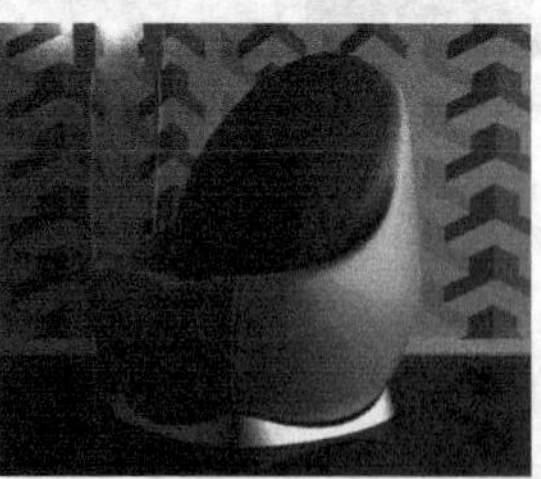

图4-1 修改器的运用效果

4.1.1 修改面板

3ds Max的修改面板如图4-2所示。从外观上看，面板比较简洁，主要由名称、颜色、修改器列表、修改堆栈和通用修改区构成。如果给对象加载了某一个修改器，那么，通用修改区下方将出现该修改器的详细参数。

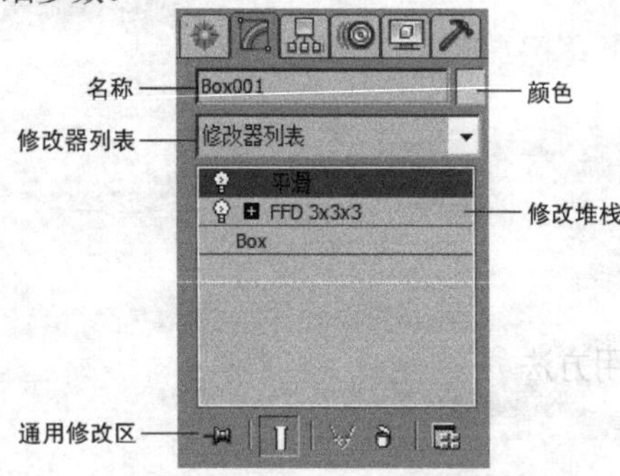

图4-2 修改面板

技巧与提示

修改器可以在“修改”面板中的“修改器列表”中进行加载，也可以在“菜单栏”中的“修改器”菜单下进行加载，这两个地方的修改器完全一样。

1.名称

用于显示修改对象的名称，如图4-2中所示的Box001。当然，用户也可以更改这个名称。在3ds Max中，系统允许同一场景中有相同名称的对象存在。

2.颜色

单击颜色按钮后，将打开颜色选择框，该选择框用于对象颜色的选择，如图4-3所示。

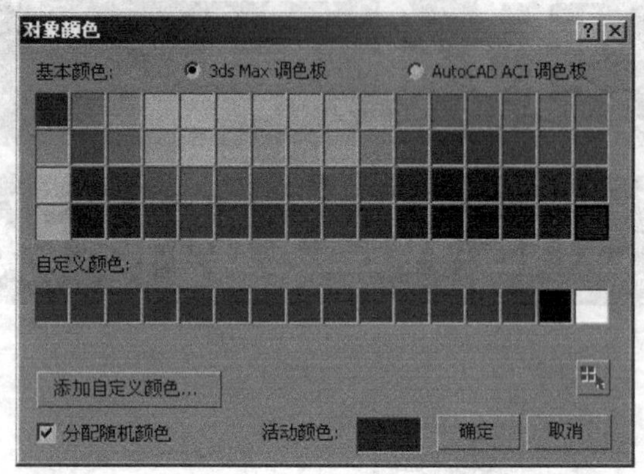

图4-3 对象颜色

3.修改器列表

用鼠标左键单击“修改器列表”后，系统会弹出修改器列表，里面列出了所有可用的修改器，如图4-4所示。

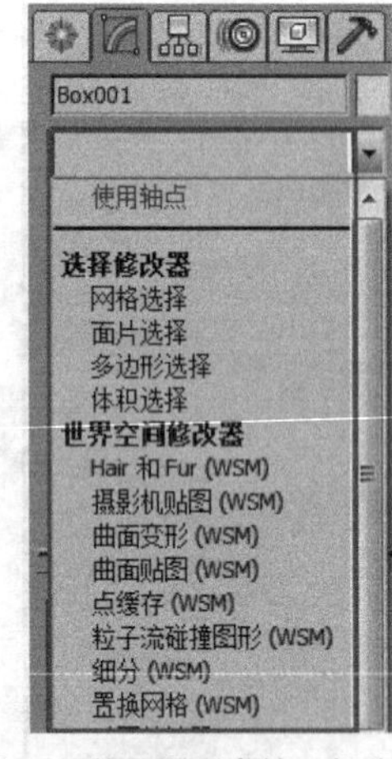

图4-4 修改器列表的一部分

4.修改堆栈

修改堆栈是记录了所有修改命令信息的集合，它还会以分配缓存的方式保留各项命令的影响效果，以方便用户对其进行再次修改。修改命令会按照被使用的先后顺序依次排列在堆栈中，最新使用的修改命令总是被放置在堆栈的最上面，如图4-5所示。

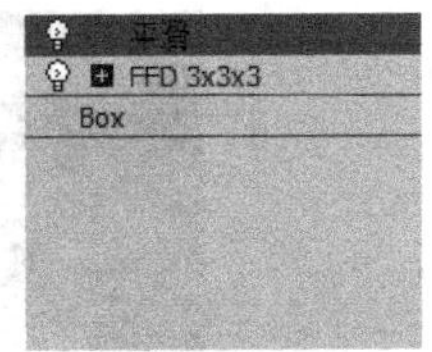

图4-5 修改堆栈

5.通用修改区

通用修改区提供了通用的修改操作命令，对所有修改器都有效，起着辅助修改的作用。通用修改区如图4-6所示。

图4-6 通用修改区

【工具详解】

锁定堆栈：激活该按钮后，可以将堆栈和“修改”面板中的所有控件锁定到选定对象的堆栈中。即使在选择了视图中的另一个对象之后，也可以继续对锁定堆栈的对象进行编辑。

显示最终结果开/关切换：激活该按钮后，会在选定的对象上显示整个堆栈的效果。

使唯一：激活该按钮后，可以将关联的对象修改成独立对象，以便对选择集中的对象进行单独操作（只有场景中拥有选择集的时候，该按钮才可用）。

从堆栈中移除修改器：若堆栈中存在修改器，那么，单击该按钮后，将删除当前的修改器并清除由该修改器引发的所有更改。

技巧与提示

想要删除某个修改器时，千万不能在选中修改器后直接按Delete键，那样删除的是物体本身而非修改器。要删除某个修改器时，应先选择该修改器，然后，单击“从堆栈中移除修改器”按钮。

配置修改器集：单击该按钮后，将弹出一个子菜单，这个菜单中的命令主要用于配置在“修改”面板中怎样显示和选择修改器，如图4-7所示。

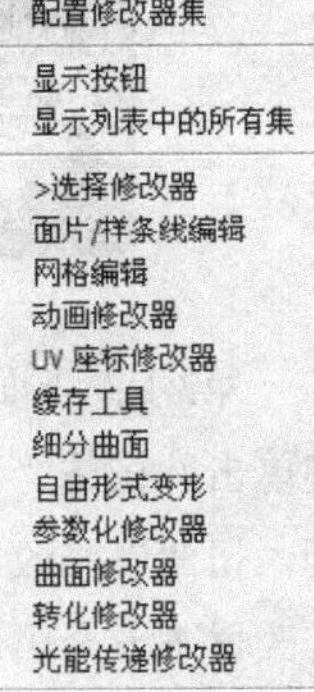

图4-7 配置修改器集

技巧与提示

选择图4-7所示的菜单中的“显示按钮”命令后，修改面板中将显示修改工具按钮。图4-8左图所示为没有显示工具按钮，右图所示为显示了工具按钮。

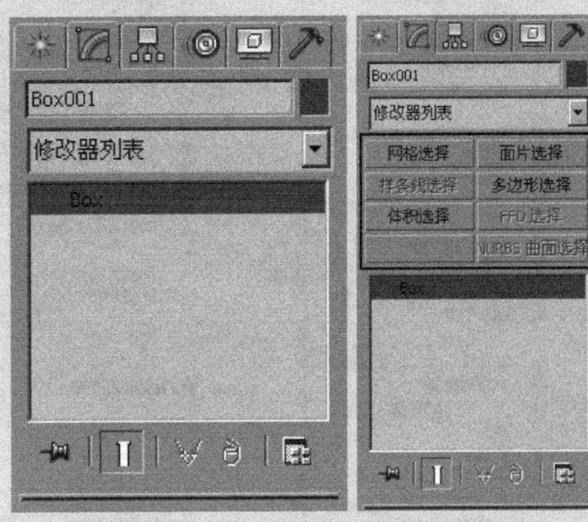

图4-8 显示工具按钮

选择图4-7所示的菜单中的“配置修改器”命令后，将打开“修改器配置集”对话框，如图4-9所示。可以在“修改器配置集”对话框中通过对按钮总数的设置来添加或删除按钮数目。可先在左侧的修改器列表中选择要加入的修改工具，然后，将其拖曳到右侧按钮图标上，再单击“保存”按钮，把自定义的集合设置保存起来即可。

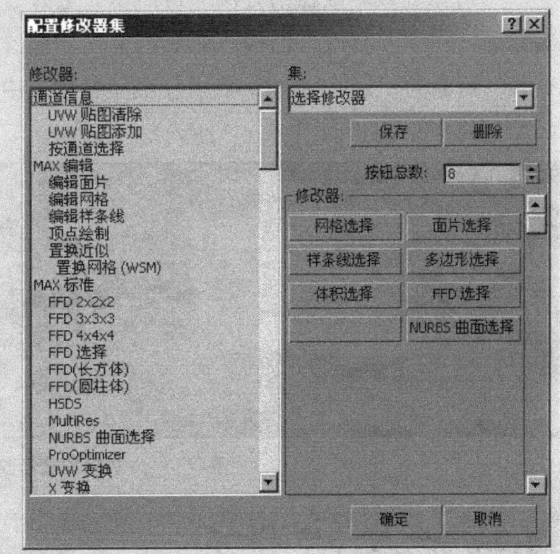

图4-9 修改器配置集

选择图4-7所示的菜单中的“显示列表中的所有集”命令后，修改器列表中的命令将按不同的修改命令集合显示，以便于用户查找。图4-10左图所示为命令没有按分类排列，右图所示为命令按照不同的集合分类排列（加粗的字体就是每种集合的名称）。

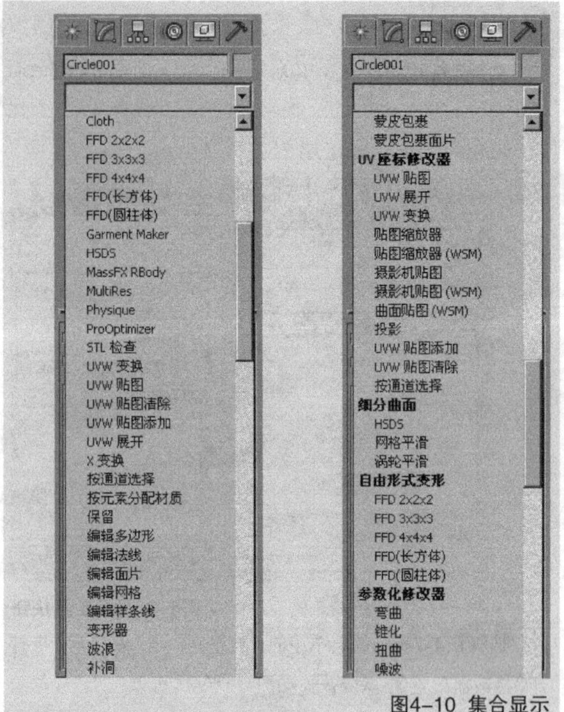

图4-10 集合显示

4.1.2 为对象加载修改器

为对象加载修改器的方法非常简单。选择一个对象后，进入“修改”面板，然后，单击“修改器列表”后面的▾按钮，接着，在弹出的下拉列表中选择相应的修改器即可，如图4-11所示。

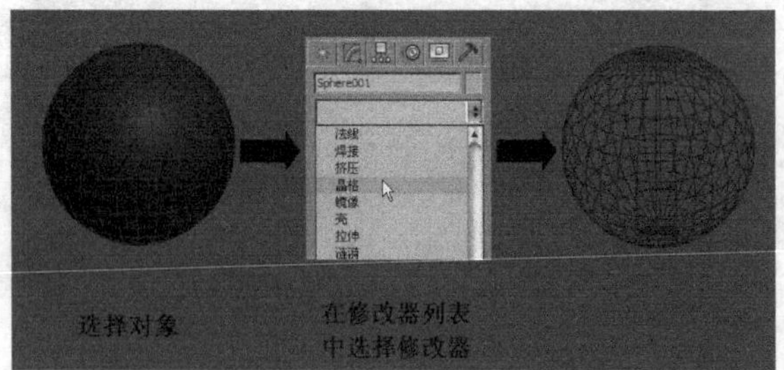

图4-11 为对象加载修改器

4.1.3 修改器的排序

修改器的排列顺序非常重要，先加入的修改器位于修改器堆栈的下方，后加入的修改器则在修改器堆栈的顶部，不同的顺序对同一物体起到的作用是不一样的。

图4-12所示为一个管状体，下面，以这个物体为例来介绍修改器的顺序对效果的影响。

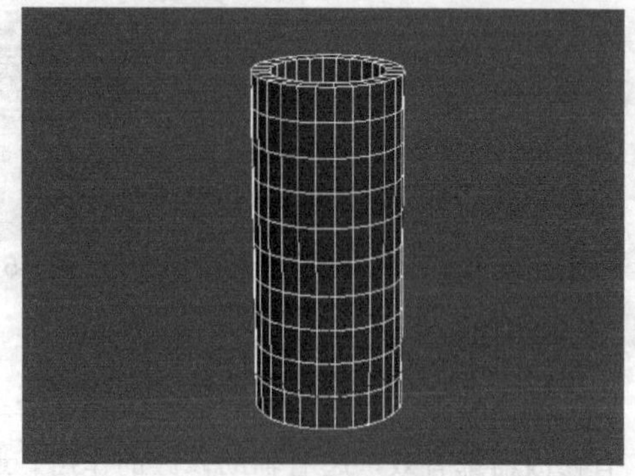

图4-12 管状体

第1步：为管状体加载一个“扭曲”修改器，然后，在“参数”卷展栏下设置扭曲的“角度”为“360”，这时，管状体会产生大幅度的扭曲变形，如图4-13所示。

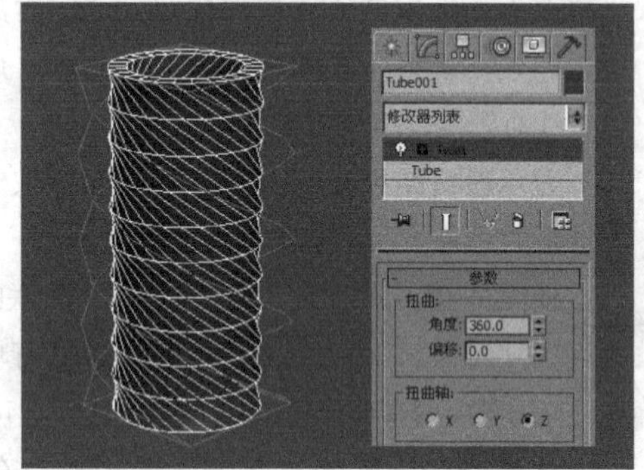

图4-13 加载“扭曲”修改器

第2步：为管状体加载一个“弯曲”修改器，然后，在“参数”卷展栏下设置弯曲的“角度”为“90”，这时，管状体会发生很自然的弯曲变形，如图4-14所示。

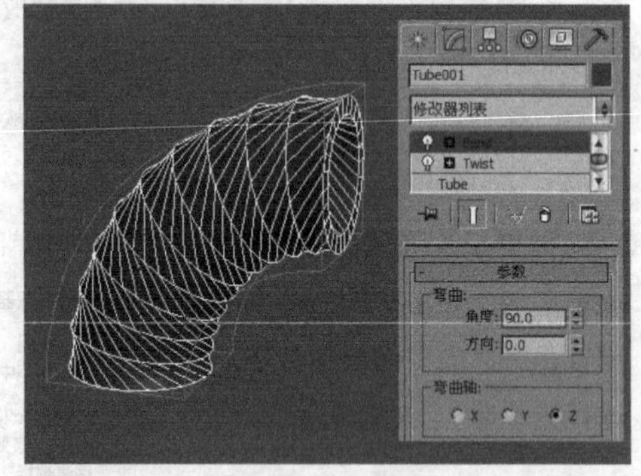

图4-14 加载“弯曲”修改器

第3步：下面，调整两个修改器的位置。用鼠标左键单击并按住“弯曲”修改器不放，然后，将其拖曳到“扭曲”修改器的下方，释放鼠标左键（拖曳时，修改器下方会出现一条蓝色的线）。调整排序后的管状体效果较之前发生了很大的变化，如图4-15所示。

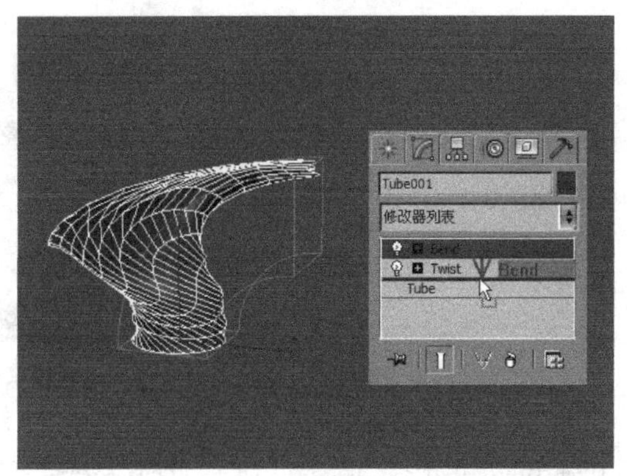

图4-15 设置修改器的排序

可见，修改器的不同排序可使对象产生不同的效果，所以，在加载修改器时，加载的先后顺序一定要合理。

技巧与提示

如果要在修改器堆栈中同时选择多个修改器，那么，可以先选中一个修改器，然后，按住Ctrl键并单击其他修改器。如果按住Shift键，则可以选中多个连续的修改器。

4.1.4 启用与禁用修改器

在修改器堆栈中，每个修改器前面都有个小灯泡图标，这个图标用于表示这个修改器的启用或禁用状态。当小灯泡为亮的状态时，代表这个修改器是被启用的；当小灯泡为暗的状态时，代表这个修改器被禁用了。单击这个小灯泡即可切换启用和禁用状态。

以图4-16中所示的修改器堆栈为例，这里为一个球体加载了3个修改器，分别是“晶格”修改器、“扭曲”修改器和“波浪”修改器，并且，这3个修改器都被启用了。

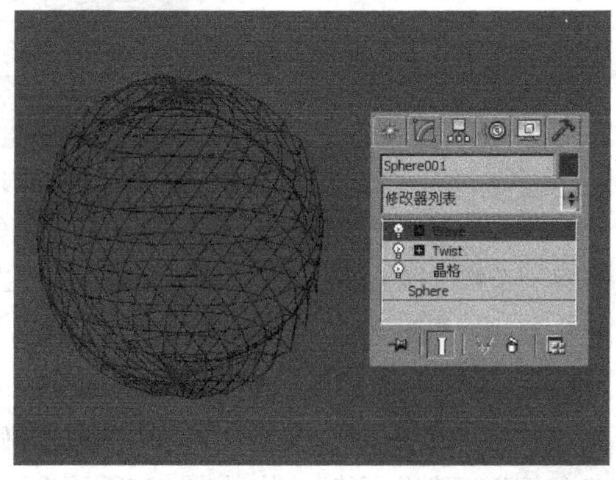

图4-16 3个修改器

选择底层的“晶格”修改器，当“显示最终结果”按钮被禁用时，场景中的球体不能显示该修改器之上的所有修改器的效果，如图4-17所示。单击“显示最终结果”按钮，使其处于被激活状态后，即可在选中底层修改器的状态下显示所有修改器的修改结果，如图4-18所示。

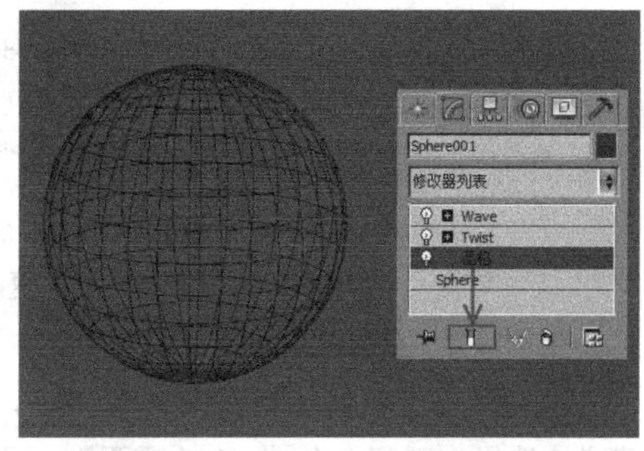

图4-17 禁用“显示最终效果”

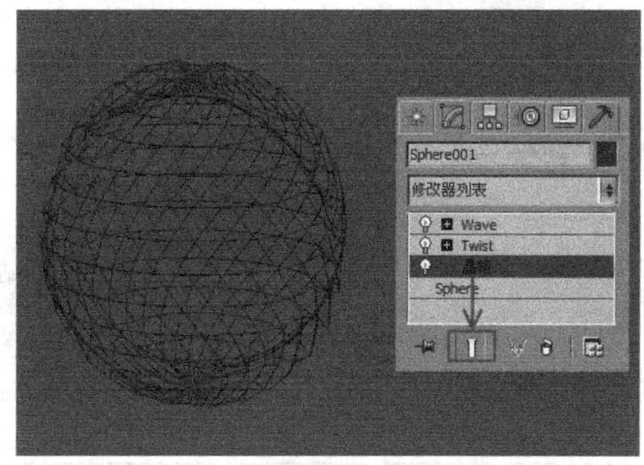

图4-18 激活“显示最终效果”

如果要禁用“波浪”修改器，可以单击该修改器前面的小灯泡图标，使其变为灰色即可。这时，物体的形状也跟着发生了变化，如图4-19所示。

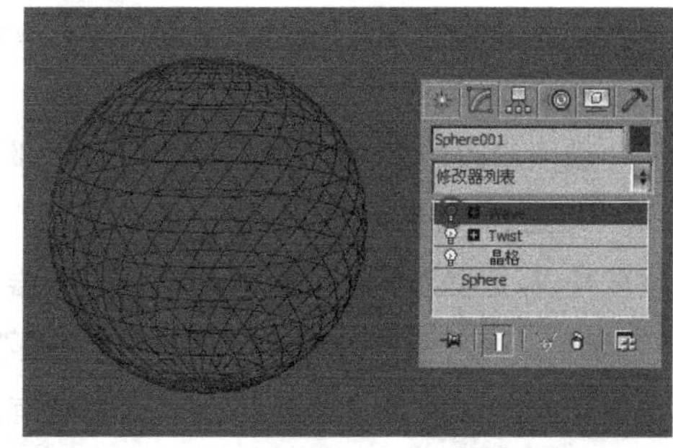

图4-19 禁用“波浪”修改器

4.1.5 编辑修改器

在修改器堆栈中单击鼠标右键后，会弹出一个菜单，该菜单中包括一些用于对修改器进行编辑的常用命令，如图4-20所示。

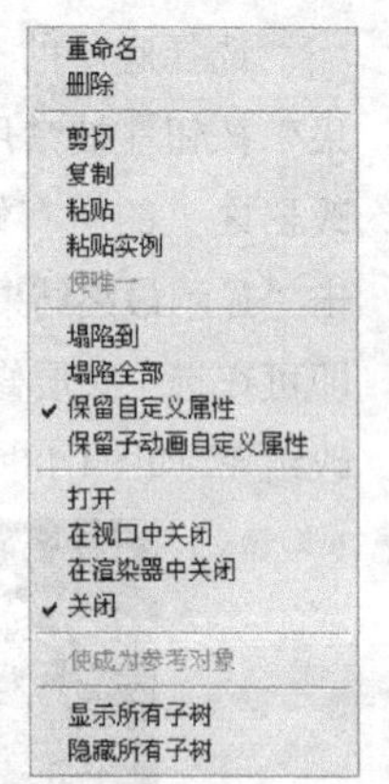

图4-20 修改器的编辑菜单

从菜单中可以观察到，修改器是可以复制到其他物体上的，复制的方法有以下两种。

第1种：在修改器上单击鼠标右键，然后，在弹出的菜单中选择“复制”命令，接着，在需要的位置单击鼠标右键，最后，在弹出的菜单中选择“粘贴”命令即可。

第2种：直接将修改器拖曳到场景中的某一物体上。

技巧与提示

在选中某一修改器后，如果按住Ctrl键并将其拖曳到其他对象上，那么，可以将这个修改器作为实例粘贴到其他对象上；如果按住Shift键并将其拖曳到其他对象上，那么，就相当于将源对象上的修改器剪切并粘贴到了新对象上。

4.1.6 塌陷修改器堆栈

塌陷修改器会将物体转换为可编辑网格并删除其中所有的修改器，这样可以简化对象，还能够节约内存，但是，塌陷之后就不能对修改器的参数进行调整，也不能将修改器的历史恢复到基准值了。

塌陷修改器有“塌陷到”和“塌陷全部”两种方法。“塌陷到”命令可以将其塌陷到当前选定的修改器，也就是说，删除当前及列表中位于当前修改器下面的所有修改器，仅保留当前修改器上面的所有修改器；“塌陷全部”命令可塌陷整个修改器堆栈，删除所有修改器并使对象变成可编辑网格。

下面，具体说明一下“塌陷到”与“塌陷”的具体区别。以图4-21中所示的修改器堆栈为例，处于最底层的是一个圆柱体，可以将其称为“基础物体”（注意，基础物体一定是处于修改器堆栈的最底层），而处于基础物体之上的是“弯曲”“扭曲”和“松弛”3个修改器。

图4-21 修改器堆栈

在“扭曲（Blend）”修改器上单击鼠标右键，然后，在弹出的菜单选择“塌陷到”命令，此时，系统会弹出“警告：塌陷到”对话框，如图4-22所示。“警告:塌陷到”对话框中有3个按钮，分别为“暂存/是”按钮、“是”按钮和“否”按钮。如果单击“暂存/是”按钮，那么，将当前对象的状态将先被保存到“暂存”缓冲区，然后，才应用“塌陷到”命令，执行“编辑/取回”菜单命令后，可以恢复到塌陷前的状态；如果单击“是”按钮，那么，将塌陷“扭曲”修改器和“弯曲”两个修改器，而保留“松弛”修改器，同时，基础物体会变成“可编辑网格”物体，如图4-23所示。

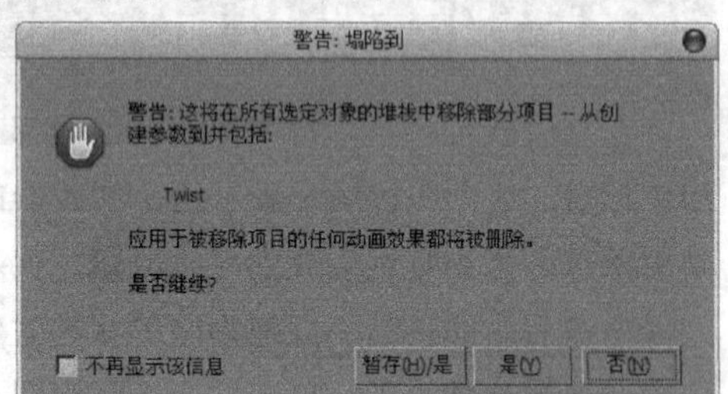

图4-22 “警告：塌陷到”对话框

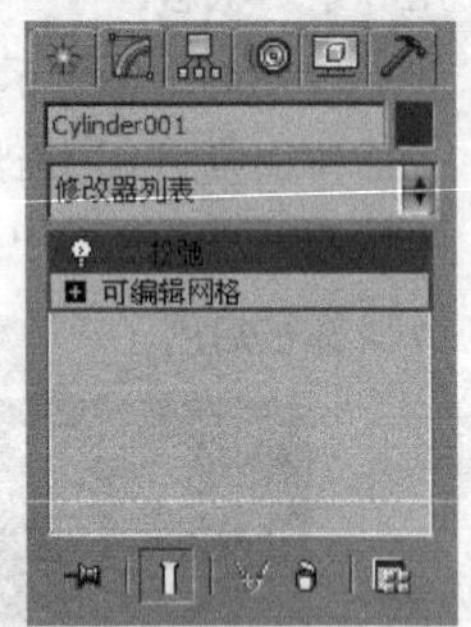

图4-23 “塌陷到”效果

下面，对同样的物体执行“塌陷全部”命令。在任意一个修改器上单击鼠标右键，然后，在弹出的菜单中选择“塌陷全部”命令，此时，系统会弹出“警告：塌陷全部”对话框，如图4-24所示。单击“是”按钮后，将塌陷修改器堆栈中的所有修改器，而且，基础物体也会变成“可编辑网格”物体，如图4-25所示。

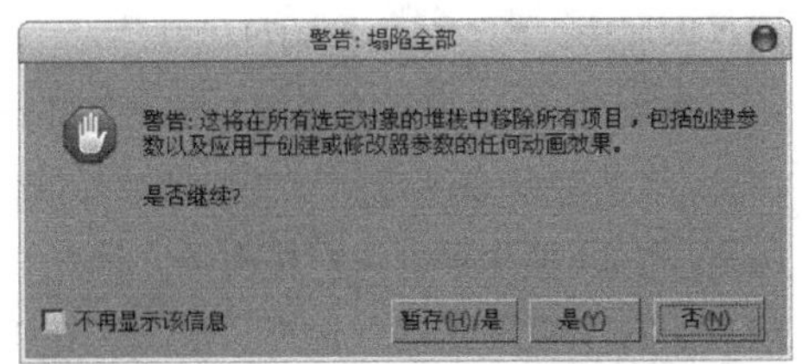

图4-24 “警告：塌陷全部”对话框

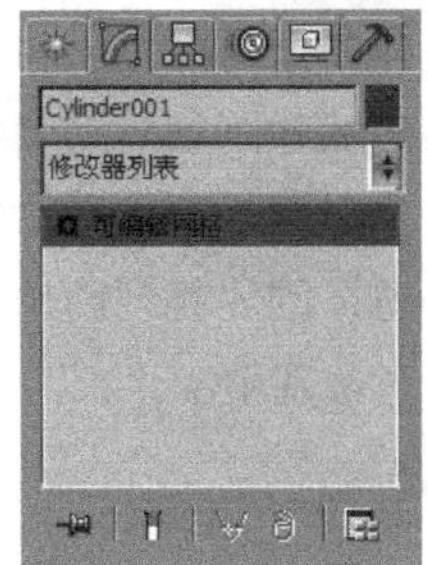

图4-25 “塌陷全部”效果

4.2 选择修改器

单击修改器选项卡中的“配置修改器集”按钮，在弹出的菜单中单击“显示列表中的所有集”命令，此时，修改器列表中的所有命令将按照图4-26所示的分类方式排列。

图4-26 修改器的分类

技巧与提示

修改器列表中显示的命令会根据所选对象的不同而呈现一些差异。

修改器列表中的命令非常多，共分为十几个大类，并且，每个大类里面都分别包含或多或少的命令。根据本书的教学安排，本章只介绍其中一部分命令，其他各种类型的命令将会在后面的相关章节中进行介绍。

本节将介绍“选择修改器”集合，该集合中包括“网格选择”“面片选择”“样条线选择”“多边形选择”和“体积选择”等修改器。这些修改器只用于传递子对象的选择，功能比较单一，不提供子对象编辑功能。

本节知识介绍

知识名称	主要作用	重要程度
网格选择	对多边形网格对象进行选取	中
面片选择	对面片类型对象的子对象进行选取	中
多边形选择	对多边形对象的子对象进行选取	高

4.2.1 网格选择

“网格选择”可对多变形网格对象进行子对象的选择操作，包括顶点、边、面、多边形和元素5个子对象级别，其参数面板如图4-27所示。

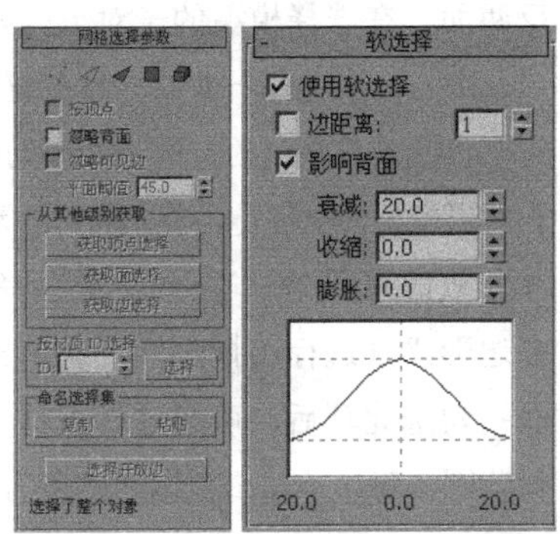

图4-27 网格选择的子对象

1.“网格选择参数”卷展栏

打开“网格选择参数”卷展栏，其参数面板如图4-28所示。

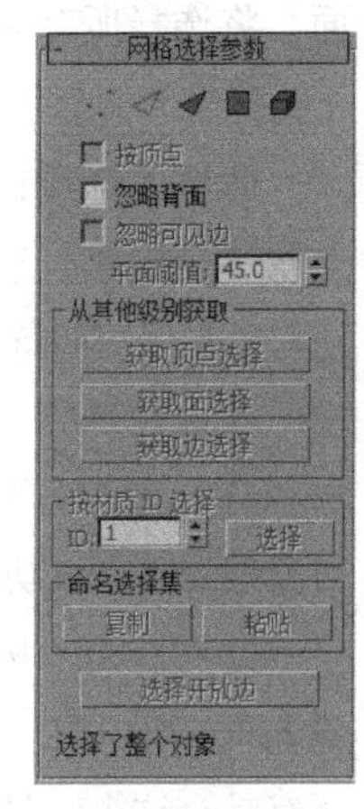

图4-28 网格选择参数

【参数详解】

顶点：以顶点为最小单位进行选择。

边：以边为最小单位进行选择。

面：以三角面为最小单位进行选择。

多边形：以多边形为最小单位进行选择。

元素：选择对象中所有的连续面。图4-29所示为网格被选中不同子级对象后的显示效果。可以通过图示很直观地理解各种子级对象的形态，从左到右依次为选中顶点、线、面、多边形和元素的效果。

图4-29 子对象状态

按顶点：勾选这个选项后，在选择一个顶点时，与该顶点相连的边或面会一同被选中。

忽略背面：根据法线的方向，可将模型分为正、反两面。在选择模型的子对象时，如果取消选择此项，那么，在选择一面的同时，也会将其背面的顶点选取，尤其是框选的时候；如果勾选此项，则只选择正对摄像机的一面，也就是可以被看到的一面。

忽略可见边：如果取消选择此项，那么，在多边形级别进行选择时，每次单击只能选择单一的面；勾选此项后，可通过下面的平面阈值来调节选择范围，每次单击，范围内的所有面都会被选中。

平面阈值：在对多边形级别进行选择时，用于指定两面共面的阈值范围，阈值范围是两个面的面法线之间夹角，它小于这个值则说明两个面共面。

获取顶点选择：根据上一次选择的顶点选择面，将选择所有共享被选中顶点的面。当"顶点"不是当前子对象层级时，该功能才可用。

获取面选择：根据上一次选择的面、多边形、元素选择顶点。只有当面、多边形、元素不是当前子对象层级时，该功能才可用。

获取边选择：根据上一次选择的边选择面，将选择含有该边的那些面。只有当"边"不是当前子对象层级时，该功能才可用。

ID：这是"按材质ID选择"参数组中的材质ID输入框，输入ID号并单击后面的"选择"按钮后，所有具有这个ID号的子对象就会被选择。配合Ctrl键则可以加选，配合Shift键则可以减选。

复制/粘贴：用于在不同对象之间传递命名选择信息，这些对象必须是同一类型且必须在相同子对象级别，例如，两个可编辑网格对象，应先在其中一个顶点子对象级别先进行选择，然后，在工具栏中用"创建选择集"按钮 创建选择集 为这个选择集合命名，接着，单击"复制"按钮，从弹出的对话框中选择刚创建的名称（见图4-30）；进入另一个网格对象的顶点子对象级别，然后，单击"粘贴"按钮，刚才复制的选择就被粘贴到了当前的顶点子对象级别中了。

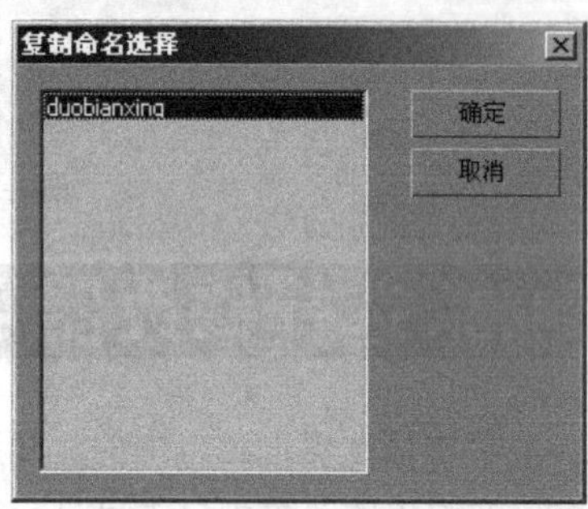

图4-30 复制命名选择

选择开放边：用于选择所有只有一个面的边。在大多数对象中，这会显示何处缺少面。该参数只能用于"边"子对象层级。

2."软选择"卷展栏

打开"软选择"卷展栏，其参数面板如图4-31所示。

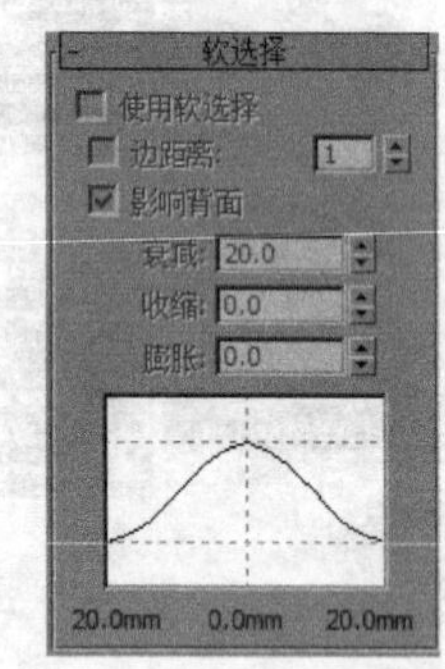

图4-31 软选择

【参数详解】

使用软选择：用于控制是否开启软选择。

边距离：通过设置衰减区域内边的数目来控制受到影响的区域。

影响背面：勾选该项后，将对选择的子对象背面产生同样的影响，否则，只影响当前操作的一面。

衰减：用于设置从开始衰减到结束衰减之间的距离。以场景设置的单位进行计算，在图表显示框的下面也会显示距离范围。

收缩：沿着垂直轴提升或降低顶点。值为负数时，产生弹坑状图形曲线；值为0时，产生平滑的过渡效果。默认值为0。

膨胀：沿着垂直轴膨胀或收缩顶点。收缩为0、膨胀为1时，将产生一个最大限度的光滑膨胀曲线；负值会使膨胀曲线移动到曲面，从而使顶点下压，形成山谷的形态。默认值为0。

4.2.2 面片选择

该修改器用于对面片类型的对象进行子对象级别的选择操作，包括顶点、控制柄、边、面片和元素5种子对象级别，其参数面板如图4-32所示。

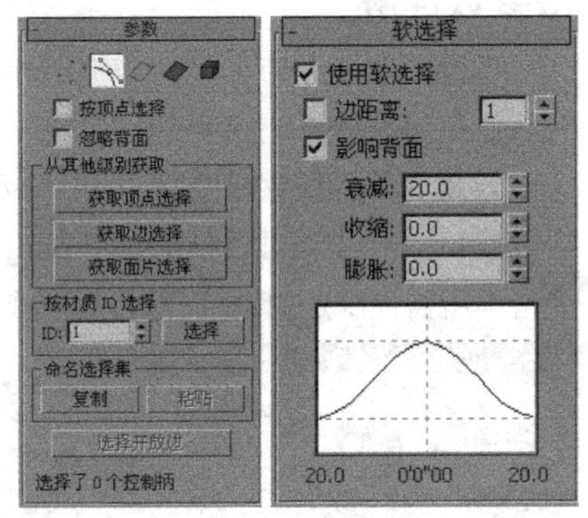

图4–32 “面片选择”的子对象

【参数详解】

顶点：以顶点为最小单位进行选择。

控制柄：以控制柄为最小单位进行选择。

边：以边为最小单位进行选择。

面片：以面片为最小单位进行选择。

元素：选定对象中所有的连续面。

> **技巧与提示**
> 其他参数基本与上一小节介绍的一致，这里就不再重复讲解了。

4.2.3 多边形选择

“多边形选择”是对多边形进行子对象级别的选择操作，包括顶点、边、边界、多边形和元素5种子对象级别，其参数面板如图4-33所示。

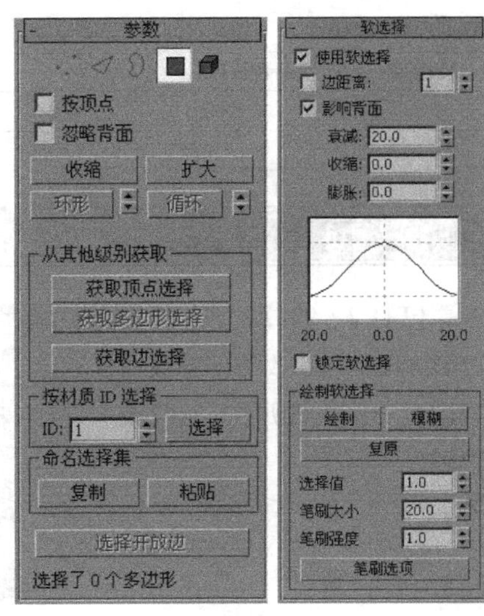

图4–33 多边形选择

【参数详解】

顶点：以顶点为最小单位进行选择。

边：以边为最小单位进行选择。

边界：以模型的开放边界为最小单位进行选择。

多边形：以四边形为最小单位进行选择。

元素：选定对象中所有的连续面。

> **技巧与提示**
> 关于多边形选择的其他功能，请读者参考后面的有关多边形建模的章节。

4.3 自由形式变形

FFD是“自由形式变形”的意思，FFD修改器即“自由形式变形”修改器，“自由形式变形”修改器包含5种类型，分别是FFD 2×2×2、FFD 3×3×3、FFD 4×4×4、FFD（长方体）和FFD（圆柱体），如图4-34所示。这种修改器是使用晶格框包围住选中的几何体，然后，通过调整晶格的控制点来改变封闭几何体的形状，在后面的案例中会对其用法进行详细介绍。

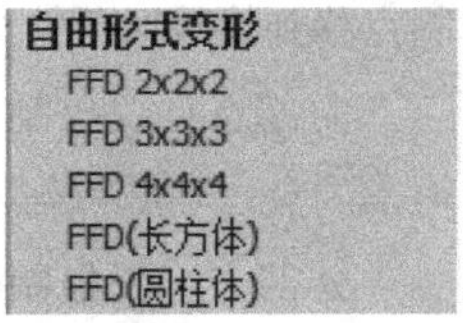

自由形式变形
FFD 2x2x2
FFD 3x3x3
FFD 4x4x4
FFD(长方体)
FFD(圆柱体)

图4–34 自由形式变形修改器

这5种类型的修改器的功能及使用方法基本类似，下面，将其分为两大类来说明。

本节知识介绍

知识名称	主要作用	重要程度
FFD修改	通过晶格的控制点改变模型形状	高
FFD长方体/圆柱体	创建长方体/圆柱体的晶格形状	高

4.3.1 FFD修改

FFD 2×2×2、FFD 3×3×3和FFD 4×4×4修改器的参数面板完全相同，如图4-35所示，这里统一进行讲解。

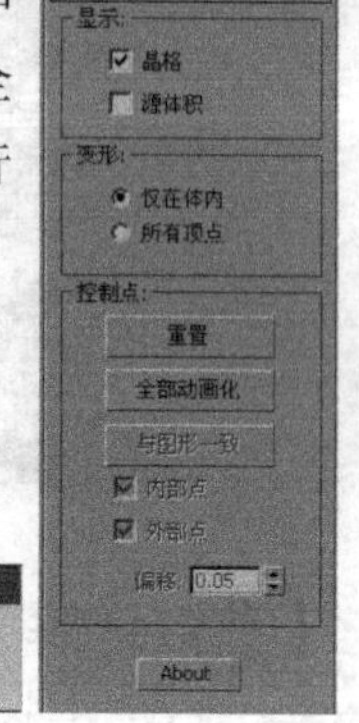

图4-35 FFD 2×2×2

【参数详解】

控制点：可以在这个子对象级别中对晶格的控制点进行编辑，通过改变控制点的位置来影响外形。

晶格：对晶格进行编辑，可以通过移动、旋转、缩放使晶格与对象分离。

设置体积：在这个子对象级别下，控制点显示为绿色，对控制点的操作不影响对象形态。

晶格：可以控制是否使连接控制点的线条形成栅格。

源体积：开启该选项后，可将控制点和晶格以未修改的状态显示出来。

仅在体内：只有位于源体积内的顶点会变形。

所有顶点：所有顶点都会变形。

重置 重置 **：**将所有控制点恢复到原始位置。

全部动画化 全部动画 **：**单击该按钮后，可以将控制器指定给所有的控制点，使它们在轨迹视图中可见。

与图形一致 与图形一致 **：**在对象中心控制点位置之间沿直线方向来延长线条，可以将每一个FFD控制点移到修改对象的交叉点上。

内部点：仅控制受"与图形一致"影响的对象内部的点。

外部点：仅控制受"与图形一致"影响的对象外部的点。

偏移：用于设置控制点偏移对象曲面的距离。

About（关于） About **：**用于显示版权和许可信息。

4.3.2 FFD长方体/圆柱体

"FFD长方体"和"FFD圆柱体"修改器的功能与前面节介绍的FFD修改器基本一致，只是参数面板略有差异，如图4-36示。这里只介绍其特有的相关参数。

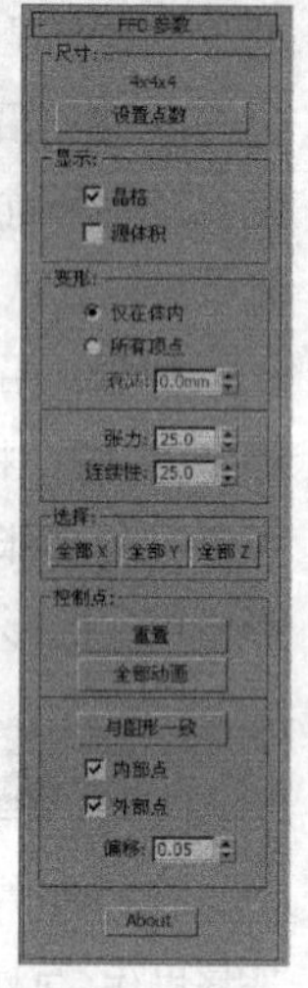

图4-36 FFD长方体/圆柱体的参数面板

【参数详解】

尺寸：用于显示晶格中当前的控制点数目，如4×4×4、2×2×2、4×6×4。

设置点数 设置点数 **：**单击该按钮后，将打开"设置FFD尺寸"对话框，可以在该对话框中设置晶格中所需控制点的数目，如图4-37所示。

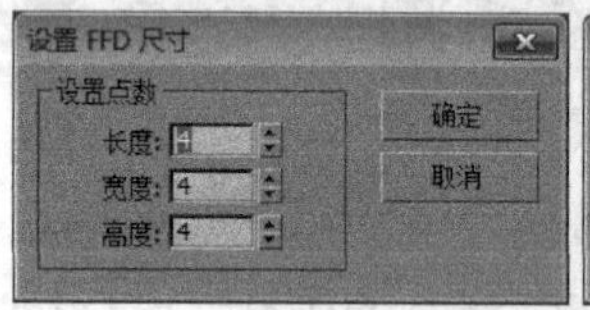

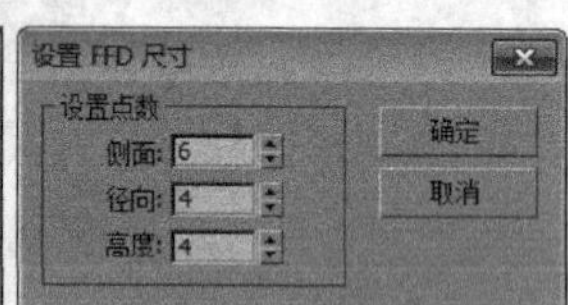

图4-37 设置FFD尺寸

衰减：决定FFD的效果减为0时，离晶格的距离。

张力/连续性：可以调整变形样条线的张力和连续性。虽然无法看到FFD中的样条线，但晶格和控制点代表着控制样条线的结构。

全部X 全部X **/全部Y** 全部Y **/全部Z** 全部Z **：**可以选中沿着由这些轴指定的局部维度的所有控制点。

课堂案例

制作枕头

案例位置	案例文件>第4章>课堂案例：制作枕头
视频位置	多媒体教学>第4章>课堂案例：制作枕头.flv
难易指数	★★☆☆☆
学习目标	学习"FFD"修改器的使用方法

本案例是制作枕头的造型，日常生活中有很多与枕头类似的物体，我们通常无法明确地形容它们的具体形状，所以，就无法通过内置几何体的拼凑来完成建模。本案例将通过加载FFD修改器来完成

对其造型的制作。模型效果如图4-38所示。

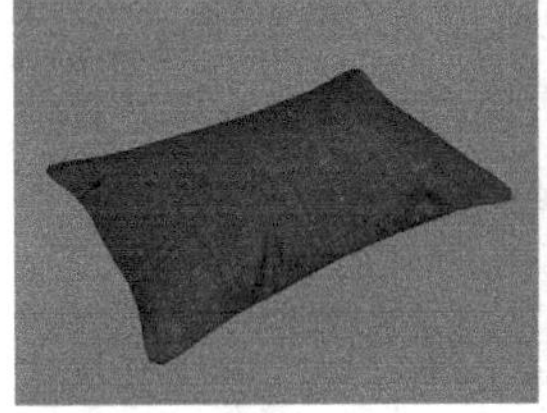
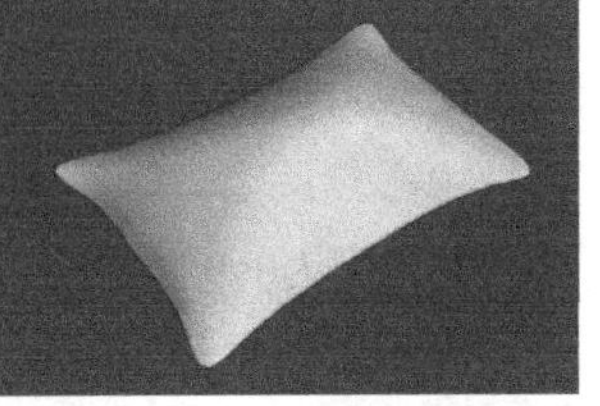

图4-38 模型效果

01 选择"切角长方体"工具，在顶视图中单击并拖动鼠标，创建一个切角长方体，然后，在"修改"选项卡中修设置"长度"为"370mm"、"宽度"为"500mm"、"高度"为"130mm"、"圆角"为"40mm"，接着，继续设置"长度分段"为"6"、"宽度分段"为"9"、"高度分段"为"2"、"圆角分段"为"3"，如图4-39所示。

02 在修改器列表中为切角长方体加载一个"FFD（长方体）"修改器，然后，在"FFD参数"卷展栏中设置"尺寸"为"5×5×3"，如图4-40所示。

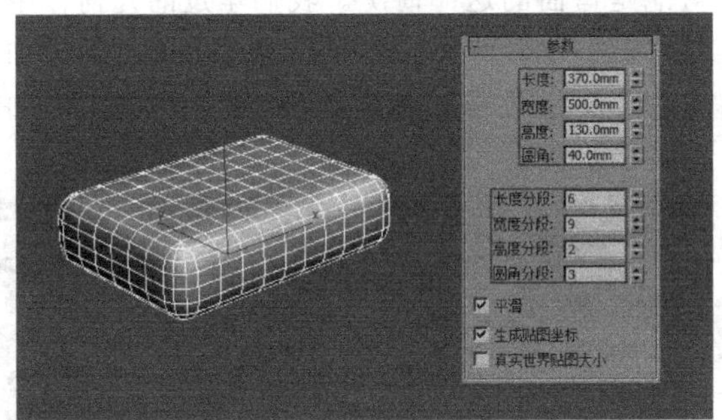

图4-39 创建切角长方体

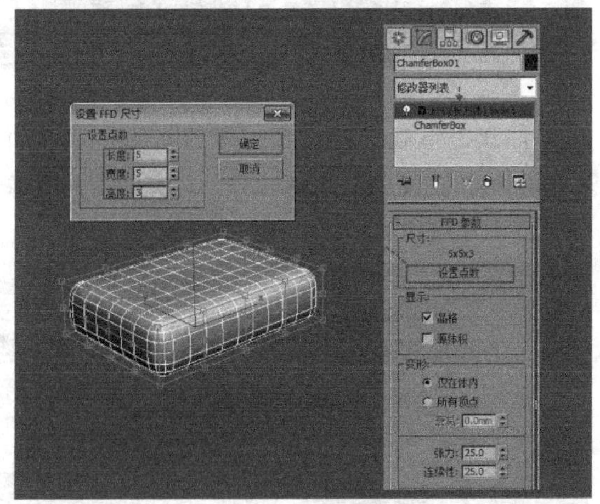

图4-40 加载FFD（长方体）

03 按1键，进入"控制点"级层（也可在修改器堆栈中选择"控制点" 控制点 ），然后，切换到顶视图，框选4个角上的控制点，接着，用"选择并缩放"工具在xy平面上进行缩放操作，如图4-41所示。

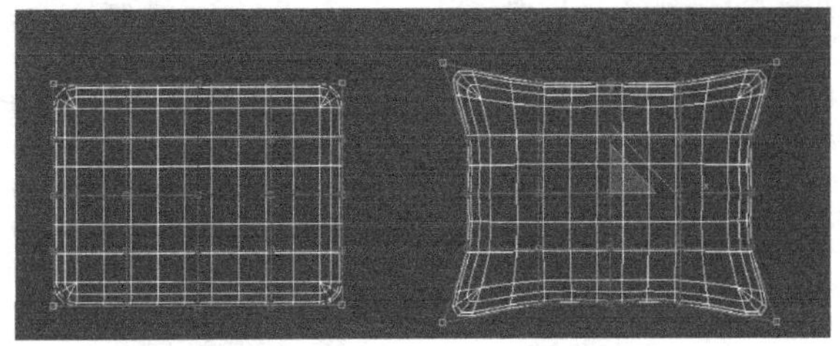

图4-41 编辑控制点

04 切换到前视图，框选如图4-42所示的控制点，然后，用"选择并缩放"工具在y轴上进行缩放操作，如图4-42所示。

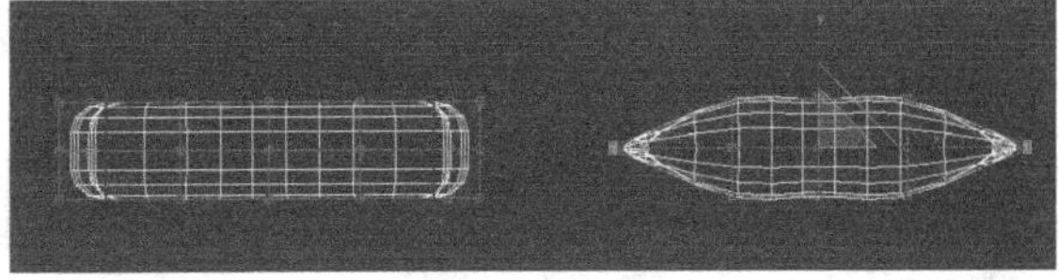

图4-42 编辑控制点

05 至此，枕头的轮廓已基本出来了，下面，读者可以根据自己的想法，仿照现实生活中的枕头对控制点进行调整，直到满意为止。笔者的调整效果如图4-43所示，枕头模型如图4-44所示。

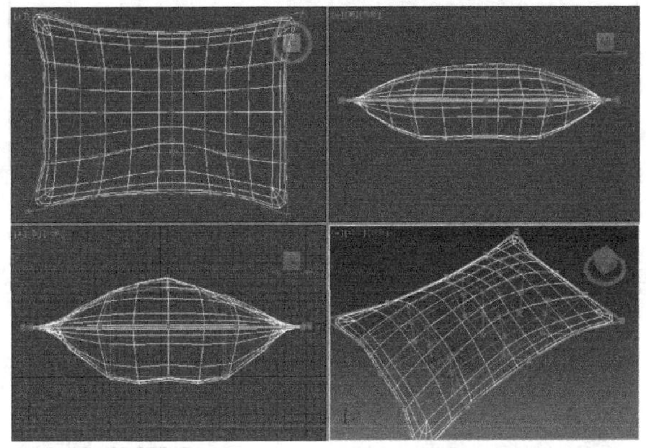

图4-43 优化控制点

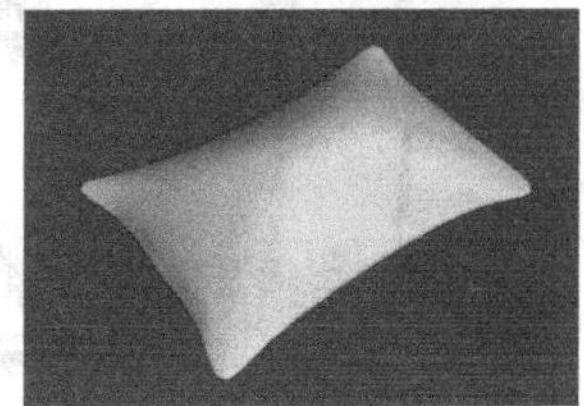

图4-44 枕头模型

4.4 参数化修改器

在前面的分类中，可以找到"参数化修改器"这一集合，如图4-45所示。该集合中的大部分修改器在以后的建模过程中我们都会用到，下面，对它们进行逐一介绍。

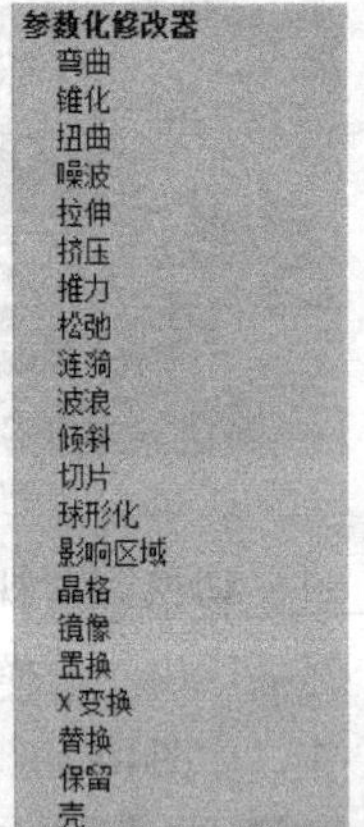

图4-45 参数化修改器

本节知识介绍

知识名称	主要作用	重要程度
弯曲	使模型在轴上弯曲	高
锥化	使模型两端产生锥形轮廓	高
扭曲	使模型自身在轴上产生扭曲状的效果	高
噪波	使模型表面随机产生起伏波动	高
拉伸	在体积不变的前提下拉伸或挤出模型	中
挤压	对模型进行拉伸或挤压	高
推力	使模型产生膨胀或收缩的效果	中
晶格	将图像的线段转化为圆柱	高
镜像	使模型产生镜像对象	高
置换	以立场的形式重塑对象的几何外形	中
壳	为曲面添加实际厚度	高

4.4.1 弯曲

“弯曲”修改器可以在任意3个轴上控制物体弯曲的角度和方向，也可以对几何体的一段添加弯曲效果，其参数设置面板如图4-46所示。

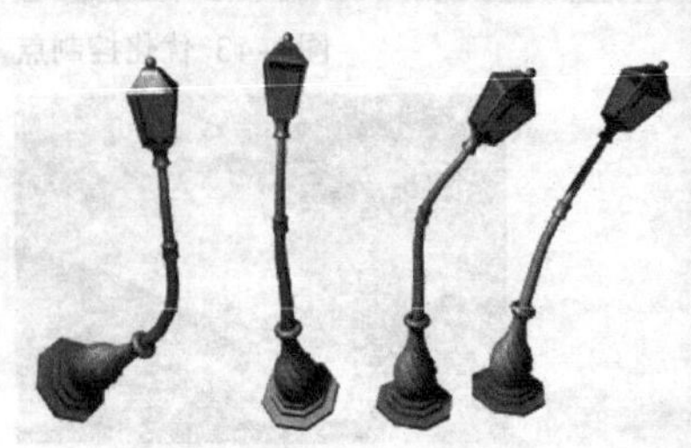

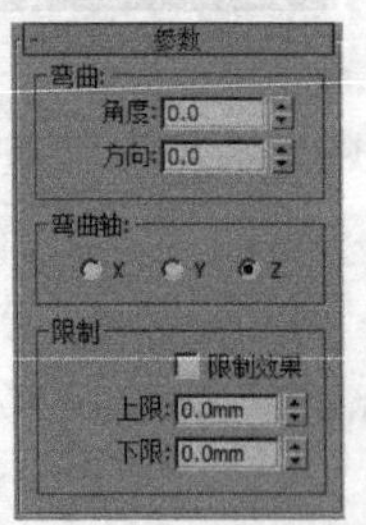

图4-46 “弯曲”修改器

【参数详解】

角度：从顶点平面设置要弯曲的角度，范围为-999999~999999。

方向：用于设置弯曲相对于水平面的方向，范围为-999999~999999。

X/Y/Z：用于指定要弯曲的轴，默认轴为z轴。

限制效果：将限制约束应用于弯曲效果。

上限：以世界单位设置上部边界，该边界位于弯曲中心点的上方，超出该边界的几何体将不受影响，其范围为0~999999。

下限：以世界单位设置下部边界，该边界位于弯曲中心点的下方，超出该边界的几何体将不受影响，其范围为-999999~0。

课堂案例

制作水龙头

案例位置	案例文件>第4章>课堂案例：制作水龙头
视频位置	多媒体教学>第4章>课堂案例：制作水龙头.flv
难易指数	★★☆☆☆
学习目标	学习“弯曲”修改器的使用方法

本案例是制作水龙头，众所周知，大部分水龙头都由管状物构成，所以，读者一定会想到用“管状体”工具来创建模型，却忽略了“龙头”可能是弯曲的这一情况。我们学过的几何体中没有弯曲的“管状体”，所以，本案例将通过加载“弯曲”修改器来使其实现弯曲，模型效果如图4-47所示。

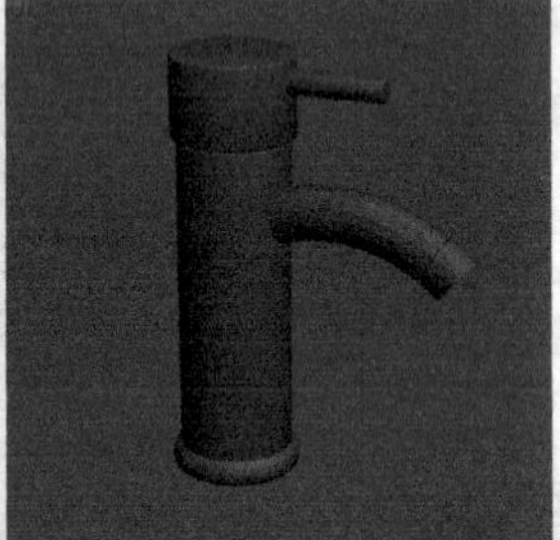

图4-47 模型效果

01 打开“下载资源”文件中的初始文件，如图4-48所示。视图中的水管部分是笔直的，而不像日常生活中常见的那样弯曲。

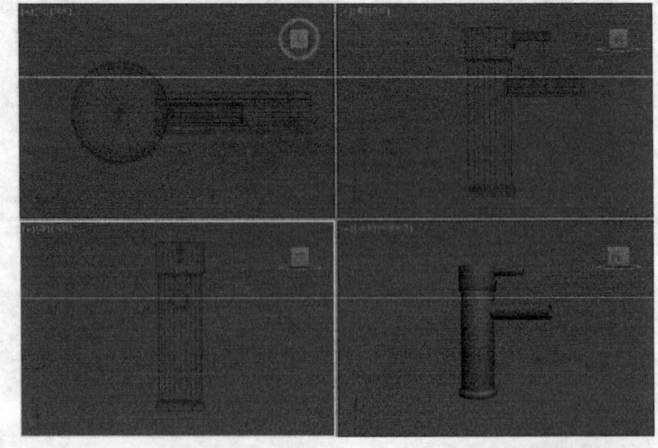

图4-48 打开初始文件

02 选择管状体，然后，在修改器列表中为其加载一个“弯曲”修改器，如图4-49所示。

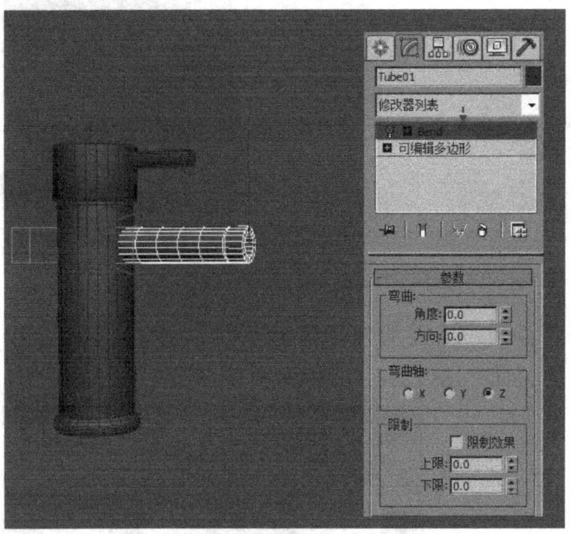

图4-49 为管状体加载“弯曲”修改器

03 在“参数”卷展栏下设置“角度”为“60”、“方向”为“90”、“弯曲轴”为“z轴”，具体参数设置和模型效果如图4-50所示。

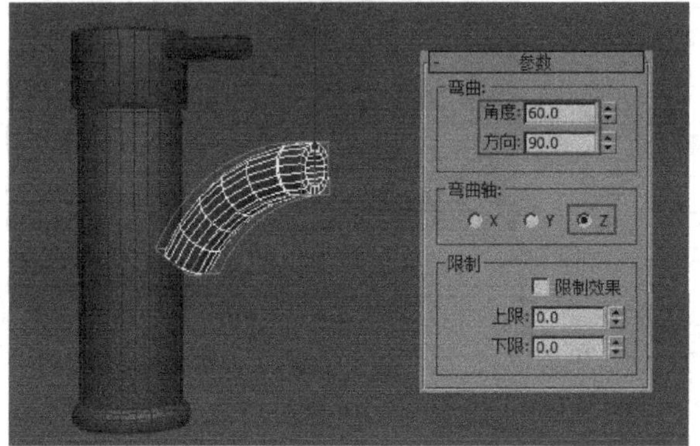

图4-50 设置“弯曲”参数

04 展开“弯曲”修改器的次物体层级，然后，选择“Gizmo”次物体层级，接着，用“选择并移动”工具将Gizmo中心调整到如图4-51所示的位置。模型最终效果如图4-52所示。

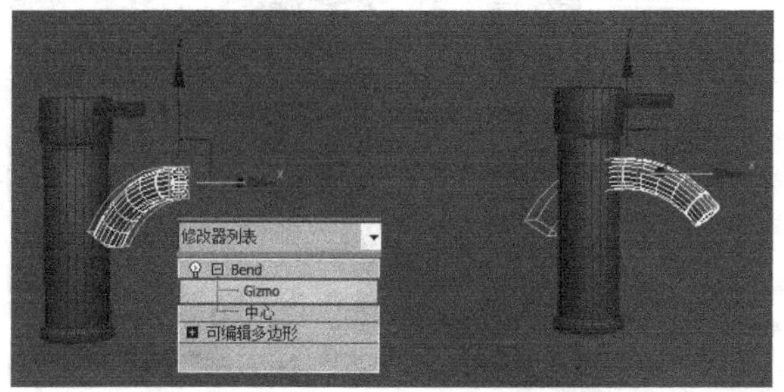

图4-51 调整Gizmo中心

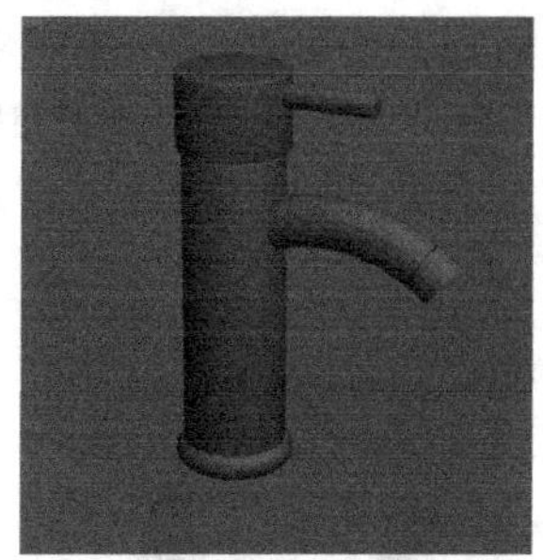

图4-52 水龙头模型

4.4.2 锥化

“锥化”修改器可通过缩放对象的两端使之产生锥形轮廓，同时，在中央加入平滑的曲线变形。用户可以控制锥化的倾斜度和曲线轮廓的曲度，还可以限制局部锥化效果。锥化效果及其参数面板如图4-53所示。

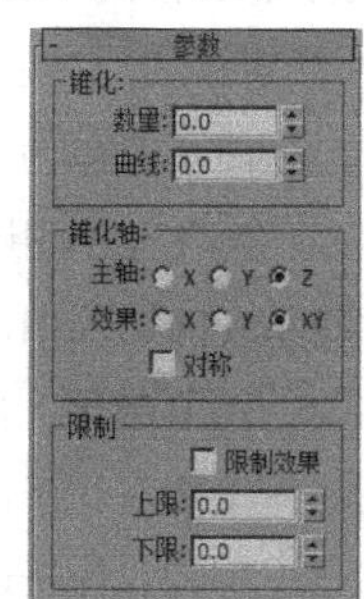

图4-53 锥化效果极其参数面板

【参数详解】

数量：用于设置锥化倾斜的程度及缩放扩展的末端，这个量是一个相对值，最大为10。

曲线：用于设置锥化曲线的弯曲程度，若为正值，则会沿着锥化侧面产生向外的曲线，若为负值，则会产生向内的曲线。值为0时，侧面不变，默认值为0。

主轴：用于设置基本依据轴向。

效果：用于设置影响效果的轴向。

对称：用于设置一个对称的影响效果。

限制效果：选择此项后，将允许在Gizmo（线框）上限制锥化影响效果的范围。

上限/下限：分别用于设置锥化限制的区域。

4.4.3 扭曲

“扭曲”修改器与“弯曲”修改器的参数比较相似，但是，“扭曲”修改器产生的是扭曲效果，而“弯曲”修改器产生的是弯曲效果。“扭曲”修改器可以使对象几何体中产生一个旋转效果（就像拧湿抹布），也可以任意控制3个轴上的扭曲角度，还可以对几何体的一段限制扭曲效果，其参数设置面板如图4-54所示。

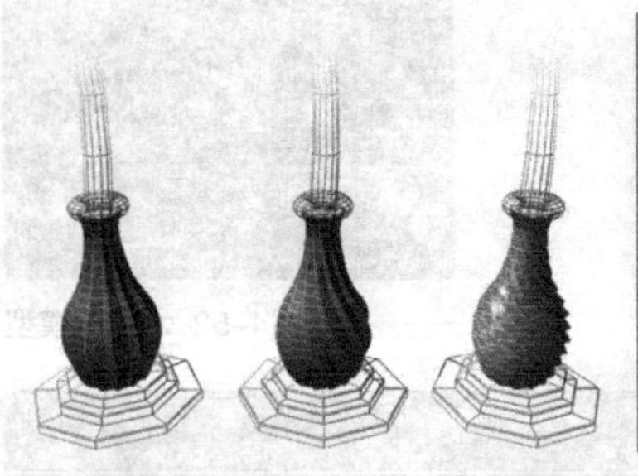
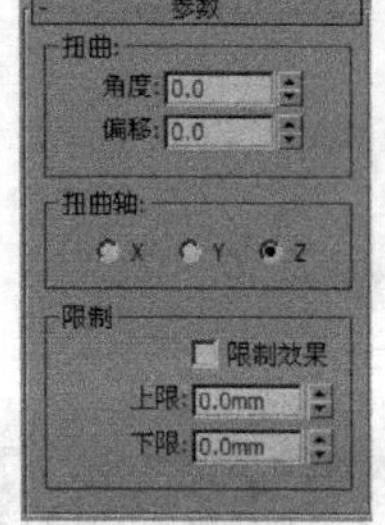

图4-54 扭曲及其参数面板

【参数详解】

角度：用于确定围绕垂直轴扭曲的量，默认设置是0.0。

偏移：使扭曲旋转在对象的任意末端聚团。此参数为负时，对象扭曲会与 Gizmo 中心相邻；此值为正时，对象扭曲将远离 Gizmo 中心；参数为 0时，将均匀扭曲。范围为 100 ～-100。默认设置是 0.0。

X/Y/Z：用于指定执行扭曲的轴，这是扭曲 Gizmo 的局部轴，默认设置为 *z* 轴。

限制效果：用于对扭曲效果应用限制约束。

上限：用于设置扭曲效果的上限，默认值为 0。

下限：用于设置扭曲效果的下限，默认值为 0。

课堂案例

制作装饰柱

案例位置　案例文件>第4章>课堂案例：制作装饰柱
视频位置　多媒体教学>第4章>课堂案例：制作装饰柱.flv
难易指数　★★☆☆☆
学习目标　学习“扭曲”修改器的使用方法

本例要创建的是一个偏欧式的装饰柱，整体感觉比较大气，通常用于装饰室内大厅或门厅等，以突出一种高贵、大气的氛围。这类装饰柱的柱身通常雕刻有花纹，如本例中的螺旋状纹理，这种纹理不可能用创建几何体方式制作出来，最便捷的方式就是通过加载“扭曲”修改器来完成，案例的模型效果如图4-55所示。

图4-55 案例模型效果

01 打开下载“下载资源”文件中的初始文件，如图4-56所示，普通装饰柱已经完成。

图4-56 打开文件

02 选中中间的柱身模型，然后，为其加载一个“扭曲”修改器，如图4-57所示。

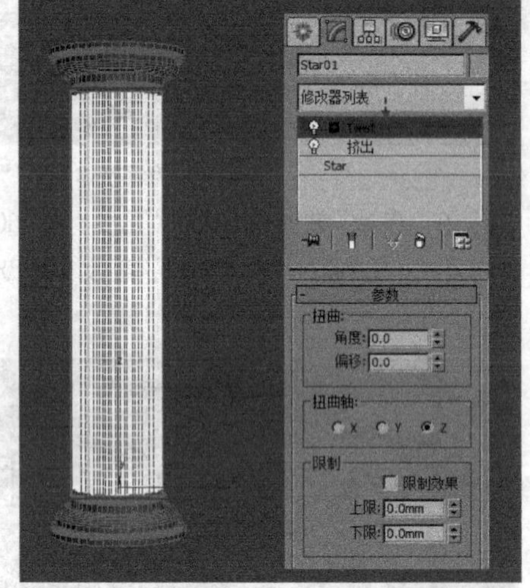

图4-57 加载“扭曲”修改器

03 在“参数”卷展栏中设置“角度”为“360”，然后，设置“扭曲轴”为“*z*轴”，如图4-58所示。装饰柱模型效果如图4-59所示。

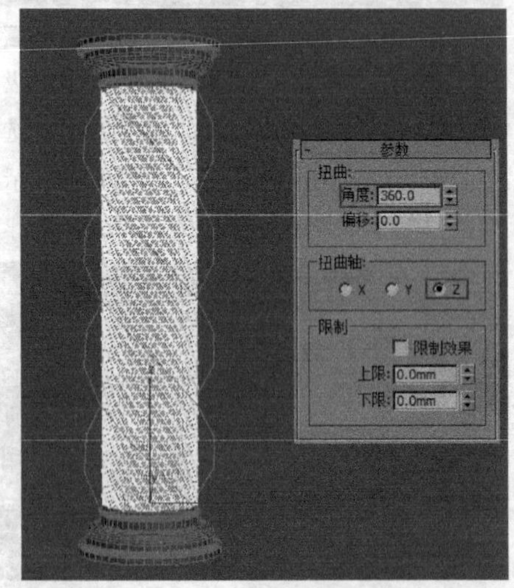

图4-58 设置“扭曲”参数

图4-59 装饰柱模型效果

4.4.4 噪波

“噪波”修改器可以使对象表面的顶点随机变动，让表面有不规则的起伏，常用于制作复杂的地形、地面和水面效果。“噪波”修改器可以应用于任何类型的对象上，噪波效果及其参数设置面板如图4-60所示。

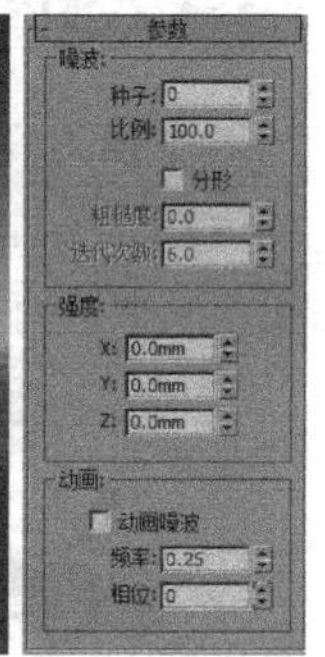

图4-60 噪波效果及其参数面板

【参数详解】

种子：用于设置生成一个随机起始点的数值。该参数在创建地形时非常有用，因为每种设置都可以生成不同的效果。

比例：用于设置噪波影响的大小（不是强度）。较大的值可以产生平滑的噪波，较小的值可以产生锯齿现象非常严重的噪波。

分形：用于控制是否产生分形效果。勾选该选项以后，下面的“粗糙度”和“迭代次数”选项才可用。

粗糙度：用于决定分形变化的程度。

迭代次数：用于控制分形功能所使用的迭代数目。

X/Y/Z：用于设置噪波在*x*/*y*/*z*坐标轴上的强度（应至少为其中一个坐标轴输入强度数值）。

动画噪波：用于控制噪波影响和强度参数的合成效果，以提供动态噪波。

频率：用于设置噪波抖动的速度，值越高，波动越快。

相位：用于设置起始点和结束点在波形曲线上的偏移位置。默认的动画设置是由相位的变化产生的。

图4-61所示的“山形”模型就是通过加载“噪波”修改器制作出的，下面，说明一下其制作流程。

图4-61 山形模型

第1步：选择“平面”工具，在视图中拖动鼠标，创建一个平面，然后，在“修改”选项卡中设置其“长度”为“200”、宽度为“250”，接着，继续设置“长度分段”为“100”，“宽度分段”为“100”，如图4-62所示。

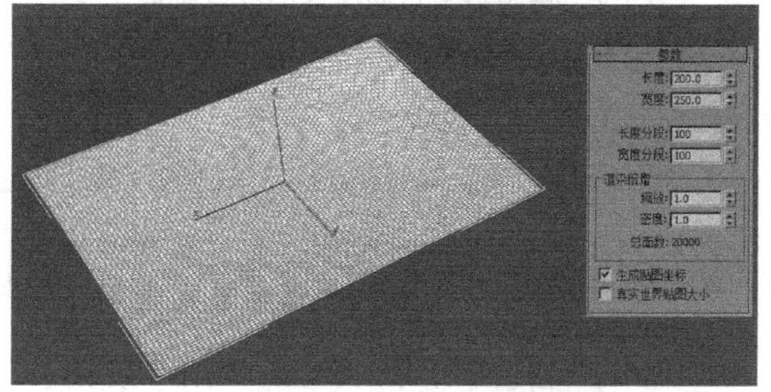

图4-62 创建平面

第2步：在修改器列表中为平面加载一个“噪波”修改器，然后，设置“种子”为“4”、“比例”为“80”、“迭代次数”为“6”、z轴的“强度”为“100”，具体参数设置如图4-63所示。设置完成后，就可以在视图中查看到山形模型了。

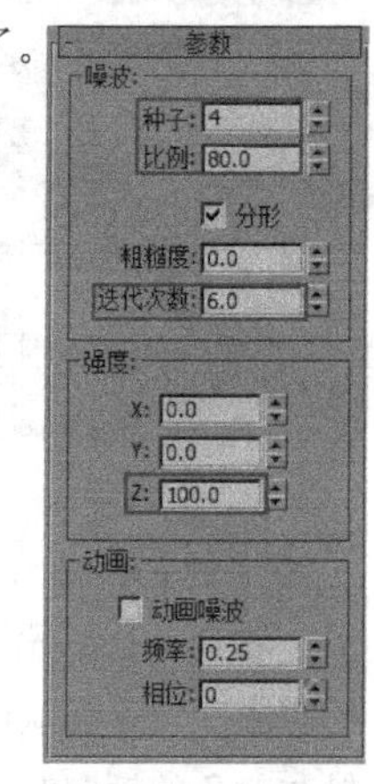

图4-63 设置参数

4.4.5 拉伸

“拉伸”修改器可以模拟出传统的挤出、拉伸动画效果，在保持体积不变的前提下，沿指定轴向拉伸或挤出对象的形态。可用于调节模型的形状，也可用于卡通动画的制作，其参数面板如图4-64所示。

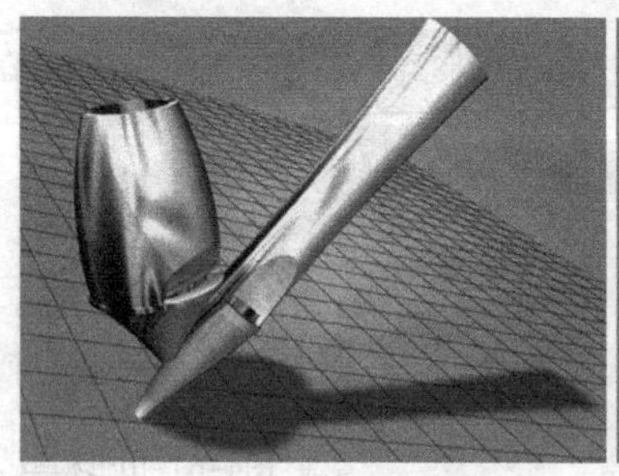
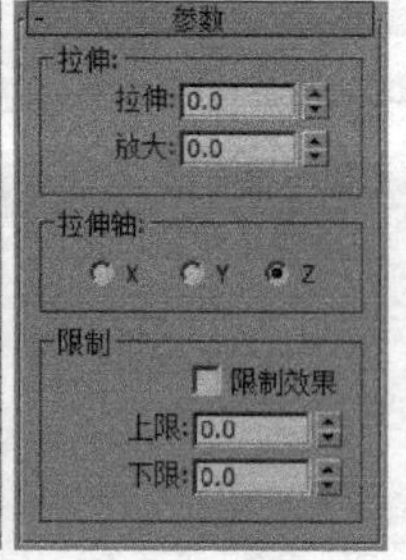

图4-64 “拉伸”修改器及其参数面板

【参数详解】

拉伸：用于设置拉伸的强度大小。

放大：用于设置拉伸中部扩大变形的程度。

拉伸轴：用于设置拉伸依据的坐标轴向。

限制效果：打开限制影响后，将允许用户限制拉伸影响在Gizmo（线框）上的范围。

上限/下限：分别用于设置拉伸限制的区域。

4.4.6 挤压

“挤压”修改器的效果类似于“拉伸”效果，可沿着指定轴向拉伸或挤出对象，即可在保持体积不变的前提下改变对象的形态，也可通过改变对象的体积来影响对象的形态，其参数面板如图4-65所示。

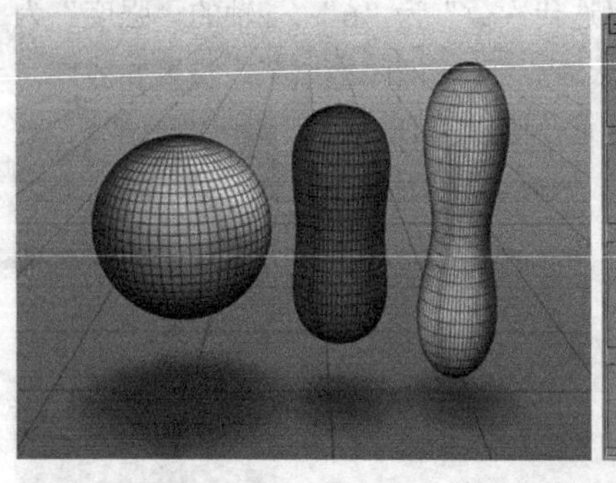
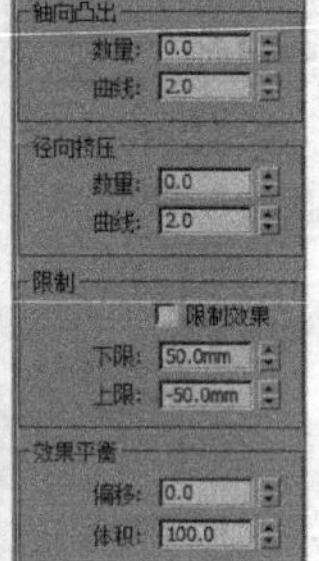

图4-65 “挤压”修改器及其参数面板

【参数详解】

轴向凸出：沿着Gizmo（线框）自用轴的z轴进行膨胀变形。在默认状态下，Gizmo（线框）的自用轴与对象的轴向对齐。

数量：用于控制膨胀作用的程度。

曲线：用于设置膨胀产生的变形的弯曲程度及膨胀的圆滑和尖锐程度。

径向挤压：用于沿着Gizmo（线框）自用轴的z轴挤出对象。

数量：用于设置挤出的程度。

曲线：用于设置挤出作用的弯曲影响程度。

限制：该选项组共包含下列3个选项。

限制效果：打开限制影响后，将在Gizmo（线框）对象上限制挤压影响的范围。

下限/上限：分别用于设置限制挤压的区域。

效果平衡：该选项组共包含下列两个选项。

偏移：在保持对象体积不变的前提下改变挤出和拉伸的相对数量。

体积：改变对象的体积，同时，增加或减少相同数量的拉伸和挤出效果。

4.4.7 推力

“推力”修改器主要是沿着顶点的平均法线向内或向外推动顶点，使对象产生膨胀或缩小的效果，其参数面板如图4-66所示。

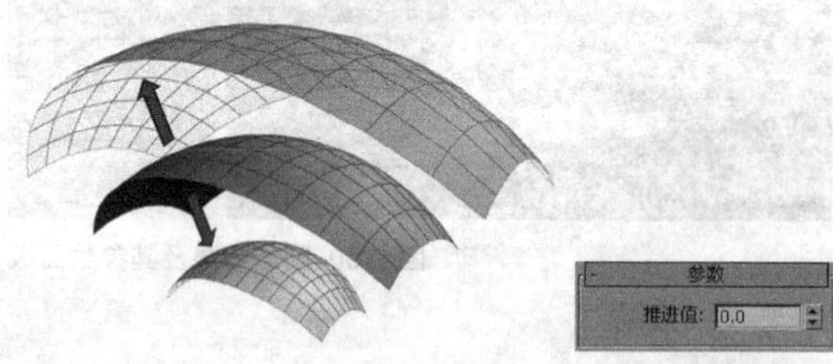

图4-66 “推力”修改器及其参数面板

【参数详解】

推进值：用于设置顶点相对于对象中心移动的距离。

4.4.8 晶格

“晶格”修改器可以将图形的线段或边转化为圆柱形结构，并且，使顶点上产生可选择的关节多面体，其参数设置面板如图4-67示。

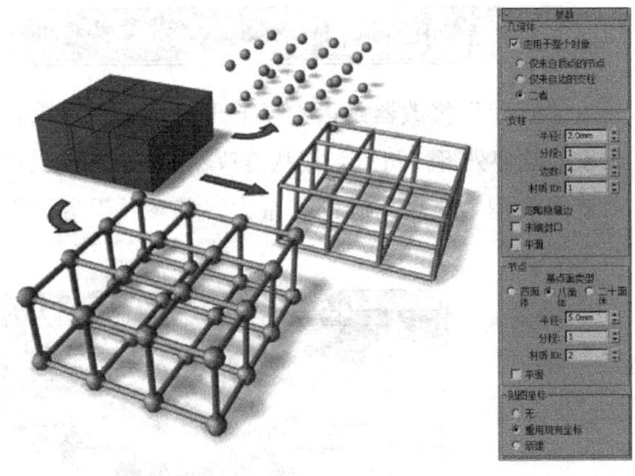

图4-67 晶格效果及其参数面板

【参数详解】

几何体：用于指定使用整个对象或选中的子对象。

应用于整个对象：将“晶格”修改器应用到对象的所有边或线段上。

仅来自顶点的节点：仅显示由原始网格顶点产生的关节（多面体）。

仅来自边的支柱：仅显示由原始网格线段产生的支柱（多面体）。

二者：显示支柱和关节。

支柱：用于设置支柱（边）的参数。

半径：用于指定结构的半径。

分段：用于指定沿结构的分段数目。

边数：用于指定结构边界的边数目。

材质ID：指定用于结构的材质ID，以使结构和关节具有不同的材质ID。

忽略隐藏边：仅生成可视边的结构。如果禁用该选项，那么，将生成所有边的结构，包括不可见边。图4-68所示为开启与关闭“忽略隐藏边”选项时的对比效果。

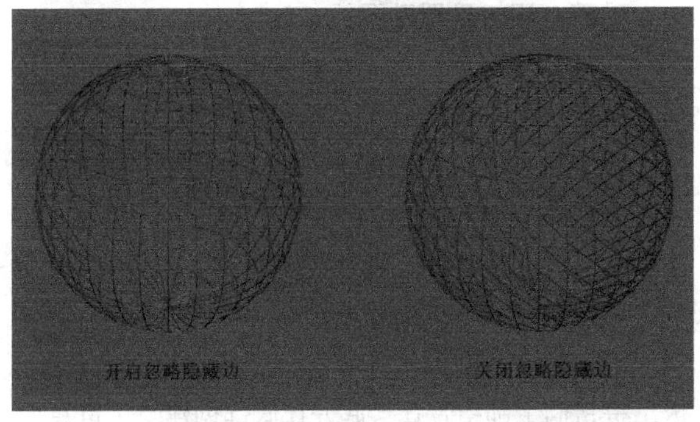

图4-68 忽略隐藏边

末端封口：将末端封口应用于结构。

平滑：将平滑应用于结构。

节点：用于设置节点（点）的参数、

基点面类型：用于指定用于关节的多面体类型，包括“四面体”“八面体”和“二十面体”3种类型。注意，“基点面类型”对“仅来自边的支柱”选项不起作用。

半径：用于设置关节的半径。

分段：用于指定关节中的分段数目。分段数越多，关节形状越接近球形。

材质ID：指定用于结构的材质ID。

平滑：将平滑应用于关节。

贴图选择：用于指定给对象的贴图类型。

无：不指定贴图。

重用现有坐标：将当前贴图指定给对象。

新建：将圆柱形贴图应用于每个结构和关节。

下面，具体说明一下“晶格”修改器的使用方法。图4-69所示为一个长方体加载“晶格”修改器的效果。

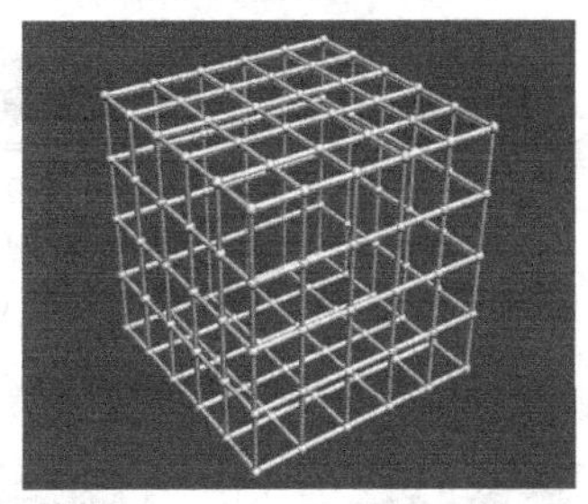

图4-69 “晶格”的运用

第1步：用“长方体”工具在视图中创建一个长方体，然后，在“修改”选项卡中设置“长度”“宽度”“高度”均为“60”，接着，设置“长度分段”为“5”、“宽度分段”为“5”、“高度分段”为“4”，如图4-70所示。

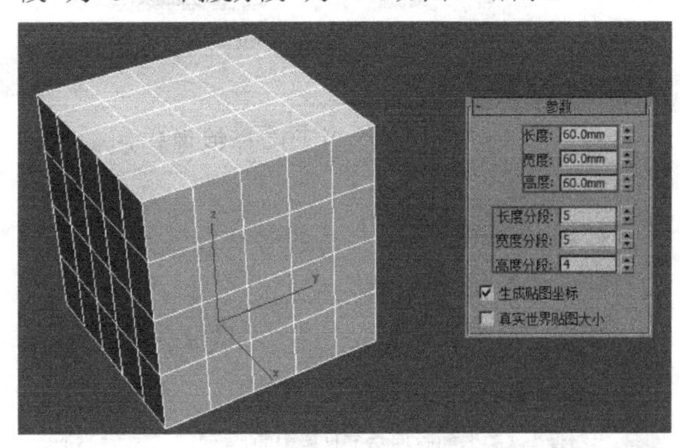

图4-70 创建立方体

第2步：在修改器列表中为长方体加载一个“晶格”修改器，然后，设置“几何体”为“二者”，接着，在“支柱”选项卡下设置“半径”为“0.7mm”并勾选“平滑”选项，再在“节点”选项组中设置“半径”为“1.2mm”、“分段”为“3”，同时，勾选“平滑”选项，如图4-71所示。

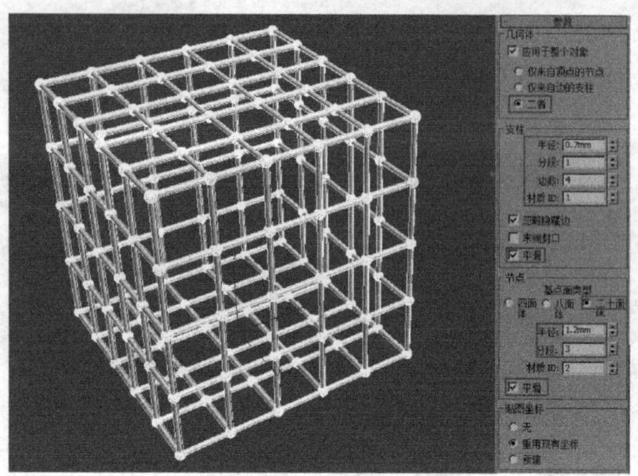

图4-71 设置“晶格”参数

技巧与提示

“晶格”修改器可以基于网格拓扑来创建可渲染的几何体结构，也可以用于渲染线框图。

4.4.9 镜像

“镜像”修改器用于制作沿着指定轴的镜像对象或对象选择集，适用于任何类型的模型，可将镜像中心的位置变动记录成动画，其参数面板如图4-72所示。

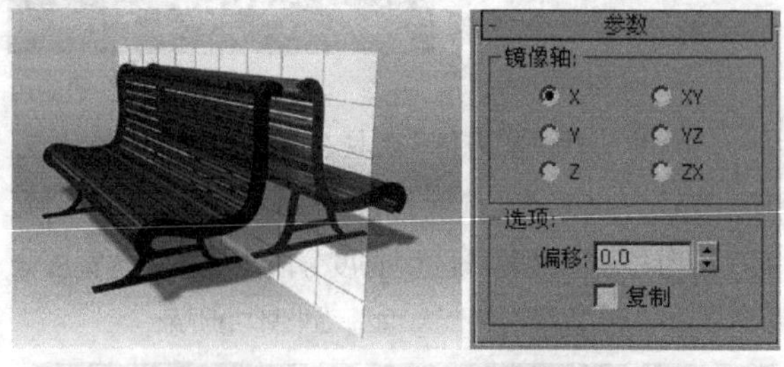

图4-72 镜像效果及其参数面板

【参数详解】

X/Y/Z/XY/YZ/ZX：用于选择镜像作用依据的坐标轴向。

偏移：用于设置镜像后的对象与镜像轴之间的偏移距离。

复制：用于确定是否产生一个镜像复制对象。

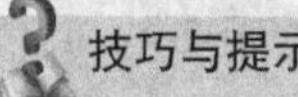

技巧与提示

“镜像”修改器的原理与工具栏中的“镜像”工具类似。

4.4.10 置换

“置换”修改器是以力场的形式来推动和重塑对象的几何外形，可以直接从修改器的Gizmo（也可以使用位图）来应用它的变量力，其参数设置面板如图4-73所示。

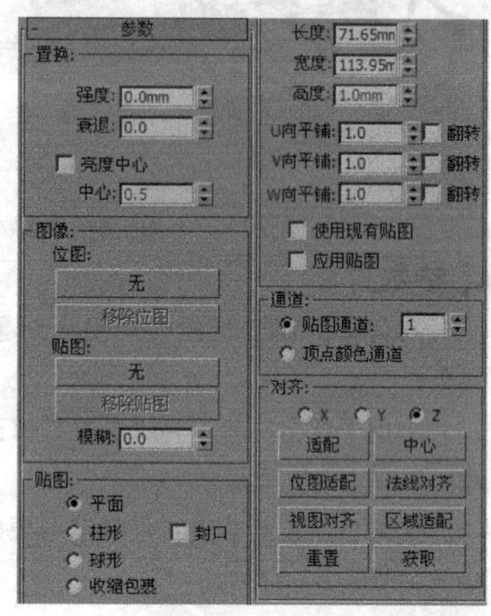

图4-73 置换“修改器”

【参数详解】

置换：用于设置置换的强度、衰减、中心。

强度：用于设置置换的强度，数值为0时，没有任何效果。

衰退：如果设置了“衰减”数值，那么，置换强度会随距离的变化而衰减。

亮度中心：用于确定用什么样的灰度作为0的置换值。勾选该选项以后，可以设置下面的“中心”数值。

图像：用于加载或移除位图与贴图。

位图/贴图：用于加载位图或贴图。

移除位图/贴图：用于移除指定的位图或贴图。

模糊：用于模糊或柔化位图的置换效果。

贴图：用于设置贴图的参数。

平面：从单独的平面对贴图进行投影。

柱形：以环绕在圆柱体上的方式对贴图进行投影。启用“封口”选项后，将从圆柱体的末端投射贴图副本。

球形：从球体出发对贴图进行投影，位图边缘在球体两极的交汇处均为奇点。

收缩包裹：从球体投射贴图，与“球形”贴图类似，但它会截去贴图的各个角，然后，在一个单独的极点将它们全部结合在一起并在底部创建一个奇点。

长度/宽度/高度：用于指定置换Gizmo的边界框尺寸，其中的高度对"平面"贴图没有任何影响。

U/V/W向平铺：用于设置位图沿指定尺寸重复的次数。

翻转：用于设置沿相应的U/V/W轴翻转贴图的方向。

使用现有贴图：让置换使用堆栈中较早的贴图设置，如果没有为对象应用贴图，该功能将不起任何作用。

应用贴图：将置换UV贴图应用到绑定对象。

通道：用于确定将置换投影应用于贴图通道或顶点颜色通道。

贴图通道：指定UVW通道用于贴图，其后面的数值框用于设置通道的数目。

顶点颜色通道：开启该选项后，将对贴图使用顶点颜色通道。

对齐：用于调整贴图 Gizmo 尺寸、位置和方向。

X/Y/Z：用于选择对齐的方式，可以选择沿*x*/*y*/*z*轴进行对齐。

适配 适配 ：用于缩放Gizmo，以适配对象的边界框。

中心 中心 ：相对于对象的中心来调整Gizmo的中心。

位图适配 位图适配 ：单击该按钮后，将打开"选择图像"对话框，可以通过缩放Gizmo来适配选定位图的纵横比。

法线对齐 法线对齐 ：单击该按钮后，将对齐曲面的法线。

视图对齐 视图对齐 ：使Gizmo指向视图的方向。

区域适配 区域适配 ：单击该按钮后，指定的区域将进行适配。

重置 重置 ：将Gizmo恢复到默认值。

获取 获取 ：选择另一个对象并获得它的置换Gizmo设置。

课堂案例

游泳池水面

案例位置	案例文件>第4章>课堂案例：游泳池水面
视频位置	多媒体教学>第4章>课堂案例：游泳池水面.flv
难易指数	★★★★☆
学习目标	学习"置换"修改器的使用方法

在室内效果图的制作中，尤其是对高端别墅的设计中，常常会进行室内游泳池的表现，而对游泳池表现的重点就是水面效果。通常情况下，游泳池水面是带有涟漪的，这种效果不可能通过几何体来拼凑，可以通过加载"置换"修改器来完成，模型效果如图4-74所示。

图4-74 水面模型

01 打开下载"下载资源"文件夹中的初始文件，如图4-75所示，这是一个空池的模型，接下来，需要为其加入水面模型。

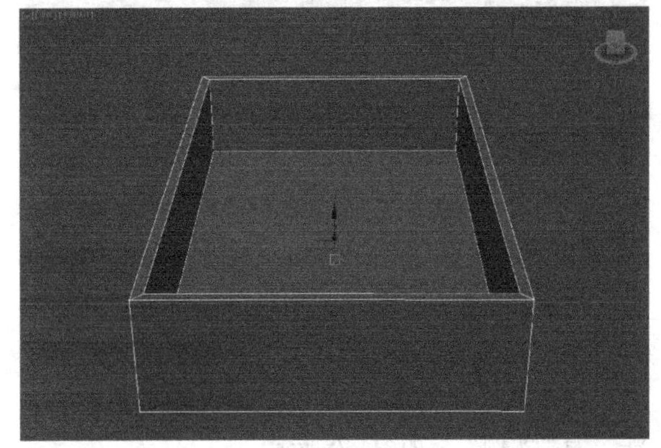

图4-75 打开初始文件

02 切换至顶视图，然后，在泳池中创建一个平面，将其作为水面，使其覆盖泳池。将其"长度分段"和"宽度分段"均设置为"30"，具体参数设置如图4-76所示。

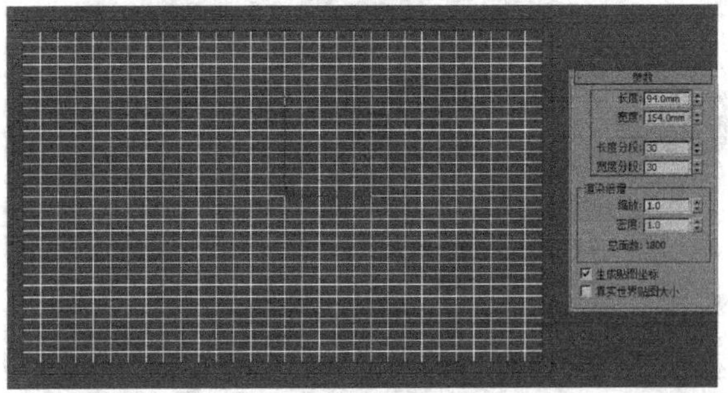

图4-76 创建水面

技巧与提示

这里的分段是用于模拟波浪的，读者可以尝试增大或减少分段的值，以观察不同分段的模型的最终效果。

03 为平面加载一个"置换"修改器，然后，在"参数"卷展栏下设置"强度"为"5mm"，接着，在"贴图"通道下面单击"无"按钮 无 ，最后，在弹出的"材质/贴图浏览器"对话框中选择"噪波"程序贴图，如图4-77所示。

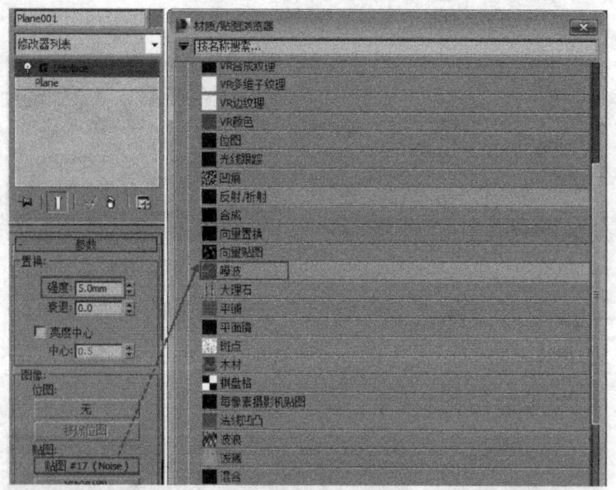
图4-77 为平面加载“置换”修改器

技巧与提示

这里用到的材质贴图的知识将在后面的内容中作详细介绍。

04 按M键，打开“材质编辑器”对话框，然后，将“贴图”通道中的“噪波”程序贴图拖曳到一个空白材质球上，接着，在弹出的对话框中设置“方法”为“实例”，如图4-78所示。

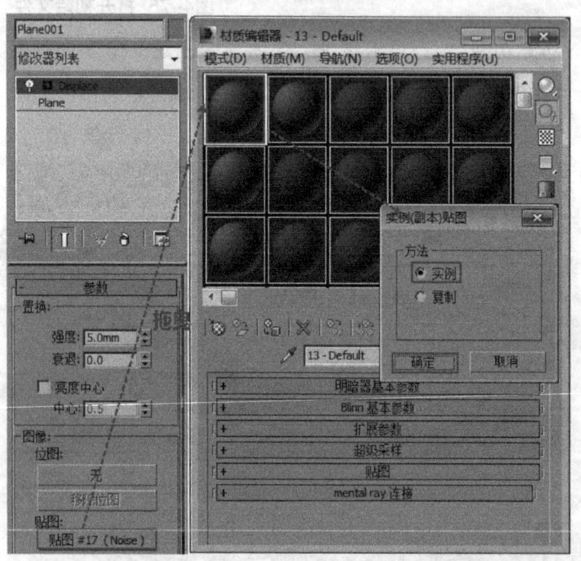
图4-78 设置贴图

05 展开“坐标”卷展栏，然后，设置x轴上的“瓷砖”为“200”、y轴上的“瓷砖”为“320”、z轴上的“瓷砖”为“1”，接着展开“噪波参数”卷展栏，最后，设置“大小”为“20”，具体参数设置如图4-79所示，最终效果如图4-80所示。

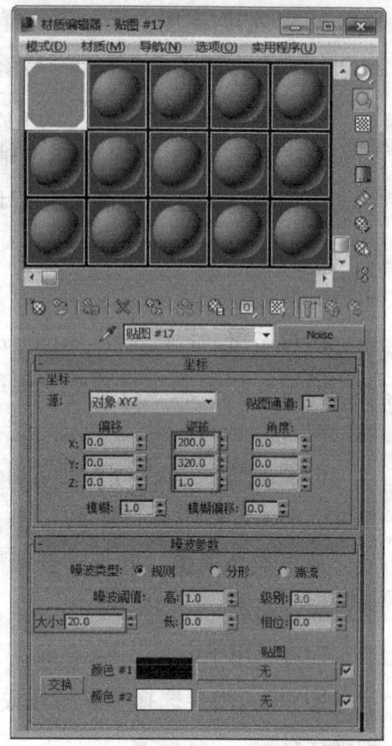
图4-79 设置材质球参数

图4-80 游泳池水面模型效果

技巧与提示

本案例中涉及了部分后面的知识内容，读者可先通过案例步骤了解“置换”修改器的作用、设置方法等，学习了材质贴图部分的内容后，可重新实践该案例。

4.4.11 壳

“壳”修改器可以通过拉伸面为曲面添加一个真实的厚度，还能对拉伸面进行编辑，非常适合建造复杂模型的内部结构，它是基于网格来工作的，也可以添加在多边形、面片和NURBS曲面上，但最终会将它们转换为网格。

“壳”修改器的工作原理是通过添加一组与现有面方向相反的额外面，以及连接内外面的边来表现对象的厚度。可以指定内外面之间的距离（也就是厚度大小）、边的特性、材质ID和边的贴图类型，如图4-81所示。

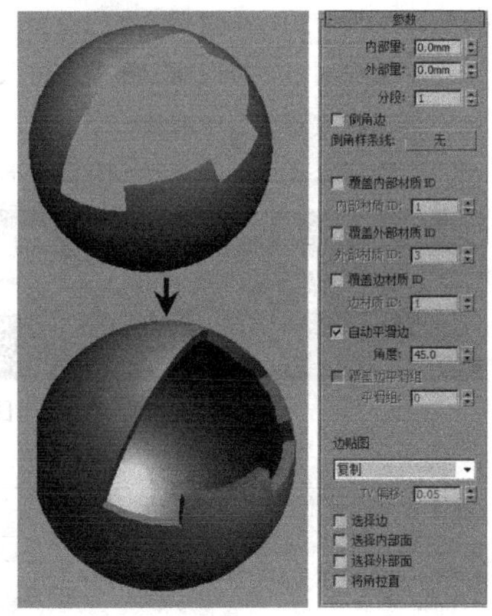

图4-81 “壳”效果及其参数面板

【参数详解】

内部量：将内部曲面从原始位置向内移动，内、外部的值之和为壳的厚度，也就是边的宽度。

外部量：将外部曲面从原始位置向外移动，内、外部的值之和为壳的厚度，也就是边的宽度。

分段：用于设置每个边的分段数量。

倒角边：启用该选项后，用户可对拉伸的剖面自定义一个特定的形状。指定了“倒角样条线”后，该选项可以作为直边剖面的自定义剖面之间的切换开关。

倒角样条线：单击None按钮后，可以在视图中拾取自定义的样条线。拾取的样条线与倒角样条线是实例复制关系，对拾取的样条线的更改会反映在倒角样条线中，但其对闭合图形的拾取将不起作用。

覆盖内部材质ID：启用后，可使用“内部材质ID”参数为所有内部曲面上的多边形指定材质ID。如果没有指定材质ID，则会给曲面使用同一材质ID或和原始面一样的ID。

内部材质ID：为内部面指定材质ID。

覆盖外部材质ID：启用后，可使用“外部材质ID”参数为所有外部曲面上的多边形指定材质ID。如果没有指定材质ID，则会给曲面使用同一材质ID或和原始面一样的ID。

外部材质ID：为外部面指定材质ID。

覆盖边材质ID：启用后，可使用“边材质ID”参数为所有新边组成的剖面多边形指定材质ID。如果没有指定材质ID，则会给曲面使用同一材质ID或与导出边的原始面一样的ID。

边材质ID：为新边组成的剖面多边形指定材质ID。

自动平滑边：启用后，软件将自动基于角度参数平滑边面。

角度：用于指定由“自动平滑边”所平滑的边面之间的最大角度，默认为45°。

覆盖边平滑组：启用后，可使用“平滑组”设置，该选项只有在禁用了“自动平滑组”选项后才可用。

平滑组：可为多边形设置平滑组。平滑组的值为0时，不会有平滑组被指定为多边形。值的范围为1~32。

边贴图：用于指定将应用于新边的纹理贴图类型，下拉列表中可选择的贴图类型如下。

复制：每个边面使用和原始面一样的UVW坐标。

无：将指定每个边面的U值为0、V值为1，因此，若指定了贴图，边将获取左上方的像素颜色。

剥离：使边贴图在连续的剥离中。

插补：边贴图由邻近的内部或外部面多边形贴图插补形成。

TV偏移：确定边的纹理顶点之间的间隔。该选项仅在选择了“边贴图”中的“剥离”和“插补”时才可用，默认设置为0.05。

选择边：勾选后，可选择边面部分。

选择内部面：勾选后，可选择内部面。

选择外部面：勾选后，可选择外部面。

将角拉直：勾选后，可通过调整角顶点来维持直线的边。

> **技巧与提示**
> “壳”修改器主要用于为面片拉伸厚度，可通过对“内部量”或“外部量”的设置来实现。

4.5 本章小结

本章介绍了3ds Max中的修改器，介绍了修改器面板的参数，着重介绍了建模过程中常用的修改器，如“FFD”“弯曲”“置换”“扭曲”等，并且，结合建模实例详细讲解了部分修改器的用法。本章的内容是建模技术中的重点，希望读者朋友们认真学习本章知识，并且，通过实际建模来练习。

课后习题

调整螺旋扶梯

案例位置	案例文件>第4章>课后习题：调整螺旋扶梯
视频位置	多媒体教学>第4章>课后习题：调整螺旋扶梯.flv
难易指数	★★☆☆☆
学习目标	熟悉“弯曲”修改器的使用方法

在效果图的制作中，扶梯是划分室内空间格局的一

个重要物体，不同造型的扶梯会使场景产生不同的效果。本案例通过为普通扶梯加载“弯曲”修改器来制作螺旋楼梯，这类螺旋状的扶梯可以为整个空间增加一种优美的线条感。模型效果图如图4-82所示。

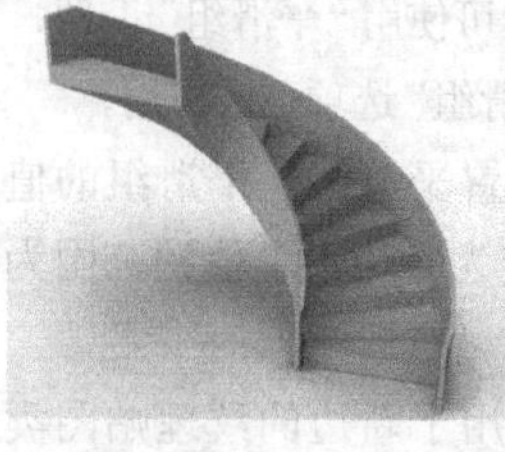

图4-82 旋转楼梯模型

【制作流程】

首先，打开“下载资源”中的初始文件，然后，为场景中的楼梯加载一个“弯曲”修改器，接着，设置“角度”为“180”、“方向”为“90”、“弯曲轴”为“X”，制作流程如图4-83所示。

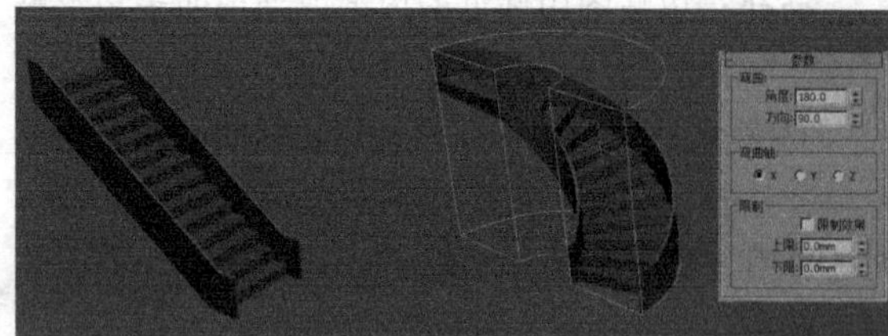

图4-83 制作流程

课后习题

制作床垫

案例位置	案例文件>第4章>课后习题：制作床垫
视频位置	多媒体教学>第4章>课后习题：制作床垫.flv
难易指数	★★★☆☆
学习目标	熟悉“噪波”修改器的使用、学习“编辑网格”修改器

在卧室空间中，床是必不可少的部分，所以，在表现卧室空间效果的时候，我们通常会通过床来烘托出卧室的场景效果。在对床进行表现时，通常是本着逼真、细致的原则，如着重表现床单和床垫等部分，本练习是通过制作床垫造型来使读者熟悉“噪波”修改器的使用方法。床垫模型的效果如图4-84所示。

图4-84 床垫模型效果

【制作流程】

首先，为场景创建一个2000×1200×200×20的切角长方体，设置其“长度分段”为“50”，“宽度分段”为“30”，然后，在修改器列表中为其加载一个“编辑网格”修改器，接着，进入“多边形”层级，再在修改器列表中加载一个“噪波”修改器，最后，设置其参数。制作流程如图4-85所示。

图4-85 制作流程

课后习题

制作花瓶

案例位置	案例文件>第4章>课后习题：制作花瓶
视频位置	多媒体教学>第4章>课后习题：制作花瓶.flv
难易指数	★★★★☆
学习目标	熟悉“扭曲”“锥化”“壳”修改器的使用、了解“网格平滑”的作用

花瓶是日常生活中常用的装饰物，花瓶本身就能给人一种优美、典雅的感觉。在效果图中，花瓶是一种常用的室内模型小件，用以装饰室内空间，以丰富空间元素。本例通过对花瓶雏形的造型使读者加深对“扭曲”和“锥化”修改器的理解。花瓶模型效果如图4-86所示。

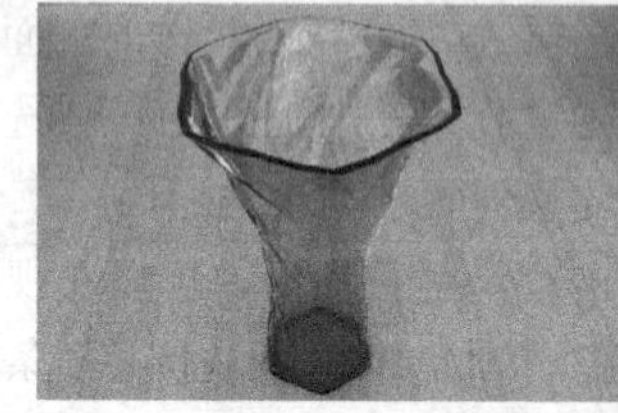
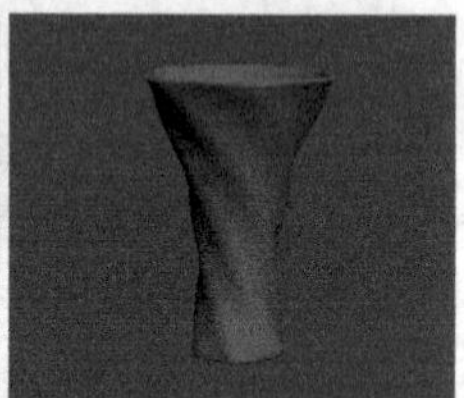

图4-86 花瓶模型效果

【制作流程】

首先，打开“下载资源”中的初始文件，然后，为其加载“壳”修改器，添加花瓶的厚度，接着，加载一个“锥化”修改器，设置“数量”和“曲线”参数，再加载一个“扭曲”修改器，使花瓶产生扭曲纹路，最后，加载一个“网格平滑”修改器，使花瓶变光滑，制作流程如图4-87所示。

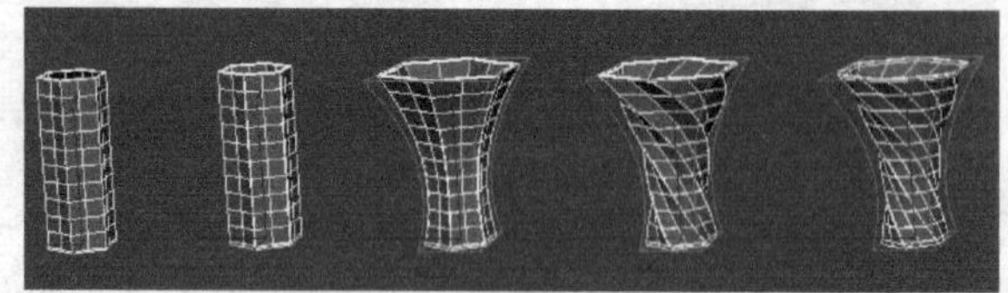

图4-87 制作流程

技巧与提示

本练习涉及的修改器较多，希望读者朋友们多加练习。本练习还可让大家熟悉多个修改器的协同使用。

第5章

高级建模技术

本章将主要讲解3ds Max的高级建模技术，包括多边形建模、样条线建模、NURBS建模，以及使用到的修改器。本章是全书的重点，效果图制作中所涉及的高级建模技术都将在本章中进行介绍，尤其是多边形建模技术，这种方法几乎可以创建效果图中的大部分模型，这类建模方式也是目前的主流建模方式。

课堂学习目标

掌握样条线建模方法

掌握NURBS建模方法

掌握多边形建模方法

掌握VRay毛皮的制作方法

5.1 样条线建模

样条线建模是一种比较特殊的建模方法，其核心就是通过二维样条线来生成三维模型，所以，创建样条线对建立三维模型至关重要。从概念上来看，样条线是二维图形，它是一个没有深度的连续线（可以是开的，也可以是封闭的），在默认的情况下，样条线是不可以被渲染的对象。本节将主要介绍如何创建样条线，以及怎么编辑样条线。

知识名称	主要作用	重要程度
线	通过描点绘制二维线	高
文本	创建文本图形	中
编辑样条线	通过二维线创建三维模型	中
车削	通过围绕坐标轴旋转一个二维图形来生成3D对象	中

5.1.1 关于样条线

二维图形是由一条或多条样条线组成，而样条线又由顶点和线段组成，所以，只要调整顶点的参数及样条线的参数，就可以生成复杂的二维图形，再利用这些二维图形生成三维模型。图5-1和图5-2所示为优秀的样条线作品。

图5-1 火车电缆

图5-2 围栏雕花

单击“创建”面板中的“图形”按钮，然后，设置图形类型为“样条线”，这里有12种样条线，分别是线、矩形、圆、椭圆、弧、圆环、多边形、星形、文本、螺旋线、卵形和截面，如图5-3所示。

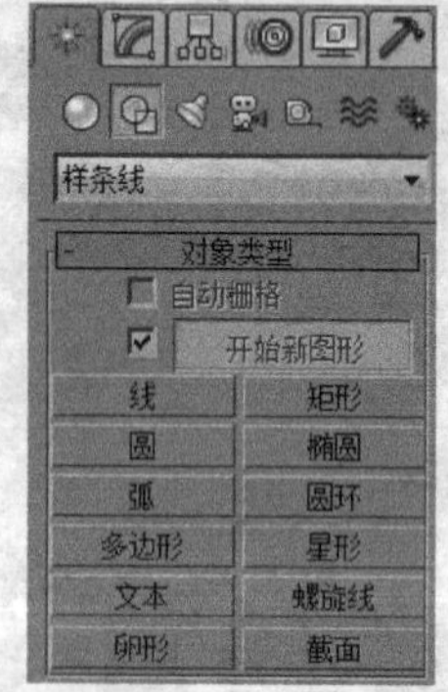

图5-3 样条线的创建面板

样条线的应用范围非常广泛，其建模速度相当快。在3ds Max 2014中制作三维文字时，可以先用“文本”工具 文本 输入文本，然后，将其转换为三维模型，另外，还可以通过导入AI矢量图形来生成三维物体。选择相应的样条线工具后，在视图中拖曳鼠标指针就可以绘制出相应的样条线了，如图5-4所示。

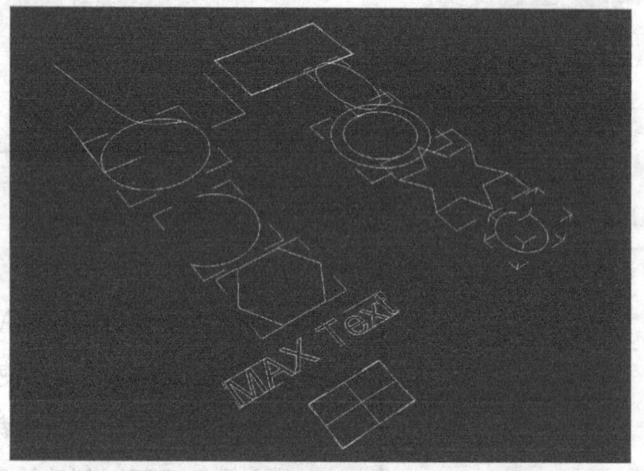

图5-4 样条线

技巧与提示

本节主要介绍了“线”和“文本”的参数，样条线的参数大部分都类似，所以，读者可以参考这两种样条线的参数来学习。下面，将重点介绍编辑样条线这一部分的内容。

5.1.2 线

线是建模中是最常用的一种样条线，其使用方法非常灵活，形状也不受约束，可以封闭也可以不封闭，拐角处可以尖锐也可以圆滑。线的顶点有3种类型，分别是“角点”“平滑”和“Bezier”。

线的参数包括4个卷展栏，分别是“渲染”卷展栏、“插值”卷展栏、“创建方法”卷展栏和“键盘输入”卷展栏，如图5-5所示。

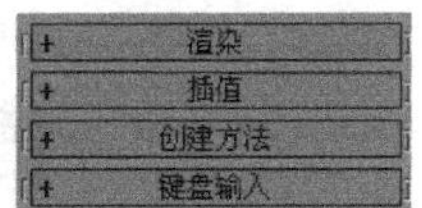

图5-5 线的参数组

1."渲染"卷展栏

"渲染"卷展栏如图5-6所示。

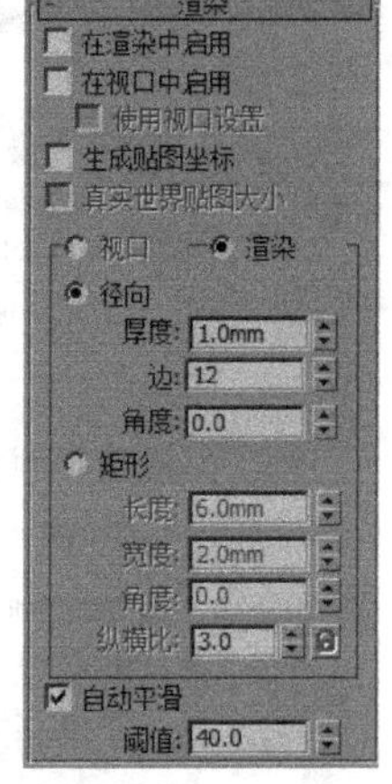

图5-6 "渲染"卷展栏

【参数详解】

在渲染中启用：勾选该选项后，才能渲染出样条线；若不勾选，将不能渲染出样条线。

在视口中启用：勾选该选项后，样条线会以网格的形式显示在视图中。

使用视口设置：该选项只有在开启"在视口中启用"选项时才可用，主要用于设置不同的渲染参数。

生成贴图坐标：用于控制是否应用贴图坐标。

真实世界贴图大小：用于控制应用于对象的纹理贴图材质所使用的缩放方法。

视口/渲染：勾选"在视口中启用"选项后，样条线将显示在视图中；若同时勾选"在视口中启用"和"渲染"选项，那么，样条线在视图中和渲染中都可以显示出来。

径向：将3D网格显示为圆柱形对象，其参数包含"厚度""边"和"角度"。"厚度"选项用于指定视图或渲染样条线网格的直径，其默认值为1，范围从0~100；"边"选项用于在视图或渲染器中为样条线网格设置边数或面数（如值为4时，表示一个方形横截面）；"角度"选项用于调整视图或渲染器中的横截面的旋转位置。

矩形：将3D网格显示为矩形对象，其参数包含"长度""宽度""角度"和"纵横比"。"长度"选项用于设置沿局部y轴的横截面大小；"宽度"选项用于设置沿局部x轴的横截面大小；"角度"选项用于调整视图或渲染器中的横截面的旋转位置；"纵横比"选项用于设置矩形横截面的纵横比。

自动平滑：启用该选项后，将激活下面的"阈值"选项，调整"阈值"数值后，可以自动平滑样条线。

阈值：用于确定是否进行平滑。如果两条样条线之间的角度小于阈值角度，则可将任何两个相接的样条线分段放到相同的平滑组中。

2."插值"卷展栏

"插值"卷展栏如图5-7所示。

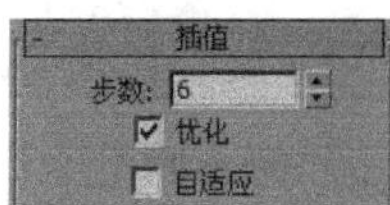

图5-7 "插值"卷展栏

【参数详解】

步数：主要用于调节样条线的平滑度，值越大，样条线就越平滑。

优化：启用该选项后，可以从样条线的直线线段中删除不需要的步数。

自适应：启用该选项后，系统会自适应设置每条样条线的步数，以生成平滑的曲线。

3."创建方法"卷展栏

"创建方法"卷展栏如图5-8所示。

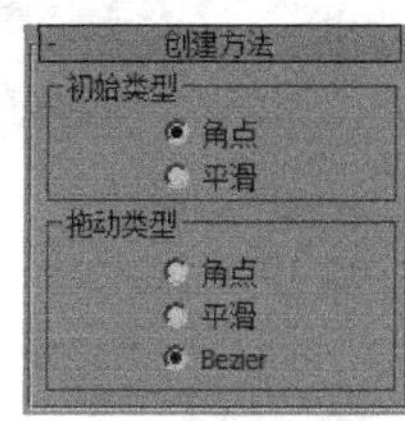

图5-8 "创建方法"卷展栏

【参数详解】

初始类型：用于指定创建第1个顶点的类型，共有以下两个选项。

角点：通过顶点产生一个没有弧度的尖角。

平滑：通过顶点产生一条平滑的、不可调整的曲线。

拖动类型：用于设置拖曳顶点位置时，所创建顶点的类型。

角点：通过顶点产生一个没有弧度的尖角。

平滑：通过顶点产生一条平滑、不可调整的曲线。

Bezier：通过顶点产生一条平滑、可以调整的曲线。

4. “键盘输入”卷展栏

“键盘输入”卷展栏如图5-9所示。可以在该卷展栏下通过键盘输入来完成样条线的绘制。

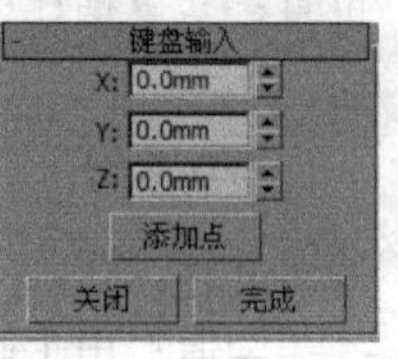

图5-9 “键盘输入”卷展栏

课堂案例

制作扶梯

案例位置	案例文件>第5章>课堂案例：制作扶梯
视频位置	视频文件>第5章>课堂案例：制作扶梯.flv
难易指数	★★★☆☆
学习目标	学习“样条线”的创建方法、学习“挤出”修改器的使用方法

效果图中经常有楼梯的存在，楼梯造型中的部分可通过几何体来拼凑，但是，这种方法非常繁琐且不精确。在本案例中，将为大家介绍一种非常简单的方法，先用相对简单的“线”工具及“挤出”修改器创建楼梯模型，再用“捕捉开关”工具让楼梯的每一阶梯完全一样。楼梯的模型效果如图5-10所示。

图5-10 楼梯模型

01 用鼠标右键单击工具栏中的“捕捉开关”工具，在弹出的“栅格和捕捉设置”对话框中勾选“栅格点”复选框，如图5-11所示。

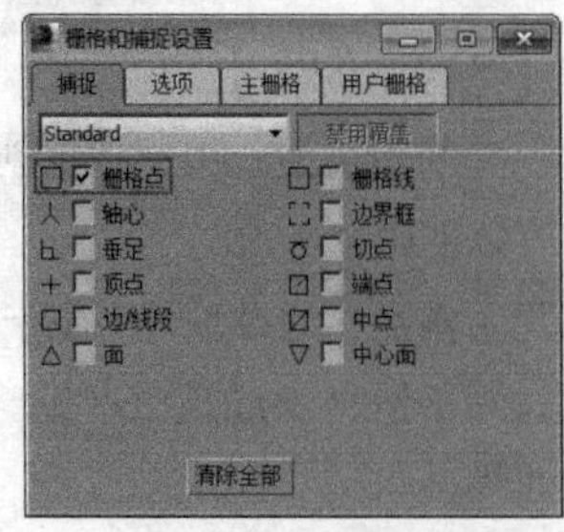

图5-11 设置“捕捉开关”

02 切换到前视图，按Alt+W组合键，最大化视图，然后，用“线”工具在视图中绘制如图5-12所示的线形，控制阶梯的宽度和高度分别为3个栅格和2个栅格。

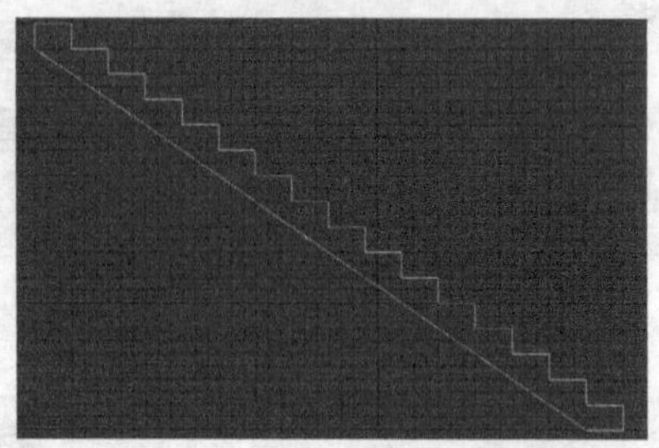

图5-12 绘制阶梯横截面

技巧与提示

这里绘制的都是棱角分明的样条线，如果绘制光滑的样条线，就要对其进行调节（需要尖角的角点时，就不需要调节了），样条线形状主要是在“顶点”级别下进行调节。下面，以图5-13中的矩形为例来详细介绍一下如何将硬角点调节为平面的角点。

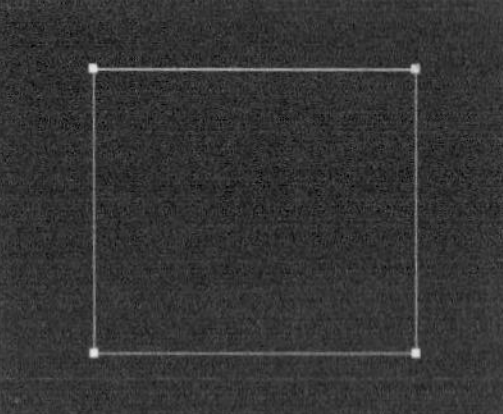

图5-13 绘制四边形

第1步：进入“修改”面板，然后，单击“选择”卷展栏下的“顶点”按钮，进入“顶点”级别，如图5-14所示。

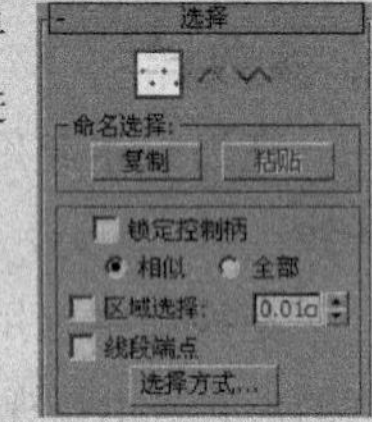

图5-14 选择“顶点”层级

第2步：选择需要调节的顶点，然后，单击鼠标右键，可以从弹出的菜单中看到，除了“角点”选项以外，还有另外3个选项，分别是“Bezier角点”“Bezier”和“平滑”选项，如图5-15所示。

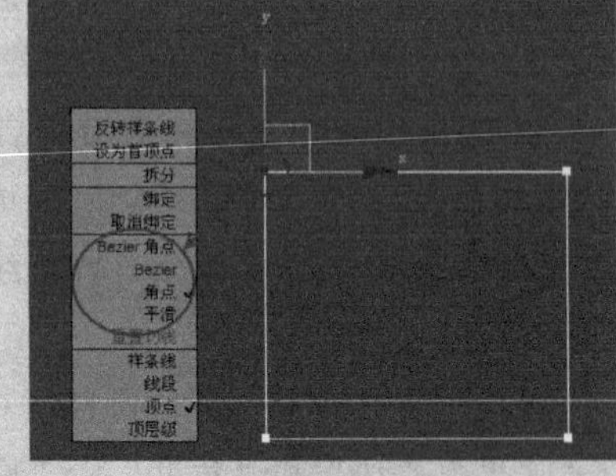

图5-15 顶点调节选项

①平滑：选择该选项后，选择的顶点会自动平滑，但不能再继续调节角点的形状，如图5-16所示。

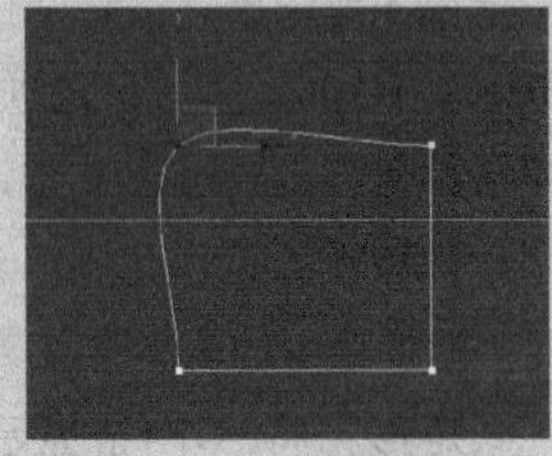

图5-16 平滑

②Bezier角点：选择该选项后，原始角点的形状会保持不变，但会出现控制柄（两条滑竿）和两个可供调节方向的锚点，如图5-17所示。可以用“选择并移动”工具、“选择并旋转”工具和“选择并均匀缩放”工具等对锚点进行移动、旋转和缩放等操作，从而改变角点的形状，如图5-18所示。

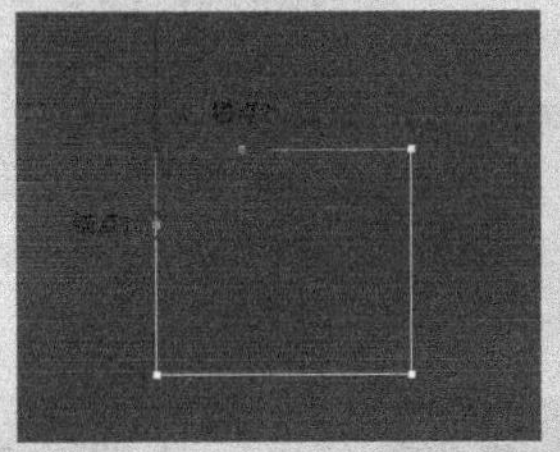

图5-17 Bezier角点

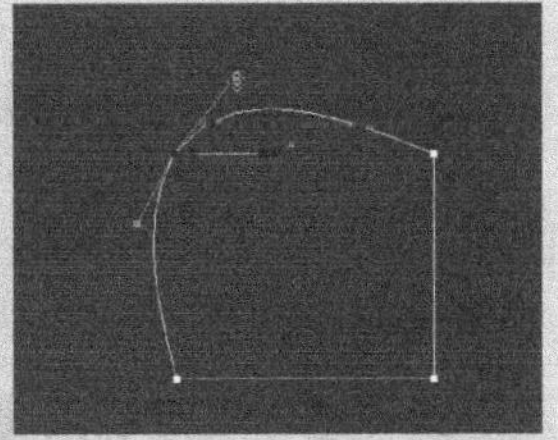

图5-18 调整Bezier角点

③Bezier：选择该选项后，将改变原始角点的形状，同时，会出现控制柄和两个可供调节方向的锚点，如图5-19所示。可以用“选择并移动”工具、“选择并旋转”工具和“选择并均匀缩放”工具等对锚点进行移动、旋转和缩放等操作，从而改变角点的形状，如图5-20所示。

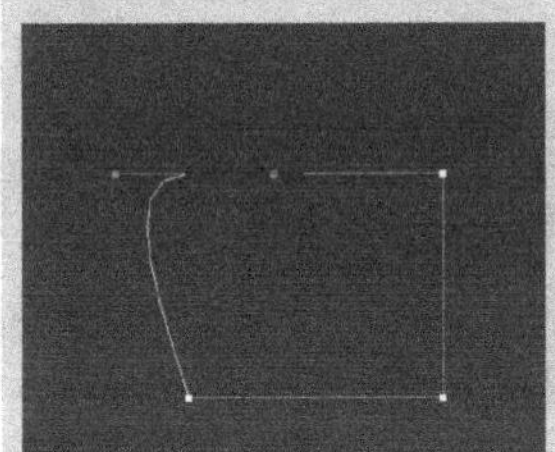

图5-19 Bezier

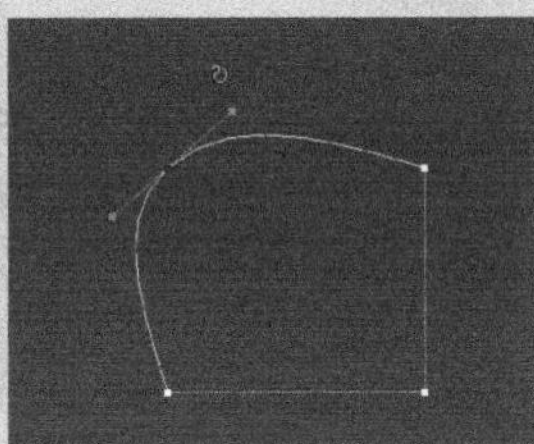

图5-20 调整Bezier

03 在修改器列表中为绘制的阶梯加载一个“挤出”修改器，然后，设置“数量”为“1200mm”，如图5-21所示。

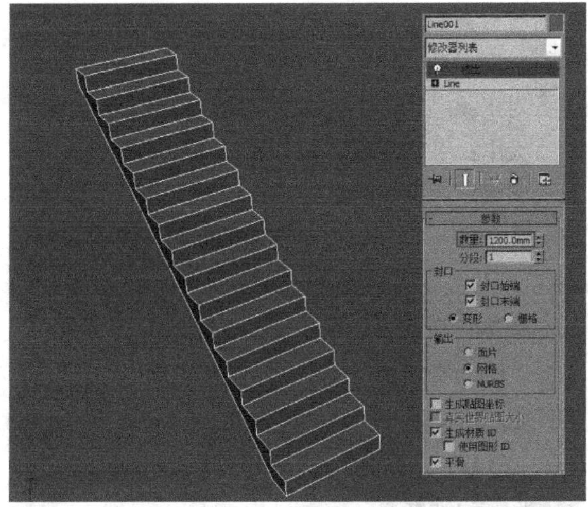

图5-21 加载“挤出”修改器

技巧与提示

“挤出”修改器在样条线建模中经常被用到，它可以将二维图形挤出成有深度的三维模型，其参数面板如图5-22所示，下面介绍其参数部分。

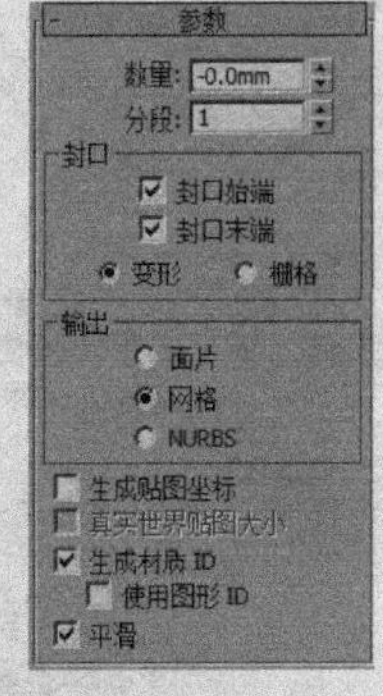

图5-22 “挤出”参数面板

数量：用于设置挤出的深度。

分段：用于指定将要在挤出对象中创建线段的数目。

封口始端：在挤出对象始端生成一个平面。

封口末端：在挤出对象末端生成一个平面。

变形：以可预测、可重复的方式排列封口面，这是创建变形目标所必需的操作。变形封口可以产生细长的面，而不像栅格封口需要渲染或变形。如果要挤出多个渐进目标，则可使用变形封口的方法。

栅格：在图形边界上的方形修剪栅格中排列封口面。此方法将产生一个由大小均等的面构成的表面，这些面可以被其他修改器很容易地变形。当选中“栅格”封口选项时，栅格线是隐藏边而不是可见边。这主要影响使用“关联”选项指定的材质或使用“晶格”修改器的任何对象。

面片：生成一个可以塌陷到面片对象的对象。

网格：生成一个可以塌陷到网格对象的对象。

NURBS：生成一个可以塌陷到NURBS曲面的对象。

平滑：将平滑应用于挤出图形。

04 继续用“线”工具在前视图中绘制扶手部分，其横截面样条线图形如图5-23所示。

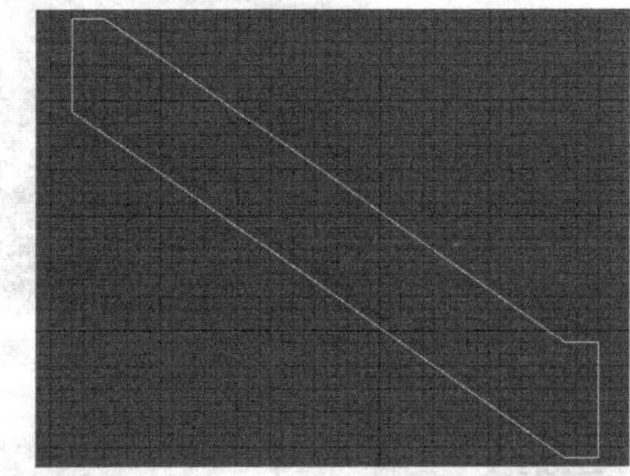

图5-23 扶手横截面

05 为扶手样条线加载一个“挤出”修改器并设置“数量”为“-120mm”，具体参数设置如图5-24所示。

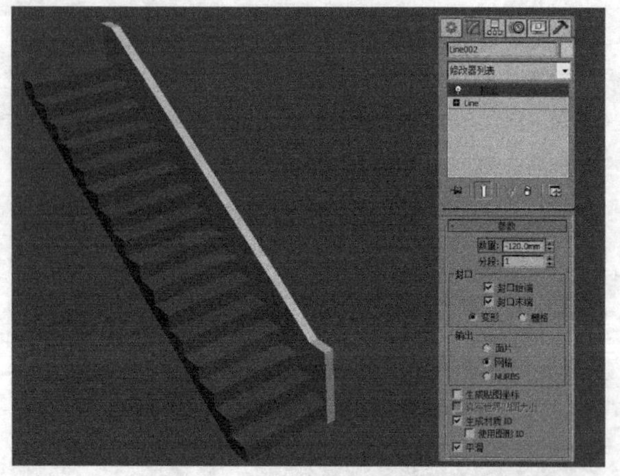
图5-24 加载“挤出”修改器

06 选中上一步创建好的扶手模型，然后，单击工具栏中的“镜像”工具按钮，接着，在弹出的对话框中设置“镜像轴”为“y轴”，设置“偏移”为“-1200mm”（扶手之间的距离就是阶梯的宽度），再设置“克隆当前选”为“复制”，如图5-25所示。

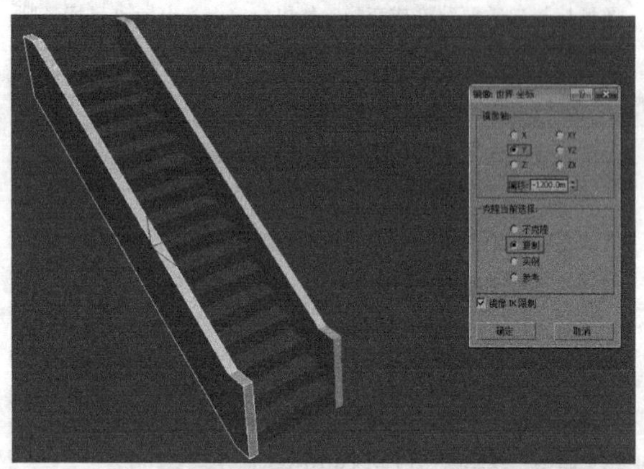
图5-25 镜像处理

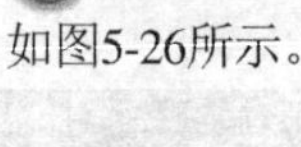
07 镜像处理完成后，扶梯模型就创建完成了，效果如图5-26所示。

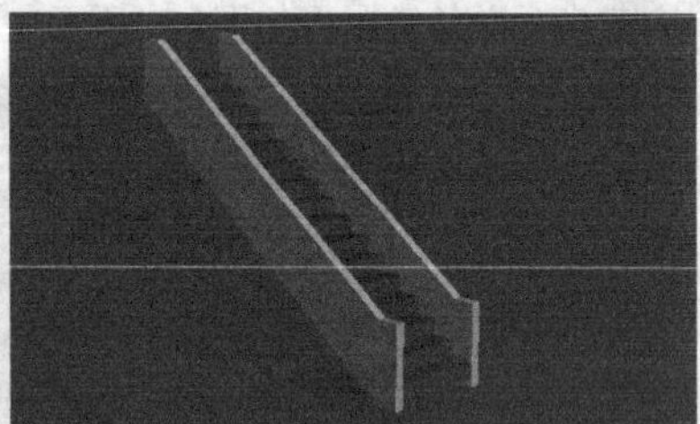
图5-26 扶梯模型

5.1.3 文本

“文本”样条线工具可以很方便地在视图中创建出文字模型，并且，可以更改字体类型和字体大小。文本的参数如图5-27所示。

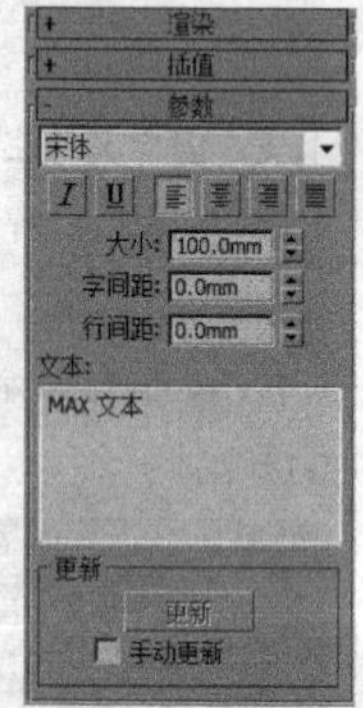
图5-27 “文本”参数面板

【参数详解】

斜体：单击该按钮后，文本将切换为斜体，如图5-28所示。

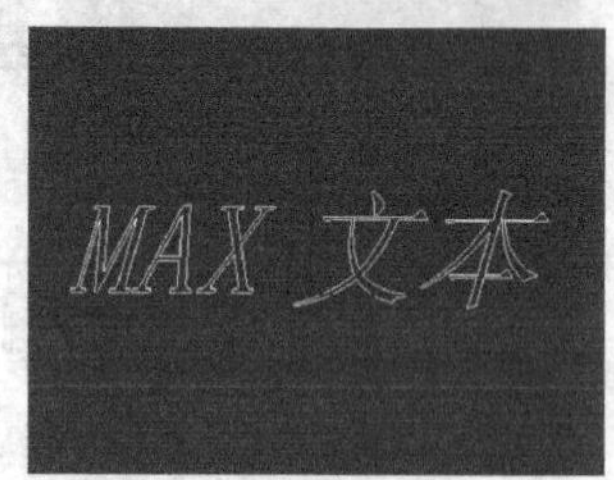
图5-28 斜体

下划线：单击该按钮后，文本将切换为下划线文本，如图5-29所示。

图5-29 图下划线

左对齐：单击该按钮后，文本将对齐到边界框的左侧。

居中：单击该按钮后，文本将对齐到边界框的中心。

右对齐：单击该按钮后，文本将对齐到边界框的右侧。

对正：分隔所有文本行以填充边界框的范围。

大小：用于设置文本高度，其默认值为100mm。

字间距：用于设置文字间的间距。

行间距：用于调整字行间的间距（只对多行文本起作用）。

文本：在此可以输入文本，输入多行文本时，可通过Enter键切换到下一行。

技巧与提示

“渲染”与“插值”卷展栏中的参数与前面讲过的一样，此处就不再赘述了。

课堂案例

制作祝福标语

案例位置 案例文件>第5章>课堂案例：制作祝福标语
视频位置 视频文件>第5章>课堂案例：制作祝福标语.flv
难易指数 ★★★☆☆
学习目标 学习"文本"的创建方法、熟悉"渲染"卷展栏的参数

在大街小巷中，随处可见各种Logo的立体设计，而在效果图中，我们通常在墙上或阁楼顶部加入这类元素，以丰富场景，烘托出场景的意境。本案例的祝福标语用于烘托场景的喜庆氛围，模型效果如图5-30所示。

图5-30 祝福标语模型

01 单击"创建"面板下的"图形"按钮，然后，设置图形类型为"样条线"，接着，单击"文本"按钮 文本 ，最后，在前视图中单击鼠标左键，创建一个默认的文本图形，如图5-31所示。

图5-31 创建文本

02 选择文本图形，进入"修改"面板，然后，在"参数"卷展栏设置"字体"为"华文隶书"、"大小"为"1000mm"，接着，在"文本"输入框中输入"Happy"，具体参数设置及字母效果如图5-32所示。

图5-32 设置文本

03 选择文本"Happy"，然后，打开"渲染"卷展栏，勾选"在渲染中启用"和"在视口中启用"选项，接着，设置"渲染"为"径向"，再设置其"半径"为"20mm"，如图5-33所示。

图5-33 设置"渲染"卷展栏

04 继续用"文本"工具在视图中创建一个文本图形，设置其"字体"为"华文琥珀"、"大小"为"500mm"，然后，在"文本"文本框中输入"New Year"，接着，打开"渲染"卷展栏，设置"径向"的"厚度"为"15mm"，具体参数设置如图5-34所示。

图5-34 创建文本

05 设置完成后，简单的祝福标语就完成了，效果如图5-35所示。

图5-35 模型效果

5.1.4 对样条线进行编辑

虽然3ds Max 2014提供了多种二维图形，但不能完全满足创建复杂模型的需求，因此，就需要对样条线的形状进行修改，由于绘制出来的样条线都是参数化对象，只能对参数进行调整，因此，需要先将样条线转换为可编辑样条线，然后，再对其进行编辑。

1.转换为可编辑样条线

将样条线转换为可编辑样条线的方法有以下两种。

第1种：选择样条线，然后，单击鼠标右键，接

着，在弹出的菜单中选择“转换为>转换为可编辑样条线”命令，如图5-36所示。

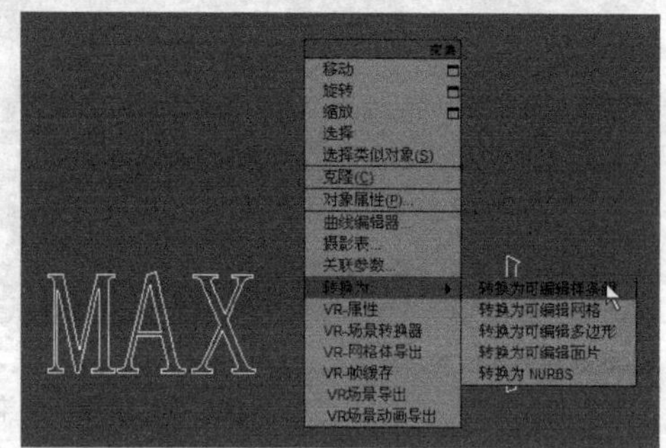

图5-36 转换可编辑样条线

在将样条线转换为可编辑样条线前，样条线具有创建参数（“参数”卷展栏），如图5-37所示。转换为可编辑样条线以后，“修改”面板的修改器堆栈中的Text就变成了“可编辑样条线”了，并且，“参数”卷展栏也没有了，但增加了“选择”“软选择”和“几何体”3个卷展栏，如图5-38所示。

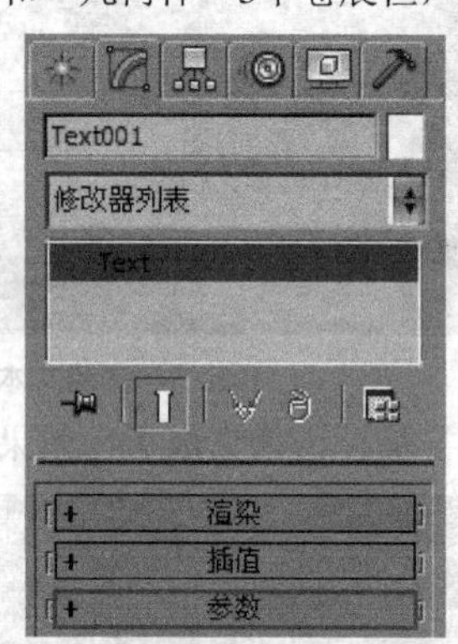

图5-37 参数化样条线的参数

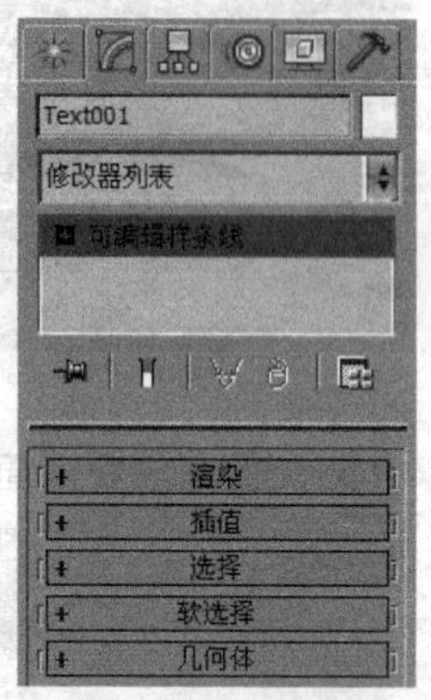

图5-38 可编辑样条线的参数

第2种：选择样条线，然后，在“修改器列表”中为其加载一个“编辑样条线”修改器，如图5-39所示。

图5-39 加载“可编辑样条线”修改器

技巧与提示

上面介绍的两种方法有一些区别。与第1种方法相比，第2种方法的修改器堆栈中不只包含“编辑样条线”选项，同时，还保留了原始的样条线（也包含“参数”卷展栏）。选择“编辑样条线”选项后，将出现“选择”“软选择”和“几何体”卷展栏，如图5-40所示；选择“Text”选项后，将出现“渲染”“插值”和“参数”卷展栏，如图5-41所示。

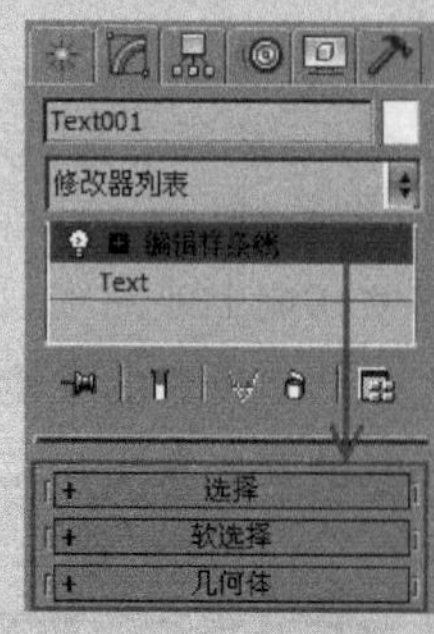

图5-40 选中“编辑样条”

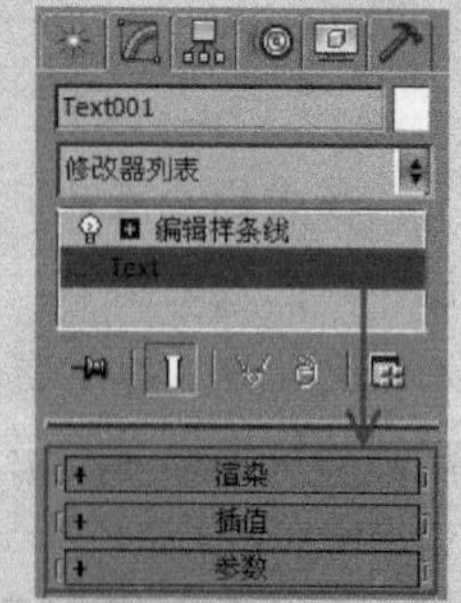

图5-41 选中“text”

在3ds Max的修改器中，能够用于样条线编辑的修改器包括编辑样条线、横截面、删除样条线、车削、规格化样条线、圆角/切角和修剪/延伸等，下面，将针对其中重要的修改器进行讲解。

2.编辑样条线

“编辑样条线”修改器主要针对样条线进行修改和编辑，把样条线转换为可编辑样条线后，“编辑样条线”修改器将包含3个卷展栏，分别是“选择”“软选择”和“几何体”卷展栏，如图5-42所示。

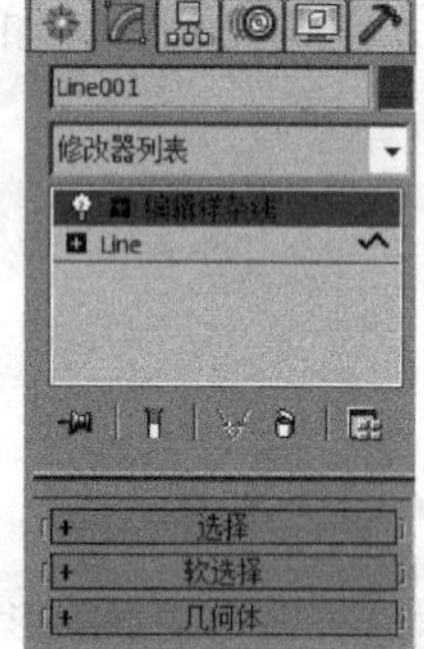

图5-42 “编辑样条线”参数面板

“选择”卷展栏的参数面板如图5-43所示。

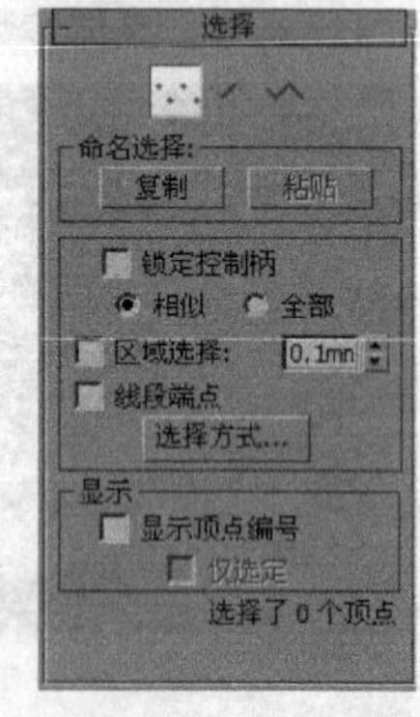

图5-43 “选择”卷展栏

【参数详解】

顶点：用于访问“顶点”子对象级别，可以在该级别下对样条线的顶点进行调节，如图5-44所示。

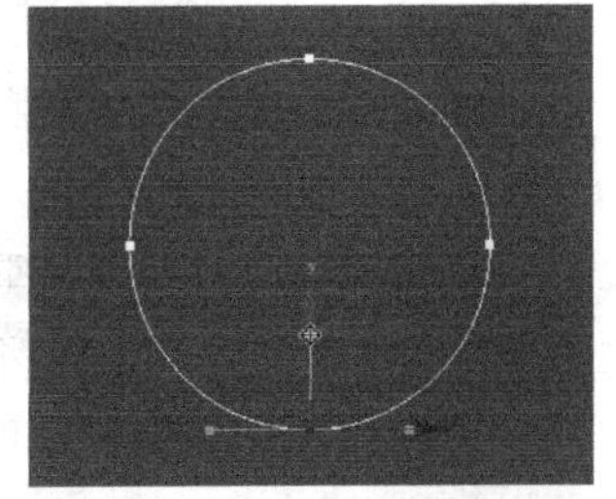

图5-44 选择顶点

线段：用于访问“线段”子对象级别，可以在该级别下对样条线的线段进行调节，如图5-45所示。

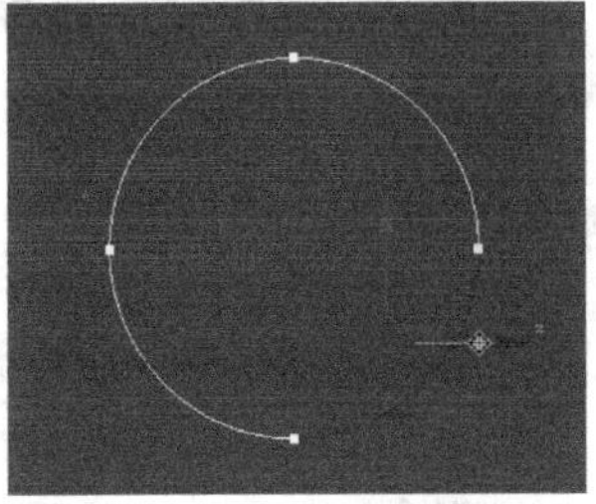

图5-45 选择线段

样条线：用于访问“样条线”子对象级别，可以在该级别下对整条样条线进行调节，如图5-46所示。

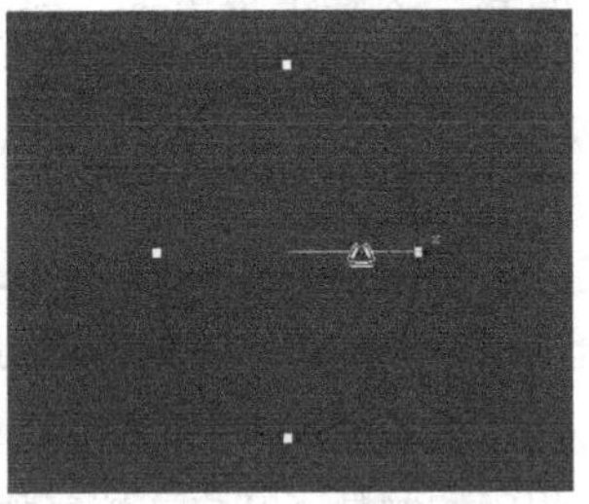

图5-46 选择样条线

命名选择：该选项组用于复制和粘贴命名选择集。

复制：将命名选择集放置到复制缓冲区。

粘贴：从复制缓冲区中粘贴命名选择集。

锁定控制柄：关闭该选项后，即使选择了多个顶点，用户每次也只能变换一个顶点的切线控制柄；勾选该选项后，可以同时变换多个Bezier和Bezier角点控制柄。

相似：选择该选项后，拖曳传入向量的控制柄时，所选顶点的所有传入向量将同时移动，同样，移动某个顶点上的传出切线控制柄时，将移动所有所选顶点的传出切线控制柄。

全部：当处理单个Bezier角点顶点并想要移动两个控制柄时，可以使用该选项。

区域选择：勾选该选项后，将允许自动选择所单击顶点的特定半径中的所有顶点。

线段端点：勾选该选项后，可以通过单击线段来选择顶点。

选择方式：单击该按钮后，将打开“选择方式”对话框，如图5-47所示。可以在该对话框中选择所选样条线或线段上的顶点。

图5-47 选择方式

显示：该选项组用于设置顶点编号的显示方式。

显示顶点编号：启用该选项后，3ds Max将在任何子对象级别的所选样条线的顶点旁边显示顶点编号，如图5-48所示。

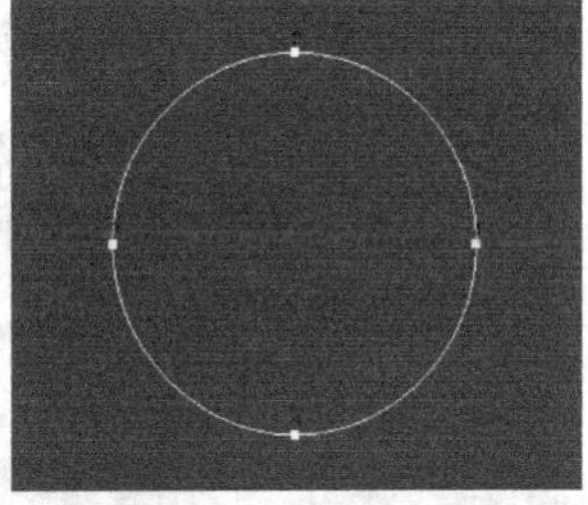

图5-48 显示顶点编号

仅选定：启用该选项后（启用“显示顶点编号”选项时，该选项才可用），仅在所选顶点旁边显示顶点编号，如图5-49所示。

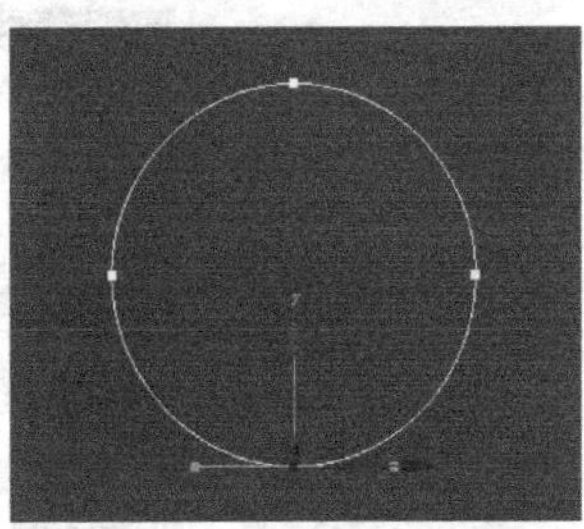

图5-49 仅选定

展开“软选择”卷展栏，其参数选项允许选择显式选择邻接处的子对象，如图5-50所示。这使显式选择的行为像磁场一样。对子对象进行变换时，场中部分被选定的子对象会以平滑的方式进行绘制。

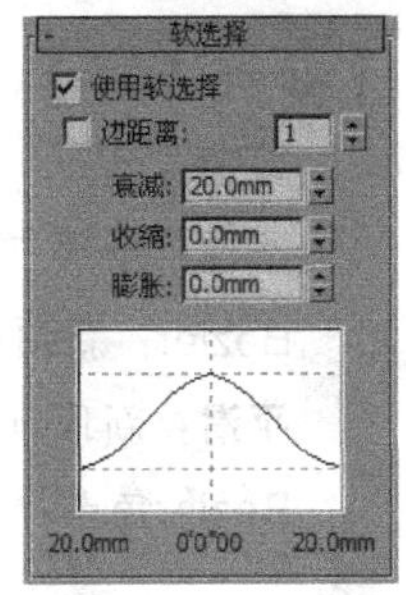

图5-50 软选择卷展栏

【参数详解】

使用软选择：启用该选项后，3ds Max会将样条线曲线变形应用于所变换的选择周围的未选定子对象。

边距离：启用该选项后，可以将软选择限制到指定的边数。

衰减：用于定义影响区域的距离，它是用当前单位表示的从中心到球体的边的距离。使用高的“衰减”数值，可以实现平缓的斜坡。

收缩：用于沿着垂直轴提高或降低曲线的顶点。数值为负数时，将生成凹陷，而不是点；数值为0时，收缩将跨越该轴、生成平滑变换。

膨胀：用于沿着垂直轴展开或收缩曲线。“膨胀”选项会受“收缩”选项的限制。“收缩”值为

0mm且“膨胀”值为1mm时，会产生最为平滑的凸起。

软选择曲线图：以图形的方式显示软选择是如何进行工作的。

展开“几何体”卷展栏，其参数面板包含编辑样条线对象和子对象的相关参数与工具，如图5-51所示。

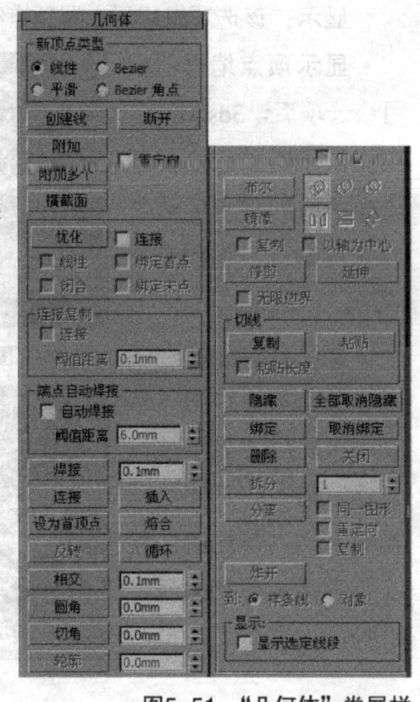

图5-51 “几何体”卷展栏

【参数详解】

新顶点类型：该选项组用于选择新顶点的类型。

线性：新顶点具有线性切线。

Bezier：新顶点具有Bezier切线。

平滑：新顶点具有平滑切线。

Bezier角点：新顶点具有Bezier角点切线。

> **技巧与提示**
> 在“制作扶梯”的课堂案例中，已经对这4种类型的顶点进行过详细介绍，这些就不再赘述了。

创建线 创建线：向所选对象添加更多样条线。这些线是独立的样条线子对象。

断开 断开：在选定的一个或多个顶点拆分样条线中选择一个或多个顶点后，单击“断开”按钮 断开 即可创建拆分效果。

附加 附加：将其他样条线附加到所选样条线上。

附加多个 附加多个：单击该按钮，将打开“附加多个”对话框，该对话框中包含场景中所有其他图形的列表。

重定向：启用该选项后，将重新定向附加的样条线，使每个样条线的创建局部坐标系与所选样条线的创建局部坐标系对齐。

横截面 横截面：在横截面形状外面创建样条线框架。

优化 优化：这是最重要的工具之一，可以在样条线上添加顶点，并且，不更改样条线的曲率值。

连接：启用该选项后，可以通过连接新顶点创建一个新的样条线子对象。用“优化”工具 优化 添加顶点后，“连接”选项会为每个新顶点创建一个单独的副本，然后，将所有副本与一个新样条线相连。

线性：启用该选项后，可以通过“角点”顶点使新样条直线中的所有线段成为线性。

绑定首点：启用该选项后，在优化操作中创建的第一个顶点将被绑定到所选线段的中心。

闭合：勾选该选项后，新样条线中的第一个和最后一个顶点将连接，创建出一个闭合的样条线；取消勾选该选项后，“连接”选项将始终创建一个开口样条线。

绑定末点：启用该选项后，在优化操作中创建的最后一个顶点将被绑定到所选线段的中心。

连接复制： 该选项组在“线段”级别下使用，用于控制是否开启连接复制功能。

连接：启用该选项后，按住Shift键并复制线段时将创建一个新的样条线子对象，以及将新线段的顶点连接到原始线段顶点的其他样条线。

阈值距离：用于确定启用“连接复制”选项时将使用的距离软选择。数值越高，创建的样条线就越多。

端点自动焊接：该选项组用于自动焊接样条线的端点。

自动焊接：启用该选项后，会自动焊接在与同一样条线的另一个端点的阈值距离内放置和移动的端点顶点。

阈值距离：用于控制自动焊接顶点前，顶点可以与另一个顶点接近的程度。

焊接 焊接：这是最重要的工具之一，可以将两个端点顶点或同一样条线中的两个相邻顶点转化为一个顶点。

连接 连接：用于连接两个端点顶点，以生成一个线性线段。

插入 插入：用于插入一个或多个顶点，以创建其他线段。

设为首顶点 设为首顶点：用于指定所选样条线中的第一个顶点。

熔合 熔合：将所有选定顶点移至它们的平均中心位置。

反转 反转：该工具在“样条线”级别下使用，用于反转所选样条线的方向。

循环 循环：选择顶点并单击该按钮后，将循环选择同一条样条线上的顶点。

相交 相交：在属于同一个样条线对象的两个样条线的相交处添加顶点。

圆角 圆角：在线段会合的地方设置圆角，以添加新的控制点。

切角 切角：用于设置形状角部的倒角。

轮廓 轮廓：这是最重要的工具之一，在“样条线”级别下使用，用于创建样条线的副本。

中心：如果关闭该选项，原始样条线将保持静止，仅一侧的轮廓偏移到“轮廓”工具指定的距离；如果启用该选项，原始样条线和轮廓将从一个不可见的中心线向外移动由“轮廓”工具指定的距离。

布尔：对两个样条线进行2D布尔运算。

并集：将两个重叠样条线组合成一个样条线。在该样条线中，重叠的部分会被删除，而将不重叠的部分组成一个样条线。

差集：从第1个样条线中减去与第2个样条线重叠的部分，并且，删除第2个样条线中剩余的部分。

交集：仅保留两个样条线的重叠部分，并且，会删除两者的不重叠部分。

镜像：对样条线进行相应的镜像操作。

水平镜像：沿水平方向镜像样条线。

垂直镜像：沿垂直方向镜像样条线。

双向镜像：沿对角线方向镜像样条线。

复制：启用该选项后，可以在镜像样条线时复制（而不是移动）样条线。

以轴为中心：启用该选项后，可以以样条线对象的轴点为中心镜像样条线。

修剪 修剪：用于清理形状中的重叠部分，使端点接合在一个点上。

延伸 延伸：用于清理形状中的开口部分，使端点接合在一个点上。

无限边界：启用该选项后，可以将开口样条线视为无穷长，以便于计算相交。

切线：该选项组中的工具可以将一个顶点的控制柄复制并粘贴到另一个顶点。

复制 复制：激活该按钮并选择一个控制柄后，可以将所选控制柄切线复制到缓冲区。

粘贴 粘贴：激活该按钮并单击一个控制柄后，可以将控制柄切线粘贴到所选顶点。

粘贴长度：启用该选项后，除了可考虑控制柄角度，还可以复制控制柄的长度；关闭该选项后，则只考虑控制柄角度，而不改变控制柄长度。

隐藏 隐藏：用于隐藏所选顶点和任何相连的线段。

全部取消隐藏 全部取消隐藏：用于显示任何隐藏的子对象。

绑定 绑定：允许创建绑定顶点。

取消绑定 取消绑定：允许断开绑定顶点与所附加线段的连接。

删除 删除：可以在“顶点”级别下删除所选的一个或多个顶点，以及与每个要删除的顶点相连的那条线段；可以在“线段”级别下删除当前形状中任何选定的线段。

关闭 关闭：通过将所选样条线的端点顶点与新线段相连来关闭该样条线。

拆分 拆分：通过添加由指定的顶点数来细分所选线段。

分离 分离：允许选择不同样条线中的几个线段，再通过拆分（或复制）它们来构成一个新图形。

同一图形：启用该选项后，将关闭“重定向”功能，并且，“分离”操作将使分离的线段保留为形状的一部分（而不是生成一个新形状）。如果同时启用了“复制”选项，那么，可以结束在同一位置进行的线段的分离副本。

重定向：移动和旋转新的分离对象，以便对局部坐标系进行定位，并且，使其与当前活动栅格的原点对齐。

复制：复制分离线段，而不是移动它。

炸开 炸开：通过将每个线段转化为一个独立的样条线或对象来分裂任何所选样条线。

到：用于设置炸开样条线的方式，包含“样条线”和“对象”两种。

显示：用于控制是否开启“显示选定线段”功能。

显示选定线段：启用该选项后，与所选顶点子对象相连的任何线段都将高亮显示为红色。

技巧与提示

"几何体"卷展栏中的参数非常重要，希望读者朋友们认真学习。

5.1.5 车削

"车削"修改器是样条线建模过程中常用的一种修改器，它可以通过围绕坐标轴旋转一个图形或NURBS曲线来生成3D对象，如图5-52所示。

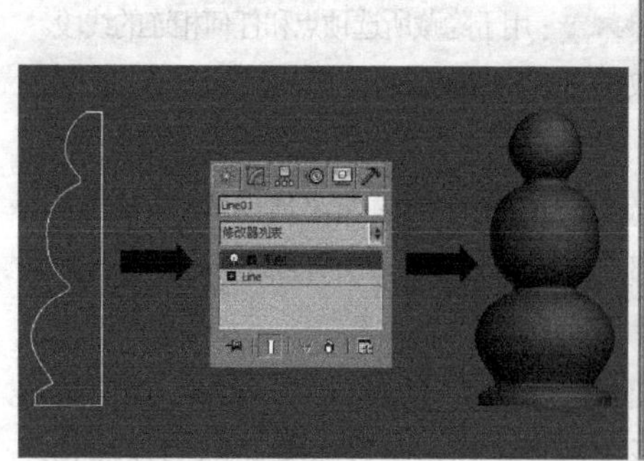
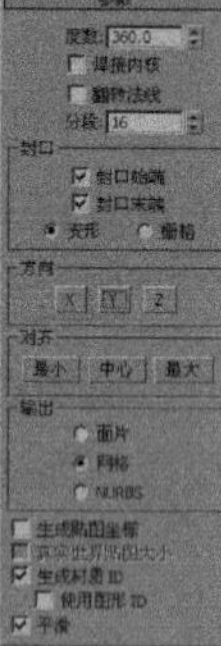

图5-52 "车削"效果及其参数面板

【参数详解】

度数：用于设置对象围绕坐标轴旋转的角度，其范围从0°～360°，默认值为360°。

焊接内核：通过焊接旋转轴中的顶点来简化网格。

翻转法线：使物体的法线翻转，翻转后，物体的内部会外翻。

分段：在起始点之间设置在曲面上创建的插补线段的数量。

封口：设置的车削对象的"度数"小于"360°"时，该选项用于控制是否在车削对象的内部创建封口。

封口始端：车削的起点，用于设置封口的最大程度。

封口末端：车削的终点，用于设置封口的最大程度。

变形：按照创建变形目标所需的可预见且可重复的模式来排列封口面。

栅格：用于在图形边界的方形上修剪栅格中安排的封口面。

方向：用于设置轴的旋转方向，共有*x*、*y*和*z*这3个轴可供选择。

对齐：用于设置对齐的方式，共有"最小""中心"和"最大"3种方式可供选择。

输出：用于指定车削对象的输出方式，共有以下3种。

面片：产生一个可以折叠到面片对象中的对象。

网格：产生一个可以折叠到网格对象中的对象。

NURBS：产生一个可以折叠到NURBS对象中的对象。

课堂案例

制作餐具

案例位置	案例文件>第5章>课堂案例：制作餐具
视频位置	视频文件>第5章>课堂案例：制作餐具.flv
难易指数	★★★☆☆
学习目标	练习"编辑样条线"的操作技巧、学习"车削"修改器的使用方法

厨房是家的重要组成部分，在效果图中，我们通常通过餐具之类的物体来间接表现厨房环境。本案例就介绍如何通过简单的样条线来制作餐具，模型效果如图5-53所示。

图5-53 餐具模型的效果

01 用"线"工具 线 在前视图中绘制一条如图5-54所示的样条线。

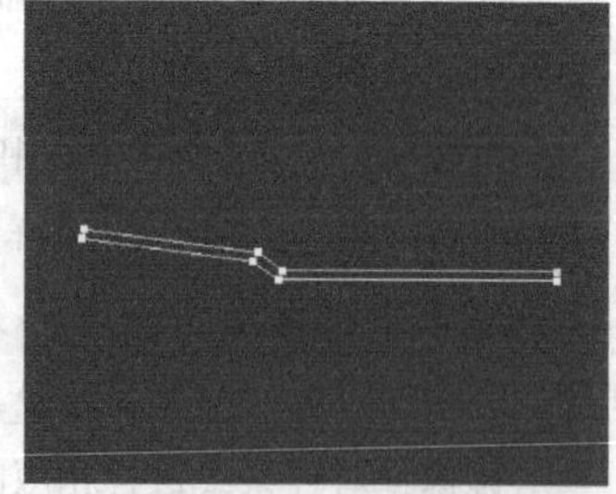

图5-54 绘制样条线

02 切换到"修改"面板，进入"顶点"级别，然后，选择如图5-55所示的6个顶点，接着在"几何体"卷展栏下单击"圆角"按钮 圆角 ，最后，在前视图中拖曳鼠标指针，创建出圆角，效果如图5-56所示。

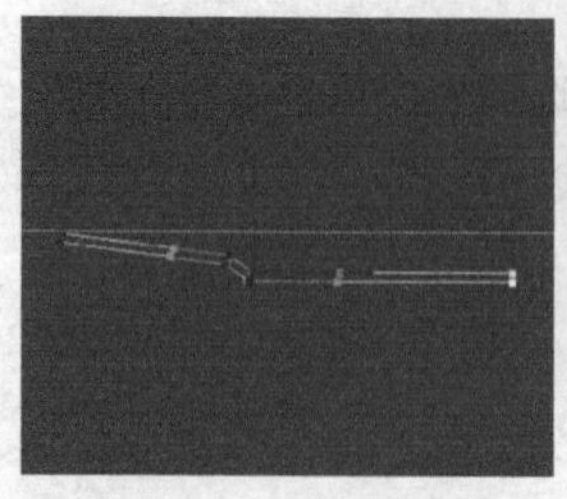

图5-55 创建样条线

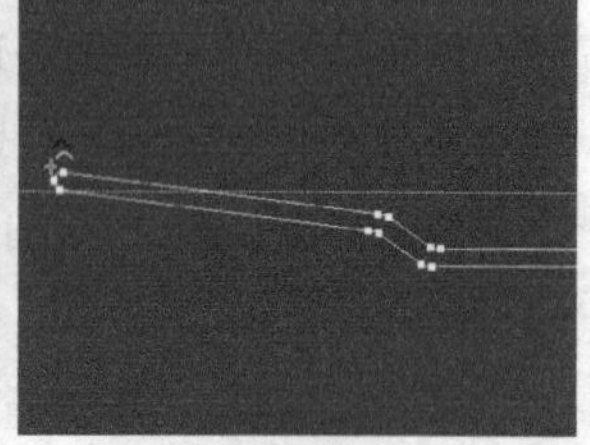

图5-56 设置圆角

技巧与提示

读者或许会有疑问，这里没有转化为可编辑样条线，也没有加载“编辑样条线”修改器，为什么可以直接编辑？

因为这里用的是“线（Line）”工具绘制的图形，绘制出后，图形就已经是“编辑样条线”了，而其他的图形，如圆和矩形等，是需要先转换或加载修改器的。

03 为样条线加载1个“车削”修改器，然后，在“参数”卷展栏下设置“分段”为“60”，接着，设置“方向”为“y轴”、“对齐”方式为“最大”，具体参数设置及模型效果如图5-57所示。

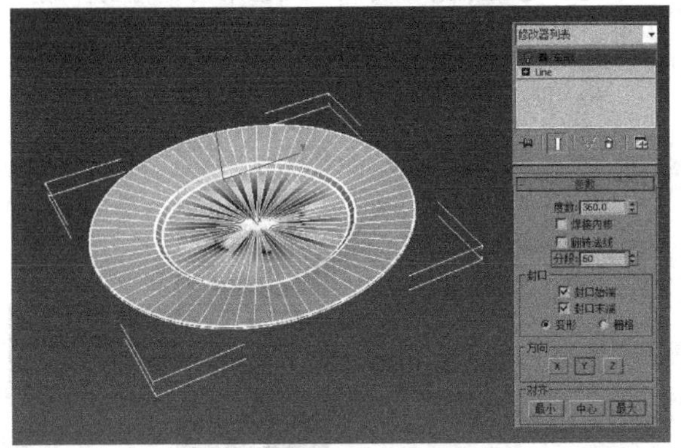

图5-57 加载“车削”修改器

04 为盘子模型加载一个“平滑”修改器（采用默认设置），效果如图5-58所示。

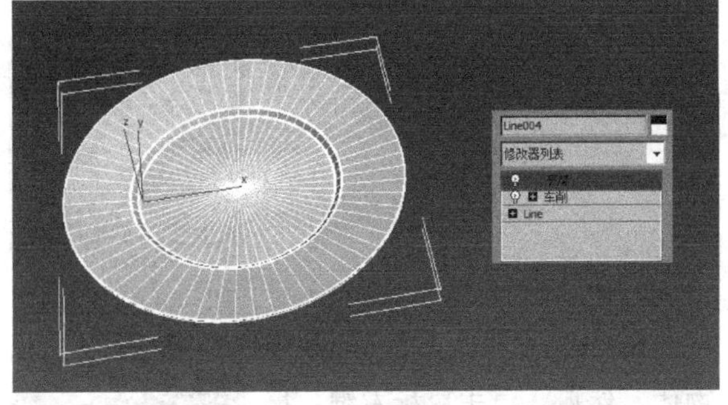

图5-58 加载“平滑”修改器

05 用复制功能复制两个盘子，然后，用“选择并均匀缩放”工具将复制出的盘子缩放到合适的大小，完成后的效果如图5-59所示。

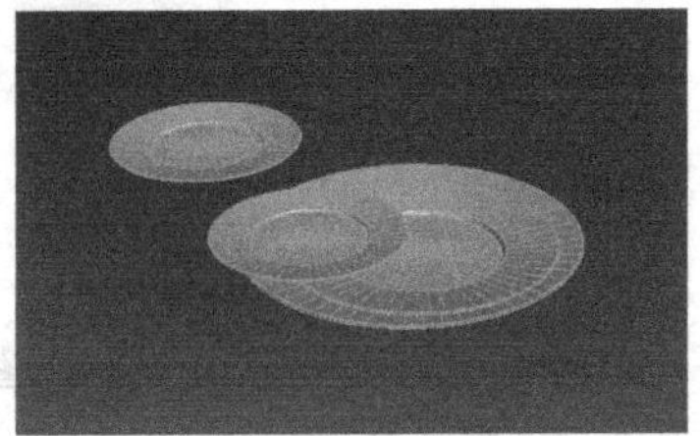

图5-59 复制模型

06 下面，制作杯子模型。用“线”工具 线 在前视图中绘制一条如图5-60所示的样条线。

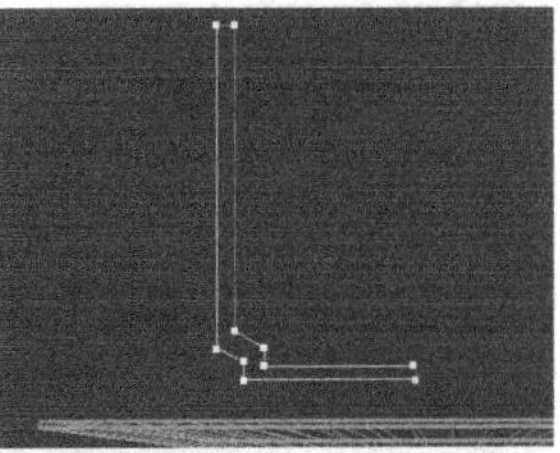

图5-60 绘制图形

07 进入“顶点”级别，然后，选择如图5-61所示的6个顶点，接着，在“几何体”卷展栏下单击“圆角”按钮 圆角，最后，在前视图中拖曳鼠标指针，创建出圆角，效果如图5-62所示。

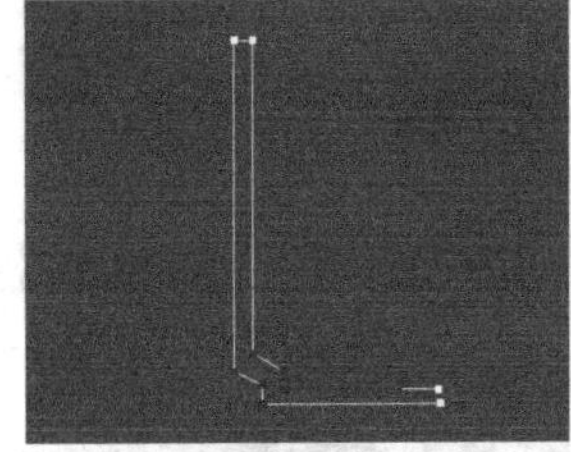

图5-61 绘制图形　　图5-62 编辑圆角

08 为样条线加载一个“车削”修改器，然后，在“参数”卷展栏下设置“分段”为“60”，接着，设置“方向”为“y轴”、“对齐”方式为“最大”，具体参数设置及模型效果如图5-63所示。

图5-63 加载“车削”修改器

09 下面，制作杯子的把手模型。用“线”工具 线 在前视图中绘制一条如图5-64所示的样条线。

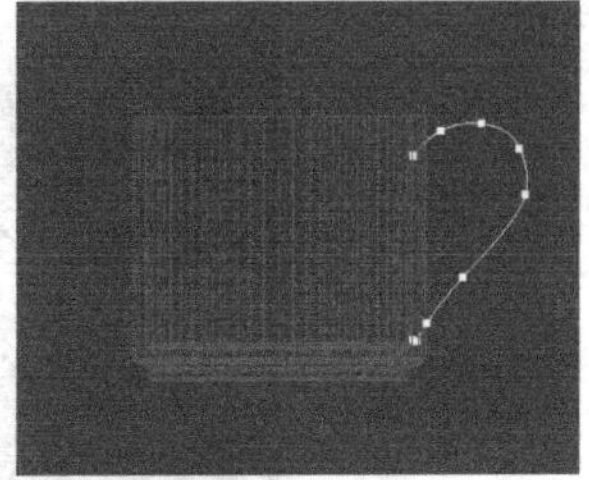

图5-64 创建把手曲线

10 选择样条线，然后，在“渲染”卷展栏下勾选“在渲染中启用”和“在视口中启用”选项，接着，设置“径向”的“厚度”为“8mm”，具体参数设置及模型效果如图5-65所示，最终效果如图5-66所示。

图5-65 设置“渲染”参数

图5-66 最终模型效果

5.2 多边形建模

多边形建模是当今主流的建模方式，已经被广泛应用于游戏角色、影视、工业造型、室内外等模型制作中。多边形建模的方法在编辑上更加灵活，对硬件的要求也很低，其建模思路与网格建模的思路很接近，其不同点在于，网格建模只能编辑三角面，而多边形建模对面数没有任何要求。图5-67所示为一些比较优秀的多边形建模作品。

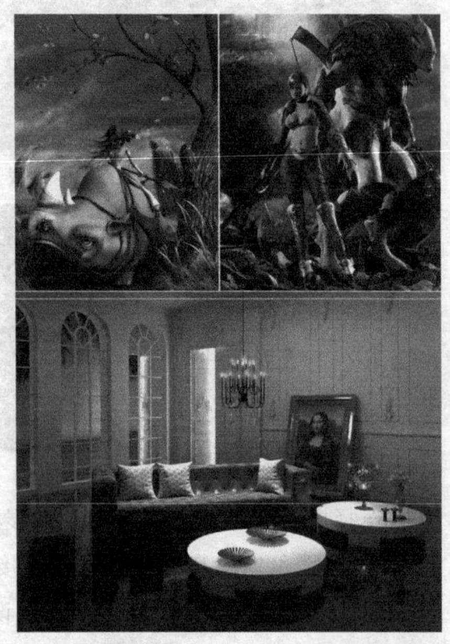

图5-67 多边形建模的应用

技巧与提示

本节将主要介绍多边形建模的内容，包括参数和建模方法等，本章内容非常重要，希望读者仔细学习每部分内容，务必掌握本节中的所有内容，这是效果图建模的重中之重。

知识名称	主要作用	重要程度
编辑多边形	对多边形的“点”和“边”等子对象进行编辑	高

5.2.1 塌陷多边形对象

在编辑多边形对象之前，先要明确，多边形物体不是创建出来的，而是塌陷出来的。将物体塌陷为多边形的方法主要有以下3种。

第1种：在物体上单击鼠标右键，然后，在弹出的菜单中选择“转换为>转换为可编辑多边形”命令，如图5-68所示。

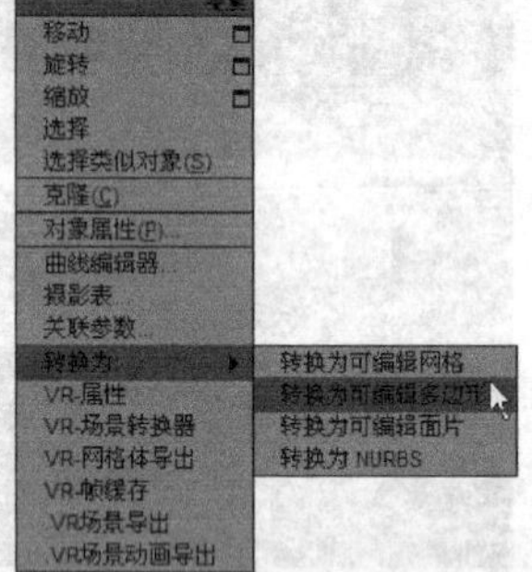

图5-68 转换多边形

第2种：为物体加载“编辑多边形”修改器，如图5-69所示。

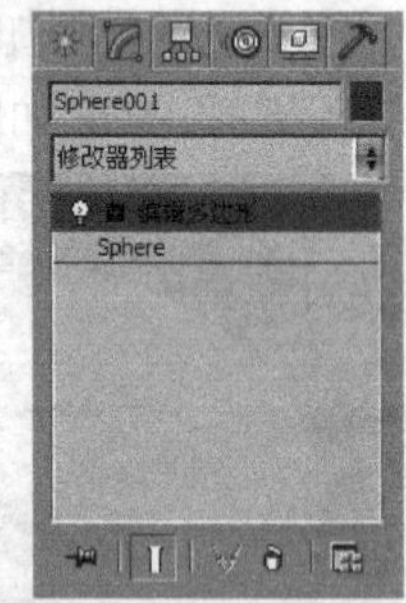

图5-69 加载修改器

第3种：在修改器堆栈中选中物体，然后，单击鼠标右键，接着，在弹出的菜单中选择“可编辑多边形”命令，如图5-70所示。

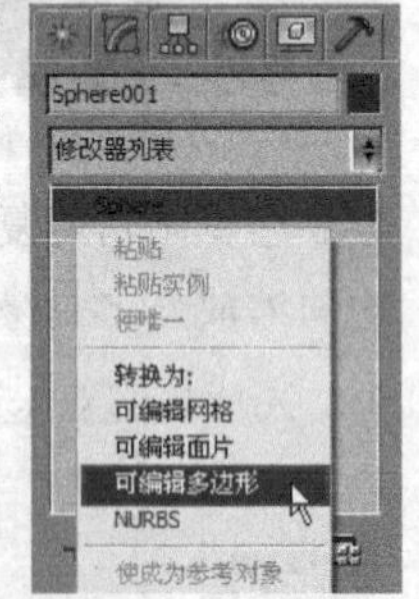

图5-70 使用堆栈命令

5.2.2 编辑多边形对象

将物体转换为可编辑多边形对象后，就可以对可编辑多边形对象的顶点、边、边界、多边形和元素分别进行编辑了。可编辑多边形的参数设置面板中包括6个卷展栏，分别是“选择”卷展栏、“软选择”卷展栏、“编辑几何体”卷展栏、“细分曲面”卷展栏、“细分置换”卷展栏和“绘制变形”卷展栏，如图5-71所示。

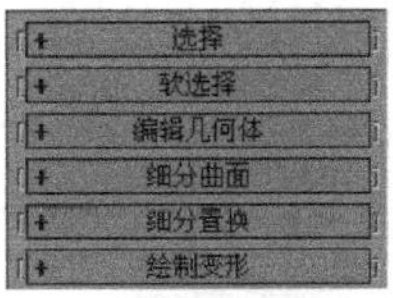

图5-71 参数设置面板

技巧与提示

选择了不同的子物体级别以后，可编辑多边形的参数设置面板也会发生相应的变化，比如，在“选择”卷展栏下单击“顶点”按钮，进入“顶点”级别以后，参数设置面板中就会增加两个用于对顶点进行编辑的卷展栏，如图5-72所示；如果进入“边”级别和“多边形”级别以后，则将增加对边和多边形进行编辑的卷展栏，如图5-73和图5-74所示。

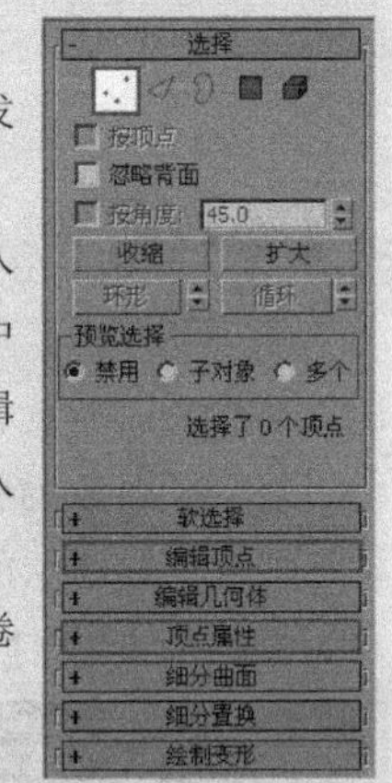

图5-72 选择“点”层级

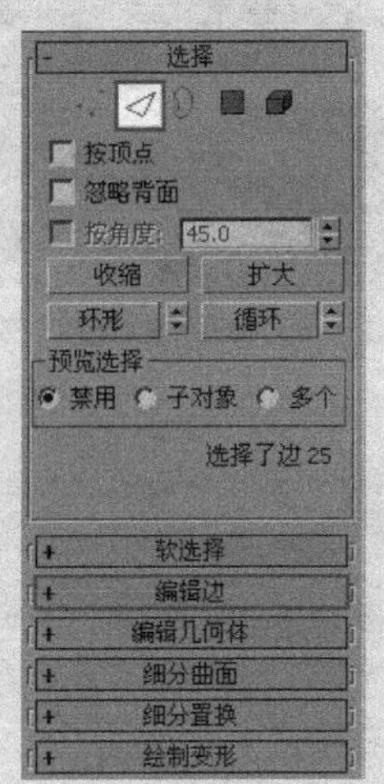

图5-73 选择“边”层级

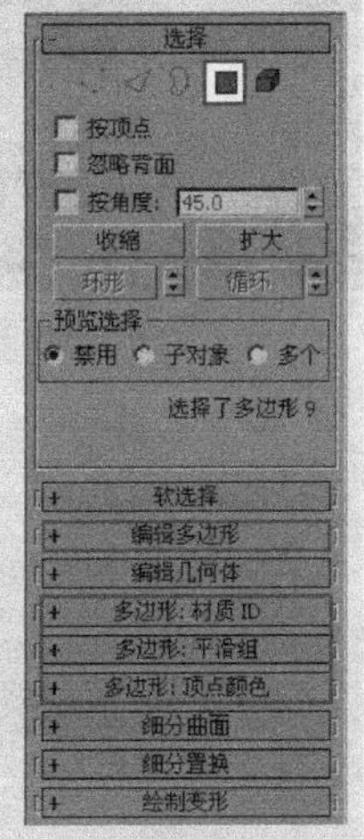

图5-74 选择“多边形”层级

在下面的内容中，将着重对“选择”卷展栏、“软选择”卷展栏、“编辑几何体”卷展栏进行详细讲解，还将对“顶点”级别下的“编辑顶点”卷展栏、“边”级别下的“编辑边”卷展栏及“多边形”卷展栏的“编辑多边形”卷展栏进行重点讲解。

1. “选择”卷展栏

“选择”卷展栏下的工具与选项主要用于访问多边形子对象级别及快速选择子对象，如图5-75所示。

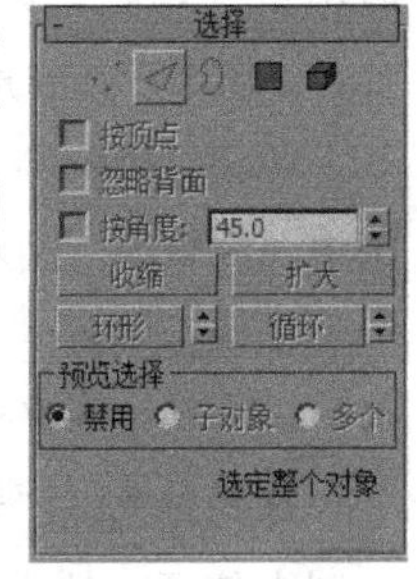

图5-75 “选择”卷展栏

【参数详解】

顶点：用于访问“顶点”子对象级别。

边：用于访问“边”子对象级别。

边界：用于访问“边界”子对象级别，可从中选择构成网格中孔洞边框的一系列边。边界总是由仅在一侧带有面的边组成，并且，总是完整循环。

多边形：用于访问“多边形”子对象级别。

元素：用于访问“元素”子对象级别，可从中选择对象中的所有连续多边形。

按顶点：该选项可以在除了“顶点”级别外的其他4种级别中使用。启用该选项后，只有选择了所用的顶点后才能选择子对象。

忽略背面：启用该选项后，只能选中法线指向当前视图的子对象，比如，启用该选项并在前视图中框选如图5-76所示的顶点后，只能选择正面的顶点，背面的不会被选到。图5-77所示为在左视图中观察的效果；关闭该选项后，若在前视图中框选相同区域的顶点，则背面的顶点也会被选择。图5-78所示为在顶视图中观察的效果。

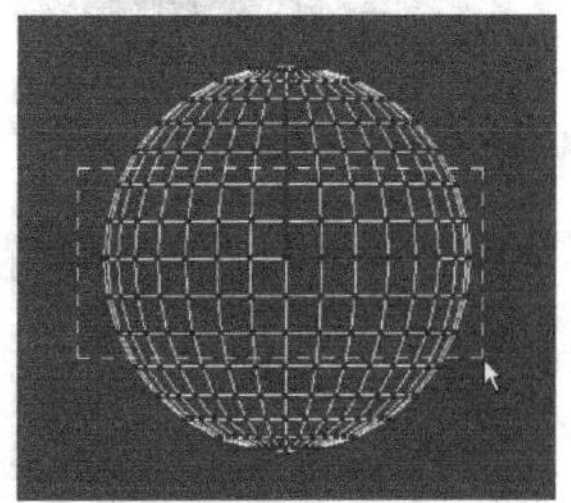

图5-76 框选顶点（前视图）

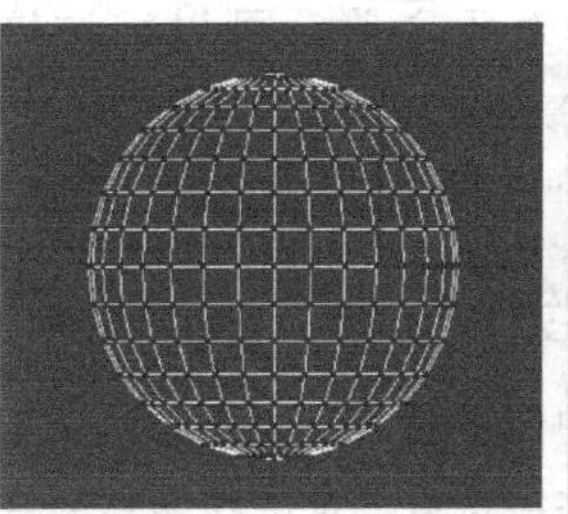

图5-77 启用“忽略背面”（左视图）

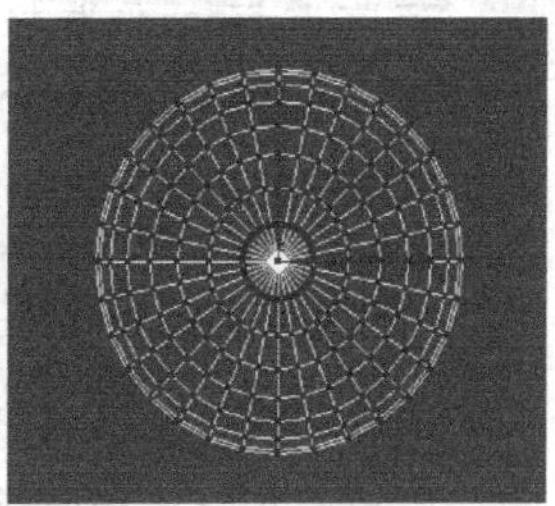

图5-78 取消“忽略背面”（顶视图）

按角度：该选项只能用在“多边形”级别中。启用该选项时，如果选择一个多边形，那么，3ds Max会基于设置的角度自动选择相邻的多边形。

收缩 ：单击该按钮后，将在当前选择范围中向内减少一圈对象。

扩大 ：与“收缩”相反，单击该按钮后，将在当前选择范围中向外增加一圈对象。

环形 ：该工具只能在“边”和“边界”级别中使用。选中一部分子对象后，单击该按钮，将自动选择平行于当前对象的其他对象，比如，选择一条如图5-79所示的边，然后，单击“环形”按钮 ，将选择整个纬度上平行于选定边的边，如图5-80所示。

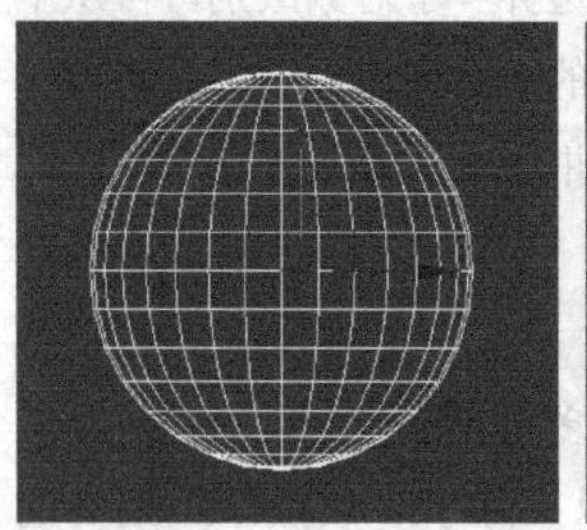

图5-79 选择一条边

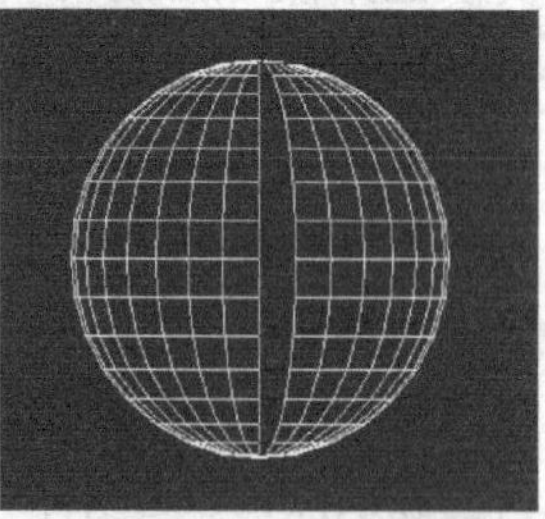

图5-80 使用“环形”

循环 ：该工具同样只能在“边”和“边界”级别中使用。在选中一部分子对象后，单击该按钮可以自动选择与当前对象在同一曲线上的其他对象。比如选择如图5-81所示的边，然后单击“循环”按钮 ，可以选择整个经度上的边，如图5-82示。

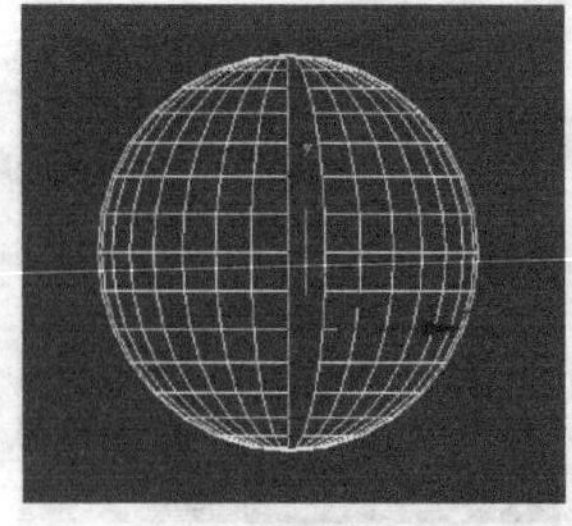

图5-81 选择边

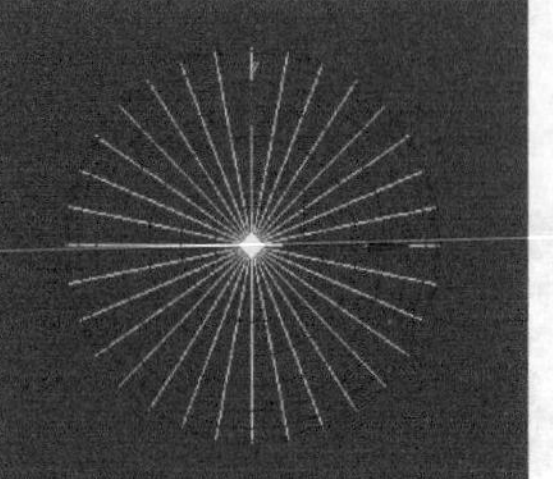

图5-82 使用“循环”

预览选择：在选择对象之前，可以通过这里的选项预览鼠标指针滑过处的子对象，有“禁用”“子对象”和“多个”3个选项可供选择。

2. “软选择”卷展栏

“软选择”是以选中的子对象为中心向四周扩散，以放射状方式来选择子对象。对选择的部分子对象进行变换时，可以让子对象以平滑的方式进行过渡。另外，可以通过控制“衰减”“收缩”和“膨胀”的数值来控制所选子对象区域的大小及对子对象控制力的强弱。“软选择”卷展栏中还包含了绘制软选择的工具，如图5-83所示。

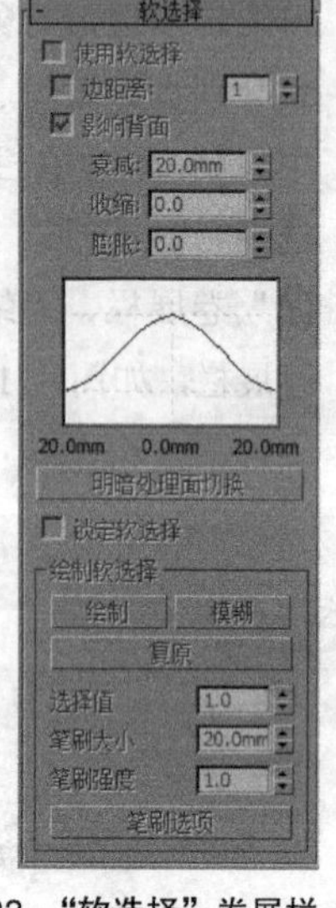

图5-83 “软选择”卷展栏

【参数详解】

使用软选择：用于控制是否开启“软选择”功能。启用后，若选择一个或一个区域的子对象，则会以这个子对象为中心向外选择其他对象，比如，框选如图5-84所示的顶点后，软选择将会以这些顶点为中心向外进行扩散选择，如图5-85所示。

图5-84 框选顶点

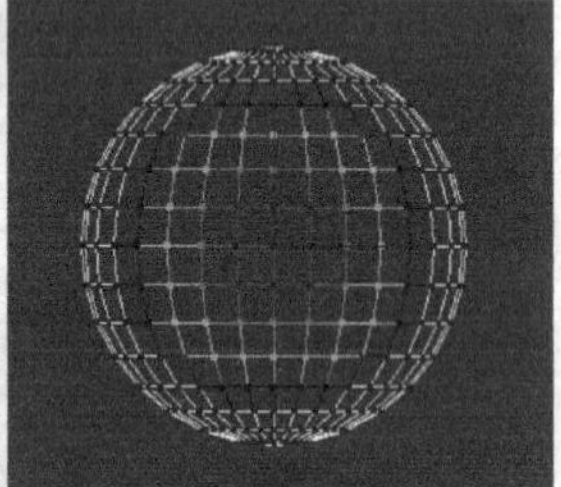

图5-85 使用“软选择”效果

技巧与提示

在用“软选择”选择子对象时，被选择的子对象是以红、橙、黄、绿、蓝5种颜色来显示的。处于中心位置的子对象显示为红色，表示这些子对象被完全选择，在操作这些子对象时，它们将被完全影响，然后，依次是橙、黄、绿、蓝的子对象。

边距离：启用该选项后，软选择将被限制到指定的面数。

影响背面：启用该选项后，那些与选定对象法线方向相反的子对象也会受到相同的影响。

衰减：用于定义影响区域的距离，默认值为20mm。“衰减”数值越高，软选择的范围也就越大。图5-86和图5-87所示为将“衰减”设置为500mm

和800mm时的选择效果。

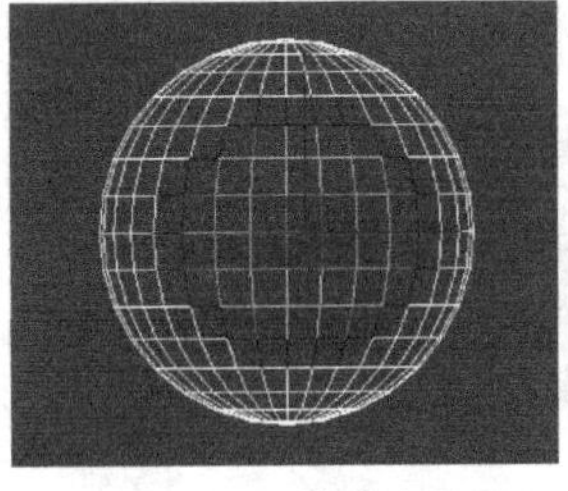

图5-86 衰减为500mm

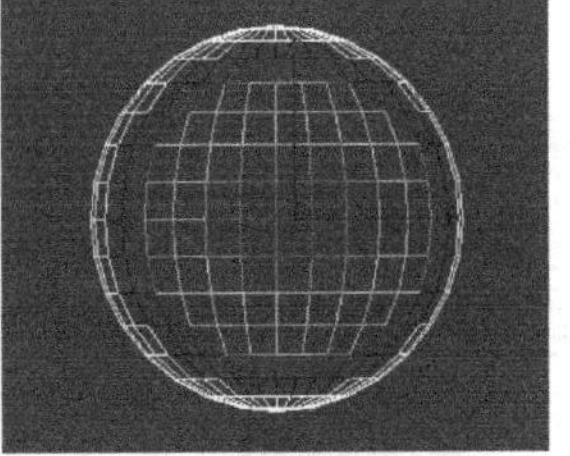

图5-87 衰减为800mm

收缩：用于设置区域的相对“突出度”。

膨胀：用于设置区域的相对“丰满度”。

软选择曲线图：以图形的方式显示软选择是如何进行工作的。

明暗处理面切换 明暗处理面切换：只能用在“多边形”和“元素”级别中，用于显示颜色渐变，如图5-88所示。它与软选择范围内面上的软选择权重相对应。

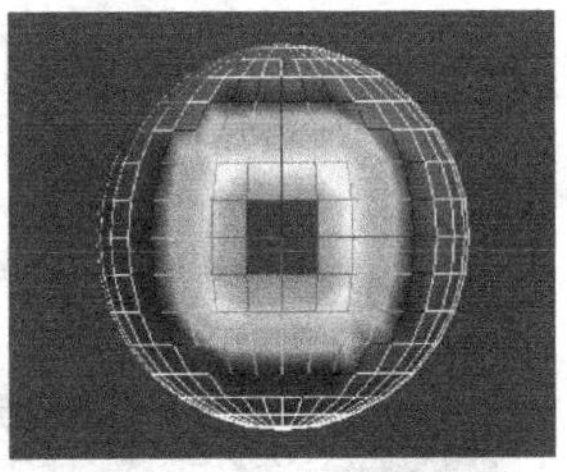

图5-88 明暗处理面切换

锁定软选择：用于锁定软选择，以防止对程序的选择进行更改。

绘制 绘制：可以在使用当前设置的活动对象上绘制软选择。

模糊 模糊：可以通过绘制来软化现有绘制软选择的轮廓。

复原 复原：通过绘制的方式还原软选择。

选择值：整个值表示绘制的或还原的软选择的最大相对选择。笔刷半径内周围顶点的值会趋向于0衰减。

笔刷大小：用于设置圆形笔刷的半径。

笔刷强度：用于设置绘制子对象的速率。

笔刷选项 笔刷选项：单击该按钮后，将打开“绘制选项”对话框，如图5-89所示。可以在该对话框中设置笔刷的更多属性。

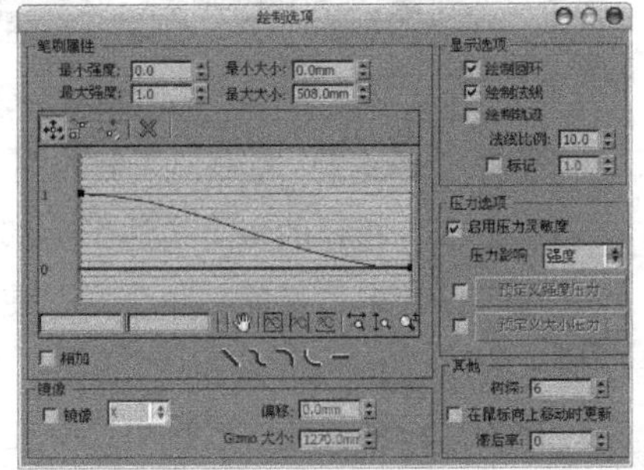

图5-89 绘制选项

3. “编辑几何体”卷展栏

“编辑几何体”卷展栏下的工具适用于所有子对象级别，主要用于全局修改多边形几何体，如图5-90所示。

图5-90 “编辑几何体”卷展栏

【参数详解】

重复上一个 重复上一个：单击该按钮后，将重复使用上一次使用的命令。

约束：用现有的几何体来约束子对象的变换，共有“无”“边”“面”和“法线”4种方式可供选择。

保持UV：启用该选项后，编辑子对象时将不影响该对象的UV贴图。

设置▣：单击该按钮后，将打开“保持贴图通道”对话框，如图5-91所示。可以在该对话框中指定要保持的顶点颜色通道或纹理通道（贴图通道）。

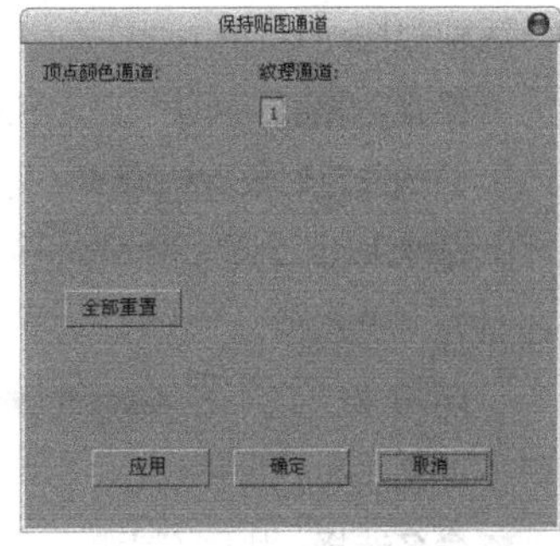

图5-91 保持贴图通道

创建 创建：用于创建新的几何体。

塌陷 塌陷：通过将顶点与选择中心的顶点焊接，使连续选定子对象的组产生塌陷。

技巧与提示

“塌陷”工具 塌陷 类似于“焊接”工具 焊接，但该工具不需要“阈值”数值就可以使对象直接塌陷在一起。

附加附加：该工具可以将场景中的其他对象附加到选定的可编辑多边形中。

分离分离：可将选定的子对象作为单独的对象或元素分离出来。

切片平面切片平面：该工具可以沿某一平面分开网格对象。

分割：启用该选项后，可以通过“快速切片”工具快速切片和“切割”工具切割在划分边的位置创建出两个顶点集合。

切片切片：可以在切片平面位置处执行切割操作。

重置平面重置平面：可将执行过“切片”的平面恢复到之前的状态。

快速切片快速切片：可以将对象快速切片，因为切片线沿着对象表面，所以，可以更准确地进行切片。

切割切割：可以在一个或多个多边形上创建出新的边。

网格平滑网格平滑：可使选定的对象产生平滑效果。

细化细化：可增加局部网格的密度，以方便处理对象的细节。

平面化平面化：强制所有选定的子对象成为共面。

视图对齐视图对齐：可使对象中的所有顶点与活动视图所在的平面对齐。

栅格对齐栅格对齐：可使选定对象中的所有顶点与活动视图所在的平面对齐。

松弛松弛：可使当前选定的对象产生松弛现象。

隐藏选定对象隐藏选定对象：可隐藏所选定的子对象。

全部取消隐藏全部取消隐藏：可将所有的隐藏对象还原为可见对象。

隐藏未选定对象隐藏未选定对象：可隐藏未选定的任何子对象。

命名选择：用于复制和粘贴子对象的命名选择集。

删除孤立顶点：启用该选项后，选择连续子对象时将删除孤立顶点。

完全交互：启用该选项后，如果更改数值，则将直接在视图中显示最终的结果。

4.“编辑顶点”卷展栏

进入可编辑多边形的“顶点”级别后，“修改”面板中会增加一个“编辑顶点”卷展栏，如图5-92所示。这个卷展栏中的工具全部是用于编辑顶点的。

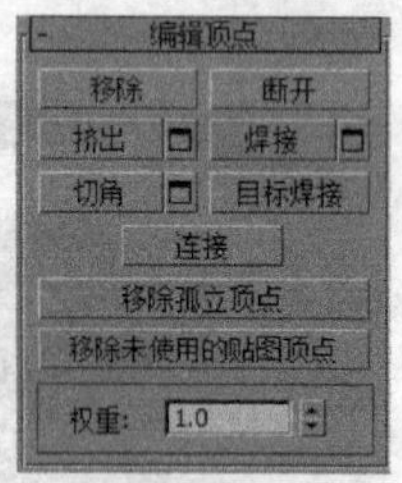

图5-92 编辑顶点

【参数详解】

移除移除：选中一个或多个顶点，单击该按钮后，可以将其移除，然后，再接合并使用多边形。

技巧与提示

这里详细介绍一下移动顶点与删除顶点的区别。

移除顶点：选中一个或多个顶点，单击“移除”按钮移除或按Backspace键后，即可移除顶点，这只是移除了顶点，面仍然存在，如图5-93所示。注意，移除顶点可能导致网格形状发生严重变形。

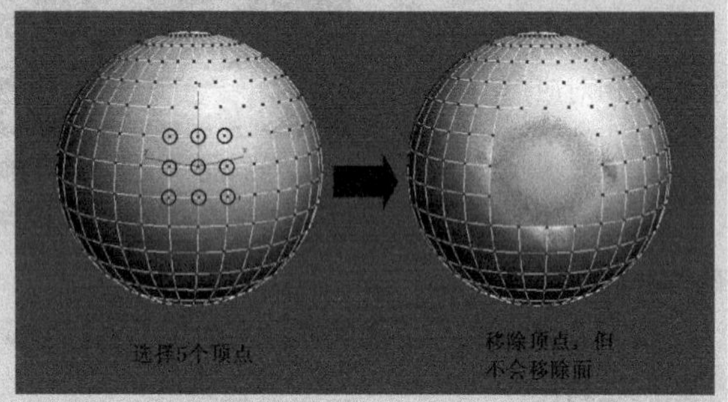

图5-93 移除顶点

删除顶点：选中一个或多个顶点，按Delete键后，即可删除顶点，同时，也会删除连接到这些顶点的面，如图5-94所示。

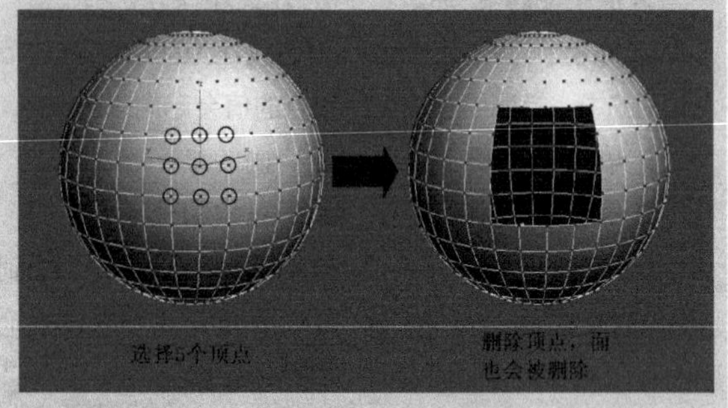

图5-94 删除顶点

断开断开：选中顶点并单击该按钮后，将在与选定顶点相连的每个多边形上都创建一个新顶点，这可以使多边形的转角分开，使它们不再相连于原来的顶点上。

挤出挤出：可以直接用这个工具手动在视图中挤出顶点，如图5-95所示。如果要精确设置挤出的高度和宽度，则可单击后面的“设置”按钮，然后，在视图中的“挤出顶点”对话框中输入数值即可，如图5-96所示。

图5-95 挤出效果

图5-96 设置挤出参数

焊接 焊接 ：可对“焊接顶点”对话框中指定的“焊接阈值”范围之内连续被选中的顶点进行合并，合并后，所有边都会与产生的单个顶点连接。单击后面的“设置”按钮后，可以设置“焊接阈值”。

切角 切角 ：选中顶点以后，可以用该工具在视图中拖曳鼠标指针，以手动设置顶点切角，如图5-97所示。单击后面的“设置”按钮，可以在弹出的“切角”对话框中设置精确的“顶点切角量”数值，同时，还可以将切角后的面“打开”，以生成孔洞效果，如图5-98所示。

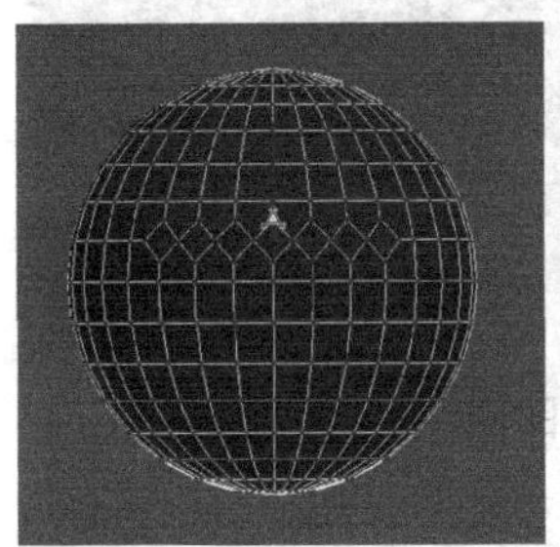

图5-97 切角效果

图5-98 设置切角参数

目标焊接 目标焊接 ：选择一个顶点后，可以用该工具将其焊接到相邻的目标顶点，如图5-99所示。

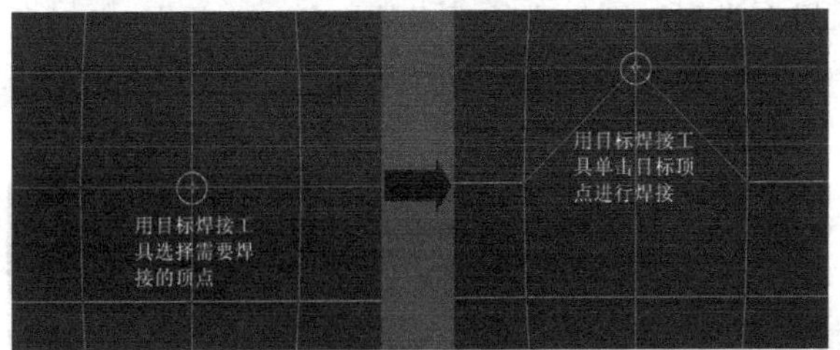

图5-99 目标焊接

技巧与提示

“目标焊接”工具 目标焊接 只能焊接成对的连续顶点。也就是说，选择的顶点与目标顶点必须有一个边相连。

连接 连接 ：可在选中的对角顶点之间创建新的边，如图5-100所示。

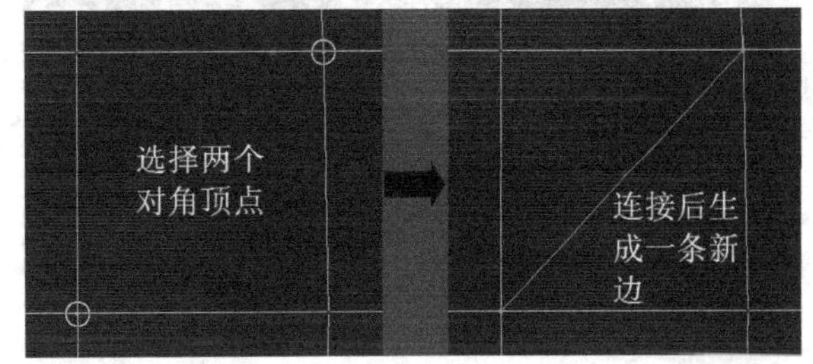

图5-100 连接效果

移除孤立顶点 移除孤立顶点 ：可删除不属于任何多边形的所有顶点。

移除未使用的贴图顶点 移除未使用的贴图顶点 ：某些建模操作会留下未使用的（孤立）贴图顶点，它们会显示在“展开UVW”编辑器中，但不能用于贴图，单击该按钮后，将删除这些贴图顶点。

权重：用于设置选定顶点的权重，供NURMS细分选项和“网格平滑”修改器使用。

5. “编辑边”卷展栏

进入可编辑多边形的“边”级别以后，“修改”面板中会增加一个“编辑边”卷展栏，如图5-101所示。这个卷展栏下的工具全部是用于编辑边的。

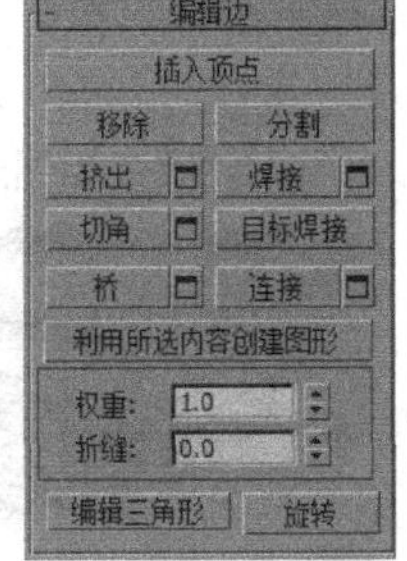

图5-101 “编辑边”卷展栏

【参数详解】

插入顶点 插入顶点 ：可在“边”级别下使用该工具，在边上单击鼠标左键后，边上将添加顶点，如图5-102所示。

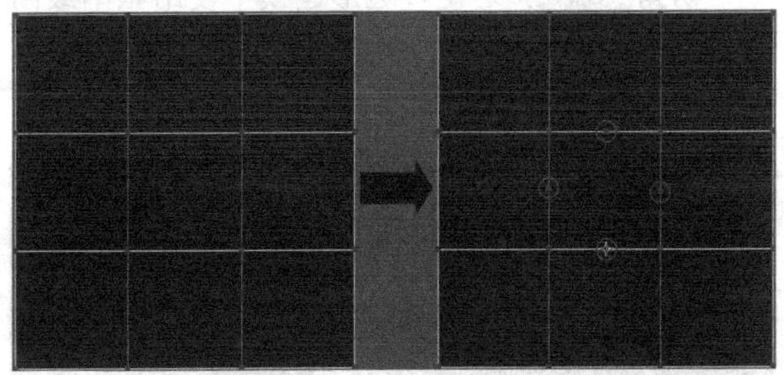

图5-102 插入顶点

移除 移除 ：选择边，单击该按钮或按Backspace键后，可以移除边，如图5-103所示。按Delete

键后，将删除边及与边连接的面，如图5-104所示。

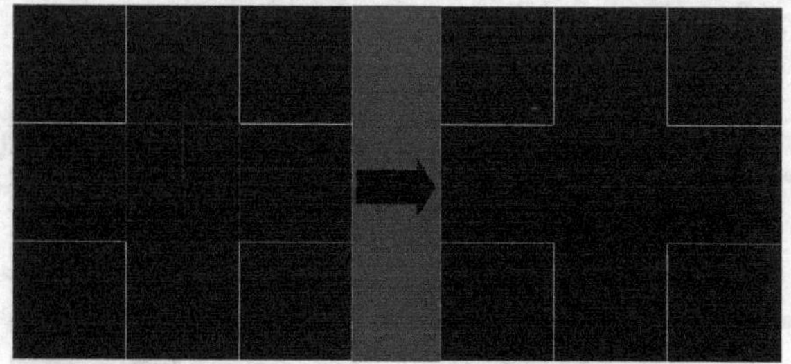

图5-103 移除边

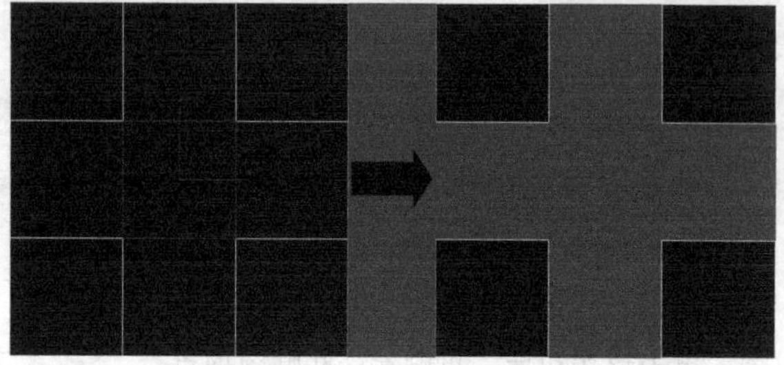

图5-104 删除边

分割 分割 ：可沿着选定边分割网格。对网格中心的单条边应用时，不起任何作用。

挤出 挤出 ：可以用这个工具手动在视图中挤出边。如果要精确设置挤出的高度和宽度，则可单击后面的“设置”按钮，然后，在视图中的“挤出边”对话框中输入数值，如图5-105所示。

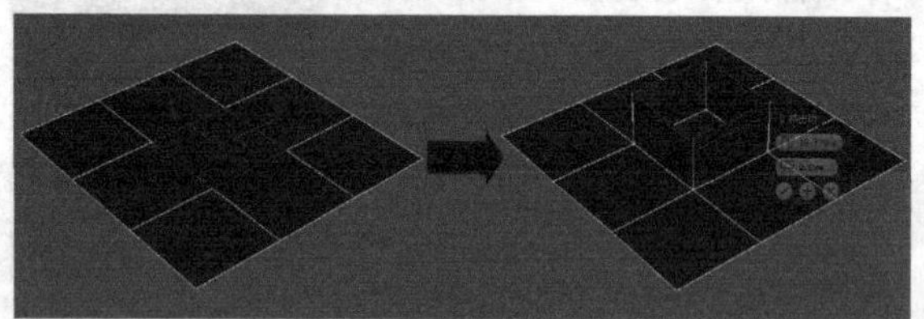

图5-105 挤出设置

焊接 焊接 ：“焊接边”对话框用于指定“焊接阈值”范围内的选定边。只能焊接仅附着一个多边形的边，也就是边界上的边。

切角 切角 ：这是多边形建模中使用频率最高的工具之一，可以对选定边进行切角（圆角）处理，从而生成平滑的棱角，如图5-106所示。

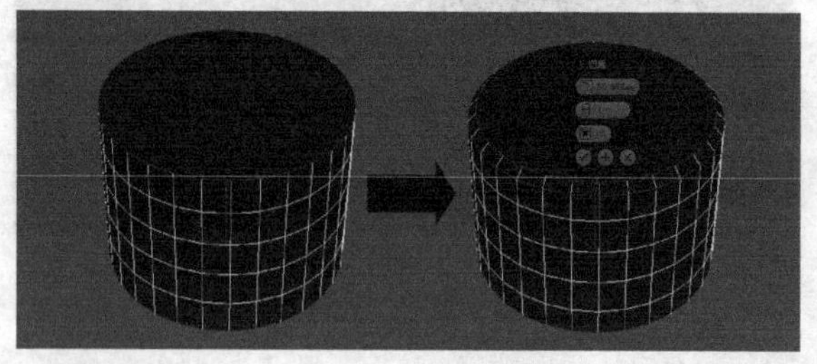

图5-106 切角

技巧与提示

很多时候，为边进行切角处理以后，都需要为模型加载“网格平滑”修改器，以生成非常平滑的模型，如图5-107所示。

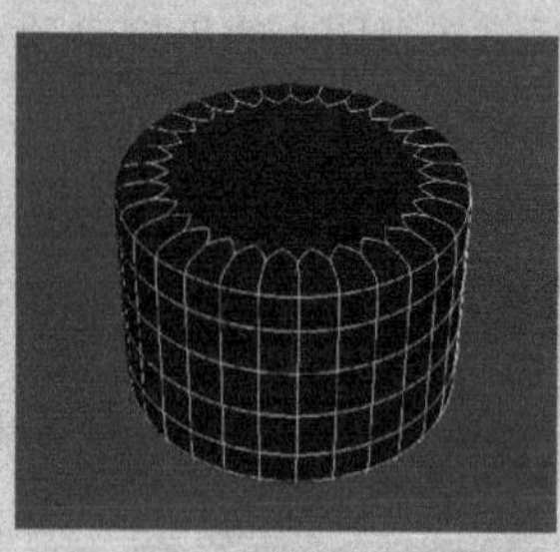

图5-107 网格平滑效果

目标焊接 目标焊接 ：用于选择边并将其焊接到目标边。只能焊接仅附着一个多边形的边，也就是边界上的边。

桥 桥 ：可以连接对象的边，但只能连接边界边，也就是只在一侧有多边形的边。

连接 连接 ：这是多边形建模中使用频率最高的工具之一，可以在每对选定边之间创建新边，对于创建或细化边循环特别有用，比如，选择一对竖向的边，则可以在横向上生成边，如图5-108所示。

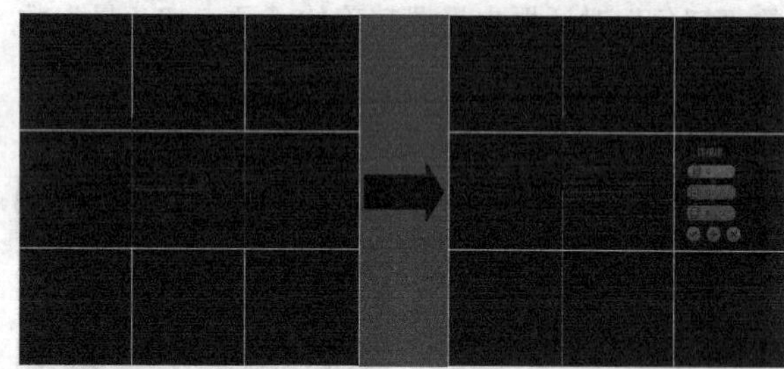

图5-108连接

利用所选内容创建新图形 利用所选内容创建图形 ：这是多边形建模中使用频率最高的工具之一，可以将选定的边创建为样条线图形。选择边并单击该按钮后，将弹出一个“创建图形”对话框，可以在该对话框中设置图形名称及图形的类型，如果选择“平滑”类型，则生成的平滑的样条线，如图5-109所示；如果选择“线性”类型，那么，样条线的形状将与选定边的形状保持一致，如图5-110所示。

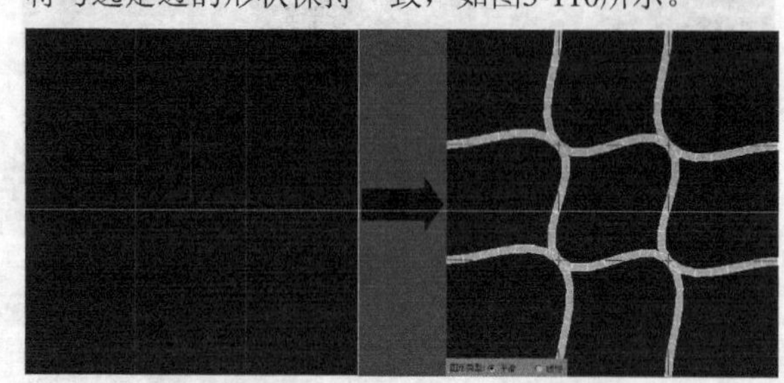

图5-109 平滑

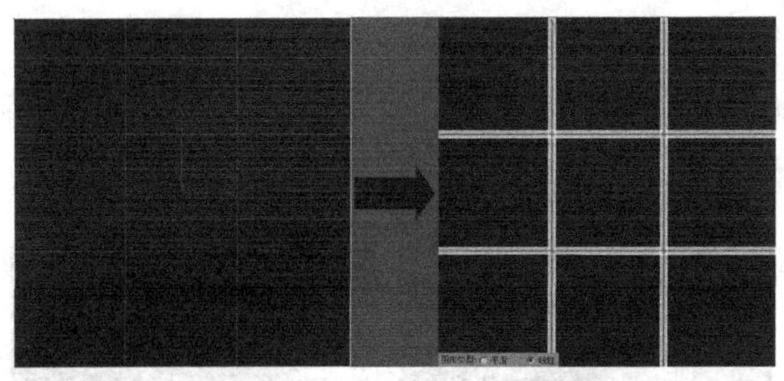

图5-110 线性

权重：用于设置选定边的权重，供NURMS细分选项和“网格平滑”修改器使用。

拆缝：用于指定对选定边或边执行的折缝操作量，供NURMS细分选项和“网格平滑”修改器使用。

编辑三角形 编辑三角形 ：用于确定修改绘制内边或对角线时，多边形细分为三角形的方式。

旋转 旋转 ：用于确定通过单击对角线修改多边形细分为三角形的方式。使用该工具时，对角线可以在线框和边面视图中显示为虚线。

6. “编辑多边形”卷展栏

进入可编辑多边形的“多边形”级别以后，“修改”面板中会增加一个“编辑多边形”卷展栏，如图5-111所示。这个卷展栏下的工具全部是用于编辑多边形的。

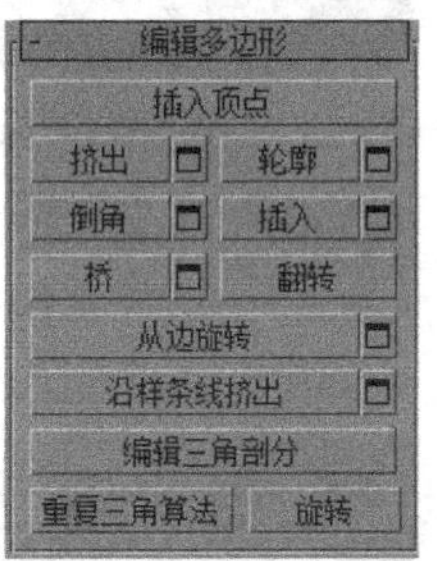

图5-111 编辑多边形

【参数详解】

插入顶点 插入顶点 ：用于手动在多边形中插入顶点（单击即可插入顶点），以细化多边形，如图5-112所示。

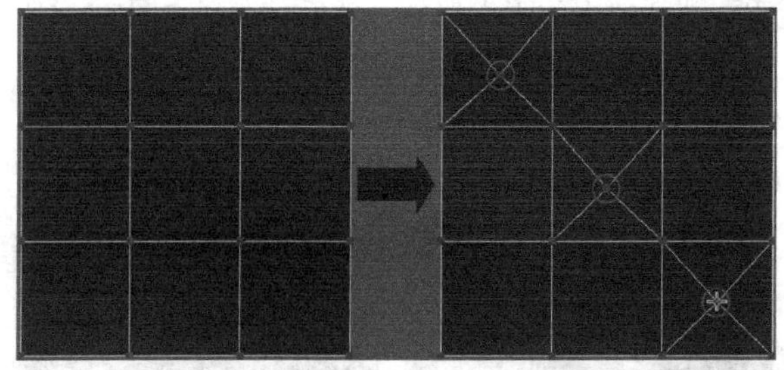

图5-112 插入顶点

挤出 挤出 ：这是多边形建模中使用频率最高的工具之一，可以挤出多边形。如果要精确设置挤出的高度，可以单击后面的“设置”按钮，然后，在视图中的“挤出边”对话框中输入数值即可。挤出多边形时，若“高度”为正值，则可向外挤出多边形；若“高度”为负值，则可向内挤出多边形，如图5-113所示。

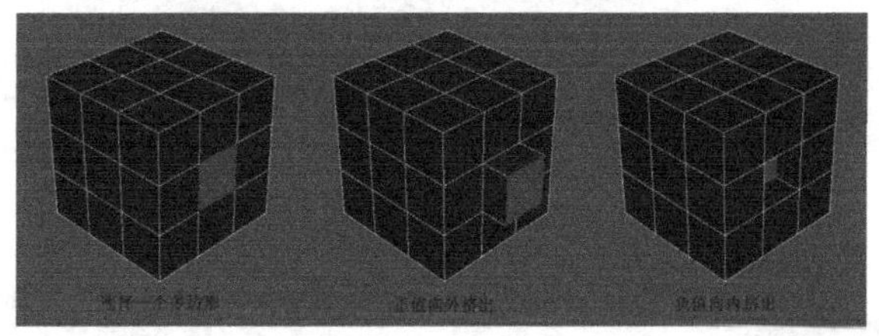

5-113 挤出效果

轮廓 轮廓 ：用于增加或减少每组连续的被选定多边形的外边。

倒角 倒角 ：这是多边形建模中使用频率最高的工具之一，可以挤出多边形，也可以为多边形进行倒角，如图5-114所示。

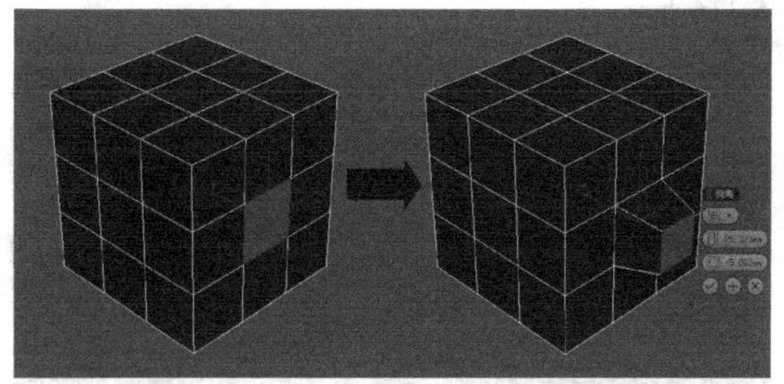

图5-114 倒角的运用

插入 插入 ：可执行没有高度的倒角操作，即在选定多边形的平面内执行该操作，如图5-115所示。

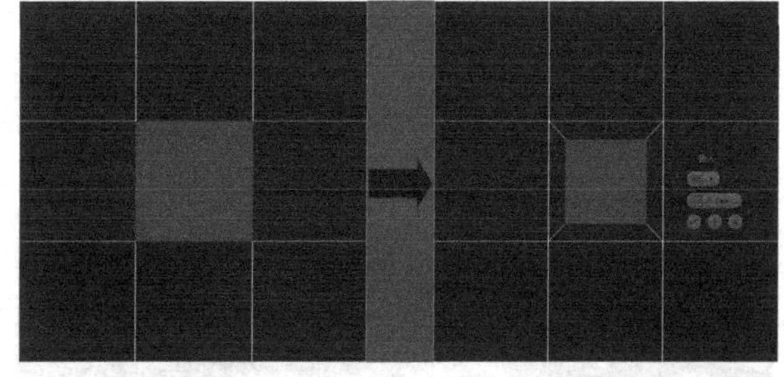

图5-115 插入

桥 桥 ：可以连接对象上的两个多边形或多边形组。

翻转 翻转 ：可反转选定多边形的法线方向，从而使其面向用户的正面。

从边旋转 从边旋转 ：选择多边形后，可以用该工具沿垂直方向拖动任何边，以便旋转选定多边形。

沿样条线挤出 沿样条线挤出 ：可沿样条线挤出当前选定的多边形。

编辑三角剖分 编辑三角剖分 ：可通过绘制内边修改多边形细分为三角形的方式。

重复三角算法 重复三角算法 ：可在当前选定的一个或多个多边形上执行最佳三角剖分。

旋转 旋转 ：可以修改多边形细分为三角形的方式。

课堂案例

制作单人沙发

案例位置	案例文件>第5章>课堂案例：制作单人沙发
视频位置	多媒体教学>第5章>课堂案例：制作单人沙发.flv
难易指数	★★☆☆☆
学习目标	学习"多边形建模"的方法

在表现室内空间的时候，尤其是家居环境，总少不了沙发。沙发不仅可以填补空间的空白，而且，其形态固定却不单一。单人沙发模型效果如图5-116所示。

图5-116 单人沙发模型效果

01 用"长方体"工具 长方体 在场景中创建一个长方体，然后，在"参数"卷展栏下设置"长度"为"270mm"、"宽度"为"400mm"、"高度"为"120mm"、"长度分段"为"2"、"宽度分段"为"5"、"高度分段"为"1"，具体参数设置及模型效果如图5-117所示。

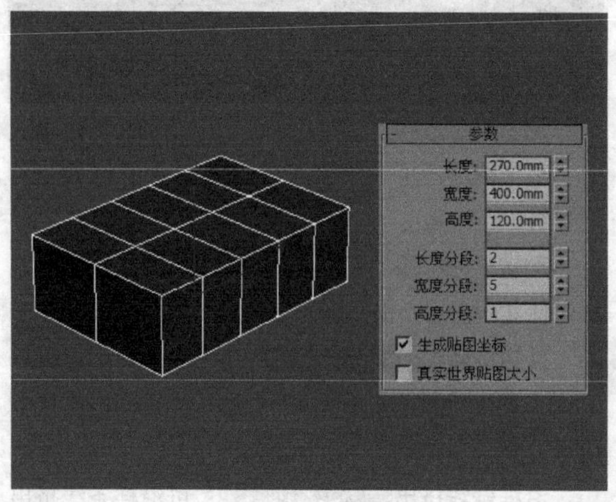

图5-117 创建长方体

02 将长方体转换为可编辑多边形，进入"顶点"级别，然后，在左视图中框选如图5-118所示的顶点，接着，用"选择并移动"工具将其向左拖曳到如图5-119所示的位置。

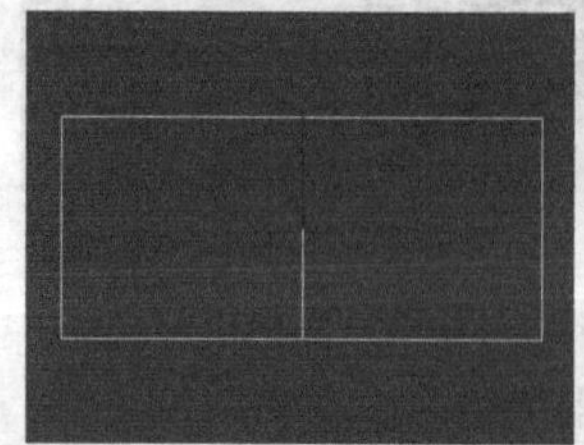
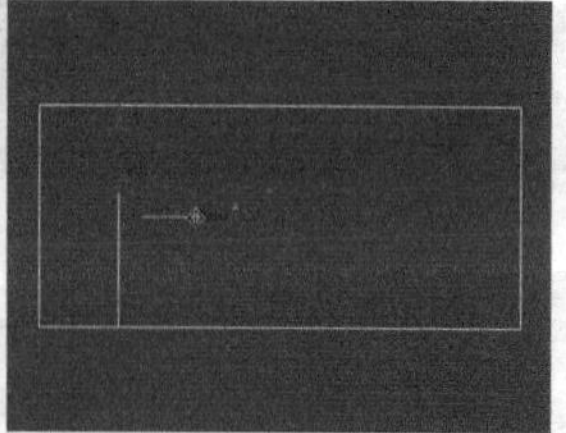

图5-118 框选顶点　图5-119 平移顶点

03 在顶视图中框选如图5-120所示的顶点，然后，用"选择并均匀缩放"工具将其向两侧缩放成如图5-121所示的效果。

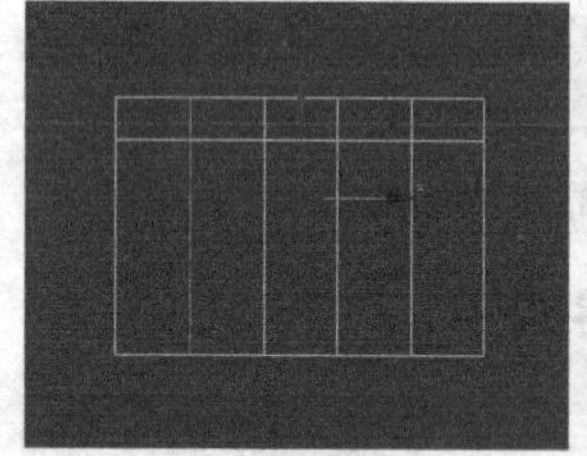
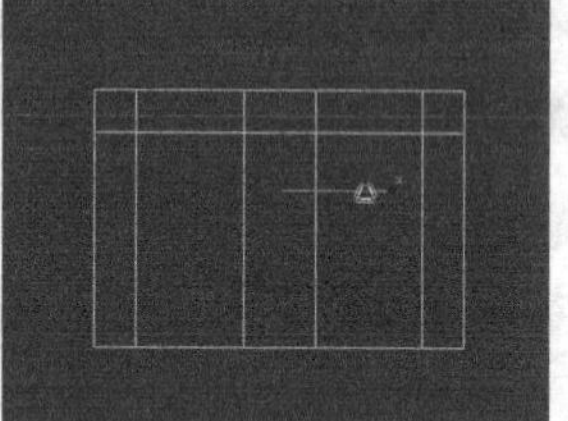

图5-120 框选顶点　图5-121 缩放顶点

04 继续在顶视图中框选如图5-122所示的顶点，然后，用"选择并均匀缩放"工具将其向两侧缩放成如图5-123所示的效果。

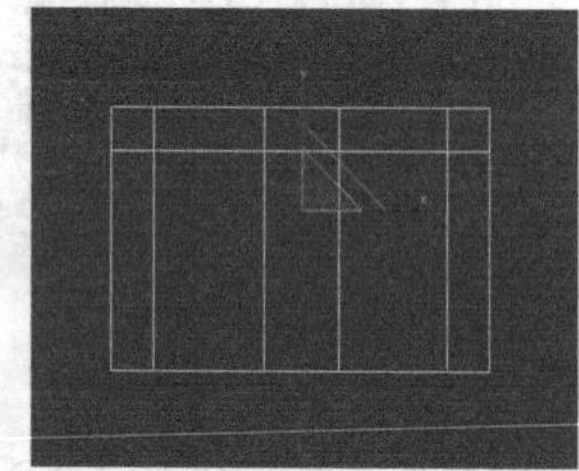
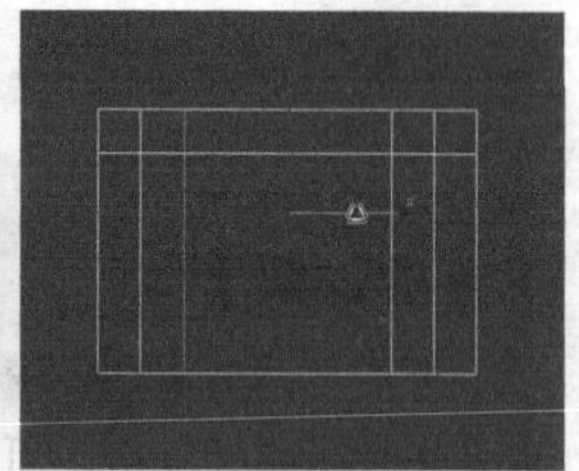

图5-122 框选顶点　图5-123 缩放顶点

05 进入"多边形"级别，然后，选择如图5-124所示的多边形，接着，在"编辑多边形"卷展栏下单击"挤出"按钮 挤出 后面的"设置"按钮，最后，设置"高度"为"100mm"，如图5-125所示。

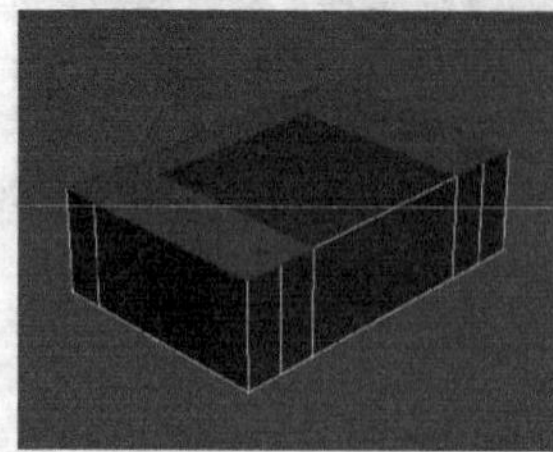
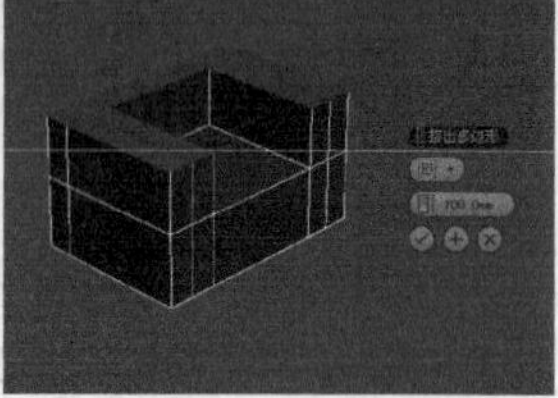

图5-124 选择多边形面　图5-125 挤出多边形

06 选择如图5-126所示的多边形，然后，在“编辑多边形”卷展栏下单击“挤出”按钮 挤出 后面的“设置”按钮，接着，设置“高度”为“60mm”，如图5-127所示。

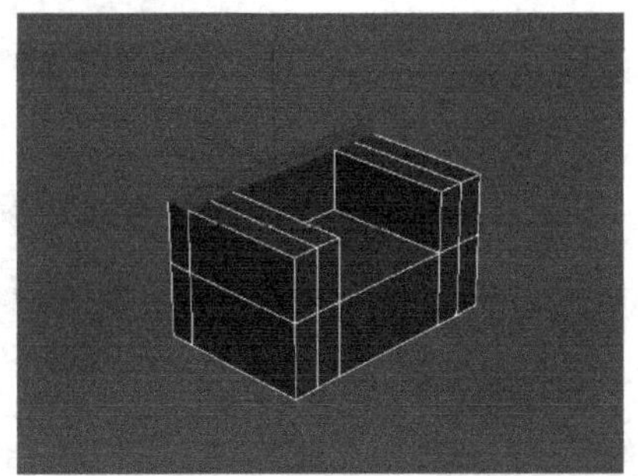

图5-126 选择多边形面

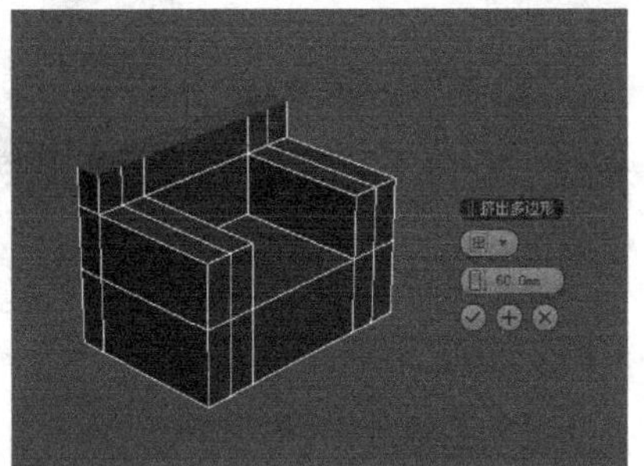

图5-127 挤出多边形

07 进入“顶点”级别，然后，在左视图中框选如图5-128所示的顶点，接着，用“选择并移动”工具将其向左拖曳到如图5-129所示的位置。

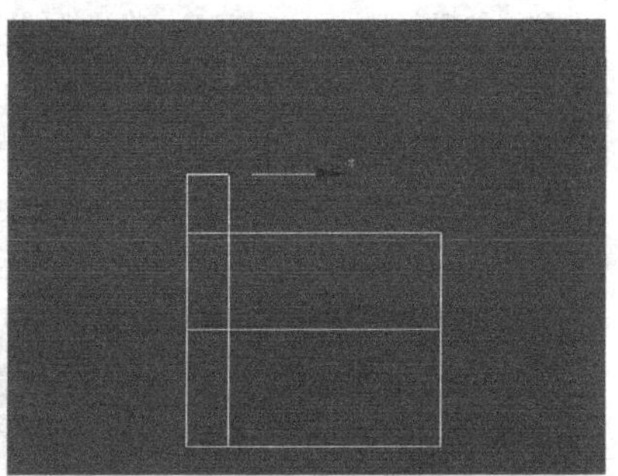

图5-128 框选顶点

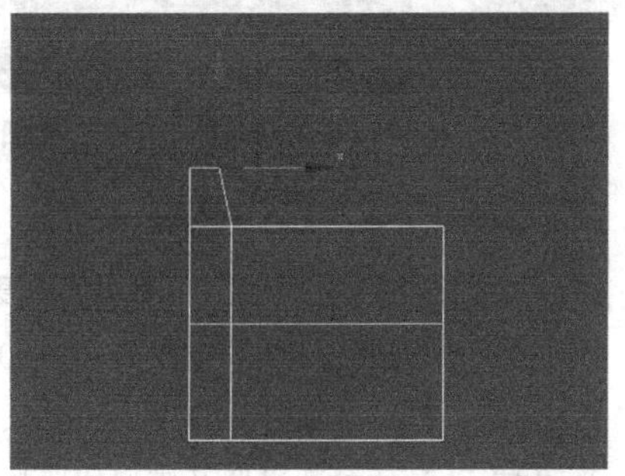

图5-129 平移顶点

08 进入“边”级别，然后，框选如图5-130所示的边，接着，在“编辑边”卷展栏下单击“切角”按钮 切角 后面的“设置”按钮，最后，设置“边切角量”为“5mm”、“连接边分段”为“4”，如图5-131所示。

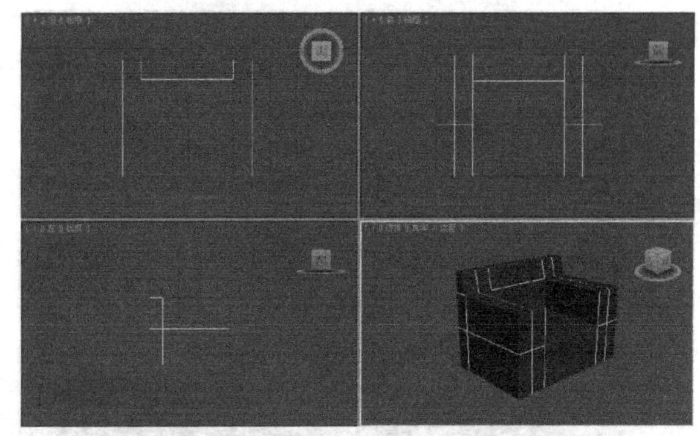

图5-130 框选边

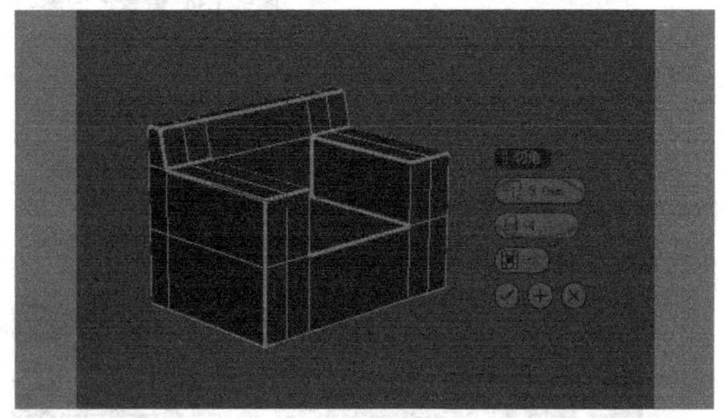

图5-131 切角设置

09 选择如图5-132所示的边，然后，单击“编辑边”卷展栏下的“利用所选内容创建图形”按钮 利用所选内容创建图形，接着，在弹出的“创建图形”对话框中设置“图形类型”为“线性”，如图5-133所示。

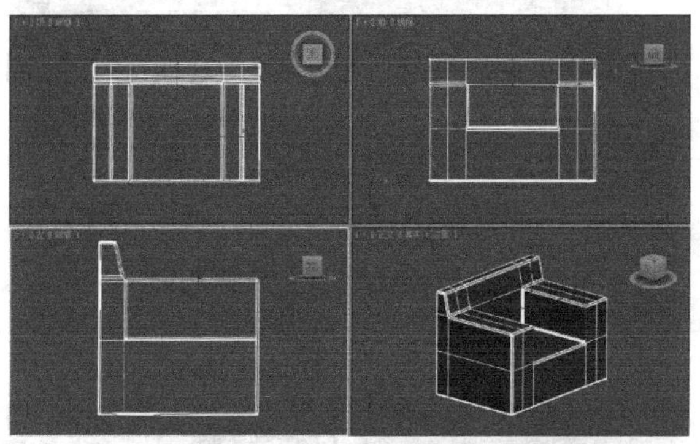

图5-132 选择边

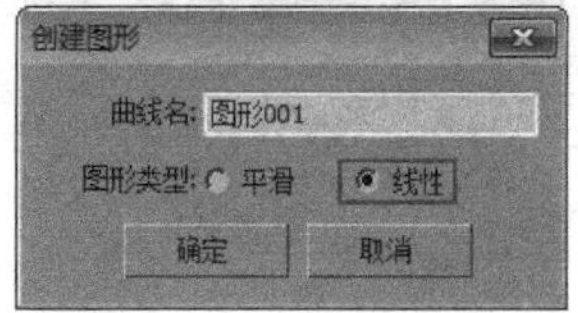

图5-133 创建图形

⑩ 选择图形，然后，勾选“渲染”卷展栏下的“在渲染中启用”和“在视口中启用”选项，接着，设置“径向”的“厚度”为“3mm”，具体参数设置及图形效果如图5-134所示。

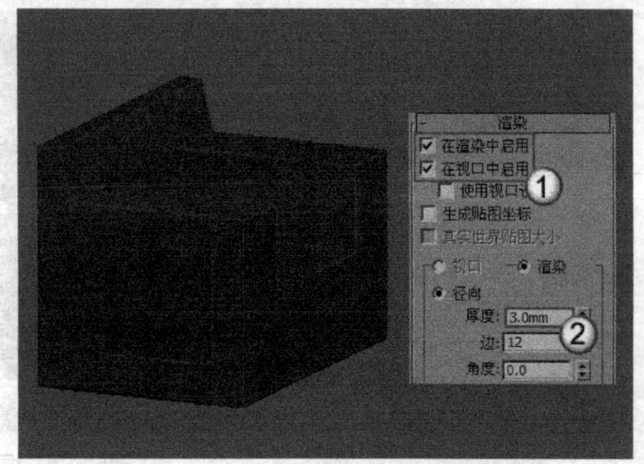

图5-134 设置径向参数

⑪ 用“长方体”工具 长方体 在场景中创建一个长方体，然后，在“参数”卷展栏下设置“长度”为“220mm”、“宽度”为“210mm”、“高度”为“65mm”、“长度分段”为“4”、“宽度分段”为“6”、“高度分段”为“1”，具体参数设置及模型位置如图5-135所示。

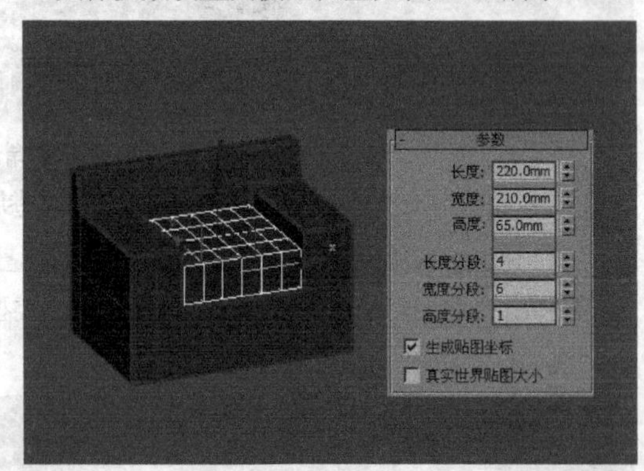

图5-135 创建长方体

⑫ 将长方体转换为可编辑多边形，进入“边”级别，然后，选择如图5-136所示的边，接着，单击“编辑边”卷展栏下的“切角”按钮 切角 后面的“设置”按钮▣，最后，设置“边切角量”为“5mm”、“连接边分段”为“4”，如图5-137所示。

图5-136 悬着边

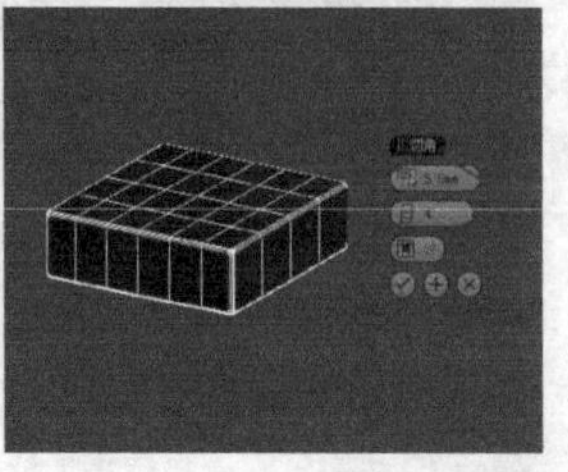
图5-137 切角设置

⑬ 选择如图5-138所示的边，然后，单击“编辑边”卷展栏下的“利用所选内容创建图形”按钮 利用所选内容创建图形，接着，在弹出的“创建图形”对话框中设置“图形类型”为“线性”，如图5-139所示。效果如图5-140所示。

图5-138 选择图形

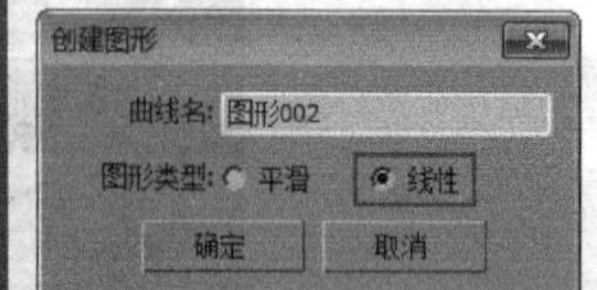

图5-139 创建图像

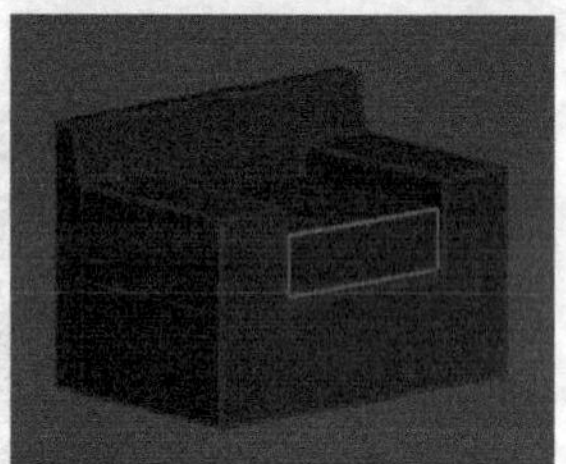
图5-140 径向设置

技巧与提示

这里要介绍一下建模过程中的一种常用视图，即“用户视图”。在创建模型时，很多时候都需要在透视图中进行操作，但有时用鼠标中键缩放视图时没有多大作用，或是根本无法缩放视图，这样就无法对模型进行更进一步的操作了。遇到这种情况时，可以按U键，将透视图切换为用户视图，这样，就不会出现无法缩放视图的现象了。在用户视图中，模型的透视关系可能会不正常，如图5-141所示，不过，没有关系，将模型调整好后，按P键，切换回透视图就行了，如图5-142所示。

图5-141 用户视图

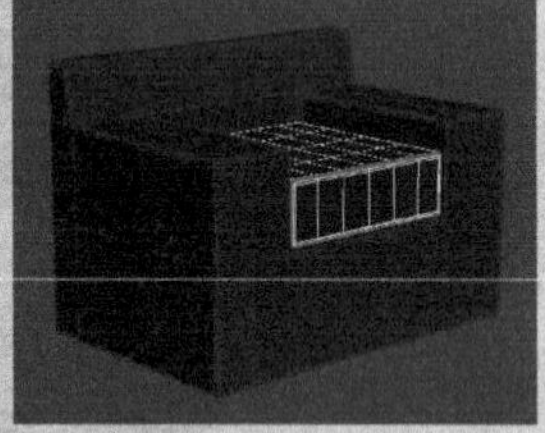
图5-142 透视视图

⑭ 用“长方体”工具 长方体 在场景中创建一个长方体，然后，在“参数”卷展栏下设置“长度”为“43mm”、“宽度”为“220mm”、“高度”为“130mm”、“长度分段”为“1”、“宽度分段”为“6”、“高度分段”为“4”，具体参数设置及模型位置如图5-143所示。

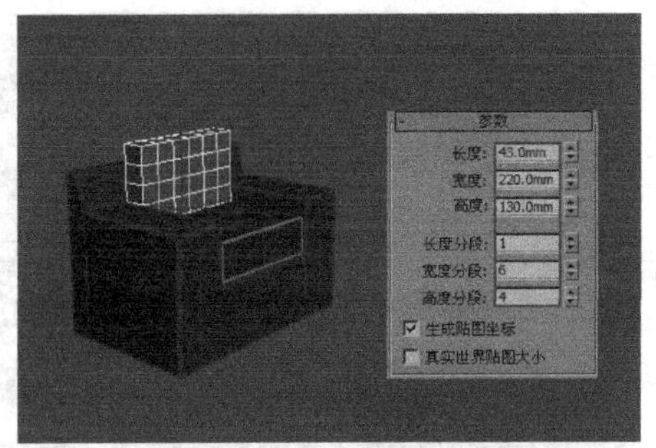

图5-143 创建长方体

⑮ 将长方体转换为可编辑多边形，进入“顶点”级别，然后，用“选择并移动”工具在左视图中将右下角的顶点调整到如图5-144所示的位置。

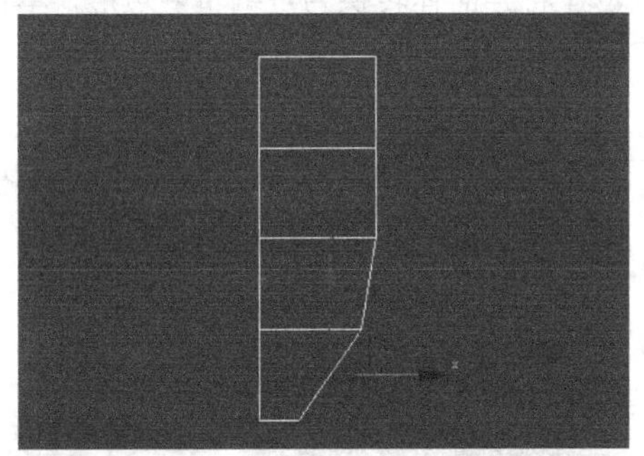
图5-144 编辑顶点

⑯ 进入“多边形”级别，然后，选择如图5-145所示的多边形，接着，单击“编辑多边形”卷展栏下的“挤出”按钮 挤出 后面的“设置”按钮，设置“高度”为“90mm”，如图5-146所示。

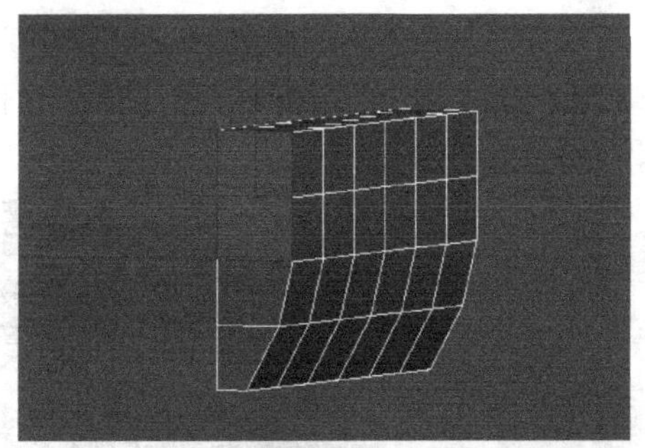
图5-145 选择多边形面

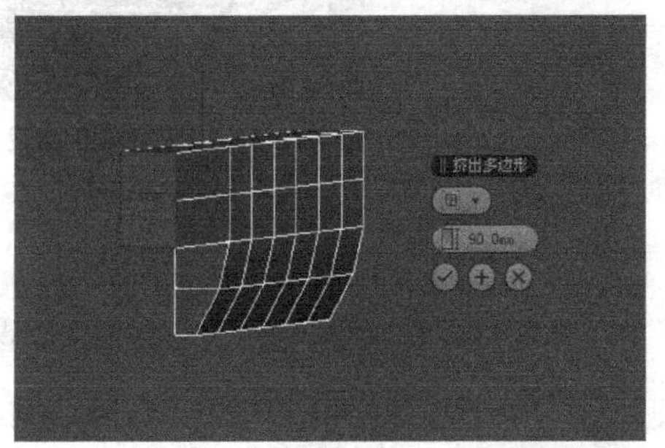

图5-146 挤出多边形

⑰ 用相同的方法将另外一侧的两个多边形也挤出“90mm”，如图5-147所示。

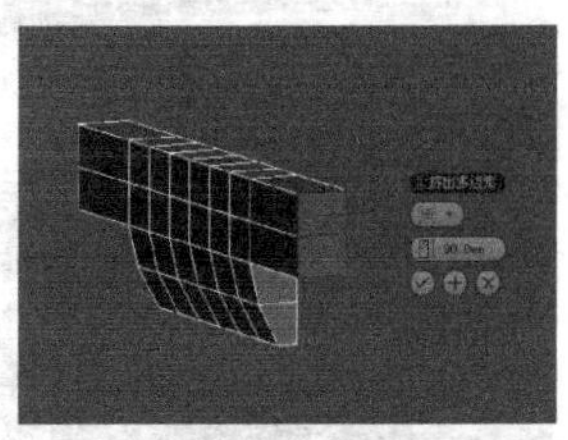
图5-147 挤出多边形

⑱ 进入“边”级别，然后，选择如图5-148所示的边，接着，单击“编辑边”卷展栏下的“切角”按钮 切角 后面的“设置”按钮，最后，设置“边切角量”为“5mm”、“连接边分段”为“4”，如图5-149所示。

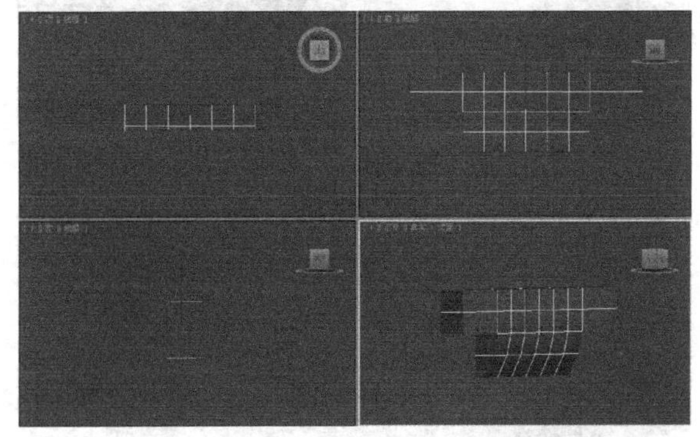
图5-148 选择边

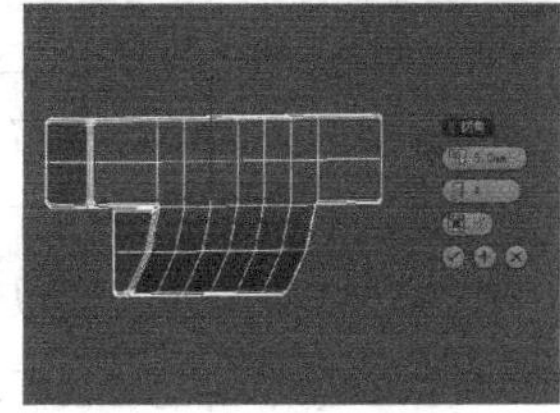
图5-149 切角设置

⑲ 退出“边”级别，然后，用“选择并旋转”工具在左视图中将靠背模型逆时针旋转一定的角度，效果如图5-150所示。

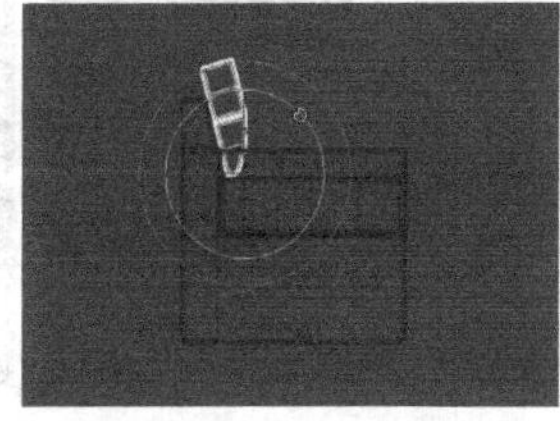
图5-150 旋转

⑳ 选择如图5-151所示的边，然后，单击“编辑边”卷展栏下的“利用所选内容创建图形”按钮 利用所选内容创建图形 ，接着，在弹出的“创建图形”对话框中设置“图形类型”为“线性”，如图5-152所示。最终效果如图5-153所示。

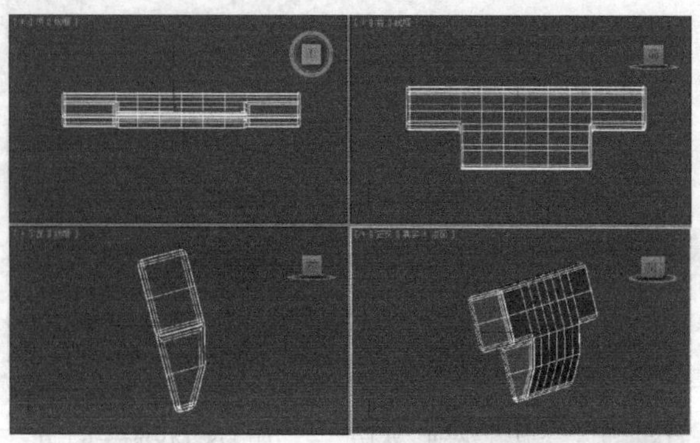
图5-151 选择边

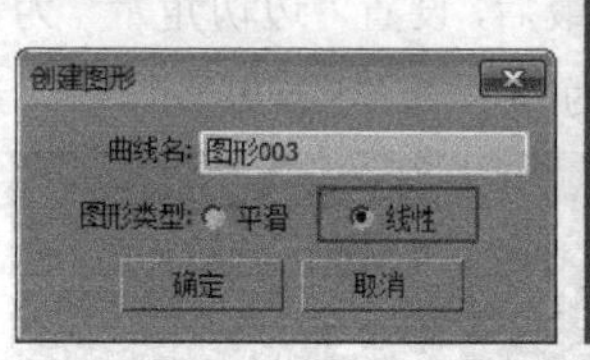

图5-152 创建图形

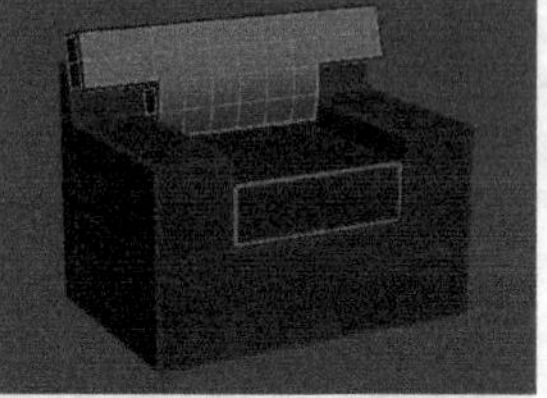
图5-153 沙发模型效果

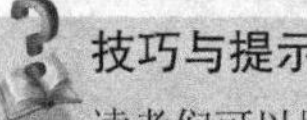

技巧与提示

读者们可以用相同的方法完成另一部分的模型创建。

课堂案例

制作足球

案例位置	案例文件>第5章>课堂案例：制作足球
视频位置	多媒体教学>第5章>课堂案例：制作足球.flv
难易指数	★★☆☆☆
学习目标	学习多边形的"元素"的运用方法、学习"球形化"修改器的使用方法

本案例制作的是日常生活中常见的足球，足球的大致轮廓就是一个标准球体，它的表面是由六边形和五边形组成的，可以通过分离元素的方法来制作。足球效果如图5-154所示。

图5-154 足球模型效果

01 用"异面体"工具 异面体 在场景中创建一个异面体，然后，在"参数"卷展栏下设置"系列"为"十二面体/二十面体"，接着，在"系列参数"选项组下设置"P"为"0.33"，最后，设置"半径"为"100mm"，如图5-155所示。

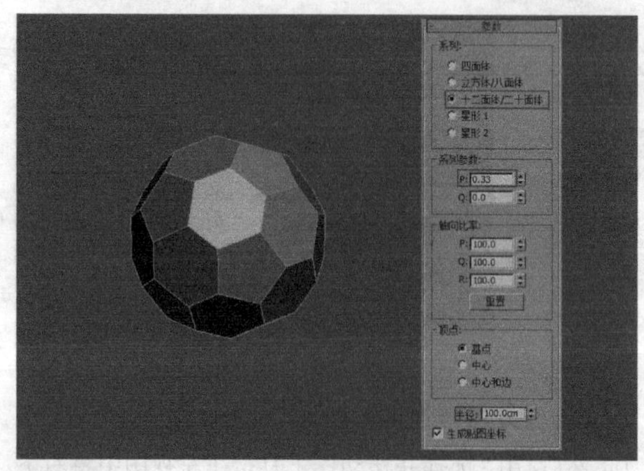
图5-155 创建异面体

02 将异面体转换为可编辑多边形，单击"选择"卷展栏下的"多边形"按钮■，进入"多边形"级别，然后，选择如图5-156所示的多边形，接着，单击"编辑几何体"卷展栏下的"分离"按钮 分离 ，最后，在弹出的"分离"对话框中勾选"分离到元素"选项，如图5-157所示。

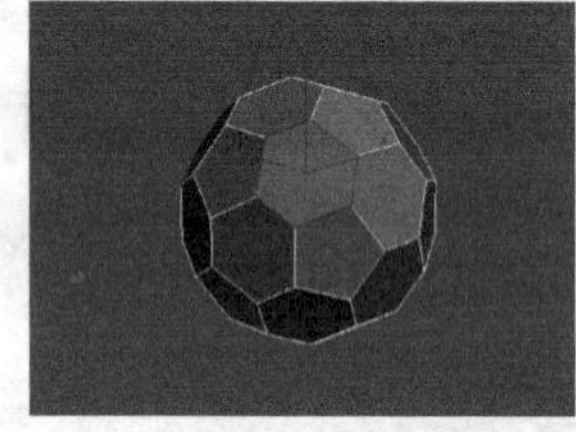
图5-156 选择多边形

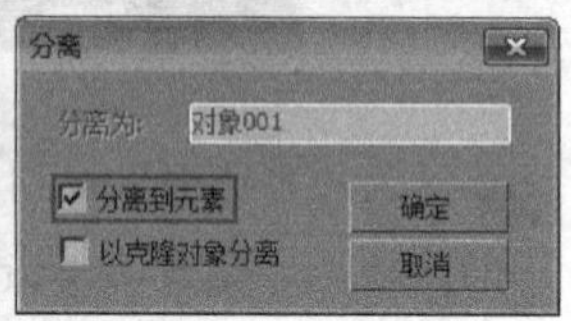

图5-157 分离到元素

03 用相同的方法将所有的多边形都逐一分离到元素，然后，为模型加载一个"网格平滑"修改器，接着，在"细分量"卷展栏下设置"迭代次数"为"2"，如图5-158所示。

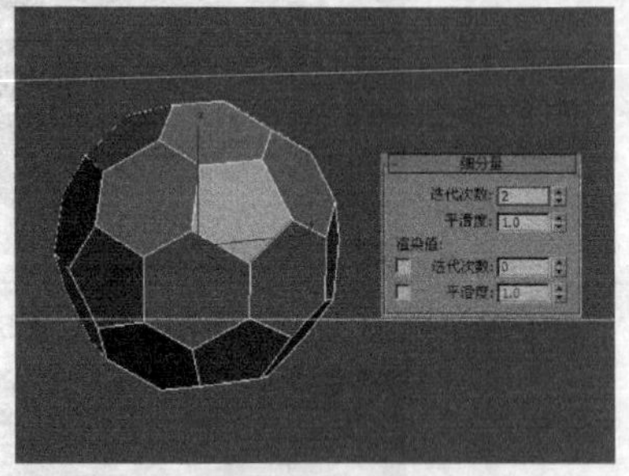
图5-158 加载"网格平滑"

技巧与提示

虽然此时为模型加载了"网格平滑"修改器，但模型并没有产生平滑效果，只是为模型增加了面数而已。

04 为模型加载一个"球形化"修改器，然后，在"参数"卷展栏下设置"百分比"为"100"，具体参数设置及模型效果如图5-159所示。

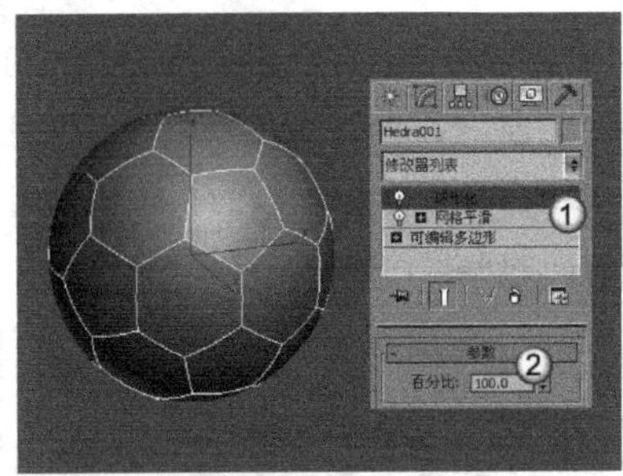

图5-159 加载“球形化”

05 再次将模型转换为可编辑多边形，进入“多边形”级别，然后，选择所有的多边形，如图5-160所示，接着，单击“编辑多边形”卷展栏下的“挤出”按钮 挤出 后面的“设置”按钮，最后，设置“高度”为“2mm”，如图5-161所示。

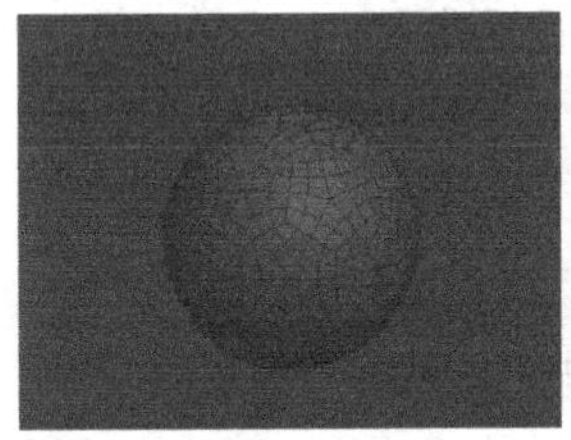

图5-160 选择多边形

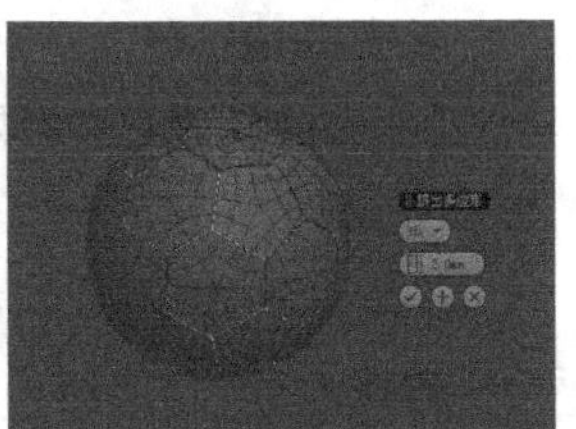

图5-161 挤出多边形

06 为模型加载一个“网格平滑”修改器，然后，在“细分方法”卷展栏下设置“细分方法”为“四边形输出”，接着，在“细分量”卷展栏下设置“迭代次数”为“1”，具体参数设置如图5-162所示。最终效果如图5-163所示。

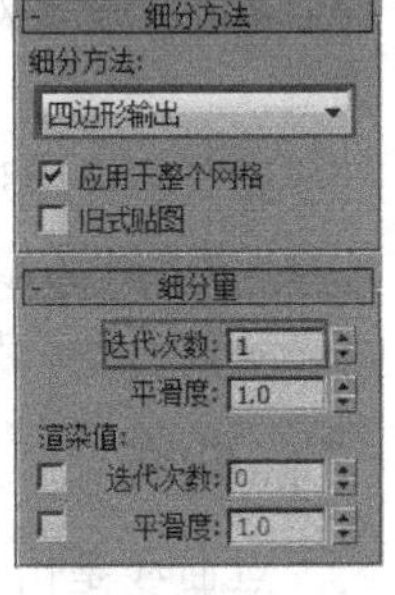

图5-162 加载“网格平滑”修改器

图5-163 足球模型

技巧与提示

由于篇幅问题，多边形的建模就讲到这里，希望读者多加练习。本章末有关于多边形建模的课后练习，希望读者能根据制作流程认真完成。

5.3 NURBS建模

NURBS建模是一种高级建模方法，NURBS是Non—Uniform Rational B-Spline（非均匀有理B样条曲线）的缩写。NURBS建模适合创建一些复杂的弯曲曲面。图5-164所示为一些比较优秀的NURBS建模作品。

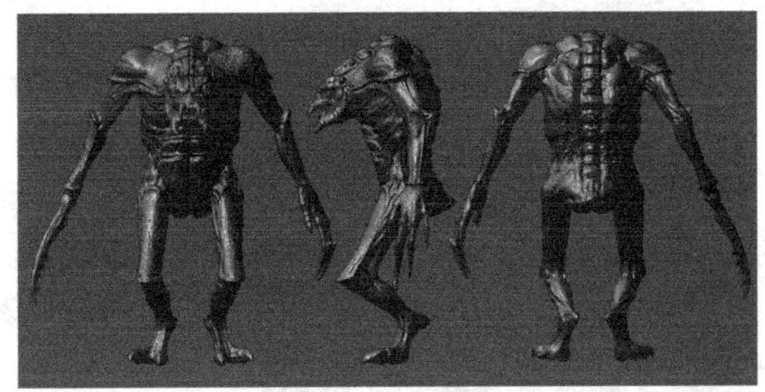

图5-164 NURBS模型

知识名称	主要作用	重要程度
NURBS类型	绘制曲面或者曲线	中
编辑NURBS	通过对点、曲线及曲面的编辑来处理对象	中

5.3.1 NURBS对象类型

NBURBS对象包含NURBS曲面和NURBS曲线两种，如图5-165和图5-166所示。

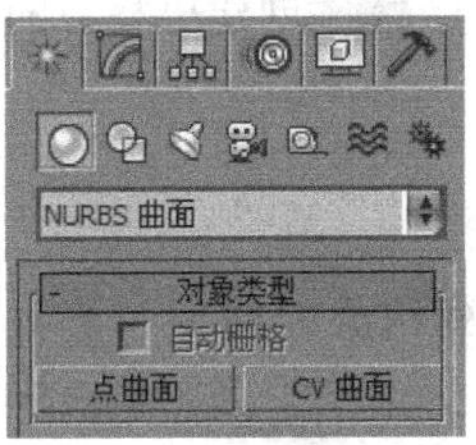

图5-165 NURBS曲面

图5-166 NURBS曲线

1.NURBS曲面

NURBS曲面包含“点曲面”和“CV曲面”两种。“点曲面”是由点来控制曲面的形状，每个点始终位于曲面的表面，如图5-167所示；“CV曲面”是由控制顶点（CV）来控制模型的形状，CV形成的是围绕曲面的控制晶格，而不是位于曲面上的，如图5-168所示。

图5-167 点曲面

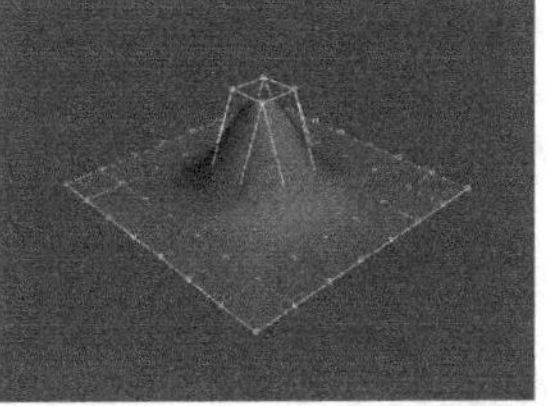

图5-168 CV曲面

2.NURBS曲线

NURBS曲线包含“点曲线”和“CV曲线”两种。“点曲线”是由点来控制曲线的形状，每个点始终位于曲线上，如图5-169所示；“CV曲线”是由控制顶点（CV）来控制曲线的形状，这些控制顶点不必位于曲线上，如图5-170所示。

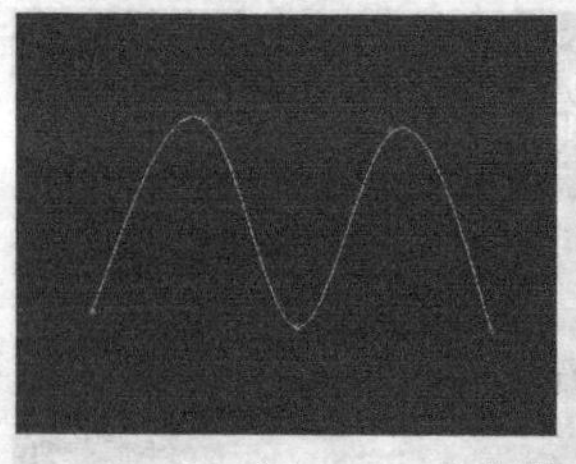

图5-169 点曲线

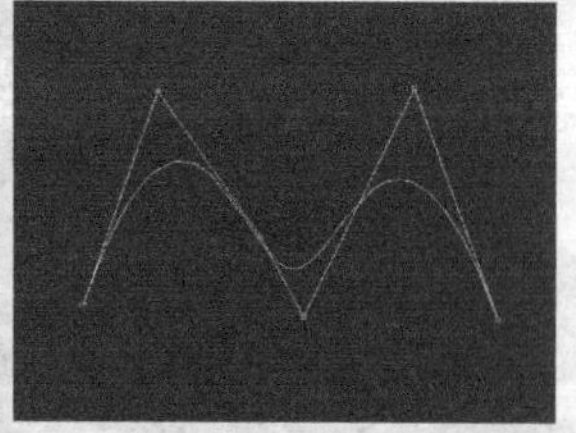

图5-170 CV曲线

5.3.2 创建NURBS对象

创建NURBS对象的方法很简单，如果要创建NURBS曲面，可以先将几何体类型切换为“NURBS曲面”，然后，再用“点曲面”工具 点曲面 或“CV曲面”工具 CV曲面 创建出相应的曲面对象；如果要创建NURBS曲线，可以先将图形类型切换为“NURBS曲线”，然后，再用“点曲线”工具 点曲线 或“CV曲线”工具 CV曲线 创建出相应的曲线对象。

1.点曲面

点曲面是由矩形点的阵列构成的曲面，创建时，可以修改它的长度、宽度及各边上的点数，如图5-171所示。

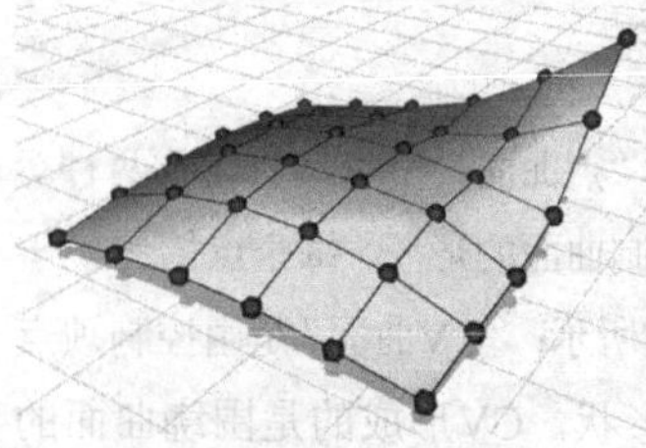

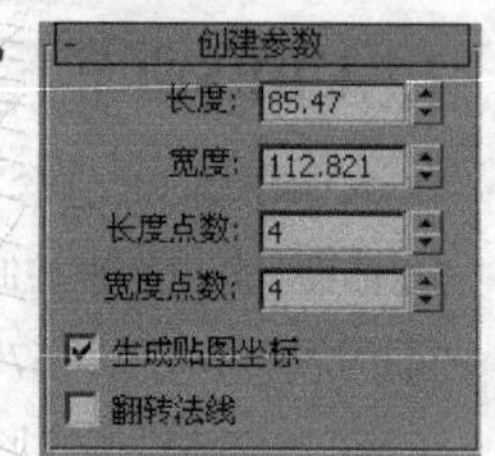

图5-171 点曲面及其参数

【参数详解】

长度/宽度：分别用于设置曲面的长度和宽度。

长度点数/宽度点数：分别用于设置长、宽边上的点的数目。

生成贴图坐标：可自动产生贴图坐标。

翻转法线：用于翻转曲面法线。

2.CV曲面

CV曲面就是可控曲面，即由可以控制的点组成的曲面，这些点不在曲面上，但可对曲面起到控制作用。每一个控制点的权重值都可以调节，以改变曲面的形状，如图5-172所示。

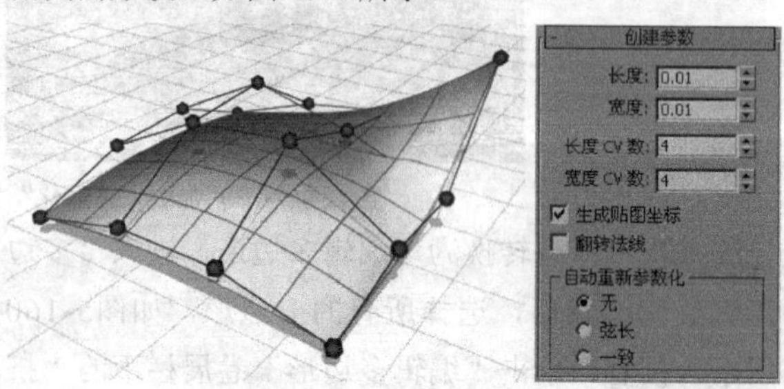

图5-172 CV曲面及其参数面板

【参数详解】

长度/宽度：分别用于设置曲面的长度和宽度。

长度CV数/宽度CV数：分别用于设置长、宽边上的控制点的数目。

生成贴图坐标：可自动产生贴图坐标。

翻转法线：用于翻转曲面法线。

无：不使用自动重新参数化功能。所谓自动重新参数化，就是对象表面会根据编辑命令进行自动调节。

弦长：应用弦长度运算法则，即按照每个曲面片段长度的平方根在曲线上分布控制点的位置。

一致：按一致的原则分配控制点。

3.点曲线

点曲线是由一系列点来弯曲构成曲线，如图5-173所示。

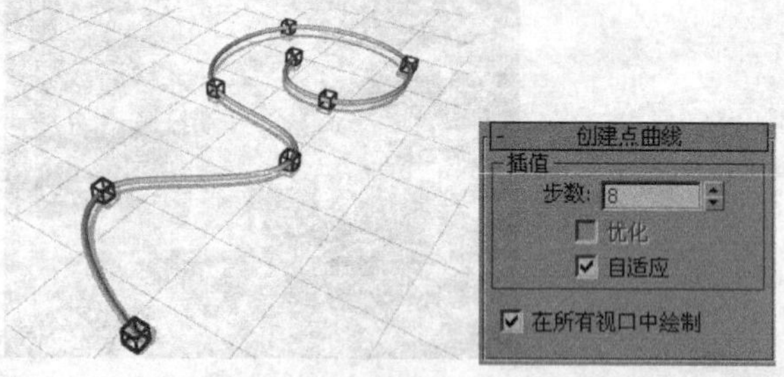

图5-173 点曲线及其参数面板

【参数详解】

步数：用于设置两点之间的分段数目。值越高，曲线越圆滑。

优化：可对两点之间的分段进行优化处理，删除直线段上的片段划分。

自适应：由系统自动指定分段，以产生平滑的曲线。

在所有视口中绘制：选择该项后，可以在所有的视图中绘制曲线。

4.CV曲线

CV曲线是由一系列线外控制点来调整曲线形态的曲线，如图5-174所示。

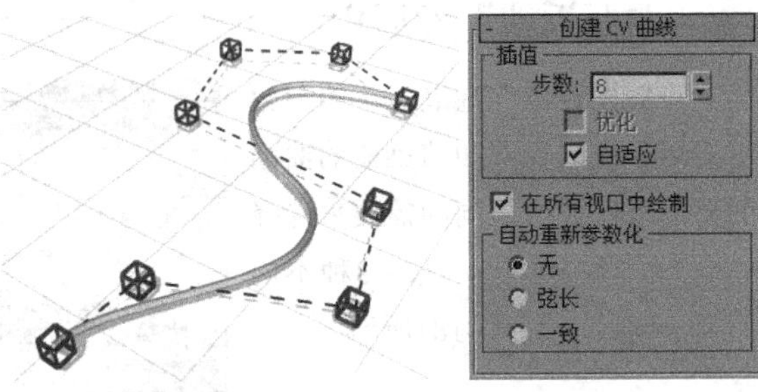

图5-174 CV曲线及其参数面板

技巧与提示

CV曲线的功能参数与点曲线基本一致，这里就不再重复介绍了。

5.3.3 转换NURBS对象

NURBS对象可以直接创建出来，也可以通过转换的方法将对象转换为NURBS对象。将对象转换为NURBS对象的方法主要有以下3种。

第1种：选择对象，然后，单击鼠标右键，接着，在弹出的菜单中选择“转换为>转换为NURBS”命令，如图5-175所示。

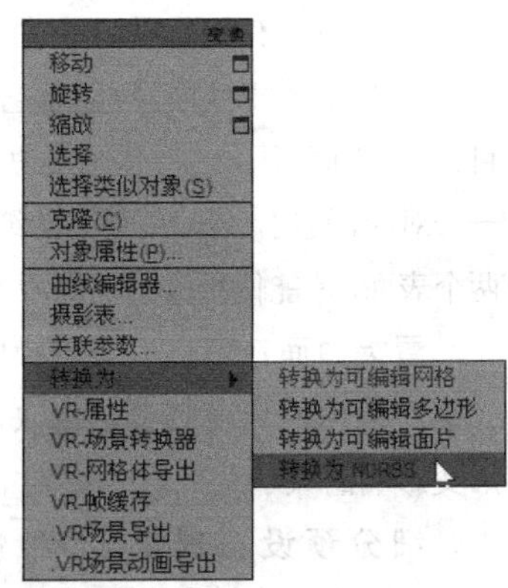

图5-175 转换为NURBS

第2种：选择对象，然后，进入“修改”面板，接着，在修改器堆栈中的对象上单击鼠标右键，最后，在弹出的菜单中选择“NURBS”命令，如图5-176所示。

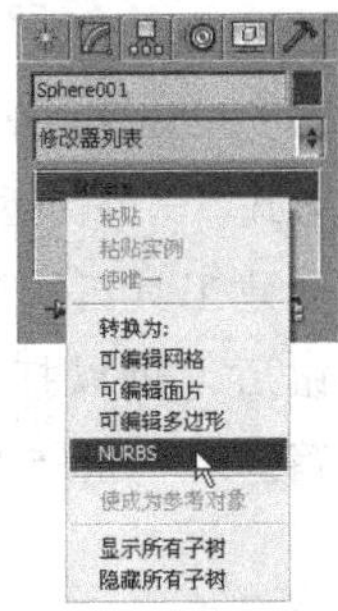

图5-176 NURBS

第3种：为对象加载“挤出”或“车削”修改器，然后，设置“输出”为“NURBS”，如图5-177所示。

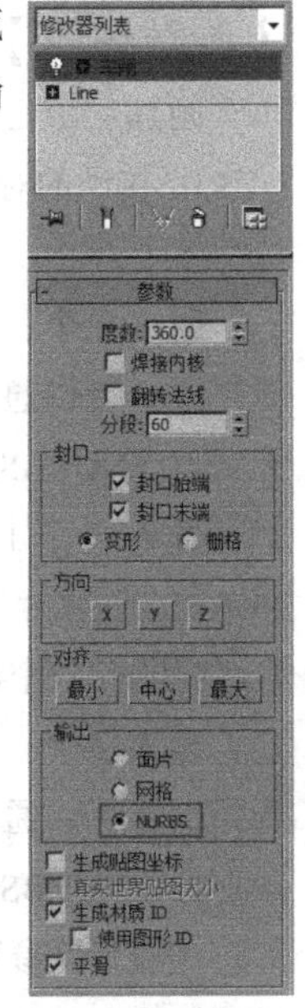

图5-177 加载修改器

5.3.4 编辑NURBS对象

NURBS对象的参数设置面板中共有7个卷展栏（以NURBS曲面对象为例），分别是“常规”“显示线参数”“曲面近似”“曲线近似”“创建点”“创建曲线”和“创建曲面”卷展栏，如图5-178所示。

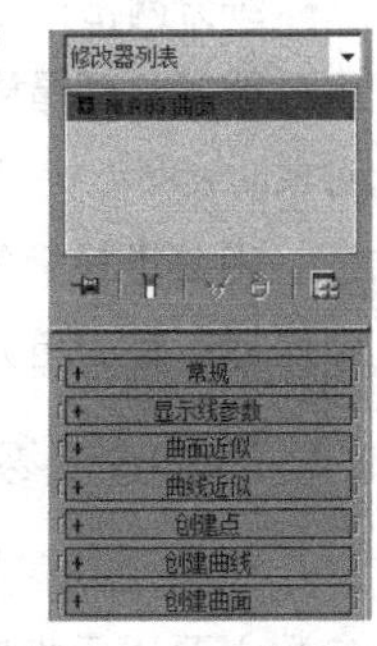

图5-178 编辑NURBS参数面板

1.常规卷展栏

“常规”卷展栏下包含用于编辑NURBS对象的

常用工具（如“附加”工具、“导入”工具等）及NURBS对象的显示方式，另外，还包含一个“NURBS创建工具箱”按钮（单击该按钮后，可以打开“NURBS工具箱”），如图5-179所示。

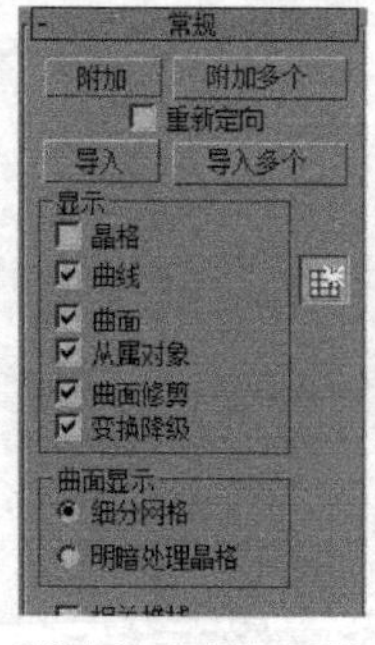

图5-179 “常规”参数卷展栏

【参数详解】

附加：单击此按钮，然后，在视图中选择允许NURBS接纳的对象，就可以将它附加到当前NURBS造型中了。

附加多个：单击此按钮，系统将打开一个名称选择框，可以通过名称来选择多个对象并将它们合并到当前NURBS造型中。

导入：单击此按钮，然后，在视图中选择允许NURBS接纳的对象，就可以将它转化为NURBS对象了，并且，将其作为一个导入造型合并到当前NURBS造型中。

导入多个：单击此按钮，系统将打开一个名称选择框，可以通过名称来选择多个对象并将它们导入到当前NURBS造型中。

“显示”参数组：用于控制造型5种组合因素的显示情况，包括晶格、曲线、曲面、从属对象、曲面修剪。最后的“变换降级”比较重要，默认是勾选的，如果在这时进行NURBS顶点编辑，那么，曲面形态不会显示出加工效果，所以，一般要取消选择该项，以便实时编辑操作。

曲面显示：用于选择NURBS对象表面的显示方式。

细分网格：可正常显示NURBS对象的构成曲线。

明暗处理晶格：可按照控制线的形式显示NURBS对象的表面形状。这种显示方式比较快，但不精确。

相关堆栈：勾选此项后，NURBS将在修改堆栈中保持所有的相关造型。

2. “显示线参数”卷展栏

“显示线参数”卷展栏下的参数主要用于指定显示NURBS曲面所用的“U向线数”和“V向线数”的数值，如图5-180所示。

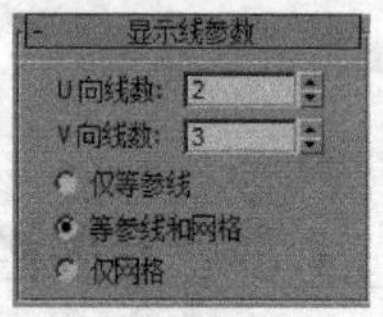

图5-180 “显示线参数”卷展栏

【参数详解】

U向线数/ V向线数：分别用于设置U向和V向等参线的条数。

仅参考线：选择此项后，将仅显示等参线。

等参线和网格：选择此项后，将在视图中同时显示等参线和网格划分。

仅网格：选择此项后，将仅显示网格划分，这是根据当前的精度设置显示的NURBS转多边形后的划分效果。

3. “曲面近似”卷展栏

“曲面近似”卷展栏下的参数主要用于控制视图和渲染器的曲面细分，可以根据不同的需要来选择“高”、“中”、“低”3种不同的细分预设，如图5-181所示。

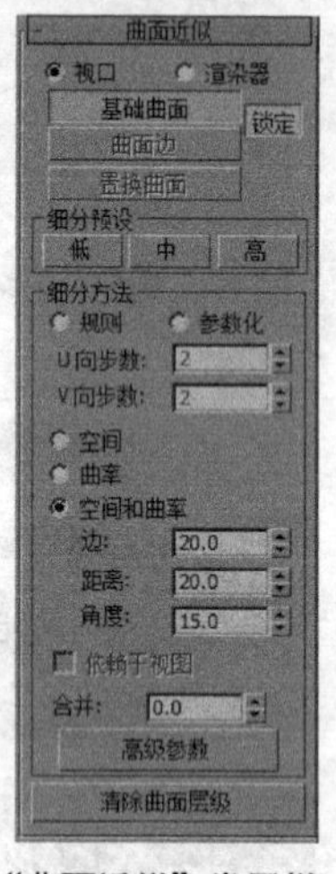

图5-181 “曲面近似”卷展栏

【参数详解】

视口：选择此项后，下面的设置将只针对视图显示。

渲染器：选择此项后，下面的设置将只针对最后的渲染结果。

基础曲面：用于设置影响整个表面的精度。

曲面边：有相接的几个曲面，如修剪、混合、填角等产生的相接曲面，由于它们各自的等参线的数目、分布不同，因此，转化为多边形后，它们的边界无法一一对应，这时，必须用更高的细分精度来处理相接的两个表面，才能使相接的曲面不产生缝隙。

置换曲面：可以对有置换贴图的曲面进行置换计算时曲面的精度划分，以决定置换对曲面造成的形变影响的大小。

细分预设：提供了3种快捷设置，分别是“低”“中”“高”3个精度，如果对具体参数不太了解，则可用它们来设置。

细分方法：用于提供各种可选用的细分方法。

规则：直接用U、V向的步数来调节，值越大，精度越高。

参数化：可在水平和垂直方向产生固定的细化，值越高，精度越高，但运算速度也慢。

空间：可产生一个统一的三角面细化，可通过调节下面的“边”参数来控制细分的精细程度。数值越低，精细化程度越高。

曲率：可根据造型表面的曲率产生一个可变的细化效果，这是一个优秀的细化方式。降低“距离”和“角度”值，可以增加细化程度。

空间和曲率：是空间和曲率两种方式的结合，可同时调节“边”“距离”和“角度”参数。

依赖于视图：该参数只有在“渲染器”选项下有效，勾选它后，将根据摄影机与场景对象间的距离来调整细化方式，从而缩短渲染时间。

合并：用于控制细化表面时，哪些重叠的边或距离很近的边可进行合并处理。默认值为0，这个功能可以有效地去除一些由修剪曲面而产生的缝隙。

4. “曲线近似”卷展栏

与“曲面近似”卷展栏相似，主要用于控制曲线的步数及曲线的细分级别，如图5-182所示。

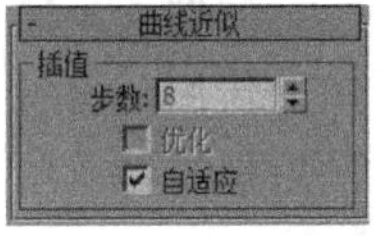

图5-182 “曲线近似”卷展栏

【参数详解】

步数：用于设置每个点之间的曲线上的步数值，值越高，插补的点越多，曲线越平滑，取值范围是1~100。

优化：以固定的步数值进行优化适配。

自适应：自动进行平滑适配，以一个相对平滑的插补值设置曲线。

5.3.5 “创建点/曲线/曲面”卷展栏

“创建点”“创建曲线”和“创建曲面”卷展栏中的工具与“NURBS工具箱”中的工具相对应，主要用于创建点、曲线和曲面对象，如图5-183、图5-184和图5-185所示。

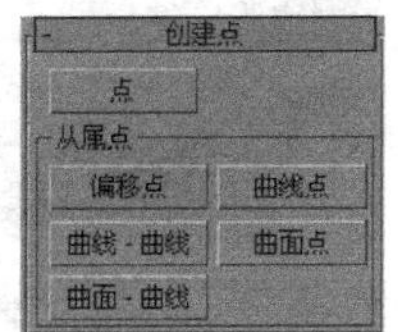

图5-183 创建点

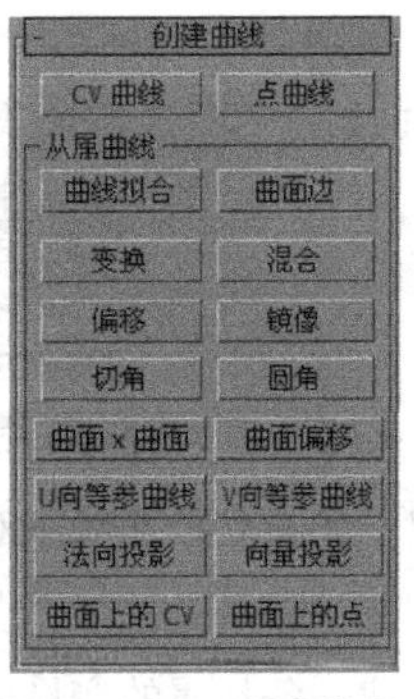

图5-184 创建曲线

图5-185 创建曲面

技巧与提示

“创建点”“创建曲线”和“创建曲面”这3个卷展栏中的工具是NURBS中最重要的对象编辑工具，关于这些工具的含义请参阅5.3.6小节中的相关内容。

5.3.6 NURBS工具箱

单击“常规”卷展栏下的“NURBS创建工具箱”按钮，打开“NURBS工具箱”，如图5-186所示。“NURBS工具箱”中包含用于创建NURBS对象的所有工具，主要分为3个功能区，分别是“点”功能区、“曲线”功能区和“曲面”功能区。

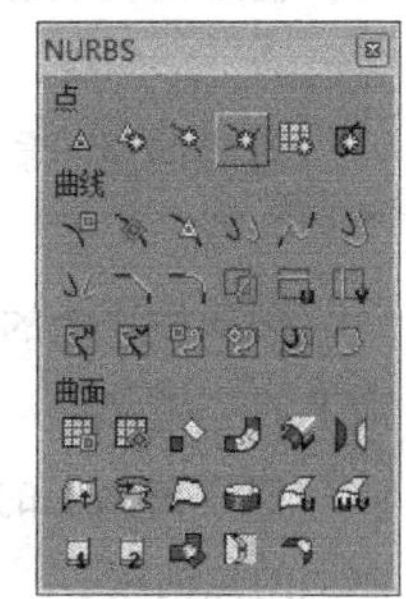

图5-186 NURBS工具箱

【功能介绍】

点：包含用于创建点的工具，如图5-187所示。

图5-187 点

创建点：用于创建单独的点。

创建偏移点：可根据一个偏移量创建一个点。

创建曲线点：可创建从属曲线上的点。

创建曲线-曲线点：可创建一个从属于“曲线-曲线”的相交点。

创建曲面点：可创建从属于曲面上的点。

创建曲面-曲线点：可创建从属于“曲面-曲

线”的相交点。

曲线：包含用于创建曲线的工具，如图5-188所示。

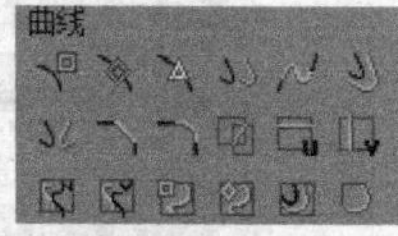

图5-188 曲线

创建CV曲线：可创建一条独立的CV曲线子对象。

创建点曲线：可创建一条独立点曲线子对象。

创建拟合曲线：可创建一条从属的拟合曲线。

创建变换曲线：可创建一条从属的变换曲线。

创建混合曲线：可创建一条从属的混合曲线。

创建偏移曲线：可创建一条从属的偏移曲线。

创建镜像曲线：可创建一条从属的镜像曲线。

创建切角曲线：可创建一条从属的切角曲线。

创建圆角曲线：可创建一条从属的圆角曲线。

创建曲面-曲面相交曲线：可创建一条从属于“曲面-曲面”的相交曲线。

创建U向等参曲线：可创建一条从属的U向等参曲线。

创建V向等参曲线：可创建一条从属的V向等参曲线。

创建法向投影曲线：可创建一条从属于法线方向的投影曲线。

创建向量投影曲线：可创建一条从属于向量方向的投影曲线。

创建曲面上的CV曲线：可创建一条从属于曲面上的CV曲线。

创建曲面上的点曲线：可创建一条从属于曲面上的点曲线。

创建曲面偏移曲线：可创建一条从属于曲面上的偏移曲线。

创建曲面边曲线：可创建一条从属于曲面上的边曲线。

曲面：包含用于创建曲面的工具，如图5-189所示。

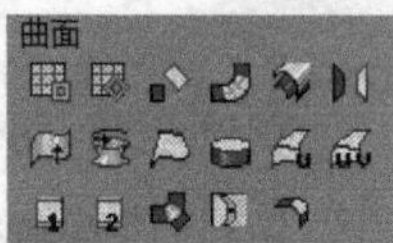

图5-189 曲面

创建CV曲线：可创建独立的CV曲面子对象。

创建点曲面：可创建独立的点曲面子对象。

创建变换曲面：可创建从属的变换曲面。

创建混合曲面：可创建从属的混合曲面。

创建偏移曲面：可创建从属的偏移曲面。

创建镜像曲面：可创建从属的镜像曲面。

创建挤出曲面：可创建从属的挤出曲面。

创建车削曲面：可创建从属的车削曲面。

创建规则曲面：可创建从属的规则曲面。

创建封口曲面：可创建从属的封口曲面。

创建U向放样曲面：可创建从属的U向放样曲面。

创建UV放样曲面：可创建从属的UV向放样曲面。

创建单轨扫描：可创建从属的单轨扫描曲面。

创建双轨扫描：可创建从属的双轨扫描曲面。

创建多边混合曲面：可创建从属的多边混合曲面。

创建多重曲线修剪曲面：可创建从属的多重曲线修剪曲面。

创建圆角曲面：可创建从属的圆角曲面。

课堂案例

制作玻璃花瓶

案例位置　案例文件>第5章>课堂案例：制作玻璃花瓶

视频位置　多媒体教学>第5章>课堂案例：制作玻璃花瓶.flv

难易指数　★★☆☆☆

学习目标　学习点“曲线”工具、“创建U向放样曲面”工具、“创建封口曲面”工具的使用方法

前面的案例中已经介绍过了花瓶在室内效果图中的作用，而且，也学习了用修改器调整花瓶造型的方法。在本例中，将介绍一种简单、方便的制作方法，玻璃花瓶的效果如图5-190所示。

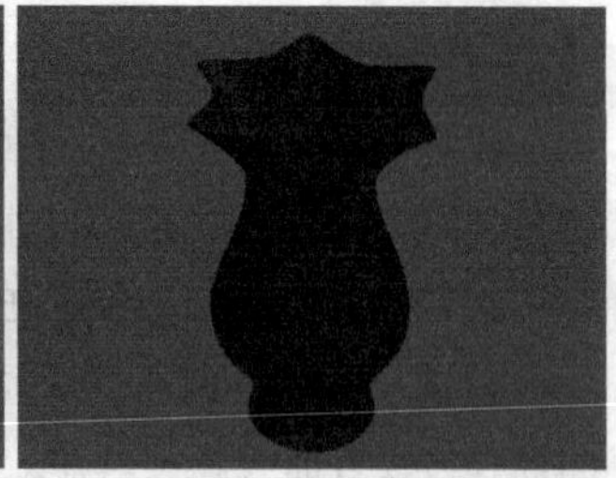

图5-190 花瓶模型

01 单击“创建”面板中的“图形”按钮，然后，设置图形类型为“NURBS曲线”，接着，单击“点曲线”按钮 点曲线 ，如图5-191所示，最后，在视图中绘制一条如图5-192所示的点曲线。

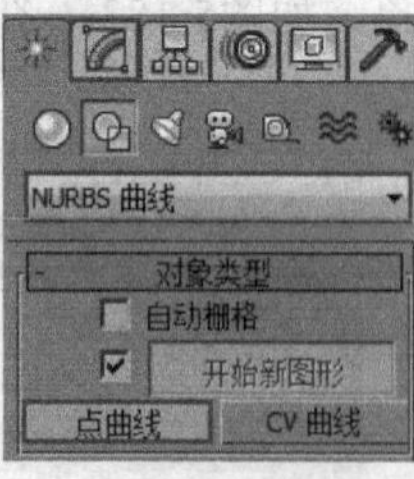

图5-191 选择点曲线

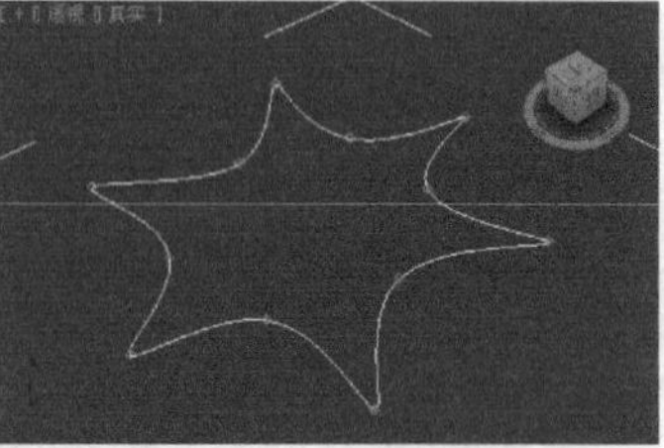

图5-192 创建图像

02 使用“点曲线”工具 点曲线 在视图中绘制出如图5-193所示的点曲线。

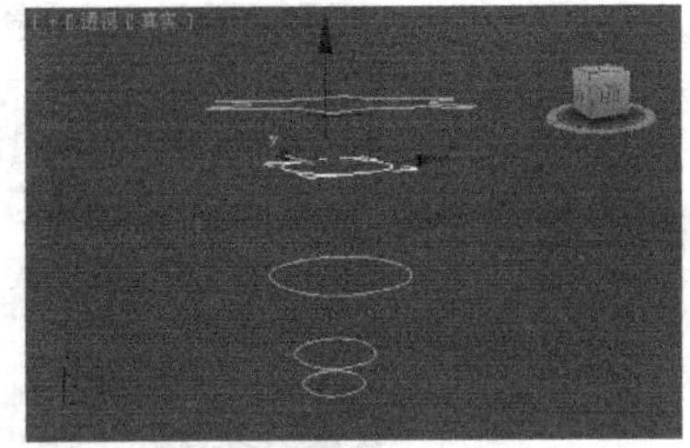

图5-193 继续绘制图形

03 进入“修改”面板，然后，单击“常规”卷展栏下的“NURBS创建工具箱”按钮，弹出“NURBS工具箱”，如图5-194所示。

图5-194 打开NURBS工具箱

04 单击“NURBS工具箱”中的“创建U向放样曲面”按钮，然后，在视图中从上到下依次单击点曲线，拾取完毕后，单击鼠标右键，完成操作，拾取顺序如图5-195所示。放样完成后的模型效果如图5-196所示。

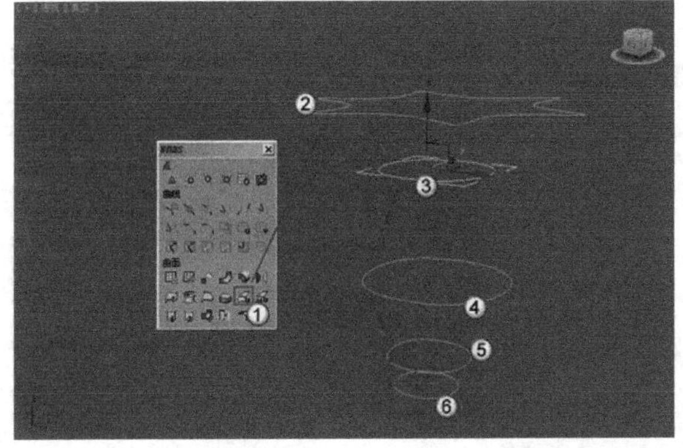

图5-195 拾取顺序

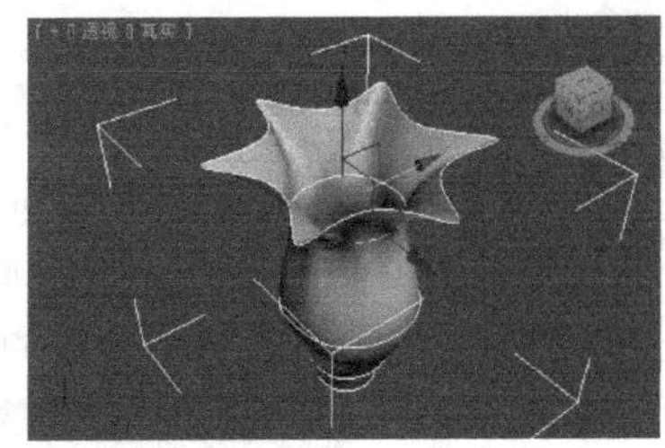

图5-196 放样效果

05 单击“NURBS工具箱”中的“创建封口曲面”按钮，然后，单击视图底部的截面，如图5-197所示。模型的最终效果如图5-198所示。

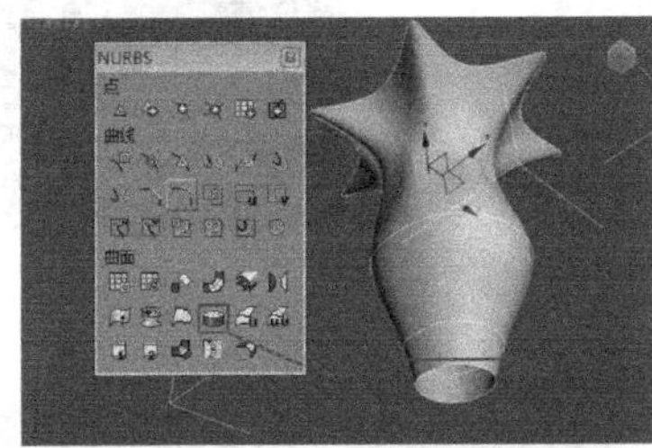

图5-197 创建封口

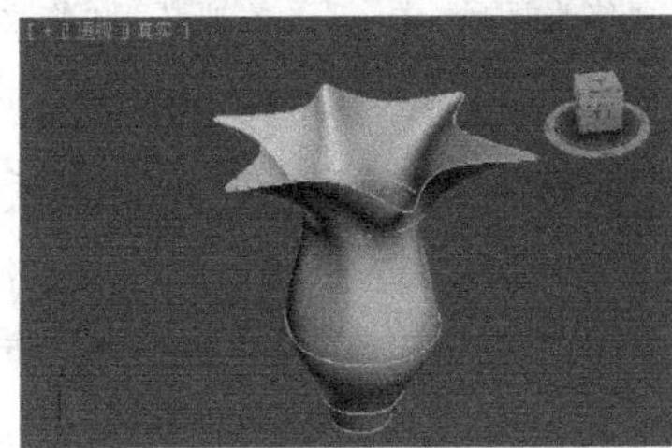

图5-198 花瓶模型

课堂案例

制作床罩

案例位置	案例文件>第5章>课堂案例：制作床罩
视频位置	多媒体教学>第5章>课堂案例：制作床罩.flv
难易指数	★★★☆☆
学习目标	学习“NURBS曲面”的工具的使用方法

前面介绍过了床垫的制作方法，通常情况下，床都是配有床罩的，床罩也最能间接体现床的外观形态。床罩都可以归纳为布料类，布料是效果图中一种比较常用的对象，其特点就是“褶皱”的效果。通过本例的学习，希望读者可以举一反三。床罩模型效果如图5-199所示。

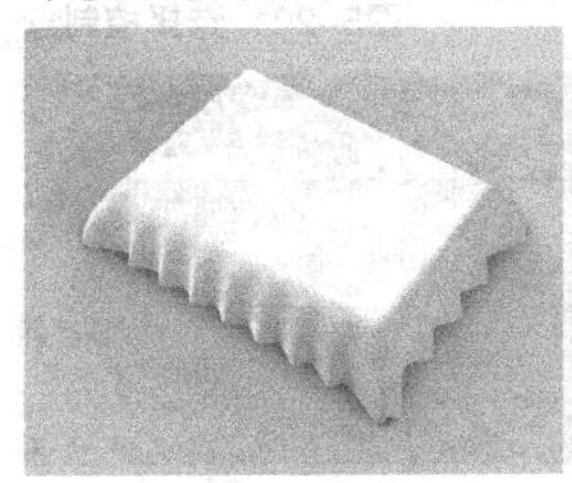

图5-199 床罩模型

01 在“创建面板”的下拉列表中选择“NURBS曲面”，然后，单击“点曲面”按钮 点曲面 ，接着，在顶视图中拖曳鼠标指针，创建一个NURBS曲面，然后，设置其“长度”为“2000mm”，“宽度”为“1500mm”，设置“长度分段”为“13”，“宽度分段”为“19”，如图5-200所示。

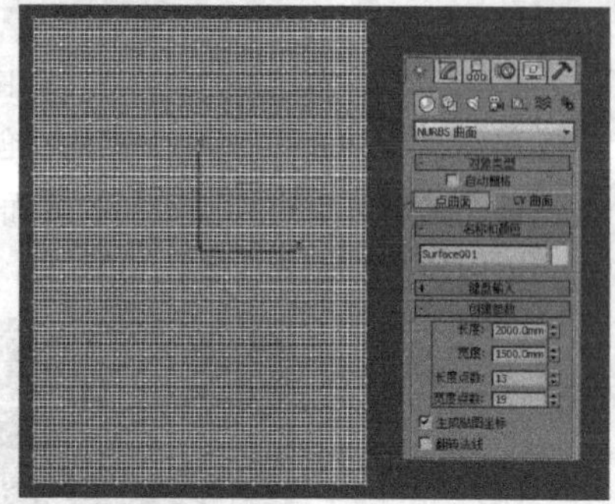

图5-200 创建点曲面

技巧与提示

在修改参数的时候，应在创建好“点曲面”后直接在“修改面板”中修改，不要进入“修改面板”，否则，是没有参数的。

02 切换至“修改面板”，单击修改器列表中“NURBS曲面”前面的■，激活下面的“点”次级子物体，接着，在顶视图中选择中间的所有控制点（除去最外层），如图5-201所示，再切换至前视图，然后，将选中的所有控制点沿y轴向上平移4个栅格的距离，如图5-202所示。

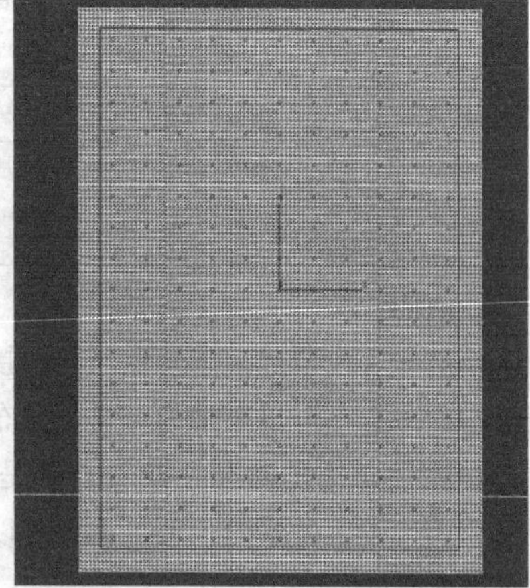

图5-201 选择控制点

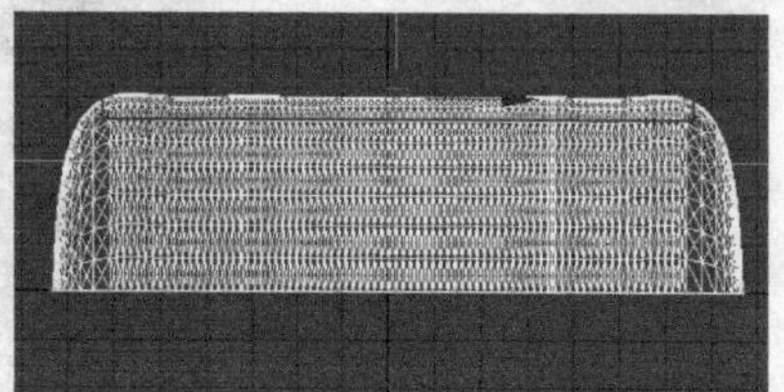

图5-202 平移选中的控制点

03 切换至顶视图，按住Ctrl键，然后，每间隔1个控制点选取1个控制点，如图5-203所示。

图5-203 选择控制点

04 单击“选择并均匀缩放”按钮■，将选中的控制点沿x、y轴进行缩放，如图5-204所示。

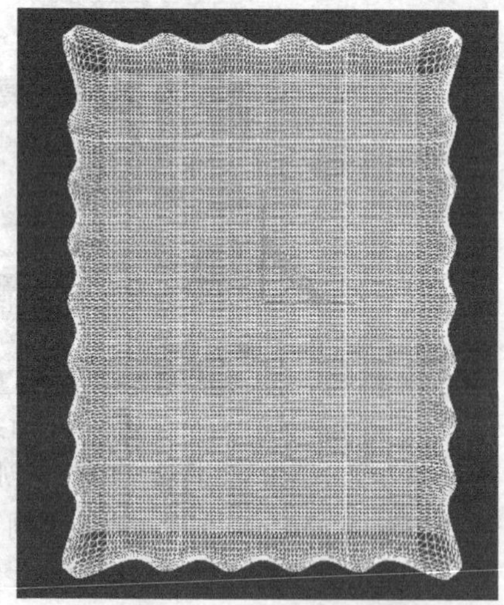

图5-204 缩放控制点

05 此时，可以在透视图中对局部控制点进行单独调整，最终的模型效果如图5-205所示。

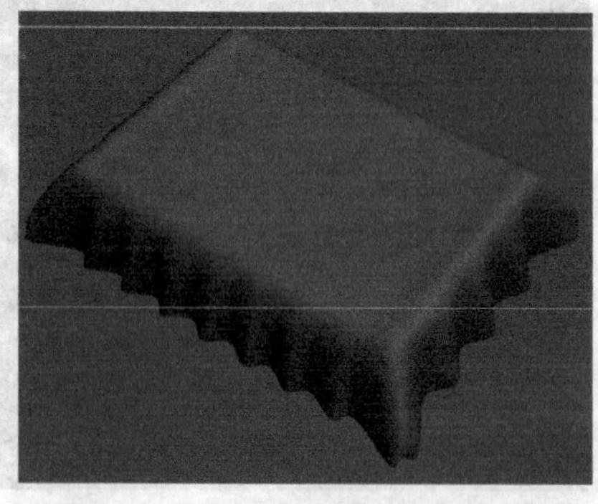

图5-205 模型效果

5.4 创建毛皮

在日常生活中，我们不难发现毛发类型的物体，如头发、毛巾等，而在效果图制作中，这类物体主要有地毯、毛巾、草地等，如图5-206所示。对于这类对象，前面介绍的建模方式都不适用，接下来，要向大家介绍一种专门用于创建这一类模型的工具。

图5-206 毛发效果

知识名称	主要作用	重要程度
加载VRay	为3ds Max加载VRay渲染器	高
VRay毛皮	用于制作毛发类模型	高

5.4.1 VRay渲染器

VRay渲染器的算法是根据James T.Kajiya在1986年发表的“渲染方程”论文而得来的，这个方程主要描述了灯光是怎样在一个场景中传播和反弹的。在James T.Kajiya的论文中也提到了用Monte Carlo（蒙特卡洛）的计算方式来计算真实光影，这种计算方式仅基于几何光学，近似于电磁学中的Maxwell（麦克斯维）计算方式，它不能计算出衍射、干涉、偏振等现象，这个渲染方程也不能真实描述物理世界中的光的活动，例如，在这个渲染方程中，它假定光线无穷小、光速无穷大，这和物理世界中的真实光线是不一样的，但是，因为它基于几何光学，所以，它的可控制性好、计算速度快。

VRay渲染器是保加利亚的Chaos Group公司开发的3ds Max的全局光渲染器，Chaos Group公司是一家以制作3D动画、电脑影像和软件为主的公司，有50多年的历史，其产品包括电脑动画、数字效果和电影胶片等，同时，也提供电影视频切换，著名的火焰插件（Phoenix）和布料插件（SimCloth）就是它的产品。

VRay渲染器是模拟真实光照的一个全局光渲染器，无论是对静止画面还是动态画面的渲染，其真实性和可操作性都让用户为之惊讶。它具有对照明的仿真功能，以帮助绘图者完成犹如照片般的图像；它可以表现出高级的光线追踪，以表现出表面光线的散射效果及动作模糊化；除此之外，VRay还能带给用户很多让人惊叹的功能，它极快的渲染速度和较高的渲染质量，吸引了全世界很多的用户。

技巧与提示

这里说明一下如何加载VRay修改器到3ds Max中。

安装好VRay渲染器后，可单击工具栏中的“渲染设置”按钮或按F10键，打开“渲染设置对话框”，然后，在“公用”选项卡下打开“指定渲染器”卷展栏，单击“产品及”后面的加载按钮，接着，在弹出的对话框中选择已经安装的“VRay渲染器”，如图5-207所示。加载后的对话框如图5-208所示。

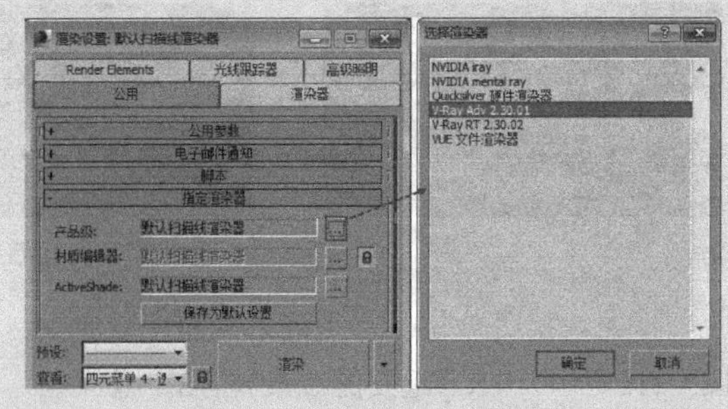

图5-207 加载“VRay渲染器”

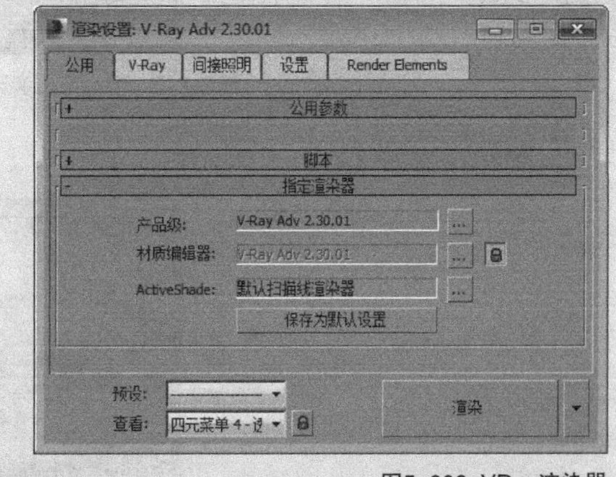

图5-208 VRay渲染器

5.4.2 VRay毛皮

“VRay毛皮”是VRay渲染器自带的毛发制作工具，也是目前常用的一种毛发制作工具。加载VRay渲染器后，就能在“创建面板”中使用该工具创建毛发了，如图5-209所示。

图5-209 VRay毛皮工具

技巧与提示

这里的“VRay毛皮”工具是未被激活的状态，通常情况下，“VRay毛皮”是在其他模型上创建，下面，简单介绍一下其创建步骤。

第1步：在场景中创建一个长方体，如图5-210所示。

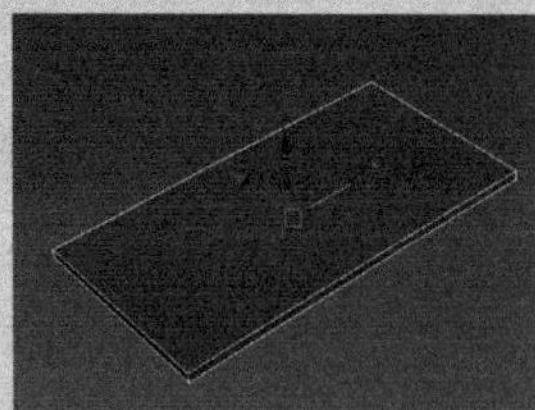

图5-210 创建长方体

第2步：选中长方体，然后，在“创建面板”中选择“VRay”，接着，单击“VRay毛皮”按钮，创建毛皮，如图5-211所示。

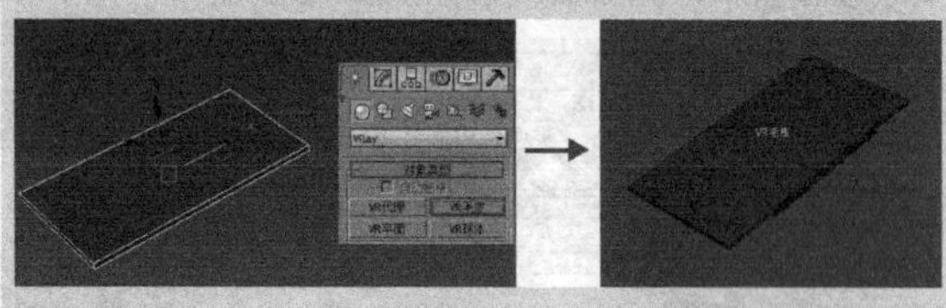

图5-211 创建毛皮

下面，我们来看VRay毛皮工具的参数面板，如图5-212所示，VRay毛发的参数只有3个卷展栏，分别是“参数”“贴图”和“视口显示”卷展栏。

图5-212 VRay毛皮参数

1.“参数”卷展栏

“参数”卷展栏如图5-213所示。

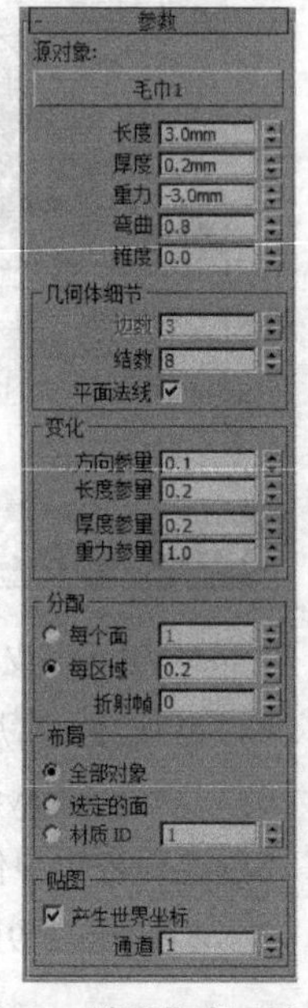

图5-213 “参数”卷展栏

【参数详解】

源对象：该选项组共包含下列6个选项。

源对象：用于指定需要添加毛发的物体。

长度：用于设置毛发的长度。

厚度：用于设置毛发的厚度。

重力：用于控制毛发在z轴方向被下拉的力度，也就是通常所说的“重量”。

弯曲：用于设置毛发的弯曲程度。

锥度：用于控制毛发锥化的程度。

几何体细节：该选项组包含下列3个选项。

边数：目前，这个参数还不可用，以后的版本中将开发多边形的毛发。

结数：用于控制毛发弯曲时的光滑程度。值越大，段数越多，弯曲的毛发越光滑。

平面法线：用于控制毛发的呈现方式。当勾选该选项时，毛发将以平面方式呈现；当关闭该选项时，毛发将以圆柱体方式呈现。

变化：该选项组的4个选项主要用于设置毛发的长度和方向等。

方向参量：用于控制毛发在方向上的随机变化。值越大，变化越强烈；0表示不变化。

长度参量：用于控制毛发长度的随机变化。1表示变化越强烈；0表示不变化。

厚度参量：用于控制毛发粗细的随机变化。1表示变化越强烈；0表示不变化。

重力参量：用于控制毛发受重力影响的随机变化。1表示变化越强烈；0表示不变化。

分配：主要用于控制毛发生成的数量。

每个面：用于控制每个面产生的毛发数量，因为物体的每个面不都是均匀的，所以，渲染出来的毛发也不均匀。

每区域：用于控制每单位面积中的毛发数量，用这种方式渲染出来的毛发比较均匀。

折射帧：用于指定源物体获取到计算面大小的帧，获取的数据将贯穿整个动画过程。

布局：用于设置毛发在源物体上的布局。

全部对象：启用该选项后，全部的面都将产生毛发。

选定的面：启用该选项后，只有被选择的面才能产生毛发。

材质ID：启用该选项后，只有指定了材质ID的面才能产生毛发。

贴图：该选项组共包含下列两个选项。

产生世界坐标：所有的UVW贴图坐标都将从基础物体中获取，该选项的W坐标可以用于修改毛发的偏移量。

通道：用于指定W坐标上将被修改的通道。

2. “贴图”卷展栏

“贴图”卷展栏如图5-214所示。

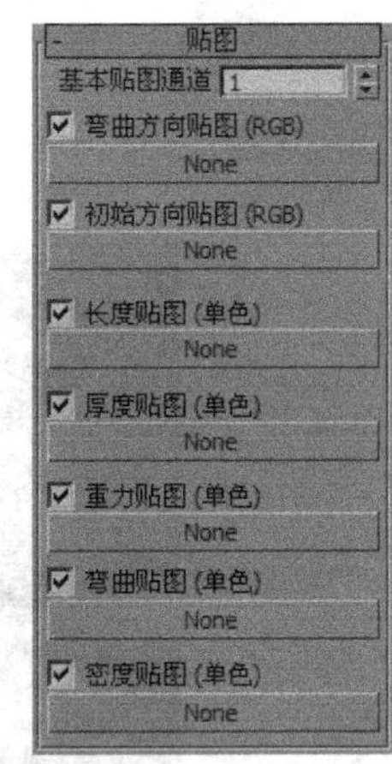

图5-214 “贴图”卷展栏

【参数详解】

基本贴图通道：用于选择贴图的通道。

弯曲方向贴图（RGB）：用彩色贴图来控制毛发的弯曲方向。

初始方向贴图（RGB）：用彩色贴图来控制毛发根部的生长方向。

长度贴图（单色）：用灰度贴图来控制毛发的长度。

厚度贴图（单色）：用灰度贴图来控制毛发的粗细。

重力贴图（单色）：用灰度贴图来控制毛发受重力的影响。

弯曲贴图（单色）：用灰度贴图来控制毛发的弯曲程度。

密度贴图（单色）：用灰度贴图来控制毛发的生长密度。

3. “视口显示”卷展栏

“视口显示”卷展栏如图5-215所示。

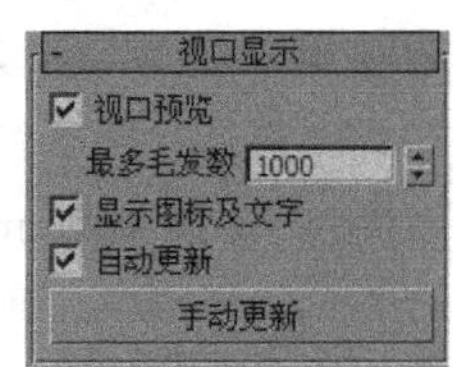

图5-215 “视口显示”卷展栏

【参数详解】

视口预览：当勾选该选项时，可以在视图中预览毛发的生长情况。

最大毛发数：数值越大，毛发的生长情况越清楚。

显示图标及文字：勾选该选项后，视图中将显示VRay毛发的图标和文字，如图5-216所示。

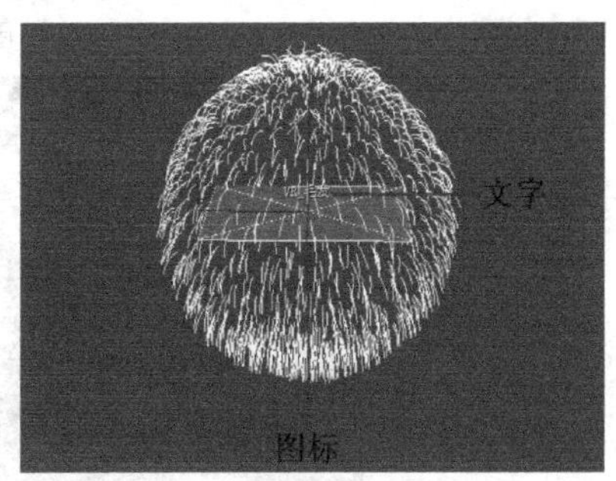

图5-216 显示图标及文字

自动更新：勾选该选项后，当改变毛发参数时，3ds Max会在视图中自动更新毛发的显示情况。

手动更新：单击该按钮后，可以手动更新毛发在视图中的显示情况。

课堂案例

制作地毯

案例位置	案例文件>第5章>课堂案例：制作地毯.max
视频位置	多媒体教学>第5章>课堂案例：制作地毯.flv
难易指数	★★★☆☆
学习目标	学习“VRay毛皮”的使用方法

在室内效果图中，尤其是在表现客厅效果时，通常会在茶几或者桌子下面加上地毯，使场景显得华丽、大气，这样不仅可以丰富场景元素，还可以将地面与家具完美分割，使整个场景的空间感更强。本案例的地毯模型效果如图5-217所示。

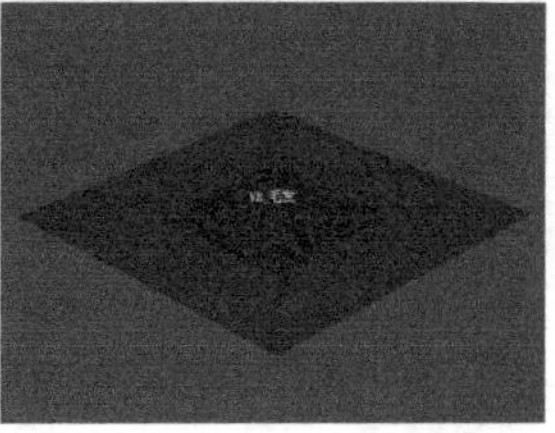

图5-217 地毯模型效果

01 用“平面”工具 平面 在场景中创建一个平面，然后，在“参数”卷展栏下设置“长度”和“宽度”为“460mm”、“长度分段”和“高度分段”均为“20”，具体参数设置如图5-218所示。平面效果如图5-219所示。

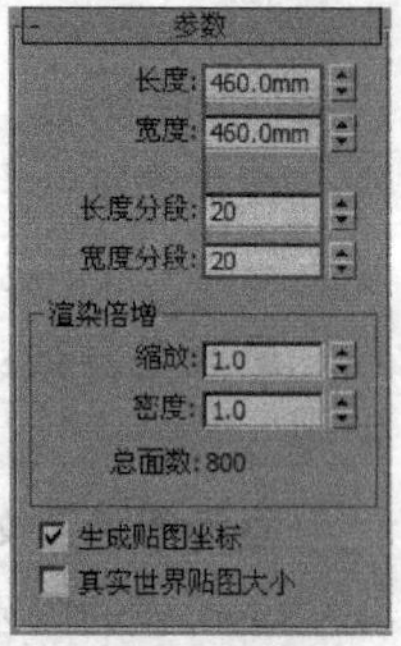

图5-218 参数设置

图5-219 平面的创建

技巧与提示

注意，“长度分段”和“宽度分段”的数值会直接影响毛发的数量。段值越少，渲染速度越快，但毛发数量也越少，反之亦然。

02 选择上一步创建的平面，然后，设置几何体类型为“VRay”，接着，单击“VR毛皮”按钮 VR毛皮 ，此时，平面上会“生长”出毛发，如图5-220所示。

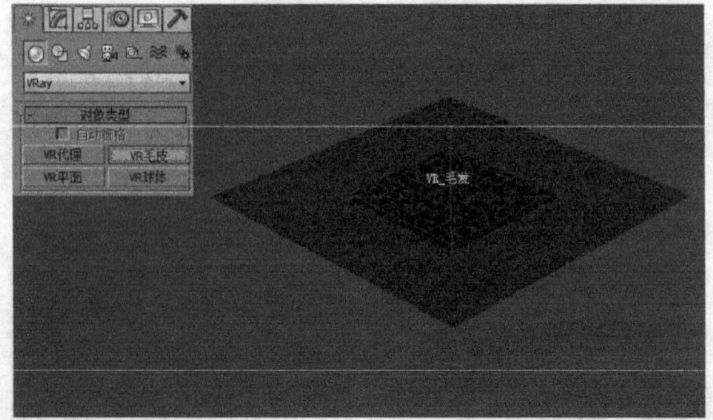

图5-220 创建VRay毛皮

03 选择创建好的“VRay毛皮”，展开“参数”卷展栏，然后，在“源对象”卷展栏下设置“长度”为“30mm”、“厚度”为“0.6mm”、“重力”为“-4.4mm”、“弯曲”为“0.7”，接着，在“几何体细节”参数组下设置“结数”为“5”，最后，在“变量”参数组下设置“方向参量”为“0.6”、“长度参量”为“0.3”，具体参数设置如图5-221所示。模型效果如图5-222所示。

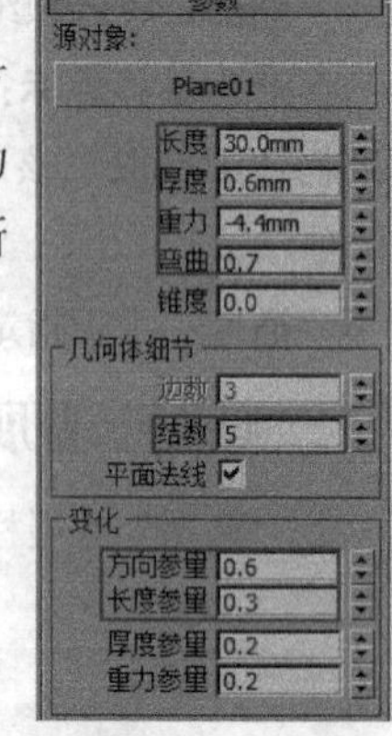

图5-221 设置VRay毛皮参数

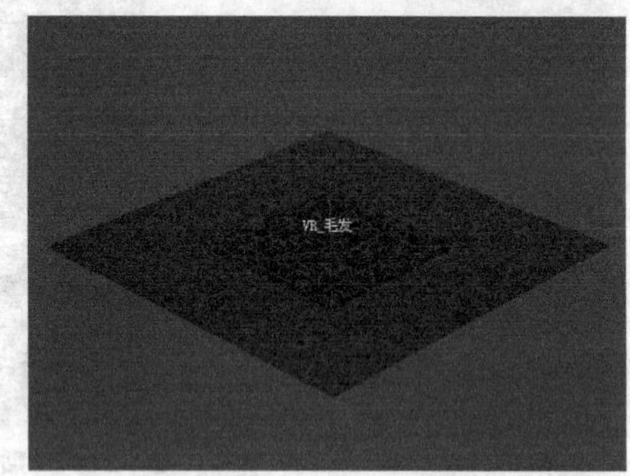

图5-222 模型效果

5.5 本章小结

本章主要讲解了高级建模的4个技术。其中必须掌握的是“多边形建模”和“VRay毛皮建模”，这两种建模技术是我们常用的。本章是建模中的重点，也是全书的重点，其内容贯穿了整个效果图制作的过程，所以，读者一定要好好练习本章的案例及课后习题。

课后习题

制作抱枕

案例位置	案例文件>第5章>课后习题：制作抱枕
视频位置	多媒体教学>第5章>课后习题：制作抱枕.flv
难易指数	★★☆☆☆
学习目标	练习“NURBS建模”的操作技巧

本习题主要练习的是“NURBS建模”，在前面的案例中，我们学习了通过FFD修改器创建枕头，请读者比较这两种建模方式的不同，以便在以后的建模过程中根据条件选择适合的建模方法。抱枕模型效果如图5-223所示。

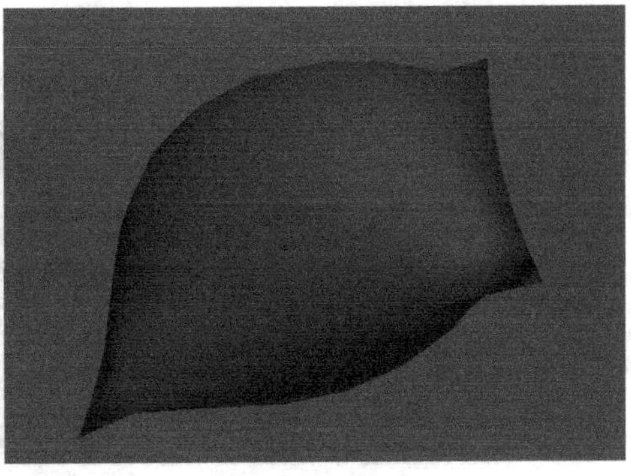

图5-223 抱枕模型

步骤分解如图5-224所示。

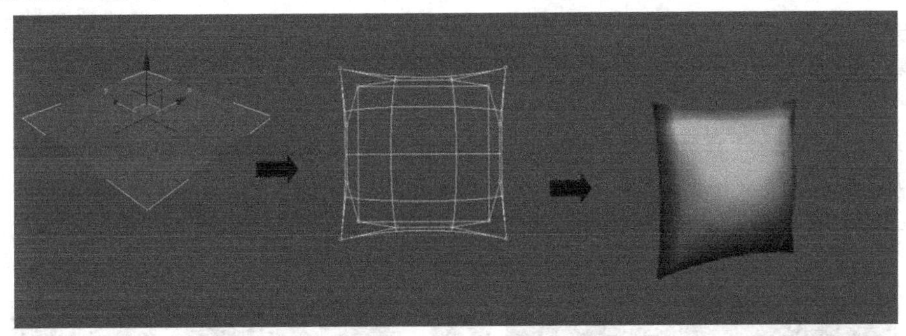

图5-224 制作流程

技巧与提示

流程图中显示的模型只是抱枕的一半，另一半可通过“镜像”得到。

课后习题

制作欧式床头柜

案例位置	案例文件>第5章>课后习题：制作欧式床头柜
视频位置	多媒体教学>第5章>课后习题：制作欧式床头柜.flv
难易指数	★★★☆☆
学习目标	练习“倒角”工具、“切角”工具、“车削修改器”“挤出”修改器的运用

在前面的案例中，我们制作了“床垫”和“床罩”，在卧室空间的元素中，床头柜也是必不可少的。在前面章节的习题中，我们已通过基本几何体制作过简单的床头柜了，而本题中的床头柜可用“多边形建模”技术创建。请读者比较一下两者之间的区别。欧式床头柜效果如图5-225所示。

图5-225 床头柜模型

步骤分解如图5-226所示。

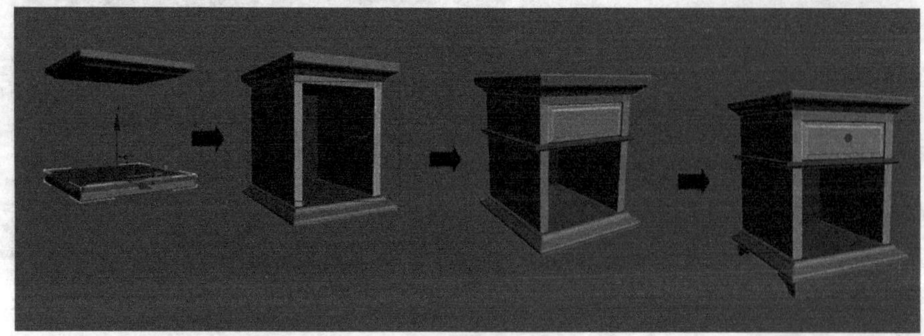

图5-226 制作流程

课后习题

制作多人沙发

案例位置	案例文件>第5章>课后习题：制作多人沙发
视频位置	多媒体教学>第5章>课后习题：制作多人沙发.flv
难易指数	★★★★☆
学习目标	练习"多边形建模"技术、熟悉"网格平滑"的使用方法

本例中的沙发较为多元化，在创建过程中，有很多选择，读者可根据自己的情况，选择合适的建模方法，建议使用"多边形建模"技术。模型效果如图5-227所示。

图5-227 多人沙发模型

步骤分解如图5-228所示。

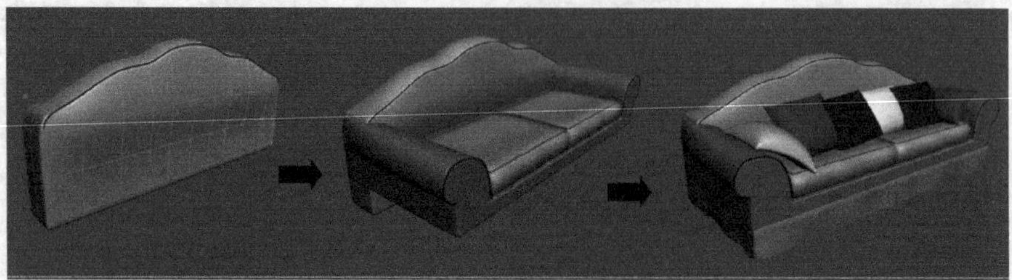

图5-228 制作流程

技巧与提示

本题较为复杂，涉及的知识点较多，希望读者反复练习。有兴趣的读者可以尝试用不同的建模方法完成。

第6章

摄影机技术

本章将介绍效果图中的摄影机技术，摄影机可以说是效果图的“眼睛”，摄影机可以展示出效果图的完美视角和合理的构图。通常情况下，有“目标摄影机”“自由摄影机”“VR物理摄影机”“VR穹顶摄影机”这4种摄影机，常用的是“目标摄影机”和“VR物理摄影机”这两种，尤其是“VR物理摄影机”，它能高度模仿现实中的摄影机，其拍摄原理与现实中的摄影机非常类似。

课堂学习目标

了解真实摄影机的基本原理
掌握摄影机的创建方法及技巧
掌握目标摄影机的使用方法
了解自由摄影机
掌握VRay物理摄影机的使用方法
了解VRay穹顶摄影机
掌握景深效果的制作方法

6.1 关于摄影机

在学习摄影机之前，我们先来了解一下真实摄影机的结构与相关名词的术语。

拆卸掉任何摄影机的电子装置和自动化部件后，都会看到如图6-1所示的基本结构。遮光外壳的一端有一孔穴，用于安装镜头，孔穴的对面有一容片器，用于承装一段感光胶片。

图6-1 真实摄影机的结构

为了能在任何光线强度下都能产生正确的曝光影像，摄影机镜头中设有一可变光阑，用于调节直径不断变化的小孔，这就是所谓的光圈。打开快门后，光线才能透射到胶片上，快门给了用户选择瞬间曝光的机会，而且，还可以通过确定某一快门速度来控制曝光时间的长短。

6.1.1 摄影机的重要术语

因为3ds Max中的某些参数与真实摄影机类似，尤其是“VR物理摄影机”，所以，在学习摄影机之前，希望读者能掌握这些术语并理解其对图像的作用。摄影机在3ds Max中的作用不仅仅是在渲染出图时选取合理的视角，而且，还能在进行灯光测试及材质赋予的时候固定视角，完全做到“控制变量”。

1.光圈

光圈通常位于镜头的中央，它是一个环形，可以控制圆孔的开口大小，以及曝光时光线的亮度。需要大量的光线来进行曝光时，应开大光圈的圆孔；只需要少量光线曝光时，应缩小圆孔，让少量的光线进入。

光圈由装设在镜头内的叶片控制，而叶片是可动的。光圈越大，镜头里叶片的开放就越大，所谓“最大光圈”就是叶片毫无动作，让可通过镜头的光源全部进来的全开光圈。反之，光圈越小，叶片就收缩得越厉害，最后，会缩小到一个圆点。

光圈就如同人类眼睛的虹膜，用于控制拍摄时的单位时间的进光量，一般以f/5、F5或1:5来表示。以实际而言，较小的f值表示较大的光圈。光圈的计算单位称有两种。

第1种：光圈值。标准的光圈值（f-number）通常为f/1、f/1.4、f/2、f/2.8、f/4、f/5.6、f/8、f/11、f/16、f/22、f/32、f/45、f/64，其中的f/1是进光量最大的光圈号数，光圈值的分母越大，进光量就越小。通常，一般镜头用到的光圈号数为f/2.8～f/22，光圈值越大，镜片的口径就越大。

第2种：级数。级数（f-stop）是指相邻的两个光圈值的曝光量差距，例如，f/8与f/11之间相差一级，f/2与f/2.8之间也相差一级，依次类推，f/8与f/16之间相差两级，f/1.4与f/4之间就差了3级。在职业摄影领域，有时称级数为“档”或“格”，例如，f/8与f/11之间相差了一档，或是f/8与f/16之间相差两格。在每一级光圈号数之间，后面号数的进光量都是前面号数的一半，例如，f/5.6的进光量只有f/4的一半，f/16的进光量也只有f/11的一半，越靠后号数的光圈的进光量越小，并且，是以等比级数的方式来递减的。

技巧与提示

除了进光量之外，光圈的大小还跟景深有关。景深是物体成像后在相片（图档）中的清晰程度。光圈越大，景深会越浅（清晰的范围较小）；光圈越小，景深就越长（清晰的范围较大）。

大光圈的镜头非常适合低光量的环境，因为它可以在微亮光的环境下，获取更多的现场光，让我们可以用较快速的快门来拍照，以保持拍摄时相机的稳定度，但是，大光圈的镜头不易制作，要花较多的费用才可以获得。

好的摄影机会根据测光的结果等情况来自动计算出光圈的大小，一般情况下，快门速度越快，光圈就越大，以保证足够的光线通过，所以，好的摄影机也比较适合拍摄高速运动的物体，如行动中的汽车和落下的水滴等。

2.快门

快门按钮是摄影机中的一个机械装置，大多设置于机身接近底片的位置（大型摄影机的快门设计在镜头中），用于控制快门的开关速度，决定底片接受光线的时间长短。也就是说，在每一次拍摄时，光圈的大小可控制光线的进入量，快门的速度可决定光线进入的时间长短，这样一个动作便完成了所谓的“曝光”。

快门是镜头前用于阻挡光线进来的装置，一般而言，快门的时间范围越大越好。低秒数适合拍摄运动中的物体，某款摄影机就强调快门最快能到1/16000秒，可以轻松抓住急速移动的目标。要拍夜晚的车水马龙时，快门时间就应拉长，有些照片中丝绢般的水流效果也是用慢速快门拍出的。

快门以“秒”为单位，它有一定的数字格式，一般，摄影机上的快门单位有以下15种。

B、1、2、4、8、15、30、60、125、250、500、1000、2000、4000、8000。

上面每一个数字单位都是分母，也就是说，每一段快门分别是1秒、1/2秒、1/4秒、1/8秒、1/15秒、1/30秒、1/60秒、1/125秒、1/250秒（依次类推）等。一般，中级的单眼摄影机快门能达到1/4000秒，高级的专业摄影机可以到1/8000秒。

B指的是慢快门Bulb，B快门的开关时间可由操作者自行控制，可以用快门按钮或快门线来控制整个曝光的时间。

相邻快门速度之间的差距都是两倍，例如，1/30是1/60的两倍、1/1000是1/2000的两倍，这跟光圈值的级数差距计算是一样的。与光圈相同，每一段快门之间的差距也被之为一级、一格或一档。

光圈级数跟快门级数的进光量是相同的，也就是说，光圈之间相差一级的进光量，其实就等于快门之间相差一级的进光量，这个概念在计算曝光时很重要。

前面提到了光圈决定了景深，快门则决定了拍摄的“时间”。拍摄一个快速移动的物体时，通常需要比较高速的快门，以抓到凝结的画面，所以，在拍动态画面时，通常都要考虑可以使用的快门速度。

有时，要抓取的画面需要有连续性的感觉，如拍摄丝缎般的瀑布或是小河时，就必须要用速度比较慢的快门，以延长曝光的时间，抓取画面的连续动作。

3.胶片感光度

可以根据胶片感光度把胶片归纳为3大类，分别是“快速胶片”“中速胶片”和“慢速胶片”。快速胶片具有较高的ISO（国际标准化组织）数值，慢速胶片的ISO数值较低，快速胶片适用于低照度下的摄影。相对而言，当感光性能较低的慢速胶片可能引起曝光不足时，快速胶片获得正确曝光的可能性更大，但是，感光度的提高会降低影像的清晰度，增加反差。在照度良好时，慢速胶片对获取高质量的照片非常有利。

在光照亮度十分低的情况下，例如，在昏暗的室内或黄昏时分的户外，可以用超快速胶片（即高ISO）进行拍摄。这种胶片对光非常敏感，即使在火柴光下拍摄，也能获得满意的效果，其产生的景象颗粒度可以营造出戏剧性氛围，以获得引人注目的效果；在光照十分充足的情况下，例如，在阳光明媚的户外，可以选用超慢速胶片（即低ISO）进行拍摄。

6.1.2 摄影机的创建

效果图中常用的摄影机是“目标摄影机”和“VR物理摄影机”。在效果图中创建摄影机主要是为了给场景选取一个合理的拍摄视角。从根本上讲，摄影机的创建将直接影响效果图的构图内容及展示视角。

1.创建方法

在3ds Max中创建摄影的方法有3种，具体如下。

第1种：执行“创建>摄影机”菜单命令，选取其中的摄影机，然后，在视图中拖曳鼠标指针，如图6-2所示。

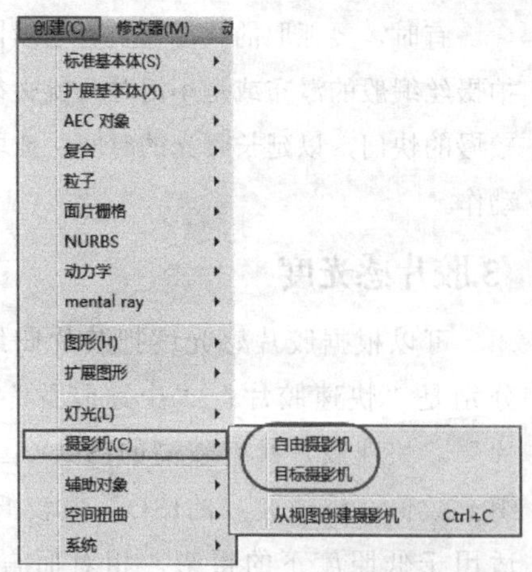

图6-2 通过菜单命令创建

第2种：在“创建面板”中选中相应的工具按钮，然后，在视图中拖曳鼠标指针，如图6-3所示。

图6-3 通过“创建面板”创建

第3种：在透视图（一定是透视图）中进行视角调整，当调整到一个合适的位置时，按Ctrl+C组合键，创建摄影机。创建后，视图左上方会出现摄影机的名称，表示现在已经是摄影机视图了，如图6-4所示。

图6-4 摄影机视图

2.创建技巧

前面介绍了摄影机的创建方法，但是，除了第3种方式，其他方式都不好操作，下面，用一个实例来介绍一下创建技巧。

第1步：打开一个场景，该场景为一个没有摄影机的场景，如图6-5所示。

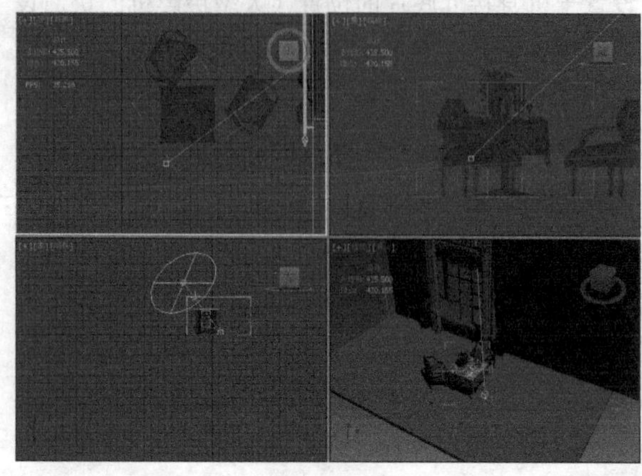

图6-5 打开场景

第2步：在“创建面板”中选取“标准”栏下额度“目标”摄影机，如图6-6所示。

图6-6 选择“目标”摄影机

第3步：在非透视图（笔者习惯用顶视图）中按住鼠标左键并拖曳鼠标，创建摄影机，然后，释放左键，完成创建，如图6-7所示。

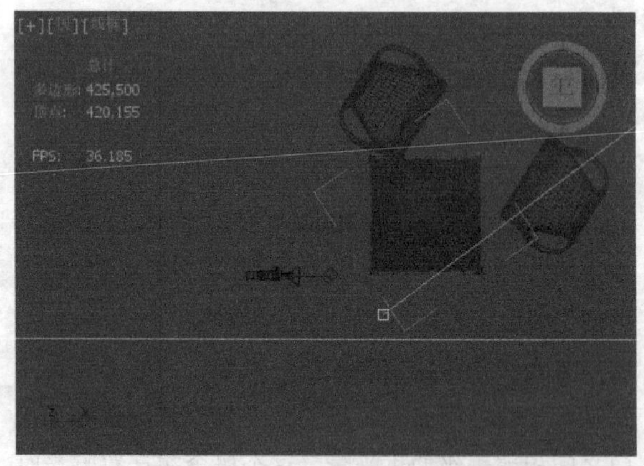

图6-7 创建摄影机

第4步：切换至透视图，然后，按快C键，将透视图切换到摄影机视图，如图6-8所示。这就是摄影机的视角效果，但此时的摄影机视角不正确，还需要对其进行调整，使桌子成为摄影机拍摄的对象。

图6-8 摄影机视图

第5步：因为要使摄影机拍摄桌子，所以，只需要将摄影机在水平方向上移动即可。切换至顶视图，然后，选取摄影机的“摄影机部分”，将其向-y轴方向（视图中向下）平移，如图6-9所示。在平移过程中，透视图会同步发生变化，最后的摄影机视图效果如图6-10所示。

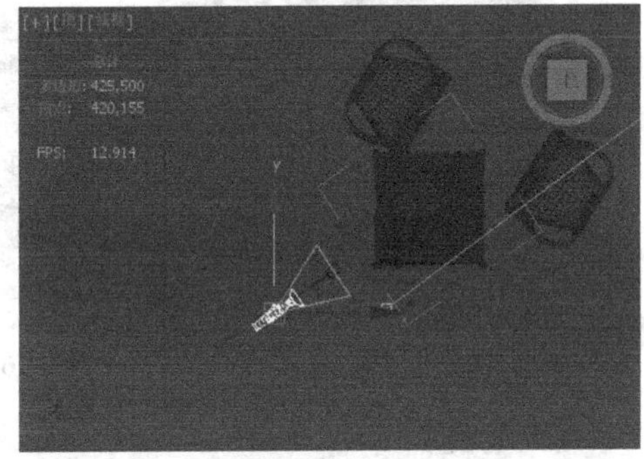
图6-9 切面至前视图

图6-10 摄影机视图

6.1.3 安全框

什么是安全框？安全框就是视图中的安全线，可保证进行视图渲染时，安全框内的内容不会被裁剪掉。图6-11所示的视图内容与渲染内容不完全相同，通过对比可发现，视图中的上、下部分都被裁减掉了。

图6-11 视图构图与效果图构图

摄影机视图通常有预览构图的功能，但上述问题却让这个功能几乎无效，此时，就可以用安全框来解决这个问题。图6-12所示的视图中出现了3个框，场景被框在了最外面的黄色框内，这3个框就安全框，而通过对比可发现，安全框内的内容与渲染效果图中的内容完全一样。

图6-12 视图构图与效果图构图

1.关于安全框

单击视图左上角的第2个菜单，在弹出的列表中选择“显示安全框”即可激活该视图中的安全框，组合键为Shift+F，如图6-13所示。安全框效果如图6-14所示。

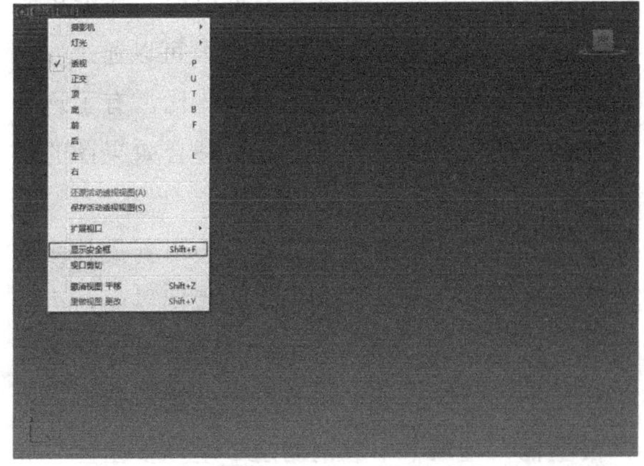
图6-13 激活安全框

图6-14 安全框

【功能介绍】

活动区域（最外面黄色线框内）：超出此框的对象物体不会被渲染出来，这相当于印刷时，字体超出了整个页面，那么，页面以外的部分自然会被切掉了。

动作安全区（蓝色线框内）：超出橘黄色框而在此框内的范围，这相当于一本书上的页面字体没有了页边距，页面上的字体印刷到了每一页的边缘。

标题安全区（橘黄色线框内）：在进行建模和动画制作时，要做在这个框内。此框中的内容相当于一本书的版心，符合常人的视觉习惯。

2.安全框的应用

很多人用3ds Max工作时不太爱打开“安全框”，原因有两个，第一是对3ds Max的使用比较熟悉，凭眼观就能判断视图中对象的比例标准；第二就是对3ds Max的使用不太熟悉，根本就不知道安全框，或者没有充分认识到安全框的重要性。希望读者能在激活安全框的情况下作图，如果实在不习惯视图太复杂，也必须在渲染前打开安全框，以防止渲染效果图与视图内容不同的情况发生。

安全框除了能用于预览渲染内容，还能控制渲染图像的纵横比（长度/宽度），可以通过安全框直观地查看到渲染效果图的纵横比。有了这个功能，就能在渲染前预览并设置适合效果图的纵横比了。

其实，在效果图中，通常只会用到最外面的“活动区域”，所以，为了简化视图界面，可取消另外的安全区，可以执行“视图>视口配置”菜单命令，打开“视口配置”对话框，然后，在“安全框”选项卡中取消勾选“动作安全区”和“标题安全区”选项，如图6-15所示。设置后的效果如图6-16所示，此时的视图就比较简洁了，安全框内的内容在渲染的时候会被渲染出来，也可以通过安全框直观地看到目前的纵横比。

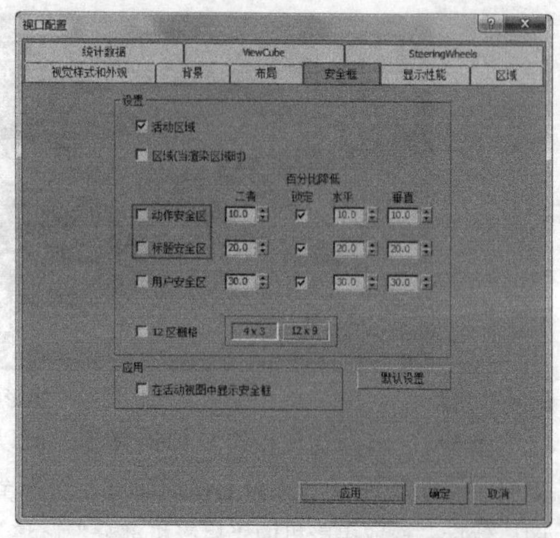

图6-15 设置“安全框”参数

图6-16 视图效果

技巧与提示

对图像纵横比的设置是在“渲染设置”对话框中进行的。按F10键，打开“渲染设置”对话看，然后，在“公用”选项卡中进行设置即可，如图6-17所示。设置好纵横比后，都应将其锁定。

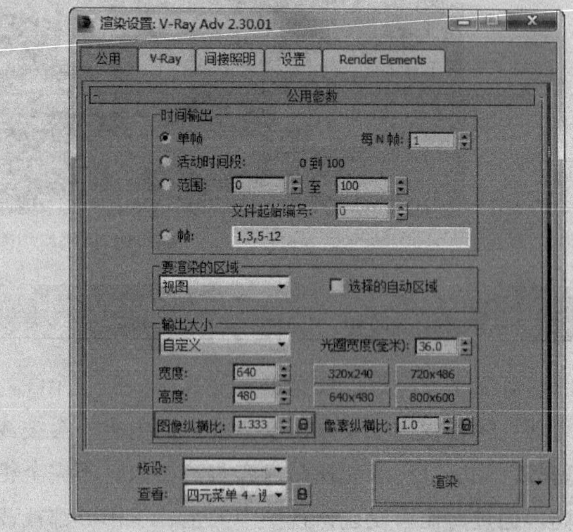

图6-17 设置纵横比

6.2 3ds Max中的摄影机

在制作效果图和动画时3ds Max中的摄影机非常有用。3ds Max中的摄影机只包含“标准”摄影机，而“标准”摄影机包含“目标摄影机”和“自由摄影机”两种，如图6-18所示。

图6-18 “标准”摄影机

本节内容介绍

摄影机名称	摄影机主要作用	重要程度
目标	对场景进行定向拍摄	高
自由	多用于制作漫游动画	低

技巧与提示

在效果图制作中，常用的是“目标摄影机”和“VRay物理摄影机”。

6.2.1 目标摄影机

目标摄影机可用于查看所放置的目标周围的区域，它比自由摄影机更容易定向，因为只需将目标对象定位在所需位置的中心即可。选择“目标”工具 目标 后，在场景中拖曳鼠标指针即可创建一台目标摄影机，可以观察到，目标摄影机包含目标点和摄影机两个部件，如图6-19所示，其参数面板如图6-20所示。

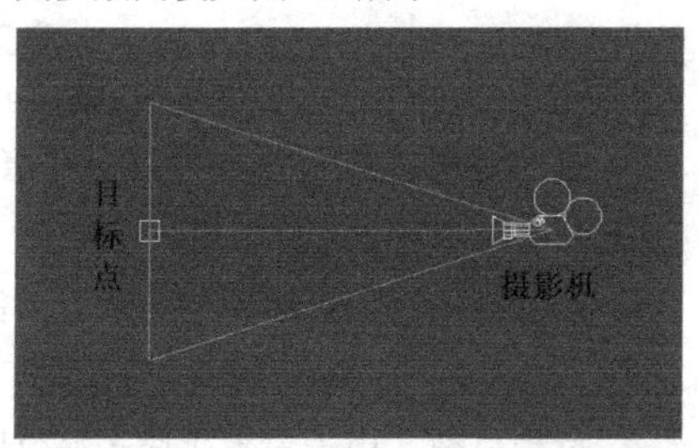

图6-19 目标摄影机的结构

图6-20 参数面板

1. “参数”卷展栏

“参数”卷展栏如图6-21所示。

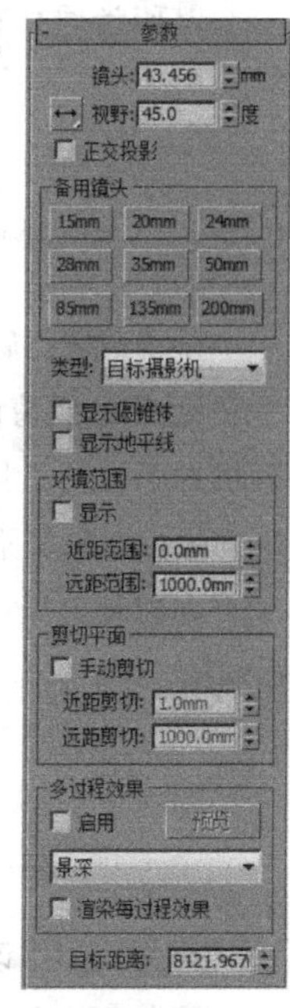

图6-21 “参数”卷展栏

【参数详解】

镜头：以mm为单位来设置摄影机的焦距。

视野：用于设置摄影机的宽度视野，有水平、垂直和对角线3种方式。

正交投影：启用该选项后，摄影机视图为用户视图；关闭该选项后，摄影机视图为标准的透视图。

备用镜头：系统预置的摄影机焦距镜头包含15mm、20mm、24mm、28mm、35mm、50mm、85mm、135mm和200mm。

类型：用于切换摄影机的类型，包含“目标摄影机”和“自由摄影机”两种。

显示圆锥体：用于显示摄影机视野定义的锥形光线（实际上是一个四棱锥）。锥形光线出现在其他视口，但是，显示在摄影机视口中。

显示地平线：可在摄影机视图中的地平线上显示一条深灰色的线条。

环境范围：该选项组包含下列3个选项，如图6-22所示。

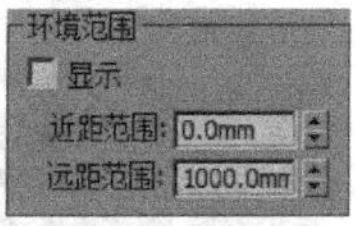

图6-22 “环境范围”选项组

显示：可显示出摄影机锥形光线内的矩形。

近距/远距范围：用于设置大气效果的近距范围

和远距范围。

剪切平面：该选项组包含下列3个选项，如图6-23所示。

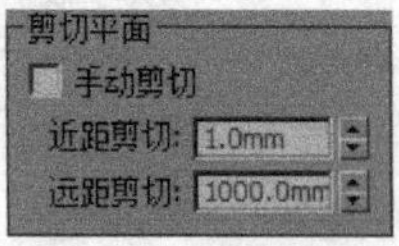

图6-23 “剪切平面”选项组

手动剪切：启用该选项后，可定义剪切的平面。

近距/远距剪切：用于设置近距和远距平面。摄影机对于比“近距剪切”平面近或比“远距剪切”平面远的对象是不可见的。

多过程效果：该选项组包含下列4个选项，如图6-24所示。

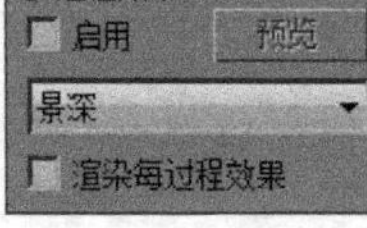

图6-24 多过程效果

启用：启用该选项后，可以预览渲染效果。

预览 预览 ：单击该按钮后，可以在活动摄影机视图中预览效果。

多过程效果类型：共有“景深（mental ray/iray）”“景深”和“运动模糊”3个选项，系统默认为“景深”。

渲染每过程效果：启用该选项后，系统会将渲染效果应用于多重过滤效果的每个过程（景深或运动模糊）。

目标距离：使用“目标摄影机”时，该选项用于设置摄影机与其目标之间的距离。

2.“景深参数”卷展栏

所谓景深，就是当焦距对准某一点时，其前后都仍可清晰的范围。它能决定是把背景模糊化来突出拍摄对象，还是拍出清晰的背景。它在实际工作中的使用频率非常高，常用于表现画面的中心点，如图6-25和图6-26所示。

图6-25 景深效果

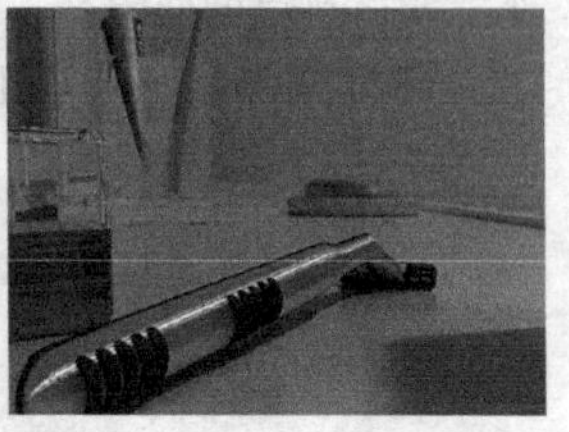

图6-26 景深效果

当“多过程效果”为“景深”时，系统会自动显示出“景深参数”卷展栏，如图6-27所示。

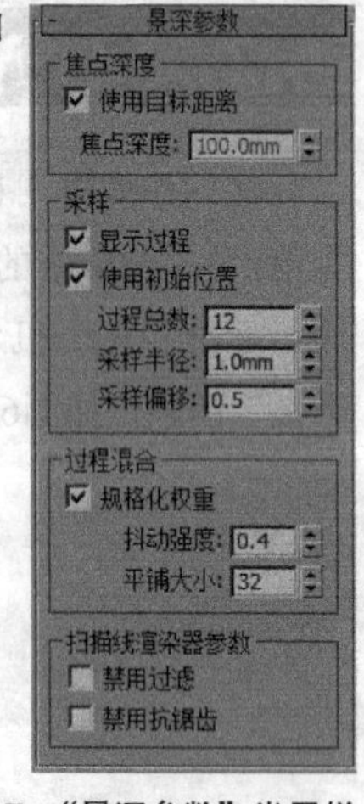

图6-27 “景深参数”卷展栏

【参数详解】

焦点深度：该选项组包含下列两个选项，如图6-28所示。

图6-28 “焦点深度”选项组

使用目标距离：启用该选项后，系统会将摄影机的目标距离用作每个过程偏移摄影机的点。

焦点深度：关闭“使用目标距离”选项后，该选项可用于设置摄影机的偏移深度，其取值范围为0~100。

采样：该选项组包含下列5个选项，如图6-29所示。

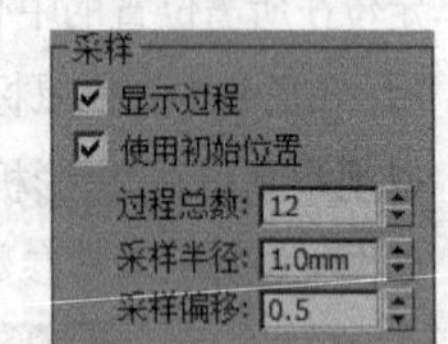

图6-29 “采样”选项组

显示过程：启用该选项后，“渲染帧窗口”对话框中将显示多个渲染通道。

使用初始位置：启用该选项后，第1个渲染过程将位于摄影机的初始位置。

过程总数：用于设置生成景深效果的过程数。增大该值可以提高效果的真实度，但会增加渲染时间。

采样半径：用于设置场景生成的模糊半径。数值越大，模糊效果越明显。

采样偏移：用于设置模糊靠近或远离“采样半径”的权重。增加该值将增加景深模糊的数量级，从而得到更均匀的景深效果。

过程混合：该选项组包含下列3个选项，如图6-30所示。

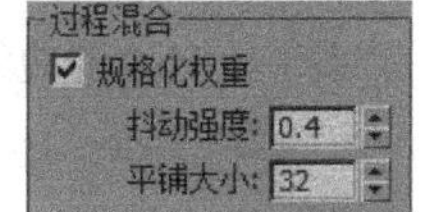

图6-30 “过程混合”选项组

规格化权重：启用该选项后，可以将权重规格化，以获得平滑的结果；关闭该选项后，效果会变得更加清晰，但颗粒效果也更明显。

抖动强度：用于设置应用于渲染通道的抖动程度。增大该值会增加抖动量，并且，会生成颗粒状效果，对象的边缘上最为明显。

平铺大小：用于设置图案的大小。0表示以最小的方式进行平铺；100表示以最大的方式进行平铺。

扫描线渲染器参数：该选项组共包含下列两个选项，如图6-31所示。

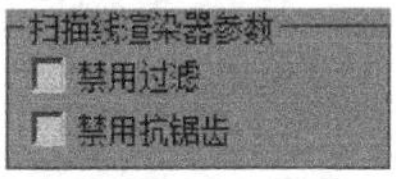

扫描线渲染器参数
禁用过滤
禁用抗锯齿

图6-31 “扫描线渲染器参数”选项组

禁用过滤：启用该选项后，系统将禁用过滤的整个过程。

禁用抗锯齿：启用该选项后，将禁用抗锯齿功能。

技巧与提示

这里向读者详细介绍一下景深效果形成的原理，以使读者更深入理解这些参数。

“景深”就是指拍摄主题前后所能在一张照片上成像的空间层次的深度。简单地说，景深就是聚焦清晰的焦点前后“可接受的清晰区域”，如图6-32所示。

图6-32 景深效果

下面，讲解景深形成的原理。

第1点：焦点。与光轴平行的光线射入凸透镜时，理想的镜头应该能将所有的光线聚集成一点，再使光线以锥状的形式扩散开，这个聚集所有光线的点被称为“焦点”，如图6-33所示。

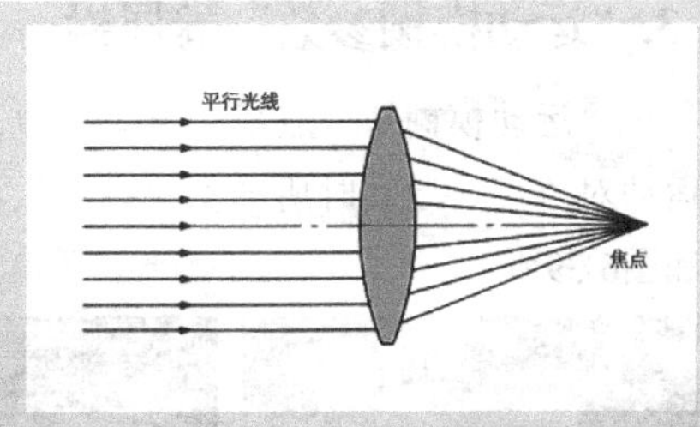

图6-33 焦点形成原理

第2点：弥散圆。在焦点前后，光线开始聚集和扩散，点的影像会变得模糊，从而形成一个扩大的圆，这个圆被称为“弥散圆”，如图6-34所示。

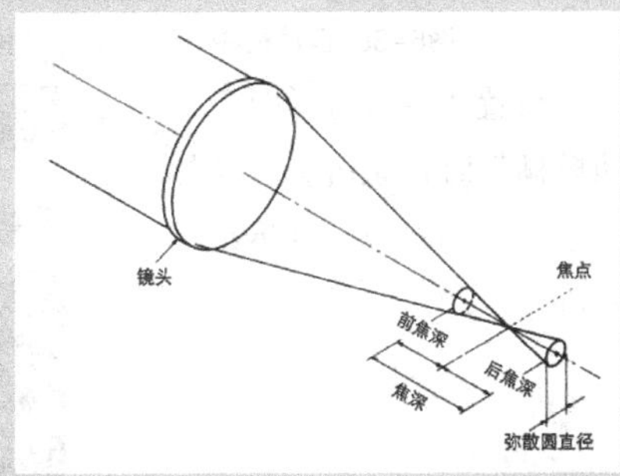

图6-34 “弥散圆”形成原理

每张照片都有主题和背景。景深和摄影机的距离、焦距和光圈之间存在着以下3种关系（这3种关系可以用图6-35来表示）。

第1种：光圈越大，景深越小；光圈越小，景深越大。

第2种：镜头焦距越长，景深越小；焦距越短，景深越大。

第3种：距离越远，景深越大；距离越近，景深越小。

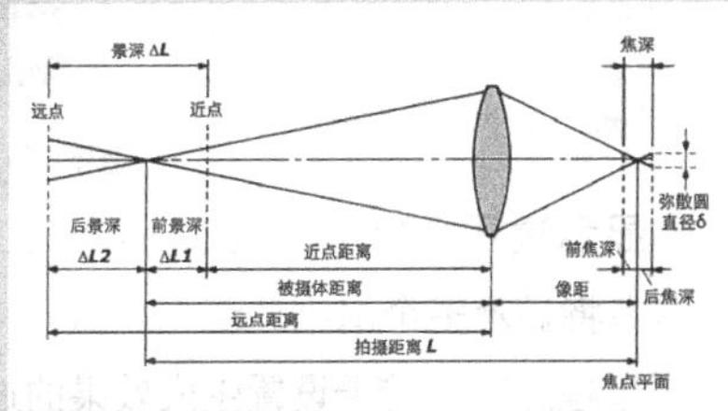

图6-35 影响景深大小的原因

景深可以很好地突出主题，不同景深参数下的效果是不同的，比如，图6-36所示的图片突出的是蜘蛛的头部，而图6-37所示的图片突出的是蜘蛛和被捕食的螳螂。

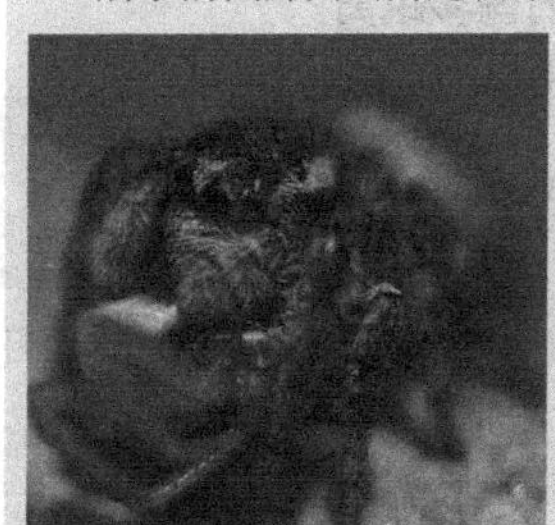

图6-36 景深1

图6-37 景深2

3. “运动模糊参数”卷展栏

“运动模糊”一般运用于动画中，常用于表现运动对象高速运动时所产生的模糊效果，如图6-38和图6-39所示。

图6-38 运动模糊

图6-39 运动模糊

设置“多过程效果”为“运动模糊”时，系统会自动显示出“运动模糊参数”卷展栏，如图6-40所示。

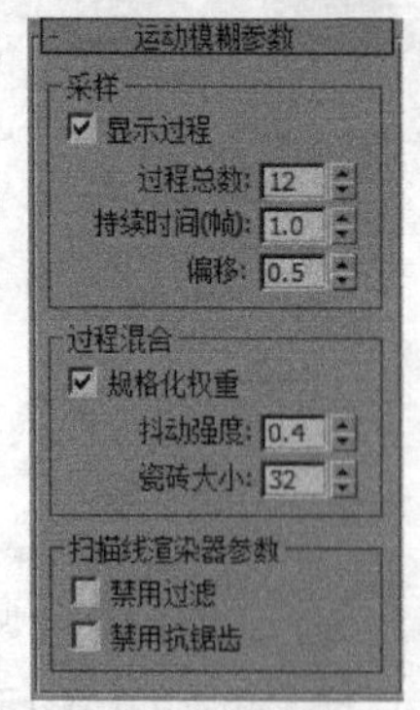

图6-40 “运动模糊参数”卷展栏

【参数详解】

采样：该选项组包含下列4个选项，如图6-41所示。

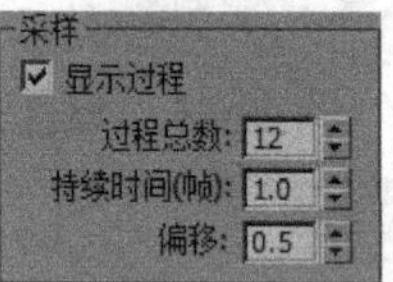

图6-41 “采样”选项组

显示过程：启用该选项后，“渲染帧窗口”对话框中将显示多个渲染通道。

过程总数：用于设置生成效果的过程数。增大该值可以提高效果的真实度，但会增加渲染时间。

持续时间（帧）：在制作动画时，该选项用于设置应用运动模糊的帧数。

偏移：用于设置模糊的偏移距离。

过程混合：该选项组包含下列3个选项，如图6-42所示。

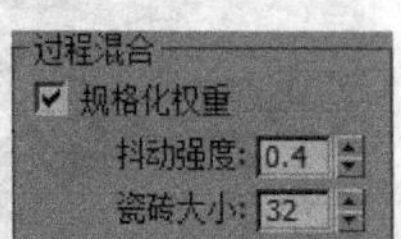

图6-42 “过程混合”选项组

规格化权重：启用该选项后，可以将权重规格化，以获得平滑的结果；关闭该选项后，效果会变得更加清晰，但颗粒效果也更明显。

抖动强度：用于设置应用于渲染通道的抖动程度。增大该值会增加抖动量，并且，会生成颗粒状的效果，对象的边缘上最为明显。

瓷砖大小：用于设置图案的大小。0表示以最小的方式进行平铺；100表示以最大的方式进行平铺。

扫描线渲染器参数：该选项组包含下列两个选项，如图6-43所示。

扫描线渲染器参数
禁用过滤
禁用抗锯齿

图6-43 “扫描线渲染器参数”卷展栏

禁用过滤：启用该选项后，系统将禁用过滤的整个过程。

禁用抗锯齿：启用该选项后，将禁用抗锯齿功能。

课堂案例

使用目标摄影机制作景深

案例位置	案例文件>第6章>课堂案例：使用目标摄影机制作景深
视频位置	多媒体教学>第6章>课堂案例：使用目标摄影机制作景深.flv
难易指数	★★☆☆☆
学习目标	学习“目标摄影机”的使用方法

在效果图的制作过程中，我们经常会通过“景深”效果来表现场景中的对象，这样的表现方式能使清晰的对象有一种呼之欲出的感觉，本例所表现的是写字台上的景深效果，如图6-44所示。场景中的钢笔和笔记本是清晰区域。

图6-44 实例效果图

01 打开“下载资源”中的初始文件，如图6-45所示。已经给场景设置好了灯光和材质，接下来，我们只需要创建摄影机。

图6-45 打开初始场景

02 在场景中创建一台“目标摄影机”，摄影机位置如图6-46和图6-47所示。摄影机视图效果如图6-48所示。

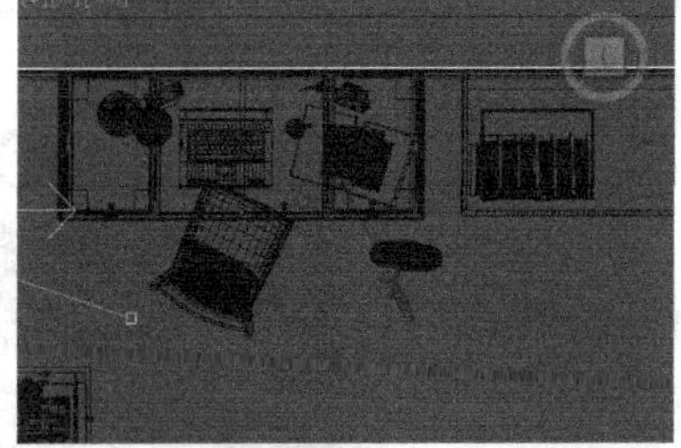

图6-46 摄影机在顶视图的位置

图6-47 摄影机在前视图的位置

图6-48 摄影机视图效果

03 选中创建的“目标摄影机”，然后，切换到“修改面板”中，对其进行设置，具体参数设置如图6-49所示。

设置步骤

①设置摄影机的“镜头”为“89.584”、“视野”为“22.722”，这里的参数应通过后面的微调按钮调整，不能直接设置。

②设置“多过程效果”为“景深”，然后，设置“目标距离”为“625mm”。

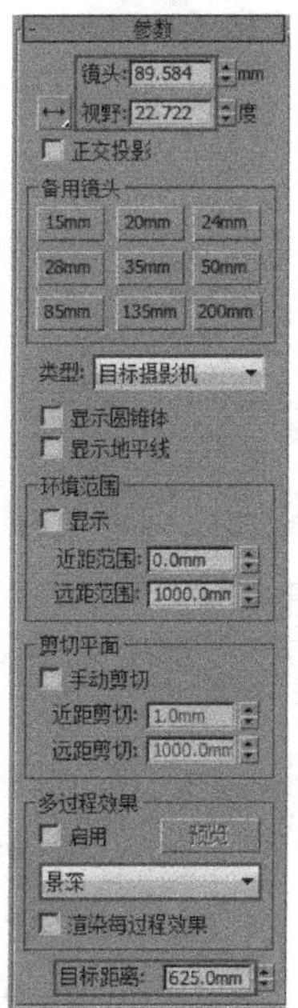

图6-49 设置摄影机参数

04 切换至摄影机视图，然后，按F9键，进行渲染，渲染效果如图6-50所示。此时的渲染效果图没有景深效果，因为这是目标摄影机，所以，我们还需要对其渲染参数进行设置。

图6-50 渲染效果

05 按F10键，打开“渲染设置”对话框，然后，切换到“V-Ray”选项卡中，接着，打开“摄影机”卷展栏，打开“景深”，再设置“光圈”为“6mm”、焦距为“625mm”，最后，勾选“从摄影机获取”选项，如图6-51所示。

图6-51 设置“摄影机”卷展栏

06 再次切换到摄影机视图，然后，按F9键，渲染场景，渲染效果如图6-52所示。此时，就出现了景深效果。

图6-52 渲染效果图

6.2.2 自由摄影机

自由摄影机用于观察所指方向内的场景内容，多应用于轨迹动画的制作，如建筑物中的巡游、车辆移动中的跟踪拍摄效果等。自由摄影机的方向能够随着路径的变化而自由变化，要设置垂直向上或向下的摄影机动画时，也应当选择自由摄影机。这是因为系统会自动约束目标摄影机自身坐标系的*y*轴正方向尽可能地靠近世界坐标系的*z*轴正方向。在设置摄影机动画靠近垂直位置时，无论向上还是向下，系统都会自动将摄影机视点跳到约束位置，造成视觉突然跳跃。

自由摄影机的初始方向是沿着当前视图栅格的*z*轴负方向，也就是说，选择顶视图时，摄影机方向将垂直向下；选择前视图时，摄影机方向将由屏幕向内。单击透视图、正交视图、灯光视图和摄影机视图时，自由摄影机的初始方向将垂直向下，沿着世界坐标系*z*轴负方向。

技巧与提示

自由摄影机的参数面板与目标摄影机的参数面板基本一致，这里就不重复讲解了，请读者参考上一小节的相关内容。

6.3 VR摄影机

安装好VRay渲染器后，摄影机列表中会增加一种VRay摄影机，VRay摄影机中包含“VR穹顶摄影机”和“VR物理摄影机”，如图6-53所示。

图6-53 “VRay”摄影机

本节内容介绍

摄影机名称	摄影机主要作用	重要程度
VR物理摄影机	与“目标摄影机”类似	高
VR穹顶摄影机	用于拍摄半球圆顶效果	低

6.3.1 VR物理摄影机

“VR物理摄影”机就像一台真实的摄影机，有光圈、快门、曝光和ISO等调节功能，可以对场景进行“拍照”。选择“VR物理摄影机”工具 VR_物理像机 后，在视图中拖曳鼠标指针即可创建一台“VR物理摄影机”。可以观察到，“VR物理摄影机”中同样包含“摄影机”和“目标点”两个部件，如图6-54所示。

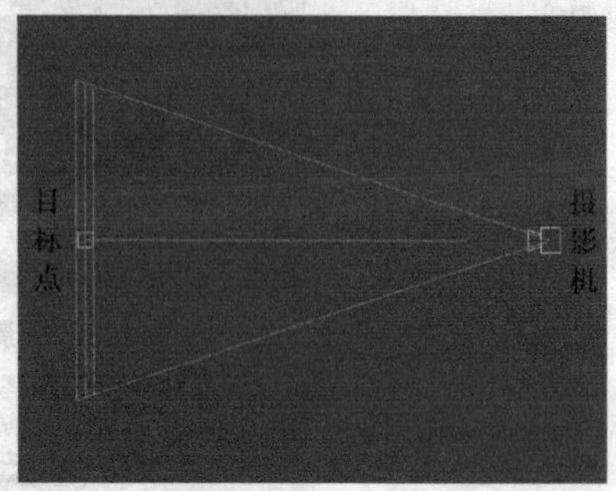

图6-54 “VR物理摄影机”的结构

“VR物理摄影机”的参数包含5个卷展栏，如图6-55所示。

图6-55 “VR物理摄影机”参数面板

1. “基本参数”卷展栏

“基本参数”卷展栏如图6-56所示。

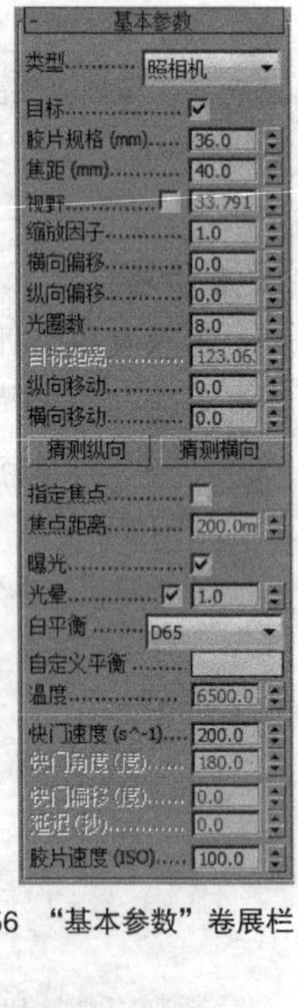

图6-56 “基本参数”卷展栏

【参数详解】

类型：用于设置摄影机的类型，包含“照相机”“摄影机（电影）”和“摄像机（DV）”3种类型。

照相机：用于模拟一台常规快门的静态画面照相机。

摄影机（电影）：用于模拟一台圆形快门的电影摄影机。

摄像机（DV）：用于模拟带CCD矩阵快门的摄影机。

目标：勾选该选项时，摄影机的目标点将被放在焦平面上；关闭该选项时，可以通过下面的“目标距离”选项来控制摄影机到目标点的位置。

胶片规格（mm）：用于控制摄影机所拍摄到的景色范围。值越大，景象就越多。

焦距（mm）：用于设置摄影机的焦长，会影响到画面的感光强度。较大的数值所产生的效果类似于长焦效果，并且，感光材料（胶片）会变暗，特别是在胶片的边缘区域；较小数值所产生的效果类似于广角效果，其透视感比较强，当然，胶片也会变亮。

视野：启用该选项后，可以调整摄影机的可视区域。

缩放因子：用于控制摄影机视图的缩放。值越大，摄影机视图越近。

横向/纵向偏移：用于控制摄影机视图在水平和垂直方向上的偏移量。

光圈数：用于设置摄影机的光圈大小，主要用来控制渲染图像的最终亮度。值越小，图像越亮；值越大，图像越暗。图6-57、图6-58和图6-59分别所示为“光圈”值为10、11和14时的渲染效果。注意，光圈和景深也有关系，大光圈的景深小，小光圈的景深大。

图6-57 光圈数为10

图6-58 光圈数为11

图6-59 光圈数为14

目标距离：摄影机到目标点的距离，默认情况下是关闭的。关闭摄影机的“目标”选项后，就可以用“目标距离”来控制摄影机的目标点距离了。

横向/纵向移动：用于控制摄影机在垂直/水平方向上的变形，主要用于移动从三点透视到两点透视，如图6-60和图6-61所示。

图6-60 “纵向移动”为“-0.2”的渲染效果

图6-61 “纵向移动”为“0.3”的渲染效果

指定焦点：开启这个选项后，可以手动控制焦点。

焦点距离：用于控制焦距的大小。

曝光：勾选这个选项后，VRay物理相机中的“光圈系数”“快门速度（s~-1）”和“感光速度（ISO）”设置才会起作用。

光晕：用于模拟真实摄影机里的光晕效果。图6-62和图6-63分别所示为勾选“光晕”和取消勾选“光晕”选项时的渲染效果。

图6-62 勾选“光晕”效果

图6-63 取消勾选“光晕”效果

白平衡：和真实摄影机的功能一样，用于控制图的色偏。例如，在白天的效果中，给一个桃色的白平衡颜色，可以纠正阳光的颜色，从而得到正确的渲染颜色。可以在后面的下拉列表中选择白平衡类型。

自定义平衡：用于设置白平衡颜色。

温度：将“白平衡”选项设置为“温度”时，该选项被激活。

快门速度（s~-1）：用于控制光的进入时间，值越小，进光时间越长，图像也就越亮；值越大，进光时间就越小，图像也就越暗。图6-64、图6-65和图6-66分别所示为“快门速度（s~-1）”值为35、50和100时的渲染效果。

图6-64 “快门速度”为35的效果

图6-65 “快门速度”为50的效果

图6-66 “快门速度”为100的效果

快门角度（度）：当选择“摄影机（电影）”类型的时候，该选项才被激活，其作用和上面的“快门速度（s~-1）”的作用一样，主要用于控制图像的明暗。

快门偏移（度）：当选择“摄影机（电影）”类型的时候，该选项才被激活，主要用于控制快门角度的偏移。

延迟（秒）：当选择“摄像机（DV）”类型的时候，该选项才被激活，其作用和上面的“快门速度（s~-1）”的作用一样，主要用于控制图像的明暗，值越大，光越充足，图像也越亮。

胶片速度（ISO）：用于控制图像的明暗，值越大，ISO的感光系数越强，图像也越亮。白天的效果比较适合用较小的ISO，而晚上的效果比较适合用较大的ISO。图6-67、图6-68和图6-69分别所示为“胶片速度（ISO）”值为80、120和160时的渲染效果。

图6-67 “胶片速度”为80的效果

图6-68 “胶片速度”为120的效果

图6-69 “胶片速度”为160的效果

2. “散景特效”卷展栏

这个卷展栏中的参数用于控制散景效果。散景指在景深较浅的摄影成像中，落在景深以外的画面会有逐渐松散、模糊的效果，渲染景深的时候，会或多或少地产生散景效果，这主要和散景到摄影机的距离有关。图6-70所示为真实摄影机拍摄的散景效果。该卷展栏的参数面板如图6-71所示。

图6-70 散景效果

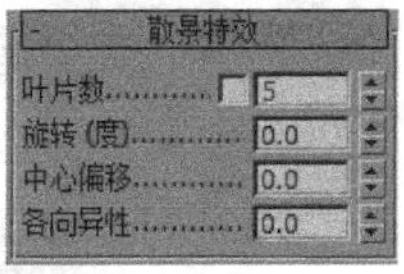

散景特效
叶片数........ 5
旋转 (度)........ 0.0
中心偏移........ 0.0
各向异性........ 0.0

图6-71 “散景特效”卷展栏

【参数详解】

叶片数：用于控制散景产生的小圆圈的边，默认值为5，此时，散景的小圆圈就是正5边形。如果不勾选该项，那么，散景就是圆形。

旋转（度）：用于控制散景小圆圈的旋转角度。

中心偏移：用于控制散景偏移原物体的距离。

各向异性：用于控制散景的各向异性，值越大，散景的小椭圆就越长。

3. “采样”卷展栏

“采样”卷展栏如图6-72所示。

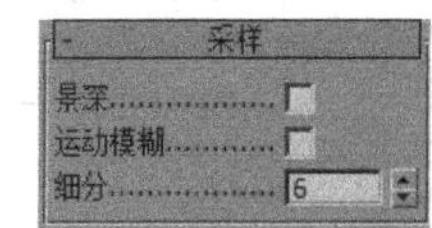

图6-72 “采样”卷展栏

【参数详解】

景深：用于控制是否产生景深。如果想要得到景深，就需要把它打开。

运动模糊：用于控制是否产生动态模糊效果。

细分：用于控制景深和动态模糊的采样细分，值越高，杂点越大，图的品质也越高，渲染时间也越慢。

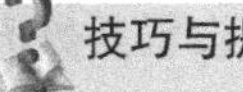

技巧与提示

使用了VRay物理摄影机中的“景深”和“运动模糊”后，渲染面板里的“景深”和“动态模糊”将失去作用。

图6-73所示为景深和散景的渲染效果。

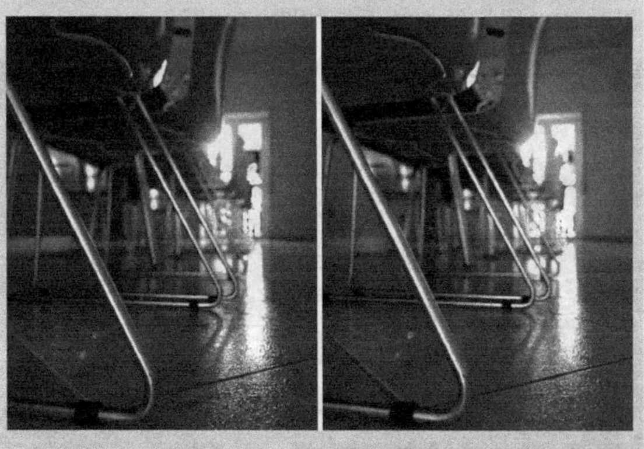

图6-73 景深和散景的渲染效果

上图所示的测试场景所用的摄影机参数如图6-74所示，大家可以分析一下。

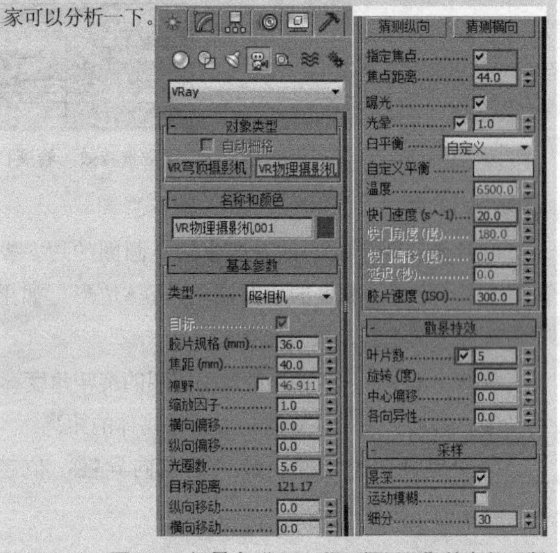

图6-74 场景中"VRay物理摄影机"的参数面版

4."失真"卷展栏

"失真"卷展栏的参数面板如图6-75所示。

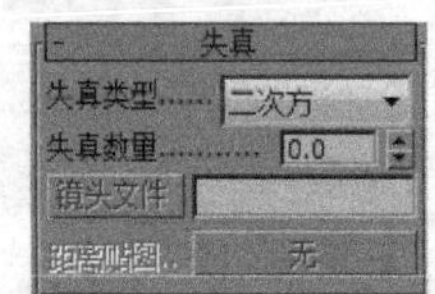

图6-75 "失真"卷展栏

【参数详解】

失真类型：用于选择失真的类型，包含二次方、三次方、镜头文件和纹理4种类型。

失真数量：设置"失真类型"为"二次方"或"三次方"时，该选项被激活，可通过设置其数值来控制摄影机的扭曲程度。图6-76~图6-78所示为不同失真数量下的不同渲染效果。

图6-76 "失真数量"为"0"的渲染效果

图6-77 "失真数量"为"-0.6"的渲染效果

图6-78 "失真数量"为"-1.2"的渲染效果

镜头文件：设置"失真类型"为"镜头文件"时，该选项被激活，可以通过单击其按钮加载镜头文件。

距离贴图：设置"失真类型"为"纹理"时，该选项被激活，可通过单击其按钮添加一张贴图。

课堂案例

测试缩放因子

案例位置	案例文件>第6章>课堂案例：测试缩放因子
视频位置	多媒体教学>第6章>课堂案例：测试缩放因子.flv
难易指数	★☆☆☆☆
学习目标	学习"VR物理摄影机"的使用方法

测试出的"缩放因子"参数效果如图6-79~图6-81所示。

图6-79 测试效果1

图6-80 测试效果2

图6-81 测试效果3

01 打开“下载资源”中的初始场景，如图6-82所示。与前面的案例相同，接下来，要为场景创建摄影机。

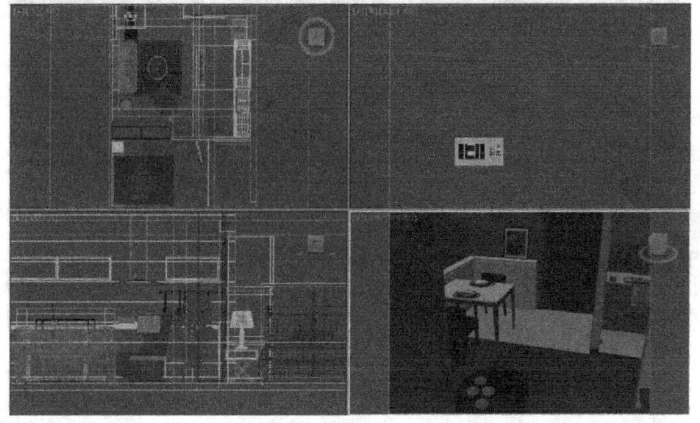
图6-82 打开初始场景

02 设置摄影机类型为“VRay”，然后，用“VR物理摄影机”工具 VR_物理像机 在场景中创建一台“VR物理摄影机”，接着，调整好其位置，如图6-83和图6-84所示。摄影机视图效果如图8-85所示。

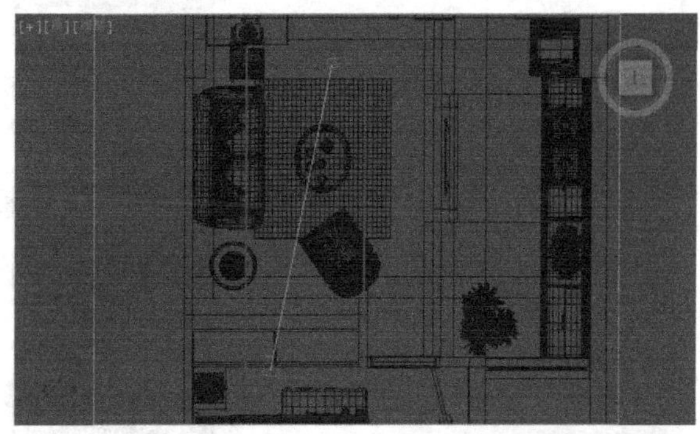
图6-83 摄影机在顶视图的位置

图6-84 摄影机在左视图中的位置

图6-85 摄影机视图效果

03 选择“VR物理摄影机”，然后，设置其参数，如图6-86所示。

设置步骤

①设置“胶片规格”为“36”、“焦距”为“24”。

②设置“缩放因子”为“0.8”、“光圈数”为“2.8”。

③勾选“光晕”选项，然后，设置“快门速度”为“40”。

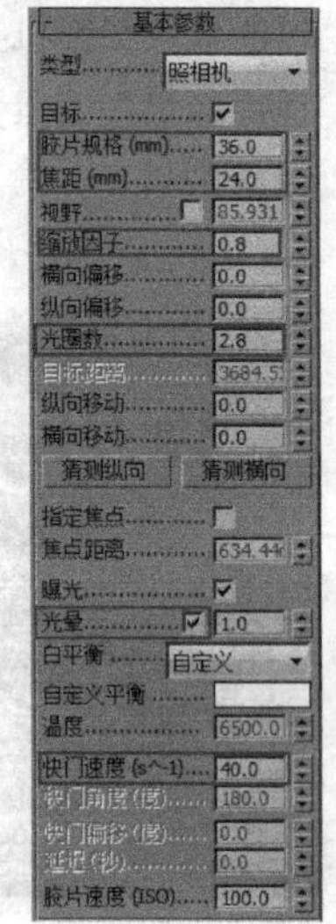

图6-86 设置摄影机参数

04 在透视图中按C键，切换到摄影机视图，视图效果如图6-87所示，然后，按F9键，渲染当前场景，效果如图6-88所示。

图6-87 摄影机视图

图6-88 渲染效果

05 将“基本参数”卷展栏下的“缩放因子”修改为“1”，其他参数保持不变，如图6-89所示，然后，按F9键，渲染当前场景，效果如图6-90所示。

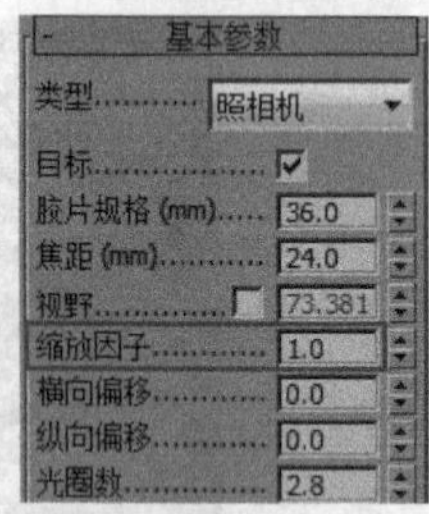

图6-89 设置“缩放因子”为1

图6-90 渲染效果

06 将“基本参数”卷展栏下的“缩放因子”修改为“1.8”，其他参数保持不变，如图6-91所示，然后，按F9键，渲染当前场景，效果如图6-92所示。

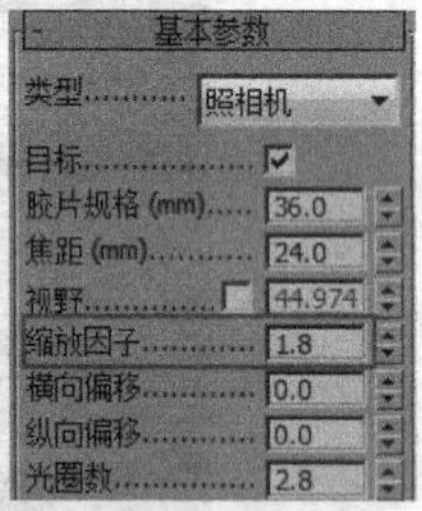

图6-91 修改“缩放因子”

图6-92 渲染效果

技巧与提示

“缩放因子”参数非常重要，因为它可以改变摄影机视图的远近范围，从而改变物体的远近关系。

6.3.2 VR穹顶摄影机

“VRay穹顶摄影机”用于渲染半球圆顶效果，其参数面板如图6-93所示。

图6-93 “VRay穹顶摄影机”的参数面板

【参数详解】

翻转 X：可让渲染的图像在x轴上反转。

翻转 Y：可让渲染的图像在y轴上反转。

fov（视角）：用于设置视角的大小。

如图6-94、图6-95和图6-96分别所示为上述几个参数的渲染效果的对比。

图6-94 不勾选“翻转 X”和“翻转 Y”的渲染效果

图6-95 只勾选“翻转 X”的渲染效果

图6-96 只勾选“翻转Y”的渲染效果

6.4 本章小结

本章主要讲解了“目标摄影机”与“VR物理摄影机”。“VR物理摄影机”更接近于真实的摄影机，其设置也更加直接、方便。在介绍过程中，涉及部分渲染输出的内容，不太明白的读者可以在后面的章节中进行学习。希望读者能多加练习摄影机的创建及参数设置，以便在后面的效果图制作中，能熟练地使用摄影机。

课后习题

使用“VR物理摄影机”制作景深

案例位置	案例文件>第6章>课后习题：使用VR物理摄影机制作景深效果
视频位置	多媒体教学>第6章>课后习题：使用VR物理摄影机制作景深效果.flv
难易指数	★★☆☆☆
学习目标	练习使用“VR物理摄影机摄影机”制作景深效果

前面用“目标”摄影机制作了景深效果，而本例将用“VR物理摄影机”制作景深效果。希望读者在制作过程中比较两者之间的差距，并且，了解“VR物理摄影机”各个参数的含义，红酒瓶的景深效果如图6-97所示。

图6-97 渲染效果图

摄影机布局如图6-98和图6-99所示，摄影机的参数如图6-100所示，摄影机视图效果如图6-101所示。

图6-98 摄影机在顶视图的效果

图6-99 摄影机在左视图中的位置

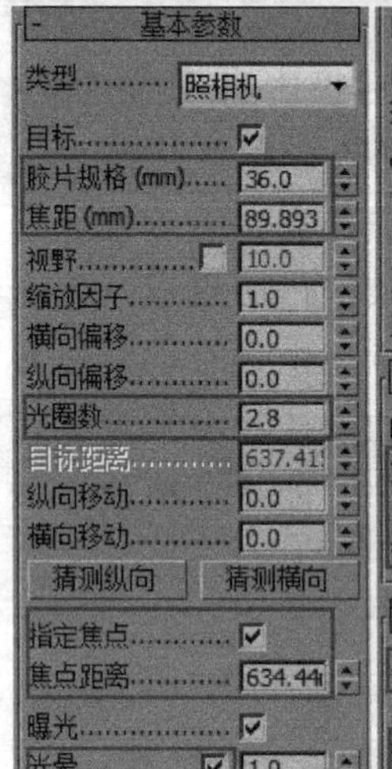

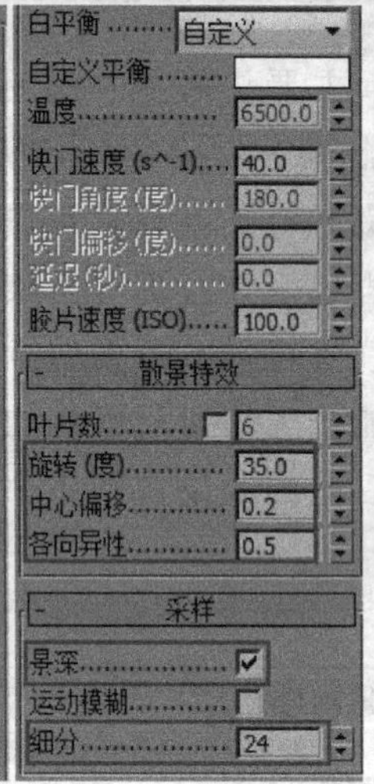

图6-100 摄影机的参数

图6-101 摄影机视图效果

第7章

灯光的应用

灯光是3ds Max用于模拟现实生活中不同类型光源的功能。从居家办公用的普通灯具到舞台、电影布景中用的照明设备，甚至太阳光都可以被模拟出来。将不同种类的灯光对象用不同的方法投影出后，就形成了3ds Max中多种类型的灯光对象。可通过为场景打灯来增强场景的真实感，增加场景的清晰程度和三维纵深度。可以说，灯光就是3D作品的灵魂，没有灯光的照明，作品就失去了灵魂。

课堂学习目标

了解灯光在效果图制作中的作用

掌握室内效果图的布光思路

掌握常用灯光各项参数的含义

掌握3ds Max中灯光的使用方法

掌握VRay灯光的使用方法

7.1 关于灯光

没有灯光的世界将是一片黑暗，三维场景中也是一样，即精美的模型、真实的材质及完美的动画都需要灯光的照射，由此可见，灯光在三维表现中的重要性。

7.1.1 灯光的作用

有光才有影，光能让物体呈现出三维立体感，不同的灯光效果营造出的视觉感受是不一样的。灯光是视觉画面的一部分，其功能主要有以下3点。

第1点：提供一个完整的整体氛围，展现影像实体，营造出空间的氛围。

第2点：为画面着色，以塑造空间和形式。

第3点：可以让人们集中注意力。

7.1.2 灯光的基本属性

3ds Max中的照明原则是模拟自然光照效果，当光线接触到对象表面后，表面会反射或至少反射部分光线，这样，该表面就可以被我们所见到了。对象表面所呈现的效果取决于接触到表面的光线和表面自身材质的属性（如颜色、平滑度、不透明度等）。

1. 强度

灯光光源的亮度将影响灯光照亮对象的程度。暗淡的光源照射在很鲜艳的颜色上，也只能产生暗淡的颜色效果。在3ds Max中，灯光的亮度就是它的HSV值（色度、饱和度、亮度），取最大值（225）时，灯光最亮；取值为0时，完全没有照明效果。图7-1的左图所示为低强度光源照亮的房间，右图所示为高强度光源照亮的同一个房间。

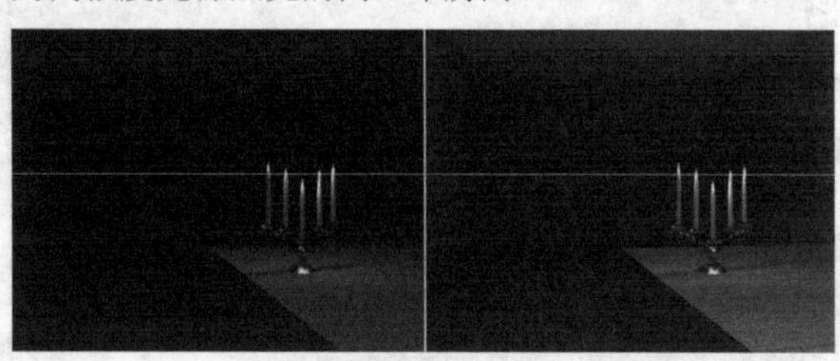

图7-1 不同的灯光强度

2. 入射角

表面法线与光源之间的角度被称为灯光的入射角。表面偏离光源的程度越大，它所接收到的光线越少，表现越暗。当入射角为0（光线垂直接触表现）时，表面将受到完全亮度的光源照射，随着入射角增大，照明亮度将不断降低。入射角示意如图7-2所示。

图7-2 入射角

3. 衰减

在现实生活中，灯光的亮度会随着距离的增加而逐渐变暗，离光源远的对象比离光源近的对象暗，这种效果就是衰减效果。自然界中的灯光是按照平方反比进行衰减的，也就是说，灯光的亮度按距光源距离的平方削弱。通常，受大气粒子的遮挡后，衰减效果会更加明显，如阴天和雾天。

图7-3所示为灯光衰减示意图。左图为反向衰减，右图为平方反比衰减。

图7-3 衰减

3ds Max中默认的灯光没有设置衰减，因此，灯光与对象间的距离是没有意义的，用户在设置时，只需考虑灯光与表面间的入射角度即可。除了可以手动调节泛光灯和聚光灯的衰减外，还可以通过光线跟踪贴图调节衰减效果。如果用光线跟踪方式计算反射和折射，那么，应该对场景中的每一盏灯都进行衰减设置，因为它不仅可以提供更为精确和真实的照明效果，还不必计算衰减以外的范围，大大缩短了渲染的时间。

技巧与提示

在没有设置衰减的情况下，有可能出现对象远离灯光对象后，却变得更亮的情况，这是由于对象表面的入射角度更接近0° 造成的。

对于3ds Max中的标准灯光对象，用户可以自由设置衰减开始和结束的位置，而无需严格遵循真实场景中灯光与被照射对象间的距离，更为重要的是，可以通过此功能对衰减效果进行优化。对于室外场景，衰减设置可以提高景深效果；对于室内场景，衰减设置有助于模拟蜡烛等低亮度光源的效果。

4. 反射光与环境光

对象反射出的光也能够照亮其他的对象，反射的光越多，照亮环境中其他对象的光也就越多。反射光可产生出环境光，环境光没有明确的光源和方向，也不会产生清晰的阴影。

在图7-4所示的图像中，A（黄色光线）是平行光，也就是光源发射的光线；B（绿色光线）是反射光，也就是对象反射的光线；C是环境光，看不出明确的光源和方向。

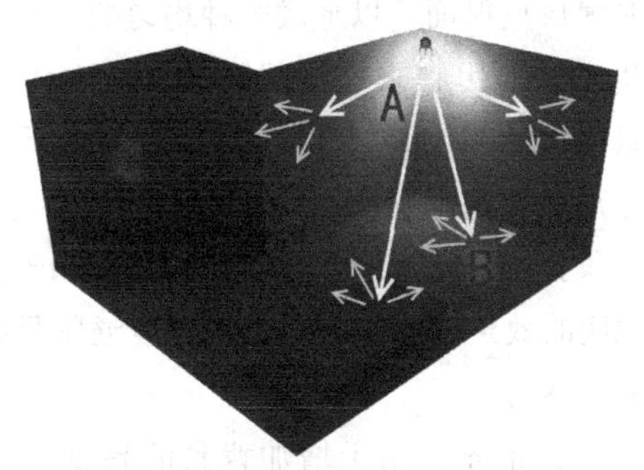

图7-4 反射光与环境光

在3ds Max中，无法用默认的渲染方式和灯光设置计算出对象的反射光，因此，采用标准灯光照明时，往往要设置比实际多得多的灯光对象。可以用具有计算光能传递效果的渲染引擎（如3ds Max的高级照明、mental ray或其他渲染器插件）来获得真实的反射光的效果。如果不使用光能传递方式的话，用户则可在“环境”面板中调节环境光的颜色和高度，以模拟出环境光的影响。

环境光的亮度将影响场景的对比度，亮度越高，场景的对比度就越低；环境光的颜色将影响整体场景的颜色，有时，环境光会表现为对象的反射光线，颜色显示为场景中其他对象的颜色，但大多数情况下，环境光应该是场景中主光源颜色的补色。

5. 灯光颜色

灯光的颜色部分依赖于生成该灯光的过程，如钨灯投影橘黄色的灯光，水银蒸汽灯投影冷色的浅蓝色灯光，太阳光为浅黄色。灯光颜色也依赖于灯光通过的介质，例如，脏玻璃可以将灯光染为浓烈的饱和色彩。

灯光的颜色具备加色混合性，灯光的主要颜色为红色、绿色和蓝色（RGB）。当多种颜色混合在一起时，场景中总的灯光将变得更亮且逐渐变为白色，如图7-5所示。

图7-5 混色

在3ds Max中，用户可以将调节灯光颜色的RGB值作为场景主要照明设置的色温标准，但要明确的是，人们总倾向于将场景看作是白色光源照射的结果（这是一种被称为色感一致性的人体感知现象）。精确地再现光源颜色可能会适得其反，渲染出古怪的场景效果，所以，在调节灯光颜色时，应当重视主观的视觉感受，而物理意义上的灯光颜色仅可作为一项参考。

6. 色温

色温是一种按照绝对温标来描述颜色的方式，有助于描述光源颜色及其他接近白色的颜色值。下面的表格中罗列了一些常见的灯光类型的色温值（Kelvin），以及相应的色调值（HSV）。

光源	颜色温度	色调
阴天的日光	6000 K	130
中午的太阳光	5000 K	58
白色荧光	4000 K	27
钨/卤元素灯	3300 K	20
白炽灯（100 ~ 200 W）	2900 K	16
白炽灯（25 W）	2500 K	12
日落或日出时的太阳光	2000 K	7
蜡烛火焰	1750 K	5

7.1.3 效果图中的灯光

可以用3ds Max中的灯光模拟出真实的“照片级”画面。图7-6所示为用3ds Max制作的室内效果图的灯光效果。

图7-6 效果图

单击“创建面板”中的“灯光”按钮，可以在其下拉列表中选择灯光的类型。3ds Max 2014包含3种灯光类型，分别是“光度学”灯光、“标准”灯光和“VRay”灯光，如图7-7、图7-8和图7-9所示。

图7-7 光度学

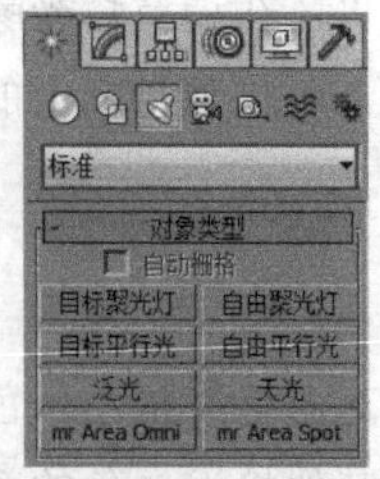

图7-8 标准

图7-9 VRay

技巧与提示

若没有安装VRay渲染器，系统默认的只有“光度学”灯光和“标准”灯光。

7.1.4 三点布光法

三点布光，又称为区域照明，一般用于较小范围的场景照明。如果场景很大，可以先把它拆分成若干个较小的区域后，再进行布光。一般，有三盏灯即可，分别为主体光、辅助光（补光）与背景光，如图7-10所示。这3种光分别起着不同的作用。

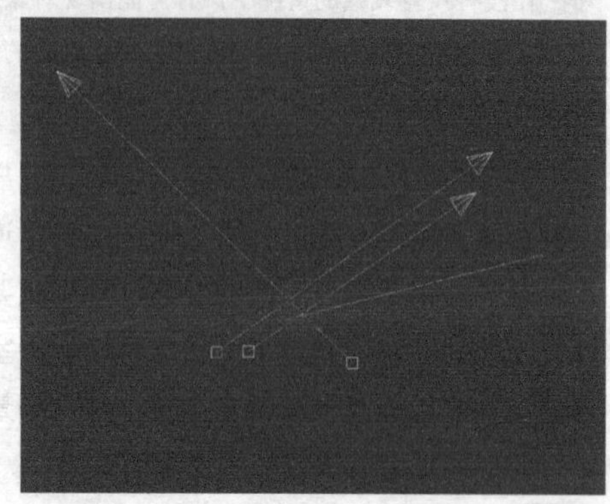

图7-10 三点布光

1.每种光的作用

主体光：通常用于照亮场景中的主要对象与其周围区域，它还可使主体对象产生投影。主要的明暗关系由主体光决定，包括投影的方向。主体光也可以用几盏灯光来共同完成。主光灯在15°~30°的位置上，称顺光；在45°~90°的位置上，称为侧光；在90°~120°的位置上，称为侧逆光。

辅助光：又被称为补光。可用一个聚光灯照射扇形反射面，以形成一种均匀的、非直射性的柔和光源，用它来填充阴影区及被主体光遗漏的场景区域的照明、调和明暗区域之间的反差，同时，也能形成景深与层次，而且，这种广泛、均匀布光可为场景打一层底色，定出场景的基调。由于要达到柔和照明的效果，因此，辅助光的亮度通常只有主体光的50%~80%。

背景光：用于增加背景的亮度，从而衬托出主体，使主体对象与背景相分离，亮度宜暗，不可太亮。

2.布光顺序

在面对一个场景时，不少读者会觉得无从下手，不知道应该先创建什么灯光。这里给大家一点建议，通常情况下，布光都采用“先入为主、主次分明”的方式，具体如下。

第1步：先定主体光的位置与强度。

第2步：确定辅助光的强度与角度。

第3步：分配背景光与装饰光。这样的布光效果就能达到主次分明，互相补充了。

技巧与提示

在布光过程中，有以下4个问题需要读者朋友们注意。

第1个：灯光宜精，不宜多。过多的灯光会使工作变得杂乱无章，难以处理，显示与渲染的速度也会受到严重影响。只有必要的灯光才应保留，另外，要注意灯光投影与阴影贴图及材质贴图的用法，能用贴图替代灯光的地方最好用贴图去做，例如，要表现晚上从室外看到的窗内灯火通明的效果时，用自发光贴图去做会方便得多，效果也很好，那不要用灯光去模拟了。切忌随手布光，否则，极易失败。对于可有可无的灯光，要坚决不予保留。

第2个：灯光要体现出场景的明暗分布，要有层次，不可把所有灯光一概处理。应根据需要选用不同种类的灯光，如选用聚光灯或泛光灯；应根据需要决定灯光是否投影及阴影的浓度；应根据需要决定灯光的亮度与对比度。如果要达到更真实的效果，那就一定要在灯光衰减方面下一番工夫。可以用暂时关闭某些灯光的方法来排除干扰，以便对其他的灯光进行更好地设置。

第3个：3ds Max中的灯光可以是超现实的。要学会利用灯光的“排除”与“包括”功能来决定灯光对某个物体是否起到照明或投影作用，例如，要模拟烛光的照明与投影效果时，我们通常会在蜡烛灯芯位置放置一盏泛光灯，如果不对蜡烛主体进行投影排除，那么，蜡烛主体产生在桌面上的很大一片阴影可能要让我们头痛半天。在建筑效果图中，也常常通过“排除”的方法使灯光不对某些物体产生照明或投影效果。

第4个：布光时应该遵循由主题到局部、由简到繁的过程。应该先调整角度，定下主格调，再通过调节灯光的衰减等特性来增强现实感，最后，再调整灯光的颜色，做细致修改。如果要逼真地模拟出自然光的效果，那么，必须对自然光源有足够深刻的理解。多看些摄影用光的书，多做试验会很有帮助的。不同场合下的布光用灯也是不一样的。在室内效果图的制作中，为了表现出一种金碧辉煌的效果，往往会把一些主灯光的颜色设置为淡淡的橘黄色，以达到材质不容易表现出的效果 。

7.2 光度学灯光

“光度学”灯光是系统默认的灯光，共有3种类型，分别是“目标灯光”“自由灯光”和“mr Sky门户”，如图7-11所示。其中的“目标灯光”在效果图制作中比较常用。

图7-11 光度学灯光

7.2.1 目标灯光

目标灯光带有一个目标点，用于指向被照明物体，如图7-12所示。目标灯光主要用于模拟现实中的筒灯、射灯和壁灯等，其默认参数包含10个卷展栏，如图7-13所示。

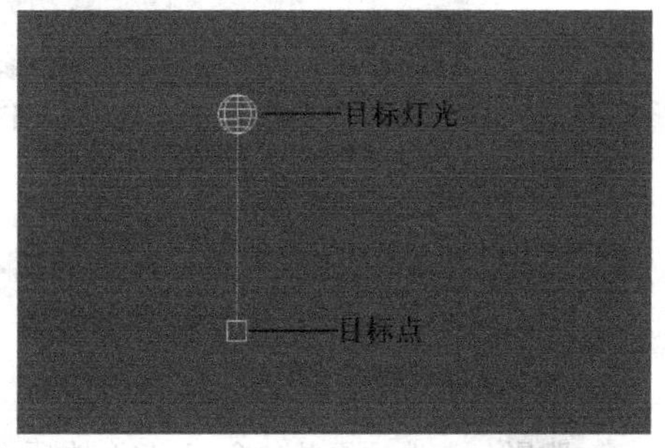

图7-12 目标灯光的结构

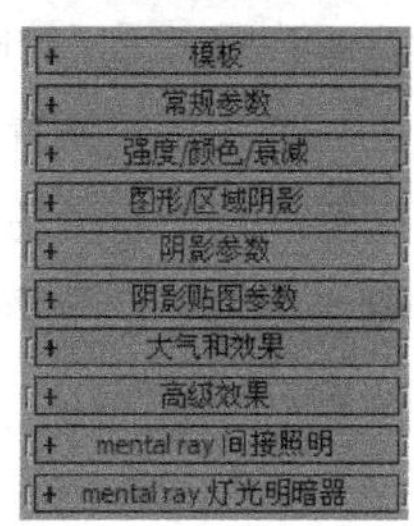

图7-13 目标灯光参数

技巧与提示

下面，主要针对目标灯光的一些常用卷展栏进行讲解。

1. “常规”参数卷展栏

“常规参数”卷展栏如图7-14所示。

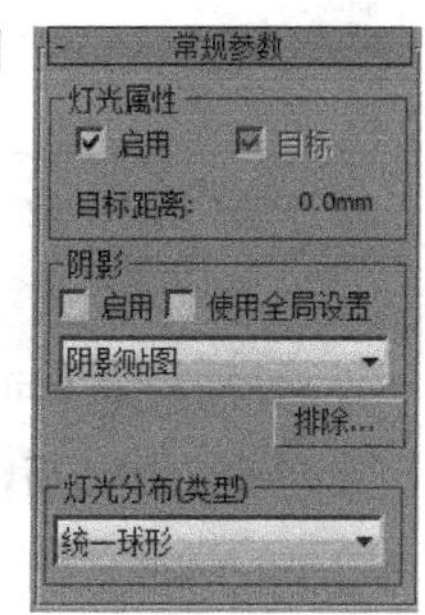

图7-14 常规参数

【参数详解】

灯光属性：共包含下列3个选项。

启用：用于开启灯光。

目标：启用该选项后，目标灯光才有目标点；如果禁用该选项，目标灯光则没有目标点，它将变成自由灯光，如图7-15所示。

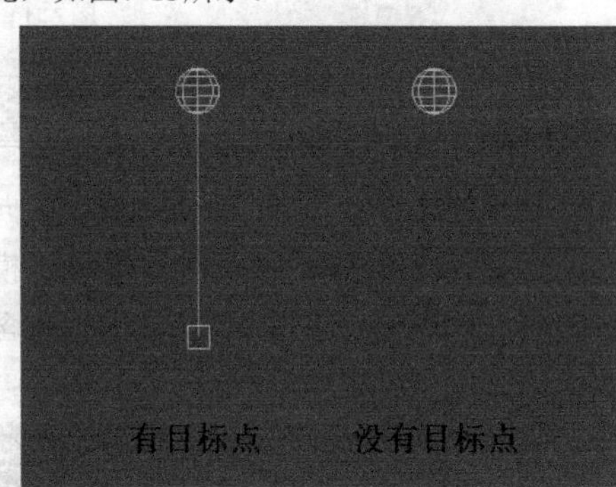

图7-15 目标点

目标距离：用于显示目标的距离。

技巧与提示

目标灯光的目标点并不是不可调节的，可以对它进行移动、旋转等操作。

阴影：该选项组共包含下列4个选项。

启用：用于控制是否开启灯光的阴影效果。

使用全局设置：启用该选项后，该灯光投射的阴影将影响整个场景的阴影效果；关闭该选项后，则必须选择渲染器使用哪种方式来生成特定的灯光阴影。

阴影类型列表：用于设置渲染器渲染场景时使用的阴影类型，包括“高级光线跟踪”“mental ray阴影贴图”“区域阴影”“阴影贴图”“光线跟踪阴影”“VRay阴影”和“VRay阴影贴图”7种类型，如图7-16所示。其中的“VRay阴影”是比较常用的。

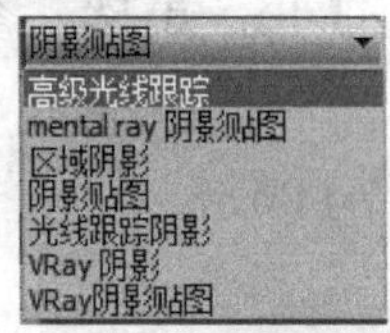

图7-16 阴影类型

排除 排除... ：可将选定的对象排除于灯光效果之外。单击该按钮后，将打开“排除/包含”对话框，如图7-17所示。

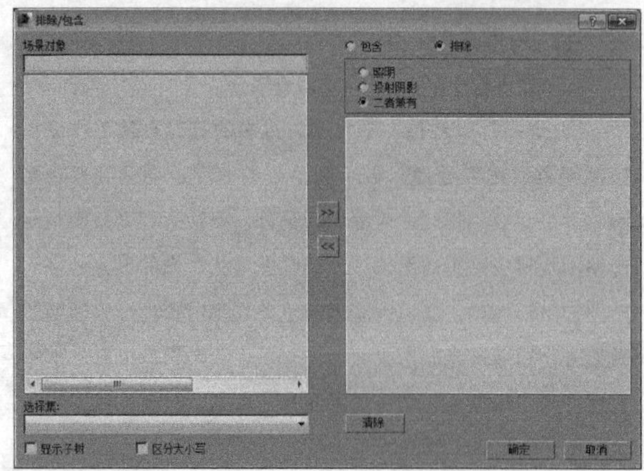

图7-17 “排除/包含”对话框

灯光分布（类型）：用于设置灯光的分布类型，包含“光度学Web”“聚光灯”“统一漫反射”和“统一球形”4种类型。

2. “强度/颜色/衰减”卷展栏

“强度/颜色/衰减”卷展栏如图7-18所示。

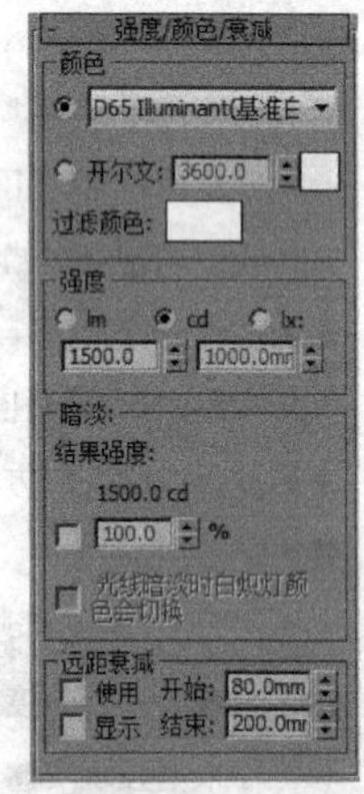

图7-18 “强度/颜色/衰减”卷展栏

【参数详解】

颜色：该选项组共包含下列3个选项。

灯光：用于挑选公用灯光，以接近灯光的光谱特征。

开尔文：可通过调整色温微调器来设置灯光的颜色。

过滤颜色：可用颜色过滤器来模拟置于光源上的过滤色效果。

强度：主要用于设置灯光的强度，其中包含3个单位。

lm（流明）：用于测量整个灯光（光通量）的输出功率。100瓦的通用灯泡约有1750 lm的光通量。

cd（坎德拉）：用于测量灯光的最大发光强度，通常沿着瞄准发射。100瓦通用灯泡的发光强度约为139 cd。

lx（lux）： 用于测量由灯光引起的照度，该灯光以一定距离照射在曲面上并面向光源的方向。

暗淡： 该选项组共包含下列3个选项。

结果强度： 用于显示暗淡所产生的强度。

暗淡百分比： 启用该选项后，该值会指定用于降低灯光强度的“倍增”。

光线暗淡时白炽灯颜色会切换： 启用该选项之后，灯光可以在暗淡时通过产生更多的黄色来模拟白炽灯。

远距衰减： 该选项组包含下列4个选项。

使用： 用于启用灯光的远距衰减。

显示： 可在视口中显示远距衰减的范围设置。

开始： 用于设置灯光开始淡出的距离。

结束： 用于设置灯光减为0时的距离。

3. “图形/区域阴影”卷展栏

“图形/区域阴影”卷展栏如图7-19所示。

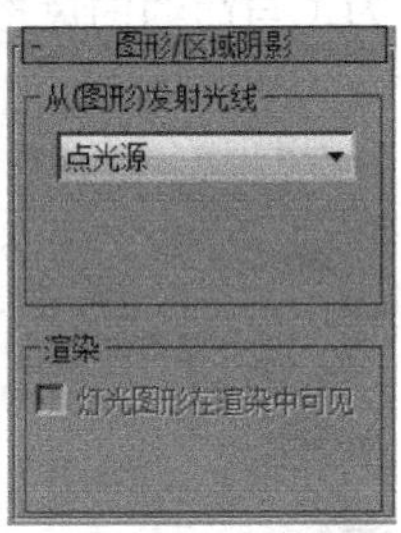

图7-19 “图形/区域阴影”卷展栏

【参数详解】

从（图形）发射光线： 用于选择阴影生成的图形类型，包括“点光源”“线”“矩形”“圆形”“球体”和“圆柱体”6种类型。

灯光图形在渲染中可见： 启用该选项后，如果灯光对象位于视野之内，那么，灯光图形将在渲染中显示为自供照明（发光）的图形。

4. “阴影参数”卷展栏

“阴影参数”卷展栏如图7-20所示。

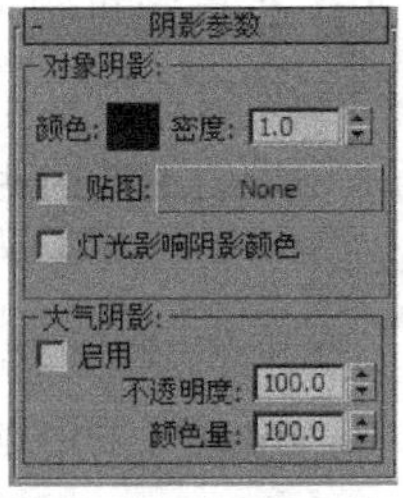

图7-20 “阴影参数”卷展栏

【参数详解】

对象阴影： 该选项组共包含下列5个选项。

颜色： 用于设置灯光阴影的颜色，默认为黑色。

密度： 用于调整阴影的密度。

贴图： 启用该选项后，可以将贴图作为灯光的阴影。

None（无） None **：** 单击该按钮后，可以将贴图作为灯光的阴影。

灯光影响阴影颜色： 启用该选项后，可以将灯光颜色与阴影颜色（如果阴影已设置贴图）混合起来。

大气阴影： 该选项组共包含下列3个选项。

启用： 启用该选项后，大气效果将如灯光穿过它们一样投影阴影。

不透明度： 用于调整阴影的不透明度百分比。

颜色量： 用于调整大气颜色与阴影颜色混合的量。

5. “阴影贴图参数”卷展栏

“阴影贴图参数”卷展栏如图7-21所示。

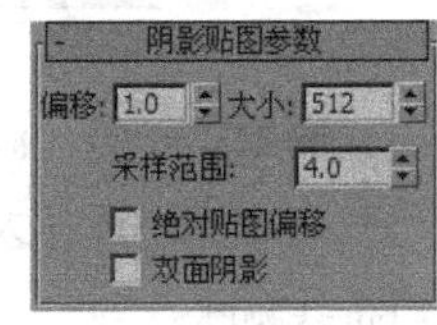

图7-21 “阴影贴图参数”卷展栏

【参数详解】

偏移： 可将阴影移向或移离投射阴影的对象。

大小： 用于设置计算灯光的阴影贴图的大小。

采样范围： 用于决定阴影内平均有多少个区域。

绝对贴图偏移： 启用该选项后，阴影贴图的偏移就是不标准化的了，但是，该偏移会在固定比例的基础上以3ds Max为单位来表示。

双面阴影： 启用该选项后，计算阴影时，物体的背面也将产生阴影。

> **技巧与提示**
>
> 注意，这个卷展栏的名称由“常规参数”卷展栏下的“阴影类型”决定，不同的“阴影类型”具有不同的阴影卷展栏及不同的参数选项。

6. “大气和效果”卷展栏

“大气和效果”卷展栏如图7-22所示。

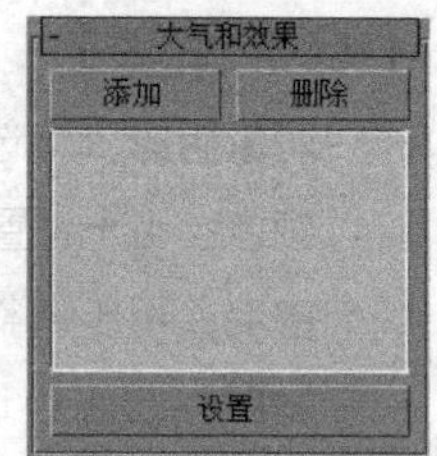

图7-22 “大气和效果”卷展栏

【参数详解】

添加 添加：单击该按钮后，将打开“添加大气或效果”对话框，如图7-23所示。可以在该对话框中将大气或渲染效果添加到灯光中。

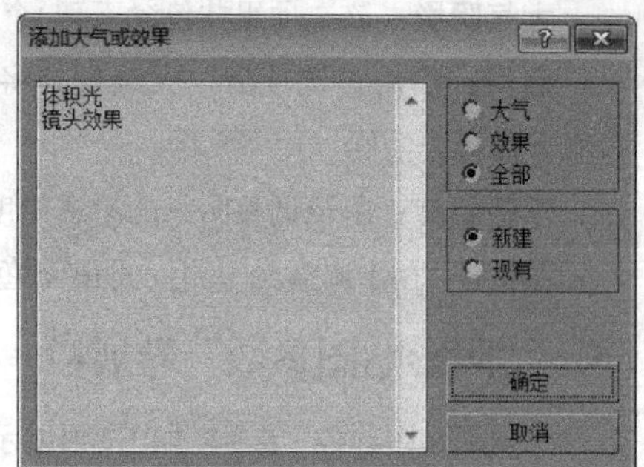

图7-23 “添加大气或效果”对话框

删除 删除：添加大气或效果，并且，在大气或效果列表中选择大气或效果后，可通过单击该按钮将其删除。

大气或效果列表：用于显示添加的大气或效果，如图7-24所示。

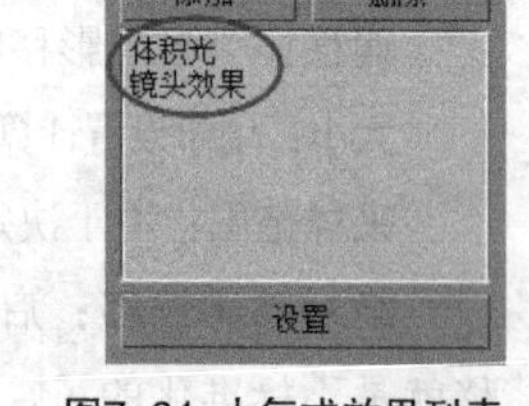

图7-24 大气或效果列表

设置 设置：在大气或效果列表中选择大气或效果以后，单击该按钮可以打开“环境和效果”对话框。可以在该对话框中对大气或效果参数进行更多的设置。

技巧与提示

“环境和效果”对话框将在后面的章节中单独进行讲解。

7.2.2 自由灯光

自由灯光没有目标点，常用于模拟发光球和台灯等。“自由灯光”的参数与“目标灯光”的参数完全一样，如图7-25所示。

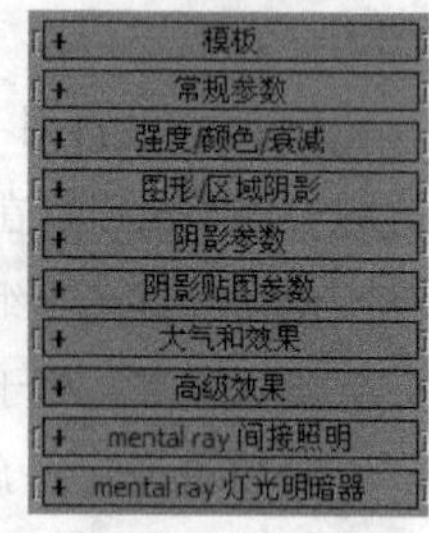

图7-25 “自由灯光”的参数

课堂案例

简约客厅

案例位置	案例文件>第7章>课堂案例：简约客厅
视频位置	多媒体教学>第7章>课堂案例：简约客厅.flv
难易指数	★★★☆☆
学习目标	学习“目标灯光”的使用方法

在效果图制作中，客厅是一个常用的表现空间。不同的光照效果可使客厅产生不同的氛围。本例要表现的是客厅空间，从客厅的模型组成来看，该客厅属于简约型，所以，选择了“干净”的灯光，另外，笔者采用了高强度的灯光，这样做是为了与简约的风格相呼应，使场景简约而又不失大气，场景效果如图7-26所示。

图7-26 客厅效果图

01 打开“下载资源”中的初始文件，如图7-27所示。因为要表现的是灯光效果，所以，材质、摄影机和渲染的参数等均已设置好。

02 在摄影机视图中，读者可以看到天花板上有很多灯筒，所以，可将“目标灯光（灯筒）”作为本场景的主要照明光源，接下来，只需要在灯筒处创建“目标灯光”即可。灯光在场景中的位置如图7-28和图7-29所示。因为本例中的灯光完全一样，所以，这里可采用以“实例”复制的方式创建，以方便后面的参数设置。

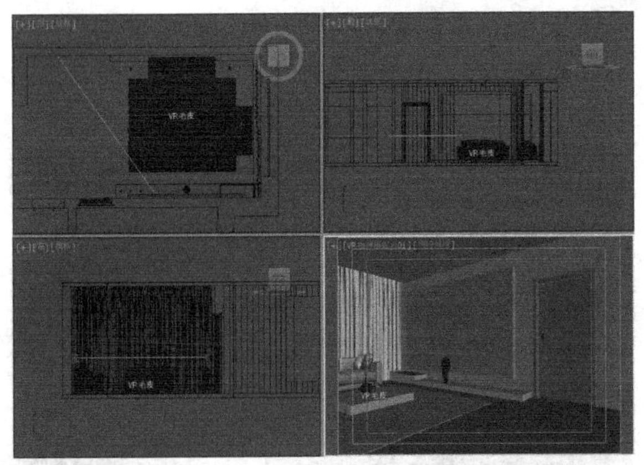

图7-27 打开初始场景

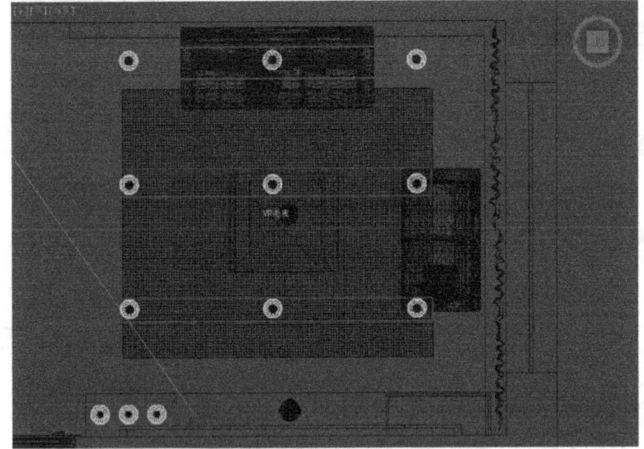

图7-28 灯光在顶视图的位置

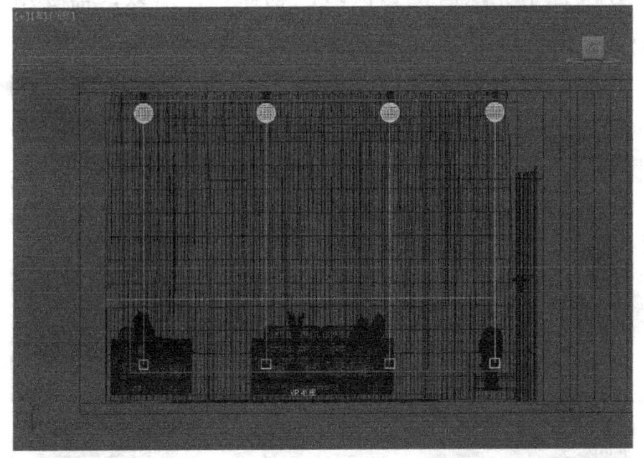

图7-29 灯光在左视图的位置

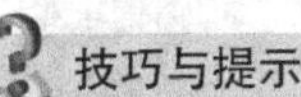

技巧与提示

通常情况下，不会在摄影机视图或透视图中创建灯光，也不可能在一个视图中就完成灯光的创建，一般，至少要两个视图才能准确地确认灯光的位置。下面，以本例场景为例介绍创建灯光时操作技巧。

第1步：切换视图至左视图，然后，在“创建面板”中选择“目标灯光”，接着，在视图中的灯筒处由上至下拖曳鼠标指针，当确认无误时，释放鼠标左键，完成创建，如图7-30所示。

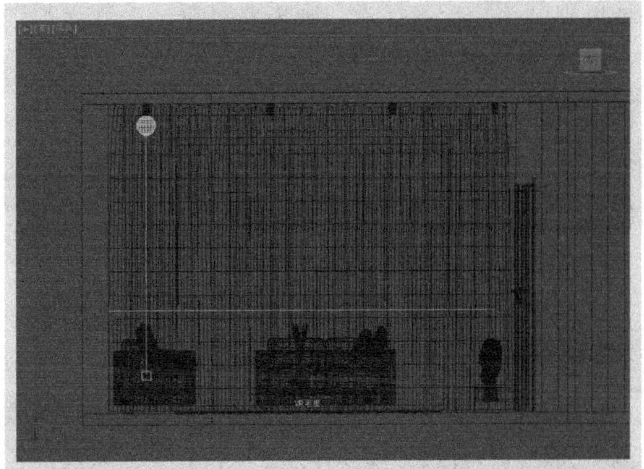

图7-30 创建灯光

第2步：切换至顶视图，然后，框选创建的灯光（通过过滤器），将其平移至灯筒处，如图7-31所示。

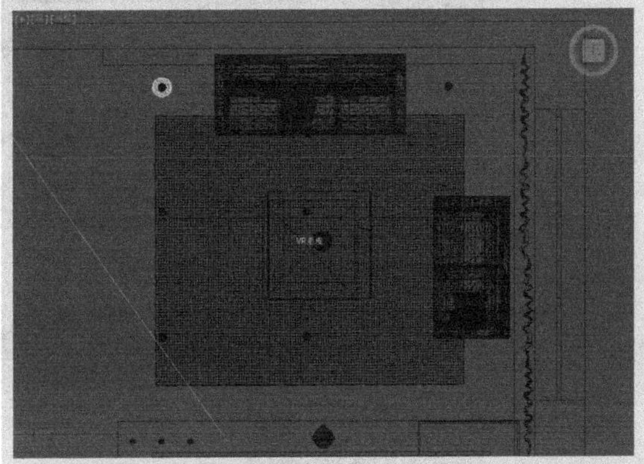

图7-31 确认灯光位置

第3步：因为本例的筒灯都是相同的，所以，可以在顶视图中以“实例”的形式复制灯光到其他灯筒上，如图7-32所示。

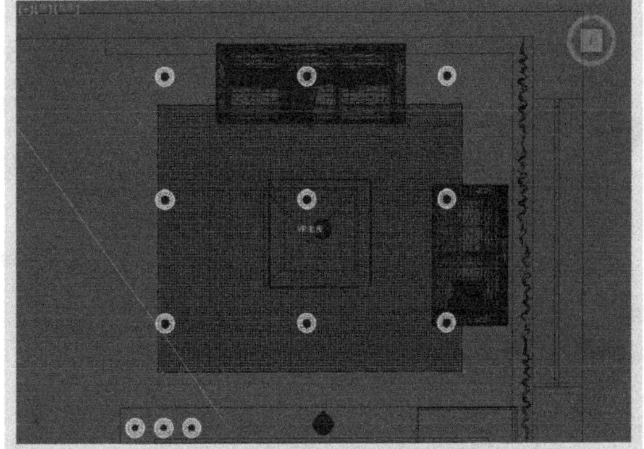

图7-32 复制灯光

在创建的时候，如果灯光类型不同，则应先将其分类，然后，再按照上述步骤创建每一类灯光。

03 选择上一步创建的VRay灯光，然后，展开“参数”卷展栏，因为是复制出的实例，所以，设置一盏灯光的参数后，其他灯光的参数就可同步了。若是单独创建每一盏灯光，则需要对每一盏灯光都进行设置，具体参数设置如图7-33所示。

设置步骤

①在“常规参数”卷展栏中启用“阴影”，然后，设置阴影类型为“VRay阴影”，接着，设置“灯光（分布）”为“光度学Web”。

②在“分布（光度学Web）”卷展栏中加载一个文件夹中的“00.ies”光度学数据文件。

③在“强度/颜色/衰减”卷展栏中设置“过滤颜色”为“（红:184，绿:201，蓝:255）”，然后，设置“强度”为“70000”。

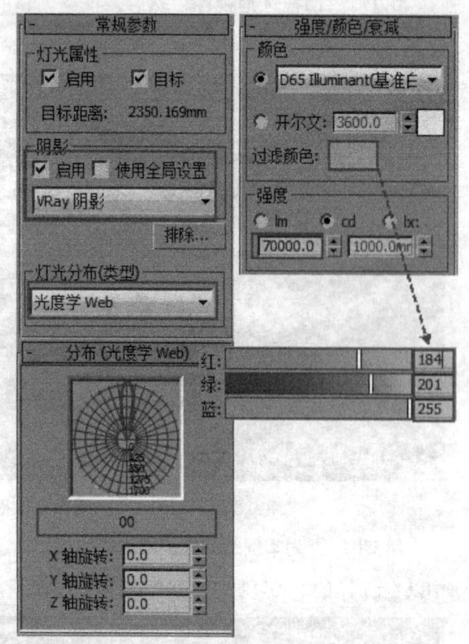

图7-33 设置参数

技巧与提示

在上述步骤中，有一个加载“光度学数据文件”的操作，其具体操作如图7-34所示。

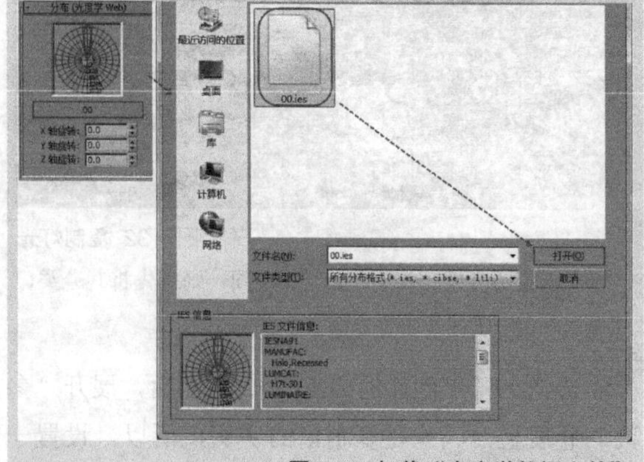

图7-34 加载“光度学数据文件”

04 按C键，切换至摄影机视图，笔者在之前已经设置好渲染参数，所以，直接按F9键渲染即可，渲染效果如图7-35所示。

图7-35 渲染效果

技巧与提示

为了得到较好的效果，给这里设置的是高质量的渲染参数，渲染速度可能很慢，若需节约时间，可参考第9章的内容，设置低质量的渲染参数。

05 通过观察渲染效果可以发现，有些地方并不完美，不符合光照规律，如图7-36所示，尤其是地板处，几乎无法看清该区域的物体了，所以，需要用补光来修饰场景的局部。

图7-36 检查渲染效果

06 在“创建面板”选择“VRay灯光”，在场景中创建两盏“VRay灯光”，将它们作为补光，灯光的位置如图7-37所示。

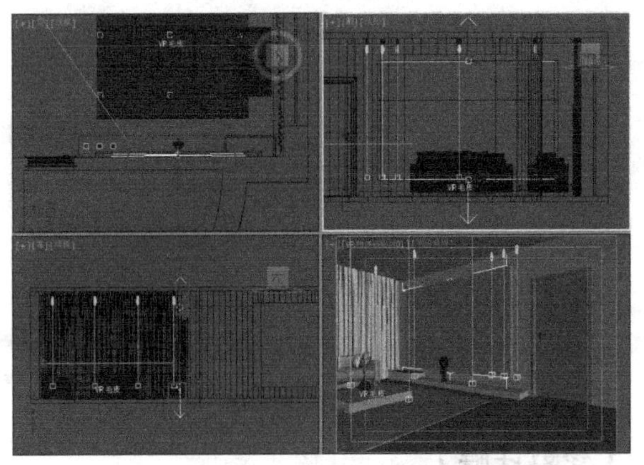

图7-37 创建补光

技巧与提示

关于“VRay灯光”的内容会在后面详细介绍，读者不用过于在意本例中的参数设置，而应该了解如何创建补光。

07 选择上一步创建的“VRay灯光”，然后，展开“参数”卷展栏，为两盏灯光的设置相同的参数，具体参数设置如图7-38所示，

设置步骤

①在“常规”选项组中设置“类型”为“平面”。

②在“强度”选项组中设置“单位”为“辐射”，然后，设置“倍增”为“0.1”，接着，设置“模式”为“颜色”，再设置“颜色”为“（红:255，绿:181，蓝:114）”。

③在顶视图中根据区域大小调整灯光的大小后，“大小”选项组的参数会同步发生变化，“1/2长”为“1580mm”，“1/2宽”为“35mm”。

④ 在“选项”参数中勾选“不可见”“影响高光反射”“影响反射”选项。

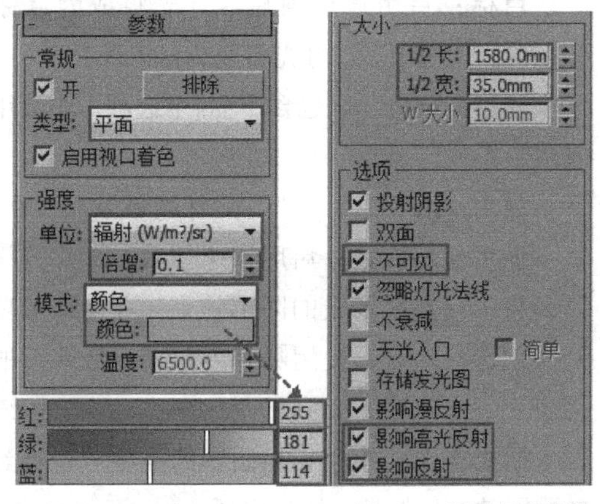

图7-38 设置灯光参数

08 在室外创建一盏“VRay灯光”，可以将其理解为背景光或补光，灯光位置如图7-39所示，其参数设置如图7-40所示。

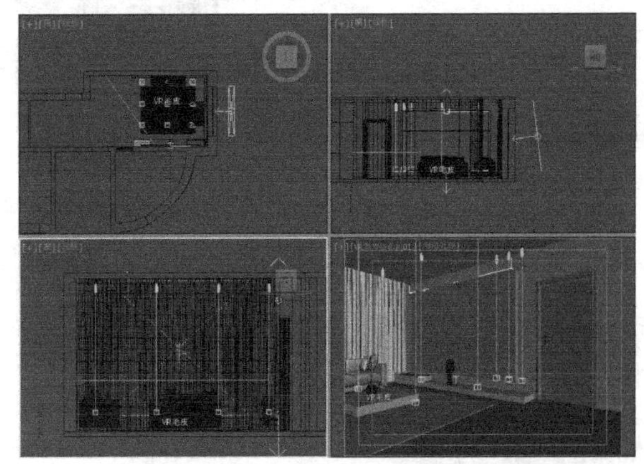

图7-39 创建“VRay灯光”

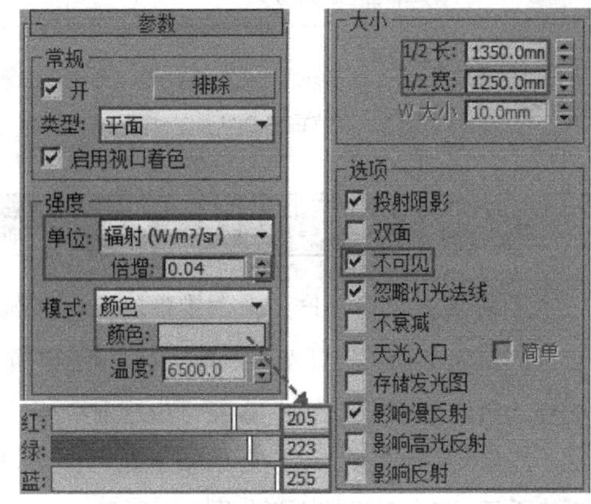

图7-40 设置灯光参数

09 切换至摄影机视图，然后，按F9键，渲染场景，渲染效果如图7-41所示。观察效果图后，发现不足的地方已得到修复。

图7-41 渲染效果

7.3 标准灯光

“标准”灯光包括8种类型，分别是“目标聚

光灯”“自由聚光灯”“目标平行光”“自由平行光”“泛光”“天光”“mr Area Omni”（mr区域泛光灯）和“mr Area Spot”（mr区域聚光灯），如图7-42所示。

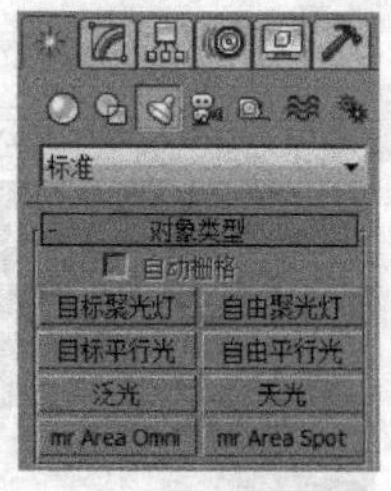

图7-42 目标灯光

本节工具介绍

工具名称	工具作用	重要程度
目标聚光灯	用于创建目标聚光灯	高
自由聚光灯	用于创建自由聚光灯	中
目标平行光	用于创建目标平行光	中
自由平行光	用于创建自由平行光	中
泛光灯	用于创建泛光灯	中
天光	用于创建天光	中

技巧与提示

由于篇幅问题，本节重点介绍比较常用的目标灯光。

7.3.1 目标聚光灯

目标聚光灯可以产生一个锥形的照射区域，区域以外的对象不会受到灯光的影响，主要用于模拟吊灯和手电筒等发出的灯光。目标聚光灯由透射点和目标点组成，其方向性非常好，对阴影的塑造能力也很强，如图7-43所示。其参数设置面板如图7-44所示。

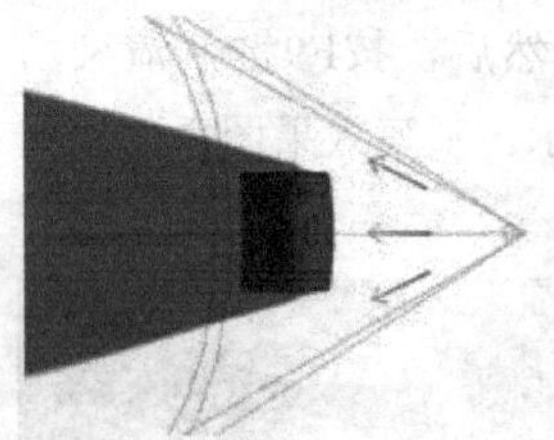
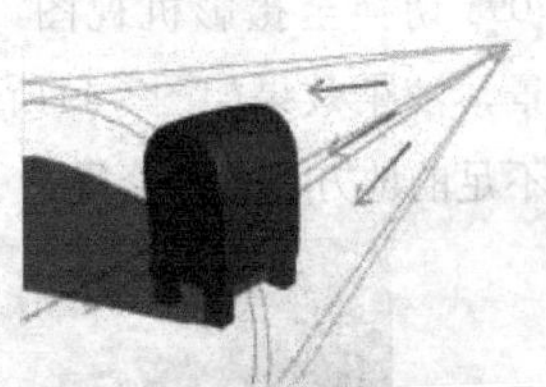

图7-43 阴影效果

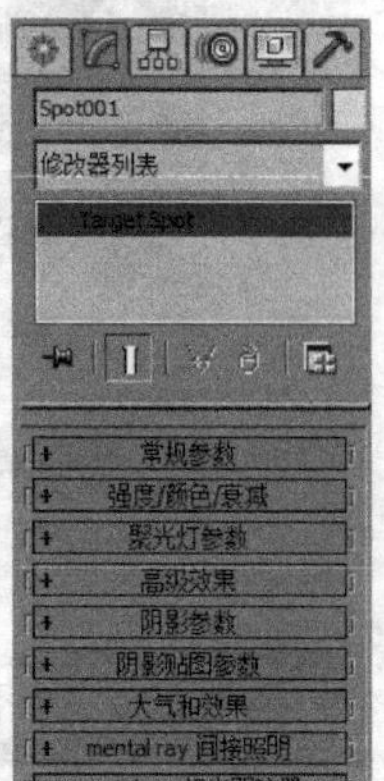

图7-44 参数面板

1.“常规参数”卷展栏

“常规参数”卷展栏如图7-45所示。

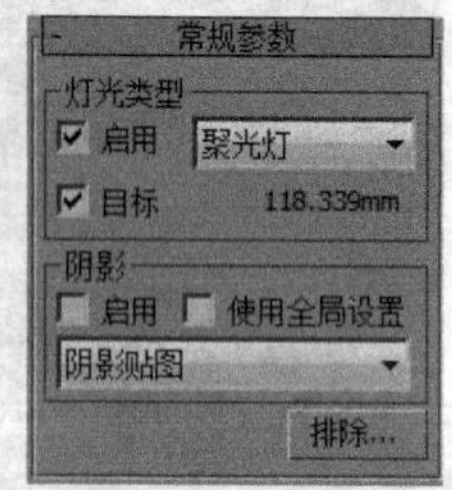

图7-45 “常规参数”卷展栏

【参数详解】

灯光类型：该选项组包含下列3个选项，主要用于设置灯光类型。

启用：用于控制是否开启灯光。

灯光类型列表：用于选择灯光的类型，包含“聚光灯”“平行光”和“泛光灯”3种类型，如图7-46所示。

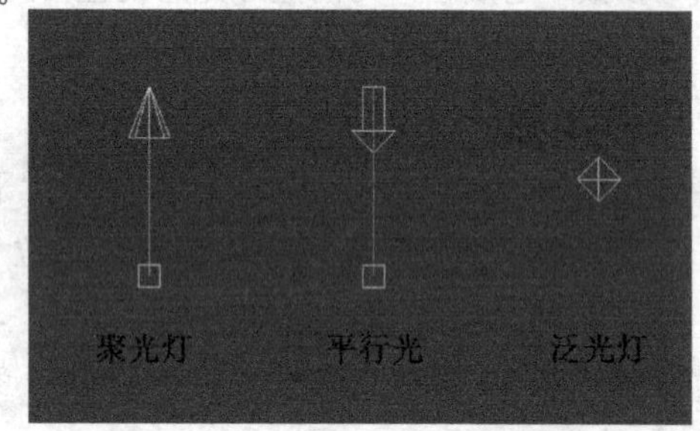

图7-46 灯光类型

技巧与提示

在切换灯光类型时，可以从视图中很直接地观察到灯光外观的变化。切换灯光类型后，场景中的灯光将变成当前选择的灯光。

目标：启用该选项后，灯光将成为目标聚光灯；关闭该选项后，灯光将变成自由聚光灯。

阴影：该选项组包含下列4个选项，主要用于设置阴影类型。

启用：用于控制是否开启灯光阴影。

使用全局设置：启用该选项后，该灯光投射的阴影将影响整个场景的阴影效果；关闭该选项后，则必须选择渲染器使用哪种方式来生成特定的灯光阴影。

阴影类型：用于切换阴影的类型，以得到不同的阴影效果，与目标灯光相同。

排除 排除...：可将选定的对象排除于灯光效果之外。

2. “强度/颜色/衰减”卷展栏

“强度/颜色/衰减”卷展栏如图7-47所示。

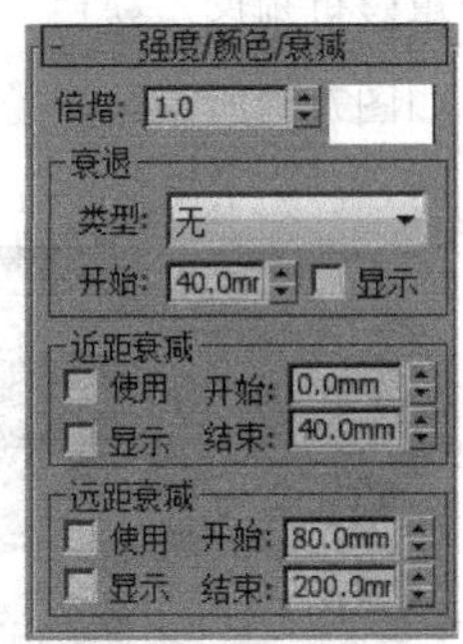

图7-47 “强度/颜色/衰减”卷展栏

【参数详解】

倍增：该选项组包含下列两个选项，用于设置灯光强度和颜色。

倍增：用于控制灯光的强弱程度。

颜色：用于设置灯光的颜色。

衰退：该选项组包含下列3个选项，主要用于设置灯光衰减。

类型：用于指定灯光的衰退方式。“无”为不衰退；“倒数”为反向衰退；“平方反比”是以平方反比的方式进行衰退。

> **技巧与提示**
>
> 如果“平方反比”衰退方式使场景太暗，那么，可以按大键盘上的8键，打开“环境和效果”对话框，然后，在“全局照明”选项组下适当加大“级别”值，以提高场景强度。

开始：用于设置灯光开始衰退的距离。

显示：用于在视口中显示灯光衰退的效果。

近距衰减：该选项组包含下列4个选项，用于设置灯光近距离衰退的参数。

使用：用于启用灯光近距离衰退。

显示：用于在视口中显示近距离衰退的范围。

开始：用于设置灯光开始淡出的距离。

结束：用于设置灯光达到衰退最远处的距离。

远距衰减：该选项组包含下列4个选项，用于设置灯光远距离衰退的参数。

使用：用于启用灯光的远距离衰退。

显示：用于在视口中显示远距离衰退的范围。

开始：用于设置灯光开始淡出的距离。

结束：用于设置灯光衰退为“0”的距离。

3. “聚光灯参数”卷展栏

“聚光灯参数”卷展栏如图7-48所示。

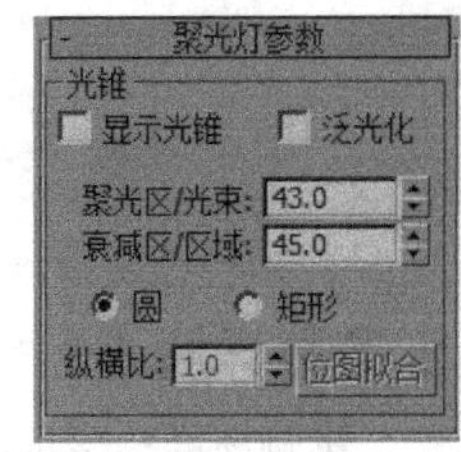

图7-48 “聚光灯参数”卷展栏

【参数详解】

显示光锥：用于控制是否在视图中开启聚光灯的圆锥显示效果，如图7-49所示。

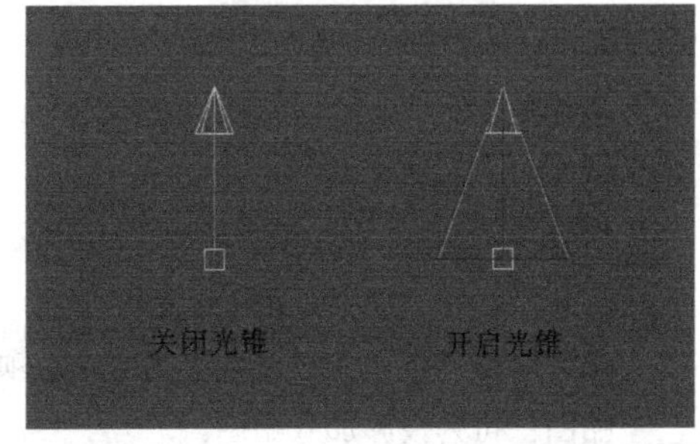

图7-49 关闭/开启光锥

泛光化：开启该选项时，灯光将在各个方向投射光线。

聚光区/光束：用于调整灯光圆锥体的角度。

衰减区/区域：用于设置灯光衰减区的角度。图7-50所示为不同“聚光区/光束”和“衰减区/区域”的光锥对比。

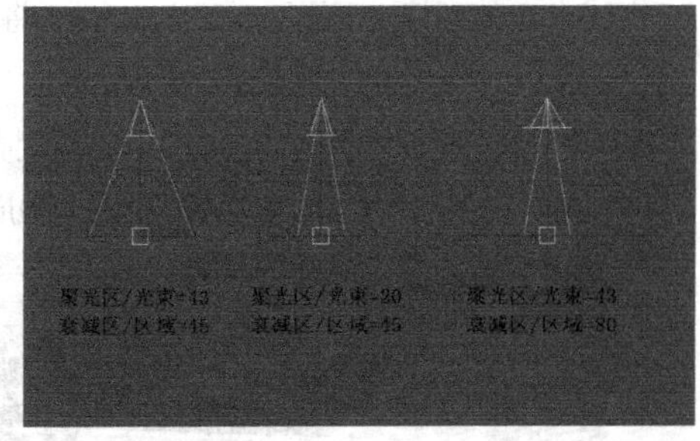

图7-50 不同“聚光区/光束”和“衰减区/区域”参数的效果

圆/矩形：用于选择聚光区和衰减区的形状。

纵横比：用于设置矩形光束的纵横比。

位图拟合 位图拟合**：**如果灯光的投影纵横比为矩形，那么，应设置纵横比，以匹配特定的位图。

4. “高级效果”卷展栏

“高级效果”卷展栏如图7-51所示。

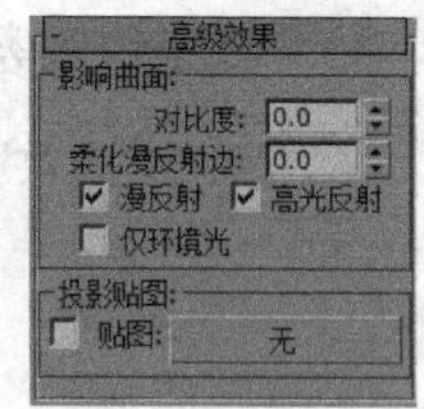

图7-51 “高级参数”卷展栏

【参数详解】

影响曲面：该选项组包含下列5个选项。

对比度：用于调整漫反射区域和环境光区域的对比度。

柔化漫反射边：增加该选项的数值时，曲面的漫反射区域和环境光区域的边缘将被柔化。

漫反射：开启该选项后，灯光将影响曲面的漫反射属性。

高光反射：开启该选项后，灯光将影响曲面的高光属性。

仅环境光：开启该选项后，灯光将仅影响照明的环境光。

投影贴图：该选项组包含下列两个选项。

贴图：可为投影加载贴图。

无 无 ：单击该按钮后，将为投影加载贴图。

课堂案例

售楼接待中心

案例位置	案例文件>第7章>课堂案例：售楼接待中心
视频位置	多媒体教学>第7章>课堂案例：售楼接待中心.flv
难易指数	★★★☆☆
学习目标	学习“目标聚光灯”的使用方法

目前，房地产行业比较景气，所以，开发商也在其售楼中心的环境上下了不少工夫，通常，将其装饰得比较高雅、大气，给人一种舒适、安逸的感觉。本例将用“目标聚光灯”让原本昏暗的售楼中心变得明亮，并且，使场景的主次更加分明，其渲染效果如图7-52所示。

图7-52 售楼接待中心的效果

01 打开“下载资源”中的初始文件，如图7-53所示，其灯光、材质和渲染参数均已设置好。切换到摄影机视图，然后，按F9键，渲染场景，渲染效果如图7-54所示。该场景的灯光效果仅算中规中矩，而且，场景偏暗，给人一种冷清、萧条的感觉。

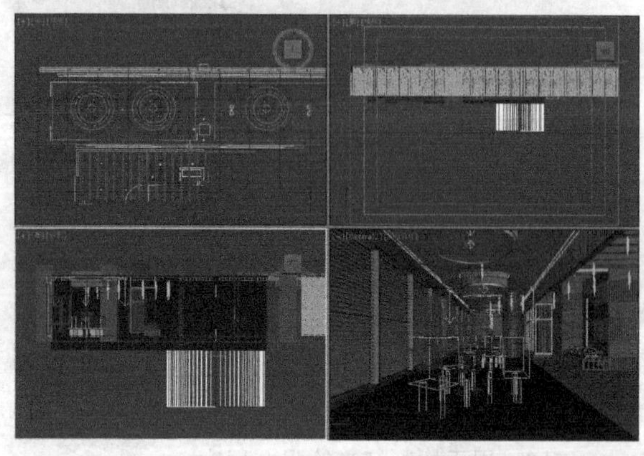

图7-53 打开初始文件

图7-54 初始渲染效果

技巧与提示

初始文件中的灯光比较复杂，希望读者不要因为设置灯光的困难，而产生畏惧心理。灯光的设置是要经过反复练习才能掌握的，后面案例中将详细介绍如何给复杂场景设置灯光。

02 在“过滤中”选择“L-灯光” L-灯光 ，然后，框选所有场景对象，如图7-55所示。选中了场景中的所有灯光后，单击鼠标右键，在弹出的列表中选择“隐藏选定对象”，将视图中的所有灯光隐藏，效果如图7-56所示。

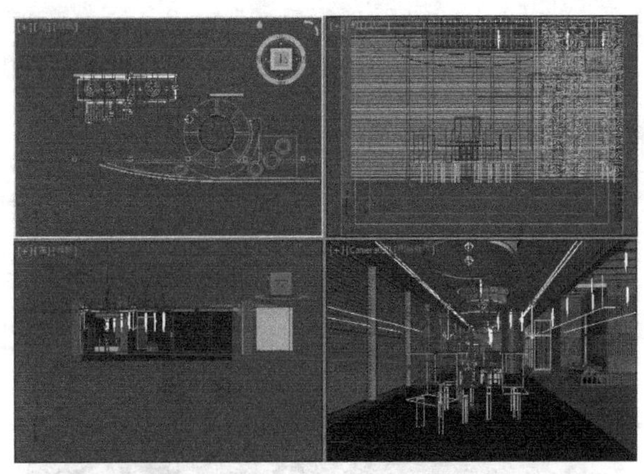

图7-55 选中所有灯光

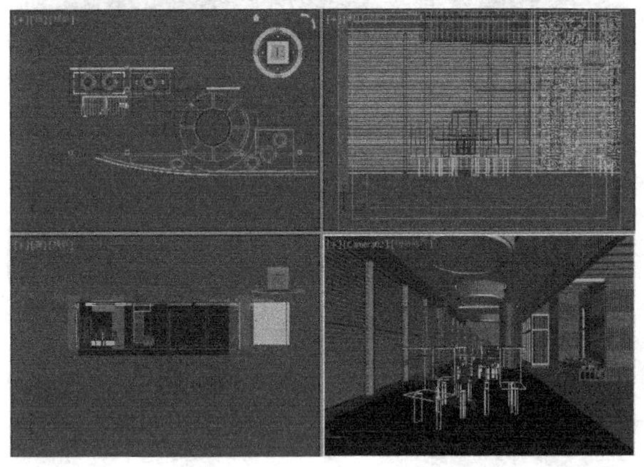

图7-56 隐藏所有灯光

技巧与提示

隐藏灯光是为了减小场景空间的复杂程度，如能适应原有场景的复杂，则可以跳过该步骤。

03 切换至前视图，然后，在创建面板中选择“目标聚光灯”，接着，在视图中的吊灯处创建一盏灯光，如图7-57所示，再切换至顶视图，将灯光平移至吊顶中，如图7-58所示。

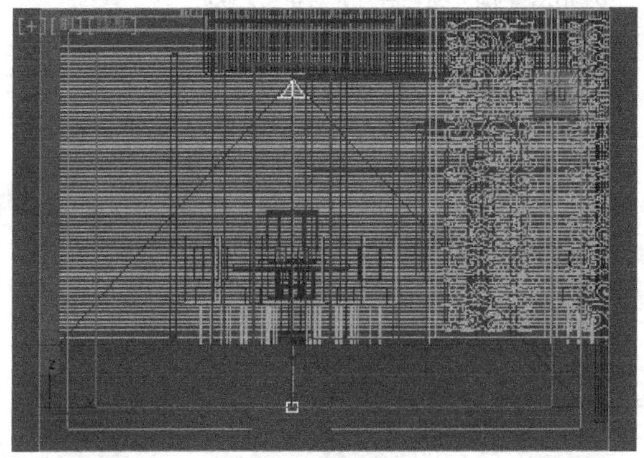

图7-57 创建“目标聚光灯”

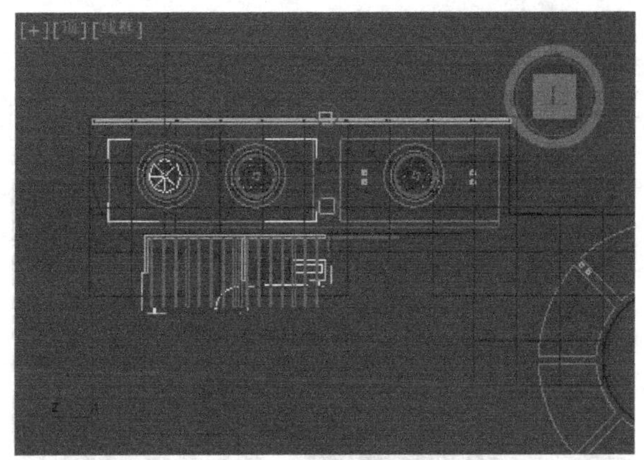

图7-58 确定灯光的位置

04 选择创建的“目标聚光灯”，然后，在修改面板中设置其参数，具体参数设置如图7-59所示。

设置步骤

①展开“常规参数”卷展栏，勾选“阴影”选项组中的“启用”选项，然后，设置阴影类型为“VRay阴影”。

②展开“强度/颜色/衰减”卷展栏，然后，设置“倍增”为“1.46”，接着，设置颜色为“（红:255，绿:223，蓝154）”。

③展开“聚光灯参数”卷展栏，然后，设置“聚光区/光束”为“0.5”、“衰减去/区域”为“85”。

④展开“VRay阴影参数”卷展栏，然后，勾选“区域阴影”选项，接着设置“U大小”“V大小”和“W大小”为“50mm”，最后，设置“细分”为“13”。

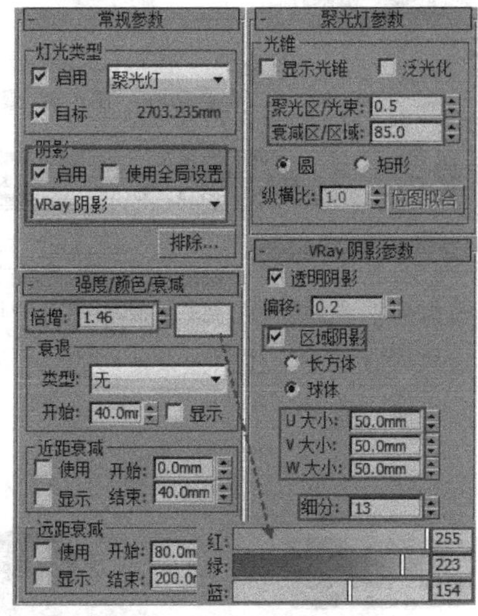

图7-59 设置灯光参数

05 设置完成后，切换至摄影机视图，然后，按F9键，渲染场景，效果如图7-60所示。场景的亮度增加了不少，完全没有起初的冷清和萧条感了，而且，中间座位的聚光效果也凸显出了场景所要表现的高雅、大气的效果。

图7-60 最终渲染效果

7.3.2 自由聚光灯

自由聚光灯与目标聚光灯的参数基本一致，只是它无法对发射点和目标点分别进行调节，如图7-61所示。自由聚光灯特别适合用于模拟一些动画灯光，如舞台上的射灯。

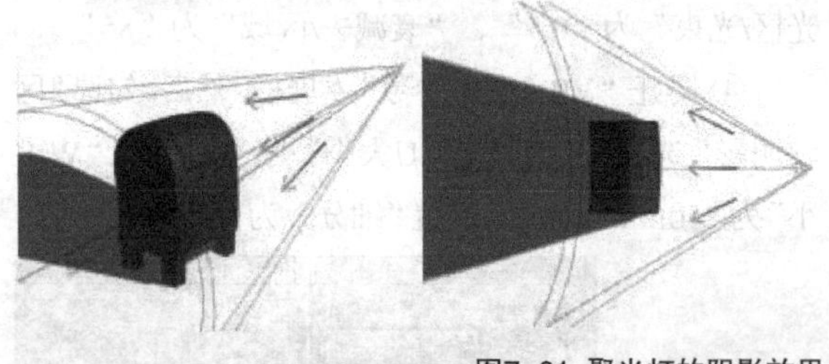

图7-61 聚光灯的阴影效果

7.3.3 目标平行光

目标平行光可以产生一个照射区域，主要用于模拟自然光线的照射效果，如图7-62所示。如果将目标平行光作为体积光来使用的话，那么，可以用它模拟出激光束等效果。

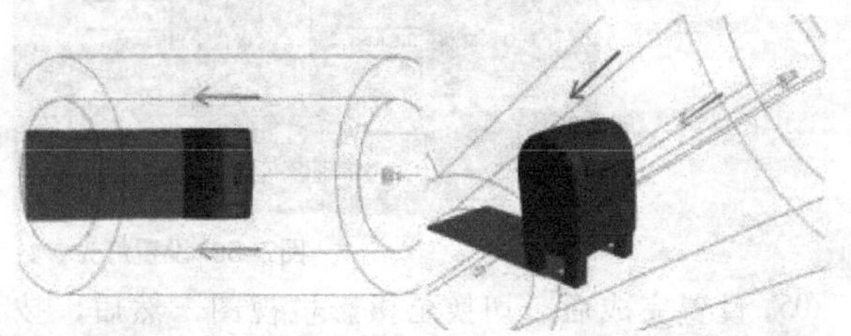

图7-62 平行光的阴影效果

技巧与提示

虽然目标平行光可以用于模拟太阳光，但是，它与目标聚光灯的灯光类型并不相同。目标聚光灯的灯光类型是聚光灯，而目标平行光的灯光类型是平行光，从外形上看，目标聚光灯更像锥形，而目标平行光更像筒形，如图7-63所示。

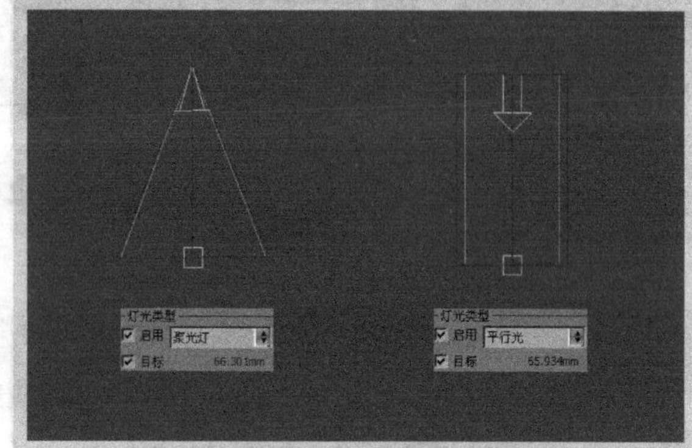

图7-63 “聚光灯”与“平行光”的区别

7.3.4 自由平行光

自由平行光能产生一个平行的照射区域，常用于模拟太阳光，如图7-64所示。

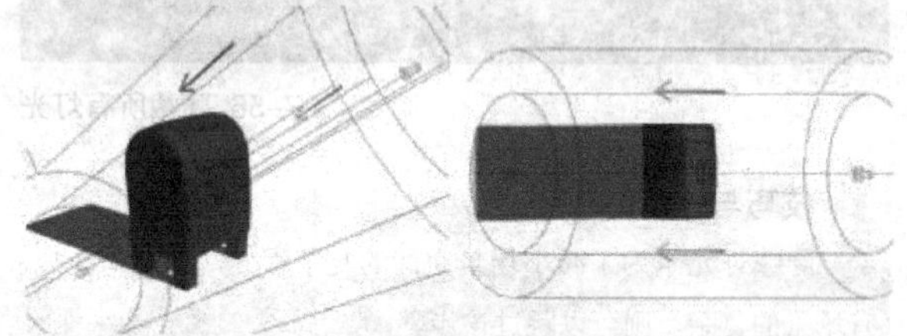

图7-64 “自由平行光”的阴影效果

技巧与提示

自由平行光和自由聚光灯一样，没有目标点。当勾选“目标”选项时，自由平行光会自动变成目标平行光，如图7-65所示，因此，这两种灯光是相互关联的。

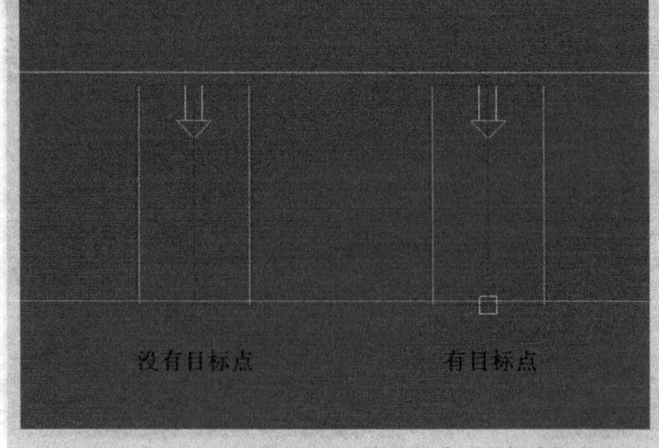

图7-65 是否勾选“目标点”的区别

7.3.5 泛光灯

泛光灯可以向周围发散光线，其光线可以到达场景中无限远的地方，如图7-66所示。泛光灯比较容易创建和调节，能够均匀地照射场景，但如果在一个场景中使用太多泛光灯则可能导致场景明暗层次变弱，缺乏对比。

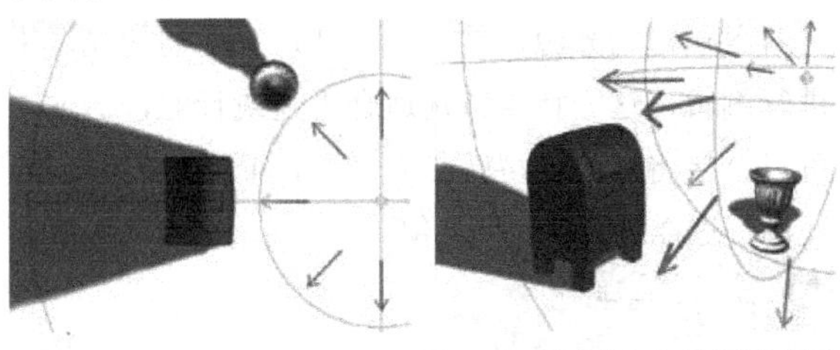

图7-66 “泛光灯”的阴影效果

7.3.6 天光

天光主要用于模拟天空光，以穹顶方式发光，如图7-67所示。天光不是基于物理学的，但可以用于所有需要基于物理数值的场景。天光可以作为场景唯一的光源，也可以与其他灯光一起使用，以实现高光和投射锐边阴影。天光的参数比较少，只有一个“天光参数”卷展栏，如图7-68所示。

图7-67 “天光”效果

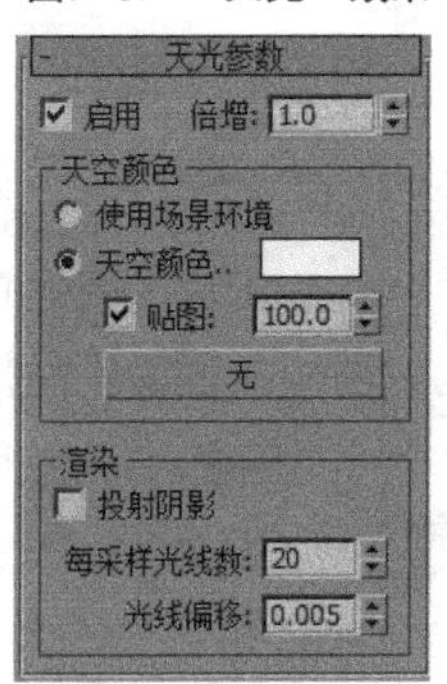

图7-68 “天光参数”卷展栏

【参数详解】

启用：用于控制是否开启天光。

倍增：用于控制天光的强弱程度。

使用场景环境：将以“环境与特效”对话框的“环境光”颜色作为天光颜色。

天空颜色：用于设置天光的颜色。

贴图：用于指定贴图，以影响天光的颜色。

投影阴影：用于控制天光是否投射阴影。

每采样光线数：用于计算落在场景中每个点的光子数目。

光线偏移：用于设置光线产生的偏移距离。

7.4 VRay光源

安装好VRay渲染器后，可以在“灯光”创建面板中就选择VRay光源。VRar灯光包含4种类型，分别是“VRay光源”“VRayIES”“VRay环境灯光”和“VRay太阳”，如图7-69所示。在效果图制作中，VRay光源是一种比较常用的灯光，它可以用作照明光、辅助光和修饰光等。

图7-69 VRay光源

本节灯光介绍

灯光名称	灯光主要作用	重要程度
VRay灯光	模拟室内环境的任何光源	高
VRay太阳	模拟真实的室外太阳光	高

技巧与提示

本节将着重讲解“VRay光源”和“VRay太阳”，在实际工作中，其他灯光很少被用到。

7.4.1 VRay灯光

VRay灯光是效果图制作中使用频率最高的一种灯光，它可以模拟室内光源，也可作为辅助光使用，其参数设置面板如图7-70所示。

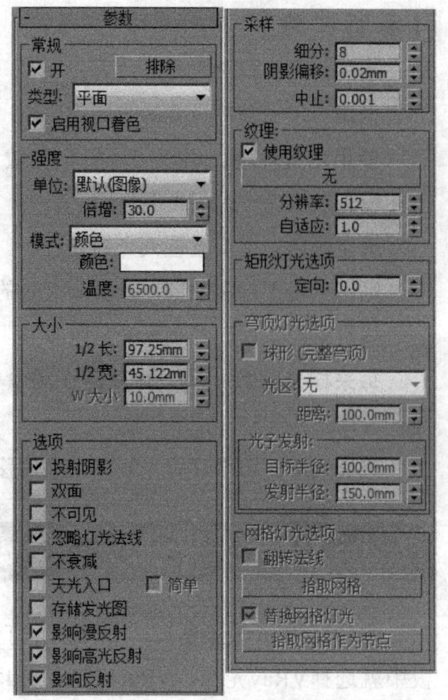

图7-70 “VRay灯光”的参数面板

【参数详解】

常规：该选项组主要包含下列3个选项，如图7-71所示。

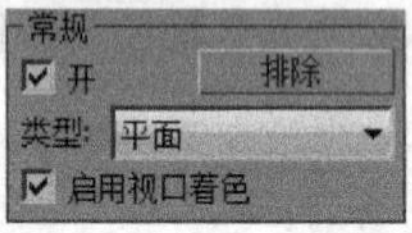

图7-71 “常规”选项组

开：用于控制是否开启VRay光源。

排除 排除 **：**用于排除灯光对物体的影响。

类型：用于设置VRay光源的类型，共有“平面”“穹顶”“球体”和“网格”4种类型，如图7-72所示。

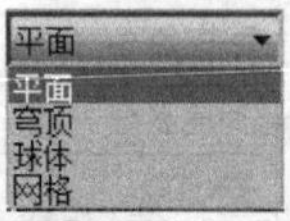

图7-72 “VRay灯光”的类型

①平面：有的参考书将其称为“面光”，这种灯光是一种较为常用的光源类型，该光源以一个平面区域的方式显示，以该区域来照亮场景，由于该光源能够均匀、柔和地照亮场景，因此，常用它来模拟自然光源或大面积的反光，如天空或墙壁的反光等。

②穹顶：有的参考书将其称为“半球光”，这种灯光能够提供穹顶状的光源类型（也就是半球形），该光源更够均匀照射整个场景，光源位置和尺寸对照射效果几乎没有影响，其效果类似于3ds Max中的“天空”。该光源常被用于模拟空间较为宽广的室内场景（教堂、大厅等）或在室外场景中的环境光。

③球体：有的参考书将其称为“球光”，这种灯光可以光源为中心向四周发射光线，其效果类似于3ds Max的“泛光灯”，该光源常被用于模拟人照灯光，如室内设计中的壁灯、台灯和吊灯光源。

④网格：使用“网格”灯光后，可以将三维实体对象指定为光源，然后，将其作为普通的光源来进行编辑，这一特点特别适合于建筑行业，例如，可以直接将灯的模型转化为光源，而不必另外创建光源，这样，既准确又方便。

技巧与提示

“平面”、“穹顶”、“球体”和“网格”灯光的形状各不相同，可以运用在不同的场景中，如图7-73所示。

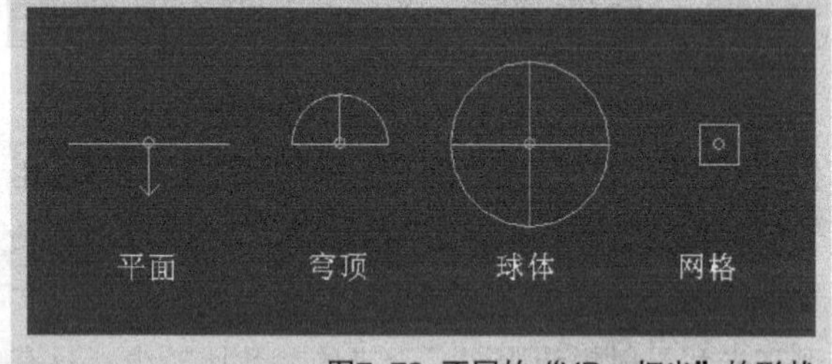

图7-73 不同的“VRay灯光”的形状

强度：该选项组包含下列5个选项，如图7-74所示。

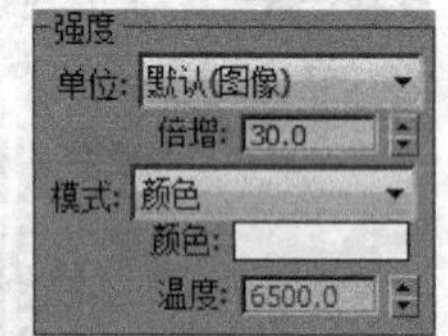

图7-74 “强度”选项组

单位：用于指定VRay光源的发光单位，共有“默认（图像）”“发光率（lm）”“亮度（lm/m²/sr）”“辐射率（W）”和“辐射（W/m²/sr）”5种，如图7-75所示。

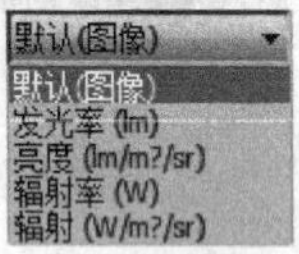

图7-75 单位类型

①默认（图像）：将使用VRay默认的单位，用灯光的颜色和强度来控制灯光的最终强弱，如果忽略曝光类型的因素，灯光色彩将是物体表面受光的最终色彩。

②发光率（lm）：选择这个单位后，灯光的强度将和灯光的大小无关（100W的强度大约等于1500LM）。

③亮度（lm/ m^2/sr）：选择这个单位后，灯光的强度将和它的大小有关系。

④辐射率（W）：选择这个单位后，灯光的强度将和灯光的大小无关。注意，这里的W和物理上的瓦特不一样，这里的100W大约等于物理上的2~3W。

⑤辐射（W/m^2/sr）：选择这个单位后，灯光的强度将和它的大小有关系。

倍增：用于设置VRay光源的强度。

模式：用于设置VRay光源的颜色模式，共有“颜色”和“温度”两种。

颜色：用于指定灯光的颜色。

温度：以色温模式来设置VRay光源的颜色。

大小：该选项组包含下列3个选项，如图7-76所示。其参数用于设置灯光的大小，选择不同的灯光类型时，其选项也不同。

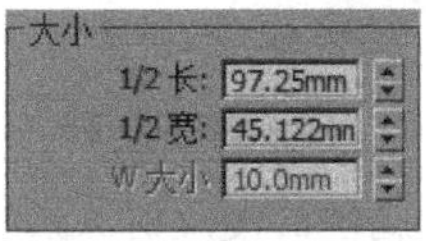

大小
1/2 长: 97.25mm
1/2 宽: 45.122mm
W 大小: 10.0mm

图7-76 “大小”选项组

1/2长：用于设置灯光的长度。

1/2宽：用于设置灯光的宽度。

W大小：当前，这个参数还没有被激活（即不能使用）。

选项：该选项组包含下列10个选项，如图7-77所示。

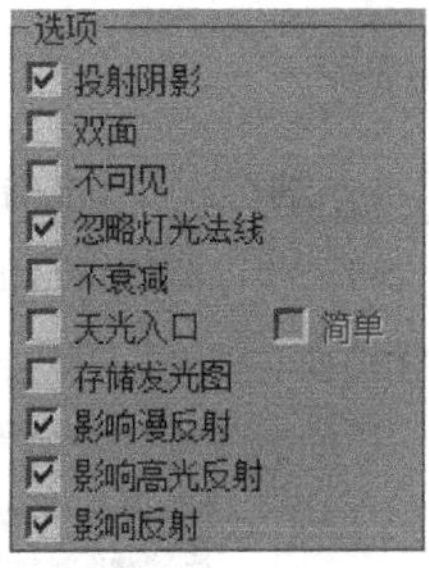

图7-77 “选项”选项组

投射影阴影：用于控制是否对物体的光照产生阴影。

双面：用于控制是否让灯光的双面都产生照明效果（仅当灯光类型为“平面”时，该项才有效）。图7-78和图7-79分别所示为开启与关闭该选项时的灯光效果。

图7-78 开启“双面”

图7-79 关闭“双面”

不可见：用于控制最终渲染时是否显示VRay光源的形状。图7-80和图7-81分别所示为关闭与开启该选项时的灯光效果。

图7-80 关闭“不可见”

图7-81 开启“不可见”

忽略灯光法线：用于控制灯光是否按照光源的法线进行发射。图7-82和图7-83分别所示为关闭与开启该选项时的灯光效果。

图7-82 关闭“忽略灯光发现”

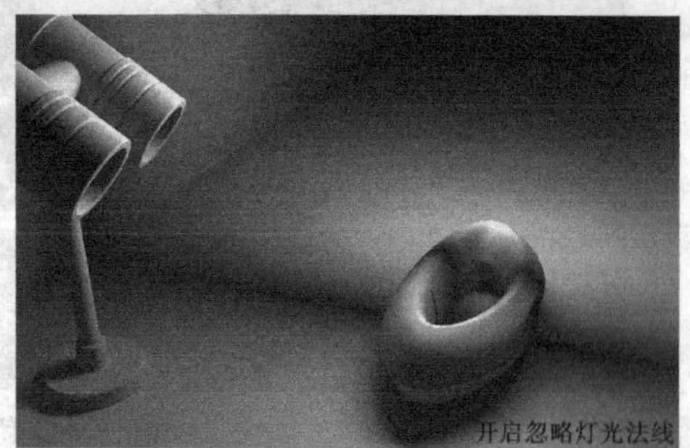

图7-83 开启“忽略灯光发现”

不衰减：在物理世界中，所有的光线都是有衰减的。如果勾选这个选项，那么，VRay将不计算灯光的衰减效果。图7-84和图7-85分别所示为关闭与开启该选项时的灯光效果。

图7-84 关闭“不衰减”

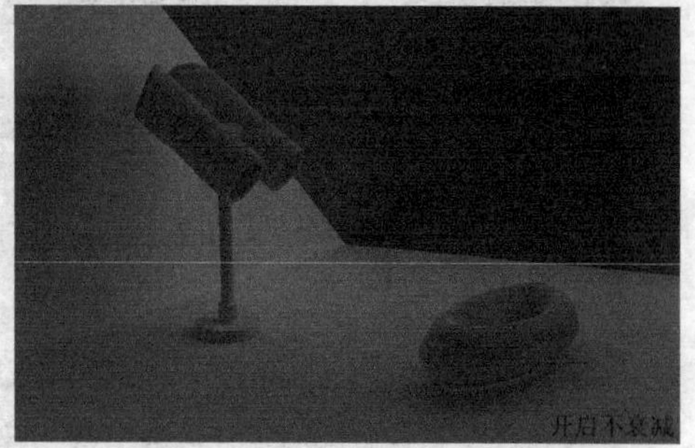

图7-85 开启“不衰减”

技巧与提示

在真实世界中，光线强度会随着距离的增大而不断变弱，也就是说，远离光源的物体的表面会比靠近光源的物体表面更暗。

天光入口：可把“VRay灯光”转换为“天光”，此时，VRay光源就变成了“间接照明（GI）”，失去了直接照明的作用。当勾选这个选项时，“投射影阴影”“双面”和“不可见”等参数将不可用，这些参数将被VRay的天光参数所取代。

存储发光图：勾选这个选项，同时，将“间接照明（GI）”里的“首次反弹”引擎设置为“发光贴图”时，VRay光源的光照信息将被保存在“发光贴图”中，渲染光子的速度将变得更慢，但是，渲染出图的速度会提高很多。渲染完光子时，可以关闭或删除这个VRay光源，它对最后的渲染效果没有影响，因为它的光照信息已经被保存在了“发光贴图”中。

影响漫反射：用于决定灯光是否影响物体材质属性的漫反射。

影响高光反射：用于决定灯光是否影响物体材质属性的高光。

影响反射：勾选该选项时，灯光将对物体的反射区进行照射，物体可以对光源进行反射。

采样：该选项组包含下列3个选项，如图7-86所示。

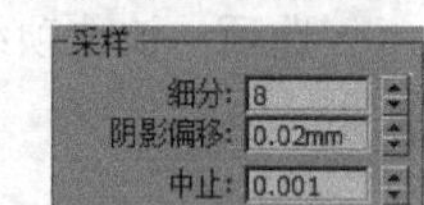

图7-86 “采样”选项组

细分：用于控制VRay光源的采样细分。设置比较低的值时，阴影区域的杂点会增加，但渲染速度比较快，如图7-87所示；设置比较高的值时，阴影区域的杂点会减少，但渲染速度会减慢，如图7-88所示。

图7-87 “细分”为2的效果

图7-88 “细分”为20的效果

阴影偏移：用于控制物体与阴影的偏移距离，较高的值会使阴影向灯光的方向偏移。

中止：用于设置采样的最小阈值。

纹理：该选项组包含下列4个选项，如图7-89所示。

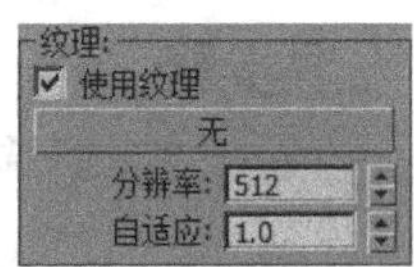

图7-89 “纹理”选项组

使用纹理：用于控制是否将纹理贴图作为半球光源。

无 无 ：用于选择纹理贴图。

分辨率：用于设置纹理贴图的分辨率，最高为2048。

自适应：设置数值后，系统将自动调节纹理贴图的分辨率。

课堂案例

简约卧室

案例位置	案例文件>第7章>课堂案例：简约卧室
视频位置	多媒体教学>第7章>课堂案例：简约卧室.flv
难易指数	★★☆☆☆
学习目标	学习使用“VRay灯光”模拟室内灯光

在表现夜间效果的时候，场景光源不可能是太阳光，所以，这时就要用模拟人造光源来表现效果，如台灯和天花灯等。本案例通过表现傍晚时分的卧室效果，来介绍如何用VRay灯光来模拟室内灯光。卧室的渲染效果如图7-90所示。

图7-90 渲染效果

01 打开“下载资源”文件中的初始文件，如图7-91所示。此时，场景中只有用于模拟室外灯光（可将其理解为“环境光”）的“VRay灯光”，按F9键，渲染摄影机视图，效果如图7-92所示。场景很黑，就像傍晚没开灯的卧室一样。

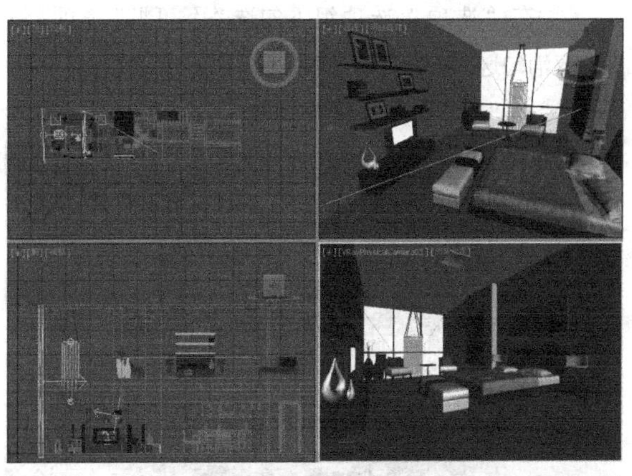

图7-91 打开场景文件

图7-92 渲染初始场景

02 在天花板上的天花灯处创建一盏VRay灯光的“球体”灯，灯光的位置如图7-93所示。

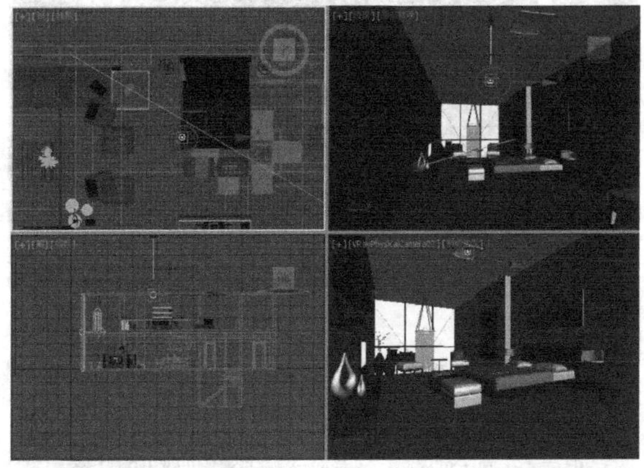

图7-93 创建天花灯光

03 选择上一步创建的“VRay灯光”，然后，展开“参数”卷展栏，具体参数设置如图7-94所示。

设置步骤

①在“常规”选项组中设置“类型”为“球体”。

②在“强度”选项组下设置“倍增”为“50”，然后，设置“颜色”为“（红:255，绿:243，蓝:226）”。

③在“大小”选项组下设置“半径”为“20mm”。

④在“选项”选项组下勾选“不可见”选项，然后，取消勾选“影响高光反射”和“影响反射选项”。

⑤在“采样”选项组下设置“细分”为“14”。

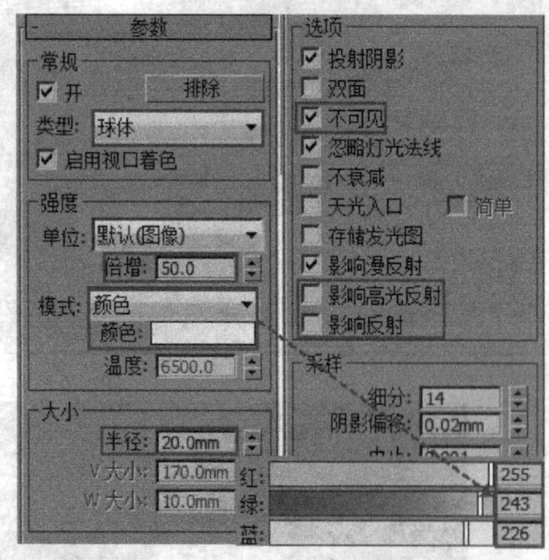

图7-94 设置参数

04 按F9键，渲染摄影机视图，效果如图7-95所示。天花板的灯光呈现“打开”状态，但场景却没明亮起来，千万不能为了使场景明亮而增加灯光强度，否则，会因为灯光过亮而使天花灯隐去。

图7-95 灯光测试效果

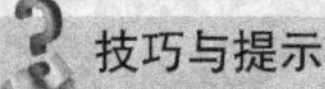

技巧与提示

由于篇幅的原因，后面将不再对每一盏灯光进行测试说明了，但读者在操作过程中，还是应该测试每盏创建出的灯光。

05 在场景中的柜架处创建3盏相同的“VRay灯光”，灯光位置如图7-96所示。

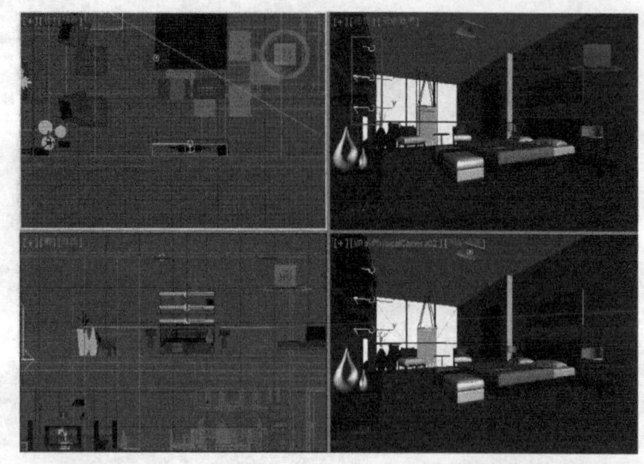

图7-96 创建柜架灯光

06 选中上一步创建的灯光，然后，展开“参数”卷展栏，其参数设置如图7-97所示。

设置步骤

①在“常规”选项组下设置“类型”为“平面”。

②在“强度”选项组下设置“倍增”为“20”，然后，设置“颜色”为“（红:226，绿:242，蓝:255）”。

③根据场景中柜架的大小调整灯光大小，在“大小”选项组中同步“1/2长”为“698mm”，“1/2宽”为“8mm”。

④在“选项”选项组下勾选“不可见”选项，然后，取消勾选“影响高光反射”和“影响反射”选项。

⑤在“采样”选项组下设置“细分”为“14”。

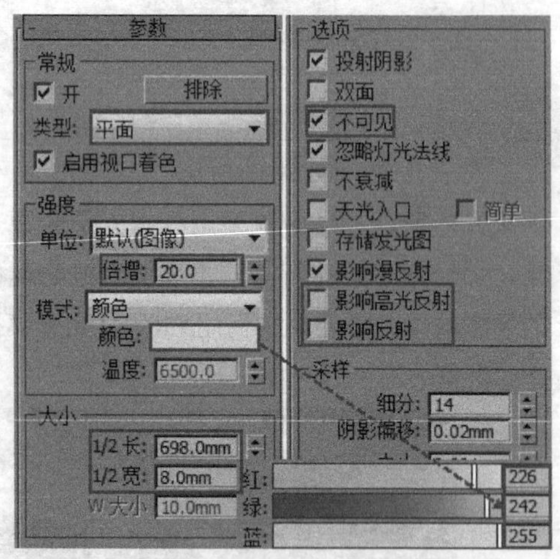

图7-97 设置参数

07 在床头柜的台灯处为其创建相同的“VRay灯光”的“球体”光，灯光在场景中的位置如图7-98所示。

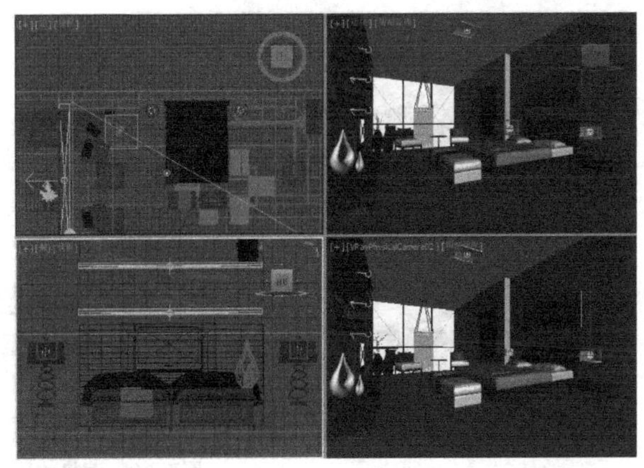

图7-98 创建台灯

08 选择上一步创建的VRay灯光，然后，展开“参数”卷展栏，具体参数设置如图7-99所示。

设置步骤

①在“常规”选项组下设置“类型”为“球体”。

②在“强度”选项组下设置“倍增”为“55”，然后，设置“颜色”为“（红:255，绿:228，蓝:213）”。

③在“大小”选项组下设置“半径”为“30mm”。

④在“选项”选项组下勾选“不可见”选项并取消勾选“影响高光反射”和“影响反射”选项。

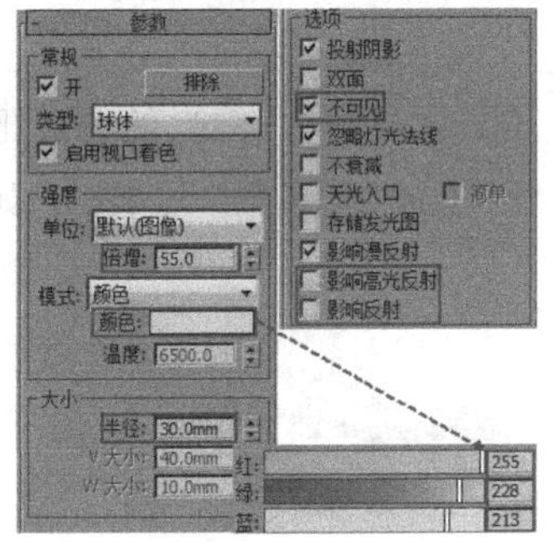

图7-99 设置参数

09 在场景中的电视处创建一盏“VRay灯光”的“平面”光，用于模拟电视的灯光效果，灯光在场景中的位置如图7-100所示。

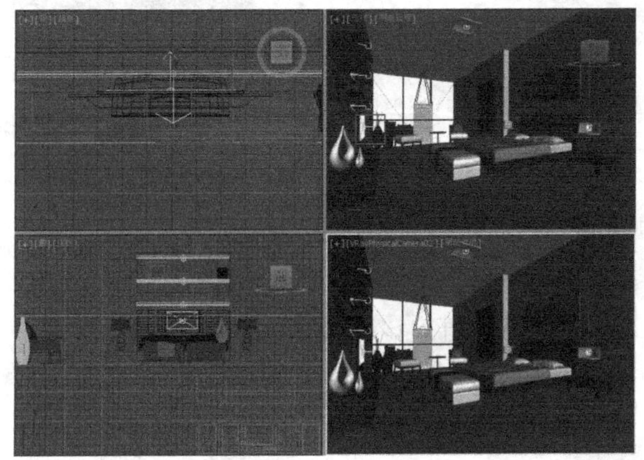

图7-100 创建电视灯光

10 选择上一步创建的VRay灯光，然后，展开“参数”卷展栏，具体参数设置如图7-101所示。

设置步骤

①在“常规”选项组下设置“类型”为“平面”。

②在“强度”选项组下设置“倍增”为“7”，然后，设置“颜色”为“（红:115，绿:179，蓝:255）”。

③根据场景中电视屏幕的大小调整灯光的大小，在“大小”选项组中同步“1/2长”为“263.767mm”、“1/2宽”为“148.369mm”。

④在“选项”选项组下勾选“不可见”选项，然后，取消勾选“影响高光反射”和“影响反射”选项。

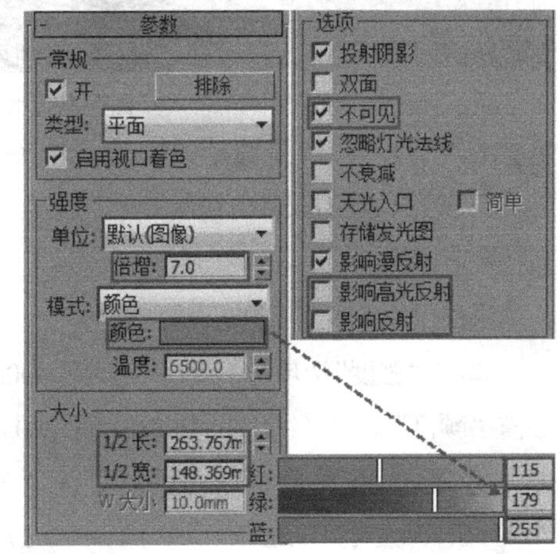

图7-101 设置参数

11 切换至摄影机视图，然后，按F9键，渲染当前场景，效果如图7-102所示。场景中的光源均已处于“开启”状态，但此时的场景仍然不处于被照亮的状态，所以，接下来考虑用“VRay灯光”来补光。

图7-102 测试渲染场景

12 此时，需要为场景添加一个“补光”，以便场景被照亮。从场景的构造分析，主要照明光应该是天花板的灯光，所以，“补光”应该模拟天花板灯光，在场景的中的天花板处创建一盏方向向下的“Vray灯光”的平面光，灯光位置如图7-103所示。

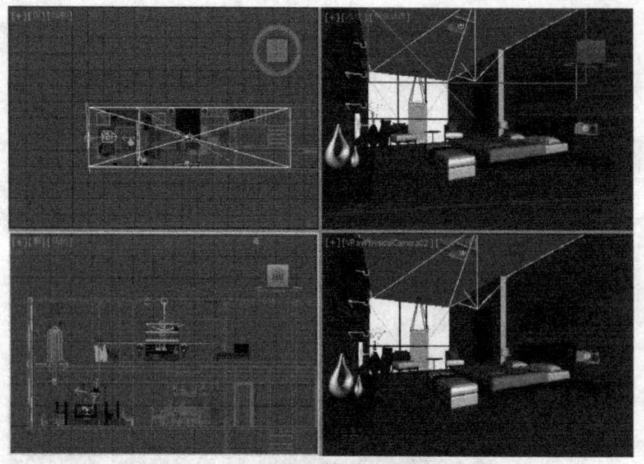

图7-103 创建“补光”

⑬ 选中上一步创建的灯光，展开“参数”卷展栏，其参数设置如图7-104所示。

设置步骤

①在“常规”选项组下设置“类型”为“平面”。

②在“强度”选项组下设置“倍增”为0.6，然后，设置“颜色”为“（红:229，绿:232，蓝:240）”。

③根据场景中天花板的大小调整灯光大小，在“大小”选项组中同步“1/2长”为“1915.376mm”，“1/2宽”为“1753.306mm”。

④在“选项”选项组下勾选“不可见”选项。

⑤在“采样”选项组下设置“细分”为“15”。

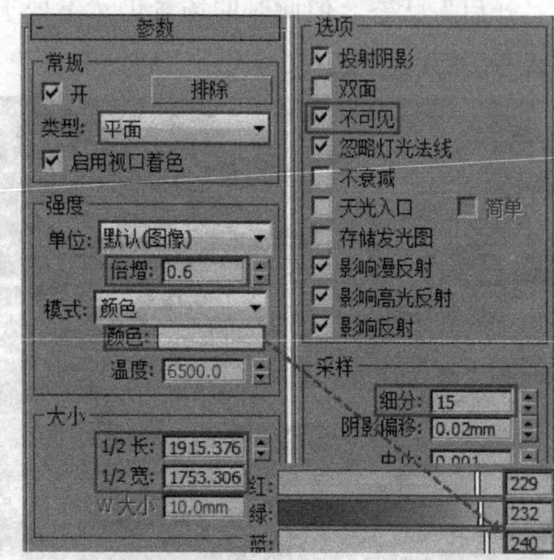

图7-104 设置参数

⑭ 设置完成后，切换至摄影机视图，然后，按F9键，渲染场景，渲染效果如图7-105所示。此时的场景已变亮，而且，也表现出了傍晚的卧室效果。

图7-105 渲染效果

技巧与提示

为了提高渲染速率，方便读者操作，笔者将渲染参数设置为了低质量的，所以，效果图的细节方面还存在瑕疵，可通过后面的“后期处理”进行优化。希望读者可通过本案例掌握模拟灯光和“补光”的方法。

7.4.2 VRay太阳

“VRay太阳”主要用于模拟真实的室外太阳光。“VRay太阳”的参数比较简单，只包含一个“VRay太阳参数”卷展栏，如图7-106所示。

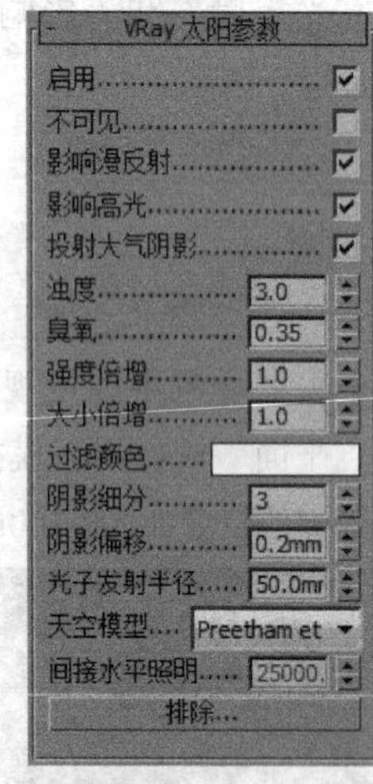

图7-106 “Vray太阳”的参数面板

【参数详解】

启用：用于控制“阳光”的开关。

不可见：开启该选项后，渲染的图像中将不会出现太阳的形状。

影响漫反射：用于确定灯光是否影响物体材质属性的漫反射。

影响高光：用于确定灯光是否影响物体材质属性的高光。

投射大气阴影：开启该选项以后，将投射大气的阴影，得到更加逼真的阳光效果。

浊度：用于控制空气的混浊度，它可影响VRay太阳和VRay天空的颜色。设置比较小的值后，可得到晴朗、干净的空气，此时的VRay太阳和VRay天空的颜色比较蓝；设置较大的值后，可得到灰尘含量重的空气（如沙尘暴），此时的VRay太阳和VRay天空的颜色呈现为黄色，甚至橘黄色。图7-107、图7-108、图7-109和图7-110分别所示为“浊度”值为“2”“3”“5”“10”时的阳光效果。

图7-107 “浊度”为“2”

图7-108 “浊度”为“3”

图7-109 “浊度”为“5”

图7-110 “浊度”为“10”

技巧与提示

阳光穿过大气层时，一部分冷光将被空气中的浮尘吸收，照射到大地上的光就会呈现暖色。

臭氧：用于设置空气中臭氧的含量，数值较小时，阳光比较黄，数值较大时，阳光比较蓝。图7-111、图7-112和图7-113分别所示为“臭氧”值为“0”“0.5”和“1”时的阳光效果。

图7-111 “臭氧”值为“0”

图7-112 “臭氧”值为“0.5”

图7-113 “臭氧”值为“1”

强度倍增：用于设置阳光的强度，默认值为1。

技巧与提示

“混浊度”和“强度倍增”是相互影响的，因为当空气中的浮尘增加的时候，阳光的强度就会降低。“大小倍增”和“阴影细分”也是相互影响的，这主要是因为影子虚边越大，所需的细分就越多，所以，增大“大小倍增”的值时，“阴影细分”的值也要适当增大，也就是说，当影子为虚边阴影（面阴影）的时候，就需要更多的细分值来增加阴影的采样，不然，就会产生很多杂点。

大小倍增：用于设置太阳的大小，它的作用主要表现在控制阴影的模糊程度上，较大的值可以产生比较模糊的阴影。

阴影细分：用于设置阴影的细分，较大的值可以使模糊区域的阴影产生比较光滑的效果，并且，没有杂点。

阴影偏移：用于控制物体与阴影的偏移距离，较高的值会使阴影向灯光的方向偏移。

光子发射半径：这个参数和“光子贴图”计算引擎有关。

天空模型：用于选择天空的模式，可以选晴天，也可以选阴天。

间接水平照明：用于设置间接水平照明的强度。

排除 排除... ：可将物体排除于阳光照射范围之外。

课堂案例

晨光中的卧室

案例位置	案例文件>第7章>课堂案例：晨光中的卧室
视频位置	多媒体教学>第7章课堂案例：晨光中的卧室.flv
难易指数	★★☆☆☆
学习目标	学习“VRay太阳”的使用方法

在清晨时分，卧室可通过窗户采光来照明，此时卧室的主要照明光源为太阳光，而室内的人造光源是不需要开启的，此时的场景有且只有一种光源，即太阳光，所以，在创建灯光的时候，要以太阳光为主光源，再加以适当的补光即可，场景效果如图7-114所示。

图7-114 卧室效果图

01 打开“下载资源”中的初始文件，如图7-115所示，该卧室场景的摄影机、材质和渲染参数均已设置好，接下来，便是为其添加灯光了。

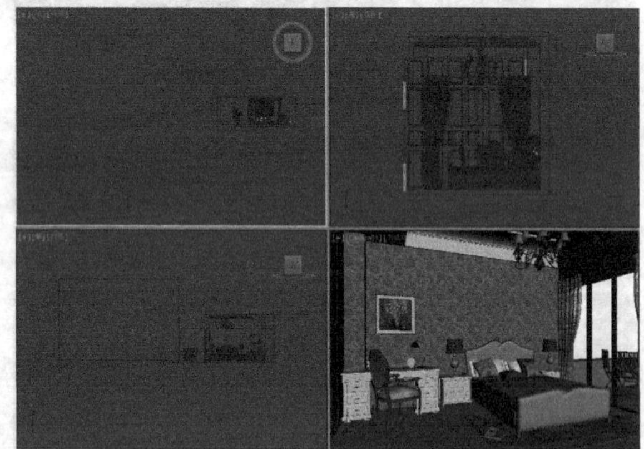
图7-115 打开初始文件

02 切换至顶视图，然后，选择“创建”面板中的“VRay太阳”，接着，在顶视图创建一盏“VRay太阳”灯光，灯光在视图中的位置如图7-116所示。

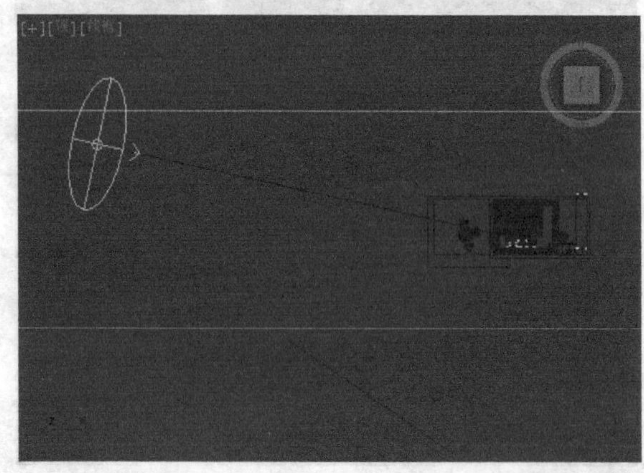
图7-116 创建“VRay太阳”灯光

03 切换至前视图，然后，调整“VRay太阳”的位置，如图7-117所示。

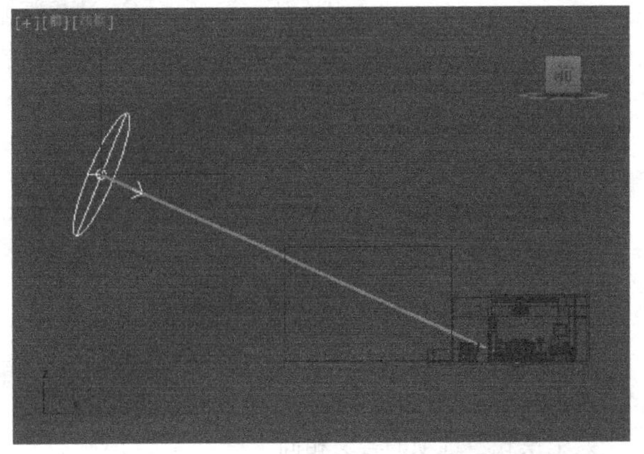

图7-117 “VRay太阳”在前视图中的位置

04 选择上一步创建的VRay太阳，然后，在“参数”卷展栏下设置“浊度”为“2”、“臭氧”为“1”、“强度倍增”为“0.05”、“大小倍增”为“3”，再设置“过滤颜色”为“（红:244，绿:240，蓝:212）”，最后，设置“阴影细分”为“16”，具体参数设置如图7-118所示。

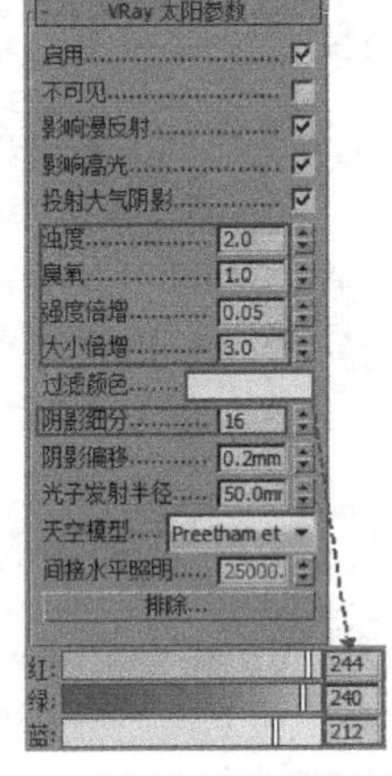

图7-118 设置“VRay太阳参数”卷展栏

05 切换至摄影机视图，然后，按F9键，对场景进行测试渲染，效果如图7-119所示，场景中的太阳光光效已经很明显了，不足的是场景的亮度不够，所以，应考虑在窗户处增加“补光”，以使场景变亮。

图7-119 “VRay太阳”的测试效果

06 在场景中的窗户处创建一盏“VRay灯光”的“平面”光，灯光在场景中的位置如图7-120所示。

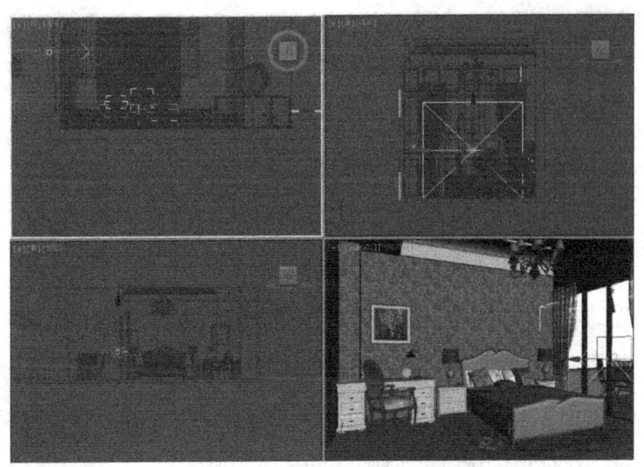

图7-120 创建“补光”

07 选择上一步创建的“VRa灯光”，然后，展开“参数”卷展栏，具体参数设置如图7-121所示。

设置步骤

①在“常规”选项组下设置“类型”为“平面”。

②在“强度”选项组下设置“倍增器”为“5”，然后，设置“颜色”为“（红:211，绿:232，蓝:255）”。

③在“选项”选项组下勾选“不可见”选项，再取消勾选“影响高光反射”和“影响反射”选项。

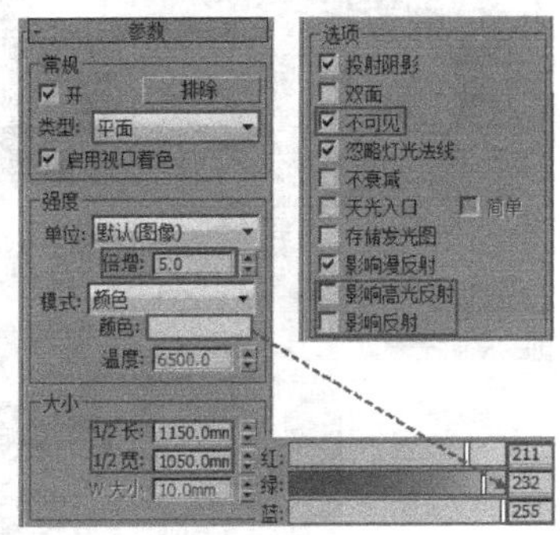

图7-121 设置“VRay灯光”的参数

08 按C键，切换到摄影机视图，然后，按F9键，渲染当前场景，最终效果如图7-122所示。

图7-122 最终效果图

7.4.3 VRay天空

"VRay天空"是VRay灯光系统中的一个非常重要的照明系统。VRay没有真正的天光引擎，只能用环境光来代替。可按8键，打开"环境与效果"对话框，然后，在"环境贴图"的通道中加载了一张"VRay天空"贴图，如图7-123所示，接着，按M键，打开"材质编辑器"对话框，再将贴图通道中的"VRay天空"贴图拖曳复制到任一材质球上，最后，在弹出的"实例（副本）贴图"对话框中选择"实例"，如图7-124所示。

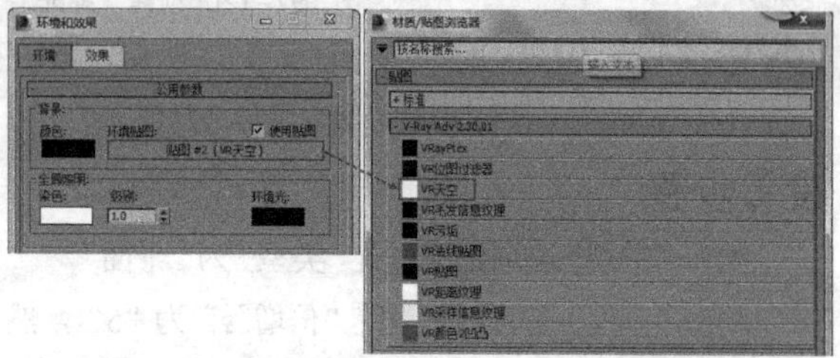

图7-123 加载"VRay天空"贴图

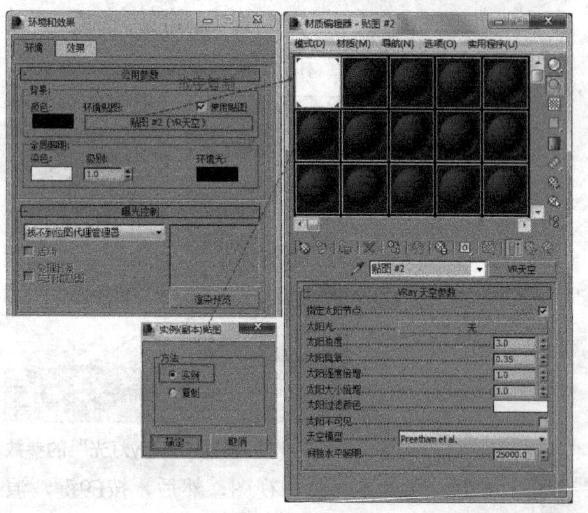

图7-124 "VRay天空"参数

【参数详解】

指定太阳节点：关闭该选项后，"VRay天空"的参数将从场景中的"VRay太阳"参数里自动匹配；勾选该选项后，用户可以从场景中选择不同的光源，在这种情况下，"VRay太阳"将不再控制"VRay天空"的效果，"VRay天空"将用它自身的参数来改变天光的效果。

太阳光：单击后面的"无"按钮 无 后，可以选择太阳光源，除了可以选择"VRay太阳"之外，还可以选择其他的光源。

太阳混浊：与"VRay太阳参数"卷展栏下的"混浊度"选项的含义相同。

太阳臭氧：与"VRay太阳参数"卷展栏下的"臭氧"选项的含义相同。

太阳强度倍增：与"VRay太阳参数"卷展栏下的"强度倍增"选项的含义相同。

太阳大小倍增：与"VRay太阳参数"卷展栏下的"尺寸倍增"选项的含义相同。

太阳不可见：与"VRay太阳参数"卷展栏下的"不可见"选项的含义相同。

天空模式：与"VRay太阳参数"卷展栏下的"天空模式"选项的含义相同。

技巧与提示

其实"VRay天空"是"VRay系统"中一个程序贴图，它可作为环境贴图或天光来照亮场景。在创建"VRay太阳"时，3ds Max会弹出如图7-125所示的对话框，提示是否将"VRay天空"环境贴图自动加载到环境中。

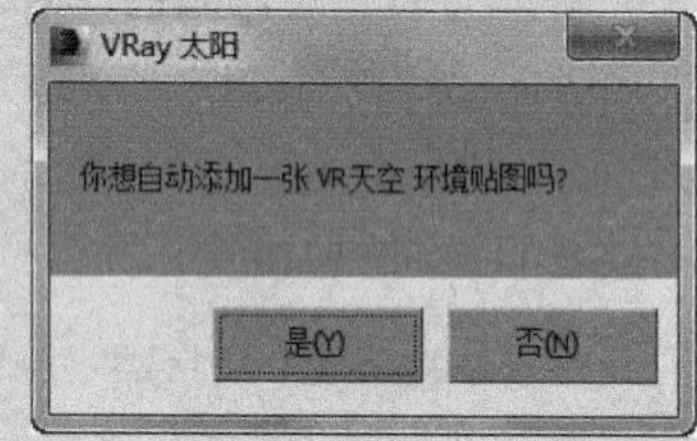

图7-125 提示是否添加"环境贴图"

如果想在一个场景中将"VRay太阳"与"VRay天空"两者间的效果表现得更协调、更适宜，那么，可以将它们关联到一起。下面，简单介绍一下将两者关联的方法，具体操作步骤如下。

第1步：在场景中新建一个"VRay太阳"，在创建的时候，系统会弹出对话框，询问是否将"VRay天空"加入环境贴图中，这里需要单击"是"，如图7-126所示。

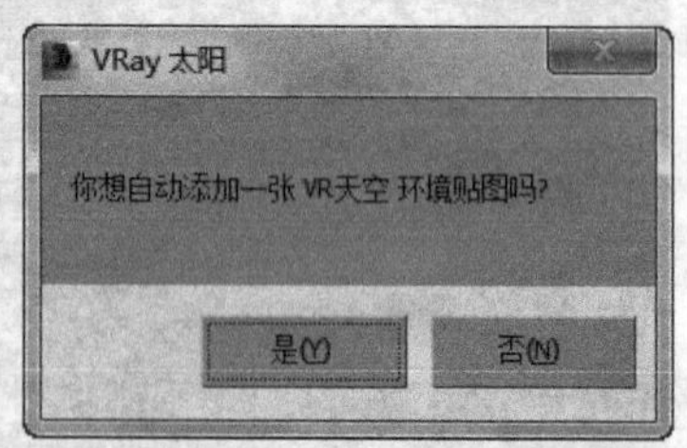

图7-126 创建"VRay太阳"

第2步：在"环境与效果"对话框中将"环境贴图"通道中的"VRay天空"贴图拖至"材质编辑

器”中的任意一个空白的材质球上，如图7-127所示。

图7-127 将“VRay天空”关联到材质

第3步：勾选“指定太阳节点”选项，然后，单击“太阳光”后的“无”按钮，再在场景中选择刚刚创建的“VRay太阳”，这样，“VRay太阳”与“VRay天空”就实现了关联，如图7-128所示。

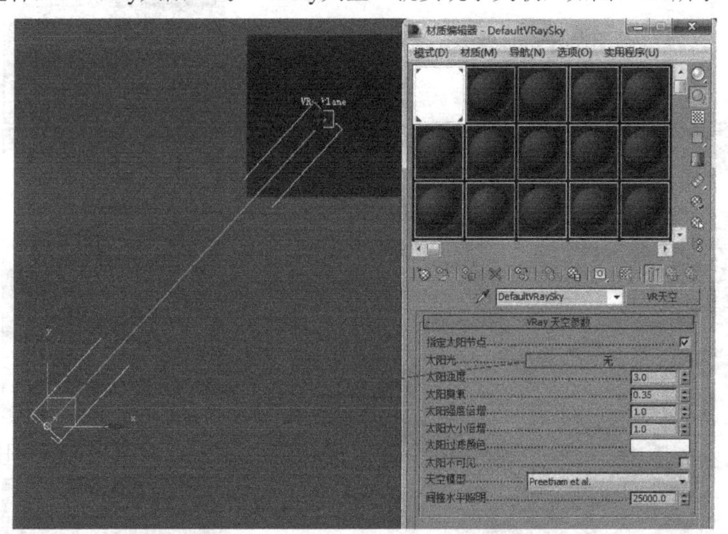

图7-128 将“VRay天空”关联到“VRay太阳”

第4步：当“VRay太阳”与“VRay天空”被关联后，移动“VRay太阳”的位置时，“VRay天空”也会随之改变。图2-129所示为不同“VRay太阳”位置下的渲染效果对比（“VRay太阳”与“VRay天空”的参数不变）。

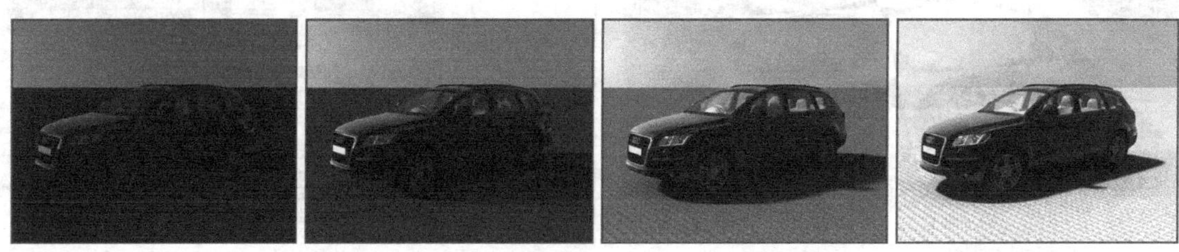

图7-129 “VRay太阳”在不同位置下的效果

7.5 本章小结

本章主要讲解了3ds Max中的各种灯光技术。在光度学灯光中，详细讲解了目标灯光的用法；在标准灯光中，详细讲解了目标聚光灯的作用及其使用方法；在VRay灯光中，详细讲解了VRay光源、VRay太阳和VRay天空。虽然本章未介绍所有灯光，但是，所介绍的目标灯光、目标聚光灯、VRay光源和VRay太阳都是实际工作中最常用的灯光，请读者务必掌握其重要参数、布光思路和方法。

课后习题

洗手间

案例位置	案例文件>第7章>课后习题：洗手间
视频位置	多媒体教学>第7章>课后习题：洗手间.flv
难易指数	★★☆☆☆
学习目标	练习“目标灯光”的使用方法，练习使用“VRay灯光”模拟照明光

通常，一些娱乐场所（如KTV、酒吧）的洗手间都给人一种高档、大气的感觉，可用高强度的射灯来烘托出这种简单场景的奢华氛围。本例的灯光效果如图7-130所示，场景的照明系统是由射灯和灯带构成的。

图7-130 洗手间的效果

灯光在场景中的位置及参数如图7-131~图7-133所示。

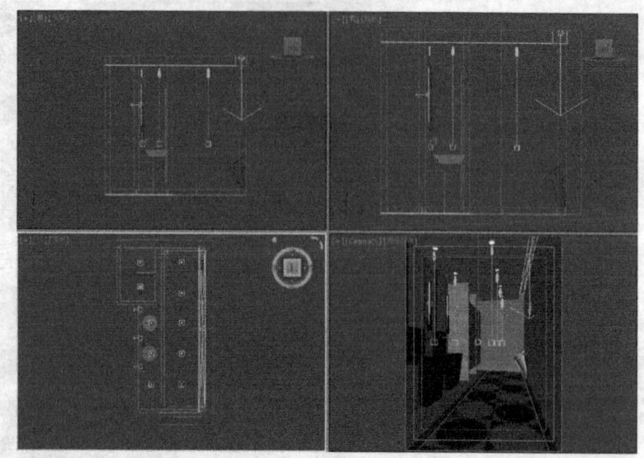

图7-131 灯光在场景中的位置

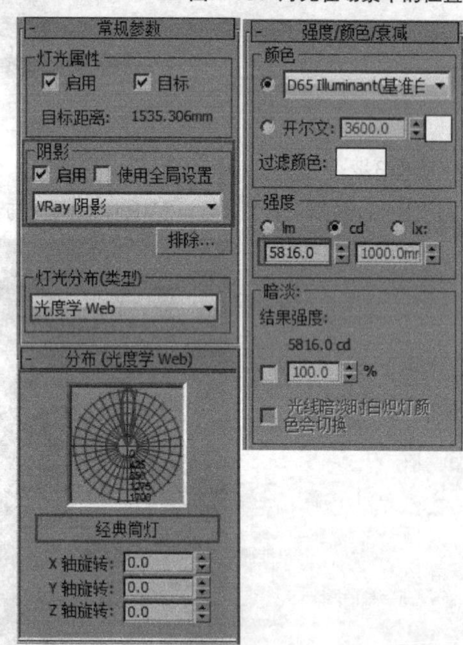

图7-132 “目标灯光”（射灯）的参数

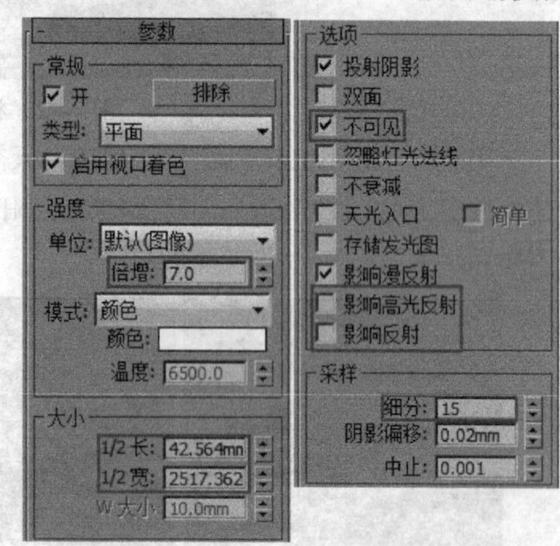

图7-133 “VRay灯光”（灯带）的参数

课后习题

现代客厅

案例位置 案例文件>第7章>课后习题：现代客厅
视频位置 多媒体教学>第7章>课后习题：现代客厅.flv
难易指数 ★★☆☆☆
学习目标 练习使用"VRay灯光"模拟室内灯光和环境光

如果不用室内主光源照明，那么，傍晚时分的客厅会显得格外的昏暗，所以，应加上装饰光和窗户采光的修饰，使客厅展现出一种柔和、舒适的感觉。本例的客厅效果如图7-134所示，是用"VRay灯光"来模拟室内灯光及环境光的。

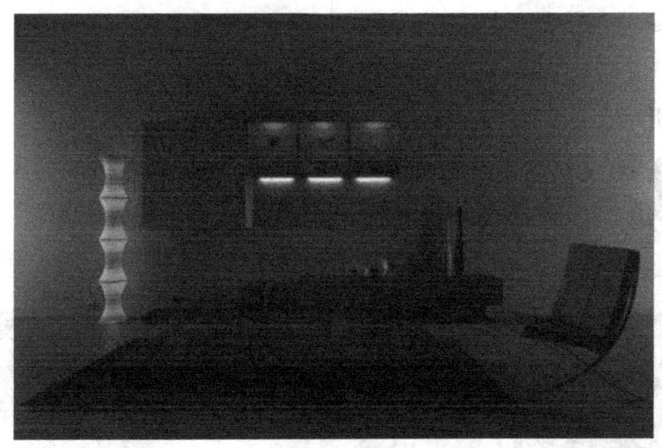

图7-134 傍晚客厅的效果

灯光在场景中的位置如图7-135所示，本例较为简单，读者可以根据图7-136所示的灯光分类来设置灯光参数。

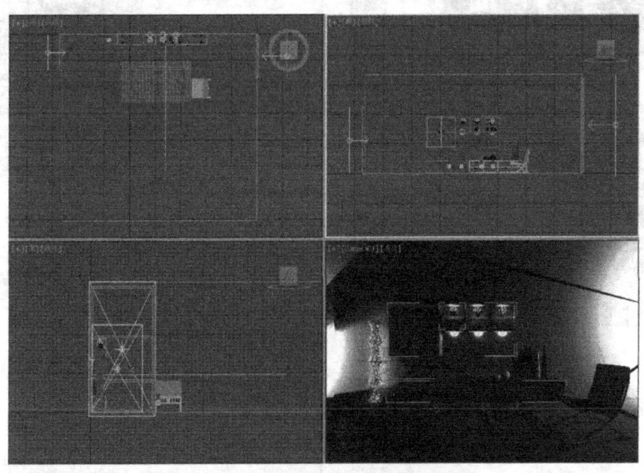

图7-135 灯光在场景中的位置

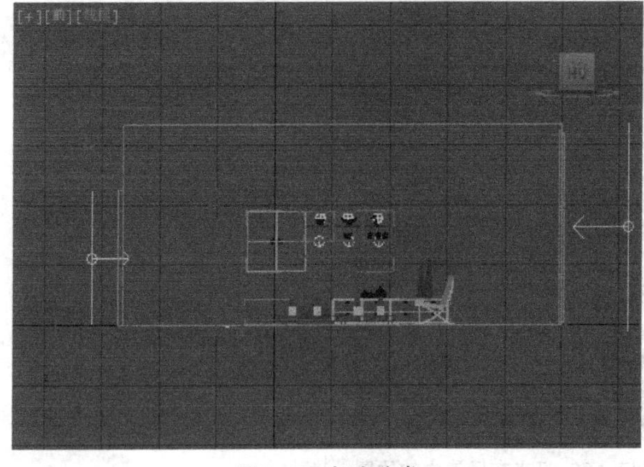

图7-136 灯光分类

课后习题

简欧会议室

案例位置	案例文件>第7章>课后习题：简欧会议室
视频位置	多媒体教学>第7章>课后习题：简欧会议室.flv
难易指数	★★☆☆☆
学习目标	练习"VRay太阳"的使用方法、练习用"VRay灯光"制作补光

现代的办公环境大多包含单独的会议室，常规的会议室一般比较简单，通常只有一张很大的办公桌和几把办公椅。对于这类场景，不建议设置过多的灯光，灯光颜色也应该简单，尽量使场景看起来"干净"。本例中的会议室是将"VRay太阳"作为主光源，其效果如图7-137所示。

图7-137 会议室效果图

在制作本例场景时候，阳光应透过窗户照入室内，所以，"补光"应该是在窗户处。灯光在场景中的位置及其参数设置如图7-138~图7-140所示。

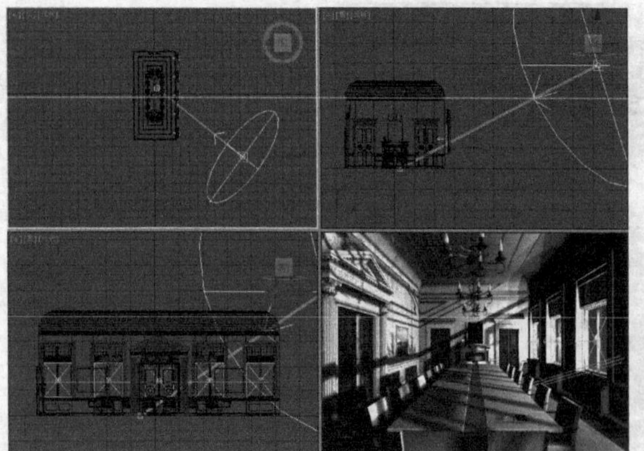

图7-138 灯光在场景中的位置

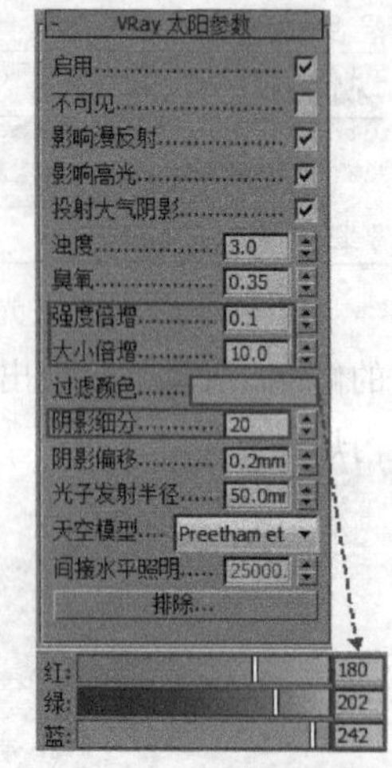

图7-139 "VRay太阳"的参数

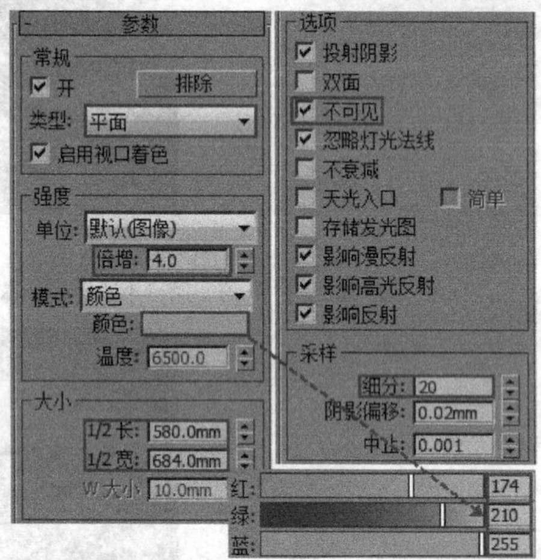

图7-140 "VRay灯光"的参数

第8章

材质与贴图技术

大自然中的物体表面总是具有各种各样的特性，如颜色、透明度及表面纹理等。用3ds Max制作一个物体时，除了造型之外，还要将其表面特性表现出来，这样才能在三维虚拟世界中再现物体本身的面貌。在这一表现过程中，形似可以通过3ds Max的建模功能来完成；神似则需通过材质和贴图来表现。本章将对各种材质的制作方法及3ds Max为用户提供的多种程序贴图进行全面而详细的介绍，并且，深度剖析3ds Max的材质和贴图技术。

课堂学习目标

掌握“材质编辑器”的使用方法

掌握常用的3ds Max材质的使用方法

掌握常用的VRay材质的使用方法

掌握3ds Max的贴图的使用方法

掌握VRay程序贴图的使用方法

8.1 关于材质

材质主要用于表现物体的颜色、质地、纹理、透明度和光泽等特性可用各种类型的材质模拟出现实世界中的任何物体。在渲染程序中，材质是物体表面各种可视属性的结合，这些可视属性是指色彩、纹理、光滑度、透明度、反射率、折射率和发光度等。正是因为有了这些属性，我们才明白了三维空间中的物体是怎么表现出来的，也正是因为有了这些属性，计算机模拟出的三维世界才会如此缤纷多彩。

如果要想做出逼真的材质，就必须深入了解物体的属性，这需要对真实物理世界中的物体多观察，多分析。

8.1.1 材质的特性

目前，材质的特性都是通过光来间接表现的，如颜色、高光、反射效果和透明度等特性。

1.物体的颜色

色彩是光的一种特性，人们通常看到的色彩是光作用于眼睛的结果。光线照射到物体上的时候，物体会吸收一些光色，也会漫反射一些光色，这些被漫反射出来的光色，就是物体看起来的颜色，这种颜色常被称为“固有色”。这些被漫反射出来的光色除了会影响人们的视觉之外，还会影响它周围的物体，这就是“光能传递”，其影响的范围不会像人们的视觉范围那么大，它会遵循“光能衰减”的原理。图8-1所示为材质颜色与阳光颜色共同影响的效果，图中的明亮区域，不仅反射了阳光的黄色，还反射了草地的绿色，所以，它呈现黄绿色。

图8-1 多彩的草地

技巧与提示

物体表面越白，对光的反射越强；反之，物体表面越黑，对光的吸收越强。

2.光滑与反射

想知道一个物体是否有光滑的表面，往往不需要用手去触摸，眼睛就会告诉我们结果。光滑的物体总会出现明显的高光，如玻璃、瓷器和金属等。没有明显高光的物体，通常都是比较粗糙的，如砖头、瓦片和泥土等。

这种差异在自然界中无处不在，但它是怎么产生的呢？这是由于光线的反射作用，但和上面所讲的“固有色”的漫反射方式不同，光滑物体有一种类似镜子的特性，在物体的表面还没有光滑到可以镜像反射出周围物体的时候，它对光源的位置和颜色是非常敏感的，所以，光滑的物体表面会“镜射”出光源，这就是物体表面的高光区，它的颜色是由照射它的光源颜色决定的（金属除外）。随着物体表面光滑度的提高，它对光源的反射会越来越清晰，所以，在材质编辑中，越是光滑的物体的高光范围越小，强度越高。

图8-2所示为洁具。其表面有很小的高光，这是因为洁具表面比较光滑。如图8-3所示为表面粗糙的蛋糕，它没有一点光泽，光照射到蛋糕表面后，发生了漫反射，反射光线弹向四面八方，所以，就没有了高光。

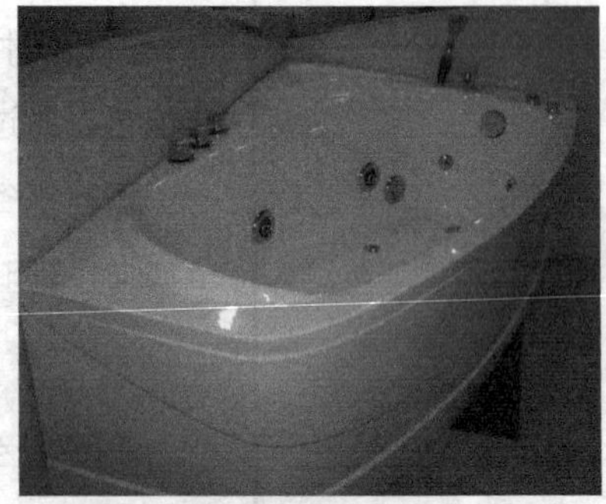

图8-2 光滑表面

图8-3 粗糙表面

3.透明与折射

自然界的大多数物体会遮挡光线，当光线可以自由穿过物体时，这个物体肯定就是透明的。这里所说的“穿过”，不单指光源的光线穿过透明物体，还指透明物体背后的物体反射出来的光线也要穿过透明物体，使大家可以看见透明物体背后的东西。

由于透明物体的密度不同，光线射入后会发生偏转现象，也就是“折射”，比如，插进水里的筷子，看起来是弯的。不同透明物质的折射率也不一样，即使是同一种透明的物质，温度也会影响其折射率，比如，穿过火焰上方的热空气观察对面的景象时，会发现景象有明显的扭曲现象，这就是因为温度改变了空气的密度，不同的密度产生了不同的折射率。正确使用折射率是真实再现透明物体的重要手段。

在自然界中还存在另一种形式的“透明”，在三维软件的材质编辑中，把这种属性称为“半透明”，如纸张、塑料、植物的叶子和蜡烛等。它们原本不是透明的物体，但在强光的照射下，背光部分会出现“透光”现象。

图8-4所示为葡萄在逆光的作用下，表现出的半透明效果。

图8-4 半透明效果

8.1.2 材质的设置

在3ds Max中，创建材质是一件非常简单的事情，任何模型都可以被赋予栩栩如生的材质。图8-5的左图所示为白模，右图所示为赋予材质后的效果，可以明显观察到，右图的质感和光感都要好于左图。编辑好材质后，用户可以随时返回“材质编辑器”对话框中并对材质的细节进行调整，以获得最佳的材质效果。

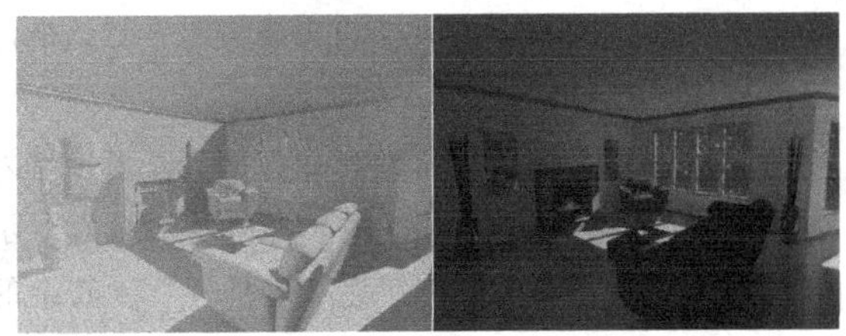

图8-5 材质效果

通常，在制作新材质并将其应用于对象时，应该遵循以下步骤。

第1步：设置材质球类型，通常为VRayMtl。

第2步：指定材质的名称。

第3步：对于标准或光线追踪材质，应选择着色类型。

第4步：设置漫反射颜色、光泽度和不透明度等各种参数。

第5步：将贴图指定给要设置贴图的材质通道并调整参数。

第6步：将材质应用于对象。

第7步：如有需要，应调整“UVW贴图”坐标，以正确定位对象的贴图。

第8步：保存材质。

技巧与提示

读者只需了解设置材质的基本步骤，关于其涉及的各个知识点，会在后面的内容中详细介绍。

8.2 材质编辑器

“材质编辑器”对话框非常重要，因为所有的材质都是在这里完成的。打开“材质编辑器”对话框的方法主要有以下两种。

第1种：执行“渲染>材质编辑器>精简材质编辑器”菜单命令或“渲染>材质编辑器>Slate材质编辑器”菜单命令，如图8-6所示。

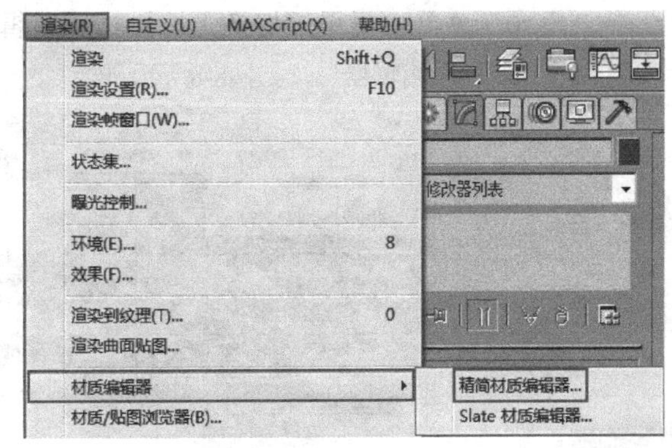

图8-6 通过菜单栏打开

第2种：按M键，打开“材质编辑器”对话框，这是最常用的方法。

“材质编辑器”对话框分为4大部分，最顶端为“菜单栏”，充满材质球的窗口为“示例窗”，示例窗左侧和下部的两排按钮为“工具栏”，其余的是“参数控制区”，如图8-7所示。

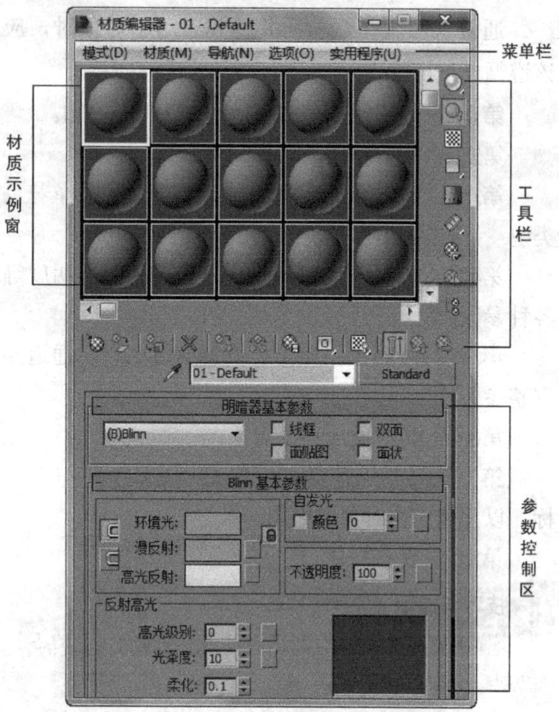

图8-7 材质编辑器的结构

8.2.1 菜单栏

“材质编辑器”对话框中的菜单栏包含5个菜单，分别是“模式”菜单、“材质”菜单、“导航”菜单、“选项”菜单和“实用程序”菜单。

1.模式菜单

“模式”菜单主要用于切换“精简材质编辑器”和“Slate材质编辑器”，如图8-8所示。

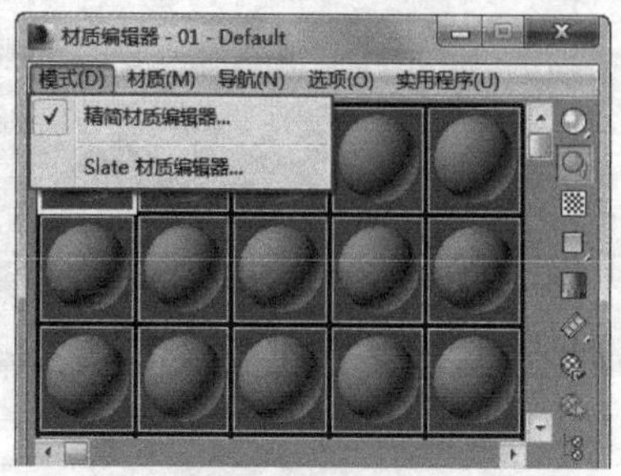

图8-8 材质编辑器的模式

【功能介绍】

精简材质编辑器：这是一个被简化了的材质编辑界面，它使用的对话框比“Slate材质编辑器”的小，在3ds Max 2011之前版本中，它是唯一的材质编辑器，如图8-9所示。

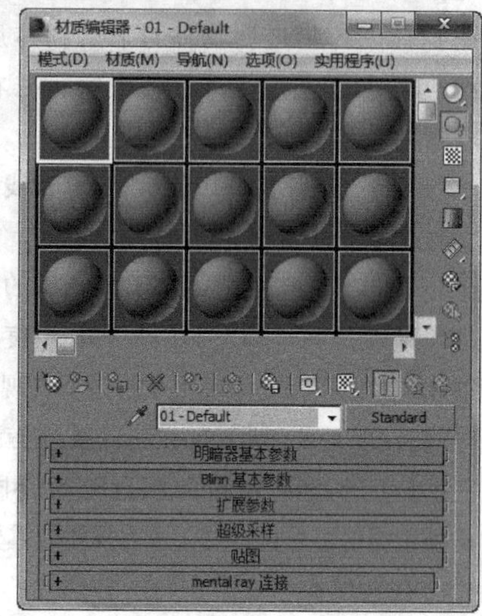

图8-9 精简材质编辑器

技巧与提示

在实际工作中，一般都不会用到“Slate材质编辑器”，因此，本书都以“精简材质编辑器”为例来进行讲解。

Slate材质编辑器：这是一个完整的材质编辑界面，在设计和编辑材质时，可用节点和关联以图形方式显示材质的结构，如图8-10所示。

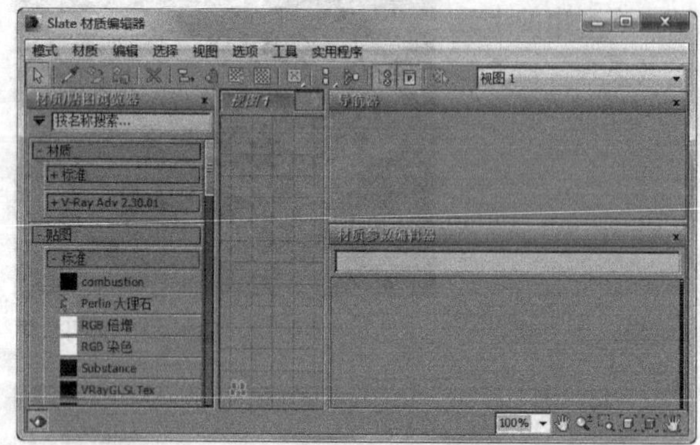

图8-10 Slate材质编辑器

技巧与提示

虽然“Slate材质编辑器”在设计材质方面的功能更强大，但“精简材质编辑器”在设计材质方面更方便。

2.材质菜单

“材质”菜单主要用于获取材质，以及从对象选取材质等，如图8-11所示。

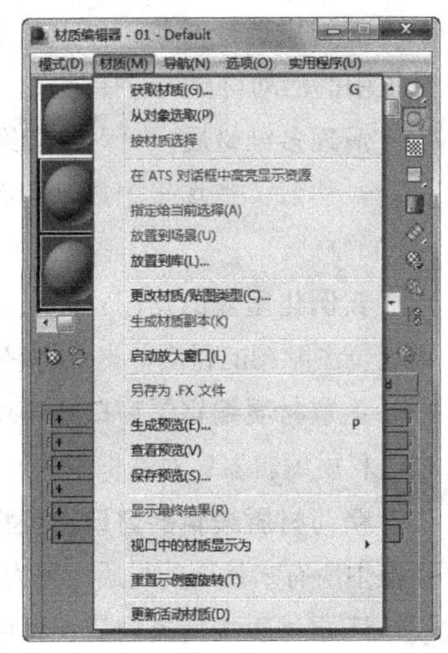

图8-11 菜单栏

【功能介绍】

获取材质： 执行该命令后，将打开“材质/贴图浏览器”对话框，可以在该对话框中选择材质或贴图。

从对象选取： 执行该命令后，将从场景对象中选择材质。

按材质选择： 执行该命令后，将基于“材质编辑器”对话框中的活动材质来选择对象。

在ATS对话框中高亮显示资源： 如果材质使用的是已跟踪资源的贴图，那么，执行该命令后，将打开“资源跟踪”对话框，同时，资源会被高亮显示。

指定给当前选择： 执行该命令后，当前材质将被应用于场景中的选定对象。

放置到场景： 完成编辑材质后，执行该命令可更新场景中的材质效果。

放置到库： 执行该命令后，选定的材质将被添加到材质库中。

更改材质/贴图类型： 用于更改材质或贴图的类型。

生成材质副本： 可通过复制自身的材质，生成一个材质副本。

启动放大窗口： 可将材质示例窗口放大并在一个单独的窗口中进行显示（双击材质球也可以放大窗口）。

另存为 .FX文件： 可将材质另存为FX文件。

生成预览： 可用动画贴图为场景添加运动并生成预览。

查看预览： 可用动画贴图为场景添加运动并查看预览。

保存预览： 可用动画贴图为场景添加运动并保存预览。

显示最终结果： 用于查看所在级别的材质。

视口中的材质显示为： 用于选择在视图中显示材质的方式，共有“没有贴图的明暗处理材质”“有贴图的明暗处理材质”“没有贴图的真实材质”和“有贴图的真实材质”4种方式。

重置示例窗旋转： 用于将活动的示例窗对象恢复到默认方向。

更新活动材质： 用于更新示例窗中的活动材质。

3.导航菜单

“导航”菜单主要用于切换材质或贴图的层级，如图8-12所示。

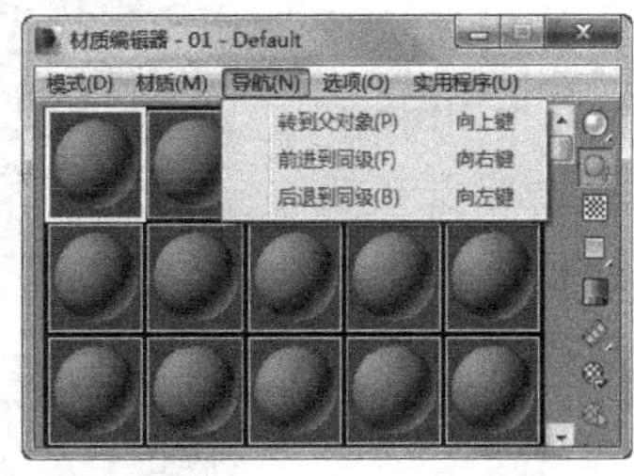

图8-12 导航栏

【功能介绍】

转到父对象（P）： 可在当前材质中向上移动一个层级。

前进到同级（F）： 可移动到当前材质中的相同层级的下一个贴图或材质。

后退到同级（B）： 与“前进到同级（F）”命令类似，只是导航到前一个同级贴图，而不是导航到后一个同级贴图。

4.选项菜单

“选项”菜单主要用于更换材质球的显示背景等，如图8-13所示。

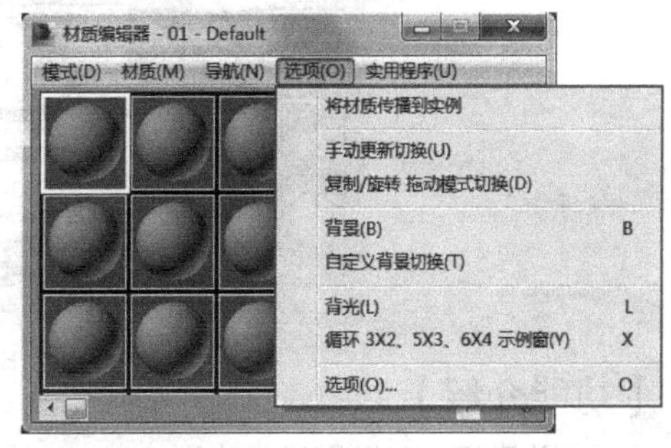

图8-13 选项栏

【功能介绍】

将材质传播到实例：可将指定的任何材质传播到场景中对象的所有实例。

手动更新切换：可用手动的方式进行更新切换。

复制/旋转拖动模式切换：用于切换复制/旋转拖动的模式。

背景：可将多颜色的方格背景添加到活动示例窗中。

自定义背景切换：如果已指定了自定义背景，那么，该命令可用于切换自定义背景的显示效果。

背光：可将背光添加到活动示例窗中。

循环3×2、5×3、6×4示例窗：用于切换材质球的显示方式。

选项："材质编辑器选项"对话框如图8-14所示。可以在该对话框中启用材质动画、加载自定义背景、定义灯光亮度或颜色，以及设置示例窗数目等。

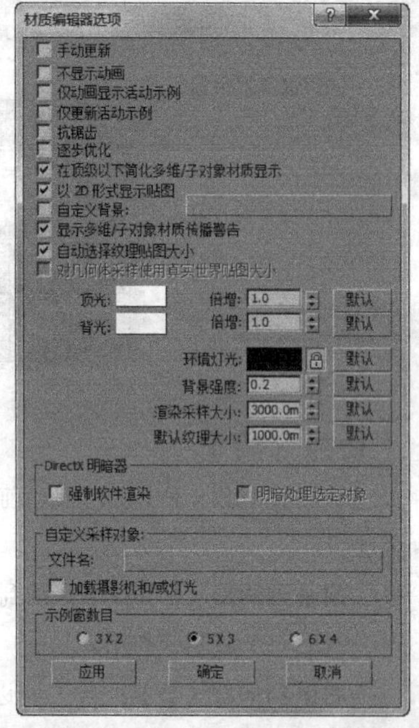

图8-14 "选项"对话框

5.实用程序菜单

"实用程序"菜单主要用于清理多维材质和重置"材质编辑器"对话框等，如图8-15所示。

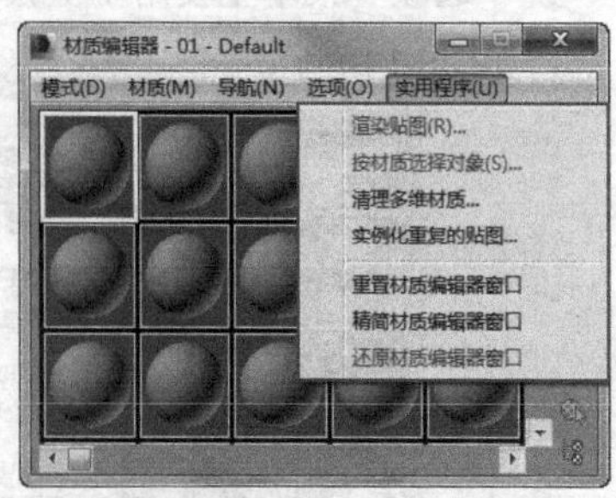

图8-15 实用程序

【功能介绍】

渲染贴图：对贴图进行渲染。

按材质选择对象：可以基于"材质编辑器"对话框中的活动材质来选择对象。

清理多维材质：可对"多维/子对象"材质进行分析，然后，在场景中显示所有包含未分配任何材质ID的材质。

实例化重复的贴图：可在整个场景中查找具有重复位图贴图的材质并提供将它们实例化的选项。

重置材质编辑器窗口：可用默认的材质类型替换"材质编辑器"对话框中的所有材质。

精简材质编辑器窗口：可将"材质编辑器"对话框中所有未使用的材质设置为默认类型。

还原材质编辑器窗口：可用缓冲区的内容还原编辑器的状态。

8.2.2 材质球示例窗

材质球示例窗主要用于显示材质效果，可以通过它很直观地观察出材质的基本属性，如反光、纹理和凹凸等，如图8-16所示。

双击材质球后，将弹出一个独立的材质球显示窗口，可以将该窗口放大或缩小，以观察当前设置的材质效果，如图8-17所示。

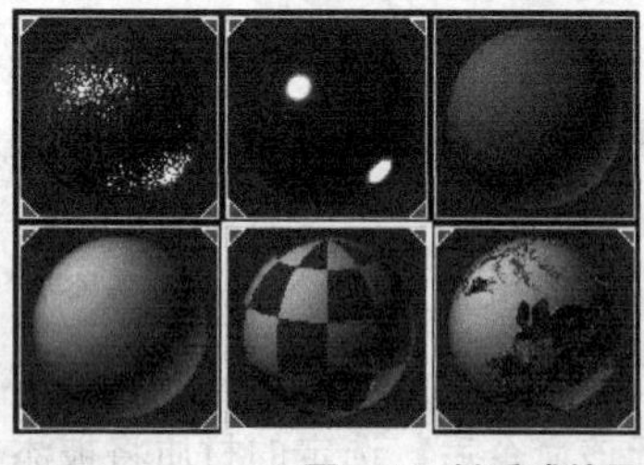
图8-16 材质球效果

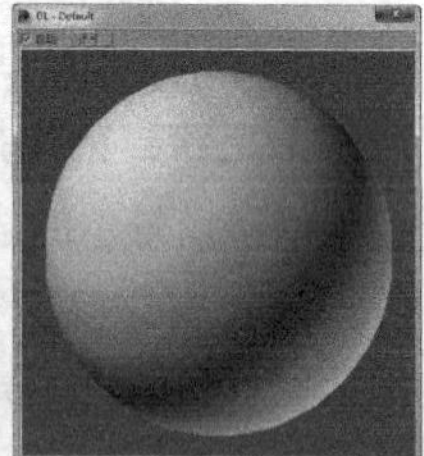
图8-17 材质示例窗口

技巧与提示

在默认情况下，材质球示例窗中一共有12个材质球。可以通过拖曳滚动条使不在窗口中的材质球显示出来，还可以用鼠标中键来旋转材质球，以看到材质球其他位置的效果，如图8-18所示。

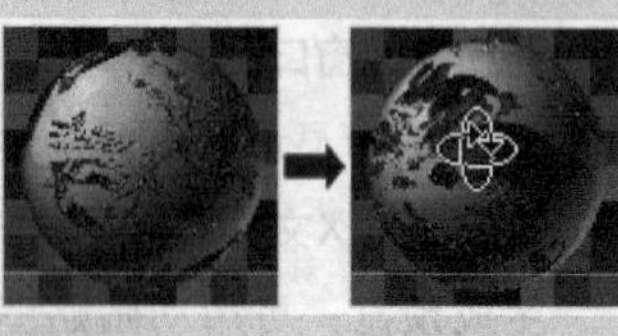
图8-18 旋转材质球

将一个材质球拖曳到另一个材质球上后，当前材质就会覆盖原有的材质，如图8-19所示。

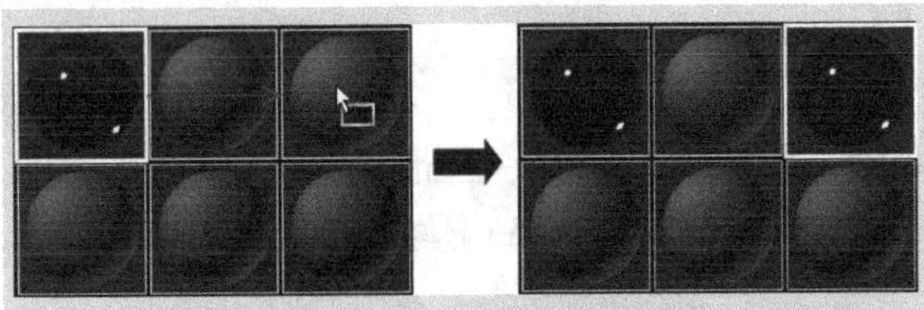

图8-19 覆盖材质

可以用鼠标将材质球中的材质拖曳到场景中的物体上（即将材质指定给对象），如图8-20所示。将材质指定给物体后，材质球上会显示4个缺角的符号，如图8-21所示。

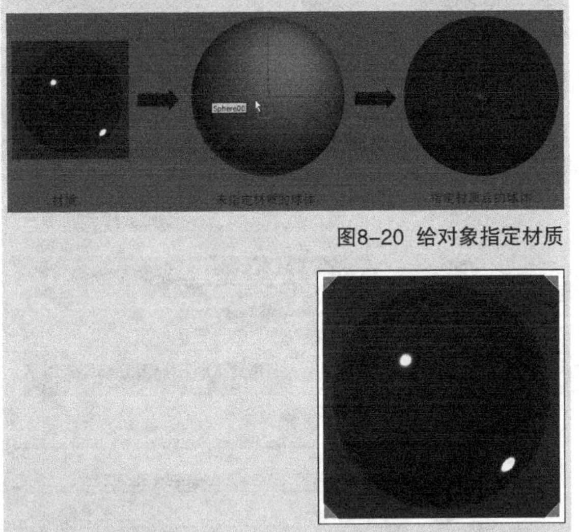

图8-20 给对象指定材质

图8-21 材质球状态

8.2.3 工具栏

下面，讲解“材质编辑器”对话框中的两个工具栏，如图8-22所示。工具栏中提供了一些快捷材质处理工具，以方便用户使用。

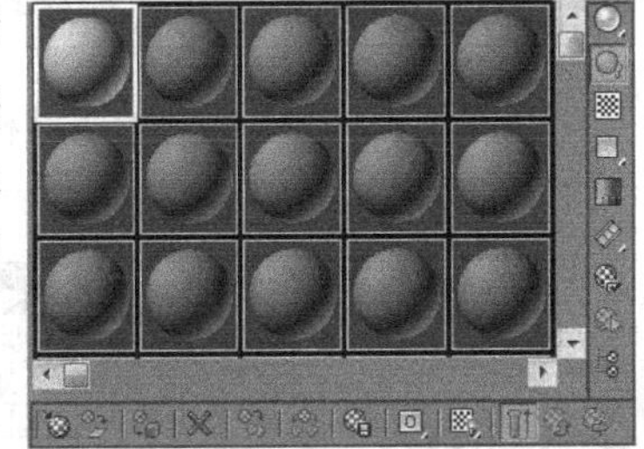

图8-22 工具栏

【功能介绍】

获取材质：可为选定的材质打开“材质/贴图浏览器”对话框。

将材质放入场景：编辑好材质后，单击该按钮可更新已应用于对象的材质。

将材质指定给选定对象：可将材质指定给选定的对象。

重置贴图/材质为默认设置：可删除修改的所有属性，将材质属性恢复到默认值。

生成材质副本：可在选定的示例图中创建当前材质的副本。

使唯一：可将实例化的材质设置为独立的材质。

放入库：用于重新命名材质并将其保存到当前打开的库中。

材质ID通道：可为应用后期制作效果设置唯一的ID通道。

在视口中显示明暗处理材质：可在视口对象上显示2D材质贴图。

显示最终结果：可在实例图中显示材质及应用的所有层次。

转到父对象：可将当前材质上移一级。

转到下一个同级项：可选定同一层级的下一贴图或材质。

采样类型：用于控制示例窗显示的对象类型，默认为“球体”类型，还有“圆柱体”和“立方体”类型。

背光：用于打开或关闭选定示例窗中的背景灯光。

背景：可在材质后面显示方格背景图像，这在观察透明材质时非常有用。

采样UV平铺：可为示例窗中的贴图设置UV平铺显示。

视频颜色检查：可检查当前材质中NTSC和PAL制式的不支持颜色。

生成预览：用于产生、浏览和保存材质预览渲染。

选项：打开“材质编辑器选项”对话框，可以在该对话框中启用材质动画、加载自定义背景、定义灯光亮度或颜色，以及设置示例窗数目等。

按材质选择：可选定使用当前材质的所有对象。

材质/贴图导航器：单击该按钮后，将打开“材质/贴图导航器”对话框，该对话框中将显示当前材质的所有层级。

技巧与提示

材质名称的左侧有一个工具叫“从对象获取材质”，这是一个比较重要的工具。图8-23所示的场景中有一个被指定了材质的球体，但是，在材质示例窗中却没有显示出球体的材质。遇到这种情况时，就需要用“从对象获取材质”工具将球体的材质吸取出来。首选，选择一个空白材质，然后，单击“从对象获取材质”工具，接着，在视图中单击球体，这样就可以获取球体的材质并使其在材质示例窗中显示出来了，如图8-24所示。

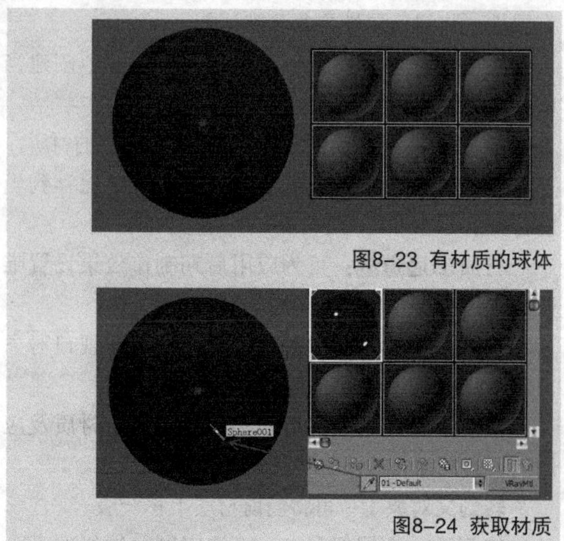
图8-23 有材质的球体

图8-24 获取材质

8.2.4 参数控制区

参数控制区用于调节材质的参数，基本上所有的材质参数都在这里调节。注意，不同的材质拥有不同的参数控制区，在下面的内容中将对各种重要材质的参数控制区进行详细讲解。

8.3 材质资源管理器

"材质资源管理器"主要用于浏览和管理场景中的所有材质。可通过执行"渲染>材质资源管理器"菜单命令打开"材质管理器"对话框。"材质管理器"对话框分为"场景"面板和"材质"面板两大部分，如图8-25所示。"场景"面板主要用于显示场景对象的材质，而"材质"面板则主要用于显示当前材质的属性和纹理。

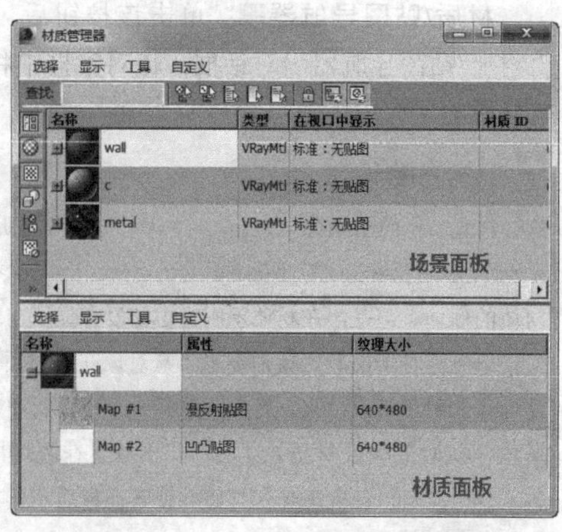

图8-25 材质管理器

技巧与提示

"材质管理器"对话框非常有用，可通过它直观地观察到场景对象的所有材质。在如图8-26所示的图片中，可以观察到场景中的对象包含3个材质，分别是wall材质、c材质（石头）和mental材质（玻璃）。

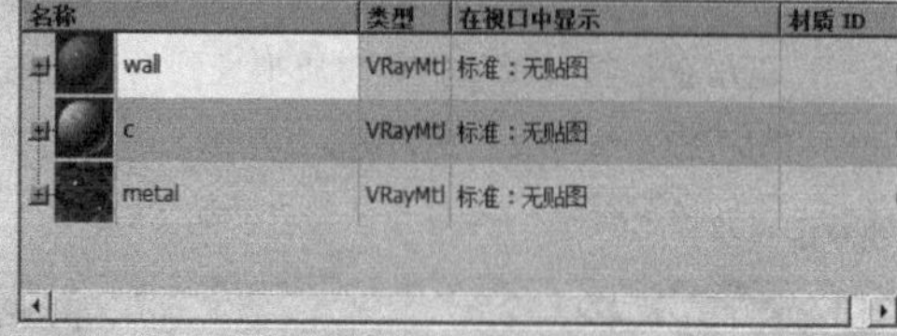

图8-26 显示场景中的材质

在"场景"面板中选择一个材质以后，下面的材质面板中就会显示出与该材质相关的属性及加载的纹理贴图，如图8-27所示。

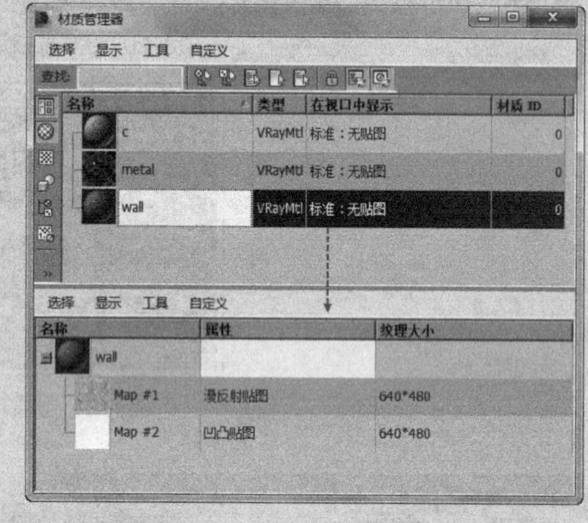

图8-27 显示材质属性

8.3.1 场景面板

场景面板分为菜单栏、工具栏、显示按钮和列4大部分，如图8-28所示。

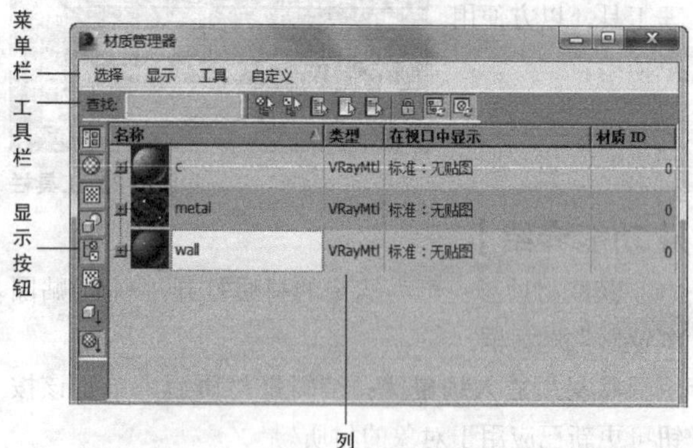

图8-28 场景面板

1.菜单栏

菜单栏中包含"选择""显示""工具""自

定义”4个菜单选项，如图8-29所示。

选择 显示 工具 自定义

图8-29 菜单栏

【功能介绍】

选择： 展开“选择”菜单，如图8-30所示。

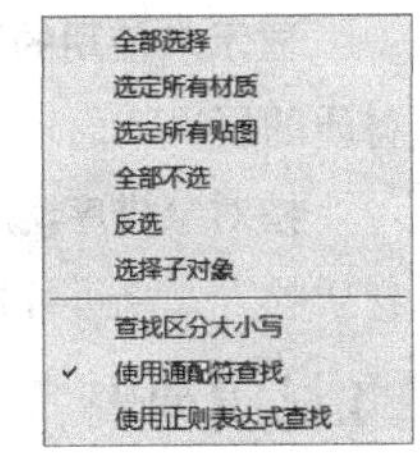

图8-30 “选择”菜单

全部选择： 用于选择场景中的所有材质和贴图。

选定所有材质： 用于选择场景中的所有材质。

选定所有贴图： 用于选择场景中的所有贴图。

全部不选： 用于取消选择的所有材质和贴图。

反选： 用于颠倒当前选择，即取消当前选择的所有对象，而选择前面未选择的对象。

选择子对象： 该命令只起到切换的作用。

查找区分大小写： 可通过搜索字符串的大小写来查出对象，如house与House。

使用通配符查找： 可通过搜索字符串中的字符来查找对象，如*和?等。

使用正则表达式查找： 可通过搜索正则表达式的方式来查找对象。

显示： 用于展开“显示”菜单，如图8-31所示。

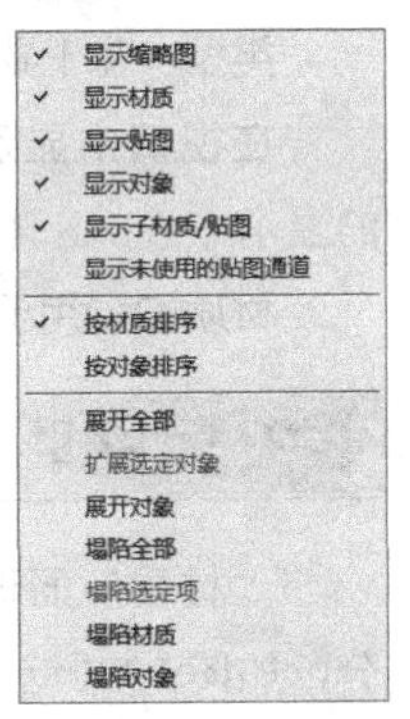

图8-31 “显示”菜单

显示缩略图： 启用该选项之后，“场景”面板中将显示出每个材质和贴图的缩略图。

显示材质： 启用该选项之后，“场景”面板中将显示出每个对象的材质。

显示贴图： 启用该选项之后，每个材质的层次下面都将包括该材质所使用到的所有贴图。

显示对象： 启用该选项之后，每个材质的层次下面都将显示出该材质所应用到的对象。

显示子材质/贴图： 启用该选项之后，每个材质的层次下面都将显示用于材质通道的子材质和贴图。

显示未使用的贴图通道： 启用该选项之后，每个材质的层次下面还将显示出未使用的贴图通道。

按材质排序： 启用该选项之后，层次将按材质名称进行排序。

按对象排序： 启用该选项之后，层次将按对象进行排序。

展开全部： 可展开层次，以显示出所有的条目。

展开选定对象： 可展开包含所选条目的层次。

展开对象： 可展开包含所有对象的层次。

塌陷全部： 可塌陷整个层次。

塌陷选定对象： 可塌陷包含所选条目的层次。

塌陷材质： 可塌陷包含所有材质的层次。

塌陷对象： 可塌陷包含所有对象的层次。

工具： 可展开“工具”菜单，如图8-32所示。

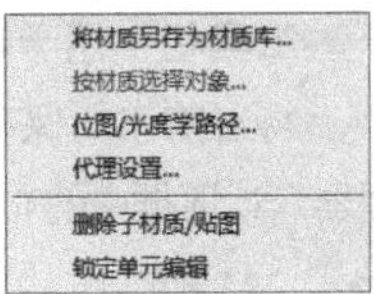

图8-32 “工具”菜单

将材质另存为材质库： 可将材质另存为材质库（即.mat文件）文件。

按材质选择对象： 可根据材质来选择场景中的对象。

位图/光度学路径： 用于打开“位图/光度学路径编辑器”对话框，可以在该对话框中管理场景对象的位图的路径，如图8-33所示。

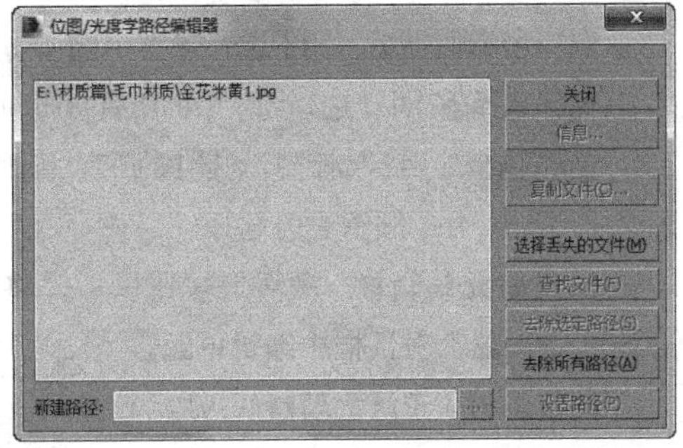

图8-33 位图的路径管理

代理设置： 打开“全局设置和位图代理的默认”对话框，如图8-34所示。可以用该对话框来管理3ds Max如何创建和并入材质中的位图的代理版本。

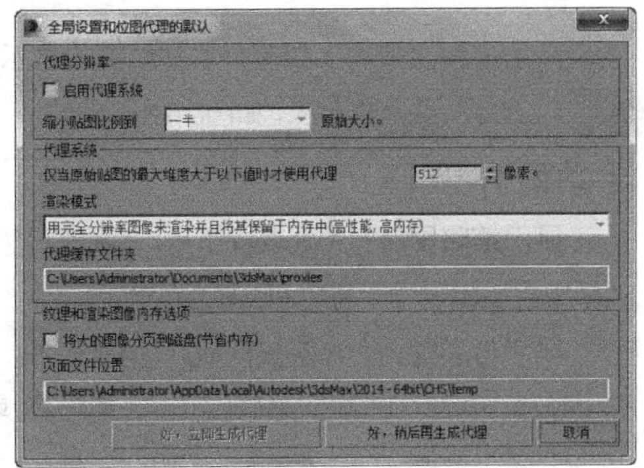

图8-34 全局设置和位图代理的默认

删除子材质/贴图： 用于删除所选材质的子材质或贴图。

锁定单元编辑：启用该选项之后，将禁止在“材质管理器”对话框中编辑单元。

自定义：用于展开“自定义”菜单，如图8-35所示。

配置行
工具栏
将当前布局保存为默认设置

图8-35 “自定义”菜单

配置行：用于打开“配置行”对话框，可以在该对话框中为“场景”面板添加队列。

工具栏：用于选择要显示的工具栏。

将当前布局保存为默认设置：可保存当前“材质管理器”对话框中的布局方式并将其设置为默认设置。

2.工具栏

工具栏中主要是一些用于对材质进行基本操作的工具，如图8-36所示。

查找：

图8-36 工具栏

【功能介绍】

查找：用于输入文本，以查找对象。

选择所有材质：用于选择场景中的所有材质。

选择所有贴图：用于选择场景中的所有贴图。

全部选择：用于选择场景中的所有材质和贴图。

全部不选：用于取消选择场景中的所有材质和贴图。

反选：用于颠倒当前选择。

锁定单元编辑：激活该按钮以后，将禁止在“材质管理器”对话框中编辑单元。

同步到材质资源管理器：激活该按钮以后，“材质”面板中的所有材质操作将与“场景”面板保持同步。

同步到材质级别：激活该按钮以后，“材质”面板中的所有子材质操作将与“场景”面板保持同步。

3.显示按钮

显示按钮主要用于控制材质和贴图的显示方式，与“显示”菜单相对应，如图8-37所示。

【功能介绍】

显示缩略图：激活该按钮后，“场景”面板中将显示出每个材质和贴图的缩略图。

显示材质：激活该按钮后，“场景”面板中将显示出每个对象的材质。

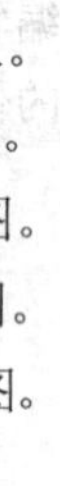

图8-37 显示按钮

显示贴图：激活该按钮后，每个材质的层次下面都将包括该材质所用到的所有贴图。

显示对象：激活该按钮后，每个材质的层次下面都将显示出该材质所应用到的对象。

显示子材质/贴图：激活该按钮后，每个材质的层次下面都将显示用于材质通道的子材质和贴图。

显示未使用的贴图通道：激活该按钮后，每个材质的层次下面还将显示出未使用的贴图通道。

按对象排序/按材质排序：可使层次以对象或材质的方式来进行排序。

4.材质列表

材质列表主要用于显示场景材质的名称、类型、在视口中的显示方式及材质的ID号等，如图8-38所示。

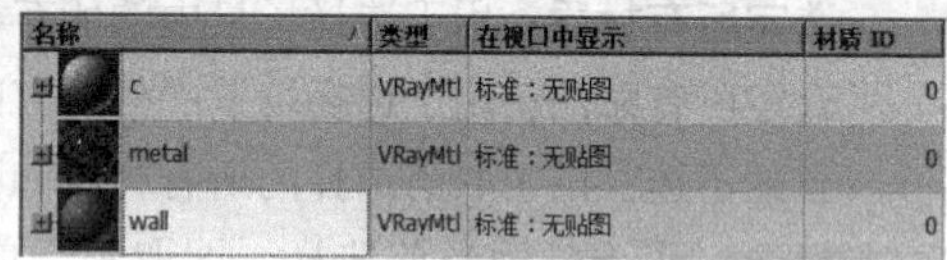

名称	类型	在视口中显示	材质 ID
c	VRayMtl	标准：无贴图	0
metal	VRayMtl	标准：无贴图	0
wall	VRayMtl	标准：无贴图	0

图8-38 材质列表

【功能介绍】

名称：用于显示材质、对象、贴图和子材质的名称。

类型：用于显示材质、贴图或子材质的类型。

在视口中显示：用于注明材质和贴图在视口中的显示方式。

材质ID：用于显示材质的ID号。

8.3.2 材质面板

“材质”面板分为“菜单栏”和“列”两大部分，如图8-39所示。

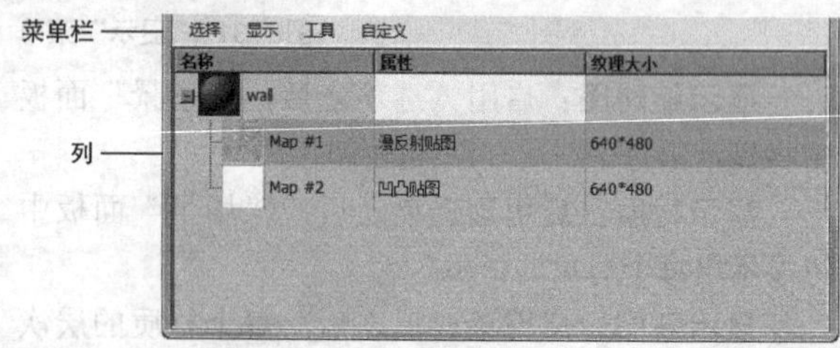

图8-39 材质面板

技巧与提示

“材质”面板中的命令含义可以参考“场景”面板中的命令含义。

8.4 3ds Max的材质

按M键，打开“材质编辑器”对话框，选中其中一个材质球，然后，单击Standard按钮，弹出“材质/贴图浏览器”对话框，再单击“标准”卷展栏，就可看到3ds Max的材质种类了，如图8-40所示。

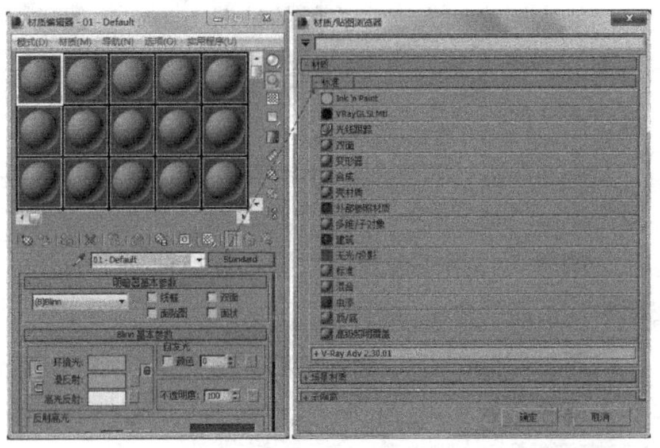

图8-40 标准材质

本节材质介绍

材质名称	材质主要作用	重要程度
标准	几乎可以模拟任何真实材质类型	高
混合	在模型的单个面上将两种材质按百分比进行混合	中
Ink'n Paint（墨水）	制作卡通效果	中
多维/子对象	用几何体的子对象级别分配不同的材质	中

技巧与提示

下面，主要讲解常用于效果图的材质和贴图，有兴趣的读者可以通过相关书籍查询其他材质类型。

8.4.1 标准

“标准”材质是3ds Max默认的材质，也是使用频率最高的材质之一，它几乎可以模拟真实世界中的任何材质，其参数设置面板如图8-41所示。

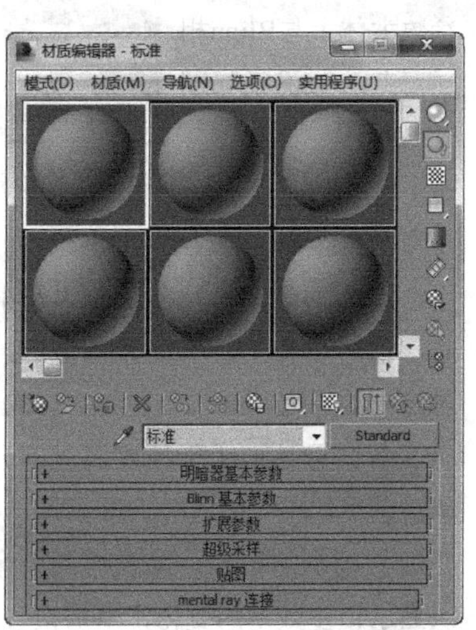

图8-41 标准材质

1. “明暗器基本参数”卷展栏

可以在“明暗器基本参数”卷展栏下选择明暗器的类型，并且，设置“线框”“双面”“面贴图”和“面状”等参数，如图8-42所示。

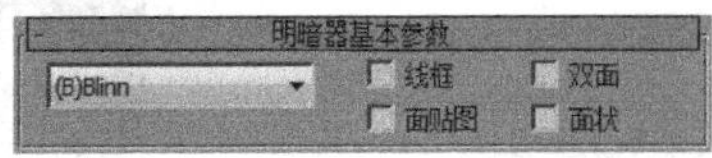

图8-42 “明暗器基本参数”卷展栏

【参数详解】

明暗器列表：该列表中包含8种明暗器类型，如图8-43所示。

(B)Blinn
(A)各向异性
(B)Blinn
(M)金属
(ML)多层
(O)Oren-Nayar-Blinn
(P)Phong
(S)Strauss
(T)半透明明暗器

图8-43 明暗器列表

各向异性：这种明暗器可通过调节两个垂直于正向上可见高光尺寸之间的差值来提供了一种“重折光”的高光效果，这种渲染属性可以很好地表现毛发、玻璃和被擦拭过的金属等物体。

Blinn：这种明暗器以光滑的方式来渲染物体表面，是最常用的一种明暗器。

金属：这种明暗器适用于金属表面，它能提供金属所需的强烈反光。

多层：“多层”明暗器与“各向异性”明暗器很相似，但“多层”明暗器可以控制两个高亮区，因此，“多层”明暗器可更多地对材质进行控制，第1高光反射层和第2高光反射层具有相同的参数控制，可以对这些参数使用不同的设置。

Oren-Nayar-Blinn：这种明暗器适用于无光表面（如纤维或陶土），与Blinn明暗器几乎相同，可通过它附加的“漫反射色级别”和“粗糙度”两个参数实现无光效果。

Phong：这种明暗器可以渲染平滑面与面之间的边缘，也可以渲染有光泽和规则曲面的高光，适用于高强度的表面和具有圆形高光的表面。

Strauss：这种明暗器适用于金属和非金属表面，与“金属”明暗器十分相似。

半透明明暗器：这种明暗器与Blinn明暗器类似，它们之间的最大区别在于，该明暗器可以设置半透明效果，使光线穿透半透明的物体，并且，在穿过物体内部时产生离散效果。

线框：以线框模式渲染材质，用户可以在“扩展参数”卷展栏下设置线框的“大小”参数，如图8-44所示。

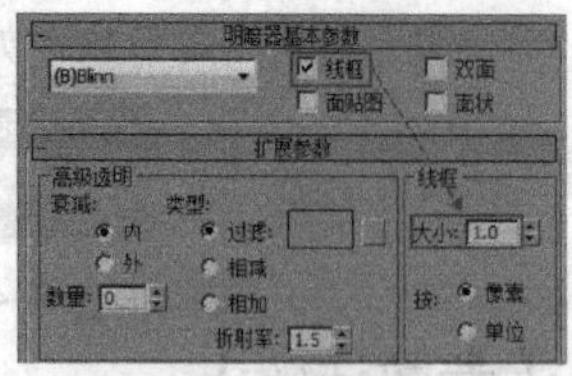
图8-44 设置线框的大小

双面：可将材质应用到选定面，使材质成为双面的。

面贴图：可将材质应用到几何体的各个面。如果材质是贴图材质，则不需要贴图坐标，因为系统会自动将贴图应用到对象的每一个面。

面状：可使对象产生不光滑的明暗效果，把对象的每个面都作为平面来渲染，可以用于制作加工过的钻石、宝石和任何带有硬边的物体表面。

2.“Blinn基本参数”/“Phong基本参数”卷展栏

在“明暗器列表”中选择不同的明暗器时，这个卷展栏的名称和参数也会有所不同，比如，选择“Blinn明暗器”之后，这个卷展栏就叫“Blinn基本参数”；选择“各向异性”明暗器后，这个卷展栏就叫“各向异性基本参数”。

Blinn和Phong都是以光滑的方式进行表现渲染的，效果非常相似。Blinn高光点周围的光晕是旋转混合的，Phong是发散混合的；背光处的Blinn的反光点形状近圆形，Phong的则为梭形，影响周围的区域较；如果增大柔化参数，Blinn的反光点将仍保持尖锐的形态，而Phong则将趋向于均匀、柔和的反光；从色调上来看，Blinn趋于冷色，Phong趋于暖色。综上所述，Phong易表现暖色、柔和的材质，常用于塑性材质，可以精确地反映出凹凸、不透明、反光、高光和反射贴图效果，Blinn易表现冷色、坚硬的材质，它们之间的差别并不是很大。

下面，介绍一下“Blinn基本参数”和“Phong基本参数”卷展栏中的相关参数，如图8-45所示，这两个明暗器的参数完全相同。

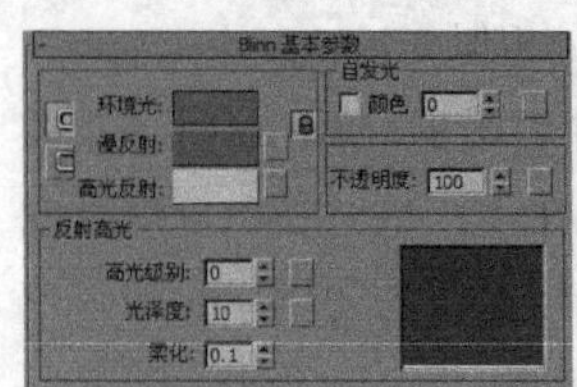
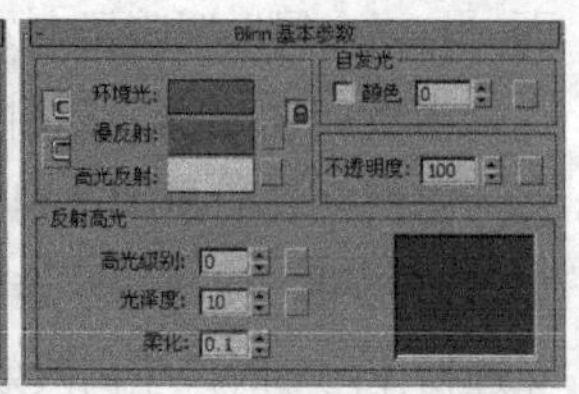
图8-45 “Blinn基本参数”和“Phong基本参数”卷展栏

【参数详解】

环境光：用于模拟间接光，也可以用来模拟光能传递。

漫反射：“漫反射”是在光照条件较好的情况下（如太阳光和人工光直射的情况下），物体反射出来的颜色，又被称作物体的“固有色”，也就是物体本身的颜色。

高光反射：用于选择物体发光表面高亮显示部分的颜色。

颜色：可用“漫反射”颜色替换曲面上的任何阴影，从而创建出白炽效果。

不透明度：用于控制材质的不透明度。

高光级别：用于控制“反射高光”的强度。数值越大，反射强度越强。

光泽度：用于控制镜面高亮区域的大小，即反光区域的大小。数值越大，反光区域越小。

柔化：用于设置反光区和无反光区衔接的柔和度。0表示没有柔化效果；1表示应用最大量的柔化效果。

3.“各向异性基本参数”卷展栏

各向异性就是通过调节两个垂直正交方向上可见高光尺寸之间的差，来实现一种“重折光”的高光效果。这种渲染属性可以很好地表现毛发、玻璃和被擦拭过的金属等效果。它的基本参数大体上与Blinn相同，其参数面板如图8-46所示。

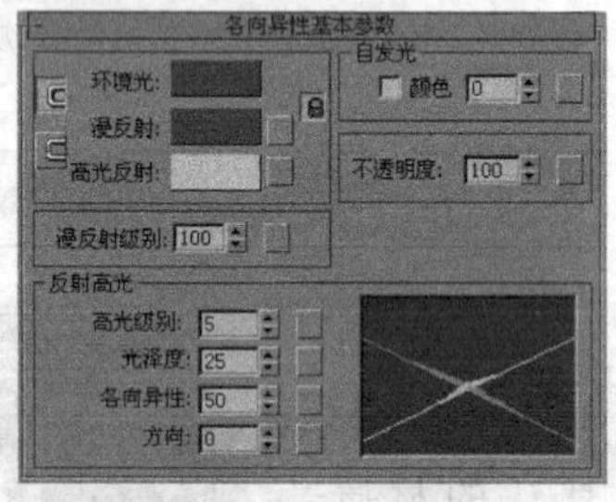
图8-46 “各向异性基本参数”卷展览

【参数详解】

漫反射级别：用于控制漫反射部分的亮度。增减该值可以在不影响高光部分的情况下，增减漫反射部分的亮度，调节范围为0～400，默认为100。

各向异性：用于控制高光部分的各向异性和形状。值为0时，高光形状呈弧形；值为100时，高光变形为极窄的条状。高光图的一个轴将发生更改，以显示该参数中的变化，默认设置为50。

方向：用于改变高光部分的方向，范围为0～9999，默认设置为0。

4.“金属基本参数”卷展栏

这是一种比较特殊的材质，专用于金属材质的制作，可以提供金属所需要的强烈反光。它取消了对“高光反射”色彩的调节，反光点的色彩仅依据于漫反射色彩和灯光的色彩。

由于取消了对“高光反射”色彩的调节，因此，高光部分的高光级别和光泽度设置也与Blinn有所不同。高光级别仍控制高光区域的强度，而光泽度部分的变化将影响高光区域的强度和大小，其参数面板如图8-47所示。

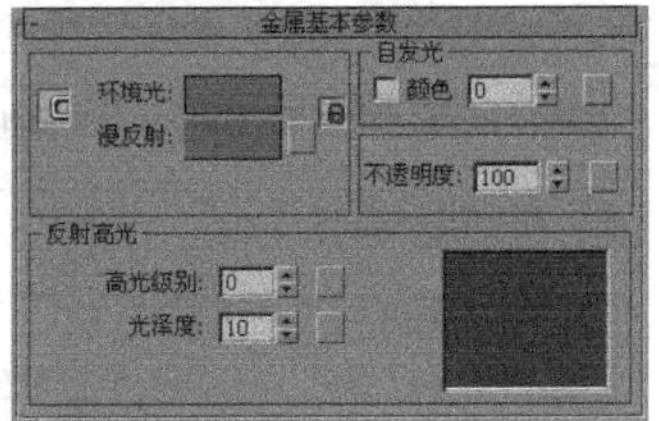

图8-47 “金属基本参数”卷展栏

5.“多层基本参数”卷展栏

多层渲染属性与各向异性有相似之处，它的高光区域也属于各向异性类型，将从不同的角度产生高光尺寸。当各向异性为0时，它们基本是相同的，高光是圆形的，和Blinn、Phong相同；当各向异性为100时，这种高光的各向异性达到最大程度的不同，一个方向上的高光非常尖锐，而另一个方向上的光泽度则可以单独控制。多层最明显的不同在于，它拥有两个高光区域控制。可通过高光区域的分层创建出很多不错的特效，其参数面板如图8-48所示。

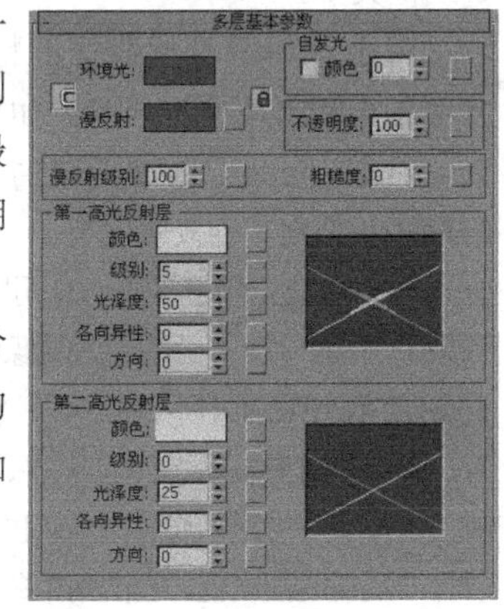

图8-48 “多层基本参数”卷展栏

【参数详解】

粗糙度：用于设置由漫反射部分向阴影部分进行调和的快慢。提升该值时，表面的不平滑部分将随之增加，材质也将显得更暗、更平。值为0时，它与Blinn渲染属性没有什么差别，默认为0。

6.“Oren-Nayar-Blinn基本参数”卷展栏

Oren-Nayar-Blinn是Blinn的一个特殊变量形式，可通过它附加的漫反射级别和粗糙度两个设置来实现无光材质的效果，这种渲染属性常用于表现织物、陶制品等粗糙对象的表面，其参数面板如图8-49所示。

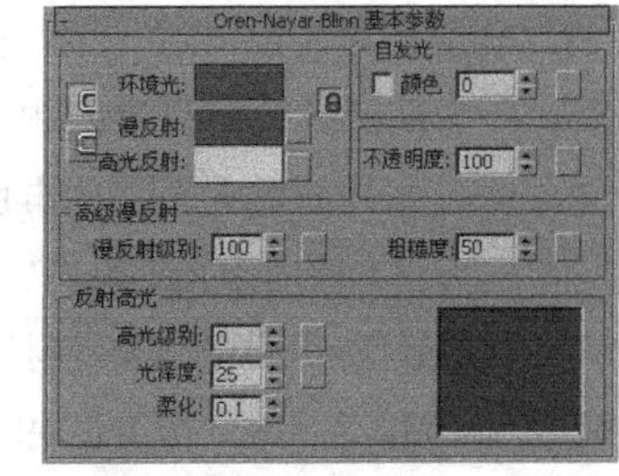

图8-49 “Oren-Nayar-Blinn基本参数”卷展栏

7.“Strauss基本参数”卷展栏

Strause提供了一种金属感的表现效果，比“金属”更简洁，参数更简单，如图8-50所示。

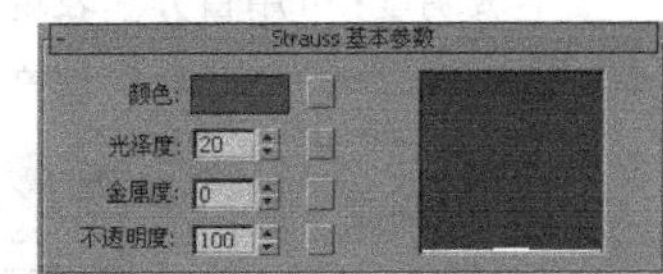

图8-50 “Strauss基本参数”卷展栏

【参数设置】

颜色：用于设置材质的颜色。相当于其他渲染属性中的漫反射颜色选项，而高光和阴影部分的颜色则由系统自动计算。

金属度：用于设置材质的金属表现程度，默认设置为0。由于主要依靠高光表现金属程度，因此，“金属度”和“光泽度”配合使用才能更好地发挥效果。

8.“半透明基本参数”卷展栏

“半透明明暗器”与Blinn类似，最大的区别在于，它能够设置半透明的效果。光线可以穿透这些半透明效果的对象，并且，在穿过对象内部时离散。通常，半透明明暗器用于模拟薄的对象，如窗帘、电影银幕、霜或毛玻璃等效果。

制作类似单面反射的材质时，可以选择单面接受高光，可通过勾选或取消勾选“内表面高光反射”复选框来实现这些控制。半透明材质的背面同样可以产生阴影，而半透明效果只能出现在渲染结果中，视图中无法显示，其参数面板如图8-51所示。

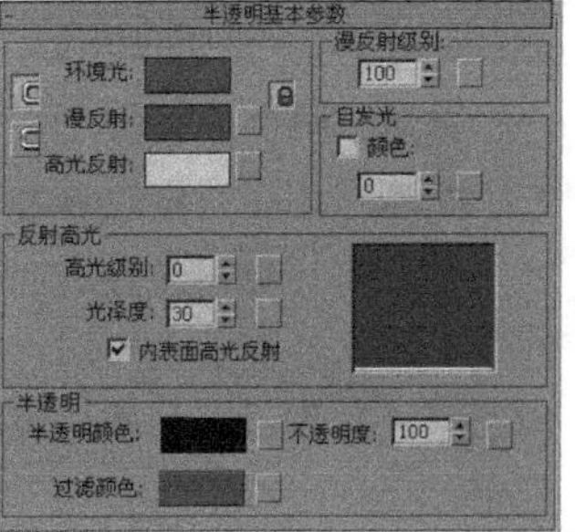

图8-51 “半透明基本参数”卷展栏

【参数详解】

半透明颜色：半透明颜色是离散光线穿过对象时所呈现的颜色。设置的颜色可以不同于过滤颜色，两者互为倍增关系。单击色块即可选择颜色，右侧的灰色方块用于指定贴图。

过滤颜色：用于设置穿透材质的光线颜色，与半透明颜色互为倍增关系。单击色块即可选择颜色，右侧的灰色方块用于指定贴图。过滤颜色是指光线透过透明或半透明对象（如玻璃）后的颜色。过滤颜色和体积光一起使用，可以模拟出如彩光穿过毛玻璃后的效果，也可以根据过滤颜色为半透明对象产生的光线跟踪阴影配色。

不透明度：可用百分率表现材质的透明/不透明程度。当对象有一定厚度时，能够产生一些有趣的效果。

技巧与提示

除了模拟薄的对象之外，半透明明暗器还可以模拟实体对象子表面的离散，用于制作玉石、肥皂和蜡烛等半透明对象的材质效果。

9.“扩展参数”卷展栏

“扩展参数”卷展栏如图8-52所示，参数内容涉及透明度、反射以及线框模式，还有对标准透明材质真实程度的折射率设置。

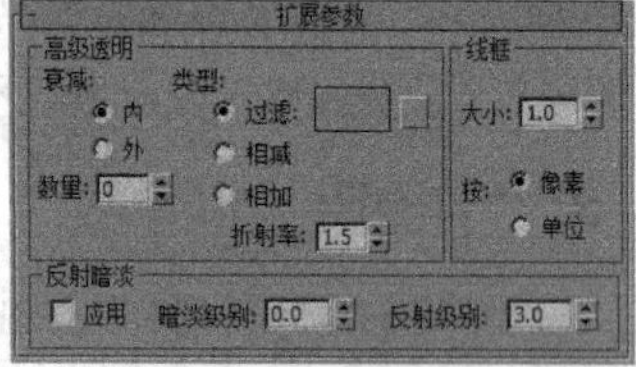

图8-52 “扩展参数”卷展栏

【参数详解】

高级透明：用于控制透明材质的透明衰减设置，包含下列4个选项。

衰减：有两种方式供用户选择。“内”指由边缘向中心增加透明的程度，像玻璃瓶的效果；“外”指由中心向边缘增加透明的程度，类似云雾和烟雾的效果。

数量：用于指定衰减程度的大小。

类型：用于确定以哪种方式来产生透明效果。“过滤”可计算出经过透明对象背面颜色倍增的过滤色。单击后面的色块即可改变过滤色，灰色方块用于指定贴图；“相减”可根据背景色做递减色彩处理，用得很少；“相加”可根据背景色做递增色彩的处理，常用于发光体。

折射率：用于设置带有折射贴图的透明材质的折射率，可控制折射材质被光线传播的程度。当设置为1（空气的折射率）时，透明对象后的对象将像在空气中（空气也有折射率，例如热空气对景象产生的气流变形）一样，不发生变形象；当设置为1.5（玻璃折射率）时，对象会产生很大的变化；当折射率小于1时，对象会沿着它的边界反射，像在水中的气泡。在真实世界中，很少有对象的折射率超过2，默认值为1.5。

技巧与提示

在真实的物理世界中，折射率是因为光线穿过透明材质和眼睛（或摄影机）时的速度不同而产生的，和对象的密度相关，折射率越高，对象的密度也越大。可以用一张贴图去控制折射率，这时，折射率会按照从1到折射率的设定值之间的插值进行运算，例如，将折射率设为2.5，将一个完全黑白的噪波贴图指定为折射贴图，这时的折射率在1～2.5之间，对象表现为比空气密度更大；如果将折射率设为0.6，那么，贴图的折射计算将在0.6～1之间，好像用水下摄像机拍摄的效果。

线框：用于设置线框特性，可通过“大小”设置线框大小。

大小：用于设置线框的粗细大小值，单位有“像素”和“单位”两种。如果选择“像素”，那么，对象运动时，镜头距离的变化不会影响网格线的尺寸，否则，会发生改变。

反射暗淡：用于设置对象阴影区中反射贴图的暗淡效果。当一个对象表面有其他对象投影时，这个区域将会变得暗淡，但是，不用对一个标准的反射材质考虑这一点，它会在对象表面进行全方位反射计算，不受投影的影响，对象将变得通体光亮，场景也变得不真实。这时，可以打开反射暗淡设置，它的两个参数分别用于控制对象被投影区和未被投影区域的反射强度，可以将被投影区的反射强度值降低，使投影效果表现出来，同时，增加未被投影区域的反射强度，以补偿损失的反射效果。

应用：勾选此选项后，反射暗淡将发生作用，右侧的两个值可对反射效果产生影响。

暗淡级别：用于设置对象被投影区域的反射强度。值为0时，反射贴图在阴影中为全黑；该值为0.5时，反射贴图为半暗淡；该值为1时，反射贴图将不经过暗淡处理，材质看起来好像被禁用“应用”一样，默认设置为0。

反射级别：用于设置对象未被投影区域的反射强度，它可以使反射强度倍增，使其远远超过反射贴图强度为100时的效果。一般，用它来补偿反射暗淡给对象表面带来的影响，当值为3时（默认），可以近似达到不打开反射暗淡而不被投影的反射效果。

10.“超级采样”卷展栏

超级采样是3ds Max中几种抗锯齿技术中的一种。在3ds Max中，纹理、阴影、高光，以及光线跟踪的反射和折射都可设置为抗锯齿，与之相比，超级采样则是一种外部附加的抗锯齿方式，可作用于标准材质和光线跟踪材质，其参数面板如图8-53所示。

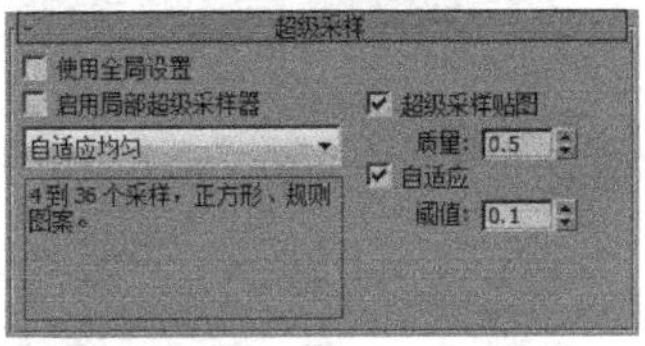

图8-53 “超级采样”卷展栏

【参数详解】

使用全局设置：勾选此项后，材质将使用“默认扫描线渲染器”卷展栏中设置的超级采样选项。

启用局部超级采样器：勾选此项后，可以将超级采样结果指定给材质，默认设置为禁用状态。

超级采样贴图：勾选此项后，可以对应用于材质的贴图进行超级采样。禁用此选项后，超级采样器将以平均像素表示贴图。默认设置为启用，这个选项对凹凸贴图品质的影响非常大，如果是特定的凹凸贴图，那么，打开超级采样后，品质将非常好。

采样类型列表：“超级采样”共有如下4种方式，不同的方式的参数面板会有所差别。

自适应Halton：按离散分布的“准随机”方式沿x轴与y轴分隔采样。可依据所需品质的不同，将采样的数量设在4～40。可以向低版本兼容。

自适应均匀：从最小值4～最大值36，分隔均匀采样。采样图案并不是标准的矩形，而是在垂直与水平轴向上稍微歪斜的，以提高精确性。可以向低版本兼容。

Hammersley：在x轴上均匀分隔采样，在y轴上则按离散分布的“准随机”方式分隔采样。可依据所需品质的不同，将采样的数量设在4～40。不能与低版本兼容。

Max 2.5星：采样的排布类似于骰子上“5”的图案，在一个采样点的周围平均环绕着4个采样点。这是3ds Max 2.5中所使用的超级采样方式。

质量：可通过自适应Halton、自适应均匀和Hammersley这3种方式调节采样的品质。数值从0～1，0为最小，分配在每个像素上的采样约为4个；1为最大，分配在每个像素上的采样在36～40个之间。

自适应：对自适应Halton和自适应均匀方式有效，勾选后，当颜色变化小于阈值的范围时，将自动使用低于“质量”所设定的采样值进行采样。这样可以节省一些运算时间，推荐勾选。

阈值：自适应Halton和自适应均匀方式还可用于调节“阈值”。颜色变化超过“阈值”设置的范围时，将依照“质量”的设置情况进行全部的采样计算；当颜色变化在“阈值”范围内时，则将适当减少采样计算，以节省时间。

11.“贴图”卷展栏

“贴图”卷展栏如图8-54所示，该参数面板提供了很多贴图通道，如“环境光颜色”“漫反射颜色”“高光颜色”和“光泽度”等，可以通过给这些通道添加不同的程序贴图使对象的不同区域产生不同的贴图效果。

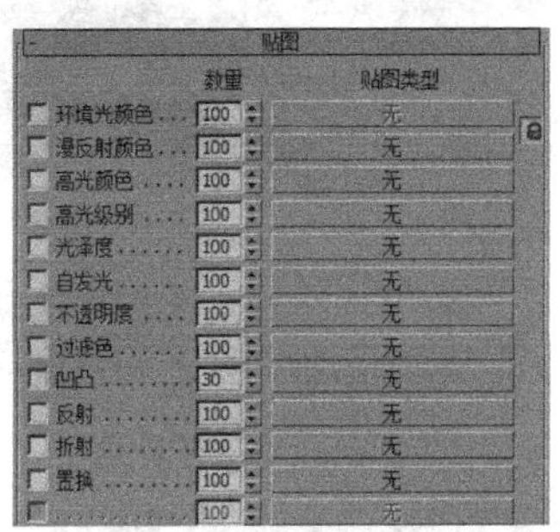

图8-54 “贴图”卷展栏

每个通道的右侧都有一个很长的按钮，单击它们后，可以调出“材质/贴图浏览器”卷展览并从中选择不同的贴图。选择了一个贴图类型后，系统会自动进入其贴图设置层级中，以便进行相应的参数设置。单击按钮，可以返回贴图方式并设置层级，这时，该按钮上会显示出贴图类型的名称。

“数量”参数用于控制贴图的程度（通过设置不同的数值来控制），如漫反射贴图，值为100时，表示完全覆盖；值为50时，表示以50%的透明度进行覆盖。一般最大值都为100，表示百分比值，只有“凹凸”“高光级别”和“置换”除外，它们的最大值可以设为999。

课堂案例

制作坐垫材质

案例位置	案例文件>第8章>课堂案例：制作坐垫材质
视频位置	多媒体教学>第8章>课堂案例：制作坐垫材质.flv
难易指数	★☆☆☆☆
学习目标	学习“标准”材质的使用方法

坐垫是家居环境中常见的家具，坐垫表面属于布料类的材质，“标准”材质经常用于制作这类材质。为了方便读者观察和理解，将在本例中单独介绍坐垫材质的制作，不涉及任何场景，希望读者能好好练习，掌握设置材质的步骤与方法，以便能在后面设置更复杂场景的材质。在制作时，先要分析坐垫的材质特点，即表面比较粗糙、几乎无反射、有一种绒毛毛的感觉，然后，根据这些特点来设置材质。坐垫材质的效果如图8-55所示。

图8-55 坐垫材质效果

01 打开“下载资源”中的初始文件，如图8-56所示，视图中是一个没有材质的坐垫模型，灯光和摄影机的渲染参数已经设置好了。

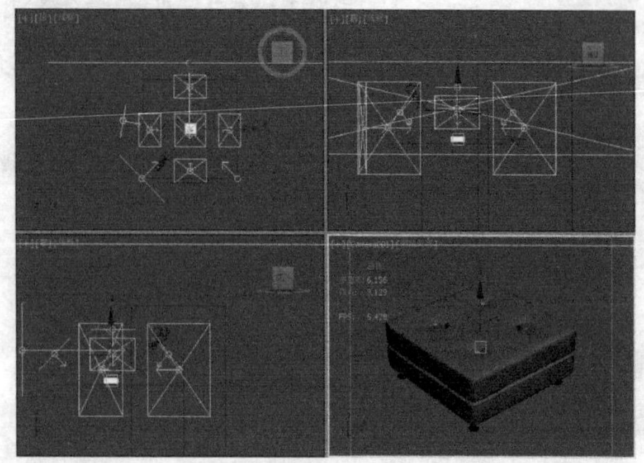

图8-56 打开初始文件

02 按M键，打开“材质编辑器”，然后，选择一个材质球，将其设置为“标准”材质，接着，将其命名为“坐垫”，如图8-57所示。

图8-57 新建材质球

03 打开“明暗器基本参数”卷展栏，设置类型为“Oren-Nayar-Blinn”，如图8-58所示。

图8-58 设置明暗器的类型

04 打开“Oren-Nayar-Blinn基本参数”卷展栏，其参数设置如图8-59所示。

设置步骤

①设置“环境光”和“漫反射”的颜色为“（红:176，绿:203，蓝:228）”。

②单击“漫反射”后的通道按钮，然后，在弹出的“材质/贴图浏览器”中选择“位图”选项，接着，在弹出的“选择位图图像文件”对话框中根据路径选择坐垫贴图，再设置“模糊”为“0.5”。

③在“自发光”的通道中以同样的方法加载一个“遮罩”程序贴图。

④在“遮罩参数”卷展栏中的“贴图”通道中加载一个“衰减”程序贴图，然后，设置“衰减类型”为“Fresnel”，接着，单击“回到父层级”按钮，再在“遮罩”通道中加载一个“衰减”程序贴图，最后，设置“衰减类型”为“阴影/灯光”。

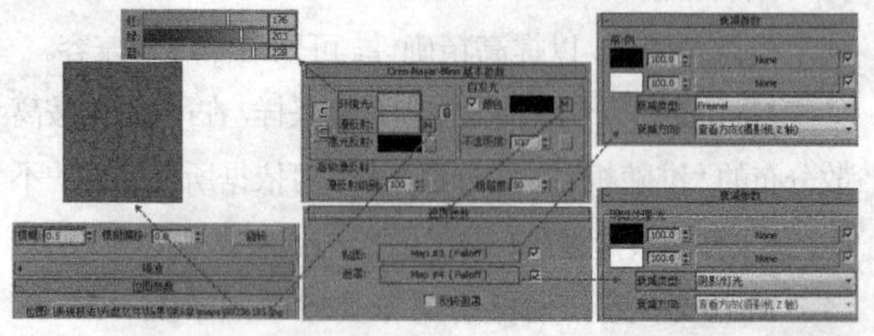

图8-59 设置“Oren-Nayar-Blinn基本参数”卷展栏

05 在“Oren-Nayar-Blinn基本参数”卷展栏中

的“反射高光”选项组中设置“高光级别”为“50”，如图8-60所示。

图8-60 设置“高光级别”的参数

06 打开“贴图”卷展栏，设置其中的“凹凸”参数，具体参数设置如图8-61所示。

设置步骤

①在“凹凸”的贴图通道中加载一张“位图”贴图，然后，在“选择位图图像文件”对话框中选定一张凹凸贴图。

②在“坐标”卷展栏中设置“模糊”为“0.3”。

③回到“凹凸”卷展栏，设置“凹凸”的“数量”（强度）为“80”。

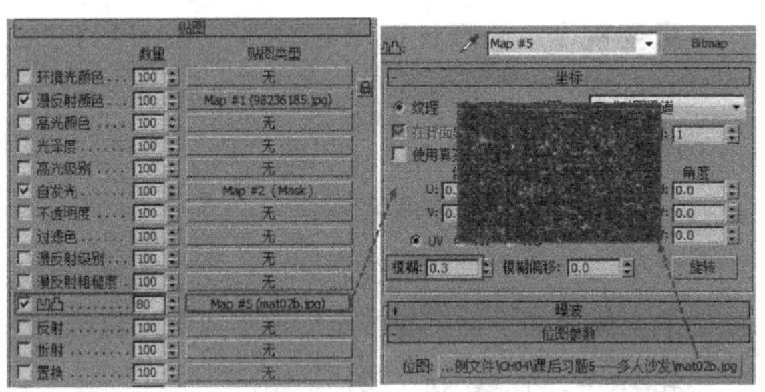

图8-61 设置“凹凸”参数

07 选中场景中的坐垫模型，然后，将设置好的“材质球”指定给坐垫模型，视口效果如图8-62所示。按F9键，渲染摄影机视图，材质效果如图8-63所示。

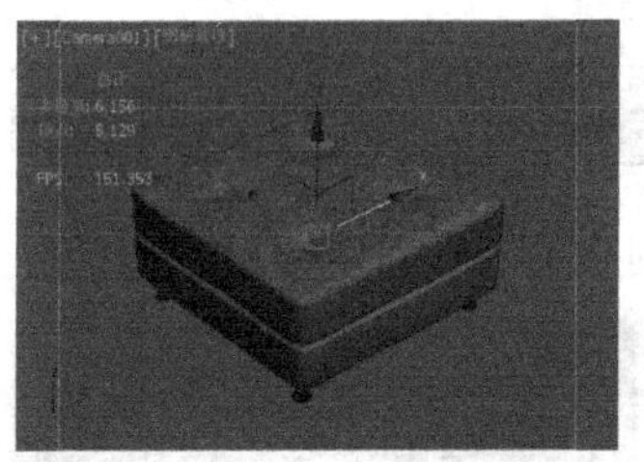

图8-62 赋材质给模型

图8-63 坐垫材质效果

技巧与提示

赋材质给模型后，有时会出现视图中的模型毫无反应的情况，这时，单击“材质编辑器”中的“工具栏”中的“视口中显示明暗处理材质”按钮即可。

8.4.2 混合

“混合”材质可以在模型的单个面上将两种材质通过一定的百分比混合，其效果及参数设置面板如图8-64所示。

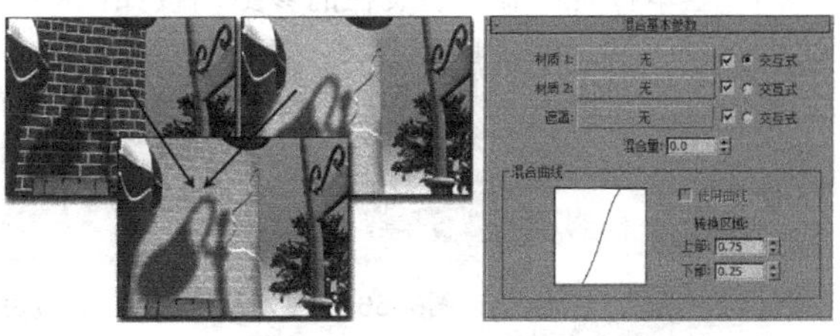

图8-64 混合材质的效果及参数

【参数详解】

材质1/材质2：可在其后面的材质通道中对两种材质分别进行设置。

遮罩：可以选择一张贴图并将其作为遮罩。贴图的灰度值用于确定“材质1”和“材质2”的混合情况。

混合量：用于控制两种材质混合的百分比。如果使用遮罩，那么，“混合量”选项将不起作用。

交互式：用于选择在视图中以实体着色方式显示在物体表面的材质。

混合曲线：可对遮罩贴图中的黑白色过渡区进行调节，包含下列3个选项。

使用曲线：用于控制是否用“混合曲线”来调节混合效果。

上部：用于调节“混合曲线”的上部。

下部：用于调节“混合曲线”的下部。

技巧与提示

“混合”材质的使用方法将在后面与VRayMtl结合讲解。

8.4.3 Ink'n Paint（墨水）

Ink'n Paint（墨水油漆）材质可以用于制作卡通效果，其参数包含“基本材质扩展”卷展栏、“绘制控制”卷展栏和“墨水控制”卷展栏，如图8-65所示。

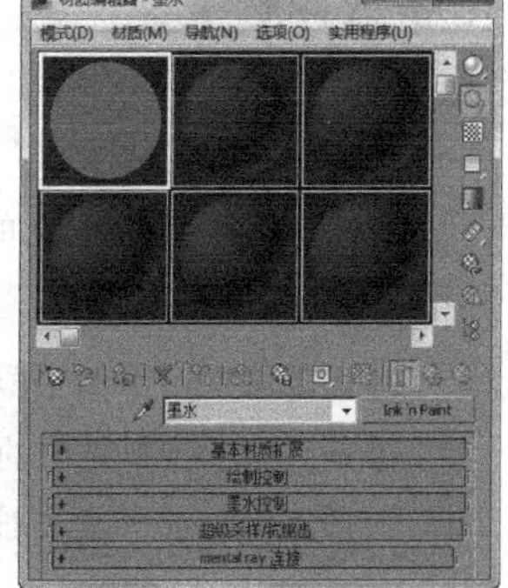

图8-65 Ink’Paint的效果及参数

1. “基本材质扩展”卷展栏

“基本材质扩展”卷展栏的参数面板如图8-66所示。

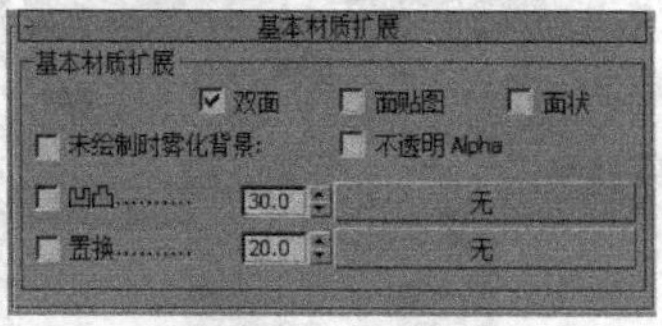

图8-66 “基本材质扩展”卷展栏

【参数详解】

双面：可对与对象法线相反的一面进行渲染。

面贴面：把材质指定给造型的全部面。

面状：将对象的每个表面均以平面化进行渲染。

未绘制时雾化背景：当“绘制”关闭时，材质颜色的填色部分将与背景相同，勾选这个选项后，能够在对象和摄影机之间产生雾的效果，对背景进行雾化处理，默认为关闭。

不透明Alpha：勾选此项后，即便在“绘制”和“墨水”关闭情况下，Alpha通道也将保持不透明，默认为关闭。

凹凸：用于为材质添加凹凸贴图。左侧的复选框用于设置贴图是否有效，右侧的贴图按钮用于指定贴图，中间的调节按钮用于设置凹凸贴图的数量（影响程度）。

置换：可为材质添加置换贴图。左侧的复选框用于设置贴图是否有效，右侧的贴图按钮用于指定贴图，中间的调节按钮用于设置置换贴图的数量（影响程度）。

2. “绘制控制”卷展栏

“绘制控制”卷展栏的参数面板如图8-67所示。

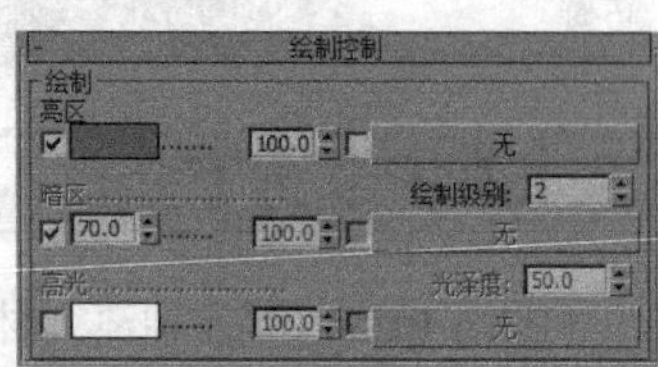

图8-67 “绘制控制”卷展栏

【参数详解】

亮区：用于调节材质的固有颜色，可以在后面的贴图通道中加载贴图。

暗区：用于控制材质的明暗度，可以在后面的贴图通道中加载贴图。

绘制级别：用于调整颜色的色阶。

高光：用于控制材质的高光区域。

3. “墨水控制”卷展栏

“墨水控制”卷展栏的参数面板如图8-68所示。

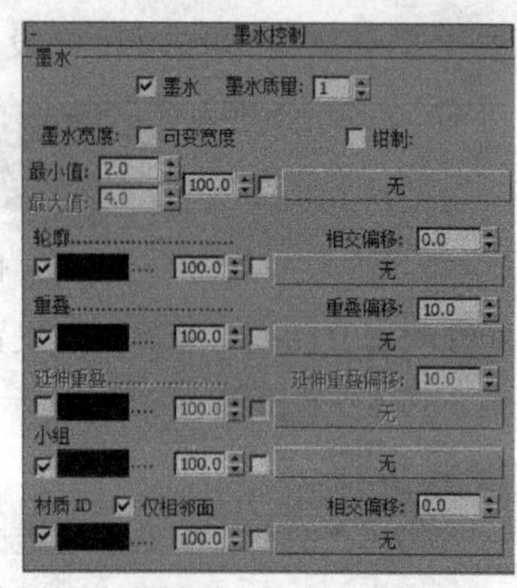

图8-68 “墨水控制”卷展栏

【参数详解】

墨水：用于控制是否开启描边效果。

墨水质量：用于控制边缘形状和采样值。

墨水宽度：用于设置描边的宽度。

可变宽度：勾选该选项后，描边的宽度将可在最大值和最小值之间变化。

钳制：勾选该选项后，描边宽度的变化范围将被限制在最大值与最小值之间。

最小值：用于设置墨水宽度的最小像素值。

最大值：用于设置墨水宽度的最大像素值。

轮廓：勾选该选项后，物体外侧将产生轮廓线。

重叠：当物体与自身的一部分相交迭时，可使用该项。

延伸重叠：与“重叠”类似，但多用在较远的表面上。

小组：用于勾画物体表面光滑组部分的边缘。

材质ID：用于勾画不同材质ID之间的边界。

8.4.4 多维/子对象

使用“多维/子对象”材质时，可以用几何体的子对象级别分配不同的材质，其参数设置面板如图8-69所示。

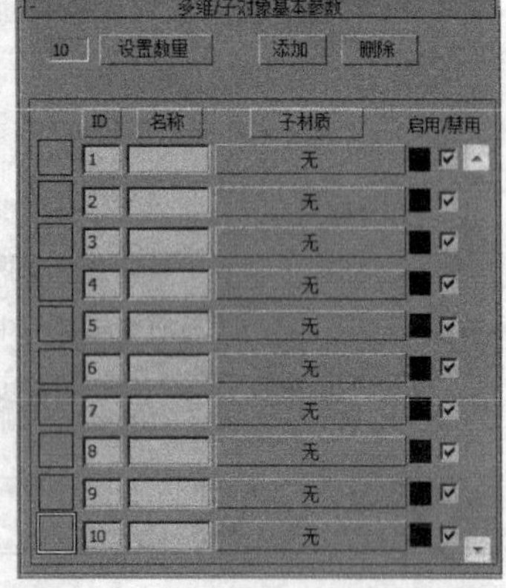

图8-69 “多维/子对象基本参数”卷展栏

【参数详解】

数量：用于显示包含在“多维/子对象”材质中的子材质的数量，当前为10个。

设置数量：单击该按钮后，将打开“设置材质数量”对话框，如图8-70所示。可以在该对话框中设置材质的数量。

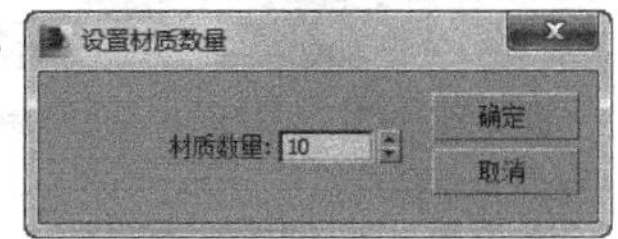

图8-70 “设置材质数量”对话框

添加：用于添加子材质。

删除：用于删除子材质。

ID：单击该按钮将对列表进行排序，其顺序开始于最低材质ID的子材质，结束于最高材质ID。

名称：单击该按钮后，将用名称进行排序。

子材质：单击该按钮后，将通过显示于“子材质”按钮上的子材质名称进行排序。

启用/禁用：可启用或禁用子材质。

子材质列表：单击子材质后面的“无”按钮后，可以创建或编辑一个子材质。

8.5 VRay材质

前面介绍来了部分3ds Max的材质，相信读者在了解了效果图的同时，也了解到了大部分效果图材质采用的都是VRay材质。安装好VRay渲染器后，即可在“材质/贴图浏览器”中可查看到VRay的所有材质，如图8-71所示。

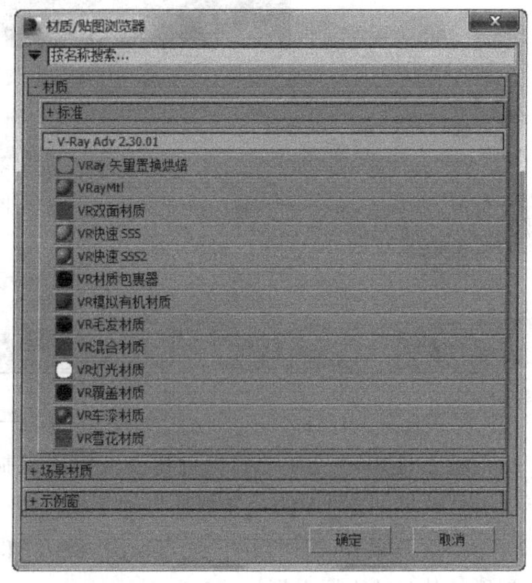

图8-71 VRay材质

材质名称	材质主要作用	重要程度
VRay灯光材质	用于模拟自发光的效果	中
VRayMtl	用于模拟大部分材质效果	高
VRay混合材质	可将材质以层的方式混合，类似前面的“混合”材质	中
VRay双面材质	包含内、外两个表面，可同时被渲染	中

8.5.1 VRay灯光材质

“VRay灯光材质”主要用于模拟自发光效果，如电视屏幕、荧光棒和灯箱等。其参数设置面板如图8-72所示。

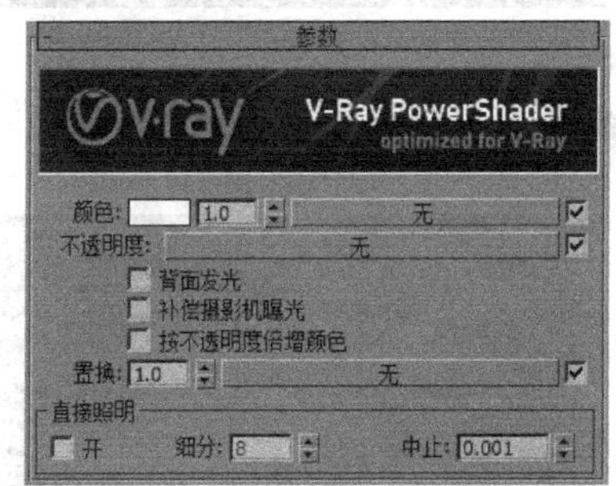

图8-72 “VRay灯光材质“的参数面板

【参数详解】

颜色：用于设置对象自发光的颜色，后面的输入框用于设置自发光的“强度”，可通过贴图通道按钮为其加载贴图。

不透明度：可用贴图来指定发光体的透明度。

背面发光：勾选该选项后，材质光源将双面发光。

技巧与提示

这里仅介绍了常用的参数项。

课堂案例

制作装饰灯管

案例位置 案例文件>第8章>课堂案例：制作装饰灯管
视频位置 多媒体教学>第8章>课堂案例：制作装饰灯管.flv
难易指数 ★★☆☆☆
学习目标 学习“VRay灯光材质”的使用方法

日灯罩、灯箱这类对象是可以自己发光的，可在其模型内添加“Vray灯光”，以模拟其发光效果，还有一种方法，就是用“VRay灯光材质”来制作其材质，使用这种方法的好处是可减少灯光的数量，使场景更加简单、清晰，大大地提高了渲染效率，而且，也能更加逼真地表现出这类自发光的效果。本例的灯管效果如图8-73所示。

图8-73 灯管效果

01 打开"下载资源"中的初始文件，如图8-74所示，场景中椅子后面就是灯管模型。

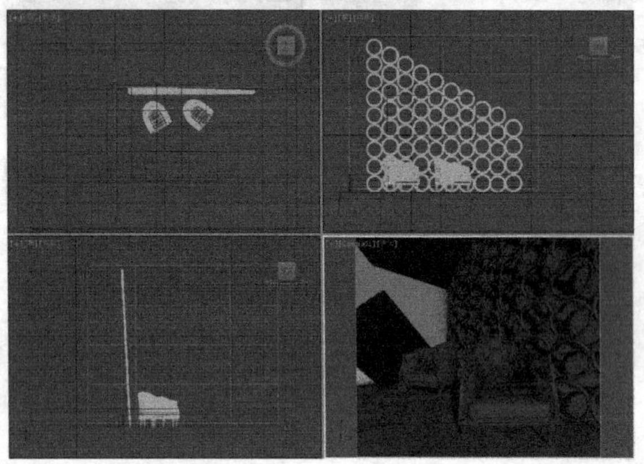

图8-74 打开初始文件

02 按M键，打开"材质编辑器"，然后，在其中选择一个空白材质球，接着，设置材质类型为"VR灯光材质"并将其命名为"自发光"，如图8-75所示。

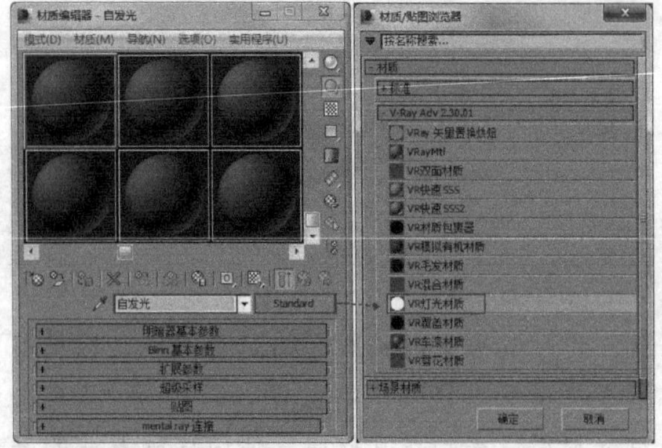

图8-75 创建"VR灯光材质"材质球

03 在"参数"卷展栏下设置"颜色"为"白色"，然后，设置"颜色"后面的发光强度为"3"，具体参数设置如图8-76所示。制作好的材质球效果如图8-77所示。

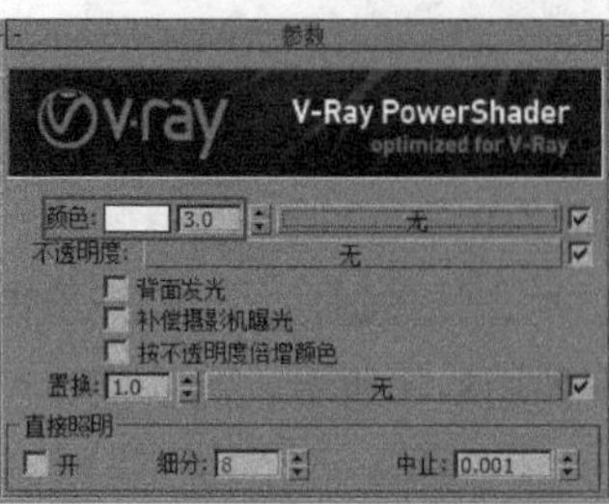

图8-76 设置"VR灯光材质"的参数　　图8-77 材质球效果

技巧与提示

可将"VRay灯光材质"指定给物体，但是，不能将物体当作光源来使用，这种效果类似于3ds Max里面自带的自发光效果，不同的是，"VRay灯光材质"可以设置倍增值，进而设置自发光的发光级别，两者的参数面板如图8-78所示。

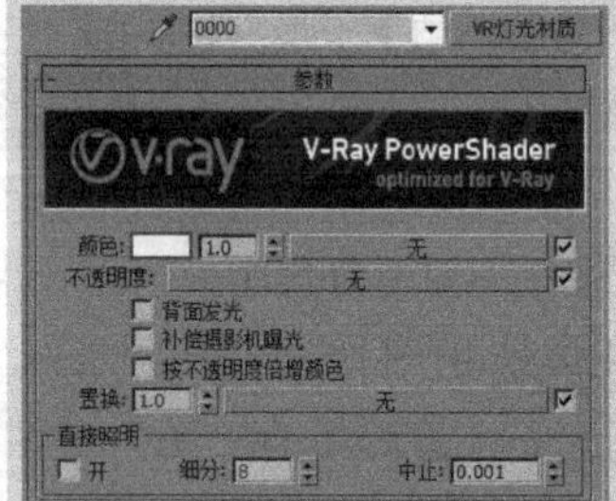

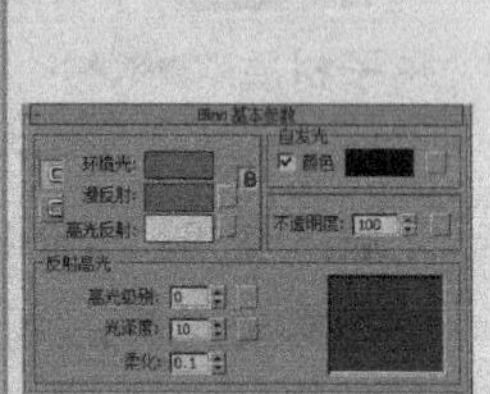

图8-78 "VRay灯光材质"与"标准"材质的参数面板

04 将"自发光"材质球的材质指定给场景中所有的灯管，然后，按F9键，渲染摄影机视图，渲染效果如图8-79所示。

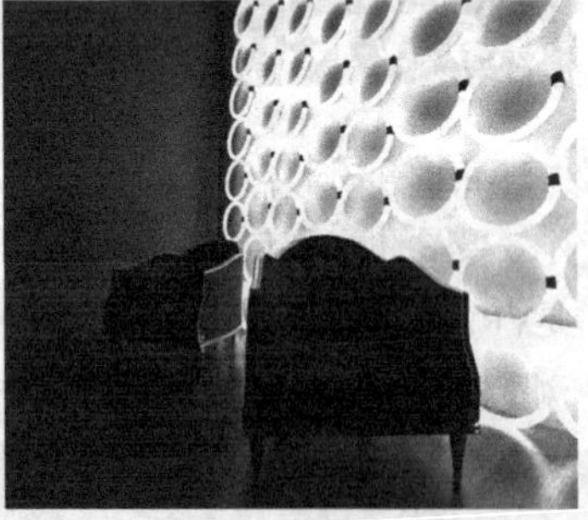

图8-79 渲染效果

技巧与提示

有兴趣的读者可以在"颜色"参数后的贴图通道中加载文件夹中名为"8.jpg"的位置，然后，渲染摄影机视图，查看其效果。

8.5.2 VRayMtl材质

"VRayMtl材质"是使用频率最高的一种材质，也是使用范围最广的一种材质，常用于制作室内、外效果图。"VRayMtl材质"除了能完成一些反射和折射效果外，还能出色地表现出SSS及BRDF等效果，其参数设置面板如图8-80所示。

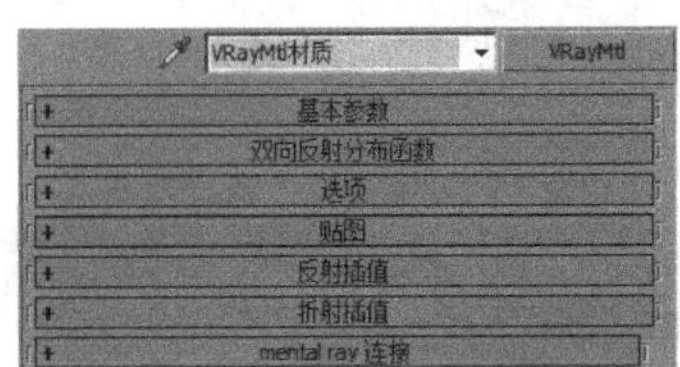

图8-80 “VrayMtl材质”的参数面板

1. “基本参数”卷展栏

“基本参数”卷展栏如图8-81所示。

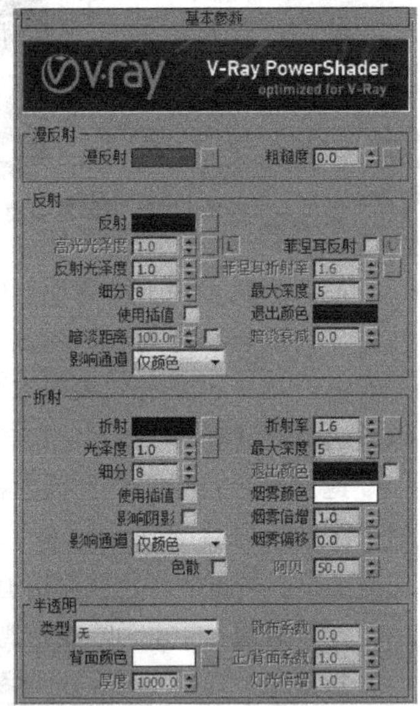

图8-81 “基本参数”卷展栏

【参数详解】

漫反射：该选项组包含下列两个选项，如图8-82所示。

图8-82 “漫反射”选项组

漫反射：物体的漫反射用于决定物体的表面颜色。可通过单击它的色块来调整颜色。单击右边的■按钮，可以选择不同的贴图类型。

粗糙度：数值越大，粗糙效果越明显，可以用该选项来模拟绒布的效果。

反射组：该选项组内的选项用于设置物体反射的参数，如图8-83所示。

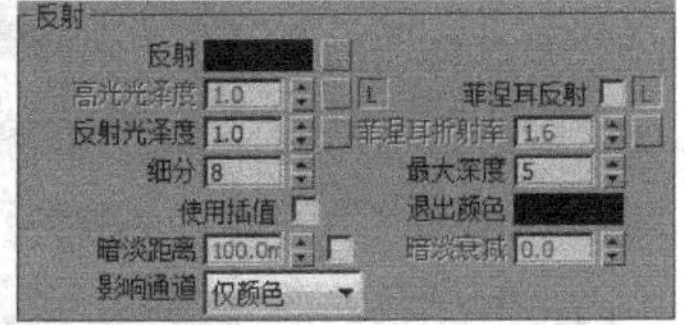

图8-83 “反射”选项组

反射：这里的反射是靠颜色的亮度来控制的，颜色越白，反射越亮；颜色越黑，反射越弱，而这里选择的颜色是反射出来的颜色，和反射的强度是分开来计算的。单击旁边的■按钮后，可以用贴图的亮度来控制反射的强弱。图8-84~图8-87所示为颜色亮度对反射的影响。

图8-84 “反射”的颜色“亮度”为“50”

图8-85 “反射”的颜色“亮度”为“100”

图8-86 “反射”的颜色“亮度”为“150”

图8-87 “反射”的颜色“亮度”为“255”

高光光泽度：用于控制材质的高光大小，默认情况下，它和Refl.glossiness（反射模糊）是被关联控制的，可以通过单击旁边的“L”按钮来解除锁定，以单独调整高光的大小。如图8-88~图8-91所示为不同“高光光泽度”下的效果。

图8-88 “高光光泽度”为“0.8”

图8-89 “高光光泽度”为“0.7”

图8-90 “高光光泽度”为“0.6”

图8-91 “高光光泽度”为“0.5”

技巧与提示

在VRay系统的默认设置下，让“高光光泽度”产生作用的前提是VRaymtl的“反射光泽度”必须处于被使用状态，也就是反射值不能少于0，但是，在我们的生活中，有一些物体本身是没有反射的，可它却具备了高光的属性（如一部分布料、纸张和橡胶等）。在这种情况下，用户可以先设置出一定的反射及高光强度，然后，在“选项”卷展栏下取消勾选“跟踪反射”选项，如图8-92所示，这样就能在保持高光效果的同时关闭掉反射了。

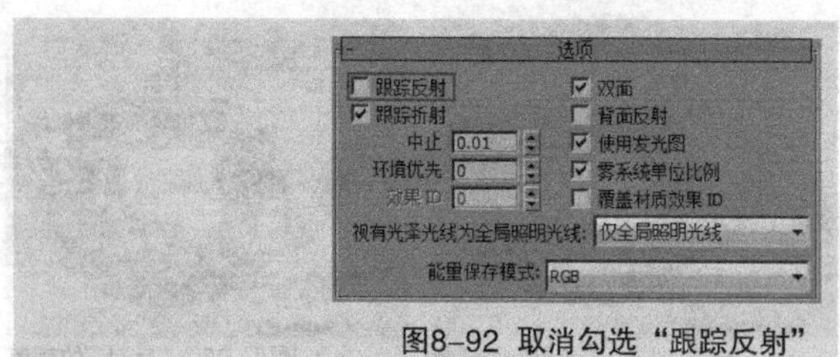

图8-92 取消勾选“跟踪反射”

反射光泽度：也被称为“反射模糊”，用于确定物体表面反射的模糊程度。默认的1表示没有模糊效果，数值越小，模糊效果越强烈。单击右边的按钮后，可以通过贴图的亮度来控制反射模糊的强弱，如图8-93~图8-96所示。

图8-93 “反射光泽度”为“0.95”

图8-94 “反射光泽度”为“0.9”

图8-95 “反射光泽度”为“0.85”

图8-96 “反射光泽度”为“0.8”

细分：用于控制反射模糊的品质，较高的值可以得到较平滑的效果，而较低的值则可使模糊区域有颗粒效果；细分越大，渲染速度越慢。

使用插值：勾选“使用插值”时，VRay能用类似“发光图”的缓存方式来加快模糊反射的计算。

暗淡距离：用于指定一个距离值，超过该距离则停止光线追踪迹，即在反射表面中，不会反射超过该距离的值的对象。

影响通道：其下拉列表中包含“仅颜色”“颜色+Alpha”和“所有通道”3个选项。

菲涅耳反射：勾选“菲涅耳反射”选项后，物体的反射强度将与摄影机的视点和具有反射功能的物体之间的角度有关，角度越小，反射越强烈；当垂直入射的时候，反射强度最弱。

菲涅耳折射率：单击右边的L按钮，解除锁定后，可以对折射率进行调整。

技巧与提示

下面，通过真实物理世界中的照片来说明一下菲涅耳反射现象，如图8-97所示。由于远处的玻璃与人眼的视线构成的角度较小，因此，反射比较强烈；而近处的玻璃与人眼的视线构成的角度较大（几乎垂直），所以，反射比较弱。

图8-97 玻璃幕墙上产生的菲涅耳反射现象

最大深度：用于设置反射的最大次数。反射次数越多，反射就越彻底，当然，渲染时间也越慢。在实际应用中，在对效果要求不太高的情况下，可以适当降低该值，以控制渲染时间。

退出颜色：当物体的反射次数达到停止计算反射最大数次时就会停止，这时，由于反射次数不够造成的反射区域的颜色就可用退出色来代替。

暗淡衰减：用于为暗淡距离设置衰减半径。

折射组：该选项组主要用于设置折射属性的参数，其参数面板如图8-98所示。

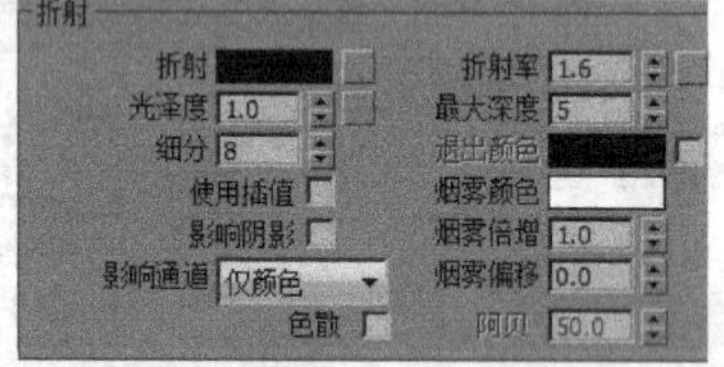

图8-98 “折射”选项组

折射：折射的原理和反射的原理一样，颜色越白，物体越透明，在物体内部产生折射的光线也就越多；颜色越黑，物体越不透明，产生折射的光线也就越少。单击右边的按钮后，可以通过贴图的亮度来控制折射的强弱。图8-99所示为不同折射颜色的效果。

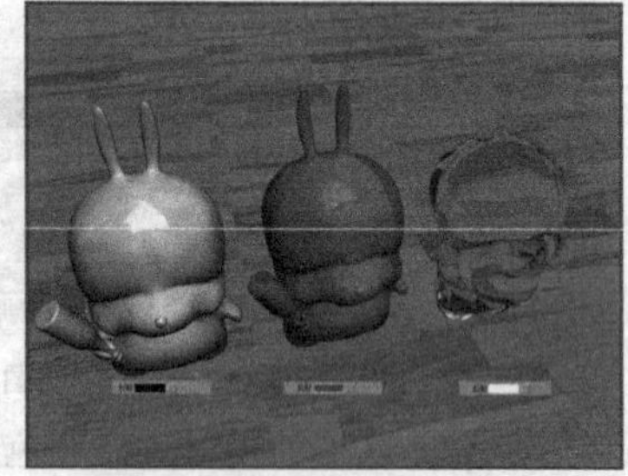
图8-99 不同“折射”颜色的透明度

光泽度：用于控制物体的折射模糊程度。值越小，模糊程度越明显。默认值为1，表示不产生折射模糊。单击右边的按钮后，可以通过贴图的灰度来控制折射模糊的强弱。图8-100所示为不同光泽度的效果。

图8-100 不同“光泽度”的模糊效果

细分：用于控制折射模糊的品质，较高的值可以得到较光滑的效果，但渲染速度也比较慢；而较低的值可使模糊区域产生杂点，但渲染速度比较快，如图8-101所示。

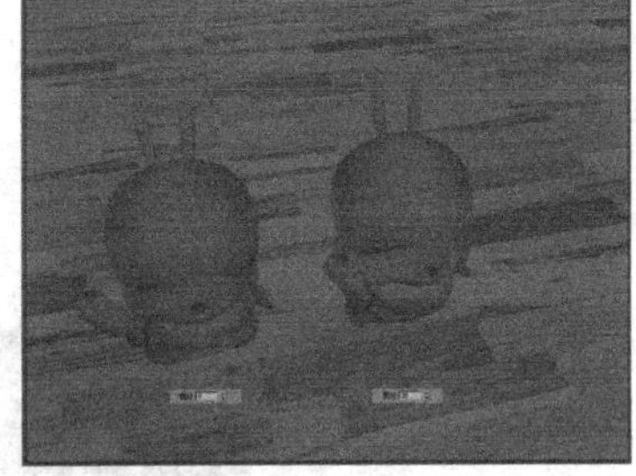

图8-101 不同“细分”值下的渲染效果

使用插值：勾选“使用插值”时，VRay能够用类似“发光图”的缓存方式来加快折射模糊的计算速度。

影响阴影：用于控制透明物体产生的阴影。勾选它后，透明物体将产生阴影。这个选项仅对VRay光源和VRay阴影类型有效。

影响通道：用于指定材质的透明度最终影响哪一些通道，一共有如下3个选项。

①仅颜色：透明度只会影响最终渲染后的RGB通道。

②颜色+Alpha：可使材质继承折射物体的Alpha，而不是呈现不透明的Alpha。请注意，此项只适用于完全折射的情况。

③所有通道：所有通道及渲染元素都会受到材质透明度的影响。

色散：打开该选项后，将计算更加复杂的色散效果。

折射率：用于设置透明物体的折射率。图8-102所示为不同“折射率”的效果。

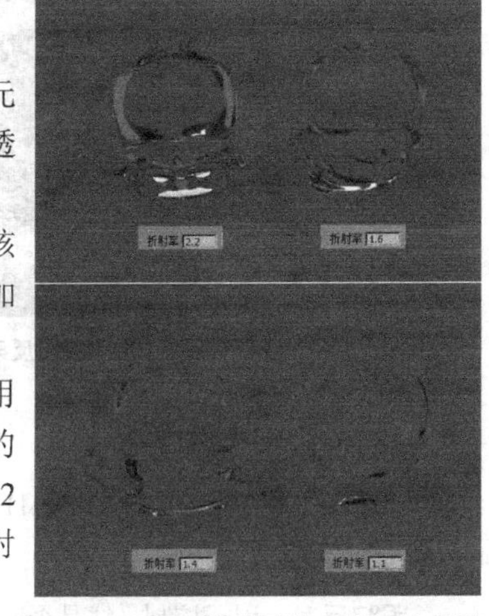

图8-102 不同“折射率”下的渲染效果

最大深度：和“反射”选项组中的“最大深度”原理相同，用于控制折射的最大次数。

退出色颜：当物体的折射次数达到最大次数时，就会停止计算折射，这时，由于折射次数不够造成的折射区域的颜色就要用退出色来代替。

烟雾颜色：用于虚拟透明物体的颜色。其原理就是模拟光线穿透透明物体后所折射出来的不同颜色，起到给透明物体“上色”的效果，如图8-103所示。

图8-103 不同雾颜色下的渲染效果

烟雾倍增：可以将其理解为雾的浓度。值越大，雾越浓，光线穿透物体的能力越差。

烟雾偏移：用于设置雾的偏移，较低的值会使雾向相机的方向偏移。

阿贝：与“色散”配合使用，增加该值可以让彩虹效应更加明显。

半透明：该选项组可控制光线在物体内部传递的一种计算，主要用于制作类似蜡烛和皮肤等特殊材质，其参数面板如图8-104所示。其效果如图8-105所示。

图8-104 “半透明”选项组

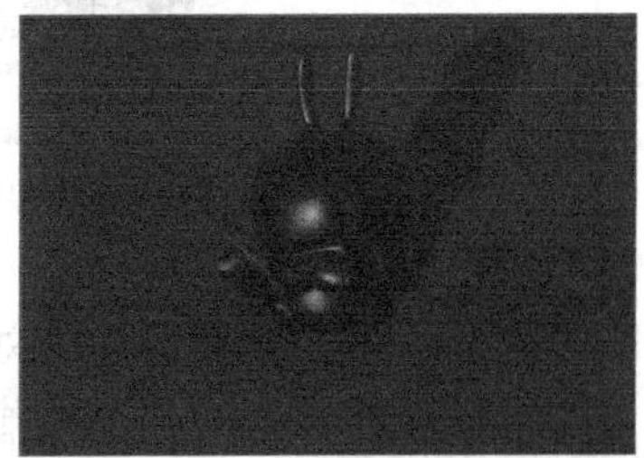

图8-105 “半透明”渲染效果

类型：包含“硬（蜡）模型”，如蜡烛；“软（水）模型”，如海水；“混合模式”模型。

背面颜色：用于控制次表面散射的颜色。

厚度：用于控制光线在物体内部被追踪的深度，也可以将其理解为光线的最大穿透能力。较大的值可使整个物体都被光线穿透；而较小的值则仅让物体比较薄的地方产生次表面散射现象。

散布系数：物体内部的散射总量。0.0表示光线在所有方向被物体内部散射，1.0表示光线在一个方向被物体内部散射，而不考虑物体内部的曲面。

正/背面系数：用于控制光线在物体内部的散射方向。0.0表示光线沿着灯光发射的方向向前散射，1.0表示光线沿着灯光发射的方向向后散射，而0.5表示这两种情况各占一半。

灯光增值：光线穿透能力倍增值，值越大，散射效果越强，这就是典型的SSS效果。

2. “双向反射分布函数”卷展栏

又被称为BRDF，是基于现实中物体表面的一种特定的光线反射特性，是因物体表面的工艺处理的差异性及特殊手法而改变了正常光照在物体表面的表现。现实中可以参照的例子有拉丝不锈钢和资源等。参数如图8-106所示，可制作出类似图8-107所示的效果。

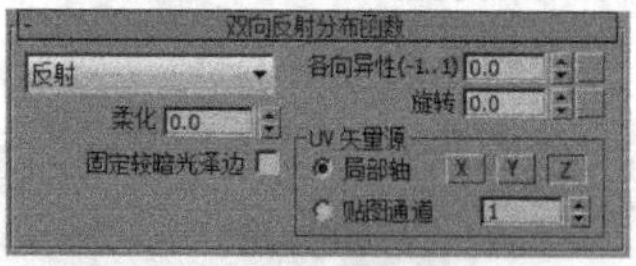

图8-106 “双向反射分布函数”卷展栏

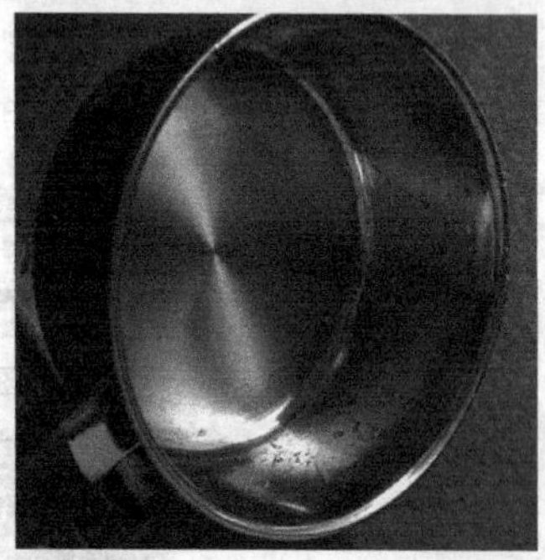

图8-107 不锈钢的BRDF现象

【参数详解】

类型：可用“双向反射分布函数”模拟出较为真实的双向反射物理表面高光及反射效果，VRayMtl支持“多面”“反射”和“沃德”这3种类型的“双向分布反射函数”。“多面”的高光区域最小，适合硬度很高的物体；“反射”的高光区域次之，适合大多数物体；“沃德”的高光区域最大，适合表面柔软或粗糙的物体。

各向异性：用于控制高光区域的形状，可以用该参数来控制拉丝效果。

旋转：用于控制高光区的旋转方向。

UV矢量源：用于控制高光形状的轴向，也可以通过贴图来控制。

局部轴：有x、y、z这3个轴供旋转。

贴图通道：可以将不同的贴图通道与UVW贴图进行关联，使一个物体在多个贴图通道中使用不同的UVW贴图，这样可得到各自相对应的贴图坐标。

> **技巧与提示**
>
> “双向反射分布函数”主要用于控制物体表面的反射特性，要使模型产生该效果，则要求反射里的颜色不为黑色且“反射光泽度”不为1，而且，模型上要产生“双向反射分布”现象的面，需要具备扇形网格线。
>
> 下面，我们来进行测试渲染，以更好地了解BRDF参数的含义，具体操作步骤如下。
>
> 第1步：在场景中创建2个圆柱体模型，如图8-108所示。
>
> 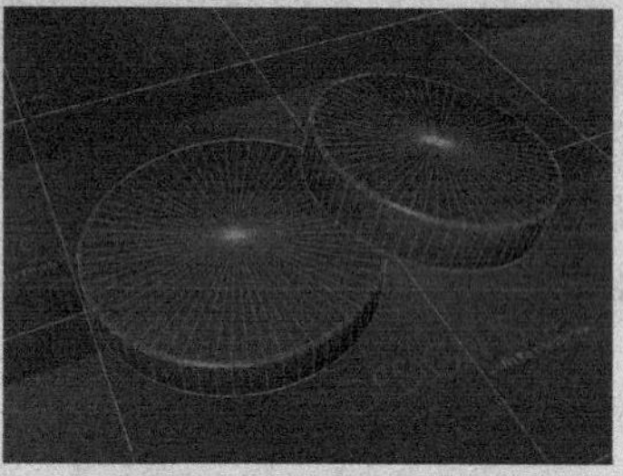
>
> 图8-108 创建模型
>
> 第2步：在“材质编辑器”中选择一个材质球，将其设置为“VRaymtl材质”，参数设置如图8-109所示。
>
> 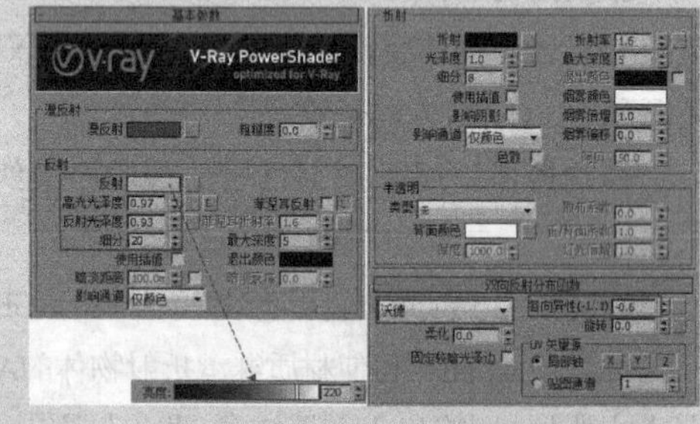
>
>
> 图8-109 “VRaymtl材质”的参数设定
>
> 第3步：渲染模型，观察“双向反射分布”的效果，如图8-110所示。
>
> 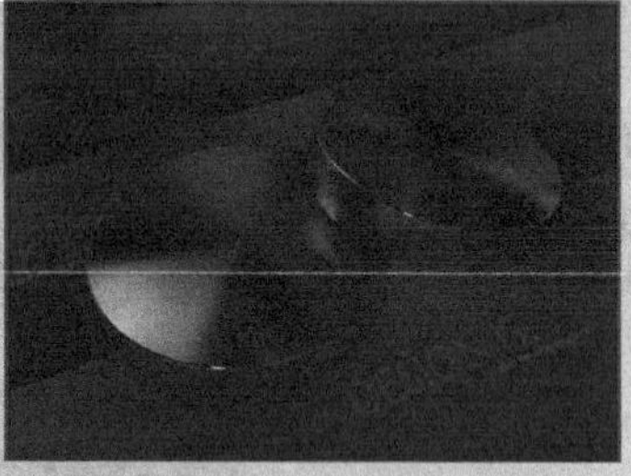
>
> 图8-110 “双向反射分布”的渲染效果

3. “选项”卷展栏

“选项”卷展栏的面板如图8-111所示。

【参数详解】

跟踪反射：用于控制光线是否追踪反射。取消勾选该选项后，VRay将不渲染反射效果。

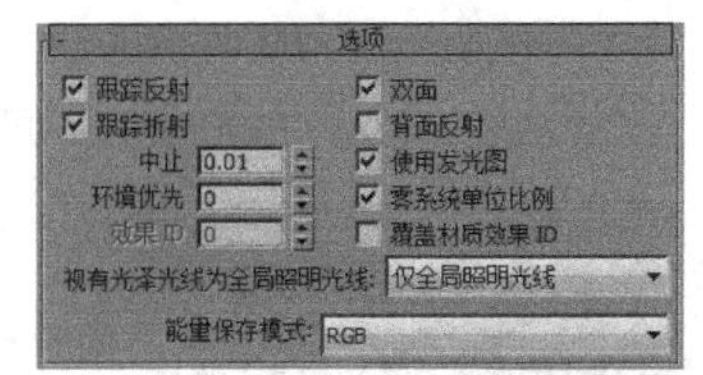

图8-111 “选项”卷展栏

跟踪折射：用于控制光线是否追踪折射。取消勾选该选项后，VRay将不渲染折射效果。

中止：反射和折射在此值范围内将不被计算。不要把该值设置为0，否则，会导致过度计算反射和折射。

环境优先：用于控制“环境优先的”数值。

双面：用于控制VRay渲染的面是否为双面。

背面反射：勾选该选项时，将强制VRay计算反射物体的背面反射效果。

使用发光图：勾选此项后，物体将以发光贴图的计算结果来模拟物体的间接照明；取消勾选后，将按DMC GI来计算间接照明。

视有光泽光线作为全局照明光线：将平滑的光线作为全局光线在场景中使用，系统提供了3种方式供用户选择。

从不：平滑的光线从不作为GI光线。

仅全局照明光线：平滑光线将被当作GI光线处理，此为默认选项，能够加速场景的渲染速度。

始终：平滑光线总是被当作GI光线，它的缺点就是二次GI引擎将会作为平滑光线。

能量保存模式：用于确定漫反射、反射和折射的颜色如何影响彼此。分为RGB和Monochrome（单色）模式。

4. “贴图”卷展栏

“贴图”卷展栏如图8-112所示。

贴图			
漫反射	100.0	☑	无
粗糙度	100.0	☑	无
反射	100.0	☑	无
高光光泽度	100.0	☑	无
反射光泽度	100.0	☑	无
菲涅耳折射率	100.0	☑	无
各向异性	100.0	☑	无
各向异性旋转	100.0	☑	无
折射	100.0	☑	无
光泽度	100.0	☑	无
折射率	100.0	☑	无
半透明	100.0	☑	无
凹凸	30.0	☑	无
置换	100.0	☑	无
不透明度	100.0	☑	无
环境		☑	无

图8-112 “贴图”卷展栏

【参数详解】

凸凹：主要用于制作物体的凹凸效果，在后面的通道中加载一张凸凹贴图。

置换：主要用于制作物体的置换效果，可以在后面的通道中加载一张置换贴图。

不透明度：主要用于制作透明物体，如窗帘和灯罩等。

环境：主要是针对上面的一些贴图设定的，如反射和折射等，只是在其贴图的效果上加入了环境贴图效果。

技巧与提示

如果场景中的某个物体不存在环境效果，那么，就可以用“环境”通道来完成，比如，在图8-113中，如果在“环境”贴图通道中加载一张位图贴图，那么，要将“坐标”类型设置为“环境”后才能正确使用，如图8-114所示。

图8-113 “环境”贴图的效果

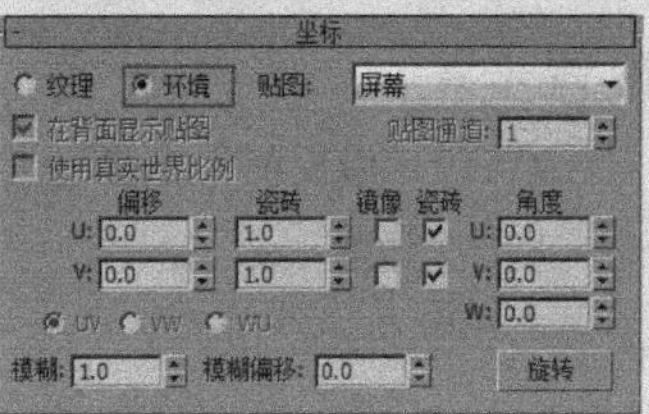

图8-114 设置“坐标”类型

课堂案例

制作地板材质

案例位置	案例文件>第8章>课堂案例：制作地板材质
视频位置	多媒体教学>第8章>课堂案例：制作地板材质.flv
难易指数	★★☆☆☆
学习目标	学习VRayMtl材质的使用方法

地板是室内效果图中不可缺少的一部分，地板材质也是使用率非常高的一类材质。制作前，我们先要分析地板材质的基本属性，主要有3种：带有纹理图案、具有反射效果、带有凹凸效果。接下来，就根据这些特点来设置材质参数。地板材质效果如图8-115所示。

图8-115 地板渲染效果

01 打开“下载资源”中的初始文件，如图8-116所示。可以在摄影机视图中观察到，地板是没有指定材质的，所以，将为其设置地板材质。

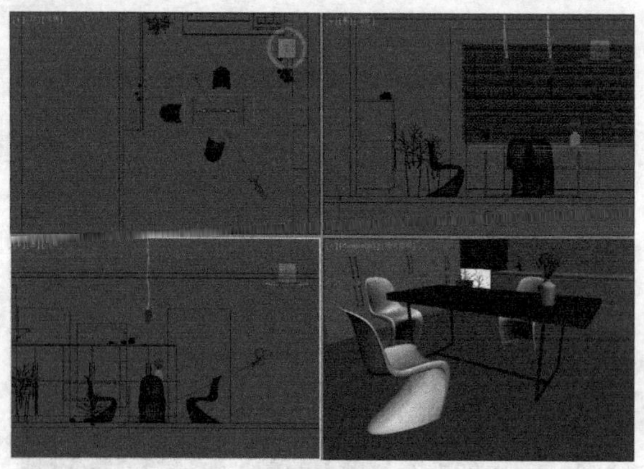

图8-116 打开初始场景

02 按M键，打开“材质编辑器”对话框，然后，选择一个空白材质球，接着，设置材质类型为“VRay材质”，再将其命名为“地板”，具体参数设置如图8-117所示。

设置步骤

① 在“漫反射”贴图通道中加载一张“下载资源”中的“地板.jpg”贴图。

② 设置“反射”颜色为“（红:54，绿:54，蓝:54）”，然后，设置“高光光泽度”为“0.8”、“反射光泽度”为“0.8”、“细分”为“20”、“最大深度”为“3”。

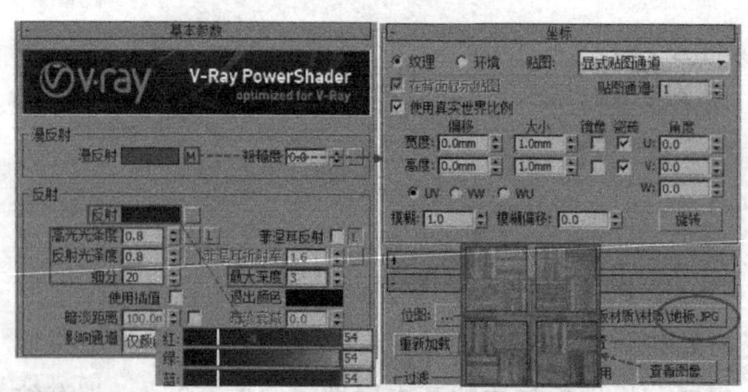

图8-117 设置“基本参数”卷展栏

03 展开“贴图”卷展栏，然后，将“漫反射”贴图通道中的“地板”贴图文件拖曳复制到“凹凸”贴图通道中，接着，设置“凹凸”数值为“50”，最后，在“环境”贴图通道中加载一张“输出”程序贴图，如图8-118所示。材质球效果如图8-119所示。

04 将“地板”材质指定给地板模型，然后，在修改器列表中为地板对象加载一个“UVW贴图”修改器。因为地板为长方体，所以，这里设置贴图类型为“长方体”，再根据视图的贴图尺寸设置“长度”“宽度”“高度”均为“1500mm”，如图8-120所示。

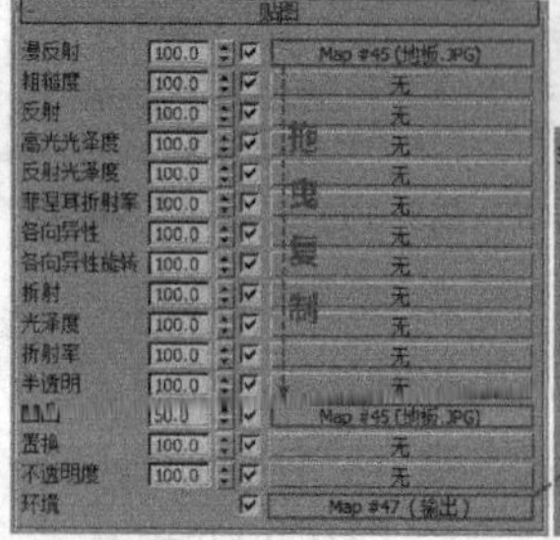

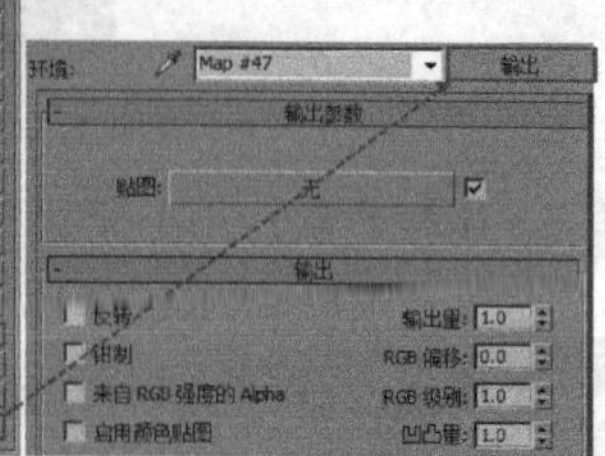

图8-118 设置“凹凸”卷展栏

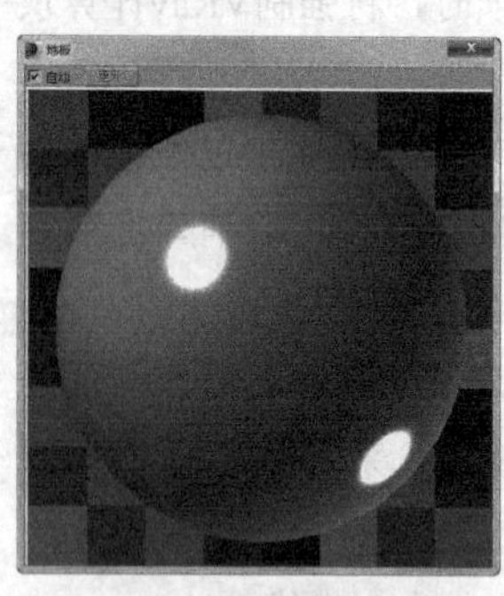

图8-119 材质球效果

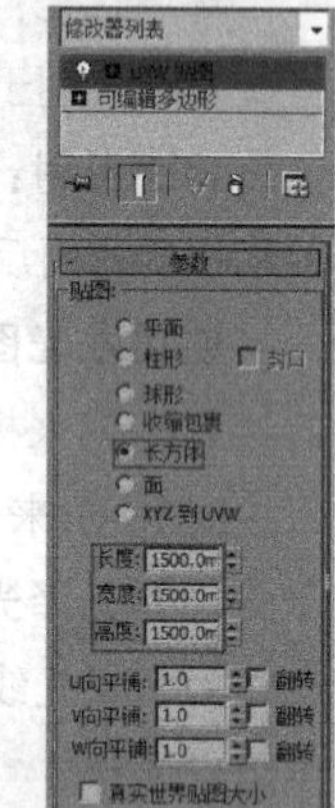

图8-120 设置“UVW贴图”参数

05 按F9键，渲染摄影机视图，地板的渲染效果如图8-121所示。

图8-121 地板的渲染效果

课堂案例

制作艺术玻璃

案例位置	案例文件>第8章>课堂案例：制作艺术玻璃
视频位置	多媒体教学>第8章>课堂案例：制作艺术玻璃.flv
难易指数	★★★★☆
学习目标	学习VRayMtl的使用方法、练习“混合”材质的使用方法

艺术玻璃在建材装饰上广为应用，一般是在平板玻璃上做图案。本例要表现的是洗手间场景中的墙面，其上面使用的是刻纹玻璃，玻璃效果如图8-122所示。

图8-122 艺术玻璃

01 打开“下载资源”文件中的初始文件，如图8-123所示。场景中的墙面无材质，接下来，就为其制作艺术玻璃材质。

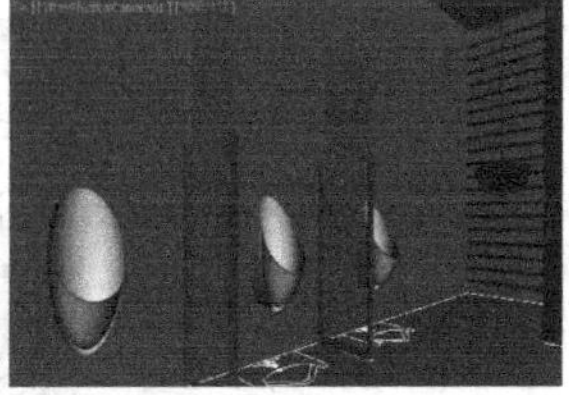

图8-123 打开初始文件

02 在“材质编辑器”中新建一个“VRayMtl材质球”，然后，将其命名为“艺术玻璃”，其参数设置如图8-124所示。

设置步骤

① 在“漫反射”选项组中设置“漫反射”颜色为“黑色”（红:0，绿:0，蓝:0），用以模拟艺术玻璃颜色。

② 设置“反射”选项组中的“反射”颜色为“（红:122，绿:122，蓝:122）”，然后，设置“高光光泽度”为“0.9”、“反射光泽度”为“0.98”。

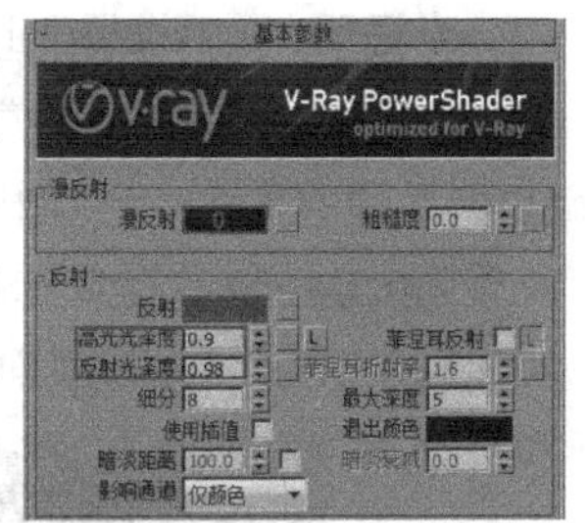

图8-124设置VRayMtl的参数

03 在VRayMtl材质上加载一个父级“混合”材质，如图8-125所示。在弹出的对话框中选择“将旧材质保存为子材质”。

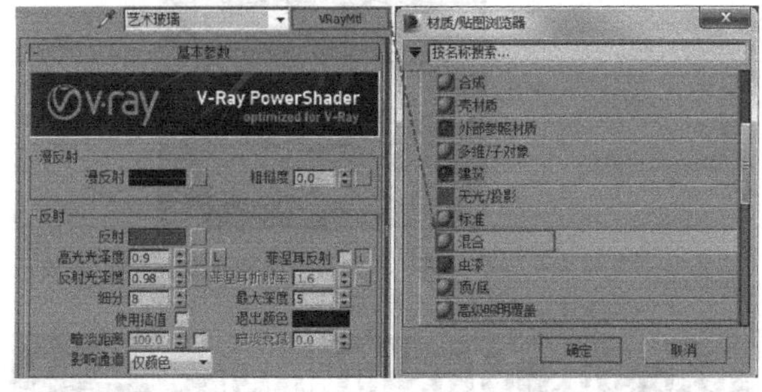

图8-125 加载“混合”材质

04 将“材质2”设置为“VRayMtl”，然后，设置“漫反射”为“白色”，用以模拟刻纹的颜色，接着，设置“反射”为“（红:75，绿:75，蓝:75）”，再设置“高光光泽度”为“0.9”、“反射光泽度”为“0.85”，如图8-126所示。

05 回到父级层，然后，在“遮罩”贴图通道中加载一张刻纹贴图，如图8-127所示。材质球效果如图8-128所示。

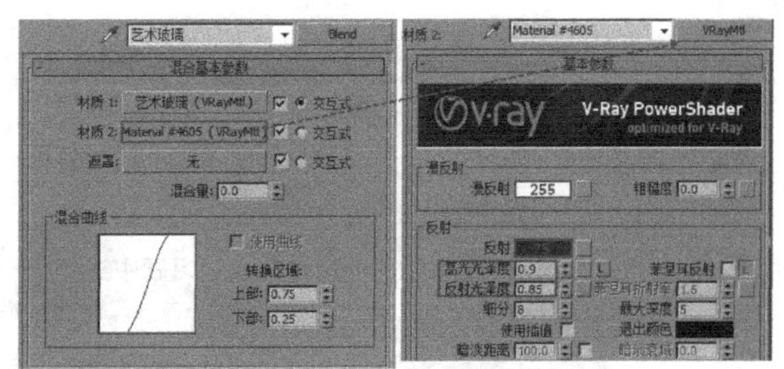

图8-126 设置“材质2”的参数

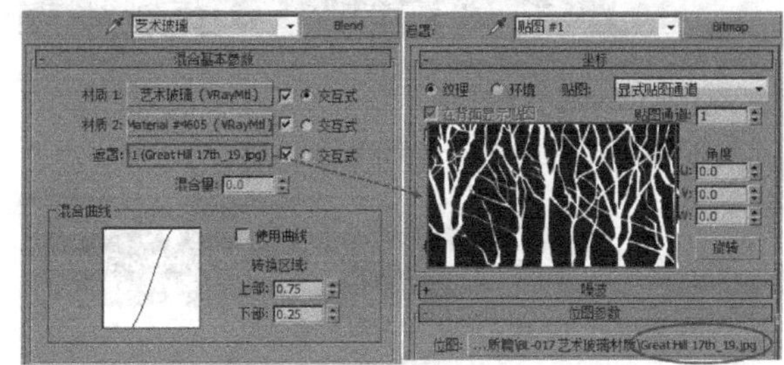

图8-127 设置“遮罩”贴图通道

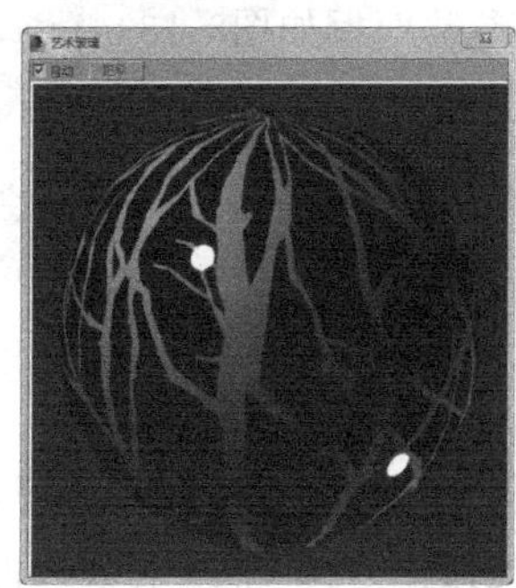

图8-128 材质球效果

06 将材质球指定给墙面，然后，为墙面加载一个“UVW贴图”修改器，再设置其贴图参数，如图8-129所示。按F9键，渲染场景，材质的渲染效果如图8-130所示。

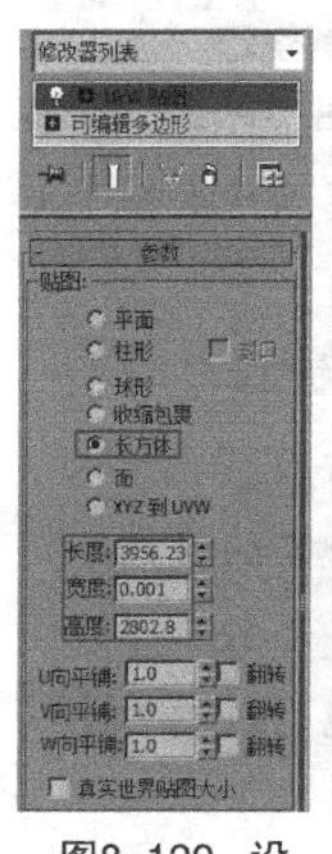

图8-129 设置“UVW贴图”参数

图8-130 材质渲染效果

技巧与提示

本例将VRayMtl与“混合”材质进行结合设置，设置步骤比较复杂，希望读者认真练习，当然，这类对象的材质也可在建模后分别赋予，不足之处就是步骤更为繁琐。

由于篇幅问题，VRayMtl的应用将在课后习题中进行全面介绍。

8.5.3 VRay混合材质

“VRay混合材质”可以让多个材质以层的方式来混合模拟物理世界中的复杂材质。“VRay混合材质”和3ds Max里的“混合”材质的效果比较类似，但其渲染速度要快得多，其参数面板如图8-131所示。

图8-131 “VRay混合材质”的参数面板

【参数详解】

基本材质：可以理解为最基层的材质，通常，创建“VRay混合材质”的时候会提示“丢弃旧材质”或“将旧材质保存为子材质”，如图8-132所示。若保存，则该处就为原材质；若丢弃，则该处就为“无”。

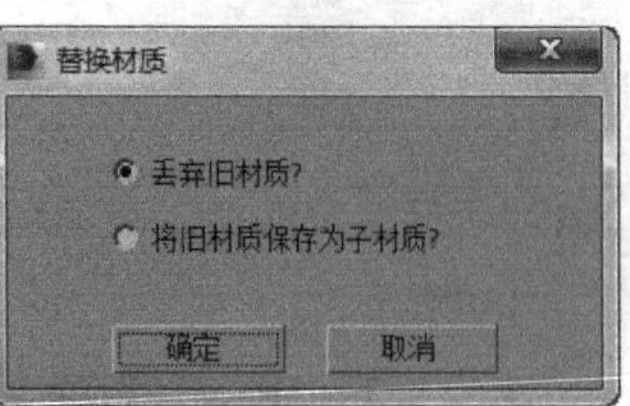

图8-132 “替换材质”对话框

镀膜材质：表面材质，可以理解为基本材质上面的材质。

混合数量：用于表示将多少“镀膜材质”混合到“基本材质”上面，如果颜色给白色，那么，“镀膜材质”将全部混合上去，而下面的“基本材质”将不起作用；如果颜色给黑色，那么，“镀膜材质”自身就没效果了。混合数量也可以由后面的贴图通道来代替。

加法（虫漆）模式：选择这个选项后，“VRay混合材质”将和3ds Max里的“虫漆”材质效果类似，一般情况下，不勾选它。

8.5.4 VRay双面材质

“VRay双面材质”可以使对象的外表面和内表面同时被渲染，并且，使内、外表面拥有不同的纹理贴图，其参数设置面板如图8-133所示。

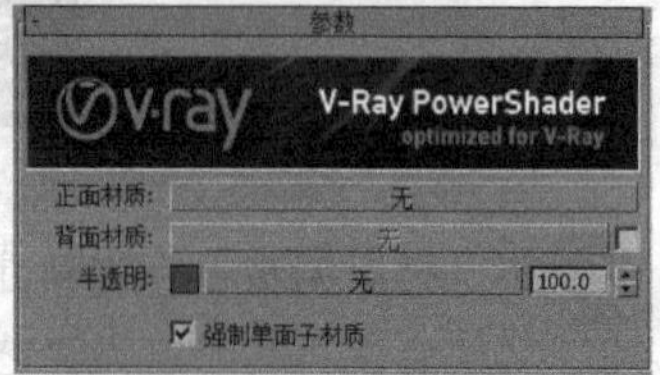

图8-133 “VRay双面材质”参数面板

【参数详解】

正面材质：用于设置物体外表面的材质。

背面材质：用于设置物体内表面的材质。

半透明：用于设置“正面材质”和“背面材质”的混合程度，可以直接设置混合值，也可以用贴图来代替。后面的数值用于控制单面物体显示哪个材质，当设置为0.0时，显示的将全部是正面的材质；当设置为100时，显示的将全部是背面材质；当设置为50时，正面和背面材质各显示一半，如图8-134所示。

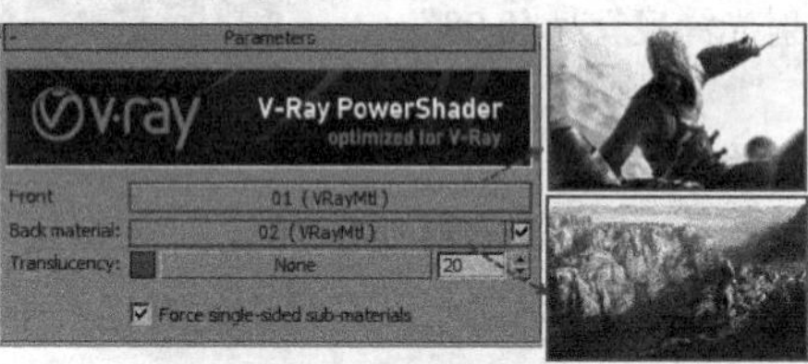

图8-134 “VR双面材质”效果演示

8.6 3ds Max的贴图

贴图主要用于表现物体材质表面的纹理，贴图可以在不增加模型的复杂程度的情况下表现出对象的细节，并且，可以创建反射、折射、凹凸和镂空等多种效果。贴图可以增强模型的质感，完善模型的造型，使三维场景更接近真实的环境，如图8-135所示。

展开VRayMtl材质的“贴图”卷展栏，该卷展栏下有很多贴图通道，可以在这些贴图通道中加载贴图，以表现出物体的相应属性，如图8-136所示。

图8-135 贴图效果

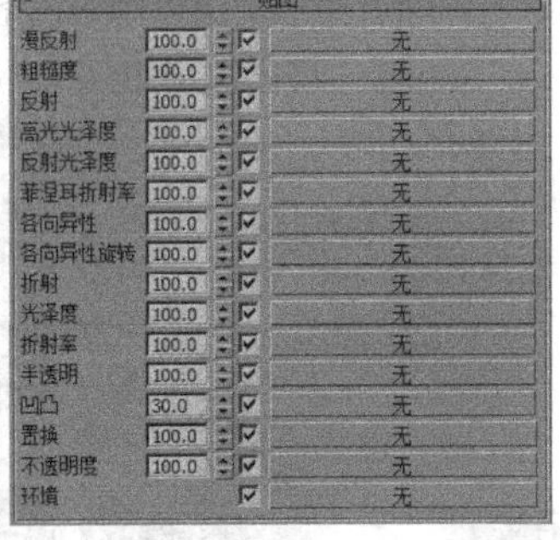

图8-136 “贴图”卷展栏

随意单击一个通道，即可在弹出的“材质/贴图浏览器”对话框中观察到很多贴图，主要包括“标准”贴图和VRay的贴图，如图8-137所示。本节要介绍的“标准”贴图类型如图8-138所示。

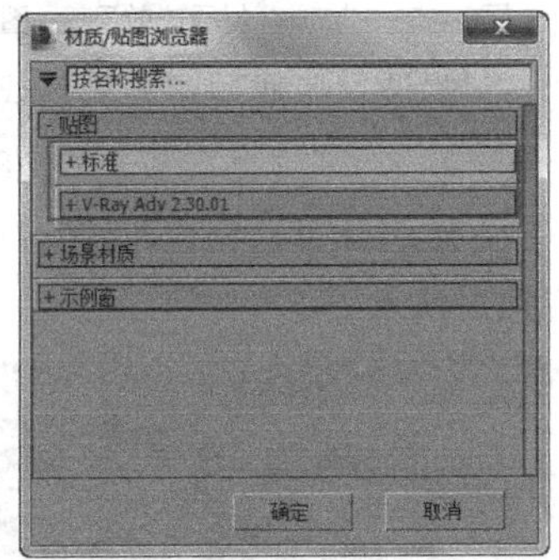

图8-137 贴图类型

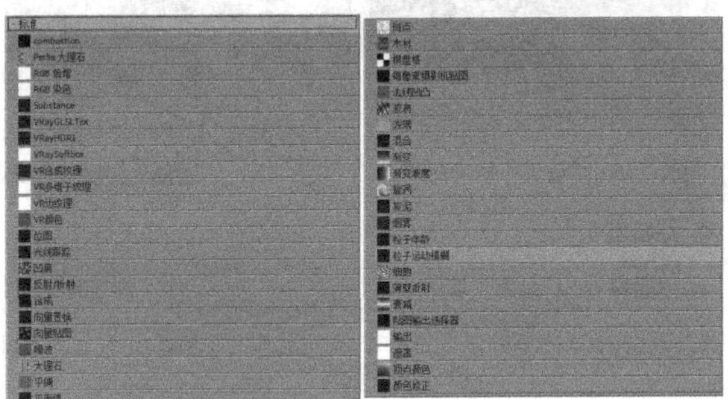

图8-138 “标准”贴图类型

【常用贴图介绍】

VRayHDRI：可将VRayHDRI翻译为高动态范围贴图，主要用于设置场景的环境贴图，即把HDRI当作光源来使用。

VRay边纹理：是一个非常简单的程序贴图，效果和3ds Max里的线框材质类似，常用于渲染线框图，如图8-139所示。

图8-139 “VRay边纹理”材质球效果

凹痕：这是一种3D程序贴图。在扫描线的渲染过程中，“凹痕”贴图会根据分形噪波产生随机图案，如图8-140所示。

斑点：这是一种3D贴图，可以生成斑点状表面图案，如图8-141所示。

图8-140 “凹痕”材质球效果 图8-141 “斑点”材质球效果

波浪：这是一种可以生成水花或波纹效果的3D贴图，如图8-142所示。

大理石：可针对彩色背景生成带有彩色纹理的大理石曲面，如图8-143所示。

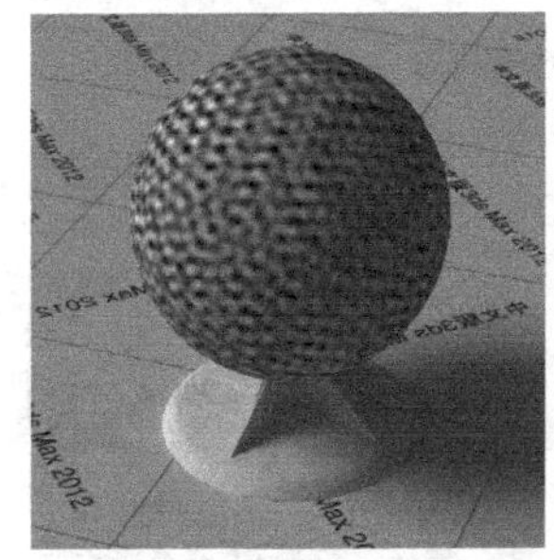

图8-142 “波浪”材质球效果 图8-143 “大理石”材质球效果

顶点颜色：可根据材质或原始顶点的颜色来调整RGB或RGBA纹理，如图8-144所示。

灰泥：用于制作被腐蚀生锈的金属和破败的物体，如图8-145所示。

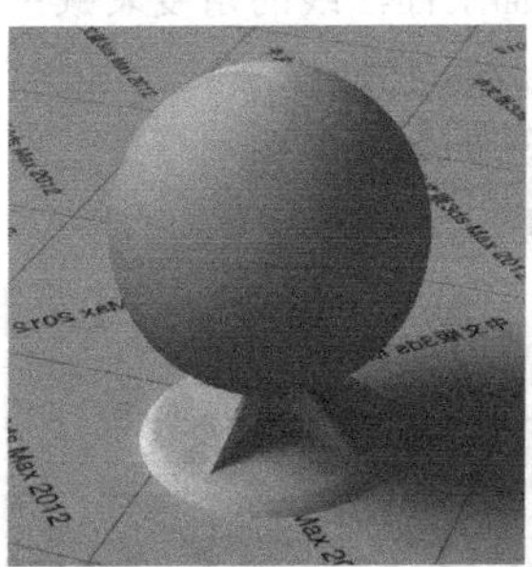

图8-144 “顶点颜色”材质球效果 图8-145 “灰泥”材质球效果

渐变：使用3种颜色创建渐变图像，如图8-146所示。

渐变坡度：可以产生多色渐变效果，如图8-147所示。

图8-146 “渐变”材质球颜色 图8-147 “渐变坡度”材质球效果

木材：用于制作木材效果，如图8-148所示。

瓷砖：用于制作瓷砖图像，如地砖，如图8-149所示。

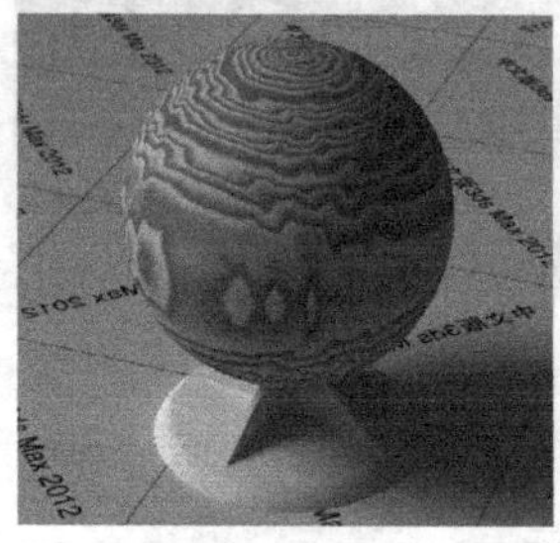

图8-148 “木材”材质球效果 图8-149 “瓷砖”材质球效果

泼溅：可产生类似油彩飞溅的效果，如图8-150所示。

棋盘格：可以产生黑白交错的棋盘格图案，如图8-151所示。

图8-150 “泼溅”材质球效果 图8-151 “棋盘格”材质球效果

输出：专门用于弥补某些无输出设置的贴图。

衰减：基于几何体曲面上面法线的角度衰减生成从白到黑的过渡效果，如图8-152所示。

位图：用于加载磁盘中的位图贴图，这是一种最常用的贴图，如图8-153所示。

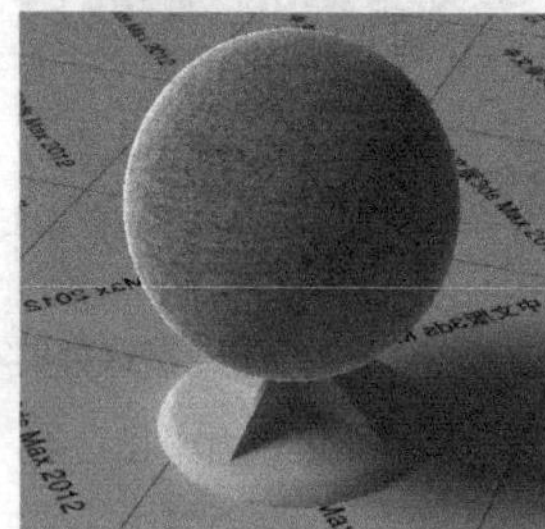

图8-152 “衰减”材质球效果 图8-153 “位图”材质球效果

细胞：可用于模拟细胞图案，如图8-154所示。

烟雾：可产生丝状、雾状或絮状等无序的纹理效果，如图8-155所示。

图8-154 “细胞”材质球效果 图8-155 “烟雾”材质球效果

噪波：可通过两种颜色或贴图的随机混合，产生一种无序的杂点效果，如图8-156所示。

漩涡：可以创建两种颜色的漩涡形效果，如图8-157所示。

图8-156 “噪波”材质球效果 图8-157 “漩涡”材质球效果

本节贴图介绍

贴图名称	贴图主要作用	重要程度
位图	加载各种位图贴图	高
渐变	设置3种颜色的渐变效果	高
瓷砖	创建类似于瓷砖的贴图	中
衰减	控制从材质强烈到柔和的过渡效果	高
噪波	将噪波效果添加到物体的表面	高
斑点	模拟具有斑点的物体	中
泼溅	模拟油彩泼溅效果	中
VRayHDRI	设置场景的环境贴图	中

技巧与提示

在下面的内容中，将对实际工作中常用的贴图类型进行详细讲解。

8.6.1 位图

“位图”贴图是一种最基本的贴图类型，也是最常用的贴图类型。“位图”贴图支持很多种格式，包括FLC、AVI、BMP、GIF、JPEG、PNG、

PSD和TIFF等主流图像格式，如图8-158所示。一些常见的“位图”贴图，如图8-159所示。

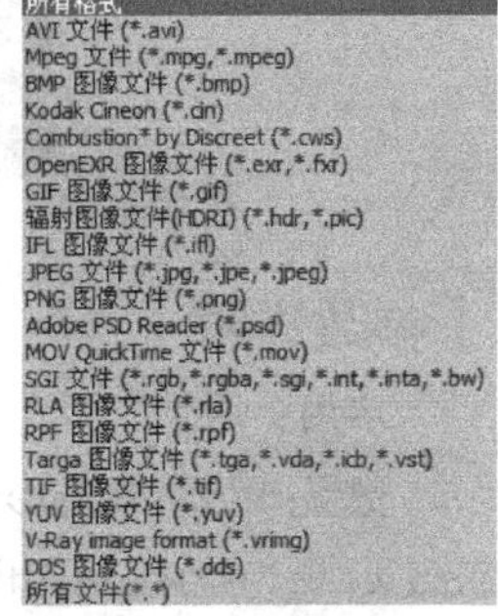

图8-158 “位图”格式

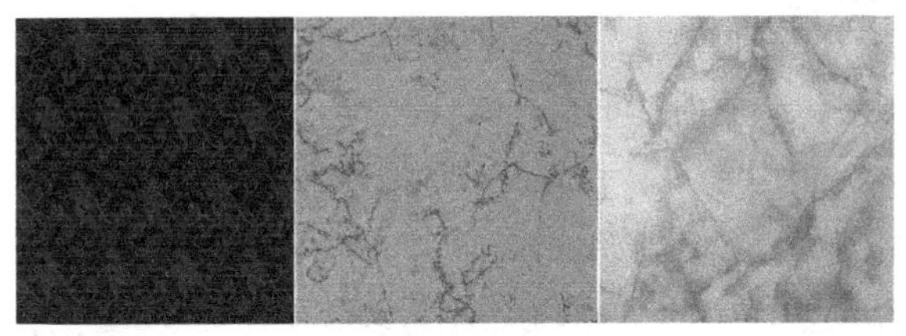

图8-159 常见的“位图”

“位图”贴图的参数面板主要包含5个卷展栏，分别是“坐标”卷展栏、“噪波”卷展栏、“位图参数”卷展栏、“时间”卷展栏和“输出”卷展栏，如图8-160所示。其中的“坐标”和“噪波”卷展栏基本上算是“2D贴图”类型的程序贴图的公用参数面板，“输出”卷展栏也是很多贴图（包括3D贴图）都会有的参数面板，“位图参数”卷展栏则是“位图”贴图所独有的参数面板。

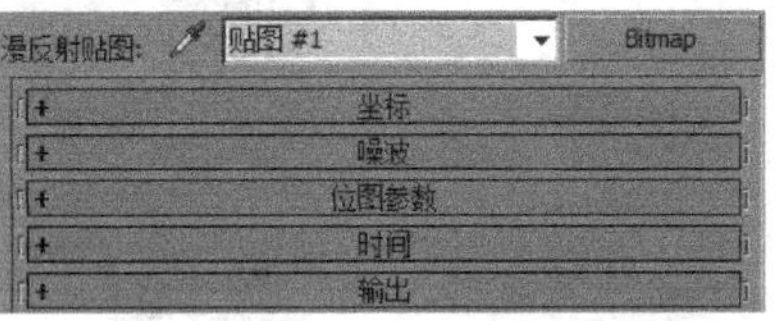

图8-160 “位图”的参数面板

技巧与提示

在本节中，将详细介绍这几个参数卷展栏中的相关参数，而在后续的贴图类型讲解中，就只针对每个贴图类型的独有参数进行介绍了，请读者注意。

1.“坐标”卷展栏

“坐标”卷展栏的参数如图8-161所示。

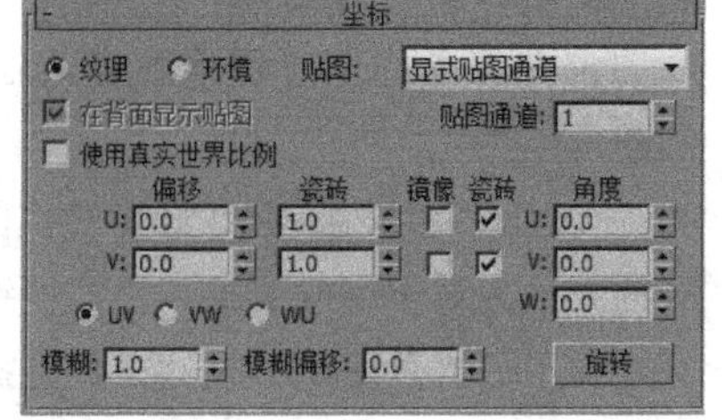

图8-161 “坐标”卷展栏

【参数详解】

纹理：将位图作为纹理贴图指定到表面，有4种坐标方式供用户使用，可以在右侧的“贴图”下拉菜单中进行选择，如图8-162所示。

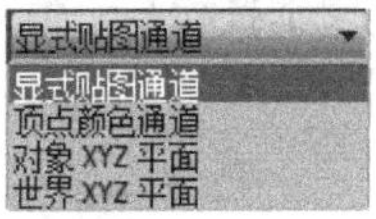

显式贴图通道
显式贴图通道
顶点颜色通道
对象 XYZ 平面
世界 XYZ 平面

图8-162 纹理“贴图”下拉菜单

显示贴图通道：可使用任何贴图通道，从1～99任选。

顶点颜色通道：可使用指定的顶点颜色作为通道。

对象XYZ平面：可使用源于对象自身坐标系的平面贴图方式，打开“在背面显示贴图”选项后，才能在背面显示贴图。

世界XYZ平面：使用源于场景世界坐标系的平面贴图方式，打开“在背面显示贴图”选项后，才能在背面显示贴图。

环境：将位图作为环境贴图使用时，就如同将它指定到场景中的某个不可见对象上一样，右侧的“贴图”下拉菜单中有4种坐标方式，如图8-163所示。

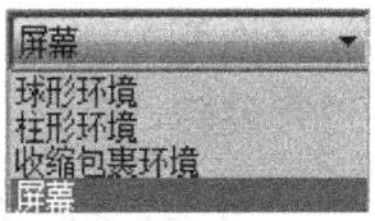

屏幕
球形环境
柱形环境
收缩包裹环境
屏幕

图8-163 环境“贴图”下拉菜单

技巧与提示

前3种环境坐标与“UVW贴图”修改器中的相同，“球形环境”会在两端产生撕裂现象；“收缩包裹环境”只在一端产生少许撕裂现象，如果要进行摄影机移动，它就是最好的选择；“柱形环境”则像一个巨大的柱体围绕在场景周围；“屏幕”方式可以将图像不变形地直接指向视角，类似于一面悬挂在背景上的巨大幕布。“屏幕”方式总是与视角锁定，所以，只适用于静帧或没有摄影机移动的渲染。除了“屏幕”方式之外，其他3种方式都应当用高精度的贴图来制作环境背景。

在背面显示贴图：勾选此项后，平面贴图将在渲染时投射到对象背面，默认为开启。只有在U、V轴都取消勾选“瓷砖”的情况下，它才有效。

使用真实世界比例：勾选此项后，可用真实“宽度”和“高度”值将贴图应用于对象，而不是U、V值。

贴图通道：当上面一项选择为“显示贴图通道”时，该输入框可用，允许用户选择一个从1～99的任意通道。

偏移：用于改变对象的U、V坐标，以此调节贴图在对象表面的位置。贴图的移动与其自身的大小有关，例如，要将某贴图向左移动其完整宽度的距离，向下移动其一半宽度的距离时，可在“U轴偏移”栏内输入“-1”，在“V轴偏移”栏内输入“0.5”。

瓷砖（也有翻译为“平铺”）：用于设置水平和垂直方向上贴图重复的次数，勾选右侧的“瓷砖”复选项后，该项才起作用，它可以将纹理连续不断地贴在对象表面，经常用于砖墙和地板的制作，值为1时，贴图将表面贴一次；值为2时，贴图将在表面各个方向上重复贴两次，贴图尺寸都会相应缩小一半；值小于1时，贴图会被放大。

镜像：可在对象表面镜像复制贴图，形成该方向上两个镜像的贴图效果。与“瓷砖”一样，镜像可以在U轴、V轴或两轴向上同时进行，轴向上的“瓷砖”参数用于显示它的贴图数量，每次复制都是对于自身相邻的贴图进行的。

UV/UW/WU：用于改变贴图所使用的贴图坐标系统。默认的UV坐标系统可将贴图像放映幻灯片一样投射到对象表面；VW与WU坐标系统用于对贴图进行旋转，使其垂直于表面。

角度：用于控制在相应的坐标方向上产生贴图的旋转效果，既可以输入数据，也可以单击“旋转”钮，进行实时调节。

模糊：可影响图像的尖锐程度，但影响力较低，主要用于位图的抗锯齿处理。

模糊偏移：可通过图像的偏移产生大幅度的模糊效果，可用于制作柔和散焦效果。它的值很灵敏，一般用于反射贴图的模糊处理。

旋转：用于激活旋转贴图坐标示意框，可以直接在框中拖动鼠标指针，对贴图进行旋转。

2.“噪波”卷展栏

“噪波”卷展栏的参数如图8-164所示。可通过指定不规则噪波函数使UV轴向上的贴图像素产生扭曲，为材质添加噪波效果，可制作出非常复杂的噪波图案，非常适合创建随机图案，还适于模拟不规则的自然地表。噪波参数间的相互影响非常紧密，细微的参数变化就可能带来明显的差别。

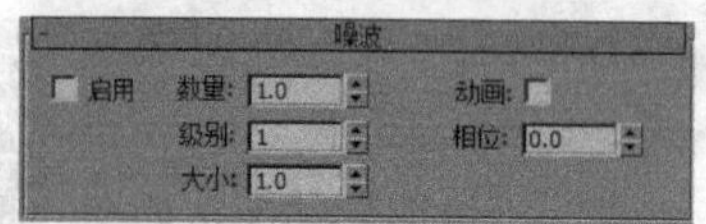

图8-164 “噪波”卷展栏

【参数详解】

启用：用于控制噪波效果的开关。

数量：用于控制分形计算的强度，值为0时，不产生噪波效果；值为100时，位图将完全被噪化，默认设置为1。

级别：用于设置函数被指定的次数，与“数量”值有紧密的联系，“数量”值越大，“级别”值的影响就越强烈，它的值可在1～10之间调节，默认设置为1。

大小：用于设置噪波函数相对于几何造型的比例。值越大，波形越缓；值越小，波形越碎，值可在0.001～100之间调节，默认设置为1。

动画：用于确定是否要进行动画噪波处理，只有打开它时才允许产生动画效果。

相位：用于控制噪波函数产生动画的速度。将相位值的变化记录为动画后，就可以产生动画的噪波材质了。

3.“位图参数”卷展栏

“位图参数”卷展栏的参数如图8-165所示。

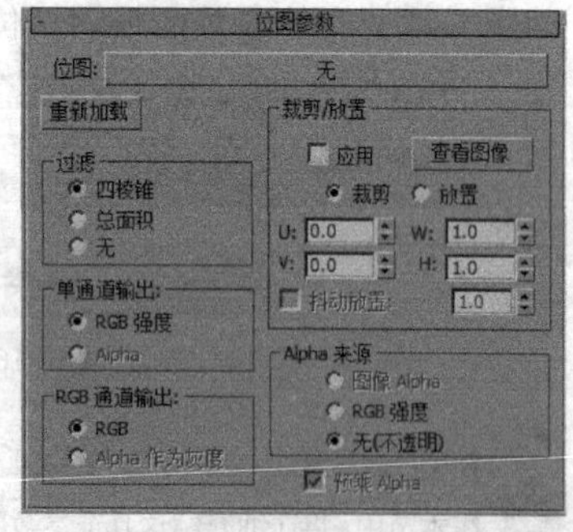

图8-165 “位图参数”卷展栏

【参数详解】

位图：单击右侧的按钮后，可以在文件框中选择一个位图文件。

重新加载：可按照相同的路径和名称重新将上面的位图调入，以方便修改在其他软件中改动后的图。

“过滤”参数组：用于确定对位图进行抗锯齿处理的方式。对于一般要求，“四棱锥”过滤方式已经足够了。“总面积”过滤方式可提供更加优秀的过滤效果，但会占用更多的内存，如果对“凹凸”

贴图的效果不满意，可以选择这种过滤方式，其效果非常优秀，这是提高3ds Max凹凸贴图渲染品质的一个关键参数，不过，渲染时间也会大幅增长。如果选择“无”选项，将不对贴图进行过滤。

单通道输出：可根据贴图方式的不同选择使用的通道。对于某些贴图方式（如凹凸），只要求用位图的黑白效果来产生影响，这时，一张彩色的位图就会以一种方式转换为黑白效果，通常，以RGB明暗度方式转换，根据红、绿、蓝的明暗强度将其转化为灰度图像，就像在Photoshop中将彩色图像转化为灰度图像一样；如果位图是一个具有Alpha通道的32位图像，也可以将它的Alpha通道图像作为贴图影响，如使用它的Alpha通道制作标签贴图时。

RGB强度：可用红、绿、蓝通道的强度作用于贴图。像素点的颜色将被忽略，只使用它的明亮度值，彩色将在0（黑）～255（白）级的灰度值之间进行计算。

Alpha：可用贴图自带的Alpha通道的强度进行贴图。

RGB通道输出：对于要求用彩色贴图的贴图方式，如漫反射、高光、过滤色、反射和折射等，可用选项确定位图显示色彩的方式。

RGB：以位图全部彩色进行贴图。

Alpha作为灰度：以Alpha通道图像的灰度级别来显示色调。

裁剪/放置：这是一种非常有力的控制方式，它允许在位图上任意剪切一部分图像并将其作为贴图使用，或者将原位图比例进行缩小后使用，它并不会改变原位图文件，只是在材质编辑器中实施控制。这种方法非常灵活，尤其是在进行反射贴图处理时，可以随意调节反射贴图的大小和内容，以取得最佳的质感。其参数选项如图8-166所示。

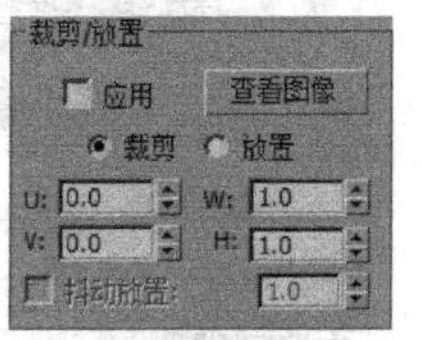

图8-166 “裁剪/放置”选项组

应用：勾选此选项后，所有的剪切和定位设置才能起作用。

裁剪：允许在位图内剪切局部图像并将其用于贴图，其下的U、V值用于控制局部图像的相对位置，W、H值用于控制局部图像的宽度和高度。

放置：选择该项后，“瓷砖”贴图设置将会失效，贴图将以“不重复”的方式贴在物体表面，U、V值用于控制缩小后的位图在原位图上的位置，也可影响贴图在物体表面的位置，W、H值用于控制位图缩小的长宽比例。

抖动放置：对“放置”方式起作用，勾选后，缩小位图的比例和尺寸将由系统提供的随机值来控制。

查看图像：单击此按钮后，系统会弹出一个虚拟图像设置框，可以在设置框中进行剪切和放置操作。拖动位图周围的控制柄，可以剪切和缩小位图；在方框内拖动鼠标指针，可以移动被剪切和缩小的图像；在“放置”方式下，按住Ctrl键后可进行等比放缩；在“剪裁”方式下，按住Ctrl键的同时按左、右键，可以对图像显示进行放缩。

Alpha来源：用于确定贴图位图透明信息的来源。

图像Alpha：如果该图像具有Alpha通道，那么，将使用它的Alpha通道。

RGB强度：将彩色图像转化的灰度图像并将其作为透明通道来源。

无（不透明）：不使用透明信息。

预乘Alpha：用于确定以何种方式来处理位图的Alpha通道，默认为开启状态，如果将它关闭，RGB值将被忽略，只有发现不重复贴图不正确时，才将它关闭。

4.“输出”卷展栏

“输出”卷展栏的参数如图8-167所示。这些参数主要用于调节贴图输出时的最终效果，相当于二维软件中的图片校色工具。

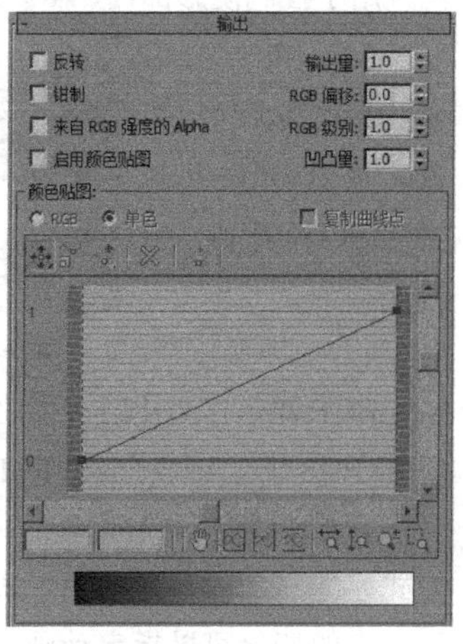

图8-167 “输出”卷展栏

【参数详解】

反转：可将位图的色调反转，如同照片的负片效果，对于凹凸贴图，该项则可使凹凸纹理反转。

钳制：勾选此项后，限制颜色值的参数将不超过1。如果将它打开，增加“RGB级别”值后，会产生强烈的自发光效果，因为值大于1后，效果会变白。

来自RGB强度的Alpha：勾选此项后，基于位图RGB通道的明度将产生一个Alpha通道，黑色透明，白色不透明，中间色可根据其明度显示出不同程度的半透明效果，默认为关闭状态。

启用颜色贴图：勾选此项后，可以使用色彩贴图曲线。

输出量：用于控制位图融入一个合成材质中的数量（程度），可影响贴图的饱和度与通道值，默认设置为1。

RGB偏移：用于设置位图RGB的强度偏移。值为0时，不发生强度偏移；大于0时，位图RGB强度增大，趋向于纯白色；小于0时，位图RGB强度减小，趋向于黑色。默认设置为0。

RGB级别：用于设置位图RGB色彩值的倍增量，它影响的是图像的饱和度，增大该值时，图像将趋向于饱和与发光，减小该值时，图像的饱和度将降低，最终变灰，默认设置为1。

凹凸量：只对凹凸贴图起作用，用于调节凹凸的强度，默认值为1。

颜色贴图：用于调节图像的色调范围，其参数面板如图8-168所示。坐标（1，1）位置用于控制高亮部分，（0.5，0.5）位置用于控制中间影调，（0，0）位置用于控制阴影部分。可通过在曲线上添加、移动、放缩点（拐点、贝兹-光滑和贝兹-拐点3种类型）来改变曲线的形状。

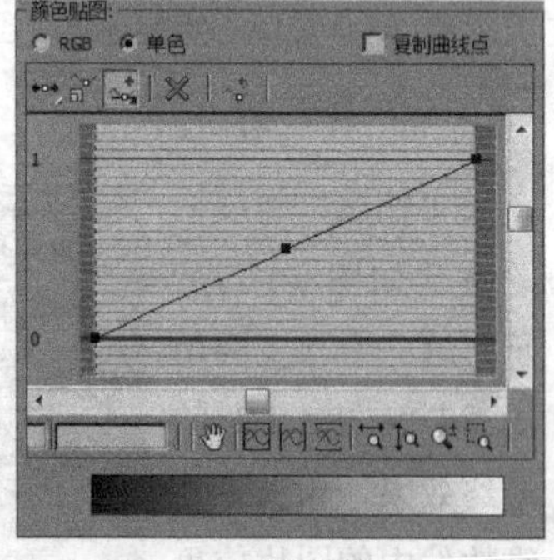

图8-168 “颜色贴图”选项组

RGB/单色：用于指定贴图曲线分类是单独过滤RGB通道（RGB方式）或联合滤过RGB通道（单色方式）。

复制曲线点：开启该项后，在RGB方式（或单色方式）下添加的点在转换方式后还会保留在原位。这些点的变化可以指定动画，但贝兹点把手的变化不能指定。在RGB方式下指定动画后，转换为单色方式时，动画可以延续下来，但反之不可。

移动：可以向任意方向移动选择的点，表示只能在水平方向上移动选择的点，表示只能在垂直方向上移动选择的点。

缩放点：用于改变控制点的输出量，但维持相关的点。“贝兹-拐点”的作用等同于垂直移动的作用；“贝兹-光滑”的点可以同时放缩贝兹点和把手。

添加点：可在曲线上任意添加贝兹拐点；模式可在曲线上任意添加贝兹光滑点。选择一种添加方式后，可以在按住Ctrl键的同时在曲线上添加另一种方式的点。

删除点：可删除曲线上的点。

重置曲线：回复到曲线的默认状态，视图的变化不受影响。

平移：可在视图中任意拖曳曲线位置。

最大化显示：用于显示曲线全部。

水平方向最大化显示：用于显示水平方向上曲线全部。

垂直方向最大化显示：用于显示垂直方向上曲线全部。

水平缩放：用于在水平方向上放缩曲线。

垂直缩放：用于在垂直方向上放缩曲线。

缩放：围绕光标进行放大或缩小。

缩放区域：可围绕图上任何区域绘制长方形区域，然后，将其缩放到该视图中。

技巧与提示

前面的实例中已经讲过“位图”贴图了，并且，还使用过很多次，下面，具体说明一下其规范的加载步骤。

第1步：在“漫反射”贴图通道中加载一张位图贴图，如图8-169所示，然后，将材质指定给一个球体模型，如图8-170所示。

第2步：加载位图后，系统会自动弹出位图的参数设置面板，这里的参数主要用于设置位图的“偏移”值、“瓷砖”值和“角度”值，如图8-171所示。

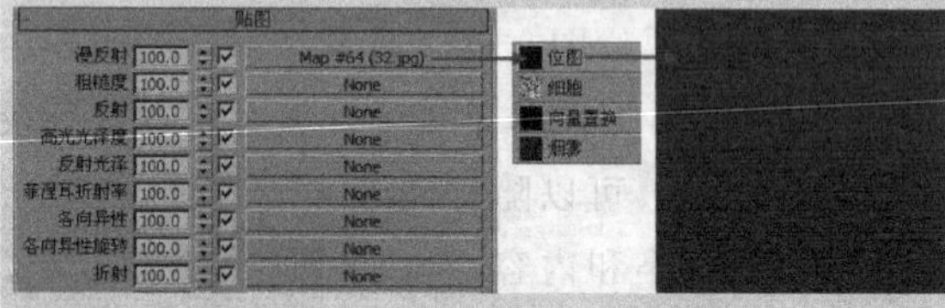

图8-169 加载位图

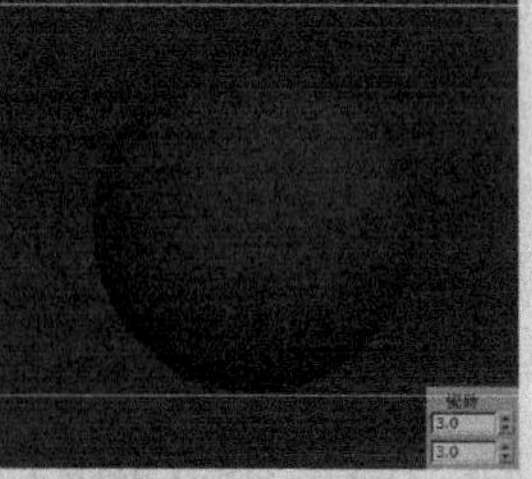

图8-170 材质球效果　图8-171 设置“瓷砖”参数

第3步：勾选“镜像”选项后，贴图的方式就变成镜像方式了，若贴图不是无缝贴图，则建议勾选“镜像”选项，如图8-172所示。

第4步：在"位图参数"卷展栏下勾选"应用"选项，然后，单击后面的"查看图像"按钮 查看图像 ，可以在弹出的对话框中对位图的应用区域进行调整，如图8-173所示。

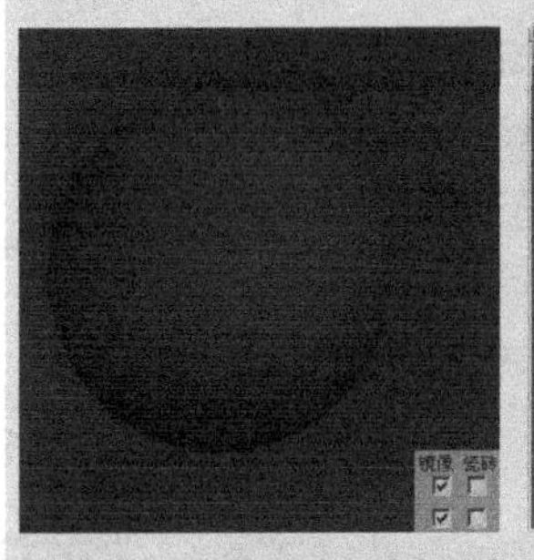

图8-172 勾选"镜像"选项

图8-173 查看图像

第5步：在"坐标"卷展栏下设置"模糊"为"0.1"，可以在渲染时得到最精细的贴图效果，如图8-174所示；若将"模糊"设置为1，则可以得到最模糊的贴图效果，如图8-175所示。

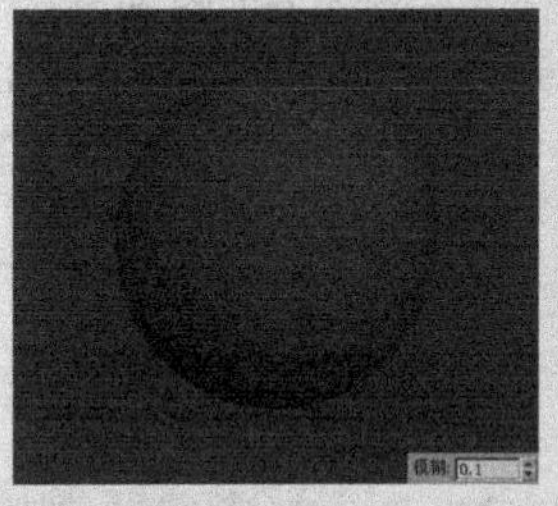

图8-174 设置"模糊"为"0.1"

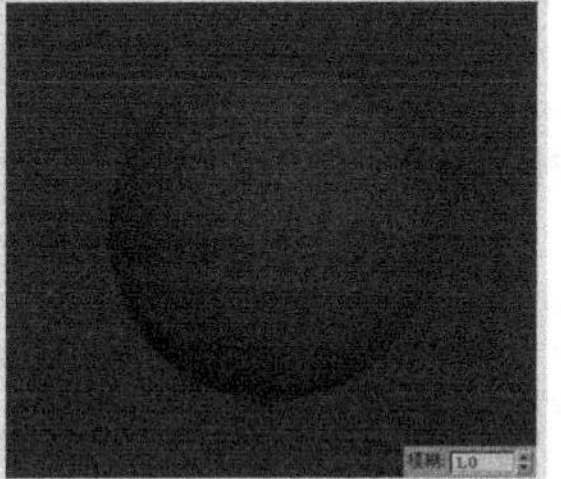

图8-175 设置"模糊"为"1"

8.6.2 渐变

使用"渐变"程序贴图时，可以设置3种颜色的渐变效果，其参数设置面板如图8-176所示。

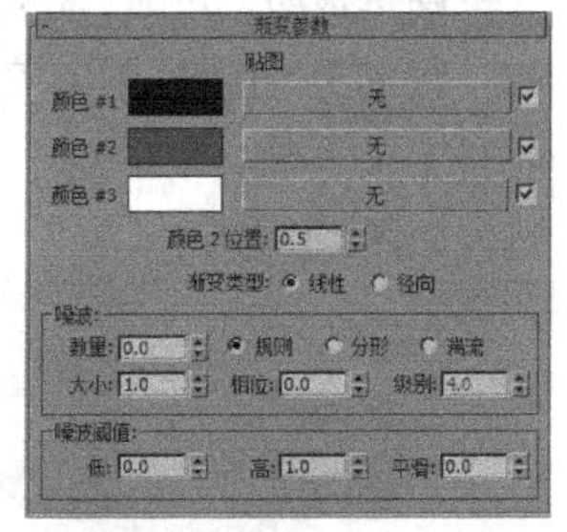

图8-176 "渐变参数"卷展栏

可以任意修改渐变颜色，修改后，物体材质颜色也会随之改变。图8-177和图8-178分别所示为默认的渐变颜色及将渐变颜色修改为红、绿、蓝后的渲染效果。

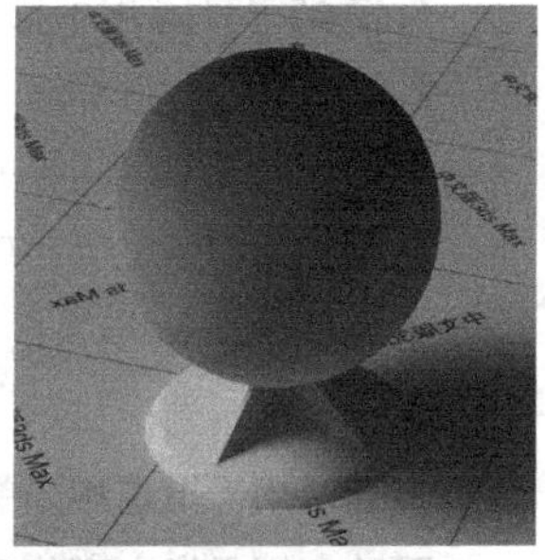

图8-177 默认渐变

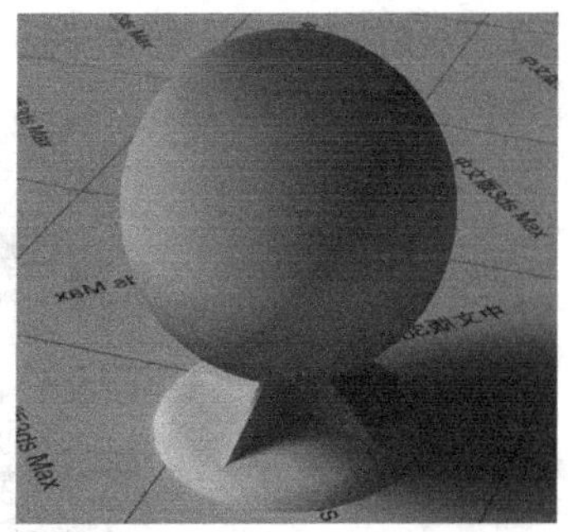

图8-178 "红、绿、蓝"渐变

8.6.3 平铺

可以用"平铺"程序贴图创建出类似瓷砖的贴图，通常用于制作建筑砖块图案，其参数设置面板如图8-179所示。

图8-179 "平铺"贴图的参数面板

1."标准控制"卷展栏

"标准控制"卷展栏的参数面板如图8-180所示。

图8-180 "标准控制"卷展栏

【参数详解】

预设类型：可以在右侧的下拉列表中选择不同的砖墙图案，其中的"自定义平铺"可以调用在"高级控制"中自制的图案。图8-181所示为几种不同的砌合方式。

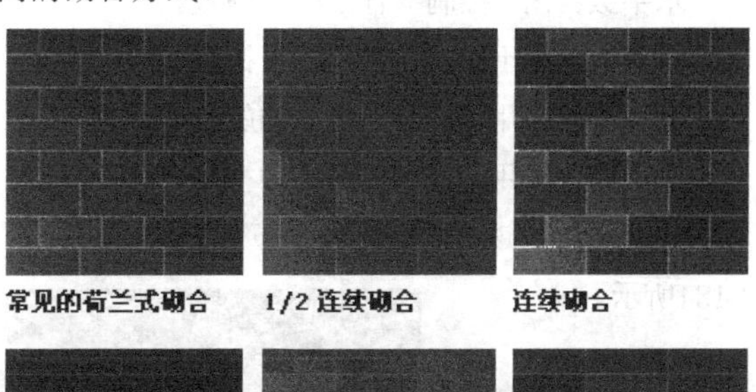

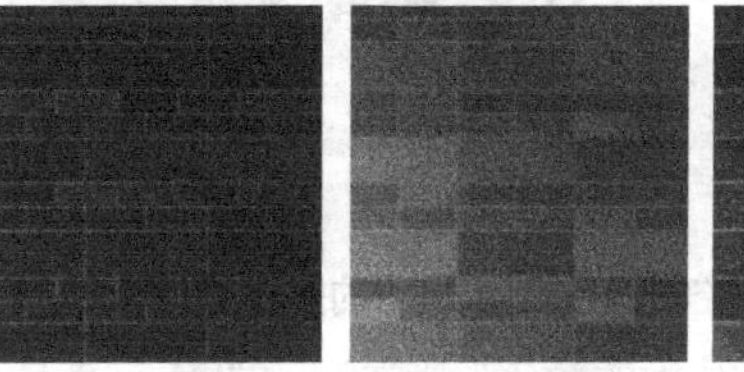

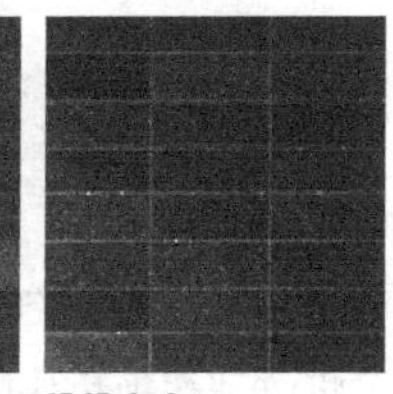

图8-181 砌合方式

2. “高级控制”卷展栏

“高级控制”卷展栏的参数面板如图8-182所示。

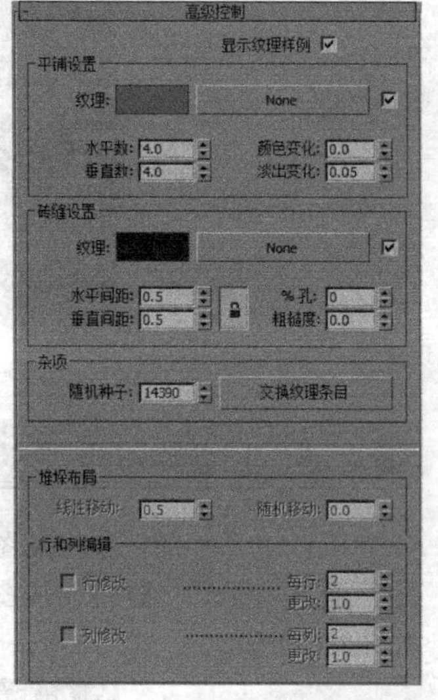

图8–182 “高级控制”卷展栏

【参数详解】

显示纹理样例：用于更新显示指定给墙砖或灰泥的贴图。

平铺设置：该选项组共包含下列5个选项，如图8-183所示。

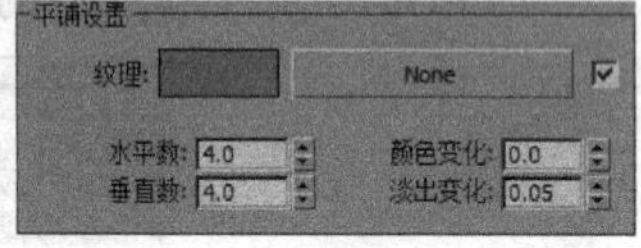

图8–183 “平铺设置”选项组

纹理：用于控制当前砖块贴图的显示。开启它后，可将纹理替换色块中的颜色作为砖墙的图案；关闭它后，则只显示砖墙颜色可通过。单击色块调用颜色选择对话框。右侧的贴图通道按钮可用于指定纹理贴图。

水平数：用于控制一行上的平铺数。

垂直数：用于控制一列上的平铺数。

颜色变化：用于控制砖墙中的颜色变化程度。

淡出变化：用于控制砖墙中的褪色变化程度。

砖缝设置：该选项组共包含下列5个选项，如图8-184所示。

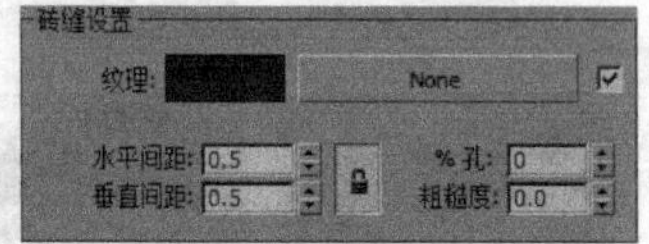

图8–184 “砖缝设置”选项组

纹理：用于控制当前灰泥贴图的显示。开启它后，可将纹理替换色块中的颜色作为灰泥的图案；关闭它后，则只显示灰泥颜色。可通过单击色块调用颜色选择对话框。右侧的长方形按钮用于指定纹理贴图。

水平间距：用于控制砖块之间水平向上的灰泥大小。默认情况下，它与“垂直间距”锁定在一起。可通过单击右侧的“锁”图案解除锁定。

垂直间距：用于控制砖块之间垂直方向上的灰泥大小。

%孔：用于设置砖墙表面因没有墙砖而造成的空洞的百分比程度，可通过这些墙洞看到“灰泥”的情况。

粗糙度：用于设置灰泥边缘的粗糙程度。

杂项：该选项组包含下列两个选项，如图8-185所示。

图8–185 “杂项”选项组

随机种子：可将颜色变化图案随机应用到砖墙上，不需要任何其他设置就可以产生完全不同的图案。

交换纹理条目：用于交换砖墙与灰泥之间的贴图或颜色设置。

堆垛布局：只有选择了“标准控件”卷展栏的“预设类型”中的“自定义平铺”后，这个选项才能被激活，如图8-186所示。

图8–186 “堆垛布局”卷展栏

线性移动：可每隔一行移动砖块行单位距离。

随机移动：可随意移动全部砖块行单位距离。

行和列编辑：只有在“预设类型”中选择了“自定义平铺”后，这个选项才能被激活，其参数选项如图8-187所示。

图8–187 “行和列编辑”卷展栏

行修改：每隔指定的行数，按“更改”栏中指定的数量变化一行砖块。

每行：用于指定相隔的行数。

更改：用于指定变化砖块数量。

列修改：每隔指定的列数，按“更改”栏中指定的数量变化一列砖块。

每列：用于指定相隔的列数。

更改：用于指定变化砖块数量。

课堂案例

制作地面材质

案例位置	案例文件>第8章>课堂案例：制作地面材质
视频位置	多媒体教学>第8章>课堂案例：制作地面材质.flv
难易指数	★★☆☆☆
学习目标	学习"平铺"程序贴图的使用方法

在前面的案例中，我们通过为"VRayMtl材质"加载位图的方式制作过地板材质，在本例中，我们将根据地板砖石平铺的这一特性，通过加载"平铺"程序贴图来完成地面材质的制作，其渲染效果如图8-188所示。

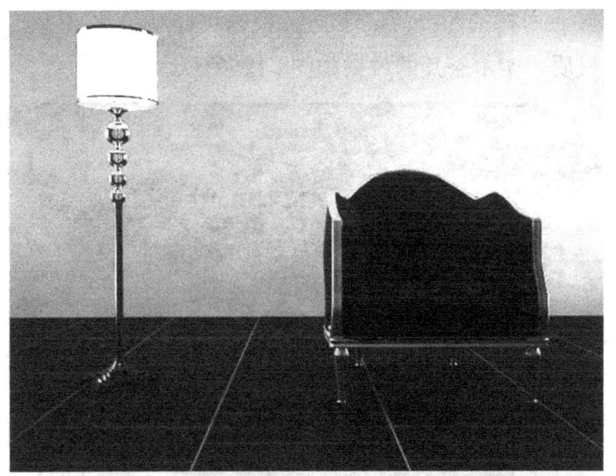

图8-188 地板材质的渲染效果

01 打开"下载资源"中的初始文件，如图8-189所示。接下来，为地板设置材质。

图8-189 打开初始文件

02 选择一个空白材质球，然后，设置材质类型为"VRayMtl材质"，接着，将其命名为"地砖"，再展开"基本参数"卷展栏，具体参数设置如图8-190所示。

设置步骤

① 在"漫反射"贴图通道中加载一张"平铺"程序贴图，然后，在"高级控制"卷展栏下的"纹理"贴图通道中加载一张"下载资源"中的"地面.jpg"位置，接着，设置"水平数"和"垂直数"为"20"，最后，设置"水平间距"和"垂直间距"为"0.02"。

② 在"反射"选项组中设置"反射"颜色为"（红：20，绿：20，蓝：20）"，然后，设置"反射光泽度"为"0.85"、"细分"为"20"、"最大深度"为"2"。

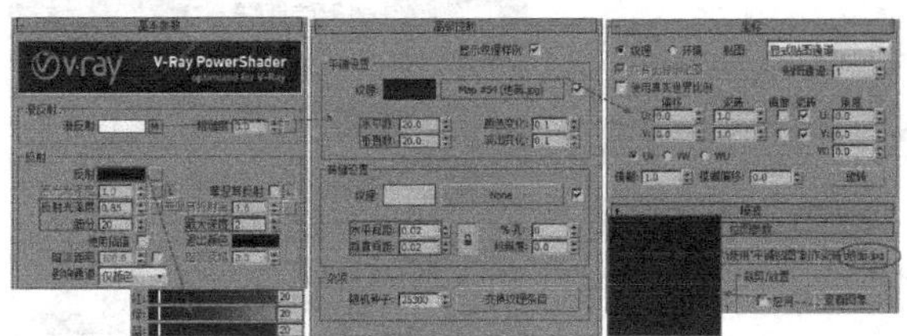

图8-190 设置"基本参数"卷展栏

03 展开"贴图"卷展栏，然后，用鼠标将"漫反射"通道中的贴图拖曳到"凹凸"通道上，接着，设置凹凸的强度为"5"，如图8-191所示。

贴图			
漫反射	100.0	☑	1 (Tiles)
粗糙度	100.0	☑	无
反射	100.0	☑	无
高光光泽度	100.0	☑	无
反射光泽度	100.0	☑	无
菲涅耳折射率	100.0	☑	无
各向异性	100.0	☑	无
各向异性旋转	100.0	☑	无
折射	100.0	☑	无
光泽度	100.0	☑	无
折射率	100.0	☑	无
半透明	100.0	☑	无
凹凸	5.0	☑	1 (Tiles)
置换	100.0	☑	无
不透明度	100.0	☑	无
环境		☑	无

拖曳复制

图8-191 设置"贴图"卷展栏

04 将制作好的材质指定给场景中的地板模型，然后，按F9键，渲染当前场景，最终效果如图8-192所示。

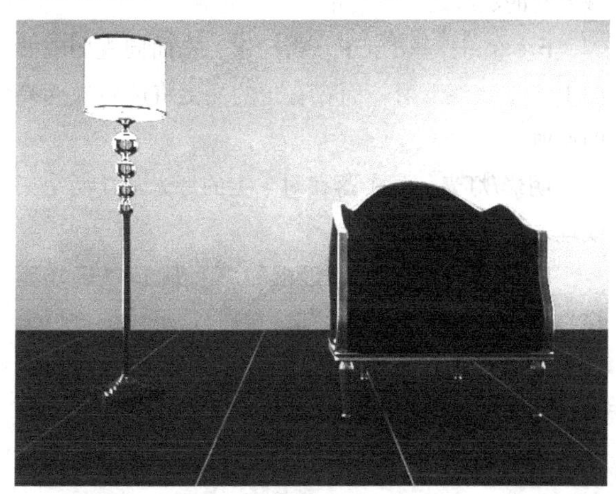

图8-192 材质的渲染效果

8.6.4 衰减

“衰减”程序贴图可以用来控制材质以强烈到柔和的过渡效果，使用频率比较高。其参数设置面板如图8-193所示。

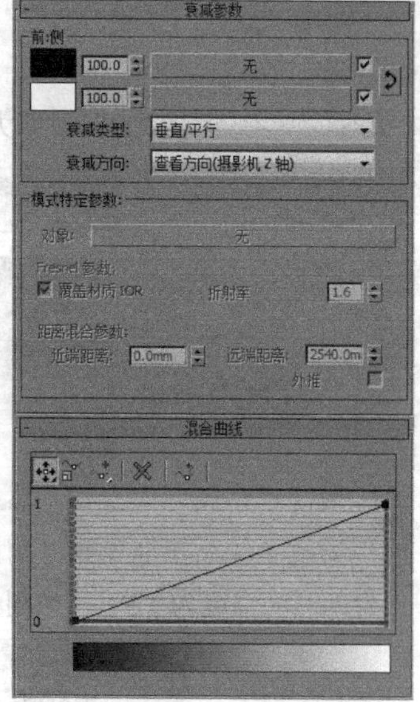

图8-193 “衰减”的参数面板

【参数详解】

衰减类型：用于设置衰减的方式，共有以下5种方式，如图8-194所示。

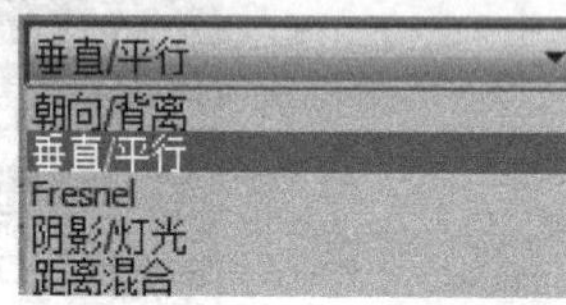

图8-194 “衰减类型”下拉菜单

垂直/平行：在与衰减方向相垂直的面法线和与衰减方向相平行的法线之间设置角度衰减范围。

朝向/背离：在面向衰减方向的面法线和背离衰减方向的法线之间设置角度衰减范围。

Fresnel：基于IOR（折射率）在面向视图的曲面上产生暗淡反射，而在有角的面上将产生较明亮的反射。

阴影/灯光：基于落在对象上的灯光，在两个子纹理之间进行调节。

距离混合：基于“近端距离”值和“远端距离”值，在两个子纹理之间进行调节。

衰减方向：用于设置衰减的方向，默认为“查看方向（摄影机Z轴）”。

混合曲线：用于设置曲线的形状，可以精确地控制任何衰减类型所产生的渐变。

课堂案例

制作实木茶几

案例位置	案例文件>第8章>课堂案例：制作实木茶几
视频位置	多媒体教学>第8章>课堂案例：制作实木茶几.flv
难易指数	★★☆☆☆
学习目标	学习“衰减”程序贴图的使用方法、熟悉VRayMtl的使用方法

家具是室内效果图中必不可少的一部分，其材质大部分都是木头材质。本例所制作的实木材质经常用于餐桌、茶几和地板等对象。其表面光滑并带有Fresnel反射，因为其表面有烤漆，所以，不存在普通木材的凹凸感。下面，根据这些特性来设置其材质，实木茶几的效果如图8-195所示。

图8-195 实木茶几渲染效果

01 打开“下载资源”文件中的初始文件，如图8-196所示。视图中是茶几和凳子的素模。

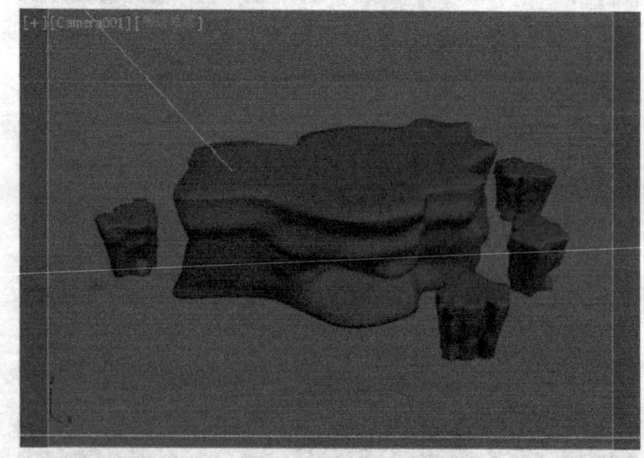
图8-196 打开初始文件

02 在“材质编辑器”中新建一个“VRayMtl材质”球，然后，将其命名为“实木材质”，其参数设置如图8-197所示。

设置步骤

①在“漫反射”选项组中为“漫反射”加载一张文件夹中的“木2.jpg”位图。

②在“反射”选项组中为“反射”加载一张“衰

减”贴图，然后，设置“衰减类型”为“Fresnel”，接着，设置“高光光泽度”为“0.8”、“反射光泽度”为“0.86”。

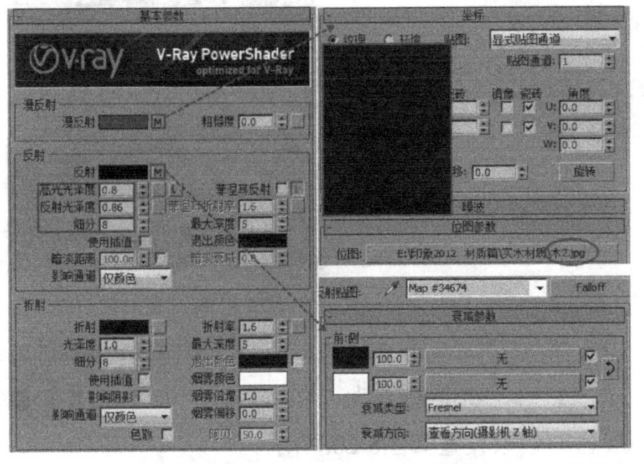

图8–197　设置VRayMtl的参数

03 将材质指定给模型并在“修改面板”中为其加载一个“UVW贴图”修改器，其参数设置如图8-198所示。

04 按F9键，渲染摄影机视图，茶几的最终渲染效果如图8-199所示。

图8–198　设置“UVW贴图”参数　　图8–199　最终渲染效果

8.6.5 噪波

“噪波”程序贴图可以将噪波效果添加到物体的表面，以突出材质的质感。“噪波”程序贴图可通过应用分形噪波函数来扰动像素的UV贴图，从而表现出非常复杂的物体材质，其参数设置面板如图8-200所示。

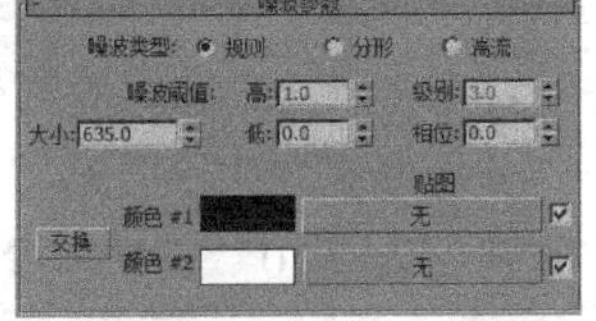

图8–200　“噪波参数”卷展栏

【参数详解】

噪波类型：共有3种类型，分别是“规则”“分形”和“湍流”。

规则：可生成普通噪波，如图8-201所示。

分形：可用分形算法生成噪波，如图8-202所示。

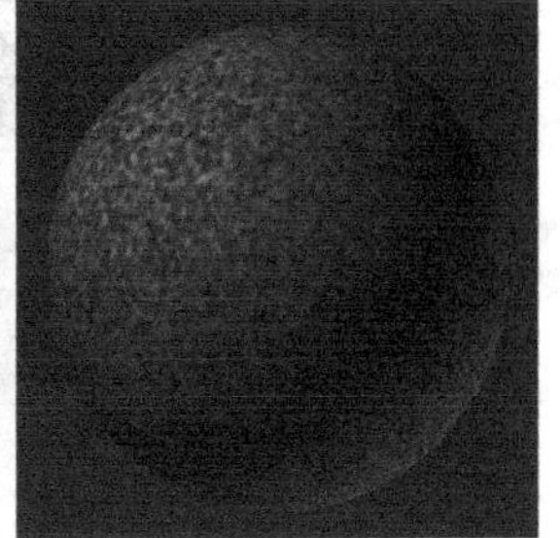

图8–201　“规则”效果　　图8–202　“分形”效果

湍流：可生成应用绝对值函数来制作故障线条的分形噪波，如图8-203所示。

图8–203　“湍流”效果

大小：以3ds Max为单位设置噪波函数的比例。

噪波阈值：用于控制噪波的效果，取值范围为0~1。

级别：用于确定将多少分形能量用于分形和湍流噪波函数。

相位：用于控制噪波函数的动画速度。

交换 交换 **：**用于交换两个颜色或贴图的位置。

颜色#1/#2：可在两个主要噪波颜色中进行选择，再通过所选的两种颜色来生成中间颜色值。

课堂案例

制作茶水材质

案例位置	案例文件>第8章>课堂案例：制作茶水材质
视频位置	多媒体教学>第8章>课堂案例：制作茶水材质.flv
难易指数	★★★☆☆
学习目标	学习“噪波”程序贴图的使用方法、熟悉“衰减”贴程序图的使用方法

茶具永远都是室内装饰物的最佳选择之一，茶具的加入可以使场景变得文雅而有内涵，有时为了刻画茶具的具体外形，会为其加入茶水。本例的茶水材质效果如图8-204所示。

图8-204 茶水效果图

技巧与提示

为了更加明显地展示“噪波”程序贴图的效果，这里将茶水的“噪波”参数设置得比较夸张。

01 打开“下载资源”中的初始文件，如图8-205所示，茶具和茶水都是素模。

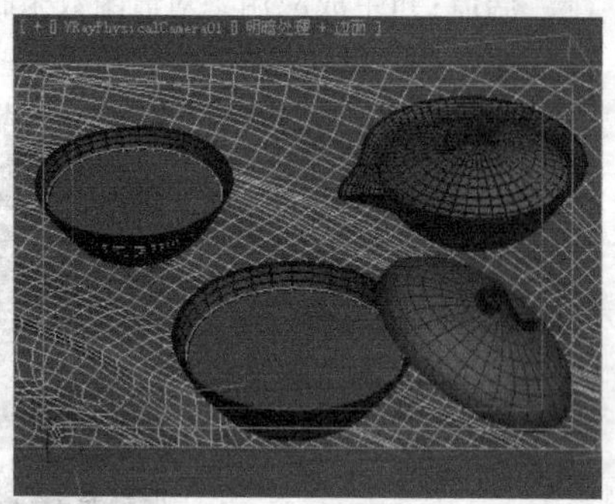

图8-205 打开初始文件

02 下面，为茶具制作青花瓷材质。创建一个VRayMtl材质球，然后，将其命名为“青花瓷”，具体参数设置如图8-206所示，制作好的材质球效果如图8-207所示。

设置步骤

① 在“漫反射”贴图通道中加载一张“下载资源”中的“青花瓷.jpg”文件，然后，在“坐标”卷展栏下取消选择“瓷砖”的“UV”选项，接着，设置“瓷砖”的U为“2”，最后设置“模糊”为“0.01”。

② 设置“反射”颜色为白色，然后，勾选“菲涅耳反射”选项。

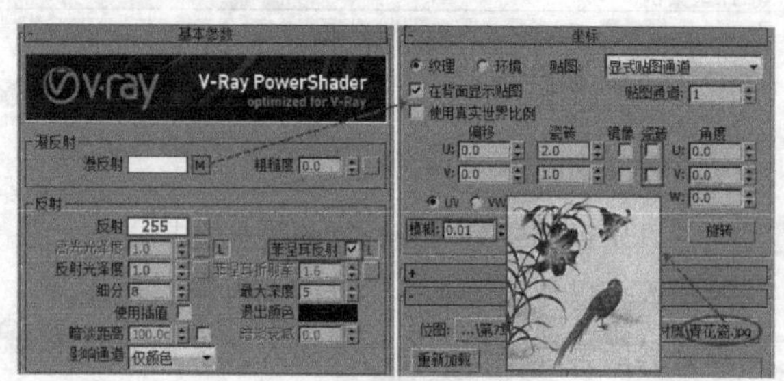

图8-206 设置VRayMtl参数

图8-207 “青花瓷”材质球效果

03 下面，制作茶水材质。创建一个VRayMtl材质球，然后，将其命名为“茶水”，“基本参数”卷展栏的参数设置如图8-208所示。

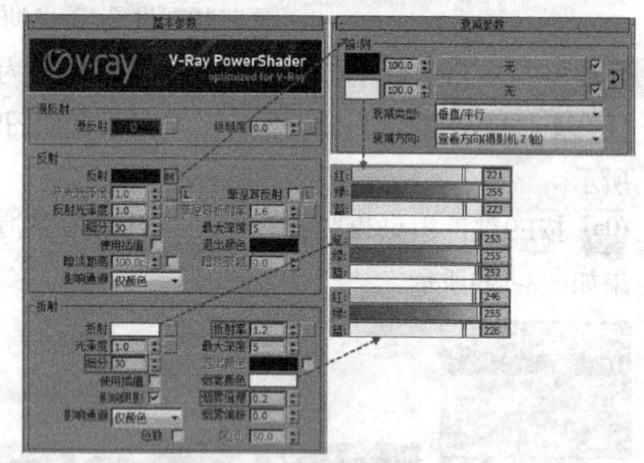

图8-208 设置“基本参数”卷展栏

设置步骤

① 设置“漫反射”颜色为“黑色”。

② 在“反射”贴图通道中加载一张“衰减”程序贴图，然后，在“衰减参数”卷展栏下设置“侧”通道的颜色为“（红:221，绿:255，蓝:223）”，接着，设置“细分”为“30”。

③ 设置“折射”颜色为“（红:253，绿:255，蓝:252）”，然后，设置“折射率”为“1.2”、“细分”为“30”，接着，勾选“影响阴影”选项，再设置“烟雾颜色”为“（红:246，绿:255，蓝:226）”，最后，设置“烟雾倍增”为“0.2”。

04 展开“贴图”卷展栏，在“凹凸”贴图通道中加载一张“噪波”程序贴图，然后，在“坐标”卷展栏下设置“瓷砖”的“*x*”“*y*”“*z*”为1.0，接着，在“噪波参数”卷展栏下设置“噪波类型”为“分形”、“大小”为“100”，最后，设置凹凸的强度为“30”，具体参数设置如图8-209所示。制作好的材质球效果如图8-210所示。

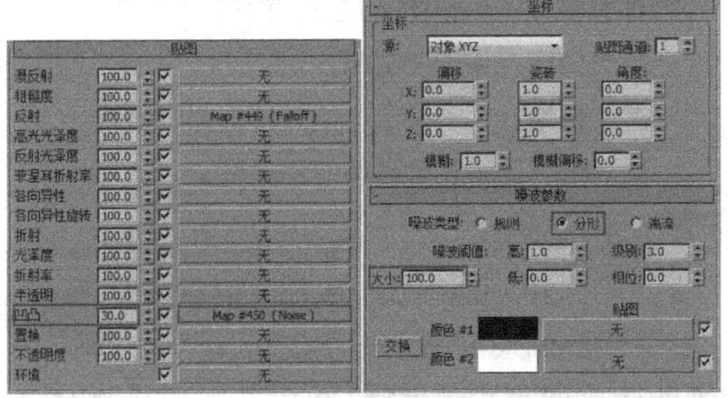

图8-209 设置“凹凸”参数

图8-210 茶水的材质球效果

05 将材质指定给视图中对应的模型，然后，按F9键，渲染摄影机视图，渲染效果如图8-211所示。

图8-211 最终渲染效果

8.6.6 斑点

“斑点”程序贴图常用于制作具有斑点的物体，其参数设置面板如图8-212所示。

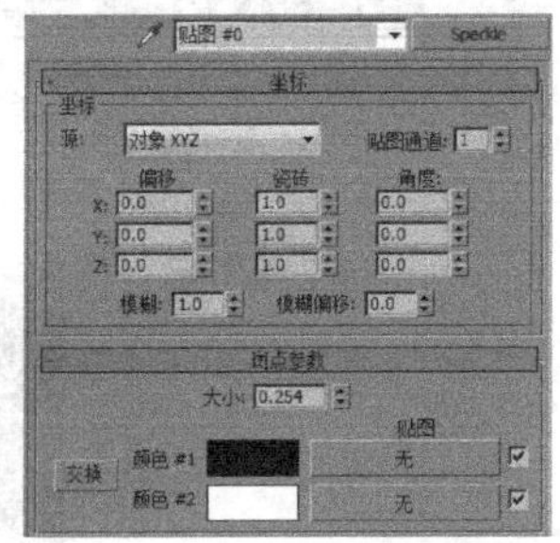

图8-212 “斑点”程序贴图的参数面板

【参数详解】

大小：用于调整斑点的大小。

交换 交换 ：用于交换两个颜色或贴图的位置。

颜色#1：用于设置斑点的颜色。

颜色#2：用于设置背景的颜色。

8.6.7 泼溅

“泼溅”程序贴图可以用于制作油彩泼溅的效果，其参数设置面板如图8-213所示。

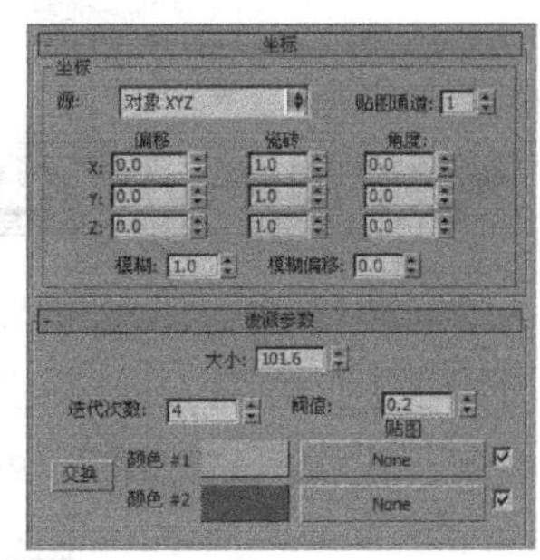

图8-213 “泼溅”程序贴图的参数面板

【参数详解】

大小：用于设置泼溅的大小。

迭代次数：用于设置计算分形函数的次数。数值越高，泼溅效果越细腻，但会增加计算时间。

阈值：用于确定“颜色#1”与“颜色#2”的混合量。值为0时，仅显示“颜色#1”；值为1时，仅显示“颜色#2”。

交换 交换 ：用于交换两个颜色或贴图的位置。

颜色#1：用于设置背景的颜色。

颜色#2：用于设置泼溅的颜色。

8.7 VRay程序贴图

VRay程序贴图是VRay渲染器提供的一些贴图方式，功能强大，使用方便。在用VRay渲染器进行工作时，这些程序贴图经常被用到，如图8-214所示。VRay的程序贴图也比较多，这里选择一些比较常用的类型进行介绍。

图8-214 VRay程序贴图的类型

本节贴图介绍

贴图名称	贴图主要作用	重要程度
VRayHDRI	设置场景的环境贴图	中
VR位图过滤器	对贴图纹理进行x、y轴向编辑	中
VR合成纹理	对两个贴图通道中的颜色和灰度进行混合处理	高
VR污垢	模拟真实世界的污渍效果	中
VR边纹理	制作线框效果	高
VR颜色	设定任何颜色	中
VR贴图	使用3ds Max标准材质时，可替代“反射”和“折射”	中

8.7.1 VRayHDRI

可以将VRayHDRI翻译为高动态范围贴图，主要用于设置场景的环境贴图，即把HDRI当作光源来使用，其参数设置面板如图8-215所示。

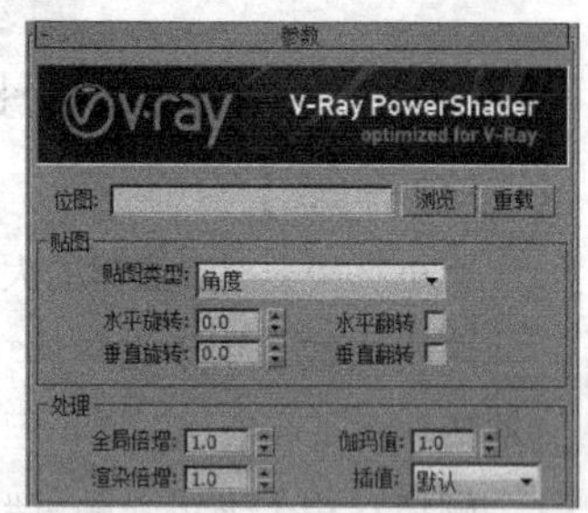

图8-215 VrayHDRI的参数面板

【参数详解】

位图：可通过单击后面的“浏览”按钮[浏览]来指定一张HDRI。

贴图类型：用于控制HDRI的贴图方式，其下拉列表中提供了5种方式供用户选择，如图8-216所示。

图8-216 贴图类型

角度：用于使用了对角拉伸坐标方式的HDRI。

立方：用于使用了立方体坐标方式的HDRI。

球形：用于使用了球形坐标方式的HDRI。

球状镜像：用于使用了镜像球体坐标方式的HDRI。

3ds Max标准：用于对单个物体指定环境贴图。

水平旋转：用于控制HDRI在水平方向的旋转角度。

水平翻转：可使HDRI在水平方向上翻转。

垂直旋转：用于控制HDRI在垂直方向的旋转角度。

垂直翻转：可使HDRI在垂直方向上翻转。

全局倍增：用于控制HDRI的亮度。

渲染倍增：用于设置渲染时的光强度倍增。

伽玛值：用于设置贴图的伽玛值。

技巧与提示

HDRI拥有比普通RGB格式图像（仅8bit的亮度范围）更大的亮度范围，标准的RGB图像的最大亮度值是（255，255，255），如果用这样的图像结合光能传递来照明一个场景的话，即使是最亮的白色也能提供用于来模拟真实世界的足够，其渲染结果看上去会很平淡，并且，缺乏对比，原因是这种图像文件将现实中的大范围的照明信息仅用一个8bit的RGB图像来描述。若使用HDRI的话，则相当于将太阳光的亮度值（如6000%）加到光能传递计算及反射的渲染中，得到的渲染结果将会非常逼真和漂亮。

8.7.2 VR位图过滤器

“VR位图过滤器”是一个非常简单的贴图类型，它可以对贴图纹理进行x、y轴向上的编辑，其参数面板如图8-217所示。

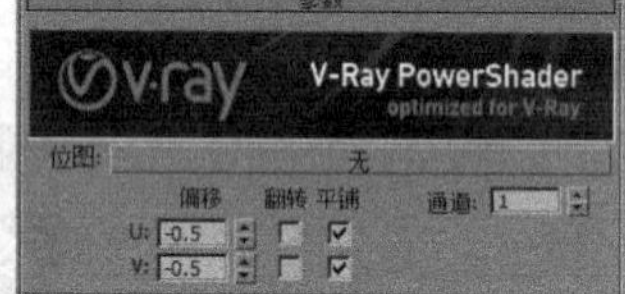

图8-217 “VR位图过滤器”的参数面板

【参数详解】

位图：可通过单击后面的[None]按钮加载一张位图。

U偏移：用于设置x轴向的偏移数量。

V偏移：用于设置y轴向的偏移数量。

通道：可与对象指定的贴图坐标相对应。

8.7.3 VR合成纹理

“VR合成纹理”可通过两个通道里贴图色度和灰度的不同，进行加、减、乘、除等操作，其参数面板如图8-218所示。

图8-218 “VRay合成纹理参数”面板

【参数详解】

源A：贴图通道A。

源B：贴图通道B。

运算符：用于A通道材质和B通道材质的比较运算方式，共包含7种方式，如图8-219所示。

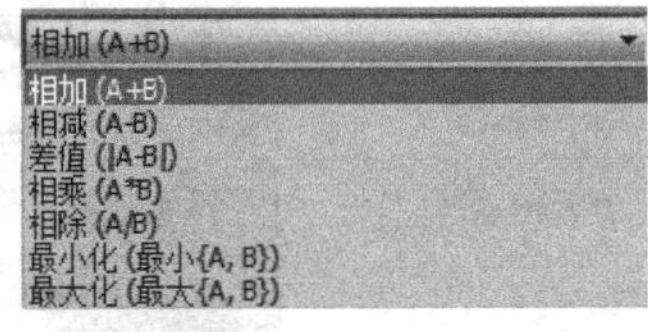

图8-219 运算方式

相加（A+B）：与Photoshop图层中的叠加相似，两图相比较后，亮区相加，暗区不变。

相减（A-B）：从A通道贴图的色度、灰度减去B通道贴图的色度、灰度。

差值（|A-B|）：两图相比较后，将产生照片负效果。

相乘（A*B）：用A通道贴图的色度、灰度乘以B通道贴图的色度、灰度。

相除（A/B）：用A通道贴图的色度、灰度除以B通道贴图的色度、灰度。

最小数（Min{A，B}）：取A通道和B通道的贴图色度、灰度的最小值。

最大数（Max{A，B}）：取A通道和B通道的贴图色度、灰度的最大值。

8.7.4 VR污垢

“VR污垢”贴图常用于模拟真实物理世界中物体上的污垢效果，如墙角上的污垢和铁板上的铁锈等，其参数面板如图8-220所示。

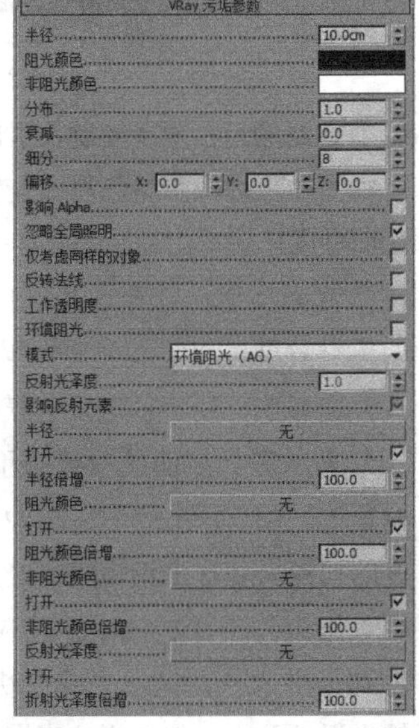

图8-220 “VRay污垢参数”面板

【参数详解】

半径：以场景单位为标准来控制污垢区域的半径。也可以用贴图的灰度来控制半径，白色表示将产生污垢效果，黑色表示将不产生污垢效果，灰色就是按照它的灰度百分比来显示污垢效果。

阻光颜色（也被翻译为“污垢区颜色”）：用于设置污垢区域的颜色。

非阻光颜色（也被翻译为“非污垢区颜色”）：用于设置非污垢区域的颜色。

分布：用于控制污垢的分布，0表示均匀分布。

衰减：用于控制污垢区域到非污垢区域的过渡效果。

细分：用于控制污垢区域的细分，小的值会产生杂点，但渲染速度快；大的值不会产生杂点，但渲染速度慢。

偏移(X, Y, Z)：用于设置污垢在x、y、z轴向上的偏移。

忽略全局照明：用于确定是否让污垢效果参加全局照明计算。

仅考虑同样的对象：勾选后，污垢效果将只影响它们自身；若不勾选，则整个场景的物体都会受到影响。

反转法线：用于反转污垢效果的法线。

图8-221所示为“VR污垢”程序贴图的渲染效果。

图8-221 “VR污垢”的渲染效果

8.7.5 VR边纹理

“VR边纹理”是一个非常简单的程序贴图，一般用于制作3D对象的线框效果，操作也非常简单，其参数面板如图8-222所示。

图8-222 “VRay边纹理参数”面板

【参数详解】

颜色：用于设置边线的颜色。

隐藏边：勾选后，物体背面的边线也将被渲染出来。

厚度：用于确定边线的厚度，主要分为2个单位，具体如下。

世界单位：厚度单位为场景尺寸单位。

像素：厚度单位为像素。

图8-223所示为“VR边纹理”的渲染效果。

图8-223 “VR边纹理”渲染效果

8.7.6 VR颜色

“VR颜色”贴图可以用于设定任何颜色，其参数面板如图8-224所示。

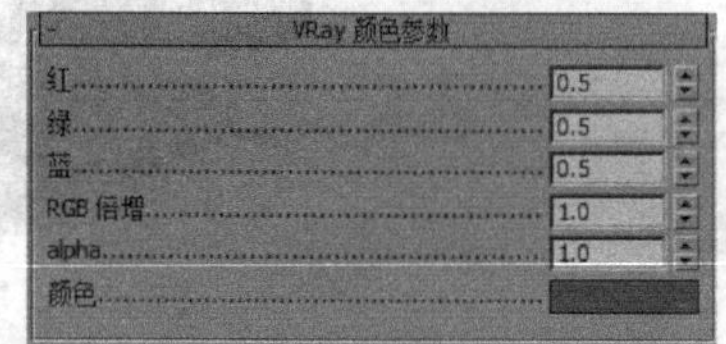

图8-224 “VRay颜色参数”选项

【参数详解】

红：用于设置红色通道的值。

绿：用于设置绿色通道的值。

蓝：用于设置蓝色通道的值。

RGB倍增：用于控制红、绿、蓝色通道的倍增。

Alpha：用于设置Alpha通道的值。

8.7.7 VR贴图

因为VRay不支持3ds Max里的光线追踪贴图类型，所以，在使用3ds Max标准材质时，“反射”和“折射”就用“VR贴图”来代替，其参数面板如图8-225所示。

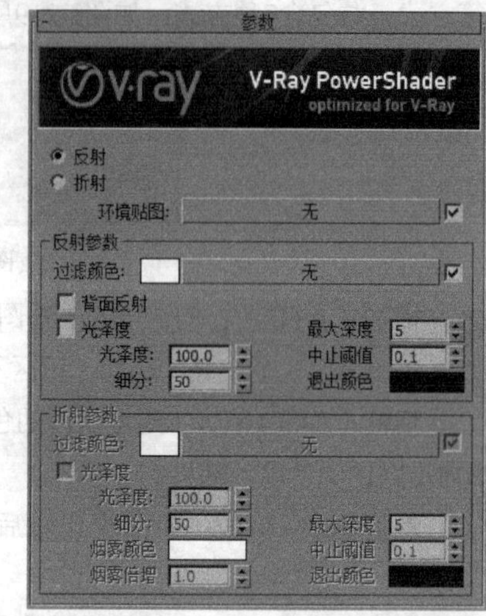

图8-225 “VR颜色”的参数面板

【参数详解】

反射：当“VR贴图”放在反射通道里时，需要选择这个选项。

折射：当“VR贴图”放在折射通道里时，需要选择这个选项。

环境贴图：为反射和折射材质选择一个环境贴图。

反射参数：该选项组包含如下选项，如图8-226所示。

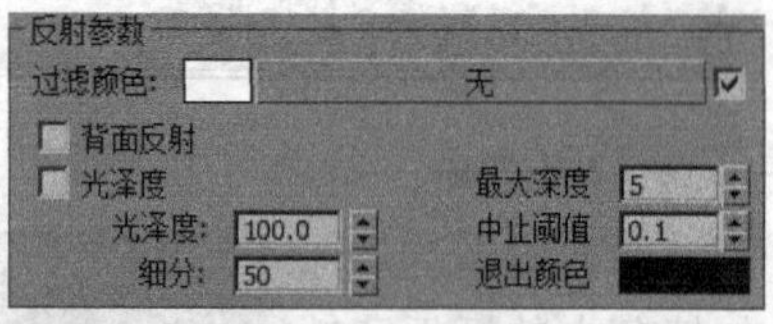

图8-226 “反射参数”选项组

过滤颜色：用于控制反射的程度，白色将完全反射周围的环境，而黑色将不发生反射效果。也可以用后面贴图通道里的贴图的灰度来控制反射程度。

背面反射：选择这个选项后，将计算物体背面的反射效果。

光泽度：用于控制反射模糊效果的开和关。

光泽度：后面的数值框用于控制物体的反射模糊程度。0表示最大程度的模糊；100000表示最小程度的模糊（基本上没模糊的产生）。

细分：用于控制反射模糊的质量，较小的值将得到很多杂点，但渲染速度快；较大的值将得到比较光滑的效果，但渲染速度慢。

最大深度：用于计算物体的最大反射次数。

中止阈值：用于控制反射追踪的最小值，较小的值的反射效果好，但渲染速度慢；较大的值的反射效果不理想，但渲染速度快。

退出颜色：指反射已经达到最大次数时，未被反射追踪到的区域的颜色。

折射参数：该选项组包含如下选项，如图8-227所示。

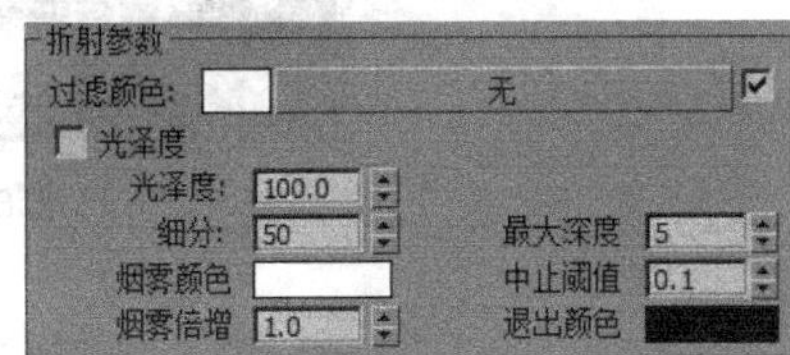

图8-227 “折射”选项组

过滤颜色：用于控制折射的程度，白色将完全折射，而黑色将不发生折射效果。也可以用后面贴图通道里的贴图灰度来控制折射程度。

光泽度：用于控制模糊效果的开和关。

光泽度：后面的数值框用于控制物体的折射模糊程度。0表示最大程度的模糊；100000表示最小程度的模糊（基本上没有模糊的产生）。

细分：用于控制折射模糊的质量，较小的值将得到很多杂点，但渲染速度快；较大的值将得到比较光滑的效果，但渲染速度慢。

烟雾颜色：可以将其理解为光线的穿透能力，选白色时，将没有烟雾效果，选黑色时，物体将不透明，颜色越深，光线的穿透能力越差，烟雾效果越浓。

烟雾倍增：用于控制烟雾效果的倍增，值越小烟雾效果越谈，值越大烟雾效果越浓。

最大深度：用于计算物体的最大折射次数。

中止阈值：用于控制折射追踪的最小值，较小值的折射效果好，但渲染速度慢；较大值的折射效果不理想，但渲染速度快。

退出颜色：指折射已经达到最大次数时，未被折射追踪到的区域的颜色。

技巧与提示

到此为止，对材质部分的参数讲解就告一段落了，这部分内容比较枯燥，希望广大读者能多观察和分析真实物理世界中的质感，再通过自己的练习，把参数的内在含义牢牢掌握，这样才能把学到的知识熟练运用到自己的作品中去。

8.8 本章小结

本章主要讲解了材质和贴图的内容，重点侧重于使用频率很高的VRayMtl材质，并且，结合常用程序贴图介绍了效果图中常用的材质，如水、玻璃和地板等。虽然从数量上来看，介绍的效果图材质有限，但是，笔者都是从不同类别上进行介绍的。其实，大部分材质都可以归纳为同一类，如普通玻璃、水晶和磨砂玻璃，就可以归纳为同一类材质，其关键性的参数都是类似的。希望大家在学习材质制作的时候，不要对参数进行死记硬背，要善于分析并合理归纳。

课后习题

制作硬质塑料材质

案例位置	案例文件>第8章>课后习题：制作硬质塑料材质
视频位置	多媒体教学>第8章>课后习题：制作硬质塑料材质.flv
难易指数	★★☆☆☆
学习目标	练习VRayMtl的使用方法

在效果图制作中，塑料材质是比较常用的一种材质，通常用于桌子、凳子和柜子等家具。这类材质表面光滑、光泽度高，其渲染效果如图8-228所示。

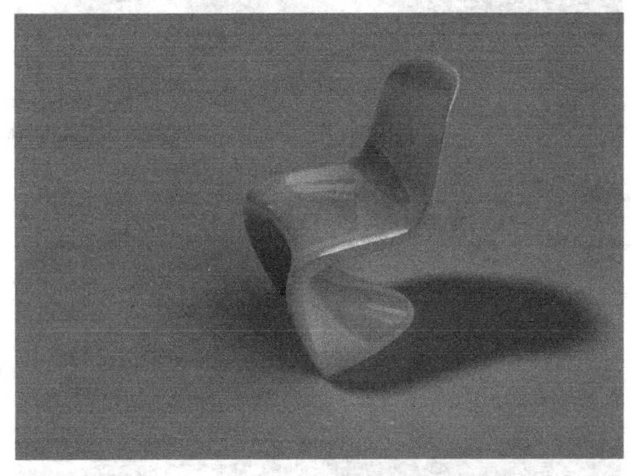

图8-228 塑料材质渲染效果

该材质的参数设置及材质球效果如图8-229和图8-230所示。

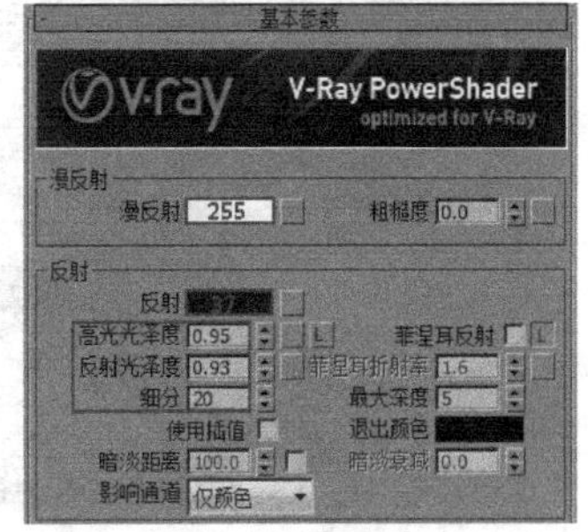

图8-299 VRayMtl的参数设置

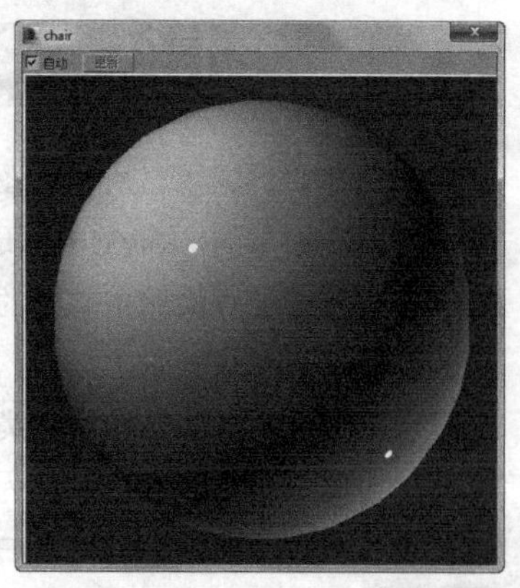

图8-230 材质球效果

课后习题

制作印花棉布材质

案例位置	实例文件>第8章>课后习题：制作印花棉布材质
视频位置	多媒体教学>第8章>课后习题：制作印花棉布材质.flv
难易指数	★★★☆☆
学习目标	练习VRayMtl的使用方法

印花棉布材质可以归纳到布料材质中，多用于沙发表面、床垫和坐垫，该类材质没有任何反射、表面细腻、柔软，其渲染效果如图8-231所示。

图8-231 渲染效果

该材质的参数设置及材质球效果如图8-232和图8-233所示。

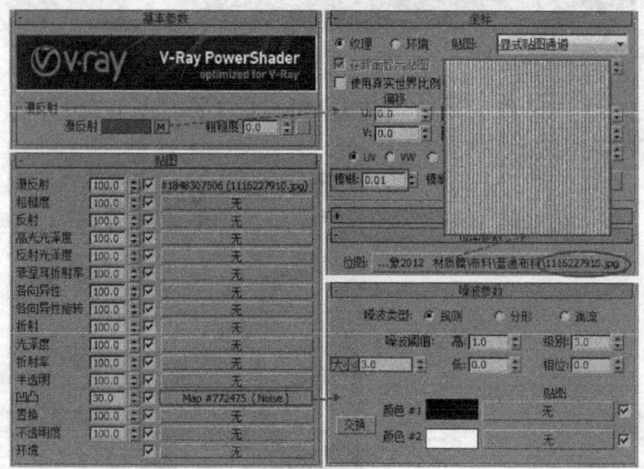

图8-232 VRayMtl的参数设置

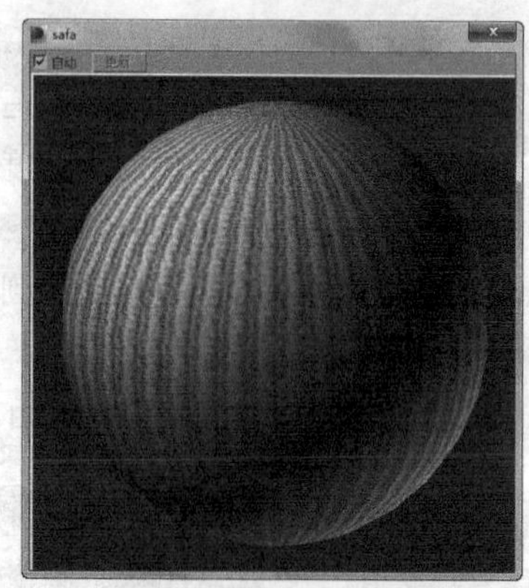

图8-233 材质球效果

课后习题

制作亚光不锈钢材质

案例位置	实例文件>第8章>课后习题：制作亚光不锈钢材质
视频位置	多媒体教学>第8章>课后习题：制作亚光不锈钢材质.flv
难易指数	★★☆☆☆
学习目标	练习VRayMtl的使用方法

不锈钢材质在效果图中的应用非常广泛，本题所要表现的亚光不锈钢的表面是经过打磨的，所以，呈现磨砂的质感，没有炫光、不刺眼，给人以稳重的感觉，渲染效果如图8-234所示。

图8-234 亚光不锈钢的渲染效果

该材质的参数设置及其材质球效果如图8-235和图8-236所示。

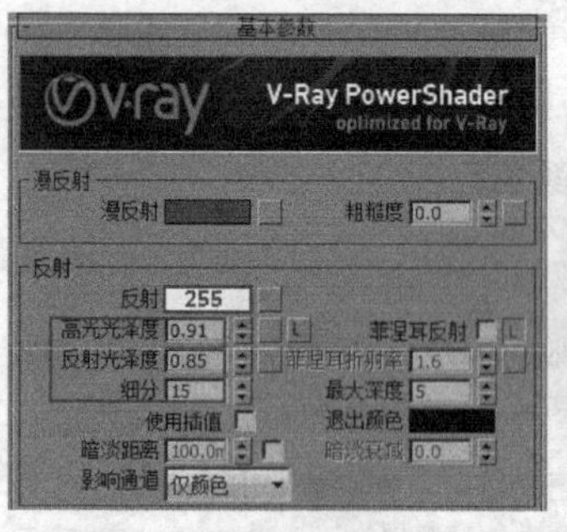

图8-235 VRayMtl的参数设置

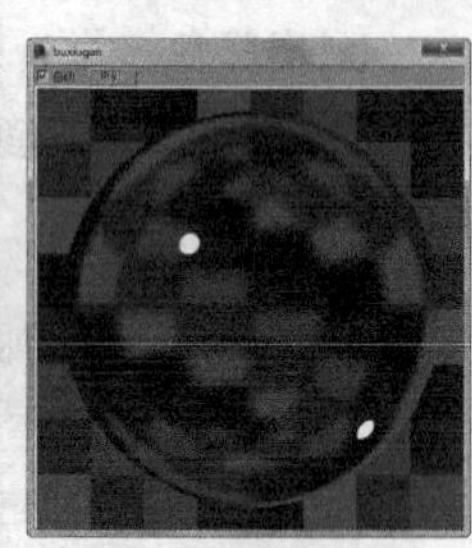

图8-236 材质球效果

第9章

VRay渲染输出设置

渲染输出是效果图制作流程中的关键一步，它将决定作品最终是否能以画面的形式呈现出来。渲染是一部三维作品能否正确、直观、清晰地展现其魅力的重要途径。3ds Max是一个综合性的三维软件，它的渲染模块能够清晰、完美地帮助制作人员完成作品的最终输出。在效果图制作中，VRay无疑是渲染输出的利器，虽然VRay是以插件的形式被安装在3ds Max的平台上的，但是，VRay的渲染质量和渲染速度都是最好的，所以，VRay成为了效果图制作的标准渲染器和必学的VRay渲染器。前面章节详细讲解了VRay灯光和材质方面的技术，本章将针对VRay的渲染参数进行详细介绍。

课堂学习目标

了解渲染输出在三维制作中的作用

了解常用渲染器的类型

掌握VRay渲染器的各项参数设置

掌握VRay渲染器的使用方法

9.1 关于渲染

用3ds Max 2014创作作品时，一般都遵循“建模→灯光→材质→渲染”这个步骤，渲染是最后一道工序（后期处理除外）。渲染的英文是Render，翻译为“着色”，也就是对场景进行着色的过程，它是通过复杂的运算，将虚拟的三维场景投射到二维平面上，这个过程需要对渲染器进行复杂的设置。图9-1所示为一些比较优秀的渲染作品。

图9-1 渲染作品

9.1.1 渲染器的类型

在三维制作领域，可用于渲染的引擎有很多种，如VRay、Renderman、mental ray、Brazil、FinalRender和Maxwell等，这些渲染器都各有优缺点，适合不同的领域。

3ds Max 2014自带的渲染器有“iray渲染器”“mental ray渲染器”“Quicksilver硬件渲染器”“默认扫描线渲染器”和“VUE文件渲染器”。本书重点讲解的VRay渲染器是以插件的形式安装在3ds Max中的，也可将其他的渲染插件Renderman、Brazil、FinalRender和Maxwell安装到3ds Max中，用户可以根据自己的喜好进行选用。

技巧与提示

在众多的渲染器当中，以VRay渲染器最为常用，因为VRay的渲染速度快、质量好，各方面都比较均衡。不论是效果图渲染，还是产品渲染，甚至是游戏、动画渲染，VRay都可以胜任，所以，VRay是目前CG行业最主流的渲染器。

9.1.2 渲染工具

“主工具栏”右侧提供了多个渲染工具，如图9-2所示。

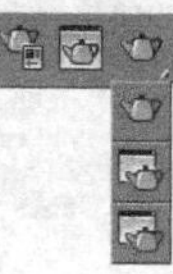

图9-2 渲染工具

【工具介绍】

渲染设置：单击该按钮后，将打开“渲染设置”对话框，基本所有的渲染参数设置都可在该对话框中完成。

渲染帧窗口：单击该按钮后，将打开“渲染帧窗口”对话框，可以在该对话框中选择渲染区域、切换通道和储存渲染图像。

渲染产品：单击该按钮后，可以使用当前的产品级渲染设置来渲染场景。

渲染迭代：单击该按钮后，可以在迭代模式下渲染场景。

ActiveShade（动态着色）：单击该按钮后，可以在浮动的窗口中执行“动态着色”渲染。

9.2 VRay 渲染器

VRay渲染器是保加利亚的Chaos Group公司开发的一款高质量的渲染引擎，主要以插件的形式应用于3ds Max、Maya、SketchUp等软件中。由于VRay渲染器可以逼真地模拟现实光照，并且，操作简单，可控性也很强，因此，被广泛应用于建筑表现、工业设计和动画制作等领域。

VRay的渲染速度与渲染质量比较均衡，也就是说，在保证较高渲染质量的前提下也具有较快的渲染速度，所以，它是目前效果图制作领域中最为流行的渲染器。图9-3所示为一些比较优秀的VRay效果图作品。

图9-3 VRay效果图

VRay渲染器参数主要包括“公用”“V-Ray”“间接照明”“设置”和“Render Elements”（渲染元素）5大选项卡，如图9-4所示。下面重点对V-Ray、“间接照明”“设置”选项卡进行详细介绍。

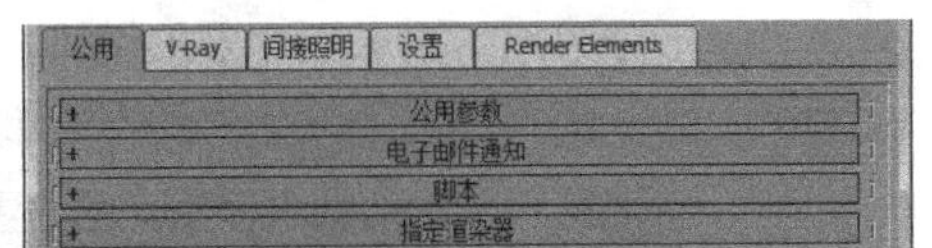

图9-4 “渲染设置”对话框

9.2.1 V-Ray

V-Ray选项卡下包含9个卷展栏，如图9-5所示。

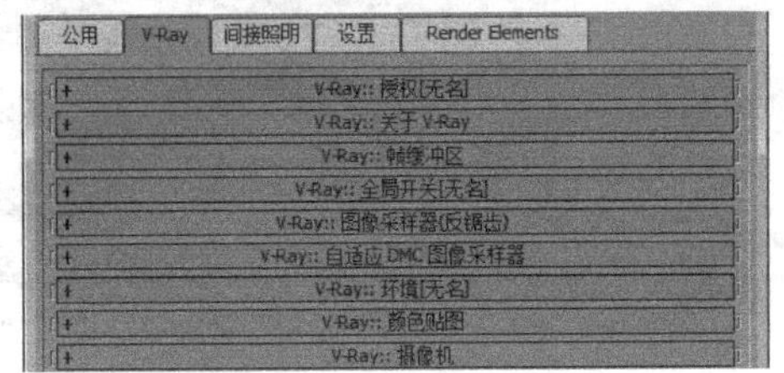

图9-5 V-Ray的参数

1.“授权”卷展栏

“授权”卷展栏主要用于呈现VRay的注册信息，注册文件一般都在“C:\Program Files\Common Files\ChaosGroup\VRFLClient.xml”路径下，如果以前安装过低版本的VRay，并且，在安装VRay的过程中出现了问题，那么，可以把这个文件删除，以后再安装，其参数面板如图9-6所示。

图9-6 “授权”卷展栏

2.“关于V-Ray”卷展栏

用户可以在这个展卷栏中看到VRay的当前渲染器的版本号和LOGO等，如图9-7所示。

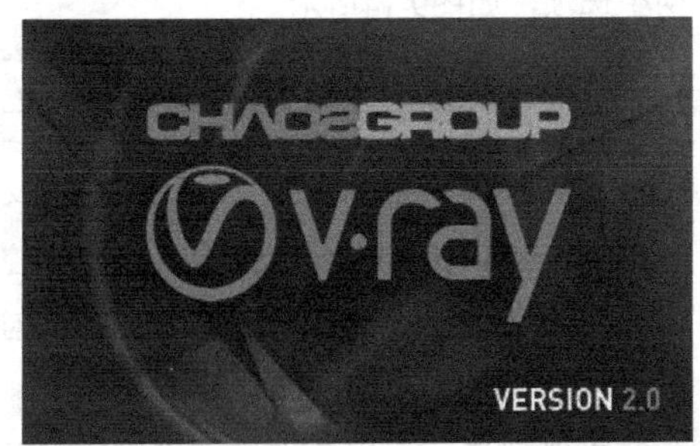

图9-7 VRay的Logo

3.“帧缓冲区”卷展栏

“帧缓冲区”卷展栏中的参数用于设置VRay自身的图形帧渲染窗口，可以在这里设置渲染图像的大小，或者保存渲染图像等，如图9-8所示。

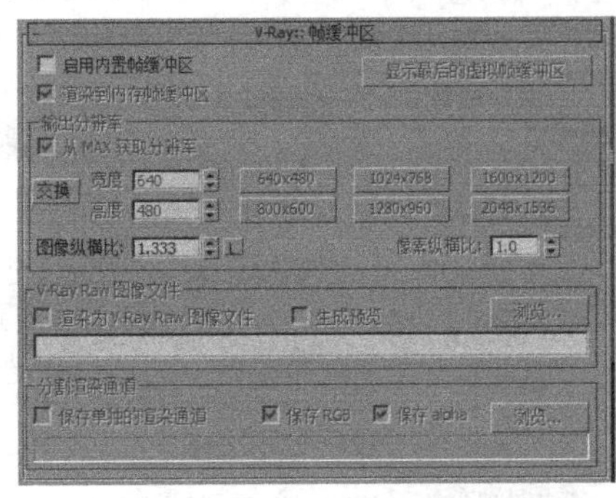

图9-8 “V帧缓冲区”卷展栏

【参数详解】

启用内置帧缓冲区：选择这个选项后，用户就可以使用VRay自身的渲染窗口了。注意，应该关闭3ds Max默认的“渲染帧窗口”选项，这样可以节约一些内存空间，如图9-9所示。

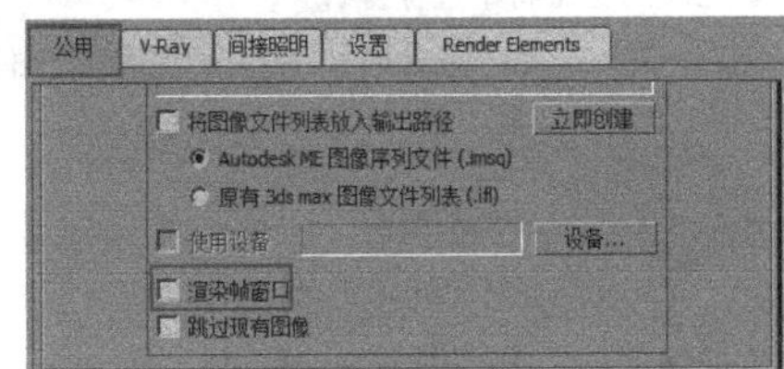

图9-9 取消勾选“渲染帧窗口”选项

显示最后的虚拟帧缓冲区：单击此按钮后，将看到上次渲染的图形。

渲染到内存帧缓冲区：勾选该选项时，可以将图像渲染到内存中，然后，再由帧缓存窗口将其显示出来，以方便用户观察渲染的过程；关闭该选项后，将不会出再渲染框，而是直接将其保存到指定的硬盘文件夹中，这样的好处是可以节约内存空间。

技巧与提示

在“帧缓冲区”卷展栏下勾选“启用内置帧缓冲区”选项后，按F9键，渲染场景，3ds Max会弹出“V-Ray帧缓冲区”对话框，如图9-10所示。

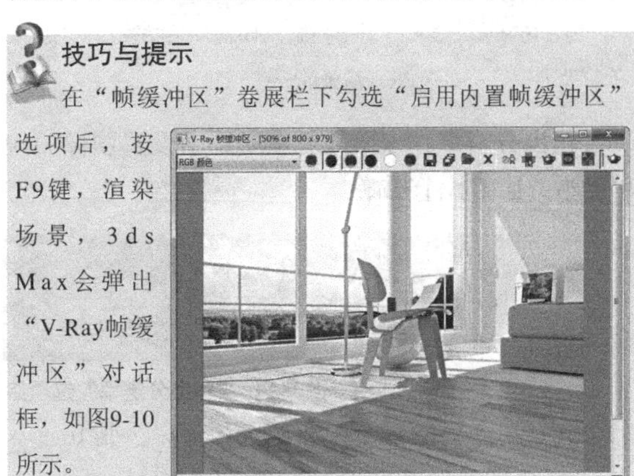

图9-10 “V-Ray帧缓冲区”对话框

切换颜色显示模式：分别为“切换到RGB通道”“查看红色通道”“查看绿色通道”“查看蓝色通道”“切换到Alpha通道”和“灰度模式”。

保存图像：将渲染好的图像保存到指定的路径中。

载入图像：载入VRay图像文件。

清除图像：清除帧缓存中的图像。

复制到3ds Max的帧缓冲区：单击该按钮后，可以将VRay帧缓存中的图像复制到3ds Max中的帧缓存中。

渲染时跟踪鼠标：强制渲染鼠标所指定的区域，这样可以快速观察到指定的渲染区域。

区域渲染：可以在VRay帧缓存中拖出一个渲染区域，再次渲染时，将只渲染这个区域内的物体。

渲染上次：执行上一次的渲染。

打开颜色校正控制：单击该按钮后，将弹出“颜色校正”对话框，可以在该对话框中校正渲染图像的颜色。

强制颜色钳制：单击该按钮后，对渲染图像中超出显示范围的色彩将不进行警告。

查看钳制颜色：单击该按钮后，可以查看钳制区域中的颜色。

打开像素信息对话框：单击该按钮后，会弹出一个与像素相关的信息通知对话框。

使用颜色对准校正：在“颜色校正”对话框中调整明度的阈值后单击该按钮时，可以使最后调整的结果显示或不显示在渲染的图像中。

使用颜色曲线校正：在“颜色校正”对话框中调整好曲线的阈值后单击该按钮，可以使最后调整的结果显示或不显示在渲染的图像中。

使用曝光校正：用于控制是否对曝光进行修正。

显示在SRGB色彩空间的颜色：SRGB是国际通用的一种RGB颜色模式，还有Adobe RGB和ColorMatch RGB模式，这些RGB模式的区别在于Gamma值的不同。

：用于控制水印的对齐方式、字体颜色和大小，以及显示VRay渲染的一些参数。

输出分辨率：该选项组主要用于设置图像的输出大小，如图9-11所示。

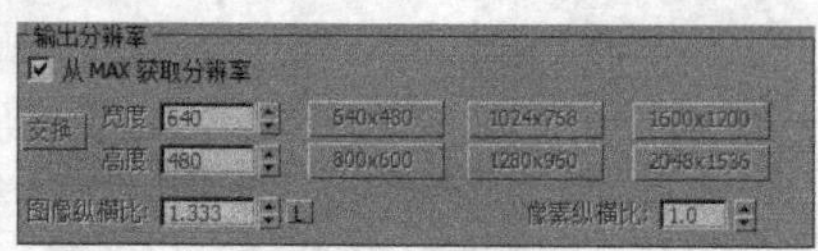

图9-11 “输出分辨率”选项组

从Max获取分辨率：勾选该选项时，将从“公用”选项卡的“输出大小”参数组中获取渲染尺寸，如图9-12所示；关闭该选项时，将从VRay渲染器的“输出分辨率”参数组中获取渲染尺寸，如图9-13所示。

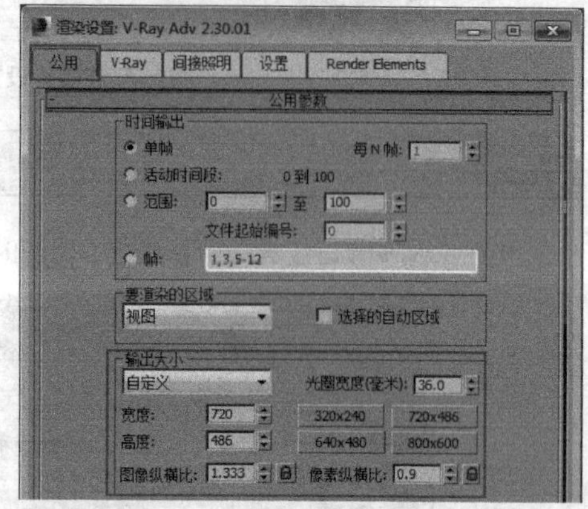

图9-12 在“公用”选项卡下设置“输出大小”

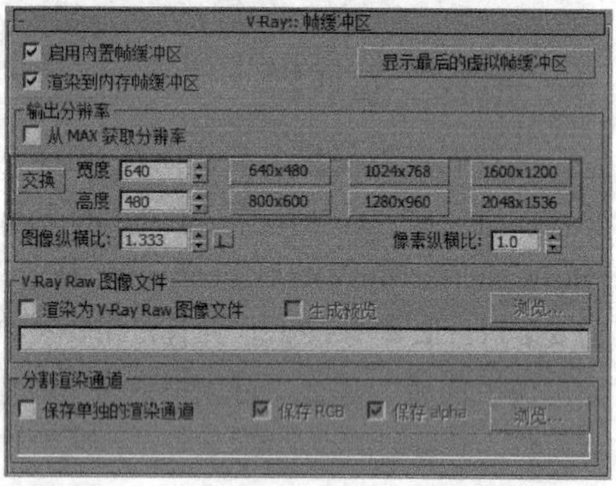

图9-13 在“帧缓冲区”设置“输出分辨率”

宽度：用于设置像素的宽度。

长度：用于设置像素的长度。

交换：用于交换“宽度”和“高度”的数值。

图像纵横比：用于设置图像的长宽比例，单击后面的“锁”按钮，可以锁定图像的长宽比。

像素纵横比：用于控制渲染图像的像素长宽比。

V-Ray Raw图像文件：该选项组主要包含下列两个选项，如图9-14所示。

图9-14 “V-Ray Raw图像文件”选项组

渲染为VRay Raw格式图像：用于控制是否将渲染后的文件保存到所指定的路径中。勾选该选项后，渲染的图像将以raw格式被保存。

生成预览：勾选此项后，可以得到一个比较小的预览框，以预览渲染的过程，预览框中的图不能缩放，并且，看到的渲染图的质量都不高，但可节约内存空间。

技巧与提示

在渲染较大的场景时，计算机会负担很大的渲染压力，而勾选"渲染为V-Ray Raw图像文件"选项后（需要设置好渲染图像的保存路径），渲染图像会自动保存到设置的路径中。

分割渲染通道： 该选项组共包含下列4个选项，如图9-15所示。

图9-15 "分割渲染通道"选项组

保存单独的渲染通道： 用于控制是否单独保存渲染通道。

保存RGB： 用于控制是否保存RGB色彩。

保存alpha： 用于控制是否保存Alpha通道。

浏览 浏览...**：** 单击该按钮，可以保存RGB和Alpha文件。

4. "全局开关"卷展栏

"全局开关"展卷栏下的参数主要用于对场景中的灯光、材质和置换等进行全局设置，如是否使用默认灯光、是否开启阴影、是否开启模糊等，如图9-16所示。

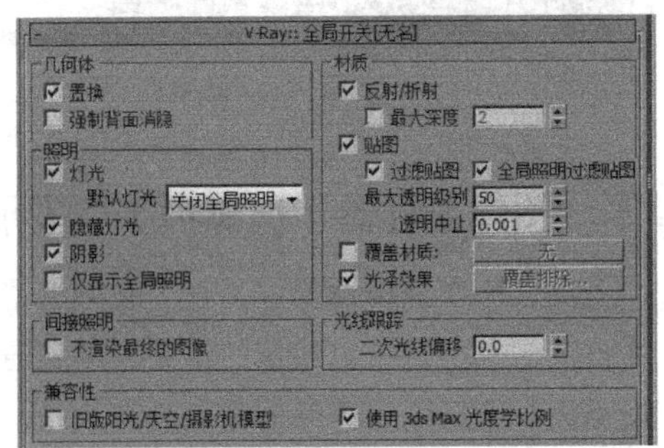

图9-16 "全局开关"卷展栏

【参数详解】

几何体： 该选项组包含下列两个选项，如图9-17所示。

图9-17 "几何体"选项组

置换： 用于控制是否开启场景中的置换效果。在VRay的置换系统中，一共有两种置换方式，分别是材质置换方式和"VRay置换模式"，如图9-18所示。当关闭该选项时，场景中的两种置换就都不起作用了。

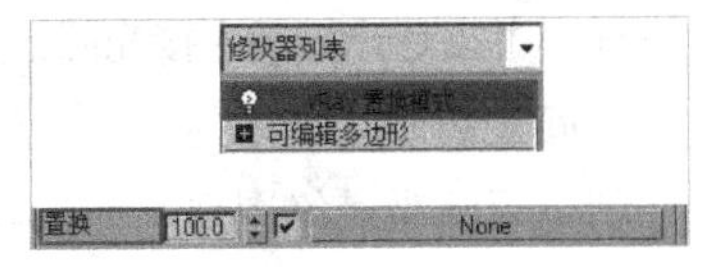

图9-18 "置换"的方式

强制背面消隐： 执行3ds Max中的"自定义>首选项"菜单命令，在弹出的对话框中的"视口"选项卡下有一个"创建对象时背面消隐"选项，如图9-19所示。"背面强制隐藏"与"创建对象时背面消隐"选项相似，但"创建对象时背面消隐"只作用于视图，对渲染没有影响，而"强制背面隐藏"是针对渲染而言的，勾选该选项后，反法线的物体将不可见。

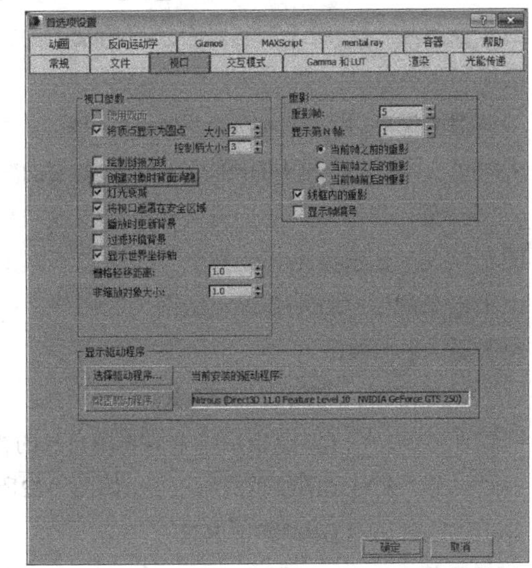

图9-19 "创建对象时背面消隐"选项

照明： 该选项组共包含下列5个选项，如图9-20所示。

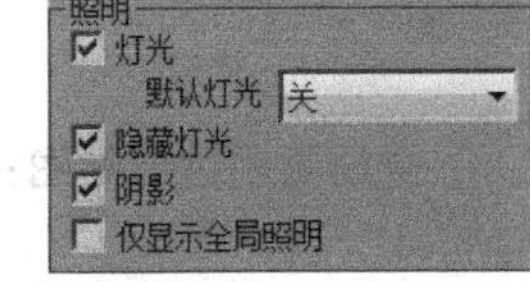

图9-20 "照明"选项组

灯光： 用于控制是否开启场景中的光照效果。当关闭该选项时，场景中的灯光将不起作用。

默认灯光： 用于控制场景是否使用3ds Max系统中的默认光照，一般情况下都不设置它。

隐藏灯光： 用于控制场景是否让隐藏的灯光产生光照。这个选项对于调节场景中的光照非常有用。

阴影： 用于控制场景是否产生阴影。

仅显示全局照明： 当勾选该选项时，场景渲染结果将只显示全局照明的光照效果，虽然如此，渲染过程中也是计算了直接光照的。

间接照明：其中的“不渲染最终的图像”用于控制是否渲染最终图像。如果勾选该选项，那么，VRay在计算完光子以后，将不再渲染最终图像，这对跑小光子图非常方便。

材质：该选项组共包含下列9个选项，如图9-21所示。

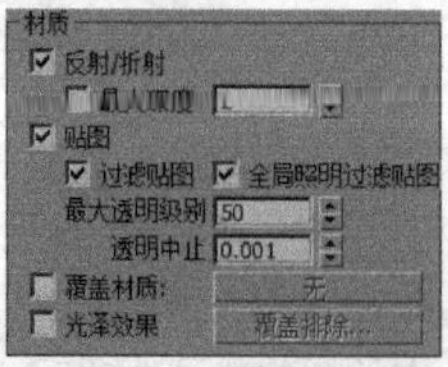

图9-21 “材质”选项组

反射/折射：用于控制是否开启场景中的材质的反射和折射效果。

最大深度：用于控制整个场景中的反射、折射的最大深度，后面的输入框中的数值表示反射、折射的次数。

贴图：用于控制是否将场景中的物体的程序贴图和纹理贴图渲染出来。如果关闭该选项，那么，渲染出来的图像就不会显示贴图，取而代之的是漫反射通道里的颜色。

过滤贴图：这用于控制VRay渲染时是否用贴图纹理过滤。勾选该选项后，VRay将用自身的“抗锯齿过滤器”来对贴图纹理进行过滤，如图9-22所示；关闭该选项后，将用原始图像进行渲染。

图9-22 过滤贴图

全局照明过滤贴图：用于控制是否在全局照明中过滤贴图。

最大透明级别：用于控制透明材质被光线追踪的最大深度。值越高，被光线追踪的深度越深，效果越好，但渲染速度会变慢。

透明中止：用于控制VRay渲染器对透明材质的追踪终止值。当光线透明度的累计比当前设定的阈值低时，将停止光线透明追踪。

覆盖材质：用于确定是否给场景赋予一个全局材质。当在后面的通道中设置了一个材质后，场景中所有的物体都将使用该材质进行渲染，这在测试阳光的方向时非常有用。

光泽效果：用于控制是否开启反射或折射模糊效果。当关闭该选项时，场景中带模糊的材质将不被渲染出反射或折射模糊效果。

光线跟踪：其中的“二次光线偏移”选项主要用于控制有重面的物体在渲染时不会产生黑斑。如果场景中有重面，那么，在默认值为0的情况下，将产生黑斑，可通过设置一个比较小的值来纠正渲染错误，如0.001。如果将这个值设置得比较大，如10，那么，场景中的间接照明将变得不正常。图9-23所示为在地板上放了一个长方体，它的位置刚好和地板重合，当“二次光线偏移”数值为0的时候，渲染结果将不正确，出现黑块；当“二次光线偏移”数值为0.001的时候，渲染结果将正常，没有黑斑。

图9-23 二次光线偏移的消除

5.“图像采样器（反锯齿）”卷展栏

反锯齿在渲染设置中是一个必须调整的参数，其数值的大小将决定图像的渲染精度和渲染时间。反锯齿与全局照明精度的高低没有关系，它只作用于场景物体的图像和物体的边缘精度，其参数设置面板如图9-24所示。

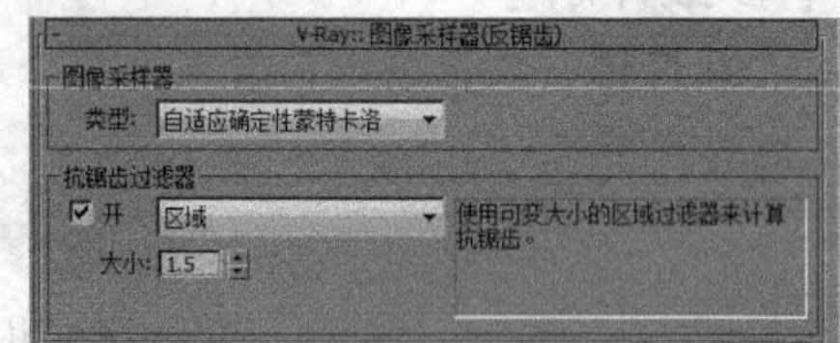

图9-24 “图像采样器（反锯齿）”卷展栏

【参数详解】

图像采样器：可在“类型”下拉列表中选择“固定”“自适应DMC”或“自适应细分”图像采样器类型，具体如下。

固定：对每个像素使用一个固定的细分值。该采样方式适合拥有大量的模糊效果（如运动模糊、景深模糊、反射模糊和折射模糊等）或具有高细节纹理贴图的场景。在这种情况下，“固定”方式能够兼顾渲染品质和渲染时间。其采样参数如图9-25所示，细分越高，采样品质越高，渲染时间越长。

图9-25 “固定图像采样器”卷展栏

自适应DMC图像采样器：这是最常用的一种采样器，它可以根据每个像素及与它相邻像素的明暗差异来使不同像素使用不同的样本数量。可在角落部分使用较高的样本数量，在平坦部分使用较低的样本数量。该采样方式适合拥有少量的模糊效果、具有高细节的纹理贴图及具有大量几何体面的场景，其参数面板如图9-26所示。

图9-26 “自适应DMC图像采样器”卷展栏

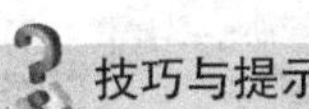

技巧与提示

下面，介绍一下图9-26所示的参数面板中的各参数含义。

最小细分：定义每个像素使用的最小细分，这个值最主要用于对角落区域的采样。值越大，采样品质越高，图边线的抗锯齿也越好，同时，渲染速度也越慢。

最大细分：定义每个像素使用的最大细分，这个值主要用于平坦部分的采样。值越大，采样品质越高，渲染速度越慢。在渲染商业图的时候，因为平坦部分需要的采样不多，所以，可以把这个值设置得相对低些，从而节约渲染时间。

颜色阈值：色彩的最小判断值，当色彩的判断达到这个值以后，就将停止对色彩的判断。具体来说，就是分辨哪些是平坦区域，哪些是角落区域。可将这里的色彩理解为色彩的灰度。

使用确定性蒙特卡洛采样器阈值：勾选该选项后，“颜色阈值”参数将不起作用，取而代之的是DMC采样器里的阈值。

显示采样：勾选它以后，可以看到“自适应DMC”的样本分布情况。

自适应细分：这个采样器具有负值采样的高级抗锯齿功能，适用于在没有或有少量的模糊效果的场景中。在这种情况下，它的渲染速度最快，但在具有大量细节和模糊效果的场景中，它的渲染速度会非常慢，渲染品质也不高，这是因为它需要去优化模糊和大量的细节，对模糊和大量细节进行预计算，从而使渲染速度降低。该采样方式是3种采样类型中最占内存空间的一种，而“固定”采样器占的内存空间最少。其参数面板如图9-27所示。

图9-27 “自适应图像细分采样器”卷展栏

技巧与提示

下面，介绍一下图9-27所示的参数面板中的各参数含义。

最小采样比：定义每个像素使用的最少样本数量。数值0表示1个像素使用一个样本数量；-1表示两个像素使用一个样本；-2表示4个像素使用一个样本。值越小，渲染品质越低，渲染速度越快。

最大采样比：定义每个像素使用的最多样本数量。数值0表示1个像素使用1个样本数量；1表示1个像素使用4个样本；2表示1个像素使用8个样本数量。值越高，渲染品质越好，渲染速度越慢。

颜色阈值：色彩的最小判断值，当色彩的判断达到这个值以后，将停止对色彩的判断。具体来说，就是分辨哪些是平坦区域，哪些是角落区域。可将这里的色彩理解为色彩的灰度。

对象轮廓：勾选它以后，可以对物体轮廓线使用更多的样本，从而使物体轮廓的品质更高，但渲染速度会减慢。

法线阈值：决定“自适应细分”在物体表面法线的采样程度。当达到这个值以后，将停止对物体表面进行判断。具体来说，就是分辨哪些是交叉区域，哪些不是交叉区域。

随机采样：当勾选它以后，样本将随机分布，可使样本的准确度更高，同时，对渲染速度没有影响，建议勾选。

显示采样：勾选它以后，可以看到“自适应细分”的样本分布情况。

抗锯齿过滤器：该选项组如图9-28所示。

图9-28 “抗锯齿过滤器”选项组

开：勾选“开”选项后，可以从后面的下拉列表中选择一个抗锯齿过滤器来对场景进行抗锯齿处理；如果不勾选“开”选项，那么，渲染时将使用纹理抗锯齿过滤器。抗锯齿过滤器的类型有以下14种。

①区域：用区域大小来计算抗锯齿，如图9-29所示。

②清晰四方形：是来自Neslon Max算法的清晰9像素重组过滤器，如图9-30所示。

图9-29 区域　　图9-30 清晰四方形

③Catmull-Rom：一种具有边缘增强的过滤器，可以产生较清晰的图像效果，如图9-31所示。

④图版匹配/MAX R2：用3ds Max R2的方法（无贴图过滤）将摄影机和场景或“无光/投影”元素与未过滤的背景图像相匹配，如图9-32所示。

图9-31 Catmull-Rom　　图9-32 图版匹配/MAX R2

⑤四方形：和“清晰四方形”相似，能产生一定的模糊效果，如图9-33所示。

图9-33 四方形

⑥立方体：是基于立方体的25像素过滤器，能产生一定的模糊效果，如图9-34所示。

⑦视频：适合于制作视频动画的一种抗锯齿过滤器，如图9-35所示。

图9-34 立方体　　图9-35 视频

⑧柔化：用于程度模糊效果的一种抗锯齿过滤器，如图9-36所示。

⑨Cook变量：一种通用过滤器，较小的数值可以得到清晰的图像效果，如图9-37所示。

图9-36 柔化　　图9-37 Cook变量

⑩混合：一种用混合值来确定图像清晰或模糊的抗锯齿过滤器，如图9-38所示。

⑪Blackman：一种没有边缘增强效果的抗锯齿过滤器，如图9-39所示。

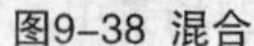

图9-38 混合　　图9-39 Blackman

⑫Mitchell-Netravali：一种常用的过滤器，能产生微量模糊的图像效果，如图9-40所示。

⑬VRayLanczosFilter/VRaySincFilter过滤器：是VRay新版本中的两个新的抗锯齿过滤器，可以很好地平衡渲染速度和渲染质量，如图9-41示。

图9-40 Mitchell-Netravali 图9-41 VRayLanczos/VRaySinc

⑭VRay盒子过滤器(VrayBoxFilter)/VRay三角形过滤器(VrayTriangleFilter)：这也是VRay新版本中的抗锯齿过滤器，它们以“盒子”和“三角形”的方式进行抗锯齿。

大小：用于设置过滤器的大小。

技巧与提示

通常情况下，在效果图制作中都采用Mitchell-Netravali过滤器。

6. “环境”卷展栏

“环境”卷展栏分为“全局照明环境（天光）覆盖”“反射/折射环境覆盖”和“折射环境覆盖”3个选项组，如图9-42所示。可以在该卷展栏下设置天光的亮度、反射、折射和颜色等。

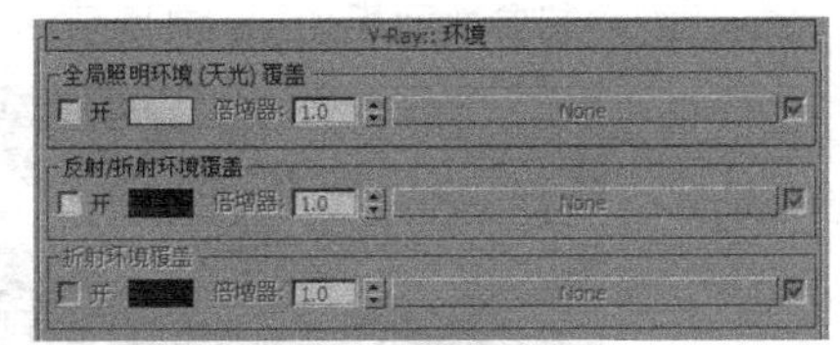

图9-42 “环境”卷展栏

【参数详解】

全局照明环境（天光）覆盖：该选项组主要用于设置环境光的天光。

开：用于控制是否开启VRay的天光。勾选该项后，3ds Max默认的天光效果将不起光照作用。

颜色：用于设置天光的颜色。

倍增器：用于设置天光亮度的倍增。值越高，天光的亮度越高。

None（无） [None]：用于选择作为天光的光照贴图。

反射/折射环境覆盖：该选项组主要用于设置环境光的反射。

开：当勾选该选项后，当前场景中的反射环境将由它来控制。

颜色：用于设置反射环境的颜色。

倍增器：用于设置反射环境亮度的倍增。值越高，反射环境的亮度越高。

None（无） [None]：用于选择作为反射环境的贴图。

折射环境覆盖：该选项组主要用于设置环境光的折射。

开：当勾选该选项后，当前场景中的折射环境将由它来控制。

颜色：用于设置折射环境的颜色。

倍增器：用于设置反射环境亮度的倍增。值越高，折射环境的亮度越高。

None（无） [None]：用于选择作为折射环境的贴图。

7. “颜色贴图”卷展栏

“颜色贴图”卷展栏下的参数主要用于控制整个场景的颜色和曝光方式，如图9-43所示。

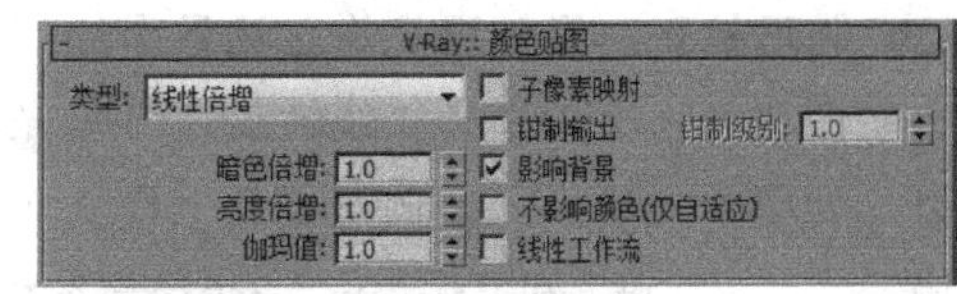

图9-43 “颜色贴图”卷展栏

【参数详解】

类型：提供了不同的曝光模式，包括“线性倍增”“指数”“HSV指数”“强度指数”“伽玛校正”“强度伽玛”和“赖因哈德”这7种模式。

线性倍增：这种模式将基于最终色彩亮度来进行线性的倍增，可能会导致靠近光源的点过分明亮，如图9-44所示。“线性倍增”模式包括3个局部参数，“暗色倍增”用于对暗部的亮度进行控制，加大该值可以提高暗部的亮度；“亮色倍增”用于对亮部的亮度进行控制，加大该值可以提高亮部的亮度；“伽玛值”主要用于控制图像的伽玛值。

指数：这种曝光是采用指数模式，它可以降低靠近光源处表面的曝光效果，同时，场景颜色的饱和度也会降低，如图9-45所示。“指数”模式的局部参数与“线性倍增”一样。

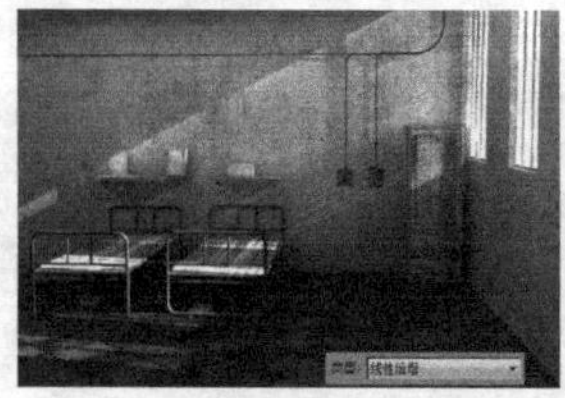

图9-44 线性倍增

图9-45 指数

HSV指数：与“指数”曝光比较相似，不同点在于，它可以保持场景物体的颜色饱和度，但是，这种方式会取消对高光的计算，如图9-46所示。“指数”模式的局部参数与“线性倍增”一样。

强度指数：这种方式是对上面两种指数曝光的结合，既抑制了光源附近的曝光效果，又保持了场景物体的颜色饱和度，如图9-47所示。“亮度指数”模式的局部参数与“线性倍增”相同。

图9-46 HSV指数

图9-47 强度指数

伽玛校正：用伽玛来修正场景中的灯光衰减和贴图色彩，其效果和“线性倍增”曝光模式类似，如图9-48所示。“伽玛校正”模式包括“倍增”“反转伽玛”和“伽玛值”3个局部参数，“倍增”主要用于控制图像的整体亮度倍增；“反转伽玛”是在VRay内部转化的，比如，输入的2.2就和显示器中的伽玛2.2相同。

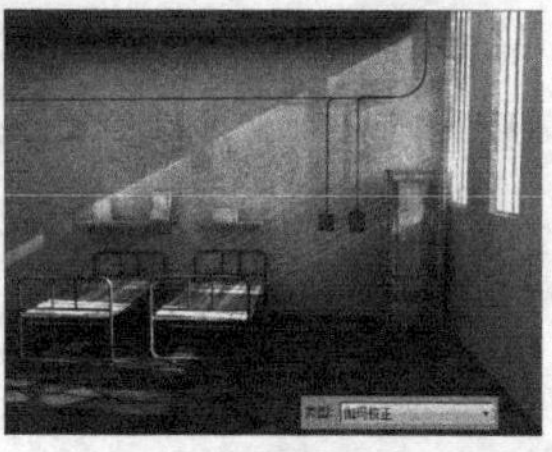

图9-48 伽玛校正

强度伽玛：这种曝光模式不仅拥有“伽玛校正”的优点，同时，还可以修正场景灯光的亮度，如图9-49所示。

莱因哈德：这种曝光方式可以把“线性倍增”和“指数”曝光混合起来，它包括“倍增”“加深值”和“伽玛值”3个参数。调节不同的参数后，可以得到不同的效果，如图9-50所示。

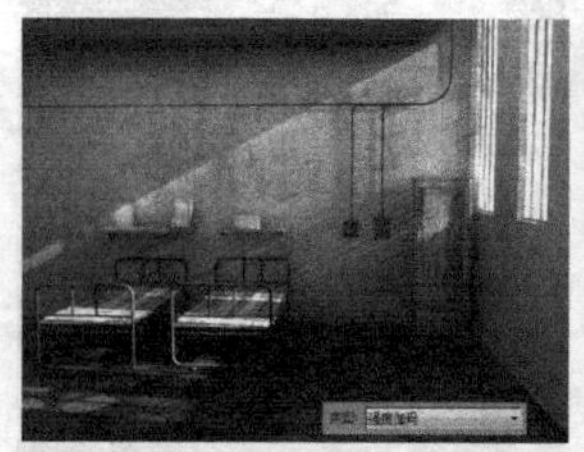

图9-49 强度伽玛

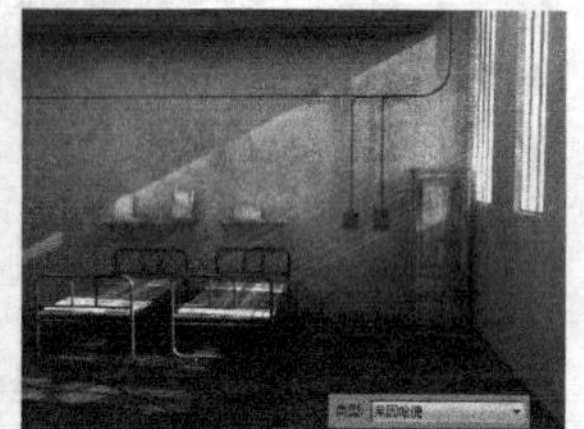

图9-50 莱因哈德

子像素映射：在实际渲染时，物体的高光区与非高光区的界限处会有明显的黑边，而开启“子像素映射”选项后，就可以缓解这种现象了。

钳制输出：当勾选这个选项后，渲染图中无法表现出来的色彩会通过限制来自动纠正。当使用HDRI（高动态范围贴图）的时候，如果限制了色彩的输出，会出现一些问题。

影响背景：用于控制是否让曝光模式影响背景。当关闭该选项时，背景将不受曝光模式的影响。

不影响颜色（仅自适应）：在使用HDRI（高动态范围贴图）和“VRay发光材质”时，若不开启该选项，“颜色映射”卷展栏下的参数将对这些具有发光功能的材质或贴图产生影响。

8.“摄像机”卷展栏

“摄像机”卷展栏是VRay系统里的一个摄影机特效功能，其参数面板如图9-51所示。

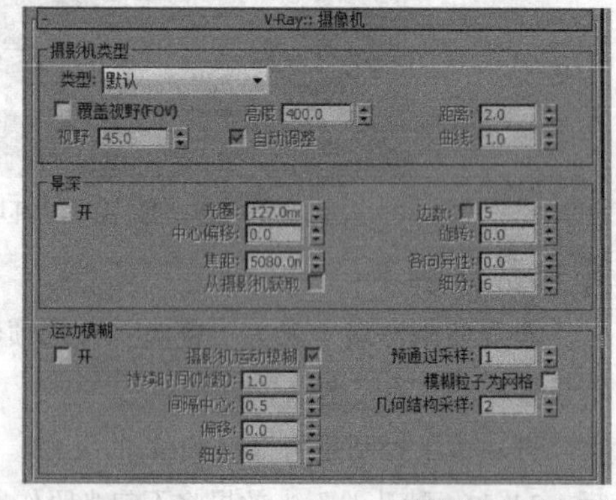

图9-51 “摄像机”卷展栏

【参数详解】

摄影机类型：该选项组主要用于定义三维场景投射到平面的不同方式，如图9-52所示。

图9-52 “摄影机类型”选项组

类型：VRay支持7种摄影机类型，分别是：默认、球形、圆柱（点）、圆柱（正交）、盒、鱼眼、变形球（旧式）。

①默认：这个是标准摄影机类型，和3ds Max里默认的摄影机效果一样，可把三维场景投射到一个平面上。图9-53所示为渲染效果。

②球形：可将三维场景投射到一个球面上。图9-106所示为渲染效果。

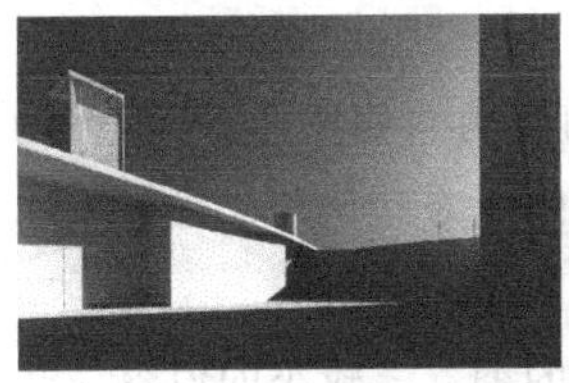

图9-53 默认

图9-54 球形

③圆柱（点）：由标准摄影机和球形摄影机叠加而成的效果，在水平方向采用球形摄影机的计算方式，而在垂直方向上采用标准摄影机的计算方式。图9-55所示为渲染效果。

④圆柱（正交）：这种摄影机也是混合模式，在水平方向采用球型摄影机的计算方式，而在垂直方向上采用视线平行排列，其渲染效果如图9-56所示。

图9-55 圆柱（点）

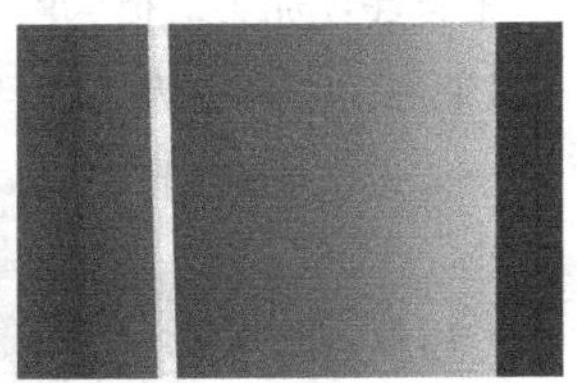

图9-56 圆柱（正交）

⑤盒：这种方式是把场景按照Box方式展开，其渲染效果如图9-57所示。

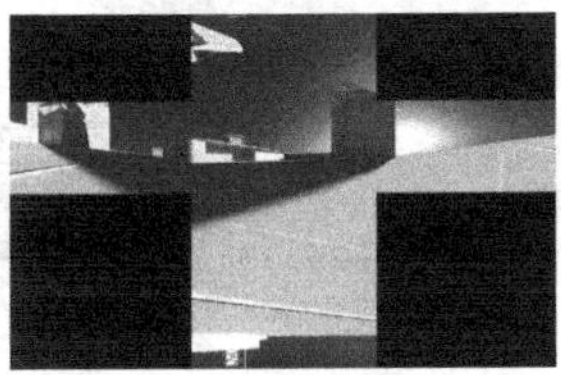

图9-57 盒

⑥鱼眼：这种方式就是人们常说的环境球拍摄方式，其渲染效果如图9-58所示。

⑦变形球（旧式）：是一种非完全球面摄影机类型，其渲染效果如图9-59所示。

图9-58 鱼眼

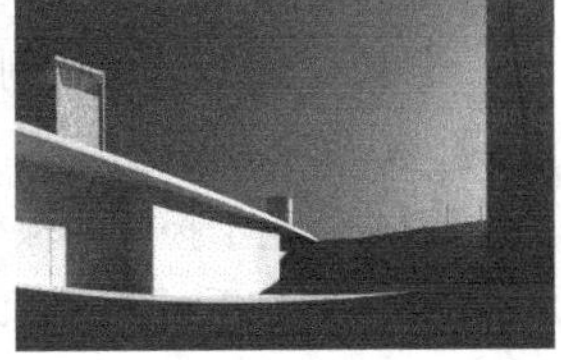

图9-59 变形球（旧式）

覆盖视野（FOV）：用于替代3ds Max默认摄影机的视角，3ds Max默认摄影机的最大视角为180°，而这里的视角最大可以设定为360°。

视野：用于替换3ds Max默认的视角值，最大值为360°。

高度：当且仅当使用“圆柱（正交）”摄影机时，该选项可用。用于设定摄影机高度。

自动调整：当使用“鱼眼”和“变形球（旧式）”摄影机时，此选项可用。当勾选它时，系统会自动匹配歪曲直径到渲染图的宽度上。

距离：当使用“鱼眼”摄影机时，该选项可用。在不勾选“自适应”选项的情况下，“距离”用于控制摄影机到反射球之间的距离，值越大，摄影机到反射球之间的距离越大。

曲线：当使用“鱼眼”摄影机时，该选项可用。它用于控制渲染图形的扭曲程度，值越小，扭曲程度越大。

景深：用于模拟摄影里的景深效果，其参数如图9-60所示。

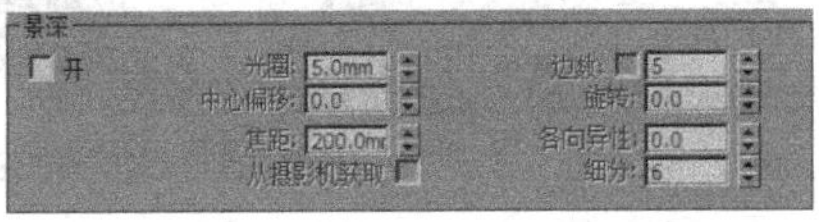

图9-60 “景深”选项组

开：用于控制是否打开景深。

光圈：光圈值越小，景深越大；光圈值越大，景深越小，模糊程度越高。

中心偏移：用于控制模糊效果的中心位置，值为0时，意味着从物体边缘均匀地向两边模糊，正值意味着模糊中心向物体内部偏移，负值则意味着模糊中心向物体外部偏移。

焦距：用于设置摄影机到焦点的距离。焦点处的物体最清晰。

从摄影机获取： 当这个选项被激活的时候，焦点将由摄影机的目标点来确定。

边数： 这用于模拟物理世界中的摄影机光圈的多边形形状，比如，5就代表5边形。

旋转： 用于控制光圈多边形形状的旋转。

各向异性： 用于控制多边形形状的各向异性，值越大，形状越扁。

细分： 用于控制景深效果的品质。

下面，来看一下景深渲染效果的一些测试，如图9-61、图9-62和图9-63所示。

图9-61 “光圈”对效果的影响

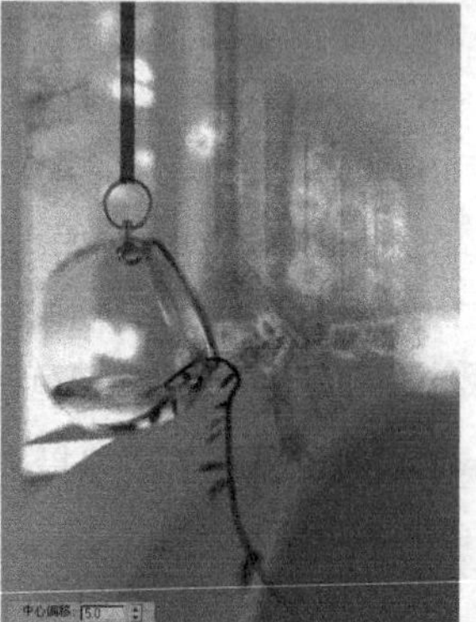

图9-62 “中心偏移”对效果的影响

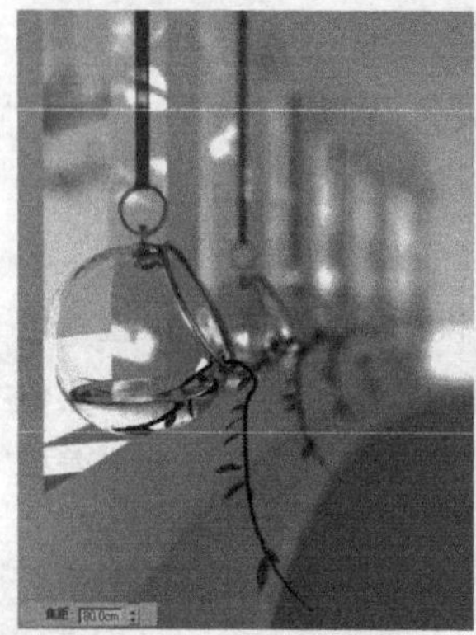
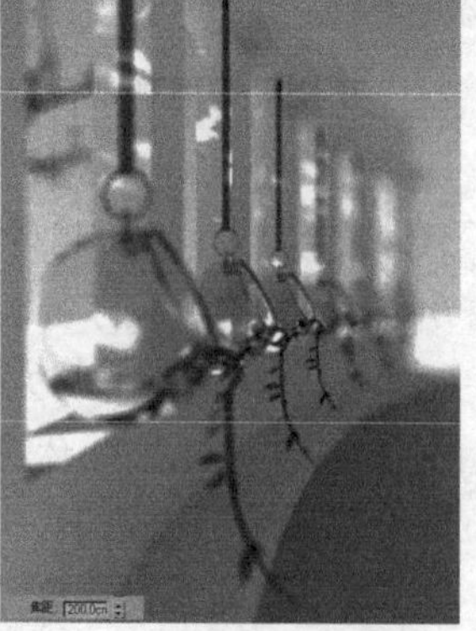

图9-63 “焦距”对效果的影响

运动模糊： 这里的参数用于模拟真实摄影机拍摄运动物体所产生的模糊效果，它仅对运动的物体有效，如图9-64所示。

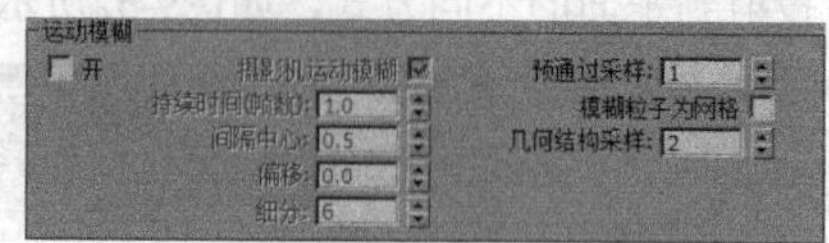

图9-64 “运动模糊”选项组

开： 勾选此选项后，将打开运动模糊特效。

摄影机运动模糊： 勾选此选项后，将打开相机运动模糊效果。

持续时间（帧数）： 用于控制运动模糊每一帧的持续时间，值越大，模糊程度越强。

间隔中心： 用于控制运动模糊的时间间隔中心，0表示间隔中心位于运动方向的后面，0.5表示间隔中心位于模糊的中心，1表示间隔中心位于运动方向的前面。

偏移： 用于控制运动模糊的偏移，0表示不偏移，负值表示沿运动方向的反方向偏移，正值表示沿运动方向偏移。

细分： 用于控制模糊的细分，较小的值容易产生杂点，较大的值可使模糊效果的品质变高。

预通过采样： 用于控制不同时间段上的模糊样本数量。

模糊粒子为网格： 当勾选此参数以后，系统会把模糊粒子转换为网格物体来计算。

几何结构采样： 这个值常用于制作物体的旋转动画上。如果取值为默认的2，那么，模糊的边将是一条直线；如果取值为8，那么，模糊的边将是一个8段细分的弧形。为了得到比较精确的效果，需要把这个值设定在5以上。

9.2.2 间接照明

“间接照明”选项卡下包含4个参数卷展栏，如图9-65所示，本节将分别讲解其中的相关参数。

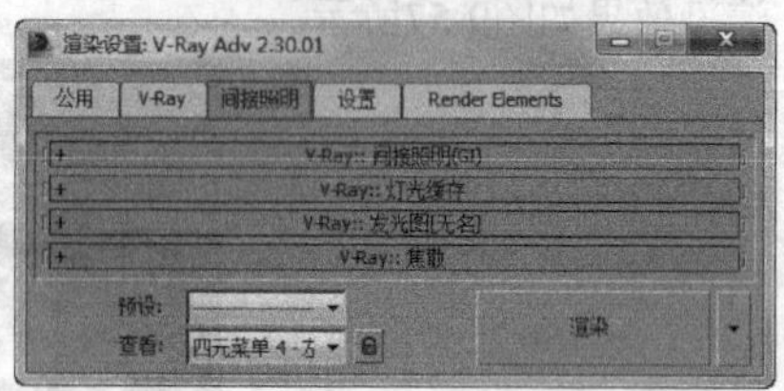

图9-65 “间接照明”选项卡

技巧与提示

上图中的第2个和第3个卷展栏是可变的，也就是说，选择不同的参数后，这两个卷展栏的名称也会随之变化，当然，其中的参数也会随之变化。

从图9-66中可以看出，第2个卷展栏与首次反弹的全局光引擎对应，第3个卷展栏与二次反弹的全局光引擎对应。

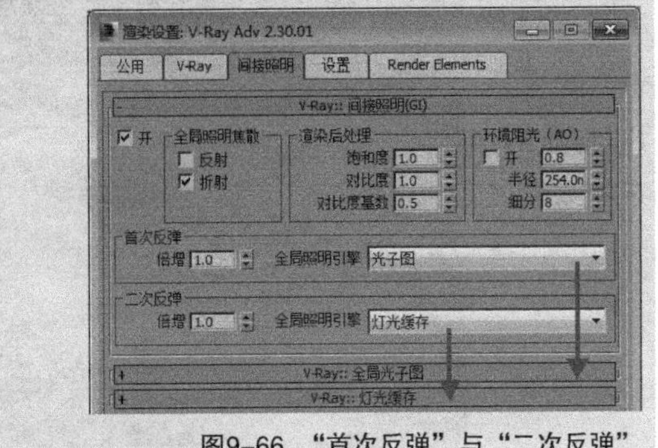

图9-66 “首次反弹”与“二次反弹”

1.“间接照明（GI）”卷展栏

在VRay渲染器中，没有开启“间接照明”时的效果就是直接照明效果，开启后，就可以得到间接照明效果。开启“间接照明”后，光线会在物体与物体间互相反弹，因此，光线计算会更加准确，图像也更加真实，其参数设置面板如图9-67所示。

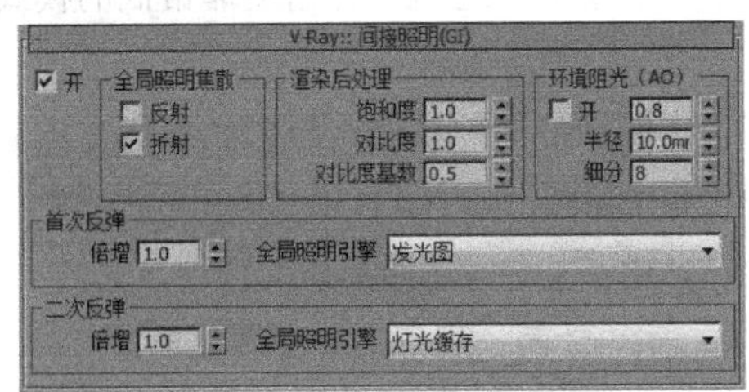

图9-67 “间接照明（GI）”卷展栏

【参数详解】

开启： 勾选该选项后，将开启间接照明效果。

全局照明焦散： 该选项组共包含下列两个选项，如图9-68所示。

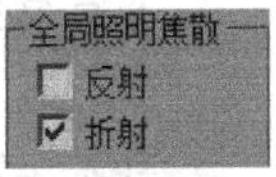

全局照明焦散
反射
折射

图9-68 “全局照明焦散”选项组

反射： 用于控制是否开启反射焦散效果。

折射： 用于控制是否开启折射焦散效果。

技巧与提示

“全局照明焦散”参数组下的参数只有在“焦散”卷展栏下勾选“开启”选项后才起作用。

渲染后处理： 该选项组共包含下列3个选项，如图9-69所示。

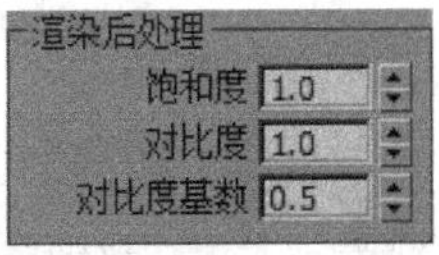

渲染后处理
饱和度 1.0
对比度 1.0
对比度基数 0.5

图9-69 “渲染后处理”选项组

饱和度： 可以用于控制色溢，可通过降低该数值来降低色溢效果。图9-70和图9-71分别所示为“饱和度”数值为“0”和“2”时的效果。

图9-70 “饱和度”为0

图9-71 “饱和度”为2

对比度： 用于控制色彩的对比度。数值越高，色彩对比越强；数值越低，色彩对比越弱。

对比度基数： 用于控制“饱和度”和“对比度”的基数。数值越高，“饱和度”和“对比度”的效果越明显。

环境阻光： 该选项组共包含下列3个选项，如图9-72所示。

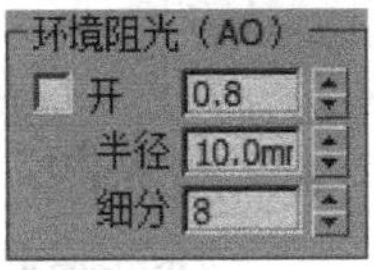

环境阻光（AO）
开 0.8
半径 10.0mr
细分 8

图9-72 “环境阻光”选项组

开： 用于控制是否开启“环境阻光”功能。

半径： 用于设置环境阻光的半径。

细分： 用于设置环境阻光的细分值。数值越高，阻光越好；反之，则越差。

首次反弹： 该选项组包含下列两个选项，如图9-73所示。

图9-73 “首次反弹”选项组

倍增： 用于控制“首次反弹”的光的倍增值。值越高，“首次反弹”的光的能量越强，渲染出的场景也越亮，默认情况下为“1”。

全局光引擎： 用于设置“首次反弹”的GI引擎，包括“发光图”“光子图”“BF算法”和“灯光缓存”4种。

二次反弹： 该选项组包含下列两个选项，如图9-74

所示。

图9-74 “二次反弹”选项组

倍增：用于控制“二次反弹”的光的倍增值。值越高，“二次反弹”的光的能量越强，渲染出的场景也越亮，最大值为“1”，默认情况下也为“1”。

全局光引擎：用于设置“二次反弹”的GI引擎，包括“无”（表示不使用引擎）、“光子图”“BF算法”和“灯光缓存”4种。

技巧与提示

在真实世界中，光线的反弹会一次比一次弱。VRay渲染器中的全局照明有“首次反弹”和“二次反弹”，但并不是说光线只反射两次，可将“首次反弹”理解为对直接照明的反弹，光线照射到A物体后反射到B物体，B物体所接收到的光就是“首次反弹”，B物体再将光线反射到D物体，D物体再将光线反射到E物体……D物体以后的物体所得到的光的反射就是“二次反弹”，如图9-75所示。

图9-75 反射示意图

2.“发光图”卷展栏

“发光图”描述了三维空间中的任意一点及全部可能照射到这点的光线。在几何光学里，这个点可以由无数条不同的光线来照射，但是，在渲染器当中，必须对这些不同的光线进行对比、取舍，才能优化渲染速度。那么，VRay渲染器的“发光图”是怎样对光线进行优化的呢？当光线射到物体表面的时候，VRay会从“发光贴图”里寻找与当前计算过的点类似的点（VRay计算过的点将被放在“发光图”里），然后，根据内部参数进行对比，满足内部参数的点就被认为和计算过的点相同，不满足内部参数的点就被认为和计算过的点不相同，认为此点是个新点，那么，就重新计算它，并且，把它也保存在“发光图”里。这就是大家在渲染时看到的“发光图”在计算过程中运算几遍光子的现象。正是因为这样，“发光图”才会在物体的边界、交叉和阴影区域计算得更精确（这些区域光的变化很大，所以，被计算的新点也很多）；而在平坦区域，计算的精度则会比较低（平坦区域的光的变化并不大，所以，被计算的新点也相对比较少）。这是一种常用的全局光引擎，只存在于“首次反弹”引擎中，其参数设置面板如图9-76所示。

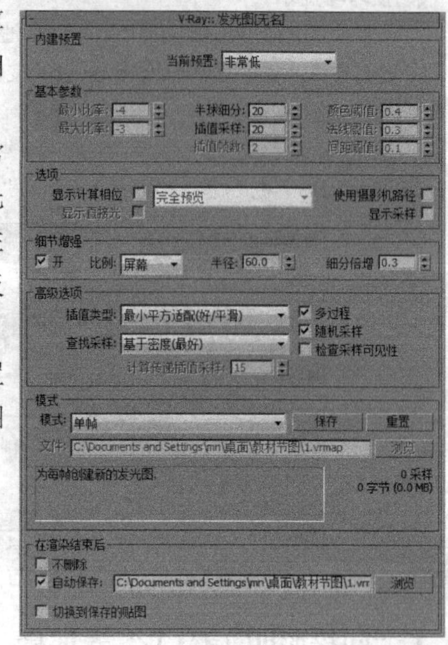

图9-76 “发光图”卷展栏

【参数详解】

内建预置：其中的“当前预置”用于设置发光贴图的预设类型，共有以下8种。

自定义：选择该模式时，可以手动调节参数。

非常低：这是一种精度非常低的模式，主要用于测试阶段。

低：是一种精度比较低的模式，不适合用于保存光子贴图。

中：是一种中级品质的预设模式。

中-动画：用于渲染动画效果，可以解决动画闪烁的问题。

高：是一种高精度模式，一般用在光子贴图中。

高-动画：是一种比中等品质效果更好的动画渲染预设模式。

非常高：是预设模式中精度最高的一种，可以用于渲染高品质的效果图。

基本参数：该选项组用于设置采样、细分等参数，如图9-77所示。

图9-77 “基本参数”选项组

最小比率：用于控制场景中平坦区域的采样数量。“0”表示计算区域的每个点都有样本；“-1”表示计算区域的1/2

是样本；“-2”表示计算区域的1/4是样本。图9-78和图9-79所示分别为“最小采样比”为“-2”和“-5”时的效果。

图9-78 “最小比率”为“-2”

图9-79 “最小比率”为“-5”

最大比率：用于控制场景中的物体边线、角落、阴影等细节的采样数量。“0”表示计算区域的每个点都有样本；“-1”表示计算区域的1/2是样本；“-2”表示计算区域的1/4是样本。图9-80和图9-81所示分别为“最大采样比”为“0”和“-1”时的效果。

图9-80 “最大比率”为“0”

图9-81 “最大比率”为“-1”

半球细分：因为VRay采用的是几何光学，所以，它可以模拟光线的条数。这个参数就是用于模拟光线的数量，值越高，表现的光线越多，样本精度也就越高，渲染的品质也越好，同时，渲染时间也会增加。图9-82和图9-83所示分别为“半球细分”为“20”和“100”时的效果。

图9-82 “半球细分”为“20”

图9-83 “半球细分”为“100”

插值采样：用于对样本进行模糊处理，较大的值可以得到比较模糊的效果，较小的值可以得到比较锐利的效果。图9-84和图9-85所示分别为“插值采样”为“2”和“20”时的效果。

图9-84 “插值采样”为“2”

图9-85 “插值采样”为“20”

颜色阈值：可使渲染器分辨出哪些是平坦区域，哪些不是平坦区域，它是按照颜色的灰度来区分的。值越小，对灰度的敏感度越高，区分能力越强。

法线阈值：可使渲染器分辨哪些是交叉区域，哪些不是交叉区域，它是按照法线的方向来区分的。值越小，对法线方向的敏感度越高，区分能力越强。

间距阈值：可使渲染器分辨哪些是弯曲表面区域，哪些不是弯曲表面区域，它是按照表面距离和表面弧度的比较来区分的。值越高，表示弯曲表面的样本越多，区分能力越强。

选项：该选项组共包含下列4个选项，如图9-86所示。

图9-86 “选项”选项组

显示计算相位：勾选这个选项后，用户可以看到渲染帧里的GI预计算过程，但会占用一定的内存空间。

显示直光：可在预计算的时候显示直接照明，以方便用户观察直接光照的位置。

显示采样：用于显示采样的分布及分布的密度，帮助用户分析GI的精度够不够。

使用摄像机路径：用于选择是否使用摄像机的路径。

细节增强：该选项组共包含下列4个选项，如图9-87所示。

图9-87 “细节增强”选项卡

开：是否开启“细部增强”功能。

比例：是细分半径的单位依据，有“屏幕”和“世界”两个单位选项。“屏幕”是指将渲染图的最后尺寸作为单位；“世界”是用3ds Max系统中的单位来定义。

半径：表示细节部分有多大区域使用“细节增强”功能。“半径”值越大，使用“细部增强”功能的区域也就越大，同时，渲染时间也越慢。

细分倍增：用于控制细部的细分，这个值和“发光图”里的“半球细分”有关系，“0.3”代表细分是“半球细分”的“30%”；“1”代表和“半球细分”的值一样。较低的值可使细部产生杂点，但渲染速度比较快；较高的值可使细部避免产生杂点，但渲染速度会变慢。

高级选项：该选项组共包含下列6个选项，如图9-88所示。

图9-88 “高级选项”选项组

插值类型：VRay提供了4种样本插补方式，为“发光图”的样本的相似点进行插补。

①权重平均值（好/强）：一种简单的插补方法，可以对插补采样以一种平均值的方法进行计算，能得到较好的光滑效果。

②最小平方适配（好/平滑）：是默认的插补类型，可以对样本进行最适合的插补采样，能得到比“权重平均值（好/强尽计算）”更光滑的效果。

③Delone三角剖分（好/精确）：是最精确的插补算法，可以得到非常精确的效果，但要有更多的“半球细分”，否则，会出现斑驳效果，渲染时间较长。

④最小平方权重/泰森多边形权重（测试）：结合了“权重平均值（好/强尽计算）”和“最小平方适配（好/平滑）”两种类型的优点，但渲染时间较长。

查找采样：主要用于控制哪些位置的采样点适合作为基础插补的采样点。VRay内部提供了以下4种样本查找方式。

①平衡嵌块（好）：它将插补点的空间划分为4个区域，然后，尽量在它们中寻找相等数量的样本，它的渲染效果比“最近（草稿）”好，但渲染速度比“最近（草稿）”慢。

②最近（草稿）：这种方式是一种草图方式，它简单地使用“发光图”里最靠近的插补点样本来渲染图形，渲染速度比较快。

③重叠（很好/快速）：这种查找方式需要对“发光图”进行预处理，然后，对每个样本半径进行计算。低密度区域的样本半径比较大，而高密度区域的样本半径比较小。渲染速度比其他3种都快。

④基于密度（最好）：它基于总体密度来进行样本查找，不仅可将物体边缘处理非常好，而且，可将物体表面处理得十分均匀。它的效果比“重叠（很好/快速）”更好，其速度也是4种查找方式中最慢的一种。

计算传递插值采样：用于计算“发光贴图”过程中，主要计算已经被查找后的插补样本的使用数量。较低的数值可以加速计算过程，但是，会导致信息不足；较高的值会降低计算速度，但是，所利用的样本数量比较多，所以，渲染质量也比较好。官方推荐使用10~25之间的数值。

多过程：当勾选该选项时，VRay会根据“最大采样比”和“最小采样比”进行多次计算。关闭该选项后，将强制一次性计算完。一般，多次计算以后的样本分布会均匀、合理一些。

随机采样：用于控制“发光贴图”样本是否随机分配。如果勾选该选项，那么，样本将随机分配，如图9-89所示；如果取消勾选该选项，那么，样本将以网格方式来进行排列，如图9-90所示。

图9-89 勾选“随机采样”　图9-90 取消勾选“随机采样”

检查采样可见性：灯光在通过比较薄的物体时，很有可能产生漏光现象，勾选该选项后，可以解决这个问题，但渲染时间会长一些。通常，在比较高的GI情况下，不会漏光，所以，一般情况下不勾选该选项。当出现漏光现象时，可以试着勾选该选项。图9-91所示为右边的薄片出现了漏光现象。图9-92所示为勾选了“检查采样可见性”后的效果，漏光现象没有了。

图9-91 漏光现象　图9-92 勾选“检查采样可见性”

模式：该选项组共包含下列5个选项，如图9-93所示。

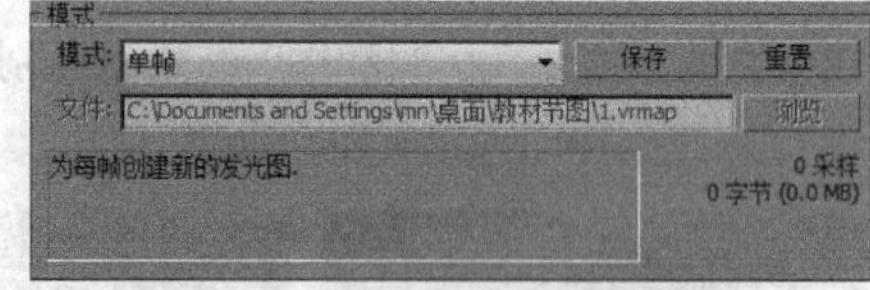

图9-93 “模式”选项组

模式：一共有以下8种模式。

①单帧：用于渲染静帧图像。

②多帧增量：用于渲染仅有摄影机移动的动画。当VRay计算完第1帧的光子后，将在后面的帧

里根据第1帧里没有的光子信息进行新计算，这样就节约了渲染时间。

③从文件：当渲染完光子以后，可以将其保存起来，这个选项就可调用保存的光子图并进行动画计算（静帧同样也可以这样）。

④添加到当前贴图：当渲染完一个角度的时候，可以把摄影机转一个角度再全新计算新角度的光子，最后，把这两次的光子叠加起来，这样的光子信息更丰富、更准确，也可以进行多次叠加。

⑤增量添加到当前贴图：这个模式和“添加到当前贴图”相似，只不过它不是全新计算新角度的光子，而是只对没有计算过的区域进行新的计算。

⑥块模式：把整个图分成块来计算，渲染完一个块再进行下一个块的计算，但是，在低GI的情况下，渲染出来的块会出现错位的情况。它主要用于网络渲染，速度比其他方式快。

⑦动画（预处理）：适合动画预览，使用这种模式前要预先保存好光子贴图。

⑧动画（渲染）：适合最终动画渲染，使用这种模式前要预先保存好光子贴图。

保存：可将光子图保存到硬盘。

重置：可将光子图从内存中清除。

文件：用于设置光子图保存到的路径。

浏览：可从硬盘中调用需要的光子图。

在渲染结束后：该选项组共包含下列3个选项，如图9-94所示。

图9-94 “在渲染结束后”选项组

不删除：当渲染完光子以后，不把光子从内存中删掉。

自动保存：当渲染完光子以后，自动将其保存在硬盘中，可通过单击“浏览”按钮选择保存位置。

切换到保存的贴图：当勾选了“自动保存”选项后，渲染结束时会自动进入“从文件”模式并调用光子贴图。

技巧与提示

该面板中比较重要的是“内置预设”和“基本参数”卷展栏，在渲染设置中，这两组参数是必设的，所以，读者一定要掌握。

3. “灯光缓存”卷展栏

“灯光缓存”与“发光图”比较相似，都是将最后的光发散到摄影机后得到最终图像，只是，“灯光缓存”与“发光图”的光线路径是相反的，“发光贴图”的光线追踪方向是从光源发射到场景的模型中，最后，再反弹到摄影机，而“灯光缓存”是从摄影机开始追踪光线到光源，摄影机追踪光线的数量就是“灯光缓存”的最后精度。由于“灯光缓存”是从摄影机方向开始追踪的光线的，因此，最后的渲染时间与渲染的图像的像素没有关系，只与其中的参数有关，一般适用于“二次反弹”，其参数设置面板如图9-95所示。

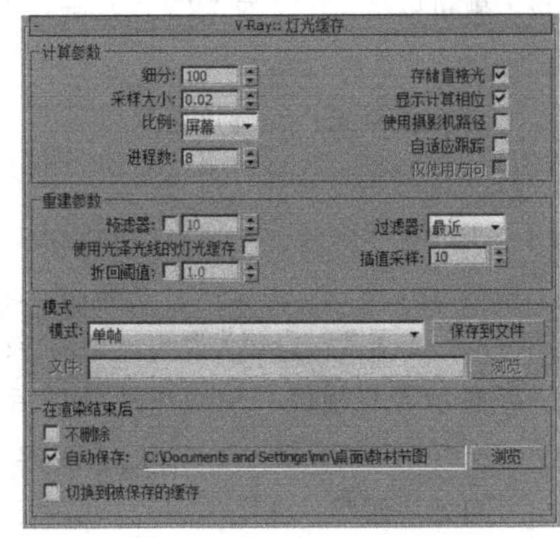

图9-95 “灯光缓存”卷展栏

【参数详解】

计算参数：该选项组包含下列选项，如图9-96所示。

图9-96 “计算参数”选项卡

细分：用于确定“灯光缓存”的样本数量。值越高，样本总量越多，渲染效果越好，渲染时间也越长。图9-97和图9-98所示分别为“细分”值为“200”和“800”时的渲染效果。

图9-97 “细分”为“200”

图9-98 “细分”为“800”

采样大小：用于控制“灯光缓存”的样本大小，比较小的样本可以得到更多的细节，但也需要更多的样本。图9-99和图9-100所示分别为“采样大小”为“0.04”和“0.01”时的渲染效果。

图9-99 “采样大小”为“0.04”

图9-100 “采样大小”为“0.01”

比例：主要用于确定样本的大小依靠什么单位，这里提供了以下两种单位。一般，在效果图中使用“屏幕”选项，在动画中使用“世界”选项。

进程数：这个参数由CPU的个数来确定，如果是单核，那么，就可以将其设定为“1”；如果是双核，就可以将其设定为“2”。注意，太大的值会使渲染出的图像有点模糊。

存储直接光：勾选该选项以后，“灯光缓存”将保存直接光照信息。当场景中有很多灯光时，可用这个选项来提高渲染速度。因为它已经把直接光照信息保存到“灯光缓存”里了，所以在渲染出图的时候，不需要对直接光照再进行采样计算。

显示计算相位：勾选该选项以后，可以显示“灯光缓存”的计算过程，以方便观察。

自适应跟踪：这个选项的作用是记录场景中的灯光位置并在光的位置上采用更多的样本，同时，对模糊特效的处理也会更快，但会占用更多的内存空间。

仅使用方向：勾选“自适应跟踪”选项后，该选项才能被激活。它只记录直接光照的信息，而不考虑间接照明，可以加快渲染速度。

重建参数：该选项组主要包含下列选项，如图9-101所示。

重建参数
预滤器：10
使用光泽光线的灯光缓存
折回阈值：1.0
过滤器：最近
插值采样：10

图9-101 “重建参数”选项组

预滤器：当勾选该选项以后，可以对“灯光缓存”样本进行提前过滤，它主要用于查找样本边界，然后，对其进行模糊处理。后面的值越高，对样本进行模糊处理的程度越深。图9-102和图9-103分别所示为“预滤器”为“10”和“50”时的渲染效果。

使用光泽光线的灯光缓存：用于确定是否用平滑的灯光缓存，开启该功能后，渲染效果将更加平滑，但会影响到细节效果。

图9-102 “预滤器”为“10”

图9-103 “预滤器”为“50”

过滤器：该选项可在渲染成图时，对样本进行过滤，其下拉列表中共有以下3个选项。

①无：不对样本进行过滤。

②最近：当使用这个过滤方式时，过滤器会对样本的边界进行查找，然后，对色彩进行均化处理，从而得到一个模糊效果。当选择该选项后，下面会出现一个“插值采样”参数，其值越高，模糊程度越深，图9-104和图9-105分别所示为“过滤器”都为“最近”，而“插值采样”为“10”和“50”时的渲染效果。

图9-104 “过滤器”为“最近”、“插值采样”为“10”

图9-105 “过滤器”为“最近”、“插值采样”为“50”

③固定：这个方式和“邻近”方式的不同点在于，它采用距离的判断来对样本进行模糊处理。它附带一个“过滤大小”参数，其值越大，模糊的半径越大，图像的模糊程度越深。图9-106和图9-107分别所示为“过滤器”方式都为“固定”，而“过滤大小”为“0.02”和“0.06”时的渲染效果。

图9-106 “过滤器”为“固定”、“过滤大小”为“0.02”

图9-107 “过滤器”为“固定”、“过滤大小”为“0.06”

折回阈值：勾选该选项后，可提高对场景中反射和折射模糊效果的渲染速度。

模式：该选项组包含下列3个选项，如图9-108所示。

图9-108 “模式”选项组

模式：用于设置光子图的使用模式，共有以下4种。

①单帧：用于渲染静帧图像。

②穿行：这个模式用于动画方面，它可把第1帧到最后1帧的所有样本都融合在一起。

③从文件：使用这种模式时，VRay要导入一个预先渲染好的光子贴图，该功能只渲染光影追踪。

④渐进路径跟踪：这个模式就是常说的PPT，它是一种新的计算方式。和“自适应DMC”一样，它也是一种精确的计算方式，不同的是，它不停地去计算样本，不对任何样本进行优化，直到样本计算完毕为止。

保存到文件 保存到文件 **：**可对保存在内存中的光子贴图再次进行保存。

浏览 浏览 **：**可在硬盘中浏览保存好的光子图。

在渲染结束后：该选项组包含下列3个选项，如图9-109所示。

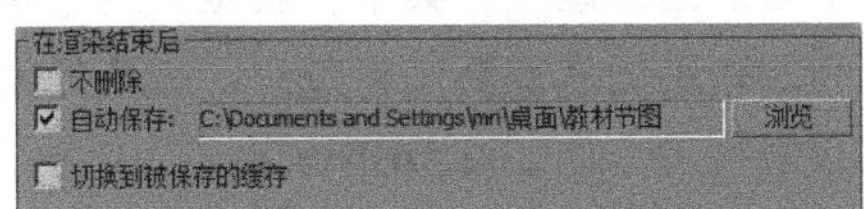

图9-109 “在渲染结束后”选项组

不删除：当渲染完光子后，不把光子从内存中删掉。

自动保存：当渲染完光子后，自动将其保存在硬盘中，单击“浏览”按钮 浏览 后，可以选择保存位置。

切换到被保存的缓存：勾选“自动保存”选项后，这个选项才能被激活。当勾选该选项以后，系统会自动使用最新渲染的光子图来进行大图渲染。

技巧与提示

该卷展栏中的“计算参数”非常重要，希望读者能够掌握。

4. “BF强算全局光”卷展栏

在“全局照明引擎”中选择了“BF 算法”全局光引擎后，就会出现“BF强算全局光”卷展栏，如图9-110所示。“BF算法”方式是由蒙特卡罗积分方式演变过来的，它和蒙特卡罗不同的是，多了细分和反弹控制，并且，内部计算方式采用了一些优化方式。尽管如此，它的计算精度还是相当精确的，同时，渲染速度也很慢，在“细分”较小时，会有杂点产生。

图9-110 “BF强算全局光”卷展栏

【参数详解】

细分：用于定义“BF算法”的样本数量，值越大，效果越好，速度越慢；值越小，产生的杂点越多，速度越快。图9-111左图所示为“细分”为“3”的效果，右图所示为“细分”为“10”的效果。

图9-111 不同“细分”的效果

二次反弹：将“二次反弹”选择为“穷尽计算”后，这个选项被激活，它用于控制二次反弹的次数，值越小，二次反弹越不充分，场景越暗。通常，值在“8”以上时，渲染效果的区别就不是很大了，值越高，渲染速度越慢。图9-112左图所示为“细分”为“8”、“二次反弹”次数为“1”的效果；右图所示为“细分”为“8”、“二次反弹”次数为“8”的效果。

图9-112 不同“二次反弹”的效果

5. “全局光子图”卷展栏

在“全局照明引擎”中选择了“光子图”全局光引擎后，就会出现“全局光子图”卷展栏，如图9-113所示。“光子图”是基于场景中的灯光密度来进行渲染的，与“发光图”相比，它没有自适应性，同时，它更需要依据灯光的具体属性来控制对场景的照明，这就对灯光有选择性，它仅支持3ds Max里的“目标平行光”和“VRay灯光”。

和“灯光缓存”相比，“光子图”的使用范围更小，而且，功能上也没“灯光缓存”强大，所以，这里仅简单介绍一下它的部分重要参数。图9-113所示为“全局光子图”卷展栏。

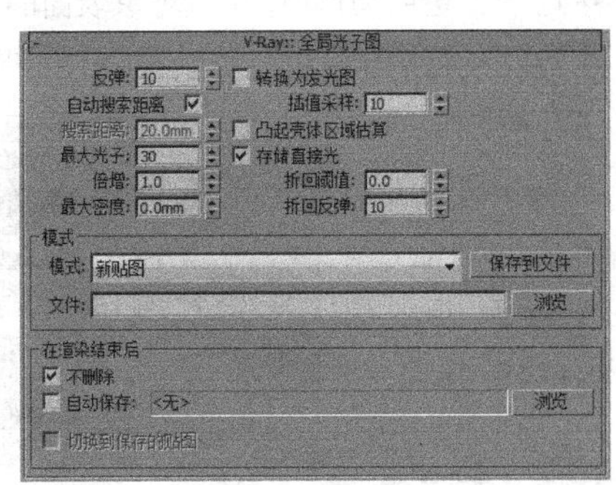

图9-113 “全局光子图”卷展栏

【参数详解】

反弹：用于控制光线的反弹次数，较小的值可使场景较暗，这是因为反弹光线不充分。用默认值“10”就可以达到理想的效果。

自动搜索距离：VRay可根据场景的光照信息自动估计一个光子的搜索距离，以方便用户的使用。

搜索距离：当不勾选“自动搜索距离”选项时，此参数被激活，用于手动输入控制光子搜索距离的数字。较大的值会增加渲染时间，较小的值会让图像产生杂点。

最大光子：用于控制场景里着色点周围参与计算的光子数量。值越大，效果越好，渲染时间也越长。

倍增：用于控制光子的亮度，值越大，场景越亮；值越小，场景越暗。

最大密度：用于设置在多大的范围内使用一个光子贴图。“0”表示不用这个参数来决定光子贴图的使用数量，而使用系统内定的数量。值越高，渲染效果越差。

转换为发光图：它可以让渲染的效果更平滑。

插值采样：用于控制样本的模糊程度，值越大，渲染效果越模糊。

凸起壳体区域估算：当勾选此选项时，VRay会强制去除光子贴图产生的黑斑，同时，渲染时间也会增加。

存储直接光：可把直接光照信息保存到光子贴图中，提高渲染速度。

折回阈值：用于控制光子来回反弹的阈值，值越小，渲染品质越高，渲染速度也越慢。

折回反弹：用于设置光子来回反弹的次数，数值越大，渲染品质越高，渲染速度也越慢。

6.“焦散”卷展栏

“焦散”是一种特殊的物理现象，是指当光线穿过一个透明物体时，由于对象表面的不平整，使光线折射没有平行发生，出现漫折射，投影表面出现光子分散。在VRay渲染器里有专门的焦散功能，其参数面板如图9-114所示。

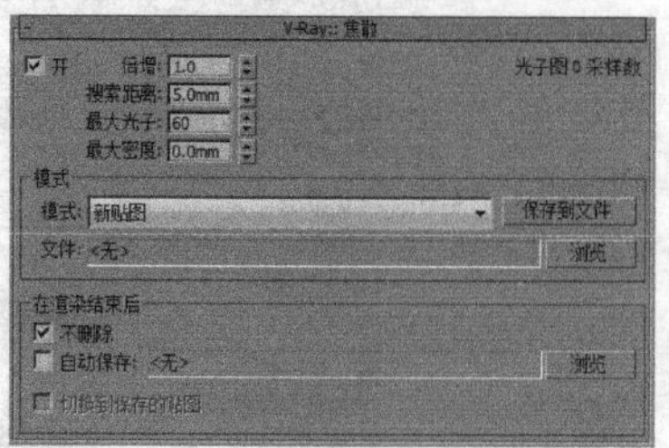

图9-114 “焦散”卷展栏

【参数详解】

开：勾选该选项后，将可以渲染焦散效果。

倍增：焦散的亮度倍增。值越高，焦散效果越亮。图9-115和图9-116分别所示为“倍增器”为“4”和“12”时的渲染效果。

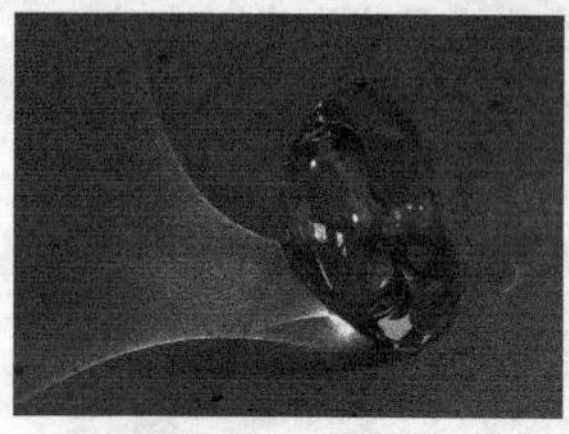

图9-115 “倍增”为“4”

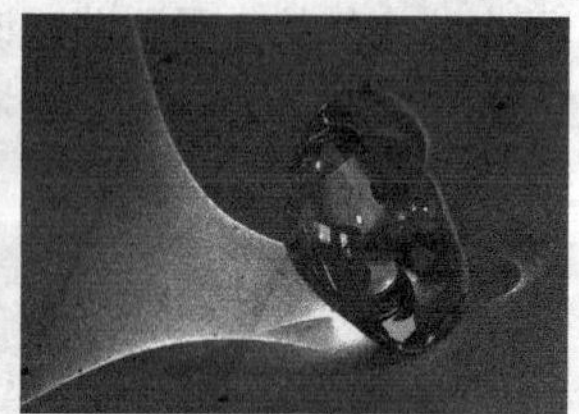

图9-116 “倍增”为“12”

搜索距离：当光子追踪撞击在物体表面的时候，会自动搜寻位于周围区域同一平面的其他光子，实际上，这个搜寻区域是一个以撞击光子为中心的圆形区域，其半径就是由这个搜寻距离确定的。较小的值容易产生斑点；较大的值会产生模糊焦散效果。图9-117和图9-118分别所示为“搜索距离”为“0.1mm”和“2mm”时的渲染效果。

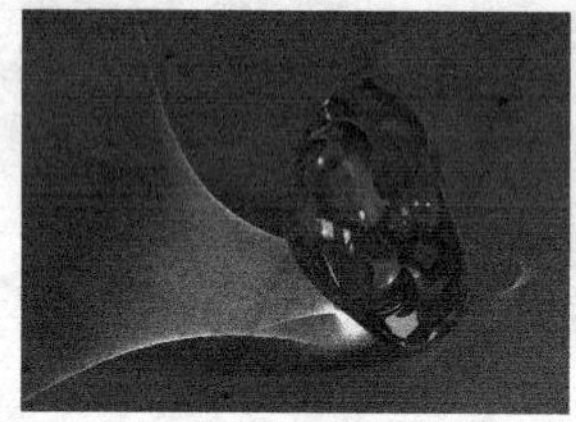

图9-117 “搜索距离”为“0.1mm”

图9-118 “搜索距离”为“2mm”

最大光子：用于定义单位区域内的最大光子数量，然后，可根据单位区域内的光子数量来均分照明。较小的值不容易得到焦散效果；而较大的值会使焦散效果产生模糊现象。图9-119和图9-120分别所示为“最大光子”为“1”和“200”时的渲染效果。

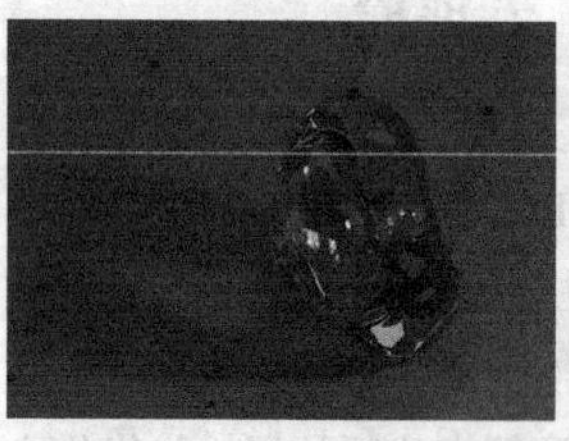

图9-119 “最大光子”为“1”

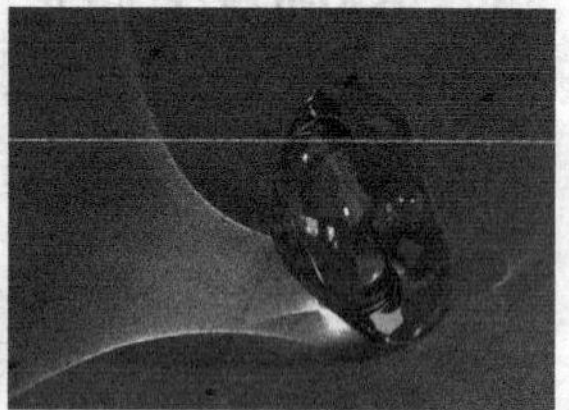

图9-120 “最大光子”为“200”

最大密度：用于控制光子的最大密度，默认值“0”表示用VRay内部确定的密度，较小的值会使焦散效果比较锐利。图9-121和图9-122分别所示为“最大密度”为“0.01mm”和“5mm”时的渲染效果。

图9-121 “最大密度”为“0.01mm”

图9-122 “最大密度”为“5mm”

9.2.3 设置

“设置”选项卡下包含3个卷展栏，分别是“DMC采样器”“默认置换”和“系统”卷展栏，如图9-123所示。

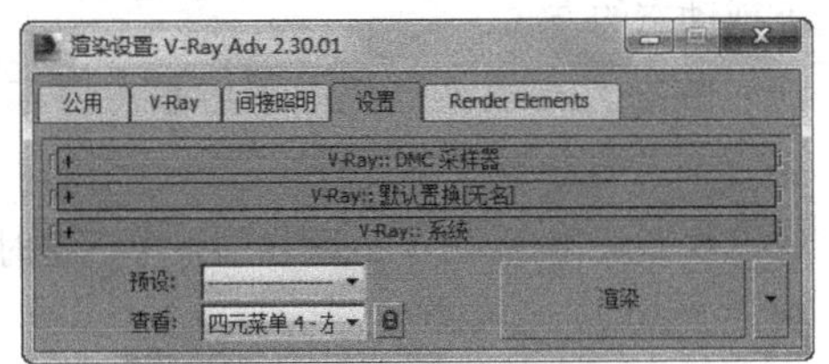

图9-123 “设置”选项卡

1. “DMC采样器”卷展栏

“DMC采样器”是VRay渲染器的核心部分，一般用于确定获取什么样的样本，最终有哪些样本被光线追踪。它可控制场景中的反射模糊、折射模糊、面光源、抗锯齿、次表面散射、景深、动态模糊等效果的计算程度。

与任意一个“模糊”评估使用分散的方法来采样不同的是，VRay根据一个特定的值，使用一种独特的、统一的标准框架来确定有多少及多么精确的样本被获取，那个标准框架就是大名鼎鼎的“DMC采样器”，那么，在渲染中，实际的样本数量是由什么决定的呢？其条件有3个，分别如下。

第1个：由用户在VRay参数面板里指定的细分值决定。

第2个：取决于评估效果的最终图像采样，例如，暗的、平滑的反射需要的样本数就比明亮的要少，原因在于，最终的效果中反射效果相对较弱；远处的面积灯需要的样本数量比近处的要少。这种基于实际使用的样本数量来评估最终效果的技术被称为“重要性抽样”。

第3个：取决于一个特定的值获取的样本的差异。如果那些样本彼此之间比较相似，那么，可以用较少的样本来评估；如果样本是完全不同的，那么，为了得到好的效果，就必须使用较多的样本来计算。在每一次新的采样后，VRay都会对每一个样本进行计算，然后，决定是否继续采样。如果系统认为已经达到了用户设定的效果，就会自动停止采样，这种技术被称为“早期性终止”。

“DMC采样器”的参数面板如图9-124所示。

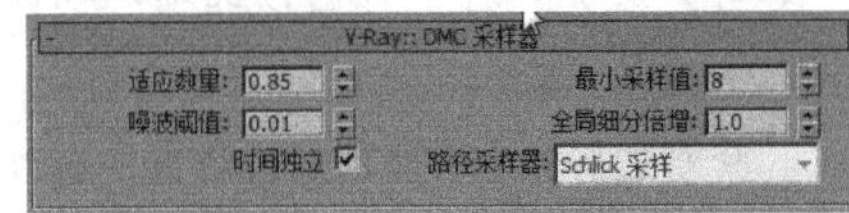

图9-124 “DMC采样器”卷展栏

【参数详解】

适应数量：主要用于控制自适应的百分比。

噪波阈值：用于控制渲染中所有产生噪点的极限值，包括灯光细分和抗锯齿等。数值越小，渲染品质越高，渲染速度也越慢。

时间独立：用于控制是否在渲染动画时对每一帧都使用相同的“DMC采样器”参数设置。

最少采样值：用于设置样本及样本插补中使用的最少样本数量。数值越小，渲染品质越低，速度也越快。

全局细分倍增：VRay渲染器有很多“细分”选项，该选项用于控制所有细分的百分比。

路径采样器：用于设置样本路径的选择方式，每种方式都会影响渲染速度和品质，一般情况下选择默认方式即可。

2. “默认置换”卷展栏

“默认置换”卷展栏下的参数用于用灰度贴图来实现物体表面的凸凹效果，它对材质中的置换起作用，而不作用于物体表面，其参数设置面板如图9-125所示。

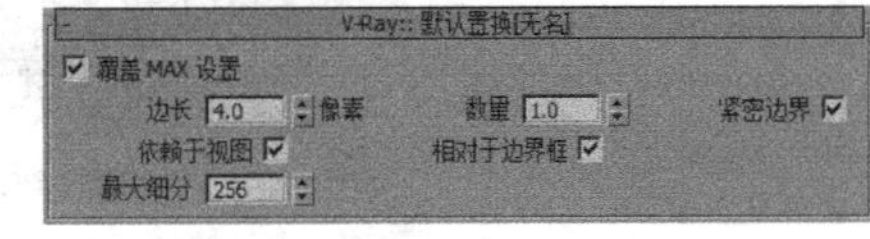

图9-125 “默认设置”卷展栏

【参数详解】

覆盖Max的设置：用于控制是否用“默认置换”卷展栏下的参数来替代3ds Max中的置换参数。

边长：用于设置3D置换中产生最小的三角面长度。数值越小，精度越高，渲染速度越慢。

依赖于视图：用于控制是否将渲染图像中的像素长度设置为“边长度”的单位。若不开启该选项，系统将以3ds Max中的单位为准。

最大细分：用于设置物体表面置换后可产生的最大细分值。

数量：用于设置置换的强度总量。数值越大，置换效果越明显。

相对于边界框：用于控制是否在置换时关联（缝合）边界。若不开启该选项，物体的转角处可能产生裂面现象。

紧密边界：用于控制是否对置换进行预先计算。

3. "系统"卷展栏

"系统"卷展栏下的参数不仅会影响渲染速度，而且，还会影响渲染的显示和提示功能，也可以完成联机渲染，其参数设置面板如图9-126所示。

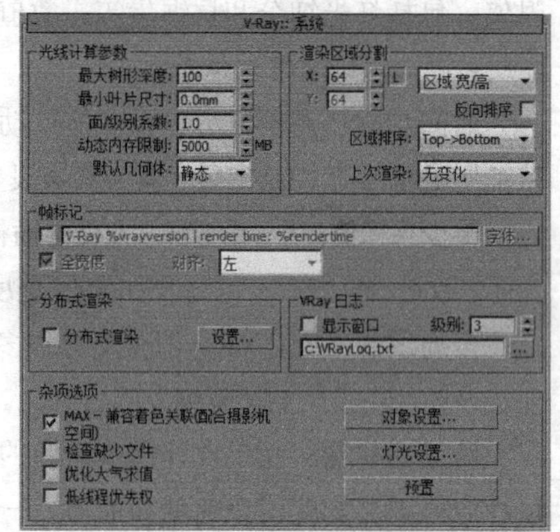

图9-126 "系统"卷展栏

【参数详解】

光线计算参数：该选项组共包含下列5个选项，如图9-127所示。

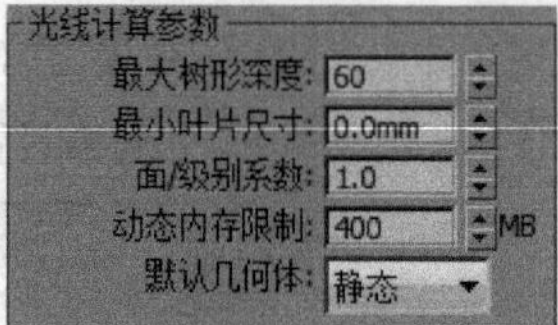

图9-127 "光线计算参数"选项组

最大树形深度：用于控制根节点的最大分支数量。较高的值可加快渲染速度，同时，会占用较多的内存。

最小叶片尺寸：用于控制叶节点的最小尺寸，当达到叶节点尺寸后，系统将停止计算场景。"0"表示计算所有的叶节点，这个参数对速度的影响不大。

面/级别细数：用于控制一个节点中的最大三角面数量，未超过临近点时的计算速度较快；当超过临近点以后，渲染速度会减慢，所以，要根据不同的场景来设定这个值，进而提高渲染速度。

动态内存极限：用于控制动态内存的总量。注意，这里的动态内存被分配给每个线程，如果是双线程，那么，每个线程各占一半的动态内存。如果这个值较小，那么，系统将在内存中加载并释放一些信息，但这样会减慢渲染速度。用户应该根据自己的内存情况来确定该值。

默认几何体：用于控制内存的使用方式，共有以下3种方式。

自动：VRay会根据内存的情况自动调整使用静态或动态的方式。

静态：在渲染过程中采用静态内存可加快渲染速度。复杂场景需要较多的内存空间，空间不足时，经常会出现3ds Max跳出的情况，这时，应该选择动态内存。

动态：使用内存资源交换技术，渲染完一个块后，就会释放占用的内存资源，同时，开始下个块的计算，这样，就有效地扩展了内存的使用。注意，动态内存的渲染速度比静态内存慢。

渲染区域分割：该选项组主要包含下列6个选项，如图9-128所示。

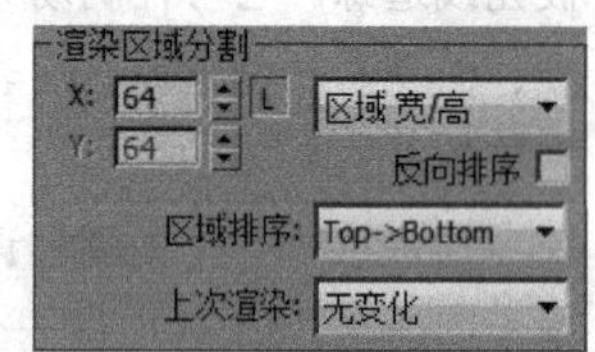

图9-128 "渲染区域分割"选项组

X：在后面的列表中选择"区域宽/高"时，它表示渲染块的像素宽度；在后面的选择框里选择"区域数量"时，它表示水平方向一共有多少个渲染块。

Y：在后面的列表中选择"区域 宽/高"时，它表示渲染块的像素高度；在后面的选择框里选择"区域数量"时，它表示垂直方向一共有多少个渲染块。

锁L：单击该按钮并使其凹陷后，将强制x和y的值相同。

反向排序：勾选该选项后，渲染顺序将和设定的顺序相反。

区域排序：用于控制渲染块的渲染顺序，共有以下6种方式。

从Top－>Bottom：将按照从上到下的顺序渲染渲染块。

Left－>Right：将按照从左到右的顺序渲染渲染块。

Checker：将按照棋格方式的顺序渲染渲染块。

Spiral：将按照从里到外的顺序渲染渲染块。

Triangulation：这是VRay默认的渲染方式，它将图形分为两个三角形并依次进行渲染。

Hibert curve：将按照“希耳伯特曲线”方式的顺序渲染渲染块。

上次渲染：用于确定在渲染开始的时候，在3ds Max默认的帧缓存框中以什么样的方式处理先前的渲染图像。这些参数的设置不会影响最终渲染效果，系统提供了以下5种方式。

①不改变：与前一次渲染的图像保持一致。

②交叉：每隔 2 个像素图像设置为黑色。

③区域：每隔一条线设置为黑色。

④暗色：将图像的颜色设置为黑色。

⑤蓝色：将图像的颜色设置为蓝色。

帧标记：该选项组主要包含下列4个选项，如图9-129所示。

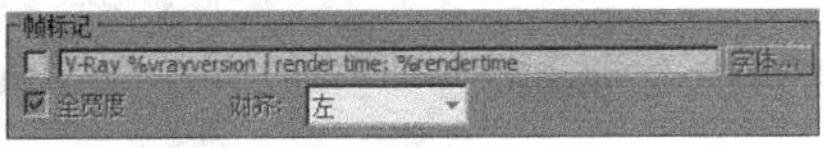

图9-129 “帧标记”选项组

V-Ray %vrayversion | 文件: %filename | 帧: %frame | 基面数: %pri

水印：勾选该选项后，将显示水印。

字体 字体 ：用于修改水印里的字体属性。

全宽度：水印的最大宽度。勾选该选项后，它的宽度和渲染图像的宽度将相等。

对齐：用于控制水印里的字体排列位置，有“左”“中”“右”3个选项。

分布式渲染：该选项组包含两个选项，如图9-130所示。

图9-130 “分布式渲染”选项组

分布式渲染：勾选该选项后，将开启“分布式渲染”功能。

设置 设置... ：用于控制网络中的计算机的添加、删除等。

VRay日志：该选项组包含下列3个选项，如图9-131所示。

图9-131 “VRay日志”选项组

显示窗口：勾选该选项后，将显示“VRay日志”的窗口。

级别：用于控制“VRay日志”的显示内容，一共分为4个级别。“1”表示仅显示错误信息；“2”表示显示错误和警告信息；“3”表示显示错误、警告和情报信息；“4”表示显示错误、警告、情报和调试信息。

c:\VRayLog.txt ... ：用于选择保存“VRay日志”文件的位置。

杂项选项：该选项组包含下列7个选项，如图9-132所示。

图9-132 “杂项选项”选项组

MAX－兼容着色关联（需对相机窗口进行渲染）：有些3ds Max插件（如大气等）是用摄影机空间来进行计算的，因为它们都是针对默认的扫描线渲染器开发。为了保持与这些插件的兼容性，可通过该项来转换来自这些插件的点或向量的数据，以模拟在摄影机空间中的计算。

检查缺少文件：勾选该选项时，VRay会寻找场景中丢失的文件并对它们进行列表，然后，将它们保存到C:\VRayLog.txt中。

优化大气计算：当场景中拥有大气效果且大气比较稀薄的时候，勾选这个选项后，可以得到比较优秀的大气效果。

低线程优先权：勾选该选项后，VRay将使用低线程进行渲染。

对象设置 对象设置... ：单击该按钮后，将弹出“VRay对象属性”对话框，可以在该对话框中设置场景物体的局部参数。

灯光设置 灯光设置... ：单击该按钮后，将弹出“VRay光源属性”对话框，可以在该对话框中设置场景灯光的一些参数。

预设 预设 ：单击该按钮后，将打开“VRay预置”对话框，可以在该对话框中保存当前VRay渲染参数的各种属性，以方便日后调用。

课堂案例

渲染客厅效果

案例位置	案例文件>第9章>课堂案例：渲染客厅效果
视频位置	多媒体教学>第9章>课堂案例：渲染客厅效果.flv
难易指数	★★☆☆☆
学习目标	学习渲染参数的设置方法

在前面的课堂案例中，为了方便大家学习，都是用“控制变量法”方式来进行说明，所以，容易使读者产生误解，以为只要将模型建好、灯光打好、材质设置好，就一定能渲染出好的图片，那真实情况又是如何呢？下面，通过本例来说明。案例效果如图9-133所示。

图9-133 渲染效果图

01 打开“下载资源”中的初始文件，如图9-134所示。这是一个已经完成的场景，按F9键，渲染摄影机视图，效果如图9-135所示。这就是未设置渲染参数时的渲染效果，可明显地看出，场景有很多噪点且光照无反弹效果。

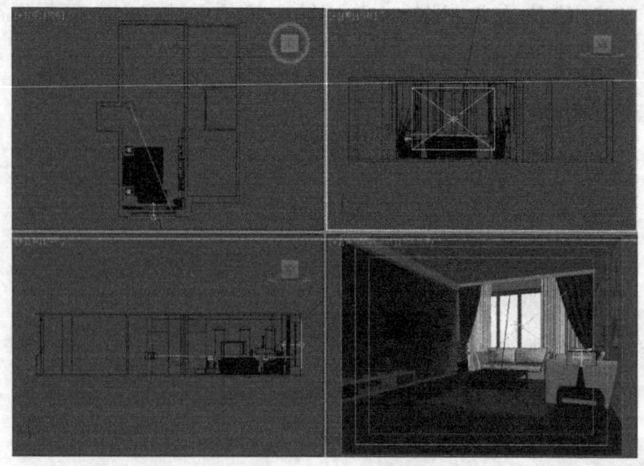

图9-134 打开初始文件

图9-135 初始渲染效果

02 按F10键，打开“渲染设置”对话框，然后，在公用选项卡下设置“输出大小”为“800×600”，如图9-136所示。

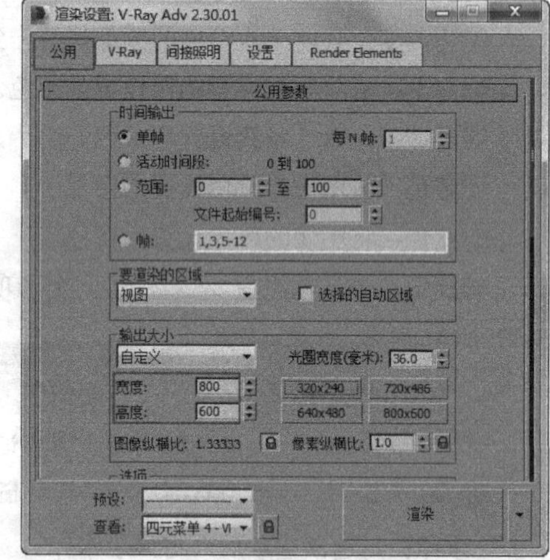

图9-136 设置“输出大小”

03 切换到V-Ray选项卡，然后，打开“帧缓冲区”卷展栏，勾选“启用内置帧缓冲区”选项，如图9-137所示。

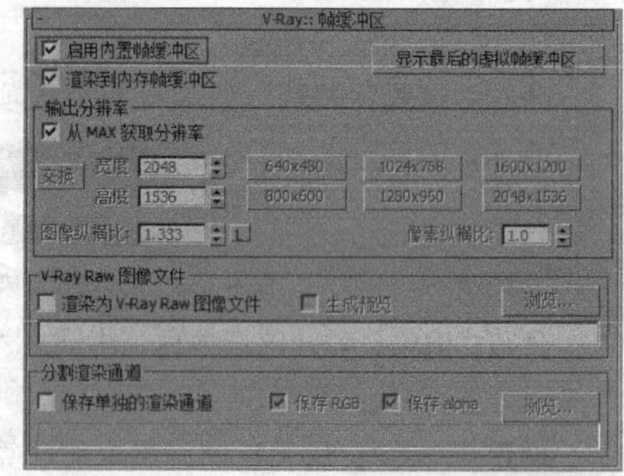

图9-137 启用内置帧缓冲区

04 打开“图像采样器（反锯齿）”卷展栏，然后，设置“图像采样器”的“类型”为“自适应确定性蒙特卡洛”，再设置“抗锯齿过滤器”的类型为“Mitchell-Netravali”，如图9-138所示。

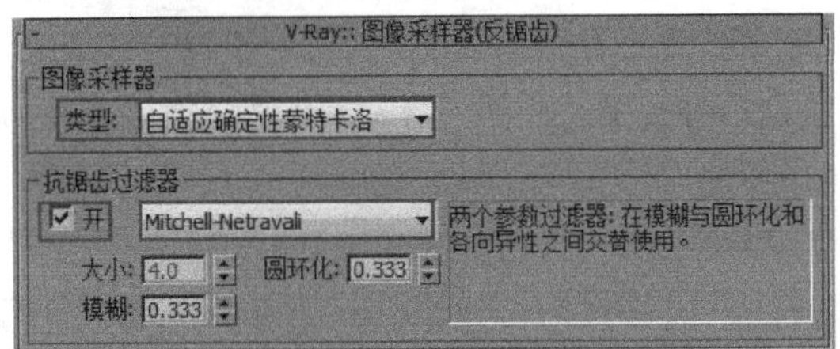

图9-138 设置“图像采样器（反锯齿）”的参数

05 打开“颜色贴图”卷展栏，然后，设置其“类型”为“线性倍增”，再勾选“子像素映射”选项，如图9-139所示。

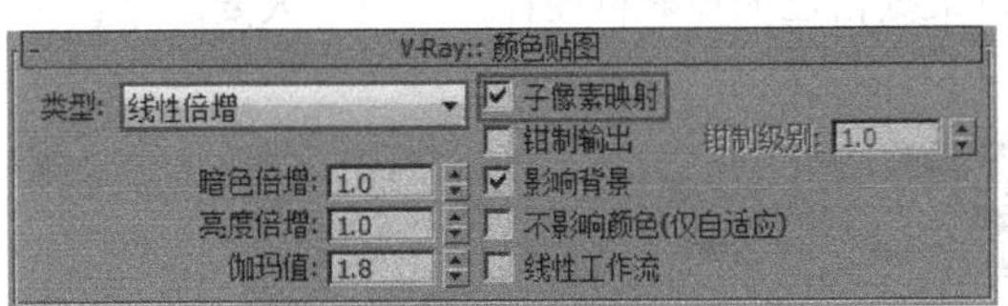

图9-139 设置“颜色贴图”卷展栏

06 切换到“间接照明”选项卡，打开“间接照明（GI）”卷展栏，接着，打开全局照明，再设置“首次反弹”的“全局照明引擎”为“发光图”、“二次照明”的“全局照明引擎”为“灯光缓存”，如图9-140所示。

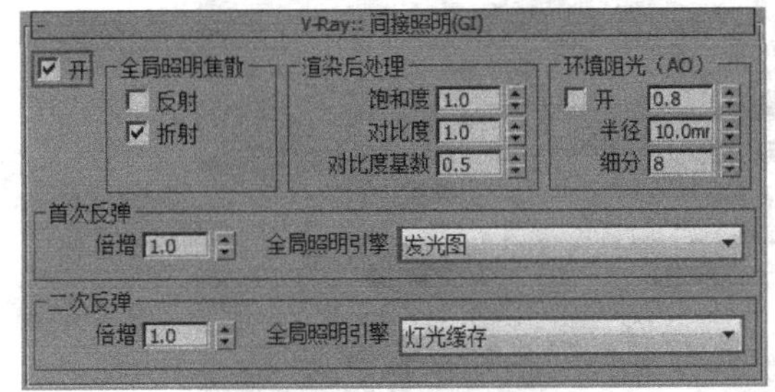

图9-140 设置“间接照明（GI）”的参数

07 打开“发光图”卷展栏，设置“当前预设”为“中”，接着，设置“半球细分”为“30”、“插值采样”为“20”，如图9-141所示。

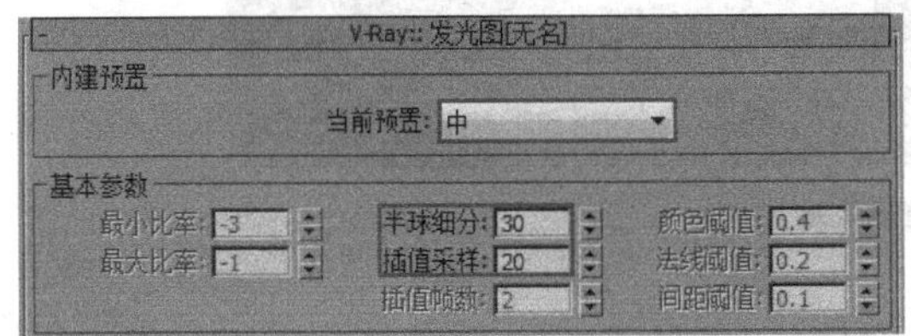

图9-141 设置“发光图”卷展栏

08 打开“灯光缓存”卷展栏，然后，设置“细分”为“600”、“进程数”为“8”，再勾选“存储直接光”选项，如图9-142所示。

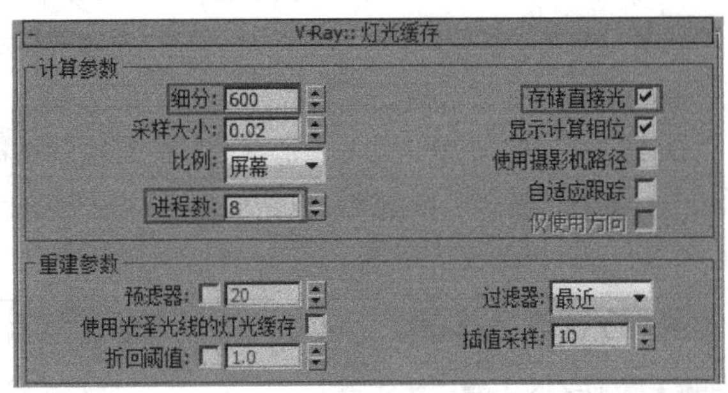

图9-142 设置“灯光缓存”卷展栏

09 切换到“设置”选项卡，然后，设置“适应数量”为“0.7”、“噪波阈值”为“0.005”、“最小采样值”为“16”，如图9-143所示。

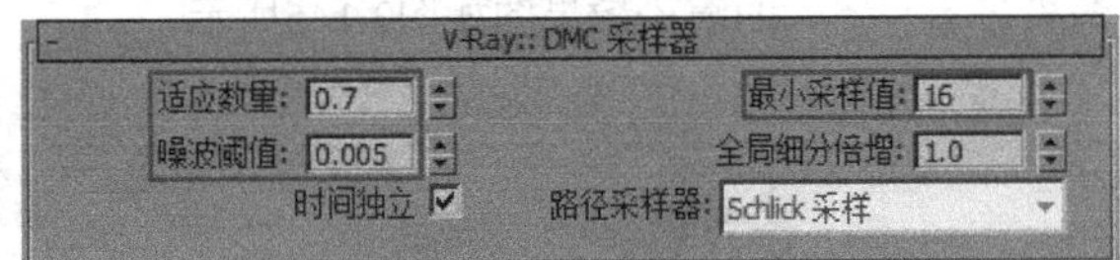

图9-143 设置“DMC采样器”卷展栏

10 设置完成后，按F9键，渲染摄影机视图，效果如图9-144所示，此时的渲染效果就正常了。

图9-144 渲染效果

技巧与提示

为了节省读者在实践中所有的时间，这里的渲染参数都设置得偏低，所以，效果图看起来不是那么细腻，有兴趣和条件的读者，可以提高相关参数的值后，再渲染其效果。

9.3 本章小结

本章详细讲解VRay渲染器的设置，“V-Ray”“间接照明”和“设置”这3个选项卡是设置渲染输出的核心内容。V-Ray选项卡中的“全局开关”“图像采样器”和“颜色贴图”主要用于设置效果图的曝光和采样；“间接照明”选项卡的设置非常重要，常用的“发光图”和“灯光缓存”是必设参数；“设置”选项卡中的“DMC采样器”是渲染器的核心部分，它可控制模糊、抗锯齿等效果的计算。请大家务必仔细领会这3大知识点，并且，要多进行测试，以完全掌握VRay渲染器的使用方法。

课后习题

渲染洗手间效果

案例位置	案例文件>第9章>课后习题：渲染洗手间效果
视频位置	多媒体教学>第9章>课后习题：渲染洗手间效果.flv
难易指数	★★☆☆☆
学习目标	熟悉渲染参数的设置方法

渲染参数的设置方法基本都类似，所以，读者在设置本题的渲染参数时，可以参考课堂案例中的渲染参数。任意场景的渲染参数都是多样化的，所以，读者可以根据自己的计算机硬件配置及个人要求设置相应的渲染参数，本例的渲染效果图如图9-145所示。

图9-145 渲染效果

第10章

Photoshop后期处理技法

在效果图的制作流程中，后期处理是必不可少的环节，虽然VRay可以渲染出极为逼真的效果，但是，依然无法做到尽善尽美，比如，渲染出来的画面偏暗、偏灰、有噪点或画面层次感不够等，这些问题都可以通过简单的后期调整来解决。用于后期处理的主要工具就是Photoshop，本章将详细讲解Photoshop在效果图后期处理中的运用，比如，调整图像亮度、调整画面层次、调整图像清晰度、添加配景元素和制作画面特效等。

课堂学习目标

掌握构图裁剪的方法

调整效果图的亮度与清晰度

调整效果图的色彩与层次感

制作效果图的光晕、体积光和景深特效

给效果图添加配景的方法

10.1 后期处理的作用

后期处理就是对渲染效果图的再加工，通过前面的案例可以发现，虽然渲染效果很好、很逼真，但其在色彩、亮度、清晰度方面还是有瑕疵，当然，这些可以通过对渲染参数的设置来改善，但会造成渲染速度缓慢，所以，在制作效果图的时候，我们通常会在最后进行后期处理，以提高图像的质量。图10-1所示为渲染效果与后期处理效果的对比，经后期处理后的右图在亮度、清晰度和色彩等方面都明显好于左图。

图10-1 渲染效果与后期处理效果的对比

常用的后期处理软件有很多，常在效果图中使用的是Photoshop。相信接触过平面设计的读者应该对这款图像处理软件不陌生，其强大的图像处理和图像合成功能被应用于影视、广告等领域。其实，后期处理只需运用到其很少的功能，例如，调亮度、调整色彩和添加元素灯。图10-2所示为Photoshop CS6的工作界面。

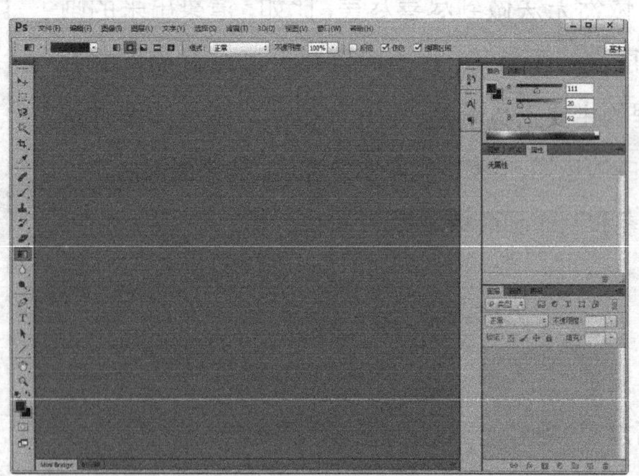

图10-2 Photoshop CS6的工作界面

10.2 构图裁剪

第1章中介绍过构图的知识，而且，通过对前面内容的学习，读者也应该可以通过摄影机设置视角了，即完成构图的设置。这类构图的方式是读者必须掌握的。图10-3所示的场景给我们的第一感觉就是主体是客厅这一空间，现在，我们若想着重表现餐桌，应该怎么做呢？

图10-3 客厅空间

大部分读者应该会用调整摄影机的方式重新构图，然后，重新渲染。当然，这种方法也是正确的，但是，相对比较麻烦，如果不是有特别的需要，一般不采用重新渲染的方法。下面，介绍一种比较简单的方法，那就是“裁剪”。

该工具在Photoshop的工具箱中，如图10-4所示。可通过“裁剪工具”完成对图像的裁剪，单击“裁剪工具”后，菜单栏下方会出现与裁剪相关的参数，如图10-5所示。可以通过这些参数对裁剪进行相应的设置。

图10-4 裁剪工具

不受约束 | 位置 | 视图：黄金比例 | 删除裁剪的像素

图10-5 裁剪参数

技巧与提示

这里就不对“裁剪工具”的参数作详细介绍了，有兴趣的读者可以查看相关书籍。

下面，以图10-3所示的效果图为例来说明一下裁剪工具的用法。

第1步：在Photoshop CS6中打开效果图，如图10-6所示。

图10-6 打开效果图文件

第2步：单击“裁剪工具”按钮，此时，窗口中会出现一个裁剪框，如图10-7所示。

图10-7 单击“裁剪工具”按钮

第3步：用鼠标设置裁剪框的大小，如图10-8所示，然后，按Enter键即可完成裁剪，裁剪效果如图10-9所示。此时，该场景的主体就为餐桌了。

图10-8 设置裁剪框的大小

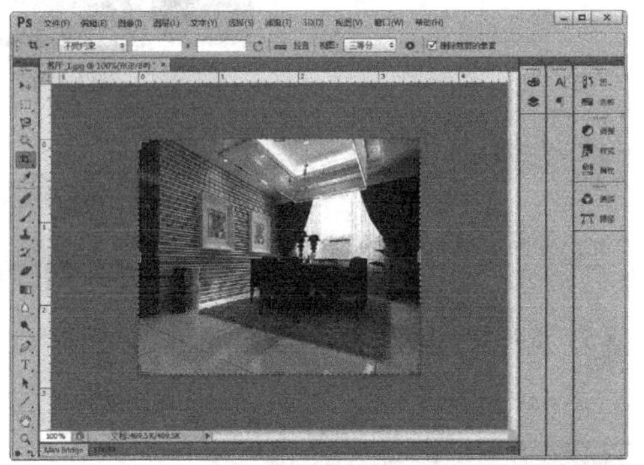

图10-9 裁剪效果

10.3 亮度与清晰度

大部分的渲染效果图都是偏暗或偏灰的，而且，由于渲染参数的原因，效果图中都有或多或少的噪点。如果用3ds Max来处理这类问题，会相对麻烦，而在后期处理中，只需解决亮度问题和清晰度问题即可。

10.3.1 调亮方式

通常情况下，在Photoshop CS6中，有两种调整图像亮度的方式，一种是通过“曲线”，另一种是通过添加“亮度/对比度”修改图层来完成。图10-10所示为调亮的处理效果。

图10-10 调亮效果

1.曲线

这里所说的“曲线”是指“RGB曲线”，组合键为Ctrl+M，也可通过添加“曲线”调整图层来创建1个调整图层，如图10-11所示。

按Ctrl+M组合键后，会弹出“曲线”对话框，如图10-12所示。通常，在后期处理中，运用到的只是调整曲线的形状。

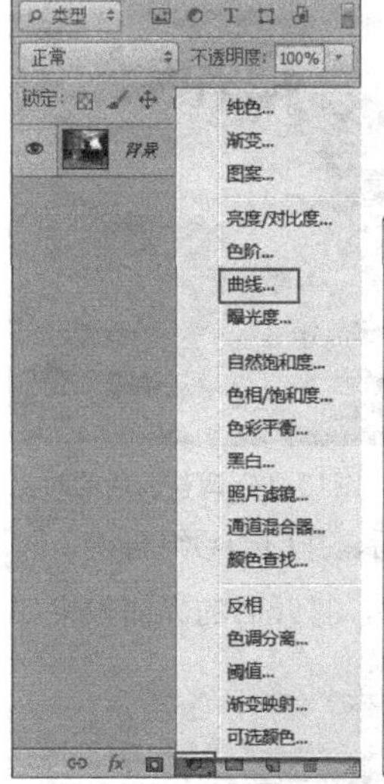

图10-11 添加“曲线”图层

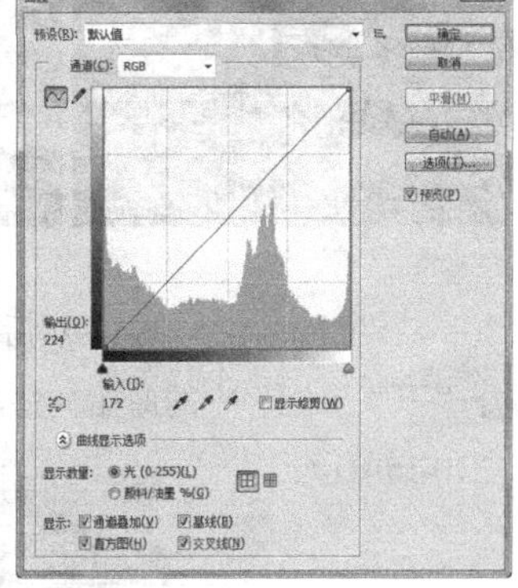

图10-12 “曲线”对话框

2.亮度/对比度

“亮度/对比度”也可用于调整图像的亮度，与“曲线”相同，其打开方式也有两种，一种是执行“图像>调整>亮度>对比度”菜单命令，另一种就是添加“亮度/对比度”调整图层。无论用哪一种，都会弹出“亮度/对比度”对话框，如图10-13所示。

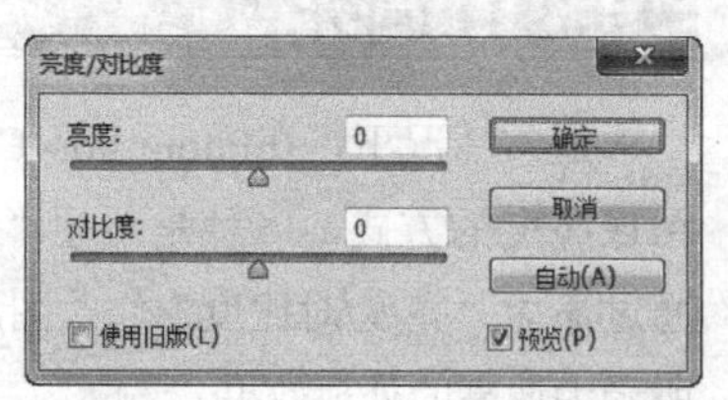

图10-13 亮度/对比度

【参数详解】

亮度：是指画面的明亮程度。

对比度：是画面黑与白的比值，也就是从黑到白的渐变层次。比值越大，从黑到白的渐变层次就越多，色彩表现也就越丰富。

课堂案例

使用曲线调整亮度

案例位置	案例文件>第10章>课堂案例：用曲线调整图亮度
视频位置	多媒体教学>第10章>课堂案例：用曲线调整亮度.flv
难易指数	★★☆☆☆
学习目标	学习如何使用“曲线”命令调整图像的亮度

通常情况下，渲染效果图都是偏暗的，这并不是灯光的强度问题，所以，一般不建议添加灯光并进行重新渲染。本例将用“曲线”功能来调整图像的亮度，效果如图10-14所示。

图10-14 调整前后的对比

01 启动Photoshop CS6，然后，按Ctrl+O组合键，打开“下载资源”中的原始文件，打开后的界面效果如图10-15所示。

图10-15 打开原始文件

技巧与提示

在Photoshop中打开文件的方法有以下3种。

第1种：按Ctrl+O组合键。

第2种：执行“文件>打开”菜单命令。

第3种：将文件拖曳到操作界面中。

02 在“图层”调板中选择“背景”图层，然后，单击鼠标右键，接着，在弹出的菜单中选择“复制图层”命令，最后，在弹出的对话框中单击“确定”按钮，如图10-16所示。“图层”面板如图10-17所示。

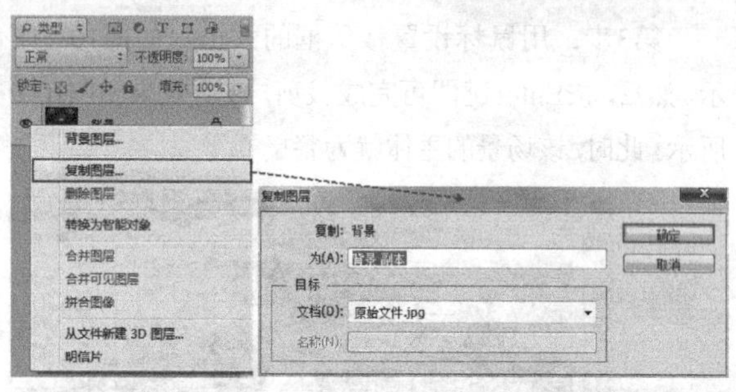

图10-16 复制“背景”图层

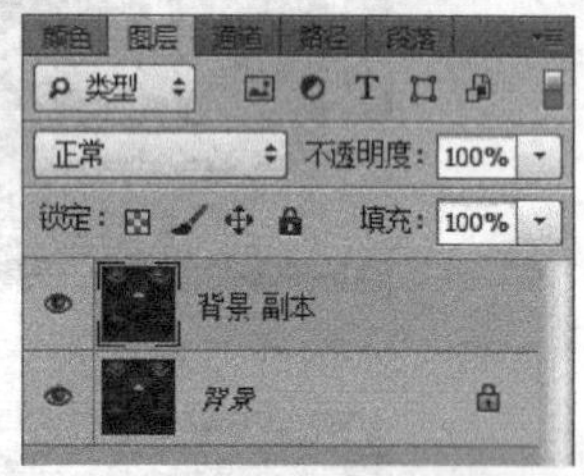

图10-17 图层面板

技巧与提示

在实际工作中，为了节省操作时间，一般都用快捷键来进行操作，用于复制图层的组合键为Ctrl+J。

03 执行“图像/调整/曲线”菜单命令或按Ctrl+M组合键，打开“曲线”对话框，如图10-18所示。

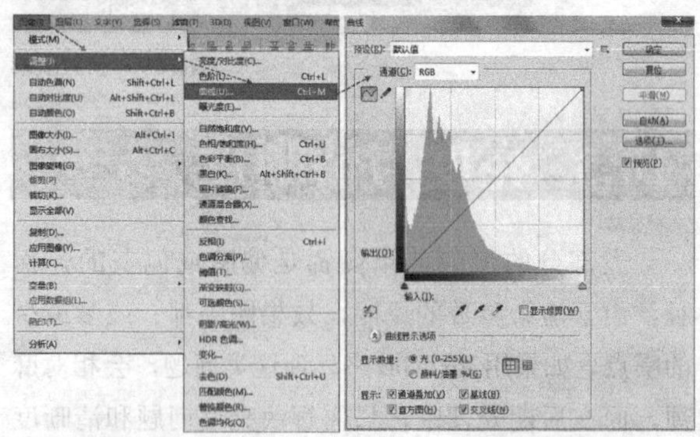
图10-18 打开“曲线”对话框

04 将“曲线”对话框中的曲线调整成弧形，同时，要在操作界面中观察图像的变化，调整好曲线后，单击“确定”按钮，完成操作，如图10-19所示。

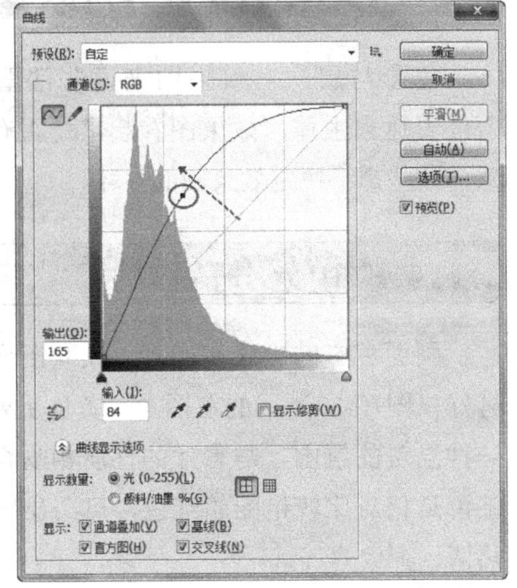

图10-19 调整曲线形状

05 调整完成后，单击“确定”按钮，得到如图10-20所示的后期效果。与原始图像想比，画面变得明亮了许多。

图10-20 后期效果

10.3.2 提高清晰度

Photoshop CS6还能使画面模糊的效果图变得清晰，如图10-21所示，右图是经处理过的渲染效果图，相对于模糊的左图，它清晰了许多。

图10-21 处理前后的效果对比

通常，在处理清晰度的问题上，都是采用“USM锐化”滤镜，它可以增加像素之间的对比度，使图像清晰化。可通过执行“滤镜>锐化>USM锐化”命令打开“USM锐化”对话框，如图10-22所示。

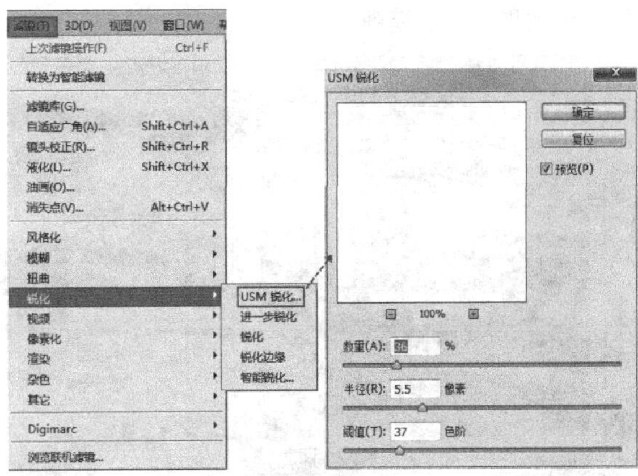

图10-22 打开“USM锐化”对话框

【参数详解】

数量：用于控制锐化效果的强度。

半径：用于确定边沿强调的像素点的宽度。若半径值为1，则从亮到暗的整个宽度是两个像素；若半径值为2，则边沿两边各有两个像素点，那么，从亮到暗的整个宽度就是4个像素。半径越大，细节的差别越清晰，但同时也会产生光晕。

阈值：用于确定多大反差的相邻像素边界可以被锐化处理，若低于此反差值，则不作锐化。阈值是避免因锐化处理而导致斑点和麻点等问题的关键参数，正确设置后，可以使图像在保持平滑的自然色调（如背景中纯蓝色的天空）的同时表现出变化细节的反差。

课堂案例

调整清晰度

案例位置	案例文件>第10章>课堂案例：调整清晰度
视频位置	多媒体教学>第10章>课堂案例：调整清晰度.flv
难易指数	★☆☆☆☆
学习目标	学习如何使用“USM锐化”滤镜调整图像的清晰度

在VRay中，图像的清晰度是用抗锯齿功能来完成的，在后期调整中，则可用一些常用的锐化滤镜来进行调整。本例将用“USM锐化”滤镜来调整图像的清晰度，效果如图10-23所示。

图10-23 提高清晰度前后的效果

01 打开“下载资源”中的原始文件，如图10-24所示。该效果图比较模糊。

图10-24 打开原始文件

02 执行“滤镜>锐化>USM锐化”菜单命令，然后，在弹出的“USM锐化”对话框中设置“数量”为“125%”、“半径”为“2.8”像素、“阈值”为“0”，如图10-25所示。锐化后的图片效果如图10-26所示。

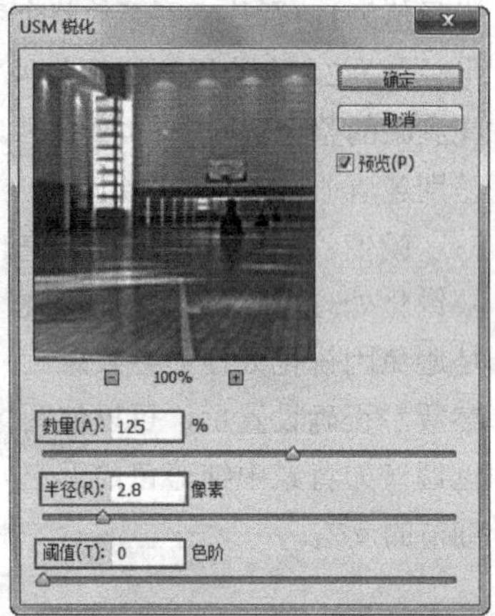

图10-25 设置“USM锐化”的参数

图10-26 锐化后的效果

技巧与提示

对图像的清晰度设置应尽量在渲染中完成，因为Photoshop是一个二维图像处理软件，没有三维软件中的空间分析。可在VRay中用抗锯齿来设置图像的清晰度，也可以通过在VRay材质的贴图通道中改变“模糊”值来完成。

10.4 色彩与层次

色彩与层次对效果图来说非常重要，色彩是否能表达出主体，效果图看起来是否有很强的层次感，这些都将决定效果图的好坏。

10.4.1 色彩的处理方法

画面色彩的冷暖和明暗可反映出作者的风格及喜好。图10-27所示的左图是以黄色主要色彩，突出一种温暖的氛围，与餐厅的性质相吻合；而右图的主色是相对比较艳丽的红色，可凸显出KTV场所的热情、奔放的气氛。

图10-27 不同的色彩

1.自动颜色

“自动颜色”命令可通过搜索实际图像（而不是用于暗调、中间调和高光的通道直方图）来调整图像的对比度和颜色。它根据在“自动校正选项”对话框中设置的值来中和中间调并剪切白色和黑色像素。通过执行“图像>自动颜色”菜单命令即可完成操作，如图10-28所示。“自动颜色”的操作非常的简单。图10-29所示为使用“自动颜色”前后的对比。

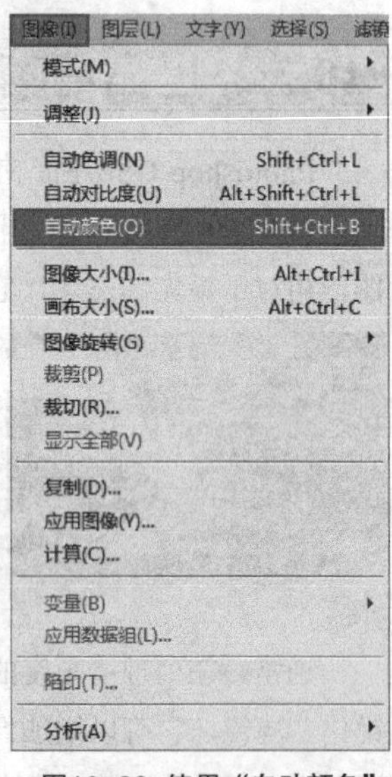

图10-28 使用“自动颜色”

图10-29 使用“自动颜色”前后的对比效果

2.色相/饱和度

“色相/饱和度”是一款可快速调整色相、调整图片色彩浓淡及明暗的工具，功能非常强大。执行“图像>调整>色相/饱和度”菜单命令，即可打开其对话框，如图10-30所示。

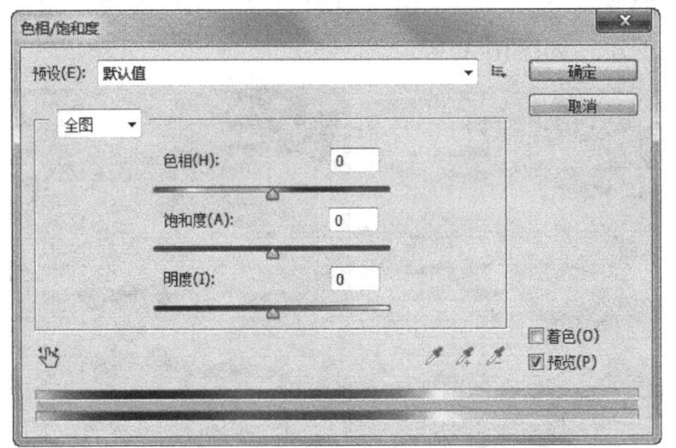

图10-30 “色相/饱和度”对话框

【参数详解】

色相：用于改变图片的颜色，拖动滑块的时候，颜色会按“红-黄-绿-青-蓝-洋红”的顺序改变，如对“绿色”增加数值时，就会向青-蓝-洋红依次调整；减少数值时，就会向黄-红-洋红依次调整，对多种颜色的调节规律是一样的。

饱和度：用于控制图片色彩的浓淡，饱和度越大，色彩就越浓，饱和度只适用于有色彩的图片调节，灰色、黑白图片是不能调节饱和度的。

明度：就是图片的明暗程度，数值大，图片越亮；反之则越暗。

着色：勾选这个选项后，图片将变成单色图片，也可以通过调整色相、饱和度、明度等参数作出单色图片。调色的时候，我们还可以用吸管吸取图片中任意的颜色并将其用于调色。

读者可以简单地将“色相”理解为改变颜色。选择下拉列表全图中的颜色后，即可通过调整“色相”将其改变为相应的颜色。图10-31所示为用“色相/饱和度”调整前后的效果，相对于左图来说，右图的画面偏暖、颜色较饱和，所以，右图应该是通过调整“全图”模式下“饱和度”得到的效果。

图10-31 “色相/饱和度”调整前后效果

3.照片滤镜

照片滤镜是一款用于调整图片色温的工具。它的工作原理就是模拟照相机镜头前的彩色滤镜，自动过滤某些暖色或冷色光，从而起到控制图片色温的效果。可通过执行“图像>调整>照片滤镜”菜单命令打开其对话框，如图10-32所示。

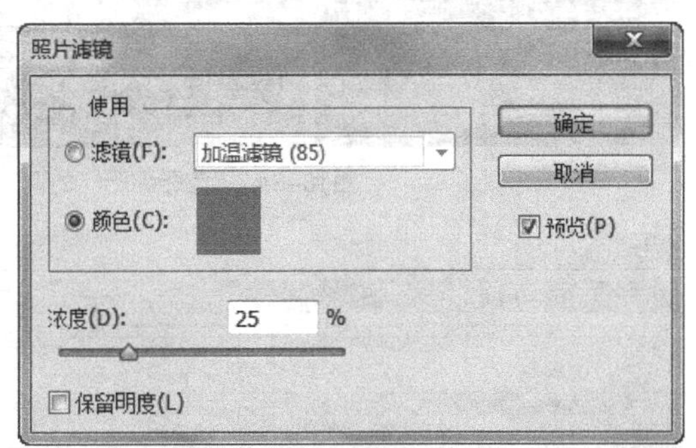

图10-32 “照片滤镜”对话框

【参数详解】

滤镜：用于选择各种滤镜，选择不同的“滤镜”后，场景的色彩将不同，通常配合“浓度”使用。

颜色：用于设置自定义颜色。

浓度：用于控制需要增加颜色的浓淡。

保留明度：用于确定是否保持高光部分，勾选该项有利于保持图片的层次感。

4.色彩平衡

色彩平衡是款非常实用及常用的调色工具，运用非常广泛，可以用于校色、润色、调和图片颜色、增加或减少图片饱和度等。执行“图像>调整>色彩平衡”菜单命令，即可打开其对话框，如图10-33所示。

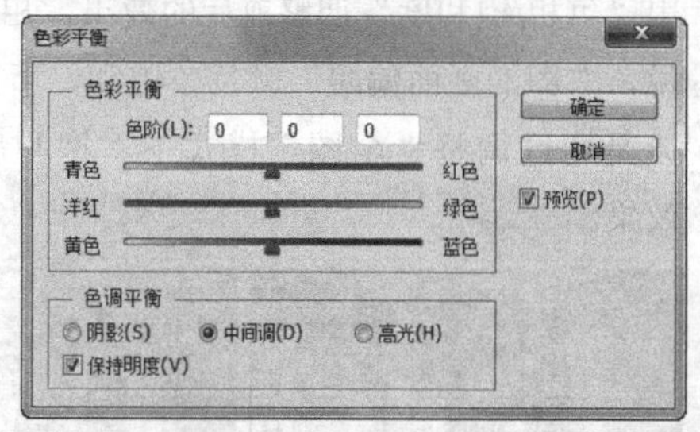

图10-33 “色彩平衡”对话框

“色彩平衡”的设置较为简单，最下面的就是“色调平衡”选项组，包括“阴影”“中间调”和“高光”，这些是必选的。调色之前，我们要分析好图片的色彩构成，大致明白哪些色调区域需要调节。选好色调区域后，就可以随意调整某个区域的颜色了。图10-34所示的右图相对于左图偏红，所以，其“中间调”部分的颜色应该被调整了。

图10-34 “色彩平衡”的调节效果

课堂案例

统一画面色调

案例位置	案例文件>第10章>课堂案例：统一画面色调
视频位置	多媒体教学>第10章>课堂案例：统一画面色调.flv
难易指数	★★☆☆☆
学习目标	学习如何使用“照片滤镜”调整图层统一画面色调

在效果图制作中，统一画面色调是非常有必要的。所谓统一画面色调并不是将画面的所有颜色都用一个色调来表达，而是要将画面的色调用一个主色调和多个次色调来表达，这样才能体现出和谐感、统一感。本例将用“照片滤镜”来调整图层，使画面的色调统一，效果如图10-35所示。

01 打开“下载资源”中的原始文件，如图10-36所示。画面的色调不是很统一，所以，下面将其统一为偏粉的色调。

图10-35 “照片滤镜”效果

图10-36 打开原始文件

02 单击“图层”调板下面的“创建新的填充或调整图层”按钮 或执行“图像>调整>照片滤镜”菜单命令，然后，在弹出的菜单中选择“照片滤镜”命令，为“背景”图层添加一个“照片滤镜”调整图层，如图10-37所示。

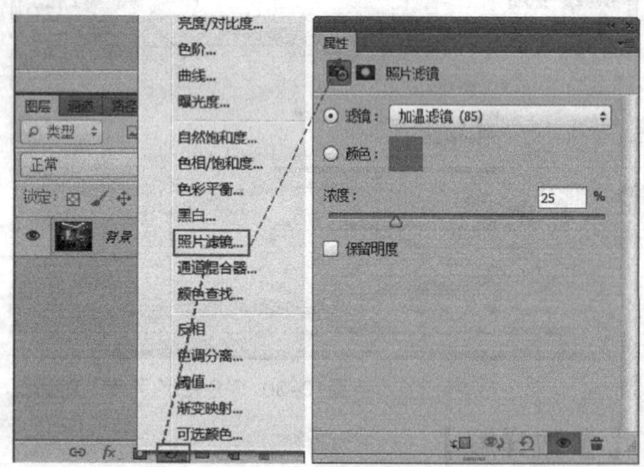

图10-37 创建“照片滤镜”图层

03 在“属性”对话框中选择“颜色”选项，然后，设置“颜色”为“（R:248，G:120，B:198）”，接着，设置“浓度”为“50%”，如图10-38所示。最终效果如图10-39所示。

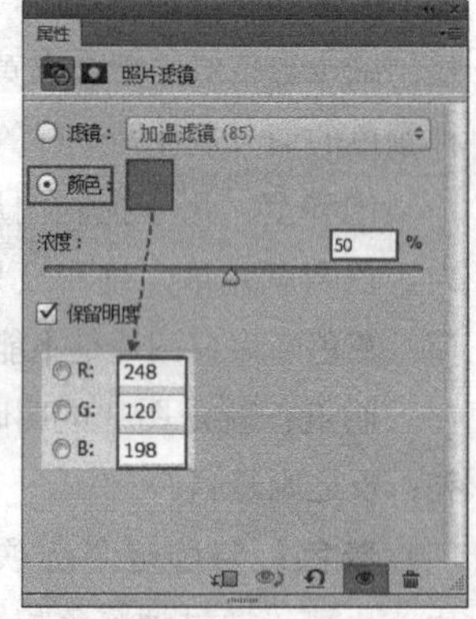

图10-38

图10-39 调整效果

10.4.2 画面的层次感

所谓的层次感其实就是画面中黑白灰3色的位置关系，错得越开，层次感越强，空间感也就越强。如果只有黑和灰，或者白和灰，就会缺少对比，导致画面泛灰，层次感泛糊，所以，黑白灰一定要在画面共存，缺一不可，区别只在于它们之间的对比，光影强，对比就强；光影弱，对比就弱。图10-40所示的效果图为一个偏白的室内效果，通常，这种场景的通病就是存在太多白灰关系，而缺少黑，导致画面没有层次感，而此通过添加的彩色带（如电视、墙壁装饰带、灯罩这些带黑的颜色）使画面的黑白灰关系分明，再加上其较强的光影关系，便弥补了这类场景的不足。

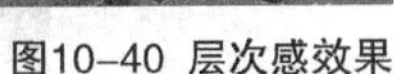

图10-40 层次感效果

在后期处理的过程中，通常采用“色阶”来调整场景的明暗关系，以增强图像的层次感。色阶是表示图像亮度强弱的指数标准，也就是我们说的色彩指数，在数字图像处理教程中，指的是灰度分辨率（又被称为灰度级分辨率或幅度分辨率）。图像的色彩饱满度和精细度是由色阶决定的。色阶指亮度，和颜色无关，但最亮的只有白色，最不亮的只有黑色。

执行“图像>调整>色阶”菜单命令，打开“色阶”对话框，如图10-41所示。可通过文本框中的参数来设置图像的亮度，“输入色阶”的文本框从左至右依次表示：阴影、中间调、高光；“输出色阶”的文本框从左至右为：黑色、白色。

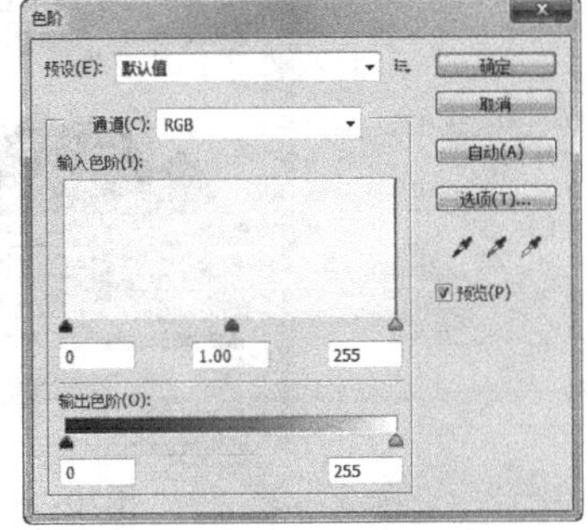

图10-41 “色阶”对话框

课堂案例

调整图像的层次感

案例位置	案例文件>第10章>课堂案例：调整图像的层次感
视频位置	多媒体教学>第10章>课堂案例：调整图像的层次感.flv
难易指数	★★☆☆☆
学习目标	学习如何使用“色阶”命令调整图像的层次感

通常情况下，对层次感的调整，并不是因为原图像没有层次感，而是为了增强其层次感，如本例的原始图像，画面偏白，黑和灰不容易区分，所以，其层次感不强，如图10-42（左图）所示。本例将用“色阶”功能来调整图像的层次感，效果如图10-42（右图）所示。

图10-42 案例效果图

01 打开“下载资源”中的原始文件，如图10-43所示，该场景偏白，层次感不是很强。

图10-43 打开原始文件

02 执行“图像>调整>色阶”菜单命令或按Ctrl+L组合键，打开“色阶”对话框，然后，设置“输入色阶”为“中间调”为“0.7”，如图10-44所示。调整后的效果如图10-45所示，此时，图像的对比度增强了，层次感也增强了。

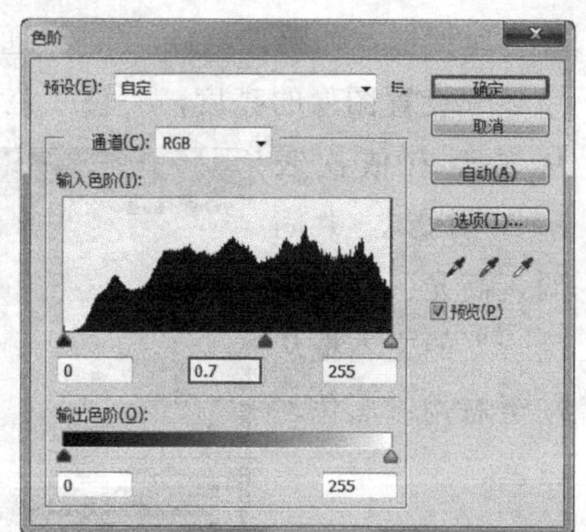

图10-44 调整“灰度色阶”的值

图10-45

03 继续执行“图像>调整>色阶”菜单命令或按Ctrl+L组合键，打开“色阶”对话框，然后，设置“输入色阶”的“中间调”为“0.77”，接着，设置“输出色阶”的“白色”为“239”，如图10-46所示。调整后的最终效果如图10-47所示。

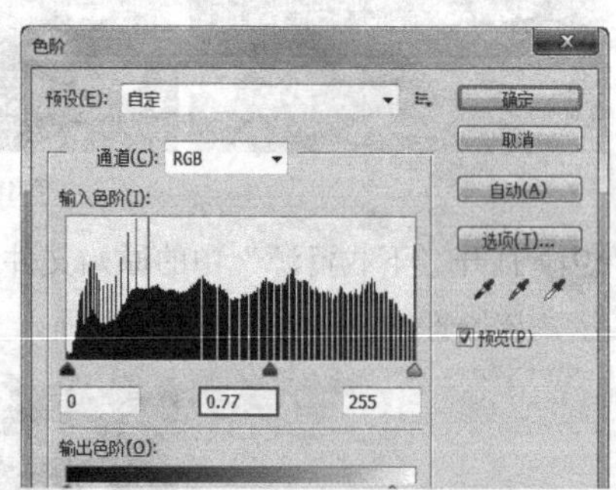

图10-46

图10-47 调整效果

10.5 特效制作

对于特效，相信读者都不陌生，在电影、游戏、动画这些领域中，特效是一种普遍的技术，而且，应用得比较频繁。在效果图后期制作中，经常会因为表达需要，在某些特定的地方加上特效，如光效、景深和体积光等。图10-48所示为比较度的光晕特效。其实，在3ds Max中同样可以制作这些效果，尤其是景深，在3ds Max中制作要比在后期处理中方便且准确，所以，在考虑特效的时候，首先要选择合理的制作途径本节将介绍两种常见的后期特效，即体积光和光晕。

图10-48 光晕特效

10.5.1 光晕

光晕效果在日常生活中是比较常见的，台灯、路灯等灯光在照明的时候就会形成光晕。一般，渲染的效果图是没有光晕的，而现实生活中的光线经过在空气中的折射或反射，可能形成光晕，所以，光晕的处理可以使效果图更加逼真。图10-49所示图片中的天花装饰灯上的光晕效果不仅使场景更加逼真，而且，让场景有了一种朦胧感，使其显得更加梦幻。

图10-49 室内光晕效果

1.混合模式

在学习制作光晕前，先了解一下Photoshop图层的一个重要内容——混合模式，如图10-50所示。该下拉菜单包含27种混合选项，如图10-51所示。

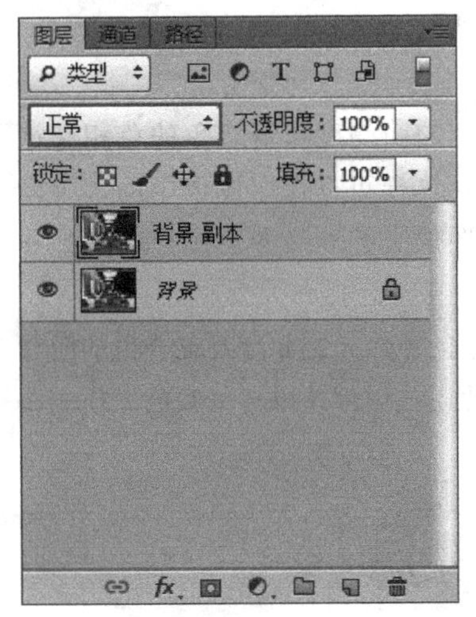

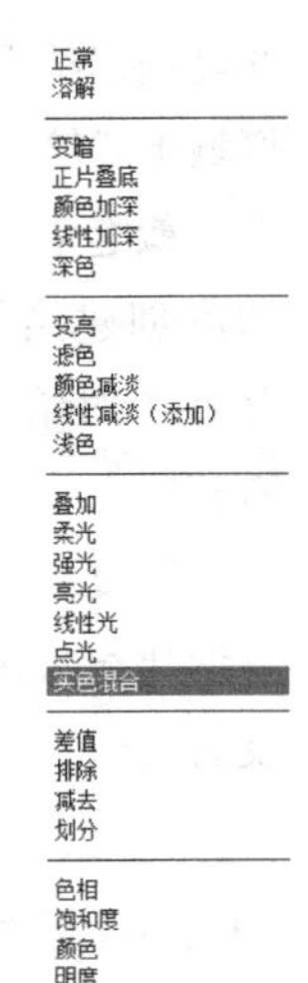

图10-50 图层混合模式　　图10-51 混合模式的下拉菜单

【功能介绍】

正常： 编辑或绘制每个像素，使其成为结果色。这是默认模式。

溶解： 编辑或绘制每个像素，使其成为结果色，但是，结果色将根据任何像素位置的不透明度由基色或混合色的像素随机替换。

背后： 仅在图层的透明部分编辑或绘画。此模式仅可在取消选择了"锁定透明区域"的图层中使用，类似于在透明纸的透明区域背面绘画。

清除： 编辑或绘制每个像素，使其透明。此模式可用于形状工具（当选定填充区域时）、油漆桶工具、画笔工具、铅笔工具、"填充"命令和"描边"命令。取消选择了"锁定透明区域"的图层中才能使用此模式。

变暗： 查看每个通道中的颜色信息，并且，选择基色或混合色中较暗的颜色作为结果色。将替换比混合色亮的像素，而比混合色暗的像素保持不变。

正片叠底： 查看每个通道中的颜色信息，并将基色与混合色进行正片叠底。结果色总是较暗的颜色。任何颜色与黑色正片叠底产生黑色。任何颜色与白色正片叠底保持不变。当您用黑色或白色以外的颜色绘画时，绘画工具绘制的连续描边将产生逐渐变暗的颜色。这与使用多个标记笔在图像上绘图的效果相似。

颜色加深： 查看每个通道中的颜色信息，并且，通过增加二者之间的对比度使基色变暗，以反映出混合色。与白色混合后不产生变化。

线性加深： 查看每个通道中的颜色信息，并且，通过减小亮度使基色变暗，以反映混合色。与白色混合后不产生变化。

深色： 比较混合色和基色的所有通道值的总和并显示值较小的颜色。"深色"不会生成第三种颜色，因为它将从基色和混合色中选取最小的通道值来创建结果色。

变亮： 查看每个通道中的颜色信息，并且，将基色或混合色中较亮的颜色作为结果色。比混合色暗的像素被替换，比混合色亮的像素保持不变。

滤色： 查看每个通道的颜色信息，并且，将混合色的互补色与基色进行正片叠底。结果色总是较亮的颜色。用黑色过滤时，颜色保持不变；用白色过滤时，将产生白色。此效果类似于多个摄影幻灯片在彼此之上投影。

颜色减淡： 查看每个通道中的颜色信息，并且，通过减小二者之间的对比度使基色变亮，以反映出混合色。与黑色混合则不发生变化。

线性减淡（添加）： 查看每个通道中的颜色信息，并且，通过增加亮度使基色变亮，以反映混合色。与黑色混合则不发生变化。

浅色： 比较混合色和基色的所有通道值的总和并显示值较大的颜色。"浅色"不会生成第三种颜色，因为它将从基色和混合色中选取最大的通道值来创建结果色。

叠加： 对基色进行正片叠底（基色小于128）或滤色（基色大于128）。图案或颜色将在现有像素上叠加，同时，保留基色的明暗对比。不替换基色，但基色将与混合色相混，以反映原色的亮度或暗度。

柔光： 可使颜色变暗或变亮，具体取决于混合色。此效果与发散的聚光灯照在图像上相似。如果混合色（光源）比50% 灰色亮，图像则变亮，就像被减淡了一样；如果混合色（光源）比50% 灰色暗，图像则变暗，就像被加深了一样。用纯黑色或纯白色上色，可以产生明显变暗或变亮的区域，但不能生成纯黑色或纯白色。

强光： 可对颜色进行正片叠底或过滤，具体取决于混合色。此效果与耀眼的聚光灯照在图像上相似。如果混合色（光源）比 50% 灰色亮，图像则变亮，就像过滤后的效果，这对于向图像添加高光非常有用。如果混合色（光源）比50% 灰色暗，图像则变暗，就像正片叠底后的效果，这对于向图像添加阴影非常有用。用纯黑色或纯白色上色时，会产生纯黑色或纯白色。

亮光：通过增加或减小对比度来加深或减淡颜色，具体取决于混合色。如果混合色（光源）比50% 灰色亮，则通过减小对比度使图像变亮；如果混合色比50% 灰色暗，则通过增加对比度使图像变暗。

线性光：通过减小或增加亮度来加深或减淡颜色，具体取决于混合色。如果混合色（光源）比50% 灰色亮，则通过增加亮度使图像变亮；如果混合色比50% 灰色暗，则通过减小亮度使图像变暗。

点光：根据混合色替换颜色。如果混合色（光源）比50% 灰色亮，则替换比混合色暗的像素，而不改变比混合色亮的像素；如果混合色比50% 灰色暗，则替换比混合色亮的像素，而比混合色暗的像素保持不变。这对于向图像添加特殊效果非常有用。

实色混合：将混合颜色的红色、绿色和蓝色通道值添加到基色的RGB值。如果通道的结果总和大于或等255，则值为255；如果小于255，则值为 0。因此，所有混合像素中的红色、绿色和蓝色通道值要么是0，要么是255。此模式会将所有像素更改为主要的加色（红色、绿色或蓝色）、白色或黑色。

差值：查看每个通道中的颜色信息并从基色中减去混合色，或从混合色中减去基色，具体取决于哪一个颜色的亮度值更大。与白色混合将反转基色值；与黑色混合则不产生变化。

排除：可创建一种与“差值”模式相似，但对比度更低的效果。与白色混合将反转基色值，与黑色混合则不发生变化。

减去：查看每个通道中的颜色信息并从基色中减去混合色，如果结果是负值，则会出现黑色，混合色是白色时，结果色就是黑色（任何色阶值减去255都不会等于正数），所以，混合色越亮，结果色就越暗，混合色越暗，结果色变暗程度就越低，这和划分模式正好相反。

划分：查看每个通道中的颜色信息并从基色中分割混合色，与“减去”相反，其中性色是“白色”，而减去模式的中性色是“黑色”。

色相：用基色的明亮度、饱和度及混合色的色相创建结果色。

饱和度：用基色的明亮度、色相及混合色的饱和度创建结果色。用此模式在无 (0) 饱和度（灰度）区域上式绘画时，不会产生任何变化。

颜色：用基色的明亮度及混合色的色相和饱和度创建结果色。这样可以保留图像中的灰阶，并且，对给单色图像上色和给彩色图像着色都非常有用。

明度：用基色的色相、饱和度及混合色的明亮度创建结果色。此模式可创建出与“颜色”模式相反的效果。

2.光晕的制作方法

光晕的制作方法比较多，这里将介绍通过图层混合模式来制作光晕特效，具体制作步骤如下。

第1步：用Photoshop CS6打开需要制作光晕的图像，如图10-52所示。通过旁边的光效可知图中的蜡烛是点燃状态。

图10-52 打开图像

第2步：执行“图层>新建”菜单命令，新建一个“图层1”，然后，单击在“工具箱”中的“椭圆选框工具”按钮，接着，在蜡烛上绘制一个如图10-53所示的椭圆选区。

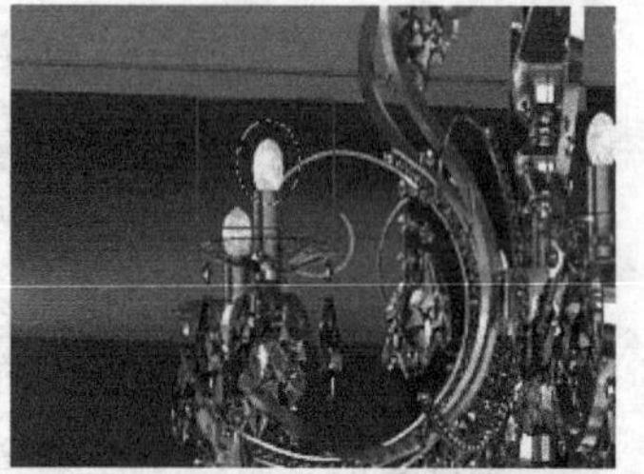

图10-53 创建选区

第3步：按Shift+F6组合键，打开“羽化选区”对话框，然后，设置“羽化半径”为“6像素”，如图10-54所示。

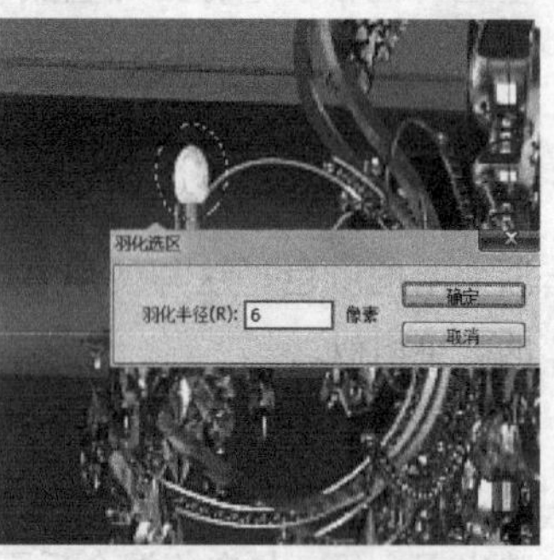

图10-54 设置“羽化半径”

第4步：设置前景色为白色，然后，按Alt+Delete组合键，用前景色填充选区，接着，按Ctrl+D组合键，取消选区，效果如图10-55所示。

图10-55 填充颜色

技巧与提示

工具箱的下方有个“设置前/背景色”按钮，完整的正方形代表前景色，不完整的代表背景色。

第5步：设置“图层1”的“混合模式”为“叠加”，效果如图10-56所示，然后，按Ctrl+J组合键，复制一个“图层副本”图层，再设置该图层的“不透明度”为“50%”，效果如图10-57所示。

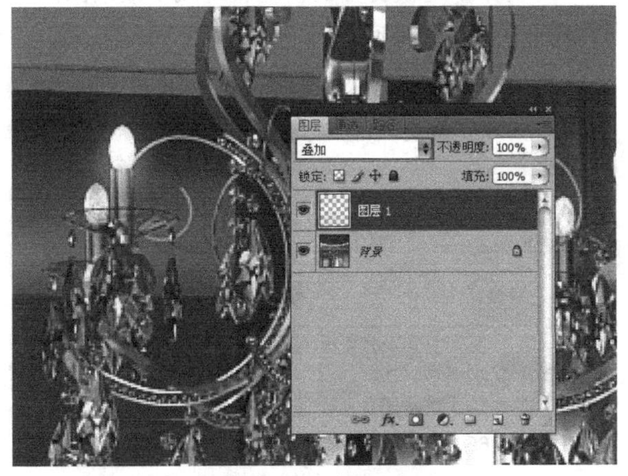

图10-56 设置混合模式

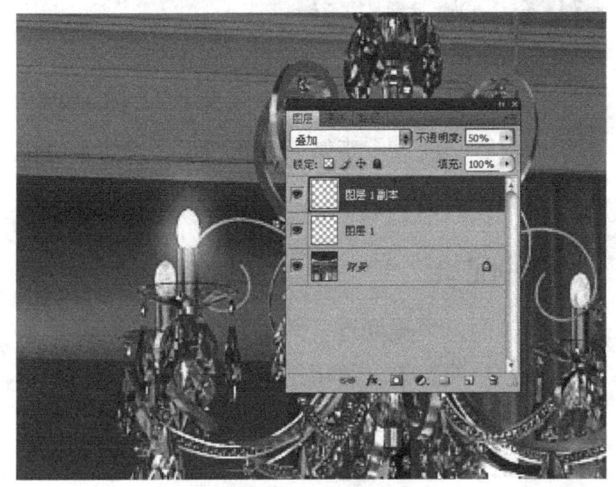

图10-57 设置“不透明度”

第6步：复制一些光晕到其他的蜡烛上，最终效果如图10-58所示。此时，不用参照其他事物就能看出蜡烛是点燃的，而且，蜡烛点燃的效果更加逼真了。

图10-58 光晕效果

10.5.2 体积光

体积光是室内环境中常常出现的一种现象，如图10-59所示。它是由强光下的颗粒或尘土反射而成的。体积光既可在3ds Max中制作，也可通过后期处理来制作。

图10-59 体积光

在Photoshop中制作体积光是很简单的。通过观察图10-59可发现，所谓的体积光其实就是一条半透明的白色色带，所以，在制作的时候，读者可以根据这个特点来制作。

10.5.3 景深

在前面介绍3ds Max的摄影机的内容中，介绍过景深的效果及制作方法，其实，也能用Photoshop CS6为图像制作景深效果。图10-60所示的图片就是用Photoshop制作的景深效果。

图10-60 景深效果

用Photoshop制作景深效果的时候，不用像使用3ds Max时那样去考虑摄影机成像原理，将其简单地理解为模糊，对需要模糊的部分执行"滤镜>模糊>高斯模糊"即可。

技巧与提示

这里使用的模糊类型是不定的。可先选择清晰部分，然后，用Ctrl+shift+I组合键进行反向选择，以选取需要模糊的部分。

课堂案例

合成体积光

案例位置	案例文件>第10章>课堂案例：合成体积光
视频位置	多媒体教学>第10章>课堂案例：合成体积光.flv
难易指数	★★★☆☆
学习目标	学习如何使用"多边形套索工具"合成体积光

卧室空间是室内效果图经常表现的内容，这类空间的光源通常是窗户采光，而在日常生活中，经常可在窗户处看见体积光这种现象。本例将用"多边形套索工具"在效果图中合成体积光效果，如图10-61所示。

图10-61 处理前后的效果

01 打开"下载资源"中的元素文件，如图10-62所示。这是一幅渲染后的效果图，其窗户处无体积光。

02 新建一个"图层1"，然后，在"工具箱"中单击"多边形套索工具"按钮，接着，在绘图区域选取出如图10-63所示的选区。

图10-62 打开原始文件

图10-63 创建选区

03 将选区羽化一定的像素，然后，设置前景色为"白色"，接着，按Alt+Delete组合键，用前景色填充选区，效果如图10-64所示。

04 设置"图层1"的"不透明度"为"30%"，最终效果如图10-65所示。

图10-64 填充为白色

图10-65 最终效果

技巧与提示

在3ds Max中，体积光是在"环境和效果"对话框中添加的，添加体积光后，渲染速度会变慢很多，因此，在制作大场景时，最好在后期中添加体积光。

10.6 添加配景

在制作室内效果图的时候，室外（窗户外、门外）的制作都是被舍弃的，这就造成了效果图的窗户处是空白的，使画面显得很空洞，如图10-66所示。窗户外有景的效果如图10-67所示。这时，整个图像的纵深显得更"深"了。

图10-66 渲染的效果图

图10-67 后期处理图

10.6.1 配景简介

顾名思义，配景就是用于陪衬主体的，所以，配景的内容不能过于丰富。通常情况下，可以将配景分为两类，一类是户外的，另一类是室内的。

1.户外配景

在前面已经提到过，效果图中的户外配景大部分是窗户外的背景，可用于掩盖窗户处的空白，以及增加场景的丰富度及提高其纵深感。使用这类配景时，需要注意以下两点。

第1点：配景图片内容应尽量简单，不宜过于丰富，以免使效果图的表达重心发生偏移。

第2点：配景的选取应结合效果图的表达主题，比如，表现早上的效果时，配景就应该是风和日丽的景色，而不能是一个大雾朦胧的景色。

总之，在选取配景的时候，一定要明白效果图才是主体。图10-68~图10-70所示为一些不错的户外配景。图10-68所示的配景比较普通，适合制作大多数场景的外景；图10-69和图10-70所示的配景比较有针对性，图10-69所示的配景是一副春意盎然的图，表现的是优雅、美丽的主题，可以用作别墅这类效果图的外景，而图10-70所示的配景只能用作深冬下的效果图的外景。

图10-68 晴朗

图10-69 优美

图10-70 深冬

2.室内配景

室内配景在效果图中的运用就没有室外配景那么多，但是，偶尔也会用到，比如，添加室内植物、挂件，甚至人物。图10-71所示为在室内环境中添加盆景植物前后的效果。通过对比可发现，右图因植物的加入而显得更加多元化、更加充实、更加充满生机。

图10-71 添加室内植物

10.6.2 添加方法

配景的添加是通过图层来完成的，可以将添加配景理解为在原效果图中新加一个图层，所用的到的主要工具就是“快速选择工具”和“图层蒙版”。

1.快速选择工具

“快速选择工具”位于工具箱中，如图10-72所示，它与“裁剪工具”类似，单击该工具后，上方会出现如图10-73所示的参数选项。

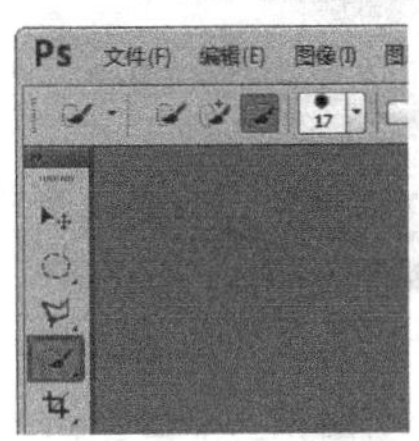

图10-72 快速选择工具　图10-73 “快速选择工具”的选项

该工具的用法很简单，单击该按钮后，逐个单击需要选择的区域即可，如图10-74所示。

图10-74 选取区域

技巧与提示

在选取过程中，如果多选了，则可以先单击“减选”按钮，再单击多选区域，进行删除。如果发现选区过大，则可以用调整笔触大小。

2.图层蒙版

图层蒙版是Photoshop中一项十分重要的功能，可以将其理解为在当前图层上面覆盖的一层玻璃片，这种玻璃片有透明的、半透明的和完全不透明的。可用各种绘图工具在蒙版上（即玻璃片上）涂色（只能涂黑白灰色），涂黑色地方的蒙版将变透明，看不见当前图层的图像；涂白色地方的蒙版，将变为不透明，可看到当前图层上的图像；涂灰色地方的蒙版，将变为半透明，透明的程度由灰的深浅决定。

创建“图层蒙版”的方法很简单，在图层面板最下面有一排小按钮，其中第三个长方形里边有个圆形的图案，它就是“添加蒙版”按钮，单击后，即可为当前图层添加图层蒙版，如图10-75所示。添加完成后，图层的后面会出现一个图层蒙版图标，如图10-76所示。

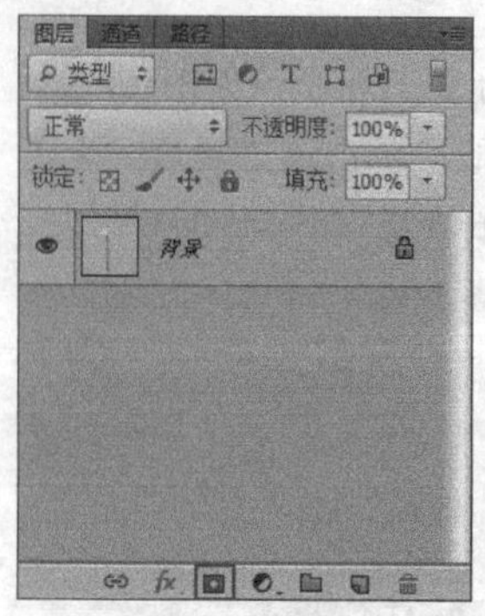

图10-75 "添加"按钮

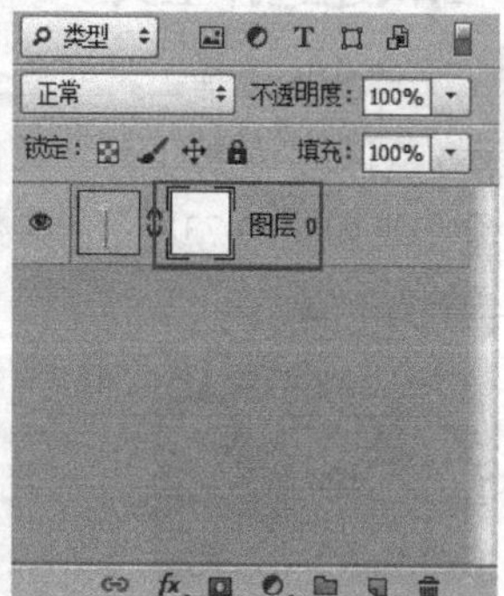

图10-76 图层蒙版

技巧与提示

为一个图层添加"图层蒙版"之后，前景色和背景色就只有黑白两色了。

蒙版虽然是一种选区，但它跟常规的选区有所不同。常规的选区表现的是一种操作趋向，即将对所选区域进行处理；蒙版却相反，它是对所选区域进行保护，让其免于操作，而对非掩盖的地方应用操作。

课堂案例

添加室外环境

案例位置	案例文件>第10章>课堂案例：添加室外环境
视频位置	多媒体教学>第10章>课堂案例：添加室外环境.flv
难易指数	★☆☆☆☆
学习目标	学习如何添加室外环境

一张完美的效果图，不但要能突出特点，更要有合理的室外环境与之搭配。为效果图添加的室外环境主要表现在窗口和洞口处。本例将用"快速选择工具"和图层蒙版来添加室外环境，效果如图10-77所示。

图10-77 外景效果

01 打开"下载资源"中的原始文件，如图10-78所示。从图中可以看到，窗外没有室外环境。

02 打开"下载资源"中的"20.bmp"外景文件，然后，将其拖曳到原始文件的操作界面中，得到"图层1"，如图10-79所示。

图10-78 打开原始文件

图10-79 拖入外景文件

03 选择"背景"图层，然后，单击"工具箱"中的"快速选择工具"按钮，接着，框选出窗口区域，如图10-80所示。

图10-80 选取"窗户"部分

技巧与提示

选取选区的时候一定要仔细，只选出窗口区域即可，窗框不要选。用选区工具选选区时，按住Shift键的同时可以加选选区，按住Alt键的同时可以减选选区。

04 选择“图层1”，用Ctrl+T组合键调整外景图的大小并将其移到窗口处，然后，单击“图层”调板下面的“添加图层蒙版”按钮，为该图层添加一个选区蒙版，隐藏选区之外的区域，如图10-81所示。

图10-81 添加蒙版

05 设置“图层1”的“不透明度”为“61%”，最终效果如图10-82所示。

图10-82 有外景的效果

10.7 本章小结

本章主要讲解了用Photoshop做后期处理的技法。可通过调整亮度、调整画面层次、调整图像清晰度、调整画面色彩和为图片添加环境等方法对图片进行后期处理。模型、材质及渲染是制作效果图的基本，而后期处理则可以为效果图锦上添花。

课后习题

用“亮度/对比度”调整亮度

案例位置	无
视频位置	多媒体教学>第10章>课堂案例：使用亮度/对比度调整亮度.flv
难易指数	★☆☆☆☆
学习目标	学习“亮度/对比度”的使用方法

在对效果图进行后期处理的时候，几乎都会调整图像的亮度。在前面的案例中，已经介绍过用“曲线”来调整图像的亮度的方法了，本题将采用另一种方法，那就是用“亮度/对比度”来调整图像的亮度。图10-83所示的效果就是用“亮度/对比度”调整的。

图10-83 习题效果

课后习题

用“正片叠底”调整过亮的图像

案例位置	案例文件>第10章>课堂案例：使用正片叠底调整过亮的图像
视频位置	多媒体教学>第10章>课堂案例：使用正片叠底调整过亮的图像.flv
难易指数	★☆☆☆☆
学习目标	学习“正片叠底”混合模式的使用方法

在制作某些明亮环境的时候，会出现过度明亮的情况，这就需要将其调暗。可以用常用的“混合模式”来进行处理。图10-84所示的效果就是通过“正片叠底”混合模式及图层“不透明度”的处理来完成的。

图10-84 习题效果

课后习题

为卧室添加户外环境

案例位置　案例文件>第10章>课堂案例：为卧室添加户外环境
视频位置　多媒体教学>第10章>课堂案例：为卧室添加户外环境.flv
难易指数　★★★☆☆
学习目标　练习为效果图添加外景

对于效果图来说，窗户是拓展图像纵深感的最佳选择，可通过为其添加各式各样的外景来衬托室内环境的氛围。在前面的案例中，已讲解过如何为效果图添加外景了，所以，大家可以参考前面的方法来完成本题，习题效果如图10-85所示。

图10-85 习题效果

第11章

商业案例实训1——现代风格客厅

在室内效果图制作领域，家装效果图的制作量最大，不同的家装项目对效果图的表现要求也不一样。对于普通家装项目来说，效果图主要用于表达设计意图和基本理念，不一定要非常逼真地模拟出实际的装修效果，其制作难度也相对较低。而一些高端别墅项目，对效果图的要求就相对偏高，设计师通常要将效果图的模型、材质和灯光都尽可能地表现得逼真。

无论以后的工作方向如何变化，都应该把基本功练扎实。大家在前面的章节中学习了效果图制作的各个环节的技术，本章就需要大家把这些环节融会贯通，通过实际的商业案例实训来制作一张完整的家装效果图，以掌握室内家装效果图的制作流程和方法。

课堂学习目标

熟悉效果图的基本制作流程
掌握房间框架的建模方法
掌握常见家具的建模方法
掌握乳胶漆及木地板等主要材质的制作方法
掌握布料、木纹、油漆及不锈钢等材质的做法
掌握用VRay太阳模拟阳光照射效果
掌握Photoshop在后期处理中的运用
熟悉渲染输出中的常用VRay参数设置

11.1 案例介绍

本场景是一个休闲的客厅空间，该空间有一个很大面积的落地窗，落地窗是一个非常好的进光口，同时，考虑到现代简约的设计风格，所以，决定采用白天的日光效果进行表现，表现出阳光穿过玻璃投射到室内的温馨气氛，其最终渲染效果如图11-1所示。从最终的效果来看，画面很干净，光感也很温馨，有一股休闲的感觉。在本例的教学中，我们将详细介绍场景的建模、材质的赋予、布光的方法及渲染设置，其目的就是让大家对室内效果图的制作流程有一个大致的了解。

图11-1 休闲空间效果

11.2 模型的建立

下面，介绍模型的创建，这里将整个场景分为“结构模型”和“家具模型”两个部分来创建。

11.2.1 制作结构模型

01 打开3ds Max，执行“自定义>单位设置”菜单命令，把系统单位和显示单位都设置为“毫米”，如图11-2所示。

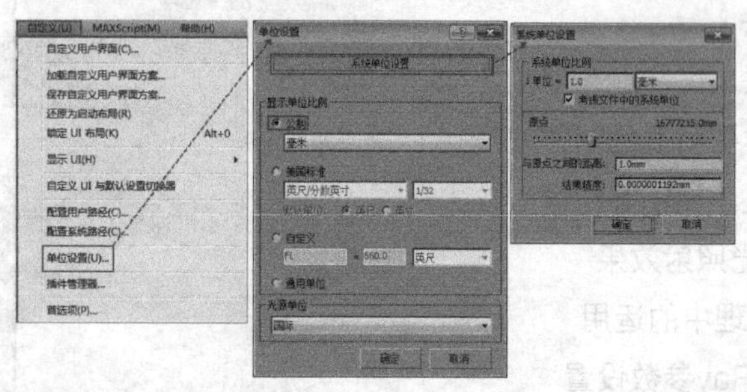

图11-2 设置绘图单位

02 在顶视图中创建一个长方体，设置“长度”为“5800mm”、“宽度”为“4250mm”、“高度”为“2800mm”，其参数设置如图11-3所示。

03 选择长方体物体后，单击鼠标右键，在弹出的快捷菜单中选择“转换为”下的“转换为可编辑多边形”命令，将模型转换为可编辑的多边形物体，如图11-4所示。

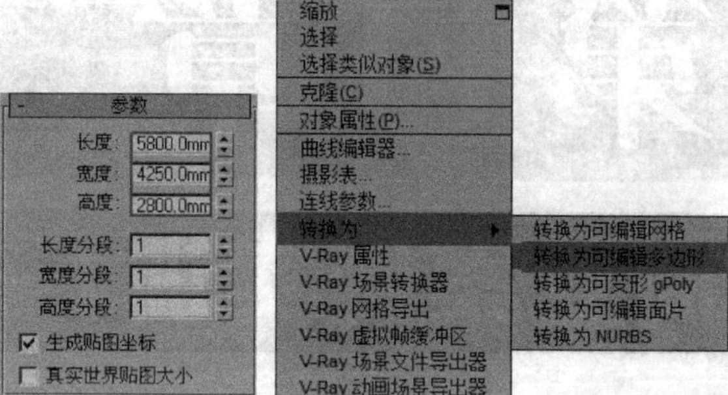

图11-3 建立长方体物体　图11-4 将长方体转换为可“编辑多边形”

04 按F4键或单击“多边形”按钮■，进入物体的“多边形”层级，选择图中的这个面，然后，按Delete键，将其删除，如图11-5所示。

图11-5 删除多余的面

05 分别选择剩余的5个面，单击“编辑几何体”卷展栏下的“分离”按钮，把每个面都转换为单独的物体，如图11-6所示。

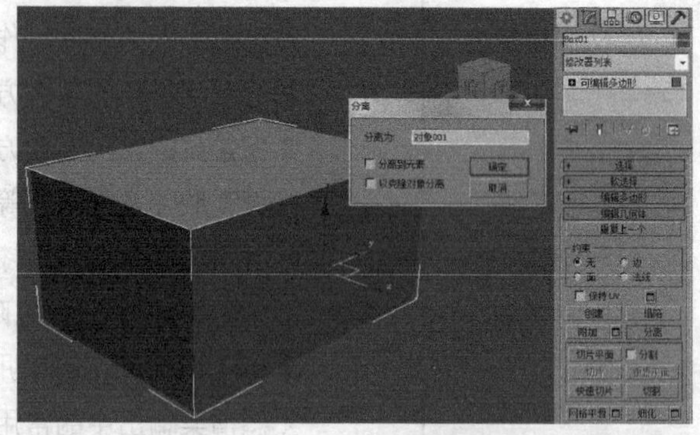

图11-6 把每个面都转化为单独的物体

06 给墙面和顶面设置一个基本的3ds Max默认材质，同时，也给地板设置一个基本的3ds Max默认材质。

技巧与提示

可在建模时将材质指定给模型，这样，后面调节材质时就会比较方便。在后面的操作中也是一样，建好一个模型就赋一个3ds Max的默认材质，同时，把材质的名称区分出来，最好用英文或拼音，因为VRay的网络渲染有时候不支持中文名字。

07 分别选择刚才分离出来的单独物体，在“修改器列表”中为其加载“壳”修改器，设置厚度为“200mm”，如图11-7所示。

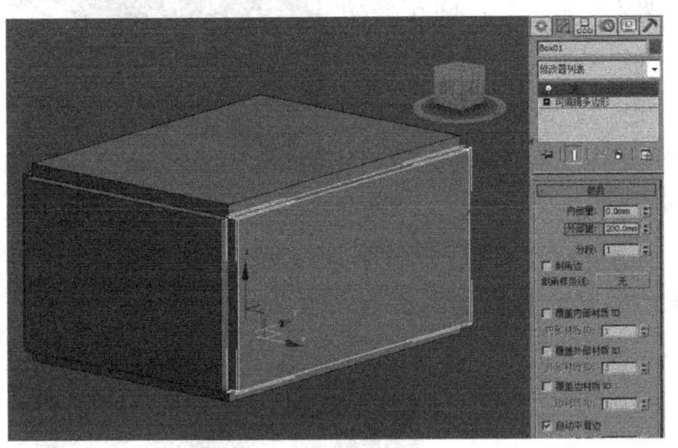

图11-7 给每个分离出来的面一个“壳”命令

技巧与提示

重复执行这样的操作时，可以先用右键单击堆栈列表中的命令，然后，在弹出的菜单中选择“复制”命令，再选择另外一个对象，在修改器堆栈列表中单击右键，选择“粘贴”命令，如图11-8所示。

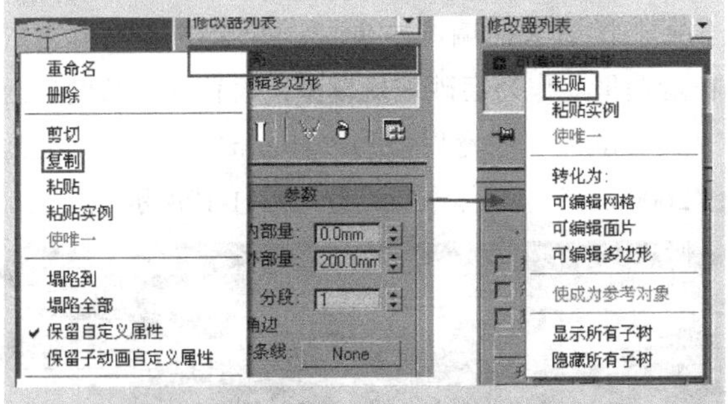

图11-8 复制粘贴命令

08 把所有的物体都转化为可编辑多边形后，调整多边形对象的点，使模型对齐，调整后的效果如图11-9所示。

09 选择右边的墙体，进入物体的“边”层级，选择上下4个边，然后，在“编辑边”卷展栏中单击“连接”按钮，设置“分段”值为“2”，如图11-10所示。

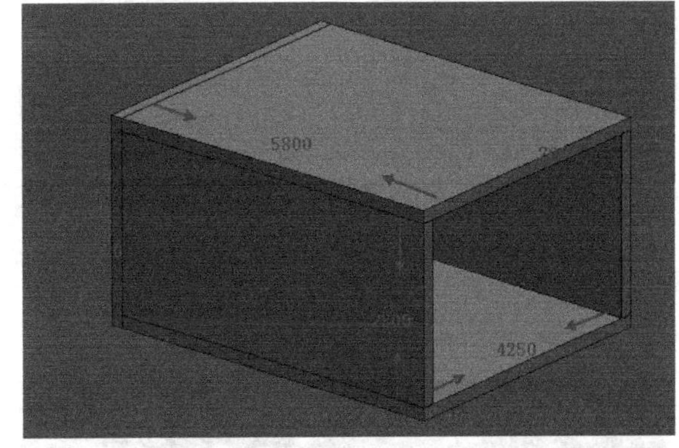

图11-9 调整模型

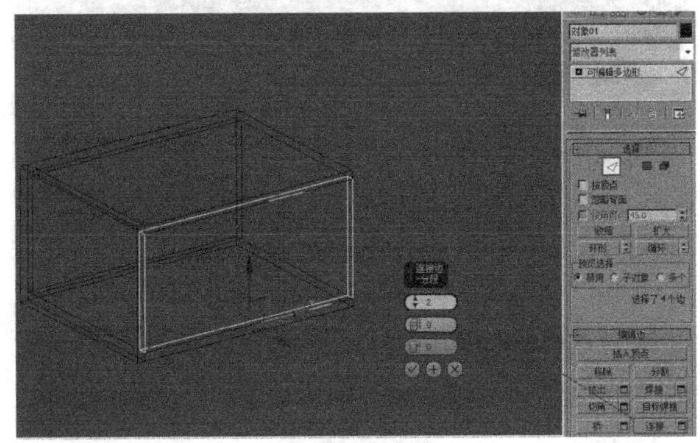

图11-10 给右边的墙体一个“分段”命令

10 转到顶视图里，在墙体旁边建2个辅助矩形，上面一个矩形的长度为“3800mm”，下面一个的长度为“400mm”，具体参数设置如图11-11所示。

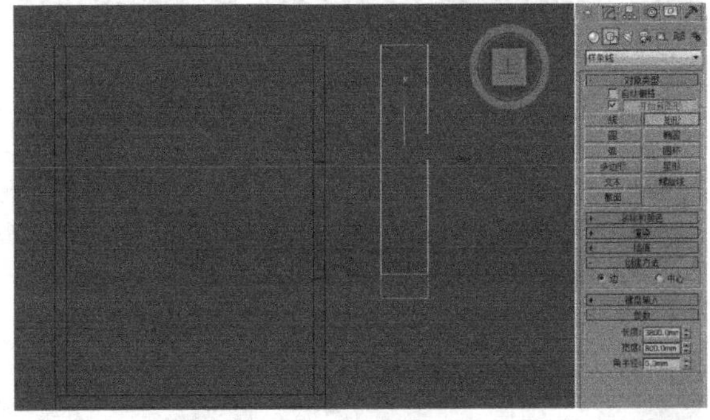

图11-11 建辅助物体

11 在顶视图中把刚才在右墙面新建的2组边与辅助物体的边对齐，如图11-12所示。

图11-12 对齐辅助物体的边

技巧与提示

每组边的各条边都不在同一个面，不便于选取，所以，读者可以通过选取其所有“点”来设置其位置。

⑫ 按P键，切换到透视图，把辅助物体删除，然后，选择右边的墙体，接着，进入多边形的“边”层级，再选择垂直方向上的所有边，最后，用“连接”命令添加1组新边，如图11-13所示。

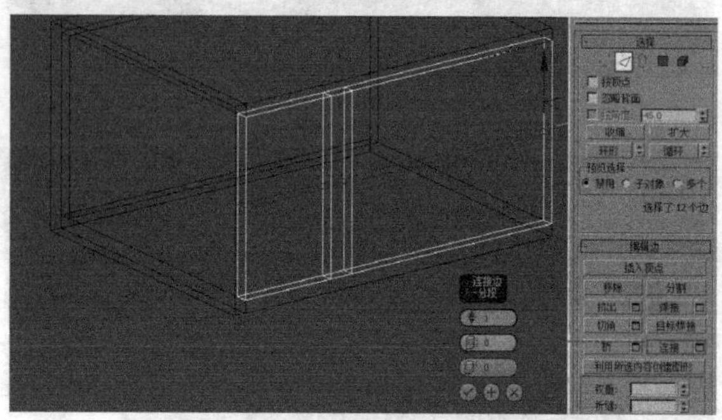

图11-13 给右边的墙体创建1组新边

⑬ 通过再次创建辅助物体的方法，垂直移动新建的边的位置，使新建的边距顶的距离为200mm，如图11-14所示。

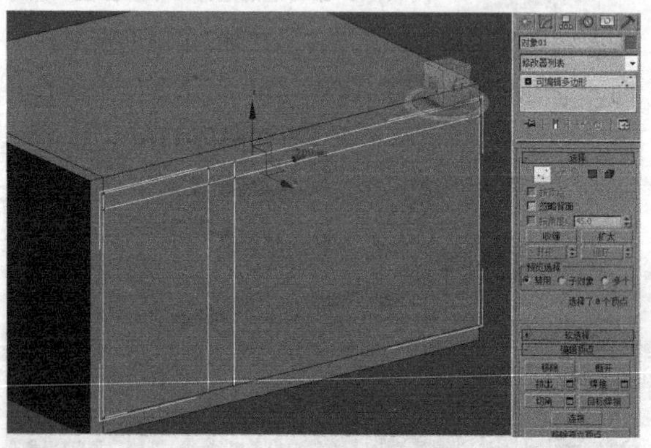

图11-14 让新建的边到顶的距离为200mm

技巧与提示

可以选择最顶边的边，查看它在*z*轴的坐标，例如，它的坐标是2800mm，那么，可选择新建的边，然后，在它绝对坐标的*z*轴数值框中输入2600mm即可。

⑭ 选中右边的墙体，按Alt+Q组合键，单独显示右边的墙体，然后，进入物体的“多边形”层级，选择不需要的3个面并将其删除，如图11-15所示。

⑮ 进入物体的“边”层级，选择绿色线标示处的边，按住Shift键并向将其左边（-*x*方向）拖动，如图11-16所示。

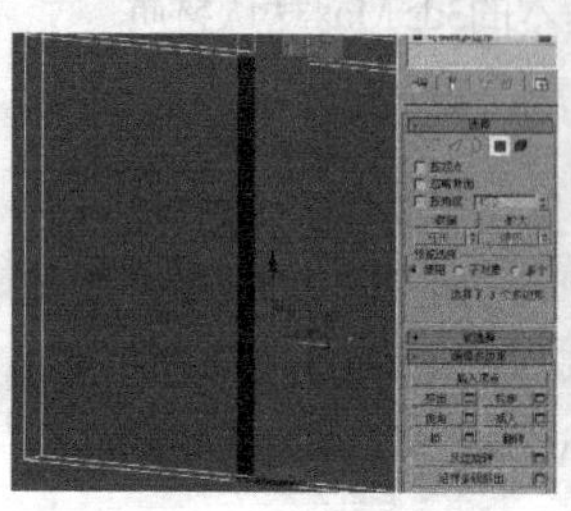

图11-15 删除多余的面

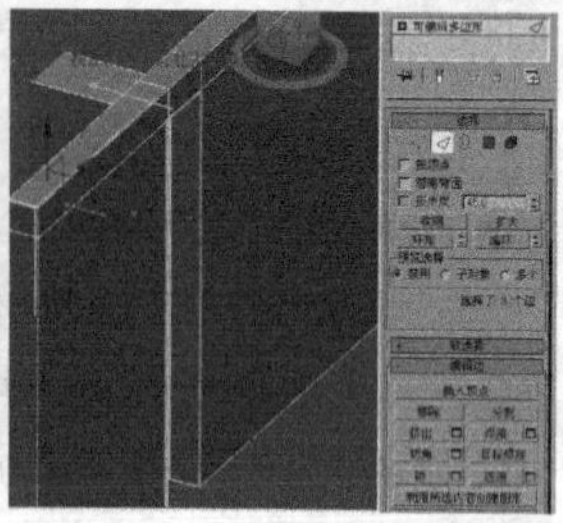

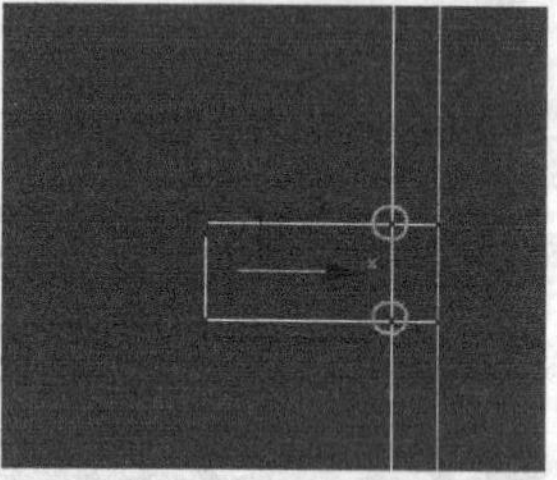

图11-16 拖动绿色边到左边

⑯ 切换到顶视图，选择新边的4个点（顶视图可见2个顶点），向左移动点，让它们与墙体对齐，如图11-17所示。

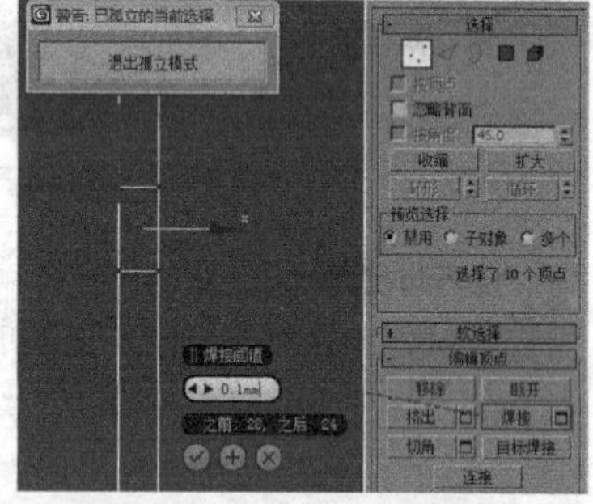

图11-17 让新边的4个顶点对齐墙体

⑰ 用“焊接”命令焊接顶点，这时候，顶点将由原来的28个变成24个，如图11-18所示。

图11-18 焊接顶点

⑱ 在挖出来的墙洞中创建一个长方体并将它放在墙洞里，作为磨砂玻璃模型，设置其“长度”为“400mm”、“宽度”为“10mm”、“高度”为“2600mm”，具体参数设置如图11-19所示。

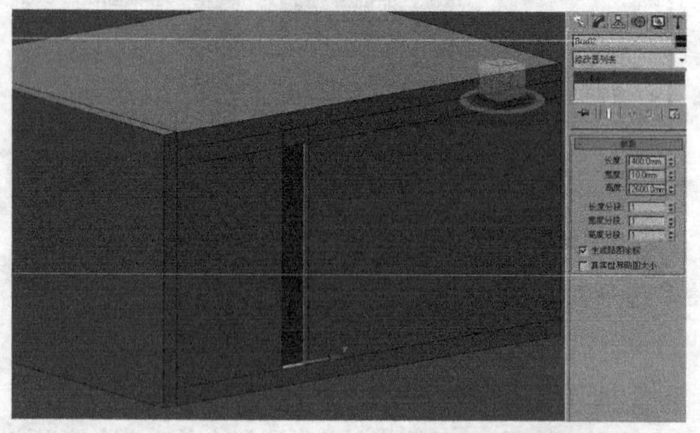

图11-19 创建磨砂的模型

⑲ 接下来，创建旁边的阳台，操作流程如图11-20所示。

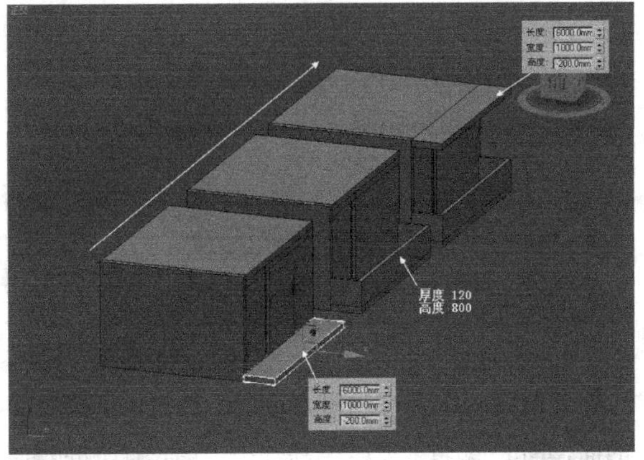

图11-20 阳台模型的操作流程

⑳ 创建一个平面，然后，将其转换成可编辑多边形，按住Shift键并移动边，制作出道路模型，如图11-21所示。

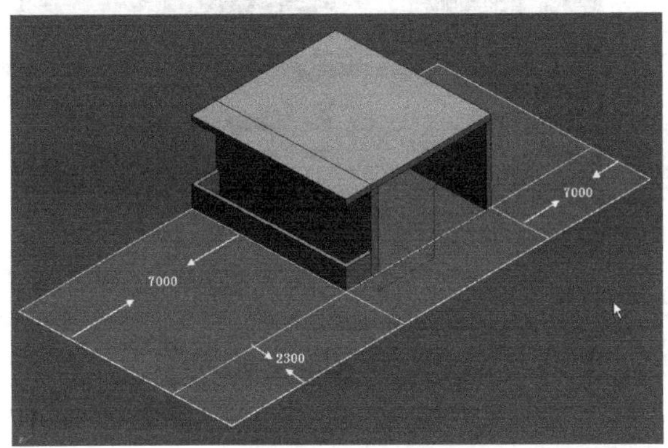

图11-21 道路模型

㉑ 创建一个草坪模型，模型大小可参考图11-22所标示的数据。

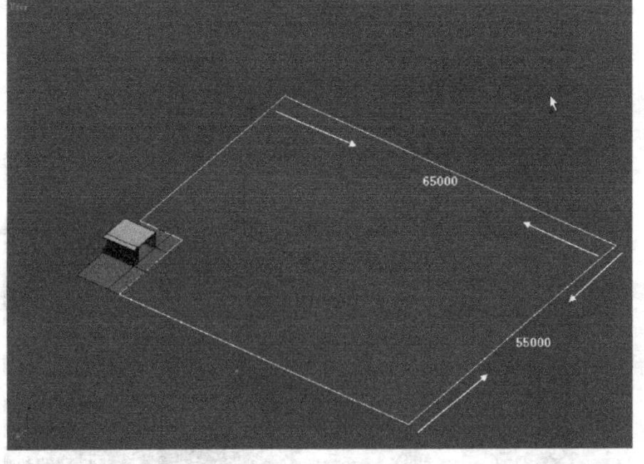

图11-22 草坪模型

㉒ 制作落地窗的模型。先创建一个平面，然后，将其转换为可编辑多边形，再根据窗框之间的距离调整边，操作流程如果11-23所示。

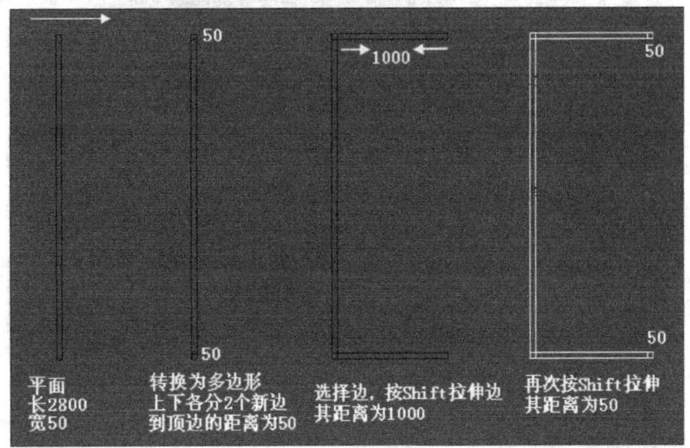

图11-23 创建窗框的流程图

㉓ 重复上一步中的操作，继续拉伸边，可参考图11-24所示的数据。

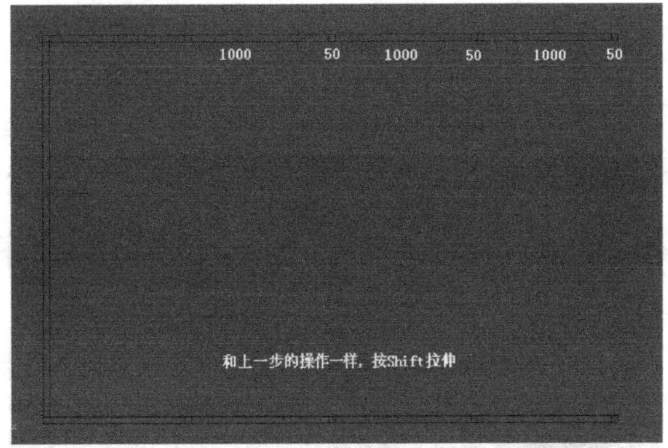

图11-24 继续拉伸边

㉔ 选择图11-25中用绿圈标出的边，按住Shift键并将其向上拉伸，使其与上面的底边对齐。

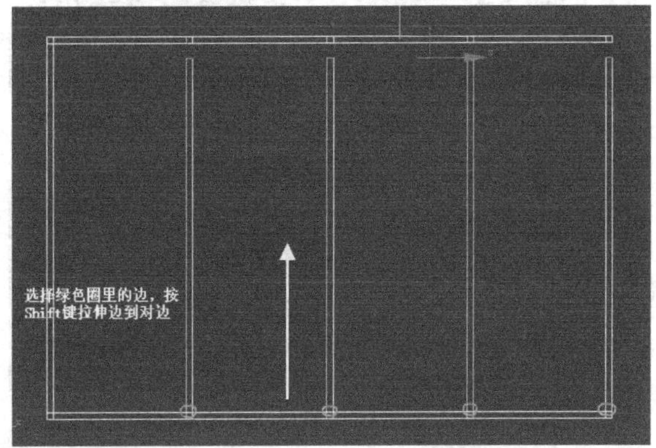

图11-25 向上拉伸边

㉕ 选中重复的点，单击“编辑点”卷展栏中 焊接 右侧的□，将点焊接，如图11-26所示。

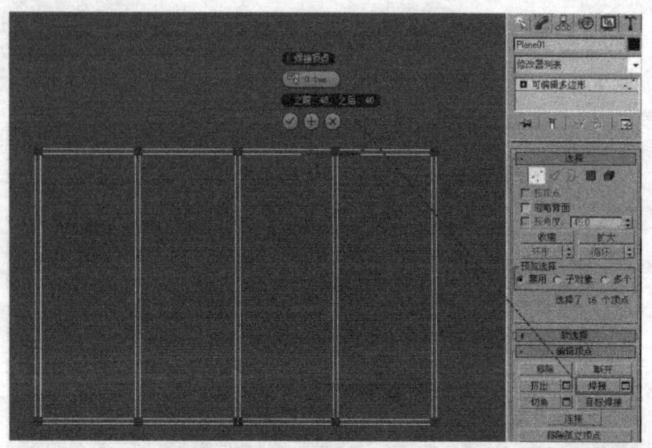

图11-26 焊接点

技巧与提示

在焊接过程中，有时会出现无法焊接的情况，如果排除点距的问题后，仍然不能，那就说明焊接点之间存在面，应先删除此面。

26 选中编辑好的模型，在"修改器"下拉列表中选择"壳"命令，然后，设置"外部量"值为"50"，如图11-27所示。

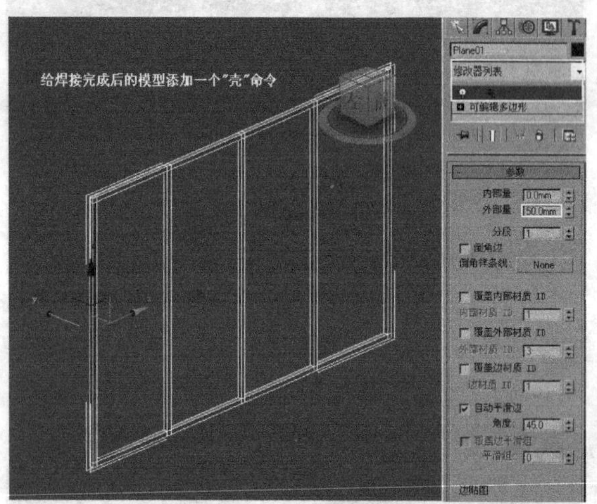

图11-27 用"壳"制作出立体的框架

27 将框架移到合适的位置。图11-28所示为框架结构的最终效果。

图11-28 框架结构的最后效果

11.2.2 制作家具模型

创建完框架模型后，将为室内创建和添加家具模型，丰富场景元素。

1.创建地台模型

01 在透视图中创建一个圆柱体，其具体参数如图11-29所示。

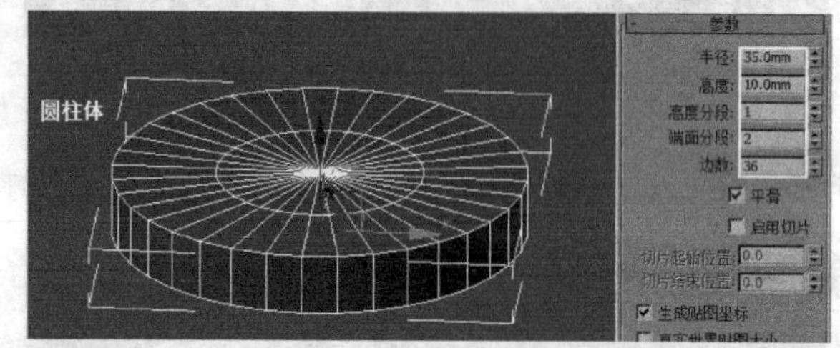

图11-29 创建一个圆柱

02 将圆柱转换为可编辑多边形，然后，选择中间的面，单击"编辑多边形"卷展栏中 挤出 右侧的□，将面挤出190mm的高度，如图11-30所示。

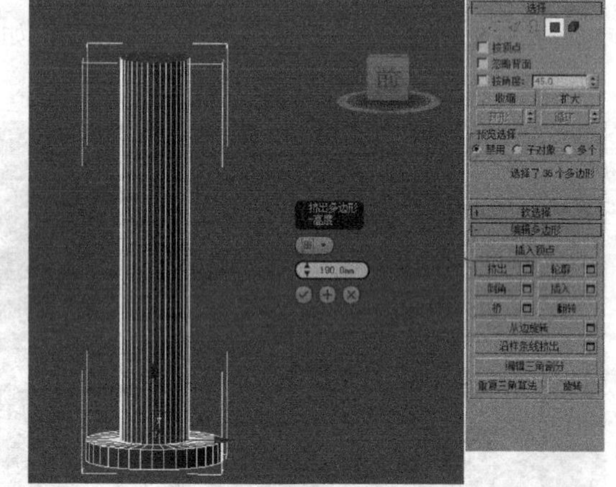

图11-30 拉伸面

03 按2键，进入对象的"边"层级，选择需要切角的边，然后，单击 切角 右侧的□，对边做切处理，使其更加圆滑，如图11-31所示。

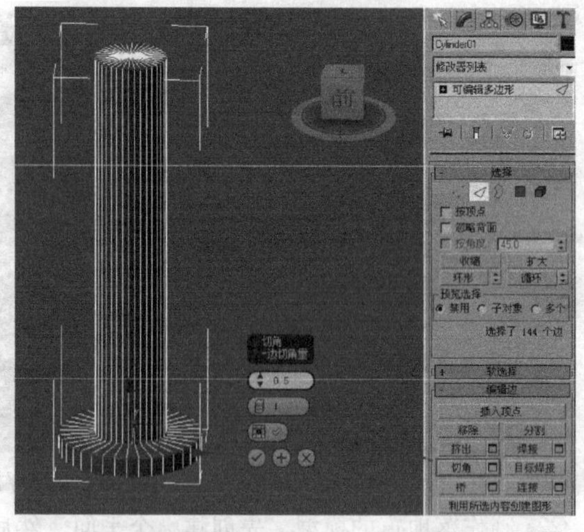

图11-31 切角

技巧与提示

"切角"也常被翻译为"倒角"。

04 在场景中创建一个长方体，将其转换为"可编辑多边形"，然后，选择长方体的边，单击 切角 右侧的■，对边进行倒角，最后，将前面创建的"脚架"模型复制出3个并将它们放置在合适的位置，操作流程如图11-32所示。

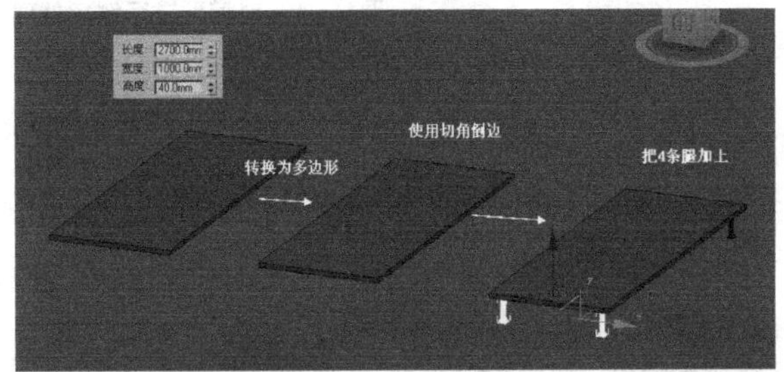

图11-32 创建地台模型

05 将制作好的地台模型再复制出一个，然后，将它们放入房间里，位置如图11-33所示。

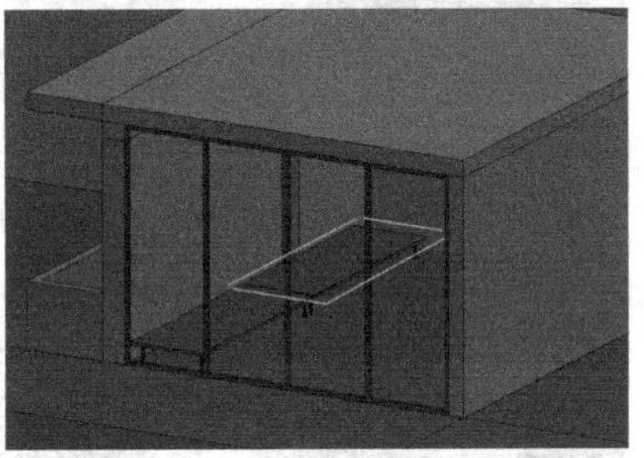

图11-33 摆放地台

2.创建简易书架

01 创建一个长方体，将其转换为可编辑多边形，再用"切角"命令进行倒角，最后，将其复制出4个，操作流程如图11-34所示。

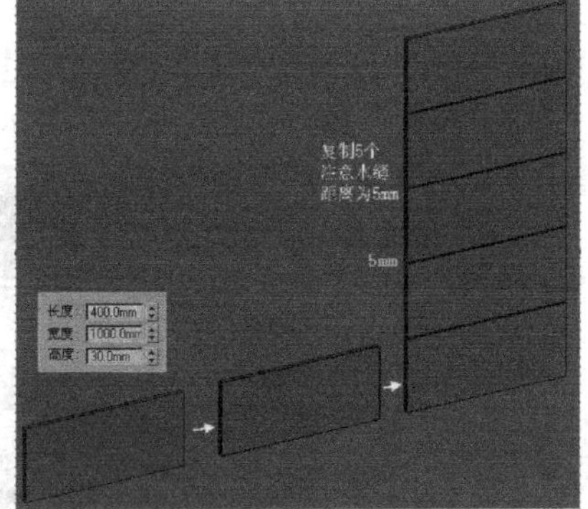

图11-34 创建长方体

02 用相同的方法创建一个长方体，将其转换为可编辑多边形，然后，用"切角"命令进行倒角并将其复制出3个，如图11-35所示。

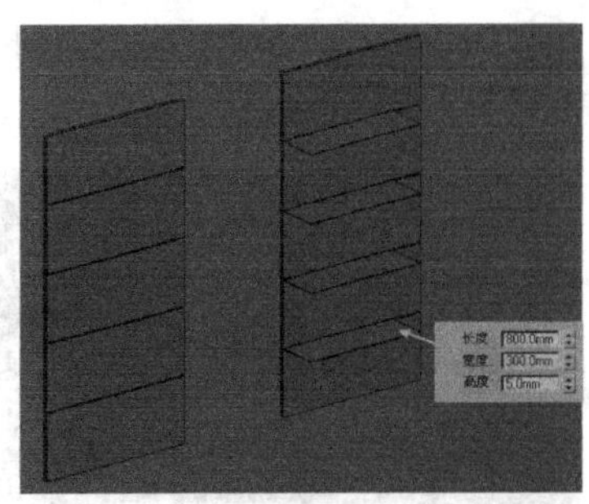

图11-35 创建长方体

03 把制作好的书架模型放入房间内，位置如图11-36所示。

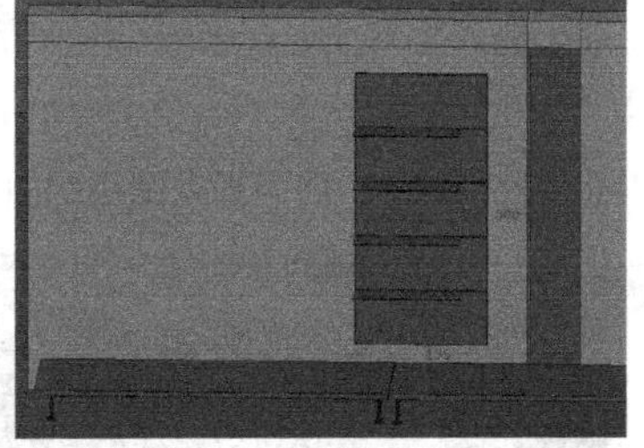

图11-36 摆放书架

3.创建简易沙发

01 在前视图中创建一个"平面"，将面转换为可编辑多边形，然后，调整顶点，再选择右侧的边，按住Shift键并将其向右拉伸，最后，再次调整顶点，如图11-37所示。

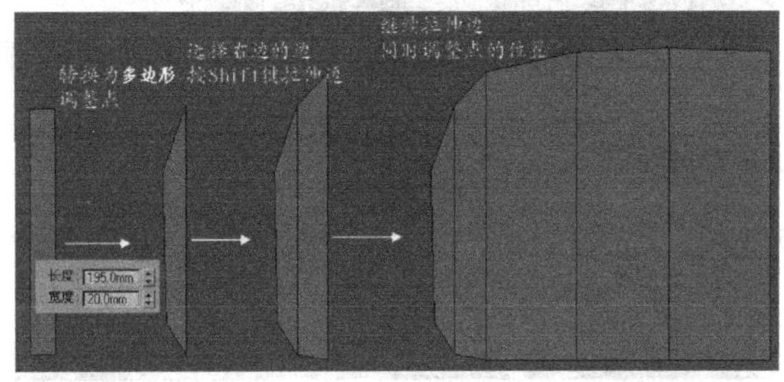

图11-37 拉伸边

02 按住Shift键并拉伸边，调整好点的位置，制作出沙发侧面的形状；再进入"边"层级，用"连接"命令添加边，操作流程如图11-38所示。

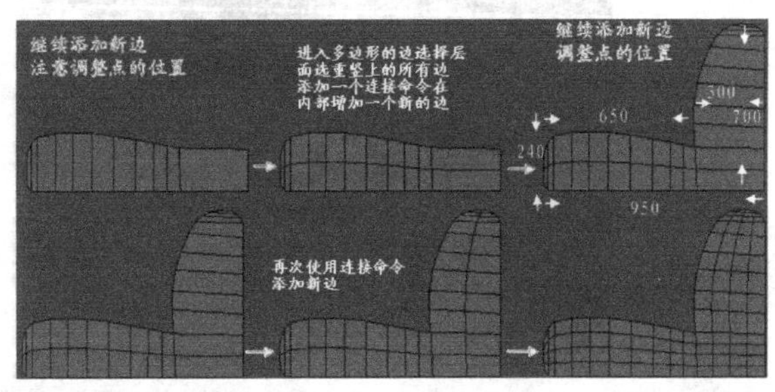

图11-38 沙发侧面模型的制作流程

03 进入多边形的“边”层级，选择图11-39中用绿色线标明的边，按住Shift键并将其向左拉伸425mm的距离。

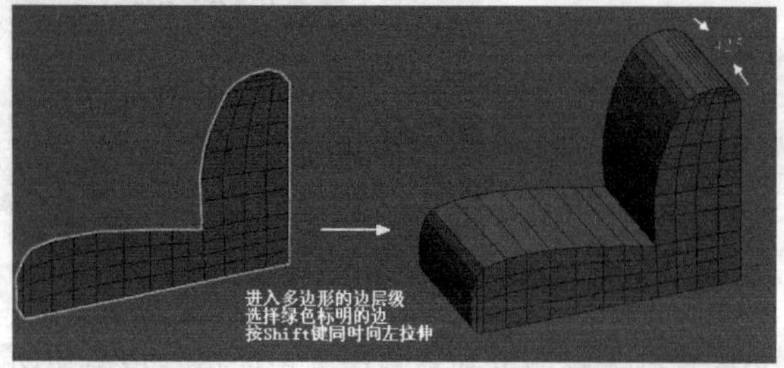

图11-39 拉伸边

04 进入“多边形”层级，选择正面所有的面，然后，单击“编辑多边形”卷展栏中的 插入 右侧的□，设置“插入量”为“15”，向内插入缩小的面，如图11-40所示。

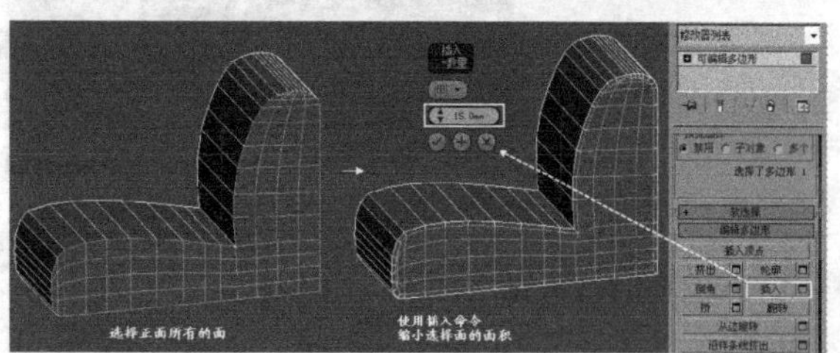

图11-40 插入面

05 单击“编辑多边形”卷展栏中的 挤出 右侧的□，将选中的面向内拉伸10mm，如图11-41所示。

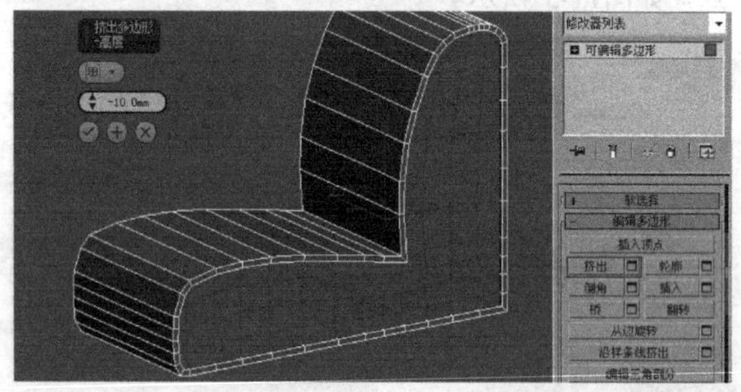

图11-41 挤出面

06 进入模型的“边”层级，将图11-42所示的边选中。

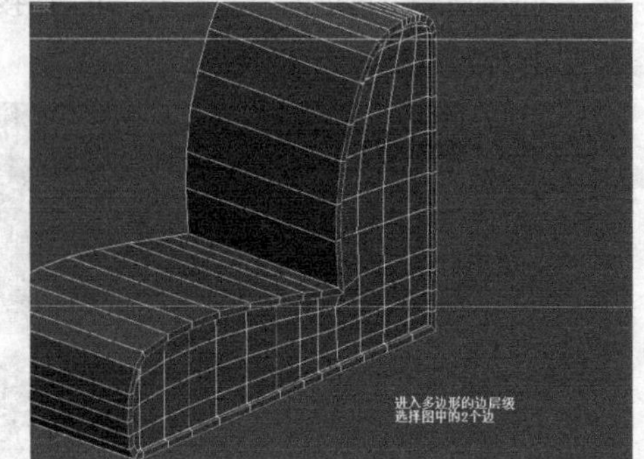

图11-42 选择边

07 单击“编辑边”卷展栏中的 切角 按钮，对选中的边进行倒角处理，如图11-43所示。

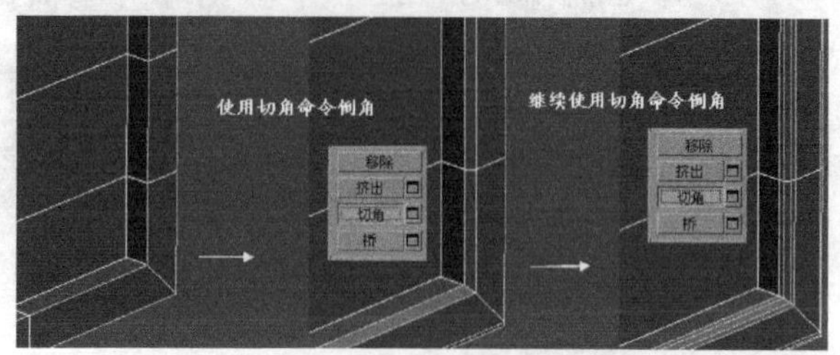

图11-43 对模型进行倒角处理

08 选择图11-44左图所示的边，然后，单击“编辑边”卷展栏中的 连接 按钮，添加一条边，再将添加的边向外侧移动一段距离，如图11-44右图所示。

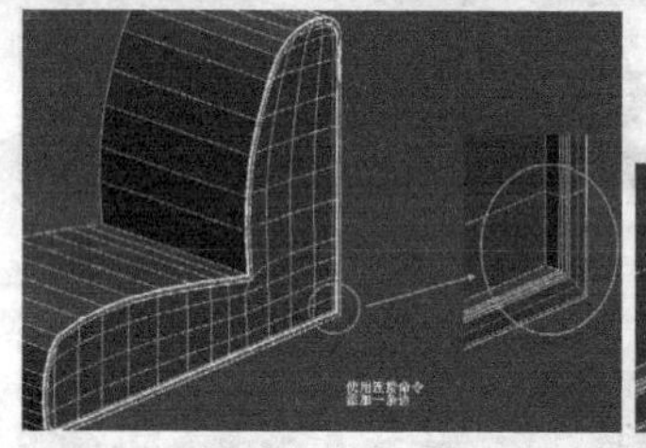
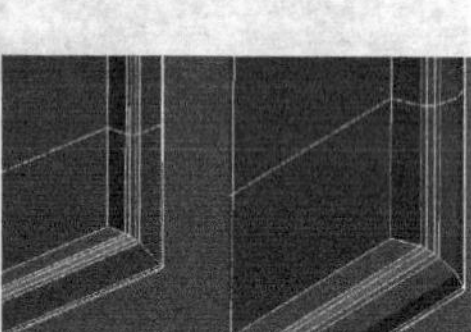

图11-44 添加一条边并将其向外侧移动

09 镜像复制一个模型后，将它们移到一起，然后，单击“编辑多边形”卷展栏下的 附加 按钮，将这两个模型合并到一起，如图11-45所示。

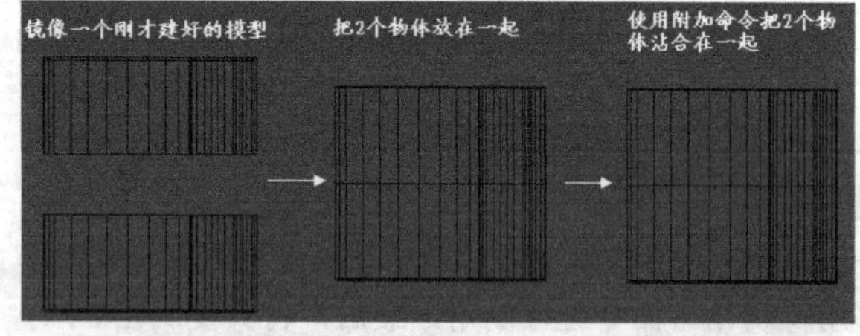

图11-45 合并模型

10 进入多边形的“点”层级，选择中间一圈的所有点，然后，单击“编辑顶点”卷展栏下的 焊接 右侧的□，将多余的点焊接到一起，如图11-46所示。

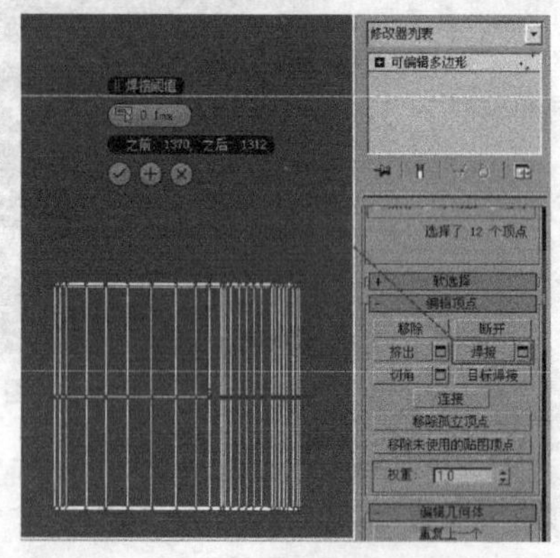

图11-46 焊接多余的点

⑪ 现在，模型看起来还比较生硬，可以在“修改器列表”中选择“涡轮平滑”修改器，使模型变得更光滑，如图11-47所示。一个简单的沙发模型就制作完成了。

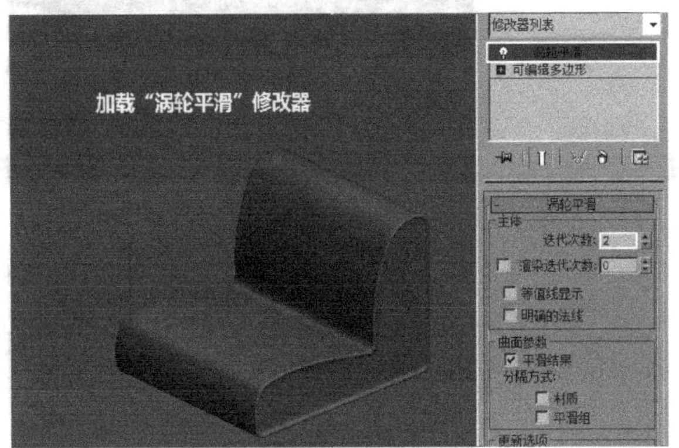

图11-47 加载“涡轮平滑”修改器

⑫ 现在，将创建好的沙发模型复制出一个，再把它们放在场景中图11-48所示的位置。

图11-48 摆放模型

4.创建茶几及地毯

01 先创建一个长方体并将其作为地毯，然后，在“修改器列表”中选择“锥化”命令，使长方体的边缘变得平滑一些，如图11-49所示。

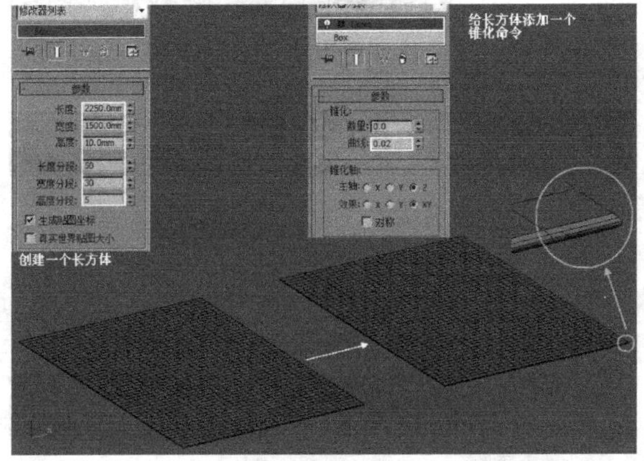

图11-49 创建长方体并使用“锥化”命令

02 用“长方体”来制作茶几模型，在视图中创建两个长方体，其参数如图11-50所示。

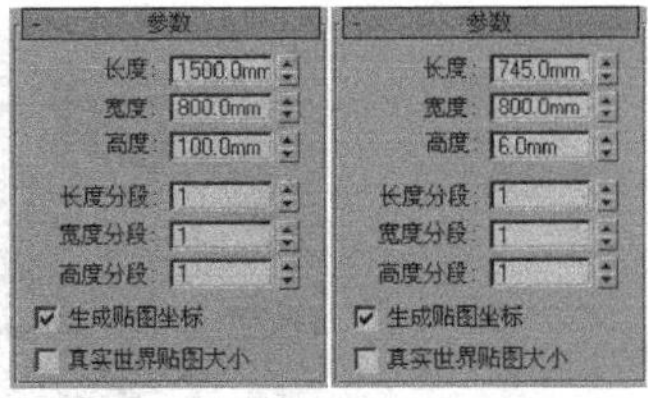

图11-50 创建长方体

03 将长方体转换成可编辑多边形，分别用“切角”命令对它们进行适当的倒角，最后，将它们组合起来，如图11-51所示。

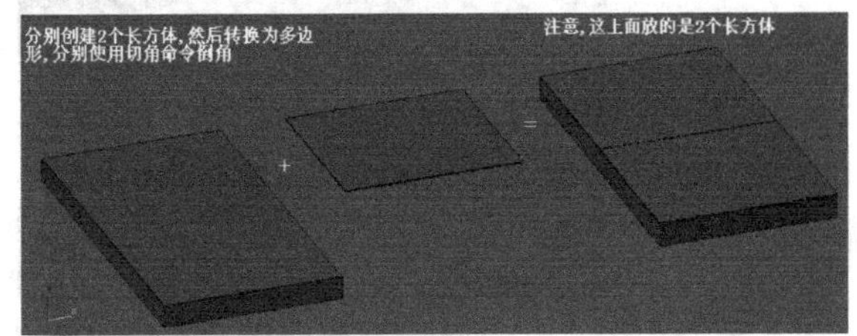

图11-51 组合长方体

04 在视图中创建一个“C-Ext”并将其作为小茶几的模型，如图11-52所示。

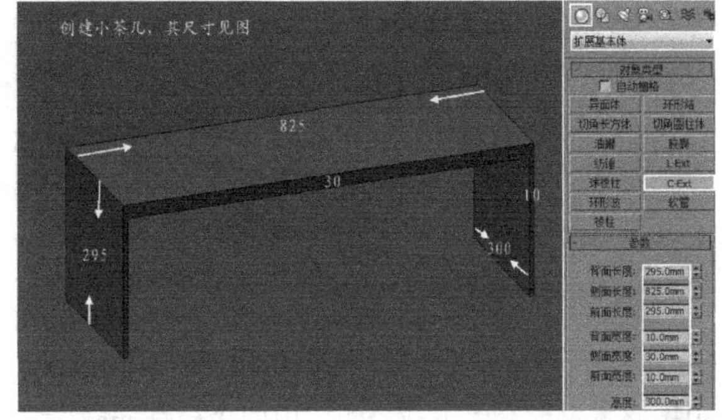

图11-52 创建小茶几

05 最后，把茶几和地毯的模型组合到一起并放入房间中，摆放位置如图11-53所示。

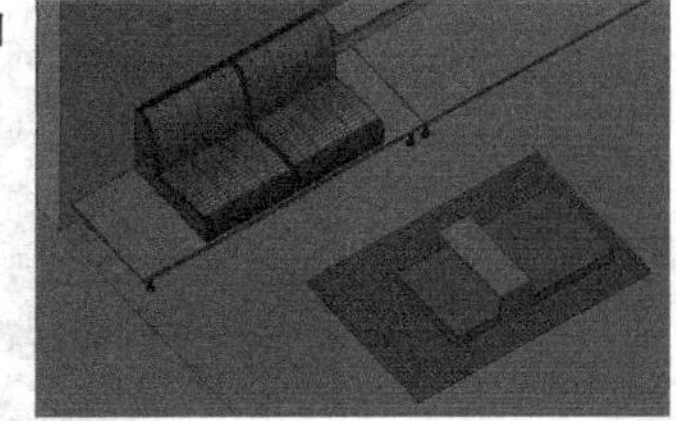

图11-53 组合模型并将其放入房间中

5.导入部分家具

01 执行“文件>导入”菜单命令，将本书配套“下载资源”中的柜子文件导入场景，将其放在如图11-54所示的位置。

02 将本书配套“下载资源”中的“躺椅.max”和“玻璃茶几.max”文件导入场景，将其放在如图11-55所示的位置。

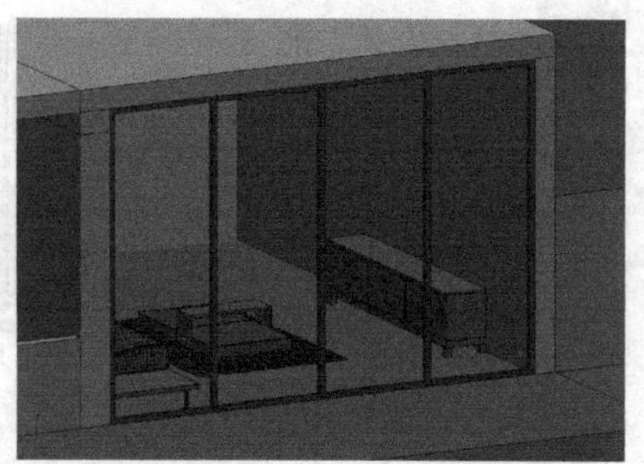
图11-54 导入柜子模型

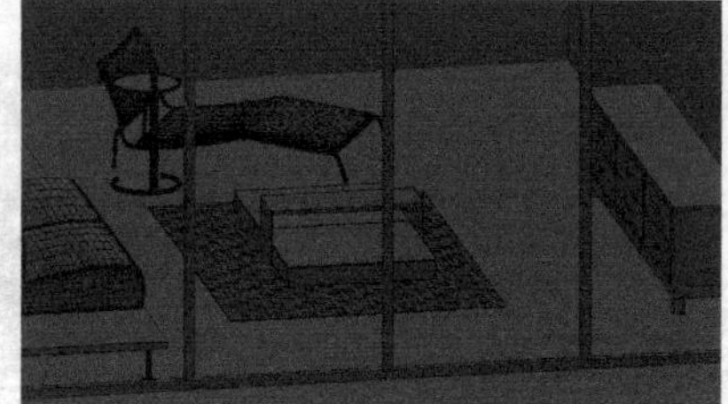
图11-55 导入躺椅和玻璃茶几模型

03 将本书配套“下载资源”中的“单人沙发.max”文件导入场景，将其放在如图11-56所示的位置。

图11-56 导入单人沙发模型

04 将本书配套“下载资源”中的“台灯.max”文件导入场景，将其放在如图11-57所示的位置。

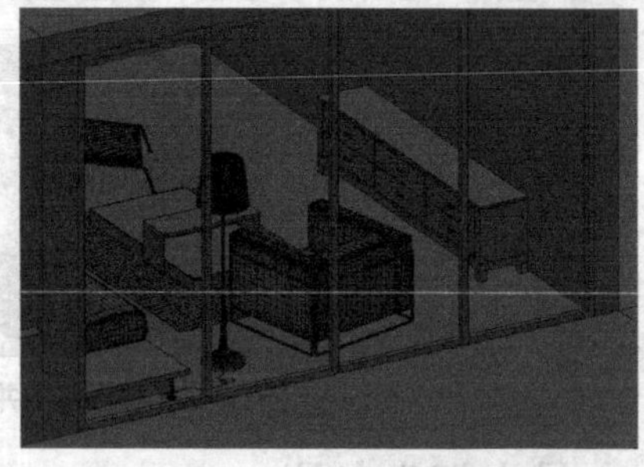
图11-57 导入灯具模型

05 将本书配套“下载资源”中的“装饰小件.max”文件导入场景，调整它们的摆放位置，使画面看起比较美观，放置位置如图11-58~图11-60所示。

06 到现在为止，这个室内场景就算创建完成了，其最后的场景模型效果如图11-61所示。

图11-58 导入装饰小件（1）

图11-59 导入装饰小件（2）

图11-60 导入装饰小件（3）

图11-61 模型制作完成后的效果

11.3 创建摄影机

完成模型的创建后，我们将为渲染效果图做准备工作。接下来，为场景创建一台摄影机并测试模型是否有错误。

11.3.1 创建摄影机

通常情况下，场景的摄影机角度都是根据客户的要求来设定的，比如，要表现哪一个面，或者要表现哪一个角度等。在本场景中，将用“VRay物理摄影机”来设置场景的视角。

下面，就请大家根据操作步骤，一起来完成摄影机的创建。

01 单击创建面板中的“摄影机”按钮，在下拉列表中选择“VRay”，然后，单击要创建的“VRay物理摄影机”按钮，如图11-62所示。

图11-62 创建VRay物理摄影机

02 切换到顶视图，拖曳鼠标，在如图11-63所示的位置创建一台“VRay物理摄影机”。

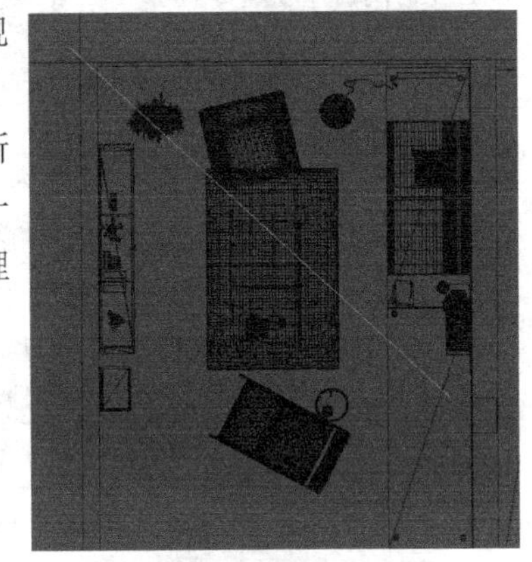

图11-63 VRay物理摄影机在顶视图的位置

03 按F键，切换到前视图，调整VRay物理摄影机的高度到如图11-64所示的位置。

图11-64 调整物理摄影机的高度

04 调整VRay物理摄影机的视角参数，如图11-65所示。VRay物理摄影机的具体参数已经在前面详细介绍过了，这里就不再赘述。

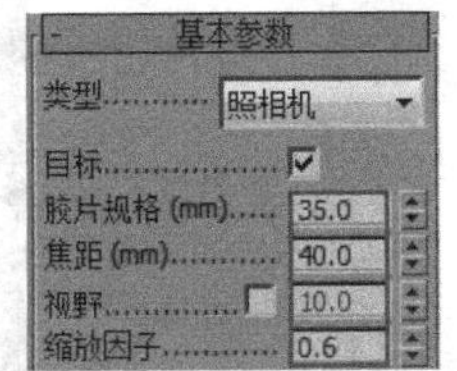

图11-65 调整摄影机参数

05 切换到摄影机视图，场景的最终视角如图11-66所示。

图11-66 摄影机视图效果

11.3.2 检查模型

当拿到模型师制作的模型后，第1件需要做的事情就是检查模型是否有问题，如漏光、破面和重面等。放置好摄影机后，就可以粗略渲染出1个效果，以检查模型是否有问题。这样的好处是：在渲染过程中出现问题时，可以在很大程度上排除“模型的错误”，也就是说，这样可以提醒我们应该在其他方面寻求问题的症结所在。

请大家根据下面的操作步骤来完成对模型的检查。

01 设定一个通用材质球，用它来替代场景中所有物体的材质。在“材质编辑器”中新建一个VRayMtl材质球，将其命名为“test”，然后，设置其“漫反射”颜色为“（红:220，绿:220，蓝:220）”，这里用220的灰度，主要是为了让物体对光线的反弹更充分一点，以方便观察暗部，因为在物理世界里，越白的物体对光线的反弹越充分。其他地方的参数保持默认即可，如图11-67所示。

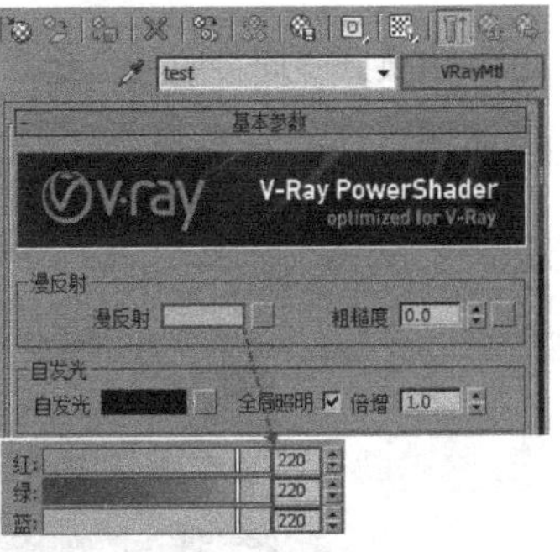

图11-67 设置测试材质参数

02 按F10键，打开“渲染设置”对话框，切换到V-Ray选项卡，然后，打开“全局开关”卷展栏，再勾选“覆盖材质”选项，最后，把上一步设定的基本测试材质（test）拖曳到“替代材质”后面的按钮上，如图11-68所示。

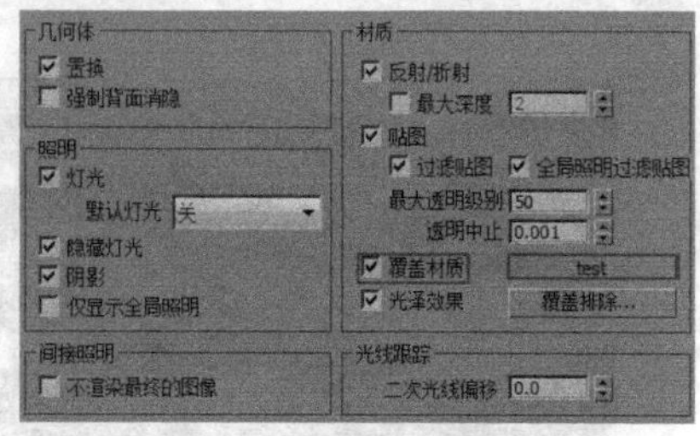

图11-68 设置测试材质

03 因为是测试模型，所以，可将渲染图像的尺寸设置得比较小，切换到“公用”选项卡，然后，设置“输出大小”为720×486，如图11-69所示。

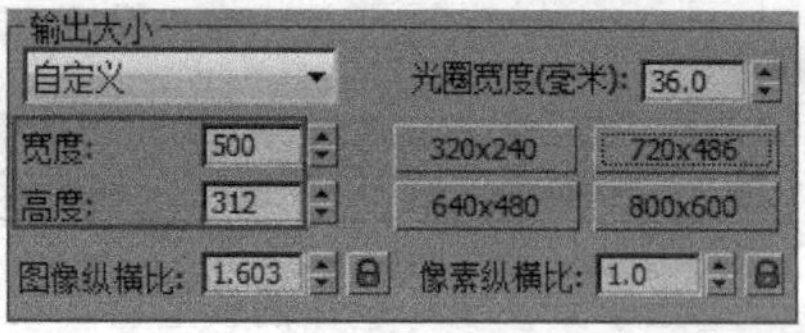

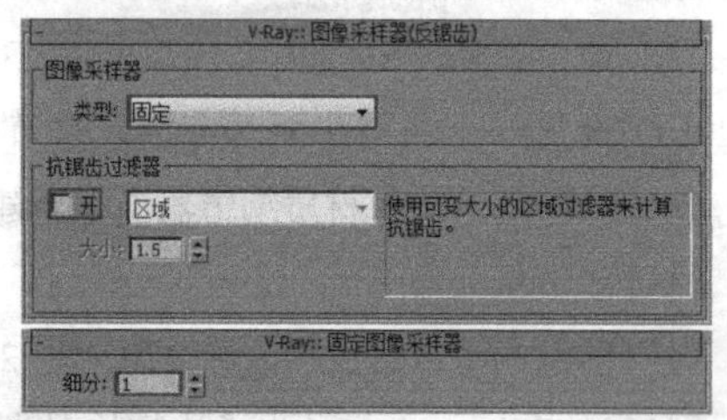

图11-69 设置渲染图像的尺寸

04 为了提高速度，可均使用低参数，切换到V-Ray卷展栏，打开“图像采样器（反锯齿）卷展栏”，然后，设置，其“类型”为“固定”方式，同时，取消“抗锯齿过滤”选项，再将“细分”值设置为“1”，如图11-70所示。

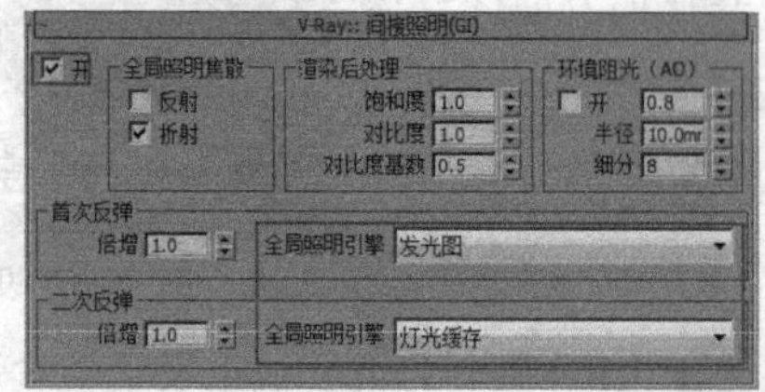

图11-70 设置图像采样参数

05 切换到“间接照明”选项卡，然后，打开“间接照明（GI）”卷展栏，再分别设置首次和二次反弹的“全局照明引擎”为“发光图”和“灯光缓存”，具体参数设置如图11-71所示。

图11-71 设置“间接照明”参数

06 打开“发光图”卷展栏，然后，设置“当前预设”为“自定义”，接着，设置“最小比率”为“-4”、“最大比率”为“4”，再设置“半球细分”为“30”，最后，设置“插值采样”为“20”，具体参数设置如图11-72所示。

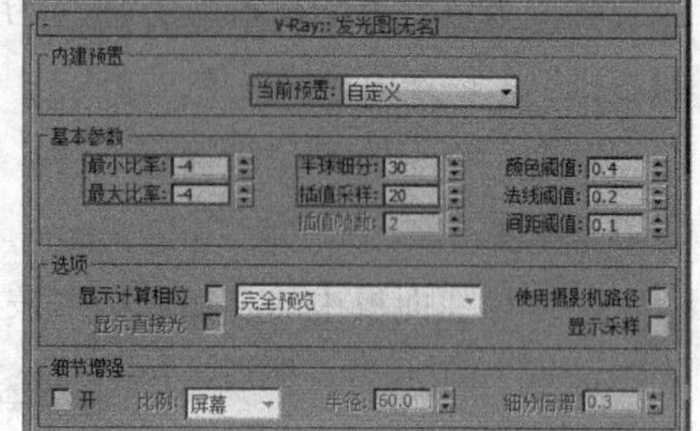

图11-72 设置“发光图”卷展栏

07 打开“灯光缓冲”卷展栏，然后，设置其“细分”值为“300”，如图11-73所示。

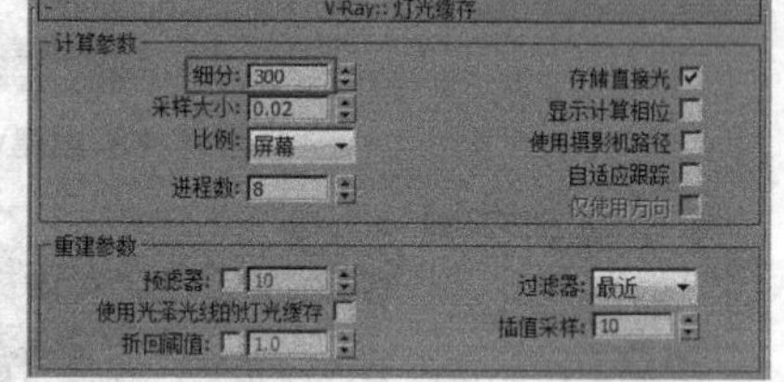

图11-73 “灯光缓冲”的具体参数

08 重新切换到V-Ray选项卡，打开“颜色贴图”卷展栏，然后，设置曝光模式为“线性倍增”，再设置“伽玛值”为“2.2”，具体参数设置如图11-74所示。

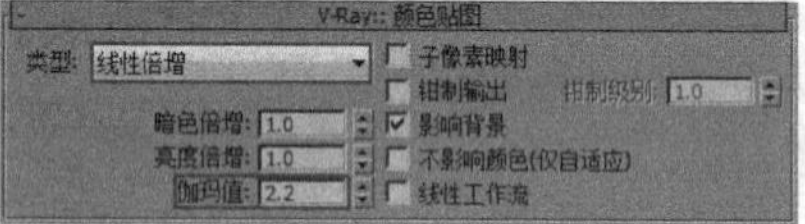

图11-74 设置“线性倍增”贴图参数

技巧与提示

上述渲染参数常用于灯光测试，希望读者能理解这类参数的作用。

09 接下来，在场景中创建一个VRay的“穹顶”灯，灯光的位置如图11-75所示，然后，将灯光颜色置为接近天空的颜色，接着，设置其“单位”为“辐射（W/m?/sr）”，再设置“倍增”为“0.2”，最后，勾选“不可见”选项，具体参数设置如图11-76所示。

图11-75 “穹顶”灯光的位置

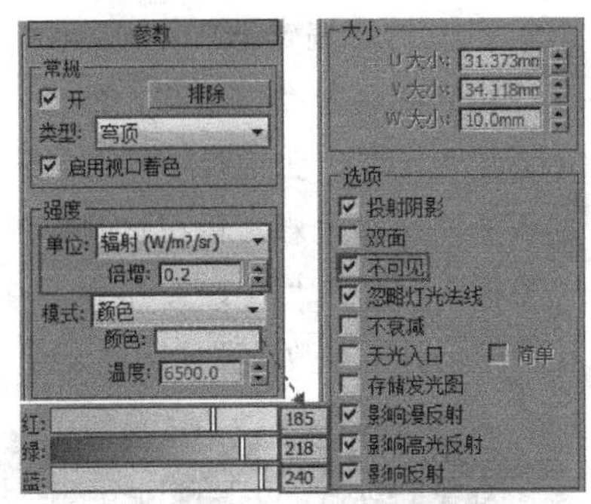

图11-76 灯光的参数设置

⑩ 这样，场景的基本设置就完成了，接下来，按F9键，开始测试渲染，其效果如图11-77所示，通过对渲染图像的观察，我们没发现异常的情况。如果有异常的情况发生，那么，就证明模型的某个地方有问题，需要修改模型。接下来，开始制作场景中模型的材质。

图11-77 场景测试渲染效果

11.4 主要材质

VRay中的材质怎样设定呢？很多朋友都有这个疑问，笔者的答案是：以物理世界中的物体为依据，真实地表现出物体材质的属性。应考虑到的有物体的基本色彩、对光的反弹率和吸收率、光的穿透能力、物体内部对光的阻碍能力和表面光滑度等。在后面有关材质的内容中会紧扣这个中心来进行讲解。

11.4.1 主体材质

为了便于讲解，这里对最终效果图上的材质进行了编号，如图11-78所示。下面，将根据图上的标识号来对材质进行设定。

图11-78 主体材质编号

1.墙面材质

先要分析物理世界里的墙面究竟是什么样的材质。在离墙面比较远的地方观察墙的时候，墙面是一个比较平整的、颜色比较白的材质；而靠近墙面后可发现，上面有很多不规则的凹凸和划痕，这是用刷子刷乳胶漆的时候留下的痕迹，这个痕迹是不可避免的。图11-79所示为一张真实墙面的细部照片。我们通过观察得出的关于墙面材质的结论是：颜色比较白（完全反光的物体的颜色是白色，完全吸光的物体的颜色是黑色），表面有点粗糙，有划痕，有凹凸。我们可根据观察到的这些特点来设置其材质参数。

图11-79 真实墙面细部照片

在“材质编辑器”中新建一个VRayMtl，将其命名为“wall”，其设置步骤如下，具体参数设置如图11-80所示。其材质球效果及实际渲染效果如图11-81和图11-82所示。

①设置“漫反射”颜色为“（红:245，绿:245，蓝:245）”，这里不设置为纯白色的值255，因为墙面不可能全部反光，它不是纯白的，可设置为一个非常接近纯白色的值。

②越光滑的物体的高光越小，反射越强；越粗糙的物体的高光越大，反射越弱。墙体表面有些粗糙，所以，墙面的高光比较大。设置“反射”颜色为“（红:23，绿:23，蓝:23）”，以此来表现物体反射比较弱的特性，然后，将“高光光泽度”设置为“0.25”，以此来表现物体高光比较大的特性。

③打开“选项”卷展栏，然后，取消勾“跟踪反射”选项，这样，VRay就不计算反射了，但也会有高光的存在，既得到了所需要的效果，又提高了渲染速度。

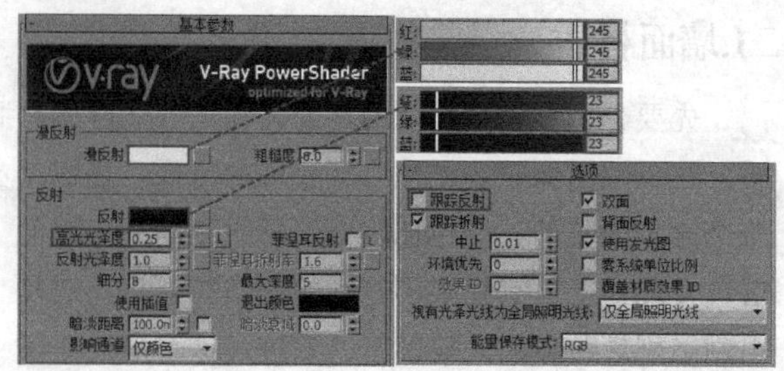

图11-80 墙面材质参数

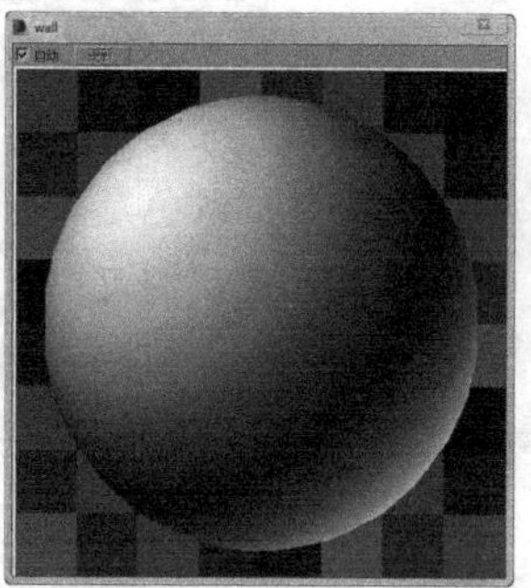

图11-81 “墙面材质”材质球的效果

图11-82 墙面材质的实际渲染效果

技巧与提示

没在“贴图”卷展栏下的通道里做任何设置，是因为这不需要表现出墙面的细节，因为摄影机离墙面比较远，所以，这里指定凹凸贴图和不指定的效果基本一样。

读者应该不难发现，渲染效果与材质球的材质效果或多或少会有差别，这是因为在实际渲染过程中，渲染效果会受到“灯光”“渲染设置”等参数的影响。有兴趣的读者可以尝试用不同的灯光和渲染参数测试材质效果。

2.地板材质

大家也可以先分析物理世界里的地板材质的特性，然后，在VRay里做出地板的材质。这里表现的地板是一种表面相对粗糙的地板材质。

01 在“材质编辑器”中新建一个VRayMtl材质球，将其命名为“diban”，然后，在“漫反射”贴图通道里添加一张地板贴图，用于模拟真实世界里地板的图案和色彩，再在它的贴图参数面板中，把“模糊”设置为“0.01”，目的是使渲染出来的贴图更清晰，具体参数设置如图11-83所示。

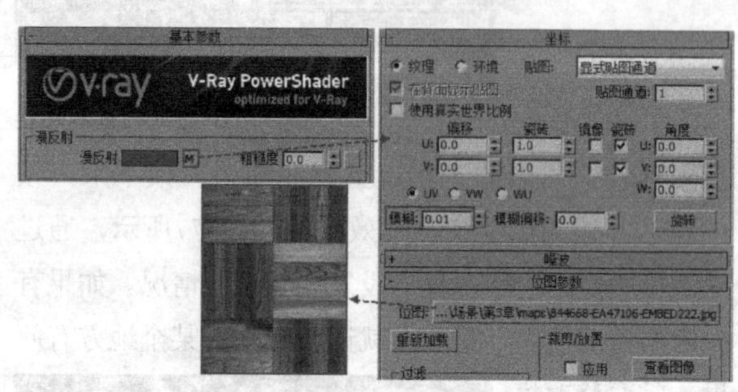

图11-83 设置“漫反射”参数

02 设置完“漫反射”参数后，材质球已经了木纹贴图，下面，将设置材质的反射属性，其设置步骤如下，具体参数设置如图11-84所示。

①物体都会或多或少的带有Fresnel（菲涅耳）反射现象，所以，先在“反射”的贴图通道中添加一个“衰减”命令，然后，在“衰减参数”面板中设置“侧”通道的颜色为“（红:36，绿:48，蓝:60）”，然后，设置“衰减类型”为“Fresnel”，再设置“折射率”为“1.1”，让Fresnel现象衰减得更剧烈。

②物理世界里的地板是带有反射的，而且，表面的粗糙度相对比较大，所以，设置“高光光泽度”为“0.45”，让地板有个比较大的高光，然后，设置“反射光泽度”为“0.45”，让反射相对模糊。为了提高渲染速度，设置“细分”为“10”，该值已经能够体现出效果了，最后，设置“最大深度”为“2”，这也是为了提高渲染速度，但对最终效果的影响也不大。

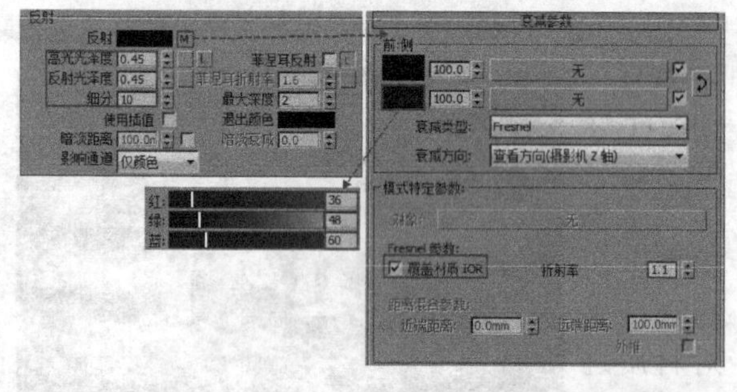

图11-84 设置“反射”选项组

技巧与提示

在“衰减参数”中，“前”通道表示的是靠近摄影机的位置，“侧”通道表示的是远离摄影机的位置。在物理世界里，看近处的地板材质时，基本看不到反射现象，所以，给一个黑色即可，而远处的地板则是有一定的反射效果的，所以，给其指定了一种颜色，其值为“（红:36，绿:48，B:60）”。从色彩上来讲，只是稍微带了点蓝色，用于表现反射内容中的蓝色。

03 打开“贴图”卷展栏，然后，在“凹凸”贴图通道里指定一个和“漫反射”通道一样的贴图，再设置“凹凸”强度为“10”，目的是使地板渲染出来的效果带点凹凸的纹理感觉，如图11-85所示。其材质球效果如图11-86所示。

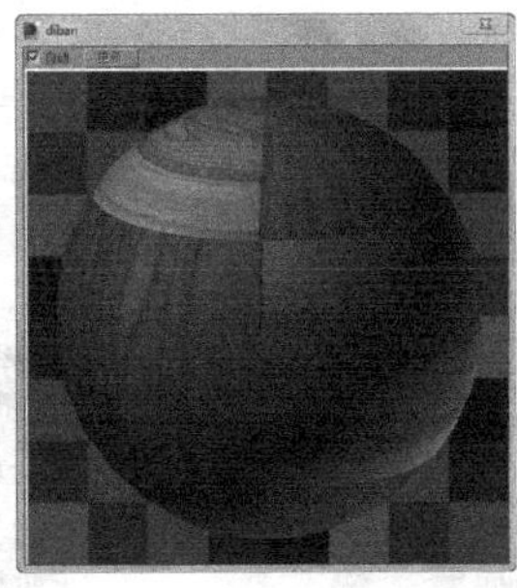

图11-85 设置“凹凸”参数 图11-86 “地板”材质球效果

技巧与提示

在这里，可能很多读者都会有个疑问，“为什么不用黑白的贴图，而要用彩色的呢？”，其实，无论是用黑白还是彩色的，效果都是一样的。如果用彩色的，3ds Max在计算渲染的时候，会把彩色贴图转换为黑白的。如果用黑白的贴图，那么就不需要转换了。它们的差别就是需不需要3ds Max来转换。如果是一个大场景，贴图很多，那么，请大家使用黑白的贴图，这样，3ds Max就不需要再做转换处理了，可节约内存的使用量。因为本场景比较小，所以，就没做黑白的处理，直接用彩色图了。

04 给木地板指定一个“UVW贴图”修改器，指定一个贴图坐标，设置“贴图”的类型为“长方体”，然后，设置“长度”“宽度”“高度”均为“500mm”，具体参数设置如图11-87所示。实际渲染效果如图11-88所示。

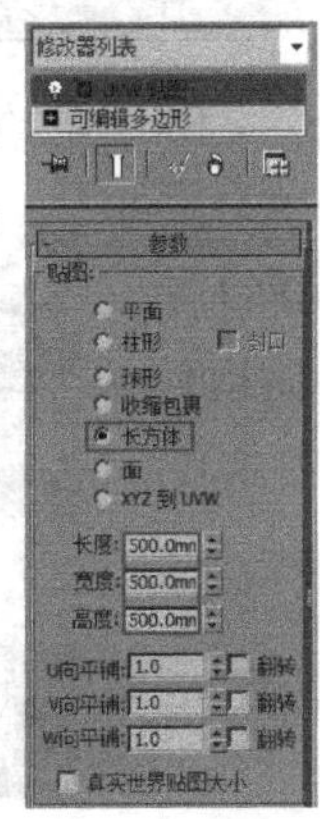

图11-87 地板贴图坐标参数

图11-88 “地板”材质的实际渲染效果

3.走廊材质

走廊离场景中的摄影机比较远，所以，这里的材质不需要表现得很细，给一个简单的材质贴图即可。

01 在“材质编辑器”中新建一个VRayMtl材质球，并将其命名为“shuini”，然后，在“漫反射”贴图通道里添加一张走廊路面的贴图。为了让渲染的贴图更清晰，设置“模糊”为“0.01”。其他地方的参数保持默认即可，具体参数设置如图11-89所示。材质球效果如图11-90所示。

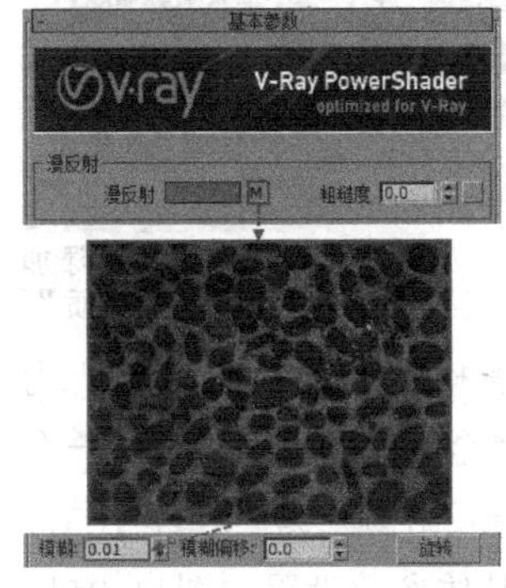

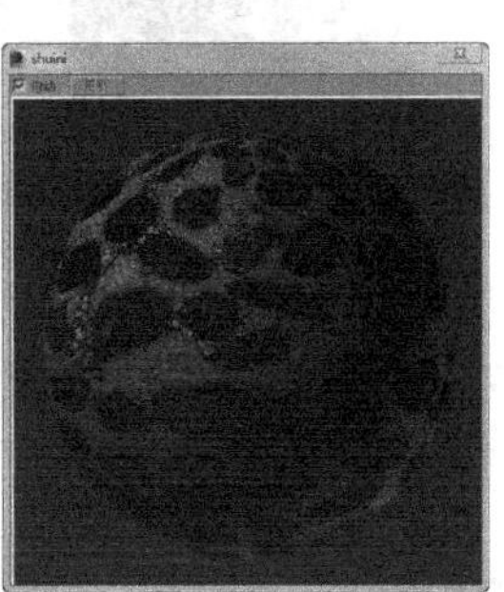

图11-89 “走廊”材质参数 图11-90 “走廊”材质球效果

02 接下来，在“修改器列表”中为走廊指定一个“UVW贴图”，然后，设置“贴图”类型为“长方体”，再设置“长度”“宽度”“高度”均为“500mm”，具体参数设置如图11-91所示。实际渲染效果如图11-92所示。

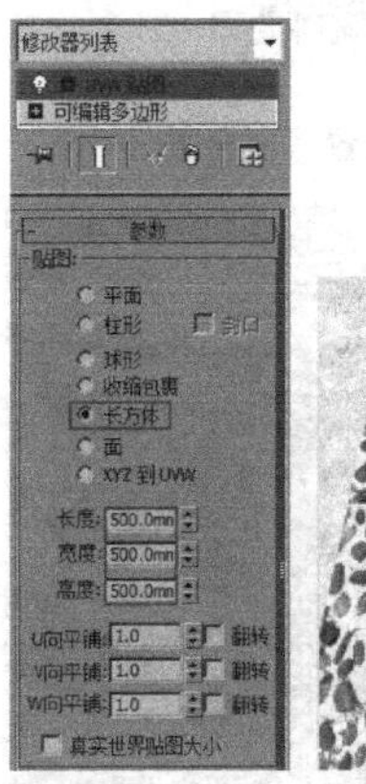

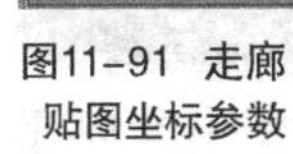

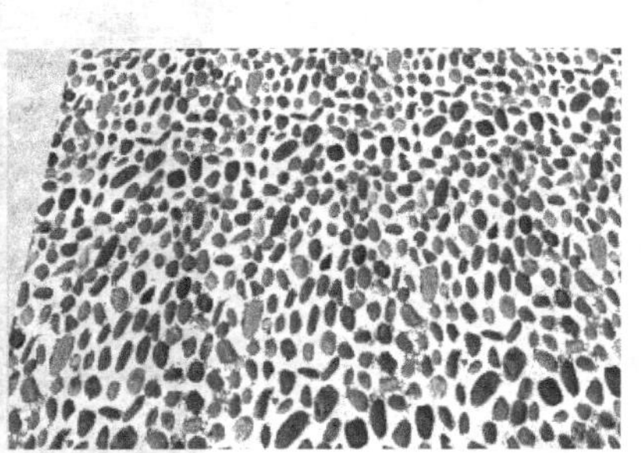

图11-91 走廊贴图坐标参数

图11-92 实际渲染效果

4.草坪材质

和走廊一样，这里的草坪材质也不需要设置得太细。如果需要表现比较细的草坪材质，那么，可以用VRay的置换修改器来表现。

01 在“材质编辑器”中新建一个VRayMtl材质球，将其命名为“cao”，然后，在“漫反射”贴图通道中添加一张草地贴图，再设置其“模糊”值为“0.01”，具体参数设置如图11-93所示。

02 为材质球添加一个“VRay覆盖材质”，并在弹出的对话框中选择“将旧材质保存为子材质”选项，然后按确定完成添加，如图11-94所示。

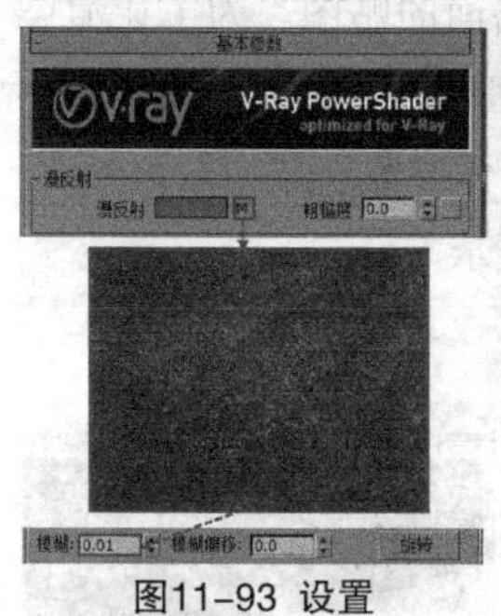

图11-93 设置“漫反射”参数

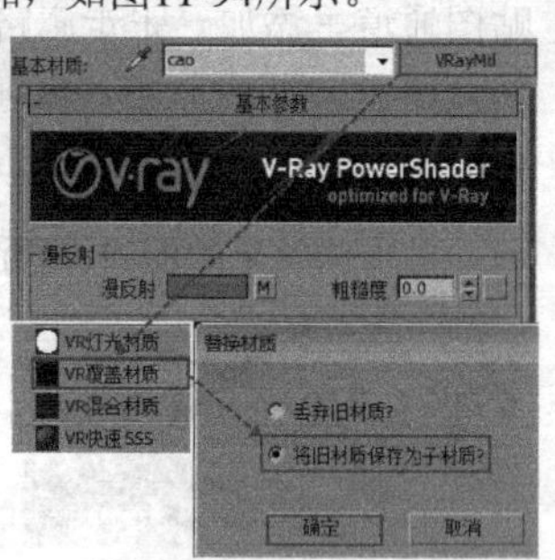

图11-94 为原材质添加“VRay覆盖材质”

03 添加好“VRay覆盖材质”后，原材质变为“基本材质”，然后在“全局光材质”中添加一个VRayMtl材质，设置其漫反射颜色为“（红:103，绿:150，蓝:106）”，具体参数设置如图11-95所示。材质球效果如图11-96所示。

图11-95 设置“全局照明材质”

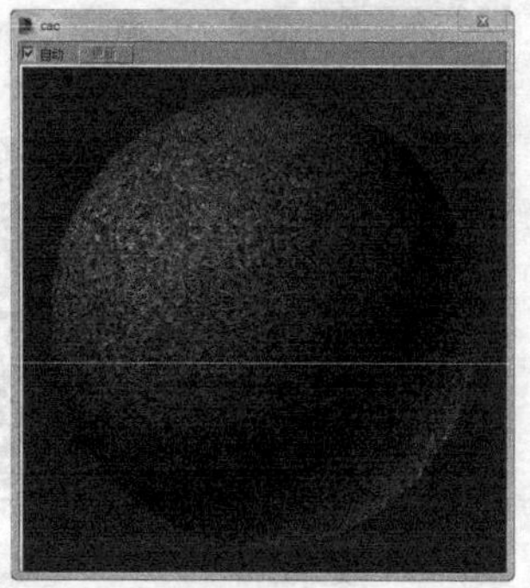

图11-96 “草坪”材质球效果

技巧与提示

之所以在这里运用“VRay覆盖材质”，是为了防止太阳照射在草坪上，而产生过于强烈的溢色现象。在“基本材质”里放置一个草坪的材质，而在“全局照明材质”里放置一个用来产生全局光的材质，这样就可以通过设置“全局照明材质”里的“漫反射”颜色的饱和度来控制溢色现象了。

04 同样需要给草坪指定一个“UVW贴图”坐标，然后，设置“贴图”类型为“长方体”，再设置“长度”“宽度”“高度”均为“600mm”，具体参数设置如图11-97所示。实际渲染效果如图11-98所示。

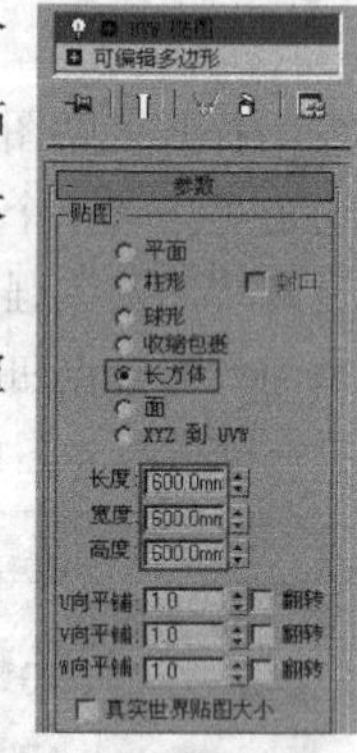

图11-97 草坪贴图坐标参数

图11-98 “草坪”材质实际渲染效果

技巧与提示

到此，主体结构的材质就设定完毕了。可再用低参数渲染一次，看看大体的效果。如果没什么大问题的话，就可以进行家具材质的设定了。

11.4.2 家具材质

同样也给家具材质编了号，可根据图的标识号来设定材质，如图11-99所示。

图11-99 家具材质的编号

1.柜子材质

先观察物理世界里的木纹柜子的材质，木纹材质有以下几个特征：相对光滑、菲涅耳的反射、带一定的纹理凹凸、高光相对比较小。下面，将根据这些特性来设置柜子的材质。

01 在“材质编辑器”中新建一个VRayMtl材质球，并将其命名为“guizi”，然后，在“漫反射”贴图通道中添加一张木纹贴图，再设置其“模糊”为“0.01”，让贴图更清晰，具体参数设置如图11-100所示。

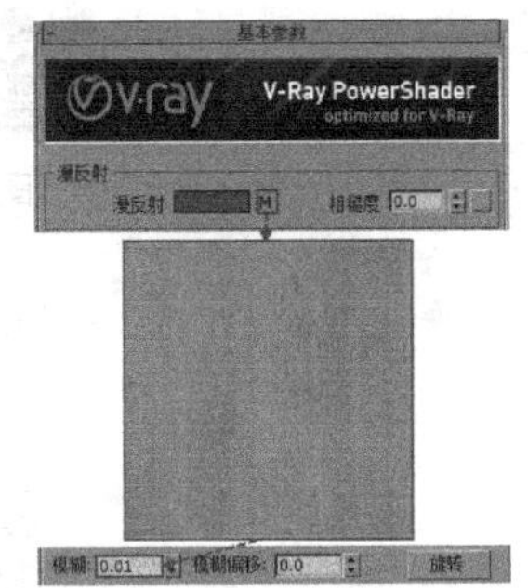

图11-100 设置“漫反射”参数

02 设置完“漫反射”参数后，材质球就有了木纹的贴图。下面，开始设置“反射”参数，其设置步骤如下，具体参数设置如图11-101所示。

①由于存在菲涅耳反射现象，因此，可在“反射”贴图通道中添加一个“衰减”命令，然后，设置第2个衰减通道的颜色为“（红:207，绿:218，蓝:230）”，再设置“衰减”类型为“Fresnel”。

②木纹表面相对光滑，所以，带有一定的模糊反射，这里设置“反射光泽度”为“0.85”、高光光泽度为“0.8”。为了让模糊没有杂点，使之看上去更细腻，将“细分”设置为“20”。

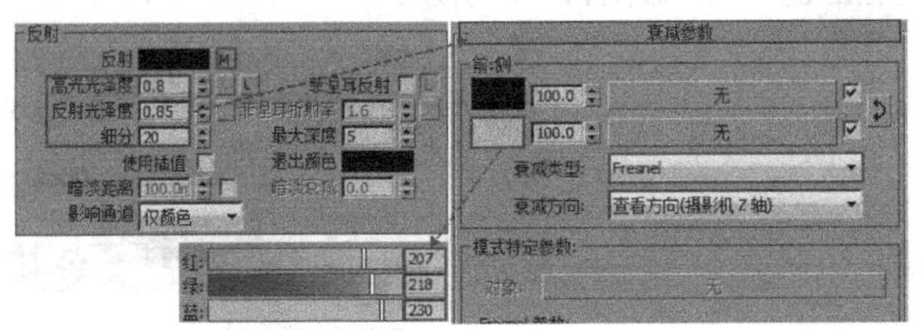

图11-101 设置“反射”参数

03 木质柜子或多或少会有凹凸，所以，在“贴图”卷展栏中为凹凸贴图通道中添加一张与“漫反射”贴图通道中相同的贴图，然后，设置“凹凸”的强度为“10”，具体参数如图11-102所示。其材质球效果如图11-103所示。最后，还要给柜子指定一个合适的贴图坐标大小，这里就不再讲具体的贴图坐标了，实际渲染效果如图11-104所示。

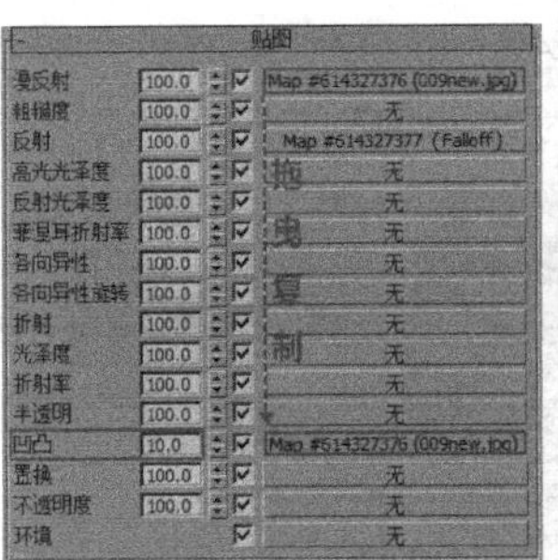

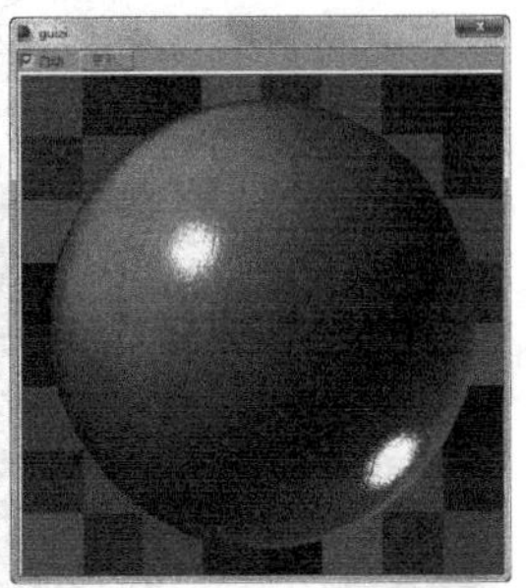

图11-102 “柜子”材质参数 图11-103 “柜子”材质球效果

图11-104 “柜子”材质实际渲染效果

2.布沙发材质

真实的布沙发材质如图11-105所示，通过观察可知，布沙发具有以下几个特征：布的表面比较粗糙、布的表面基本没有反射现象、布的表面有一层白茸茸的感觉。下面，根据这些的分析来设置沙发的材质。

图11-105 真实布沙发的照片

01 布沙发表面看起来有一层白绒毛的感觉，这是由于布表面的毛受到光照的影响而产生的。在这里，如果通过模型来表现这一效果，那么，难度将很大，而且，不一定能表现好，所以，采用材质来表现。在“材质编辑器”中新建一个VRayMtl材质球，并将其命名为“mat2”，然后，在“漫反射”的贴图通道添加一张“衰减”贴图，其设置步骤如下，具体参数设置如图11-106所示。

①在第1个衰减通道里添加一个布沙发的贴图，设置其“模糊”值为“0.01”，然后，设置第2个衰

减通道的颜色为“（红:249，绿:239，蓝:227）”。

②设置“衰减类型”为“Fresnel”（菲涅耳方式）。

图11-106 设置“漫反射”参数

技巧与提示

这里的贴图是通过“位图参数”卷展栏中的“查看图层”按钮 查看图像 选取的，没有用到整张贴图。

02 在“反射”选项组中设置“漫反射”颜色为“（红:16，绿:16，蓝:16）”，然后，给布沙发一个比较大的高光，设置“高光光泽度”为“0.35”，再在“选项”卷展栏中关闭“跟踪反射”选项，这样就不会因为产生反射而保留高光了，具体参数设置如图11-107所示。

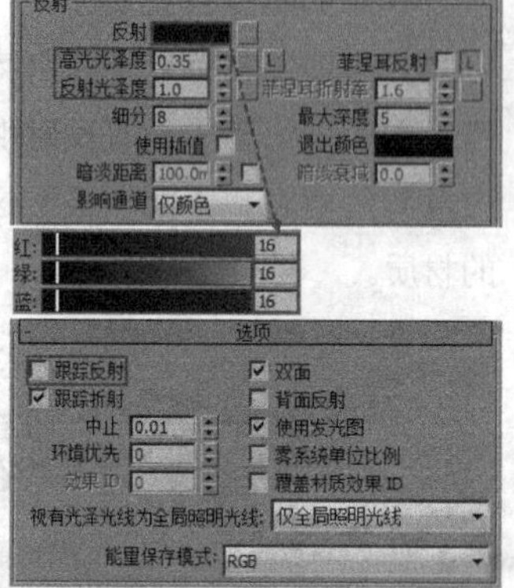

图11-107 设置“反射”和“选项”参选项组

03 打开“贴图”卷展栏，由于布沙发表面比较粗糙，因此，在“凹凸”贴图通道中添加一张合适的贴图后，设置“凹凸”的强度为“30”，具体参数设置如图11-108所示。材质球效果如图11-109所示。实际渲染效果如图11-110所示。

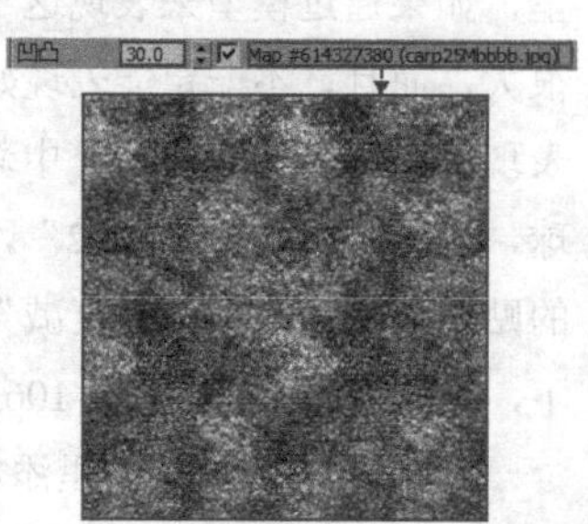

图11-108 设置“凹凸”参数

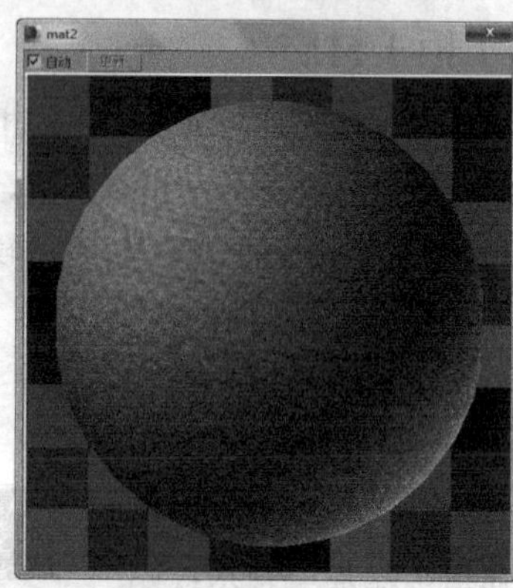

图11-109 “布沙发”材质球效果

图11-110 “布沙发”材质实际渲染效果

3.白漆材质

真实的白漆是一个表面很光滑、反射衰减比较小的材质，可根据这一特性来设置白漆材质。

01 在“材质编辑器”中新建一个VRayMtl材质球，由于白漆材质比较白（但绝对不是纯白），所以，设置“漫反射”的颜色为“（红:250绿:250蓝:250）”，如图11-111所示。

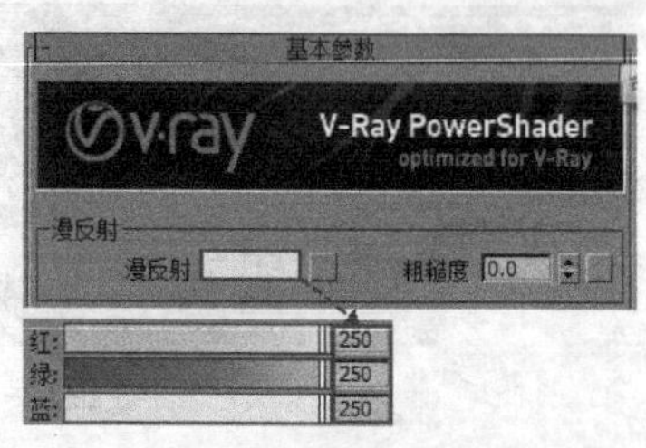

图11-111 设置“漫反射”参数

02 因为白漆材质的衰减强度比较弱，所以，这里就不采用菲涅耳衰减了，可设置“反射”颜色为（红:15，绿:15，蓝:15）；其高光比较小，所以，设置“高光光泽度”为“0.88”；其表面很光滑，所以，设置“反射光泽度”为0.98，具体参数设置如图11-112所示。

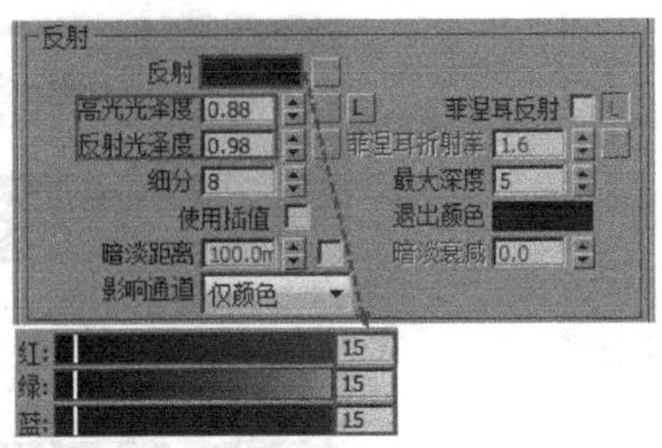

图11-112 设置“反射”参数组

03 取消勾选“选项”卷展栏中的“跟踪反射”选项，然后，打开“凹凸”卷展栏，在“凹凸”通道中添加一个“噪波”命令，设置其“模糊”值为“0.1”、“噪波类型”为“规则”，再设置“大小”为“1”，最后，设置“凹凸”的强度为“1”，具体参数设置如图11-113所示。

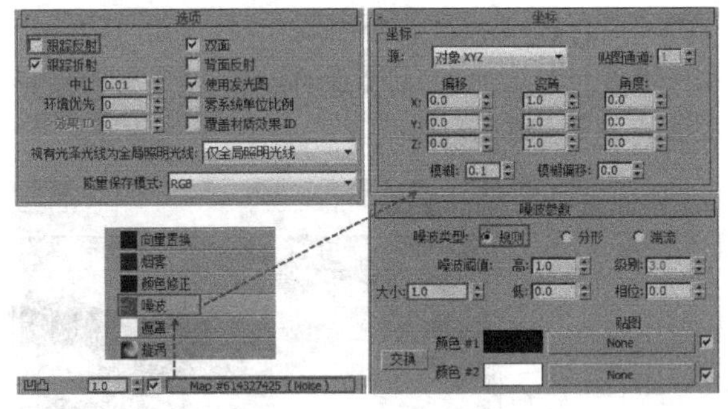

图11-113 设置“选项”和“凹凸”参数

技巧与提示

这里为什么在凹凸材质里加一个“噪波”贴图呢？这是因为白漆的载体（被刷漆的木头）表面是不平坦的，不平坦的表面反射出的物体会有扭曲现象，所以，这里用“噪波”贴图来模拟这个现象。

04 设置完成后，“白漆”的材质球效果如图11-114所示，实际渲染效果如图11-115所示。

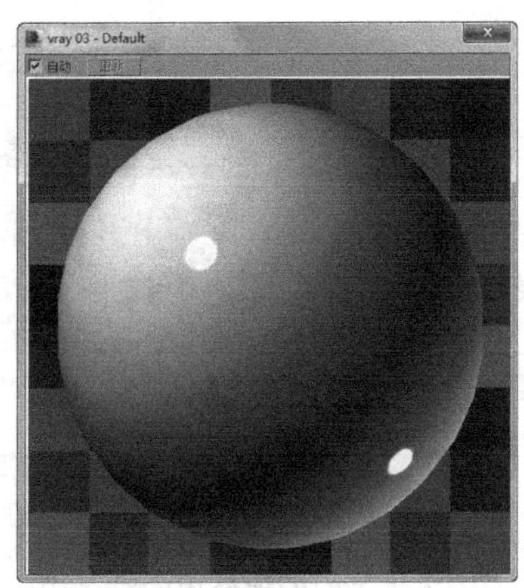

图11-114 “白漆”材质球的效果

图11-115 “白漆”材质实际渲染效果

4.不锈钢材质

不锈钢材质比较常见，这里就不进行具体的分析了。下面，介绍其材质设置方法。

在“材质编辑器”中新建一个VRayMtl材质球，其设置步骤如下，具体参数设置如图11-116所示。材质球效果如图11-117所示。实际渲染效果如图11-118所示。

①设置“漫反射”颜色为黑色（红:0，绿:0，蓝:0），目的是让不锈钢材质看起来明暗分明。

②设置“反射”颜色为“（红:192，绿:197，蓝:205）”，目的是为了让反射里的内容带点蓝色；将“高光光泽度”设置为“0.75”；由于表面比较粗糙，因此，将“反射光泽度”设置为“0.83”；为了防止杂点的产生，将“细分”设置为“30”。

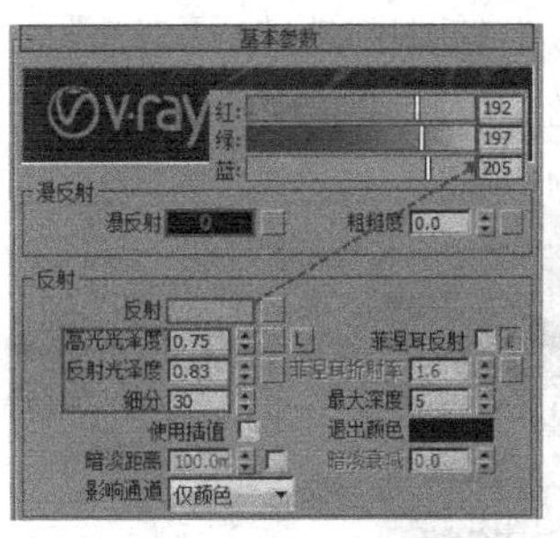

图11-116 “不锈钢”材质参数

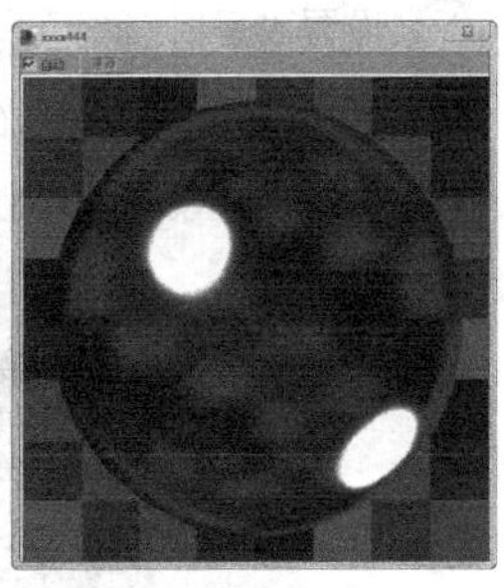

图11-117 “不锈钢”材质球效果

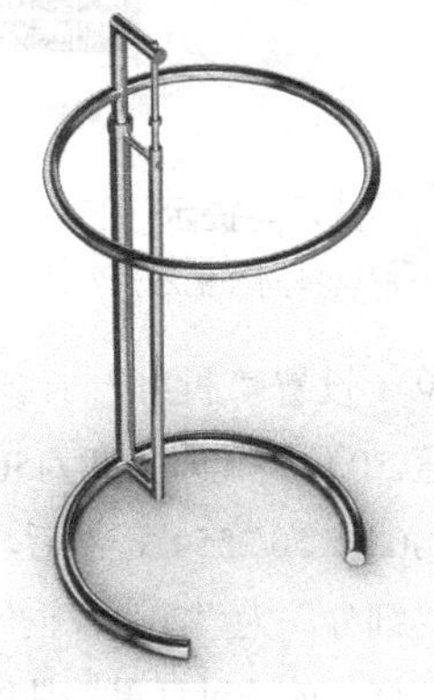

图11-118 “不锈钢”材质实际渲染效果

技巧与提示

为什么不给这里的不锈钢加菲涅耳反射呢？难道不锈钢没有菲涅耳反射现象吗？

因为不锈钢的菲涅耳现象不是很强烈，只带有那么一点点，而且，考虑到菲涅耳渲染的计算时间相对较长，所以，这里就没用菲涅耳来模拟。

5.灯罩材质

真实的灯罩材质有半透明、几乎没反射、高光比较大等特性，下面，通过这些特性来设定灯罩的材质。

01 在“材质编辑器”中新建一个VRayMtl材质球，将其命名为“deng”，因为灯罩是白色的，所以，设置“漫反射”的颜色为白色（红:250，绿:250，蓝:250），如图11-119所示。

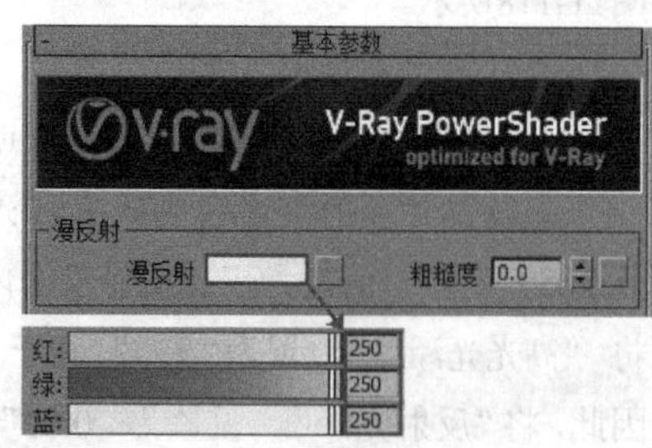

图11-119 设置“漫反射”参数

02 设置“反射”颜色为“（红:11，绿:11，蓝:11）”。因为灯罩有比较大的高光，所以，将“高光光泽度”设置为“0.28”，如图11-120所示。

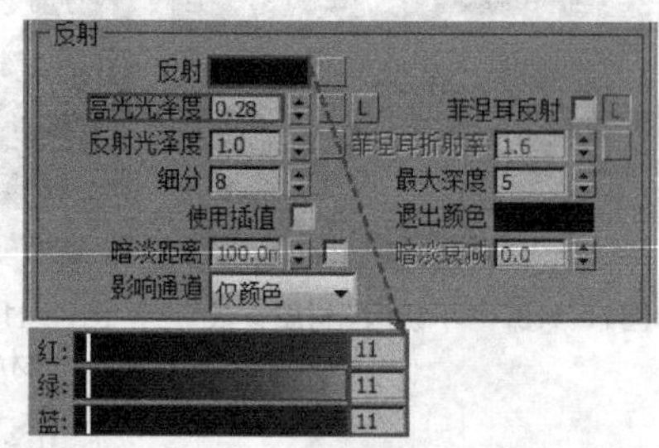

图11-120 设置“反射”参数

技巧与提示

这里同样需取消勾选“跟踪反射”选项。

03 设置“折射”的颜色值为“（红:50，绿:50，蓝:50）”（即亮度为50），让灯罩的透光系数为大约0.2（50/255），然后，设置“光泽度”为“0.8”，“细分”为“20”，同时，勾选“影响阴影”选项，让灯光能透过灯罩，具体参数设置如图11-121所示。

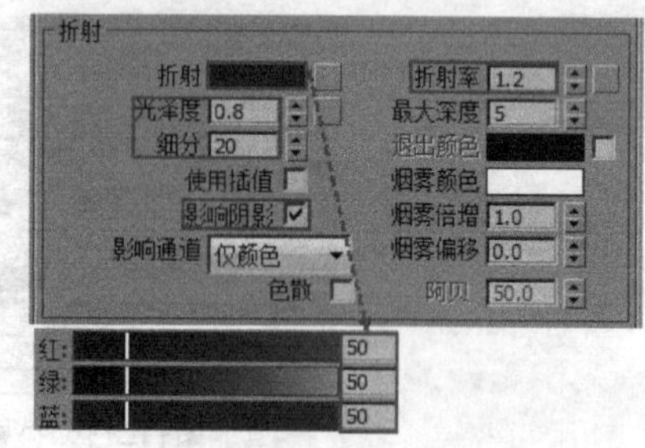

图11-121 设置“折射”参数

技巧与提示

这里需要注意折射率的问题，可将灯罩的折射率设定为“1.2”。给大家举个例子，窗纱的折射率为1.01，玻璃的折射率为1.5，砖石的折射率为2.4。通过观察和分析这3种材质对透光所表现出来的现象后，大家就可以知道为什么将灯罩的折射率设为1.2了。

04 将“选项”卷展栏中的“跟踪反射”关闭，目的是不让灯罩产生反射现象。材质球的效果及实际渲染效果如图11-122和图11-123所示。

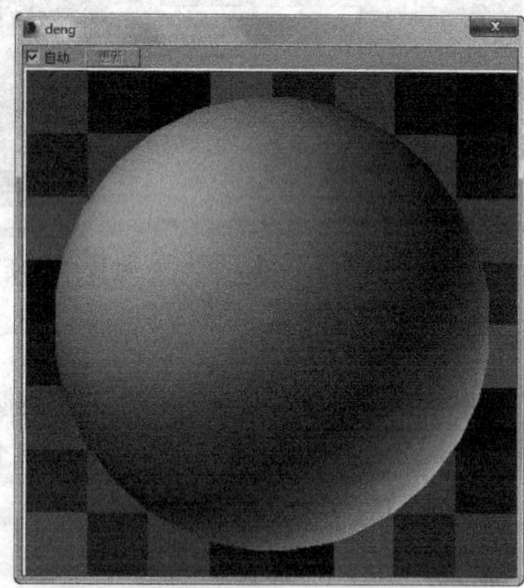

图11-122 “灯罩”材质球效果

图11-123 “灯罩”材质实际渲染效果

11.4.3 其他特殊材质

本场景中的地毯用的是“VRay毛皮”材质，这里单独讲解一下，以便大家理解和掌握。

01 首先，这里要做的地毯有比较短而粗的毛，为地毯模型创建一个“VRay毛皮”，再在场景中拾取地毯模型，其设置步骤如下，具体参数设置如图11-124所示。

①在“源对象”里选择需要添加毛发的物体，在这里选择的是地毯模型。

②因为要表现的毛发比较短，所以，这里的“长度”给的是“30mm”；同时，毛发比较粗，所以，将这里的“厚度”设置为1.0mm；将“重力”设置为“3.948mm”，这个值是可随意调的，主要由毛发的受重力效果而定；“弯曲”值越大，毛发的弯曲程度越强烈，这里设置为“0.441”。

③设置“结数”为“18”，以得到一个弯曲比较光滑的结果，值越大，渲染效果越好，但是，渲染时间也越长。读者朋友可根据自己的情况来控制，一般设置12~18的值比较合适。

④在“分配”参数栏里，选择按照区域来分布毛发的生长，值越大，毛发越密，这里设置为“0.025”。

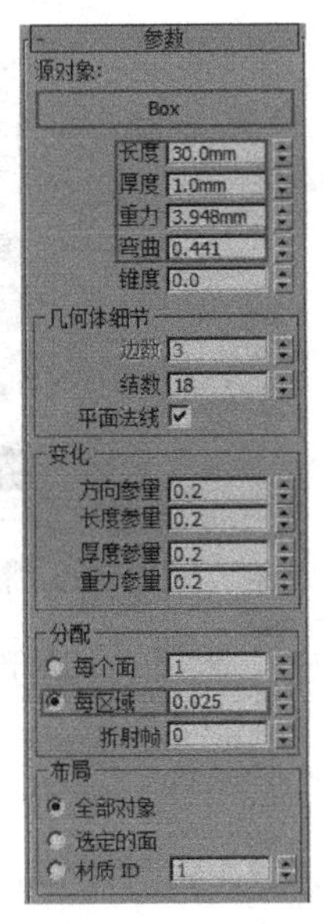

图11-124 “毛发”参数

技巧与提示

如果重力值是正值，那么，毛发将向上生长，并且，值越大，毛发越直；如果是负值，毛发则向下生长，值越大，毛发越直，比如，设置为“-1”和“-100”，那么，“-100”的值的效果就比“-1”的值的效果更直。

02 在毛发参数设定完以后，需要给毛发指定一个材质，所以，在“材质编辑器”中新建一个VRayMtl材质球，其设置步骤如下，具体参数设置如图11-125所示。

①在“漫反射”的贴图通道里选一个比较合适的地毯贴图，设置其“模糊”为“0.01”.

②设置“反射”的颜色为为“（红:36，绿:36，蓝:36）”。由于地毯高光比较大，因此，设置“高光光泽度”为“0.3”。

③和设置其他没反射而有高光的材质一样，在“选项”卷展栏中把“跟踪反射”关闭。这里说的没反射是指看上去几乎没有反射现象，所以，就不用打开反射了，以提高渲染速度。

④由于地毯比较粗糙，因此，在“贴图”卷展栏下的“凹凸”贴图通道里添加一个凹凸贴图，以模拟这种感觉，设置其“凹凸”值为100。

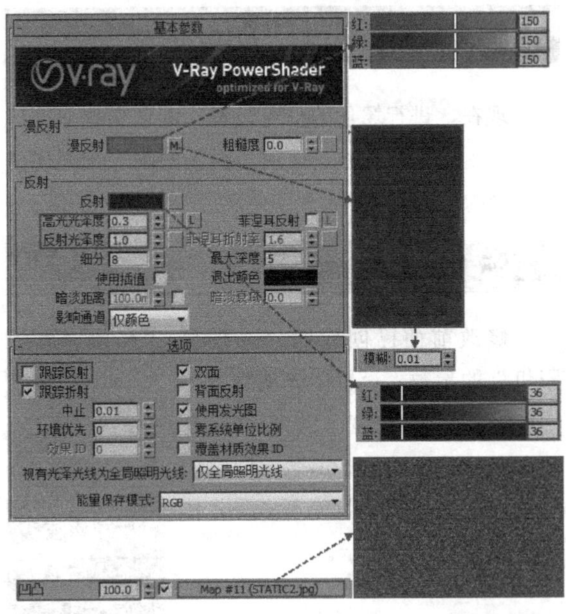

图11-125 设置“地毯材质”

03 设置完成后，看到的材质球效果如图11-126所示。实际渲染效果如图11-127所示。

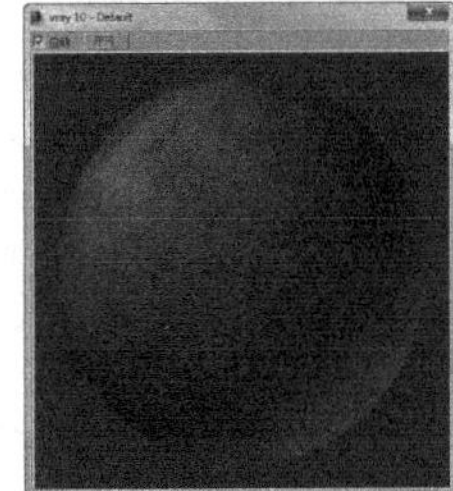

图11-126 “毛毯”材质球效果

图11-127 “毛毯”材质实际渲染效果

> **技巧与提示**
>
> 由于本书的篇幅有限，因此，我们把“其他材质”这部分的内容放到了配套“下载资源”的视频教程里，希望广大读者认真观看。（对于其他的相关设置，大家也可以参考“下载资源”中的案例源文件。）
>
> 到此为止，场景中的大体材质就设定完毕了，一些细节上的材质还需要配合灯光一起调整，希望读者在实际应用方面多多揣摩。

11.5 灯光的设定

现在，进行场景的灯光设置，本场景有一个比较大的落地窗，所以，采用了白天的阳光来表现整个场景的气氛。

11.5.1 设置物理摄影机

修改前面已创建的“物理摄影机”的参数，设置“光圈数”为“8”、“快门速度”为“150”、“胶片速度”为“100”，让它们和实际的摄影机参数差不多，具体设置如图11-128所示。

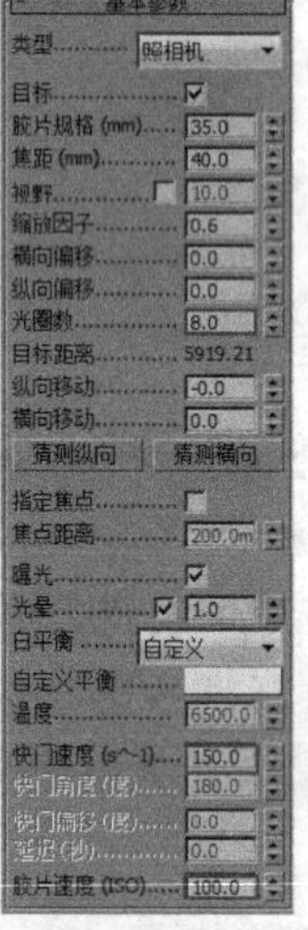

图11-128 物理摄影机的参数设置

> **技巧与提示**
>
> 细心的读者可能会发现，笔者在此处设置了摄影机的白平衡颜色，这是为什么呢？
>
> 因为“VRay太阳”的照射角度会影响灯光颜色，使渲染画面偏黄，这与我们预期的效果不符，所以，这里把“白平衡”里的白色改成黄色（红:255，绿:242，蓝:210），以使渲染效果尽可能达到白平衡。
>
> 需要特别注意的是，场景偏黄时，就要把白平衡的颜色改为黄色；偏蓝时，就要改为蓝色，这样才能达到白平衡。有兴趣的读者可以试一试，通过实践去感受一下。

11.5.2 确定“太阳”的位置

01 在场景中创建一盏“VR太阳”，将其作为本场景的太阳，其表现时刻大约为上午11:00的样子。灯光在场景中的位置如图11-129和图11-130所示。

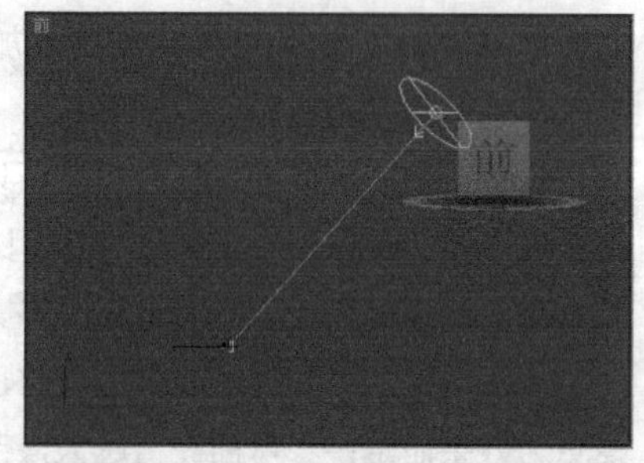

图11-129 “VR太阳”在前视图中位置

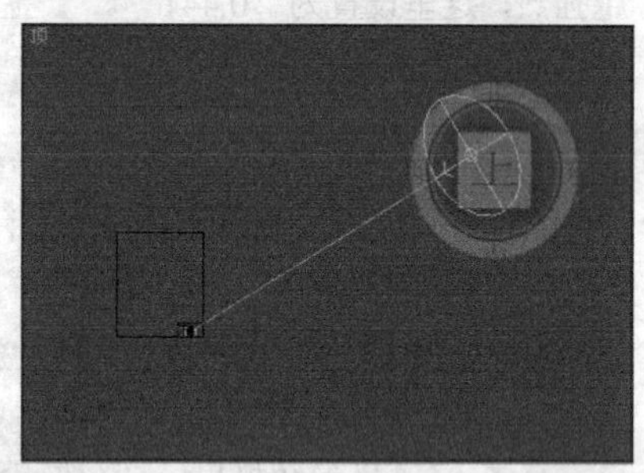

图11-130 “VR太阳”在顶视图中的位置

02 选中创建的“VRay太阳”，然后，设置“大小倍增”为“3”，如图11-131所示。

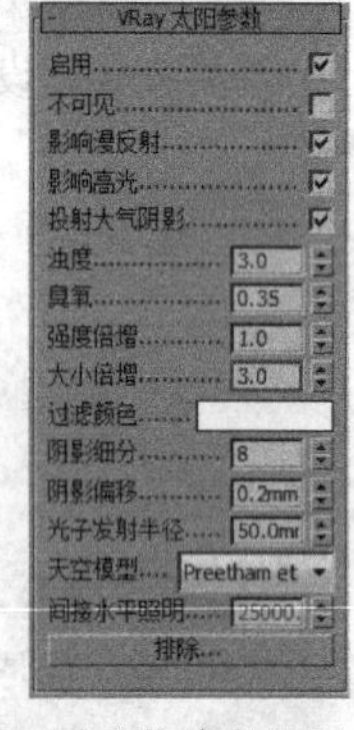

图11-131 “VRay太阳”参数设置

> **技巧与提示**
>
> 这里设置“大小倍增”值为“3”，其目的是使太阳产生的影子相对比较虚。

11.5.3 设置测试参数

当场景中的“摄影机”和“太阳”的大体参数设置完毕以后，我们要查看一下太阳在场景中所照射的位置。这时候，需要设置一个简单的渲染参数，以快速渲染出太阳照射的位置。

01 按F10键，打开“渲染设置”对话框，然后切换到V-Ray选项卡，打开“全局材关”卷展栏，勾选“覆盖材质”选项并在其后的贴图通道中添加前面用到的test测试材质，具体参数如图11-132所示。

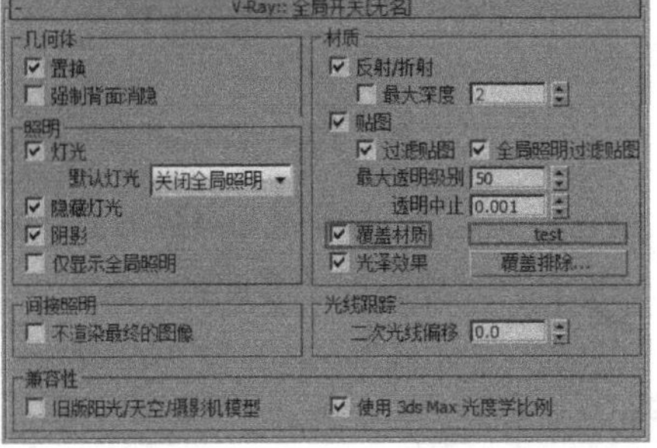

图11-132 设置“覆盖材质”

02 打开“图像采样器（反锯齿）”卷展栏，然后，设置图像采样器的“类型”为“固定”，再关闭“抗锯齿过滤器”，最后，在“固定图像采样器”中设置“细分”为“1”，具体参数设置如图11-133所示。

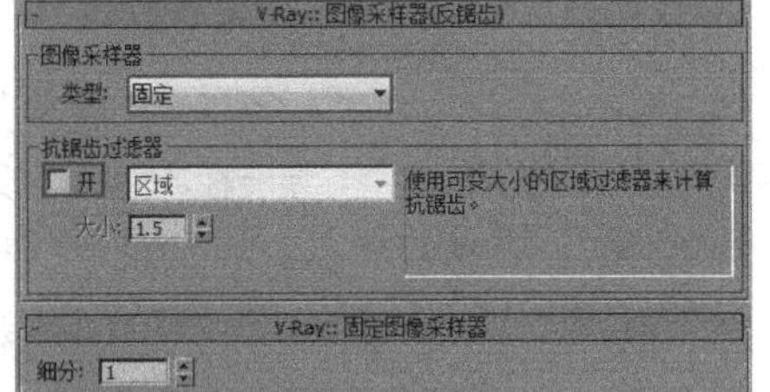

图11-133 设置“图像采样器”

03 切换到在“间接照明”选项卡，然后，打开“间接照明（GI）”卷展栏，再关闭“GI”，以提高渲染速度，如图11-134所示。因为这里要测试太阳的位置，所以，不需要有GI计算。

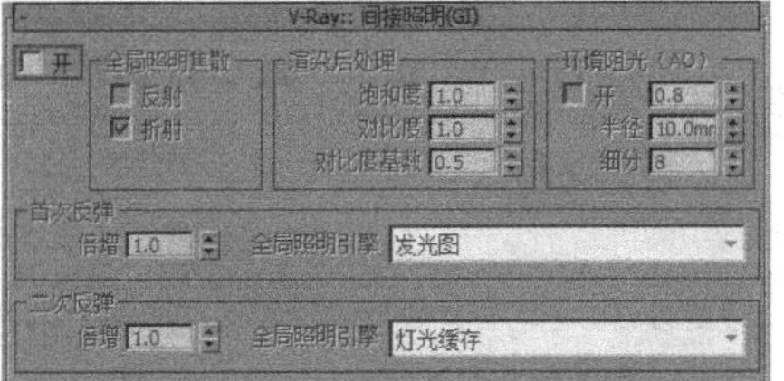

图11-134 关闭GI

04 切回到V-Ray卷展栏，打开“颜色贴图”卷展栏，然后，设置曝光模式的“类型”为“线性倍增”，再将“伽玛值”设置为“2.2”，最后，取消勾选“子像素映射”和“钳制输出”选项，其他的参数保持默认即可，具体参数设置如图11-135所示。

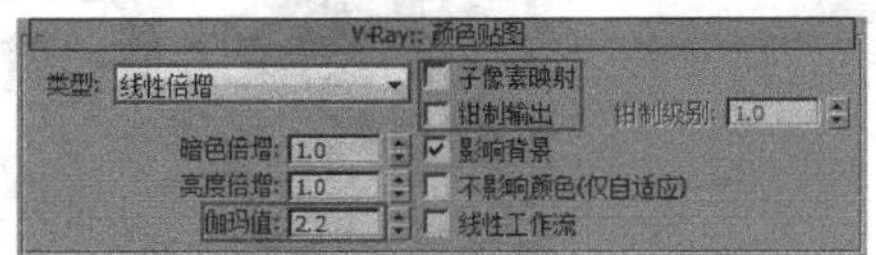

图11-135 设置“颜色贴图”

技巧与提示

这里有一点需要注意一下，可以把地毯毛发也隐藏，以提高渲染速度。

05 按F9键，进行渲染，渲染效果如图11-136所示。太阳位置所体现出来的时刻大约为上午11:00，已经达到表现的目的。

图11-136 渲染效果

11.5.4 灯光的优化

前面已经设置好太阳的照射角度等参数了，所以，接下来要对灯光进行进一步的细化。

1.创建“平面”灯光

01 在场景中的窗口位置放置一个VRay的“平面”灯，以此来模拟天光的效果，灯光在场景中的位置如图11-137所示。

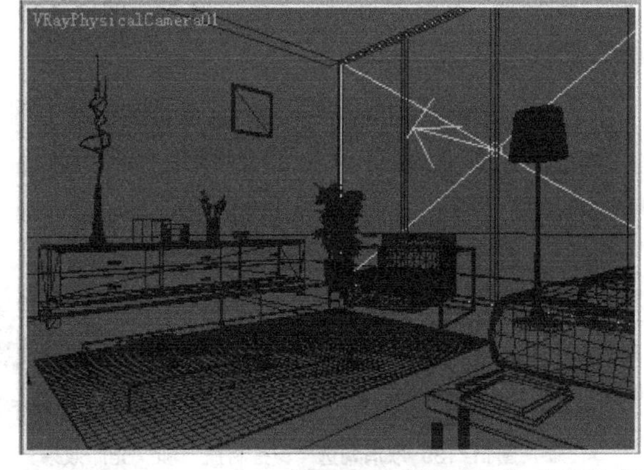

图11-137 创建VRay的“平面”灯

技巧与提示

其实，这里也有另外一种选择，就是用“VR天空”来模拟天光。VRay的“平面”灯和“VRay天空”的区别在于：

VRay“平面”灯的阴影质量好，速度相对较慢；“VR天空”的阴影质量比VRay“平面”灯的弱，但是，渲染速度相对较快。选择什么样的光，可根据自己的情况来定。本例中是为了追求效果，所以，选择了VRay“平面”灯。

02 选中上一步创建的灯光，设置“单位”为“辐射（W/m?/sr）”，然后，设置“倍增器”为“0.1”，接着，设置“模式”为“颜色”并设置其颜色为“（红:175，绿:222，蓝:255）”，调整“大小”至适当的尺寸，再勾选“不可见”选项，最后，设置“细分”为“25”，具体参数设置如图11-138所示。

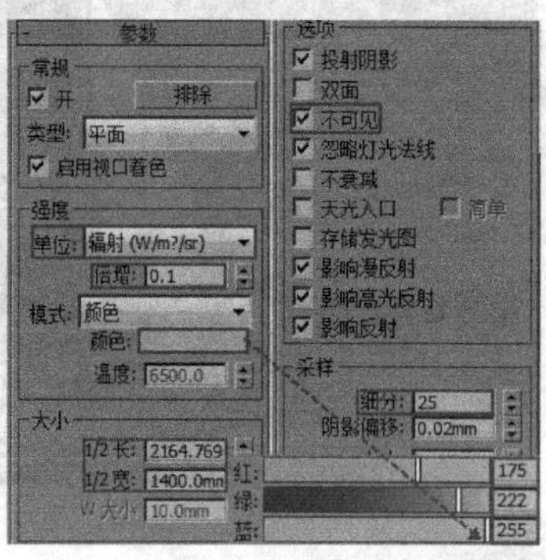

图11-138 VRay片光参数

技巧与提示

灯光的“细分”越大就越能避免场景中产生杂点，但是，渲染速度也会相对降低，所以，在通常情况下，灯光的“细分”都是在最后渲染效果图的时候进行设置的，测试过程中都可采用默认细分值，以达到最快的渲染效率。

03 接下来，对刚才的渲染参数进行修改，以观察场景中的灯光照明。取消对“覆盖材质”的勾选，而采用场景中物体自身的材质，再取消对“光泽效果”的勾选，以提高测试的渲染速度，如图11-139所示。

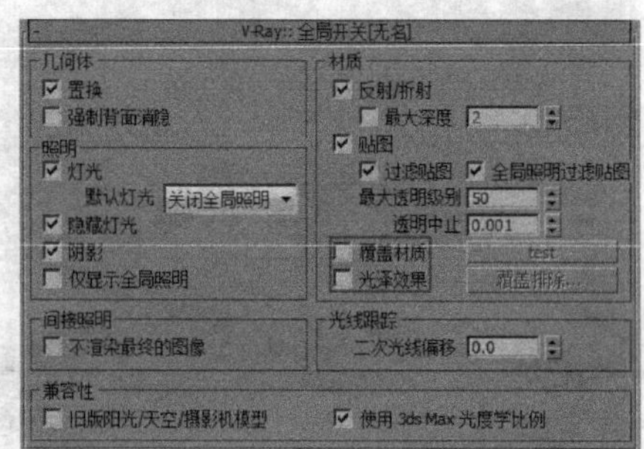

图11-139 取消勾选“覆盖材质”和“光泽效果”

04 切换到“间接照明”选项卡，然后，打开“间接照明（GI）”卷展栏，打开GI，接着，设置“首次反弹”选项组中的“全局照明引擎”为“发光图”，再设置“二次反弹”选项组中的“全局照明引擎”为“灯光缓存”，具体参数设置如图11-140所示。

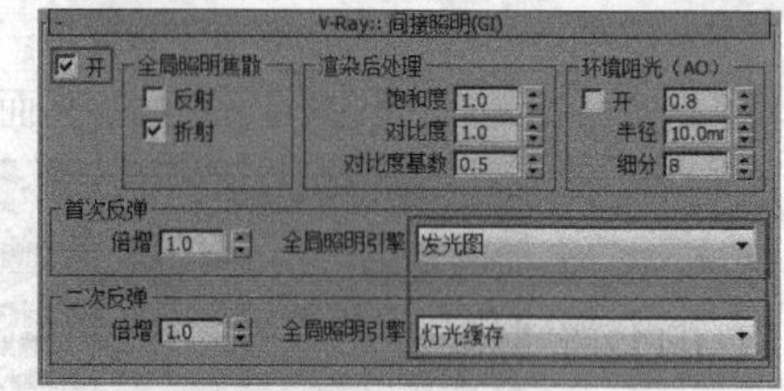

图11-140 设置“间接照明（GI）”

05 打开“发光图”卷展栏，然后，设置“当前预设”为“非常低”，再设置“半球细分”为“30”。其他参数和上一次的渲染参数一样即可，如图11-141所示。

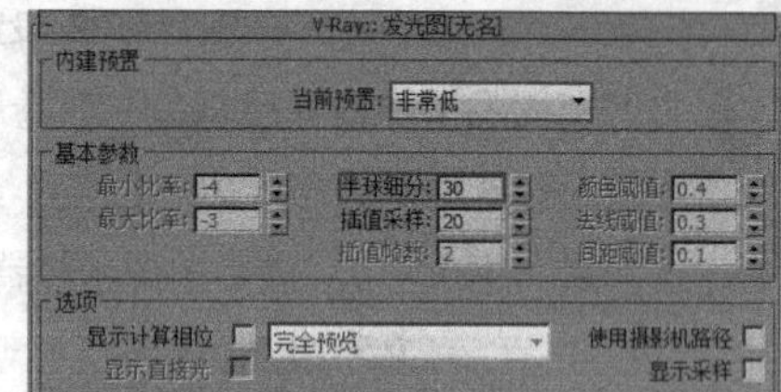

图11-141 设置“发光图”参数

06 打开“灯光缓存”卷展栏，然后，设置“细分”为“300”、“采样大小”为“0.02”，再设置“进程数”为“8”，具体参数设置如图11-142所示。

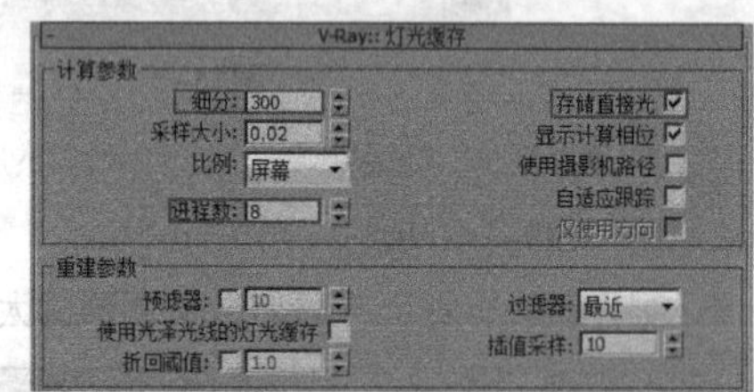

图11-142 “灯光缓存”的具体参数设置

技巧与提示

笔者将“进程数”设置为8，这是因为笔者的计算机为8线程处理器，这里的参数设置与多核处理器有关，处理器为多少，就将线程设置为多少，比如，若为4线程处理器，则设置为4。

07 设置完成后，我们对灯光进行测试渲染，其效果如图11-143所示。

图11-143 渲染效果

技巧与提示

在布置灯光的过程中，灯光的强度应通过多次测试和比较得到，这里省略了这些步骤，希望读者在练习过程中对测试有足够的耐心。

2.创建“穹顶”灯光

现在，来分析一下场景中的灯光。室内是用VRay“平面”灯来模拟天空效果，而室外却没有天空效果，所以，需要给地面加上一个灯，让室外同样也受到天空的照射。

01 在场景中创建一个VRay“穹顶”灯光，灯光的位置如图11-144所示。

图11-144 调整灯光的位置

02 选中上一步创建的灯光，其设置步骤如下，具体参数设置如图11-145所示。

①因为该灯光只对草地和走道产生照明，所以，单击“排除”按钮，在弹出的“排除/”对话框中，选择“包含”类型并选择“二者兼有”选项，然后，将“场景对象中”的“草地”“走道”转移到包含目录中，单击“确定”按钮。

②设置“单位”为“辐射（W/m?/sr）”，然后，设置“倍增器”为“0.2”，再设置“模式”为“颜色”并设置其颜色与VRay的“平面”光相同为“（红:175，绿:222，蓝:255）”，最后，勾选“不可见”选项。

③设置“细分”为“20”。

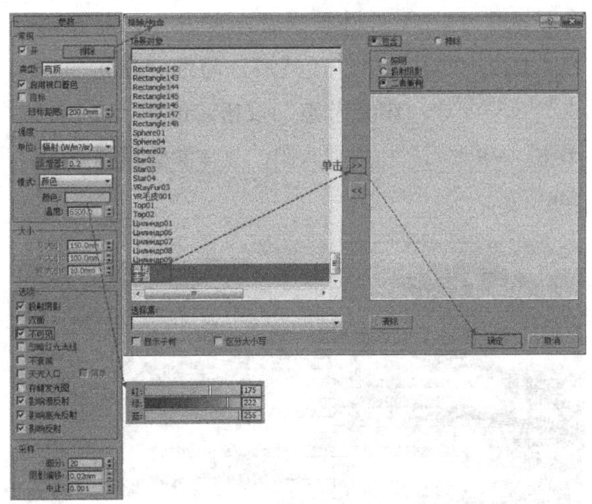

图11-145 设置灯光参数和要照明的物体

03 设置完成后，按F9键，测试渲染，效果如图11-146所示，可以看到草地和走道比刚才的明亮了一些，这就达到要求了。

图11-146 渲染效果

3.创建“VR天空”

现在，需要进一步调整参数，使反射的内容更丰富，比如，可以添加天空。

01 按F8键，打开“环境和效果”对话框，然后，在“环境贴图”通道中添加一张“VR天空”贴图，接着，将贴图通道的“VRay天空”拖曳到任一材质球上，具体设置如图11-147所示。

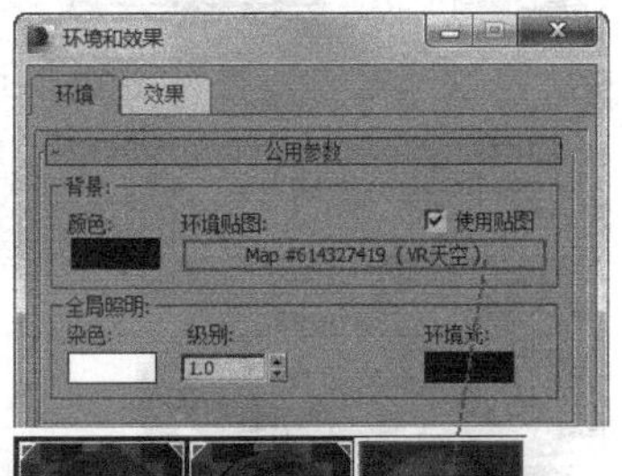

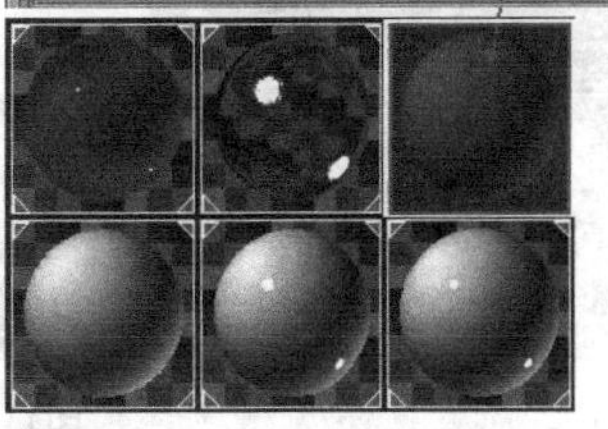

图11-147 创建“VRay天空”材质球

02 选中上一步的材质球后，可发现该材质球已经生成为“VR天空”，然后，勾选“指定阳光节点”，再单击“阳光节点”按钮，最后，在场景中单击“VR太阳”，拾取太阳，具体参数设置如图11-148所示。

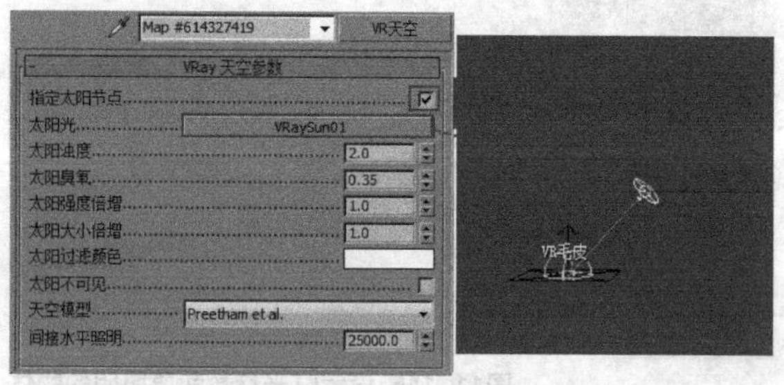

图11-148 设置“VRay天空”参数

03 当把“VR天空”放到环境面板里以后，它是会起照明作用的，但现在不需要它的照明效果，所以，要用一点技巧来设置一下。按F10键，打开“渲染设置”对话框，然后，在“环境”卷展栏中进行如下设置，具体参数设置如图11-149所示。

①在“环境”卷展栏中打开天空以后，3ds Max环境里放置的“VR天空”就不会起照明作用了，所以，这时候，“将环境”里的天空的亮度设置为“0”，这样，“环境”里的天空便不起照明作用了。

②为了让反射和折射的内容更丰富和更逼真，分别拖曳“材质编辑器”中的“VR天空”材质球到它们的贴图通道中，为它们加上“VR天空”，以模拟环境的反射内容。

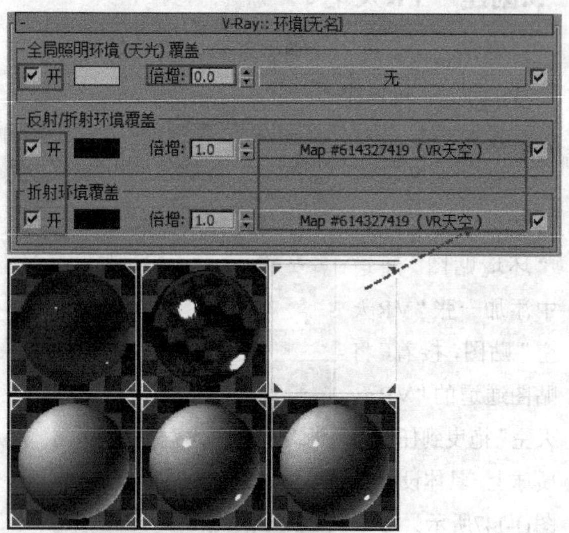

图11-149 设置“环境”参数

04 完成设置后，对场景进行测试渲染，效果如图11-150所示。

图11-150 渲染效果

11.6 最终渲染参数的设定

在上述的测试渲染中，大体效果已经得到了确定。因为前面已经设置好灯光的细分值，所以，下面只需要提高渲染参数来完成最后的渲染。

01 按F10键，打开“渲染设置”对话框，然后，在“公用”选项卡中设置成图的“输出大小”为“2000×1248”，如图11-151所示。

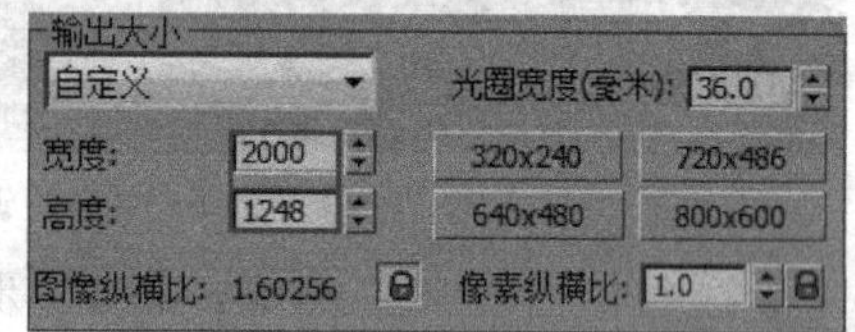

图11-151 设置渲染图像的输出大小

02 切换到V-Ray选项卡，打开“全局开关”卷展栏中，然后，勾选“光泽效果”选项，如图11-152所示。

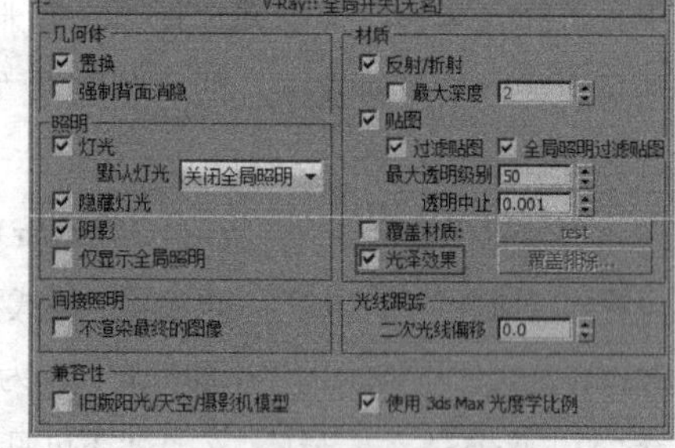

图11-152 设置“全局开关”

03 打开“图像采样器（反锯齿）”卷展栏，然后，设置图形采样器的“类型”为“自适应确定性蒙特卡洛”，接着，打开“抗锯齿过滤器”并设置其类型为“Mitchell-Netravali”，再打开“自适应DMC采样器”

卷展栏，将“最小细分”和“最大细分”的值分别设定为“1”和“4”，具体参数设置如图11-153所示。

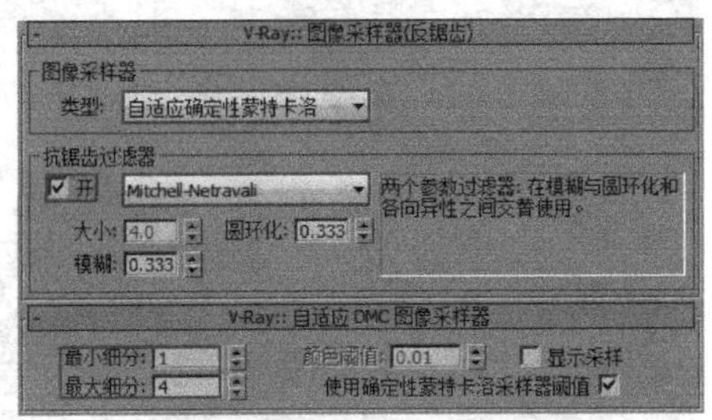

图11-153 设置图样采样参数

技巧与提示

选用“自适应DMC（自适应确定性蒙特卡洛）”方式的采样器，是为了得到一个比较好的抗锯齿效果。在“抗锯齿过滤器”里选择“Mitchell-Netravali”，也是为了得到一个比较好的效果。

04 切换到“间接照明”选项卡，然后，打开“发光图”卷展栏，接着，设置“当前预置”为“中”，再设置“半球细分”值为“50”，最后，设置“插值采样”为“20”，具体参数如图11-154所示。

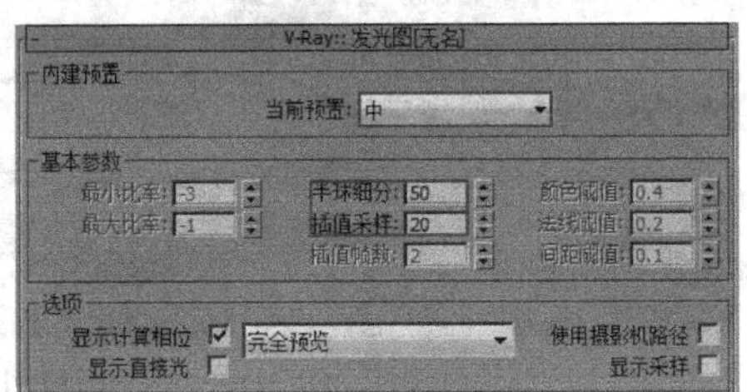

图11-154 设置“发光图”参数

技巧与提示

因为在测试阶段已经设置好了“首次反弹”和“二次反弹”的“全局照明引擎”类型，所以，此处就不特别说明了。

05 打开“灯光缓冲”卷展栏，下面，具体讲解一下“灯光缓冲”参数，其设置步骤如下，具体参数设置如图11-155所示。

①这里的“细分”值设置为“1200”，效果图中的“灯光缓冲”细分一般设置为1000～1500比较合适。制作动画时，由于是多角度的计算，因为，需要更多的“灯光缓冲”样本，一般，要将其设置在2500以上。

②将采样大小设置为“0.02”，目的是使样本的精度更高；保持勾选“存储直接光”选项，以使渲染速度更快。如果在灯比较多的情况下，如晚上的效果表现，就需要把“存储直接光”勾选上，这样，渲染速度会比较快，但阴影的质量相对比较差。

③设置“进程数”值为“8”，前面已经提到过，这是因为笔者的计算机是8线程的CPU，如果读者的计算机是单线程的，那么，就将其设定为“1”；如果是双线程CPU，就设定为“2”。

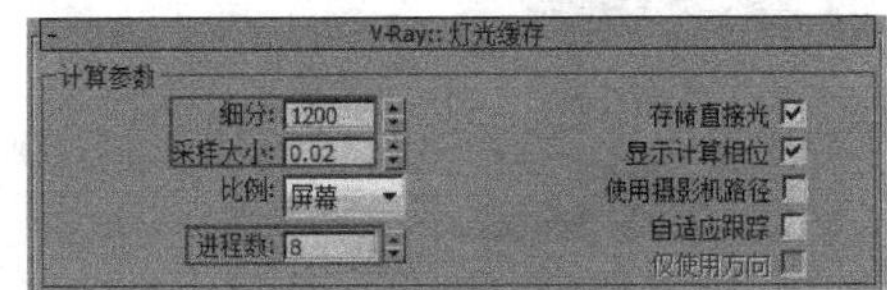

图11-155 设置“灯光缓冲”参数

06 在“环境”卷展栏中保持刚才测试的参数即可，切换到“设置”选项卡，然后，打开“DMC采样器”卷展栏，设置“适应数量”为“0.8”、“最小采样值”为“20”、“噪波阈值”为“0.006”，其目的是得到一个较高的质量，并且，渲染速度也不会太慢，具体参数设置如图11-156所示。

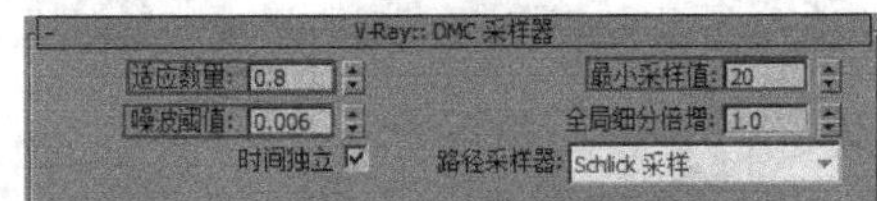

图11-156 设置“DMC采样器”参数

07 其他参数保持测试渲染的参数即可，接下来，就可以渲染出图了，经过渲染，最后的成图效果如图11-157所示。

图11-157 最终渲染效果

11.7 Photoshop后期处理

完成渲染以后，要用Photoshop软件来对渲染图做后期的处理，使渲染图的效果更加逼真和细致。

01 在Photoshop里打开渲染的成图，观察和分析渲染的成图后，发现图像偏暗，所以，复制背景图层，按Ctrl+M组合键，打开“曲线”对话框，然后，调整其亮度，如图11-158所示。

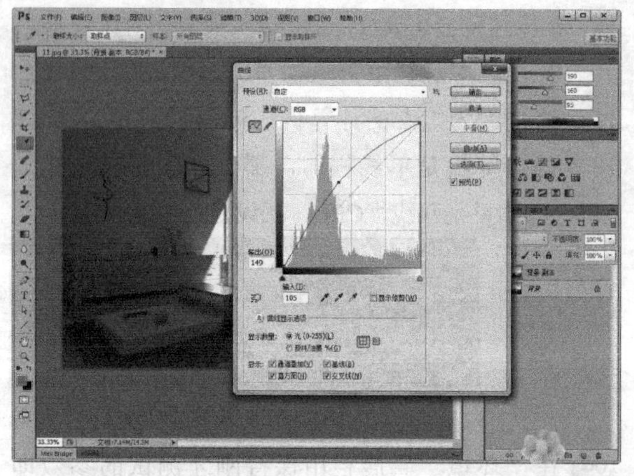

图11-158 增加亮度

02 因为图像略偏黄，所以，执行“图像>调整>照片滤镜”菜单命令，为其添加一个“冷却滤镜”，如图11-159所示。

图11-159 添加冷却滤镜

03 执行“图像>调整>亮度对比度”菜单命令，调整渲染图像的对比度，如图11-160所示。初步调完的效果如图11-161所示。

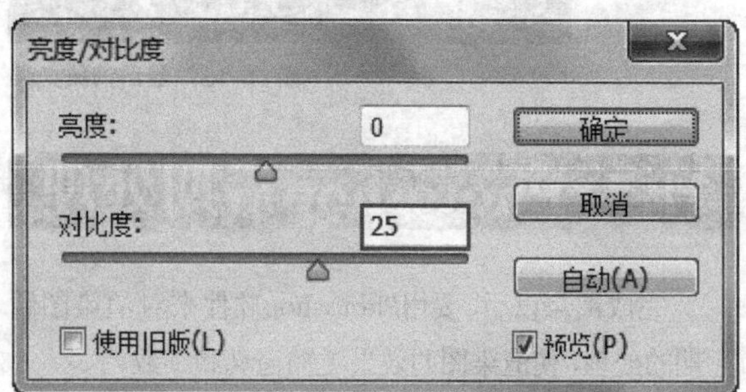

图11-160 调整对比度

图11-161 初步调整后的效果

04 下面，需要添加一张比较合理的外景图片，希望读者平时多收集比较好的照片。这里用一张和本场景比较匹配的照片，用Photoshop将其打开，如图11-162所示。

图11-162 外景图片

05 把渲染图里的天空部分删除，然后，放入准备好的外景图片并调整其大小和角度，如图11-163所示。

图11-163 放入外景图片

06 现在的外景图片的角度比较合适，但亮度还不够，需要调整，调整后的效果如图11-164所示。

图11-164 调整外景图片的亮度

07 现在，要将外景和草坪处理得更融合些，可以用Photoshop里的橡皮擦工具来进行处理，最后的效果如图11-165所示。

图11-165 调整外景和草坪的融合

08 最后，给效果图添加一个“照片滤镜”并调节其亮度，最终效果如图11-166所示。

图11-166 本案例最终效果

到此，本章的内容就算结束了！希望广大读者把书里的内容和配套“下载资源”结合起来看并认真思考，总结出自己的心得和体会，以方便以后的工作。

11.8 本章小结

本章主要是用一个比较简单的场景来介绍模型、材质、灯光、渲染、后期制作的流程，使广大读者对作图流程有一个初步的了解和全局性的认识。本章也涉及了很多VRay技术，以及笔者作图的经验之谈，希望这些内容能够对读者朋友的工作有所帮助。

课后习题

简约风格餐厅

案例位置	案例文件>第11章>课后习题：简约风格餐厅
视频位置	多媒体教学>第11章>课后习题：简约风格餐厅.flv
难易指数	★★★★☆
学习目标	进一步熟悉效果图制作的流程和思路，学习柔和日光效果的布光方法

本场景是一个简约风格的餐厅，为了表现出餐厅温馨的用餐环境，可采用柔和日光效果。可通过窗帘来过滤强烈的日光，使进入餐厅的日光柔和、温暖，以表现出舒适、温馨的感觉，其最终效果如图11-167所示。

图11-167　最终效果

第12章

商业案例实训2——简欧风格卧室

在现代家装设计中，欧式装修风格的运用越来越普遍，如大型别墅空间的奢华欧式设计、中小户型的现代简欧设计。从效果图的制作层面来看，奢华欧式效果图的制作难度比较高，因为建模的难度很大，而且，场景一般都比较大，对计算机配置和制作人员的要求都不低。简欧风格的效果图相对简单一些，简欧风格主要是对一些欧式线条和造型的运用，家具的造型也不会太夸张，所以，建模和渲染都较容易实现。本章将以一个简欧风格的卧室为例，向读者介绍卧室空间的表现技法，其重点在于常见材质的做法及灯光的布置。

课堂学习目标

掌握“VRay物理摄影机”的使用方法

用VRayMtl制作天花、墙面、地毯、水晶等材质

用VRay的“平面”灯光模拟室外天光

用VRay的“球体”灯光模拟台灯效果

用“VRay太阳”模拟阳光照射效果

合理设置渲染输出的参数

灵活运用后期处理优化效果图

12.1 案例介绍

本场景是一个现代简欧风格的卧室，空间陈设比较简洁，没有多余的东西，色调以白色为主，看起来高贵但不奢华，所以，可用清爽的灯光效果来进行表现，以突出简单、高贵的气质，案例效果如图12-1所示。对于复杂的欧式设计且重色所占面积较多的空间，可以用明暗对比较强烈的夜景效果来进行表现，因为灯光可以加强空间的奢华感。

图12-1 案例效果

12.2 创建摄影机及检查模型

在前面的案例中，我们在处理一个场景之前都会对其进行测试，所以，这里也不例外，先要做的就是创建摄影机及测试模型。

12.2.1 创建摄影机

01 打开“下载资源”文件夹中的初始文件，如图12-2所示。

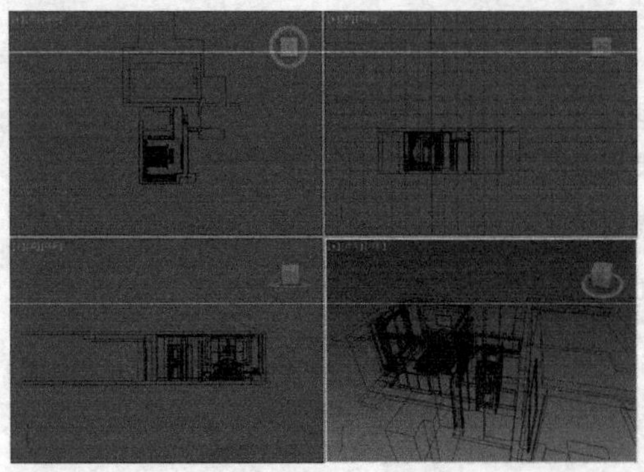

图12-2 打开初始文件

02 在顶视图中创建一个“VR物理摄影机”，然后，调整摄影机的焦距和位置，使摄影机有一个较好的观察范围，其位置如图12-3所示。

图12-3 创建摄影机

03 在修改器面板中设置“VR物理摄影机”的参数，如图12-4所示。

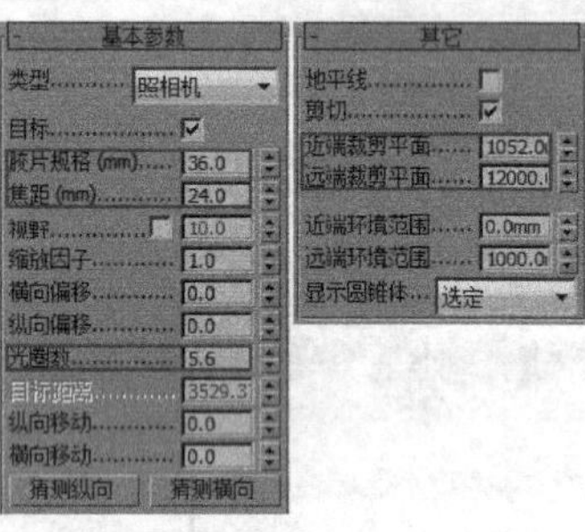

图12-4 设置参数

04 按C键，切换到摄影机视图，如图12-5所示。

图12-5 摄影机视图效果

12.2.2 检查模型

01 按F10键，打开“渲染设置”对话框，在“公用”选项卡下设置图像输出的“宽度”为“600”、“高度”为“450”，如图12-6所示。

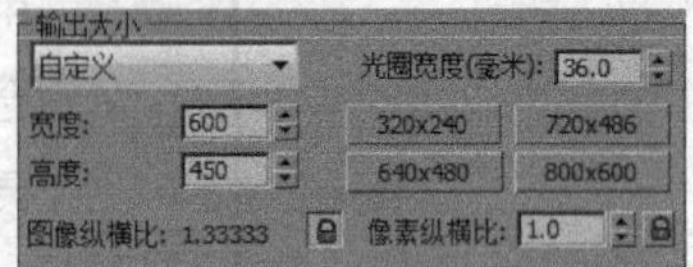

图12-6 设置“输出大小”

02 切换到V-Ray选项卡，然后，在“全局开关”卷展栏中设置“默认灯光”为“关”，接着，勾选“覆盖材质”及“光泽效果”选项，再设置“二次光线偏移”为“0.001”，最后，拖动一个测试材质（test）到“覆盖材质”的材质通道中，如图12-7所示。

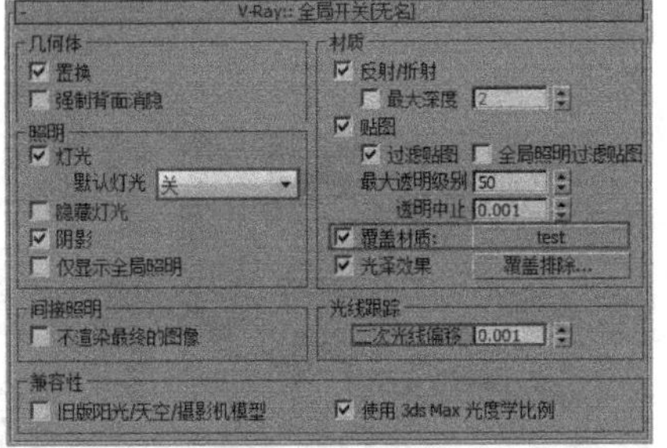

图12-7 设置“全局开关”的参数

技巧与提示

test材质的参数已经在第11章中介绍过了，这里就不再赘述了。

03 打开“图像采样器（反锯齿）”卷展栏，然后，设置“图像采样器”的类型为“固定”采样，再关闭“抗锯齿过滤器”开关，如图12-8所示。

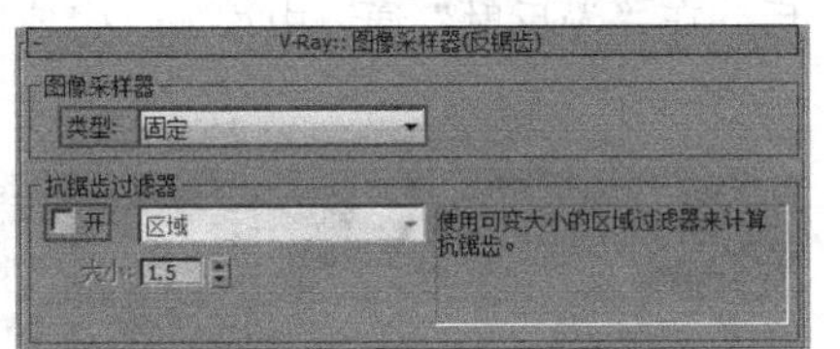

图12-8 设置“图像采样器”的参数

04 在“颜色贴图”卷展栏中设置曝光类型为“莱茵哈德”，然后，勾选“子像素映射”选项，接着，设置“伽玛值”为“2.2”（这里就相当于使用了线性工作流），如图12-9所示。

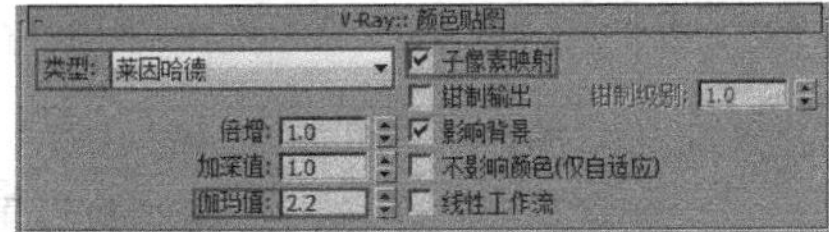

图12-9 设置“颜色贴图”参数

05 切换至“间接照明”选项卡，然后，在“间接照明（GI）”卷展栏中设置“首次反弹”的“全局照明引擎”为“发光图”，接着，设置“二次反弹”的“全局照明引擎”为“灯光缓存”，如图12-10所示。

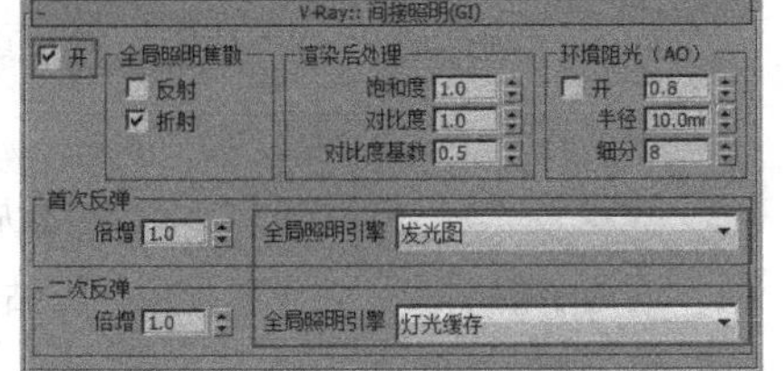

图12-10 设置“间接照明（GI）”参数

06 在“发光图”卷展栏中设置当前预置参数为“非常低”，然后，设置“半球细分”为“20”，如图12-11所示。

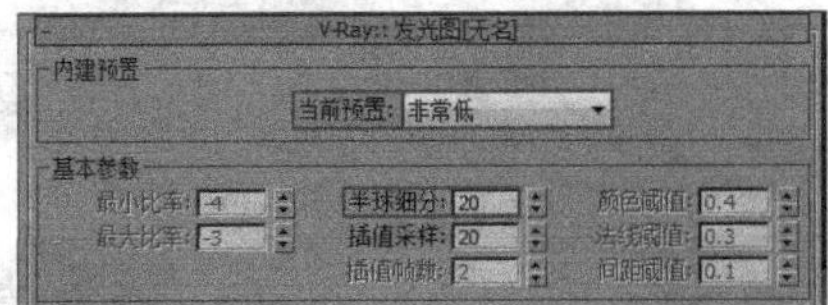

图12-11 设置“发光图”参数

07 在“灯光缓存”卷展栏中设置“细分”为“100”，然后，设置“预滤器”为“20”，如图12-12所示。

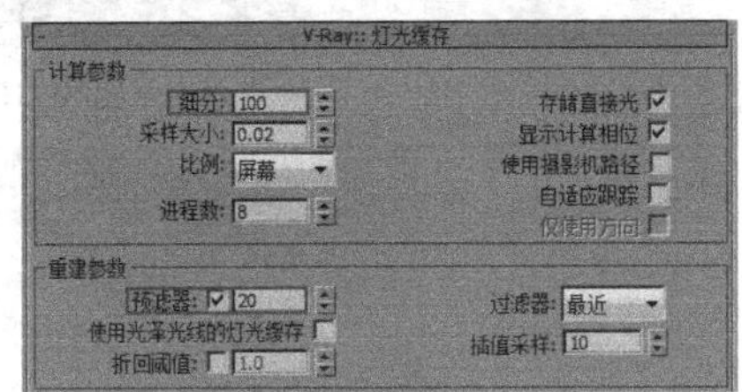

图12-12 设置“灯光缓存”参数

08 在窗口处创建一盏VRay的“平面”灯光，用于模拟窗户采光，位置如图12-13所示。

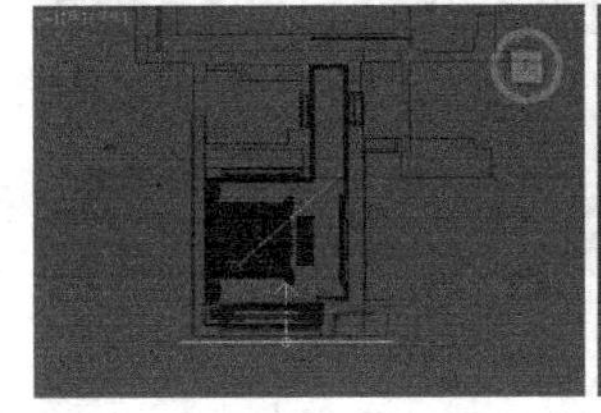

图12-13 创建照明光源

09 选中上一步创建的灯光，然后，在修改面板中设置灯光颜色为“（红:166，绿:187，蓝:255）”，接着，设置灯光“倍增”为“30”，再勾选“不可见”选项并取消勾选“影响反射”选项，最后，设置“细分”为“12”，如图12-14所示。

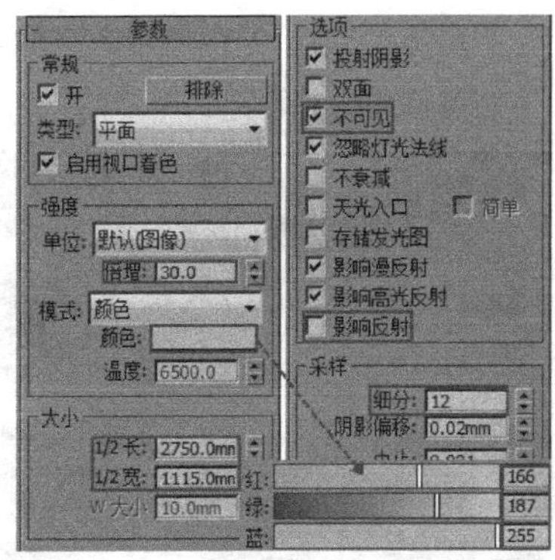

图12-14 设置灯光参数

10 选中玻璃模型，然后，将其隐藏，如图12-15所示。再按F9键，进行测试渲染，效果如图12-16所示。从效果来看，整个场景的模型没有出现问题，接下来，开始对场景的材质进行制作（千万不要忘记取消隐藏）。

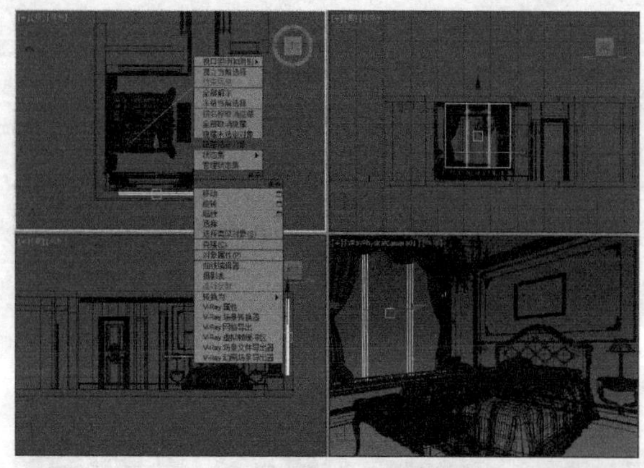

图12-15 隐藏玻璃模型

图12-16 测试效果

技巧与提示

读者可以思考一下，为什么这里需要隐藏玻璃模型？有兴趣的读者可以实验一下。

12.3 制作场景中的材质

为了便于讲解，这里对最终效果图上的材质进行了编号，如图12-17所示。下面，根据图上的标识号来对材质进行设定。

图12-17 材质编号

12.3.1 天花材质

在“材质编辑器中”新建一个VRayMtl材质球，然后，设置“漫反射”颜色为“（红:184，绿:184，蓝:184）”，其他参数保持默认即可，其参数设置如图12-18所示。材质球效果如图12-19所示。

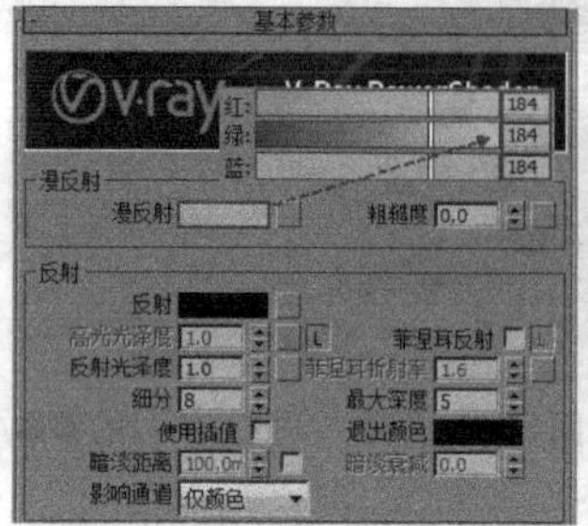

图12-18 参数设置

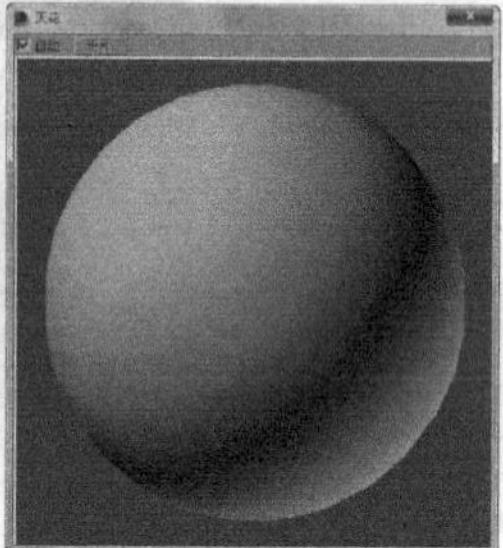

图12-19 材质球效果

12.3.2 地毯材质

01 在材质编辑器中新建一个VRayMtl材质球，然后，在“漫反射”通道中添加一张地毯贴图，如图12-20所示。

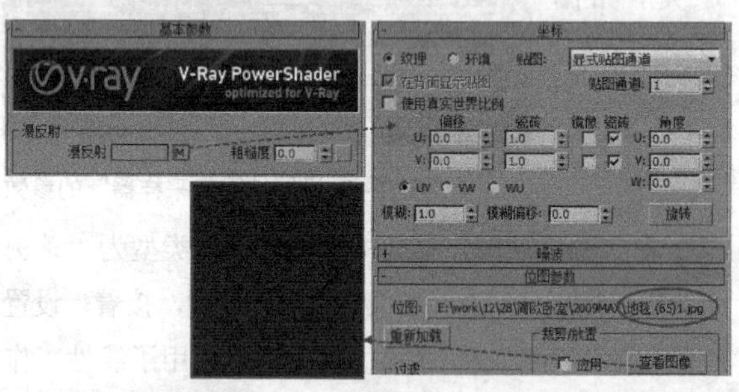

图12-20 设置“漫反射”参数

02 打开“贴图”卷展栏，在“凹凸”通道中加载一张“混合”程序贴图，具体参数设置如图12-21所示。材质球效果如图12-22所示。

设置步骤

①在“颜色#1”的“贴图”通道中加载一张地毯贴图。

②在“颜色#2”的“贴图”通道中加载一张灰度贴图，设置其“模糊”为“0.1”.

③设置“混合量”为“85”，然后，将“颜色#1”通道中的贴图拖到“混合量”的贴图通道中。

④设置“凹凸”强度为“50”。

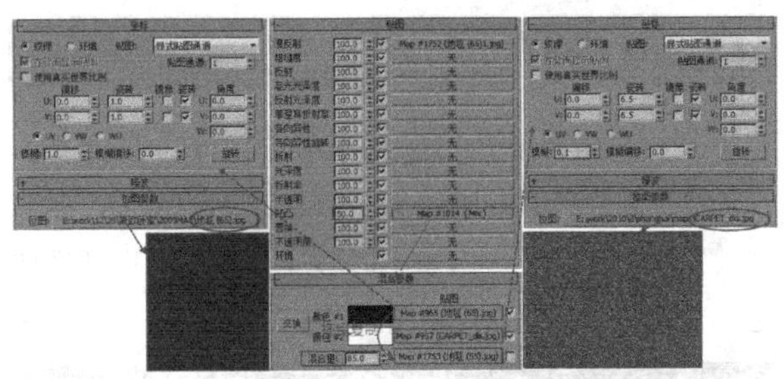

图12-21 设置“凹凸”参数

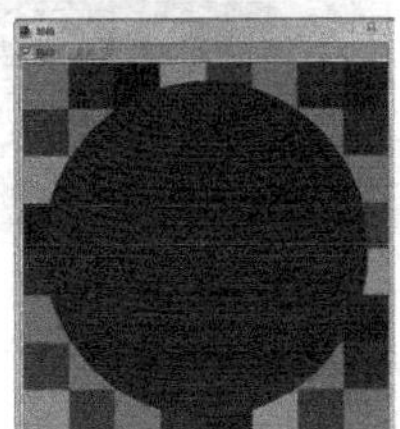

图12-22 材质球效果

12.3.3 墙面材质

本例的墙面材质为一种印花墙纸材质，表面很光滑，反射不强。

01 在“材质编辑器中”新建一个“混合”材质球，在弹出的对话框中选择“丢弃旧材质”，如图12-23所示。

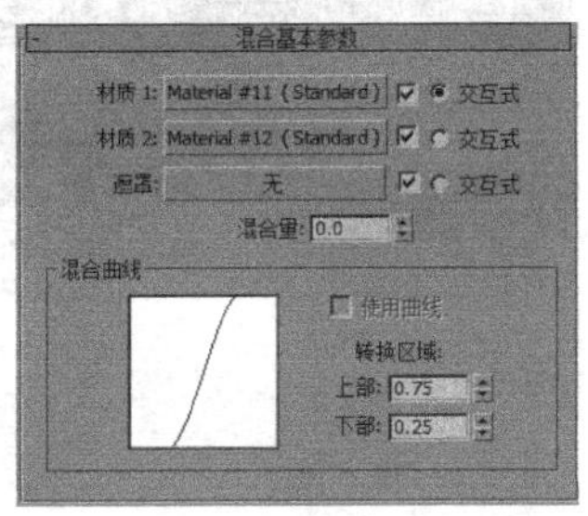

图12-23 创建“混合”材质

02 在“材质1”的材质通道中加载一个VRayMtl，然后，打开“贴图”卷展栏，接着，在“漫反射”的通道中加载一张墙纸贴图，再把“漫反射”通道中的贴图拖曳复制到“凹凸”通道中，最后，设置“凹凸”的强度为“10”，如图12-24所示。

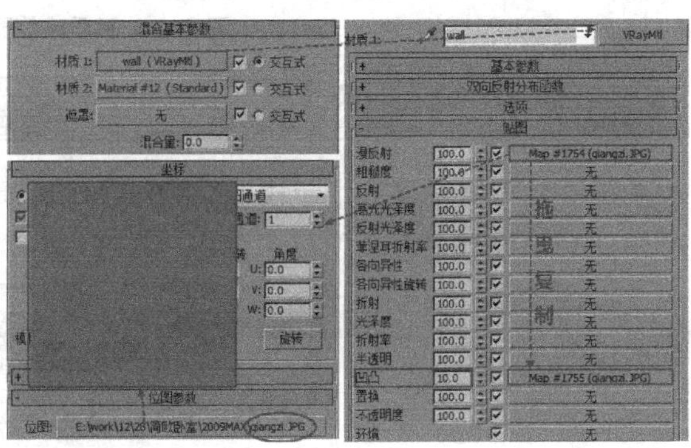

图12-24 设置“材质1”的参数

03 在“材质2”的材质通道中加载一个VRayMtl，然后，打开“贴图”卷展栏，接着，在“漫反射”通道中加载一张墙纸贴图，再在“凹凸”通道中添加一张凹凸贴图，最后，设置“凹凸”强度为“35”，如图12-25所示。

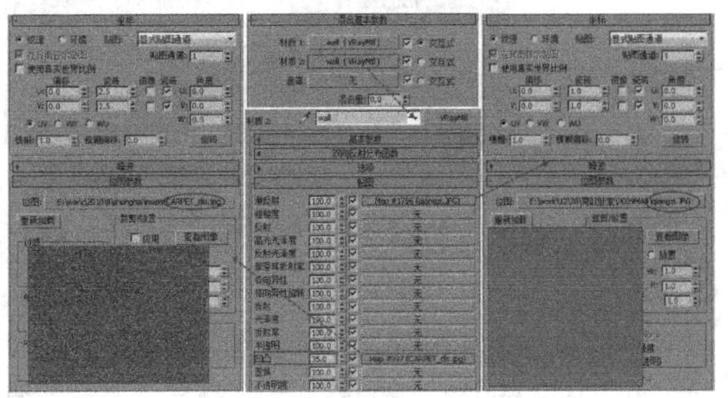

图12-25 设置“材质2”的参数

04 在“遮罩”的通道中加载一张黑白的通道贴图，如图12-26所示。其材质球效果如图12-27所示。

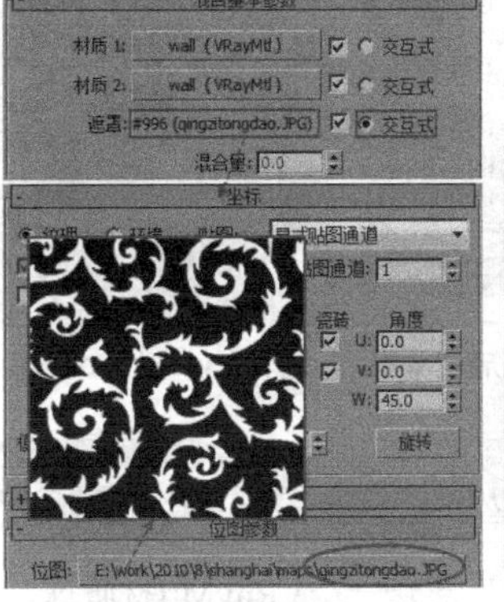

图12-26 设置“遮罩”参数

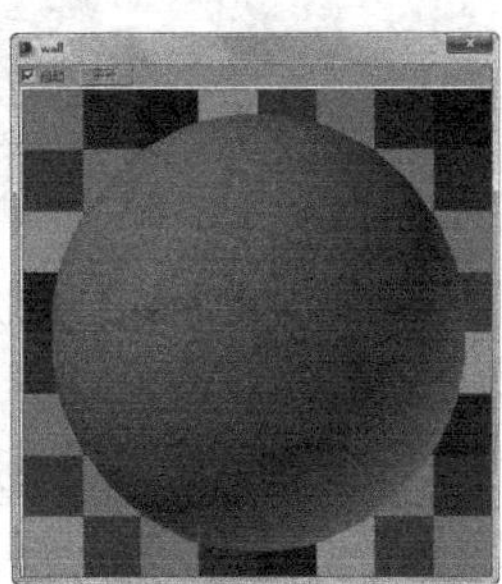

图12-27 材质球效果

12.3.4 水晶材质

场景中吊灯上的吊坠是一种水晶，水晶材质跟玻璃类似，透光性很强，对光的折射也很大。下面，根据这些特点来设置其材质。

01 在“材质编辑器”中新建一个VRayMtl材质球，然后，设置“漫反射”颜色为“（红:0，绿:0，蓝:0）”，如图12-28所示。

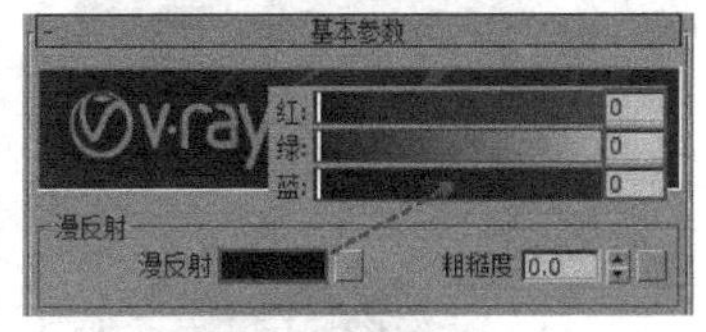

图12-28 设置“漫反射”参数

02 设置“反射”颜色为“（红:255，绿:255，蓝:255）”，然后，设置“高光光泽度”为“0.9”，接着，勾选“菲涅耳反射”选项，再设置“菲涅耳折射率”为“2.4”，最后，设置“最大深度”为“6”，如图12-29所示。

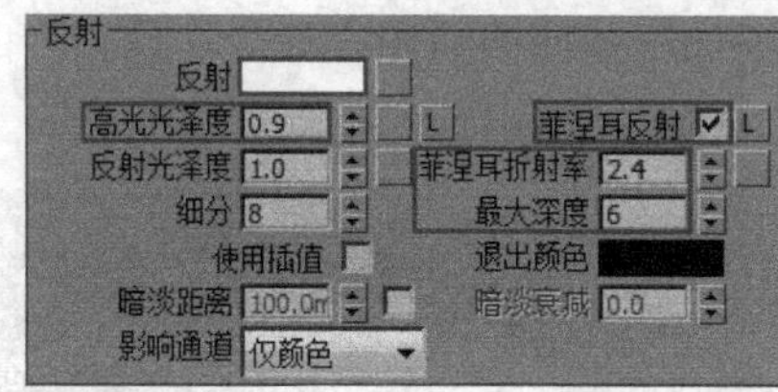

图12-29 设置“反射”参数

03 设置“折射”的颜色为“（红:255，绿:255，蓝:255）”，然后，勾选“影响阴影”选项，接着，设置“折射率”为“2.4”，再设置“烟雾颜色”为“（红:235，绿:243，蓝:255）”，最后，设置“烟雾倍增”为“0.01”、“最大深度”为“6”，如图12-30所示，材质球效果如图12-31所示。

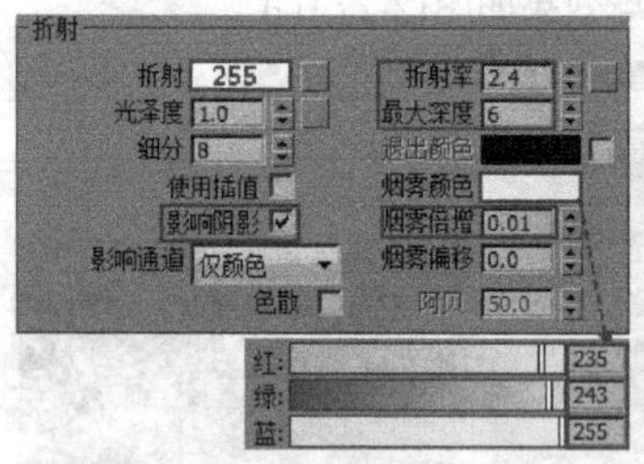

图12-30 设置“折射”参数

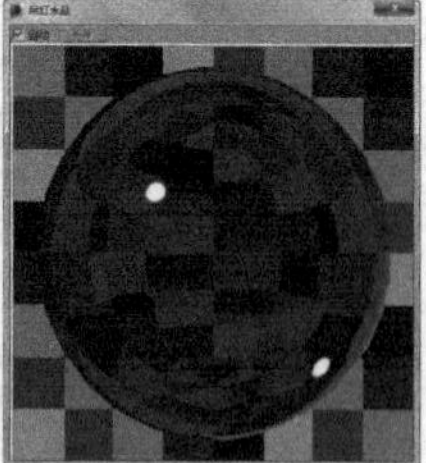

图12-31 材质球效果

12.3.5 金属材质

在“材质编辑器中”新建一个VRayMtl材质球，然后，设置“漫反射”颜色为“（红:14，绿:14，蓝:14）”，接着，设置“反射”颜色值为“（红:149，绿:93，蓝:43）”，再设置“高光光泽度”为“0.7”、“反射光泽度”为“0.8”、“细分”为“20”，如图12-32所示。材质球效果如图12-33所示。

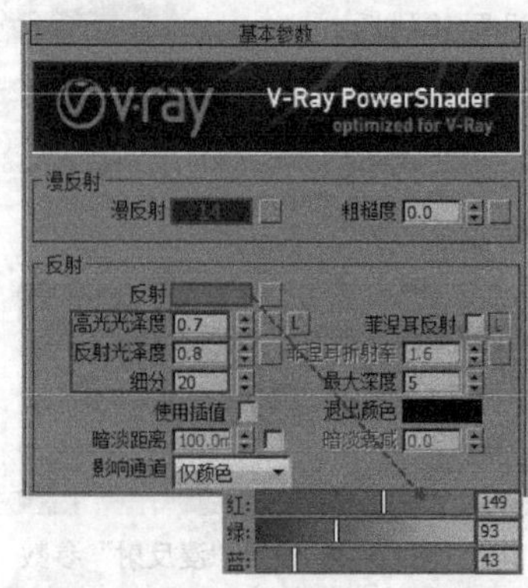

图12-32 设置参数

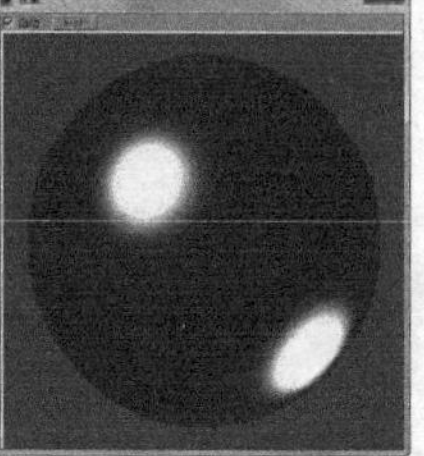

图12-33 材质球效果

12.3.6 绒布材质

01 在材质编辑器中新建一个VRayMtl材质球，然后，在“漫反射”通道中加载一张“衰减”程序贴图，再在“前”通道中加载一张浅色布纹贴图，接着，在“侧”通道中加载一张深色布纹贴图，如图12-34所示。

图12-34 设置“漫反射”参数

02 打开“贴图”卷展栏，在“凹凸”通道中加载一张凹凸贴图，为了增加贴图的清晰度，设置贴图的“模糊”值为“0.25”，然后，设置“凹凸”强度为“80”，如图12-35所示。材质球效果如图12-36所示。

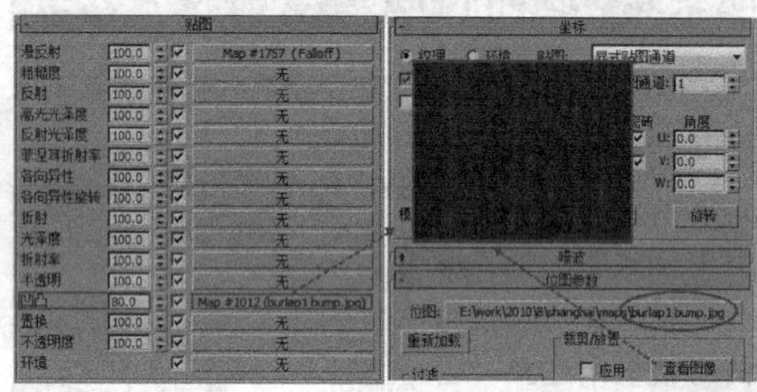

图12-35 设置“凹凸”参数

图12-36 材质球效果

12.3.7 灯罩材质

01 在“材质编辑器”中新建一个VRayMtl材质球，然后，设置“漫反射”颜色为“（红:242，绿:242，蓝:242）”，如图12-37所示。

图12-37 设置“漫反射”参数

02 在“折射”通道中添加“衰减”程序贴图，把衰减的“前”通道颜色设置为“（红：201，绿：201，蓝：201）”，把“侧”通道的颜色设置为“（红：0，绿：0，蓝：0）”；调整“光泽度”为“0.8”，勾选“影响阴影”选项，设置“折射率”为1.01，如图12-38所示。材质球效果如图12-39所示。

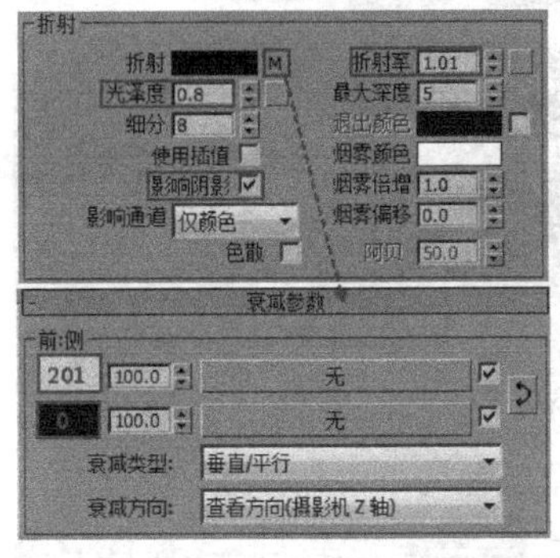

图12-38 设置“折射”参数

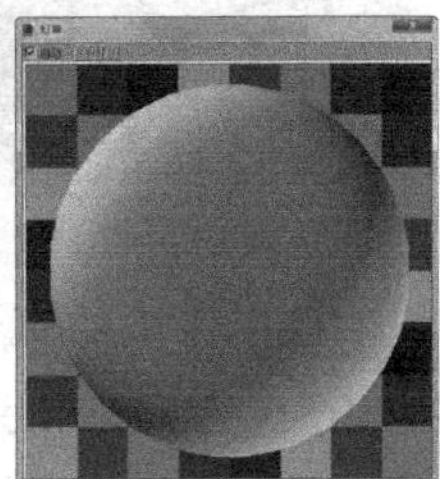

图12-39 材质球效果

12.3.8 油画材质

01 在“材质编辑器”中新建一个VRayMtl材质球，然后，在“漫反射”通道中加载一张油画贴图，接着，设置“反射”颜色值为“（红:10，绿:10，蓝:10）”，再设置“高光光泽度”为“0.55”、“反射光泽度”设为“0.65”、“细分”为“12”，如图12-40所示。

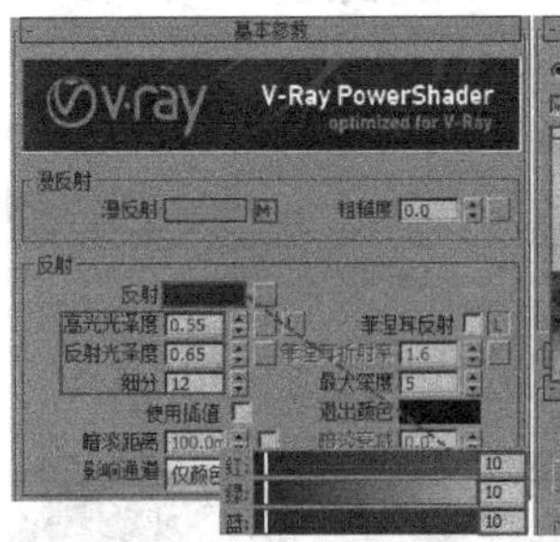

图12-40 设置“基本参数”

02 打开“贴图”卷展栏，把“漫反射”通道中的贴图拖曳复制到“凹凸”通道中，然后，设置“凹凸”强度为“20”，如图12-41所示。材质球效果如图12-42所示。

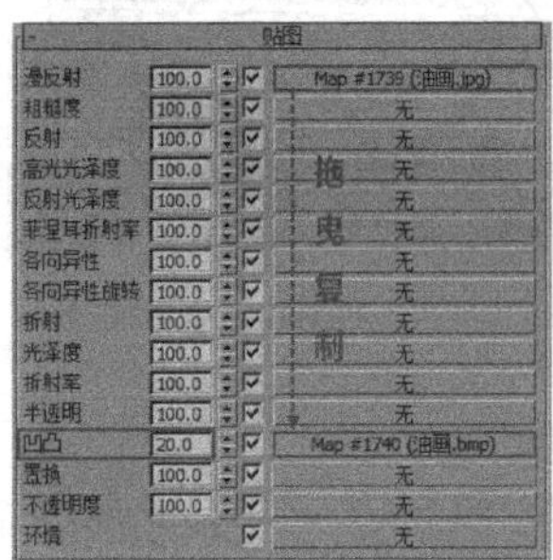

图12-41 设置“贴图”参数

图12-42 材质球效果

12.4 布置灯光

本场景的空间面积不大，但设计比较精致，为了表现一种清爽、高贵的气氛，这里采用纯自然光来进行照明，营造出一种柔和的日光效果。

12.4.1 设置测试参数

前面已经提到过，渲染参数可以用于灯光测试，合理地设置渲染参数可以使测试速度加快，以提高效率。

按F10键，打开“渲染设置”对话框，在“全局开关”卷展栏中设置“默认灯光”为关，取消勾选“覆盖材质”和“光泽效果”选项，其他参数保持不变，如图12-43所示。其他卷展栏的参数保持“检查模型”时的设置即可。

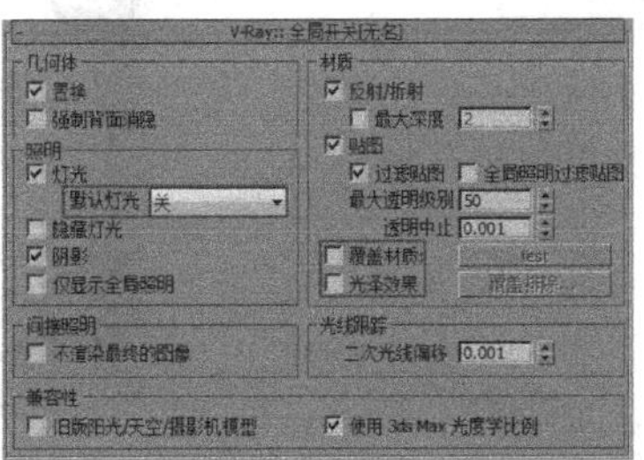

图12-43 取消勾选“覆盖材质”选项

技巧与提示

这里千万别忘了取消对窗玻璃的隐藏。

12.4.2 窗户外景的设定

在前一个案例中，通过后期处理对其添加了外景，这种方法对Photoshop的操作有一定的要求，而且，不好把握精准度，所以，也可以在场景中添加一个外景材质模型。

01 在顶视图中建立一个弧形面片，将其作为外景模型，效果如图12-44所示。

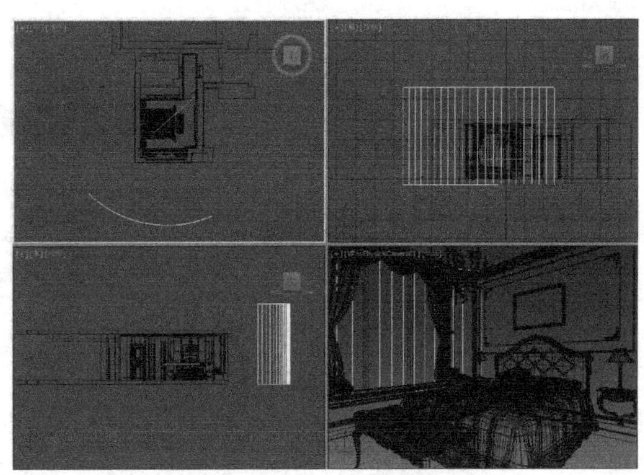

图12-44 创建外景模型

02 在“材质编辑器”中新建一个“VR灯光材质”材质球，然后，设置“颜色”强度为“11”，接着，在颜色通道中添加一张外景贴图，最后，勾选“背面发光”选项，如图12-45所示。材质球效果如图12-46所示。

图12-45 设置参数

图12-46 材质球效果

12.4.3 设置灯光

在布置场景灯光之前，一定要删除在“检查模型”时创建的照明灯光，如果不删除，它会对灯光布置产生很大的误导。

1.模拟天光

01 在“创建”面板中选择“VR灯光”，然后，在场景中的窗户处创建一盏VRay的“平面”灯光，将其作为本场景的天光照明，位置如图12-47和图12-48所示。

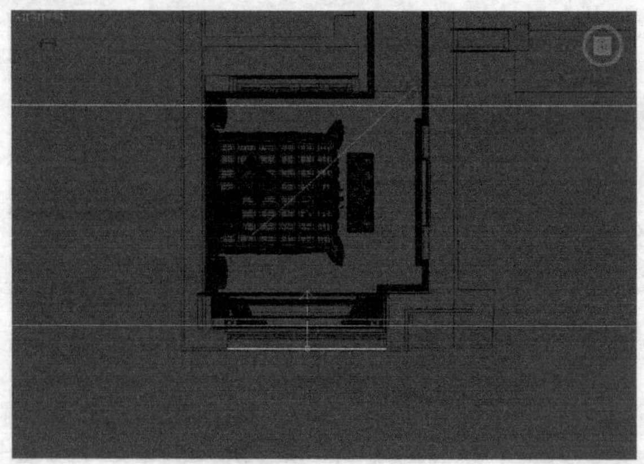

图12-47 灯光在顶视图的位置

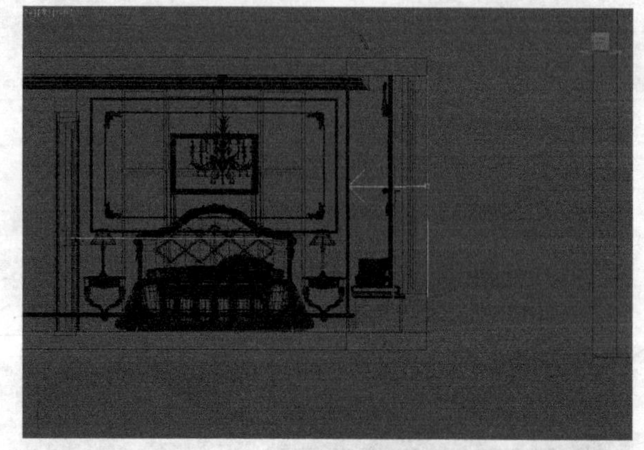

图12-48 灯光在左视图的位置

02 选中创建的灯光，然后，设置“倍增器”为“50”，接着，设置颜色为“（红:168，绿:188，蓝:255）”，再调整“大小”为合适尺寸，最后，勾选“不可见”选项并取消勾选“影响反射”选项，如图12-49所示。

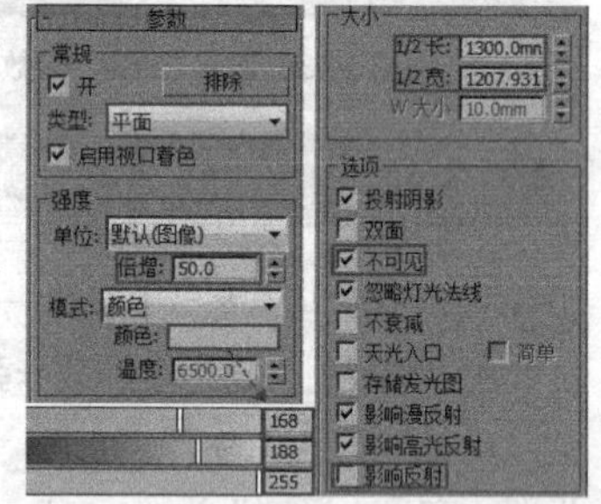

图12-49 设置参数

03 按F9键，对场景进行一次测试渲染，测试结果如图12-50所示。

图12-50 测试效果

技巧与提示

在渲染的时候，可能出现如图12-51所示的测试效果，这时只需要执行“渲染>Gamma/LUT设置”命令，再在对话框中取消勾选如图15-52所示的选项即可。

图12-51 测试效果

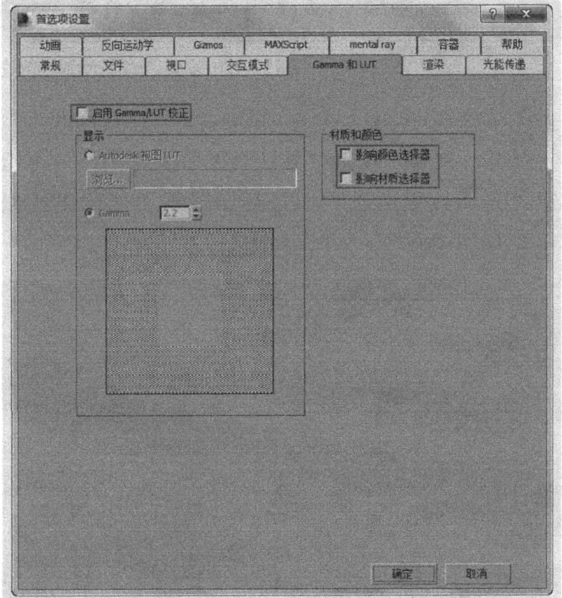

图12-52 设置“Gamma/LUT设置”参数

2.模拟室内灯

从测试的结果来看，整个画面的亮度合适，但缺乏层次，这里可以考虑将室内台灯调亮，使其起到点缀作用。下面，进行具体操作。

01 在场景中中创建一盏VRay的“球体”灯光，然后，以“实例”的方式复制出另外一盏，接着，将两盏球灯放置到灯罩里面。具体位置如图12-53和图12-54所示。

图12-53 灯光在左视图中的位置

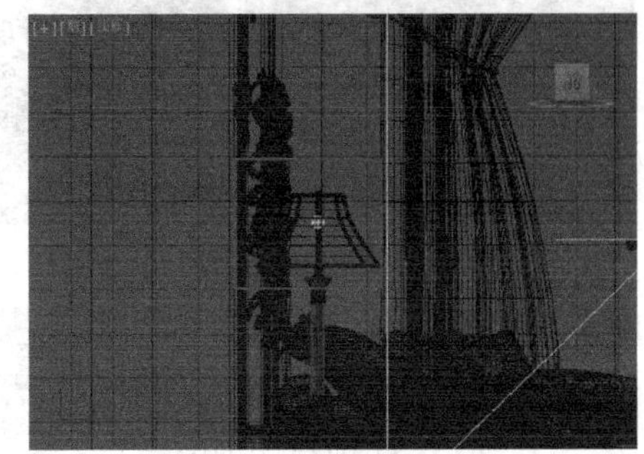

图12-54 灯光在前视图中的位置

02 选择其中一盏“球体”灯光并对其参数进行设置，设置灯光的“倍增器”为“2000”，然后，设置灯光的“颜色”为“（红:255，绿:159，蓝:55）”，再设置“半径”为“15mm”，最后，勾选“不可见”选项并取消勾选“影响反射”选项，如图12-55所示。

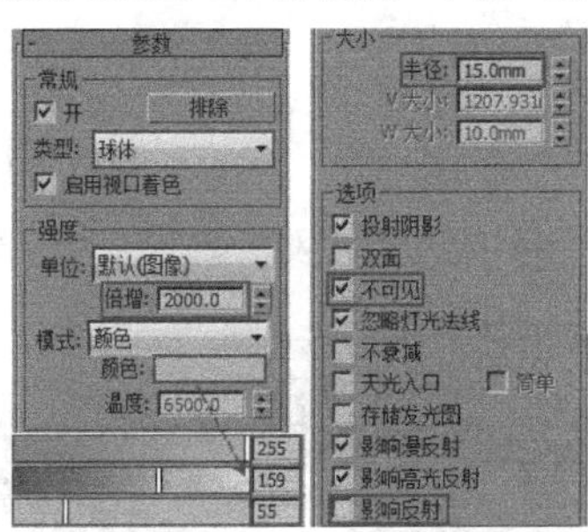

图12-55 设置灯光参数

03 按F9键，对场景进行测试渲染，渲染结果如图12-56所示。

图12-56 测试结果

3.模拟阳光

从这次的渲染结果来看，有了暖色调灯光的点缀后，画面层次感就出来了，但室内的气氛还是太冷，这里可以通过添加一盏“VR太阳”来进行调节。

01 在场景中创建一盏“VR太阳”，将其放到合适的位置并作为本场景的阳光，具体位置如图12-57和图12-58所示。

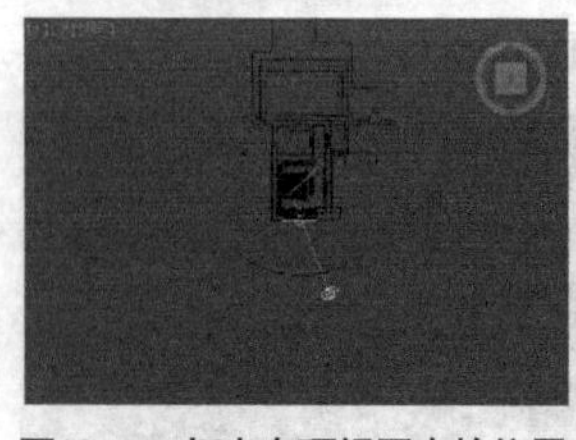

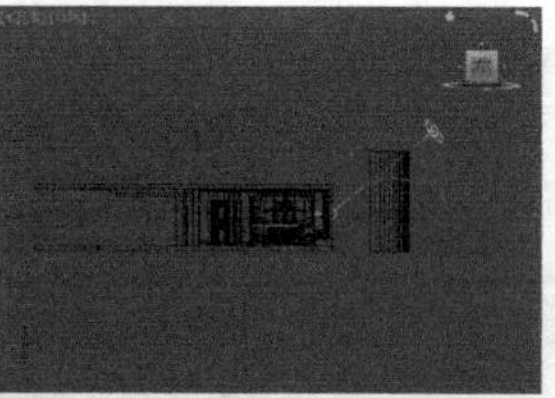

图12-57 灯光在顶视图中的位置 图12-58 灯光在左视图中的位置

02 设置“强度倍增”为“0.3”、“大小倍增”为“1.5”、“阴影细分”为“3”，如图12-59所示。

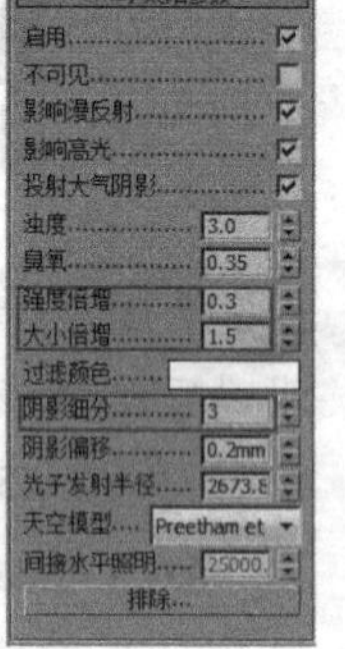

图12-59 设置“VRay太阳参数”

03 按F9键，对场景进行测试渲染，渲染结果如图12-60所示。

图12-60 测试效果

从现在的渲染结果来看，场景的整体感觉已经达到理想状态了，灯光层次分明，冷暖对比明显，接下来，设置一个较高的参数并进行大图渲染。

12.5 渲染输出

灯光布置完成后，就要设置合理的渲染参数，以渲染出逼真、细腻的效果图。

01 按F10键，打开“渲染设置”对话框，然后，在“公用”选项卡中设置“输出大小”的“宽度”为“1200”、“高度”为“900”，如图12-61所示。

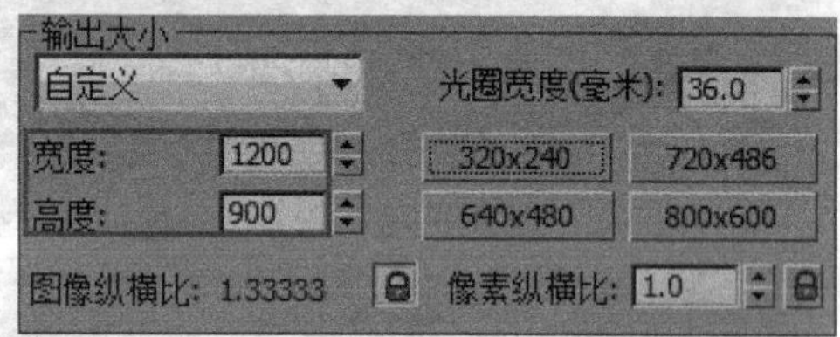

图12-61 设置“输出大小”参数

02 切换到V-Ray选项卡，然后，打开“全局开关”卷展栏，接着，设置“默认灯光”为“关”，再勾选“光泽效果”选项，最后，设置“二次光线偏移”为“0.001”，如图12-62所示。

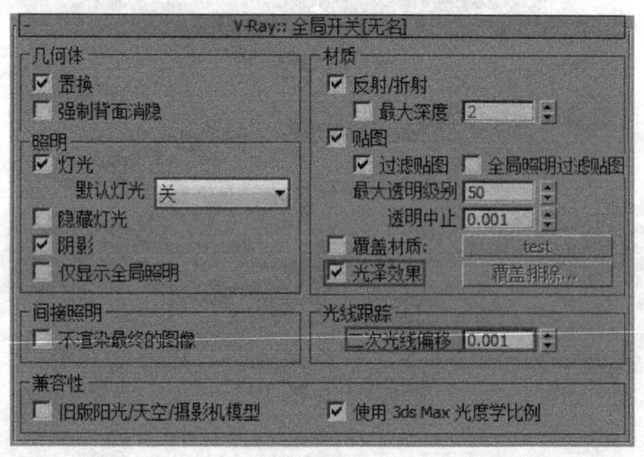

图12-62 设置“全局开关”卷展栏

03 打开“图像采样器（反锯齿）”卷展栏，然后，设置“图像采样器”的“类型”为“自适应确定性蒙特卡洛”，接着，打开“抗锯齿过滤器”开关，再设置采样器类型为“Mitchell-Netravali”，如图12-63所示。

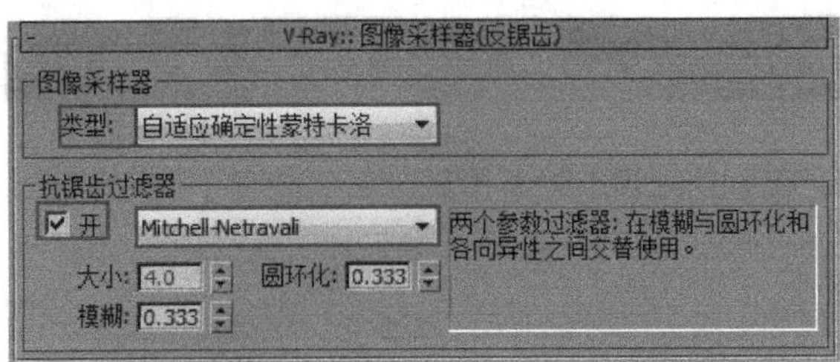

图12-63 设置"图像采样器(反锯齿)"卷展栏

04 打开"自适应DMC图像采样器"卷展栏，设置"最小细分"为"1"、"最大细分"为"4"，如图12-64所示。

图12-64 设置"自适应DMC图像采样器"卷展栏

05 打开"颜色贴图"卷展栏，然后，设置曝光的"类型"为"莱因哈德"，接着，勾选"子像素贴图"选项，再设置"伽玛值"为"2.2"，如图12-65所示。

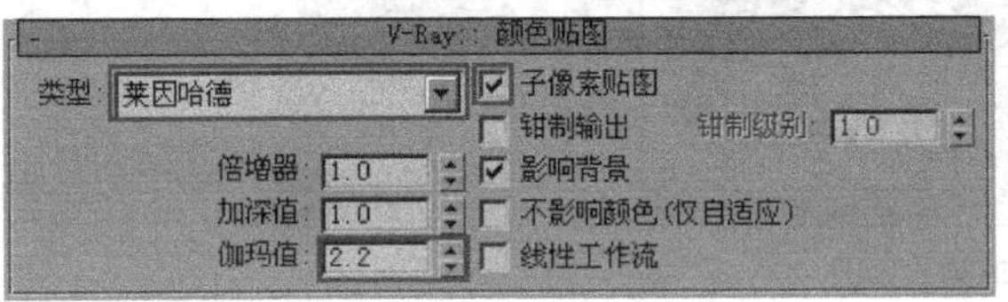

图12-65 设置"颜色贴图"卷展栏

06 切换到"间接照明"选项卡，然后，在"间接照明（GI）"卷展栏中设置"首次反弹"的"全局照明引擎"为"发光图"，再设置"二次反弹"的"全局照明引擎"为"灯光缓存"，如图12-66所示。

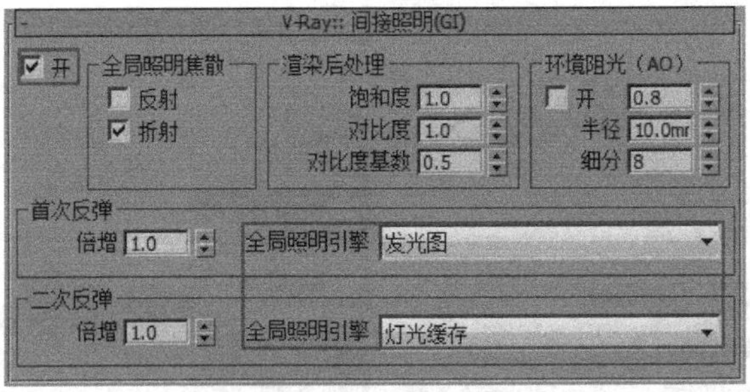

图12-66 设置"间接照明(GI)"卷展栏

07 打开"发光图"卷展栏，然后，设置"当前预置"为"自定义"，接着，设置"最小比率"为"-5"、"最大比率"为"-2"，再设置"半球细分"为"50"，最后，勾选"显示计算相位"选项，如图12-67所示。

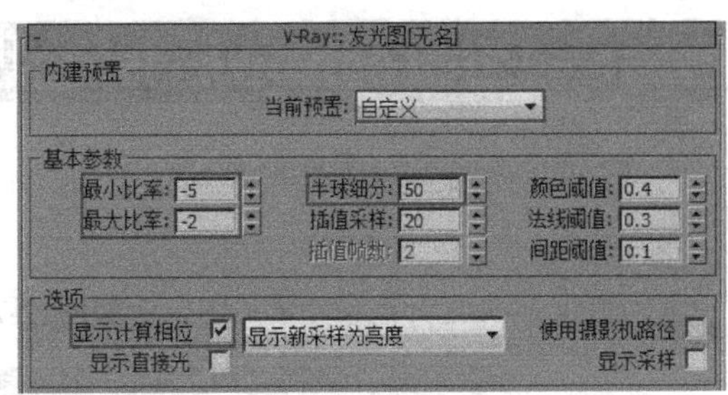

图12-67 设置"发光图"卷展栏

08 打开"灯光缓存"卷展栏，然后，设置"细分"为"1000"，接着，设置"预滤器"数值为"100"，再勾选"存储直接光"和"显示计算相位"选项，如图12-68所示。

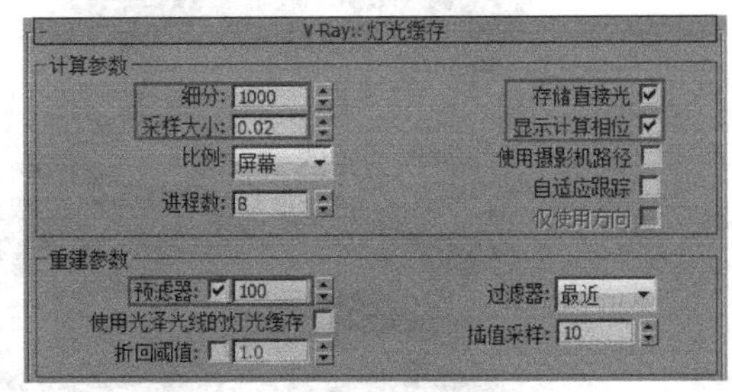

图12-68 设置"灯光缓存"卷展栏

09 切换至"设置"选项卡，然后，在"DMC采样器"卷展栏中设置"适应数量"为"0.8"、"最小采样值"为"16"、"燥波阈值"为"0.005"，如图12-69所示。

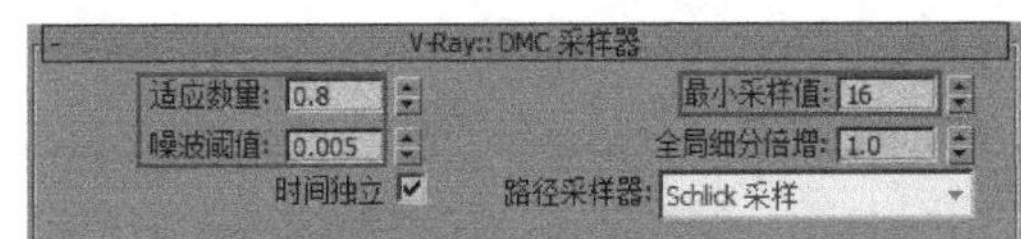

图12-69 设置"DMC采样器"卷展栏

10 其他参数保持默认设置即可。下面，开始渲染出图，最后得到的成图效果如图12-70所示。

图12-70 渲染效果

12.6 Photoshop后期处理

从最终的渲染结果来看，整体效果还是不错，所以，在后期处理中就不用做过多的处理了，简单调试一下即可。

01 用Photoshop打开渲染完成的图像，如图12-71所示。

图12-71 打开渲染效果图

02 用“曲线”命令把画面提亮一点，在“曲线”上创建一个点，将点的“输出”值设为“59”，点的“输入”值设为“38”，如图12-72所示。调节后的效果如图12-73所示。现在的效果看起来很通透，不过，有些地方的暖色稍微有点过。

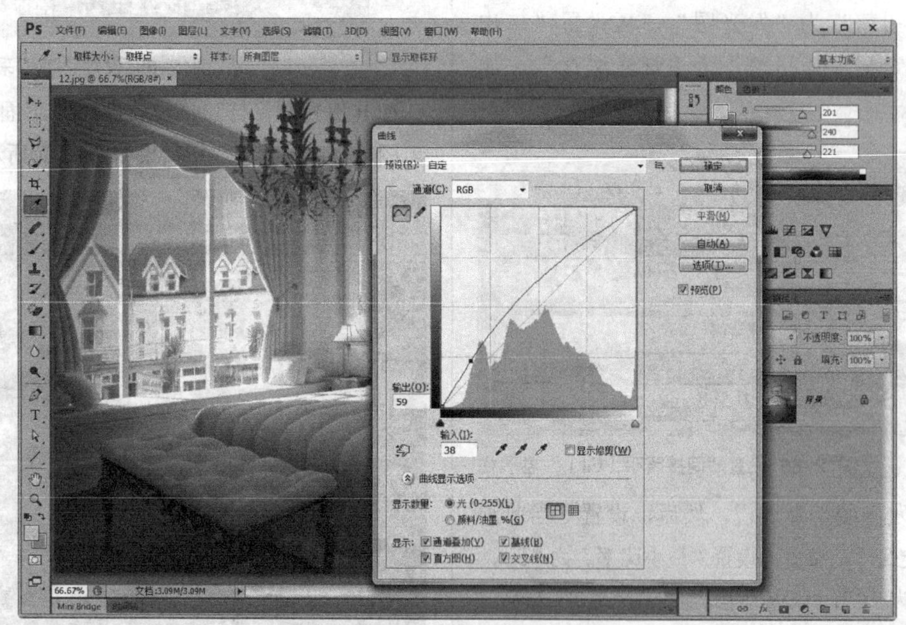

图12-72 用“曲线”调整亮度

图12-73 变亮后的效果

03 执行“图像>调整>照片滤镜”命令，在弹出的“照片滤镜”话框内把“滤镜”改为“冷却滤镜（82）”，设置“浓度”值为“5%”，如图12-74所示。

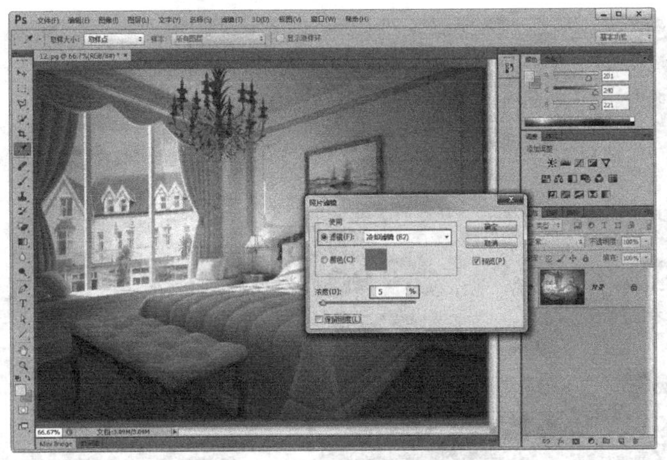

图12-74 设置“照片滤镜”参数

04 调节后的效果如图12-75所示，至此，后期处理工作就完成了。

图12-75 最终效果

12.7 本章小结

本章讲解了一个简单欧式风格的卧室，这个场景中的材质与灯光都相对简单，但是，往往这些看似简单的场景才更难以把握，特别考验制作人员对材质的搭配能力，以及对灯光气氛的把握能力。要给小空间做出好效果并不容易，大家千万不要轻视小空间。

课后习题

豪华欧式休闲厅

案例位置	案例文件>第12章>课后习题：豪华欧式休闲厅
视频位置	多媒体教学>第12章>课后习题：豪华欧式休闲厅.flv
难易指数	★★★★☆
学习目标	学习室内夜景表现的布光思路和技巧

豪华欧式空间的造型和家具都会给人一种贵气逼人的感觉，其造型会大量使用欧式曲线，家具一般都比较复杂，会使用壁炉等标志性元素。制作豪华欧式效果图时，一般采用夜景效果为宜，这样可以通过灯光的对比和局部照明方式来凸显欧式空间的奢华感。因为此效果的制作难度较大，所以，这里选择了一个相对简单的场景供读者练习，具体效果如图12-76所示。

图12-76 最终效果

第13章

商业案例实训3——简约风格办公室

在前面两章中，我们学习了家装效果图的制作技法和表现思路，本章将学习工装效果图的表现。家装效果图和工装效果图的空间类型和设计风格都很多。由于本书篇幅有限，因此，给大家提供的案例实训不多，但所有室内效果图的制作方法和思路都是相似的，希望大家能够举一反三，并且，多做练习，从而掌握更多设计风格及不同类型空间的效果图表现方法。

课堂学习目标

了解办公空间对灯光和材质的要求

掌握“标准摄影机”的使用方法

掌握大理石、皮革、塑料等材质的制作方法

合理搭配自然光和室内光，营造出柔和的光感

13.1 案例介绍

工装空间的类型有很多种，不同空间的材质和布光也有所差异，比如，办公空间和KTV空间的色彩感觉及灯光气氛都明显不同。所以，大家平时应多观察各类空间的特性，以积累表现经验。办公、会议和购物等空间要干净、明亮、稳重，而KTV、会所和酒店大堂等空间则要时尚、奢华。本例是一个老总办公室，设计风格极为简洁，大量木材质的运用使空间显得朴素、严谨，所以，可采用柔和的日光效果，以使画面显得干净、肃静，如图13-1所示。

图13-1 场景效果

13.2 创建摄影机及检查模型

在前面的案例中，我们在处理一个场景之前会对其进行测试，所以，这里也不例外，首先要做的就是创建摄影机及测试模型。

13.2.1 创建摄影机

01 打开“下载资源”文件夹中的初始文件，如图13-2所示。

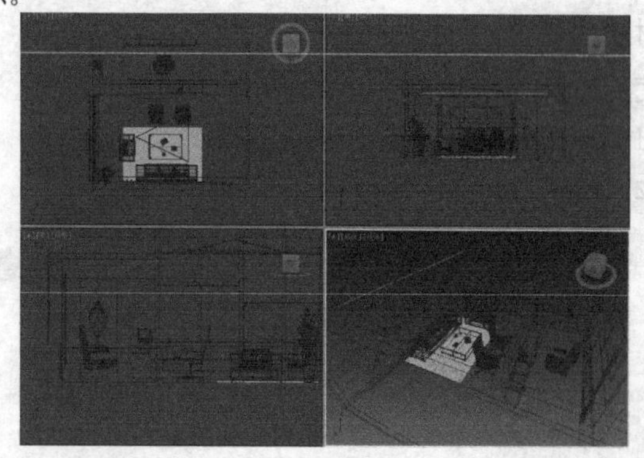

图13-2 打开初始文件

02 在顶视图中创建一个“目标摄影机”，然后，调整摄影机的焦距和位置，使摄影机有一个较好的观察范围，位置如图13-3所示。

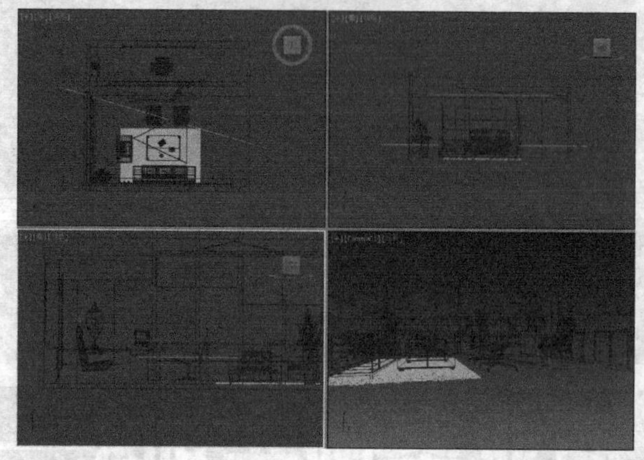

图13-3 创建摄影机

03 在修改器面板中设置“目标摄影机”的参数，如图13-4所示。

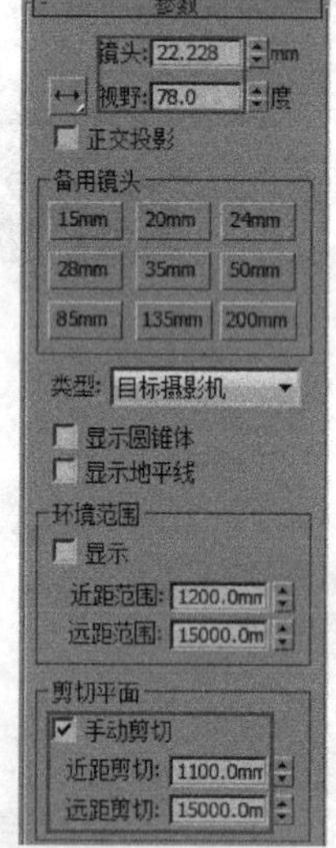

图13-4 设置参数

04 按C键，切换到摄影机视图，效果如图13-5所示。

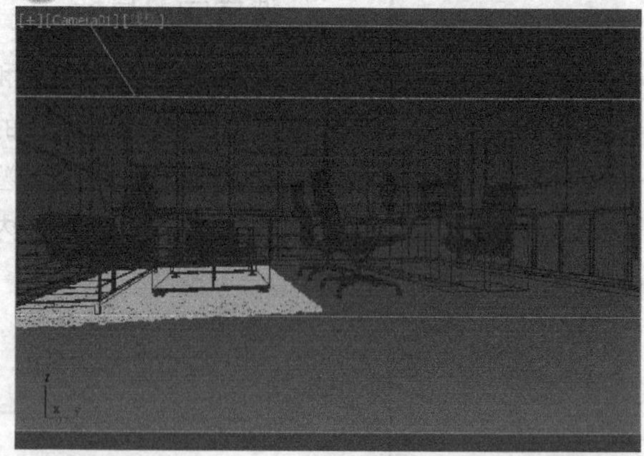

图13-5 摄影机视图效果

13.2.2 检查模型

01 按F10键，打开“渲染设置”对话框，在“公用”选项卡下设置图像输出的“宽度”为“600”、“高度”为“375”，如图13-6所示。

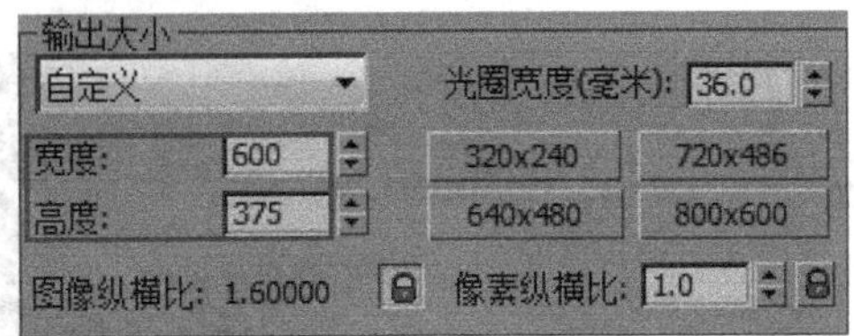

图13-6 设置“输出大小”

02 切换到V-Ray选项卡，然后，在“全局开关”卷展栏中设置“默认灯光”为“关”，接着，勾选“覆盖材质”及“光泽效果”选项，再设置“二次光线偏移”为“0.001”，最后，拖动一个测试材质（test）到“覆盖材质”的材质通道中，如图13-7所示。

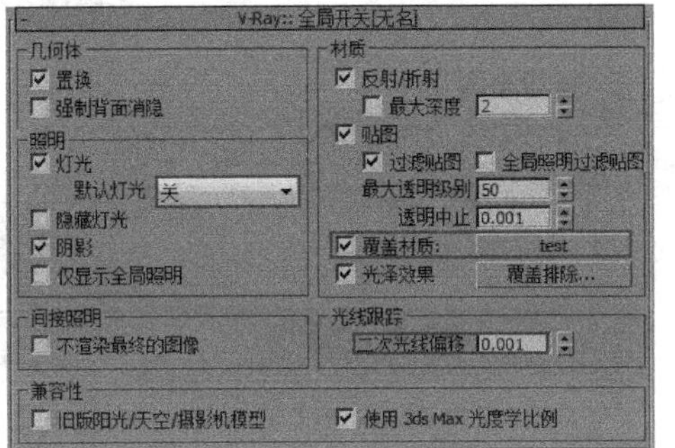

图13-7 设置“全局开关”的参数

03 在“图像采样器（反锯齿）”卷展栏中设置“图像采样器”的类型为“固定”采样，再关闭“抗锯齿过滤器”开关，如图13-8所示。

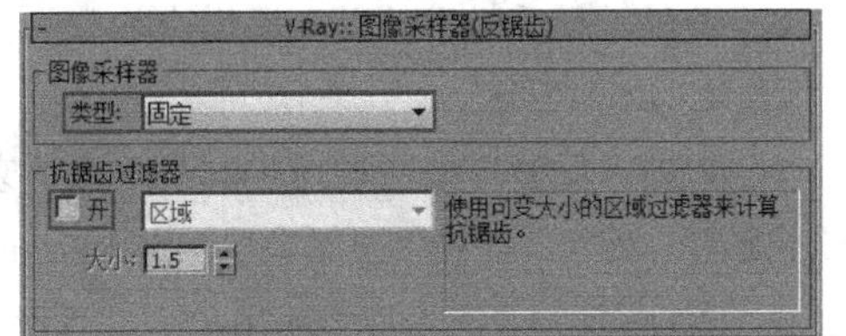

图13-8 设置“图像采样器”的参数

04 在“颜色贴图”卷展栏中设置曝光类型为“线性倍增”，然后，勾选“子像素映射”选项，接着，设置“伽玛值”为“2.2”（这里就相当于使用了线性工作流），如图13-9所示。

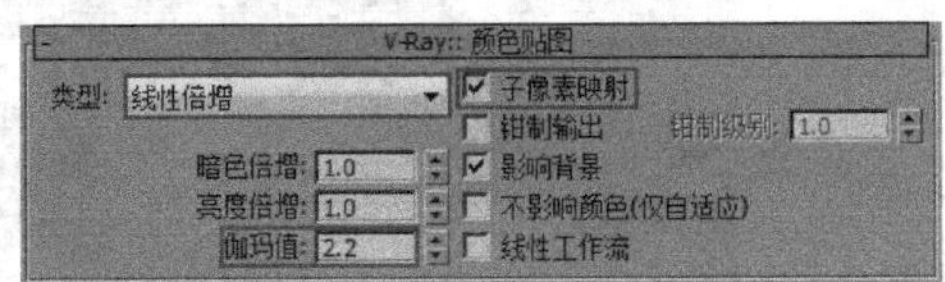

图13-9 设置“颜色贴图”参数

05 切换至“间接照明”选项卡，然后，在“间接照明（GI）”卷展栏中设置“首次反弹”的“全局照明引擎”为“发光图”，接着，设置“二次反弹”的“全局照明引擎”为“灯光缓存”，如图13-10所示。

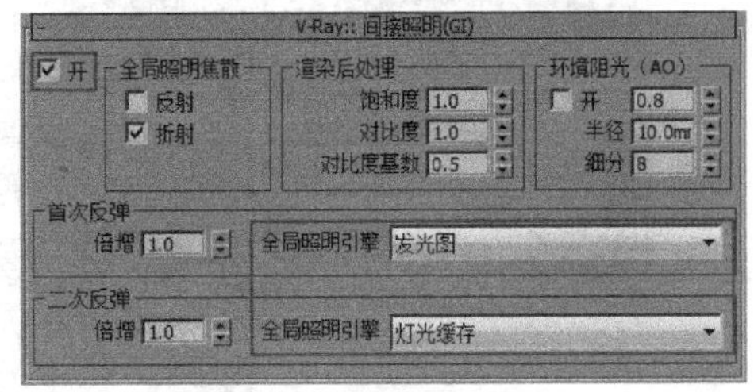

图13-10 设置“间接照明（GI）”参数

06 在“发光图”卷展栏中设置“当前预置”参数为“非常低”，然后，设置“半球细分”为“20”，如图13-11所示。

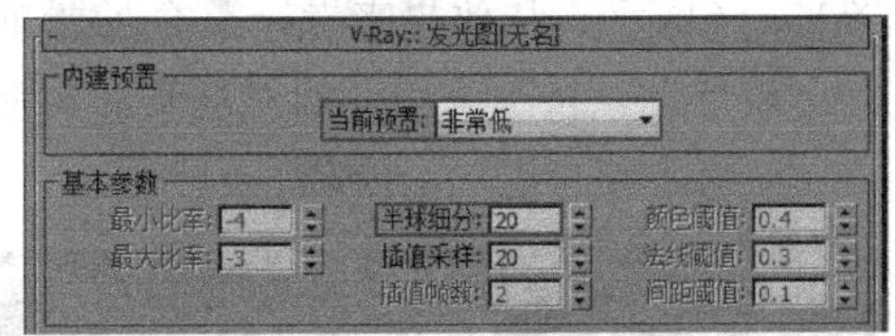

图13-11 设置“发光图”参数

07 在“灯光缓存”卷展栏中设置“细分”为“100”，然后，设置“预滤器”为“20”，如图13-12所示。

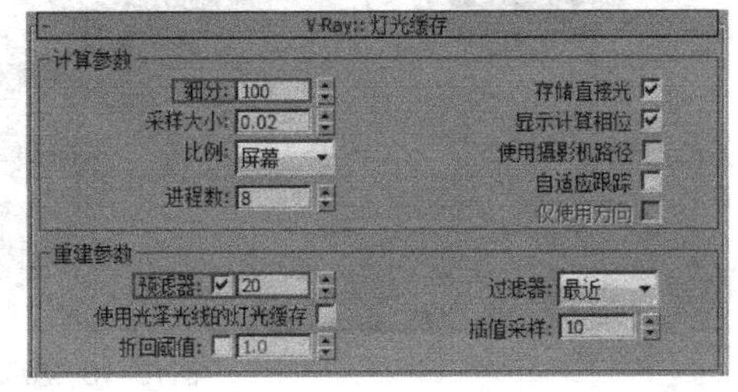

图13-12 设置“灯光缓存”参数

08 在窗口处创建一盏VRay的“平面”灯光，以模拟窗户采光，位置如图13-13所示。

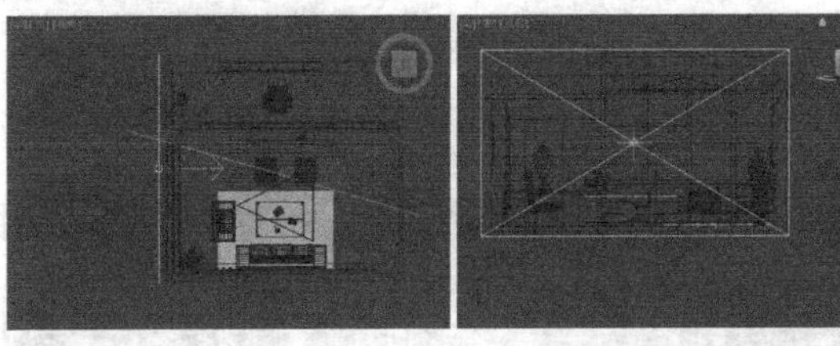

图13-13 创建照明光源

09 选中上一步创建的灯光，然后，在修改面板中设置灯光颜色为“（红:166，绿:187，蓝:255）”，接着，设置灯光“倍增”为“2”，再勾选“不可见”选项，如图13-14所示。

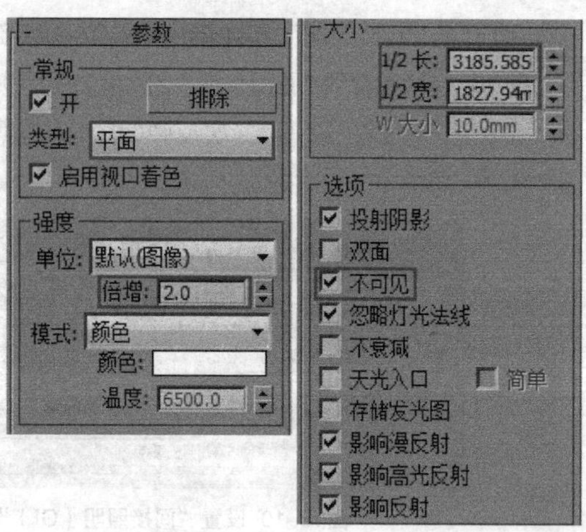

图13-14 设置灯光参数

⑩ 选中玻璃模型，然后，将其隐藏，如图13-15所示，再按F9键，进行测试渲染，效果如图13-16所示。从效果来看，整个场景的模型没有出现问题，接下来，开始对场景的材质进行制作（千万不要忘记取消隐藏）。

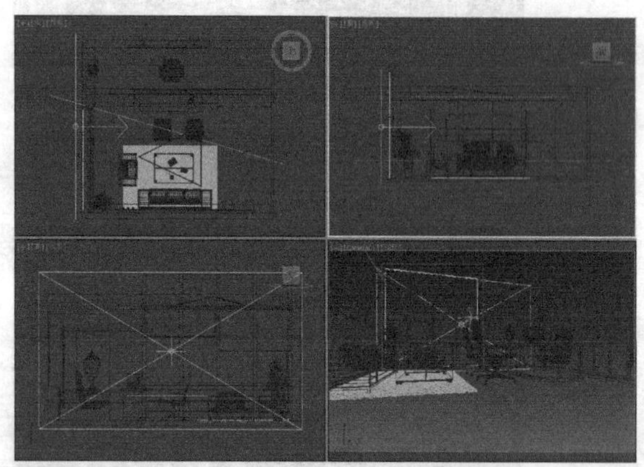

图13-15 隐藏窗户玻璃

图13-16 测试效果

13.3 制作场景中的材质

为了便于讲解，这里对最终效果图上的材质进行了编号，如图13-17所示。下面，根据图上的标识号来对材质进行设定。

图13-17 材质编号

技巧与提示

本案例中的部分材质已在前面介绍过了，如天花、墙纸和地毯等。读者可以参考前面的介绍和“下载资源”中的场景文件来设置这些材质。

13.3.1 地板材质

在“材质编辑器”中新建一个VRayMtl材质球，其参数设置如图13-18所示。材质球效果如图13-19所示。

设置步骤

①在“漫反射”的贴图通道中加载一张用于模拟地板的木纹贴图。

②在“反射”贴图通道中加载一张“衰减”程序贴图，然后，设置“衰减类型”为“Fresnel”。

③设置“高光光泽度”为“0.85”、“反射光泽度”为“0.9”。

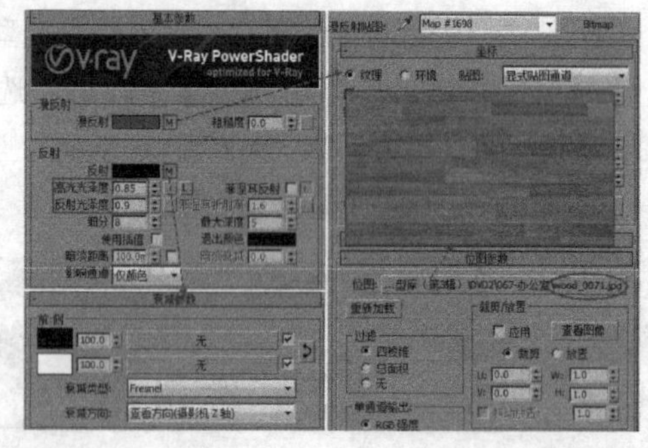

图13-18 参数设置

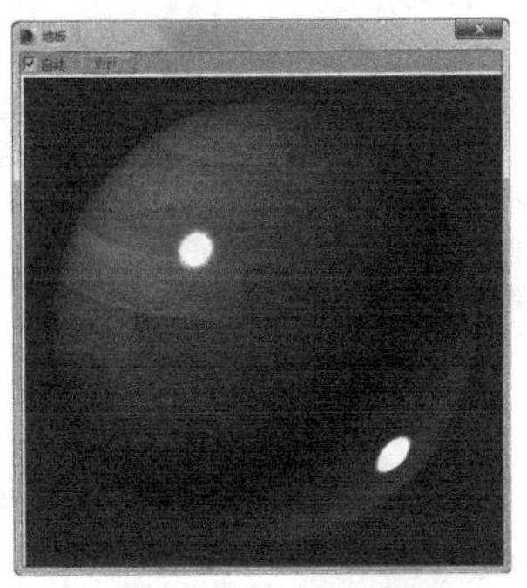
图13-19 材质球效果

13.3.2 大理石材质

01 在材质编辑器中新建一个VRayMtl材质球，然后，在“漫反射”通道中添加一张大理石贴图，如图13-20所示。

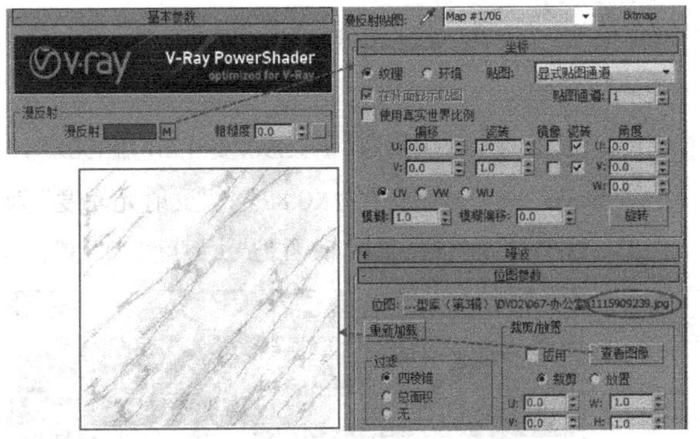
图13-20 设置“漫反射”参数

02 在“反射”贴图通道中加载一张“衰减”程序贴图，然后，设置“衰减类型”为“Fresnel”，接着，设置“高光光泽度”为“0.85”、“反射光泽度”为“0.9”，如图3-21所示。材质球效果如图13-22所示。

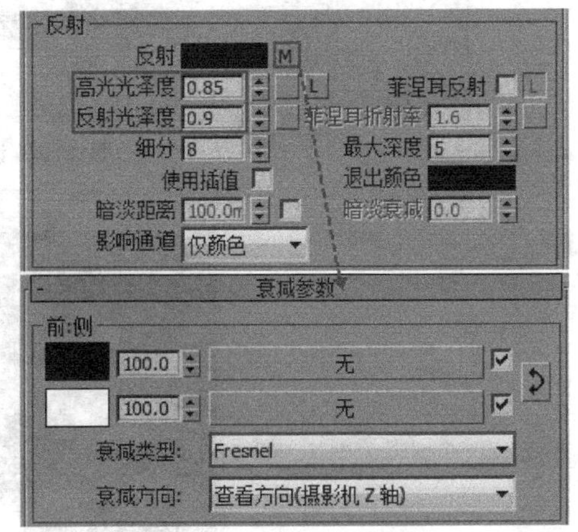

图13-21 设置“反射”参数

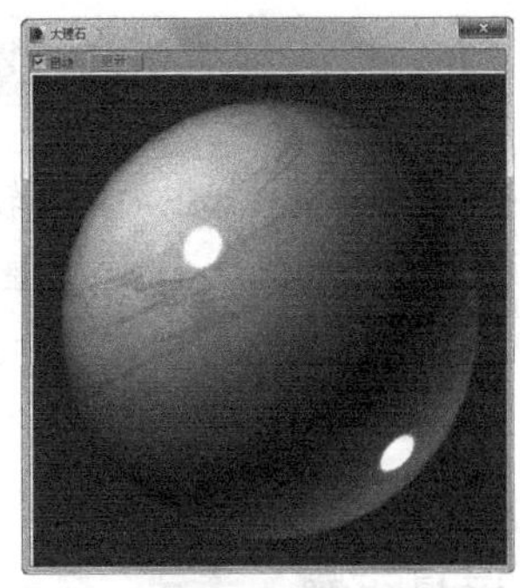
图13-22 材质球效果

13.3.3 木纹材质

在“材质编辑器中”新建一个VRayMtl材质球，其参数设置如图13-23所示。材质球效果如图13-24所示。

设置步骤

①在“漫反射”的贴图通道中加载一张木纹贴图。

②在“反射”贴图通道中加载一张“衰减”程序贴图，然后，设置“侧”通道的颜色为“（红:50，绿:50，蓝:50）”，再设置“衰减类型”为“Fresnel”。

③设置“高光光泽度”为“0.85”、“反射光泽度”为“0.9”，再设置“细分”为“12”，最后，设置“最大深度”为“3”。

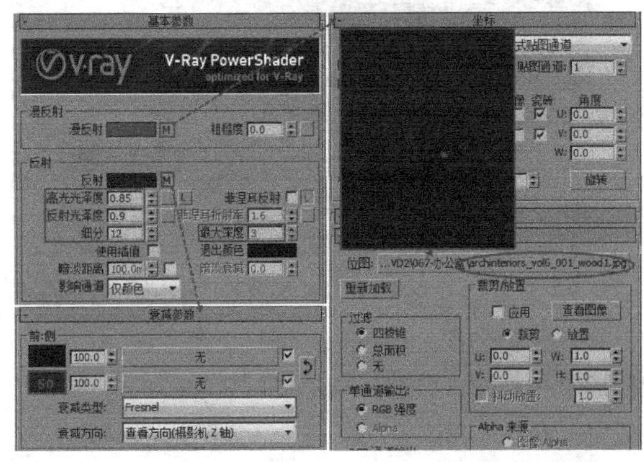
图13-23 设置参数

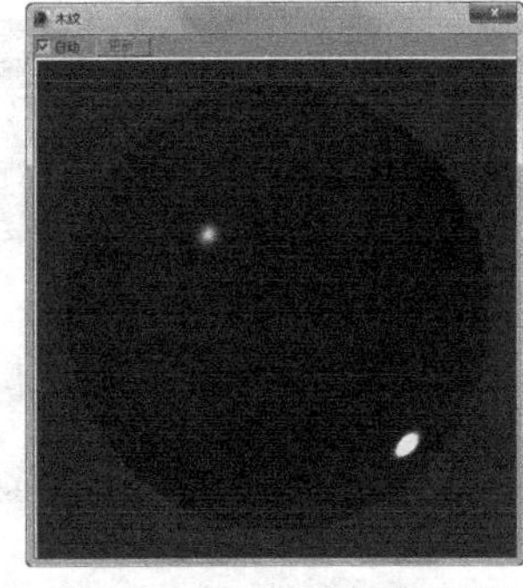
图13-24 材质球效果

13.3.4 皮材质

这类材质在生活中比较常见，常用于表现沙发及坐垫等，读者一定要掌握其设置方法。

01 在“材质编辑器”中新建一个VRayMtl材质球，然后，展开“基本参数”卷展栏，其参数设置如图13-25所示。

设置步骤

①设置“漫反射”的颜色为“（红:8，绿:6，蓝:5）”。

②设置“反射”的颜色为“（红:35，绿:35，蓝:35）”，然后，设置“高光光泽度”为“0.6”、“反射光泽度”为“0.7”，再设置“细分”为“15”，最后，设置“最大深度”为“3”。

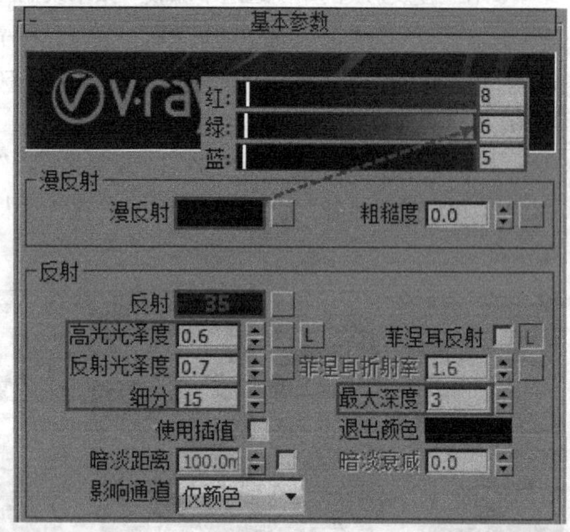

图13-25 设置“基本参数”卷展栏

02 打开“贴图”卷展栏，然后，在“凹凸”的贴图通道中加载一张用于模拟皮材质凹凸的位图，再设置“凹凸”的强度为“15”，如图13-26所示。材质球效果如图13-27所示。

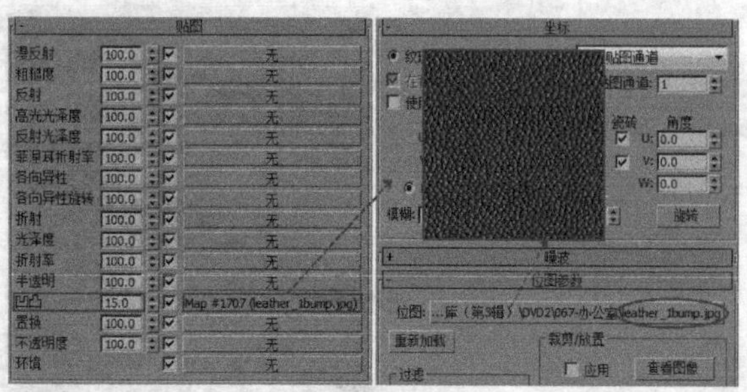

图13-26 设置“凹凸”参数

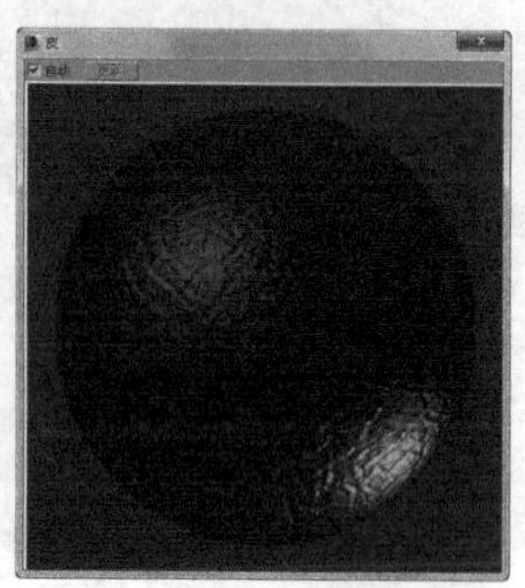

图13-27 材质球效果

13.3.5 不锈钢材质

在“材质编辑器”中新建一个VRayMtl材质球，其参数设置如图13-28所示。材质球效果如图13-29所示。

设置步骤

①设置“漫反射”颜色为“（红:0，绿:0，蓝:0）”。

②设置“反射“颜色为“（红:190，绿:190，蓝:190）”，然后，设置“高光光泽度”为“0.87”、“反射光泽度”为“0.9”、“细分”为“15”，最后，设置“最大深度”为“3”。

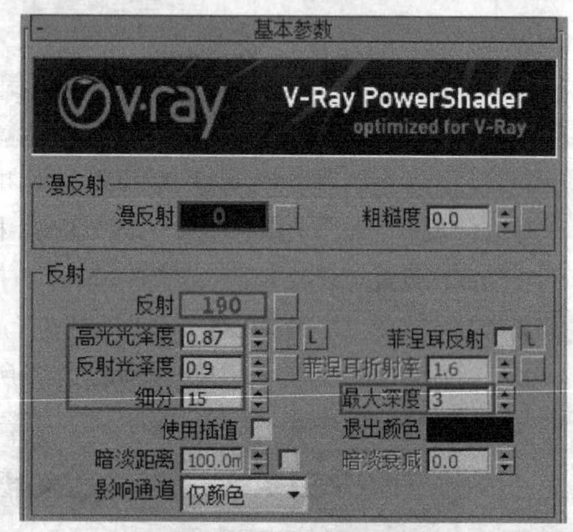

图13-28 设置参数

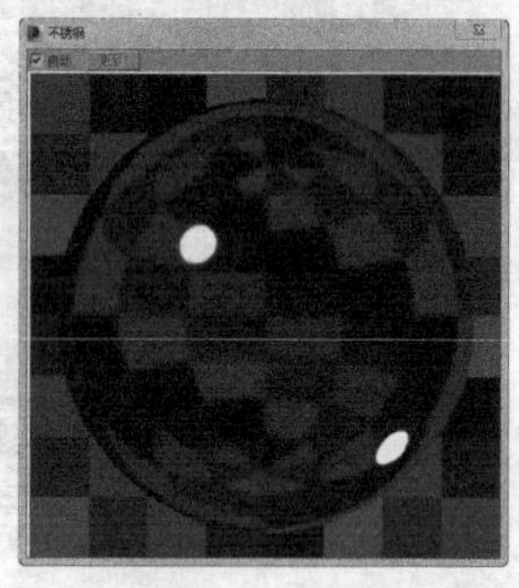

图13-29 材质球效果

13.3.6 塑料材质

01 在材质编辑器中新建一个VRayMtl材质球，然后，展开“基本参数”卷展栏，其参数设置如图13-30所示。

设置步骤

①在“漫反射”贴图通道中加载一张用于模拟塑料的位图。

②设置“反射”颜色为“（红:8，绿:8，蓝:8）”，然后，设置“高光光泽度”为“0.8”、“反射光泽的”为“0.85”，最后，设置“最大深度”为“3”。

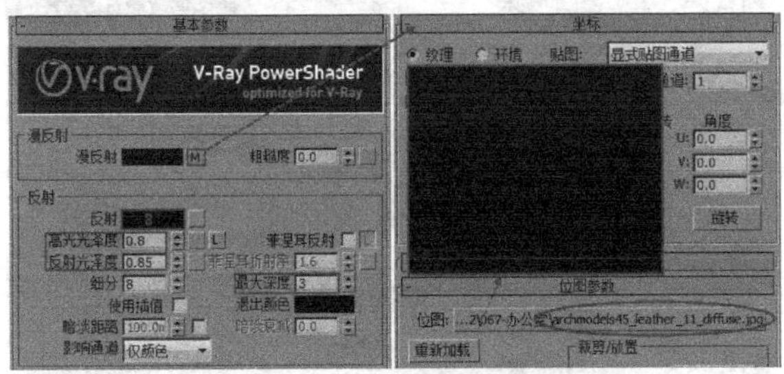

图13-30 设置“基本参数”卷展栏

02 打开“贴图”卷展栏，然后，将“漫反射”贴图通道中的贴图拖曳复制到“凹凸”贴图中，再设置“凹凸”的强度为“8”，如图13-31所示。材质球效果如图13-32所示。

贴图			
漫反射	100.0	☑	odels45_leather_11_diffuse.jpg)
粗糙度	100.0	☑	无
反射	100.0	☑	无
高光光泽度	100.0	☑	无
反射光泽度	100.0	☑	无
菲涅耳折射率	100.0	☑	无
各向异性	100.0	☑	无
各向异性旋转	100.0	☑	无
折射	100.0	☑	无
光泽度	100.0	☑	无
折射率	100.0	☑	无
半透明	100.0	☑	无
凹凸	8.0	☑	nodels45_leather_11_bump.jpg)
置换	100.0	☑	无
不透明度	100.0	☑	无
环境		☑	无

拖曳复制

图13-31 设置“基本参数”卷轴栏

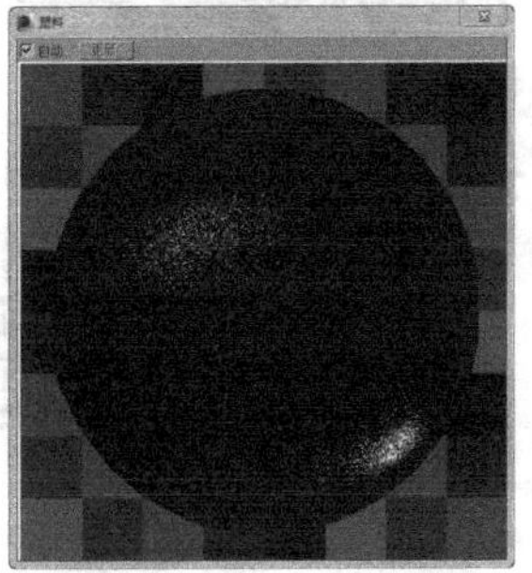
图13-32 材质球效果

13.4 布置灯光

本场景的空间面积不大，但设计比较精致，为了表现出一种清爽、高贵的气氛，这里用纯自然光来进行照明，营造出一种柔和的日光效果。

13.4.1 设置测试参数

按F10键，打开“渲染设置”对话框，在“全局开关”卷展栏中设置“默认灯光”为“关”，取消勾选“覆盖材质”和“光泽效果”选项，其他参数保持不变，如图13-33所示。其他卷展栏的参数保持“检查模型”时的设置即可。

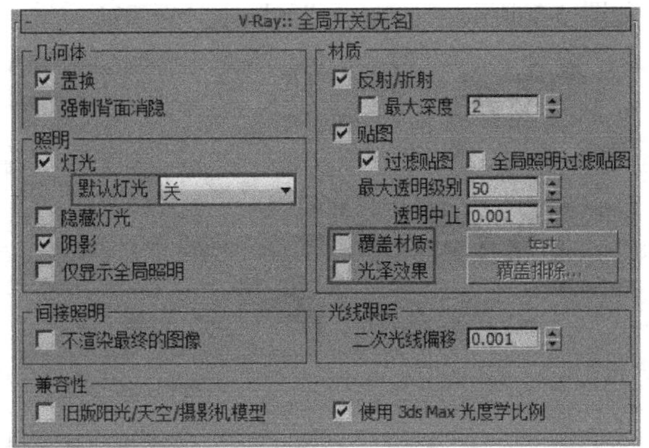

图13-33 设置“全局开关”卷展栏

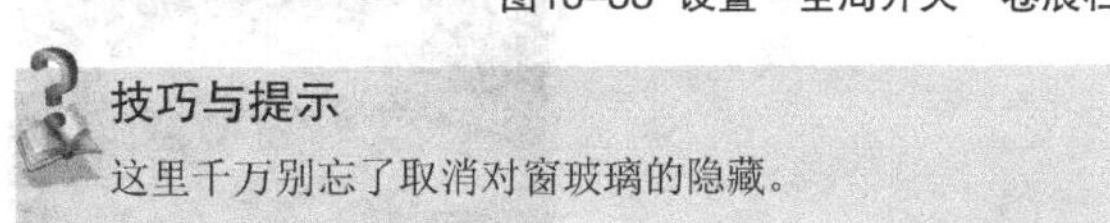
技巧与提示

这里千万别忘了取消对窗玻璃的隐藏。

13.4.2 窗户外景的设定

01 在顶视图中建立一个弧形面片，将其作为外景模型，位置如图13-34和图13-35所示。

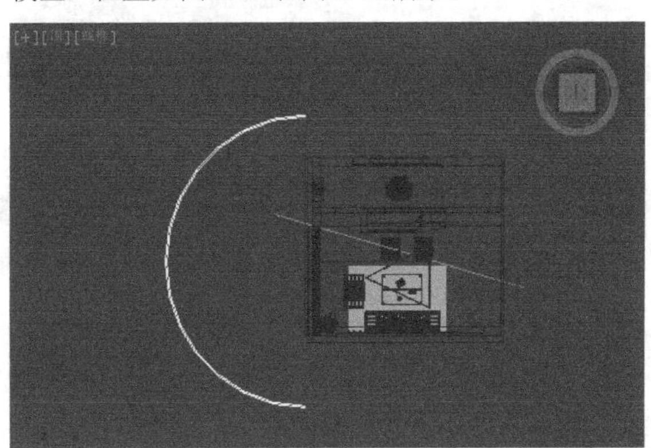
图13-34 外景模型在顶视图中的位置

图13-35 外景模型在前视图中的位置

02 在“材质编辑器”中新建一个“VR灯光材质”材质球，然后，在颜色通道中添加一张外景贴图，如图13-36所示。材质球效果如图13-37所示。

图13-36 设置参数

图13-37 材质球效果

13.4.3 设置灯光

同样，在布置场景灯光之前，一定要删除在“检查模型”时创建的照明灯光。

1.模拟天光

01 选择“创建面板”中的“VR灯光”，然后，在场景中的窗户处创建一盏VRay的“平面”灯光，将其作为本场景的天光照明，位置如图13-38和图13-39所示。

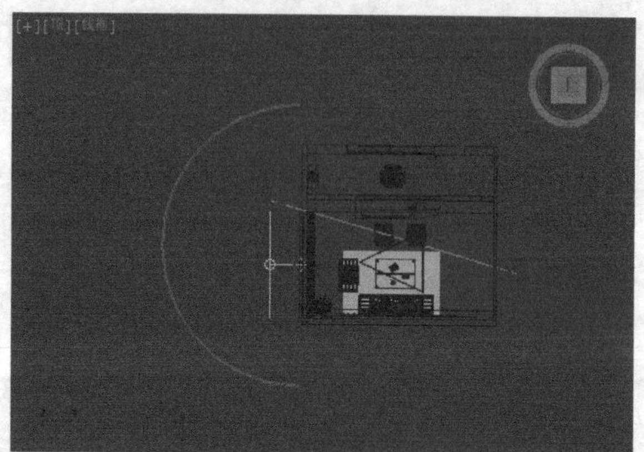
图13-38 灯光在顶视图中的位置

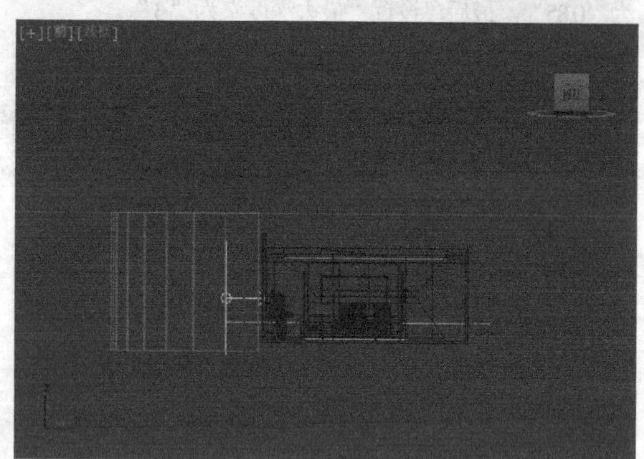
图13-39 灯光在左视图中的位置

02 选中创建的灯光，然后，设置“倍增”为“12”，接着，设置颜色为“（红:135，绿:191，蓝:255）”，再调整“大小”为合适尺寸，最后，勾选“不可见”选项并取消勾选“忽略灯光法线”选项，如图13-40所示。

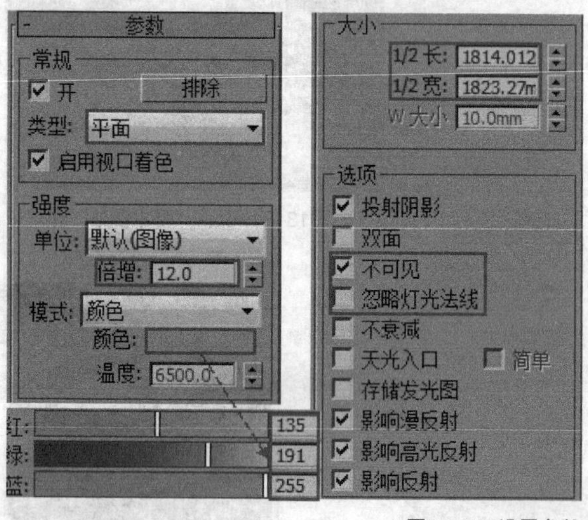

图13-40 设置参数

03 按F9键，对场景进行一次测试渲染，测试结果如图13-41所示。

图13-41 测试效果

2.模拟室内灯

从测试的结果来看，整个画面的亮度合适，但缺乏层次，所以，可将室内台灯调亮，使之起到点缀的作用。通过对场景的观察可知，室内灯光包含装饰筒灯、灯带和天花灯这3种。

01 在场景中创建一盏“目标灯光”，然后，以“实例”的方式复制出6盏，再将它们分别平移到每个灯筒处。灯光在场景中的位置如图13-42和图13-43所示。

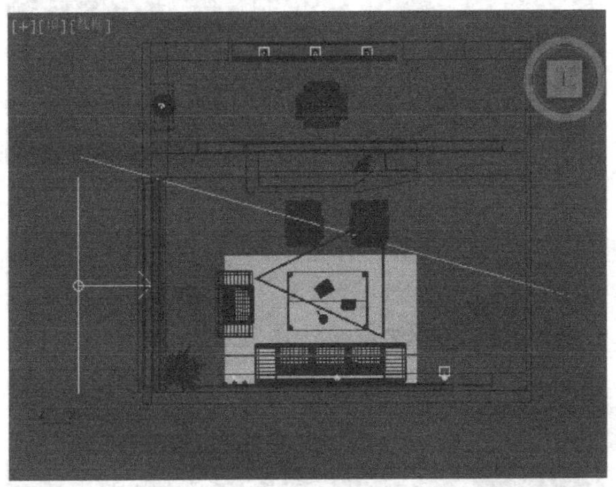

图13-42 灯光在顶视图中的位置

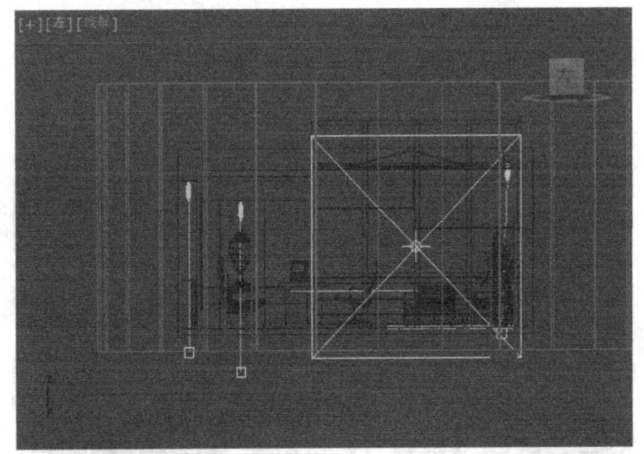

图13-43 灯光在左视图中的位置

02 选择其中一盏“球体”灯光并对其进行设置，其参数设置如图13-44所示。

设置步骤

①启用“阴影”选项，然后，设置阴影类型为“VRay阴影”，再设置“灯光分布（类型）”为“光度学Web”。

②在“分布（光度学Web）”卷展栏中加载一个“鱼尾巴.ies”灯筒文件。

③在“强度/颜色/衰减”卷展栏中设置“强度”为“2000”。

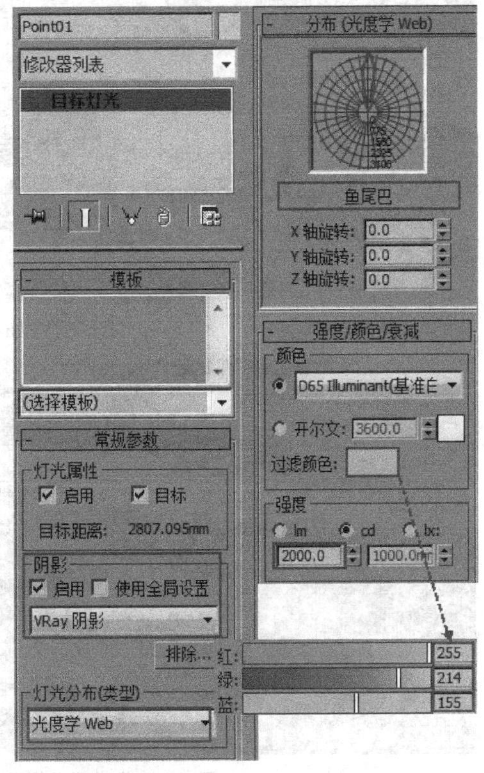

图13-44 设置灯光参数

03 按F9键，对场景进行测试渲染，渲染结果如图13-45所示。场景中的筒灯使灯效有了一定的层次感。

图13-45 测试结果

04 在场景中天花板的灯处创建一盏VRay的“平面”灯，灯光在场景中的位置如图13-46和图13-47所示。

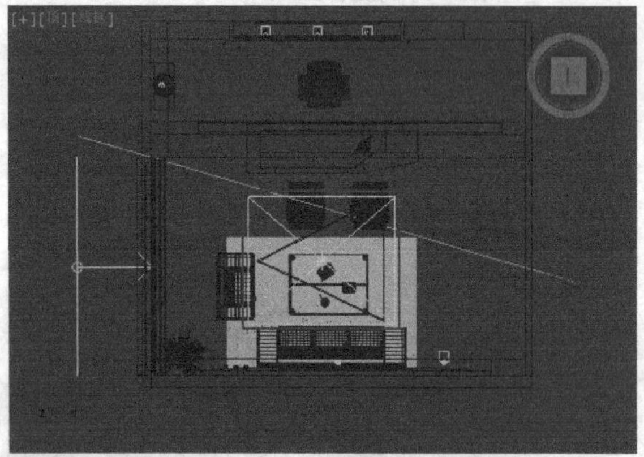
图13-46 灯光在顶视图中的位置

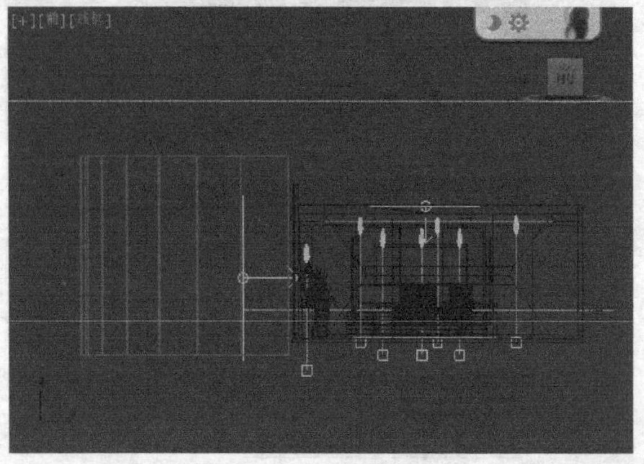
图13-47 灯光在前视图中的位置

05 选中上一步创建的灯光，设置“倍增”为“5”，然后，设置灯光的“颜色”为“（红:175，绿:213，蓝:255）”，再根据灯模型的大小调整灯光的大小，最后，勾选“不可见”选项并取消勾选“忽略灯光法线”选项，如图13-48所示。

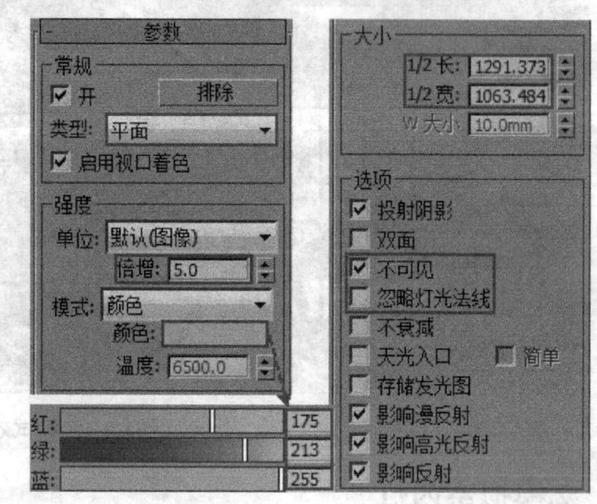

图13-48 设置参数

06 在场景中的灯带处创建一盏VRay的“平面”灯，灯光在场景中的位置如图13-49和图13-50所示。

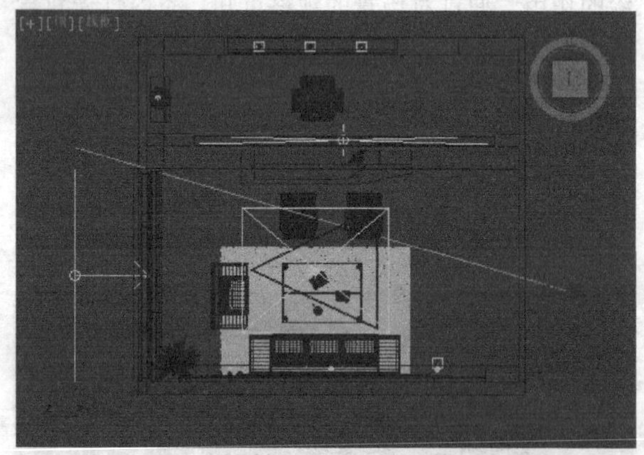
图13-49 灯光在顶视图中的位置

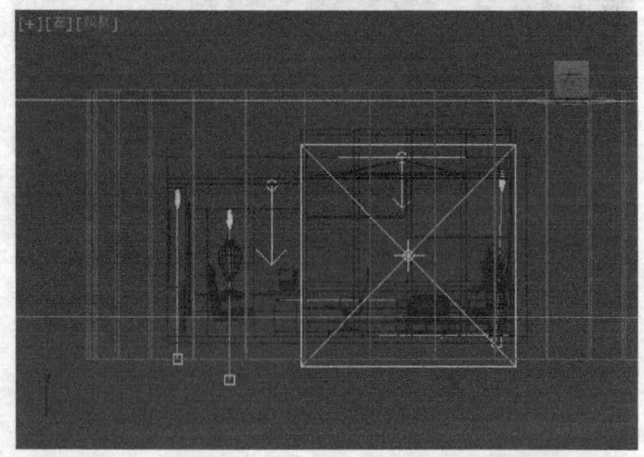
图13-50 灯光在左视图中的位置

07 选中上一步创建的灯光，然后，设置“倍增”为“13”，接着，设置“颜色”为“（红:255，绿:201，蓝:125）”，再调整灯光的大小，最后，勾选“不可见”选项并取消勾选“忽略灯光法线”选项，如图13-51所示。

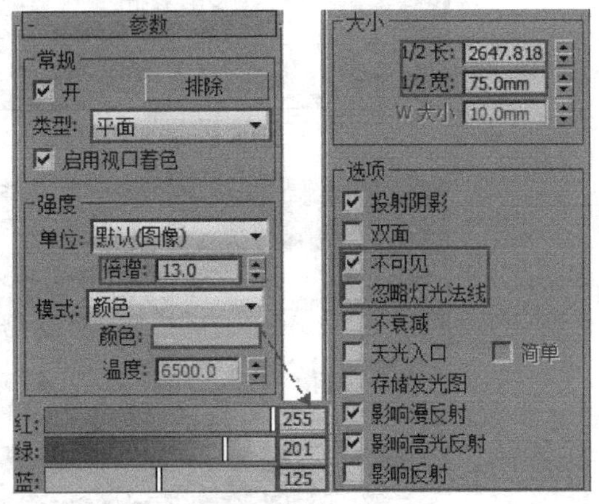

图13-51 设置参数

08 设置完所有室内灯光后，按F9键，对场景进行测试渲染，效果如图13-52所示。

图13-52 测试效果

3.模拟阳光

从这次的渲染结果来看，暖色调灯光的点缀使画面更有层次感了，但室内的气氛还是太冷，给人一种比较疏远的感觉。在前面一个案例中，我们是通过“VRay太阳”来模拟太阳光的，这里将介绍如何通过“目标平行光”来模拟太阳光。

01 在场景中创建一盏“目标平行光”，将其放到合适的位置，以模拟本场景中的阳光，具体位置如图13-53和图13-54所示。

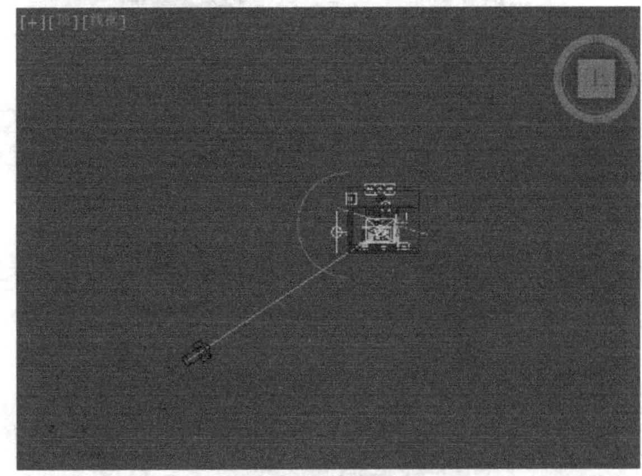

图13-53 灯光在顶视图中的位置

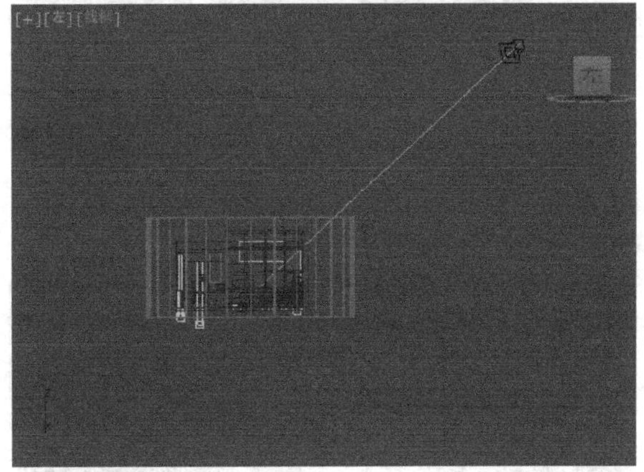

图13-54 灯光在左视图中的位置

02 选择上一步创建的灯光并设置其参数，如图13-55所示。

设置步骤

①展开“常规参数”卷展栏，然后，启用“阴影”选项，再设置阴影类型为“VRay阴影”。

②展开“强度/颜色/衰减”卷展栏，然后，设置“倍增”为“1.5”，再设置颜色为“（红:255，绿:234，蓝:205）”。

③展开“平行光参数”卷展栏，然后，设置“聚光区/光束”为“7000mm”、“衰减区/区域”为“8000”，再选择“矩形”选项，最后，设置“纵横比”为“1.0”。

④展开“VRay阴影参数”卷展栏，然后，勾选“区域阴影”选项并设置类型为“长方体”，再设置“U大小”为“1000mm”、“V大小”为“500mm”、“W大小”为“500mm”。

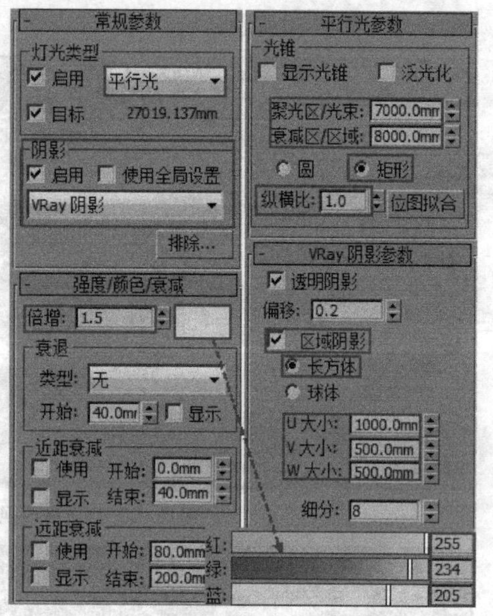

图13–55 设置“VRay太阳参数”

03 按F9键，对场景进行测试渲染，渲染结果如图13-56所示，此时的效果变化并不大，我们可以通过后期处理来完成对色调的优化。

图13–56 测试效果

13.5 渲染输出

布置完灯光后，应是设置出合理的渲染参数，以渲染出逼真、细腻的效果图。

01 按F10键，打开“渲染设置”对话框，然后，在“公用”选项卡中设置“输出大小”的“宽度”为“1000”、“高度”为“625”像素，如图13-57所示。

02 切换到V-Ray选项卡，然后，打开“全局开关”卷展栏，设置“默认灯光”为“关”，再勾选“光泽效果”选项，最后，设置“二次光线偏移”为“0.001”，如图13-58所示。

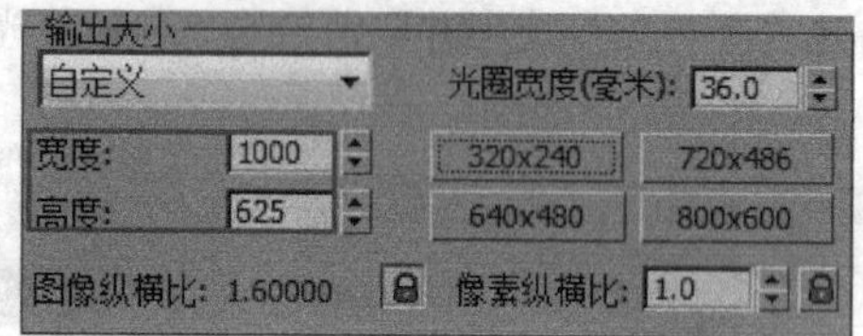

图13–57 设置“输出大小”参数

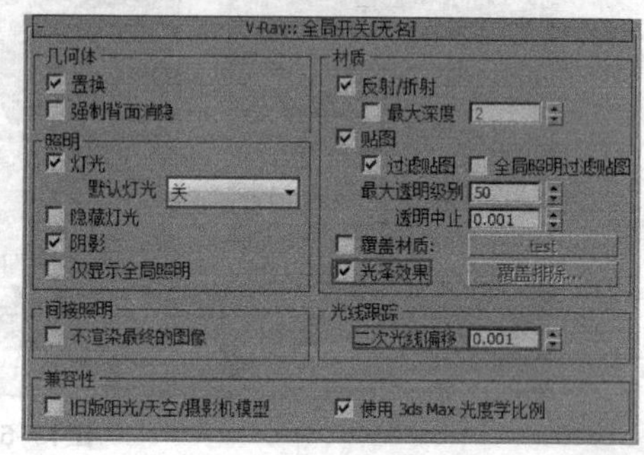

图13–58 设置“全局开关”卷展栏

03 打开“图像采样器（反锯齿）”卷展栏，然后，设置“图像采样器”的“类型”为“自适应确定性蒙特卡洛”，接着，打开“抗锯齿过滤器”开关，再设置采样器类型为“Mitchell-Netravali”，如图13-59所示。

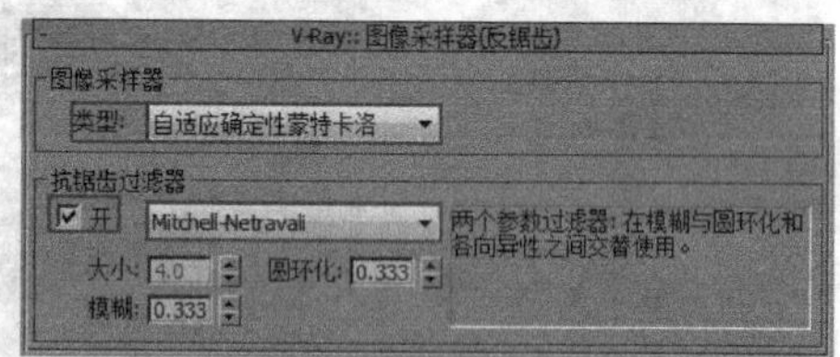

图13–59 设置“图像采样器（反锯齿）”卷展栏

04 打开“自适应DMC图像采样器”卷展栏，设置“最小细分”为“1”、“最大细分”为“4”，如图13-60所示。

图13–60 设置“自适应DMC图像采样器”卷展栏

05 切换到“间接照明”选项卡，然后，在“间接照明（GI）”卷展栏中设置“首次反弹”的“全局照明引擎”为“发光图”，再设置“二次反弹”的“全局照明引擎”为“灯光缓存”，如图13-61所示。

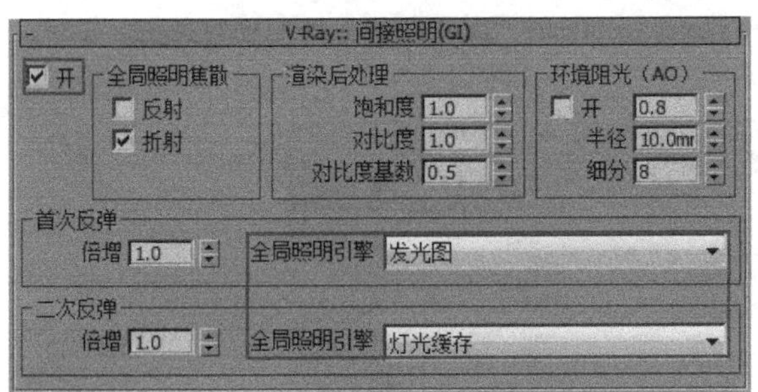

图13-61 设置“间接照明（GI）”卷展栏

06 打开“发光图”卷展栏，然后，设置“当前预置”为“中”，再设置“半球细分”为“50”，最后勾选“显示计算相位”选项，如图13-62所示。

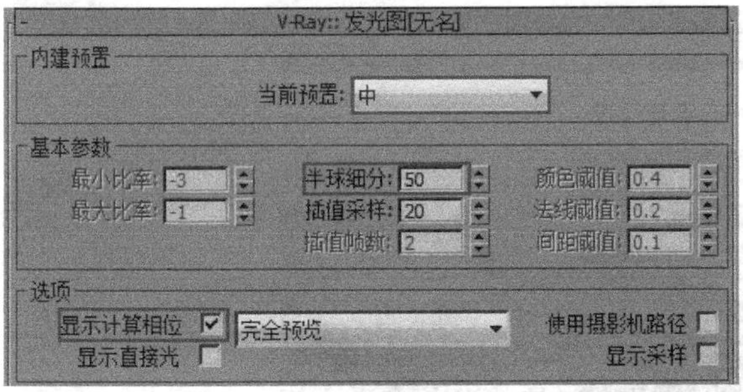

V-Ray:: 发光图[无名]
内建预置
当前预置: 中
基本参数
最小比率: -3
最大比率: -1
半球细分: 50
插值采样: 20
插值帧数: 2
颜色阈值: 0.4
法线阈值: 0.2
间距阈值: 0.1
选项
显示计算相位
完全预览
使用摄影机路径
显示直接光
显示采样

图13-62 设置“发光图”卷展栏

07 打开“灯光缓存”卷展栏，设置“细分”为“1200”，设置“预滤器”数值为“100”，再勾选“存储直接光”和“显示计算相位”选项，如图13-63所示。

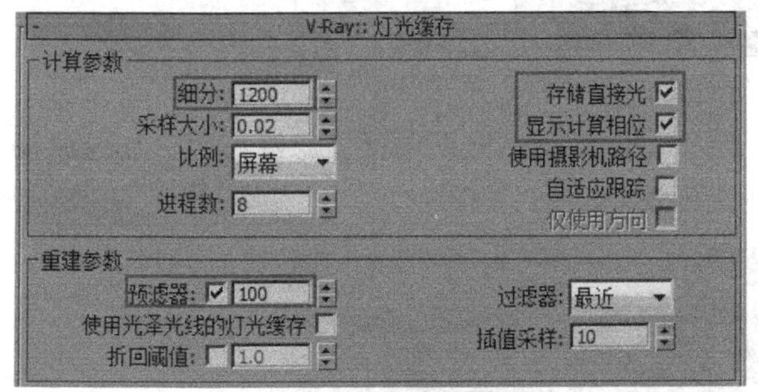

图13-63 设置“灯光缓存”卷展栏

08 切换至“设置”选项卡，然后，在“DMC采样器”卷展栏中设置“适应数量”为“0.8”、“最小采样”为“16”、“燥波阈值”为“0.005”，如图13-64所示。

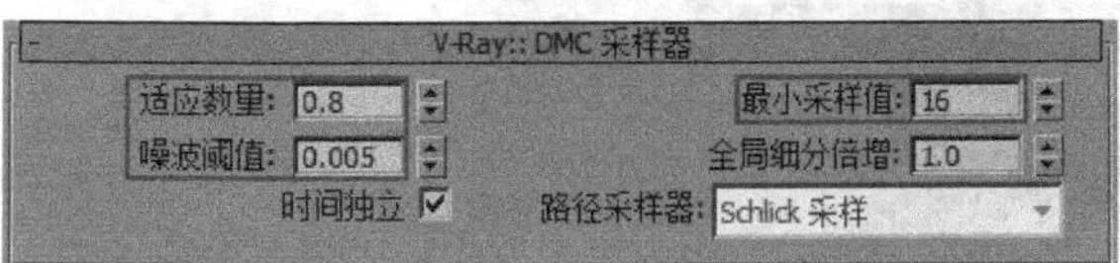

图13-64 设置“DMC采样器”卷展栏

09 在布置灯光的时候，为了提高渲染速度，未在灯光参数设置中设置“采样”选项组中的“细分”，所以，在这里统一对其进行设置，可将所有“VRay灯光”的采样“细分”设置为“16”，如图13-65所示。

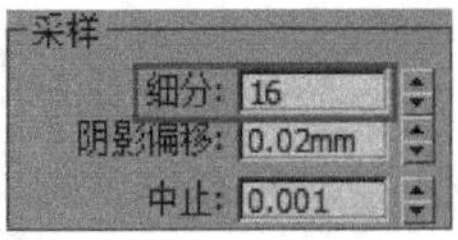

采样
细分: 16
阴影偏移: 0.02mm
中止: 0.001

图13-65 设置灯光的采样细分

10 其他参数保持默认设置即可。渲染出图后得到的成图效果如图13-66所示。

图13-66 渲染效果

13.6 Photoshop后期处理

从最终的渲染结果来看，整体效果还是不错，所以，不用在后期阶段做过多的处理了，简单调试一下即可。

01 用Photoshop打开渲染完成的图像，如图13-67所示。

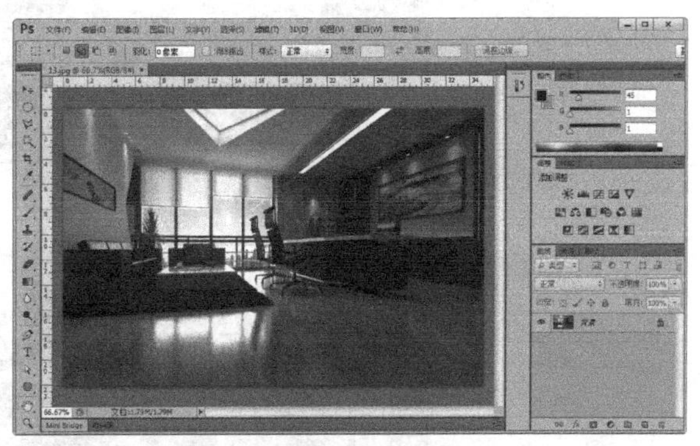

图13-67 打开渲染效果图

02 用“曲线”命令把画面提亮一点，在“曲线”上创建一个点，将点的“输出”值设为“47”，点的“输入”值设为“31”，如图13-68所示。调节后的效果如图13-69所示。现在的效果看起来很通透，不过，有些地方的暖色稍微有点过。

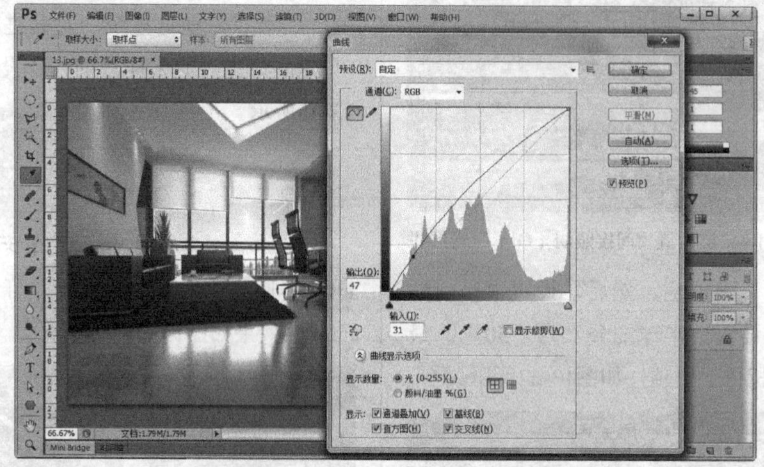

图13-68 用“曲线”调整亮度

图13-69 变亮后的效果

03 执行“图像>调整>照片滤镜”命令，在弹出的“照片滤镜”对话框中设置“滤镜”为“加温滤镜（85）”，设置“浓度”值为16%，如图13-70所示。调整后的效果如图13-71所示。

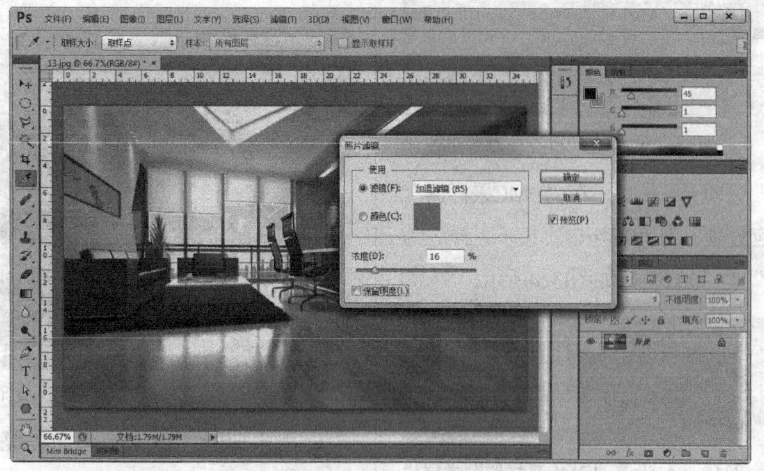

图13-70 设置“照片滤镜”参数

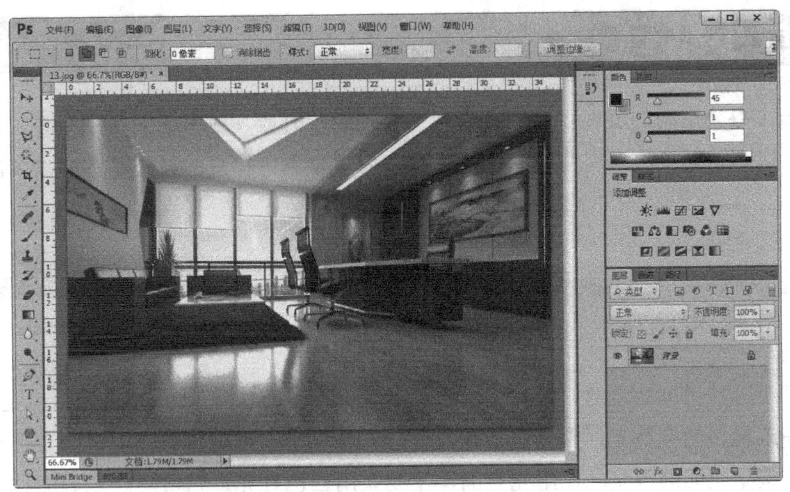

图13-71 添加滤镜后的效果

04 执行“图像>调整>亮度/对比度”菜单命令，打开“亮度/对比度”对话框，然后，调整其对比度为“25”，如图13-72所示。

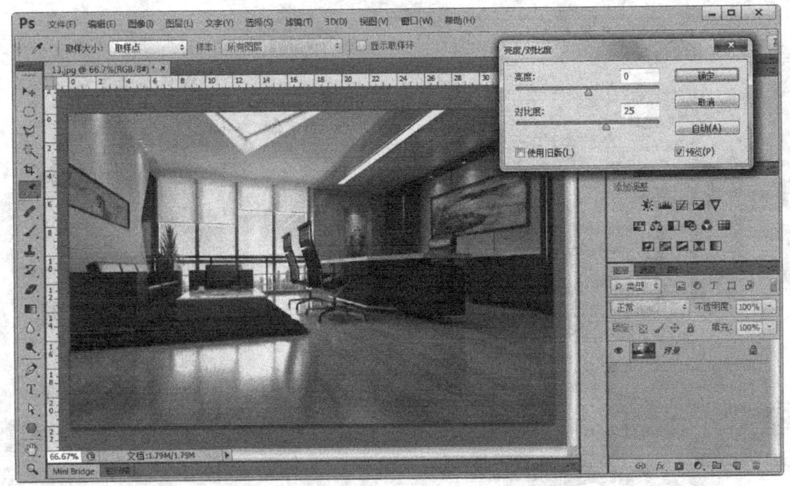

图13-72 设置“亮度/对比度”参数

05 调整完成后的最终效果如图13-73所示。

图13-73 最终效果

13.7 本章小结

本章讲解了一个办公空间的表现手法。在表现这类场景的时候，应考虑如何在空旷、简单的场景环境中合理地表现光效，以免使场景给人空洞的感觉，另外，应尽量选用朴素的材质贴图，以突出其严谨、朴实的氛围。

课后习题

中式风格接待室

案例位置	案例文件>第13章>课后习题：中式风格接待室.max
视频位置	多媒体教学>第13章>课后习题：中式风格接待室.flv
难易指数	★★★★☆
学习目标	继续学习工装效果图的表现手法，学习如何通过材质和灯光的对比来烘托气氛

这是一个偏中式风格的接待室，整体感觉比较肃静。虽然空间不是很大，但看起来很有气势，右侧背景墙上的画烘托出了整个空间的气氛。在用光方面，主要采用白色灯光，它可与暖色调的材质形成冷暖对比，使画面更有层次感，如图13-74所示。

图13-74 最终效果图